实战从入门到精通（视频教学版）

Excel 2016高效办公

刘玉红　王攀登　编著

清华大学出版社

北京

内容提要

本书以零基础讲解为宗旨，用实例引导读者深入学习，采取“新手入门→修饰与美化工作表→公式与函数→高效分析数据→行业应用案例→高手办公秘籍”的讲解模式，深入浅出地讲解Excel办公操作及实战技能。内容如下：

第1篇“新手入门”主要讲解Excel 2016的入门基础，工作表与工作簿的基本操作，行、列与单元格的基本操作，输入与编辑工作表中的数据，查看与打印工作表等；

第2篇“修饰与美化工作表”主要讲解通过格式美化工作表、使用图片美化工作表、使用图形美化工作表、使用图表分析工作表数据等；

第3篇“公式与函数”主要讲解单元格和单元格区域的引用、使用公式快速计算数据、使用函数快速处理数据等；

第4篇“高效分析数据”主要讲解数据的筛选和排序、条件格式与数据的有效性、数据的分类汇总与合并计算、数据透视表与数据透视图等；

第5篇“行业应用案例”主要讲解Excel在会计报表中的应用、Excel在人力资源管理中的应用、Excel在行政管理中的应用、Excel在工资管理中的应用等；

第6篇“高手办公秘籍”主要讲解使用宏的自动化功能提升工作效率、Excel 2016与其他组件的协同办公、Excel 2016数据的共享与安全等；

附录“王牌资源”在光盘中赠送了书中实例的完整素材和效果文件、教学幻灯片、精品教学视频、涵盖各个办公领域的实用模板600套、Office 2016快捷键速查手册、Office 2016常见问题解答400例、Excel公式与函数速查手册、常用的办公辅助软件使用技巧、办公好助手——英语课堂、做一位办公室的文字达人、打印机/扫描仪等常用办公设备使用与维护、快速掌握必需的办公礼仪。

本书适合任何想学习Excel 2016办公技能的人员，无论其是否从事计算机相关行业，是否接触过Excel 2016，通过本书均可快速掌握Excel的使用方法和技巧。

图书在版编目(CIP)数据

Excel 2016高效办公 / 刘玉红，王攀登编著. —北京：清华大学出版社，2017（2018.12重印）
（实战从入门到精通：视频教学版）

ISBN 978-7-302-47940-6

Ⅰ.①E… Ⅱ.①刘… ②王… Ⅲ.①表处理软件 Ⅳ.①TP391.13

中国版本图书馆CIP数据核字（2017）第207210号

责任编辑： 张彦青
封面设计： 李 坤
责任校对： 李玉茹
责任印制： 宋 林
出版发行： 清华大学出版社

网 址：http://www.tup.com.cn， http://www.wqbook.com
地 址：北京清华大学学研大厦A座 邮 编：100084
社 总 机：010-62770175 邮 购：010-62786544
投稿与读者服务：010-62776969，c-service@tup.tsinghua.edu.cn
质量反馈：010-62772015，zhiliang@tup.tsinghua.edu.cn

印 装 者： 北京密云胶印厂
经 销： 全国新华书店
开 本： 190mm×260mm 印 张：30.5 字 数：720千字
（附DVD 1张）
版 次： 2017年9月第1版 印 次：2018年12月第2次印刷
定 价： 65.00元

产品编号：074392-01

前 言

“实战从入门到精通”系列是专门为职场办公初学者量身定做的学习用书，整个系列涵盖办公、网页设计等方面的内容，具有以下特点。

前沿科技

无论是 Office 办公，还是 Dreamweaver CC、Photoshop CC，我们都精选较为前沿或者用户群最大的领域推进，帮助读者认识和了解最新动态。

权威的作者团队

组织国家重点实验室和资深应用专家联手编著，融合丰富的教学经验与优秀的管理理念。

学习型案例设计

以技术的实际应用过程为主线，采用图解和多媒体结合的教学方式，生动、直观、全面地剖析了使用过程中的各种应用技能，降低学习难度，提升学习效率。

为什么要写这样一本书

Excel 2016 在办公中有非常普遍的应用，正确熟练地操作 Excel 2016 已成为信息时代对每个人的要求。为满足广大读者的学习需要，我们针对不同学习对象的接受能力，总结了多位 Excel 2016 高手、实战型办公讲师的智慧，精心编写了这本书。其主要目的是提高读者的办公效率，让读者轻松完成工作任务。

通过本书能精通哪些办公技能?

◇ 熟悉办公软件 Excel 2016。

◇ 精通工作簿、工作表和单元格的基本操作。

◇ 精通输入与编辑工作表中数据的应用技能。

◇ 精通查看和打印工作表的应用技能。

◇ 精通美化工作表的应用技能。

◇ 精通使用图表分析数据的应用技能。

◇ 精通使用公式和函数的应用技能。

◇ 精通筛选和排序数据的应用技能。

◇ 精通使用透视表和透视图的应用技能。

◇ 精通 Excel 在会计工作中的应用技能。

◇ 精通 Excel 在行政办公中的应用技能。

◇ 精通 Excel 在人力资源管理中的应用技能。

◇ 精通 Excel 在工资管理中的应用技能。

◇ 熟悉宏在提升工作效率中的应用技能。

◇ 精通 Excel 2016 组件之间协同办公的应用技能。

◇ 精通 Excel 2016 数据的共享与安全的应用技能。

本书特色

▶ 零基础、入门级的讲解

无论读者是否从事计算机相关行业，是否接触过 Excel 2016 办公软件，都能从本书中找到最佳起点。

▶ 丰富、实用、专业的案例

本书在内容编排上紧密结合学习 Excel 2016 办公技能的先后顺序，从基本操作开始，逐步带领读者深入学习各种应用技巧，侧重实战，并使用简单易懂的案例进行分析和指导，让读者操作起来有章可循。

▶ 以职业案例为主，图文并茂

书中的每个技能均有案例与该职业紧密结合，每一步操作均有操作图，使读者在学习的过程中能直观、清晰地快速掌握技能。

▶ 职业技能训练，更切合办公实际

本书在相关章节设有“高效办公技能实战”，其案例的安排和实训策略均符合职业应用技能的需求，更切合办公实际。

▶ 随时检测学习效果

各章首页提供了学习目标，指导读者对重点内容进行学习、检查。

▶ 细致入微、贴心提示

各章设有“注意”“提示”“技巧”等小栏目，帮助读者在学习过程中更清楚地了解相关操作、理解相关概念。

▶ 同步教学视频

涵盖本书所有知识点，详细讲解每个实例及技术关键，比看书更轻松。

▶ 丰富的王牌资源

附赠丰富的王牌资源，包括书中实例的完整素材和效果文件、教学幻灯片、精品教学视频、涵盖各个办公领域的实用模板600套、Office 2016快捷键速查手册、Office 2016常见问题解答400例、Excel公式与函数速查手册、常用的办公辅助软件使用技巧、办公好助手——英语课堂、做一位办公室的文字达人、打印机/扫描仪等常用办公设备使用与维护、快速掌握必需的办公礼仪。

读者对象

◇ 没有任何Excel 2016办公基础的初学者。

◇ 大专院校及培训学校的老师和学生。

创作团队

本书由刘玉红、王攀登编著，参加编写的人员还有刘玉萍、周佳、付红、李园、郭广新、侯永岗、蒲娟、刘海松、孙若淞、王月娇、包慧利、陈伟光、胡同夫、梁云梁和周浩浩。

在编写过程中，我们虽尽所能，但难免也有疏漏和不妥之处。若读者在学习中遇到困难或疑问，或有任何建议，敬请写信指正。邮箱地址为357975357@qq.com。

编　者

目录

第1篇 新手入门

第1章 Excel 2016的入门基础

第2章 工作表与工作簿的基本操作

第3章 行、列与单元格的基本操作

第4章 输入与编辑工作表中的数据

第5章 查看与打印工作表

第2篇 修饰与美化工作表

第6章 通过格式美化工作表

第7章 使用图片美化工作表

第8章 使用图形美化工作表

第9章 使用图表分析工作表数据

第3篇 公式与函数

第10章 单元格和单元格区域的引用

第11章 使用公式快速计算数据

第12章 使用函数快速处理数据

第4篇 高效分析数据

第13章 数据的筛选和排序

第14章　条件格式与数据的有效性

第15章　数据的分类汇总与合并计算

第16章　数据透视表与数据透视图

第5篇 行业应用案例

第17章 Excel在会计报表中的应用

第18章 Excel在人力资源管理中的应用

第19章 Excel在行政管理中的应用

第20章 Excel在工资管理中的应用

第6篇 高手办公秘籍

第21章 使用宏的自动化功能提升工作效率

第22章 Excel 2016与其他组件的协同办公

第23章 Excel 2016数据的共享与安全

附录 王牌资源

第 1 篇

新手入门

微软公司推出的 Excel 2016 办公软件主要用于电子表格处理，可以高效地完成各种表和图的设计，满足复杂的数据计算和分析，提高数据处理的效率。本篇介绍 Excel 2016 的入门操作。

Excel 2016 的入门基础

- **本章导读**

本章将为读者介绍 Excel 2016 的安装与卸载、启动与退出以及Excel 2016工作界面的操作等内容。

- **学习目标**

◎ 了解 Excel 的三大元素

◎ 了解 Excel 2016 的工作界面

◎ 掌握 Excel 2016 的安装与卸载

◎ 掌握 Excel 2016 的启动与退出

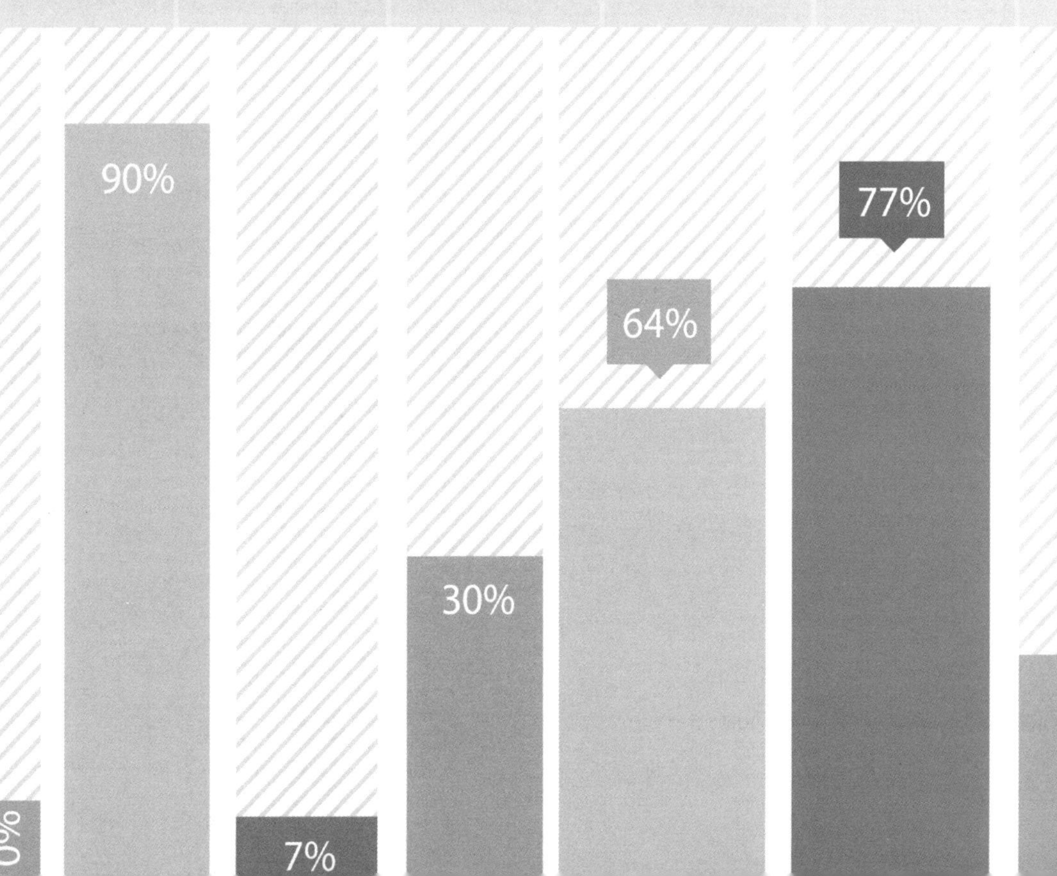

1.1 Excel的三大元素

Excel 的三大元素是工作簿、工作表与单元格。要对电子表格进行管理，首先要了解这三大基本元素。

1.1.1 工作簿

工作簿是指在 Excel 中用来存储并处理工作数据的文件，在 Excel 2007 及以后版本中工作簿的扩展名是“.xlsx”。在 Excel 中，无论是数据还是图表都是以工作表的形式存储在工作簿中的。通常所说的 Excel 文件指的就是工作簿文件。当启动 Excel 时，系统会自动创建一个名称为“工作簿 1”的工作簿文件，以后创建的工作簿的名称依次默认为“工作簿 2”“工作簿 3”……，如图 1-1 所示即可看到该文件夹包含的 5 个工作簿。

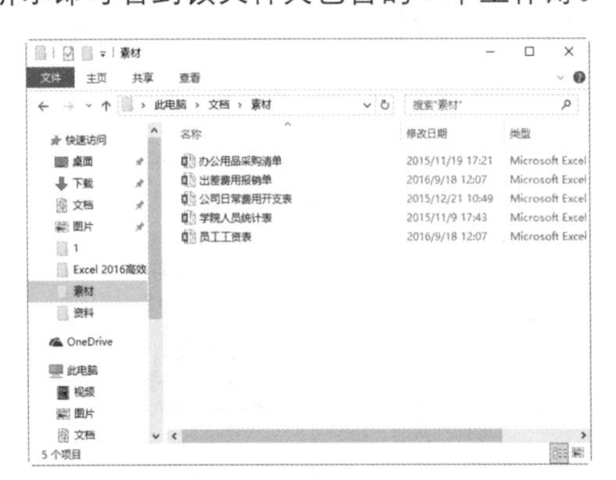

图 1-1 文件夹中的工作簿

1.1.2 工作表

工作表是 Excel 存储和处理数据的最重要的部分，是显示在工作簿窗口中的表格。默认情况下，一个工作簿中只有 1 个工作表，用户可以根据需要添加多个工作表，但每个工作簿最多能有 255 个工作表。如图 1-2 所示，该工作簿中有 Sheet1、Sheet2 和 Sheet3 3 个工作表。

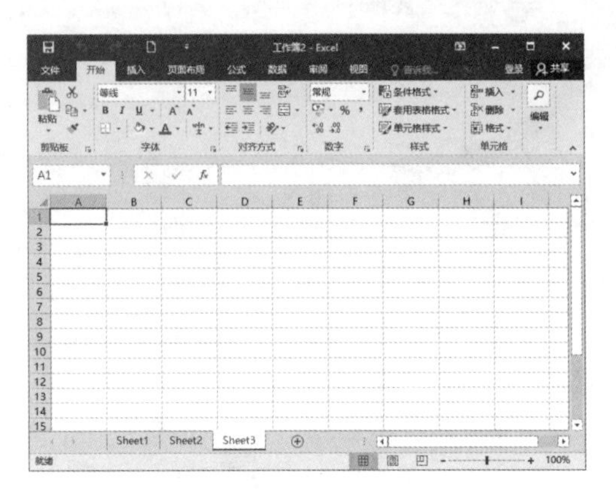

图 1-2 工作簿中的工作表

1.1.3 单元格

工作表中行列交汇处的区域称为单元格，是存储数据的基本单位，它可以存放文字、数字、公式等信息。默认情况下，Excel 用列序号（字母）和行序号（数字）来表示一个单元格的位置，称为单元格地址。在工作表中，每个单元格都有其固定的地址，一个地址只表示一个单元格。比如 A3 就表示位于 A 列与第 3 行的单元格，如图 1-3 所示。

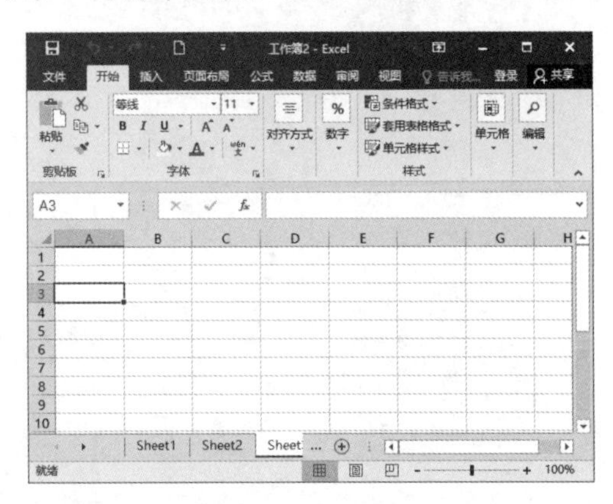

图 1-3 A3 单元格

1.2 Excel 2016的安装与卸载

在使用 Excel 2016 前，需要在计算机上安装该软件。同理，如果不再需要使用 Excel 2016，那么可以从计算机中将其卸载。下面介绍安装与卸载 Excel 2016 的方法。

1.2.1 安装 Excel 2016

Excel 2016 是 Office 2016 的组件之一，若要安装 Excel 2016，首先要启动 Office 2016 的安装程序，然后按照安装向导的提示一步一步地操作。具体操作步骤如下。

步骤 1 将 Office 2016 的安装光盘插入电脑的 DVD 光驱中，或在电脑磁盘上打开存放 Office 2016 的安装程序的文件夹，双击其中的可执行文件 setup，如图 1-4 所示。

步骤 2 弹出如图 1-5 所示界面，安装程序准备中。

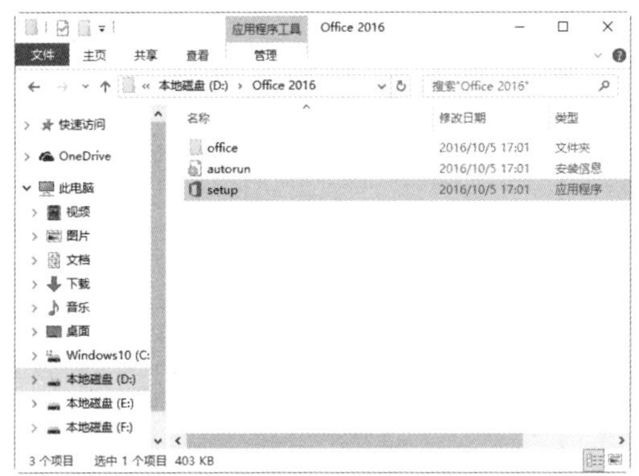

图 1-4　双击可执行文件 setup

图 1-5　准备安装的界面

步骤 3 准备完毕后，即可开始安装 Office 2016 办公组件，并显示安装进度，如图 1-6 所示。

步骤 4 安装完毕后，会显示“一切就绪！ Office 当前已安装”字样，单击【关闭】按钮，完成 Office 2016 的安装，如图 1-7 所示。

图 1-6　安装进度显示

图 1-7　安装完成界面

1.2.2 卸载 Excel 2016

不需要 Excel 2016 时，用户可以将其卸载，具体操作步骤如下。

步骤 1 按 Win+I 组合键，打开【设置】界面，选择【系统】→【应用和功能】选项，在右侧的应用程序列表中，选择 Office 2016，单击【卸载】按钮，如图 1-8 所示。

图 1-8 单击【卸载】按钮

步骤 2 在弹出的对话框中，单击【卸载】按钮，如图 1-9 所示。

图 1-9 单击【卸载】按钮

步骤 3 弹出准备卸载对话框，单击【卸载】按钮即可卸载 Office 2016，如图 1-10 所示。

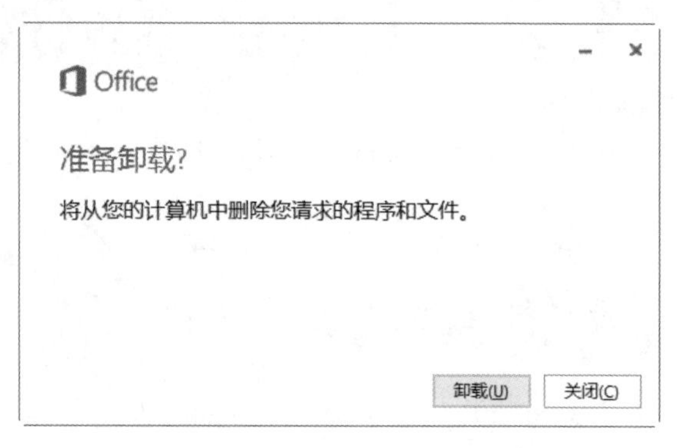

图 1-10 准备卸载对话框

另外，用户还可以按 Win+X 组合键，在弹出的菜单中选择【控制面板】命令，打开【控制面板】窗口，单击【程序和功能】超链接，在打开的【程序和功能】窗口中，在已安装程序列表中选中“Microsoft Office 专业增强版 2016”，然后单击【卸载】按钮进行卸载，如图 1-11 所示。

图 1-11 【程序和功能】窗口

1.3 启动与退出Excel 2016

在安装好 Excel 2016 之后，要想使用该软件编辑、管理表格数据，还需要启动 Excel。下面介绍启动与退出 Excel 2016 的方法。

1.3.1 启动 Excel 2016

用户可以通过以下 3 种方法启动 Excel 2016。

方法 1：通过【开始】菜单启动。

单击桌面任务栏中的【开始】按钮，在弹出的【开始】菜单中选择【所有应用】→ Excel 2016 命令，即可启动 Excel 2016，如图 1-12 所示。

图 1-12　通过【开始】菜单启动

方法 2：通过桌面快捷方式图标启动。

双击桌面上的 Excel 2016 快捷方式图标 ，即可启动 Excel 2016，如图 1-13 所示。

图 1-13　通过桌面快捷方式图标启动

方法 3：通过双击已存在的 Excel 文档启动。

在计算机中找到一个已存在的 Excel 2016 文档（扩展名为 .xlsx），例如图 1-14 中的“出差费用报销单”，双击该文档图标，即可启动 Excel 2016。

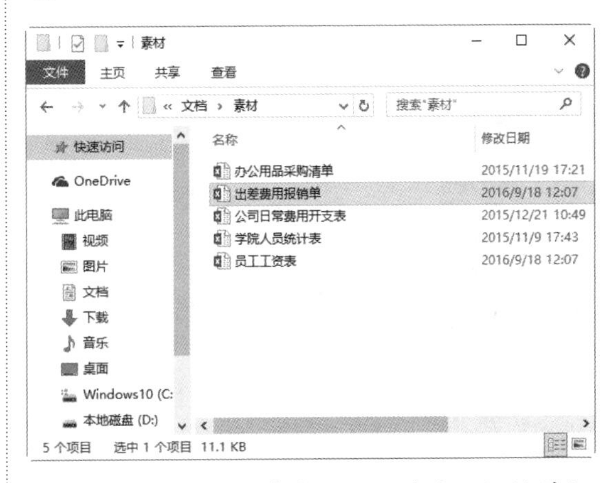

图 1-14　双击已经存在的“出差费用报销单”

> **提示**　通过前两种方法启动 Excel 2016 时，Excel 2016 会自动创建一个空白工作簿，如图 1-15 所示。通过第三种方法启动 Excel 2016 时，Excel 2016 会打开已经创建好的工作簿。

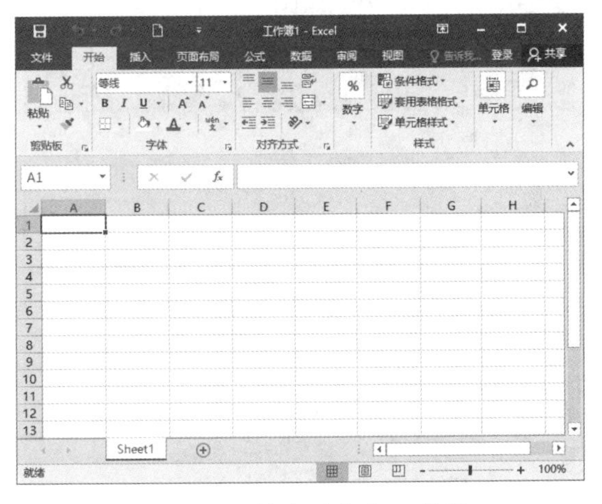

图 1-15　创建的空白工作簿

1.3.2 退出 Excel 2016

与退出其他应用程序类似，通常有以下 5 种方法可退出 Excel 2016。

方法 1：通过文件操作界面退出。

在 Excel 工作窗口中，选择【文件】选项卡（或单击【文件】按钮），进入文件操作界面，选择左侧的【关闭】命令，即可退出 Excel 2016，如图 1-16 所示。

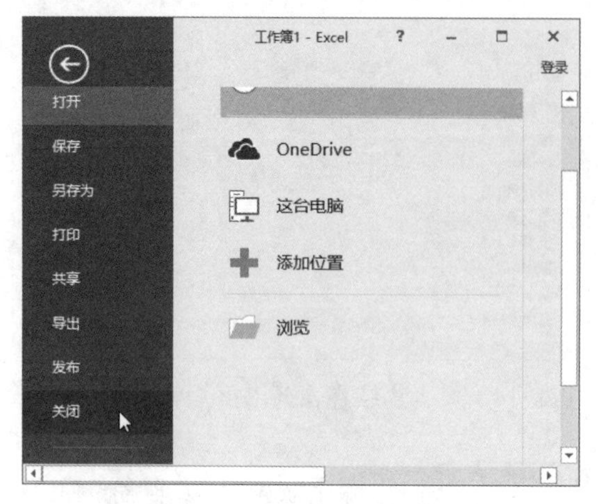

图 1-16 通过文件操作界面退出

方法 2：通过【关闭】按钮退出。

该方法最为简单直接，在 Excel 工作簿窗口中，单击右上角的【关闭】按钮 ×，即可退出 Excel 2016，如图 1-17 所示。

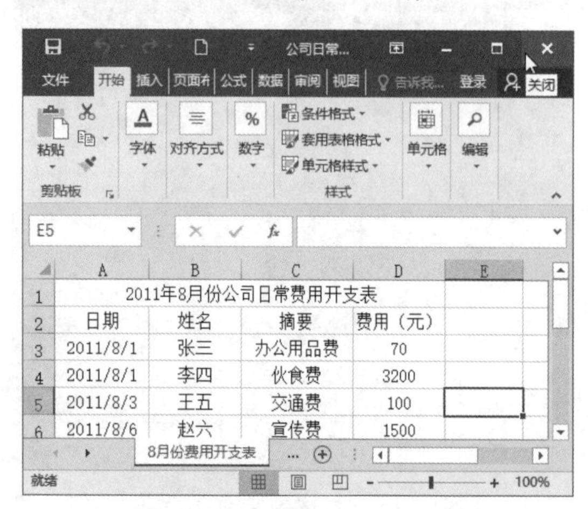

图 1-17 通过【关闭】按钮退出

方法 3：通过控制菜单图标退出。

在 Excel 工作簿窗口中，右击标题栏，在弹出的快捷菜单中选择【关闭】命令，即可退出 Excel 2016，如图 1-18 所示。

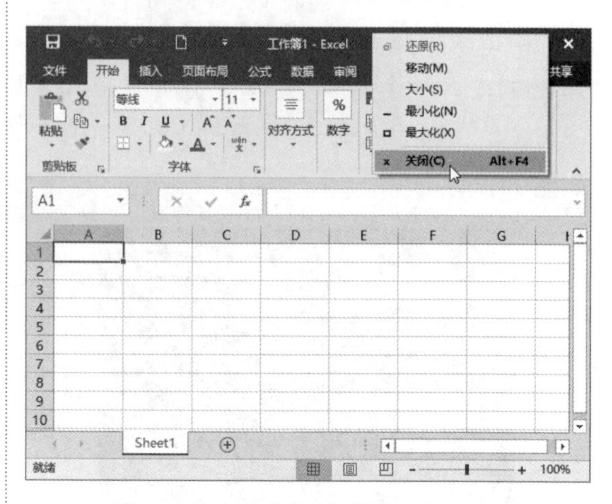

图 1-18 通过控制菜单图标退出

方法 4：通过任务栏退出。

在桌面任务栏中，选中 Excel 2016 图标并右击，在弹出的快捷菜单中选择【关闭窗口】命令，即可退出 Excel 2016，如图 1-19 所示。

图 1-19 通过任务栏退出

方法 5：通过组合键退出。

单击选中 Excel 窗口，按 Alt+F4 组合键，即可退出 Excel 2016。

1.4 Excel 2016的工作界面

每个 Windows 应用程序都有其独立的窗口，Excel 2016 也不例外。启动 Excel 2016 后可以看到，Excel 2016 的窗口主要由工作区、【文件】选项卡（或【文件】按钮，以下不再

重复）、标题栏、功能区、编辑栏、快速访问工具栏和状态栏 7 部分组成，如图 1-20 所示。

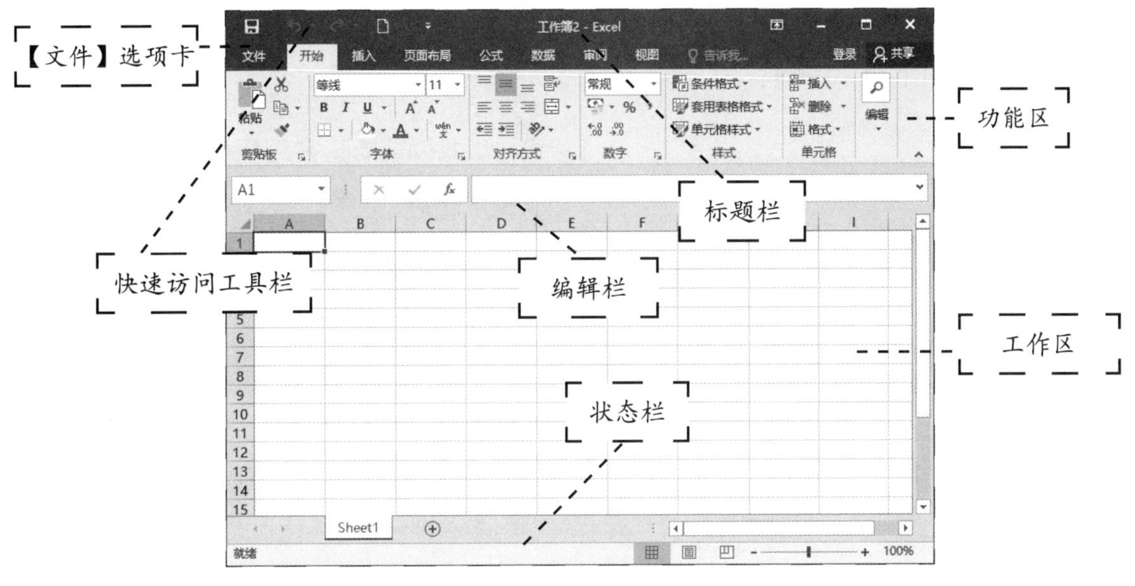

图 1-20 Excel 2016 的工作界面

1.4.1 认识 Excel 的工作界面

在了解了 Excel 工作界面的组成部分后，下面详细介绍各个部分的用途和功能。

1. 工作区

工作区是 Excel 2016 操作界面中用于输入和编辑不同的数据类型的区域，由单元格组成，如图 1-21 所示。

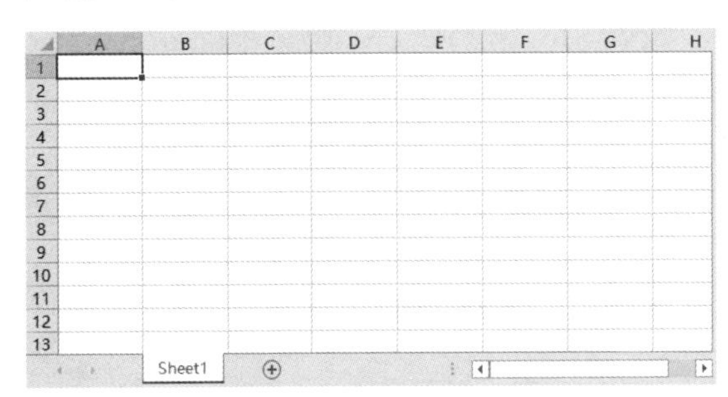

图 1-21 工作区

2. 【文件】选项卡

选择【文件】选项卡进入文件操作界面，会显示一些基本命令，包括【新建】、【打开】、【保存】、【打印】、【选项】以及一些其他命令，如图 1-22 所示。

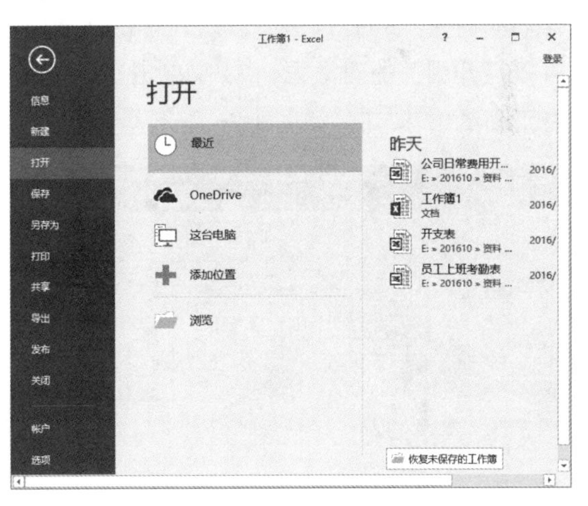

图 1-22 【打开】界面

3. 标题栏

默认状态下，标题栏左侧显示快速访问工具栏，标题栏中间显示当前编辑表格的文件名称。启动 Excel 时，标题栏默认的文件名为“工作簿 1”，如图 1-23 所示。

图 1-23　标题栏

功能区

Excel 2016 的功能区由各种选项卡和选项卡中的命令按钮组成，利用选项卡可以轻松地查找以前隐藏在复杂菜单和工具栏中的命令和功能，如图 1-24 所示。

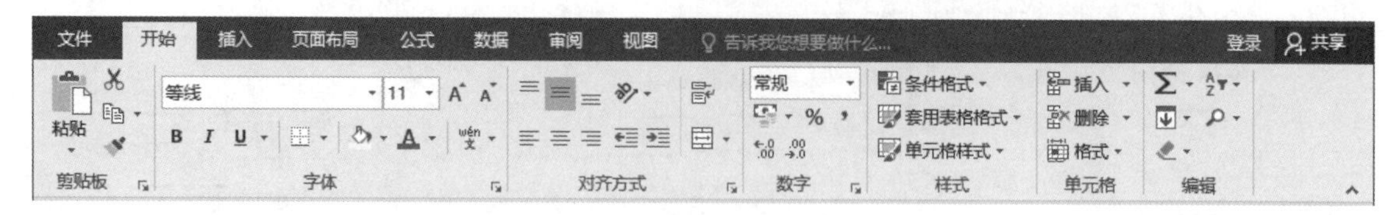

图 1-24　功能区

每个选项卡中包含多个组。例如，【插入】选项卡中包含【表格】、【加载项】和【图表】等组，每个组中又包含若干个相关的命令按钮，如图 1-25 所示。

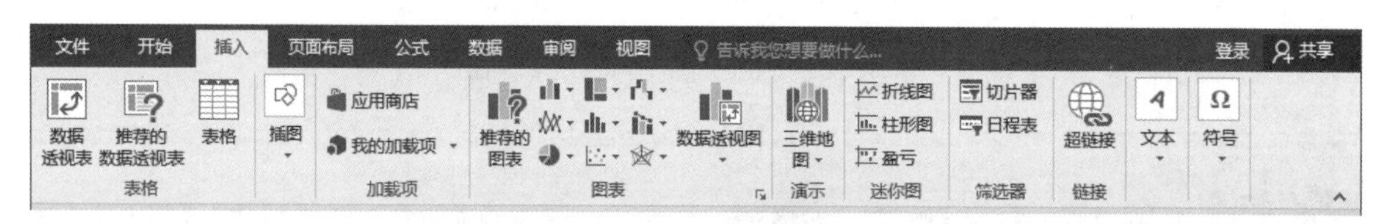

图 1-25　【插入】选项卡

某些组的右下角有个 图标（称为对话框启动器或“启动对话框”按钮），单击该图标，可以打开相关的对话框。例如，单击【剪贴板】右下角的 按钮，如图 1-26 所示。

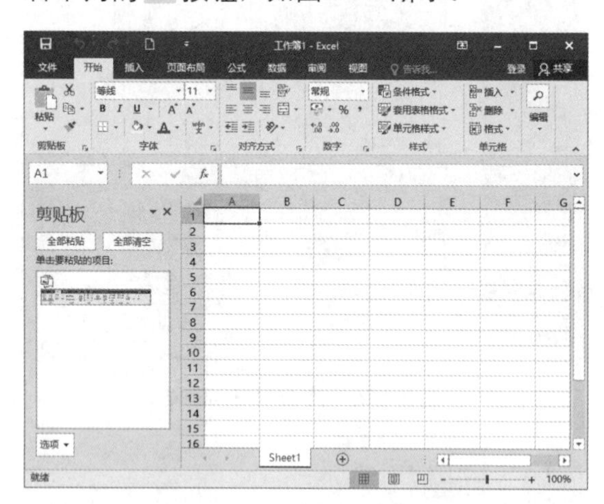

图 1-26　【剪贴板】窗格

某些选项卡只在需要使用时才显示出来。例如选择图表时，功能区中添加了【设计】和【格式】选项卡，这些选项卡为操作图表提供了更多适合的命令。当没有选中这些对象时，与之相关的这些选项卡则会隐藏起来，如图 1-27 所示。

图 1-27　【设计】选项卡

Excel 默认选择的选项卡为【开始】选项卡，使用时，可以通过单击来选择其他需要的选项卡。

5. 编辑栏

编辑栏位于功能区的下方，工作区的上方，用于显示和编辑当前活动单元格的名称、

数据或公式，如图 1-28 所示。

图 1-28　编辑栏

名称框用于显示当前单元格的地址和名称，当选中单元格或区域时，名称框中将出现相应的地址名称。使用名称框可以快速定位目标单元格，例如在名称框中输入“D15”，然后按 Enter 键即可将活动单元格定位为 D 列第 15 行，如图 1-29 所示。

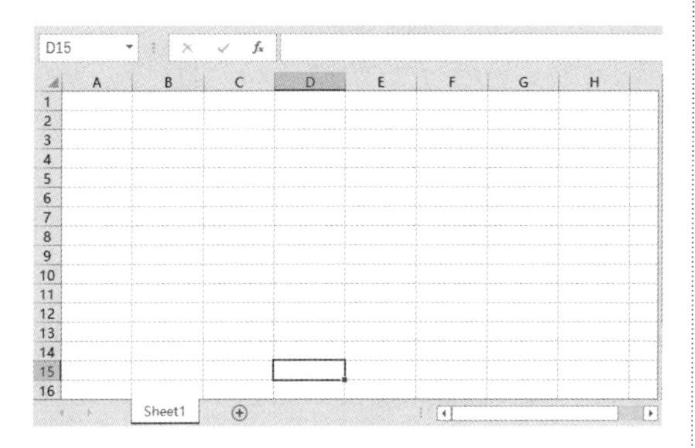

图 1-29　定位单元格

公式框主要用于向活动单元格中输入公式、修改数据或公式。当向单元格中输入数据或公式时，就会激活名称框和公式框之间的【确定】按钮与【取消】按钮。单击【确定】按钮✓，可以确认输入或修改该单元格的内容，同时退出编辑状态；单击【取消】按钮×，则可取消对该单元格的编辑，如图 1-30 所示。

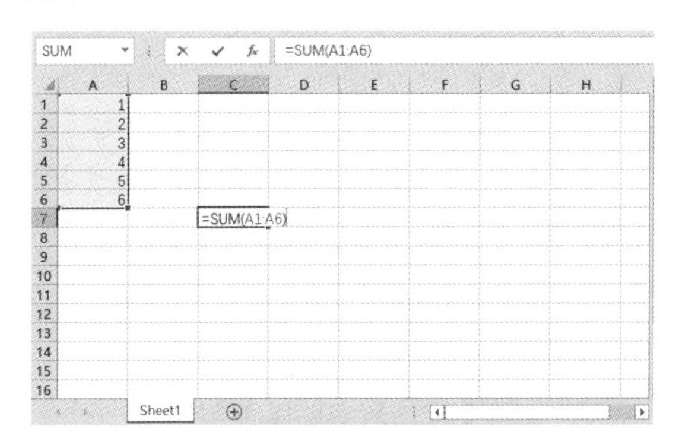

图 1-30　编辑栏的公式框

另外，在名称框和公式框之间还有【插入函数】按钮，该按钮用于向工作表中插入函数。

6. 快速访问工具栏

快速访问工具栏位于标题栏的左侧，默认的快速访问工具栏中包含【保存】、【撤消】和【恢复】等命令按钮，如图 1-31 所示。

图 1-31　快速访问工具栏

单击快速访问工具栏右边的下拉箭头，在弹出的下拉菜单中，可以自定义快速访问工具栏中的命令按钮，如图 1-32 所示。

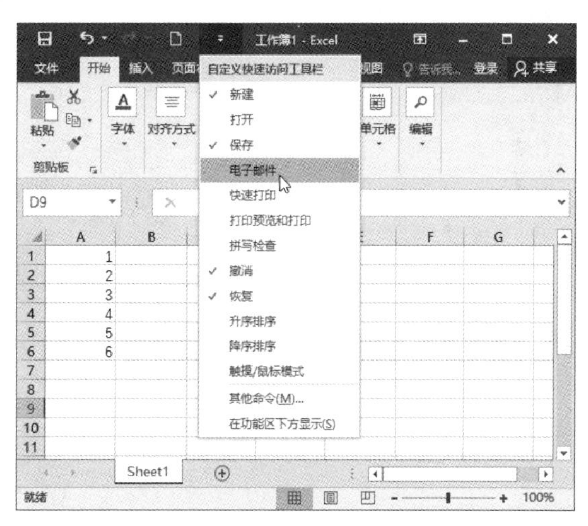

图 1-32　下拉菜单

7. 状态栏

状态栏用于显示当前数据的编辑状态、页面显示方式以及页面比例等，如图 1-33 所示。

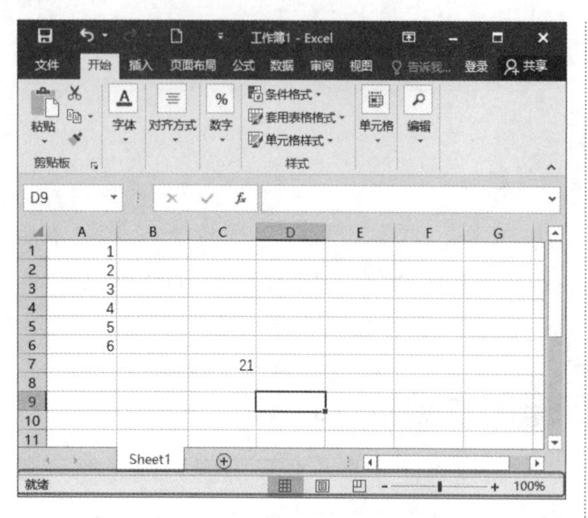

图 1-33 状态栏

在 Excel 2016 的状态栏中显示的 3 种状态如下。

（1）对单元格进行任何操作，状态栏会显示“就绪”字样，如图 1-34 所示。

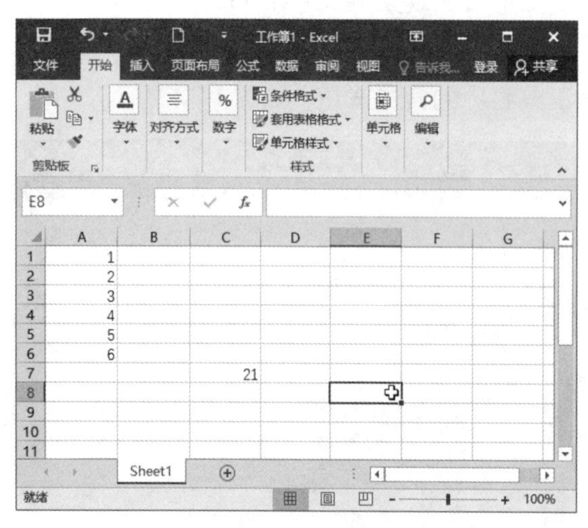

图 1-34 显示“就绪”字样

（2）向单元格中输入数据时，状态栏会显示“输入”字样，如图 1-35 所示。

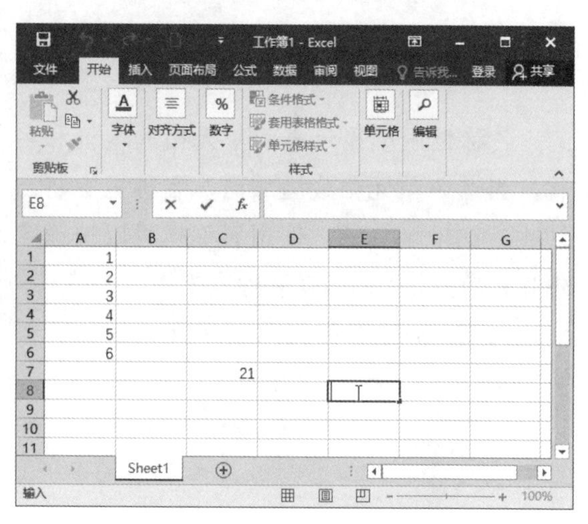

图 1-35 显示“输入”字样

（3）对单元格中的数据进行编辑时，状态栏会显示“编辑”字样，如图 1-36 所示。

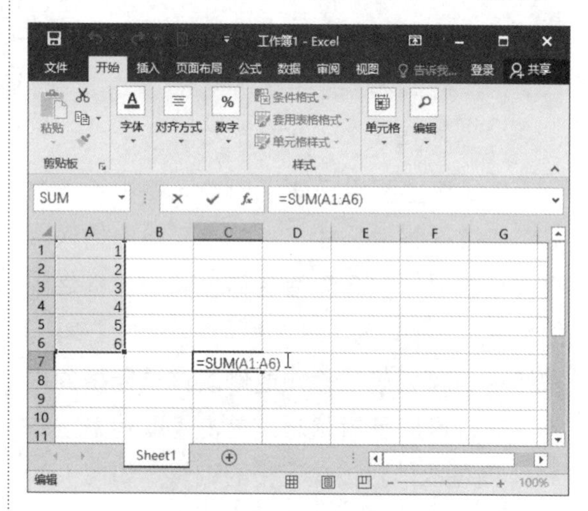

图 1-36 显示“编辑”字样

1.4.2 自定义功能区

通过自定义 Excel 2016 的操作界面，用户可以将最常用的功能放在最显眼的地方，以便更加快捷地使用。功能区的各个选项卡可以由用户自定义，包括功能区中选项卡、组、命令的添加、删除、重命名、次序调整等。自定义功能区的具体方法如下。

步骤 1 在功能区的空白处右击，在弹出的快捷菜单中选择【自定义功能区】命令，如图 1-37

所示。

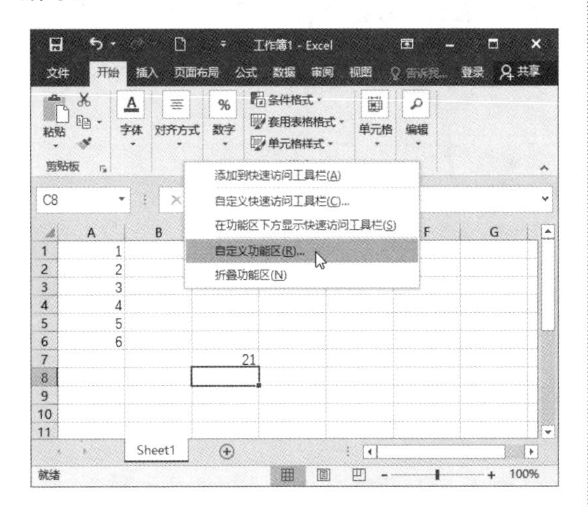

图 1-37 自定义功能区

步骤 2 打开【Excel选项】对话框，选择【自定义功能区】选项，对话框右侧将显示自定义功能区，从中可以实现功能区的自定义，如图 1-38 所示。

图 1-38 【Excel 选项】对话框

1. 新建/删除选项卡

步骤 1 打开【Excel选项】对话框，选择【自定义功能区】选项，单击对话框右侧列表下方的【新建选项卡】按钮，系统会自动创建 1 个选项卡和 1 个组，如图 1-39 所示。

步骤 2 单击【确定】按钮，功能区中即会出现新建的选项卡和组，如图 1-40 所示。

图 1-39 单击【新建选项卡】按钮

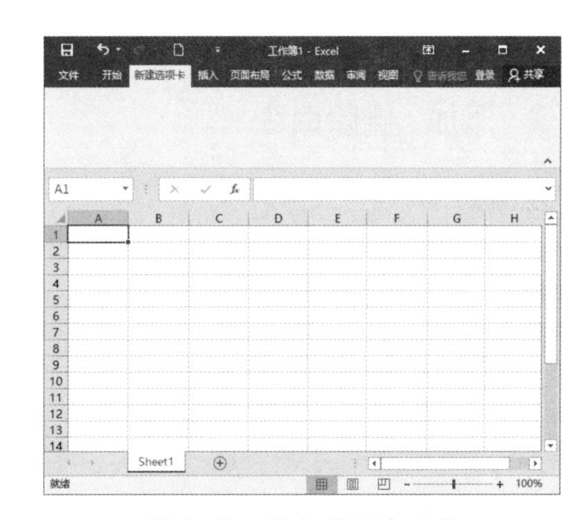

图 1-40 添加的新选项卡

步骤 3 在【Excel 选项】对话框的【自定义功能区】选项区域右侧列表中选中新建的选项卡，单击【删除】按钮，即可从功能区中删除该选项卡，如图 1-41 所示。

图 1-41 单击【删除】按钮

步骤 4 单击【确定】按钮，返回到 Excel 工作界面，即可看到新建的选项卡消失了，如图 1-42 所示。

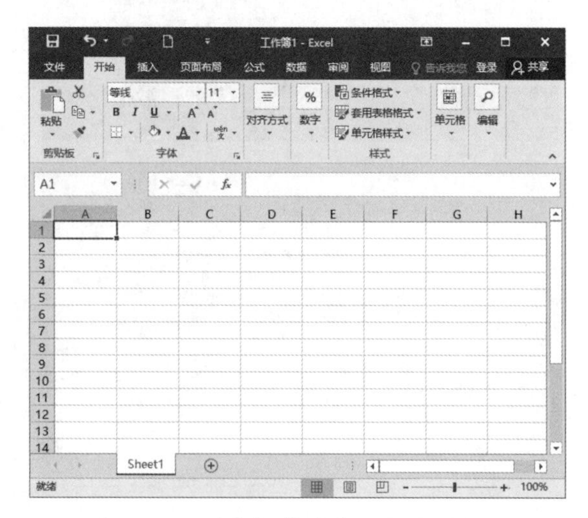

图 1-42 删除新建的选项卡后的界面

2. 添加／删除命令

步骤 1 打开【Excel 选项】对话框，在【自定义功能区】选项区域，单击右侧列表中需要添加命令的组，选择左侧列表中要添加的命令，然后单击【添加】按钮，即可将此命令添加到指定组中，如图 1-43 所示。

步骤 2 单击【确定】按钮，返回到 Excel 工作界面即可在功能区看到【打开】命令，如图 1-44 所示。

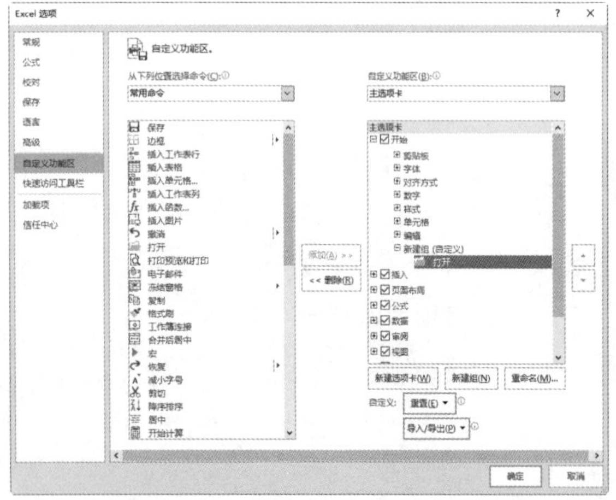

图 1-43 选择要添加的【打开】命令

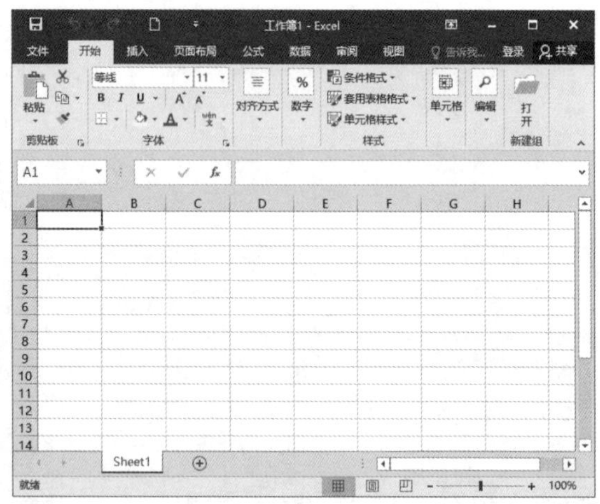

图 1-44 添加了【打开】命令的 Excel 工作界面

步骤 3 在【Excel 选项】对话框【自定义功能区】选项区域的右侧列表中选中要删除的命令，然后单击【删除】按钮，即可从组中删除该命令。

1.4.3 自定义状态栏

在状态栏上右击，在弹出的快捷菜单中，通过选择或撤选相关命令可以实现在状态栏

上显示或隐藏信息的目的，如图 1-45 所示。如果这里撤选【显示比例】命令，那么在 Excel 2016 工作界面右下角显示比例的数据将会消失，如图 1-46 所示。

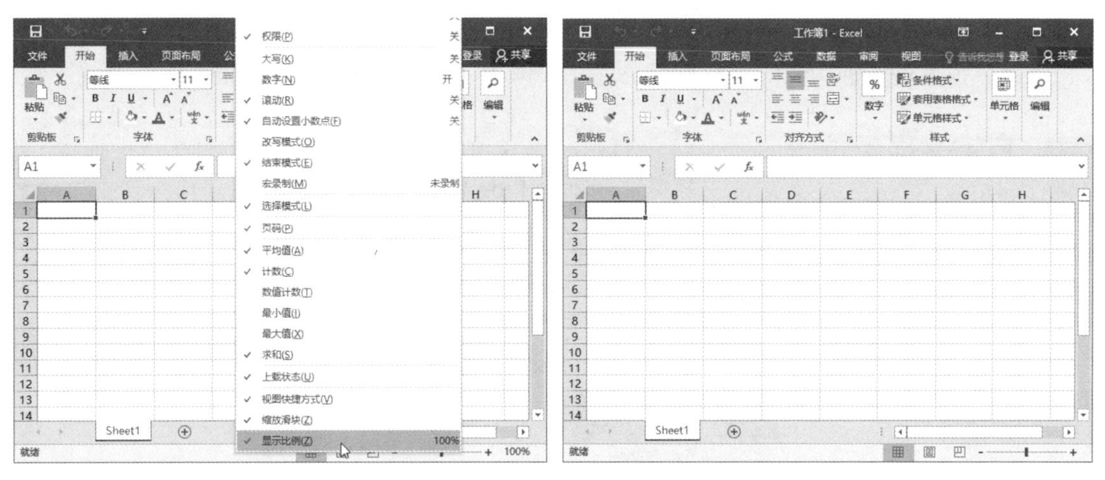

图 1-45　选择相关命令　　　　图 1-46　数据隐藏

1.5 高效办公技能实战

1.5.1 最小化功能区

在 Excel 2016 中，将功能区最小化，可以扩大工作区的显示范围，具体操作步骤如下。

步骤 1 在 Excel 工作界面中单击选项卡右侧的 ^ 按钮，即可将功能区最小化，如图 1-47 所示。最小化后的功能区只显示选项卡的名称，选择任一选项卡，选项卡都会浮于工作区的上方；单击工作区，选项卡就会消失。

步骤 2 单击选项卡右侧的 按钮，即可将功能区按照默认形式显示，如图 1-48 所示。

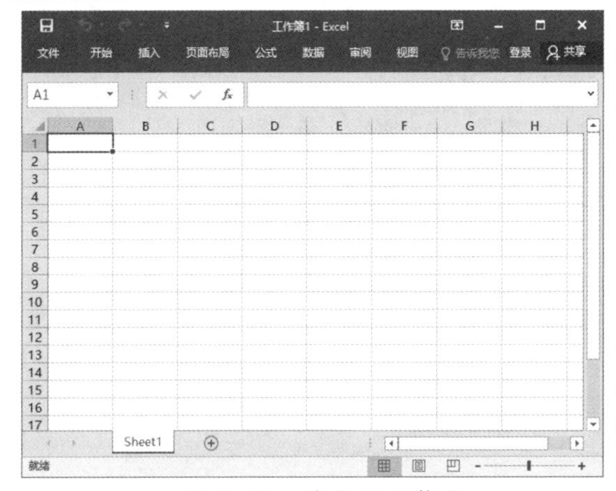

图 1-47　最小化功能区

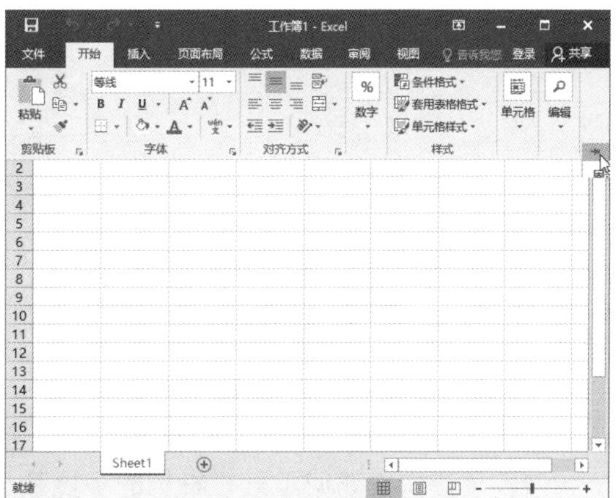

图 1-48　显示功能区

1.5.2 个性化快速访问工具栏

快速访问工具栏的功能就是让用户快速访问对象。默认的快速访问工具栏中仅列出了保存、撤销、恢复这 3 种功能，用户可以自定义快速访问工具栏，将最常用的工具显示在上面。

1. 自定义显示位置

单击快速访问工具栏右侧的下拉箭头，在弹出的快捷菜单中选择【在功能区下方显示】命令，如图 1-49 所示。此时快速访问工具栏已显示在功能区的下方，如图 1-50 所示。

图 1-49 选择【在功能区下方显示】命令

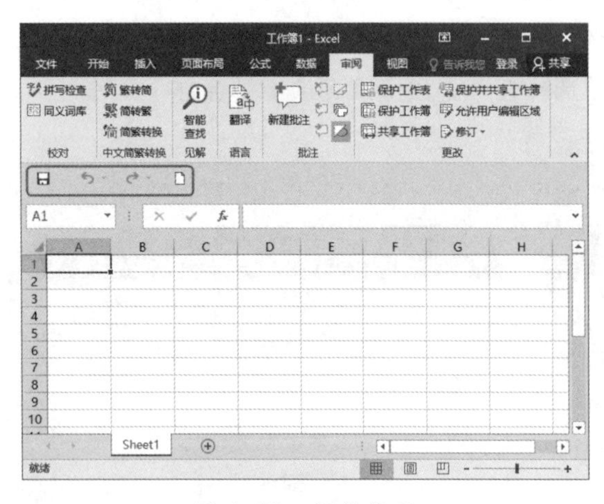

图 1-50 调整位置

2. 添加功能

（1）单击快速访问工具栏右侧的下拉箭头，在弹出的快捷菜单中选择相应的命令（如【新建】命令），如图 1-51 所示，即可将其添加到快速访问工具栏中。添加后，该命令前将会出现一个🗋标记。

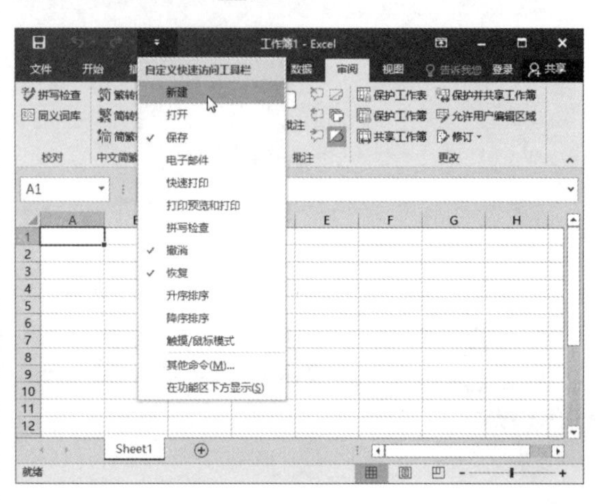

图 1-51 选择【新建】命令

（2）选择【其他命令】命令，弹出【Excel 选项】对话框，单击【添加】按钮，只需将左侧列表中的命令（如【打开】）添加到右侧列表中，即意味着已将其添加到了快速访问工具栏中，如图 1-52 所示。

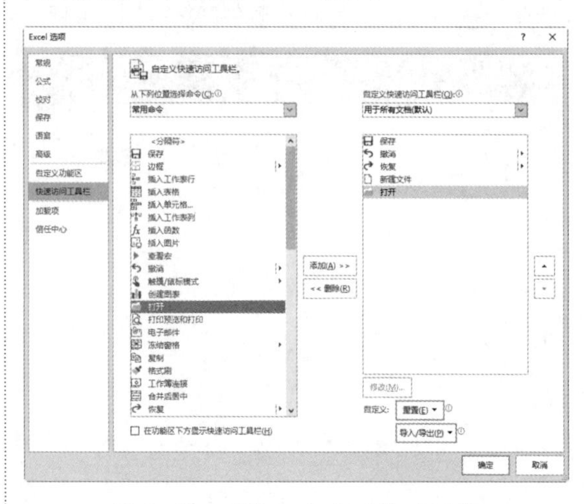

图 1-52 【Excel 选项】对话框

3. 移除功能

（1）单击快速访问工具栏右侧的下拉箭头，在弹出的快捷菜单中选择要移除的命令（前提是此命令已被添加到快速访问工具栏），即可将其从快速访问工具栏中移除，此时该命令前的 标记会消失，如图 1-53 所示。

（2）在【Excel 选项】对话框的【自定义快速访问工具栏】选项区域，选中要删除的选项，单击【删除】按钮，即可将右侧列表中的命令移动到左侧列表中，同时也意味着该按钮已从快速访问工具栏中被移除，如图 1-54 所示。

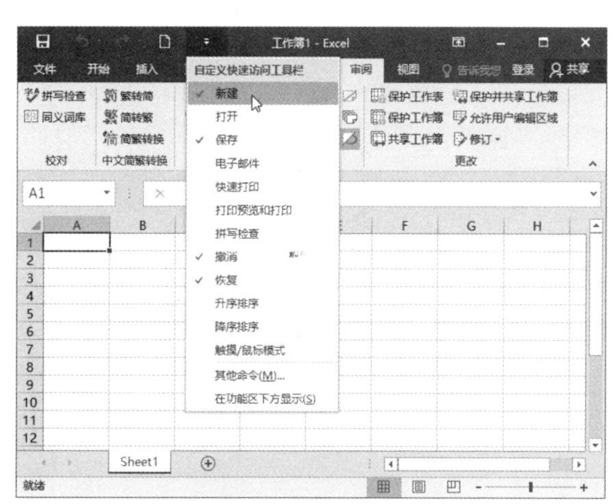

图 1-53　移除功能

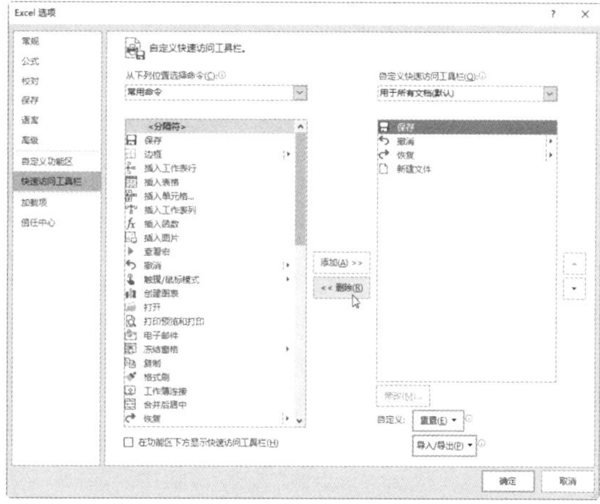

图 1-54　【Excel 选项】对话框

1.6 高手解惑

问：为什么在【数据】选项卡下找不到【记录单】选项呢？

高手：出现这种情况，需要切换到【文件】选项卡，从打开的界面中选择【选项】命令，即可弹出【Excel 选项】对话框，在左侧列表中选择【自定义功能区】选项，切换至【自定义功能区】选项区域，在右侧【主选项卡】列表中选择【数据】选项，单击【新建组】按钮，即可在【数据】选项卡下方创建一个【新建组（自定义）】选项；再在【从下列位置选择命令】下拉列表中选择【不在功能区中的命令】选项列表中的【记录单】命令，单击【添加】按钮，此时【记录单】命令已被添加到右侧的列表框中。

问：为什么用户设置了页眉和页脚操作后，在工作表中却显示不出来呢？

高手：当出现这种情况时，用户可以在【插入】选项卡下的【文本】组中，单击【页眉和页脚】按钮，即可在工作表中显示出页眉和页脚，而且此时用户可以在页眉和页脚之间进行切换并编辑页眉或页脚，单击工作表的其他区域，即可确认页眉和页脚的编辑。

工作表与工作簿的基本操作

- **本章导读**

对于初学 Excel 的用户，有时分不清什么是工作簿，什么是工作表，而对这两者的操作又是 Excel 中首先应该了解的。本章将为读者介绍 Excel 2016 中工作簿和工作表的概念及其基本操作。

- **学习目标**

◎ 掌握 Excel 工作簿的基本操作

◎ 掌握 Excel 工作表的基本操作

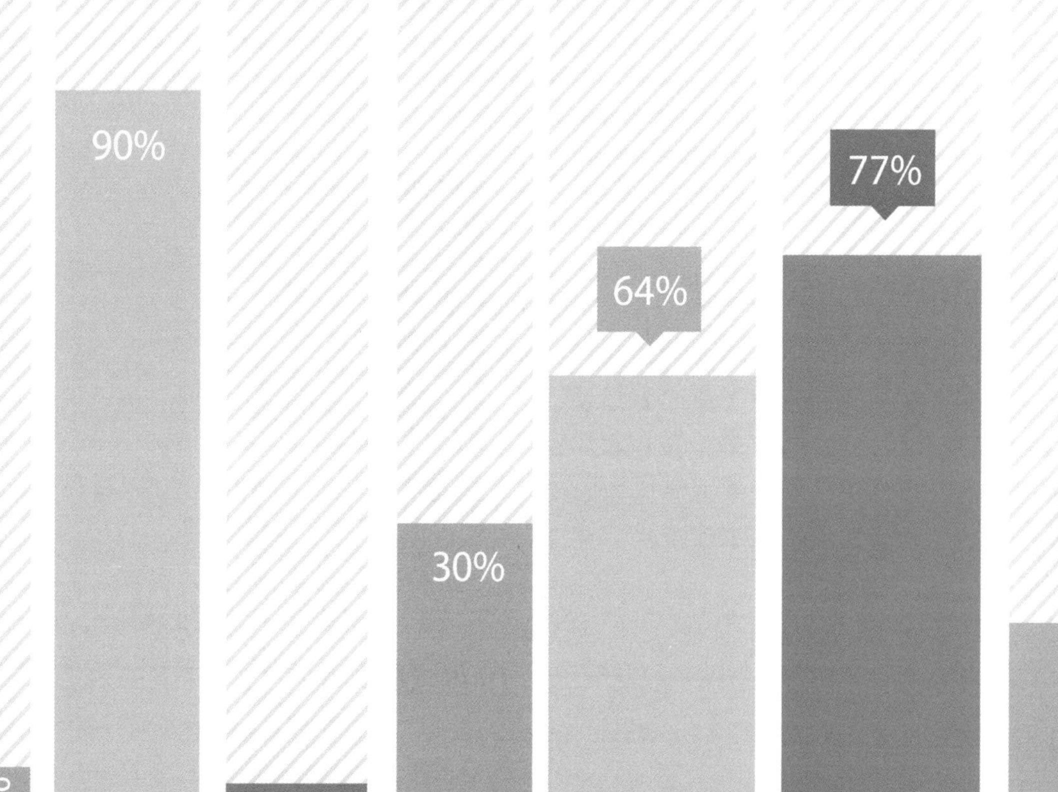

2.1 Excel工作簿的基本操作

与操作 Word 2016 一样，Excel 2016 对工作簿的操作主要有新建、保存、打开、切换以及关闭等。

2.1.1 创建空白工作簿

使用 Excel 工作，首先要创建一个工作簿，创建空白工作簿的方法有以下几种。

1. 启动自动创建

启动 Excel 后，它会自动创建一个名称为“工作簿 1”的工作簿，如图 2-1 所示。

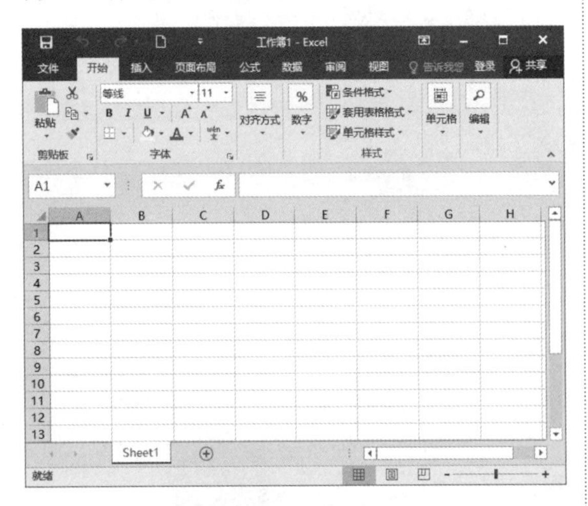

图 2-1 空白工作簿

2. 使用快速访问工具栏

单击快速访问工具栏右侧的下拉按钮，在弹出的下拉列表中选择【新建】选项，如图 2-2 所示，即可将【新建】按钮添加到快速访问工具栏中，然后单击快速访问工具栏中的【新建】按钮，即可新建一个工作簿。

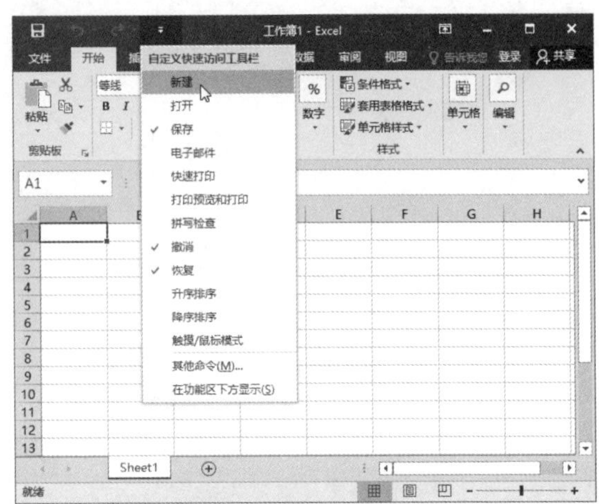

图 2-2 选择【新建】选项

3. 使用【文件】选项卡

步骤 1 选择【文件】选项卡，在打开的界面左边的列表中选择【新建】命令，在界面的右侧选择【空白工作簿】选项，如图 2-3 所示。

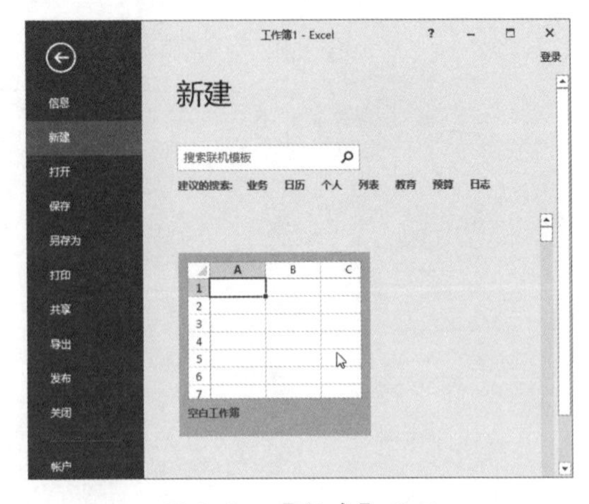

图 2-3 【新建】界面

步骤 2 随即创建一个新的空白工作簿，

如图 2-4 所示。

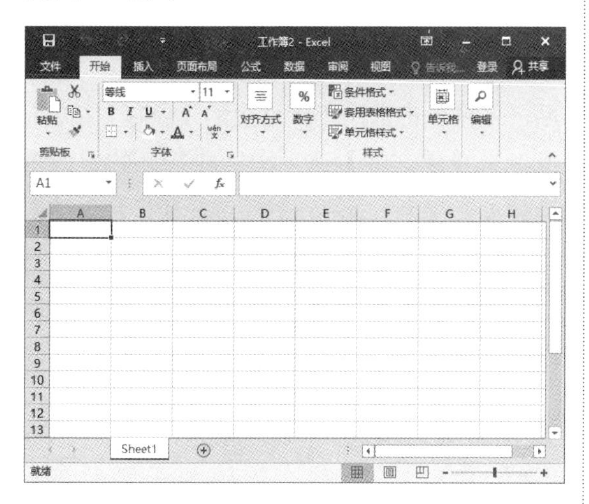

图 2-4　空白工作簿

使用快捷键

按 Ctrl+N 组合键即可新建一个工作簿。

2.1.2 使用模板创建工作簿

Excel 2016 提供了很多默认的工作簿模板，使用模板可以快速地创建同类别的工作簿，具体操作步骤如下。

步骤 1 选择【文件】选项卡，在打开的界面中选择【新建】命令，进入【新建】界面，在打开的界面中选择【基本销售报表】选项，随即打开【基本销售报表】模板，如图 2-5 所示。

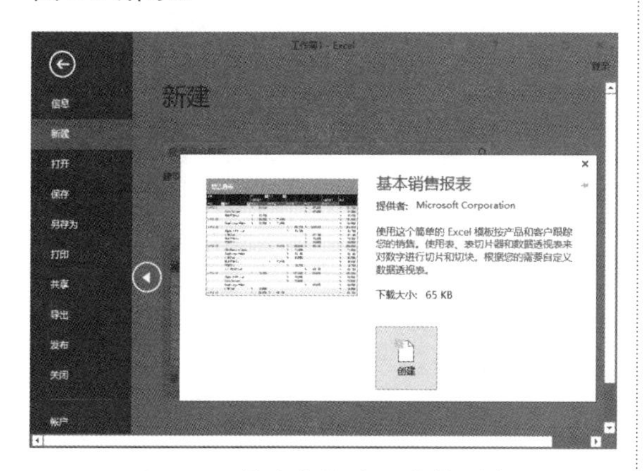

图 2-5　【基本销售报表】模板

步骤 2 单击【创建】按钮，即可根据选择的模板新建一个工作簿，如图 2-6 所示。

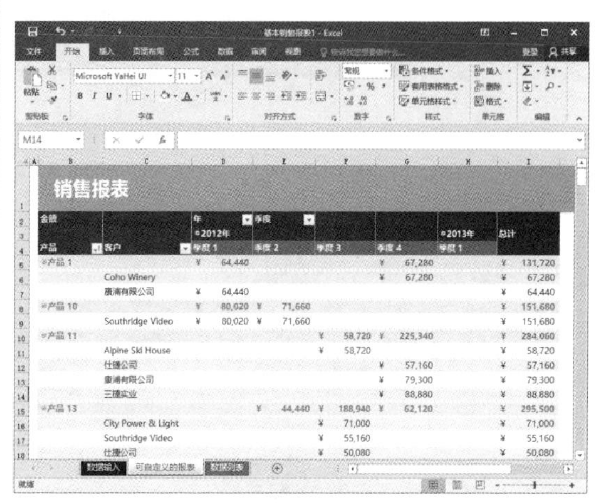

图 2-6　使用模板创建工作簿

2.1.3 保存工作簿

保存工作簿的方法有多种，常见的有初次保存工作簿和保存已有的工作簿两种，下面分别介绍。

初次保存工作簿

工作簿创建完毕之后，就要将其进行保存以备今后查看和使用，在初次保存工作簿时，需要指定工作簿的保存路径和保存名称，具体操作如下。

步骤 1 在新创建的 Excel 工作界面中，选择【文件】选项卡，在打开的界面中选择【保存】命令，或按 Ctrl+S 组合键，或单击快速访问工具栏中的【保存】按钮，如图 2-7 所示。

步骤 2 进入【另存为】界面，选择工作簿保存的位置，这里选择【这台电脑】选项，如图 2-8 所示。

步骤 3 单击【浏览】按钮，打开【另存为】对话框，在【文件名】下拉列表框中输入工作簿的保存名称，在【保存类型】下拉列表

框中选择文件保存的类型，设置完毕后，单击【保存】按钮即可，如图 2-9 所示。

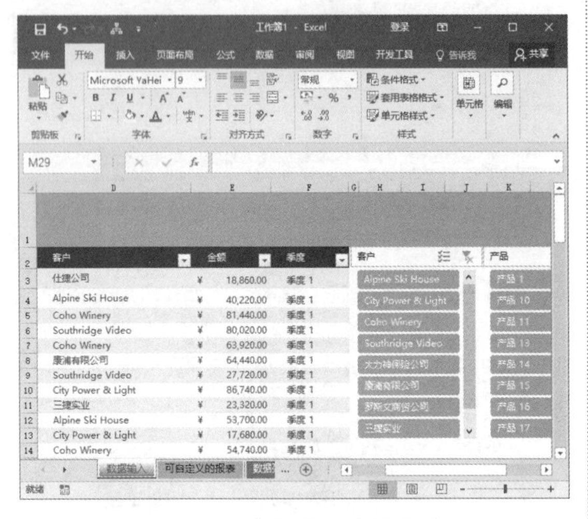

图 2-7　单击【保存】按钮

图 2-8　【另存为】界面

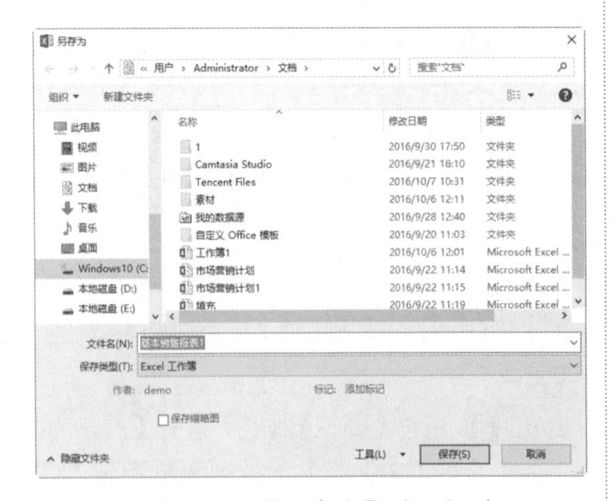

图 2-9　【另存为】对话框

2. 保存已有的工作簿

对于已有的工作簿，当打开并修改完毕后，只需单击常用工具栏上的【保存】按钮；或者选择【文件】选项卡，在打开的界面中选择【另存为】命令，然后选择【这台电脑】作为保存位置，最后单击【浏览】按钮，打开【另存为】对话框，以其他名称保存或保存到其他位置。

2.1.4 打开工作簿

打开工作簿的方法如下。

方法 1：在 Excel 文件上双击，如图 2-10 所示，即可打开，如图 2-11 所示。

图 2-10　Excel 工作簿图标

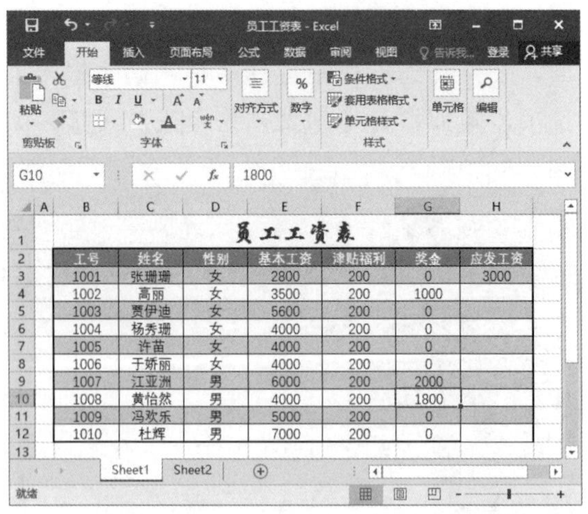

图 2-11　打开的 Excel 工作簿

方法 2：在 Excel 2016 操作界面中选择【文件】选项卡，在打开的界面中选择【打开】

命令，选择【这台电脑】选项，如图 2-12 所示。单击【浏览】按钮，打开【打开】对话框，在其中找到文件保存的位置，选中要打开的文件，如图 2-13 所示。

图 2-12　【打开】界面

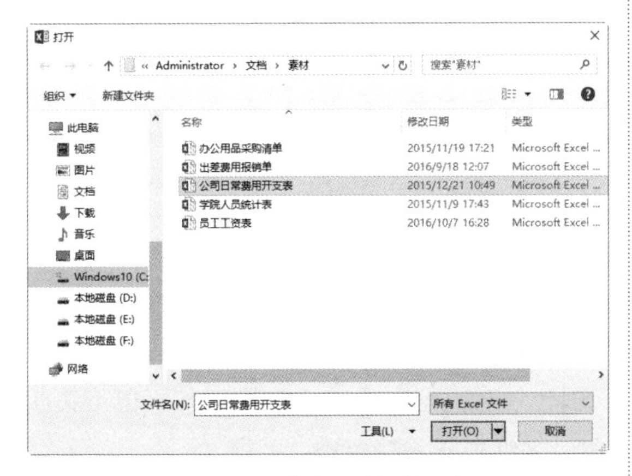

图 2-13　【打开】对话框

单击【打开】按钮，即可打开 Excel 工作簿，如图 2-14 所示。

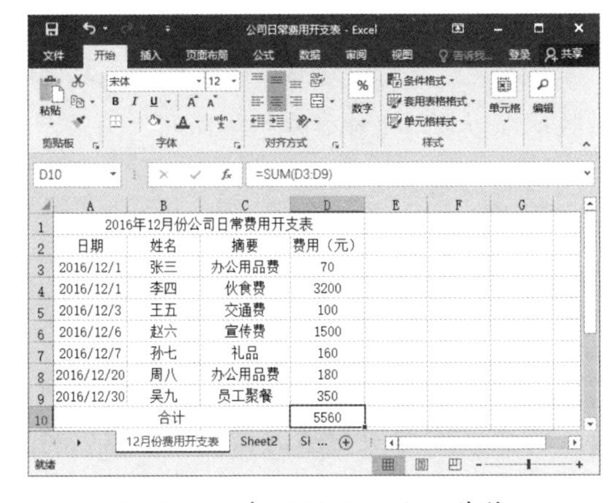

图 2-14　打开的 Excel 工作簿

提示　按 Ctrl+O 快捷键，打开【打开】界面；或者单击快速访问工具栏中的下三角按钮，在打开的下拉列表中选择【打开】选项，将【打开】按钮添加到快速访问工具栏中，单击快速访问工具栏中的【打开】按钮，打开【打开】界面，然后选择文件保存的位置，一般选择【这台电脑】选项，再单击【浏览】按钮，打开【打开】对话框，在其中选择要打开的文件，也可以打开 Excel 工作簿，如图 2-15 所示。

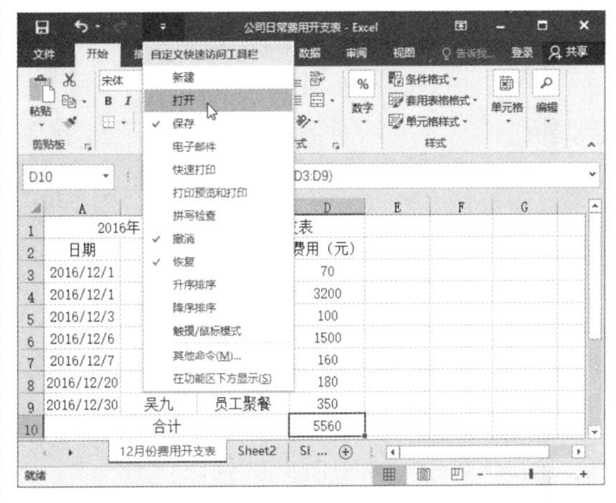

图 2-15　快速访问工具栏

2.1.5 关闭工作簿

当用户完成了对 Excel 工作簿的编辑之后，不再需要 Excel 工作簿时可以将其关闭。关闭 Excel 工作簿的方法有以下两种。

方法 1：单击窗口右上角的【关闭】按钮，如图 2-16 所示。

方法 2：选择【文件】选项卡，在打开的界面中选择【关闭】命令，如图 2-17 所示。

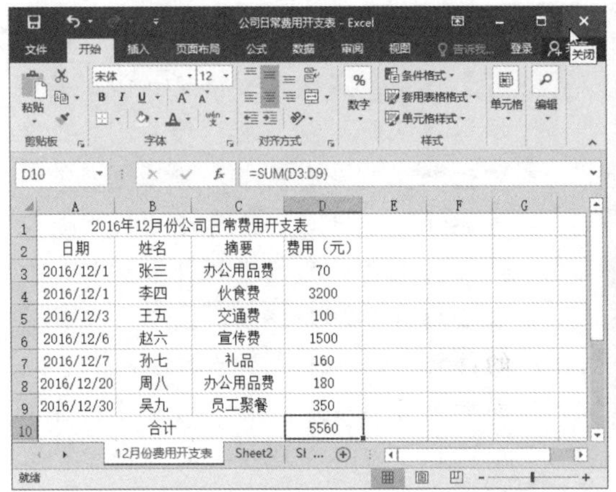

图 2-16　单击【关闭】按钮

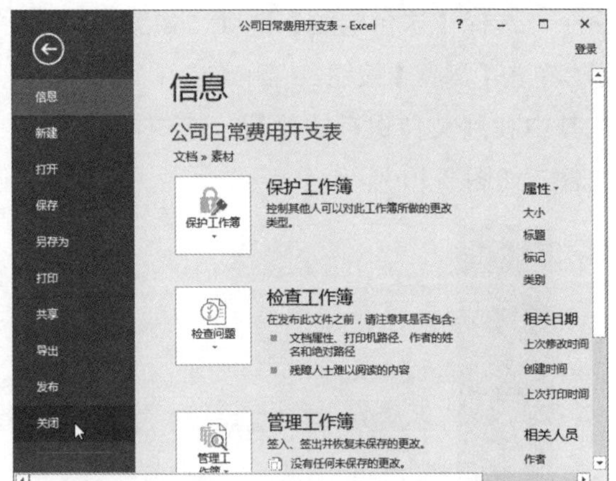

图 2-17　选择【关闭】命令

在关闭 Excel 2016 文件之前，如果所编辑的表格没有保存，那么系统会弹出保存提示对话框，如图 2-18 所示。

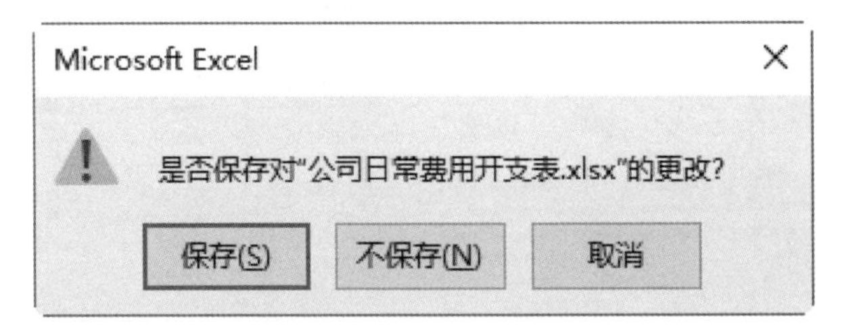

图 2-18　提示对话框

单击【保存】按钮，将保存对表格所做的修改，并关闭 Excel 2016 文件；单击【不保存】按钮，则不保存对表格所做的修改，并关闭 Excel 2016 文件；单击【取消】按钮，不但不关闭 Excel 2016 文件，而且系统会返回 Excel 2016 界面，继续处于编辑状态。

2.2 Excel工作表的基本操作

工作表是工作簿的组成部分，默认情况下，新建的工作簿只含有 1 个工作表，其名称为“Sheet1”。用户使用工作表可以组织和分析数据，以及对工作表进行重命名、插入、删除、显示、隐藏等操作。

2.2.1 插入与删除工作表

在 Excel 2016 中，新建的工作簿中只有 1 个工作表，如果该工作簿需要多个不同类型的工作表，就需要在工作簿中插入新的工作表；对于工作簿中无用的工作表，可以将其删除。

1. 插入工作表

在工作簿中插入工作表的方法主要有以下 4 种，下面分别进行介绍。

方法 1： 打开需要插入工作表的文件，在文档窗口中单击工作表 Sheet1 的标签，然后单击【开始】选项卡下【单元格】组中的【插入】按钮，在弹出的下拉菜单中选择【插入工作表】命令，如图 2-19 所示。

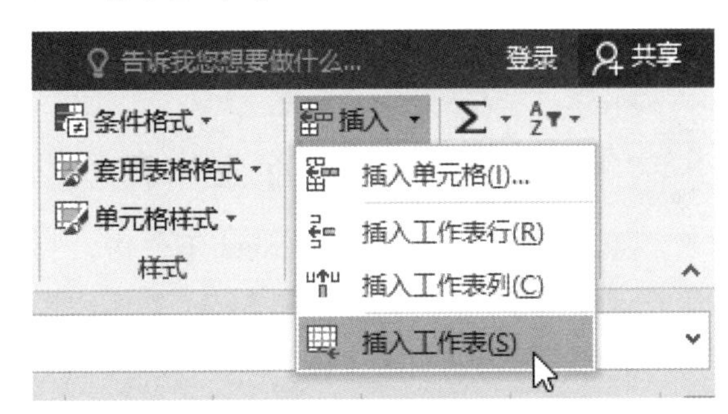

图 2-19　选择【插入工作表】命令

方法 2： 单击工作表标签右侧的【新工作表】按钮⊕，即可在工作表标签最右侧插入一个新工作表，如图 2-20 所示。

图 2-20　单击【新工作表】按钮

方法 3： 在工作表 Sheet1 的标签上右击，在弹出的快捷菜单中选择【插入】命令，如图 2-21 所示，在弹出的【插入】对话框中单击【常用】选项卡中的【工作表】图标，如图 2-22 所示，单击【确定】按钮，即可插入新的工作表。

图 2-21　选择【插入】命令

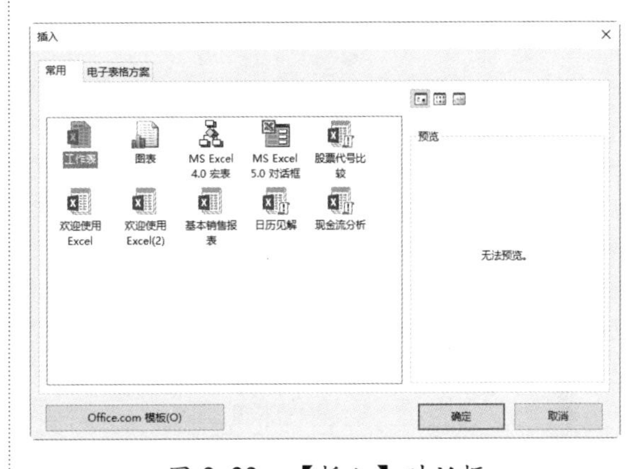

图 2-22　【插入】对话框

方法 4： 在键盘上按 Shift+F11 组合键，即可在当前工作表的左侧插入新的工作表。

2. 删除工作表

为了便于管理 Excel 表格，应当将无用的 Excel 表格删除，以节省存储空间。删除 Excel 表格的方法有以下两种。

方法 1： 选中要删除的工作表，然后单击【开始】选项卡下【单元格】组中的【删除】按钮，在弹出的下拉菜单中选择【删除工作表】命令，即可将选中的工作表删除，如图 2-23 所示。

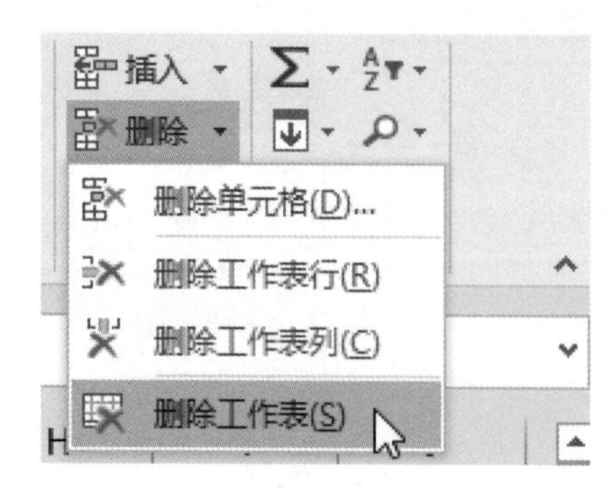

图 2-23　选择【删除工作表】命令

方法 2：在要删除的工作表的标签上右击，在弹出的快捷菜单中选择【删除】命令，即可将工作表删除。该删除操作不能撤销，即工作表将被永久删除，如图 2-24 所示。

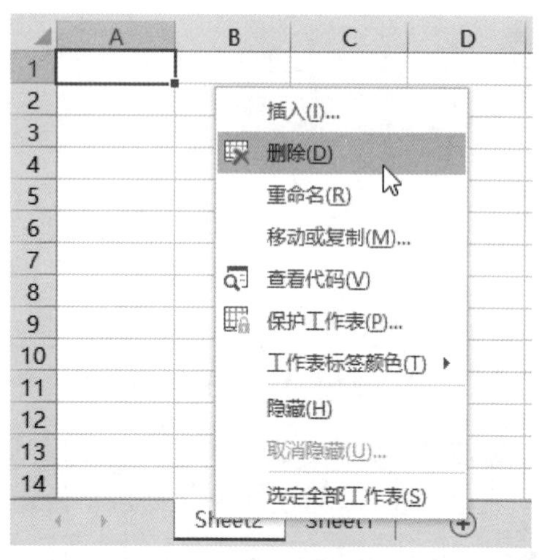

图 2-24　选择【删除】命令

2.2.2 选择单个或多个工作表

在操作 Excel 工作表之前必须先选中它，每个工作簿中第一个工作表的默认名称都是“Sheetl”。

选中单个工作表

用鼠标选中 Excel 工作表是最常用、最快速的方法，只需在 Excel 工作表最下方的工作表标签上单击即可。不过，这样只能选中单个工作表，如图 2-25 所示。

9	其中：消费税	4
10	营业税	5
11	城市维护建设税	6
12	资源税	7
13	土地增值税	8
14	城镇土地使用税、房产税、车船税、印花税	9
15	教育费附加、矿产资源补偿费、排污费	10

资产负债表　利润表　现金流量表　附注 ...

图 2-25　选择单个工作表

选中不连续的多个工作表

要选中不连续的多个 Excel 工作表，按住 Ctrl 键的同时单击相应的 Excel 工作表即可，如图 2-26 所示。

图 2-26　选中多个工作表

选中连续的多个 Excel 工作表

步骤 1 在 Excel 工作表下方的第一个工作表标签上单击，即可选中该 Excel 工作表，如图 2-27 所示。

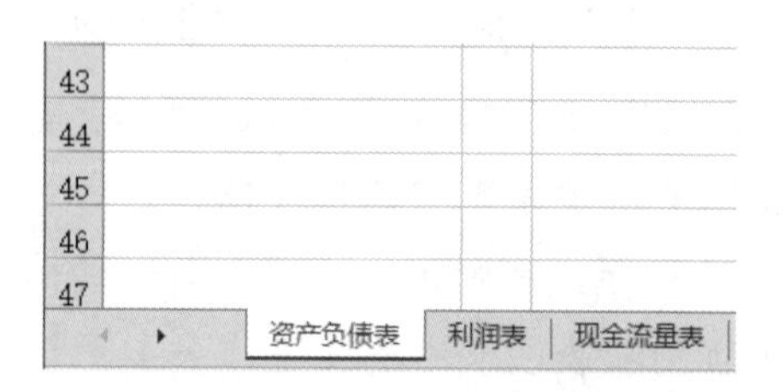

图 2-27　选中第一个工作表

步骤 2 按住 Shift 键的同时单击最后一个工作表的标签，即可选中连续的多个 Excel

工作表，如图 2-28 所示。

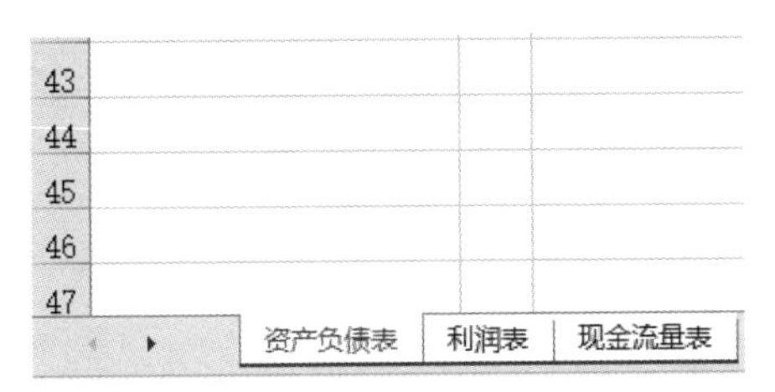

图 2-28　选中连续的多个工作表

2.2.3 工作表的复制和移动

Excel 2016 工作簿中的工作表可以移动和复制，下面介绍如何移动和复制工作表。

1. 移动工作表

在同一个工作簿中移动工作表的方法有以下两种。

1）直接拖曳法

步骤 1 选中要移动的工作表的标签，按住鼠标左键不放，拖曳鼠标使其指针移到需要的位置，可以看到有一个黑色倒三角形也随鼠标指针的移动而移动，如图 2-29 所示。

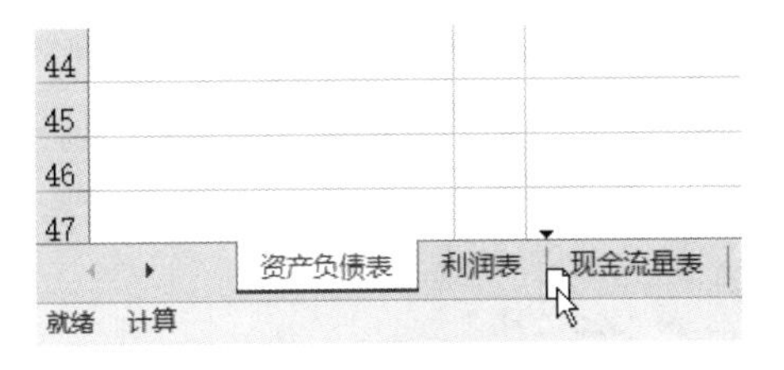

图 2-29　直接拖曳标签

步骤 2 释放鼠标左键，工作表即被移动到新的位置，如图 2-30 所示。

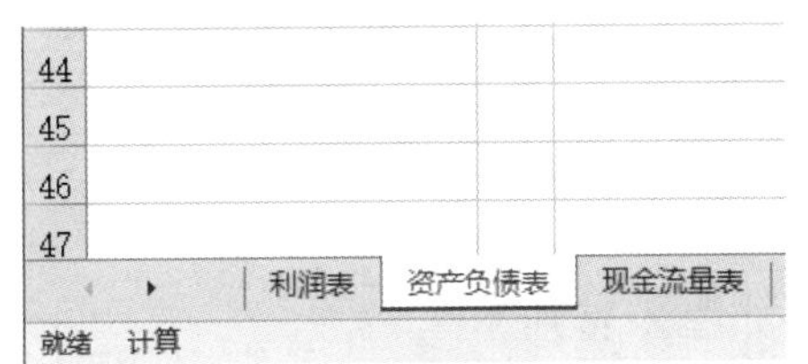

图 2-30　移动完毕的工作表

2）使用快捷菜单法

步骤 1 在要移动的工作表标签上右击，在弹出的快捷菜单中选择【移动或复制】命令，如图 2-31 所示。

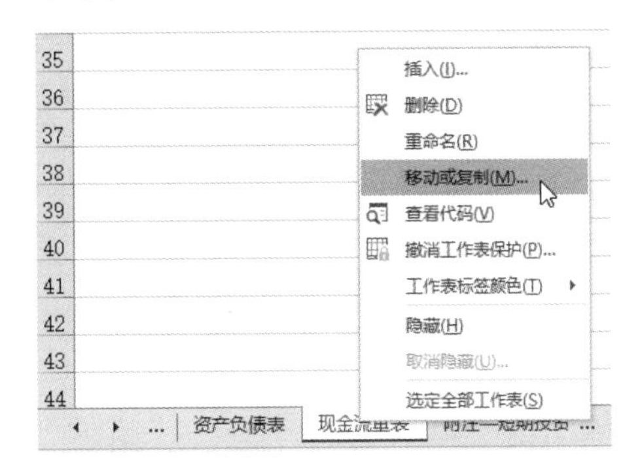

图 2-31　选择【移动或复制】命令

步骤 2 在弹出的【移动或复制工作表】对话框中选择要插入的位置，如图 2-32 所示。

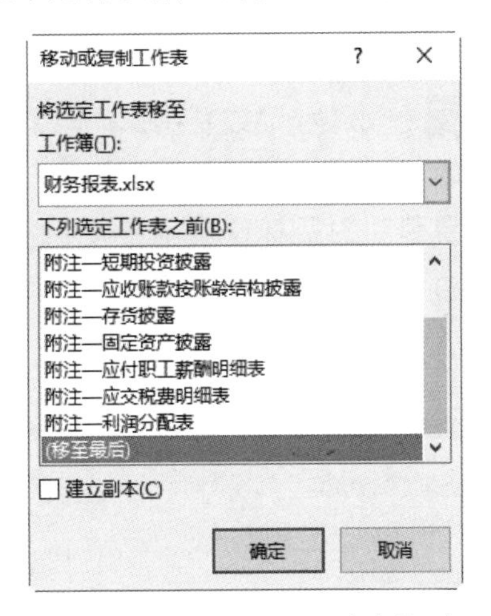

图 2-32　【移动或复制工作表】对话框

步骤 3 单击【确定】按钮，即可将当前工作表移动到指定的位置，如图 2-33 所示。

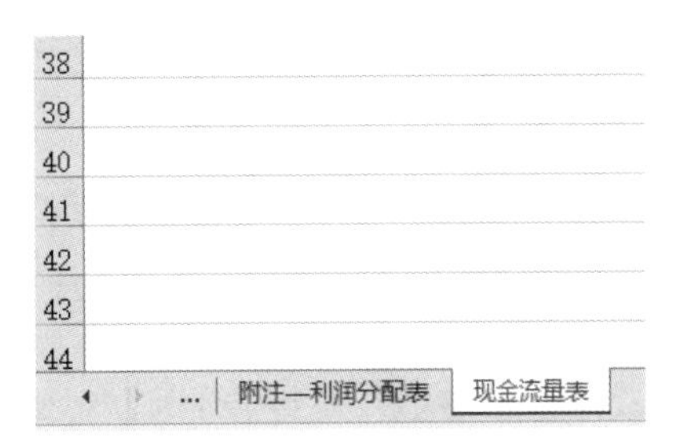

图 2-33　移动工作表的位置

除了在同一个 Excel 工作簿中移动工作表以外，还可以在不同的工作簿中移动，前提是这些工作簿必须是打开的。具体的操作如下。

步骤 1 在要移动的工作表标签上右击，在弹出的快捷菜单中选择【移动或复制】命令，如图 2-34 所示。

插入(I)...
删除(D)
重命名(R)
移动或复制(M)...
查看代码(V)
撤消工作表保护(P)...
工作表标签颜色(T)
隐藏(H)
取消隐藏(U)...
选定全部工作表(S)
附注—利润分配表

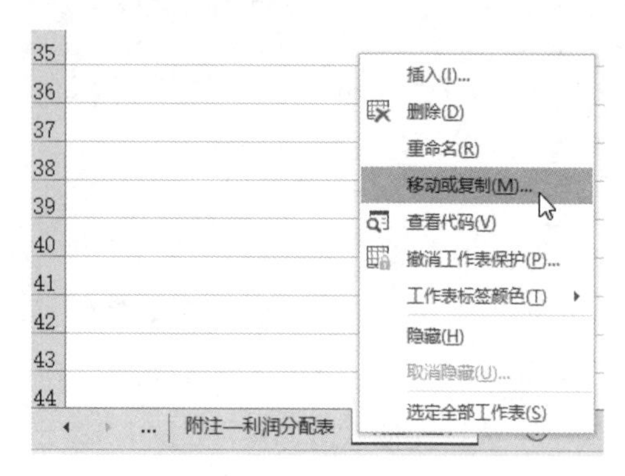

图 2-34　选择【移动或复制】命令

步骤 2 弹出【移动或复制工作表】对话框，在【将选定工作表移至工作簿】下拉列表框中选择要移动的目标位置，在【下列选定工作表之前】列表框中选择要插入的位置，如图 2-35 所示。

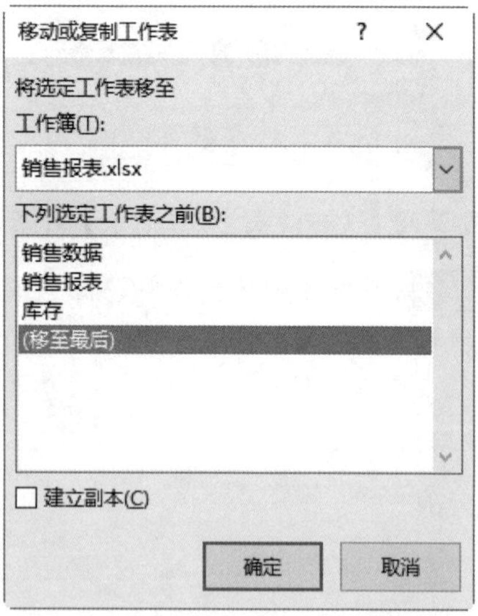

移动或复制工作表
将选定工作表移至
工作簿(T):
销售报表.xlsx
下列选定工作表之前(B):
销售数据
销售报表
库存
(移至最后)
建立副本(C)
确定
取消

图 2-35　【移动或复制工作表】对话框

步骤 3 单击【确定】按钮，即可将当前工作表移动到指定的位置，如图 2-36 所示。

销售报表
库存
现金流量表

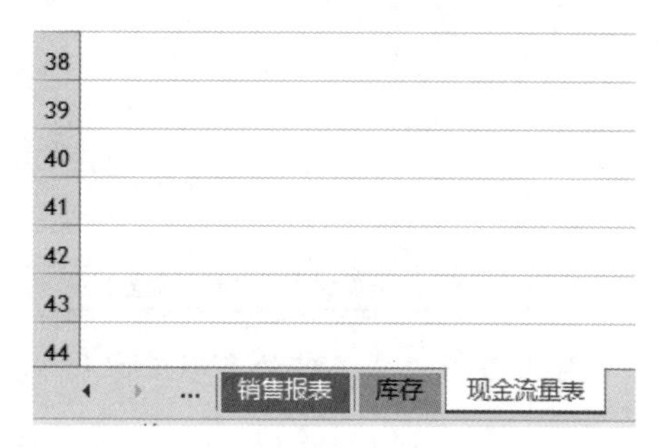

图 2-36　移动完毕的工作表

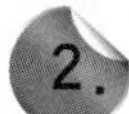

2. 复制工作表

用户可以在一个或多个 Excel 工作簿中复制工作表，有以下两种方法。

1）使用鼠标复制

用鼠标复制工作表的方法与移动工作表的方法相似，具体方法为：选中要复制的工作表，同时按住 Ctrl 键，然后拖曳鼠标使其指针移到工作表的新位置，可以看见有一个黑色倒三角形会随鼠标指针的移动而移动，释放鼠标左键，工作表即被复制到新的位置，如图 2-37 所示。

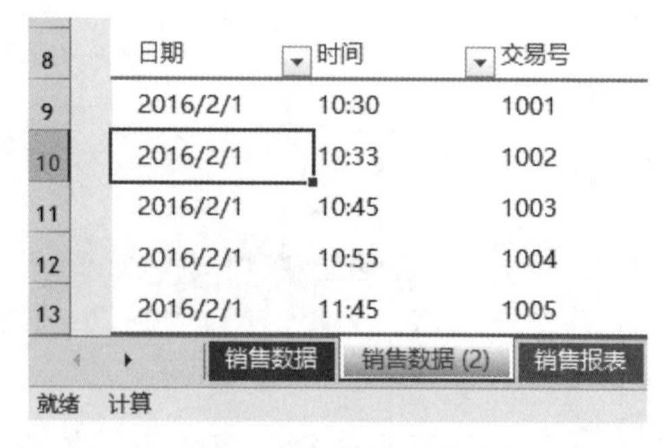

日期
时间
交易号
2016/2/1 10:30 1001
2016/2/1 10:33 1002
2016/2/1 10:45 1003
2016/2/1 10:55 1004
2016/2/1 11:45 1005
销售数据
销售数据 (2)
销售报表
就绪
计算

图 2-37　复制工作表

2）使用快捷菜单复制

步骤 1 在要复制的工作表标签上右击，在弹出的快捷菜单中选择【移动或复制】命令，如图 2-38 所示。

步骤 2 在弹出的【移动或复制工作表】对

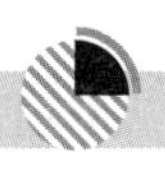

话框中选择要复制的目标工作簿和插入的位置，然后选中【建立副本】复选框，如图 2-39 所示。

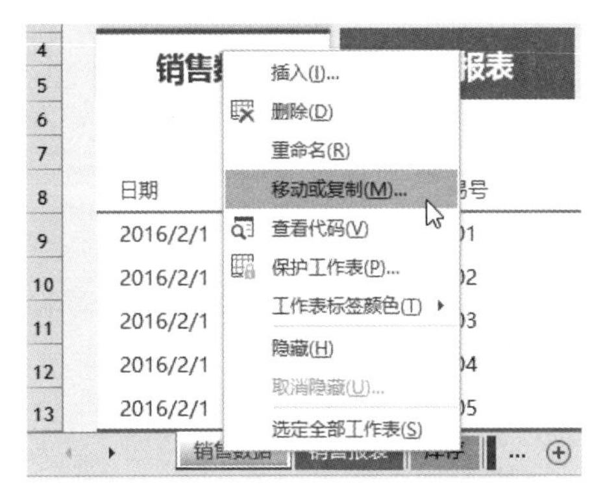

图 2-38　选择【移动或复制】命令

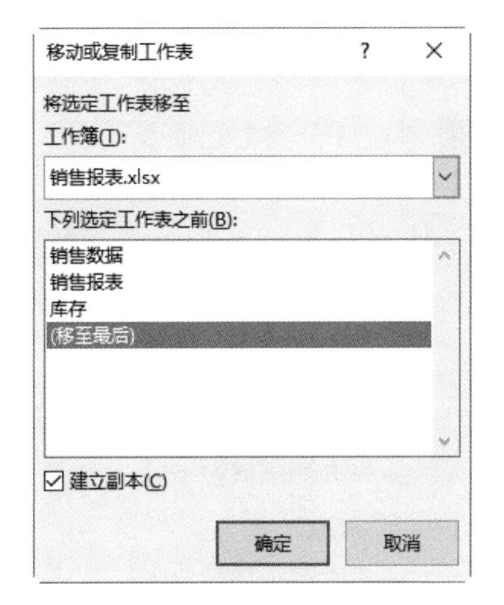

图 2-39　【移动或复制工作表】对话框

步骤 3　单击【确定】按钮，即可完成复制工作表的操作，如图 2-40 所示。

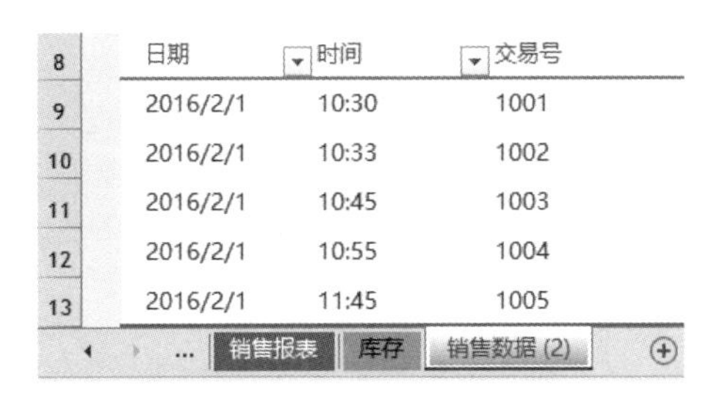

图 2-40　复制完毕的工作表

2.2.4 重命名工作表

每个工作表都有自己的名称，默认情况下以 Sheet1、Sheet2、Sheet3……命名工作表，但是这种命名方式不便于管理工作表。为了更好地管理工作表，用户可以重命名工作表。重命名工作表的方法有两种，一种是直接在标签上重命名；另一种是使用快捷菜单重命名。

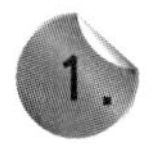

1. 在标签上直接重命名

步骤 1　新建一个工作簿，双击要重命名的工作表的标签 Sheet1（此时该标签以高亮显示），进入可编辑状态，如图 2-41 所示。

办公用品采购清单					
名称	计量单位	单价	数量	合计	购买时间
针式打印机	台	¥840	3	¥2,520	2016/3/30
喷墨式打印机	台	¥680	3	¥2,040	2016/3/30
复印机	台	¥951	1	¥951	2016/3/30
扫描仪	台	¥345	1	¥345	2016/3/30
A4纸	包	¥15	10	¥150	2016/4/1
三联纸	包	¥17	10	¥170	2016/4/2
两联纸	包	¥16	10	¥160	2016/4/3
一联纸	包	¥15	10	¥150	2016/4/4
电脑	台	¥3,840	20	¥76,800	2016/2/20
电话座机	台	¥35	15	¥525	2016/4/10
订书机	个	¥25	15	¥375	2016/4/15

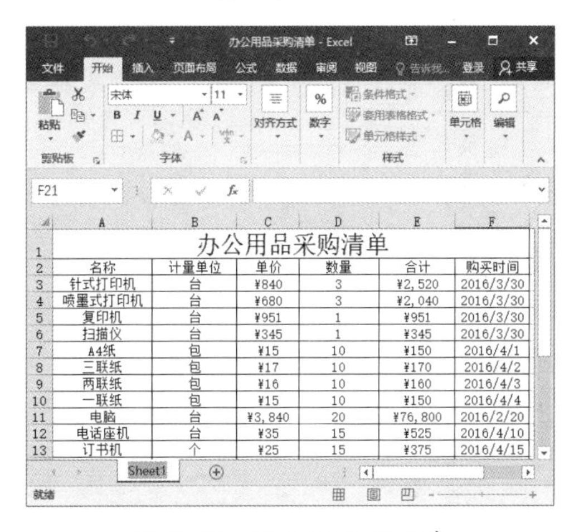

图 2-41　进入可编辑状态

步骤 2　输入新的标签名，如“办公用品采购清单”，即可完成对该工作表标签进行的重命名操作，如图 2-42 所示。

办公用品采购清单					
名称	计量单位	单价	数量	合计	购买时间
针式打印机	台	¥840	3	¥2,520	2016/3/30
喷墨式打印机	台	¥680	3	¥2,040	2016/3/30
复印机	台	¥951	1	¥951	2016/3/30
扫描仪	台	¥345	1	¥345	2016/3/30
A4纸	包	¥15	10	¥150	2016/4/1
三联纸	包	¥17	10	¥170	2016/4/2
两联纸	包	¥16	10	¥160	2016/4/3
一联纸	包	¥15	10	¥150	2016/4/4
电脑	台	¥3,840	20	¥76,800	2016/2/20
电话座机	台	¥35	15	¥525	2016/4/10
订书机	个	¥25	15	¥375	2016/4/15

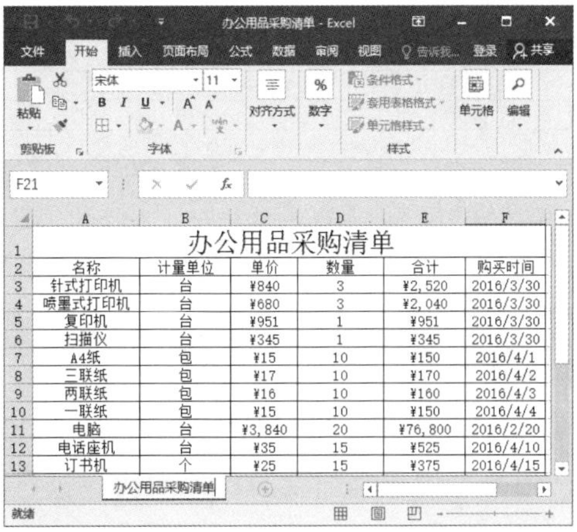

图 2-42　重命名完毕的工作表

 2. 使用快捷菜单重命名

步骤 1 在要重命名的工作表标签上右击，在弹出的快捷菜单中选择【重命名】命令，如图 2-43 所示。

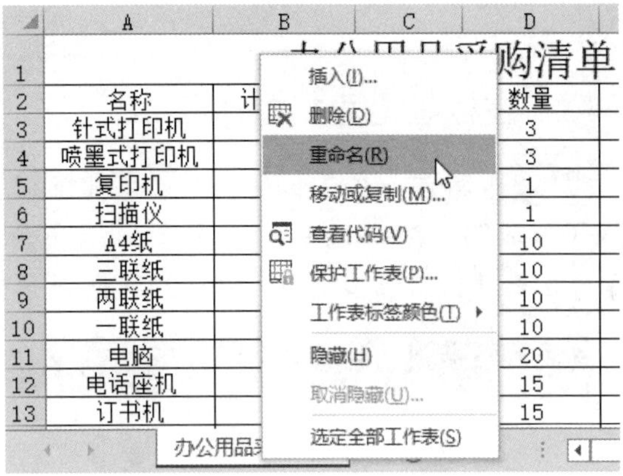

	A	B	C	D
1		办公用品采购清单		
2	名称	计		数量
3	针式打印机			3
4	喷墨式打印机			3
5	复印机			1
6	扫描仪			1
7	A4纸			10
8	三联纸			10
9	两联纸			10
10	一联纸			10
11	电脑			20
12	电话座机			15
13	订书机			15

插入(I)...
删除(D)
重命名(R)
移动或复制(M)...
查看代码(V)
保护工作表(P)...
工作表标签颜色(T)
隐藏(H)
取消隐藏(U)...
选定全部工作表(S)

办公用品

图 2-43 选择【重命名】命令

步骤 2 此时工作表标签以高亮显示，然后输入新的标签名，如“2016 年办公用品采购清单”，即可完成工作表的重命名，如图 2-44 所示。

	A	B	C	D
1			办公用品采购清单	
2	名称	计量单位	单价	数量
3	针式打印机	台	¥840	3
4	喷墨式打印机	台	¥680	3
5	复印机	台	¥951	1
6	扫描仪	台	¥345	1
7	A4纸	包	¥15	10
8	三联纸	包	¥17	10
9	两联纸	包	¥16	10
10	一联纸	包	¥15	10
11	电脑	台	¥3,840	20
12	电话座机	台	¥35	15
13	订书机	个	¥25	15

2016年办公用品采购清单

图 2-44 重命名完毕的工作表

2.2.5 设置工作表标签颜色

Excel 系统提供有对工作表标签的美化功能，用户可以根据需要对标签的颜色进行设置，从而方便区分不同的工作表。

步骤 1 选中要设置颜色的工作表标签，如“学院人员统计表”标签，如图 2-45 所示。

A1 学院名称

	A	B	C	D
1	学院名称	教师人数	学生人数	
2	计算机学院	16	1239	
3	管理学院	79	1054	
4	通信学院	84	1148	
5	自动化学院	75	1597	
6	外语学院	83	2845	
7	中药学院	89	1245	
8	社会科学学院	91	1226	
9	中文学院	91	1364	
10				

学院人员统计表

图 2-45 选中工作表中“学院人员统计表”标签

步骤 2 单击【开始】选项卡下【单元格】组中的【格式】按钮，在弹出的下拉菜单中选择【工作表标签颜色】命令，如图 2-46 所示。

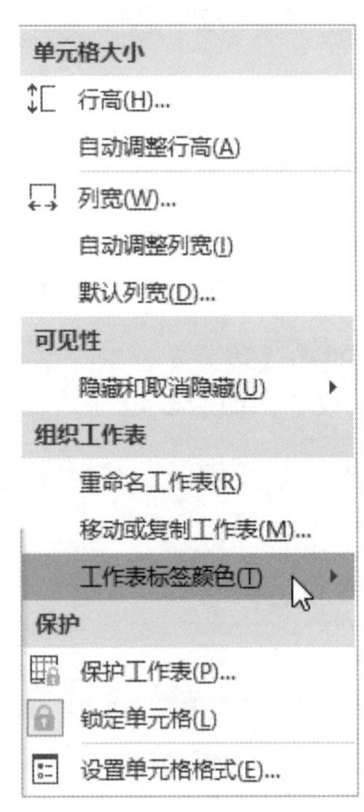

图 2-46 选择【工作表标签颜色】命令

步骤 3 从弹出的子菜单中选中需要的颜色，即可为工作表标签添加颜色，如图 2-47

所示。

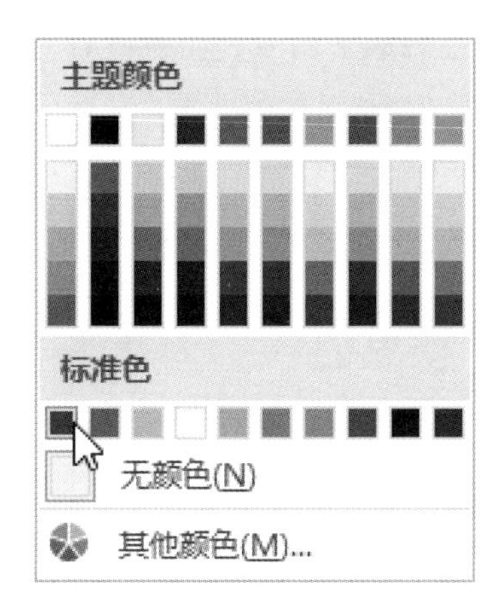

图 2-47 选中需要的颜色

步骤 4 在工作表标签上右击，在弹出的快捷菜单中选择【工作表标签颜色】命令，然后在弹出的颜色列表中选中需要的颜色也可以为标签添加颜色，如图 2-48 所示。

	A	B	C
1	学院名称	教师人数	学生人数
2	计算机学院	16	1239
3	管理学院	79	1054
4	通信学院	84	1148
5	自动化学院	75	1597
6	外语学院	83	2845
7	中药学院	89	1245
8	社会科学学院	91	1226
9	中文学院	91	1364
10			
11			

学院人员统计表

图 2-48 添加颜色的标签

2.2.6 显示和隐藏工作表

为了防止他人查看工作表中的数据，可以设置工作表的隐藏功能，将包含重要数据的工作表隐藏起来，需要查看隐藏的工作表时，再取消工作表的隐藏状态。

隐藏和显示工作表的具体操作步骤如下。

步骤 1 选中要隐藏的工作表，如“员工工资表”，单击【开始】选项卡下【单元格】组中的【格式】按钮，在弹出的下拉菜单中选择【隐藏和取消隐藏】命令，在弹出的子菜单中选择【隐藏工作表】命令，如图 2-49 所示。

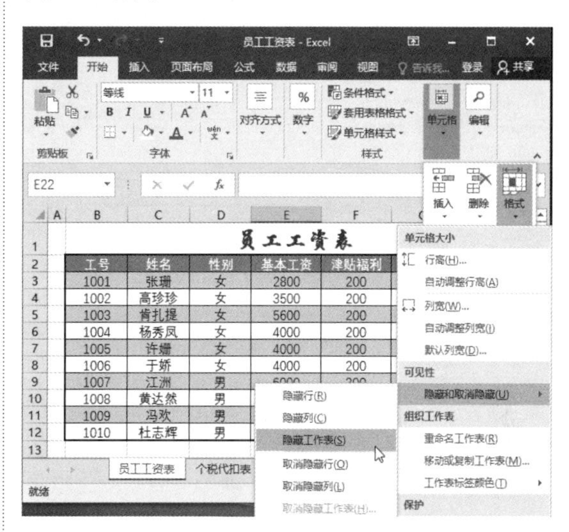

图 2-49 选择【隐藏工作表】命令

> **注意** Excel 软件不允许隐藏一个工作簿中的所有工作表。

步骤 2 选中的工作表即被隐藏，如图 2-50 所示。

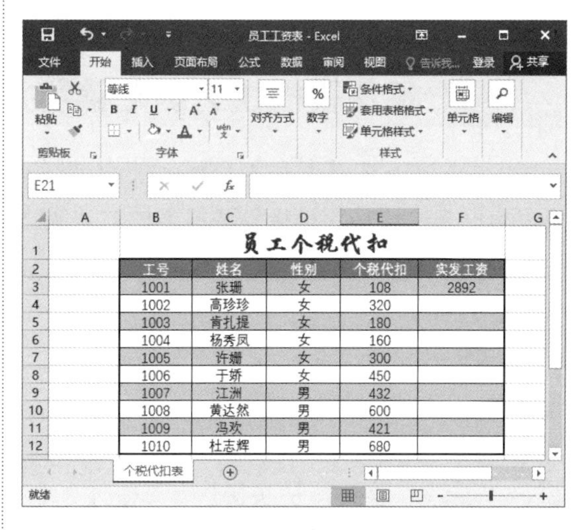

图 2-50 隐藏工作表后的工作簿

步骤 3 单击【开始】选项卡下【单元格】组中的【格式】按钮，在弹出的下拉菜单中选择【隐藏和取消隐藏】命令，在弹出的子菜单中选择【取消隐藏工作表】命令，如图 2-51 所示。

步骤 4 打开【取消隐藏】对话框，选中要显示的工作表，如“员工工资表”，单击【确定】按钮，即可取消工作表的隐藏状态，如图 2-52 所示。

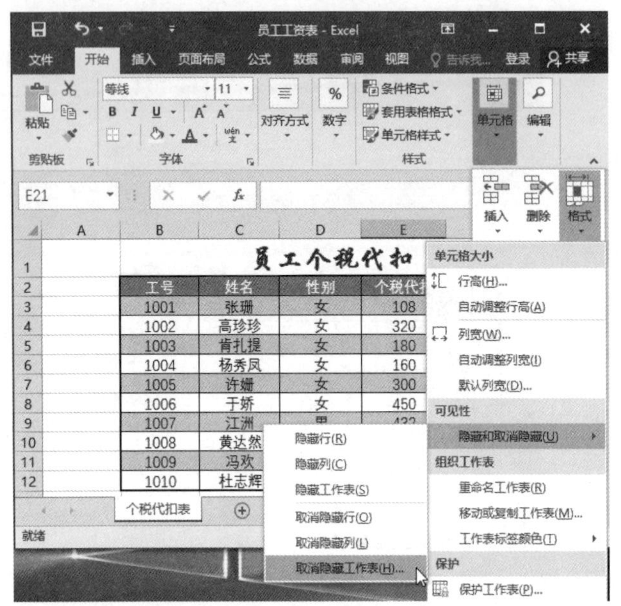

图 2-51　选择【取消隐藏工作表】命令

取消隐藏

取消隐藏工作表(U):

员工工资表

确定　取消

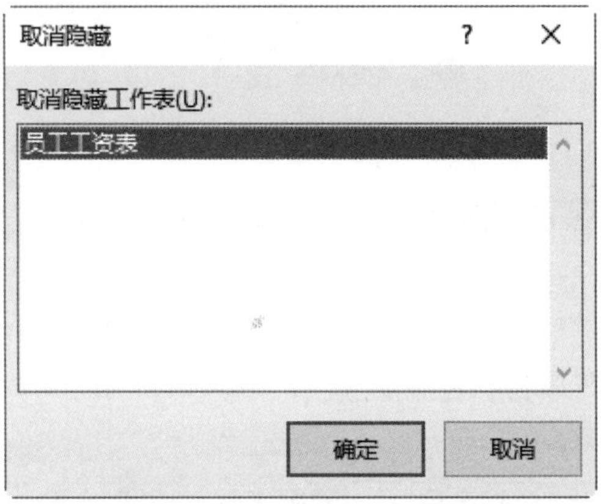

图 2-52　【取消隐藏】对话框

2.3 高效办公技能实战

2.3.1 使用模板快速创建销售报表

Excel 2016 内置有多种模板，使用这些模板可以快速创建工作表。下面以创建一份销售报表为例来介绍使用模板创建报表的方法。

步骤 1 单击操作系统左下角的【开始】按钮，在弹出的【开始】菜单中选择 Excel 2016 选项，如图 2-53 所示。

步骤 2 启动 Excel 2016，打开如图 2-54 所示的工作界面，其中显示了 Excel 2016 提供的模板。

步骤 3 选择需要的模板，如果预设中没有自己需要的模板，则可以在【搜索联机模板】文本框中输入想要的模板，如输入“销售”，然后单击【搜索】按钮即可，如图 2-55 所示。

图 2-53　选择 Excel 2016 选项

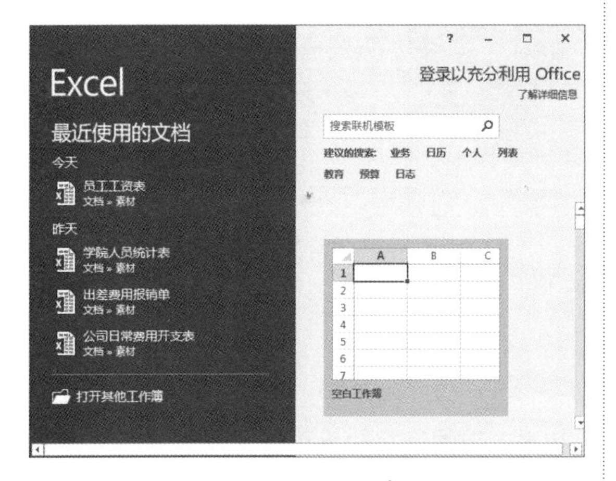

图 2-54　Excel 工作界面

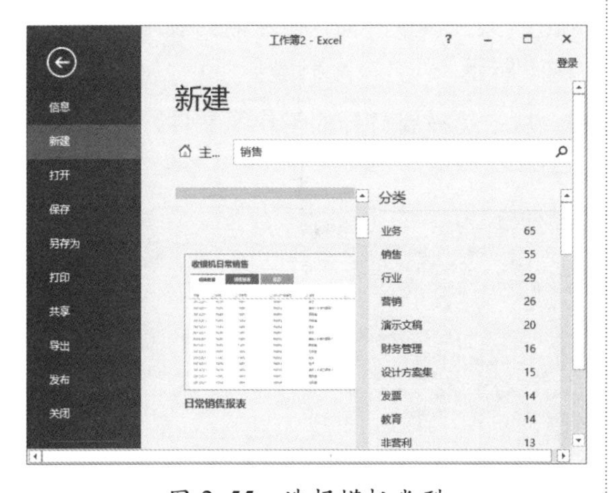

图 2-55　选择模板类型

步骤 4　单击需要的销售模板类型，如【日常销售报表】，则打开【日常销售报表】模板，如图 2-56 所示。

步骤 5　单击【创建】按钮，即可开始下载所需要的模板，如图 2-57 所示。

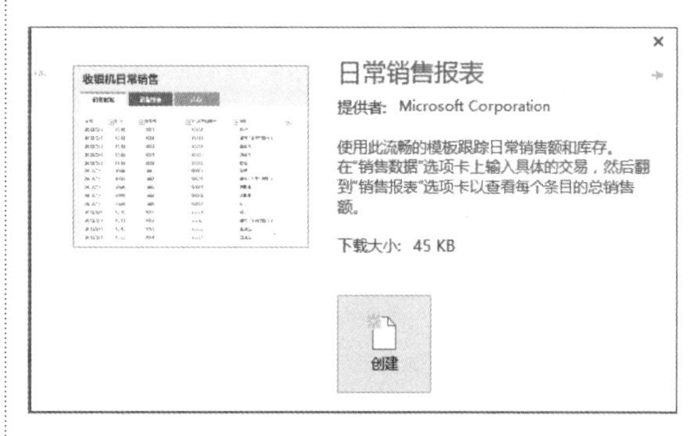

图 2-56　【日常销售报表】模板

图 2-57　下载模板的界面

步骤 6　下载完毕后，即可完成使用模板创建销售报表的操作，并进入【销售报表】编辑界面，如图 2-58 所示。

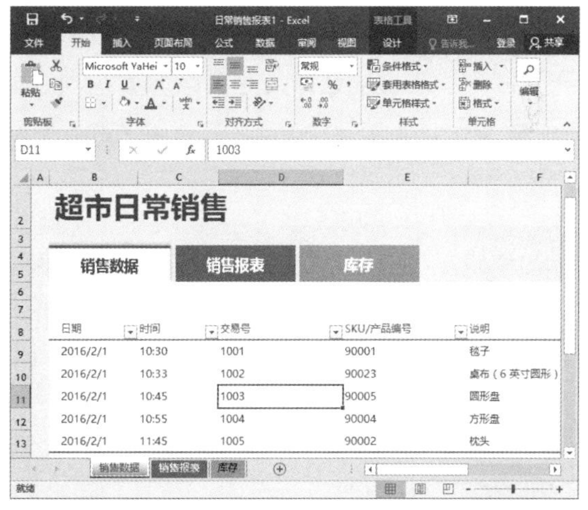

图 2-58　【销售报表】编辑界面

步骤 7　选择【文件】选项卡，进入文件设置界面，在左侧的列表中选择【另存为】命令，在右侧选择【这台电脑】选项，如图 2-59 所示。

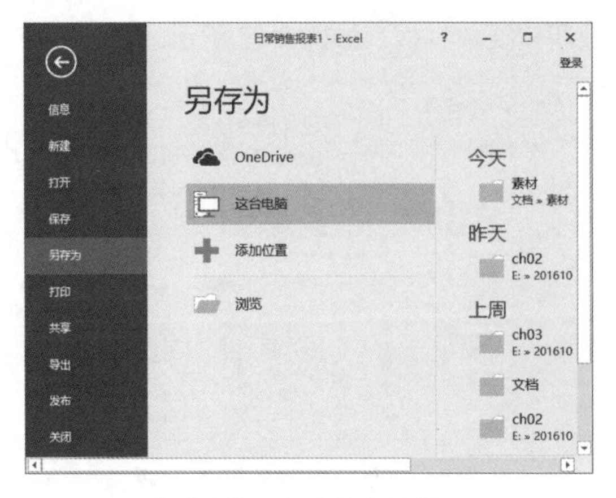

图 2-59　【另存为】界面

步骤 8 单击【浏览】按钮，打开【另存为】对话框，在【保存位置】下拉列表框中选择要保存文件的路径，在【文件名】下拉列表框中输入“日常销售报表”，在【保存类型】下拉列表框中选择文件的保存类型，单击【保存】按钮，即可将创建的日常销售报表保存，如图 2-60 所示。

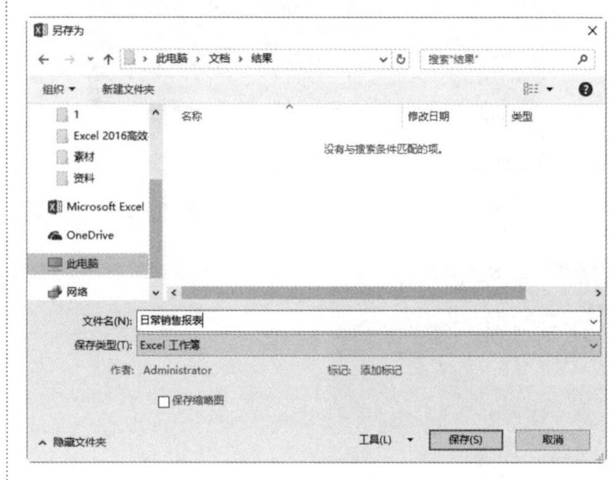

图 2-60　【另存为】对话框

2.3.2 修复损坏的工作簿

如果工作簿损坏了打不开，那么使用 Excel 2016 自带的修复功能可以将其修复。具体的操作如下。

步骤 1 启动 Excel 2016，选择【文件】选项卡，进入文件设置界面，在左侧列表中选择【打开】命令，在右侧选择【这台电脑】选项，如图 2-61 所示。

步骤 2 单击【浏览】按钮，打开【打开】对话框，从中选择要打开的工作簿文件，如图 2-62 所示。

图 2-61　【打开】界面

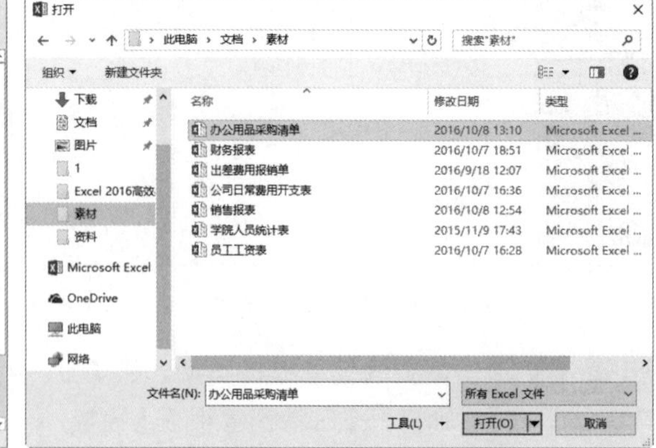

图 2-62　【打开】对话框

步骤 3 单击【打开】按钮右侧的下拉箭头，在弹出的下拉菜单中选择【打开并修复】命令，

如图 2-63 所示。

步骤 4 弹出如图 2-64 所示的对话框，单击【修复】按钮，Excel 将修复工作簿；如果修复不能完成，就单击【提取数据】按钮，将工作簿中的数据提取出来。

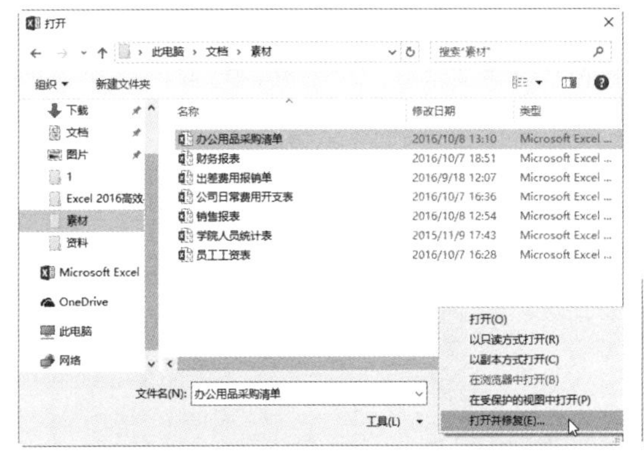

图 2-63　选择【打开并修复】命令

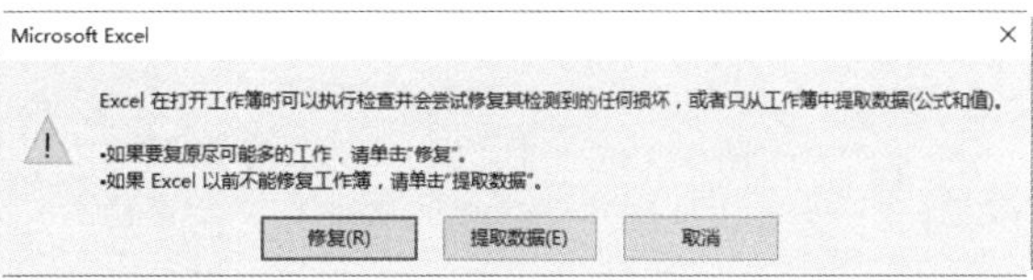

图 2-64　信息提示对话框

步骤 5 修复工作簿完毕后，弹出如图 2-65 所示的对话框，提示用户 Excel 已经完成文件的修复。

步骤 6 单击【关闭】按钮，返回到 Excel 的工作界面，可以看到修复后的工作簿已经打开，并在标题栏中主文件名的最后注有“修复的”字样，如图 2-66 所示。

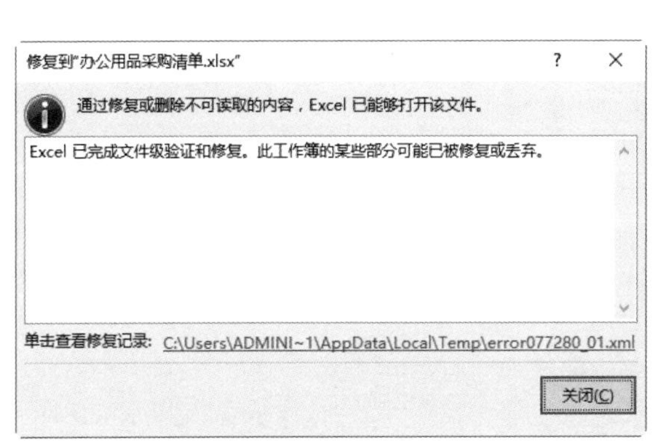

图 2-65　信息提示对话框

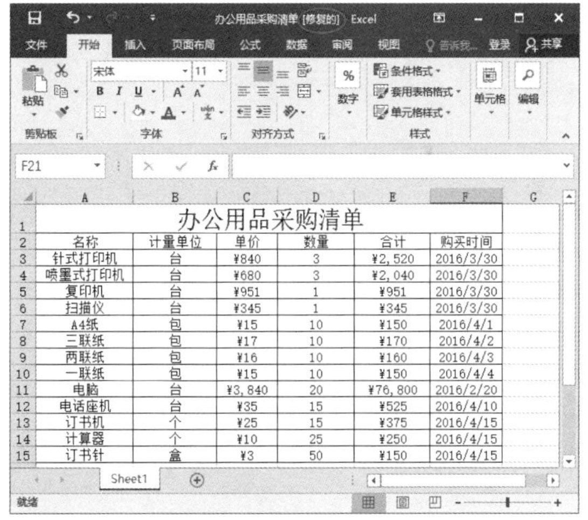

办公用品采购清单

名称	计量单位	单价	数量	合计	购买时间
针式打印机	台	¥840	3	¥2,520	2016/3/30
喷墨式打印机	台	¥680	3	¥2,040	2016/3/30
复印机	台	¥951	1	¥951	2016/3/30
扫描仪	台	¥345	1	¥345	2016/3/30
A4纸	包	¥15	10	¥150	2016/4/1
三联纸	包	¥17	10	¥170	2016/4/2
两联纸	包	¥16	10	¥160	2016/4/3
一联纸	包	¥15	10	¥150	2016/4/4
电脑	台	¥3,840	20	¥76,800	2016/2/20
电话座机	台	¥35	15	¥525	2016/4/10
订书机	个	¥25	15	¥375	2016/4/15
计算器	个	¥10	25	¥250	2016/4/15
订书针	盒	¥3	50	¥150	2016/4/15

图 2-66　修复完成的工作簿

2.4 高手解惑

问：在删除工作表时，为什么总弹出“此操作将关闭工作簿并且不保存……”的提示信息？

高手：若出现这种情况，请检查要删除的工作表是否是该工作簿中唯一的工作表。如果是，就会弹出删除工作表时的错误提示信息。所以，若要避免该情况的出现，就要保证在删除该工作表后工作簿中至少还有一个工作表。

问：在将工作表另存为工作簿时，为什么总提示“运行时错误 1004”的提示信息？

高手：若出现这种情况，请检查文件要保存的路径是否存在，或要保存的工作簿与当前打开的工作簿是否同名。如果是，请更改保存路径或要保存的工作簿的名称。

行、列与单元格的基本操作

- **本章导读**

单元格是工作表中行、列交汇处的区域，它可以保存数值、文字等数据。在 Excel 中，单元格是编辑数据的基本元素。因此，要想学好 Excel，就必须掌握正确的操作单元格的方法。本章将为读者介绍工作表中单元格的基本操作，如选中单元格、调整单元格、复制与移动单元格等。

- **学习目标**

◎ 掌握选中单元格的方法

◎ 掌握调整单元格的方法

◎ 掌握复制和移动单元格的方法

◎ 掌握插入和删除单元格的方法

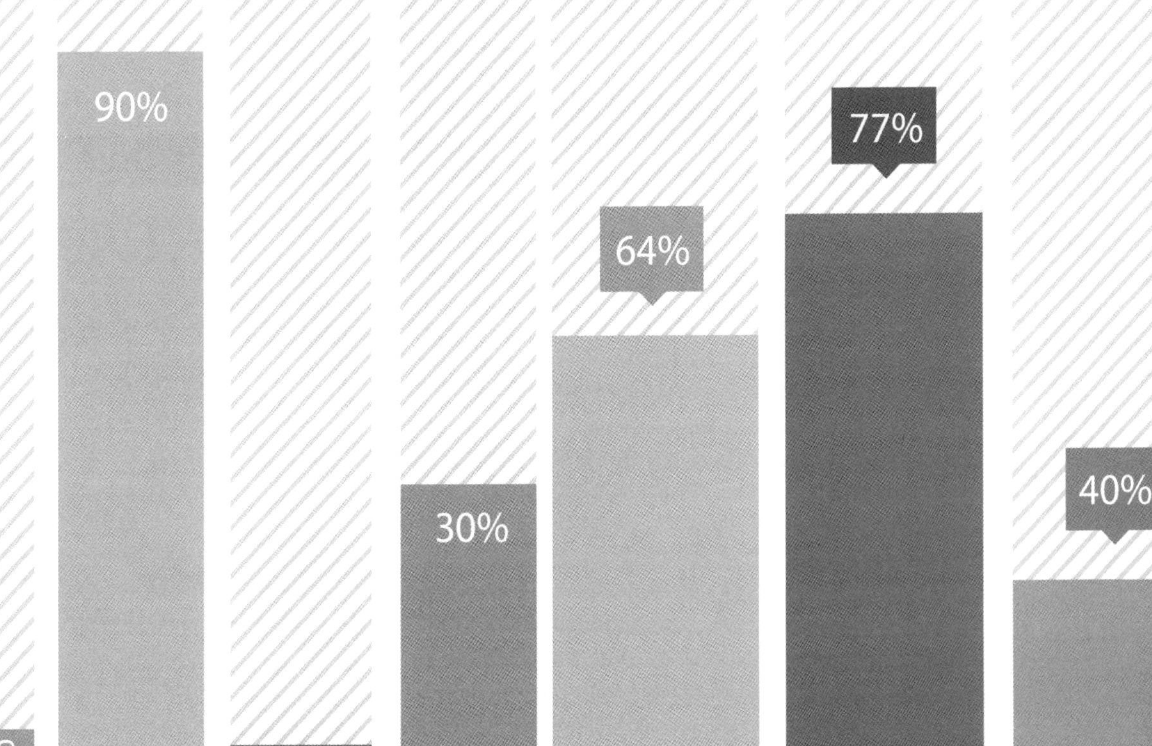

3.1 行、列的基本操作

通常单元格的大小虽然是默认的，但用户也可以根据需要对单元格进行调整，如使单元格中的所有内容都显示出来。

3.1.1 选中行或列

若要对整行或整列的单元格进行操作，必须选定整行或整列的单元格。

1. 选中一行

将鼠标指针移动到要选中的行号上，当鼠标指针变成➡形状后单击，该行即被选中，如图 3-1 所示。

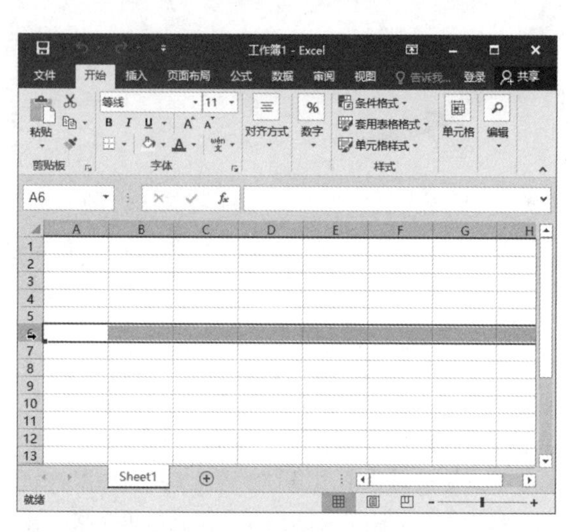

图 3-1 选中一行

2. 选中一列

移动鼠标指针到要选中的列标上，当鼠标指针变成⬇形状后单击，该列即被选中，如图 3-2 所示。

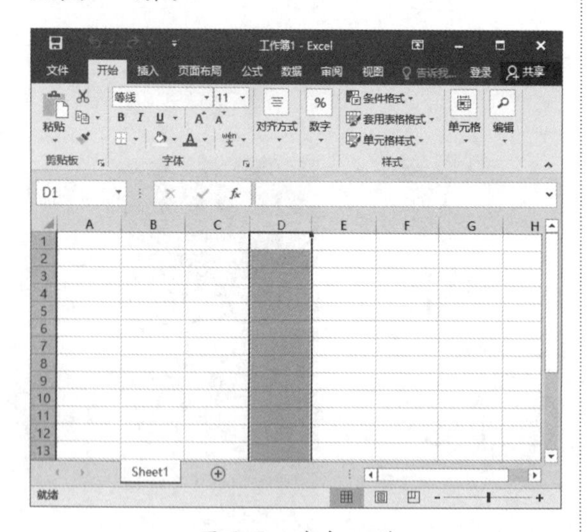

图 3-2 选中一列

3. 选中连续的多行

选中连续的多行的方法有以下两种。

方法 1：

步骤 1 将鼠标指针移动到起始行号上，鼠标指针变成✚形状，如图 3-3 所示。

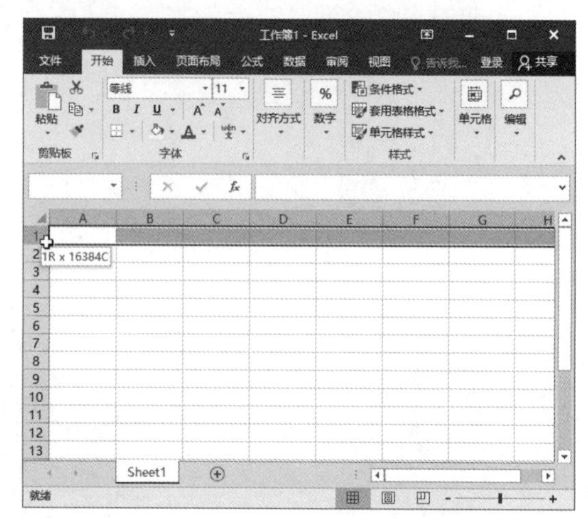

图 3-3 鼠标指针放在起始行

步骤 2 按住鼠标左键并向下拖曳鼠标，使鼠标指针移到终止行，然后松开鼠标左键即可，如图 3-4 所示。

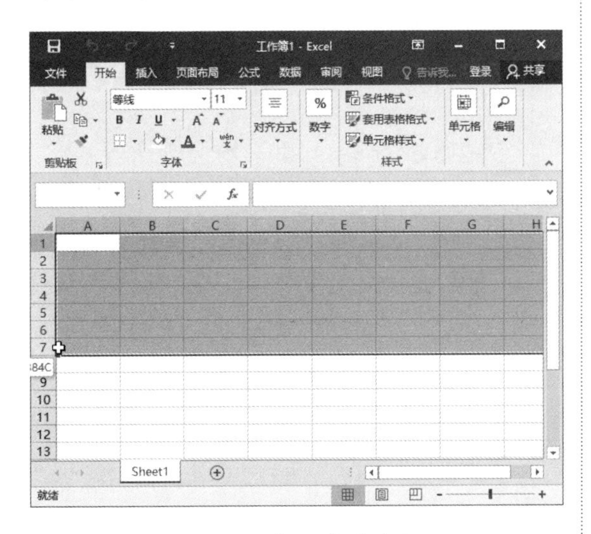

图 3-4 向下拖动鼠标

方法 2：

步骤 1 单击连续行区域的第 1 行的行号，如图 3-5 所示。

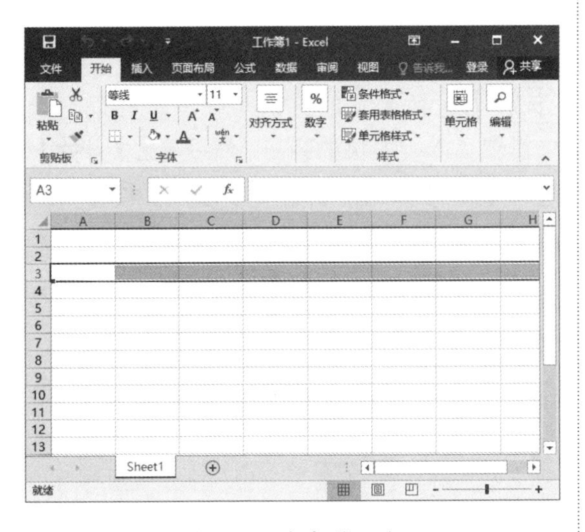

图 3-5 选中第一行

步骤 2 按住 Shift 键的同时单击该区域的最后一行的行号即可，如图 3-6 所示。

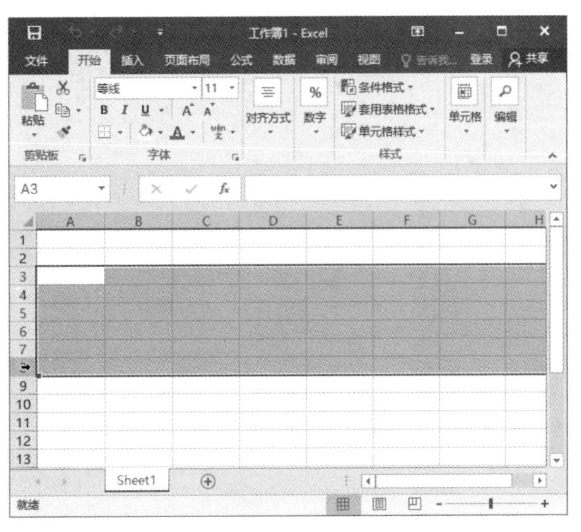

图 3-6 选中最后一行（连续多行被选中）

4. 选中不连续的多行

若要选中不连续的多行，先按住 Ctrl 键，然后依次单击需要的行即可，如图 3-7 所示。

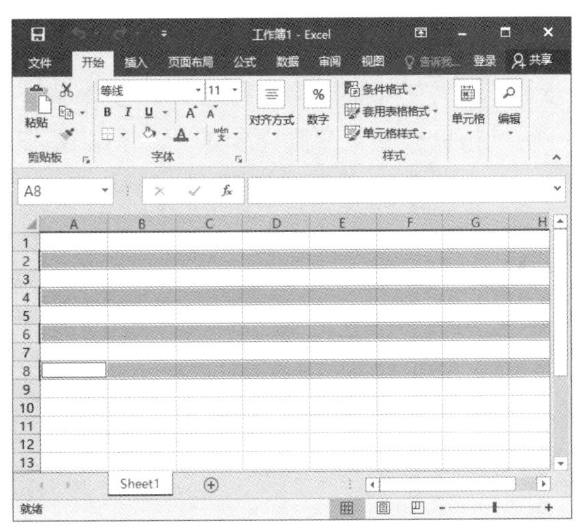

图 3-7 选中不连续的多行

5. 选中不连续的多列

若要选中不连续的多列，先按住 Ctrl 键，然后依次单击需要的列即可，如图 3-8 所示。

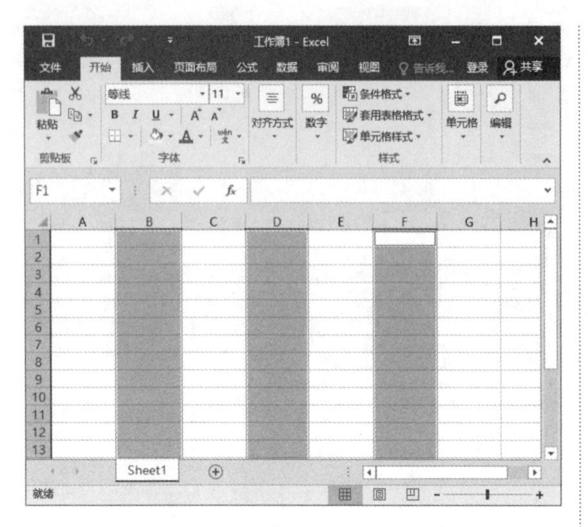

图 3-8　选中不连续的多列

3.1.2 插入行和列

在编辑工作表的过程中，插入行和列的操作是不可避免的。下面介绍如何在工作表中插入行与列。

步骤 1 打开需要插入行与列的工作簿，将鼠标指针移到需要插入行的下一行，如在第 4 行的行号上单击，即可选中第 4 行，如图 3-9 所示。

	A	B	C	D	E	F
1			学生成绩统计表			
2	学号	姓名	语文	数学	英语	总成绩
3	10408	张可	85	60	50	195
4	10409	刘红	85	75	65	225
5	10410	张燕	67	80	65	212
6	10411	田勇	75	86	85	246
7	10412	王赢	85	85	85	255
8	10413	范宝	75	52	55	182
9	10414	石志	62	73	50	185
10	10415	罗崇	75	85	75	235
11	10416	牛青	85	57	85	227
12	10417	金三	75	85	57	217
13	10418	刘增	52	53	40	145
14	10419	苏士	52	85	78	215
15						

图 3-9　选中第 4 行

步骤 2 单击【开始】选项卡下【单元格】组中【插入】按钮下方的下三角按钮，在弹出的下拉菜单中选择【插入工作表行】命令，如图 3-10 所示。

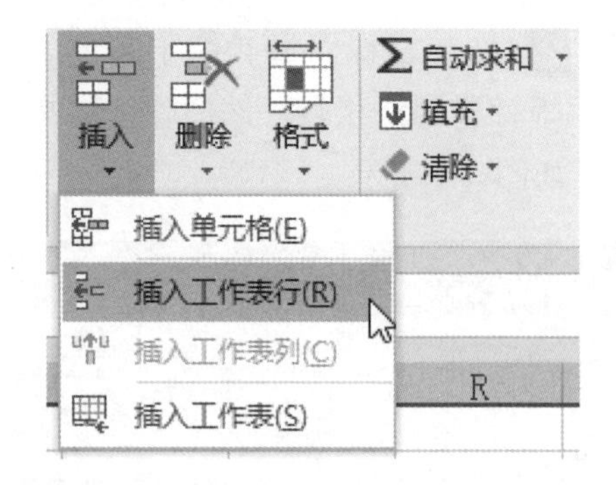

图 3-10　选择【插入工作表行】命令

步骤 3 此时在工作表的第 3 行和第 4 行之间会插入一行，而选中的第 4 行变为了第 5 行，如图 3-11 所示。

	A	B	C	D	E	F
1			学生成绩统计表			
2	学号	姓名	语文	数学	英语	总成绩
3	10408	张可	85	60	50	195
4						
5	10409	刘红	85	75	65	225
6	10410	张燕	67	80	65	212
7	10411	田勇	75	86	85	246
8	10412	王赢	85	85	85	255
9	10413	范宝	75	52	55	182
10	10414	石志	62	73	50	185
11	10415	罗崇	75	85	75	235
12	10416	牛青	85	57	85	227
13	10417	金三	75	85	57	217

图 3-11　插入的行

步骤 4 插入列的方法与插入行相同。选中需要插入列左侧的列号，然后单击【开始】选项卡下【单元格】组中【插入】按钮下方的下三角按钮，在弹出的下拉菜单中选择【插入工作表列】命令，即可在工作表中插入一列，如图 3-12 所示。

	A	B	C	D	E	F	G
1				学生成绩统计表			
2	学号	姓名		语文	数学	英语	总成绩
3	10408	张可		85	60	50	195
4							
5	10409	刘红		85	75	65	225
6	10410	张燕		67	80	65	212
7	10411	田勇		75	86	85	246
8	10412	王赢		85	85	85	255
9	10413	范宝		75	52	55	182
10	10414	石志		62	73	50	185
11	10415	罗崇		75	85	75	235
12	10416	牛青		85	57	85	227
13	10417	金三		75	85	57	217
14	10418	刘增		52	53	40	145
15	10419	苏士		52	85	78	215

图 3-12　插入的列

3.1.3 删除行和列

工作表中如果不需要某一个数据行或列，可以将其删除。具体的操作步骤如下。

步骤 1 打开需要删除行和列的工作表，例如将鼠标指针移到第 6 行的行号上，单击，选中第 6 行，如图 3-13 所示。

	A	B	C	D	E	F	G
1	学生成绩统计表						
2	学号	姓名		语文	数学	英语	总成绩
3	10408	张可		85	60	50	195
4							
5	10409	刘红		85	75	65	225
6	10410	张燕		67	80	65	212
7	10411	田勇		75	86	85	246
8	10412	王赢		85	85	85	255
9	10413	范宝		75	52	55	182
10	10414	石志		62	73	50	185
11	10415	罗崇		75	85	75	235
12	10416	牛青		85	57	85	227
13	10417	金三		75	85	57	217
14	10418	刘增		52	53	40	145
15	10419	苏士		52	85	78	215

Sheet1 Sheet2 She ...

图 3-13 选中第 6 行

步骤 2 在【开始】选项卡中，单击【单元格】组中的【删除】按钮，在弹出的下拉菜单中选择【删除工作表行】命令，如图 3-14 所示。

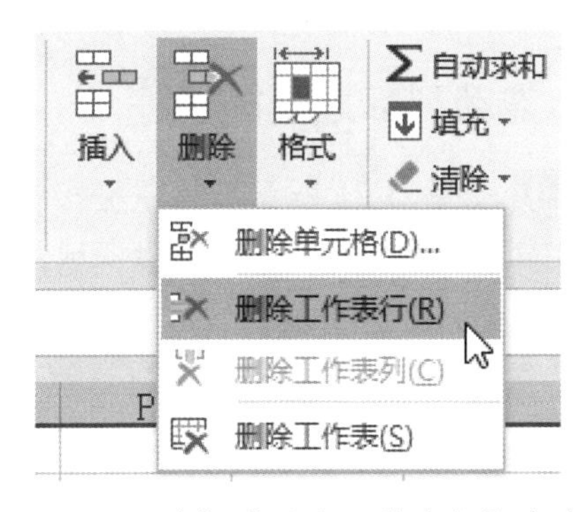

图 3-14 选择【删除工作表行】命令

步骤 3 此时工作表中的第 6 行记录已被删除，而原来处在第 7 行的内容自动调整为第 6 行，如图 3-15 所示。

步骤 4 删除列的方法与删除行的方法相同。选中需要删除的列，然后单击【开始】选项卡【单元格】组中的【删除】按钮，在弹出的下拉菜单中选择【删除工作表列】命令即可，如图 3-16 所示。

	A	B	C	D	E	F	G
1	学生成绩统计表						
2	学号	姓名		语文	数学	英语	总成绩
3	10408	张可		85	60	50	195
4							
5	10409	刘红		85	75	65	225
6	10411	田勇		75	86	85	246
7	10412	王赢		85	85	85	255
8	10413	范宝		75	52	55	182
9	10414	石志		62	73	50	185
10	10415	罗崇		75	85	75	235
11	10416	牛青		85	57	85	227
12	10417	金三		75	85	57	217
13	10418	刘增		52	53	40	145
14	10419	苏士		52	85	78	215
15							

Sheet1 Sheet2 She ...

图 3-15 删除选中的行

	A	B	C	D	E	F	G
1	学生成绩统计表						
2	学号	姓名	语文	数学	英语	总成绩	
3	10408	张可	85	60	50	195	
4							
5	10409	刘红	85	75	65	225	
6	10411	田勇	75	86	85	246	
7	10412	王赢	85	85	85	255	
8	10413	范宝	75	52	55	182	
9	10414	石志	62	73	50	185	
10	10415	罗崇	75	85	75	235	
11	10416	牛青	85	57	85	227	
12	10417	金三	75	85	57	217	
13	10418	刘增	52	53	40	145	
14	10419	苏士	52	85	78	215	
15							

Sheet1 Sheet2 She ...

图 3-16 删除选中的列

提示 除了使用功能区中的【删除】按钮来删除工作表中的行与列外，还可以使用右键快捷菜单命令。具体的操作方法是：选中要删除的行与列并右击，在弹出的快捷菜单中选择【删除】命令即可。

3.1.4 隐藏行和列

在 Excel 工作表中，有时需要将一些不需要公开的数据隐藏起来。Excel 提供了将整行或整列隐藏起来的功能。

1. 使用功能区隐藏

步骤 1 打开工作表，选中要隐藏的行中的任意一个单元格，如选中第 5 行中任意单元格，然后在【开始】选项卡中，单击【单元格】组中的【格式】按钮，在弹出的下拉菜单中选择【隐藏和取消隐藏】命令，在子菜单中选择【隐藏行】命令，如图 3-17 所示。

图 3-17 选择【隐藏行】命令

步骤 2 此时，工作表中选定的第 5 行即被隐藏起来了，如图 3-18 所示。

	A	B	C	D	E
1	大美公司5月成本分析表				
2	进货渠道	期初余额	本期购进	本月出库	期未余额
3	LS库	¥7,244	¥16,563	¥15,948	¥7,859
4	SKD附件	¥41,802	¥8,432	¥2,062	¥48,172
6	VW附件	¥199,340	¥14,184	¥10,412	¥203,112
7	外采附件	¥230,441	¥150,079	¥144,815	¥235,704
8	CA外采	¥8,784	¥6,775	¥5,447	¥10,112
9	QY外采	¥41,087	¥2,516	¥13,064	¥30,539
10	BZ附件	¥21,519	¥18	¥2,601	¥18,936
11	BZ外采	¥27,841	¥9,884	¥11,820	¥25,905
12	BK外采	¥19,241	¥10,728	¥12,941	¥17,028
13	SONXA	¥55,999	¥10,831	¥1,616	¥65,214
14	合计	¥688,835	¥255,299	¥238,136	¥705,997
15					

Sheet1

图 3-18 选中的行已被隐藏

 2. 拖动鼠标隐藏

步骤 1 将鼠标指针移至第 5 行和第 6 行行号之间，此时鼠标指针变为 ⇕ 形状，如图 3-19 所示。

	A	B	C	D	E
1	大美公司5月成本分析表				
2	进货渠道	期初余额	本期购进	本月出库	期未余额
3	LS库	¥7,244	¥16,563	¥15,948	¥7,859
4	SKD附件	¥41,802	¥8,432	¥2,062	¥48,172
5	SKD外采	¥35,539	¥25,289	¥17,411	¥43,417
6	VW附件	¥199,340	¥14,184	¥10,412	¥203,112
7	外采附件	¥230,441	¥150,079	¥144,815	¥235,704
8	CA外采	¥8,784	¥6,775	¥5,447	¥10,112
9	QY外采	¥41,087	¥2,516	¥13,064	¥30,539
10	BZ附件	¥21,519	¥18	¥2,601	¥18,936
11	BZ外采	¥27,841	¥9,884	¥11,820	¥25,905
12	BK外采	¥19,241	¥10,728	¥12,941	¥17,028
13	SONXA	¥55,999	¥10,831	¥1,616	¥65,214
14	合计	¥688,835	¥255,299	¥238,136	¥705,997

Sheet1

图 3-19 移动鼠标至上下两行中间

步骤 2 向上拖动鼠标使行号超过第 5 行，即可隐藏第 5 行，如图 3-20 所示。

	A	B	C	D	E
1	大美公司5月成本分析表				
2	进货渠道	期初余额	本期购进	本月出库	期未余额
3	高度: 7.50 (10 像素)	¥7,244	¥16,563	¥15,948	¥7,859
4	SKD附件	¥41,802	¥8,432	¥2,062	¥48,172
6	VW附件	¥199,340	¥14,184	¥10,412	¥203,112
7	外采附件	¥230,441	¥150,079	¥144,815	¥235,704
8	CA外采	¥8,784	¥6,775	¥5,447	¥10,112
9	QY外采	¥41,087	¥2,516	¥13,064	¥30,539
10	BZ附件	¥21,519	¥18	¥2,601	¥18,936
11	BZ外采	¥27,841	¥9,884	¥11,820	¥25,905
12	BK外采	¥19,241	¥10,728	¥12,941	¥17,028
13	SONXA	¥55,999	¥10,831	¥1,616	¥65,214
14	合计	¥688,835	¥255,299	¥238,136	¥705,997

Sheet1

图 3-20 隐藏行

3.1.5 调整列宽或行高

在 Excel 工作表中，如果单元格的宽度不能完整显示数据，数据在单元格里就会被以科学记数法表示或填充成“######”的形式。当列被加宽后，数据就会显示出来。根据不同的情况，可以使用以下方法调整列宽。

 1. 拖动列标之间的边框

步骤 1 如图 3-21 所示，将鼠标指针移动到两列的列标之间，当鼠标指针变成 ⇔ 形状时，按住鼠标左键向左或向右拖动都可使列变宽。

	A	B	C	D
1	姓名	电话	银行卡号	
2	张三	13612345678	#############	
3	李四	13712345678	#############	
4	王五	13012345678	#############	
5				
6				

Sheet1

图 3-21 拖动列宽

步骤 2 拖动时将显示出以点和像素为单位的宽度工具提示。拖动完成后，释放鼠标，即可显示出全部数据，如图 3-22 所示。

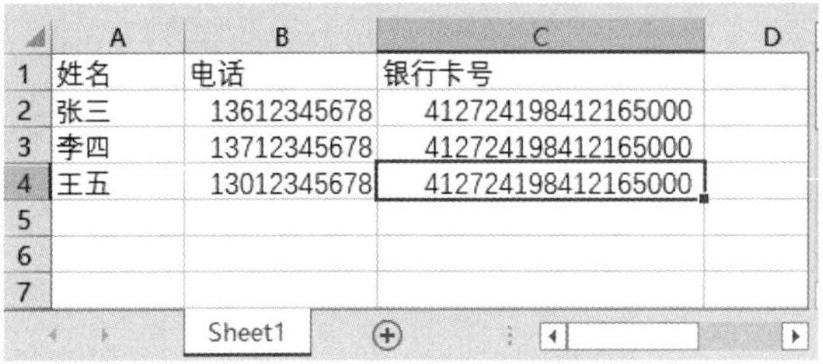

	A	B	C
1	姓名	电话	银行卡号
2	张三	13612345678	412724198412165000
3	李四	13712345678	412724198412165000
4	王五	13012345678	412724198412165000

图 3-22 正常显示数据

2. 调整多列的列宽

步骤 1 打开随书光盘中的“素材 \ch03\ 办公用品采购清单 .xlsx”文件，同时选中 B 列、C 列和 E 列等 3 列数据，将鼠标指针移到 E 列的右边框上，按住鼠标左键并将其拖到合适的位置，如图 3-23 所示。

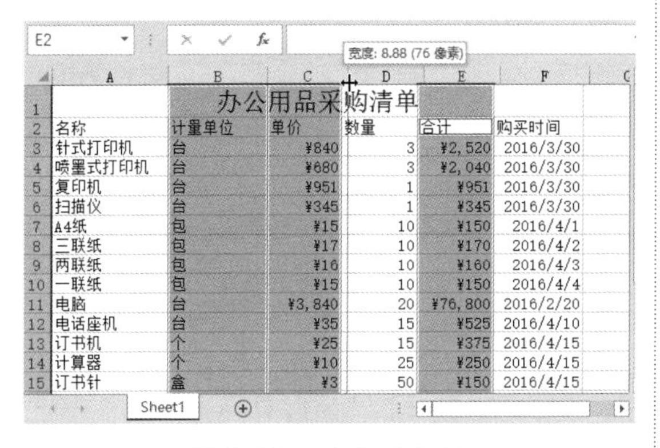

	A	B	C	D	E	F
1		办公用品采购清单				
2	名称	计量单位	单价	数量	合计	购买时间
3	针式打印机	台	¥840	3	¥2,520	2016/3/30
4	喷墨式打印机	台	¥680	3	¥2,040	2016/3/30
5	复印机	台	¥951	1	¥951	2016/3/30
6	扫描仪	台	¥345	1	¥345	2016/3/30
7	A4纸	包	¥15	10	¥150	2016/4/1
8	三联纸	包	¥17	10	¥170	2016/4/2
9	两联纸	包	¥16	10	¥160	2016/4/3
10	一联纸	包	¥15	10	¥150	2016/4/4
11	电脑	台	¥3,840	20	¥76,800	2016/2/20
12	电话座机	台	¥35	15	¥525	2016/4/10
13	订书机	个	¥25	15	¥375	2016/4/15
14	计算器	个	¥10	25	¥250	2016/4/15
15	订书针	盒	¥3	50	¥150	2016/4/15

图 3-23 选中列数据

步骤 2 释放鼠标左键，B 列、C 列和 E 列等 3 列的宽度都会得到调整且宽度相同，如图 3-24 所示。

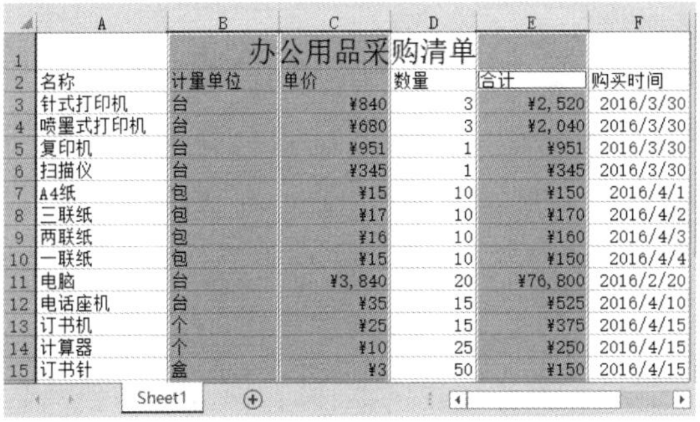

	A	B	C	D	E	F
1		办公用品采购清单				
2	名称	计量单位	单价	数量	合计	购买时间
3	针式打印机	台	¥840	3	¥2,520	2016/3/30
4	喷墨式打印机	台	¥680	3	¥2,040	2016/3/30
5	复印机	台	¥951	1	¥951	2016/3/30
6	扫描仪	台	¥345	1	¥345	2016/3/30
7	A4纸	包	¥15	10	¥150	2016/4/1
8	三联纸	包	¥17	10	¥170	2016/4/2
9	两联纸	包	¥16	10	¥160	2016/4/3
10	一联纸	包	¥15	10	¥150	2016/4/4
11	电脑	台	¥3,840	20	¥76,800	2016/2/20
12	电话座机	台	¥35	15	¥525	2016/4/10
13	订书机	个	¥25	15	¥375	2016/4/15
14	计算器	个	¥10	25	¥250	2016/4/15
15	订书针	盒	¥3	50	¥150	2016/4/15

图 3-24 调整列宽

3. 使用对话框调整列宽

步骤 1 打开随书光盘中的“素材 \ch03\ 办公用品采购清单 .xlsx”文件，同时选中 B 列和 C 列，如图 3-25 所示。

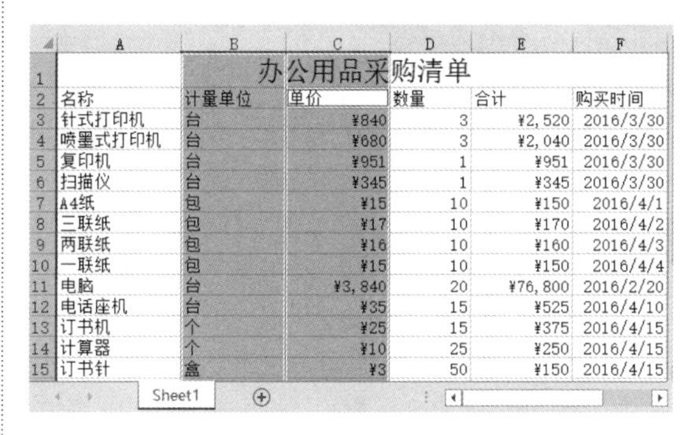

	A	B	C	D	E	F
1		办公用品采购清单				
2	名称	计量单位	单价	数量	合计	购买时间
3	针式打印机	台	¥840	3	¥2,520	2016/3/30
4	喷墨式打印机	台	¥680	3	¥2,040	2016/3/30
5	复印机	台	¥951	1	¥951	2016/3/30
6	扫描仪	台	¥345	1	¥345	2016/3/30
7	A4纸	包	¥15	10	¥150	2016/4/1
8	三联纸	包	¥17	10	¥170	2016/4/2
9	两联纸	包	¥16	10	¥160	2016/4/3
10	一联纸	包	¥15	10	¥150	2016/4/4
11	电脑	台	¥3,840	20	¥76,800	2016/2/20
12	电话座机	台	¥35	15	¥525	2016/4/10
13	订书机	个	¥25	15	¥375	2016/4/15
14	计算器	个	¥10	25	¥250	2016/4/15
15	订书针	盒	¥3	50	¥150	2016/4/15

图 3-25 选中 B 列和 C 列

步骤 2 在列标上右击，在弹出的快捷菜单中选择【列宽】命令，如图 3-26 所示。

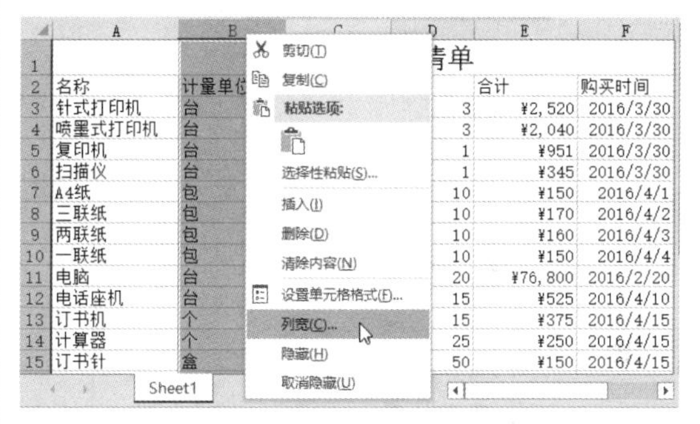

图 3-26 选择【列宽】命令

步骤 3 弹出【列宽】对话框，在【列宽】文本框中输入“8”，然后单击【确定】按钮，如图 3-27 所示。

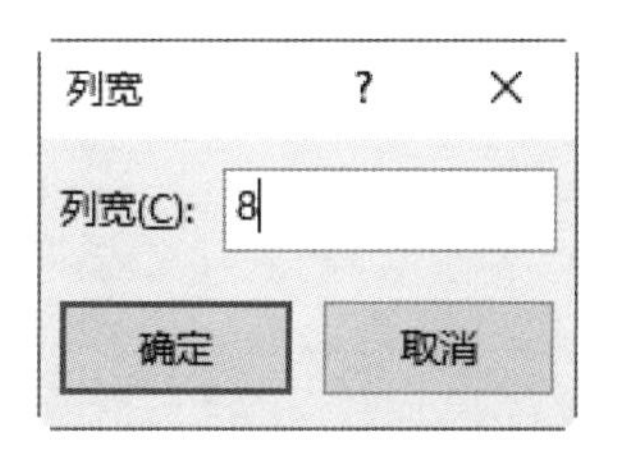

图 3-27 【列宽】对话框

步骤 4 B 列和 C 列即被调整为宽度均为“8”的列，如图 3-28 所示。

	A	B	C	D	E	F
1	办公用品采购清单					
2	名称	计量单位	单价	数量	合计	购买时间
3	针式打印机	台	¥840	3	¥2,520	2016/3/30
4	喷墨式打印机	台	¥680	3	¥2,040	2016/3/30
5	复印机	台	¥951	1	¥951	2016/3/30
6	扫描仪	台	¥345	1	¥345	2016/3/30
7	A4纸	包	¥15	10	¥150	2016/4/1
8	三联纸	包	¥17	10	¥170	2016/4/2
9	两联纸	包	¥16	10	¥160	2016/4/3
10	一联纸	包	¥15	10	¥150	2016/4/4
11	电脑	台	¥3,840	20	¥76,800	2016/2/20
12	电话座机	台	¥35	15	¥525	2016/4/10
13	订书机	个	¥25	15	¥375	2016/4/15
14	计算器	个	¥10	25	¥250	2016/4/15
15	订书针	盒	¥3	50	¥150	2016/4/15

图 3-28　调整列宽

 调整行高

在输入数据时，Excel 能根据输入字体的大小自动调整行的高度，使其能容纳行中最大的字符，用户也可以根据自己的需要，使用对话框或手工操作调整行高。

步骤 1 选中需要调整高度的第 3 行、第 4 行和第 5 行，如图 3-29 所示。

	A	B	C	D	E	F
1	办公用品采购清单					
2	名称	计量单位	单价	数量	合计	购买时间
3	针式打印机	台	¥840	3	¥2,520	2016/3/30
4	喷墨式打印机	台	¥680	3	¥2,040	2016/3/30
5	复印机	台	¥951	1	¥951	2016/3/30
6	扫描仪	台	¥345	1	¥345	2016/3/30
7	A4纸	包	¥15	10	¥150	2016/4/1
8	三联纸	包	¥17	10	¥170	2016/4/2
9	两联纸	包	¥16	10	¥160	2016/4/3
10	一联纸	包	¥15	10	¥150	2016/4/4
11	电脑	台	¥3,840	20	¥76,800	2016/2/20
12	电话座机	台	¥35	15	¥525	2016/4/10
13	订书机	个	¥25	15	¥375	2016/4/15
14	计算器	个	¥10	25	¥250	2016/4/15
15	订书针	盒	¥3	50	¥150	2016/4/15

图 3-29　选中 3 行

步骤 2 在行号上右击，在弹出的快捷菜单中选择【行高】命令，如图 3-30 所示。

	C	D	E	F
1	采购清单			
2		数量	合计	购买时间
3	¥840	3	¥2,520	2016/3/30
4	¥680	3	¥2,040	2016/3/30
5	¥951	1	¥951	2016/3/30
6	¥345	1	¥345	2016/3/30
7	¥15	10	¥150	2016/4/1
8	¥17	10	¥170	2016/4/2
9	¥16	10	¥160	2016/4/3
10	¥15	10	¥150	2016/4/4
11	¥3,840	20	¥76,800	2016/2/20
12	¥35	15	¥525	2016/4/10
13	¥25	15	¥375	2016/4/15
14	¥10	25	¥250	2016/4/15
15	¥3	50	¥150	2016/4/15

宋体　11
剪切(T)
复制(C)
粘贴选项:
选择性粘贴(S)...
插入(I)
删除(D)
清除内容(N)
设置单元格格式(F)...
行高(R)...
计数: 18　求和: 135366

图 3-30　选择【行高】命令

步骤 3 在弹出的【行高】对话框的【行高】文本框中输入“25”，然后单击【确定】按钮，如图 3-31 所示。

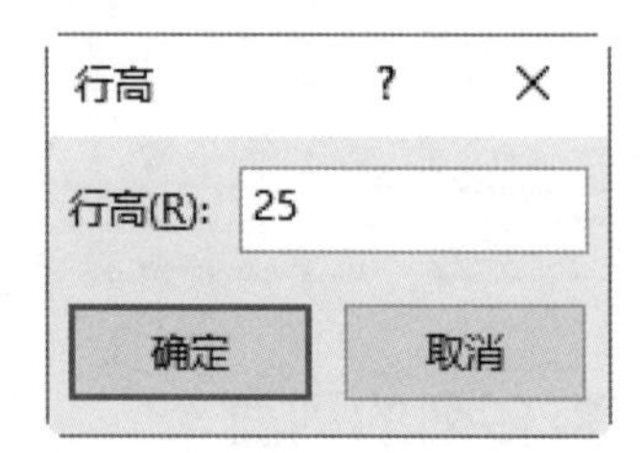

图 3-31　【行高】对话框

步骤 4 此时第 3 行、第 4 行和第 5 行的行高均被设置为“25”了，如图 3-32 所示。

	A	B	C	D	E	F
1	办公用品采购清单					
2	名称	计量单位	单价	数量	合计	购买时间
3	针式打印机	台	¥840	3	¥2,520	2016/3/30
4	喷墨式打印机	台	¥680	3	¥2,040	2016/3/30
5	复印机	台	¥951	1	¥951	2016/3/30
6	扫描仪	台	¥345	1	¥345	2016/3/30
7	A4纸	包	¥15	10	¥150	2016/4/1
8	三联纸	包	¥17	10	¥170	2016/4/2
9	两联纸	包	¥16	10	¥160	2016/4/3
10	一联纸	包	¥15	10	¥150	2016/4/4
11	电脑	台	¥3,840	20	¥76,800	2016/2/20
12	电话座机	台	¥35	15	¥525	2016/4/10

图 3-32　调整行高

3.1.6 显示隐藏的行和列

将行或列隐藏后，这些行或列中的数据就变得不可见了。如果需要查看这些数据，就需要将这些隐藏的行或列显示出来。

 使用功能区显示隐藏的行

步骤 1 打开需要显示隐藏行的工作簿，如图 3-33 所示。

步骤 2 选择第 4 行和第 6 行，在【开始】选项卡中，单击【单元格】组中的【格式】按钮，在弹出的下拉菜单中选择【隐藏和取消隐藏】命令，在弹出的子菜单中选择【取消隐藏行】命令，如图 3-34 所示。

	A	B	C	D	E
1	大美公司5月成本分析表				
2	进货渠道	期初余额	本期购进	本月出库	期未余额
3	LS库	¥7,244	¥16,563	¥15,948	¥7,859
4	SKD附件	¥41,802	¥8,432	¥2,062	¥48,172
6	VW附件	¥199,340	¥14,184	¥10,412	¥203,112
7	外采附件	¥230,441	¥150,079	¥144,815	¥235,704
8	CA外采	¥8,784	¥6,775	¥5,447	¥10,112
9	QY外采	¥41,087	¥2,516	¥13,064	¥30,539
10	BZ附件	¥21,519	¥18	¥2,601	¥18,936
11	BZ外采	¥27,841	¥9,884	¥11,820	¥25,905
12	BK外采	¥19,241	¥10,728	¥12,941	¥17,028
13	SONXA	¥55,999	¥10,831	¥1,616	¥65,214
14	合计	¥688,835	¥255,299	¥238,136	¥705,997

Sheet1

图 3-33 打开工作簿

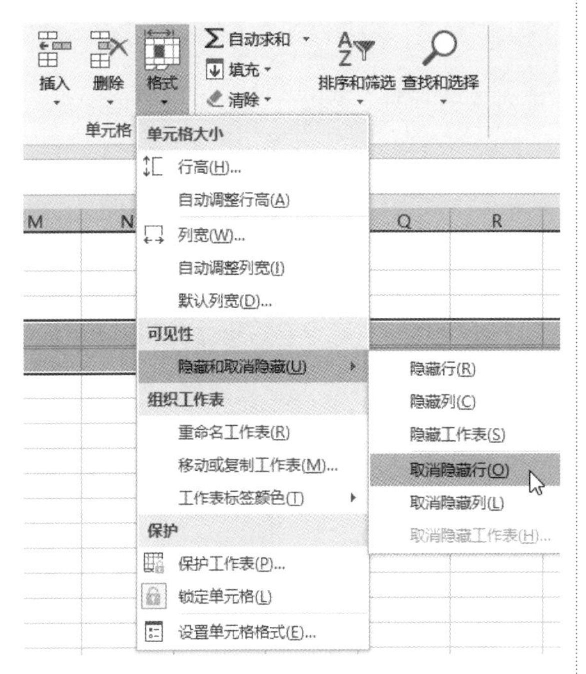

图 3-34 选择【取消隐藏行】命令

步骤 3 此时工作表中被隐藏的第 5 行即可显示出来，如图 3-35 所示。

	A	B	C	D	E
1	大美公司5月成本分析表				
2	进货渠道	期初余额	本期购进	本月出库	期未余额
3	LS库	¥7,244	¥16,563	¥15,948	¥7,859
4	SKD附件	¥41,802	¥8,432	¥2,062	¥48,172
5	SKD外采	¥35,539	¥25,289	¥17,411	¥43,417
6	VW附件	¥199,340	¥14,184	¥10,412	¥203,112
7	外采附件	¥230,441	¥150,079	¥144,815	¥235,704
8	CA外采	¥8,784	¥6,775	¥5,447	¥10,112
9	QY外采	¥41,087	¥2,516	¥13,064	¥30,539
10	BZ附件	¥21,519	¥18	¥2,601	¥18,936
11	BZ外采	¥27,841	¥9,884	¥11,820	¥25,905
12	BK外采	¥19,241	¥10,728	¥12,941	¥17,028
13	SONXA	¥55,999	¥10,831	¥1,616	¥65,214
14	合计	¥688,835	¥255,299	¥238,136	¥705,997

Sheet1

图 3-35 显示隐藏的行

2. 拖动鼠标显示隐藏的列

步骤 1 打开随书光盘中的“素材\ch03\成本分析表.xlsx”文件并隐藏 C 列数据，如图 3-36 所示。

	A	B	D	E
1	大美公司5月成本分析表			
2	进货渠道	期初余额	本月出库	期未余额
3	LS库	¥7,244	¥15,948	¥7,859
4	SKD附件	¥41,802	¥2,062	¥48,172
5	SKD外采	¥35,539	¥17,411	¥43,417
6	VW附件	¥199,340	¥10,412	¥203,112
7	外采附件	¥230,441	¥144,815	¥235,704
8	CA外采	¥8,784	¥5,447	¥10,112
9	QY外采	¥41,087	¥13,064	¥30,539
10	BZ附件	¥21,519	¥2,601	¥18,936
11	BZ外采	¥27,841	¥11,820	¥25,905
12	BK外采	¥19,241	¥12,941	¥17,028
13	SONXA	¥55,999	¥1,616	¥65,214
14	合计	¥688,835	¥238,136	¥705,997

Sheet1

图 3-36 隐藏 C 列数据

步骤 2 将鼠标指针移到 B 列和 D 列中间偏右处，鼠标指针变成┿形状，如图 3-37 所示。

A1 fx 大美公司5月成本分析表

宽度: 1.38 (16 像素)

	A	B	D	E
1	大美公司5月成本分析表			
2	进货渠道	期初余额	本月出库	期未余额
3	LS库	¥7,244	¥15,948	¥7,859
4	SKD附件	¥41,802	¥2,062	¥48,172
5	SKD外采	¥35,539	¥17,411	¥43,417
6	VW附件	¥199,340	¥10,412	¥203,112
7	外采附件	¥230,441	¥144,815	¥235,704
8	CA外采	¥8,784	¥5,447	¥10,112
9	QY外采	¥41,087	¥13,064	¥30,539
10	BZ附件	¥21,519	¥2,601	¥18,936
11	BZ外采	¥27,841	¥11,820	¥25,905
12	BK外采	¥19,241	¥12,941	¥17,028
13	SONXA	¥55,999	¥1,616	¥65,214
14	合计	¥688,835	¥238,136	¥705,997

Sheet1

图 3-37 移动鼠标

步骤 3 按住鼠标左键向右拖动，直到 C 列显示出来即可，如图 3-38 所示。

	A	B	C	D	E
1	大美公司5月成本分析表				
2	进货渠道	期初余额	本期购进	本月出库	期未余额
3	LS库	¥7,244	¥16,563	¥15,948	¥7,859
4	SKD附件	¥41,802	¥8,432	¥2,062	¥48,172
5	SKD外采	¥35,539	¥25,289	¥17,411	¥43,417
6	VW附件	¥199,340	¥14,184	¥10,412	¥203,112
7	外采附件	¥230,441	¥150,079	¥144,815	¥235,704
8	CA外采	¥8,784	¥6,775	¥5,447	¥10,112
9	QY外采	¥41,087	¥2,516	¥13,064	¥30,539
10	BZ附件	¥21,519	¥18	¥2,601	¥18,936
11	BZ外采	¥27,841	¥9,884	¥11,820	¥25,905
12	BK外采	¥19,241	¥10,728	¥12,941	¥17,028
13	SONXA	¥55,999	¥10,831	¥1,616	¥65,214
14	合计	¥688,835	¥255,299	¥238,136	¥705,997

Sheet1

图 3-38 显示隐藏的列

3.2 单元格的基本操作

在 Excel 工作表中，对单元格的基本操作包括选择、插入、删除、清除等。如果要对单元格进行编辑操作，必须先选中单元格或单元格区域。当启动 Excel 并创建新的工作簿时，单元格 A1 处于自动选中状态。

3.2.1 选中单元格

选中单元格是对单元格操作的前提，根据选中对象的不同，可以分为选中一个单元格、选中多个单元格、选中全部单元格等情况，下面分别进行介绍。

1. 选中一个单元格

单元格处于选中状态后，单元格边框线会变成黑粗线，表示该单元格为当前单元格。当前单元格的地址显示在名称框中，内容显示在当前单元格和编辑栏中。选中一个单元格的常用方法有以下 3 种。

方法 1：用鼠标选定。

用鼠标选中单元格是最常用、最快速的方法，只要在单元格上单击即可。具体的操作步骤如下。

步骤 1 在工作表表格区内，鼠标指针会呈（空心十字）形状，如图 3-39 所示。

步骤 2 单击单元格，该单元格即被选中，其边框以深绿色粗线标识，如图 3-40 所示。

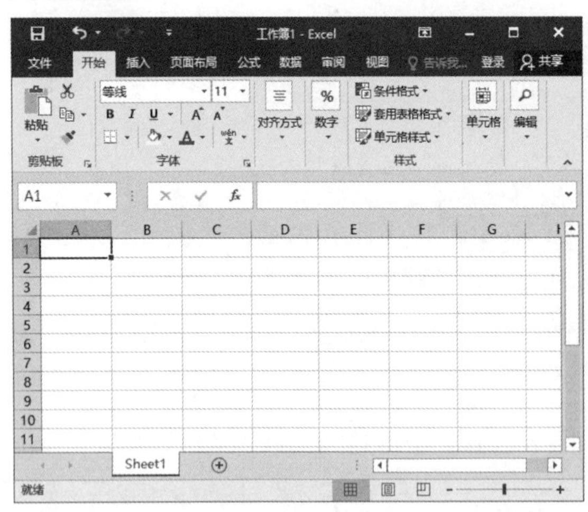

图 3-39　鼠标指针呈（空心十字）形状

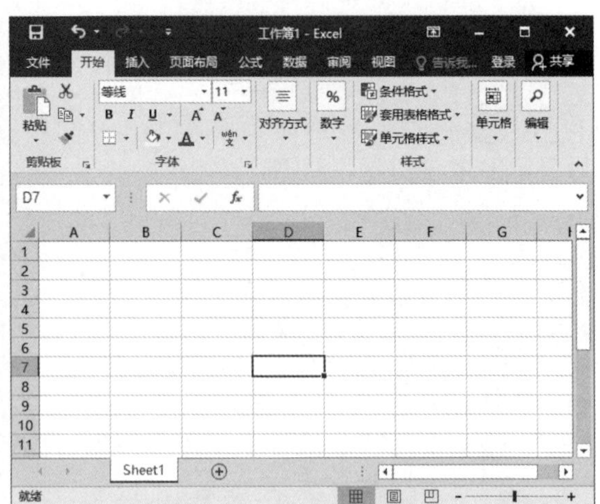

图 3-40　选中单元格

方法 2：使用名称框。

在名称框中输入目标单元格的地址，如“C5”，按 Enter 键，即可选中 C 列和第 5 行交汇处的单元格，如图 3-41 所示。

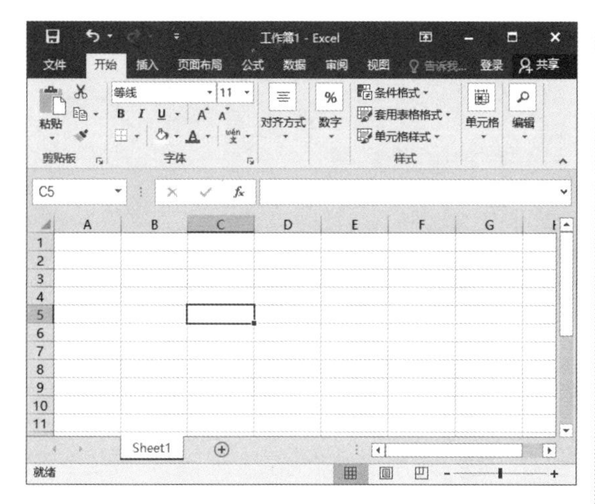

图 3-41　使用名称框选中单元格

方法 3：使用方向键。

使用键盘上的上、下、左、右 4 个方向键也可以选中单元格。例如，默认选中的是 A1 单元格，按 1 次↓键可选中 A2 单元格，再按 1 次→键可选中 B2 单元格，如图 3-42 所示。

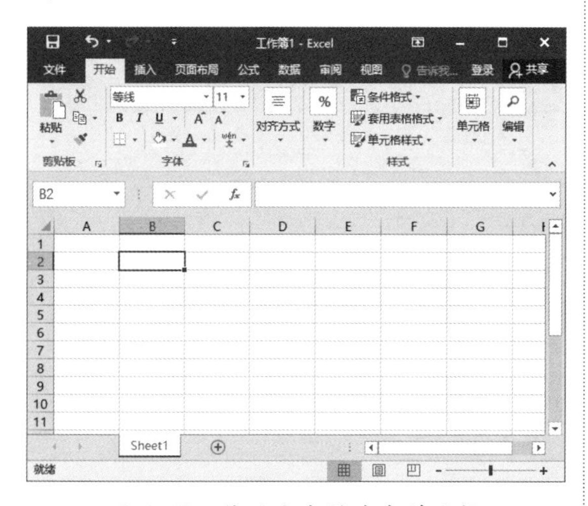

图 3-42　使用方向键选中单元格

2. 选中连续的单元格

在 Excel 工作表中，若要对多个单元格进行相同的操作，须先选中单元格区域。选中单元格区域的方法有 3 种，下面以选择 A2、D6 为对角点的矩形区域（A2:D6）为例进行介绍。

方法 1：使用鼠标拖曳法。

将鼠标指针移到该区域左上角的单元格 A2 上，按住鼠标左键不放，向该区域右下角的单元格 D6 拖曳，即可将单元格区域 A2:D6 选中，如图 3-43 所示。

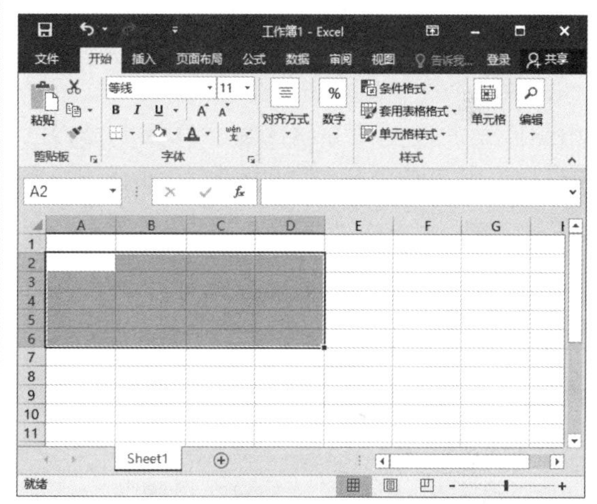

图 3-43　选中单元格区域

方法 2：使用快捷键。

单击该区域左上角的单元格 A2，按住 Shift 键的同时单击该区域右下角的单元格 D6。此时即可选中单元格区域 A2:D6，结果如图 3-43 所示。

方法 3：使用名称框。

在名称框中输入单元格区域名称“A2:D6”，如图 3-44 所示。按 Enter 键，即可选中 A2:D6 单元格区域，结果如图 3-43 所示。

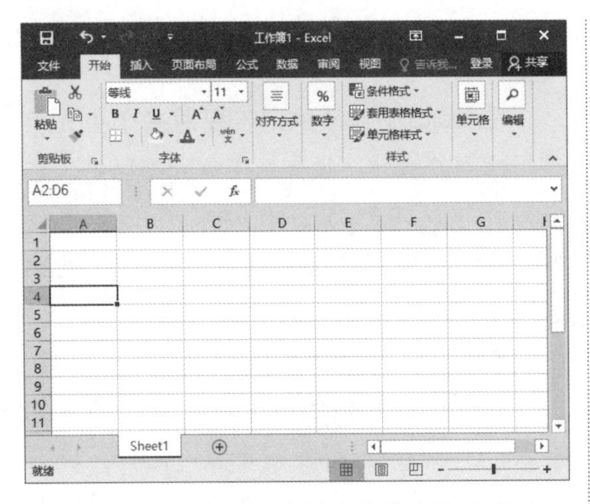

图 3-44 使用名称框选中单元格区域

3. 选中不连续的单元格

选中不连续的单元格区域也就是选中不相邻的单元格或单元格区域，具体的操作步骤如下。

步骤 1 选中第一个单元格区域（例如单元格区域 A2:C3）。将鼠标指针移到该区域左上角的单元格 A2 上，按住鼠标左键不放拖动鼠标使其指针移到该区域右下角的 C3 单元格，释放鼠标左键，如图 3-45 所示。

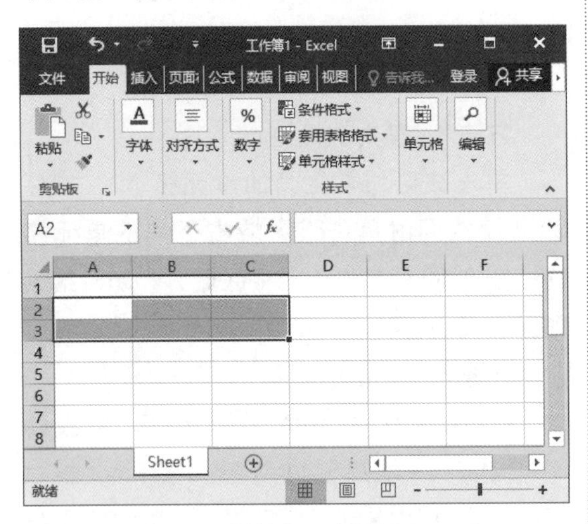

图 3-45 选中第一个单元格区域

步骤 2 按住 Ctrl 键不放，拖动鼠标选中第二个单元格区域（例如单元格区域 C6:E8），如图 3-46 所示。

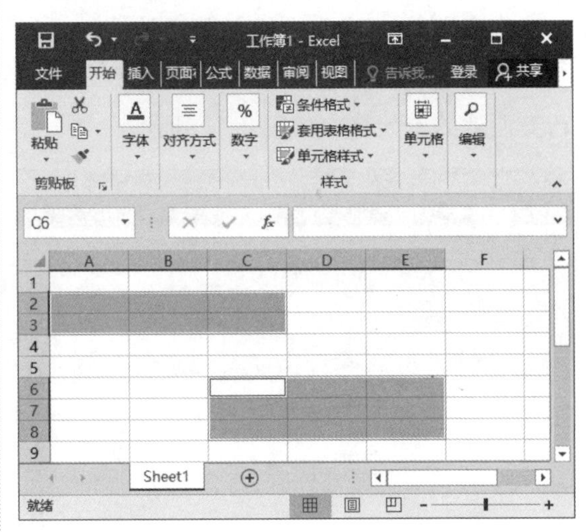

图 3-46 选中另一个单元格区域

步骤 3 使用同样的方法可以选中多个不连续的单元格区域。

4. 选中所有单元格

选中所有单元格，即选中整个工作表，方法有以下两种。

（1）单击工作表左上角行号与列标相交处的【选定全部】按钮 ◢，如图 3-47 所示。即可选中整个工作表。

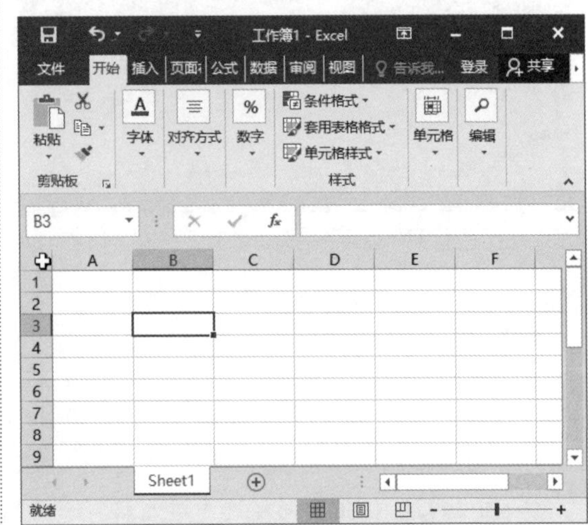

图 3-47 选中整个表格

（2）按 Ctrl+A 组合键也可以选中整个

表格，如图 3-48 所示。

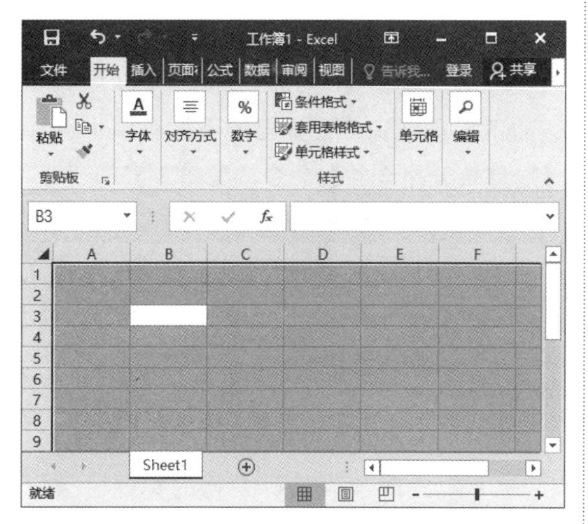

图 3-48　选中整个表格

3.2.2 合并单元格

合并单元格是指在 Excel 工作表中，将两个或多个选定的相邻单元格合并成一个单元格。方法有以下两种。

（1）用【对齐方式】组进行设置，具体的操作步骤如下。

步骤 1 打开随书光盘中的“素材 \ch03\ 产品统计表 .xlsx”文件，选中单元格区域 A1:D1，如图 3-49 所示。

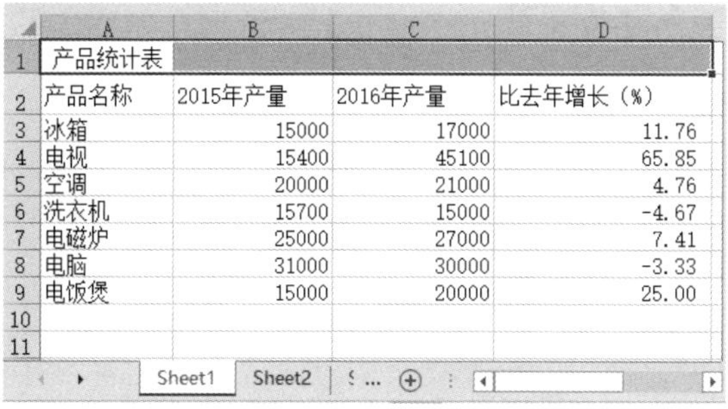

	A	B	C	D
1	产品统计表			
2	产品名称	2015年产量	2016年产量	比去年增长（%）
3	冰箱	15000	17000	11.76
4	电视	15400	45100	65.85
5	空调	20000	21000	4.76
6	洗衣机	15700	15000	-4.67
7	电磁炉	25000	27000	7.41
8	电脑	31000	30000	-3.33
9	电饭煲	15000	20000	25.00
10				
11				

图 3-49　选中单元格区域

步骤 2 在【开始】选项卡中，单击【对齐方式】组中 合并后居中 图标右边的下三角按钮，在弹出的下拉菜单中选择【合并后居中】命令，如图 3-50 所示。

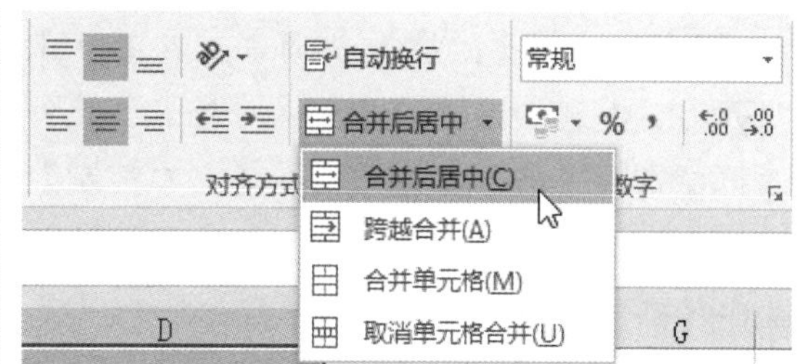

图 3-50　选择【合并后居中】命令

步骤 3 此时该表格标题行不但已合并且居中，如图 3-51 所示。

	A	B	C	D
1	产品统计表			
2	产品名称	2015年产量	2016年产量	比去年增长（%）
3	冰箱	15000	17000	11.76
4	电视	15400	45100	65.85
5	空调	20000	21000	4.76
6	洗衣机	15700	15000	-4.67
7	电磁炉	25000	27000	7.41
8	电脑	31000	30000	-3.33
9	电饭煲	15000	20000	25.00
10				
11				

图 3-51　合并后居中

（2）用【设置单元格格式】对话框进行设置，具体的操作步骤如下。

步骤 1 选中单元格区域 A1:E1，在【开始】选项卡中，单击【对齐方式】组右下角的 （启动对话框）按钮，弹出【设置单元格格式】对话框，如图 3-52 所示。

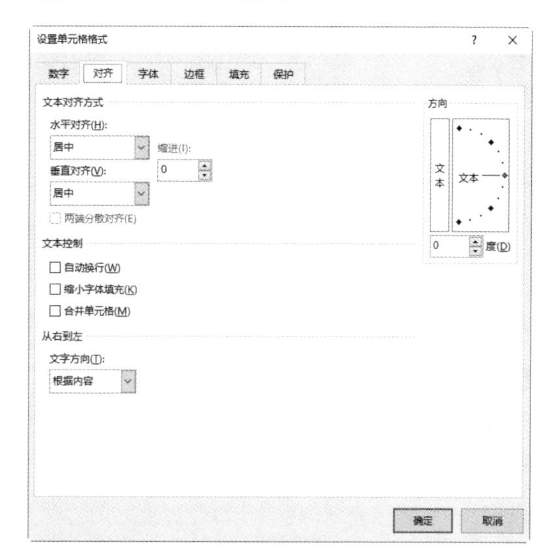

图 3-52　【设置单元格格式】对话框

步骤 2 选择【对齐】选项卡，在【文本对齐方式】选项区域的【水平对齐】下拉列表框中选择【居中】选项，在【文本控制】选项区域选中【合并单元格】复选框，然后单击【确定】按钮，如图 3-53 所示。

设置单元格格式
数字 对齐 字体 边框 填充 保护
文本对齐方式
水平对齐(H):
居中
缩进(I):
0
垂直对齐(V):
居中
两端分散对齐(E)
方向
文本
文本
0 度(D)
文本控制
自动换行(W)
缩小字体填充(K)
合并单元格(M)
从右到左
文字方向(T):
根据内容
确定
取消

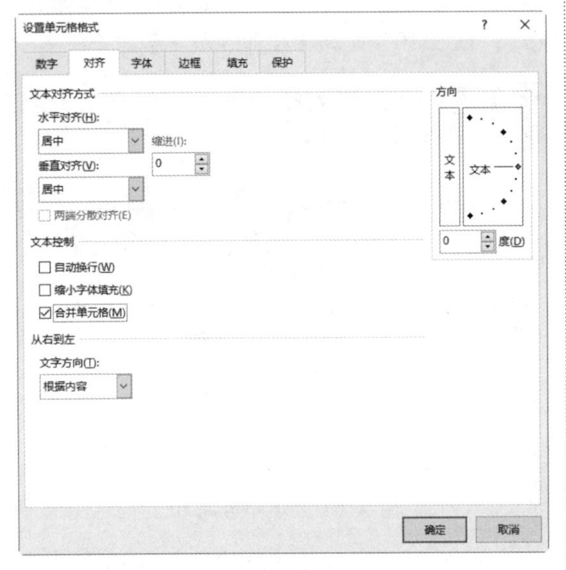

图 3-53 【对齐】选项卡

步骤 3 此时该表格标题行不但已合并且居中，结果如图 3-54 所示。

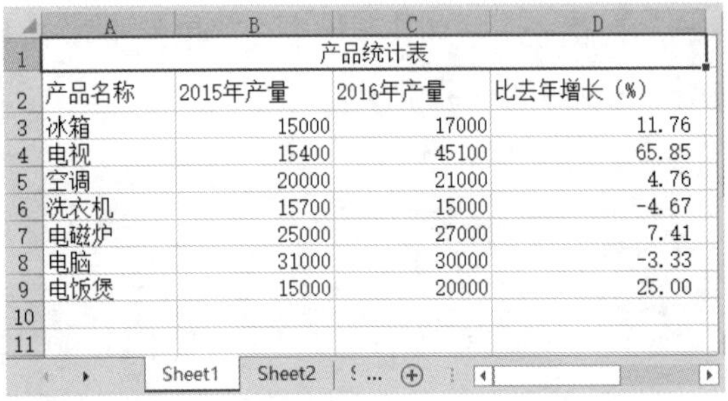

产品统计表
产品名称 2015年产量 2016年产量 比去年增长（%）
冰箱 15000 17000 11.76
电视 15400 45100 65.85
空调 20000 21000 4.76
洗衣机 15700 15000 -4.67
电磁炉 25000 27000 7.41
电脑 31000 30000 -3.33
电饭煲 15000 20000 25.00
Sheet1 Sheet2

图 3-54 合并后的居中显示效果

3.2.3 拆分单元格

在 Excel 工作表中，拆分单元格就是将一个单元格拆分成多个单元格。方法有以下两种。

（1）用【对齐方式】组进行设置，具体的操作步骤如下。

步骤 1 选中合并后的单元格，在【开始】选项卡中，单击【对齐方式】组中图标右边的下三角按钮，在弹出的下拉菜单中选择【取消单元格合并】命令，如图 3-55 所示。

自动换行
常规
合并后居中
合并后居中(C)
跨越合并(A)
合并单元格(M)
取消单元格合并(U)

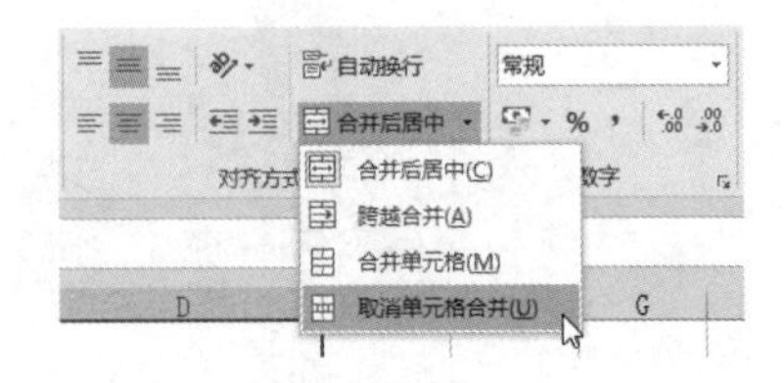

图 3-55 选择【取消单元格合并】命令

步骤 2 此时该表格标题行的标题已被取消合并，恢复成合并前的状态，如图 3-56 所示。

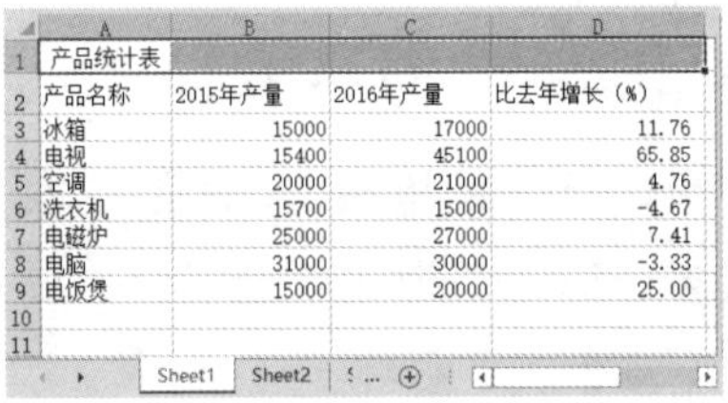

产品统计表
产品名称 2015年产量 2016年产量 比去年增长（%）
冰箱 15000 17000 11.76
电视 15400 45100 65.85
空调 20000 21000 4.76
洗衣机 15700 15000 -4.67
电磁炉 25000 27000 7.41
电脑 31000 30000 -3.33
电饭煲 15000 20000 25.00
Sheet1 Sheet2

图 3-56 取消单元格合并

（2）用【设置单元格格式】对话框进行设置，具体的操作步骤如下。

步骤 1 右击合并后的单元格，在弹出的快捷菜单中选择【设置单元格格式】命令，弹出【设置单元格格式】对话框，如图 3-57 所示。

剪切(T)
复制(C)
粘贴选项:
选择性粘贴(S)...
智能查找(L)
插入(I)...
删除(D)...
清除内容(N)
快速分析(Q)
筛选(E)
排序(O)
插入批注(M)
设置单元格格式(F)...

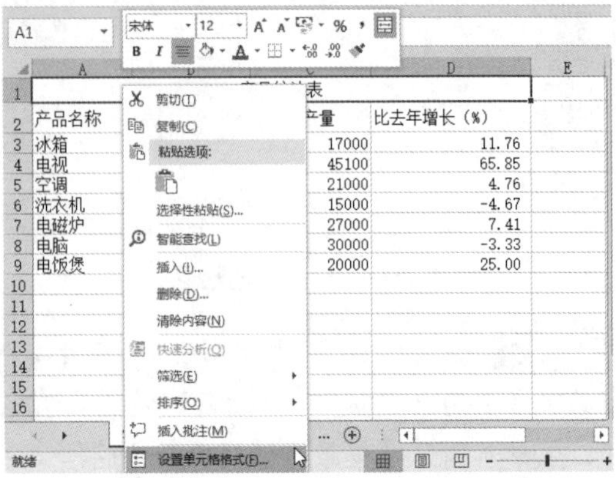

图 3-57 选择【设置单元格格式】命令

步骤 2 在【对齐】选项卡中取消选中【合并单元格】复选框，然后单击【确定】按钮，即可取消单元格的合并状态，如图 3-58 所示。

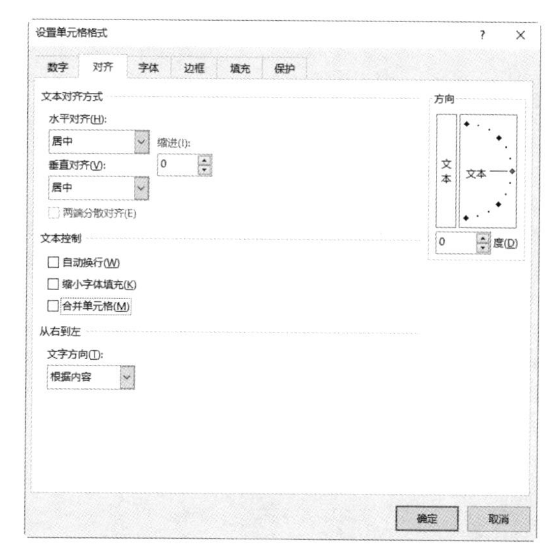

图 3-58 【设置单元格格式】对话框

3.2.4 插入单元格

在 Excel 工作表中，在活动单元格的上方或左侧插入空白单元格的具体操作步骤如下。

步骤 1 打开随书光盘中的“素材 \ch03\ 学院人员统计表 .xlsx”文件，选中要插入空白单元格的单元格区域 A4:C4，如图 3-59 所示。

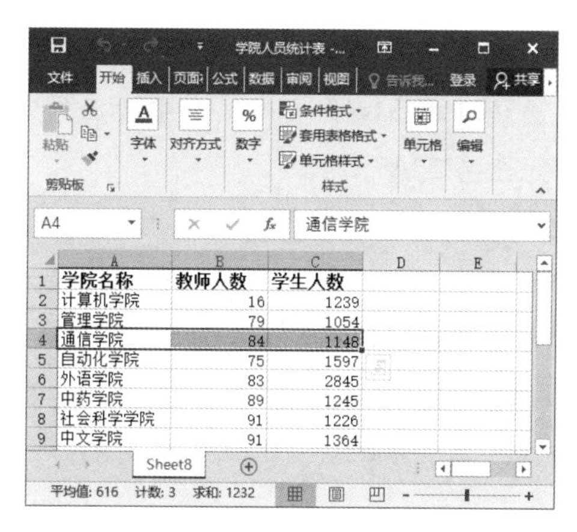

图 3-59 选中单元格区域

步骤 2 在【开始】选项卡中，单击【单元格】组中【插入】按钮下方的下三角按钮，在弹出的下拉菜单中选择【插入单元格】命令，如图 3-60 所示。

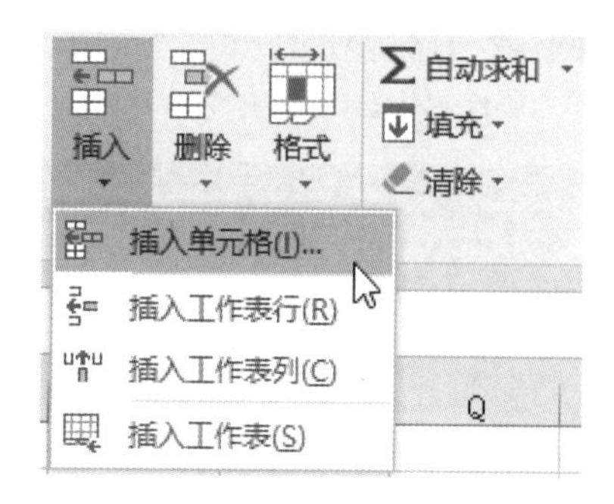

图 3-60 选择【插入单元格】命令

步骤 3 弹出【插入】对话框，选中【活动单元格右移】单选按钮，单击【确定】按钮，如图 3-61 所示。

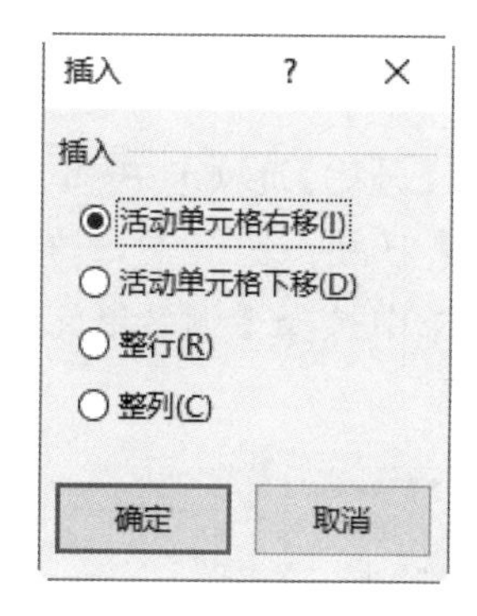

图 3-61 【插入】对话框

步骤 4 此时已在当前位置插入空白单元格，原位置数据则右移，如图 3-62 所示。

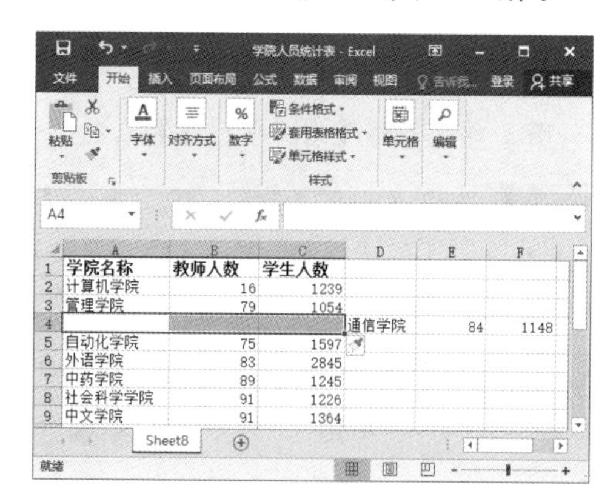

图 3-62 数据右移

3.2.5 删除单元格

在 Excel 中删除单元格的具体操作步骤如下。

步骤 1 选中上一小节中插入的空白单元格区域 A4:C4，如图 3-63 所示。

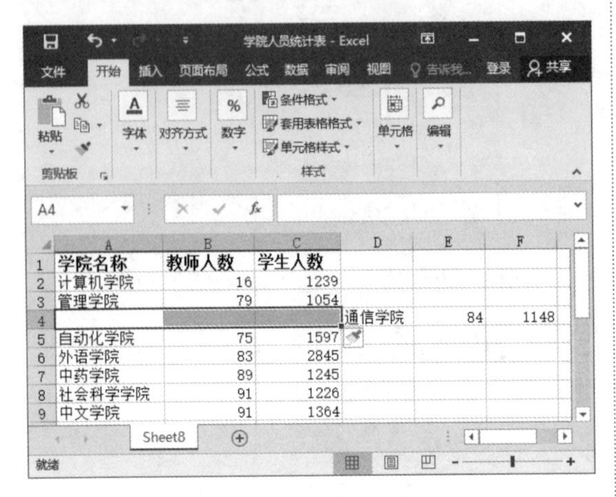

图 3-63 选中单元格区域

步骤 2 在【开始】选项卡中，单击【单元格】组中【删除】按钮下边的下三角按钮，在弹出的下拉菜单中选择【删除单元格】命令，如图 3-64 所示。

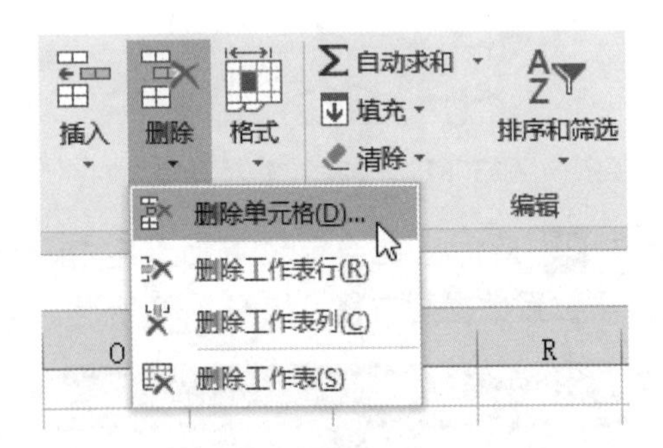

图 3-64 选择【删除单元格】命令

步骤 3 弹出【删除】对话框，选中【下方单元格上移】单选按钮，单击【确定】按钮，如图 3-65 所示。

步骤 4 此时选中的单元格区域已被删除，同时原下方的单元格上移一行，如图 3-66 所示。

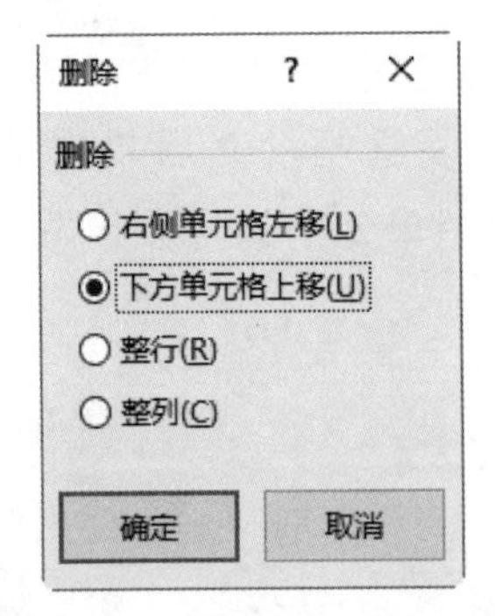

图 3-65 【删除】对话框

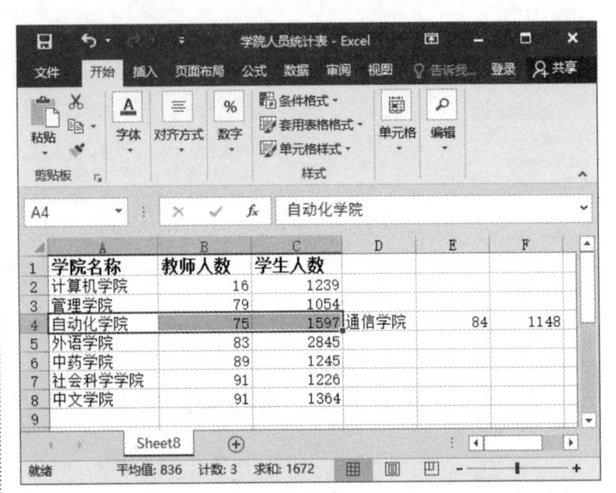

图 3-66 删除选中的单元格

3.2.6 清除单元格

清除单元格即是删除单元格中的内容（公式和数据）、格式（包括数字格式、条件格式和边框）以及附加的批注。具体的操作步骤如下。

步骤 1 打开随书光盘中的“素材\ch03\学院人员统计表.xlsx”文件，选中要清除内容的单元格区域 A7:C7。

步骤 2 在【开始】选项卡中，单击【编辑】组中的【清除】按钮，在弹出的下拉菜单中选择【全部清除】命令，如图 3-67 所示。

步骤 3 此时单元格区域 A7:C7 中的数据和公式已被全部删除，如图 3-68 所示。

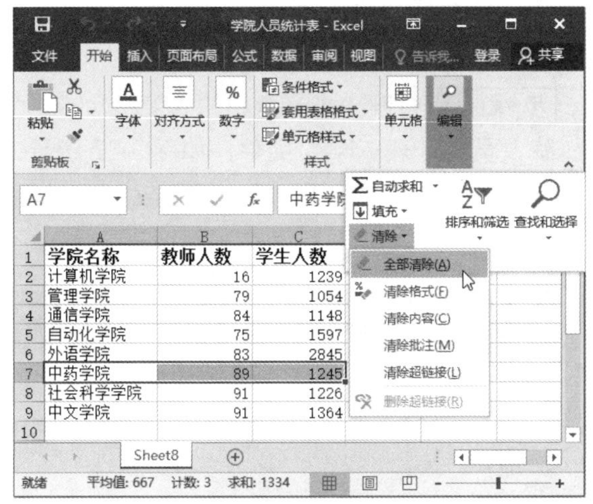

图 3-67　选择【全部清除】命令

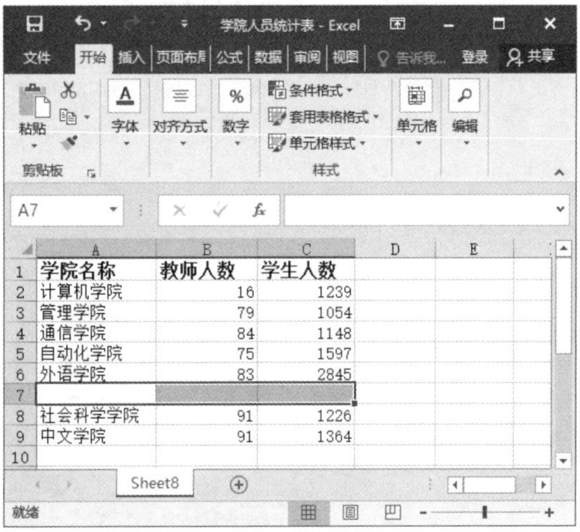

图 3-68　清除单元格

3.3 复制与移动单元格区域

在编辑 Excel 工作表时，若数据输错了位置，不必重新输入，可将其移到正确的位置；若单元格区域数据与其他区域数据相同，为了避免重复输入，提高效率，可采用复制的方法编辑工作表。

3.3.1 使用鼠标复制与移动单元格区域

使用鼠标复制与移动单元格区域是编辑工作表最快捷的方法。

1. 复制单元格区域

步骤 1 打开随书光盘中的“素材 \ch03\ 学院人员统计表 .xlsx”文件，选中单元格区域 B2:B9，将鼠标指针移到所选区域的边框线上，鼠标指针变成形状，如图 3-69 所示。

步骤 2 按住 Ctrl 键不放，当鼠标指针右上角出现“+”时，拖动鼠标移动到单元格区域 E2:E9，即可将单元格区域 B2:B9 的内容复制到新的位置，如图 3-70 所示。

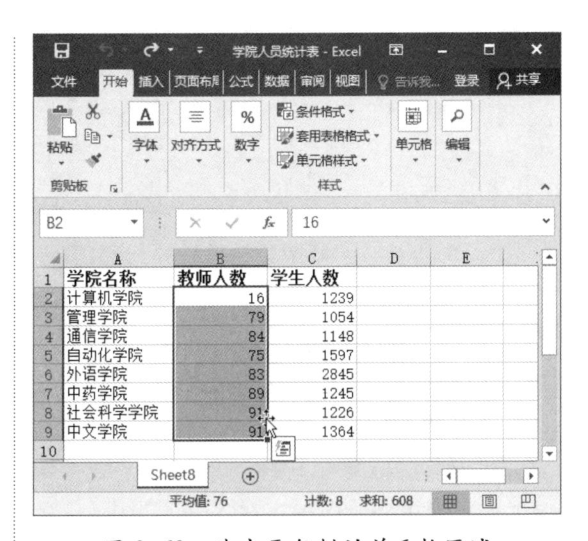

图 3-69　选中要复制的单元格区域

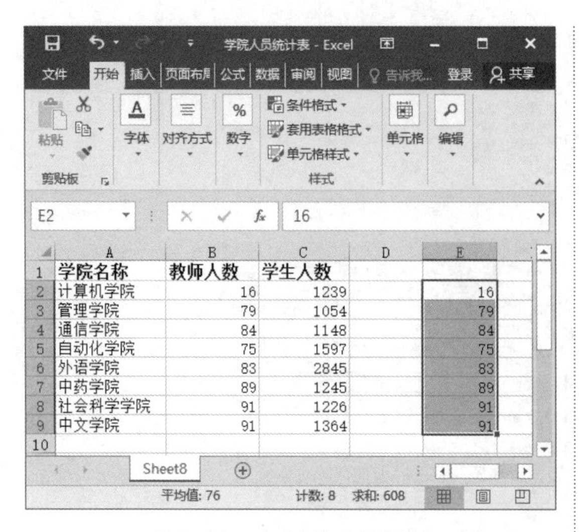

图 3-70 复制单元格区域

2. 移动单元格区域

在上述操作中，拖动单元格区域时不按 Ctrl 键，即可移动单元格区域，如图 3-71 所示。

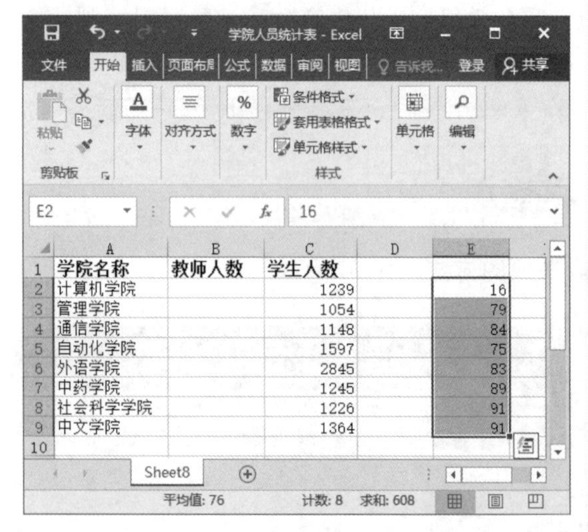

图 3-71 移动单元格区域

3.3.2 利用剪贴板复制与移动单元格区域

利用剪贴板复制与移动单元格区域是编辑工作表常用的方法之一。

1. 复制单元格区域

步骤 1 打开随书光盘中的“素材\ch03\学院人员统计表.xlsx”文件，如图 3-72 所示。选中单元格区域 A3:C3，按 Ctrl+C 组合键进行复制。

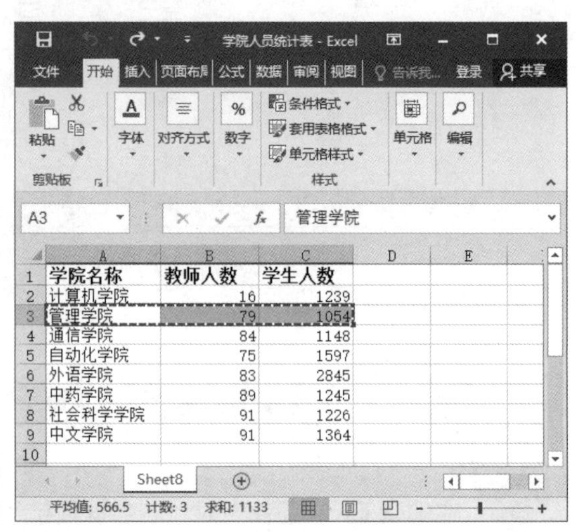

图 3-72 复制单元格区域

步骤 2 选择目标位置（如选定目标区域的第一个单元格 A11），按 Ctrl+V 组合键，单元格区域 A3:C3 的内容即被复制到单元格区域 A11:C11 中，如图 3-73 所示。

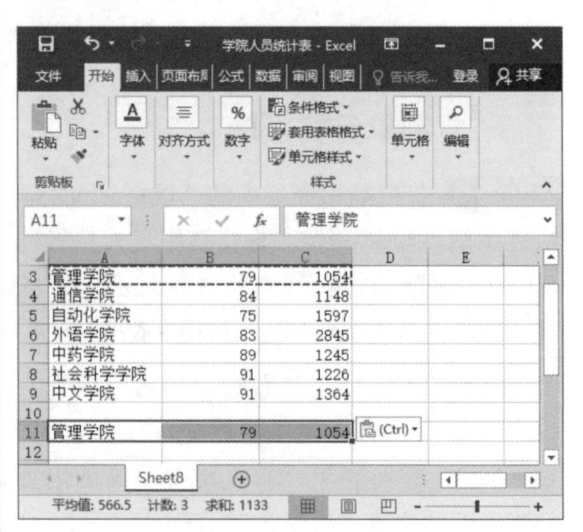

图 3-73 粘贴单元格区域

2. 移动单元格区域

移动单元格区域的方法是先选中单元格区域，按 Ctrl+X 组合键将此区域剪切到剪贴板中，然后通过粘贴（按 Ctrl+V 组合键）的方式将其移动到目标区域，如图 3-74 所示。

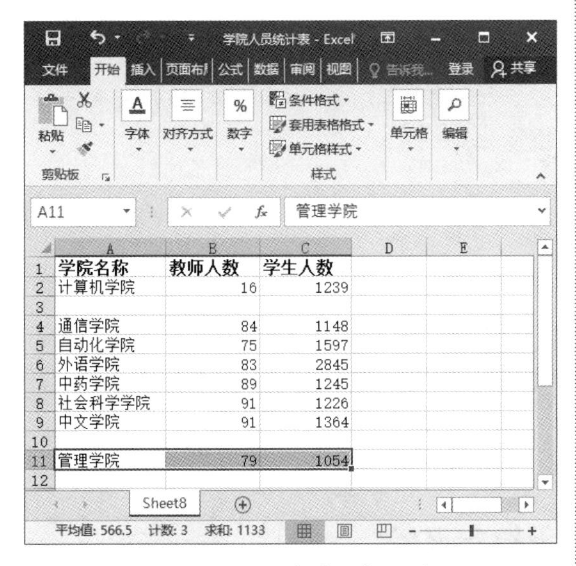

图 3-74 移动单元格区域

3.3.3 用插入方式复制单元格区域

在 Excel 工作表编辑的过程中，有时根据需要会插入包含数据和公式的单元格。使用插入方式复制单元格区域的具体步骤如下。

步骤 1 打开随书光盘中的“素材 \ch03\ 学院人员统计表 .xlsx”文件，选中包含公式的单元格区域 A5:C5，按 Ctrl+C 组合键进行复制，如图 3-75 所示。

步骤 2 选中目标区域的第 1 个单元格 A13 并右击，在弹出的快捷菜单中选择【插入复制的单元格】命令，如图 3-76 所示。

步骤 3 弹出【插入粘贴】对话框，选中【活动单元格下移】单选按钮，如图 3-77 所示。

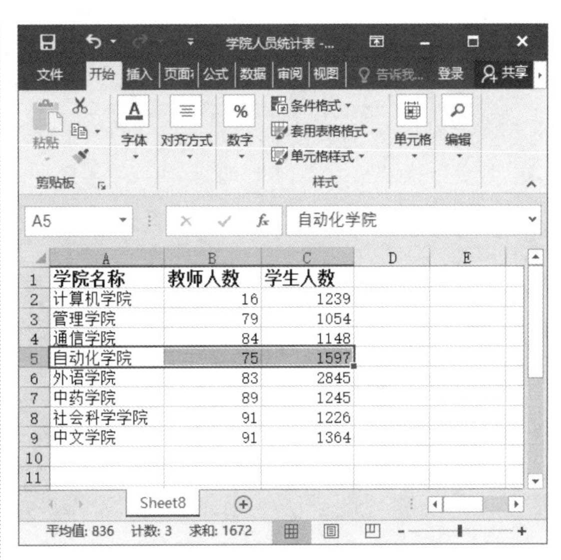

图 3-75 复制单元格区域

图 3-76 选择【插入复制的单元格】命令

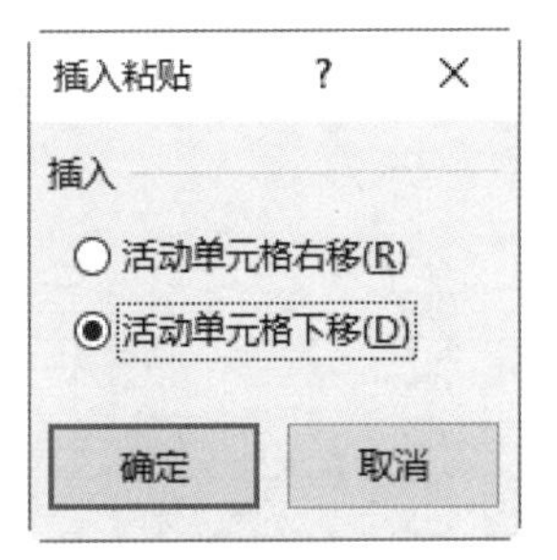

图 3-77 【插入粘贴】对话框

步骤 4 单击【确定】按钮，即可将复制的数据插入到目标单元格中，如图 3-78 所示。

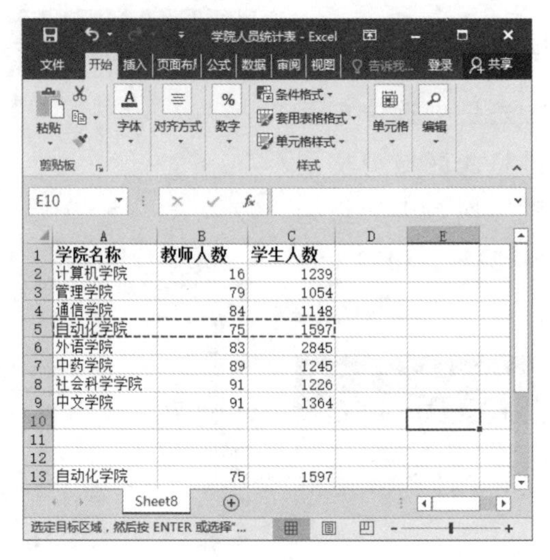

学院人员统计表 - Excel
文件 开始 插入 页面布局 公式 数据 审阅 视图 告诉我... 登录 共享
粘贴 字体 对齐方式 数字 条件格式 套用表格格式 单元格样式 单元格 编辑
剪贴板 样式
E10
学院名称 教师人数 学生人数
计算机学院 16 1239
管理学院 79 1054
通信学院 84 1148
自动化学院 75 1597
外语学院 83 2845
中药学院 89 1245
社会科学学院 91 1226
中文学院 91 1364
自动化学院 75 1597
Sheet8
选定目标区域，然后按 ENTER 或选择"...

图 3-78　粘贴复制的单元格区域

3.4 高效办公技能实战

3.4.1 隐藏内容单元格区域外的所有行和列

如果仅希望显示包含内容的单元格区域，其他行和列不显示，那么用户可以隐藏内容单元格区域外的所有行和列，具体的操作步骤如下。

步骤 1 打开随书光盘中的“素材\ch03\成本分析表.xlsx”工作簿，如图 3-79 所示。

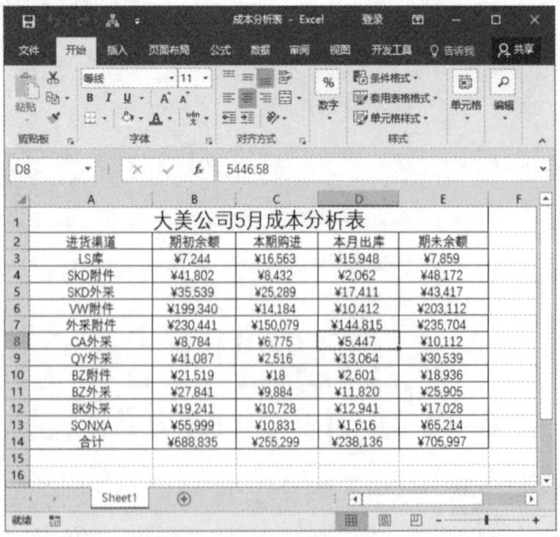

成本分析表 - Excel
D8 5446.58
大美公司5月成本分析表
进货渠道 期初余额 本期购进 本月出库 期末余额
LS库 ¥7,244 ¥16,563 ¥15,948 ¥7,859
SKD附件 ¥41,802 ¥8,432 ¥2,062 ¥48,172
SKD外采 ¥35,539 ¥25,289 ¥17,411 ¥43,417
VW附件 ¥199,340 ¥14,184 ¥10,412 ¥203,112
外采附件 ¥230,441 ¥150,079 ¥144,815 ¥235,704
CA外采 ¥8,784 ¥6,775 ¥5,447 ¥10,112
QY外采 ¥41,087 ¥2,516 ¥13,064 ¥30,539
BZ附件 ¥21,519 ¥18 ¥2,601 ¥18,936
BZ外采 ¥27,841 ¥9,884 ¥11,820 ¥25,905
BK外采 ¥19,241 ¥10,728 ¥12,941 ¥17,028
SONXA ¥55,999 ¥10,831 ¥1,616 ¥65,214
合计 ¥688,835 ¥255,299 ¥238,136 ¥705,997
Sheet1
就绪

图 3-79　打开素材文件

步骤 2 选中任意一个单元格，按 Ctrl+Shift+→组合键，然后单击【格式】按钮，在弹出的下拉菜单中选择【隐藏和取消隐藏】命令，在子菜单中选择【隐藏列】命令，即可隐藏除内容区域外的所有列，如图 3-80 所示。

成本分析表 - Excel
F4
XEV XEW XEX XEY XEZ XFA XFB
单元格大小
行高(H)...
自动调整行高(A)
列宽(W)...
自动调整列宽(I)
默认列宽(D)...
可见性
隐藏和取消隐藏(U)
隐藏行(R)
隐藏列(C)
隐藏工作表(S)
取消隐藏行(O)
取消隐藏列(L)
组织工作表
重命名工作表(R)
移动或复制工作表(M)...
工作表标签颜色(T)
保护
保护工作表(P)...
锁定单元格(L)
设置单元格格式(E)...
Sheet1
就绪

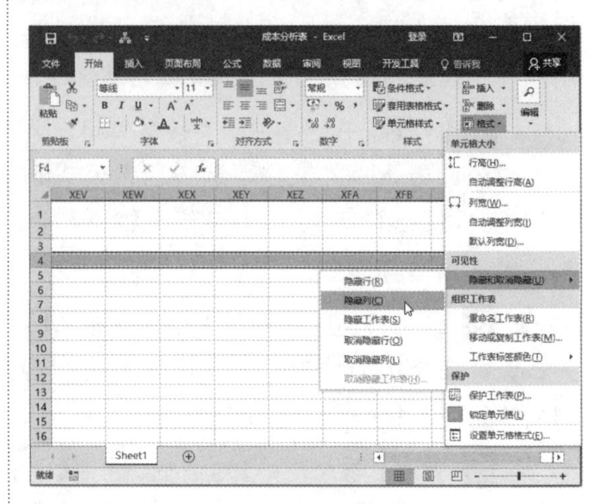

图 3-80　选择【隐藏列】命令

步骤 3 选择 A 列任意一个单元格，按 Ctrl+Shift+ ↓ 组合键，然后单击【格式】按钮，在弹出的下拉菜单中选择【隐藏和取消隐藏】命令，在子菜单中选择【隐藏行】命令，即可隐藏除内容区域外的所有行，如图 3-81 所示。

步骤 4 隐藏后，即可看到除内容区域外，所有行和列即被隐藏，如图 3-82 所示。

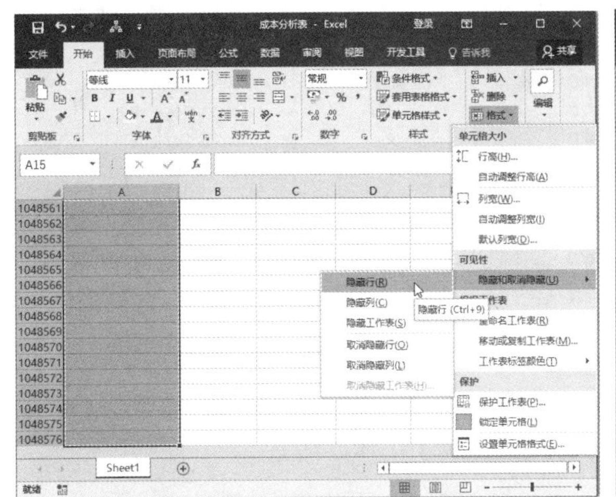

图 3-81　选择【隐藏行】命令

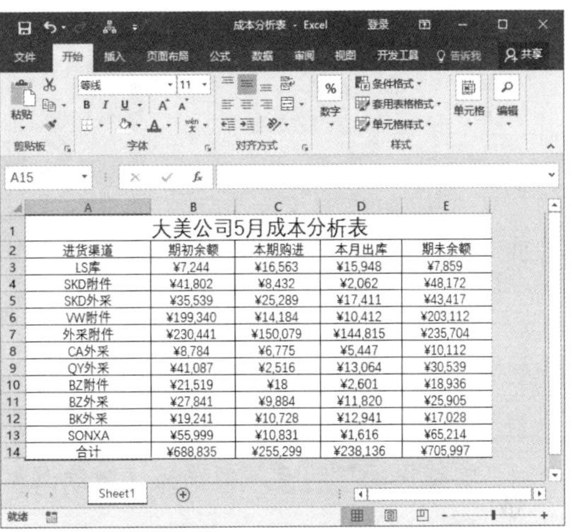

	A	B	C	D	E
1	大美公司5月成本分析表				
2	进货渠道	期初余额	本期购进	本月出库	期末余额
3	LS库	¥7,244	¥16,563	¥15,948	¥7,859
4	SKD附件	¥41,802	¥8,432	¥2,062	¥48,172
5	SKD外采	¥35,539	¥25,289	¥17,411	¥43,417
6	VW附件	¥199,340	¥14,184	¥10,412	¥203,112
7	外采附件	¥230,441	¥150,079	¥144,815	¥235,704
8	CA外采	¥8,784	¥6,775	¥5,447	¥10,112
9	QY外采	¥41,087	¥2,516	¥13,064	¥30,539
10	BZ附件	¥21,519	¥18	¥2,601	¥18,936
11	BZ外采	¥27,841	¥9,884	¥11,820	¥25,905
12	BK外采	¥19,241	¥10,728	¥12,941	¥17,028
13	SONXA	¥55,999	¥10,831	¥1,616	¥65,214
14	合计	¥688,835	¥255,299	¥238,136	¥705,997

图 3-82　隐藏内容区域外的所有行与列

3.4.2 修改员工信息表

本实例介绍修改员工信息表的方法。通过本实例的练习，用户可以熟练地掌握单元格、行与列的操作，具体的操作步骤如下。

步骤 1 打开随书光盘中的“素材\ch03\员工信息表.xlsx”工作簿，选中单元格区域 A1:H1，单击【开始】选项卡下【对齐方式】组中的【合并后居中】按钮，如图 3-83 所示。

步骤 2 选中单元格区域 J2:J12，按 Ctrl+X 组合键，剪切单元格内容，如图 3-84 所示。

图 3-83　合并后居中单元格区域

	F	G	H	I	J	K
1						
2	身份证号	出生日期	性别	年龄	职位	联系电话
3	111111198704211234	1987-04-21	男	29	部长	123456710
4	111111198812111234	1988-12-11	男	28	编辑	123456711
5	111111196804271234	1968-04-27	男	48	编辑	123456712
6	111111196706111234	1967-06-11	男	49	会计师	123456713
7	111111197808191234	1978-08-19	男	38	财务员	123456714
8	111111197507011234	1975-07-01	男	41	财务员	123456715
9	111111198202231000	1982-02-23	女	34	组长	123456716
10	111111198801271234	1988-01-27	男	28	部门经理	123456717
11	111111199003201234	1990-03-20	男	26	技术员	123456718
12	111111199111211234	1991-11-21	男	25	项目经理	123456719
13				制表日期：		2016-11-29

图 3-84　剪切选择的单元格区域

步骤 3 选中 E2 单元格并右击，在弹出的快捷菜单中选择【插入剪切的单元格】命令，如图 3-85 所示。

步骤 4 此时原单元格区域 J2:J12 中的内容已插入到单元格区域 E2:E12 中，如图 3-86 所示。

图 3-85 选择【插入剪切的单元格】命令

图 3-86 粘贴剪切的单元格区域

步骤 5 选中单元格区域 A2:H22，然后在【开始】选项卡中，单击【单元格】组中的【格式】按钮，在弹出的下拉菜单中选择【自动调整列宽】命令，如图 3-87 所示。

步骤 6 此时选中的单元格区域，根据内容自动调整了列宽，如图 3-88 所示。

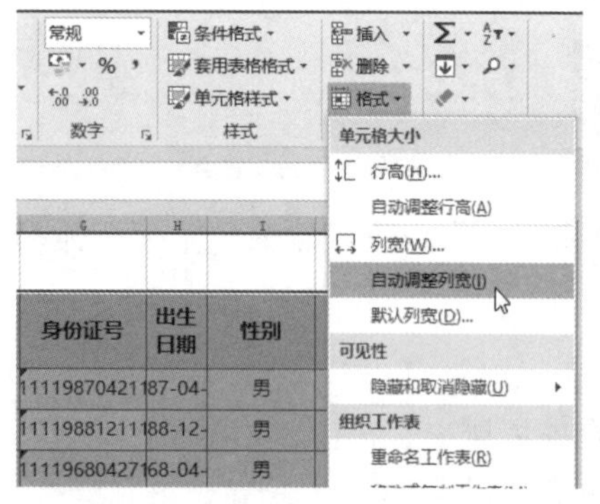

图 3-87 选择【自动调整列宽】命令

图 3-88 调整之后的员工信息表

3.5 高手解惑

问：如何选中工作表中的单元格？

高手：如果只是选中单个单元格，那么直接单击要选中的单元格即可；如果要选中多个连续的单元格，则需要先选中第一个要选的单元格，然后按住 Shift 键的同时单击最后一个要选的单元格即可；如果要选中不连续的单元格，那么需要先选中第一个要选的单元格，然后按住 Ctrl 键依次单击选择要选中的单元格即可。

问：有时在单元格中输入“00001”时，为什么只显示一个“1”呢？

高手：出现这种情况，一般是由于单元格格式不符造成的，为此用户可以对其进行单元格格式的设置。只需在该单元格右键快捷菜单中选择【设置单元格格式】命令，即可弹出【设置单元格格式】对话框，切换至【数字】选项卡，在左侧【分类】列表框中选择【文本】选项，单击“确定”按钮即可。

输入与编辑工作表中的数据

- **本章导读**

在 Excel 工作表中的单元格内可以输入各种类型的数据，包括常量和公式。常量是指直接从键盘上输入的文本、数字、日期和时间等；公式是指以等号开头并且由运算符、常量、函数和单元格引用等组成的表达式或函数，公式的结果将随着引用单元格中数据的变化而变化。本章将为读者介绍在单元格中输入与编辑数据的方法。

- **学习目标**

◎ 掌握 Excel 的输入技巧

◎ 掌握单元格的数据类型

◎ 掌握快速填充单元格数据的方法

◎ 掌握查找和替换功能

◎ 掌握修改与编辑单元格数据的方法

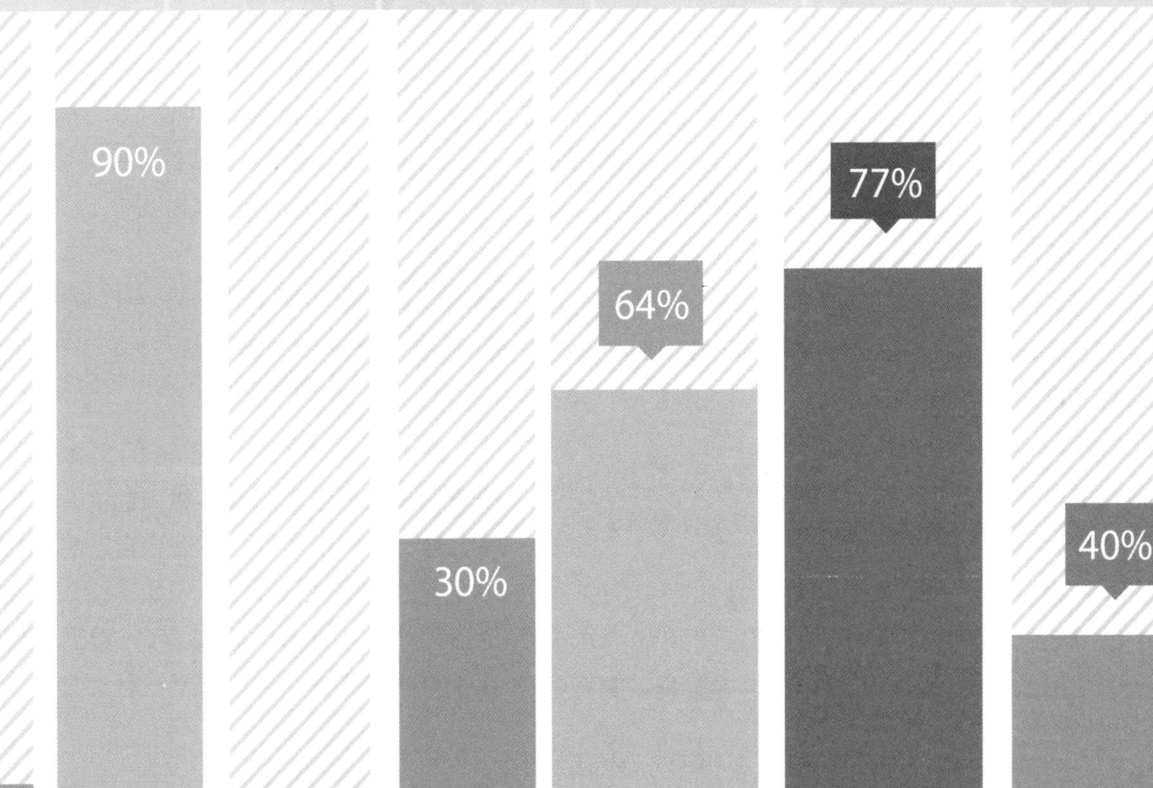

4.1 在单元格中输入数据

在单元格中输入的数值主要包括 4 种，分别是文本、数字、逻辑值和出错值。下面分别介绍其输入方法。

4.1.1 输入文本

单元格中的文本包括字母、汉字、数字、空格和符号等，每个单元格最多可包含 32000 个字符。文本是 Excel 工作表中常见的数据类型之一。在单元格中输入文本的具体操作步骤如下。

步骤 1 启动 Excel 2016，新建一个工作簿。选中单元格 A1，输入“春眠不觉晓”，此时编辑栏中将会自动显示输入的内容，如图 4-1 所示。

图 4-1　直接在单元格中输入文本

步骤 2 选中单元格 A2，在编辑栏中输入文本“处处闻啼鸟”，此时单元格中也会显示输入的内容，然后按 Enter 键，即可确定输入，如图 4-2 所示。

> **提示** 在默认情况下，Excel 会将输入文本的对齐方式设置为左对齐。

在输入文本时，若文本的长度大于单元格的列宽，文本会自动占用相邻的单元格，若相邻的单元格中已存在数据，则会截断显示，如图 4-3 所示。被截断显示的文本依然存在，只要增加单元格的列宽即可完全显示。

图 4-2　在编辑栏中输入文本

图 4-3　文本截断显示

> **提示** 如果想在一个单元格中输入多行文本，在换行处按 Alt+Enter 组合键即可换行，如图 4-4 所示。

以上只是输入一些普通的文本，若直接输入一长串全部由数字组成的文本，例如手机号、身份证号等，系统会自动将其按数字类型的数据进行存储。例如，输入任意身份证号码，按 Enter 键后，可以看到系统将其作为数字处理，并以科学记数法显示，如

图 4-5 所示。

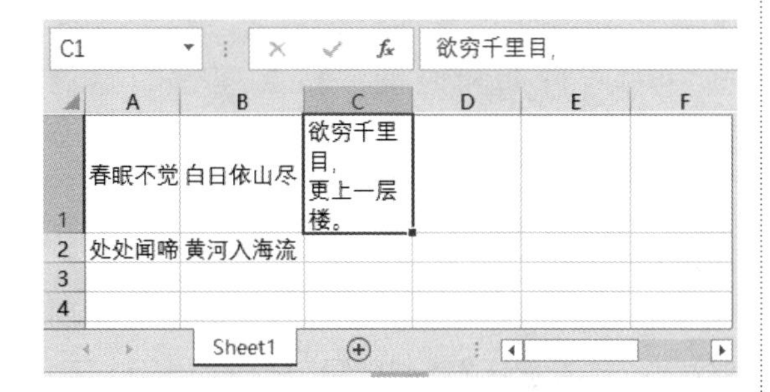

图 4-4　换行显示文本

图 4-5　按数字类型处理的数据

针对该问题，在输入数字时，在数字前面添加一个英文状态下的单引号“'”即可解决，如图 4-6 所示。

图 4-6　在数字前面添加一个单引号

添加单引号后，虽然能够以数字形式显示完整的文本，但单元格左上角会显示一个绿色的倒三角标记，提示存在错误。单击该单元格，其前面会显示一个错误图标，单击图标右侧的下拉按钮，在弹出的下拉菜单中选择【错误检查选项】命令，如图 4-7 所示。弹出【Excel 选项】对话框，在【错误检查规则】选项组中取消选中【文本格式的数字或者前面有撇号的数字】复选框，单击【确定】按钮，如图 4-8 所示。经过以上设置后，系统将不再对此类错误进行检查，即不会显示绿色的倒三角标记。

提示　若只是想隐藏当前单元格的错误标记，在图 4-7 中，选择【忽略错误】命令即可。

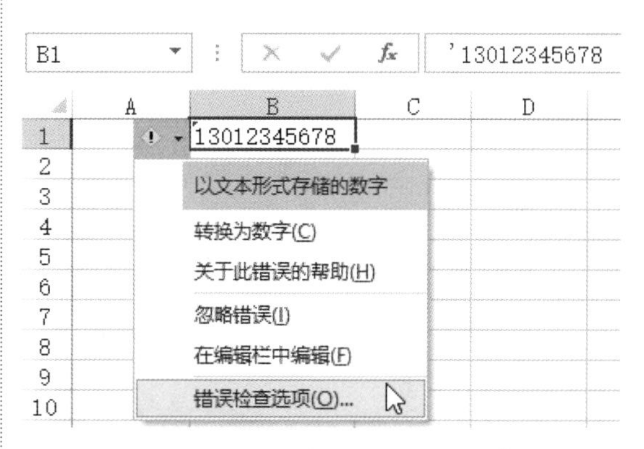

图 4-7　选择【错误检查选项】命令

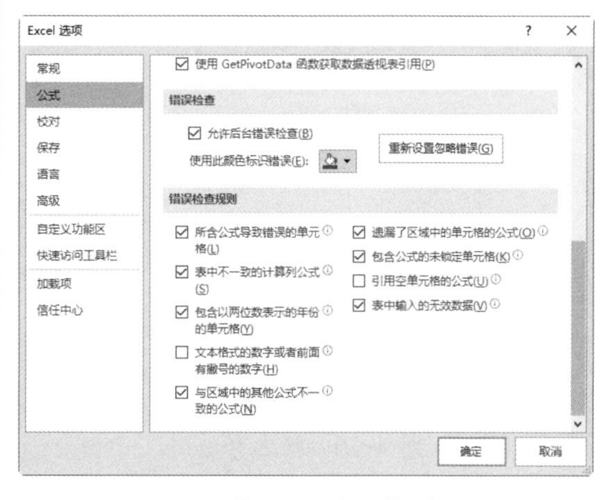

图 4-8　【Excel 选项】对话框

4.1.2　输入数值

在 Excel 中输入数值是最常见不过的操

作了，数值型数据可以是整数、小数、分数或科学记数等，它是 Excel 中使用得最多的数据类型。输入数值型数据与输入文本的方法相同，这里不再赘述。

与输入文本不同的是，在单元格中输入数值型数据时，默认情况下 Excel 会将其对齐方式设置为“右对齐”，如图 4-9 所示。

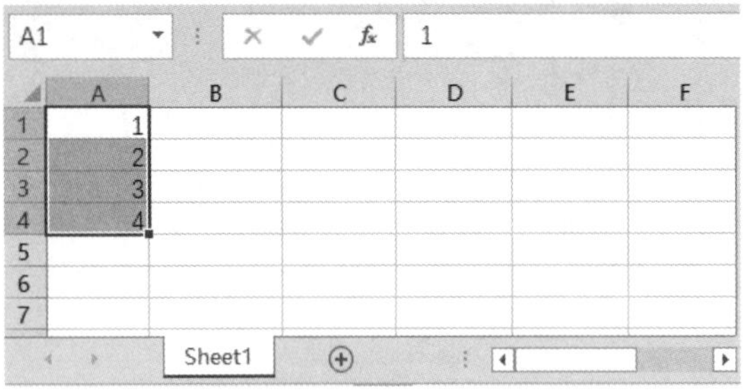

图 4-9　输入数值并右对齐显示

另外，若在单元格中直接输入分数，系统会自动将其显示为日期。因此，在输入分数时，为了与日期区分，需要在其前面加一个零和一个空格。例如，输入“1/3”，则显示为日期形式“1 月 3 日”；输入“0 1/3”，会显示为“1/3”，如图 4-10 所示。

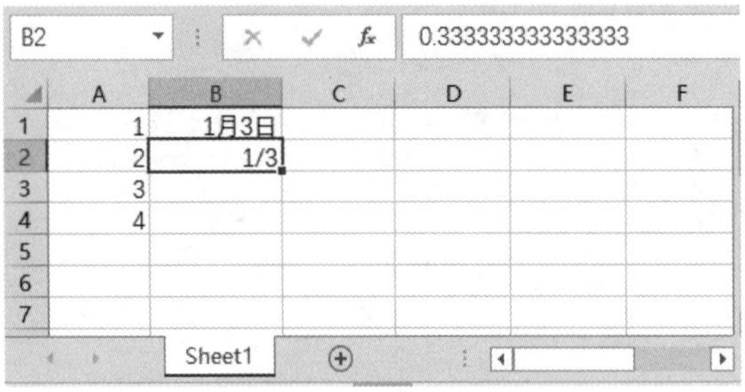

图 4-10　输入分数

4.1.3 输入日期和时间

日期和时间是 Excel 工作表中常见的数据类型之一。在单元格中输入日期和时间型数据时，在默认情况下，Excel 会将其对齐方式设置为“右对齐”。在单元格中输入日期和时间，需要遵循特定的规则。

 输入日期

在单元格中输入日期型数据时，可使用斜线“/”或者连字符“-”分隔日期的年、月、日。例如，输入“2016/11/11”或者“2016-11-11”来表示日期，但按 Enter 键后，单元格中显示的日期格式均为“2016-11-11”。如果要获取系统当前的日期，按 Ctrl+; 组合键即可，如图 4-11 所示。

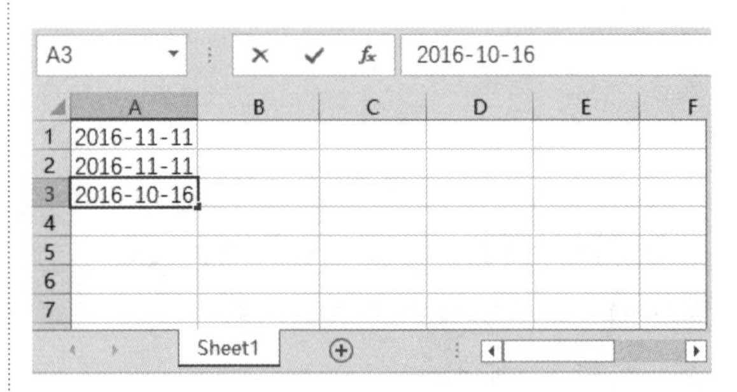

图 4-11　输入日期

提示 默认情况下，输入的日期以类似“2016/11/11”的格式显示，用户还可通过设置单元格的格式来改变其显示的形式，具体操作步骤将在后面详细介绍。

2. 输入时间

在单元格中输入时间型数据时，可使用“:”分隔时间的小时、分、秒。若要按 12 小时制表示时间，需要在时间后面添加一个空格，然后输入 am（上午）或 pm（下午）。如果要获取系统当前的时间，按 Ctrl+Shift+; 组合键即可，如图 4-12 所示。

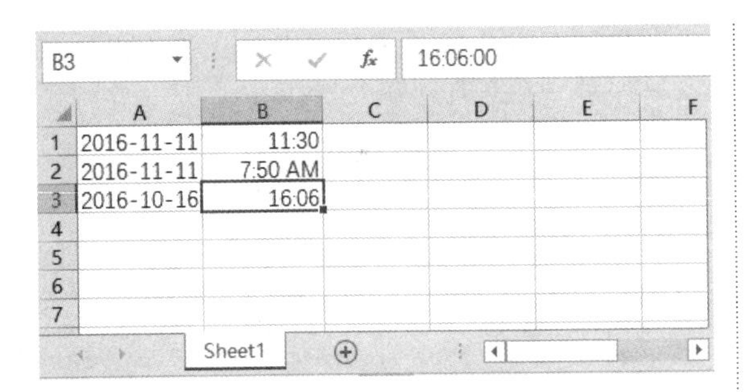

图 4-12　输入时间

> **提示**
>
> 如果输入的日期或时间 Excel 不能识别，那么输入的内容将被视为文本进行处理，并在单元格中靠左对齐，如图 4-13 所示。

图 4-13　输入不能识别的日期或时间

4.1.4 输入特殊符号

在 Excel 工作表的单元格内输入特殊符号的具体操作如下。

步骤 1 选中需要插入特殊符号的单元格，如单元格 A1，然后单击【插入】选项卡【符号】组中的【符号】按钮，即可打开【符号】对话框，选择【符号】选项卡，在【子集】下拉列表框中选择【数学运算符】选项，从弹出的列表框中选中“√”，如图 4-14 所示。

步骤 2 单击【插入】按钮，再单击【关闭】按钮，即可完成特殊符号的插入操作，如图 4-15 所示。

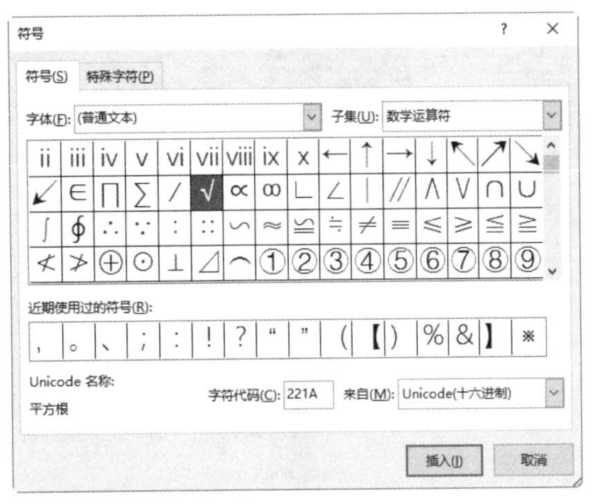

图 4-14　选中特殊符号“√”

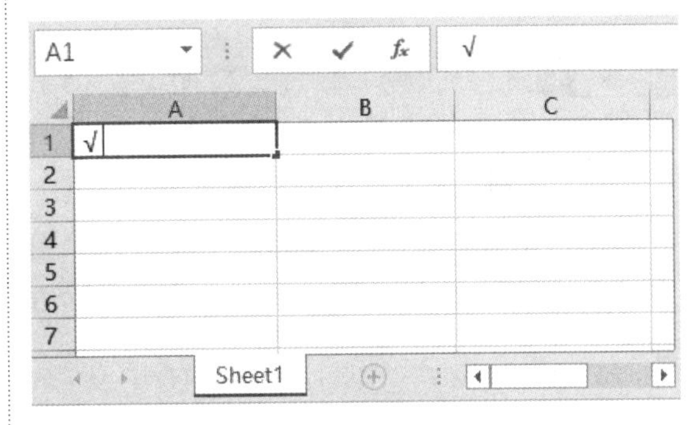

图 4-15　插入特殊符号“√”

4.1.5 导入外部数据

在 Excel 中用户可以方便快捷地导入外部数据，从而实现数据共享。选择【数据】选项卡，在【获取外部数据】组中用户可从 Access 数据库、网站、txt 等类型的文件中导入数据到 Excel 中。除了这 3 种类型的文件，单击【自其他来源】的下三角按钮，在弹出的下拉列表中可以看到，系统还支持从 SQL Server、XML 等文件中导入数据，如图 4-16 所示。

下面以导入 Access 数据库的数据为例介绍如何导入外部数据。

图 4-16 【获取外部数据】组

步骤 1 打开 Excel 表格，选择【数据】选项卡，单击【获取外部数据】组的【自 Access】按钮，弹出【选取数据源】对话框，找到随书光盘中的“素材\ch04”文件，选中“图书管理”，然后单击【打开】按钮，如图 4-17 所示。

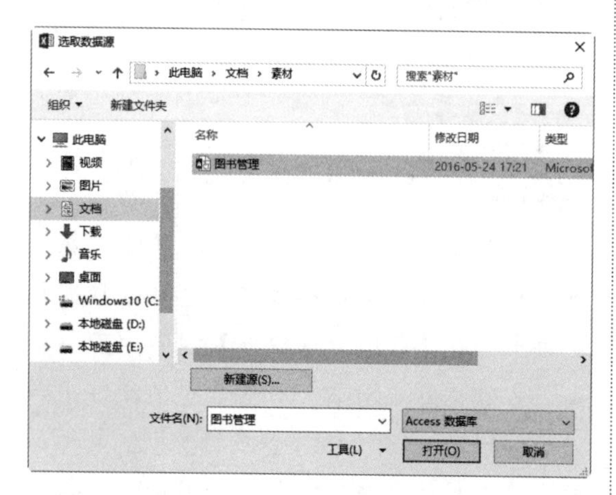

图 4-17 【选取数据源】对话框

步骤 2 弹出【选择表格】对话框，选中需要导入的表格，单击【确定】按钮，如图 4-18 所示。

步骤 3 弹出【导入数据】对话框，单击【确定】按钮，如图 4-19 所示。

步骤 4 此时 Access 数据库中的“借阅信息”表已经成功导入当前的 Excel 工作表中，如图 4-20 所示。

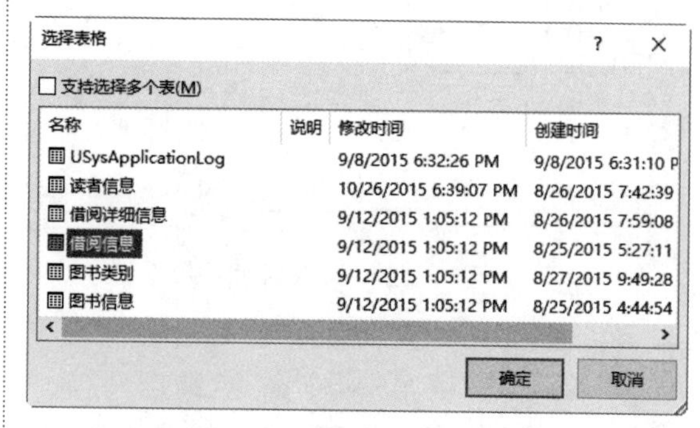

图 4-18 【选择表格】对话框

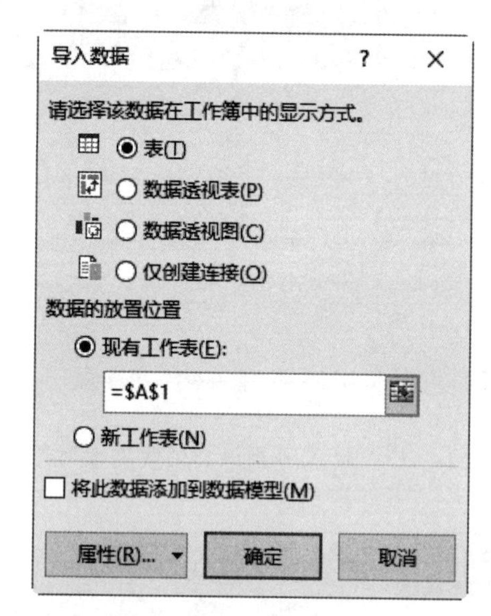

图 4-19 【导入数据】对话框

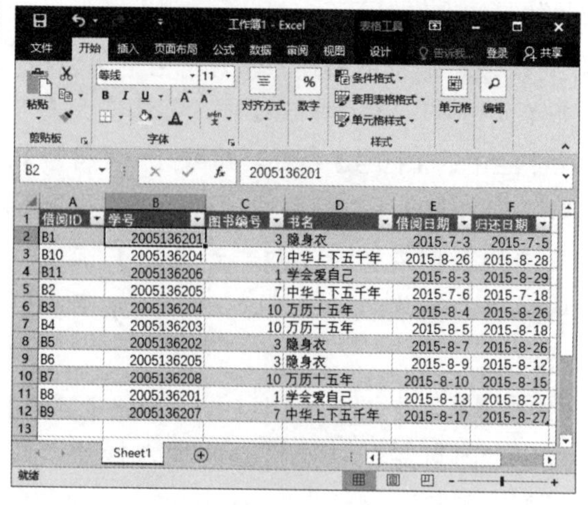

借阅ID	学号	图书编号	书名	借阅日期	归还日期
B1	2005136201	3	隐身衣	2015-7-3	2015-7-5
B10	2005136204	7	中华上下五千年	2015-8-26	2015-8-28
B11	2005136206	1	学会爱自己	2015-8-3	2015-8-29
B2	2005136205	7	中华上下五千年	2015-7-6	2015-7-18
B3	2005136204	10	万历十五年	2015-8-4	2015-8-26
B4	2005136203	10	万历十五年	2015-8-5	2015-8-18
B5	2005136202	3	隐身衣	2015-8-7	2015-8-26
B6	2005136205	3	隐身衣	2015-8-9	2015-8-12
B7	2005136208	10	万历十五年	2015-8-10	2015-8-15
B8	2005136201	1	学会爱自己	2015-8-13	2015-8-27
B9	2005136207	7	中华上下五千年	2015-8-17	2015-8-27

图 4-20 成功导入工作表的“借阅信息”表

提示 使用 4.1.5 节的方法，用户还可将网站、txt、XML 等类型的文件数据导入 Excel 表，这里不再赘述。

4.2 设置单元格的数据类型

有时 Excel 单元格中显示的数据和用户输入的数据不一致，这是由于在输入数据之前用户没有设置单元格的数据类型。Excel 单元格的数据类型包括数值格式、货币格式、会计专用格式等。本节为读者介绍如何设置单元格的数据类型。

4.2.1 常规格式

Excel 单元格的常规格式是不包含特定格式的数据格式，Excel 中默认的数据格式即为常规格式。图 4-21 左列为常规格式的数据，中列为文本格式的数据，右列为数值格式的数据。

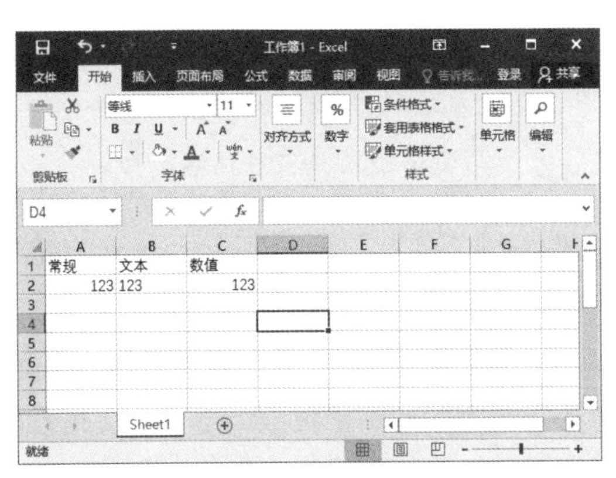

图 4-21　数据的格式

提示 选中单元格后，按 Ctrl+Shift+～组合键，可将选中的单元格设置为“常规”格式。

4.2.2 数值格式

数值格式主要用于设置小数点的位数。当使用数值表示金额时，还可设置是否使用千位分隔符，具体的操作步骤如下。

步骤 1 打开随书光盘中的“素材\ch04\销售额统计表.xlsx”文件，选中单元格区域 B3:F7，右击，在弹出的快捷菜单中选择【设置单元格格式】命令，如图 4-22 所示。

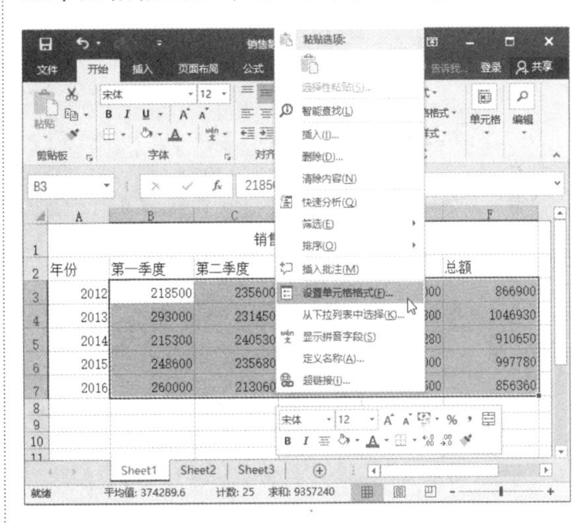

图 4-22　选择【设置单元格格式】命令

步骤 2 弹出【设置单元格格式】对话框，选择【数字】选项卡，在【分类】列表框中选择【数值】选项，在右侧设置【小数位数】为“2”，然后选中【使用千位分隔符】复选框，如图 4-23 所示。

图 4-23 【设置单元格格式】对话框

步骤 3 单击【确定】按钮，可以看到，选中区域中的数值会自动以千位分隔符的形式呈现并保留了两位小数，如图 4-24 所示。

销售额统计表

年份	第一季度	第二季度	第三季度	第四季度	总额
2012	218,500.00	235,600.00	224,800.00	188,000.00	866,900.00
2013	293,000.00	231,450.00	265,680.00	256,800.00	1,046,930.00
2014	215,300.00	240,530.00	237,540.00	217,280.00	910,650.00
2015	248,600.00	235,680.00	284,500.00	229,000.00	997,780.00
2016	260,000.00	213,060.00	205,800.00	177,500.00	856,360.00

图 4-24 设置数值格式的数据

提示 选中单元格区域以后，在【开始】选项卡中单击【数字】组右下角的 按钮，同样会弹出【设置单元格格式】对话框，用于设置格式。或者直接单击【常规】右侧的下三角按钮，在弹出的下拉列表中选择其他的格式，还可通过其下方的 或 % 等按钮设置货币符号、百分比等，如图 4-25 所示。

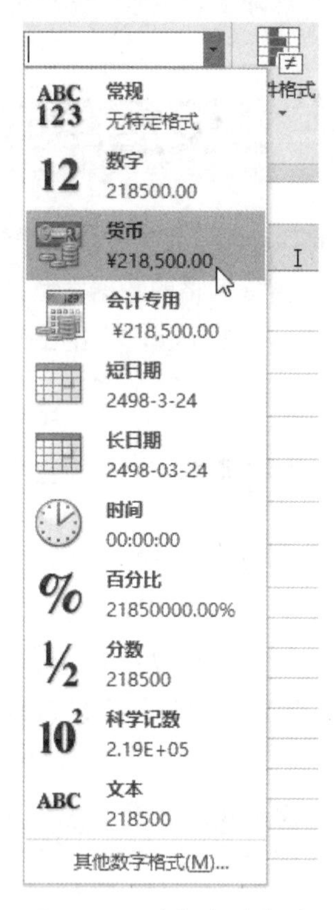

图 4-25 选择数值格式

4.2.3 货币格式

货币格式主要用于设置货币数值的形式，包括货币类型和小数位数。当需要使用数值表示金额时，可以将格式设置为货币格式，具体的操作步骤如下。

步骤 1 选中要设置数据类型的单元格或单元格区域，打开【设置单元格格式】对话框，选择【数字】选项卡，在【分类】列表框中选择【货币】选项，在右侧设置【小数位数】为“1”，单击【货币符号（国家 / 地区）】右侧的下三角按钮，在弹出的下拉列表中选择“¥”，如图 4-26 所示。

图 4-26　【设置单元格格式】对话框

步骤 2 单击【确定】按钮，选中区域的数值将自动带有“¥”符号且保留 1 位小数。若在空白单元格中输入数值，会呈现相同的货币格式，如图 4-27 所示。

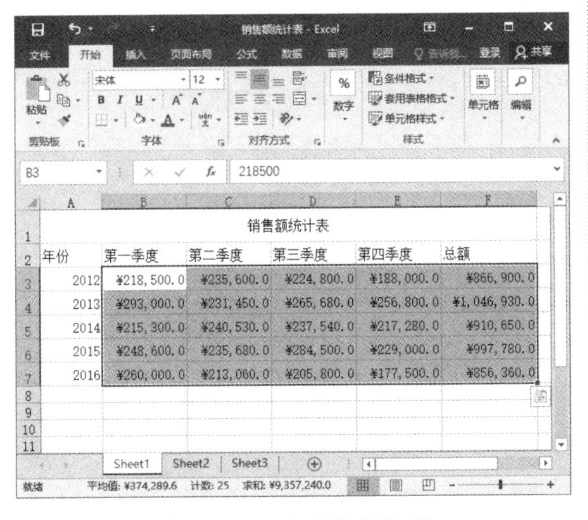

图 4-27　设置货币格式

4.2.4 会计专用格式

会计专用格式也是用于设置货币数据的形式。它与货币格式不同的是，会计专用格式可以将数值中的货币符号对齐，具体的操作步骤如下。

步骤 1 打开随书光盘中的“素材\ch04\工资发放记录.xlsx”文件，选中单元格区域 D2:H6，右击，在弹出的快捷菜单中选择【设置单元格格式】命令，如图 4-28 所示。

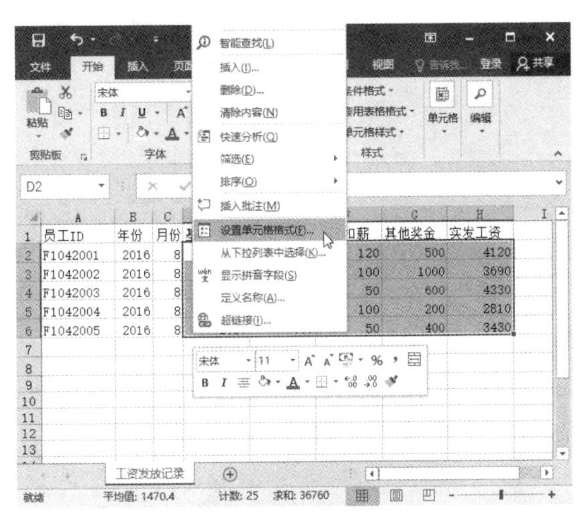

图 4-28　选择【设置单元格格式】命令

步骤 2 弹出【设置单元格格式】对话框，选择【数字】选项卡，在【分类】列表框中选择【会计专用】选项，在右侧设置【小数位数】为“1”，单击【货币符号（国家 / 地区）】右侧的下三角按钮，在弹出的下拉列表中选择“¥”，如图 4-29 所示。

图 4-29　选择【会计专用】选项

步骤 3 单击【确定】按钮，选中区域的数值将自动带有“¥”符号并保留1位小数，且每个数值的货币符号均会对齐，如图4-30所示。

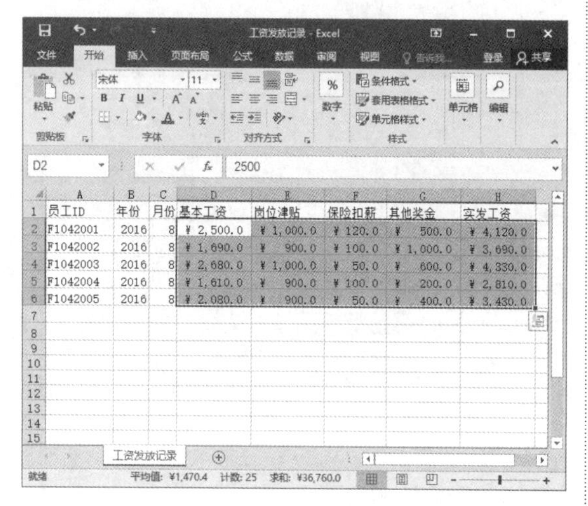

图 4-30 会计专用数据格式

> **注意** 将货币格式与会计专用格式比较，可以看出，货币数据格式的货币符号没有对齐，如图4-31所示。

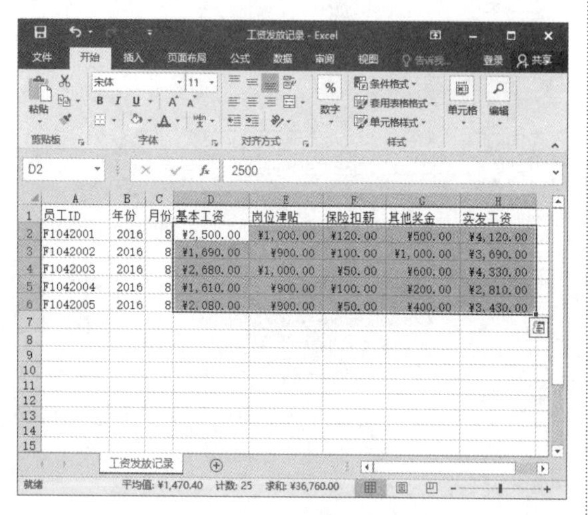

图 4-31 货币数据格式

4.2.5 日期和时间格式

在单元格中输入日期和时间时，Excel以默认的日期/时间格式显示。具体的操作步骤如下。

步骤 1 打开随书光盘中的“素材\ch04\员工上下班打卡记录表.xlsx”文件，如图4-32所示。

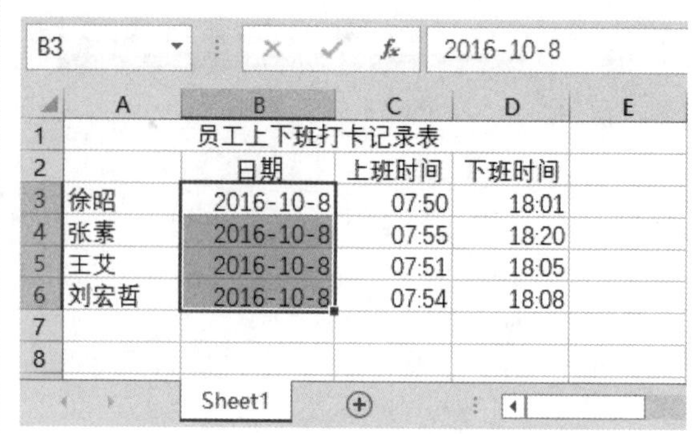

图 4-32 打开文件

步骤 2 选中单元格区域B3:B6，右击，在弹出的快捷菜单中选择【设置单元格格式】命令，弹出【设置单元格格式】对话框，选择【数字】选项卡，在【分类】列表框中选择【日期】选项，在右侧设置【类型】为“2012年3月14日”，如图4-33所示。

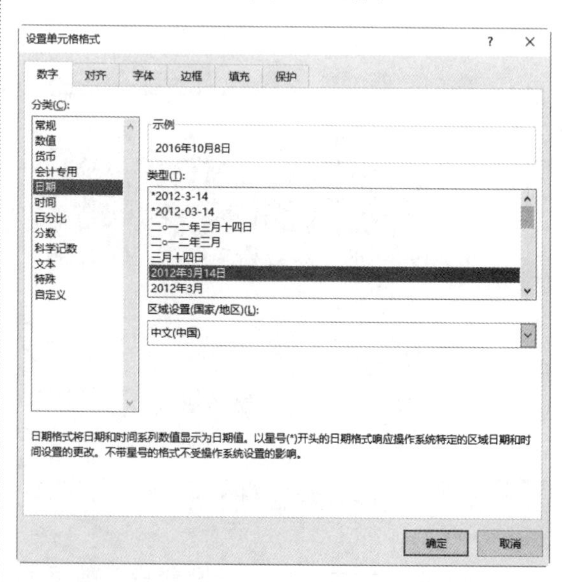

图 4-33 选择【日期】选项

步骤 3 单击【确定】按钮，选中区域的日期将显示为“2016年10月8日”，如

图 4-34 所示。

步骤 4 设置时间格式。选中单元格区域 C3:D6，如图 4-35 所示。

B3　2016-10-8

	A	B	C	D	E
1	员工上下班打卡记录表				
2		日期	上班时间	下班时间	
3	徐昭	2016年10月8日	07:50	18:01	
4	张素	2016年10月8日	07:55	18:20	
5	王艾	2016年10月8日	07:51	18:05	
6	刘宏哲	2016年10月8日	07:54	18:08	
7					
8					

Sheet1

图 4-34　以日期格式显示数据

C3　07:50:00

	A	B	C	D	E
1	员工上下班打卡记录表				
2		日期	上班时间	下班时间	
3	徐昭	2016年10月8日	07:50	18:01	
4	张素	2016年10月8日	07:55	18:20	
5	王艾	2016年10月8日	07:51	18:05	
6	刘宏哲	2016年10月8日	07:54	18:08	
7					
8					

Sheet1

图 4-35　选择单元格区域

步骤 5 右击，在弹出的快捷菜单中选择【设置单元格格式】命令，弹出【设置单元格格式】对话框，选择【数字】选项卡，在【分类】列表框中选择【时间】选项，在右侧设置【类型】为“1:30:55PM”，表示设置按 12 小时制输入，如图 4-36 所示。

步骤 6 单击【确定】按钮，选中区域的时间将发生改变，如图 4-37 所示。

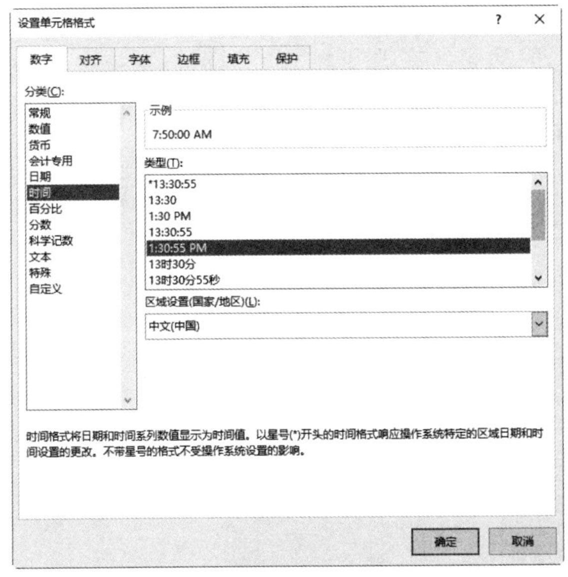

图 4-36　选择【时间】选项

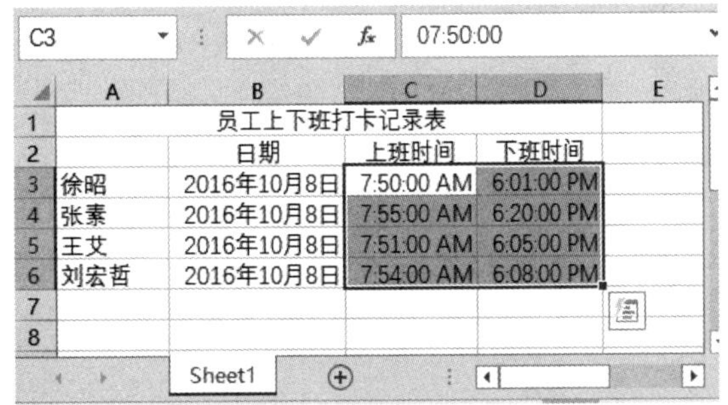

C3　07:50:00

	A	B	C	D	E
1	员工上下班打卡记录表				
2		日期	上班时间	下班时间	
3	徐昭	2016年10月8日	7:50:00 AM	6:01:00 PM	
4	张素	2016年10月8日	7:55:00 AM	6:20:00 PM	
5	王艾	2016年10月8日	7:51:00 AM	6:05:00 PM	
6	刘宏哲	2016年10月8日	7:54:00 AM	6:08:00 PM	
7					
8					

Sheet1

图 4-37　以时间数据格式显示

4.2.6 百分比格式

将单元格中的数值设置为百分比格式时，分为以下两种情况：先设置格式再输入数值和先输入数值再设置格式。下面分别介绍。

先设置格式再输入数值

如果先将单元格中的格式设置为百分比格式再输入数值的话，系统会自动在输入的数值末尾添加百分比。具体的操作步骤如下。

步骤 1 启动 Excel 2016，新建一个空白文档，在表格内输入相关数据内容，如图 4-38 所示。

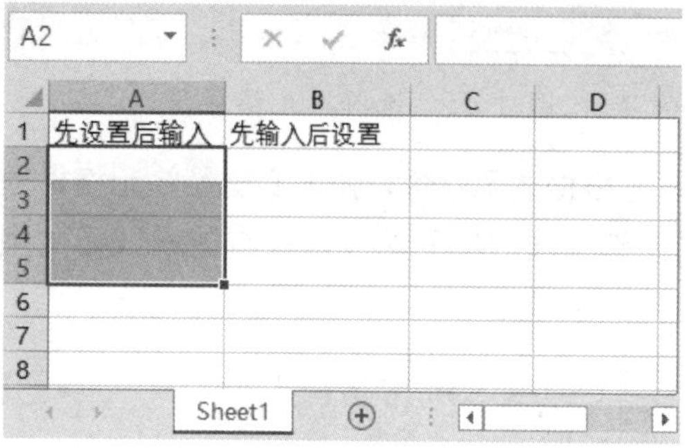

	A	B	C	D
1	先设置后输入	先输入后设置		
2				
3				
4				
5				
6				
7				
8				

图 4-38 新建文档

步骤 2 选中单元格区域 A2:A5，右击，在弹出的快捷菜单中选择【设置单元格格式】命令，弹出【设置单元格格式】对话框，选择【数字】选项卡，在【分类】列表框中选择【百分比】选项，在右侧设置【小数位数】为“1”，如图 4-39 所示。

图 4-39 【设置单元格格式】对话框

步骤 3 单击【确定】按钮，在 A2:A5 单元格区域内输入数值，输入的数值将保留 1 位小数，且末尾会添加“%”符号，如图 4-40 所示。

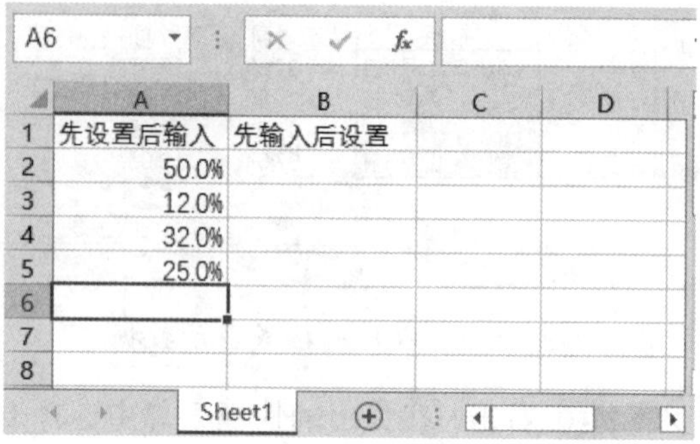

	A	B	C	D
1	先设置后输入	先输入后设置		
2	50.0%			
3	12.0%			
4	32.0%			
5	25.0%			
6				
7				
8				

图 4-40 以百分比方式显示数据

先输入数值再设置格式

该方法与先设置格式再输入数值不同的是，在改变格式的同时，系统会自动将原有的数值乘以 100。具体的操作步骤如下。

步骤 1 在单元格区域 B2:B5 中输入与前一列相同的数据，然后选中该区域，并在【设置单元格格式】对话框中设置单元格的格式为百分比格式，如图 4-41 所示。

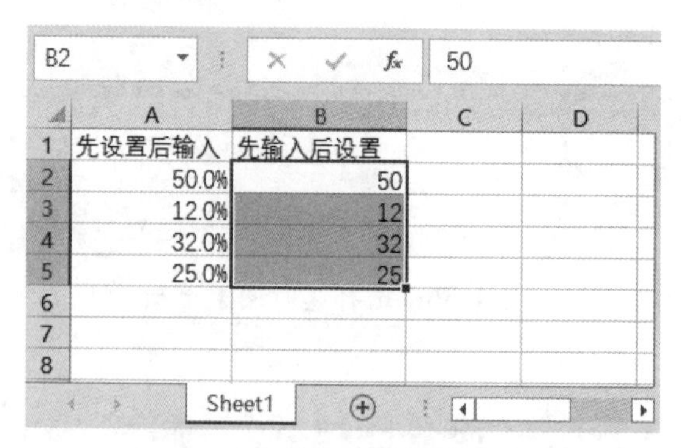

图 4-41 输入数据

步骤 2 设置完成后，单击【确定】按钮，系统自动将输入的数值乘以 100，然后保留 2 位小数，且末尾会添加“%”符号，如图 4-42 所示。

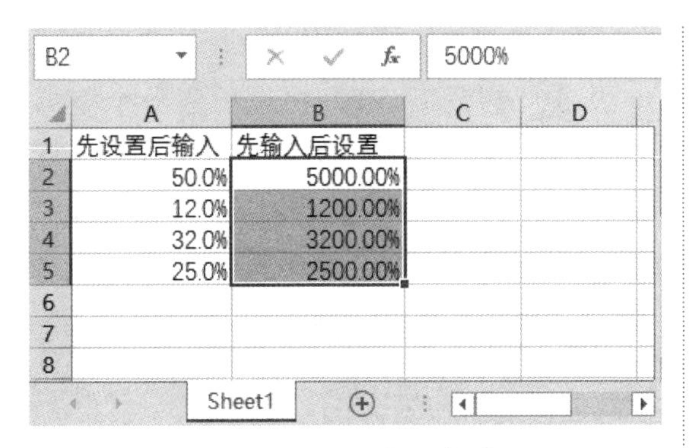

图 4-42 设置数据格式

4.2.7 分数格式

当用户在单元格中直接输入分数时，若没有设置相应的格式，系统会自动将其显示为日期格式。下面介绍如何设置单元格的格式为分数格式。

步骤 1 启动 Excel 2016，新建一个空白文档，选中单元格区域 A1:A4，右击，在弹出的快捷菜单中选择【设置单元格格式】命令，如图 4-43 所示。

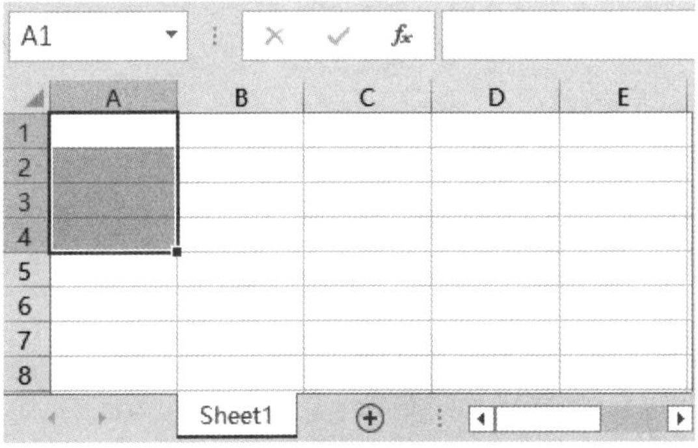

图 4-43 选中单元格区域

步骤 2 弹出【设置单元格格式】对话框，选择【数字】选项卡，在【分类】列表框中选择【分数】选项，在右侧设置【类型】为“分母为一位数 (1/4)”，如图 4-44 所示。

步骤 3 单击【确定】按钮，在 A1:A4 单元格区域内输入任意数字，系统会将其转换为分数格式，且分数的分母只有一位数，在编辑栏中还会显示出分数经过运算后的小数，如图 4-45 所示。

图 4-44 【设置单元格格式】对话框

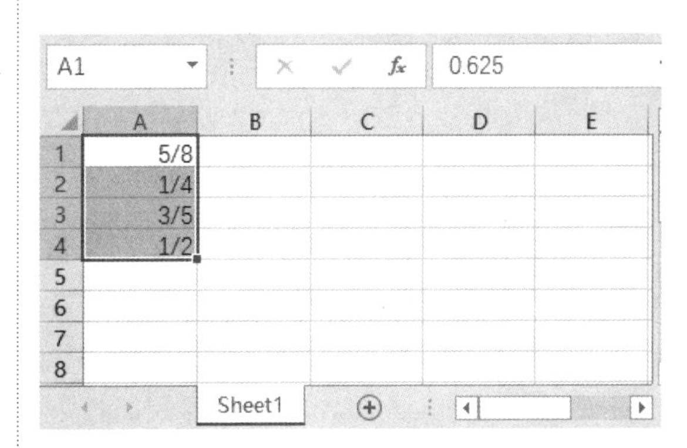

图 4-45 以分数格式显示的数据

> **提示** 如果不需要对分数进行运算，那么在输入分数之前，可将单元格的格式设置为文本格式。这样，输入的分数就不会减小或转换为小数。

4.2.8 科学记数格式

如果在单元格中输入的数值较大，默认情况下，系统会自动将其转换为科学记数格式。具体的操作步骤如下。

步骤 1 启动 Excel 2016，新建一个空白文档，选中单元格区域 A1:A4，按 Ctrl+1 组合键，弹出【设置单元格格式】对话框，选择【数字】选项卡，在【分类】列表框中选择【科学记数】选项，在右侧设置【小数位数】为“1”，如图 4-46 所示。

图 4-46 设置数据格式

步骤 2 单击【确定】按钮，在 A1:A4 单元格区域内输入任意数字，系统会将其转换为科学记数格式，如图 4-47 所示。

A1 | 123012

	A	B	C	D
1	1.2E+05			
2	1.5E+04			
3	5.8E+04			
4	9.6E+05			
5				
6				
7				
8				

Sheet1

图 4-47 以科学记数格式显示数据

4.2.9 文本格式

当设置单元格的格式为文本格式时，单元格中显示的内容与输入的内容是完全一致的，具体的操作步骤如下。

步骤 1 启动 Excel 2016，新建一个空白文档，输入相关数据内容，选中单元格区域 A2:C4，右击，在弹出的快捷菜单中选择【设置单元格格式】命令，如图 4-48 所示。

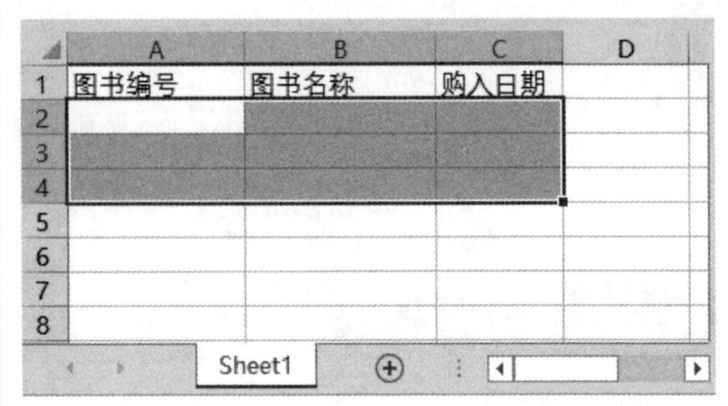

图 4-48 选中单元格区域

步骤 2 弹出【设置单元格格式】对话框，选择【数字】选项卡，在【分类】列表框中选择【文本】选项，如图 4-49 所示。

图 4-49 设置数据格式

步骤 3 单击【确定】按钮，在 A2:C4 单元格区域内输入内容，此时输入的内容与显示的内容完全一致，如图 4-50 所示。若没有设置单元格的格式为文本格式，那么在单元格 A2 中输入“001”时，系统会默认将 0 忽略不计，只显示“1”。

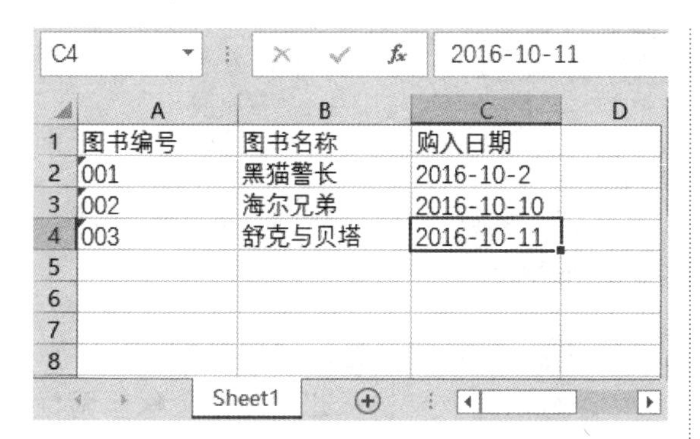

C4 | 2016-10-11

	A	B	C	D
1	图书编号	图书名称	购入日期	
2	001	黑猫警长	2016-10-2	
3	002	海尔兄弟	2016-10-10	
4	003	舒克与贝塔	2016-10-11	
5				
6				
7				
8				

Sheet1

图 4-50　以文本格式显示的数据

4.2.10　特殊格式

当输入邮政编码、电话号码等全部由数字组成的数据时，可以将单元格的格式设置为文本格式或者特殊格式，从而避免系统默认为数字格字。下面介绍如何将单元格的格式设置为特殊格式。

步骤 1 启动 Excel 2016，新建一个空白文档，输入相关数据内容，选中单元格区域 B2:B6，右击，在弹出的快捷菜单中选择【设置单元格格式】命令，如图 4-51 所示。

B2

	A	B	C	D
1	北京地区	邮编		
2	北京市			
3	通州区			
4	怀柔区			
5	昌平区			
6	朝阳区			
7				
8				

Sheet1

图 4-51　选中单元格区域

步骤 2 弹出【设置单元格格式】对话框，选择【数字】选项卡，在【分类】列表框中选择【特殊】选项，在右侧设置【类型】为“邮政编码”，如图 4-52 所示。

步骤 3 单击【确定】按钮，在 B2:B6 单元格区域内输入内容，此时单元格的格式均为“邮政编码”格式，如图 4-53 所示。

图 4-52　设置数据格式

B2 | 100000

	A	B	C	D
1	北京地区	邮编		
2	北京市	100000		
3	通州区	101100		
4	怀柔区	101400		
5	昌平区	102200		
6	朝阳区	100020		
7				
8				

Sheet1

图 4-53　以邮政编码的格式显示数据

4.2.11　自定义格式

若以上的格式均不能满足用户的需求，还可以自定义单元格的格式。例如，不但在单价后面要添加货币单位“元”，还要让单元格内的数字能进行数学运算。具体的操作步骤如下。

步骤 1 启动 Excel 2016，新建一个空白文档，输入相关数据内容，选中单元格区域 B2:B5，右击，在弹出的快捷菜单中选择【设置单元格格式】命令，如图 4-54 所示。

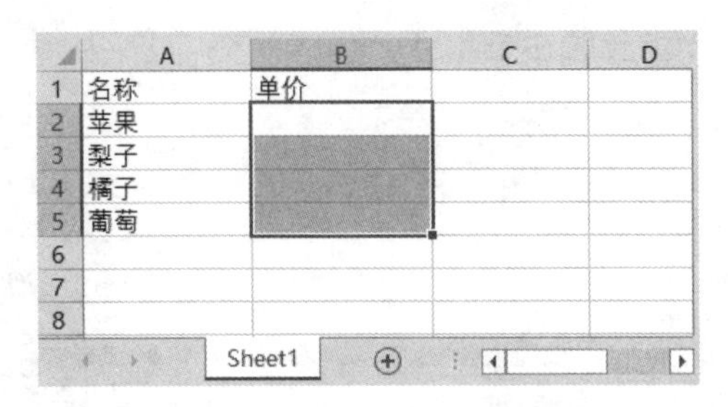

图 4-54 选中单元格区域

步骤 2 弹出【设置单元格格式】对话框，选择【数字】选项卡，在【分类】列表框中选择【自定义】选项，在右侧的【类型】文本框中输入“0.00 "元"”，如图 4-55 所示。

图 4-55 设置数据格式

提示 这里 0 或者 # 都是 Excel 中的数字占位符，一个占位符表示一个数字。用户可以选择【类型】列表框中系统提供的格式，设置其他的自定义格式。

步骤 3 单击【确定】按钮，在 B2:B5 单元格区域内输入单价，此时系统会保留两位小数，并在输入的单价值后面添加货币单位“元”，且该格式并不影响单元格进行加减乘除等运算，如图 4-56 所示。

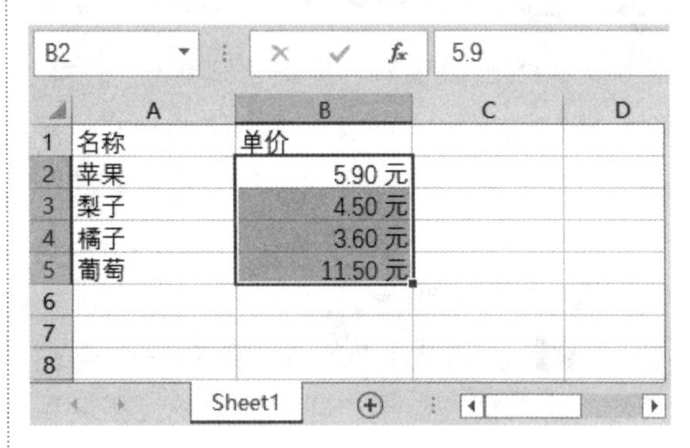

图 4-56 以自定义格式显示的数据

4.3 快速填充单元格数据

为了提高向工作表中输入数据的效率，降低输入错误率，Excel 提供了快速填充单元格数据的方法。常用的快速填充表格数据的方法包括使用填充柄填充、使用填充命令填充等。

4.3.1 使用填充柄填充

填充柄是位于单元格右下方的方块，使用它可以有规律地快速填充单元格。具体的操作步骤如下。

步骤 1 启动 Excel 2016，新建一个空白文档，输入相关数据内容，然后将光标定位在单元格 B2 右下角的方块上，如图 4-57 所示。

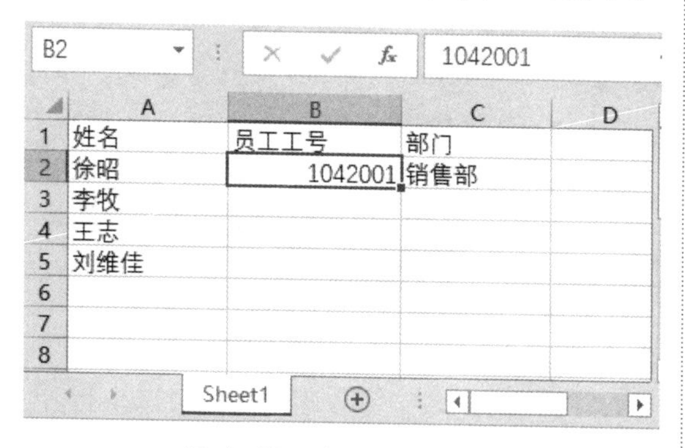

图 4-57 定位光标位置

步骤 2 当光标变为+状时，向下拖动光标到单元格 B5，即可快速填充选定的单元格。此时填充后的单元格与单元格 B2 的内容相同，如图 4-58 所示。

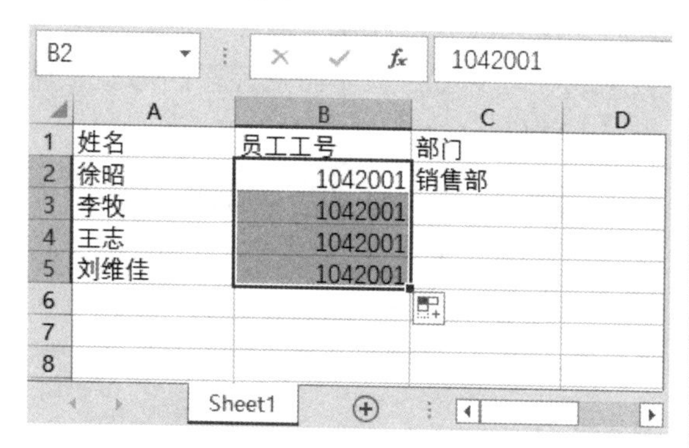

图 4-58 快速填充数据

填充后，右下角有一个【自动填充选项】图标，单击图标右侧的下拉按钮，在弹出的下拉列表中可设置填充的内容，如图 4-59 所示。

默认情况下，系统以【复制单元格】的形式进行填充。若选择【填充序列】选项，单元格区域 B3:B5 中的值将以“1”为步长进行递增，如图 4-60 所示。若选择【仅填充格式】选项，单元格区域 B3:B5 的格式将与单元格 B2 的格式一致，但并不填充内容。若选择【不带格式填充】选项，单元格区域 B3:B5 的值将与单元格 B1 一致，但并不应用单元格 B2 的格式。

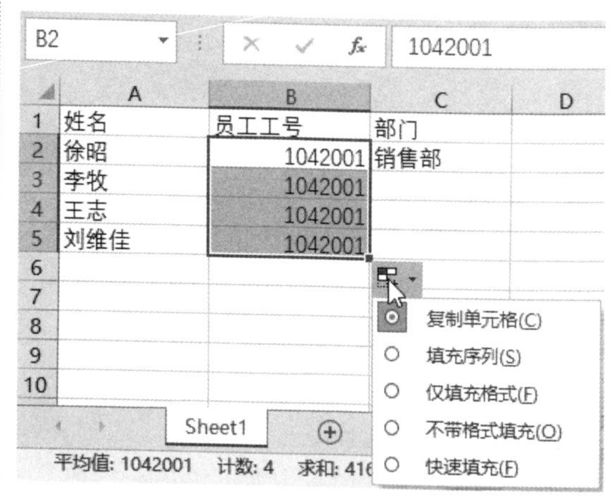

图 4-59 设置填充内容

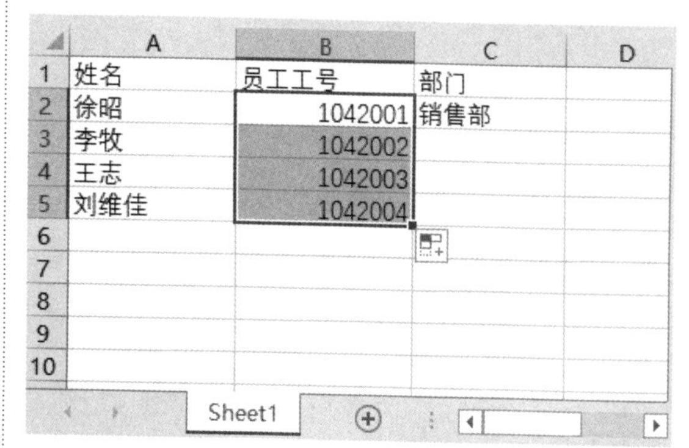

图 4-60 以序列方式填充数据

> **提示** 对于数值序列，在使用填充柄的同时按住 Ctrl 键不放，单元格会默认以递增的形式填充。这种操作类似于选择了【填充序列】选项。

4.3.2 使用填充命令填充

除了使用填充柄进行填充外，还可以使用填充命令快速填充，具体的操作步骤如下。

步骤 1 启动 Excel 2016，新建一个空白工作簿，在其中输入相关数据，选中单元格区域 C2:C5，如图 4-61 所示。

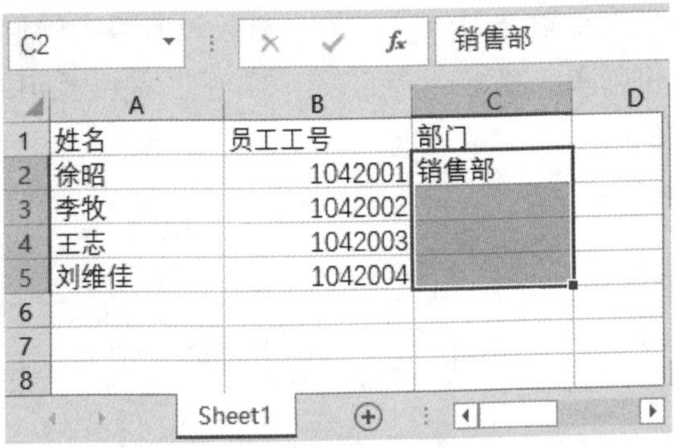

	A	B	C	D
1	姓名	员工工号	部门	
2	徐昭	1042001	销售部	
3	李牧	1042002		
4	王志	1042003		
5	刘维佳	1042004		

图 4-61　选中单元格区域

步骤 2 在【开始】选项卡的【编辑】组中，单击【填充】右侧的下三角按钮，在弹出的下拉列表中选择【向下】选项，如图 4-62 所示。

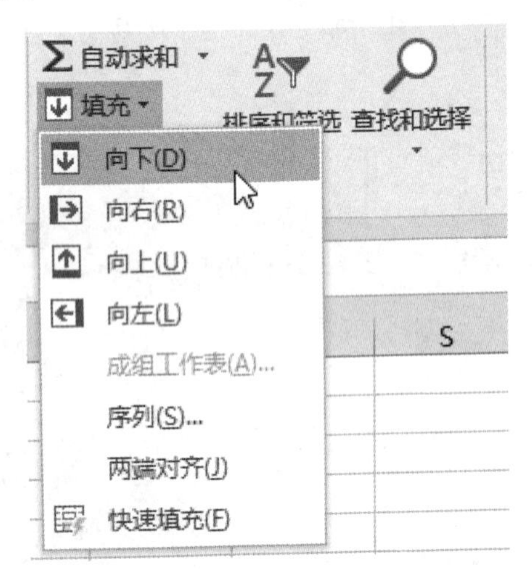

图 4-62　选择【向下】选项

步骤 3 此时系统默认以复制的形式填充单元格区域 C3:C5，如图 4-63 所示。

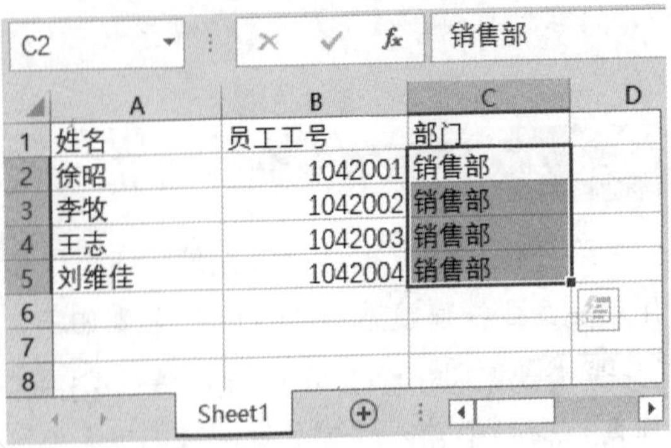

	A	B	C	D
1	姓名	员工工号	部门	
2	徐昭	1042001	销售部	
3	李牧	1042002	销售部	
4	王志	1042003	销售部	
5	刘维佳	1042004	销售部	

图 4-63　向下填充内容

提示 在步骤 2 中若选择【向右】、【向上】等选项，可实现不同方向的快速填充。如图 4-64 所示为向右填充的显示效果。

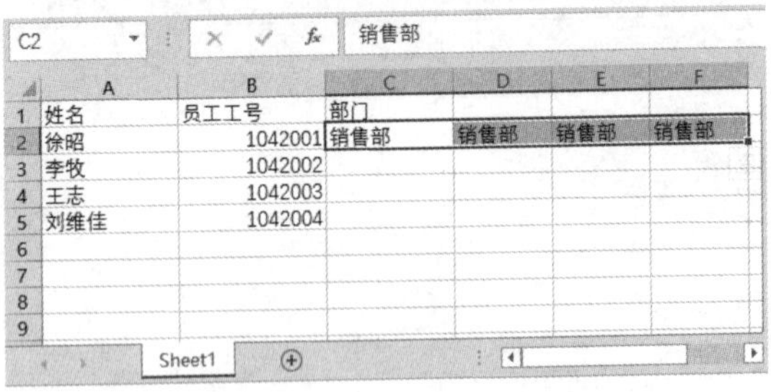

	A	B	C	D	E	F
1	姓名	员工工号	部门			
2	徐昭	1042001	销售部	销售部	销售部	销售部
3	李牧	1042002				
4	王志	1042003				
5	刘维佳	1042004				

图 4-64　向右填充效果

4.3.3 使用数值序列填充

对于数值型数据，不仅能以复制、递增的形式快速填充，还能以等差、等比的形式快速填充。下面介绍如何以等差的形式快速填充，具体的操作步骤如下。

步骤 1 启动 Excel 2016，新建一个空白文档，在 A1 单元格和 A2 单元格中分别输入“1”和“3”，然后选中单元格区域 A1:A2，将光标定位于 A2 单元格右下角的方块上，如图 4-65 所示。

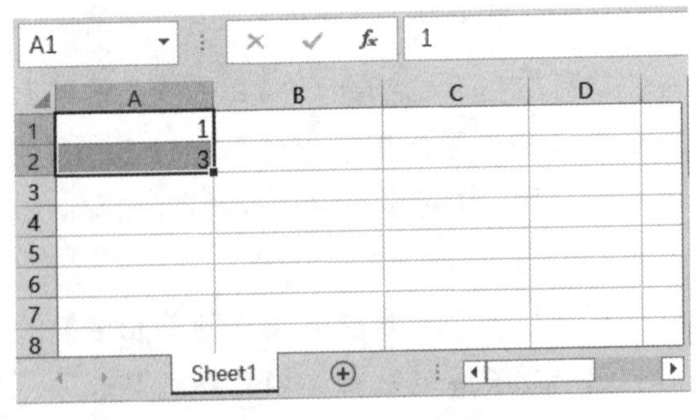

图 4-65　定位光标位置

步骤 2 当光标变为+状时，向下拖动光标到 A6 单元格，然后释放光标，此时单元格以步长值为“2”的等差序列的形式进行填

充，如图 4-66 所示。

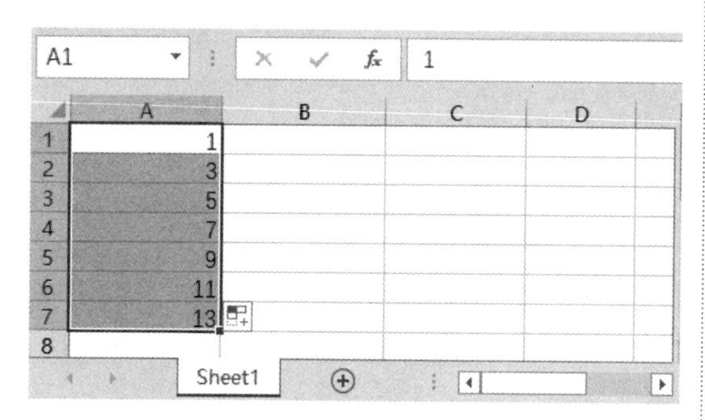

图 4-66　以等差序列方式填充数据

如果想要以等比序列方法填充数据，则可以按照如下操作步骤进行。

步骤 1 在单元格中输入有等比序列的前两个数据，如分别在单元格 A1 和 A2 中输入“2”和“4”，然后选中这两个单元格，将光标移到单元格 A2 的右下角，此时光标变成“+”状，按住鼠标右键向下拖动至该序列的最后一个单元格，释放鼠标，从弹出的快捷菜单中选择【等比序列】命令，如图 4-67 所示。

图 4-67　选择【等比序列】命令

步骤 2 此时已将该序列的后续数据依次填充到相应的单元格中，如图 4-68 所示。

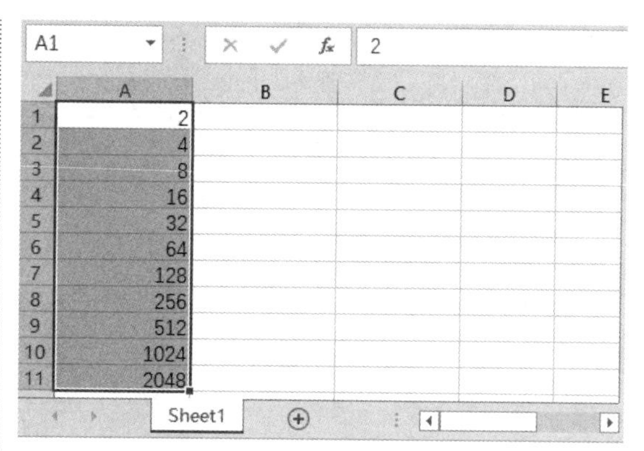

图 4-68　快速填充完的等比序列

4.3.4 使用文本序列填充

除了可以使用填充命令进行文本序列的填充之外，用户还可使用填充柄来填充文本序列，具体的操作步骤如下。

步骤 1 启动 Excel 2016，新建一个空白文档，在单元格 A1 中输入文本“床前明月光”，然后将光标定位于单元格 A1 右下角的方块上，如图 4-69 所示。

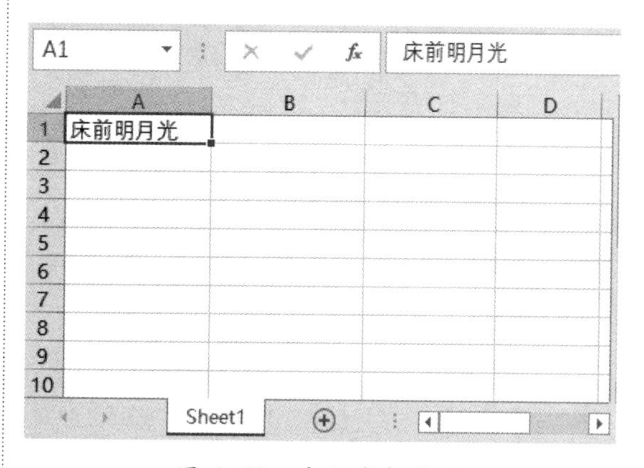

图 4-69　定位光标位置

步骤 2 当光标变为＋状时，向下拖动光标到单元格 A7，然后释放光标，此时单元格将按照相同的文本进行填充，如图 4-70 所示。

图 4-70　以文本序列填充数据

4.3.5 使用日期/时间序列填充

对日期/时间序列的填充，同样有两种方法：使用填充柄和使用填充命令。不同的是，对于文本序列和数值序列填充，系统默认以复制的形式填充；而对于日期/时间序列，系统默认以递增的形式填充。具体的操作步骤如下。

步骤 1 启动 Excel 2016，新建一个空白文档，在单元格 A1 中输入日期“2016/10/01”，然后将光标定位于单元格 A1 右下角的方块上，如图 4-71 所示。

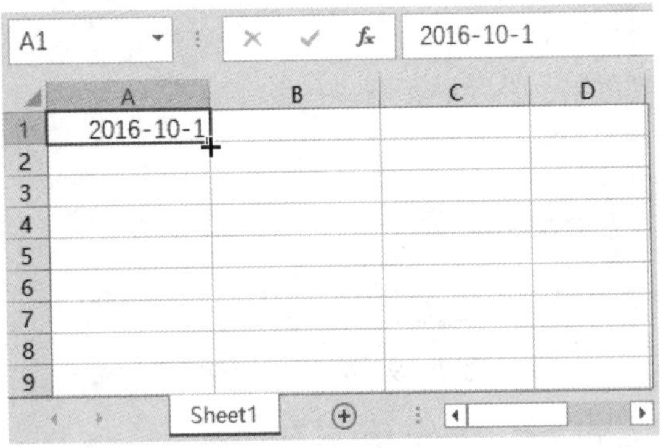

	A	B	C	D
1	2016-10-1			
2				
3				
4				
5				
6				
7				
8				
9				

图 4-71　输入日期

步骤 2 当光标变为＋状时，向下拖动光标到单元格 A8，然后释放光标，此时单元格将以天递增的形式进行默认填充，如图 4-72 所示。

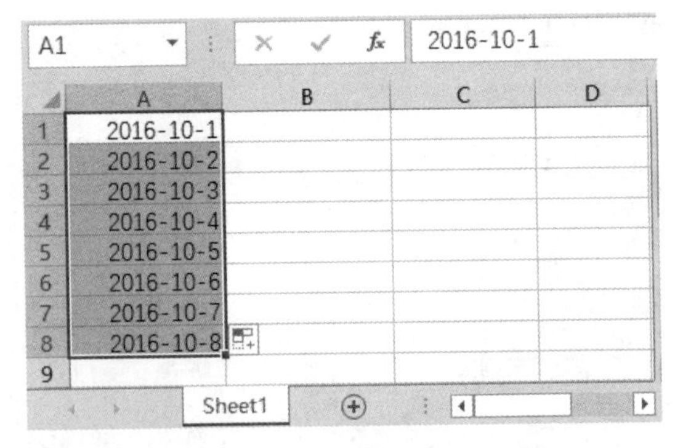

图 4-72　以天递增方式填充数据

> **提示** 按住 Ctrl 键不放，拖动光标，这时单元格将以复制的方式填充数据，如图 4-73 所示。

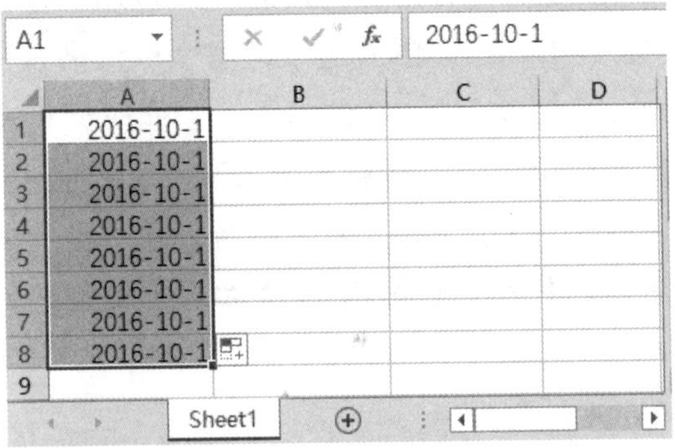

	A	B	C	D
1	2016-10-1			
2	2016-10-1			
3	2016-10-1			
4	2016-10-1			
5	2016-10-1			
6	2016-10-1			
7	2016-10-1			
8	2016-10-1			
9				

图 4-73　以复制的方式填充数据

步骤 3 填充后，单击图标右侧的下三角按钮，会弹出填充的各个选项，可以看到，默认情况下，系统是以【填充序列】的方式进行填充的，如图 4-74 所示。

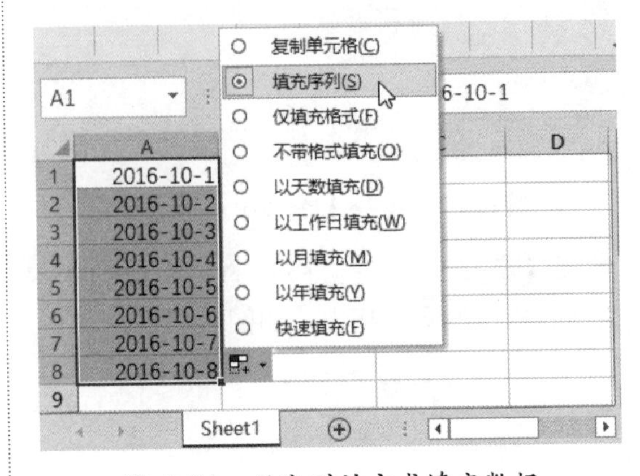

图 4-74　以序列的方式填充数据

步骤 4 若选择【以工作日填充】选项，将以原日期作为周一，按工作日递增进行填充，不包括周日，如图 4-75 所示。

A1　　2016-10-1

	A	B	C	D
1	2016-10-1			
2	2016-10-3			
3	2016-10-4			
4	2016-10-5			
5	2016-10-6			
6	2016-10-7			
7	2016-10-10			
8	2016-10-11			
9				

Sheet1

图 4-75　以工作日方式填充数据

步骤 5 若选择【以月填充】选项，将按照月份递增进行填充，如图 4-76 所示。

A1　　2016-10-1

	A	B	C	D
1	2016-10-1			
2	2016-11-1			
3	2016-12-1			
4	2017-1-1			
5	2017-2-1			
6	2017-3-1			
7	2017-4-1			
8	2017-5-1			
9				

Sheet1

图 4-76　以月份递增方式填充数据

步骤 6 若选择【以年填充】选项，将按照年份递增进行填充，如图 4-77 所示。

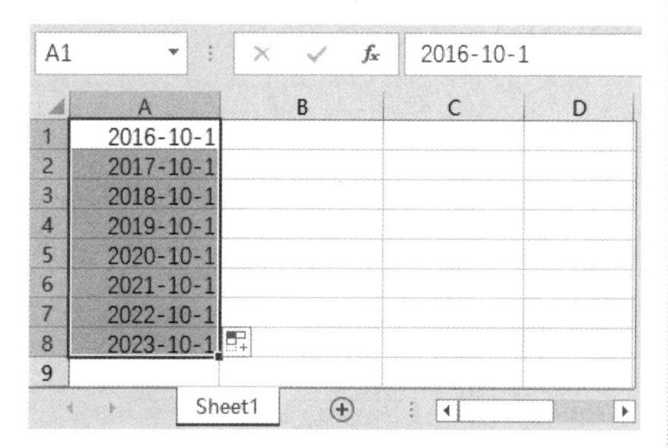

A1　　2016-10-1

	A	B	C	D
1	2016-10-1			
2	2017-10-1			
3	2018-10-1			
4	2019-10-1			
5	2020-10-1			
6	2021-10-1			
7	2022-10-1			
8	2023-10-1			
9				

Sheet1

图 4-77　以年递增方式填充数据

4.3.6 使用自定义序列填充

在填充一些较特殊的有规律的序列时，若以上的方法均不能满足需求，用户可以使用自定义序列填充，具体的操作步骤如下。

步骤 1 启动 Excel 2016，新建一个空白文档，选择【文件】选项卡，进入文件操作界面，选择左侧列表中的【选项】命令，如图 4-78 所示。

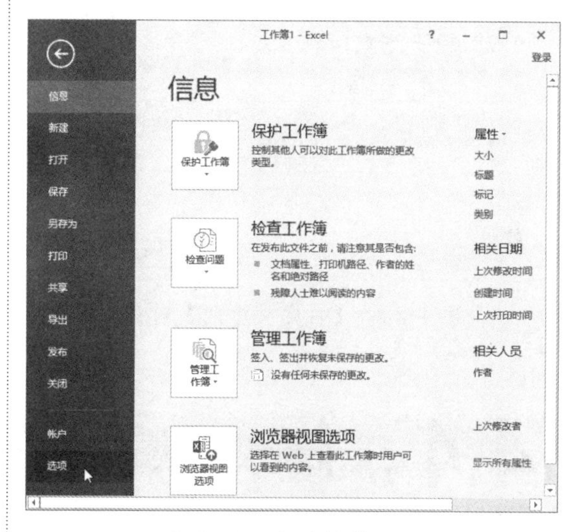

图 4-78　文件操作界面

步骤 2 弹出【Excel 选项】对话框，选择左侧的【高级】选项，然后在右侧的面板中单击【编辑自定义列表】按钮，如图 4-79 所示。

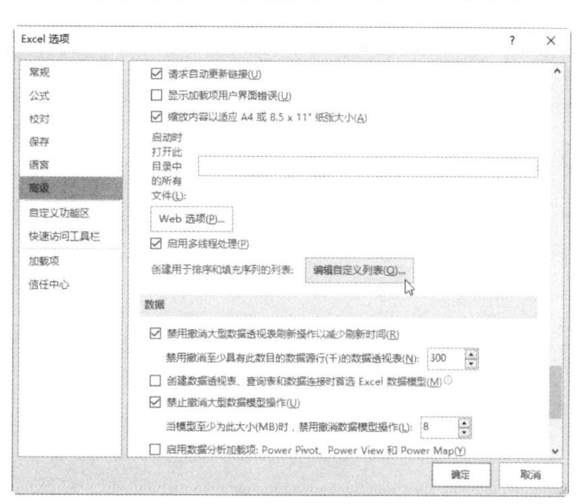

图 4-79　【Excel 选项】对话框

步骤 3 弹出【自定义序列】对话框，在【输入序列】文本框中依次输入自定义的序列，单击【添加】按钮，如图 4-80 所示。

步骤 4 添加完成后，依次单击【确定】按钮，返回到工作表中。在单元格 A1 中输入“人事部”，然后拖动填充柄，此时系统将以自定义序列的方式填充单元格，如图 4-81 所示。

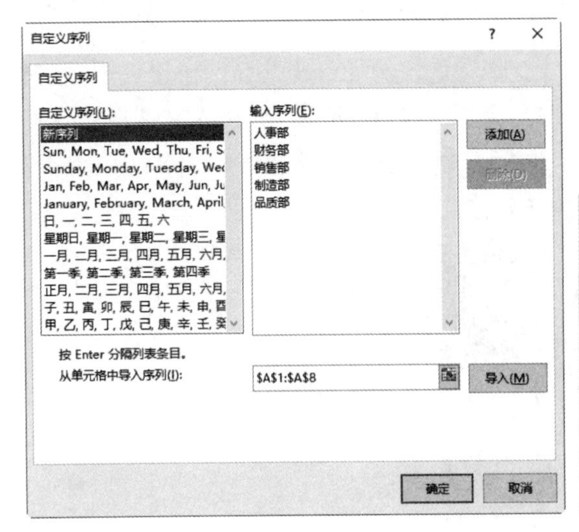

图 4-80 【自定义序列】对话框

	A	B	C	D
1	人事部			
2	财务部			
3	销售部			
4	制造部			
5	品质部			
6				
7				
8				

图 4-81 以自定义序列填充的单元格

4.4 修改与编辑数据

当需要修改工作表中输入的数据时，可以通过编辑栏修改数据或者直接在单元格中修改。

4.4.1 通过编辑栏修改

选中需要修改的单元格，编辑栏中即会显示该单元格的信息，如图 4-82 所示。单击编辑栏后即可修改。例如，将 C9 单元格中的“员工聚餐”改为“外出旅游”，如图 4-83 所示。

A9   2015-8-30

	A	B	C	D
1	2015年8月份公司日常费用开支表			
2	日期	姓名	摘要	费用（元）
3	2015-8-1	张三	办公用品费	70
4	2015-8-1	李四	伙食费	3200
5	2015-8-3	王五	交通费	100
6	2015-8-6	赵六	宣传费	1500
7	2015-8-7	孙七	礼品	160
8	2015-8-20	周八	办公用品费	180
9	2015-8-30	吴九	员工聚餐	350
10		合计		5560

图 4-82 选中要修改的单元格

C9   外出旅游

	A	B	C	D
1	2015年8月份公司日常费用开支表			
2	日期	姓名	摘要	费用（元）
3	2015-8-1	张三	办公用品费	70
4	2015-8-1	李四	伙食费	3200
5	2015-8-3	王五	交通费	100
6	2015-8-6	赵六	宣传费	1500
7	2015-8-7	孙七	礼品	160
8	2015-8-20	周八	办公用品费	180
9	2015-8-30	吴九	外出旅游	350
10		合计		5560

图 4-83 修改单元格数据

4.4.2　在单元格中直接修改

选中需要修改的单元格，然后直接输入数据，原单元格中的数据将被覆盖；也可以双击单元格或者按 F2 键，单元格中的数据将被激活，然后即可直接修改。

4.4.3　删除单元格中的数据

若只是想清除某个（或某些）单元格中的内容，选中要清除内容的单元格，然后按 Delete 键即可。若想删除单元格，可使用菜单命令。删除单元格数据的具体操作如下。

步骤 1　打开需要删除数据的工作表，选中要删除的单元格，如图 4-84 所示。

A8　0414

	A	B	C	D	E	F	G
1	学号	姓名	语文	数学	英语		
2	0408	张可	85	60	50		
3	0409	刘红	85	75	65		
4	0410	张燕	67	80	65		
5	0411	田勇	75	86	85		
6	0412	王赢	85	85	85		
7	0413	范宝	75	52	55		
8	0414	石志	62	73	50		
9	0415	罗崇	75	85	75		
10	0416	牛青	85	57	85		
11	0417	金三	75	85	57		
12	0418	刘增	52	53	40		
13	0419	苏士	52	85	78		
14							

Sheet1　Sheet2　St ...

图 4-84　选择要删除的单元格

步骤 2　在【开始】选项卡的【单元格】组中单击【删除】按钮，在弹出的下拉菜单中选择【删除单元格】命令，如图 4-85 所示。

步骤 3　弹出【删除】对话框，选中【右侧单元格左移】单选按钮，如图 4-86 所示。

步骤 4　单击【确定】按钮，即可将右侧单元格中的数据向左移动一列，如图 4-87 所示。

步骤 5　将光标移至 D 列处，当光标变成⬇状时右击，在弹出的快捷菜单中选择【删除】命令，如图 4-88 所示。

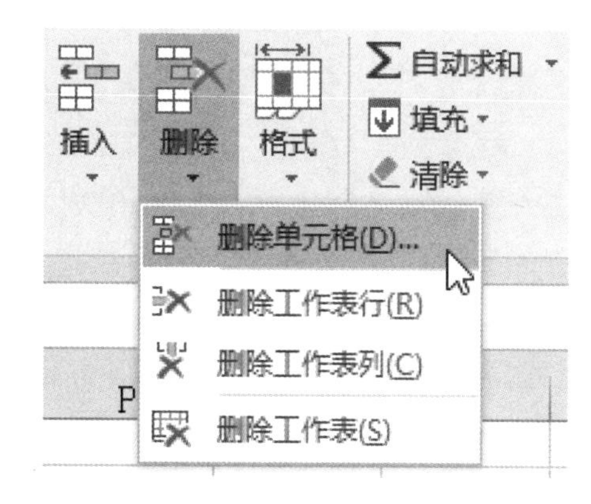

图 4-85　选择【删除单元格】命令

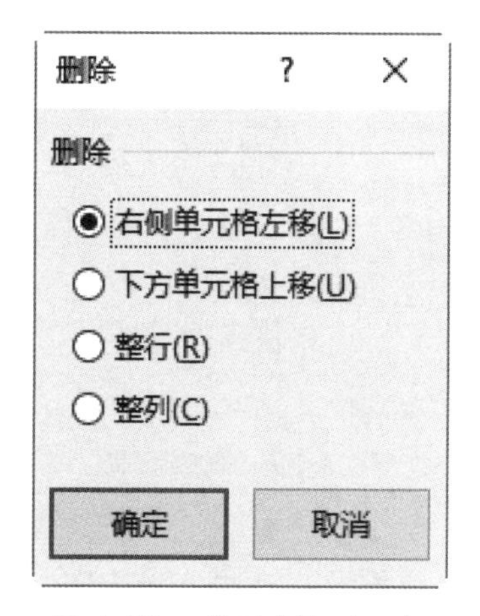

图 4-86　【删除】对话框

A8　石志

	A	B	C	D	E	F	G
1	学号	姓名	语文	数学	英语		
2	0408	张可	85	60	50		
3	0409	刘红	85	75	65		
4	0410	张燕	67	80	65		
5	0411	田勇	75	86	85		
6	0412	王赢	85	85	85		
7	0413	范宝	75	52	55		
8	石志		62	73	50		
9	0415	罗崇	75	85	75		
10	0416	牛青	85	57	85		
11	0417	金三	75	85	57		
12	0418	刘增	52	53	40		
13	0419	苏士	52	85	78		
14							

Sheet1　Sheet2　St ...

图 4-87　删除后的效果

步骤 6　此时已删除了 D 列中的数据，同时右侧单元格中的数据向左移动了一列，如图 4-89 所示。

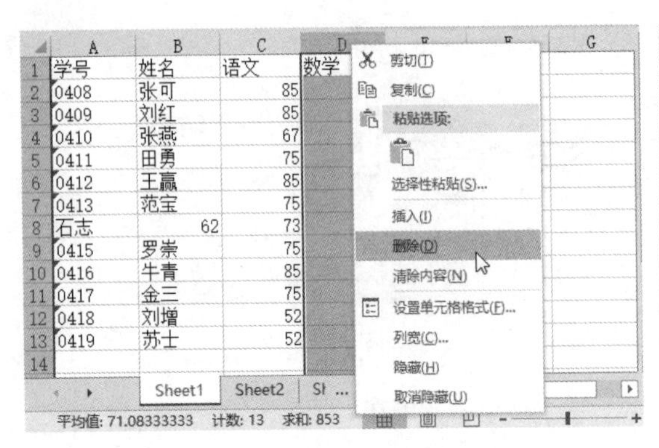

学号	姓名	语文	数学
0408	张可	85	
0409	刘红	85	
0410	张燕	67	
0411	田勇	75	
0412	王赢	85	
0413	范宝	75	
石志	62	73	
0415	罗崇	75	
0416	牛青	85	
0417	金三	75	
0418	刘增	52	
0419	苏士	52	

图 4-88 选择【删除】命令

D1 英语

学号	姓名	语文	英语
0408	张可	85	50
0409	刘红	85	65
0410	张燕	67	65
0411	田勇	75	85
0412	王赢	85	85
0413	范宝	75	55
石志	62	73	
0415	罗崇	75	75
0416	牛青	85	85
0417	金三	75	57
0418	刘增	52	40
0419	苏士	52	78

图 4-89 删除数据

4.4.4 查找和替换数据

Excel 2016 提供的查找和替换功能，不仅可以帮助用户快速定位到要查找的信息，还可以批量地修改信息。

1. 查找数据

下面以“图书信息”表为例，查找出版社为“21 世纪出版社”的记录，具体的操作步骤如下。

步骤 1 打开随书光盘中的“素材 \ch04\ 图书信息 .xlsx”文件，如图 4-90 所示。

步骤 2 在【开始】选项卡的【编辑】组中，单击【查找和选择】下的下三角按钮，在弹出的下拉菜单中选择【查找】命令，如图 4-91 所示。

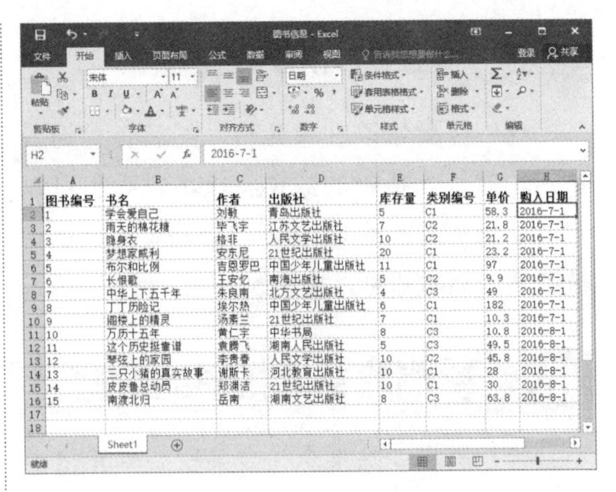

H2 2016-7-1

图书编号	书名	作者	出版社	库存量	类别编号	单价	购入日期
1	学会爱自己	刘敏	青岛出版社	5	C1	58.3	2016-7-1
2	雨天的棉花糖	毕飞宇	江苏文艺出版社	7	C2	21.8	2016-7-1
3	隐身衣	格非	人民文学出版社	10	C2	21.2	2016-7-1
4	梦想家威利	安东尼	21世纪出版社	20	C1	23.2	2016-7-1
5	布尔和比例	吉恩罗巴	中国少年儿童出版社	11	C1	97	2016-7-1
6	长恨歌	王安忆	南海出版社	5	C2	9.9	2016-7-1
7	中华上下五千年	朱良南	北方文艺出版社	4	C3	49	2016-7-1
8	丁丁历险记	埃尔热	中国少年儿童出版社	6	C1	182	2016-7-1
9	阁楼上的精灵	汤素兰	21世纪出版社	7	C1	10.3	2016-7-1
10	万历十五年	黄仁宇	中华书局	8	C3	10.8	2016-8-1
11	这个历史挺靠谱	袁腾飞	湖南人民出版社	5	C3	49.5	2016-8-1
12	琴弦上的家园	李贵春	人民文学出版社	10	C2	45.8	2016-8-1
13	三只小猪的真实故事	谢斯卡	河北教育出版社	10	C1	28	2016-8-1
14	皮皮鲁总动员	郑渊洁	21世纪出版社	10	C1	30	2016-8-1
15	南渡北归	岳南	湖南文艺出版社	8	C3	63.8	2016-8-1

图 4-90 打开素材文件

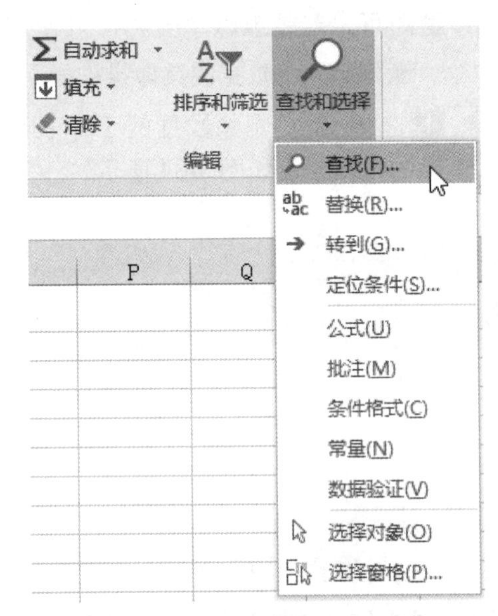

图 4-91 选择【查找】命令

步骤 3 弹出【查找和替换】对话框，在【查找内容】下拉列表框中输入“21 世纪出版社”，如图 4-92 所示。

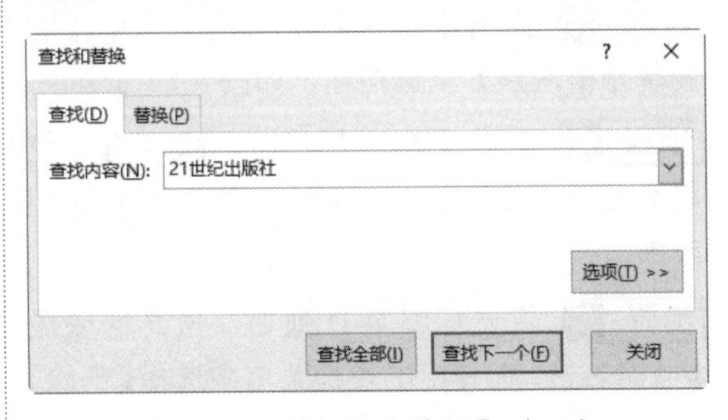

图 4-92 【查找和替换】对话框

提示　按 Ctrl+F 组合键，也可弹出【查找和替换】对话框。

步骤 4　单击【查找全部】按钮，在下方将列出符合条件的全部记录，单击每一个记录，即可快速定位到该记录所在的单元格，如图 4-93 所示。

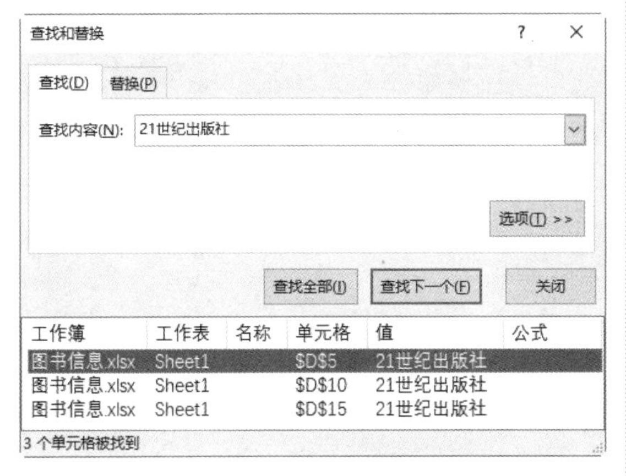

图 4-93　【查找和替换】对话框

提示　单击【选项】按钮，还可以设置查找的范围、格式、是否区分大小写、是否单元格匹配等属性，如图 4-94 所示。

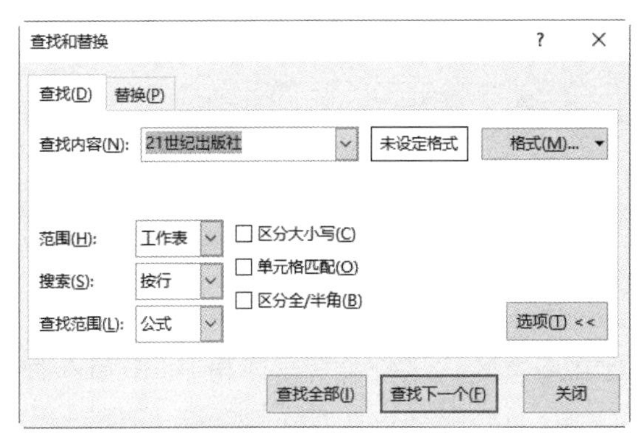

图 4-94　设置【查找】属性

2. 替换数据

以上介绍的是使用 Excel 的查找功能，下面介绍使用替换功能将“21 世纪出版社”全部替换为“清华大学出版社”，具体的操作步骤如下。

步骤 1　打开素材文件，单击【开始】选项卡下【编辑】组中【查找和选择】的下三角按钮，在弹出的下拉菜单中选择【替换】命令。

步骤 2　弹出【查找和替换】对话框，在【查找内容】下拉列表框中输入要查找的内容，在【替换为】下拉列表框中输入替换后的内容，如图 4-95 所示。

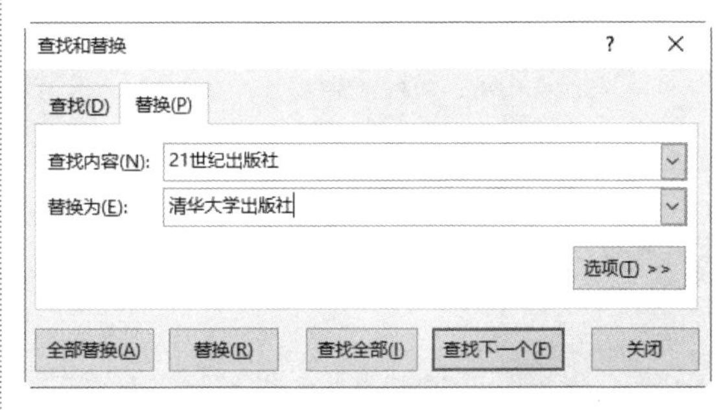

图 4-95　【查找和替换】对话框

步骤 3　设置完成后，单击【查找全部】按钮，在下方将列出符合条件的全部记录，如图 4-96 所示。

图 4-96　开始查找

步骤 4　单击【全部替换】按钮，弹出 Microsoft Excel 对话框，提示已完成替换操作，如图 4-97 所示。

步骤 5　单击【确定】按钮，然后单击【关闭】按钮，关闭【查找和替换】对话框，返回 Excel 表，此时所有为“21 世纪出版社”的记录均替换为“清华大学出版社”，如图 4-98 所示。

图 4-97　Microsoft Excel 对话框

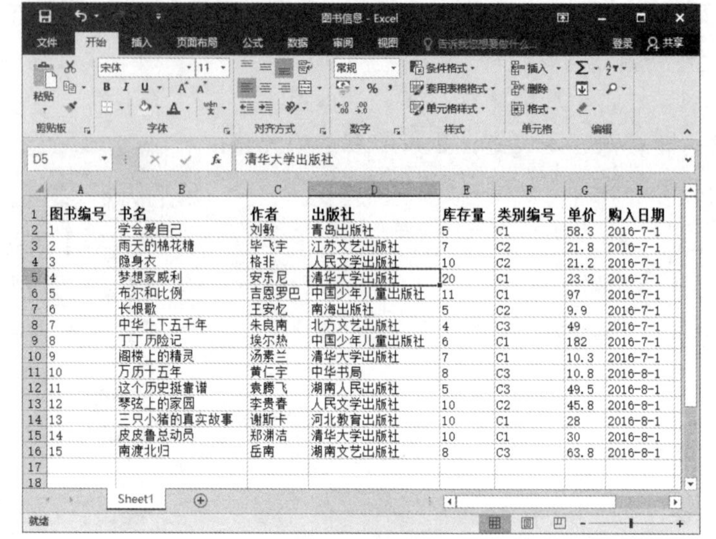

图书编号	书名	作者	出版社	库存量	类别编号	单价	购入日期
1	学会爱自己	刘敏	青岛出版社	5	C1	58.3	2016-7-1
2	雨天的棉花糖	毕飞宇	江苏文艺出版社	7	C2	21.8	2016-7-1
3	隐身衣	格非	人民文学出版社	10	C2	21.2	2016-7-1
4	梦想家威利	安东尼	清华大学出版社	20	C1	23.2	2016-7-1
5	布尔和比例	吉恩罗巴	中国少年儿童出版社	11	C1	97	2016-7-1
6	长恨歌	王安忆	南海出版社	5	C2	9.9	2016-7-1
7	中华上下五千年	朱良南	北方文艺出版社	4	C3	49	2016-7-1
8	丁丁历险记	埃尔热	中国少年儿童出版社	6	C1	182	2016-7-1
9	阁楼上的精灵	汤素兰	清华大学出版社	7	C1	10.3	2016-7-1
10	万历十五年	黄仁宇	中华书局	8	C3	10.8	2016-8-1
11	这个历史挺靠谱	袁腾飞	湖南人民出版社	5	C3	49.5	2016-8-1
12	琴弦上的家园	李贵春	人民文学出版社	10	C2	45.8	2016-8-1
13	三只小猪的真实故事	谢斯卡	河北教育出版社	10	C1	28	2016-8-1
14	皮皮鲁总动员	郑渊洁	清华大学出版社	10	C1	30	2016-8-1
15	南渡北归	岳南	湖南文艺出版社	8	C3	63.8	2016-8-1

图 4-98　替换数据

提示　在进行查找和替换时，如果不能确定完整的搜索信息，那么可以使用通配符？和 * 代替不能确定的部分信息。其中，？表示一个字符；* 表示一个或多个字符。

4.5 高效办公技能实战

4.5.1 快速填充员工考勤表

填写员工考勤表无疑是一件重复性的工作，特别是输入大量相同的符号。一般情况下大多数人都会采用“复制 + 粘贴”的方法进行操作，但是这种方法比较耗时，下面介绍一种更为简便的方法。

步骤 1 打开随书光盘中的“素材 \ch04\ 员工考勤表 .xlxs”文件，在单元格 D3 中插入特殊符号“√”，然后将鼠标指针移到该单元格的右下角，此时鼠标指针变成“+”状，如图 4-99 所示。

步骤 2 按住鼠标左键不放，向下拖动鼠标指针至最后一位员工所在的单元格，然后释放鼠标，即可自动在后续单元格中填充相关内容，如图 4-100 所示。

步骤 3 将鼠标指针移到单元格 D10 的右下角，待鼠标指针变为“+”状，按住鼠标左键不放，向右拖动指针，即可将出勤表中的单元格都填充为“√”，如图 4-101 所示。

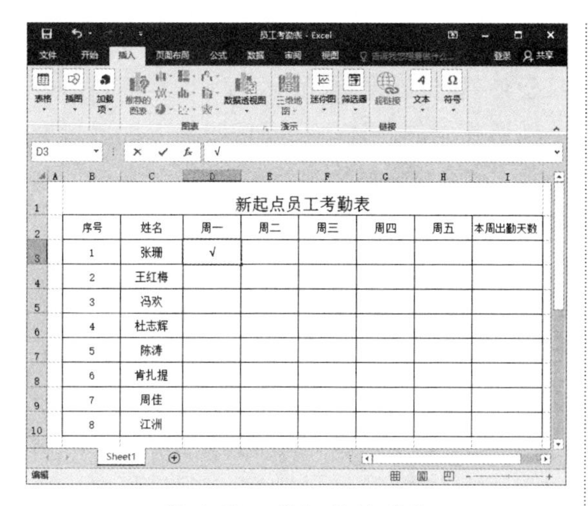

图 4-99　鼠标指针形状

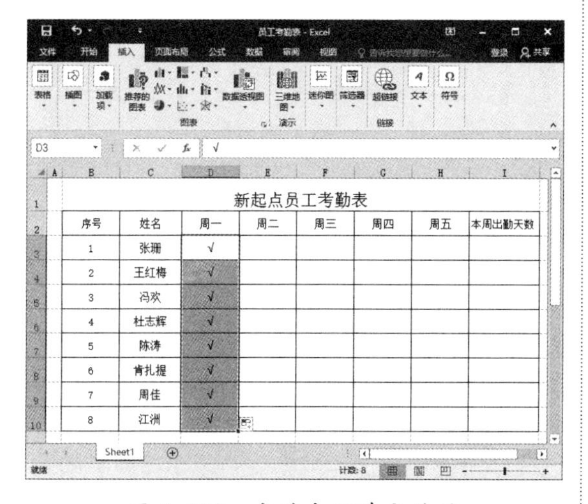

图 4-100　自动向下填充效果

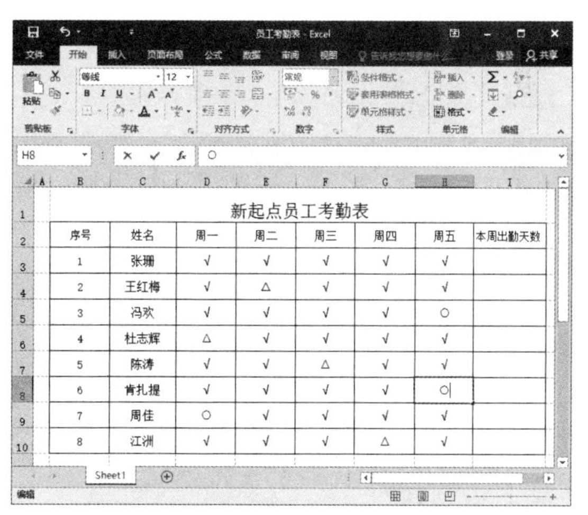

图 4-101　自动向右填充效果

步骤 4 将符号"△"作为迟到的员工标记。依次选中迟到员工对应的日期，然后在编辑栏中插入特殊符号"△"，利用组合键 Ctrl+Enter 将选中单元格的内容均修改为"△"，如图 4-102 所示。

图 4-102　修改选中的单元格内容

步骤 5 将符号"○"作为旷工的员工标记。按照步骤 4 的方法，将选中单元格的内容快速修改为"○"，如图 4-103 所示。

图 4-103　修改选中的单元格内容

步骤 6 将符号"×"作为请假的员工标记。同样参照步骤 4 的方法，将员工请假对应的单元格的数据类型内容修改为"×"，然后统计本周出勤的天数，如图 4-104 所示。

新起点员工考勤表

序号	姓名	周一	周二	周三	周四	周五	本周出勤天数
1	张珊	√	√	√	x	√	4
2	王红梅	√	△	√	√	√	5
3	冯欢	√	√	√	√	○	4
4	杜志辉	△	x	√	√	√	4
5	陈涛	√	√	△	√	√	5
6	肯扎提	√	√	√	√	○	4
7	周佳	○	√	√	√	√	4
8	江洲	√	x	√	△	√	4

图 4-104　修改选中的单元格内容

4.5.2 制作员工信息登记表

通常情况下，员工信息登记表中的内容会根据企业的不同要求添加相应的内容。通过制作员工信息登记表，读者可以熟练地掌握输入与编辑工作表数据的基本操作。下面介绍制作员工信息登记表的具体方法。

步骤 1 创建一个空白工作簿，同时对 Sheet1 进行重命名，将该工作表保存为“员工信息登记表”，如图 4-105 所示。

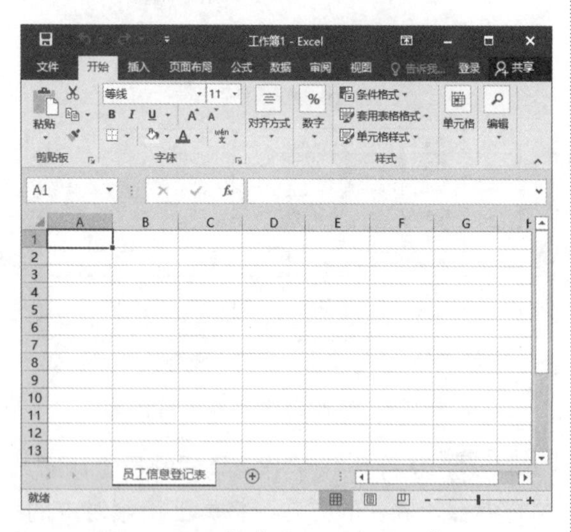

图 4-105　新建空白文档并重命名

步骤 2 输入表格文字信息。在“员工信息登记表”工作表中选中 A1 单元格，并在其中输入“员工信息登记表”标题信息，然后按照相同的方法，在表格的相应位置根据企业的具体要求输入相应的文字信息，如图 4-106 所示。

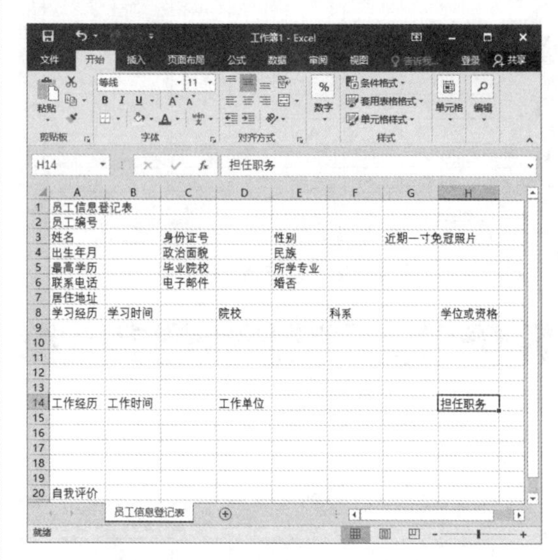

图 4-106　输入表格中的文本信息

步骤 3 加粗表格的边框。在“员工信息登记表”工作表中选中 A3:H24 单元格区域，按 Ctrl+1 组合键，打开【设置单元格格式】对话框，选择【边框】选项卡，然后单击【内部】图标和【外边框】图标，如图 4-107 所示。

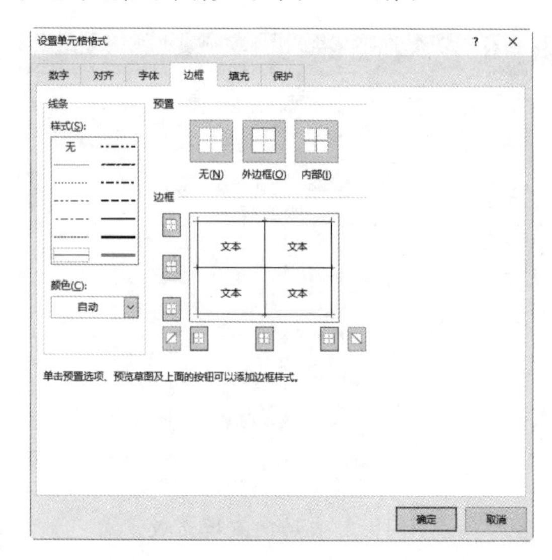

图 4-107　选择【边框】选项卡

步骤 4 设置完毕后，单击【确定】按钮，即可添加边框效果，如图 4-108 所示。

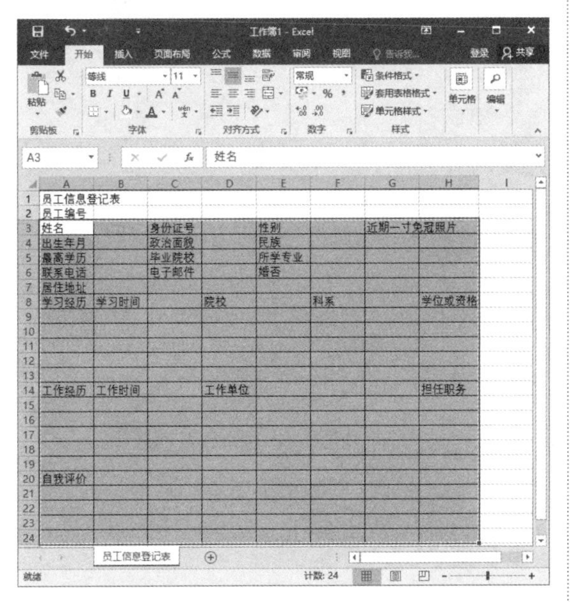

图 4-108　添加表格边框效果

步骤 5 在“员工信息登记表”工作表中选中 A1:H1 单元格区域，右击，在弹出的快捷菜单中选择【设置单元格格式】命令，打开【设置单元格格式】对话框，选择【对齐】选项卡，并选中【合并单元格】复选框，如图 4-109 所示。

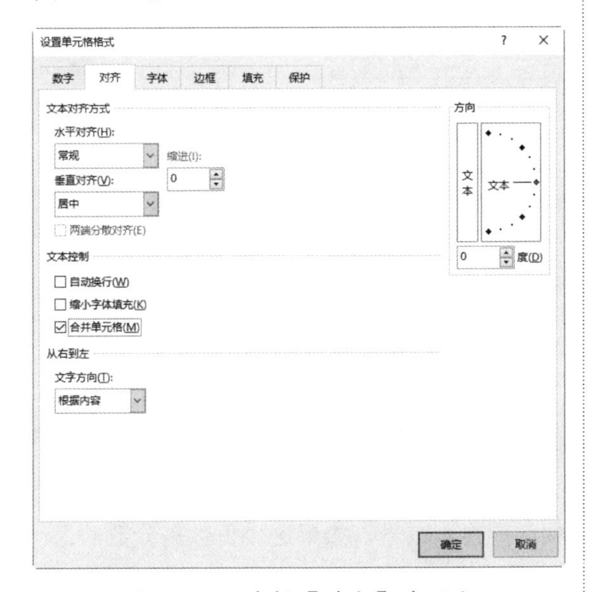

图 4-109　选择【对齐】选项卡

步骤 6 单击【确定】按钮，即可合并选中的单元格区域为一个单元格，然后按照相同的方式合并表格中的其他单元格区域为一个单元格，最终的显示效果如图 4-110 所示。

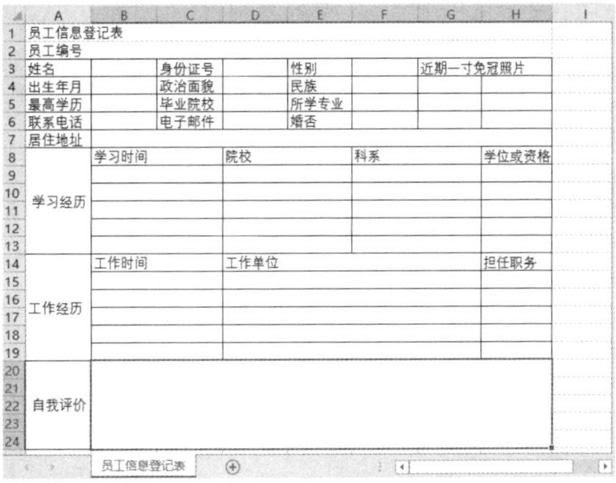

图 4-110　合并后的工作表

步骤 7 设置字体和字号。在“员工信息登记表”工作表中选中 A1 单元格，在【字体】组中将标题文字设置为“华文新魏”，将字号设置为“20”，然后将“近期一寸免冠照片”文字的字号设置为 10，如图 4-111 所示。

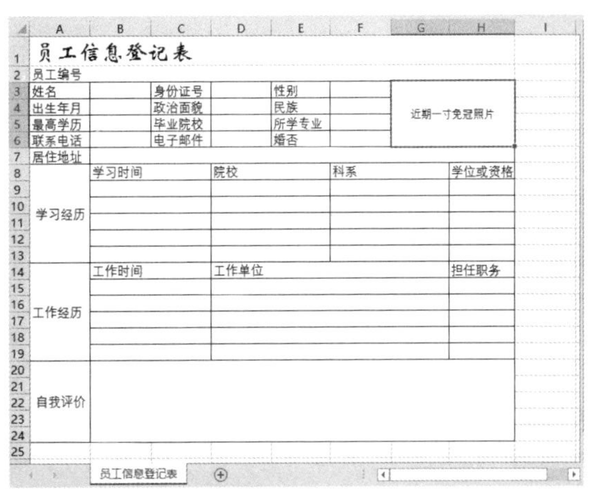

图 4-111　设置字体和字号

步骤 8 设置文本的对齐方式。在“员工信息登记表”工作表中选中 A1 和 A2 单元格，在【字体】选项卡中单击【居中】按钮，即可将表格的标题文字居中显示。参照同样的方式，将 A3:A7、A8:D19 单元格区域中的文本以“居中”的方式显示；将 A20、H3、H8 和 H14 单元格的文本以“居中”的方式显示，设置完毕后的显示效果如图 4-112 所示。

图 4-112　设置文本对齐方式

步骤 9 设置文字自动换行。在“员工信息登记表”工作表中选中 H3、A8、A14 和 A20 单元格，然后按 Ctrl+1 组合键，打开【设置单元格格式】对话框，选择【对齐】选项卡，并选中【自动换行】复选框，如图 4-113 所示。

步骤 10 设置完毕后，单击【确定】按钮，即可将 H3、A8、A14 和 A20 单元格中的文本自动换行显示，如图 4-114 所示。

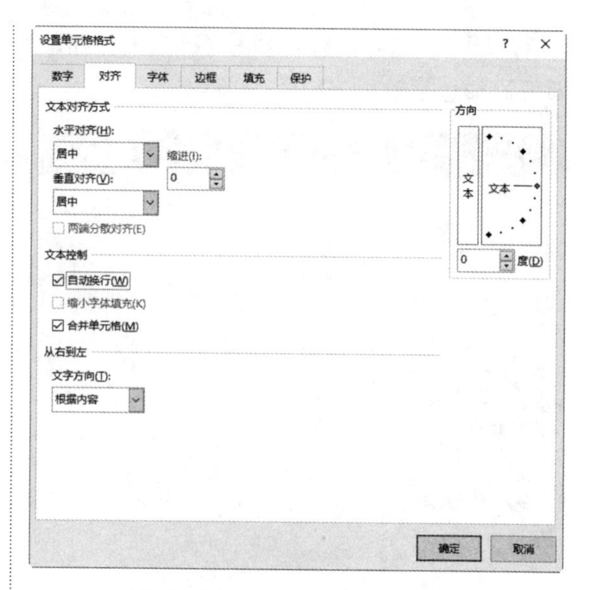

图 4-113　设置文字自动换行

图 4-114　最终的显示效果

4.6 高手解惑

问：如何在表格中输入负数？

高手：输入负数有两种方法，一种是直接在数字前输入减号，如果这个负数是分数的话，需要将这个分数置于括号内；另一种方法是给单纯的数字加括号“()”，将其括起来。这个

括号是在英文半角状态下输入的。例如，在单元格中输入“(2)”，显示结果就是“-2”，不过这个方法有点麻烦，而且不能用于公式。

问：当文本过长时，如何实现单元格的自动换行呢？

高手：当出现这种情况时，只需双击文本过长的单元格，将光标移至需要换行的位置，按 Alt+Enter 组合键后，单元格中的内容即可换行显示。

第5章 查看与打印工作表

- **本章导读**

在学习使用 Excel 进行办公的过程中，首先要会查看报表，掌握各种查看报表的方式，从而可以快速地找到自己想要的信息。对于制作完的工作表，还需要将其打印出来，以方便文件存档。本章将为读者介绍查看与打印工作表的方法及技巧。

- **学习目标**

◎ 掌握查看工作表的方式

◎ 掌握页面设置的方法

◎ 掌握打印工作表的方法

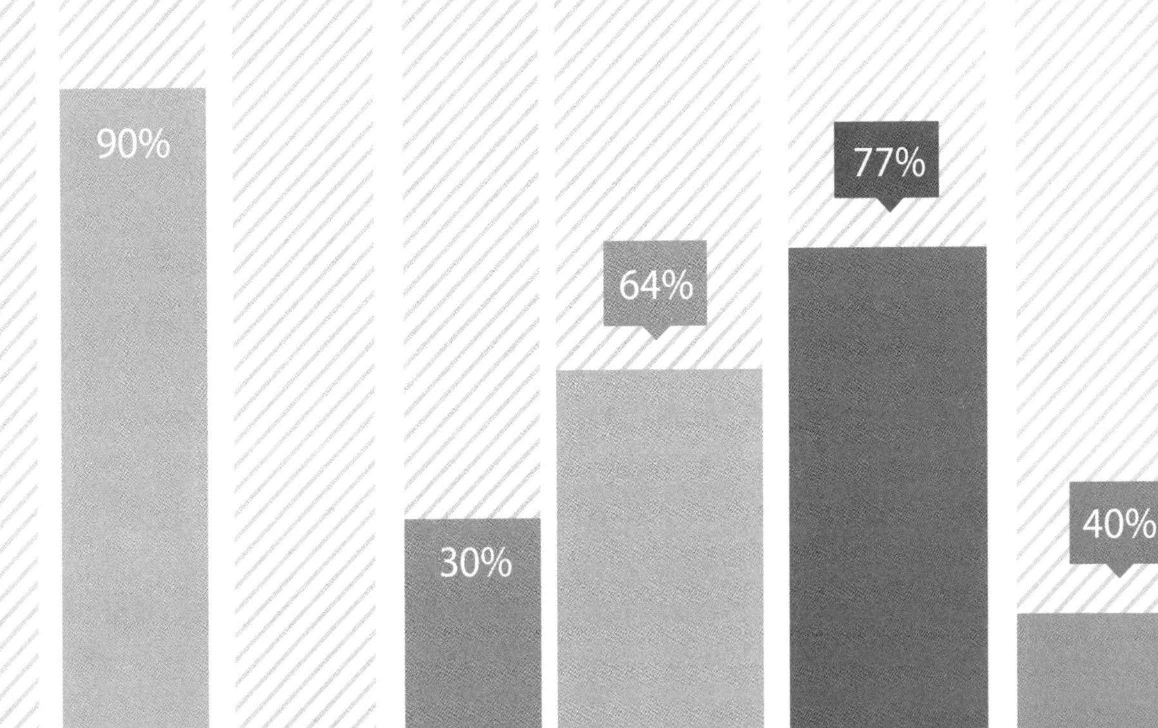

5.1 使用视图方式查看

Excel 2016 为用户提供了多种查看工作表的视图方式，包括普通查看、页面布局查看和分页视图查看等方式。

5.1.1 普通查看

普通视图是默认的显示方式，即对工作表的视图不做任何修改。使用右侧的垂直滚动条和下方的水平滚动条可以浏览当前窗口，显示不完全的数据。

步骤 1 打开随书光盘中的“素材 \ch05\公司员工工龄统计表 .xlsx”工作簿，在当前窗口中即可浏览数据。单击右侧的垂直滚动条并向下拖动，即可浏览下面的数据，如图 5-1 所示。

步骤 2 单击下方的水平滚动条并向右拖动，即可浏览右侧的数据，如图 5-2 所示。

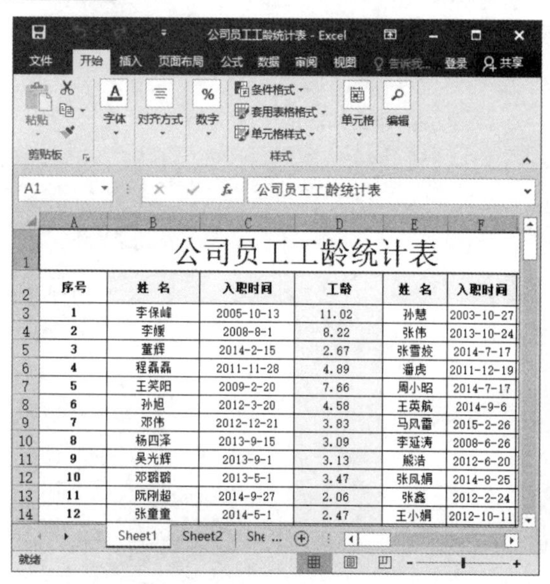

图 5-1 打开素材文件

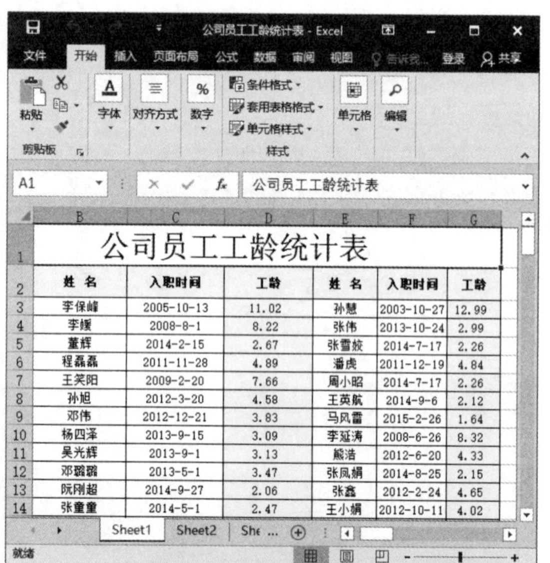

图 5-2 浏览数据

5.1.2 页面布局查看

使用页面布局视图查看工作表，显示的页面布局是打印出来的工作表形式，在打印前可以查看每页数据的起始位置和结束位置。

步骤 1 选择【视图】选项卡，单击【工作簿视图】组中的【页面布局】按钮，如图 5-3 所示。即可将工作表设置为页面布局形式，如图 5-4 所示。

步骤 2 将鼠标指针移动到页面的中缝处，当鼠标指针变成隐藏空格状时单击，如图 5-5 所示，

即可隐藏空白区域，只显示有数据的部分，效果如图5-6所示。

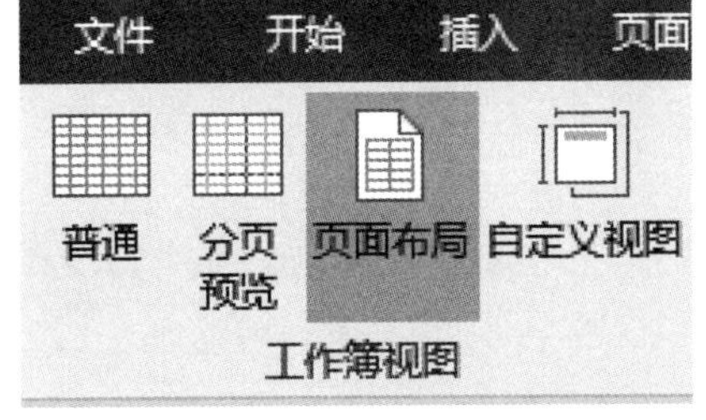

图5-3 单击【页面布局】按钮

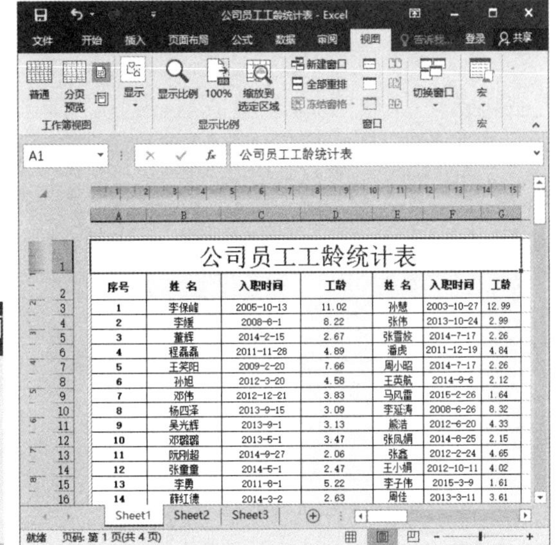

图5-4 以页面布局方式查看

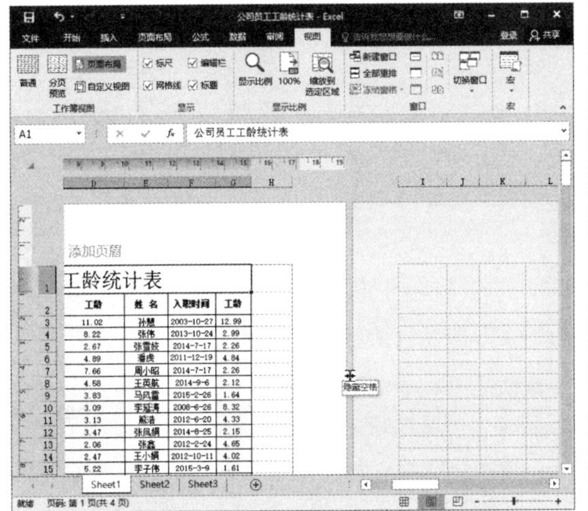

图5-5 移动鼠标指针至中缝处

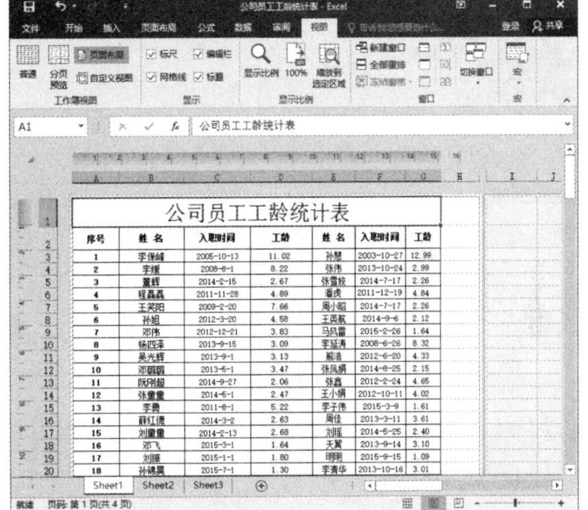

图5-6 显示数据部分

5.1.3 分页视图查看

使用分页预览功能可以查看打印内容的分页情况，具体的操作步骤如下。

步骤 1 选择【视图】选项卡，单击【工作簿视图】组中的【分页预览】按钮，视图即可切换为“分页预览”视图，如图5-7所示。

步骤 2 将鼠标指针放至蓝色的虚线处，当鼠标指针变成↔状时单击并拖动，可以调整每页的范围，如图5-8所示。

公司员工工龄统计表

序号	姓 名	入职时间	工龄	姓 名	入职时间	工龄
1	李保峰	2005-10-13	11.02	孙慧	2003-10-27	12.99
2	李媛	2008-8-1	8.22	张伟	2013-10-24	2.99
3	董辉	2014-2-15	2.67	张雪姣	2014-7-17	2.26
4	程磊磊	2011-11-28	4.89	潘虎	2011-12-19	4.84
5	王笑阳	2009-2-20	7.66	周小昭	2014-7-17	2.26
6	孙旭	2012-3-20	4.58	王英航	2014-9-6	2.12
7	邓伟	2012-12-21	3.83	马风雷	2015-2-26	1.64
8	杨四泽	2013-9-15	3.09	李延涛	2008-6-26	8.32
9	吴光辉	2013-9-1	3.13	熊浩	2012-6-20	4.33
10	邓璐璐	2013-5-1	3.47	张凤娟	2014-8-25	2.15
11	阮刚超	2014-9-27	2.06	张鑫	2012-2-24	4.65
12	张童童	2014-5-1	2.47	王小娟	2012-10-11	4.02
13	李勇	2011-8-1	5.22	李子伟	2015-3-9	1.61
14	薛红德	2014-3-2	2.63	周佳	2013-3-11	3.61
15	刘童童	2014-2-13	2.68	刘瑶	2014-5-25	2.40
16	邓飞	2015-3-1	1.64	天翼	2013-9-14	3.10
17	刘振	2015-1-1	1.80	明明	2015-9-15	1.09

图 5-7　分页预览查看数据

公司员工工龄统计表

序号	姓 名	入职时间	工龄	姓 名	入职时间	工龄
1	李保峰	2005-10-13	11.02	孙慧	2003-10-27	12.99
2	李媛	2008-8-1	8.22	张伟	2013-10-24	2.99
3	董辉	2014-2-15	2.67	张雪姣	2014-7-17	2.26
4	程磊磊	2011-11-28	4.89	潘虎	2011-12-19	4.84
5	王笑阳	2009-2-20	7.66	周小昭	2014-7-17	2.26
6	孙旭	2012-3-20	4.58	王英航	2014-9-6	2.12
7	邓伟	2012-12-21	3.83	马风雷	2015-2-26	1.64
8	杨四泽	2013-9-15	3.09	李延涛	2008-6-26	8.32
9	吴光辉	2013-9-1	3.13	熊浩	2012-6-20	4.33
10	邓璐璐	2013-5-1	3.47	张凤娟	2014-8-25	2.15
11	阮刚超	2014-9-27	2.06	张鑫	2012-2-24	4.65
12	张童童	2014-5-1	2.47	王小娟	2012-10-11	4.02
13	李勇	2011-8-1	5.22	李子伟	2015-3-9	1.61
14	薛红德	2014-3-2	2.63	周佳	2013-3-11	3.61
15	刘童童	2014-2-13	2.68	刘瑶	2014-5-25	2.40
16	邓飞	2015-3-1	1.64	天翼	2013-9-14	3.10
17	刘振	2015-1-1	1.80	明明	2015-9-15	1.09
18	孙锦昊	2015-7-1	1.30	李青华	2013-10-16	3.01

图 5-8　调整页面的范围

5.2 对比查看数据

在 Excel 2016 中，除了可以使用普通的视图方式查看数据外，还可以对数据进行对比查看。

5.2.1 在多窗口中查看

使用【视图】选项卡下【窗口】组中的【新建窗口】功能，新建一个与当前窗口一样的窗口，然后将两个窗口进行对比，从而找出需要的数据。

在多窗口中查看数据的操作步骤如下。

步骤 1 打开随书光盘中的“素材\ch05\公司员工工龄统计表.xlsx”工作簿。选择【视图】选项卡，单击【窗口】组中的【新建窗口】按钮，即可新建一个名为“公司员工工龄统计表.xlsx:2”的同样的工作簿，如图 5-9 所示。源窗口名称会自动改为“公司员工工龄统计表.xlsx:1”，如图 5-10 所示。

步骤 2 选择【视图】选项卡，单击【窗口】组中的【并排查看】按钮，即可将两个窗口并排放置，如图 5-11 所示。

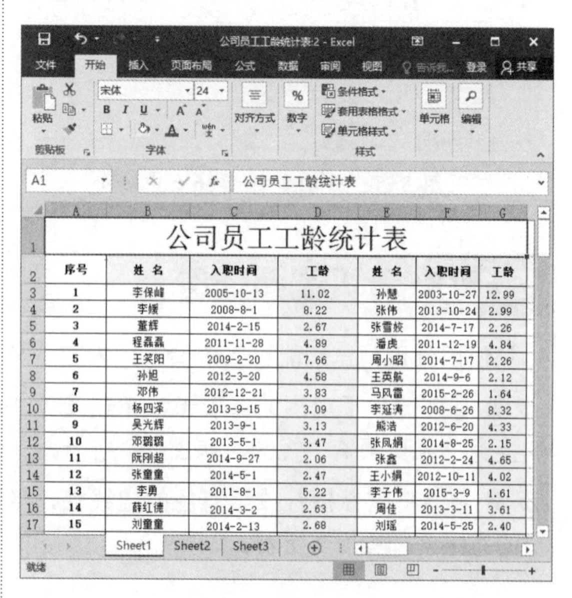

公司员工工龄统计表

序号	姓 名	入职时间	工龄	姓 名	入职时间	工龄
1	李保峰	2005-10-13	11.02	孙慧	2003-10-27	12.99
2	李媛	2008-8-1	8.22	张伟	2013-10-24	2.99
3	董辉	2014-2-15	2.67	张雪姣	2014-7-17	2.26
4	程磊磊	2011-11-28	4.89	潘虎	2011-12-19	4.84
5	王笑阳	2009-2-20	7.66	周小昭	2014-7-17	2.26
6	孙旭	2012-3-20	4.58	王英航	2014-9-6	2.12
7	邓伟	2012-12-21	3.83	马风雷	2015-2-26	1.64
8	杨四泽	2013-9-15	3.09	李延涛	2008-6-26	8.32
9	吴光辉	2013-9-1	3.13	熊浩	2012-6-20	4.33
10	邓璐璐	2013-5-1	3.47	张凤娟	2014-8-25	2.15
11	阮刚超	2014-9-27	2.06	张鑫	2012-2-24	4.65
12	张童童	2014-5-1	2.47	王小娟	2012-10-11	4.02
13	李勇	2011-8-1	5.22	李子伟	2015-3-9	1.61
14	薛红德	2014-3-2	2.63	周佳	2013-3-11	3.61
15	刘童童	2014-2-13	2.68	刘瑶	2014-5-25	2.40

图 5-9　新建的工作簿

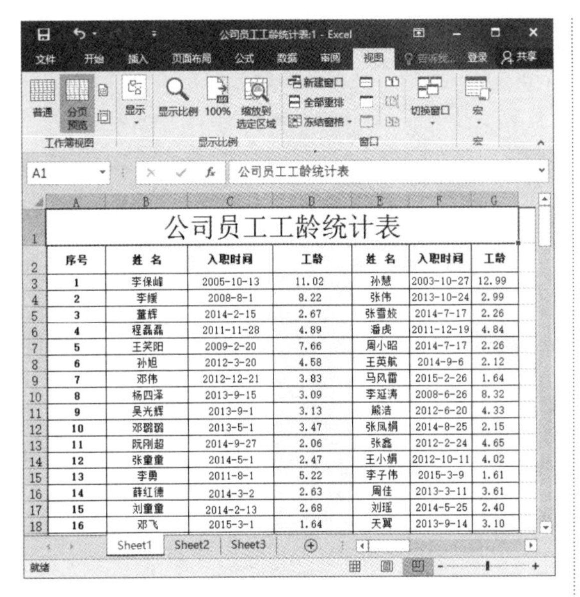

图 5-10　已更改名称的原工作簿

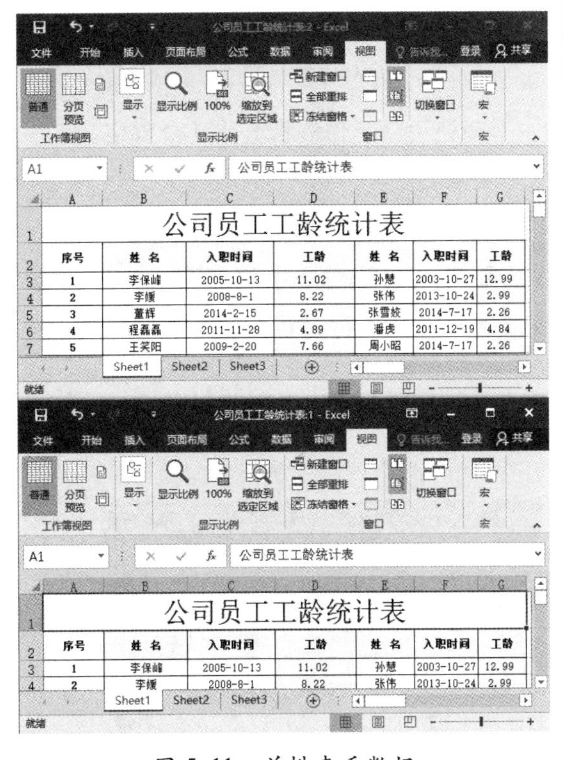

图 5-11　并排查看数据

步骤 3 单击【窗口】组中的【同步滚动】按钮，当拖动其中一个窗口的滚动条时，另一个窗口的滚动条也会同步滚动，如图 5-12 所示。

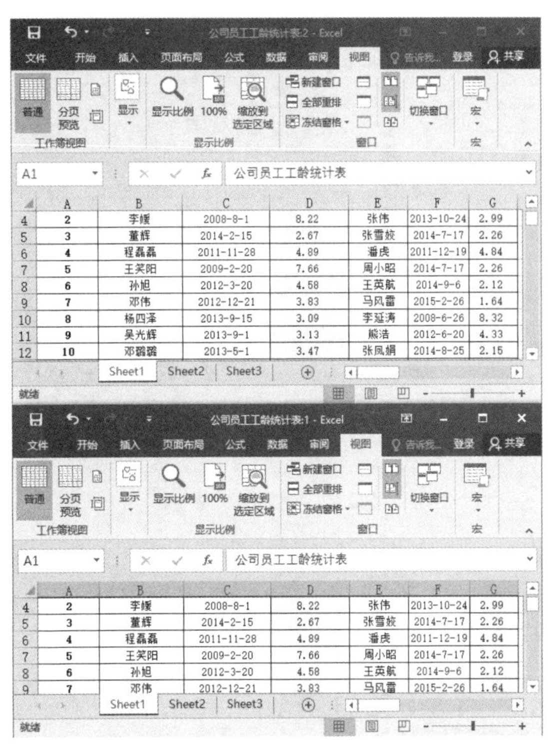

图 5-12　同步滚动显示数据

步骤 4 单击【全部重排】按钮，弹出【重排窗口】对话框，从中可以设置窗口的排列方式，如图 5-13 所示。

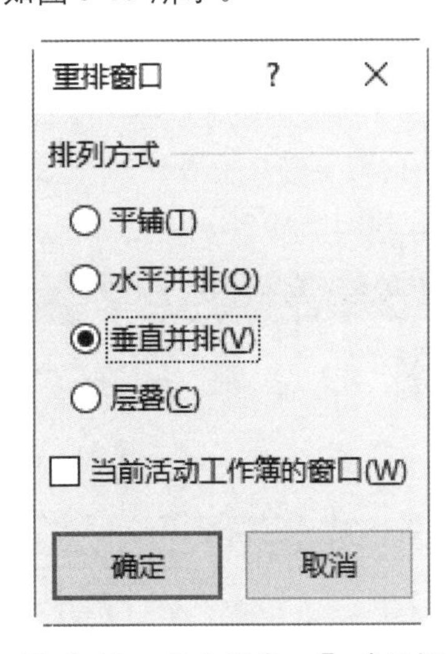

图 5-13　【重排窗口】对话框

步骤 5 选中【垂直并排】单选按钮，单击【确定】按钮，窗口以垂直并排方式排列，如图 5-14 所示。

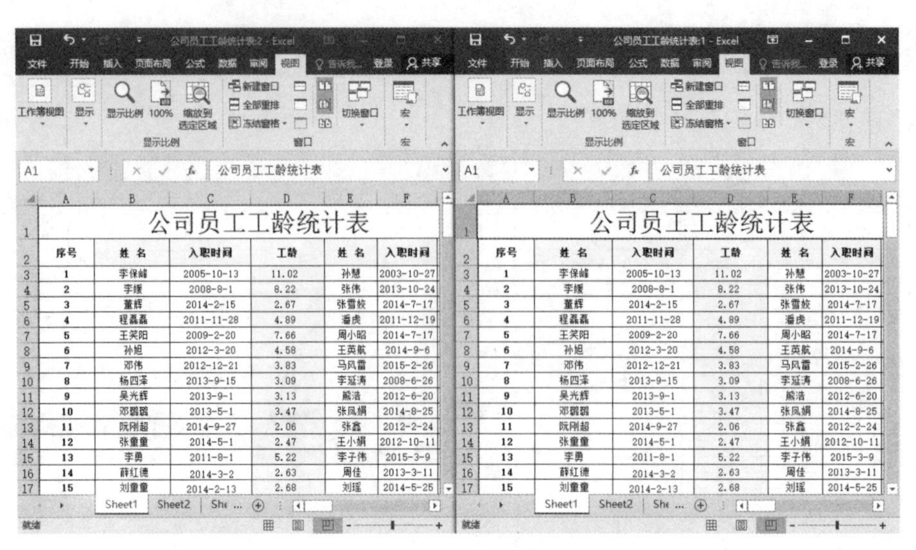

图 5-14　垂直并排的窗口

步骤 6 单击“公司员工工龄统计表.xlsx:2”右上角的【关闭】按钮，即可恢复到普通视图状态。

5.2.2 拆分查看

拆分查看是指通过操作，在选中的单元格的左上角处可将工作表拆分为 4 个窗格，各个窗格的数据可以通过拖动水平滚动条和垂直滚动条来查看。

进行拆分查看工作表的操作步骤如下。

步骤 1 打开随书光盘中的“素材\ch05\公司员工工龄统计表.xlsx”工作簿。选中一个单元格，选择【视图】选项卡，单击【窗口】组中的【拆分】按钮，即可在选中单元格的左上角处将工作表拆分为 4 个窗格，如图 5-15 所示。

步骤 2 此时窗口中有两个水平滚动条和两个垂直滚动条，拖动它们即可改变各个窗格的显示范围，如图 5-16 所示。

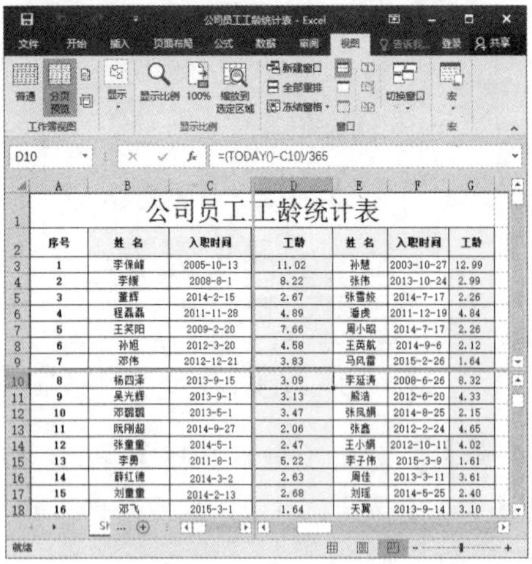

图 5-15　被拆分的窗口

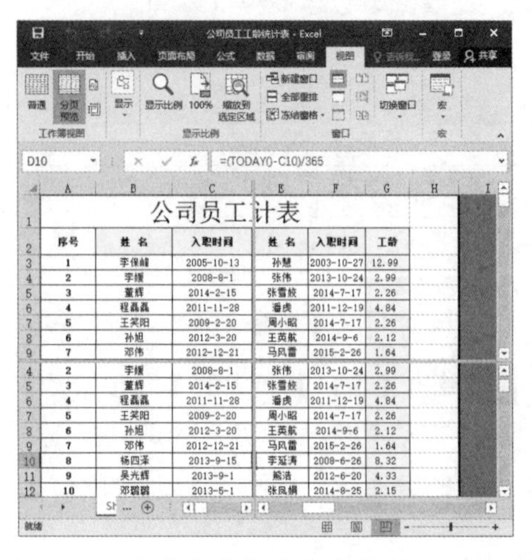

图 5-16　拖动滚动条改变窗格的显示范围

步骤 3 再次单击【拆分】按钮▭，即可恢复到普通视图状态。

5.3 查看其他区域的数据

如果工作表中的数据过多，而当前屏幕中只能显示一部分数据，但用户又要浏览其他区域的数据，那么除了使用普通视图中的滚动条，还可以使用以下的方式查看。

5.3.1 冻结工作表中的行与列

冻结查看是指将指定区域冻结、固定，滚动条只对其他区域的数据起作用，具体的操作步骤如下。

步骤 1 打开随书光盘中的“素材\ch05\工资统计表.xlsx”工作簿。选择【视图】选项卡，单击【窗口】组中的【冻结窗格】按钮，在弹出的下拉菜单中选择【冻结首行】命令，在首行下方会显示一条灰色线，并固定首行，如图 5-17 所示。

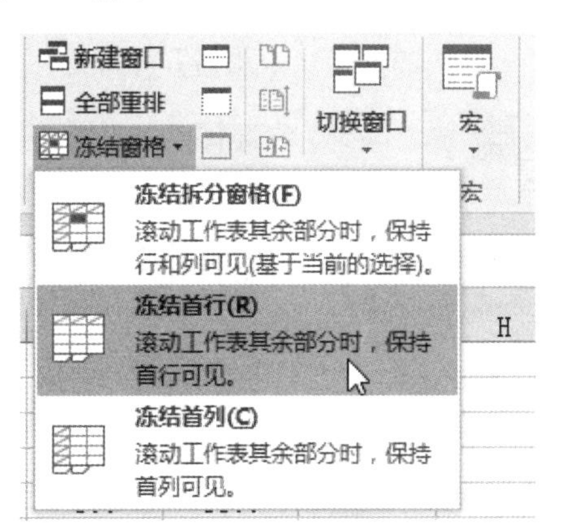

图 5-17 冻结首行

步骤 2 向下拖动垂直滚动条，首行则一直会显示在当前窗口中，如图 5-18 所示。

步骤 3 在【冻结窗格】下拉菜单中选择【取消冻结窗格】命令，即可恢复到普通状态，如图 5-19 所示。

步骤 4 在【冻结窗格】下拉菜单中选择【冻结首列】命令，在首列右侧会显示一条灰色线，并固定首列，如图 5-20 所示。

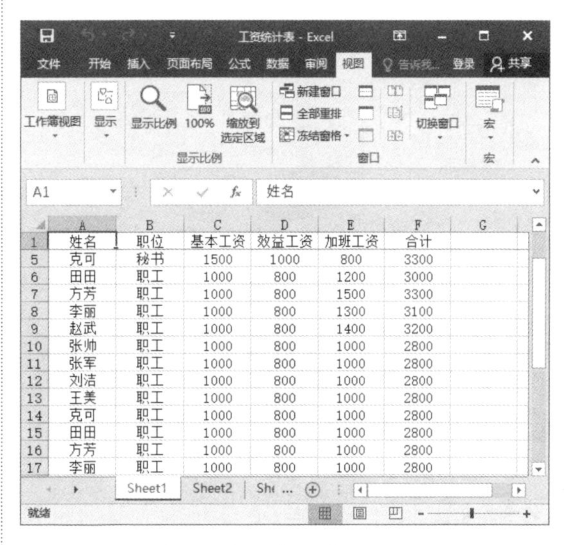

	A	B	C	D	E	F
1	姓名	职位	基本工资	效益工资	加班工资	合计
5	克可	秘书	1500	1000	800	3300
6	田田	职工	1000	800	1200	3000
7	方芳	职工	1000	800	1500	3300
8	李丽	职工	1000	800	1300	3100
9	赵武	职工	1000	800	1400	3200
10	张帅	职工	1000	800	1000	2800
11	张军	职工	1000	800	1000	2800
12	刘洁	职工	1000	800	1000	2800
13	王美	职工	1000	800	1000	2800
14	克可	职工	1000	800	1000	2800
15	田田	职工	1000	800	1000	2800
16	方芳	职工	1000	800	1000	2800
17	李丽	职工	1000	800	1000	2800

图 5-18 首行固定显示

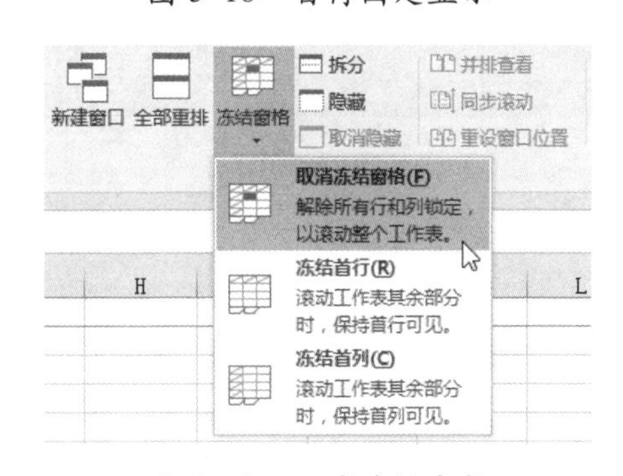

图 5-19 取消冻结窗格

步骤 5 如果想要自定义冻结的行或列，则可以先选择工作表中的单元格。例如选择 B2 单元格，在【冻结窗格】下拉菜单中选择【冻结拆分窗格】命令，如图 5-21 所示。

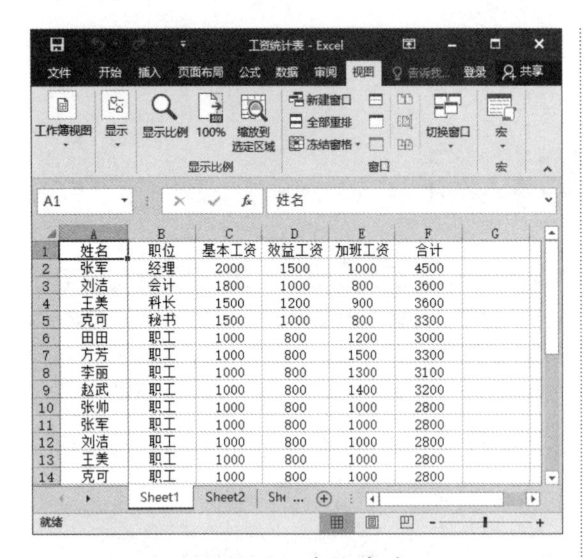

图 5-20 冻结首列

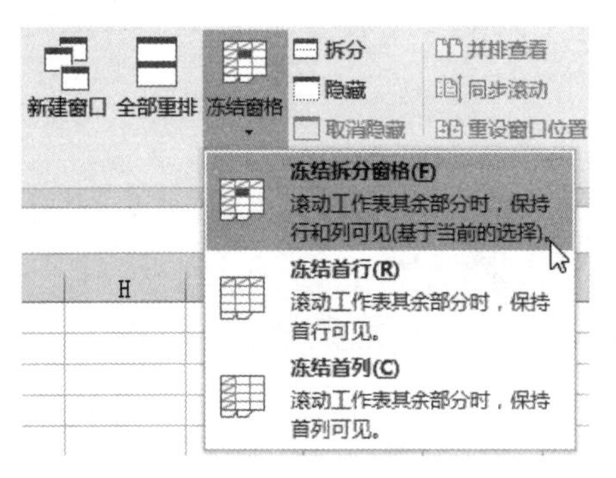

图 5-21 冻结拆分窗格

步骤 6 此时已冻结 B2 单元格上面的行和左侧的列，如图 5-22 所示。

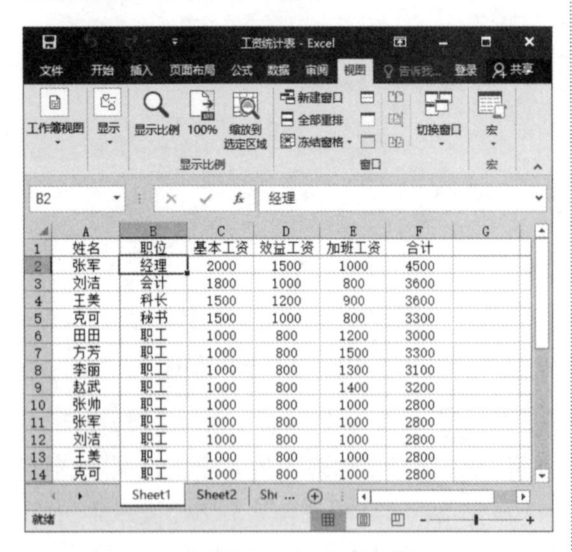

图 5-22 已冻结的窗格

5.3.2 缩放查看工作表

缩放查看是指将所有的区域或选中的区域缩小或放大，以便显示需要的数据信息。

步骤 1 打开随书光盘中的“素材\ch05\工资统计表.xlsx”工作簿。在功能区选择【视图】选项卡，单击【显示比例】组中的【显示比例】按钮，弹出【显示比例】对话框，如图 5-23 所示。

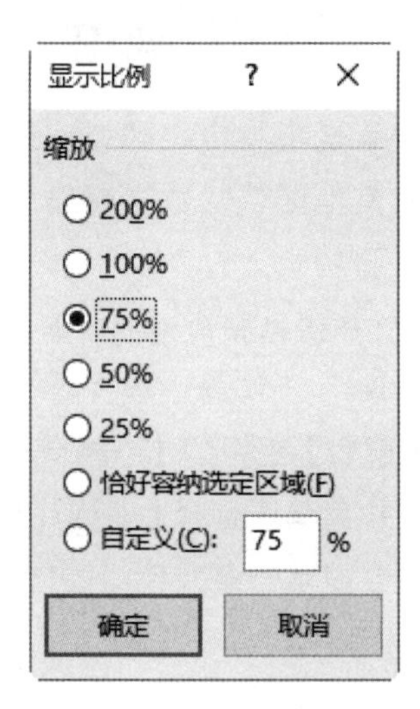

图 5-23 【显示比例】对话框

步骤 2 选中 75% 单选按钮，当前区域即可缩至原来大小的 75%，如图 5-24 所示。

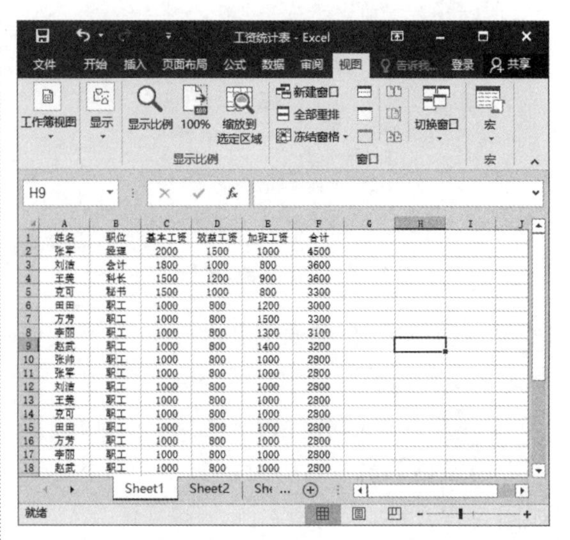

图 5-24 缩放显示工作表

步骤 3 在工作表中选中一部分区域，在【视图】选项卡的【显示比例】组中单击【缩放到选定区域】按钮，选中的区域则可最大化地显示到当前窗口中，如图 5-25 所示。

	A	B	C	D
4	王美	科长	1500	1200
5	克可	秘书	1500	1000
6	田田	职工	1000	800
7	方芳	职工	1000	800
8	李丽	职工	1000	800
9	赵武	职工	1000	800
10	张帅	职工	1000	800

图 5-25　最大化显示选中的区域

步骤 4 单击【显示比例】组中的 100% 按钮，即可恢复到普通状态，如图 5-26 所示。

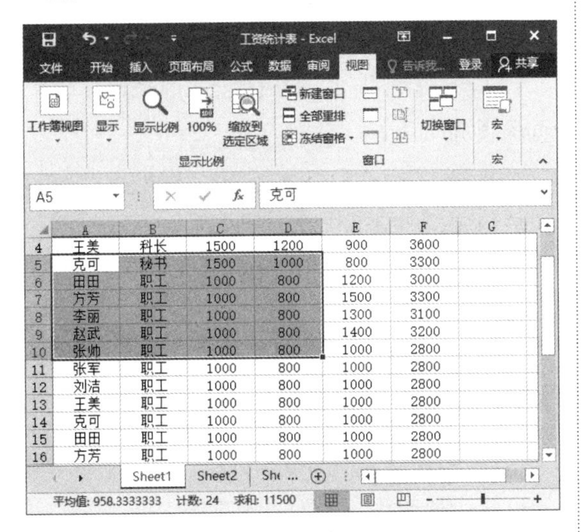

图 5-26　100% 显示工作表

5.3.3 隐藏与显示隐藏数据

隐藏与显示隐藏数据的操作步骤如下。

步骤 1 打开随书光盘中的“素材\ch05\工资统计表.xlsx”工作簿，选择 B 列、C 列、D 列，在 B 列、C 列、D 列中的任意单元格右击，在弹出的快捷菜单中选择【隐藏】命令，如图 5-27 所示。此时已隐藏这 3 列，如图 5-28 所示。

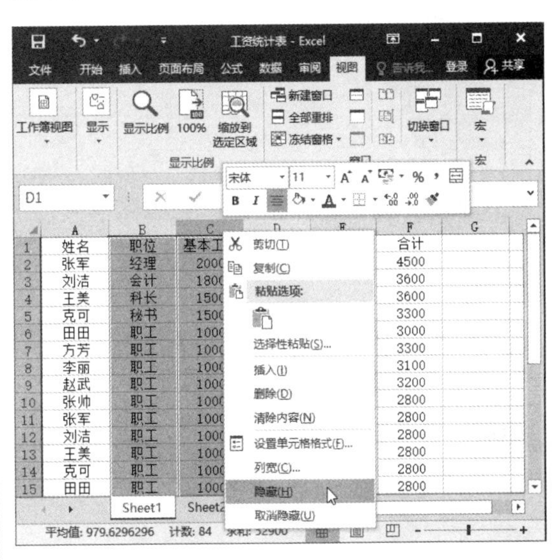

图 5-27　隐藏选中的列

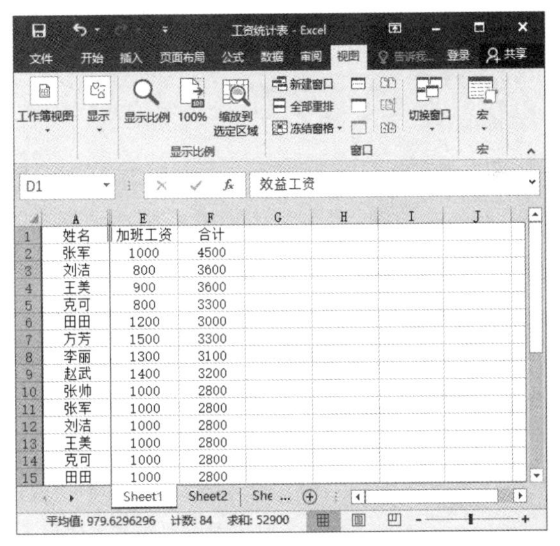

图 5-28　隐藏效果

步骤 2 需要显示隐藏的内容时，选择 A 到 E 列，然后右击，在弹出的快捷菜单中选择【取消隐藏】命令，如图 5-29 所示。此时已显示隐藏的内容，如图 5-30 所示。

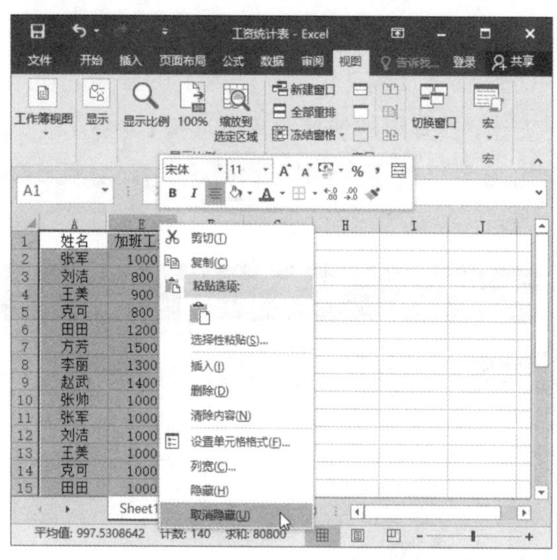

图 5-29　选择【取消隐藏】命令

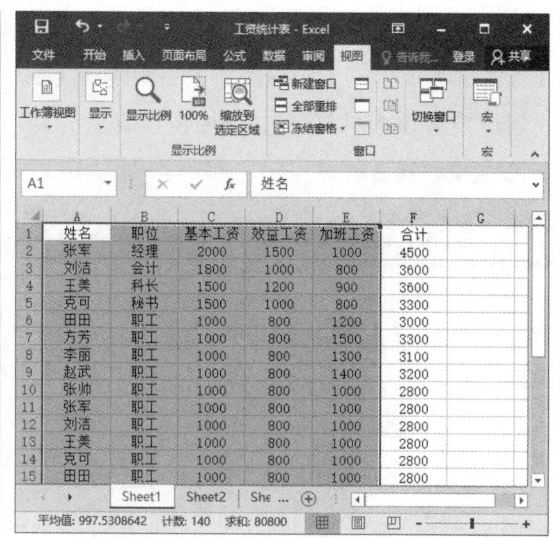

图 5-30　显示隐藏的数据

5.4 设置打印页面

设置打印页面是对已经编辑好的文档进行版面设置，使其达到满意的输出与打印效果。合理的版面设置不仅可以提高版面的品位，而且可以节约办公费用的开支。

5.4.1 页面设置

在【页面布局】选项卡中，单击【页面设置】组中的按钮，可以对页面进行相应的设置，如图 5-31 所示。

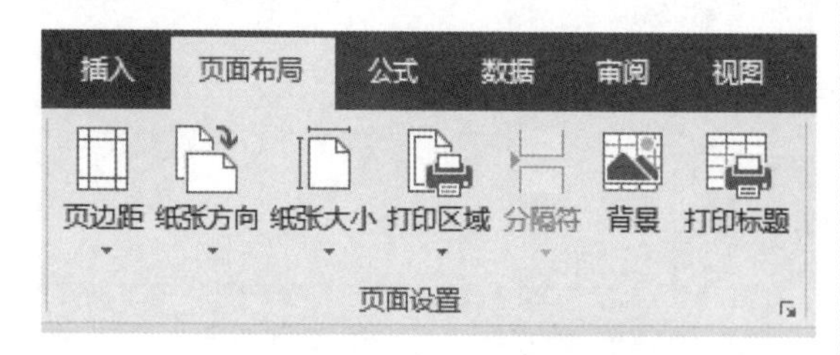

图 5-31　【页面设置】组

【页面设置】组中各个参数的含义如下。

（1）【页边距】按钮：用来设置整个文档或当前页面边距的大小。

（2）【纸张方向】按钮：用来切换页面的纵向布局和横向布局。

（3）【纸张大小】按钮：用来选择当前页的页面大小。

（4）【打印区域】按钮：用来标记要打印的特定工作表区域。

（5）【分隔符】按钮：在所选内容的左上角插入分页符。

（6）【背景】按钮：用来选择一幅图像作为工作表的背景。

（7）【打印标题】按钮：用来指定在每个打印页重复出现的行和列。

除了使用以上 7 个按钮进行页面设置操作外，还可以在【页面设置】对话框中对页面进行设置，具体的操作步骤如下。

步骤 1 打开随书光盘中的“素材 \ch05\ 公司员工工龄统计表 .xlsx”工作簿，如图 5-32 所示。

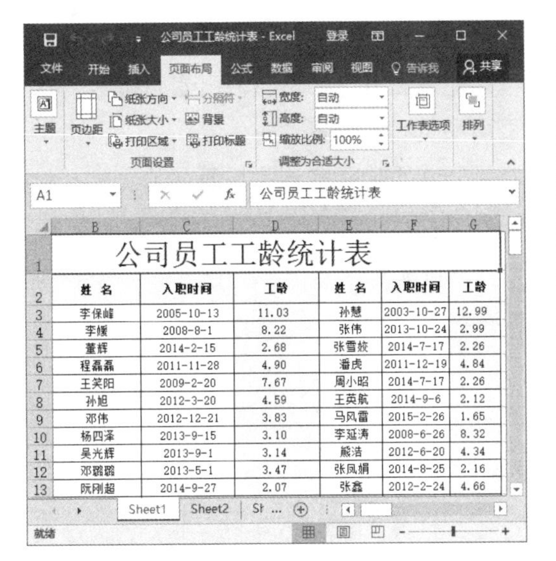

图 5-32　打开素材文件

步骤 2 单击【页面布局】选项卡下【页面设置】组中的 按钮，打开【页面设置】对话框，如图 5-33 所示。选中【纵向】单选按钮，单击【纸张大小】下拉按钮，从弹出的下拉列表中选择纸张大小。

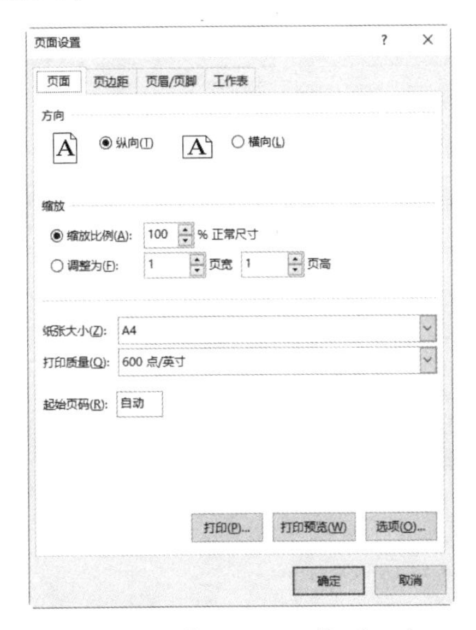

图 5-33　【页面设置】对话框

步骤 3 单击【确定】按钮即可。

5.4.2 设置页边距

页边距是指纸张上打印内容的边界与纸张边沿间的距离。设置页边距的方法主要有以下两种。

方法 1： 在【页面设置】对话框中，选择【页边距】选项卡，如图 5-34 所示。

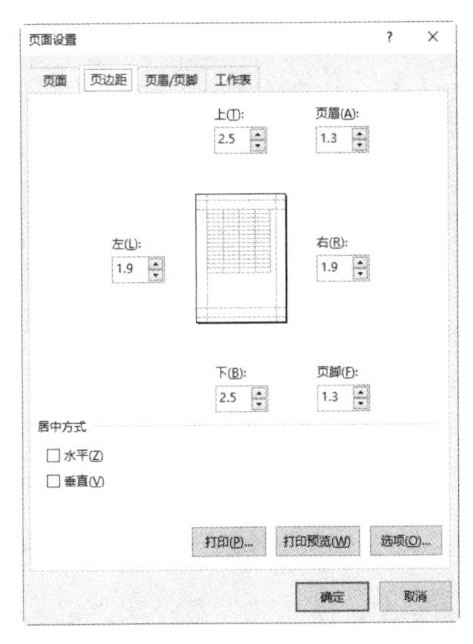

图 5-34　【页面设置】对话框

方法 2： 在功能区的【页面布局】选项卡中，单击【页面设置】组中【页边距】的下三角按钮，在弹出的下拉菜单中选择一种内置的布局方式，可以快速地设置页边距，如图 5-35 所示。

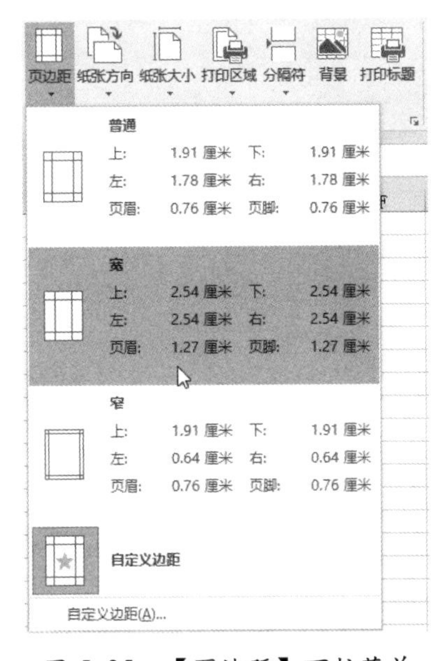

图 5-35　【页边距】下拉菜单

【页面设置】对话框的【页边距】选项卡中主要参数的含义如下。

（1）【上】、【下】、【左】和【右】微调框：用来设置上、下、左、右页边距。

（2）【页眉】、【页脚】微调框：用来设置页眉和页脚的位置。

（3）【居中方式】选项组：用来设置文档内容是否在页边距内居中以及如何居中，包括两个复选框。

①【水平】复选框：设置数据打印在水平方向的中间位置。

②【垂直】复选框：设置数据打印在顶端和底端的中间位置。

5.4.3 设置页眉和页脚

在 Word 文档中可以添加页眉和页脚，在 Excel 文档中同样能够根据需要添加页眉和页脚，具体的操作步骤如下。

步骤 1 打开随书光盘中的“素材 \ch05\ 办公用品采购清单 .xlsx”工作簿，在【页面设置】对话框中选择【页眉 / 页脚】选项卡，单击【页眉】下拉列表框中的下拉按钮，从弹出的下拉列表中选择需要的页眉样式，如图 5-36 所示。

步骤 2 单击【页脚】下拉列表框中下拉按钮，从弹出的下拉列表中选择需要的页脚样式，如图 5-37 所示。然后单击【确定】按钮，即可完成页眉和页脚样式的设置操作。

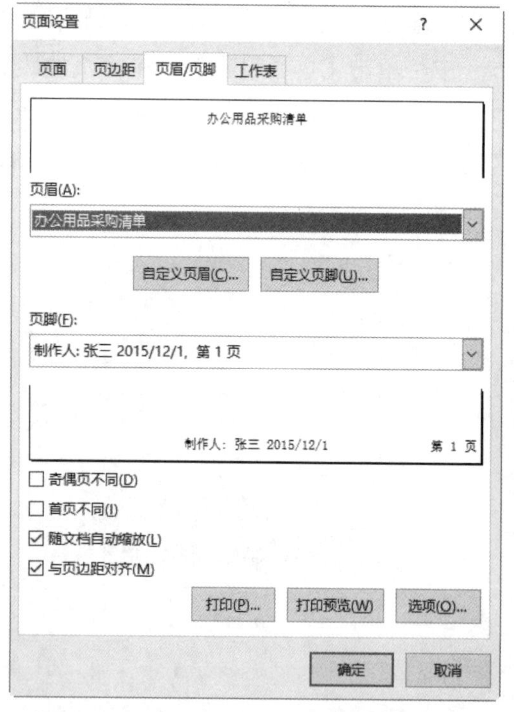

图 5-36 设置页眉样式

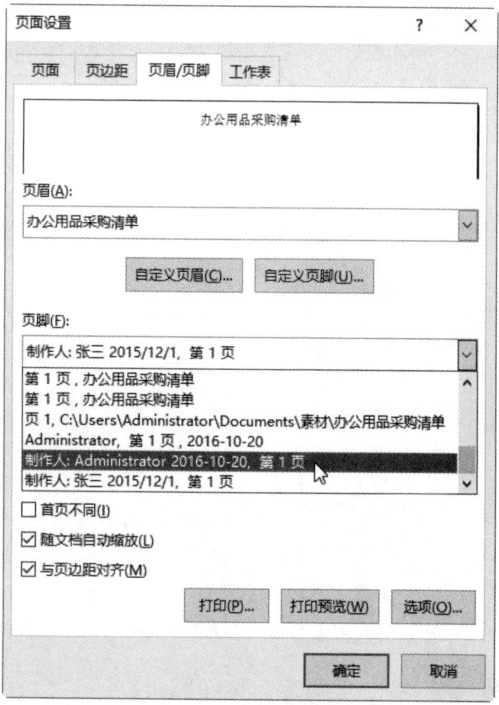

图 5-37 设置页脚样式

步骤 3 在功能区单击【插入】选项卡下【文本】组中的【页眉和页脚】按钮，即可插入页眉和页脚，如图 5-38 所示。

步骤 4 单击页眉，在其中根据实际情况输入页眉内容，如图 5-39 所示。

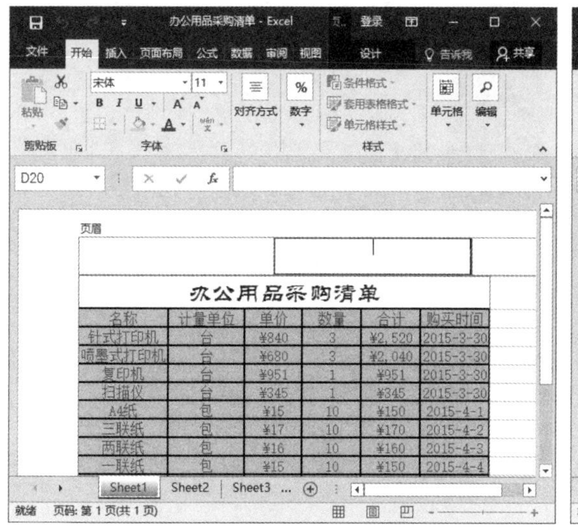

图 5-38　插入页眉和页脚

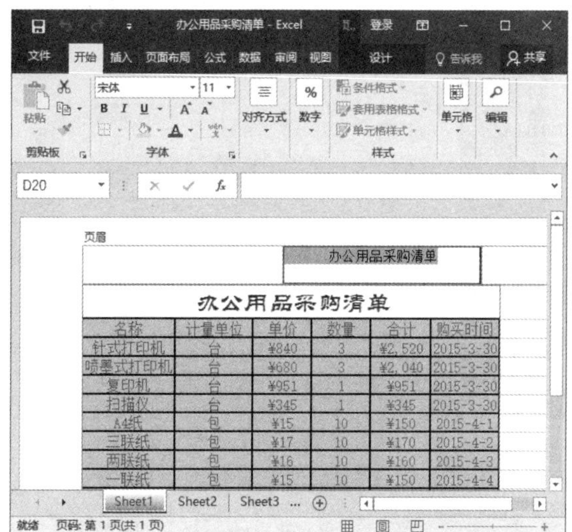

图 5-39　输入页眉的内容

5.5 打印工作表

用户如果要对创建的工作表进行打印，除了要添加打印机外，在打印前还需要根据实际情况设置工作表的打印区域和打印标题，并且还要预览打印效果，只有这样才能打印出符合条件的 Excel 文档。

5.5.1 打印预览

需要打印的工作表设置完毕之后，就可以查看打印预览，方法很简单，具体的操作步骤如下。

步骤 1 打开需要打印的工作表，选择【文件】选项卡，进入文件操作界面，如图 5-40 所示。

步骤 2 选择【打印】命令，进入到【打印】界面，即可查看整个工作表的打印预览效果，如图 5-41 所示。

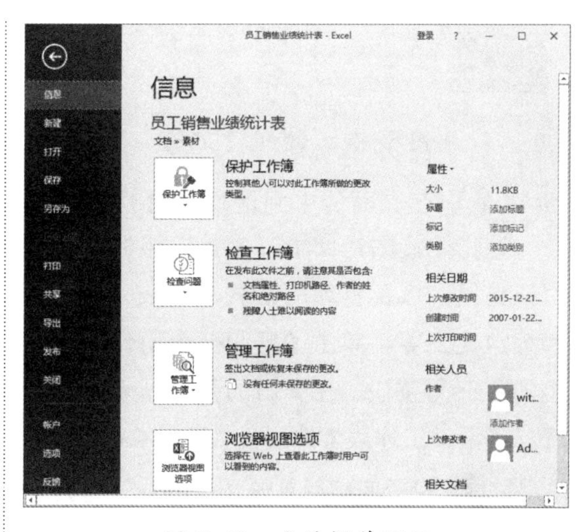

图 5-40　文件操作界面

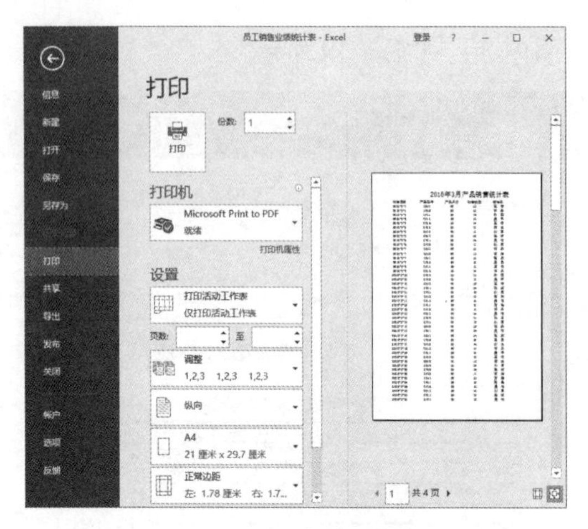

图 5-41　打印预览

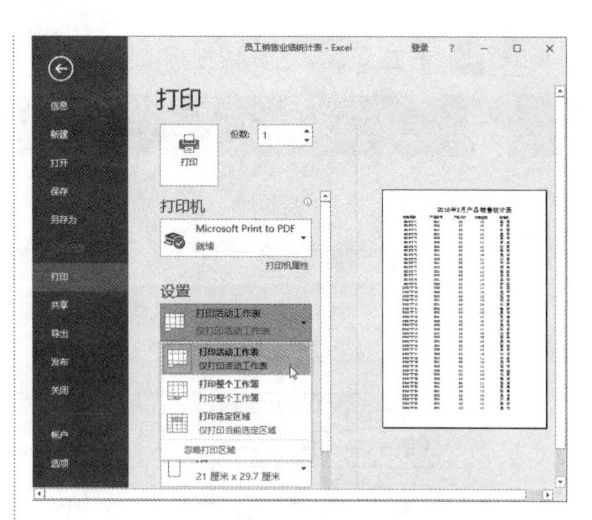

图 5-43　设置打印参数

5.5.2 打印当前活动工作表

页面设置好之后还需要设置打印选项。

步骤 1 选择【文件】选项卡，在打开的界面中选择【打印】命令，如图 5-42 所示。

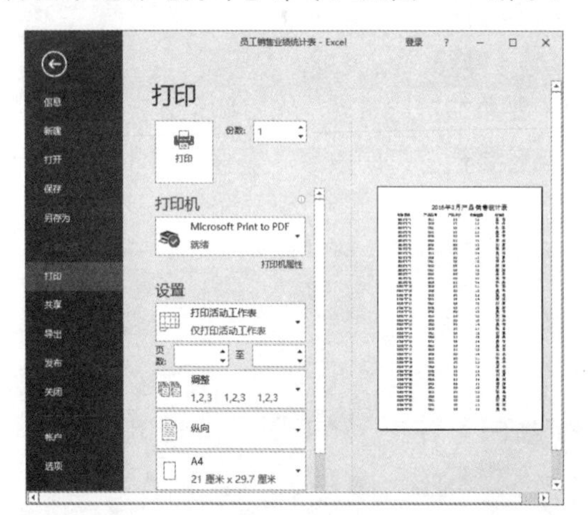

图 5-42　【打印】界面

步骤 2 在界面的中间区域设置打印的份数，选择连接的打印机，设置打印的范围和页码范围，以及打印的方式、纸张、页边距和缩放比例等。单击【打印整个工作簿】右侧的下三角按钮，在弹出的下拉列表中选择【打印活动工作表】选项，如图 5-43 所示。

步骤 3 设置完成后单击【打印】按钮，即可打印当前活动工作表。

5.5.3 仅打印指定区域

可以设置打印机仅打印指定的工作表区域，指定打印区域的方法有两种，如果使用【打印区域】按钮，则需要进行以下操作。

首先选中要打印的单元格区域，然后单击【页面布局】选项卡下【页面设置】组中【打印区域】的下三角按钮，从弹出的下拉菜单中选择【设置打印区域】命令，即可将选中的单元格区域指定为打印区域，如图 5-44 所示。

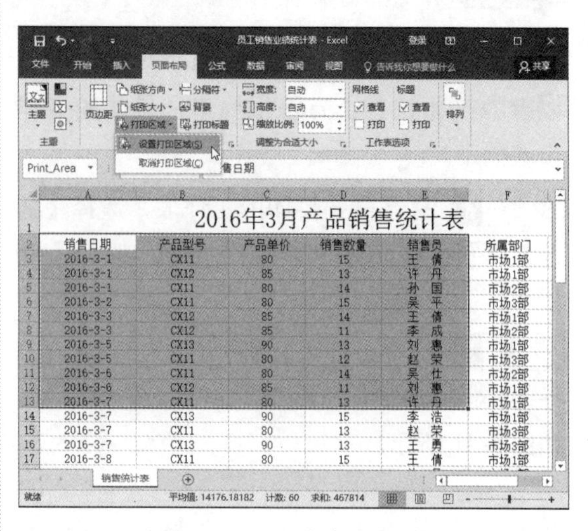

图 5-44　指定打印区域

如果利用【页面设置】对话框指定打印区域，则具体的操作步骤如下。

步骤 1 单击【页面布局】选项卡下【页面设置】组中的启动对话框按钮，打开【页面设置】对话框，选择【工作表】选项卡，进入【工作表】设置界面，如图 5-45 所示。

步骤 2 单击【打印区域】文本框右侧的按钮，进入到【页面设置－打印区域】编辑框，在工作表中选中打印区域，如图 5-46 所示。

图 5-45　【工作表】设置界面

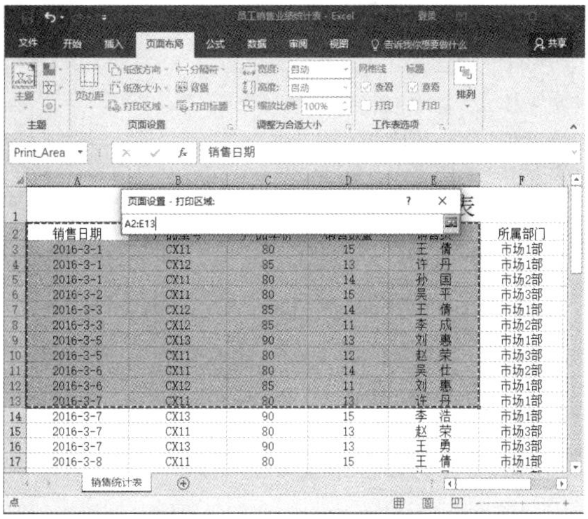

图 5-46　选中打印区域

步骤 3 单击按钮，返回到【页面设置】对话框，此时在【打印区域】文本框中显示的是工作表的打印区域，如图 5-47 所示。

图 5-47　显示工作表的打印区域

步骤 4 单击【确定】按钮，即可完成设置操作。单击【页面设置】对话框中的【打印】按钮，即可打印指定区域。

5.5.4 添加打印标题

添加打印标题的方法与指定打印区域的方法不同，具体的操作步骤如下。

步骤 1 在【页面设置】对话框中选择【工作表】选项卡，单击【顶端标题行】文本框右侧的按钮，如图 5-48 所示，即可在工作表中选中顶端打印标题，如图 5-49 所示。

步骤 2 选中完毕后单击按钮，返回到【页面设置】对话框，然后单击【确定】按钮，即可完成打印标题的设置。

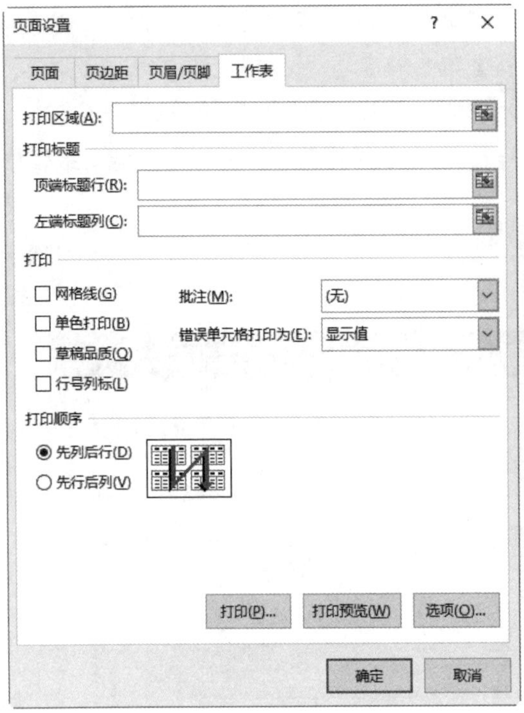

图 5-48　单击【顶端标题行】文本框右侧的按钮

图 5-49　选中标题区域

5.6 高效办公技能实战

5.6.1 为工作表插入批注

在查看工作表的过程中，有时为了对单元格中的数据进行说明，用户可以为其添加批注，这样可以更加轻松地了解单元格要表达的信息。

在Excel文档中插入批注的方法很简单，具体的操作步骤如下。

步骤 1 选中要插入批注的单元格，然后右击，从弹出的快捷菜单中选择【插入批注】命令，即可在选中单元格右侧打开批注编辑框，如图 5-50 所示。

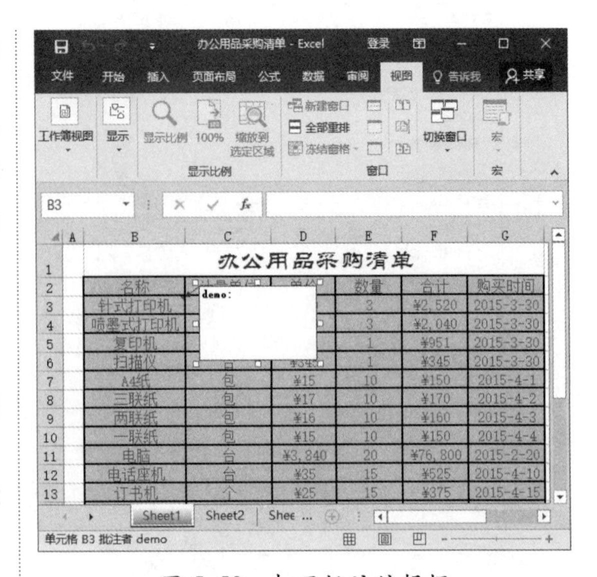

图 5-50　打开批注编辑框

步骤 2 根据实际需要输入相应的批注内容，如图 5-51 所示。

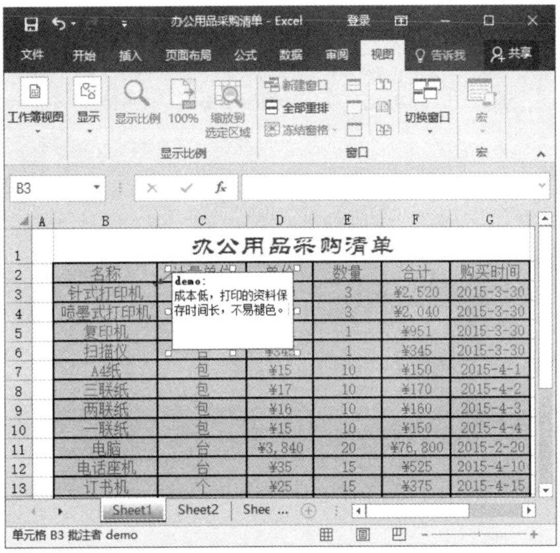

办公用品采购清单 - Excel　登录
文件　开始　插入　页面布局　公式　数据　审阅　视图　告诉我　共享
工作簿视图　显示　显示比例　100%　缩放到选定区域　新建窗口　全部重排　冻结窗格　切换窗口　宏
显示比例　窗口　宏
B3

办公用品采购清单

名称	计量单位	单价	数量	合计	购买时间
针式打印机			3	¥2,520	2015-3-30
喷墨式打印机			3	¥2,040	2015-3-30
复印机			1	¥951	2015-3-30
扫描仪	台	¥345	1	¥345	2015-3-30
A4纸	包	¥15	10	¥150	2015-4-1
三联纸	包	¥17	10	¥170	2015-4-2
两联纸	包	¥16	10	¥160	2015-4-3
一联纸	包	¥15	10	¥150	2015-4-4
电脑	台	¥3,840	20	¥76,800	2015-2-20
电话座机	台	¥35	15	¥525	2015-4-10
订书机	个	¥25	15	¥375	2015-4-15

demo:
成本低，打印的资料保存时间长，不易褪色。
Sheet1　Sheet2　Shee ...
单元格 B3 批注者 demo

图 5-51　输入批注内容

步骤 3 单击批注编辑框外侧的任何区域，添加的批注将被隐藏起来，只在批注所在的单元格右上角显示一个红色的三角形标志，如图 5-52 所示。如果要查看批注，只要将光标移动到添加批注的单元格上，即可显示批注内容，如图 5-53 所示。

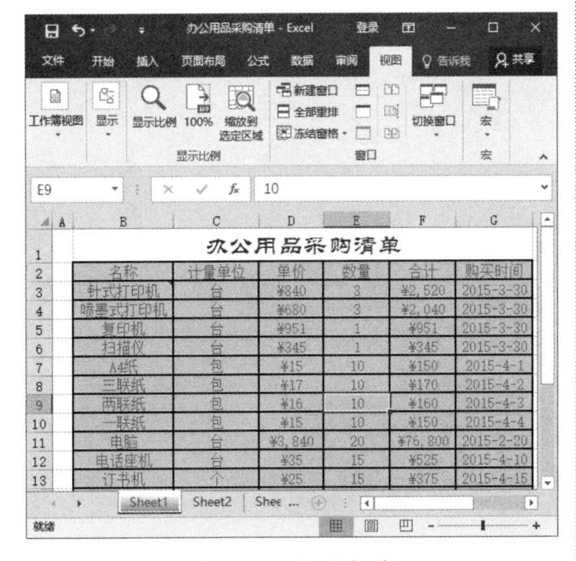

图 5-52　批注标志

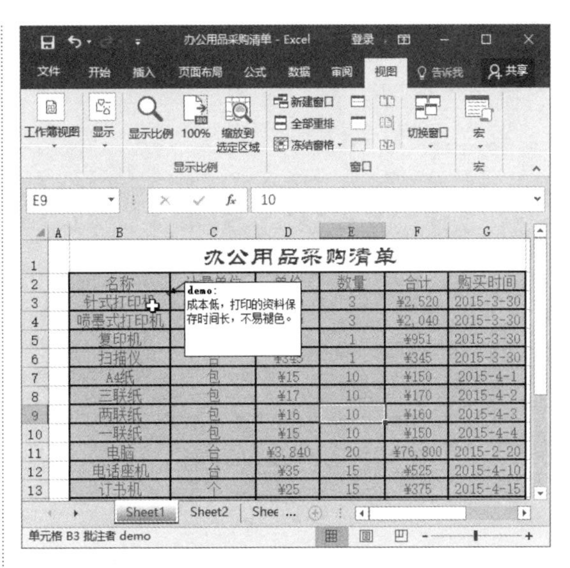

图 5-53　查看批注

步骤 4 选中插入批注所在的单元格，然后右击，从弹出的快捷菜单中选择【显示/隐藏批注】命令，此时可将隐藏的批注显示出来，如图 5-54 所示。

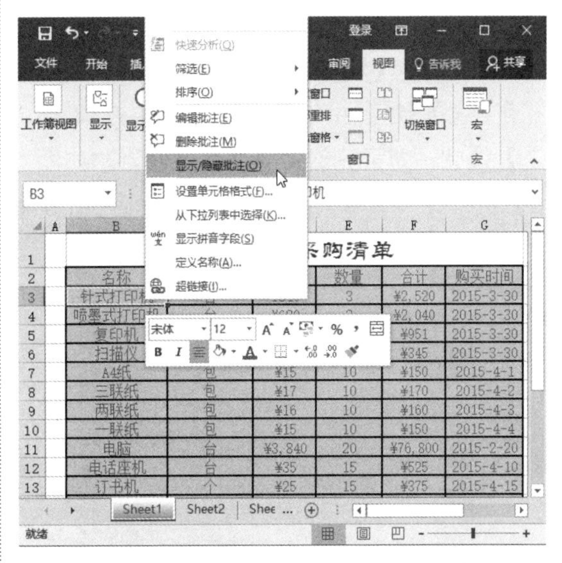

图 5-54　选择【显示/隐藏批注】命令

步骤 5 右击批注，从弹出的快捷菜单中选择【设置批注格式】命令，即可打开【设置批注格式】对话框，如图 5-55 所示。

步骤 6 根据实际情况设置字体、字号，并单击【颜色】下拉按钮，从弹出的下拉列表中选择字体的颜色。然后切换到【颜色与线条】选项卡，即可进入【颜色与线条】设置界面，如图 5-56 所示。

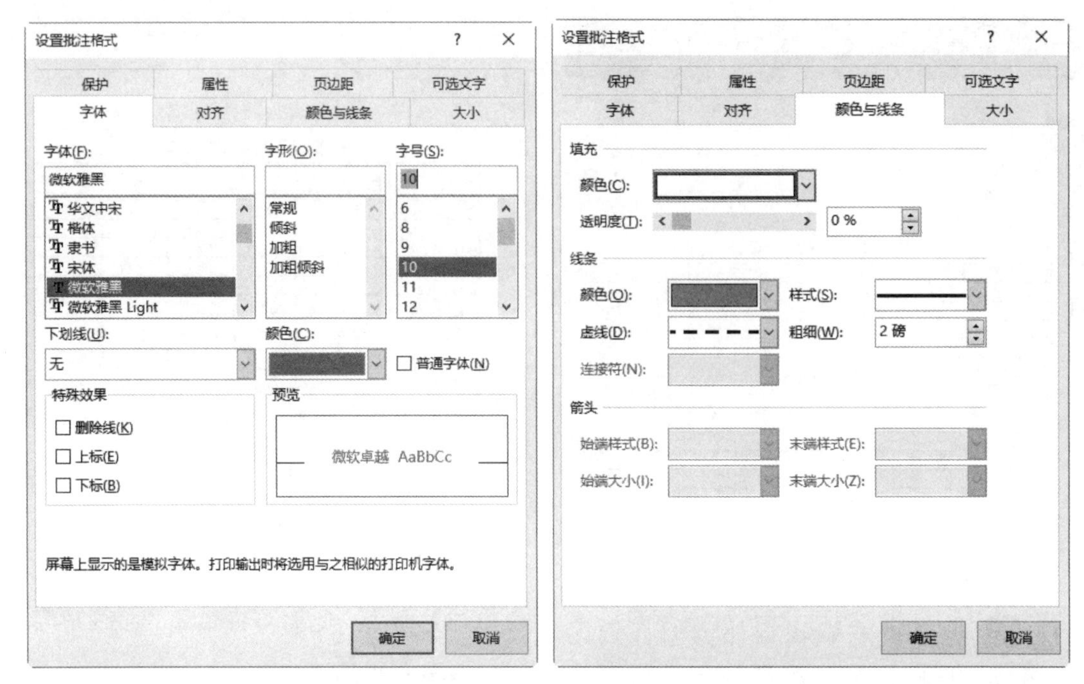

图 5-55 【设置批注格式】对话框　　　　图 5-56 【颜色与线条】设置界面

步骤 7 在【填充】选项组中单击【颜色】下拉按钮，从弹出的下拉列表中选择填充颜色；并在【线条】选项组中单击【颜色】下拉按钮，从弹出的下拉列表中选择线条颜色，然后单击【确定】按钮，即可完成批注格式的设置，如图 5-57 所示。

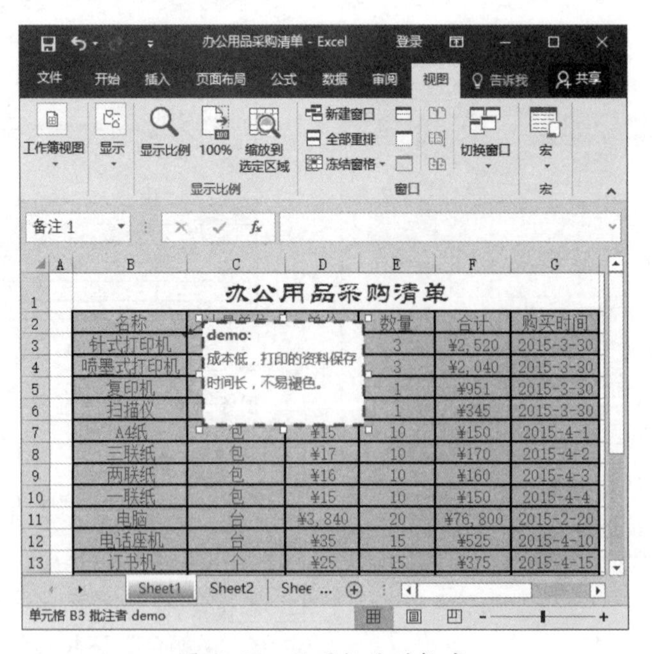

图 5-57 设置批注的格式

5.6.2 打印网格线、行号与列标

在打印 Excel 工作表时，一般都会打印没有网格线、行号与列标的工作表。如果想将这些元素打印出来，就需要对工作表进行设置。具体操作步骤如下。

步骤 1 打开随书光盘中的“素材 \ch05\ 公司员工工龄统计表 .xlsx”工作簿。在【页面布局】选项卡中，单击【页面设置】组中的启动对话框按钮，在弹出的【页面设置】对话框中选择【工作表】选项卡，选中【网格线】复选框与【行号列标】复选框，如图 5-58 所示。

步骤 2 单击【打印预览】按钮，进入【打印】页面，在其右侧区域中即可看到带有网格线、行号和列标的工作表，如图 5-59 所示。

图 5-58 【工作表】选项卡

	A	B	C	D	E	F	G
1	公司员工工龄统计表						
2	序号	姓 名	入职时间	工龄	姓 名	入职时间	工龄
3	1	李保峰	2005-10-13	11.03	孙慧	2003-10-27	12.99
4	2	李媛	2008-8-1	8.22	张伟	2013-10-24	2.99
5	3	董辉	2014-2-15	2.68	张雪姣	2014-7-17	2.26
6	4	程磊磊	2011-11-28	4.90	潘虎	2011-12-19	4.84
7	5	王笑阳	2009-2-20	7.67	周小昭	2014-7-17	2.26
8	6	孙旭	2012-3-20	4.59	王英航	2014-9-6	2.12
9	7	邓伟	2012-12-21	3.83	马风雷	2015-2-26	1.65
10	8	杨四泽	2013-9-15	3.10	李延涛	2008-6-26	8.32
11	9	吴光辉	2013-9-1	3.14	熊浩	2012-6-20	4.34
12	10	邓璐璐	2013-5-1	3.47	张凤娟	2014-8-25	2.16
13	11	阮刚超	2014-9-27	2.07	张鑫	2012-2-24	4.66
14	12	张童童	2014-5-1	2.47	王小娟	2012-10-11	4.03
15	13	李勇	2011-8-1	5.22	李子伟	2015-3-9	1.62
16	14	薛红德	2014-3-2	2.64	周佳	2013-3-11	3.61
17	15	刘童童	2014-2-13	2.68	刘瑶	2014-5-25	2.41
18	16	邓飞	2015-3-1	1.64	天翼	2013-9-14	3.10
19	17	刘振	2015-1-1	1.80	明明	2015-9-15	1.10
20	18	孙锦昊	2015-7-1	1.31	李清华	2013-10-16	3.01
21	19	袁磊	2015-6-1	1.39	刘峰	2015-12-17	0.84

图 5-59 打印预览

5.7 高手解惑

问：对于大型表格来说，如何使标题行或列始终显示在屏幕上呢？

高手：由于表格中的项目较多，通常在窗口滚动查看或编辑时，标题行或标题列会被隐藏起来，这非常不利于数据的查看，所以对于大型的表格来说，通过冻结窗格的方法可使标题行或列始终显示在屏幕上。其方法是：选中某个单元格，然后在【视图】选项卡下的【窗口】组中单击【冻结窗格】右边的下三角按钮，从弹出的下拉菜单中选择【冻结拆分窗格】命令。

此时无论向右还是向下滚动窗口时，被冻结的行和列始终显示在屏幕上，同时工作表中还将显示水平和垂直冻结线。

问：有时在表格中会看到部分单元格中显示的是“##########”符号，这是什么原因呢？

高手：如果部分单元格显示为“##########”符号，这并不是表示复制公式有问题，而是因为数字太长，单元格无法全部显示出来。此时，可以通过拖动列标，或者直接双击调整列宽来显示完整的数据。

第 2 篇

修饰与美化工作表

整齐、美观的工作表能使人阅读起来非常舒服、清晰且更适合办公需要。本篇学习工作表的美化设置和图形的绘制方法、技巧。

通过格式美化工作表

● **本章导读**

Excel 2016 提供了许多美化工作表的格式，利用这些格式，可以使工作表更清晰、更形象、更美观，例如通过设置单元格中文字的颜色、方向来美化工作表，通过设置工作表的边框线来美化工作表等。本章将为读者介绍美化工作表的方法与技巧。

● **学习目标**

◎ 掌握单元格的设置方法
◎ 掌握快速设置表格样式的方法
◎ 掌握自动套用单元格样式的方法

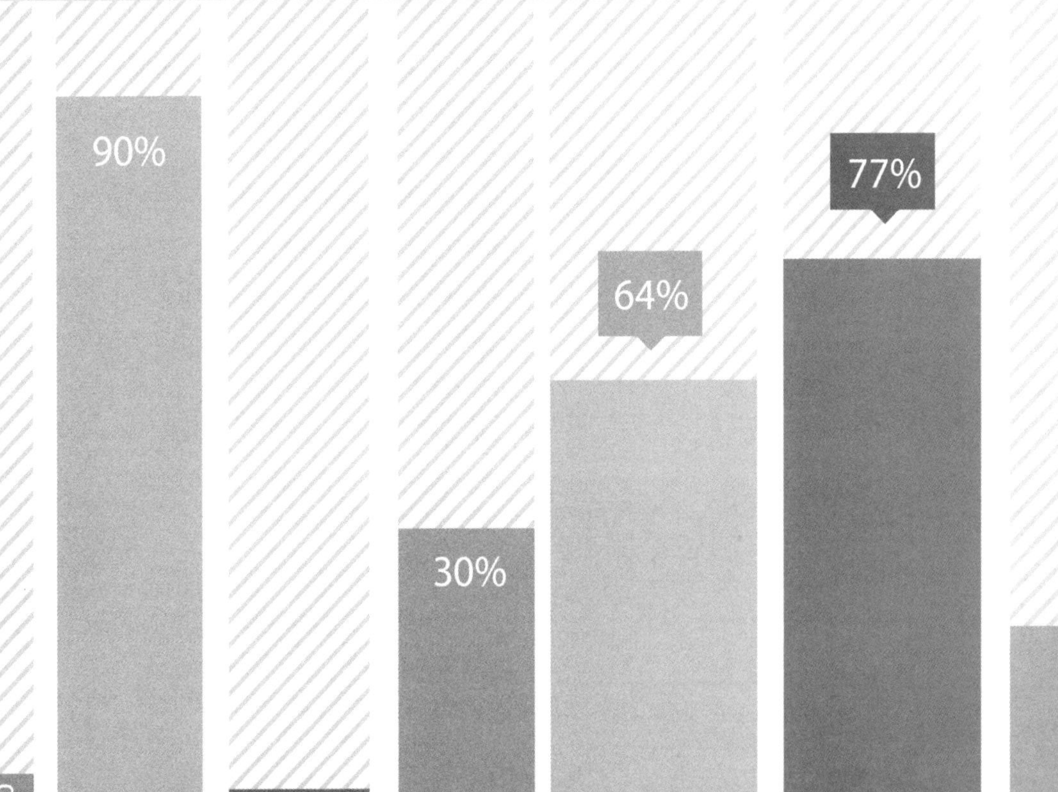

6.1 单元格的设置

单元格是工作表的基本组成单位，也是用户可以进行操作的最小单位。在Excel 2016中，用户可以根据需要设置单元格中文字的大小、颜色、方向等。

6.1.1 设置字体和字号

默认情况下，Excel 2016表格中的文字格式是黑色、宋体和11号，如果对此文字格式不满意，可以更改。下面以工资表为例介绍设置单元格文字格式的方法与技巧。具体的操作步骤如下。

步骤 1 打开随书光盘中的“素材\ch06\工资表.xlsx”文件，如图6-1所示。

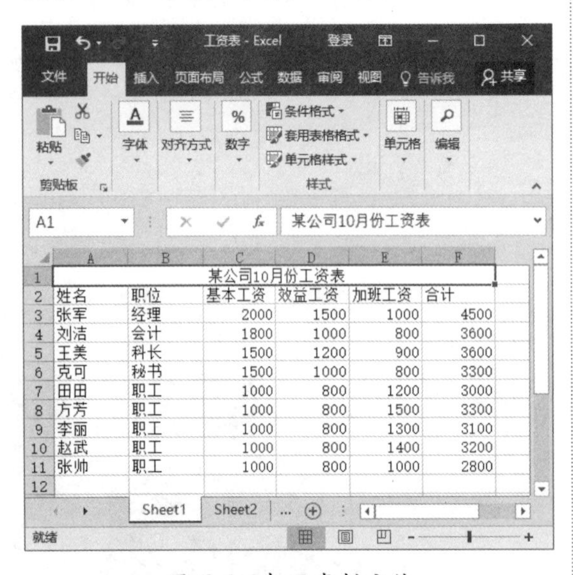

图6-1 打开素材文件

步骤 2 选中要设置字体的单元格。例如选中A1单元格，选择【开始】选项卡，单击【字体】组中【字体】的下三角按钮，在弹出的下拉列表中选择【隶书】选项，如图6-2所示。

图6-2 选择【隶书】选项

提示 将光标定位在【隶书】选项上，在工作表中用户可以预览设置字体后的效果。

步骤 3 选中要设置字号的单元格，例如选中A1单元格。在【开始】选项卡的【字体】组中，单击字号右侧的下三角按钮，在弹出的下拉列表中选择要设置的字号，如图6-3所示。

提示 字号的数值越大，表示设置的字号越大。在字号的下拉列表中最大的字号是72号，但实际上Excel支持的最大字号为409磅。因此，若是在下拉列表中没有找到所需的字号，那么可在字号文本框中直接输入字号数值，然后按Enter键确认。

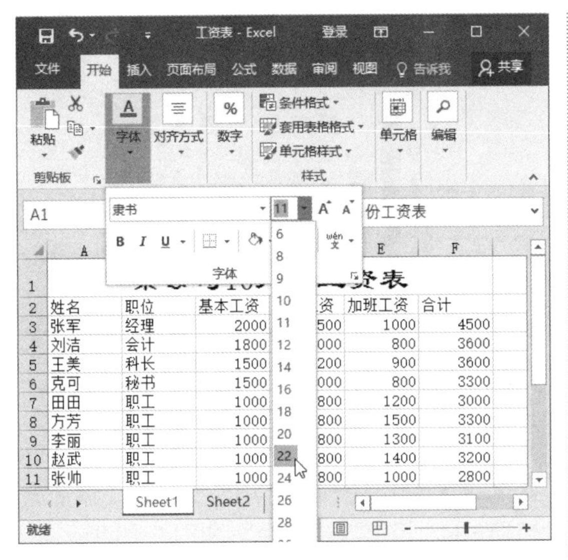

图 6-3　选择字号

步骤 4 使用同样的方法，设置其他单元格的字体和字号，最后的显示效果如图 6-4 所示。

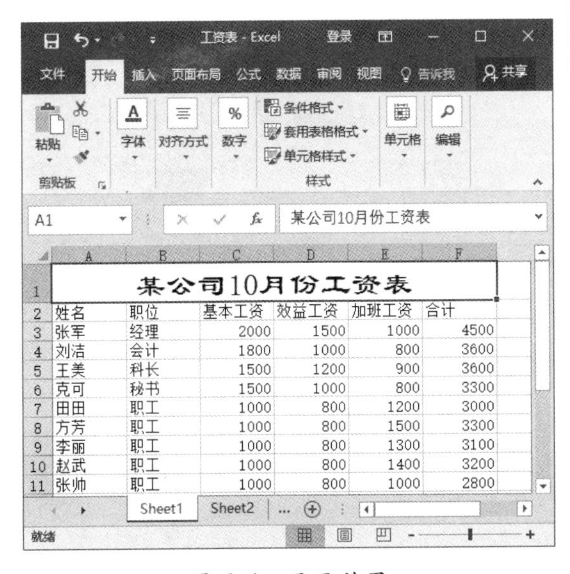

图 6-4　显示效果

除此之外，选中区域后，右击，将弹出浮动工具条和快捷菜单。通过浮动工具条的【字体】和【字号】按钮也可设置字体和字号，如图 6-5 所示。

另外，在右键快捷菜单中选择【设置单元格格式】命令，弹出【设置单元格格式】对话框，选择【字体】选项卡，通过【字体】和【字号】列表框也可设置字体和字号，如图 6-6 所示。

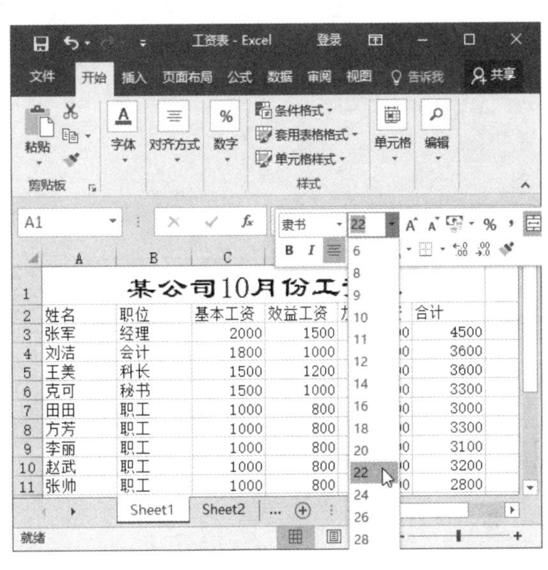

图 6-5　浮动工具条

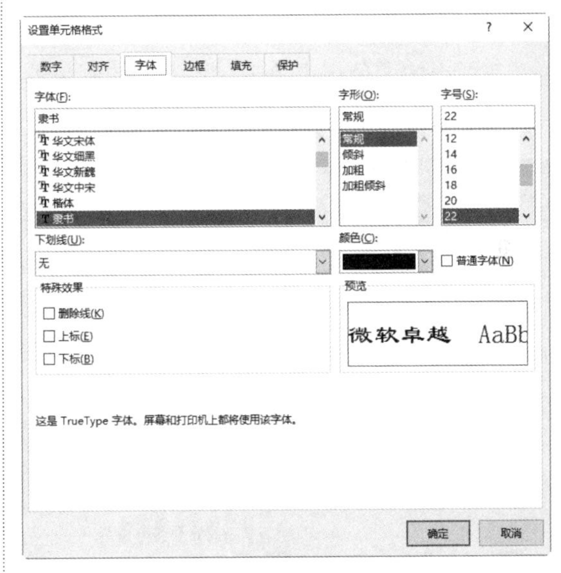

图 6-6　【字体】选项卡

6.1.2 设置字体颜色

默认情况下，Excel 2016 表格中的字体颜色是黑色，如果不喜欢字体的颜色，可以对其进行修改。

步骤 1 选中需要设置字体颜色的单元格或单元格区域，如图 6-7 所示。

	A	B	C	D	E	F
1	某公司10月份工资表					
2	姓名	职位	基本工资	效益工资	加班工资	合计
3	张军	经理	2000	1500	1000	4500
4	刘洁	会计	1800	1000	800	3600
5	王美	科长	1500	1200	900	3600
6	克可	秘书	1500	1000	800	3300
7	田田	职工	1000	800	1200	3000
8	方芳	职工	1000	800	1500	3300
9	李丽	职工	1000	800	1300	3100
10	赵武	职工	1000	800	1400	3200
11	张帅	职工	1000	800	1000	2800

图 6-7 选中单元格区域

步骤 2 在【开始】选项卡中，单击【字体】组中【字体颜色】按钮 A 右侧的下三角按钮 ▾，在弹出的调色板中单击需要的字体颜色即可，如图 6-8 所示。

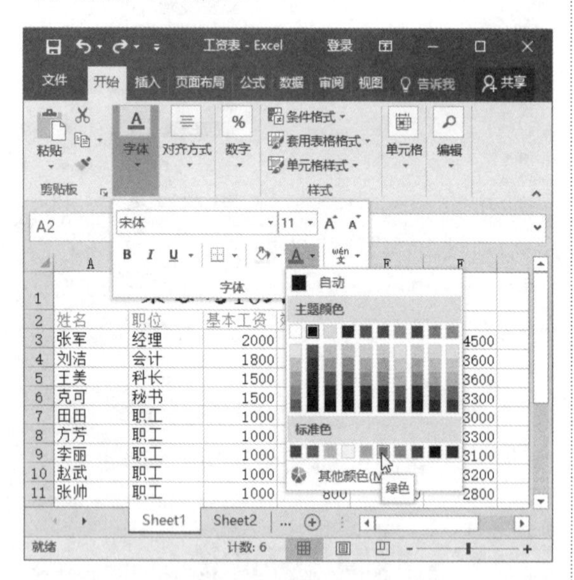

图 6-8 选择字体颜色

步骤 3 如果调色板中没有需要的颜色，用户可以自定义颜色，在弹出的调色板中选择【其他颜色】选项，如图 6-9 所示。

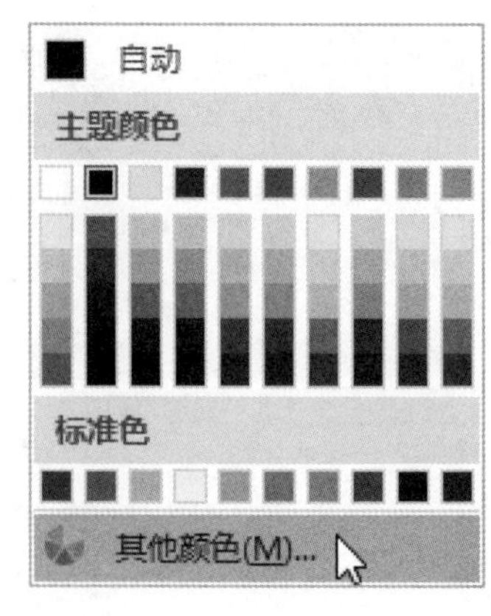

图 6-9 选择【其他颜色】选项

步骤 4 弹出【颜色】对话框，在【标准】选项卡中选择需要的颜色，如图 6-10 所示。

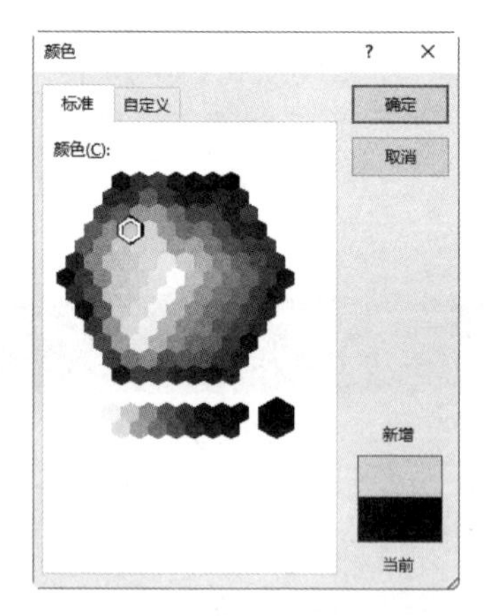

图 6-10 【标准】选项卡

步骤 5 如果【标准】选项卡中没有自己需要的颜色，还可以选择【自定义】选项卡，在其中调整适合的颜色，如图 6-11 所示。

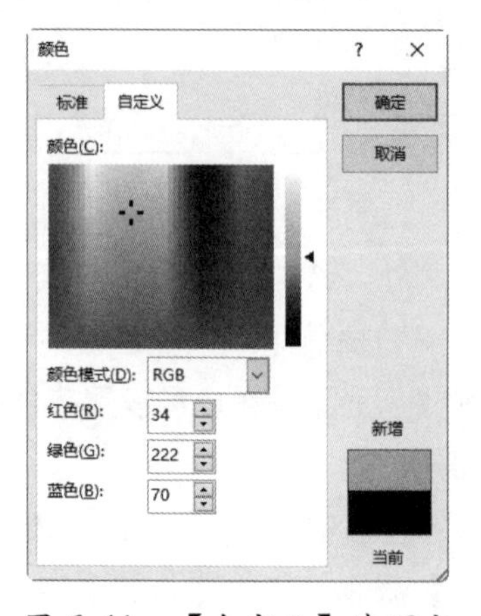

图 6-11 【自定义】选项卡

步骤 6 选定颜色以后单击【确定】按钮，即可修改字体颜色，如图 6-12 所示。

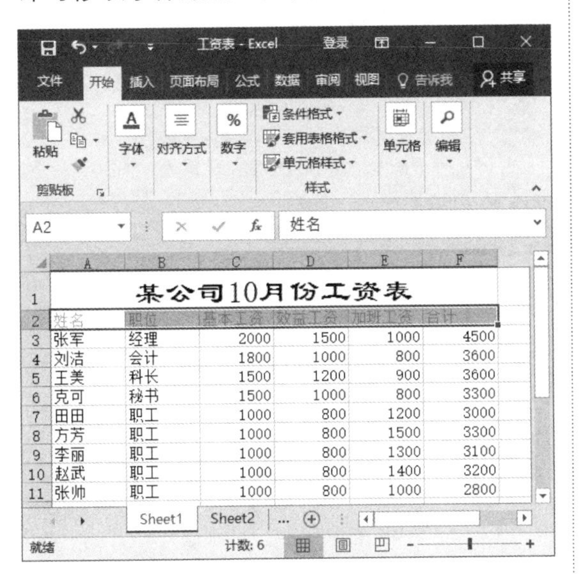

图 6-12　显示效果

提示

此外，在要改变字体颜色的文字上右击，在弹出的浮动工具条中的【字体颜色】列表中也可以设置字体颜色。还可以单击【字体】组右侧的 按钮，在弹出的【设置单元格格式】对话框中设置字体颜色。

6.1.3 设置背景颜色和图案

通过设置单元格的背景颜色和图案，可以使工作表更加美观。单元格的背景颜色可设置为纯色、带图案样式的颜色和渐变色 3 种，下面以工资表为例进行介绍。

步骤 1 打开需要设置单元格背景颜色的工作表，选中要设置单元格背景颜色的单元格或单元格区域，如图 6-13 所示。

步骤 2 设置背景色为纯色。在【开始】选项卡的【字体】组中，单击【填充颜色】右侧的下三角按钮，在弹出的调色板中选择需要的颜色即可，如图 6-14 所示。

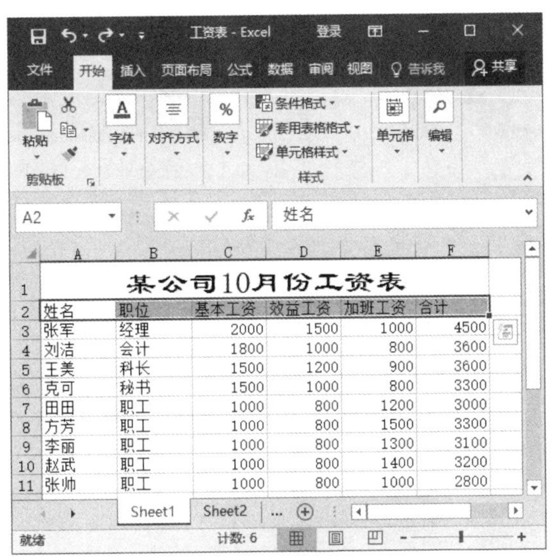

图 6-13　选中单元格区域

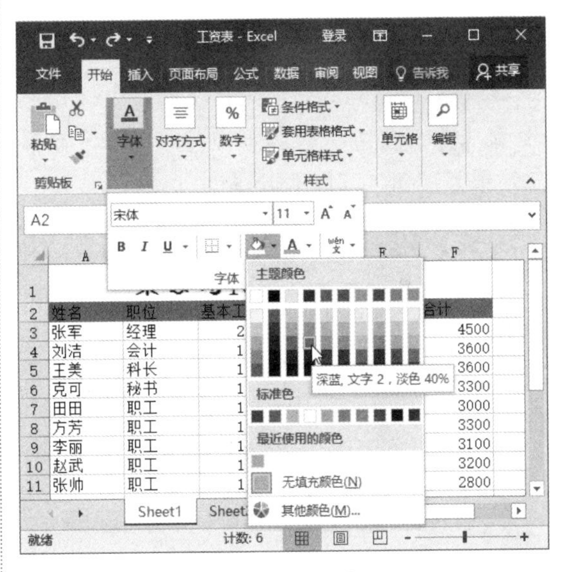

图 6-14　选择颜色

步骤 3 设置背景色为带图案样式的颜色。选中单元格区域，右击，在弹出的快捷菜单中选择【设置单元格格式】命令，如图 6-15 所示。

步骤 4 弹出【设置单元格格式】对话框，选择【填充】选项卡，单击【图案样式】右侧的下三角按钮，从弹出的下拉列表中选择要设置的样式；单击【图案颜色】右侧的下三角按钮，从弹出的下拉列表中选择图案颜色，并且在底部的【示例】中可预览设置的效果，如图 6-16 所示。

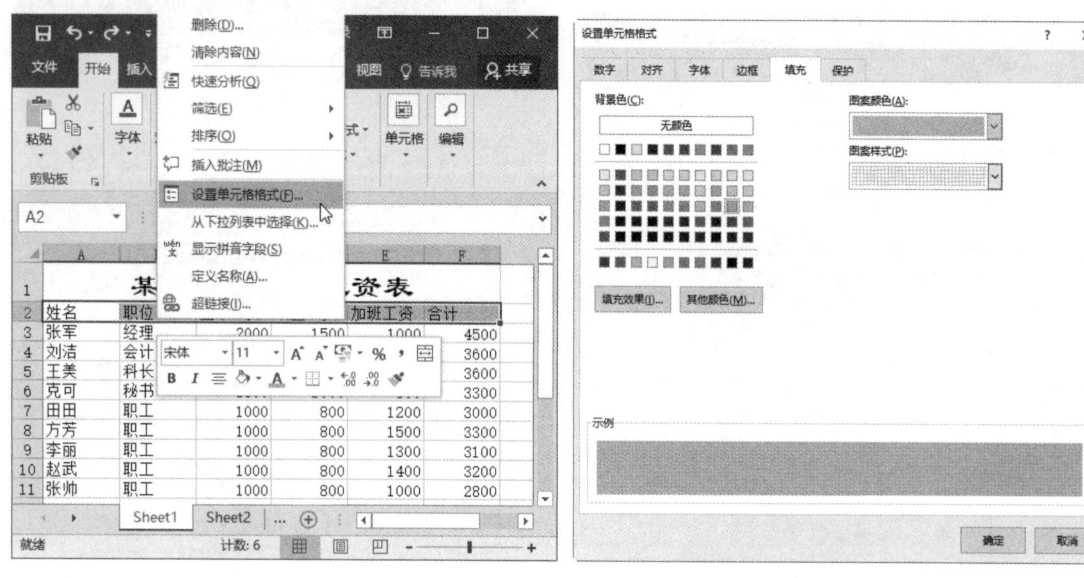

图 6-15　选择【设置单元格格式】命令　　　图 6-16　【填充】选项卡

步骤 5 设置完成后，单击【确定】按钮，效果如图 6-17 所示。

步骤 6 设置背景色为渐变色。在【设置单元格格式】对话框的【填充】选项卡中单击【填充效果】按钮，如图 6-18 所示。

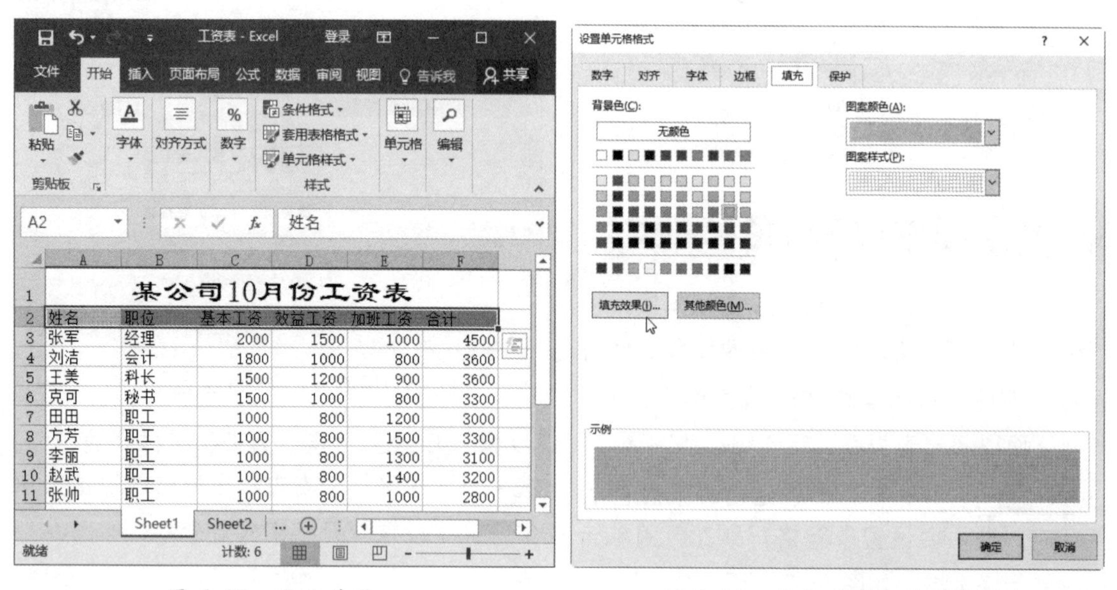

图 6-17　显示效果　　　图 6-18　单击【填充效果】按钮

步骤 7 弹出【填充效果】对话框，分别对【颜色】和【底纹样式】进行设置，如图 6-19 所示。

步骤 8 设置完成后，单击【确定】按钮，返回工作表，效果如图 6-20 所示。

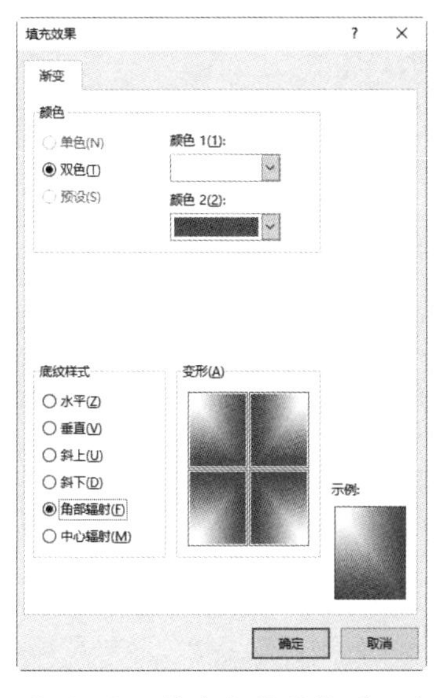

图 6-19 【填充效果】对话框

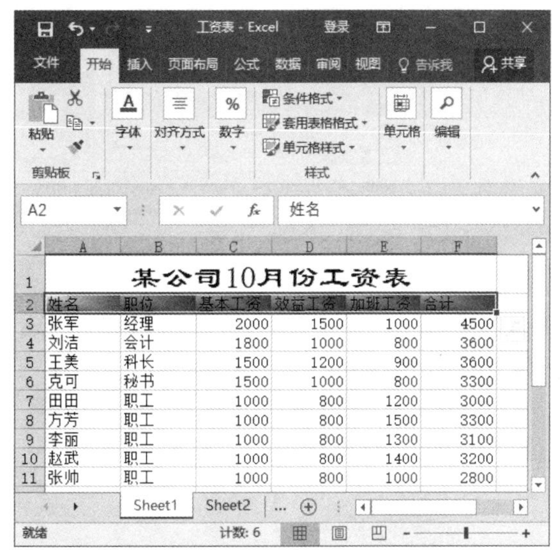

图 6-20 显示效果

6.2 设置对齐方式

对齐方式是指数据在单元格中上、下、左、右显示的相对位置。Excel 2016 允许为单元格数据设置的对齐方式有左对齐、右对齐和合并居中对齐等。

6.2.1 对齐方式

默认情况下单元格中的文字都是左对齐，数字都是右对齐。为了使工作表美观，用户可以设置对齐方式。

步骤 1 打开需要设置数据对齐格式的文件，如图 6-21 所示。

步骤 2 选中要设置格式的单元格区域，右击，在弹出的快捷菜单中选择【设置单元格格式】命令，如图 6-22 所示。

步骤 3 打开【设置单元格格式】对话框，选择【对齐】选项卡，设置【水平对齐】为【居中】，设置【垂直对齐】为【居中】，如图 6-23 所示。

步骤 4 单击【确定】按钮，即可查看设置后的效果，即每个单元格的数据都居中显示，如图 6-24 所示。

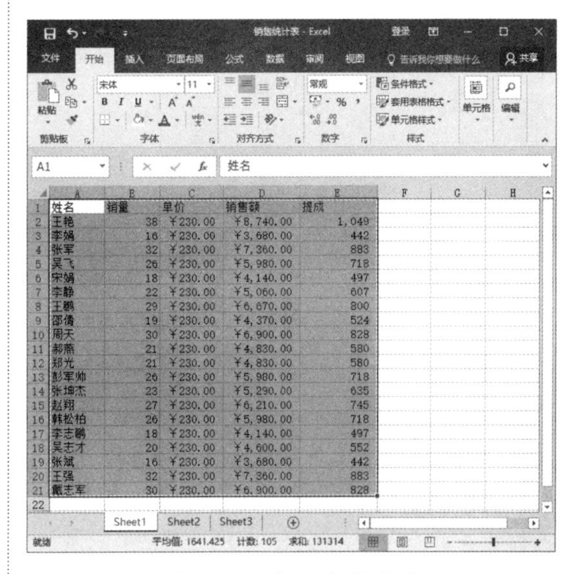

图 6-21 打开素材文件

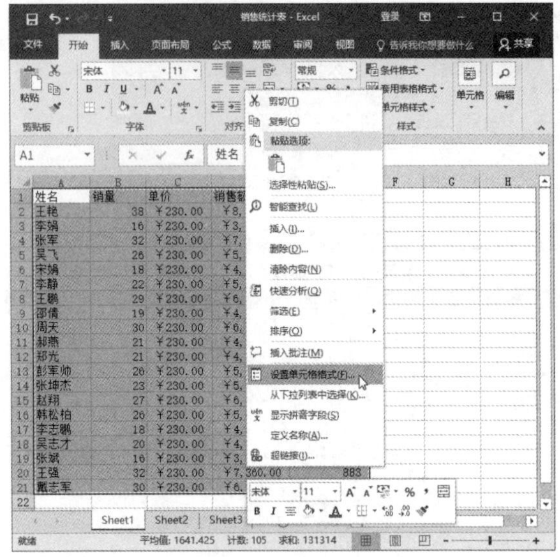

图 6-22　选择【设置单元格格式】命令

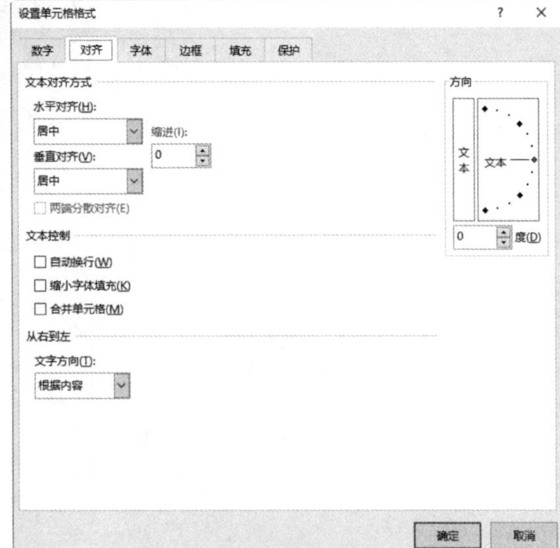

图 6-23　【对齐】选项卡

提示　在【开始】选项卡的【对齐方式】组中，包含了设置对齐方式的相关按钮，用户通过单击相应的按钮可以设置单元格的对齐方式，如图 6-25 所示。

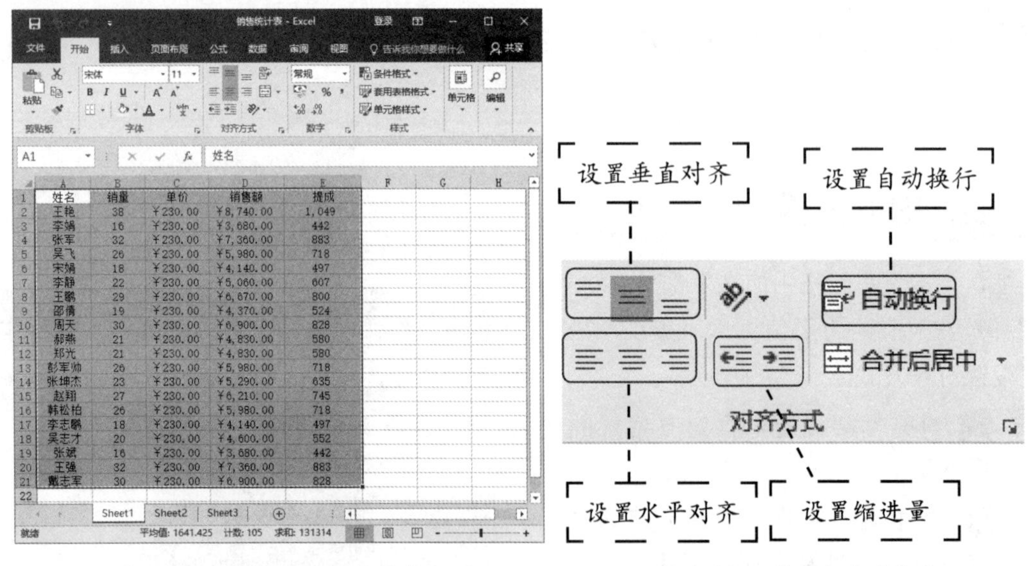

图 6-24　居中显示单元格数据　　　　图 6-25　【对齐方式】组

【对齐方式】组中有关对齐方式参数的功能如下。

1. 设置垂直对齐

用于设置垂直对齐的按钮共有 3 个：【顶端对齐】按钮、【垂直居中】按钮和【底端对齐】按钮。

【顶端对齐】按钮可使数据沿单元格的顶端对齐。

【垂直居中】按钮可使数据在单元格的垂直方向居中。

【底端对齐】按钮可使数据沿单元格的底端对齐。

2. 设置水平对齐

用于设置水平对齐的按钮有 3 个：【左对齐】按钮、【居中对齐】按钮和【右对齐】按钮。

【左对齐】按钮可使数据在单元格中靠左对齐。

【居中对齐】按钮可使数据在单元格的水平方向居中。

【右对齐】按钮可使数据在单元格内靠右对齐。

3. 设置缩进量

用于设置缩进量的按钮共有 2 个：【减少缩进量】按钮和【增加缩进量】按钮。

【减少缩进量】按钮用于减少单元格边框与文字间的距离。

【增加缩进量】按钮用于增加单元格边框与文字间的距离。

6.2.2 自动换行

当单元格中的内容较多时，若需要完全显示出来，将会占用相邻的单元格，若相邻的单元格已经存在数据，将会截断显示，如图 6-26 所示。这时，可以将单元格格式设置为自动换行。在【开始】选项卡中，单击【对齐方式】组的【自动换行】按钮，文本将在单元格内以多行显示出来，如图 6-27 所示。

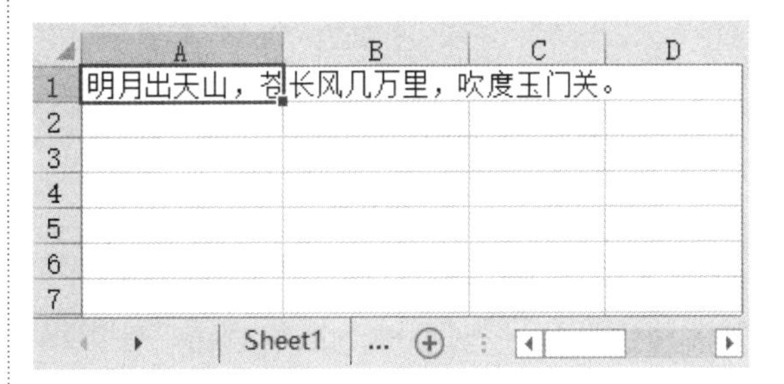

图 6-26　截断显示

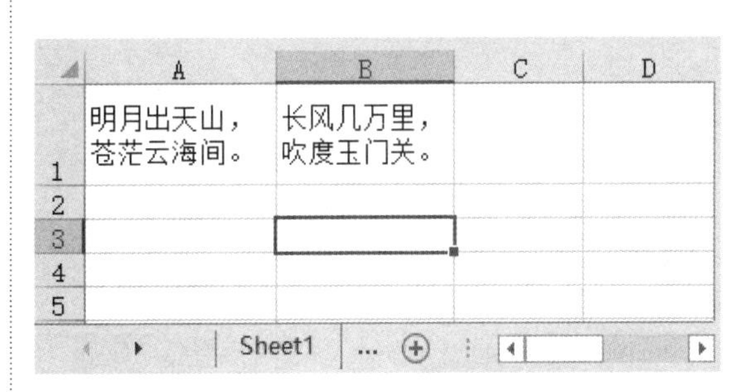

图 6-27　自动换行

6.3 设置工作表的边框

在编辑 Excel 工作表时，工作表默认显示的表格线是灰色的，并且打印不出来。如果需要打印出表格线，就需要对表格边框进行设置。

6.3.1 使用功能区设置边框线

为了使工作表看起来更清晰，重点更突出，结构更分明，可以为工作表添加边框线。下面以“水果销售日报表”为例，介绍如何使用功能区设置边框线，具体的操作步骤如下。

步骤 1 打开随书光盘中的“素材\ch06\水果销售日报表.xlsx”文件，选中单元格区域A2:F10，如图6-28所示。

水果销售日报表					
商品编号	水果名称	单价	销售量	货物总价	日期
10001	苹果	¥6.0	524	¥3,144.0	2016-11-2
10002	香蕉	¥8.5	311	¥2,643.5	2016-11-2
10003	芒果	¥11.4	134	¥1,527.6	2016-11-2
10004	杏子	¥5.6	411	¥2,301.6	2016-11-2
10005	西瓜	¥3.8	520	¥1,976.0	2016-11-2
10006	葡萄	¥5.8	182	¥1,055.6	2016-11-2
10007	梨子	¥3.5	300	¥1,050.0	2016-11-2
10008	橘子	¥2.5	153	¥382.5	2016-11-2

图6-28 打开素材文件

步骤 2 在【开始】选项卡的【字体】组中，单击【边框】右侧的下三角按钮，在弹出的下拉列表中可以设置相应的边框。这里选择【所有框线】选项，如图6-29所示。

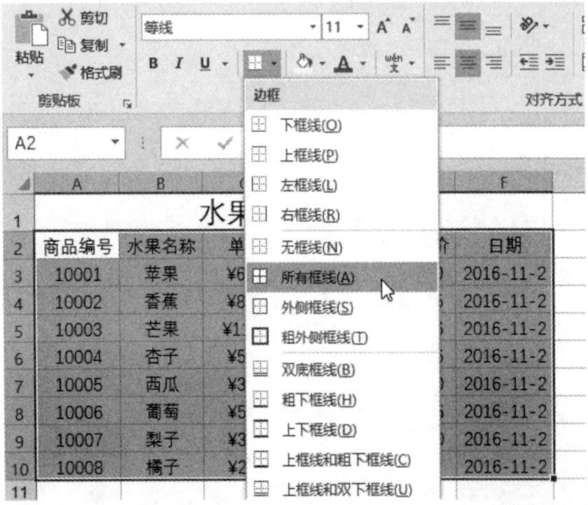

图6-29 选择【所有框线】选项

步骤 3 此时选中区域内的每个单元格都会设置框线，如图6-30所示。

步骤 4 选中单元格区域A2:F10，重复步骤2，在弹出的下拉列表中选择【粗外侧框线】选项，设置后的效果如图6-31所示。

水果销售日报表					
商品编号	水果名称	单价	销售量	货物总价	日期
10001	苹果	¥6.0	524	¥3,144.0	2016-11-2
10002	香蕉	¥8.5	311	¥2,643.5	2016-11-2
10003	芒果	¥11.4	134	¥1,527.6	2016-11-2
10004	杏子	¥5.6	411	¥2,301.6	2016-11-2
10005	西瓜	¥3.8	520	¥1,976.0	2016-11-2
10006	葡萄	¥5.8	182	¥1,055.6	2016-11-2
10007	梨子	¥3.5	300	¥1,050.0	2016-11-2
10008	橘子	¥2.5	153	¥382.5	2016-11-2

图6-30 添加框线

水果销售日报表					
商品编号	水果名称	单价	销售量	货物总价	日期
10001	苹果	¥6.0	524	¥3,144.0	2016-11-2
10002	香蕉	¥8.5	311	¥2,643.5	2016-11-2
10003	芒果	¥11.4	134	¥1,527.6	2016-11-2
10004	杏子	¥5.6	411	¥2,301.6	2016-11-2
10005	西瓜	¥3.8	520	¥1,976.0	2016-11-2
10006	葡萄	¥5.8	182	¥1,055.6	2016-11-2
10007	梨子	¥3.5	300	¥1,050.0	2016-11-2
10008	橘子	¥2.5	153	¥382.5	2016-11-2

图6-31 添加【粗外侧框线】效果

6.3.2 使用对话框设置边框线

具体的操作步骤如下。

步骤 1 打开需要设置边框的文件，选中要设置的单元格区域，如图6-32所示。

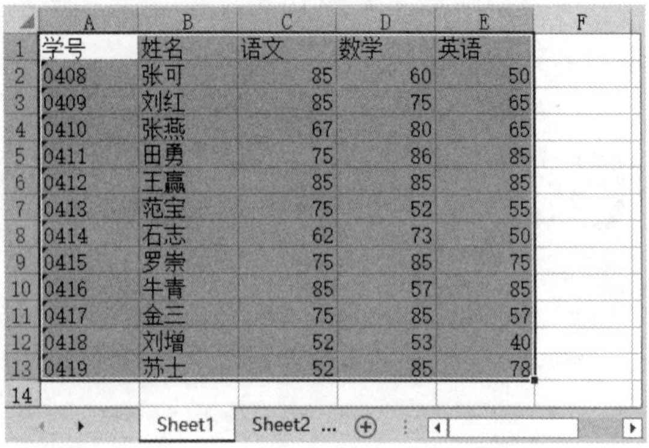

学号	姓名	语文	数学	英语
0408	张可	85	60	50
0409	刘红	85	75	65
0410	张燕	67	80	65
0411	田勇	75	86	85
0412	王赢	85	85	85
0413	范宝	75	52	55
0414	石志	62	73	50
0415	罗崇	75	85	75
0416	牛青	85	57	85
0417	金三	75	85	57
0418	刘增	52	53	40
0419	苏士	52	85	78

图6-32 选中要设置的单元格区域

步骤 2 右击，在弹出的快捷菜单中选择【设置单元格格式】命令，在打开的【设置单元格格式】对话框中选择【边框】选项卡，在【样式】列表框中选择线条的样式，然后单击【外边框】图标，如图 6-33 所示。

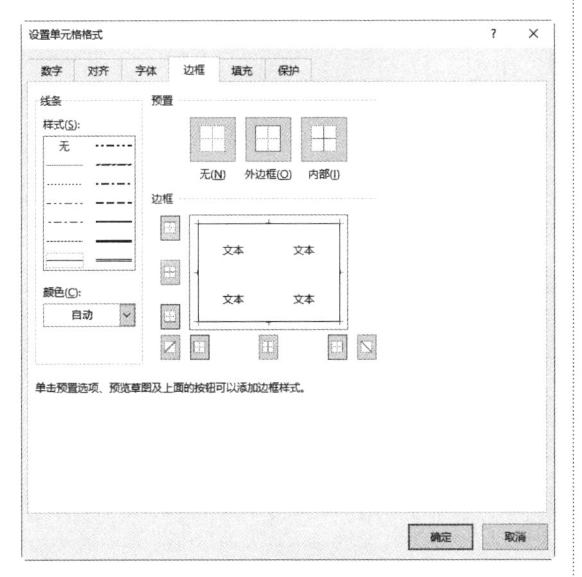

图 6-33　【边框】选项卡

步骤 3 在【样式】列表框中再次选择线条的样式，然后单击【内部】按钮，如图 6-34 所示。

步骤 4 单击【确定】图标，完成边框线的添加，如图 6-35 所示。

提示　在【开始】选项卡中，单击【字体】组中【边框】按钮右侧的下三角按钮，在弹出的下拉列表中选择【线型】选项，然后在其子列表中选择线型或为工作表添加边框线。

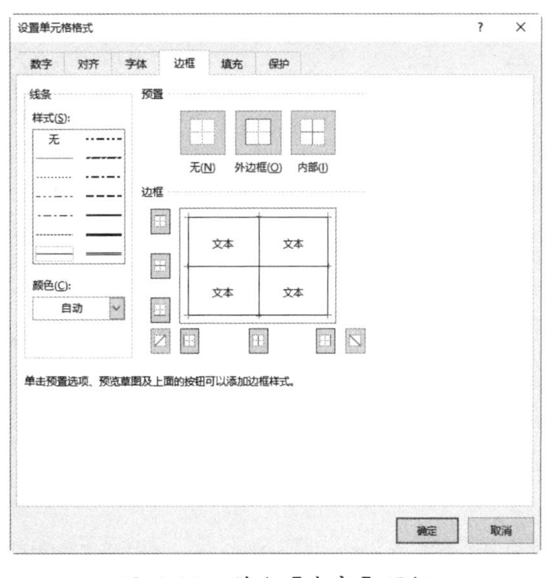

图 6-34　单击【内部】图标

	A	B	C	D	E	F
1	学号	姓名	语文	数学	英语	
2	0408	张可	85	60	50	
3	0409	刘红	85	75	65	
4	0410	张燕	67	80	65	
5	0411	田勇	75	86	85	
6	0412	王赢	85	85	85	
7	0413	范宝	75	52	55	
8	0414	石志	62	73	50	
9	0415	罗崇	75	85	75	
10	0416	牛青	85	57	85	
11	0417	金三	75	85	57	
12	0418	刘增	52	53	40	
13	0419	苏士	52	85	78	
14						

Sheet1　Sheet2 ...

图 6-35　为单元格区域添加边框

6.4 快速设置表格样式

使用 Excel 2016 内置的表格样式可以快速美化表格。

6.4.1 套用浅色样式美化表格

Excel 预置有 60 种常用的格式，用户套用这些预先定义好的格式可以提高工作效率。

步骤 1 打开随书光盘中的“素材 \ch06\ 工资表”文件，选中要套用表格样式的区域，如图 6-36 所示。

步骤 2 在【开始】选项卡中，单击【样式】组中的【套用表格格式】按钮 套用表格格式，在弹出的下拉菜单中选择【浅色】选项中的一种，如图 6-37 所示。

	A	B	C	D	E	F
1			某公司10月份工资表			
2	姓名	职位	基本工资	效益工资	加班工资	合计
3	张军	经理	2000	1500	1000	4500
4	刘洁	会计	1800	1000	800	3600
5	王美	科长	1500	1200	900	3600
6	克可	秘书	1500	1000	800	3300
7	田田	职工	1000	800	1200	3000
8	方芳	职工	1000	800	1500	3300
9	李丽	职工	1000	800	1300	3100
10	赵武	职工	1000	800	1400	3200
11	张帅	职工	1000	800	1000	2800
12						
13						

Sheet1 Sheet2

图 6-36 打开素材文件

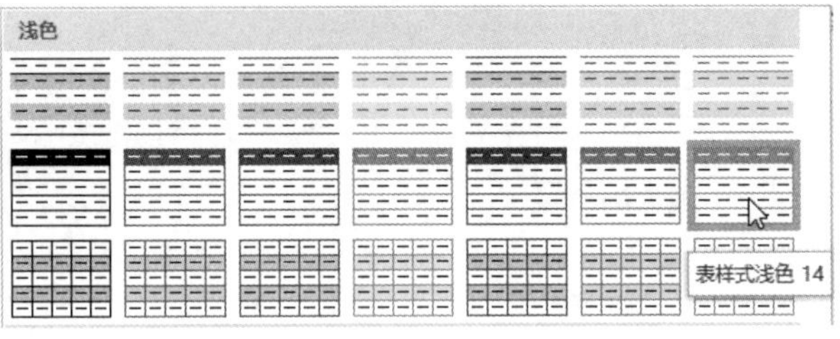

图 6-37 浅色表格样式

步骤 3 单击选择一种样式，弹出【套用表格式】对话框，单击【确定】按钮，即可套用一种浅色样式，如图 6-38 所示。

步骤 4 在此样式中单击任一单元格，功能区都会出现【设计】选项卡，然后选择【表格样式】组中的任一样式，即可更改样式，如图 6-39 所示。

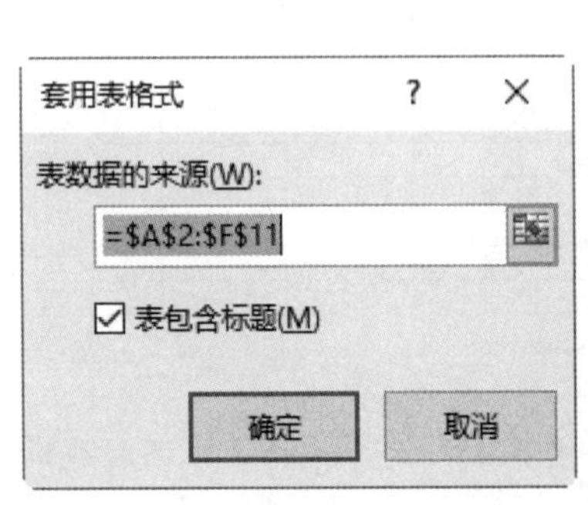

图 6-38 【套用表格式】对话框

	A	B	C	D	E	F
1			某公司10月份工资表			
2	姓名	职位	基本工资	效益工资	加班工资	合计
3	张军	经理	2000	1500	1000	4500
4	刘洁	会计	1800	1000	800	3600
5	王美	科长	1500	1200	900	3600
6	克可	秘书	1500	1000	800	3300
7	田田	职工	1000	800	1200	3000
8	方芳	职工	1000	800	1500	3300
9	李丽	职工	1000	800	1300	3100
10	赵武	职工	1000	800	1400	3200
11	张帅	职工	1000	800	1000	2800
12						
13						

Sheet1 Sheet2

图 6-39 显示效果

6.4.2 套用中等深浅样式美化表格

套用中等深浅样式更适合内容较复杂的表格，具体的操作步骤如下。

步骤 1 打开随书光盘中的“素材 \ch06\ 工资表”文件，选中要套用格式的区域。然后单击【开始】选项卡下【样式】组中的【套用表格格式】按钮 套用表格格式，在弹出的下拉列表中选择【中等深浅】选项中的一种，如图 6-40 所示。

步骤 2　单击即可套用一种中等深浅样式，如图 6-41 所示。

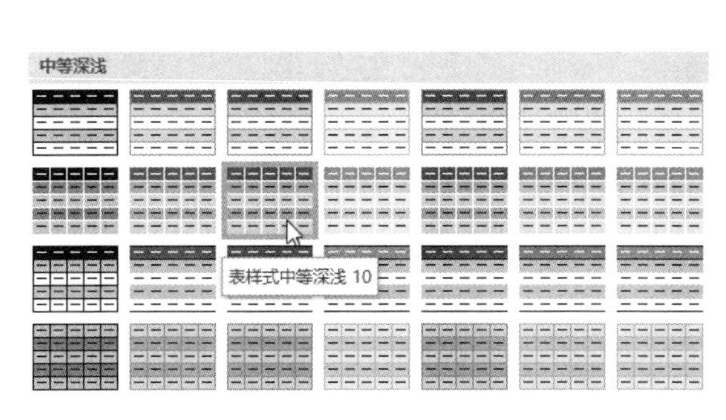

图 6-40　中等深浅表格格式

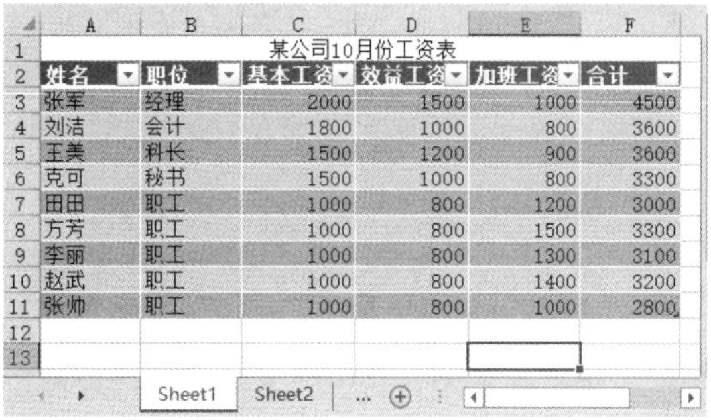

某公司10月份工资表					
姓名	职位	基本工资	效益工资	加班工资	合计
张军	经理	2000	1500	1000	4500
刘洁	会计	1800	1000	800	3600
王美	科长	1500	1200	900	3600
克可	秘书	1500	1000	800	3300
田田	职工	1000	800	1200	3000
方芳	职工	1000	800	1500	3300
李丽	职工	1000	800	1300	3100
赵武	职工	1000	800	1400	3200
张帅	职工	1000	800	1000	2800

Sheet1　Sheet2

图 6-41　显示效果

6.4.3 套用深色样式美化表格

套用深色样式美化表格时，为了将字体显示得更加清楚，可以对字体添加“深色”效果。具体的操作步骤如下。

步骤 1　打开随书光盘中的“素材\ch06\工资表”文件，选中要套用格式的区域，然后单击【开始】选项卡下【样式】组中的【套用表格格式】按钮套用表格格式，在弹出的下拉菜单中选择【深色】选项中的一种，如图 6-42 所示。

步骤 2　单击即可套用一种深色样式，效果如图 6-43 所示。

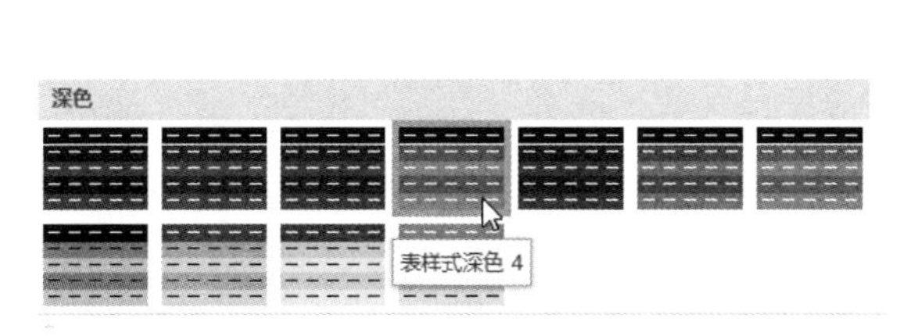

图 6-42　深色表格格式

某公司10月份工资表					
姓名	职位	基本工资	效益工资	加班工资	合计
张军	经理	2000	1500	1000	4500
刘洁	会计	1800	1000	800	3600
王美	科长	1500	1200	900	3600
克可	秘书	1500	1000	800	3300
田田	职工	1000	800	1200	3000
方芳	职工	1000	800	1500	3300
李丽	职工	1000	800	1300	3100
赵武	职工	1000	800	1400	3200
张帅	职工	1000	800	1000	2800

Sheet1　Sheet2

图 6-43　显示效果

6.5 自动套用单元格样式

单元格样式是系统已定义好的一组格式，在 Excel 2016 的内置单元格样式中还可以创建自定义单元格样式。若要在一个表格中应用多种样式，就可以使用自动套用单元格样式功能。

6.5.1 套用单元格文本样式

在新建的工作表中，单元格文本的默认字体为“宋体”，字号为“11”。如果要快速改变文本样式，可以套用单元格文本样式。具体的操作步骤如下。

步骤 1 打开随书光盘中的“素材\ch06\学生成绩统计表”文件，选中数据区域。然后单击【开始】选项卡下【样式】组中的【单元格样式】按钮 单元格样式，在弹出的下拉列表中选择一种样式，如图 6-44 所示。

步骤 2 此时单元格中文本的样式已改变，效果如图 6-45 所示。

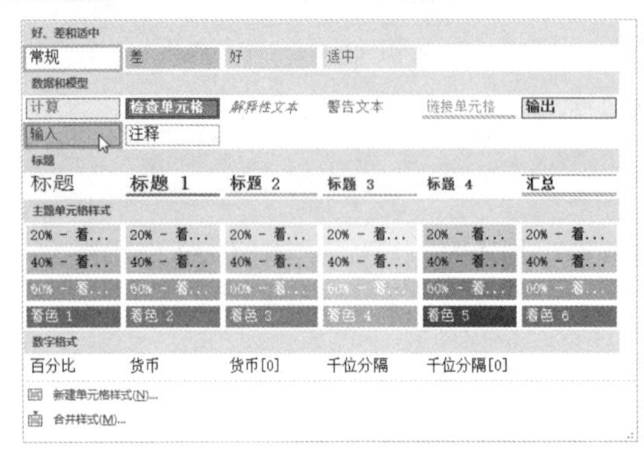

图 6-44 选择单元格文本样式

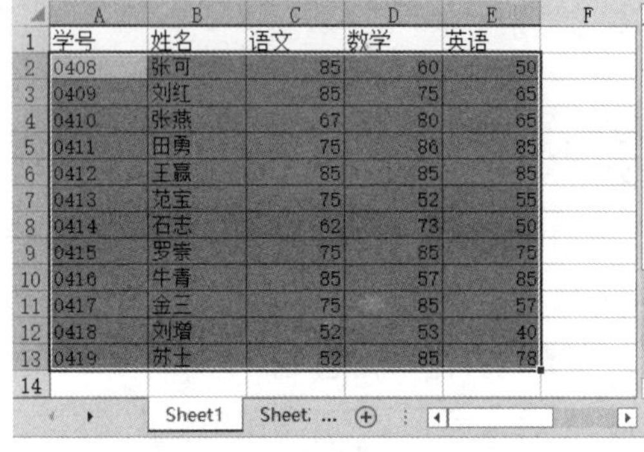

	A	B	C	D	E	F
1	学号	姓名	语文	数学	英语	
2	0408	张可	85	60	50	
3	0409	刘红	85	75	65	
4	0410	张燕	67	80	65	
5	0411	田勇	75	86	85	
6	0412	王赢	85	85	85	
7	0413	范宝	75	52	55	
8	0414	石志	62	73	50	
9	0415	罗崇	75	85	75	
10	0416	牛青	85	57	85	
11	0417	金三	75	85	57	
12	0418	刘增	52	53	40	
13	0419	苏士	52	85	78	
14						

Sheet1 Sheet ...

图 6-45 应用文本样式的效果

6.5.2 套用单元格背景样式

在新建的工作表中，单元格的背景默认是白色的。如果要快速改变背景颜色，可以套用单元格背景样式，具体的操作步骤如下。

步骤 1 打开随书光盘中的“素材\ch06\学生成绩统计表”文件。选中“语文”成绩的单元格，在【开始】选项卡中单击【样式】组中的【单元格样式】按钮 单元格样式，在弹出的下拉列表中选择【好】样式，即可改变单元格的背景，如图 6-46 所示。

步骤 2 选中 D 列“数学”下面的单元格，设置样式为【适中】，即可改变单元格的背景。按照相同的方法改变其他单元格的背景，最终的效果如图 6-47 所示。

图 6-46 选中单元格背景样式

	A	B	C	D	E	F
1	学号	姓名	语文	数学	英语	
2	0408	张可	85	60	50	
3	0409	刘红	85	75	65	
4	0410	张燕	67	80	65	
5	0411	田勇	75	86	85	
6	0412	王赢	85	85	85	
7	0413	范宝	75	52	55	
8	0414	石志	62	73	50	
9	0415	罗崇	75	85	75	
10	0416	牛青	85	57	85	
11	0417	金三	75	85	57	
12	0418	刘增	52	53	40	
13	0419	苏士	52	85	78	
14						

Sheet1 Sheet ...

图 6-47 应用背景样式的效果

6.5.3 套用单元格标题样式

自动套用单元格中标题样式的具体步骤如下。

步骤 1 打开随书光盘中的“素材\ch06\学生成绩统计表”文件，并选中标题区域。在【开始】选项卡中，单击【样式】组中的【单元格样式】按钮 单元格样式，在弹出的下拉列表中选择【标题】选项中的一种样式，如图 6-48 所示。

步骤 2 随即改变标题的样式，最终的效果如图 6-49 所示。

图 6-48 选中单元格标题样式

学生成绩统计表				
学号	姓名	语文	数学	英语
0408	张可	85	60	50
0409	刘红	85	75	65
0410	张燕	67	80	65
0411	田勇	75	86	85
0412	王赢	85	85	85
0413	范宝	75	52	55
0414	石志	62	73	50
0415	罗崇	75	85	75
0416	牛青	85	57	85
0417	金三	75	85	57
0418	刘增	52	53	40
0419	苏士	52	85	78

图 6-49 应用标题样式后的效果

6.5.4 套用单元格数字样式

在 Excel 2016 中输入的数据，在单元格中的默认格式是右对齐，小数点保留 0 位。如果要快速改变数字样式，可以套用单元格数字样式。具体的操作步骤如下。

步骤 1 打开随书光盘中的“素材\ch06\工资表”文件，选中数据区域。在【开始】选项卡中，单击【样式】组中的【单元格样式】按钮 单元格样式，在弹出的下拉列表中选择【数字格式】选项中的【货币】选项，如图 6-50 所示。

步骤 2 即可改变单元格中数字的样式，最终的效果如图 6-51 所示。

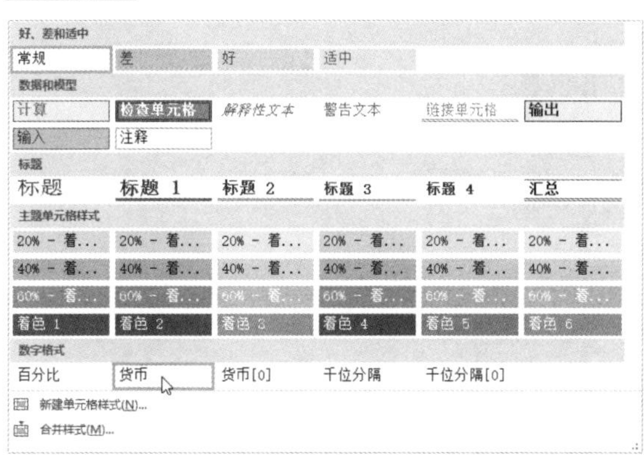

图 6-50 选中单元格数字样式

某公司10月份工资表					
姓名	职位	基本工资	效益工资	加班工资	合计
张军	经理	¥ 2,000.00	¥ 1,500.00	¥ 1,000.00	¥ 4,500.00
刘洁	会计	¥ 1,800.00	¥ 1,000.00	¥ 800.00	¥ 3,600.00
王美	科长	¥ 1,500.00	¥ 1,200.00	¥ 900.00	¥ 3,600.00
克可	秘书	¥ 1,500.00	¥ 1,000.00	¥ 800.00	¥ 3,300.00
田田	职工	¥ 1,000.00	¥ 800.00	¥ 1,200.00	¥ 3,000.00
方芳	职工	¥ 1,000.00	¥ 800.00	¥ 1,500.00	¥ 3,300.00
李丽	职工	¥ 1,000.00	¥ 800.00	¥ 1,300.00	¥ 3,100.00
赵武	职工	¥ 1,000.00	¥ 800.00	¥ 1,400.00	¥ 3,200.00
张帅	职工	¥ 1,000.00	¥ 800.00	¥ 1,000.00	¥ 2,800.00

图 6-51 应用数字样式后的效果

6.6 高效办公技能实战

6.6.1 自定义单元格样式

如果 Excel 系统内置的快速单元格样式不能满足自己的需要，用户可以自定义单元格样式，具体的操作步骤如下。

步骤 1 在【开始】选项卡中，单击【样式】组中的【单元格样式】按钮，在弹出的下拉菜单中选择【新建单元格样式】命令，如图 6-52 所示。

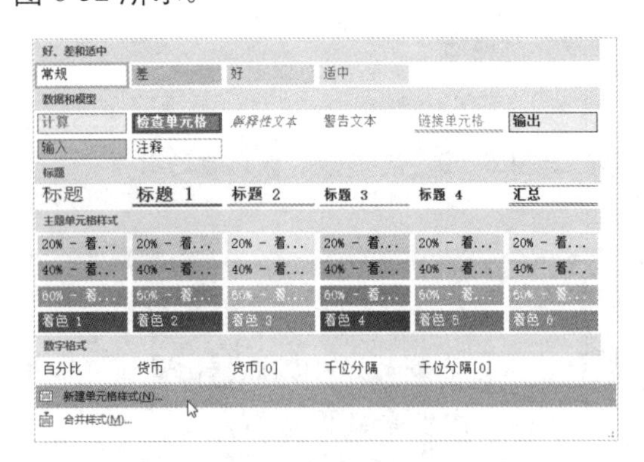

图 6-52 选择【新建单元格样式】命令

步骤 2 弹出【样式】对话框，在【样式名】文本框中输入样式名，例如输入“自定义”，如图 6-53 所示。

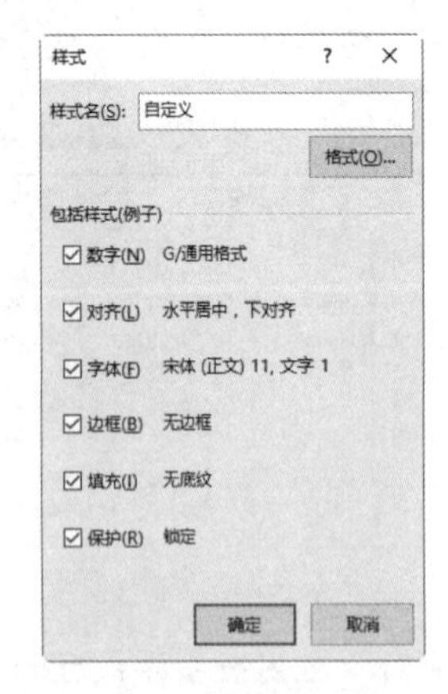

图 6-53 【样式】对话框

步骤 3 单击【格式】按钮，在弹出的【设置单元格格式】对话框中设置数字、字体、边框和填充等样式，然后单击【确定】按钮，如图 6-54 所示。

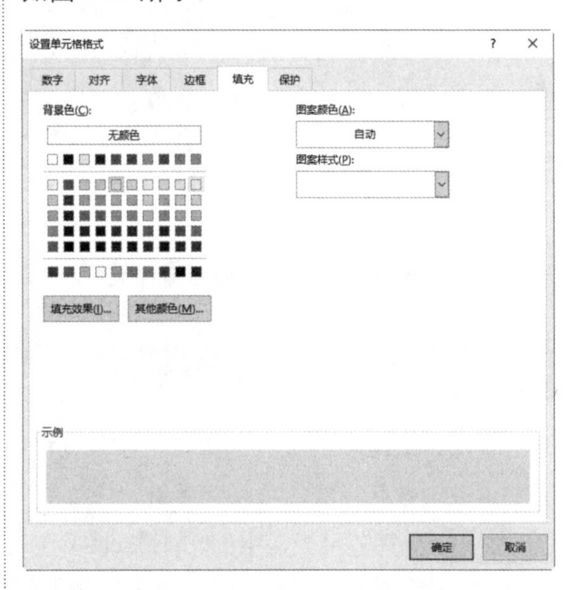

图 6-54 【设置单元格格式】对话框

步骤 4 自定义的样式即可出现在【单元格样式】的下拉菜单中，如图 6-55 所示。

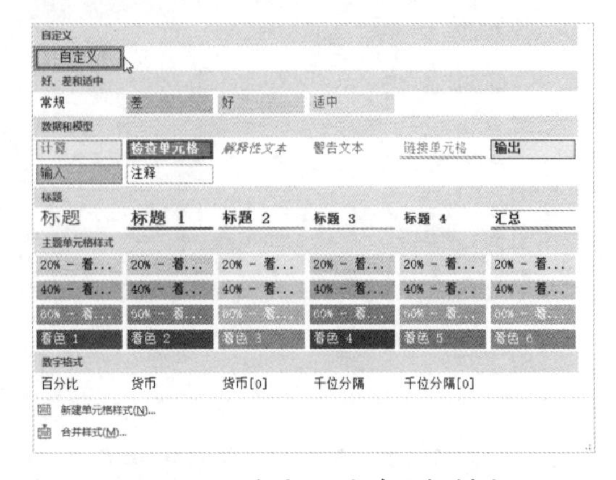

图 6-55 自定义的单元格样式

6.6.2 美化物资采购清单

通过本例的练习，读者可以掌握设置单元格格式、套用单元格样式、设置单元格中数据的类型和对齐方式等方法。

步骤 1 打开随书光盘中的“素材 \ch06\ 物资采购登记表 .xlsx”文件，如图 6-56 所示。

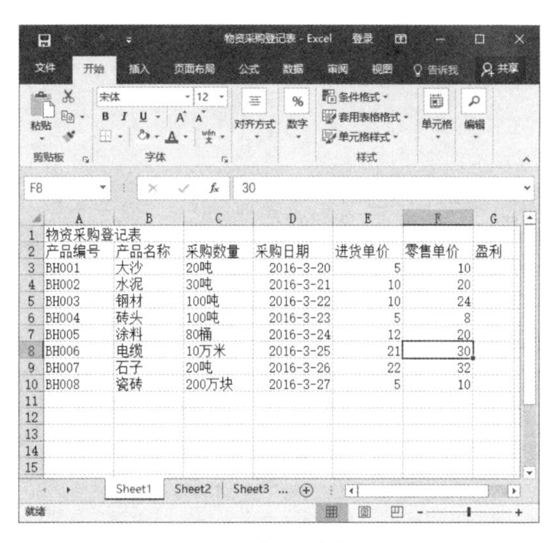

图 6-56 打开素材文件

步骤 2 选中单元格区域 A1:G1，在【开始】选项卡中单击【对齐方式】组中的【合并后居中】按钮，即可合并单元格，并将数据居中显示，如图 6-57 所示。

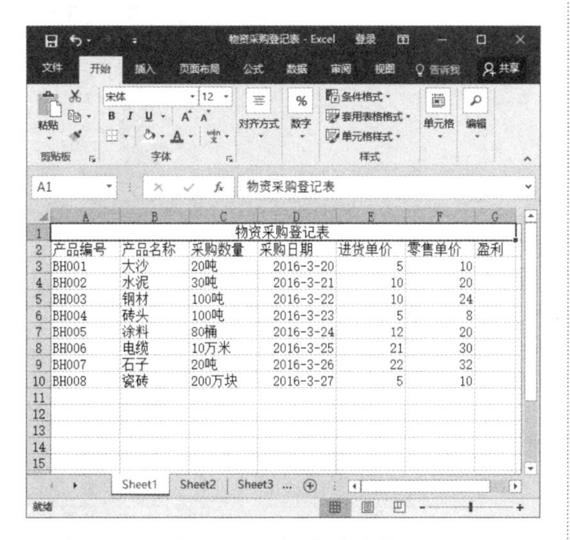

图 6-57 合并单元格

步骤 3 选中 A1:G10 单元格区域，在【开始】选项卡中单击【对齐方式】组中的【垂直居中】按钮和【居中】按钮，即可完成居中对齐格式的设置，如图 6-58 所示。

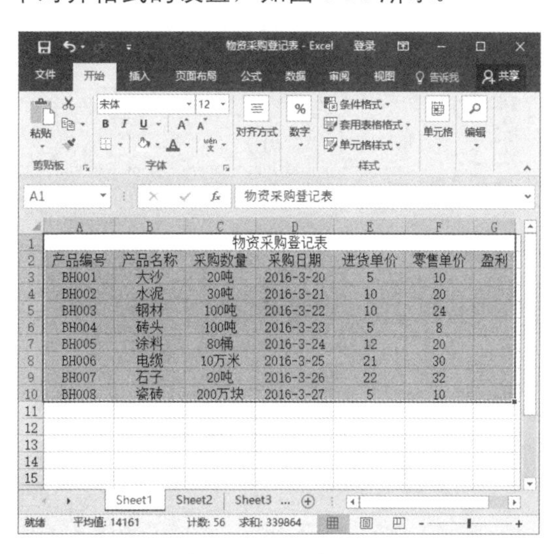

图 6-58 居中显示

步骤 4 选中单元格 A1，在【开始】选项卡中选择【字体】下拉列表中的【宋体】选项，选择【字号】下拉列表中的 18 选项，单击【字体】组中的【加粗】按钮 B，如图 6-59 所示。

图 6-59 设置后的效果

步骤 5 选中A列、B列和C列，右击，在弹出的快捷菜单中选择【设置单元格格式】命令，弹出【设置单元格格式】对话框，选择【数字】选项卡，在【分类】列表框中选择【文本】选项，然后单击【确定】按钮，即可把选择区域设置为文本类型，如图6-60所示。

图 6-60　设置文本类型格式

步骤 6 选择D列，右击，在弹出的快捷菜单中选择【设置单元格格式】命令，弹出【设置单元格格式】对话框，选择【数字】选项卡，在【分类】列表框中选择【日期】选项，然后单击【确定】按钮即可，如图6-61所示。

图 6-61　设置日期数据格式

步骤 7 选择E列、F列和G列，右击，在弹出的快捷菜单中选择【设置单元格格式】命令，弹出【设置单元格格式】对话框，选择【数字】选项卡，在【分类】列表框中选择【货币】选项，将【小数位数】设置为“1”，在【货币符号（国家/地区）】下拉列表中选择【¥】选项，然后单击【确定】按钮，即可把选择区域设置为货币类型，如图6-62所示。

图 6-62　设置货币数据类型

步骤 8 设置后的工作表如图6-63所示。

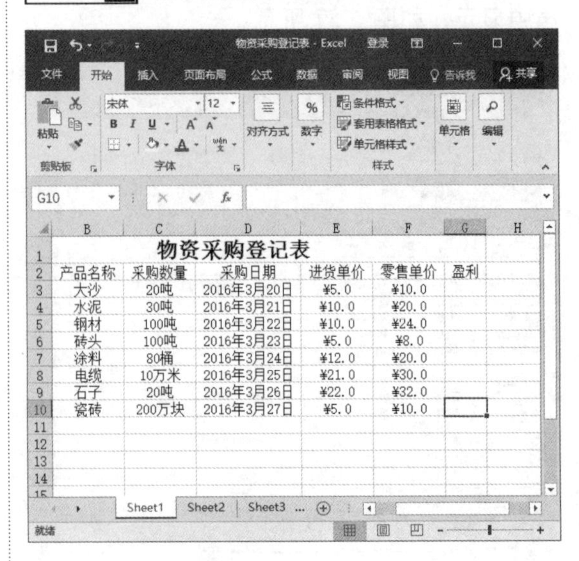

	B	C	D	E	F	G
1	物资采购登记表					
2	产品名称	采购数量	采购日期	进货单价	零售单价	盈利
3	大沙	20吨	2016年3月20日	¥5.0	¥10.0	
4	水泥	30吨	2016年3月21日	¥10.0	¥20.0	
5	钢材	100吨	2016年3月22日	¥10.0	¥24.0	
6	砖头	100吨	2016年3月23日	¥5.0	¥8.0	
7	涂料	80桶	2016年3月24日	¥12.0	¥20.0	
8	电缆	10万米	2016年3月25日	¥21.0	¥30.0	
9	石子	20吨	2016年3月26日	¥22.0	¥32.0	
10	瓷砖	200万块	2016年3月27日	¥5.0	¥10.0	

图 6-63　工作表的显示效果

步骤 9 选中单元格区域 A2:G10，在【开始】选项卡中，单击【样式】组中的【套用表格格式】按钮，在弹出的下拉菜单中选择【中等深浅】选项中的一种，如图 6-64 所示。

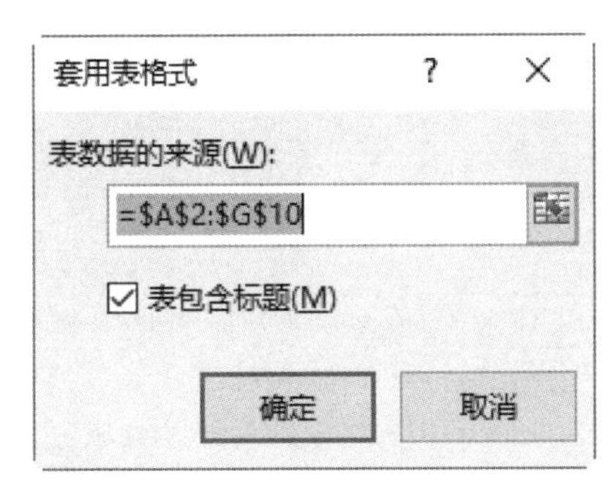

图 6-64　【套用表格式】对话框

步骤 10 弹出【套用表格式】对话框，单击【确定】按钮，即可对数据区域添加样式，如图 6-65 所示。

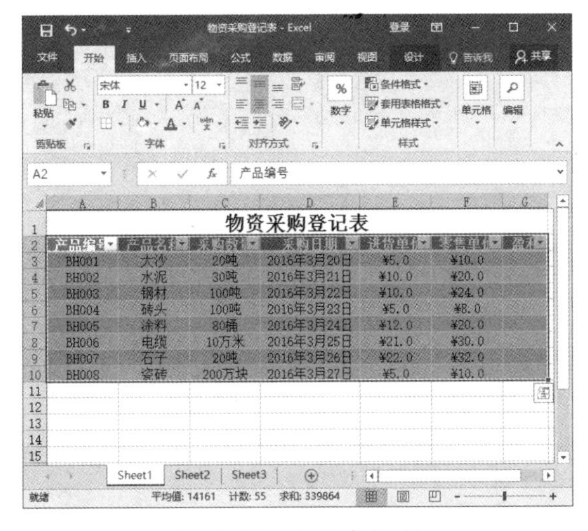

物资采购登记表

产品编号	产品名称	采购数量	采购日期	进货单价	零售单价	盈利
BH001	大沙	20吨	2016年3月20日	¥5.0	¥10.0	
BH002	水泥	30吨	2016年3月21日	¥10.0	¥20.0	
BH003	钢材	100吨	2016年3月22日	¥10.0	¥24.0	
BH004	砖头	100吨	2016年3月23日	¥5.0	¥8.0	
BH005	涂料	80桶	2016年3月24日	¥12.0	¥20.0	
BH006	电缆	10万米	2016年3月25日	¥21.0	¥30.0	
BH007	石子	20吨	2016年3月26日	¥22.0	¥32.0	
BH008	瓷砖	200万块	2016年3月27日	¥5.0	¥10.0	

图 6-65　应用表格式

步骤 11 套用表格样式后，仅表头带筛选功能。如果想要去掉筛选功能，则可以选择【开始】选项卡，单击【编辑】组中的【排序和筛选】按钮，在弹出的下拉列表中选择【筛选】选项，如图 6-66 所示。

步骤 12 此时已取消了表格样式当中的筛选功能，如图 6-67 所示。

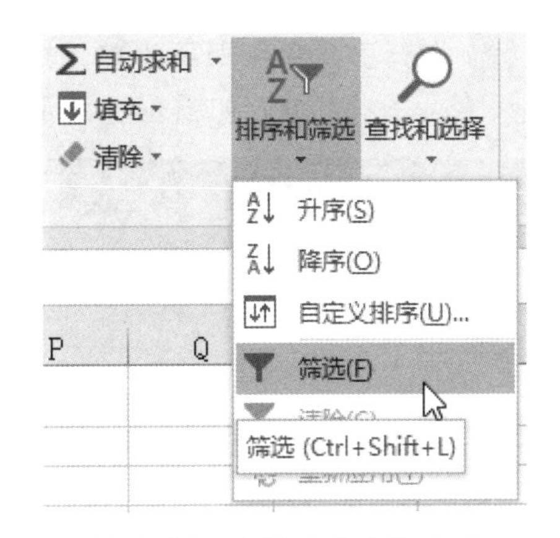

图 6-66　选择【筛选】选项

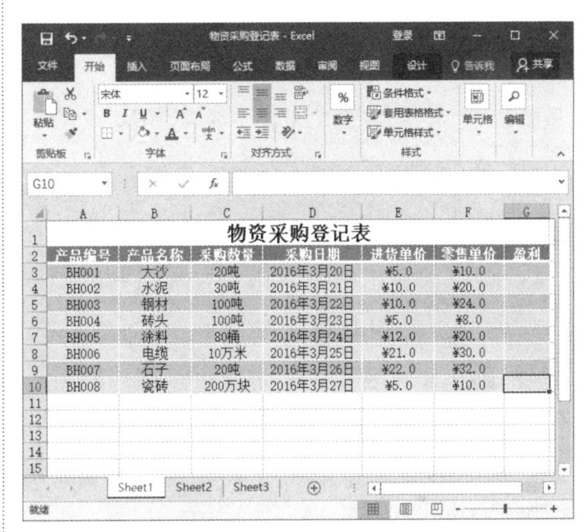

物资采购登记表

产品编号	产品名称	采购数量	采购日期	进货单价	零售单价	盈利
BH001	大沙	20吨	2016年3月20日	¥5.0	¥10.0	
BH002	水泥	30吨	2016年3月21日	¥10.0	¥20.0	
BH003	钢材	100吨	2016年3月22日	¥10.0	¥24.0	
BH004	砖头	100吨	2016年3月23日	¥5.0	¥8.0	
BH005	涂料	80桶	2016年3月24日	¥12.0	¥20.0	
BH006	电缆	10万米	2016年3月25日	¥21.0	¥30.0	
BH007	石子	20吨	2016年3月26日	¥22.0	¥32.0	
BH008	瓷砖	200万块	2016年3月27日	¥5.0	¥10.0	

图 6-67　取消筛选功能

步骤 13 选中 G3:G10 单元格区域，然后单击【开始】选项卡下【样式】组中的【单元格样式】按钮，在弹出的下拉列表中选择【适中】单元格样式，如图 6-68 所示。

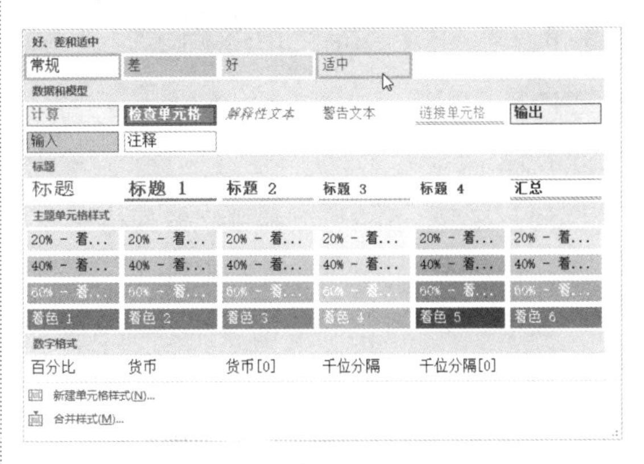

图 6-68　选择单元格样式

步骤 14 选择完毕后，即可为单元格区域添加预设的单元格样式，如图 6-69 所示。

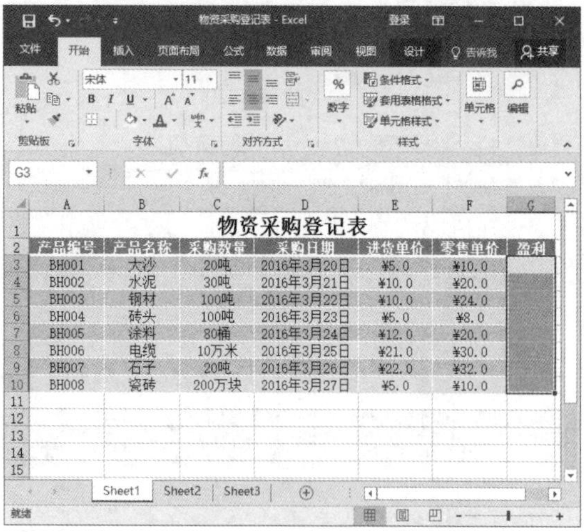

图 6-69　应用单元格样式后的效果

步骤 15 选中 G3:G10 单元格区域，在 Excel 公式编辑栏中输入用于计算盈利的公式“=F3-E3”，如图 6-70 所示。

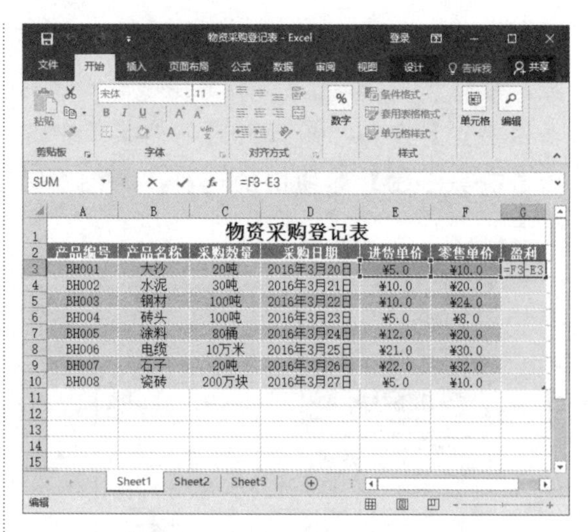

图 6-70　输入公式计算数据

步骤 16 输入完毕后，按 Enter 键，即可计算出所有商品的盈利数据。至此就完成了物资采购清单的美化操作，最后的工作表显示效果如图 6-71 所示。

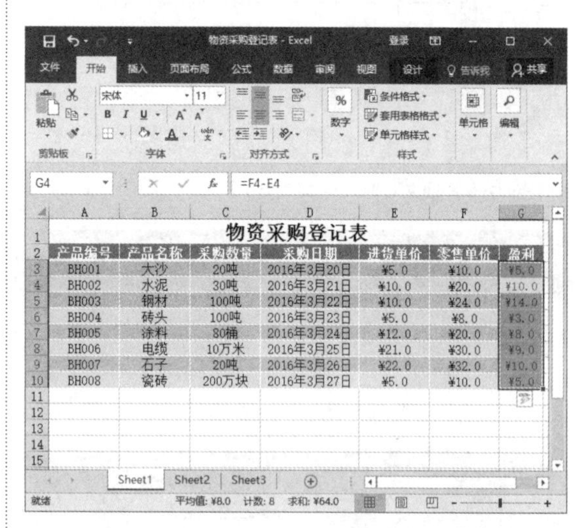

图 6-71　快速计算所有盈利数据

6.7 高手解惑

问：在 Excel 中可以利用“条件格式”功能设置单元格的样式，那么如何在一个工作表中查找含有条件格式的单元格呢？

高手：在一个工作表的操作界面中选中任意一个单元格，然后选择【开始】选项卡，在【编辑】组中单击【查找和选择】按钮，从弹出的下拉菜单中选择【定位条件】命令，这时会弹出【定位条件】对话框，选中其中的【条件格式】单选按钮。如果要查找含有所有条件格式的单元格，则选中【全部】单选按钮；如果要查找含有特定条件的单元格，则选中【相同】单选按钮，

单击【确定】按钮，即可将具有条件格式的单元格以高亮方式显示。

问：如何设置表格中文字的方向？

高手：首先选中要设置文字方向的单元格区域，在【开始】选项卡下的【对齐方式】组中单击按钮，即可弹出【设置单元格格式】对话框，然后切换至【对齐】选项卡，在【方向】组合框中设置文字的方向，单击【确定】按钮，即可成功设置文字方向的显示效果。

使用图片美化工作表

- **本章导读**

在工作表中除了可以通过设置格式美化工作表外，还可以通过插入图片等美化工作表。本章将为读者介绍在 Excel 中插入和编辑图片的操作方法。

- **学习目标**

◎ 掌握在 Excel 2016 中插入图片的方法

◎ 掌握在 Excel 2016 中编辑图片的方法

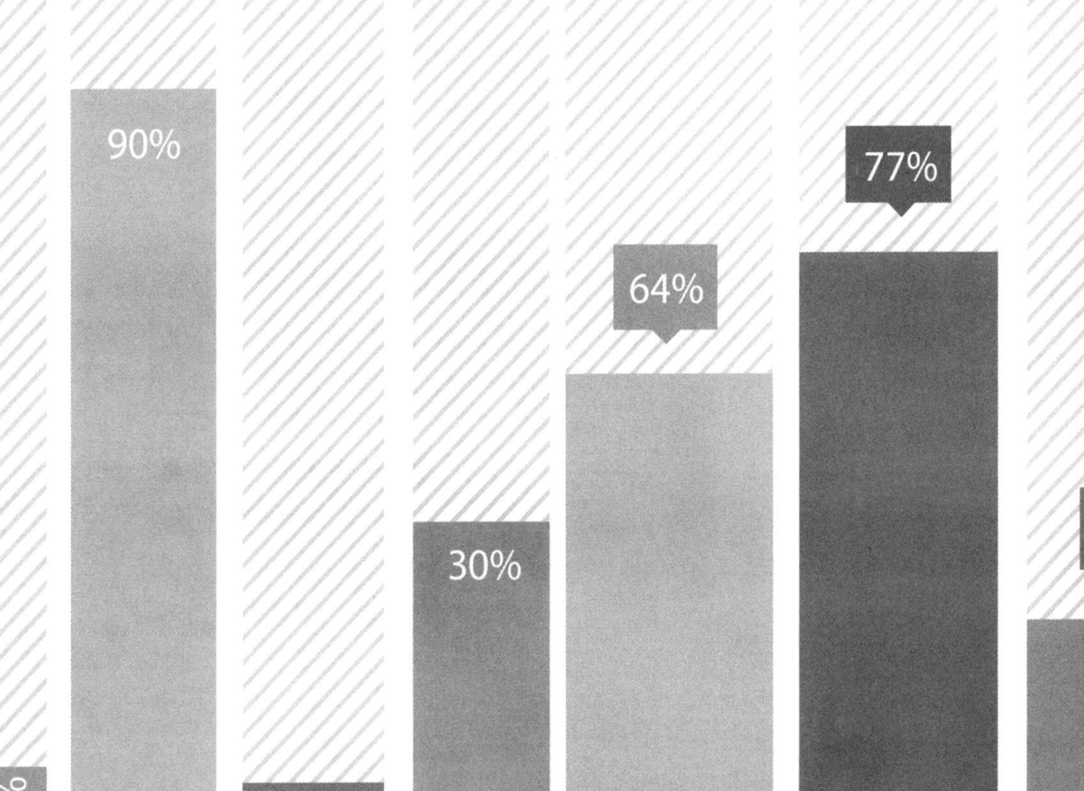

7.1 插入图片

为了使 Excel 工作表图文并茂，需要在工作表中插入图片。Excel 插图具有很好的视觉效果，使用它可以美化文档，丰富工作表的内容。

7.1.1 插入本地图片

Excel 2016 支持的图片格式有位图和矢量图。其中，位图文件格式包括 BMP、PNG、JPG 和 GIF；矢量图文件格式包括 CGM、WMF、DRW 和 EPS 等。

在 Excel 中，可以将本地存储的图片插入到工作表中，具体步骤如下。

步骤 1 启动 Excel 2016，新建一个空白工作簿，如图 7-1 所示。

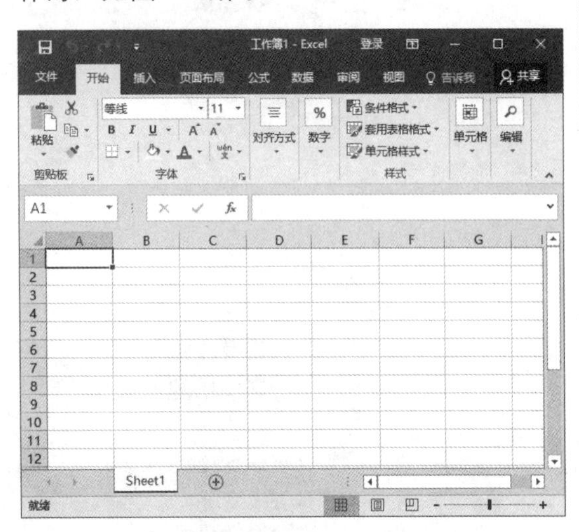

图 7-1 空白工作簿

步骤 2 单击【插入】选项卡下【插图】组中的【图片】按钮，如图 7-2 所示。

步骤 3 弹出【插入图片】对话框，选择图片保存的位置，然后选中需要插入到工作表中的图片，如图 7-3 所示。

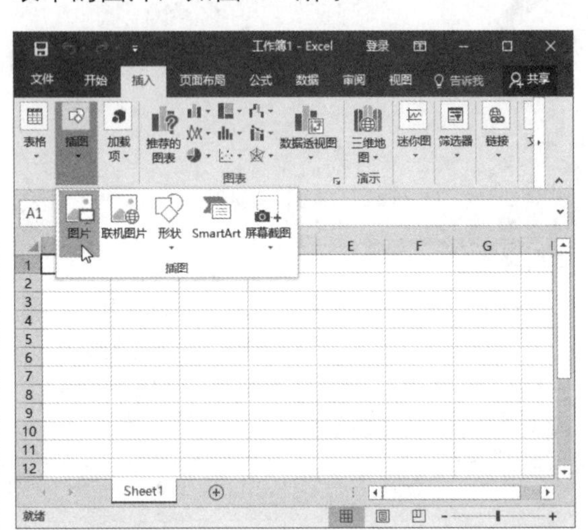

图 7-2 单击【图片】按钮

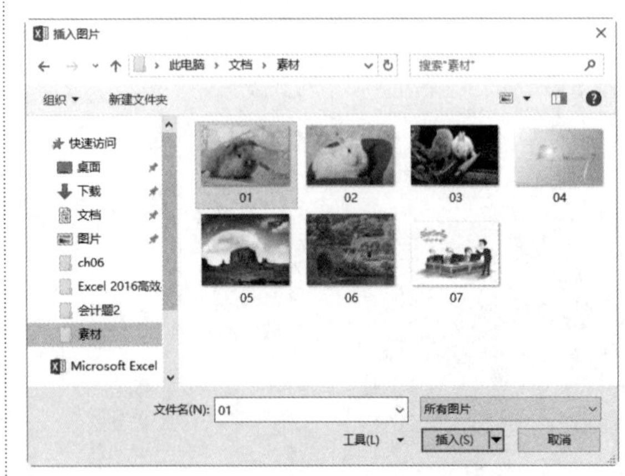

图 7-3 选中要插入的图片

步骤 4 单击【插入】按钮，即可将图片插入到 Excel 工作表中，如图 7-4 所示。

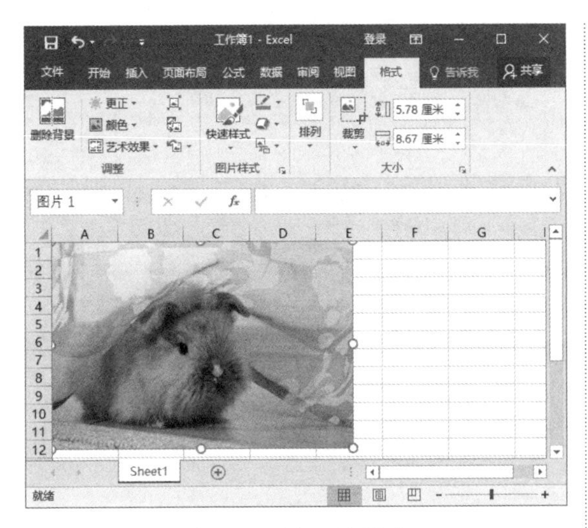

图 7-4 插入的图片

7.1.2 插入联机图片

联机图片是指网络中的图片。通过网络搜索喜欢的图片，将其插入到工作表中的具体操作步骤如下。

步骤 1 打开 Excel 工作表，单击【插入】选项卡下【插图】组中的【联机图片】按钮，如图 7-5 所示。

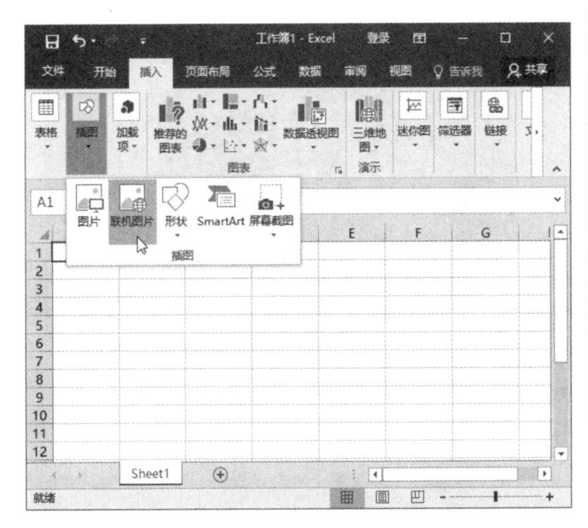

图 7-5 单击【联机图片】按钮

步骤 2 弹出【插入图片】对话框，在其中可以插入 Office.com 剪贴画，也可以通过【必应图像搜索】搜索网络中的图片。例如在【必应图像搜索】文本框中输入“玫瑰”，单击【搜索】按钮，如图 7-6 所示。

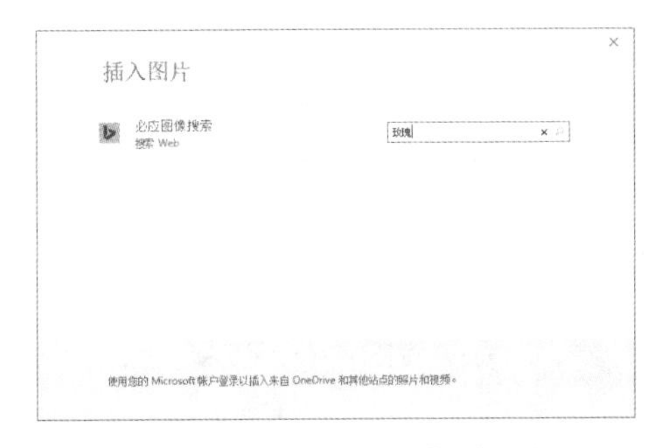

图 7-6 【插入图片】对话框

步骤 3 在搜索的结果中，选中要插入工作表中的联机图片，单击【插入】按钮，如图 7-7 所示。

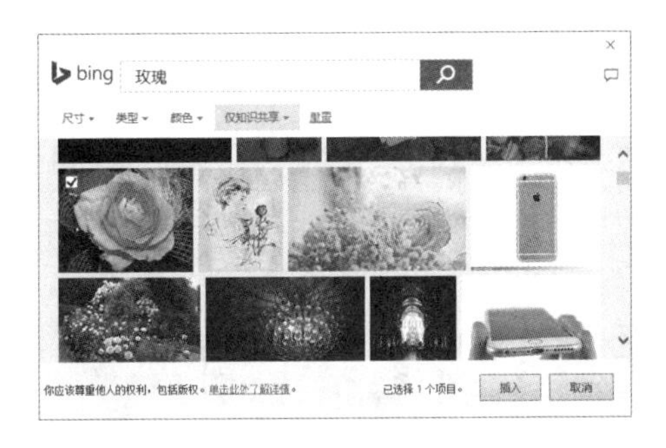

图 7-7 选中要插入的联机图片

步骤 4 此时即可将选中的图片插入到工作表中，如图 7-8 所示。

图 7-8 插入的联机图片

7.2 设置图片格式

图片插入工作表后，可以根据需要设置图片的格式，例如添加图片样式、调整图片大小、添加图片边框效果等。

7.2.1 应用图片样式

Excel 2016 预设有多种图片样式，使用这些样式可以一键美化图片。这些预设样式包括旋转、阴影、边框和形状的多种组合。

为图片添加图片样式的操作步骤如下。

步骤 1 新建一个空白工作簿，插入图片，然后选中插入的图片，在【图片工具－格式】选项卡中单击【图片样式】组中的【快速样式】下三角按钮，弹出下拉列表，如图 7-9 所示。

步骤 2 选择一种合适的样式，然后单击该样式即可，效果如图 7-10 所示。

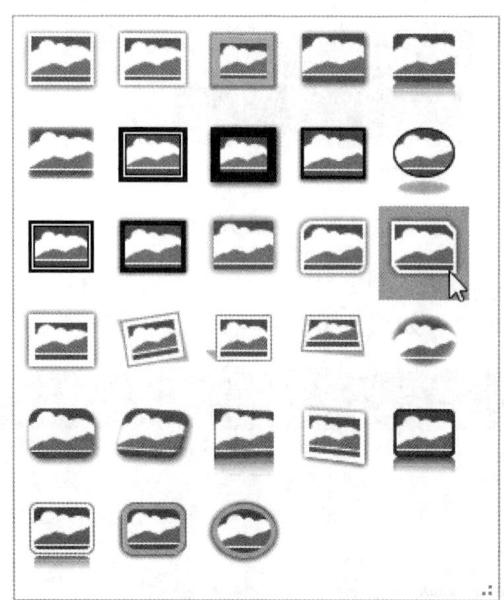

图 7-9　选择图片样式

图 7-10　图片样式应用效果

7.2.2 调整图片大小

通过裁剪图片可以调整图片的大小。在 Excel 2016 中，裁剪图片的方法是通过调整图片高度与宽度和通过【裁剪】按钮裁剪。下面分别进行介绍。

1. 通过调整图片高度与宽度调整图片大小

步骤 1 选中要调整大小的图片，选择【图片工具－格式】选项卡，在【大小】组中的【高度】文本框输入图片的高度，在【宽度】文本框中输入图片的宽度，如图 7-11 所示。

图 7-11　设置高度与宽度值

步骤 2 输入完毕后，单击工作表中的任意位置，即可调整图片的大小，如图 7-12 所示。

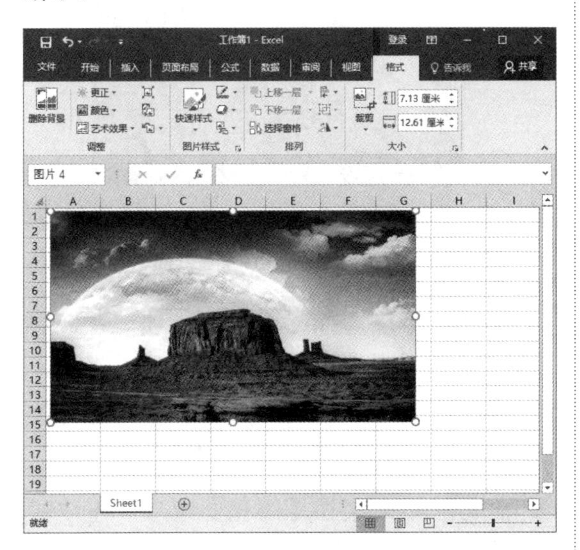

图 7-12　调整图片大小

提示 任意一个微调按钮的改变，都会导致另一个微调按钮为保持比例协调而同时改变。也可以拖动图片角上的控制柄调整图片的大小。

2. 通过【裁剪】按钮调整图片大小

步骤 1 选中要裁剪的图片，在【图片工具－格式】选项卡中单击【大小】组中的【裁剪】按钮，随即在图片的周围会出现 8 个裁剪控制柄，如图 7-13 所示。

图 7-13　调整图片的控制柄

步骤 2 拖动这 8 个裁剪控制柄，即可对图片进行裁剪，如图 7-14 所示。

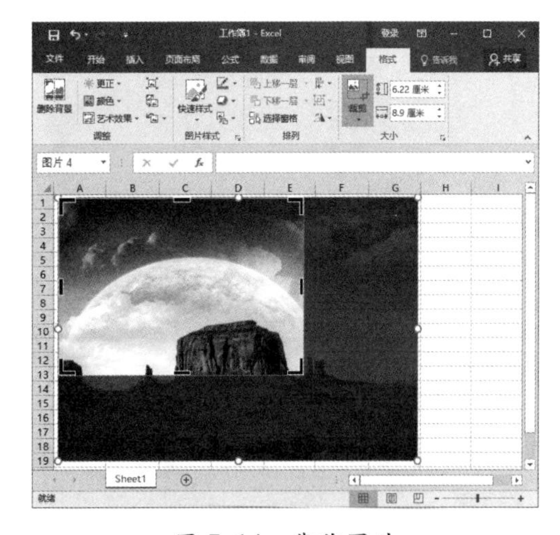

图 7-14　裁剪图片

步骤 3 图片裁剪完毕，单击【大小】组中的【裁剪】按钮，即可退出裁剪模式，完成图片的裁剪，如图 7-15 所示。

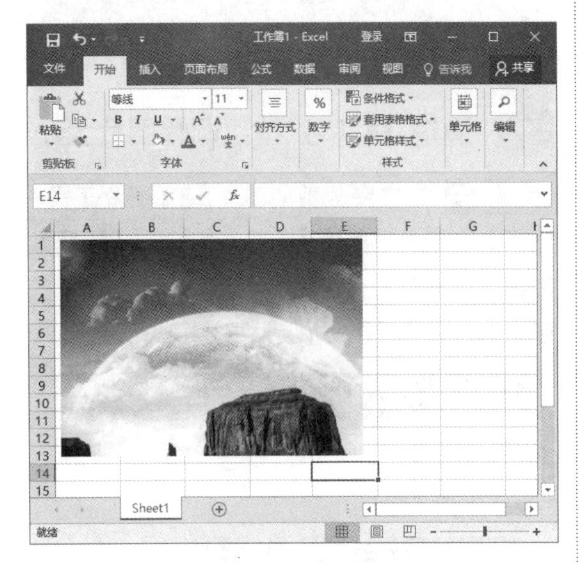

图 7-15　完成裁剪的图片

步骤 4 在【图片工具 - 格式】选项卡中，单击【大小】组中【裁剪】的下三角按钮，在弹出的下拉列表中选择【裁剪】选项，然后拖动裁剪控制柄进行手动裁剪，如图 7-16 所示。

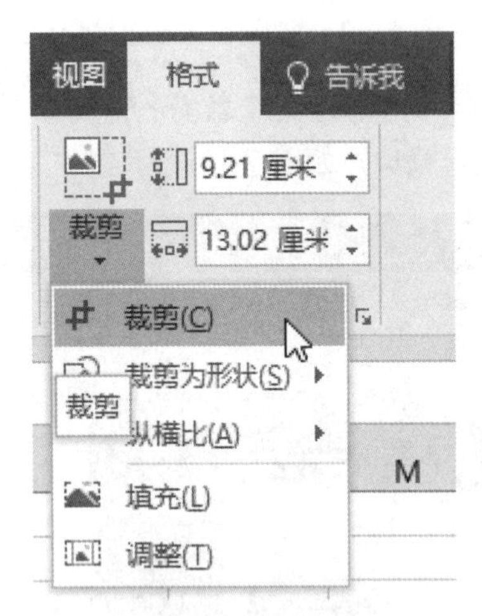

图 7-16　选择【裁剪】选项

步骤 5 如果选择【裁剪为形状】选项，将自动根据选择的形状进行裁剪。图 7-17 是选择✡后系统自动裁剪的效果。

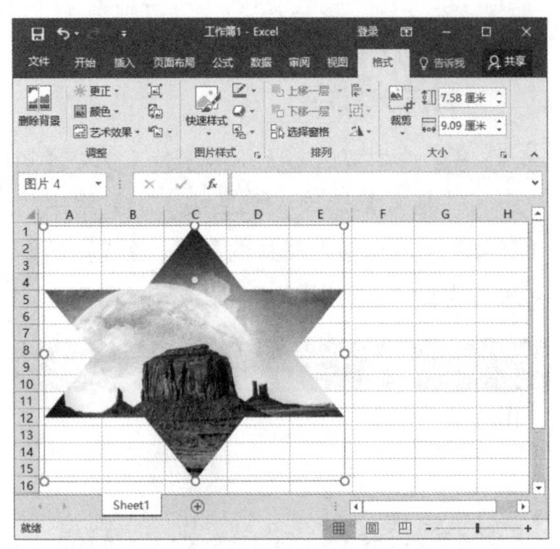

图 7-17　根据形状裁剪

步骤 6 如果选择【纵横比】选项，系统会根据选择的宽、高比例进行裁剪。图 7-18 是选择纵横比为 2 ： 3 的效果。

图 7-18　根据纵横比裁剪

步骤 7 如果选择【填充】选项，系统将调整图片的大小，以便填充整个图片区域，同时保持原始图片的纵横比，图片区域外的部分将被裁剪掉，如图 7-19 所示。

步骤 8 如果选择【调整】选项，系统将调整图片，以便在图片区域中尽可能多地显示整个图片，如图 7-20 所示。

图 7-19 根据填充样式裁剪

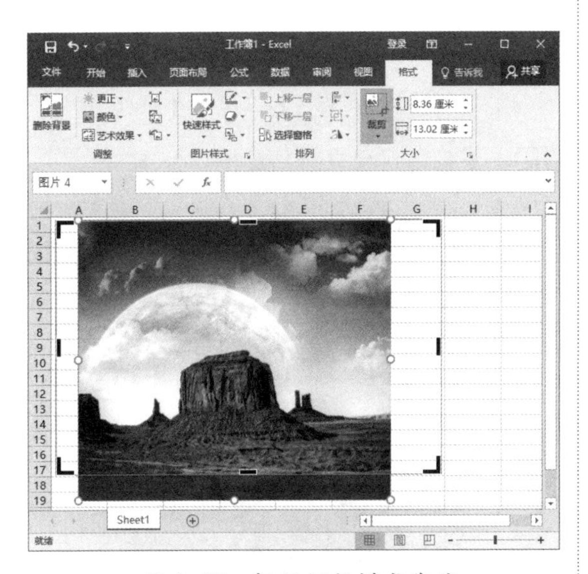

图 7-20 根据调整样式裁剪

步骤 9 裁剪结束后，选择【调整】选项或在空白位置处单击，即可完成图片的裁剪操作。

7.2.3 调整图片颜色

对插入的图片还可以进行颜色的调整，操作步骤如下。

步骤 1 选中图片，单击【图片工具－格式】选项卡下【调整】组中的【颜色】按钮 颜色，在弹出的下拉列表中选择【颜色饱和度】区域中的【饱和度:66%】选项，如图 7-21 所示。

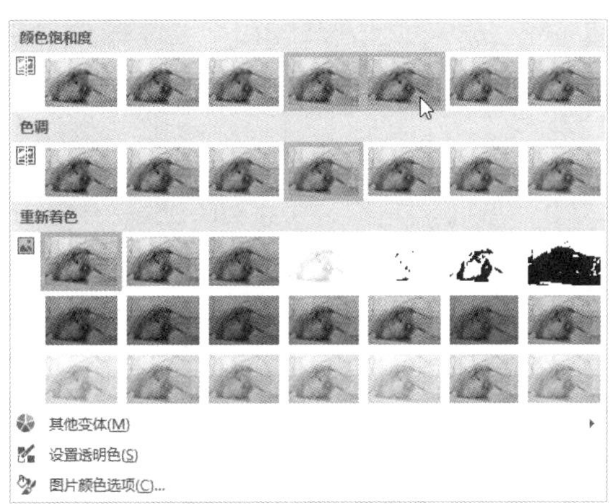

图 7-21 调整图片的颜色饱和度

步骤 2 此时图片的颜色已改变，显示效果如图 7-22 所示。

图 7-22 显示效果

步骤 3 在图片【颜色】下拉列表中选择【色调】设置区域的选项，随即可以通过调整图片的色调来改变图片的颜色，显示效果如图 7-23 所示。

步骤 4 在图片【颜色】下拉列表中选择【重新着色】设置区域的选项，随即可以通过重新着色的方式来改变图片的颜色，显示效果如图 7-24 所示。

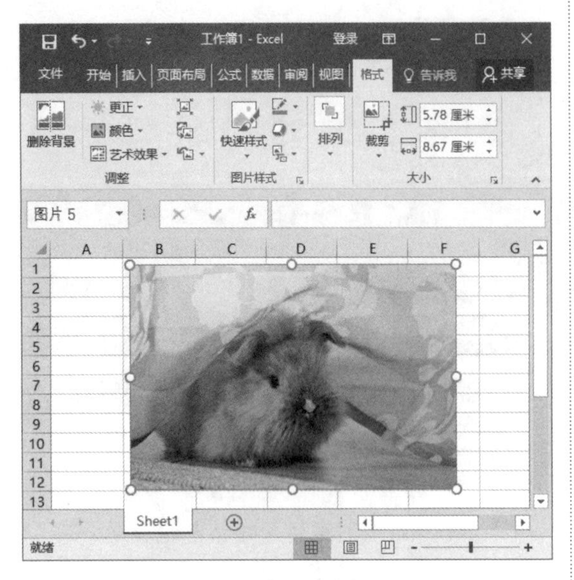

图 7-23　调整图片的色调

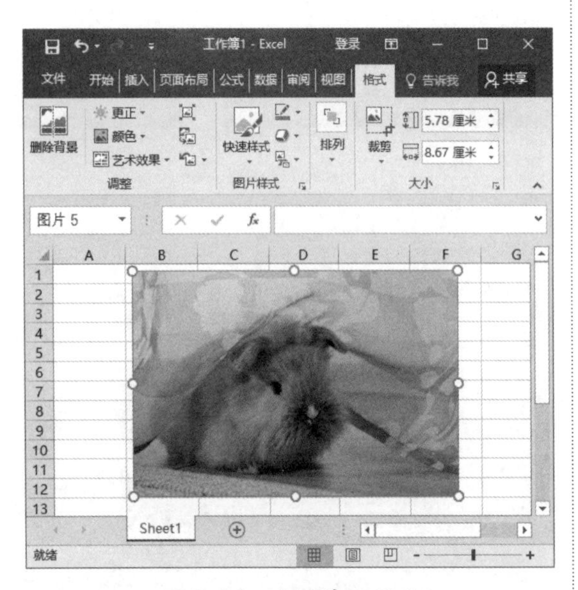

图 7-24　重新着色图片

7.2.4 为图片添加艺术效果

设置图片的艺术效果，使图片更能起到美化工作表的作用。为图片添加艺术效果的步骤如下。

步骤 1 选中图片，单击【图片工具 - 格式】选项卡下【调整】组中的【艺术效果】按钮 艺术效果，在弹出的下拉列表中选择【粉笔素描】选项，如图 7-25 所示。

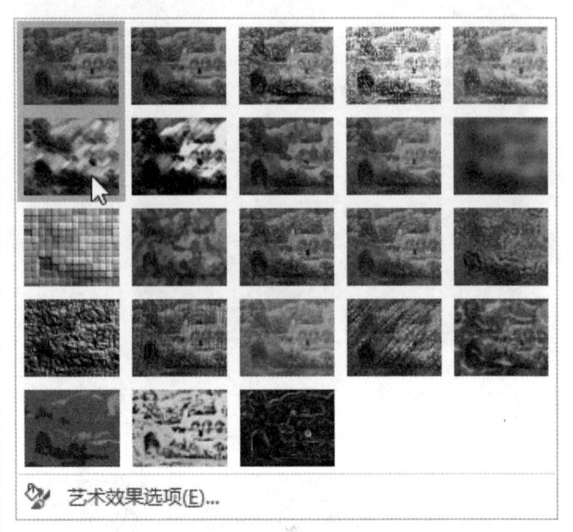

图 7-25　选择【粉笔素描】选项

步骤 2 最终显示效果如图 7-26 所示。

图 7-26　显示效果

7.2.5 添加图片边框

当插入的图片在工作表中显示不明显时，可以为其设置边框，突出图片。

步骤 1 选中插入的图片，在【图片工具 -

格式】选项卡中单击【图片样式】组中的【图片边框】按钮，在弹出的下拉列表中选择边框的颜色，例如选择【红色】，如图 7-27 所示。

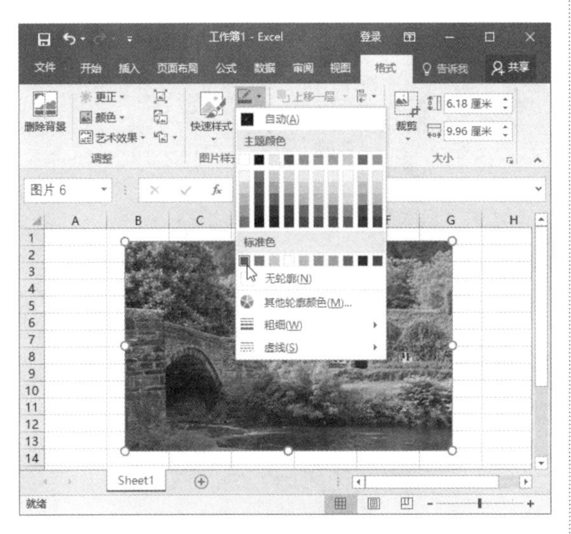

图 7-27 选择边框颜色

步骤 2 在【格式】选项卡中单击【图片样式】组中的【图片边框】按钮，在弹出的下拉列表中选择【粗细】选项，然后在其子列表中选择【2.25 磅】选项，如图 7-28 所示。

图 7-28 选择边框线的粗细

步骤 3 在【格式】选项卡中单击【图片样式】组中的【图片边框】按钮，在弹出的下拉列表中选择【虚线】选项，然后在其子列表中选择虚线的类型，如图 7-29 所示。

图 7-29 选择边框线的线条样式

步骤 4 此时图片已添加虚线边框，效果如图 7-30 所示。

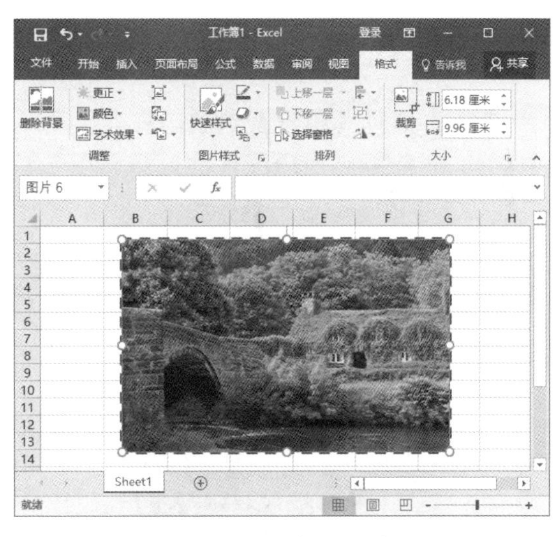

图 7-30 图片显示效果

7.2.6 添加图片效果

如果想为图片添加更多的效果，可以在功能区中单击【图片样式】组中的【图片效果】

按钮，在弹出的下拉列表中选择相应的选项进行图片效果的添加。

添加图片效果的步骤如下。

步骤 1 选中插入的图片，在【图片工具－格式】选项卡中单击【图片样式】组中的【图片效果】按钮，弹出下拉列表，如图 7-31 所示。

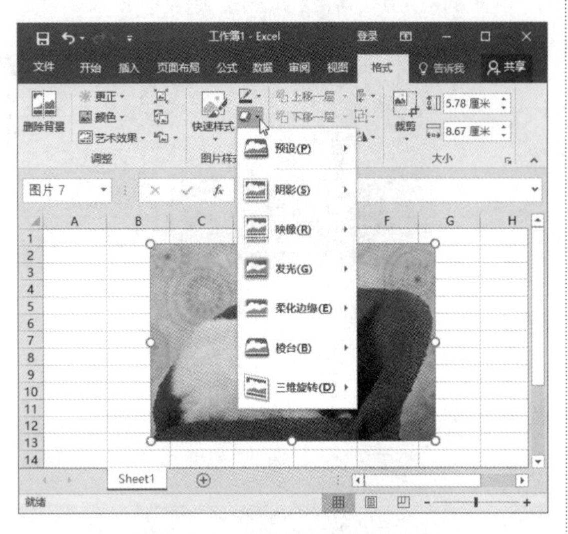

图 7-31 选择图片效果样式

步骤 2 选择【预设】选项，在其子列表中包含 12 种可应用于图片的效果。图 7-32 是应用了【预设 12】后的效果。

图 7-32 添加图片效果

步骤 3 选择【阴影】选项，其子列表包括在图片背后应用的 9 种外部阴影、在图片之内使用的 9 种内部阴影，以及 5 种不同类型的透视阴影。图 7-33 为应用了【右下对角透视】后的效果。

图 7-33 调整图片的阴影效果

步骤 4 选择【映像】选项，其子列表包括以 1 磅、4 磅、8 磅偏移量提供的紧密映像、半映像和全映像 9 种效果。图 7-34 为应用了【全映像，4pt 偏移量】的效果。

图 7-34 调整图片的映像效果

步骤 5 选择【发光】选项，其子列表包括多种发光效果，选择任意一种即可为图片添加发光效果。或者通过选择底部的【其他亮色】选项，也可以从 1600 万种颜色中任选一种发光颜色。图 7-35 为添加发光效果的图片。

步骤 6 选择【柔化边缘】选项，其子列表包括 1 磅、2.5 磅、5 磅、10 磅、25 磅和 50 磅羽化图片边缘的值。图 7-36 是应用了【25 磅】的柔化效果。

图 7-35　调整图片的发光效果

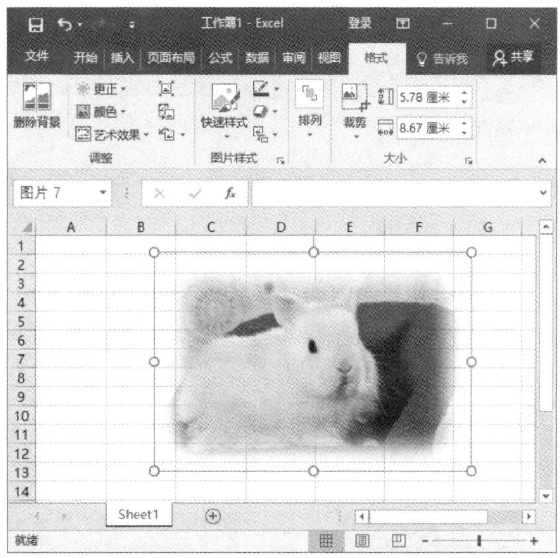

图 7-36　调整图片的柔化边缘效果

步骤 7 选择【棱台】选项，其子列表提供了多种类型的棱台效果。选择预设中的任意一种后，即可为图片添加棱台效果，如图 7-37 所示。

步骤 8 选择【三维旋转】选项，其子列表提供了 25 种三维旋转效果。选择预设中的任意一种后，即可为图片添加三维旋转效果，如图 7-38 所示。

图 7-37　调整图片的棱台效果

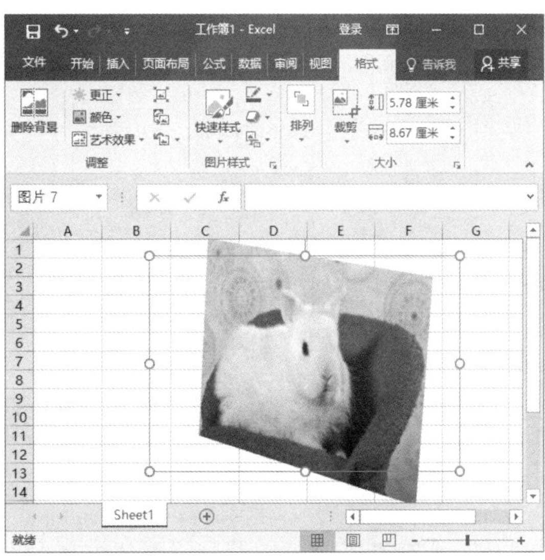

图 7-38　调整图片的三维旋转效果

7.3 高效办公技能实战

7.3.1 为工作表添加图片背景

Excel 2016 支持将 jpg、gif、bmp、png 等格式的图片设置为工作表的背景，下面以工资表为例进行介绍。

步骤 1 打开需要设置图片背景的工作表，选择【页面布局】选项卡，单击【页面设置】组的【背景】按钮，如图 7-39 所示。

步骤 2 弹出【插入图片】对话框，单击【来自文件】选项右侧的【浏览】按钮，如图 7-40 所示。

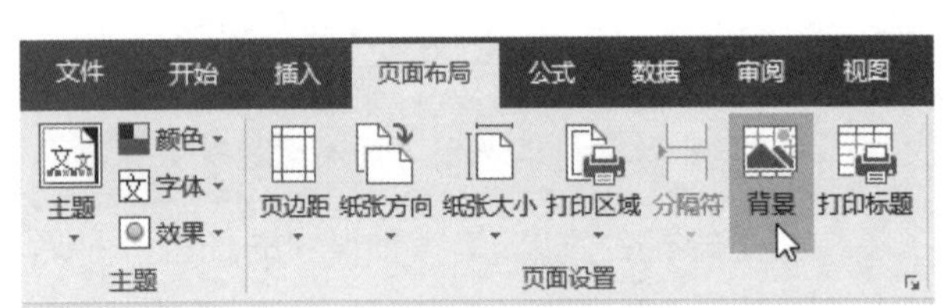

图 7-39 单击【背景】按钮

图 7-40 【插入图片】对话框

步骤 3 弹出【工作表背景】对话框，选中计算机中的某张图片作为背景图片，单击【插入】按钮，如图 7-41 所示。

步骤 4 返回到工作表中，此时已为工作表添加了图片背景，如图 7-42 所示。

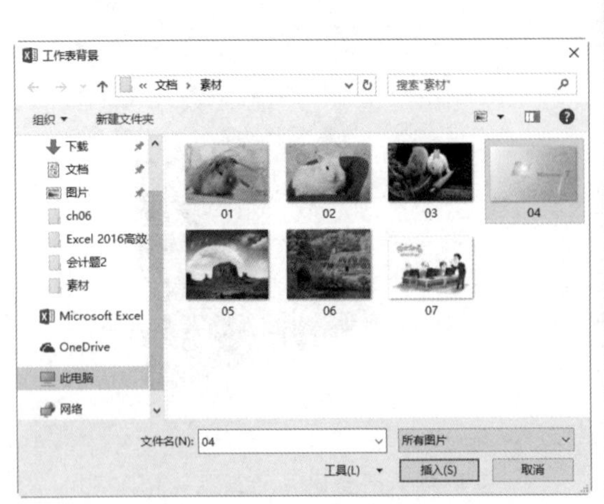

图 7-41 选中工作表的背景图片

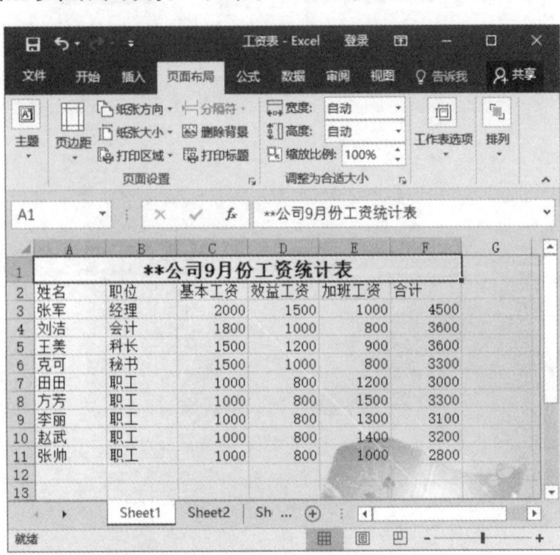

	A	B	C	D	E	F
1	**公司9月份工资统计表					
2	姓名	职位	基本工资	效益工资	加班工资	合计
3	张军	经理	2000	1500	1000	4500
4	刘洁	会计	1800	1000	800	3600
5	王美	科长	1500	1200	900	3600
6	克可	秘书	1500	1000	800	3300
7	田田	职工	1000	800	1200	3000
8	方芳	职工	1000	800	1500	3300
9	李丽	职工	1000	800	1300	3100
10	赵武	职工	1000	800	1400	3200
11	张帅	职工	1000	800	1000	2800

图 7-42 添加了图片背景的工作表

提示 用于背景图片的颜色不能太深，否则会影响工作表中数据的显示。插入背景图片后，在【页面布局】选项卡中单击【页面设置】组的【删除背景】按钮，可以清除背景图片。

7.3.2 使用图片美化工作表

在制作好工作表之后，可以添加一些图片来美化工作表。下面以制作一个培训费用报销单为例来巩固使用图片美化工作表的方法与技巧。

具体操作步骤如下。

步骤 1 新建一个工作簿，将其命名为“培训学习费用报销单”，然后根据实际情况依次输入培训学习费用报销单包含的内容，如图 7-43 所示。

图 7-43　培训学习费用报销单

步骤 2 选中 A1:I1 单元格区域，打开【设置单元格格式】对话框，选择【字体】选项卡，根据实际需要设置字体、字号和颜色，如图 7-44 所示。

图 7-44　设置文字属性

步骤 3 单击【确定】按钮，即可完成标题的设置，如图 7-45 所示。

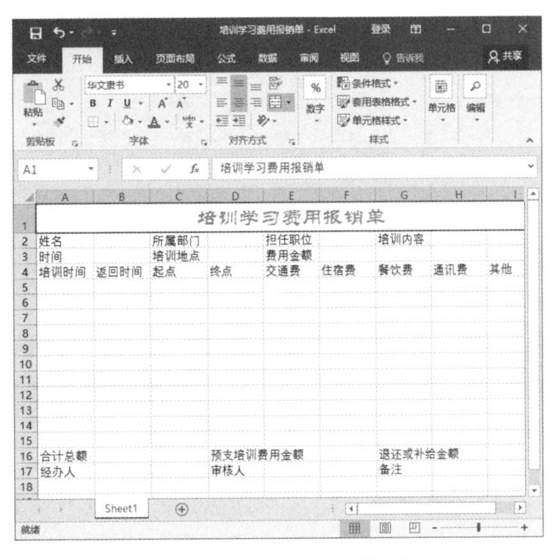

图 7-45　标题设置结果

步骤 4 选中 A2:I17 单元格区域，然后按照上述方法设置单元格区域内文字的对齐方式和字体格式，如图 7-46 所示。

步骤 5 按照上述方法合并部分单元格，并适当调整其行高和列宽，如图 7-47 所示。

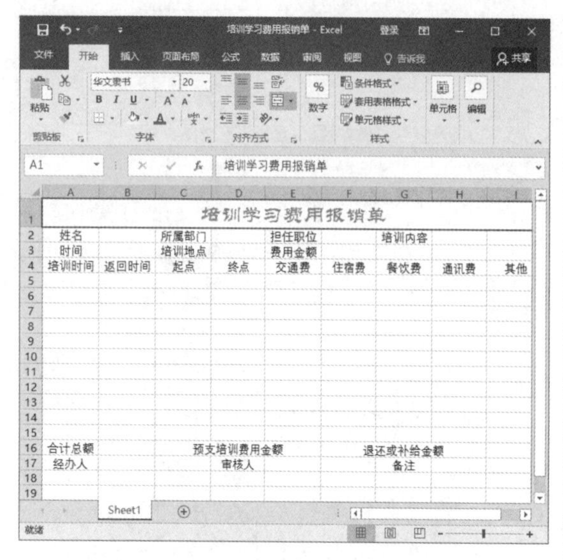

图 7-46 设置选中区域的文字格式

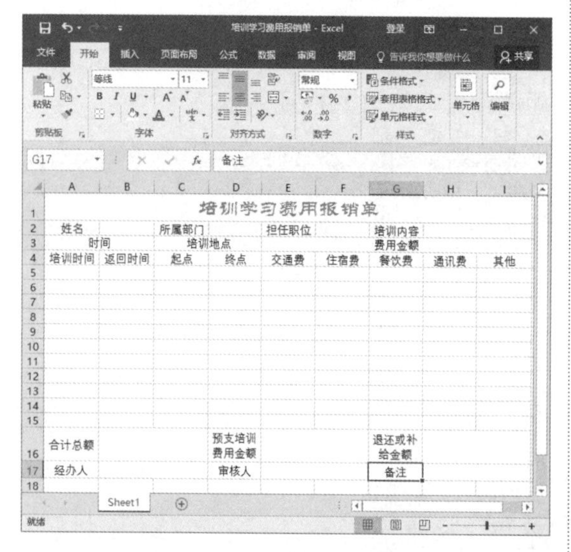

图 7-47 合并部分单元格

步骤 6 选中A1:I17单元格区域，单击【开始】选项卡下【字体】组中的【边框】按钮，从弹出的下拉列表中选择【所有框线】选项，即可为选中的单元格区域添加边框，如图7-48所示。

步骤 7 单击【插入】选项卡下【插图】组中的【图片】按钮，打开【插入图片】对话框，在【查找范围】下拉列表中选择图片的保存位置，选中要插入的图片，如图7-49所示。

步骤 8 单击【插入】按钮，即可将选中的图片插入到工作表中，如图7-50所示。

图 7-48 添加边框

图 7-49 【插入图片】对话框

图 7-50 插入的图片

步骤 9 将鼠标指针移到插入的图片上，此时鼠标指针变成状，如图 7-51 所示。按住左键，然后将图片移到合适的位置并释放鼠标，如图 7-52 所示。

图 7-51　图片上的鼠标指针

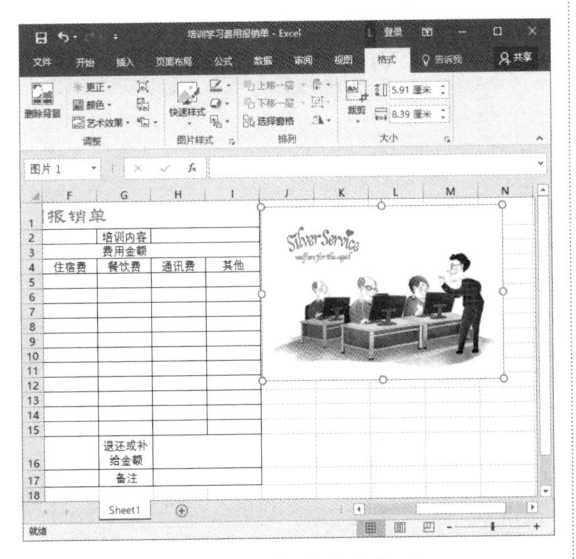

图 7-52　移动图片位置

步骤 10 将鼠标指针移到图片四周的控制点上，当鼠标指针变成双箭头状时按住左键进行拖动，调整图片的大小，然后释放鼠标，如图 7-53 所示。

步骤 11 选中图片，单击【图片工具 - 格式】选项卡下【调整】组中的【更正】按钮，从弹出的下拉列表中选择合适的亮度和对比度，即可实现图片亮度和对比度的调整，如图 7-54 所示。

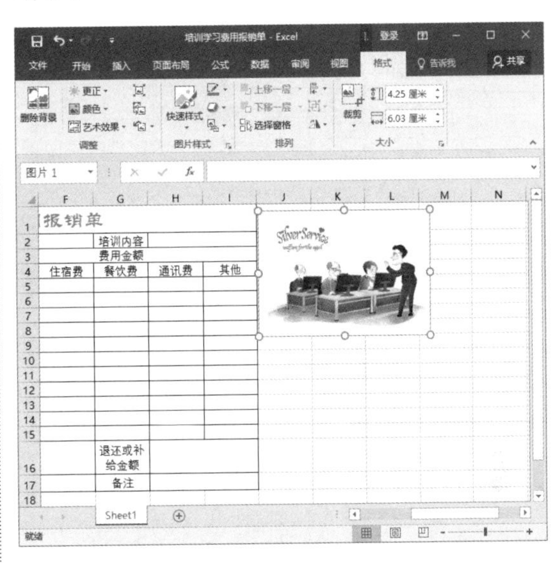

图 7-53　调整图片大小

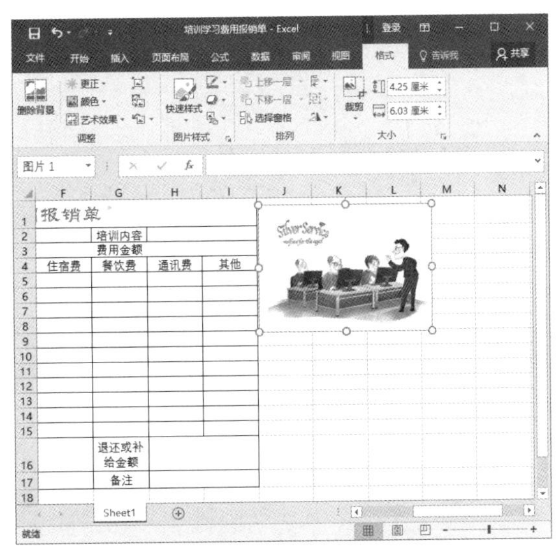

图 7-54　调整图片亮度和对比度

步骤 12 单击【图片样式】组中的【其他】按钮，从弹出的下拉列表中选择合适的图片样式选项，即可实现图片样式的套用操作，如图 7-55 所示。

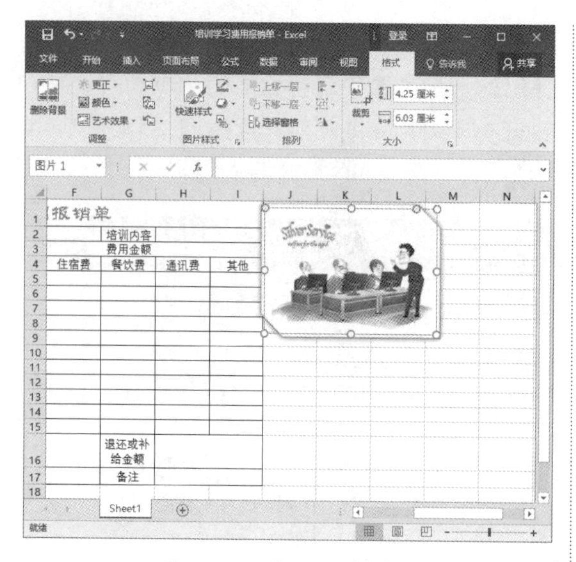

图 7-55　套用图片样式

步骤 13 单击【图片样式】组中的【图片效果】按钮，从弹出的下拉列表中选择需要的效果，即可查看最终的设置效果，如图 7-56 所示。

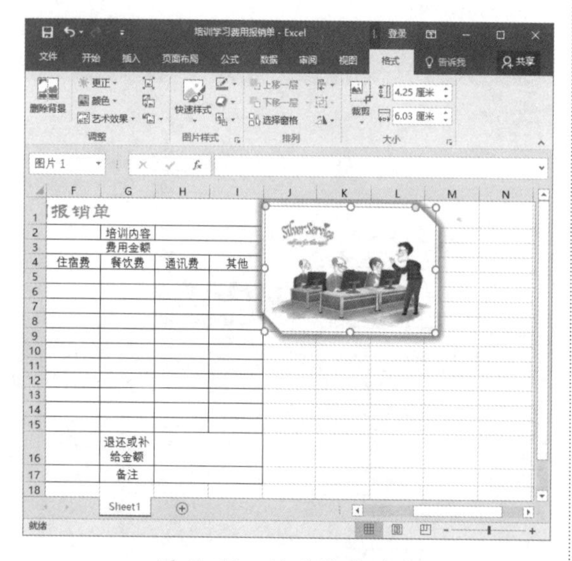

图 7-56　设置图片效果

步骤 14 单击【插入】选项卡下【插图】组中的【联机图片】按钮，打开【插入图片】对话框，如图 7-57 所示。

步骤 15 在【必应图像搜索】搜索栏中输入搜索内容，例如输入“风景”，然后单击搜索栏右侧的搜索按钮，即可显示出相应的搜索结果，如图 7-58 所示。

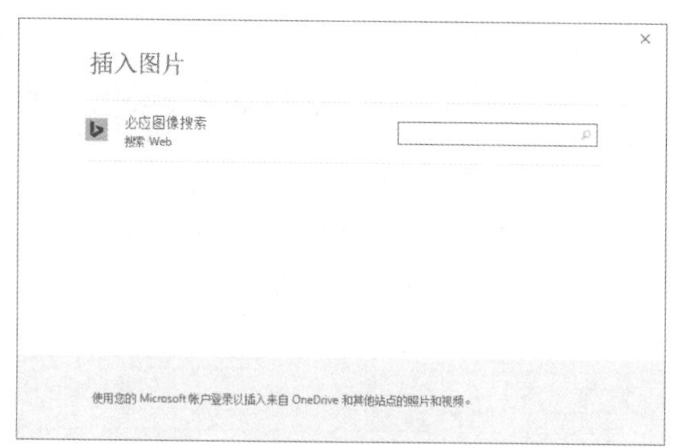

图 7-57　【插入图片】对话框

图 7-58　搜索结果显示

步骤 16 选中需要的联机图片，然后单击【插入】按钮，如图 7-59 所示，即可将选择的联机图片插入到工作表中，如图 7-60 所示。

图 7-59　单击【插入】按钮

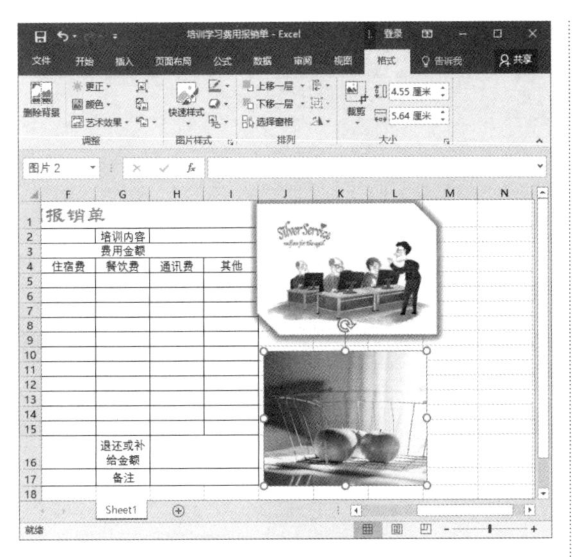

图 7-60 插入联机图片

步骤 17 选中插入的联机图片，此时鼠标指针变成✣状，然后按住左键将联机图片移到合适位置并释放鼠标，即可完成联机图片位置的移动，如图 7-61 所示。

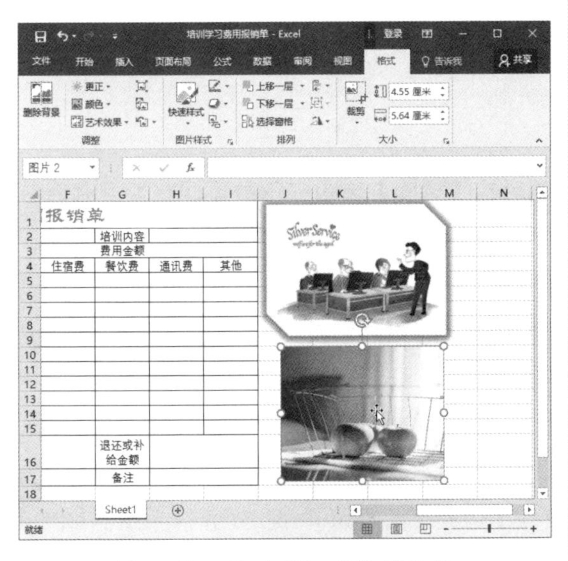

图 7-61 移动联机图片的位置

步骤 18 单击【格式】选项卡下【大小】组中的按钮，打开【设置图片格式】对话框，在【高度】微调框中调节高度值，如图 7-62 所示。

步骤 19 单击【关闭】按钮，即可实现联机图片高度的调整，如图 7-63 所示。

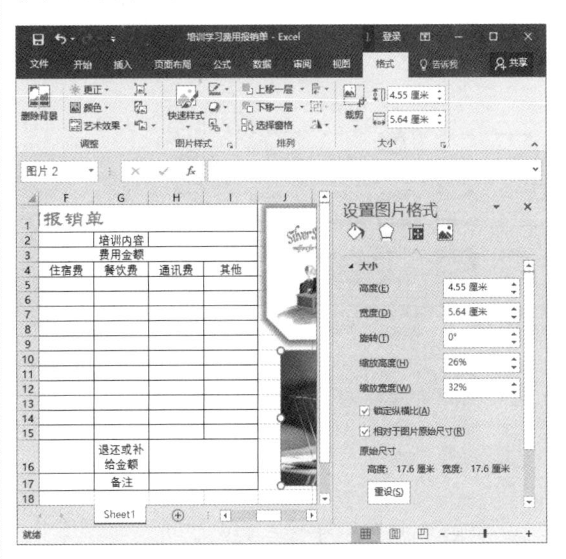

图 7-62 【设置图片格式】对话框

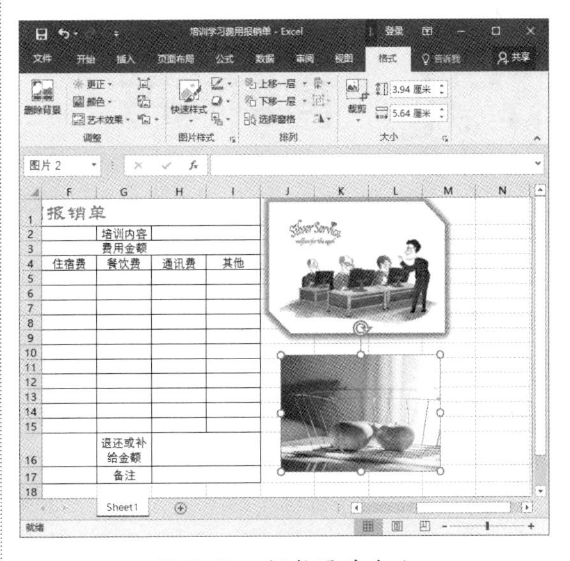

图 7-63 调整图片大小

步骤 20 单击【图片样式】组中的【其他】按钮，从弹出的下拉列表中选择合适的选项即可完成图片样式的套用操作，如图 7-64 所示。

步骤 21 单击【图片样式】组中的【图片效果】按钮，从弹出的下拉列表中选择需要的选项，如图 7-65 所示，即可完成联机图片的最终设置，效果如图 7-66 所示。

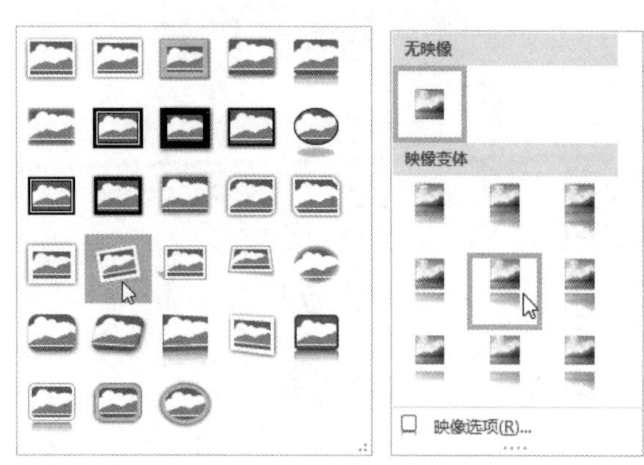

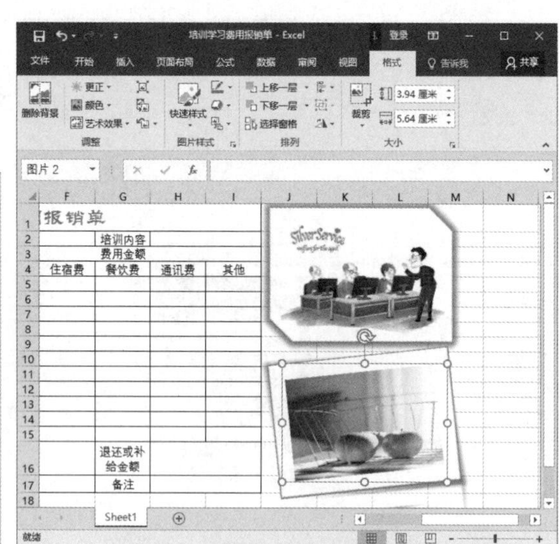

图 7-64　套用图片样式　图 7-65　选择图片效果　　图 7-66　联机图片的最终设置效果

步骤 22 单击【保存】按钮，保存制作完的工作簿。

7.4 高手解惑

问：如何将插入的图片设置为灰度样式？

高手：首先将选中的图片插入到工作表中，然后在【格式】选项卡下的【调整】组中单击【亮度】按钮，从弹出的下拉菜单中选择【图片修正选项】命令，弹出【设置图片格式】对话框。接着在左侧列表中单击【图片】按钮，在右侧区域中单击【重新着色】按钮，从弹出的下拉列表中选择【颜色模式】下的【灰度】选项，即可将插入的图片设置为灰度样式。

问：如何创建数据图片？

高手：数据图片可以根据数据区域的变化而变化，而且即使对数据图片进行单独的格式设置也不会影响源数据。创建数据图片的方法为：首先选中要创建数据图片的区域，按 Ctrl+C 组合键，将数据区域复制，然后切换到【开始】选项卡，按 Shift 键的同时，在【剪贴板】组中单击【粘贴】按钮，从弹出的下拉列表中选择【以图片格式】选项，在子列表中选择【粘贴图片链接】选项，即可创建数据图片。该图片中的数据会随源数据的变化而变化。

使用图形美化工作表

- **本章导读**

Excel 2016 中的图形对象包括形状、SmartArt 图形、文本框、艺术字等，通过设置图形对象可以起到美化工作表的作用。本章将为读者介绍使用图形对象美化工作表的方法与技巧。

- **学习目标**

◎ 掌握使用自选形状美化工作表的方法
◎ 掌握使用 SmartArt 图形美化工作表的方法
◎ 掌握使用文本框美化工作表的方法
◎ 掌握使用艺术字美化工作表的方法

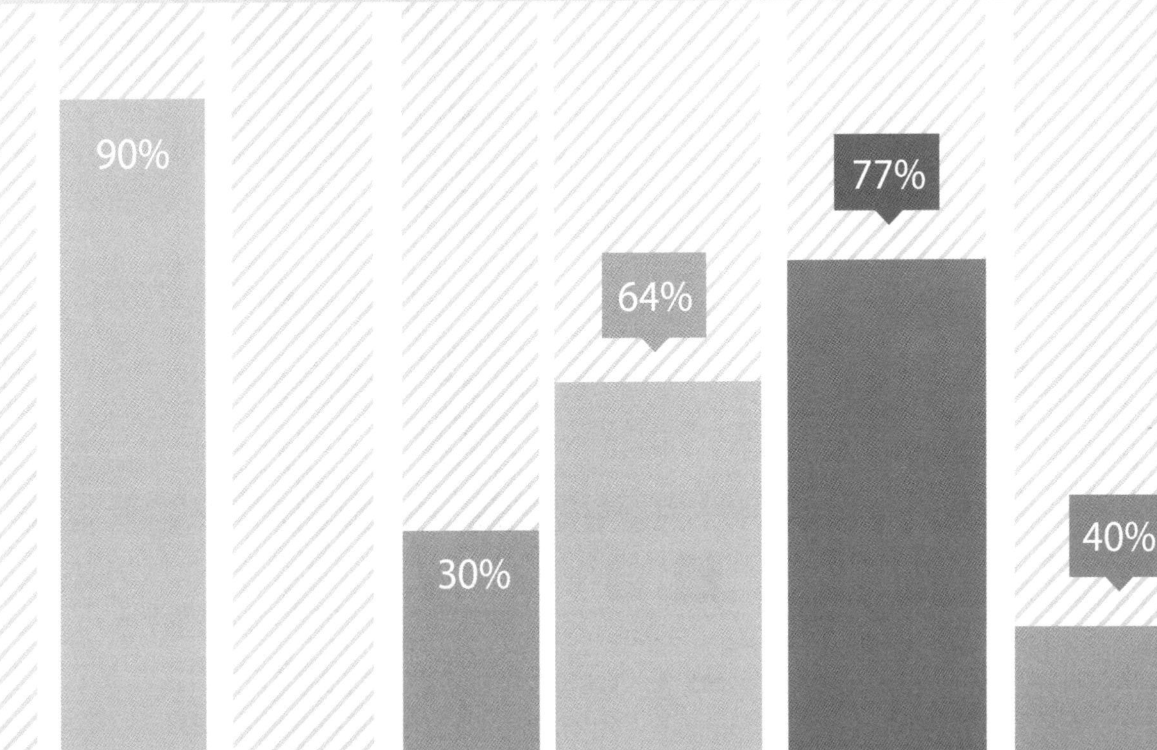

8.1 使用自选形状

Excel 2016 中内置了 8 类图形，分别是线条、矩形、基本形状、箭头总汇、公式形状、流程图、星与旗帜、标注。单击【插入】选项卡下【插图】组中的【形状】按钮 ，在弹出的下拉列表中根据需要从中选择合适的图形对象。

8.1.1 绘制规则形状

在 Excel 工作表中绘制形状的具体步骤如下。

步骤 1 新建一个空白工作簿，在【插入】选项卡中单击【插图】组中的【形状】按钮 ，在弹出的形状下拉列表中选中要插入的形状，如图 8-1 所示。

步骤 2 返回到工作表中，在任意位置处单击并拖动鼠标，即可绘制出相应的图形，如图 8-2 所示。

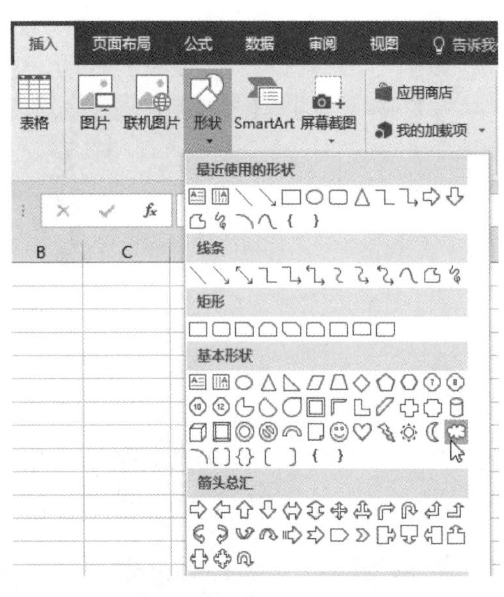

图 8-1 选中要插入的形状

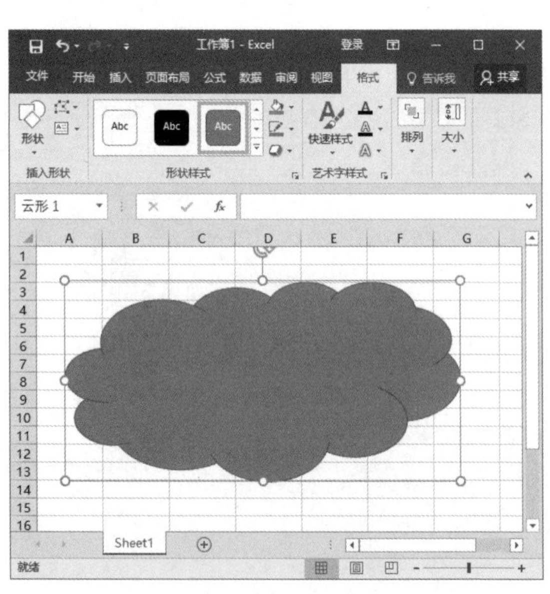

图 8-2 插入形状

提示 当在工作表区域内添加并选中图形时，在功能区会出现【绘图工具 - 格式】选项卡，通过它可以设置图形的格式，如图 8-3 所示。

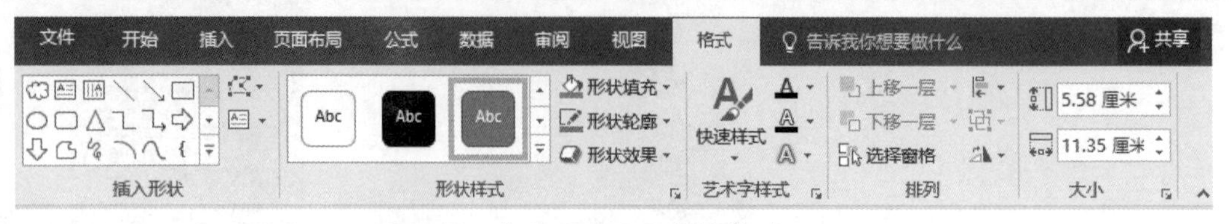

图 8-3 【绘图工具 - 格式】选项卡

8.1.2 绘制不规则形状

使用 Excel 2016 的形状功能可以轻松实现规则形状的绘制，对于不规则图形的绘制比较麻烦。例如绘制一条曲线，就需要确定多个定点，与其他形状的绘制稍有差别。绘制曲线的具体步骤如下。

步骤 1 在【插入】选项卡中，单击【插图】组中的【形状】按钮，在弹出的下拉列表中选择【线条】选项区域中的【曲线】选项，如图 8-4 所示。

步骤 2 在工作表中单击，确定曲线的起点，拖曳鼠标将其指针移到适当的位置后单击，确定曲线第 2 点的位置，然后拖曳鼠标确定前面两点之间曲线的弧度，满足需要后双击，一条曲线就绘制好了，如图 8-5 所示。

> **注意** 在上面绘制的曲线中，只确定了两个点之间的弧度。还可以确定第 3 点、第 4 点的位置，拖曳鼠标确定每一段的弧度，这样可以绘制连续的曲线，如图 8-6 所示。

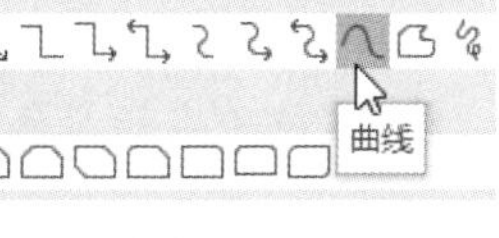

图 8-4　选择曲线形状

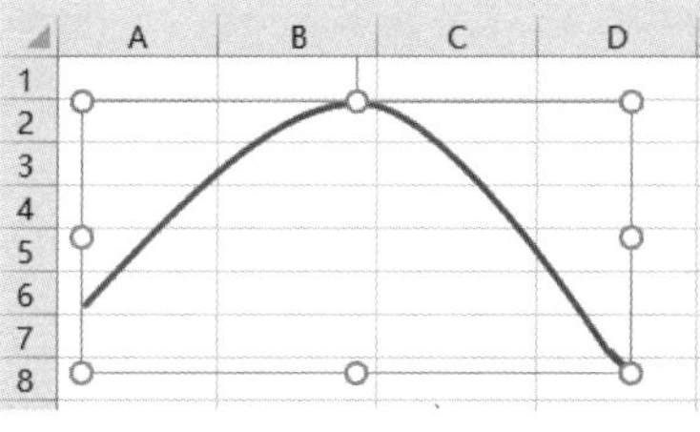

图 8-5　绘制曲线

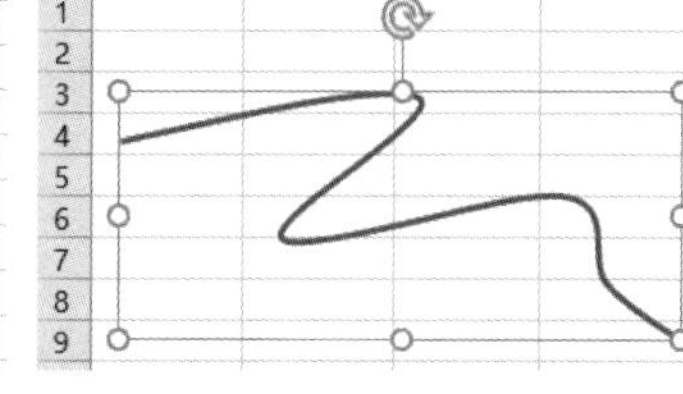

图 8-6　绘制多点曲线

8.1.3 在形状中添加文字

许多形状都有插入文字的功能，具体的操作步骤如下。

步骤 1 在 Excel 工作表中插入形状后，右击形状，在弹出的快捷菜单中选择【编辑文字】命令，形状中会出现输入光标，如图 8-7 所示。

步骤 2 在光标处输入文字即可，如图 8-8 所示。

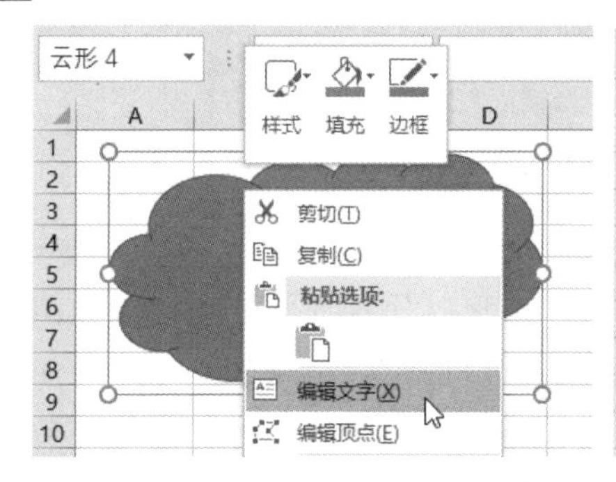

图 8-7　选择【编辑文字】命令

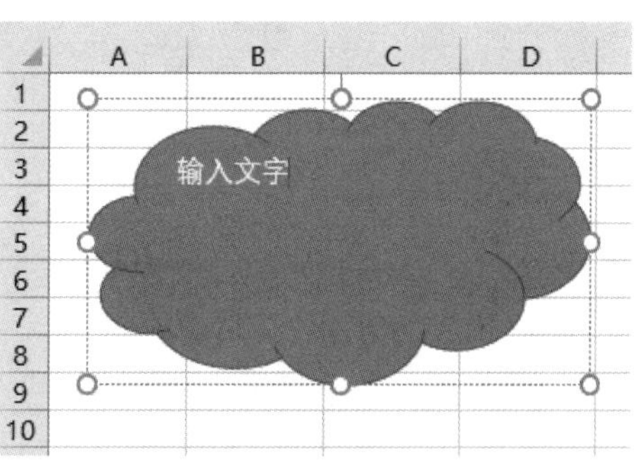

图 8-8　输入文字

提示 当形状包含文本时，单击对象即可进入编辑模式。若要退出编辑模式，首先要确定对象已被选中，然后按 Esc 键即可。

8.1.4 设置形状样式

适当地设置图形样式可以使图形更具有说服力。设置图形样式的具体操作步骤如下。

步骤 1 在 Excel 工作表中插入一个形状，如图 8-9 所示。

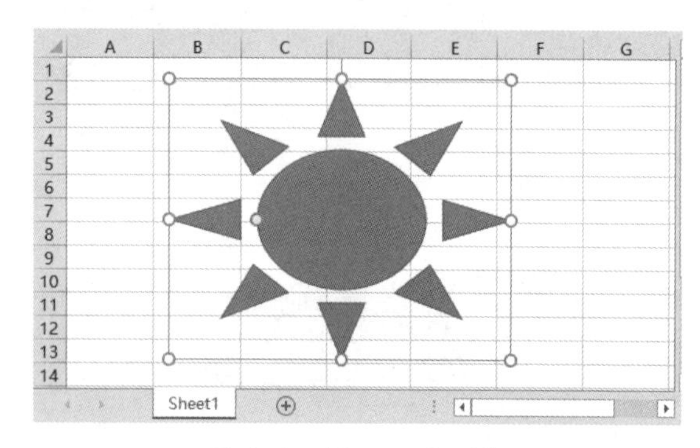

图 8-9　插入一个形状

步骤 2 选中形状，单击【绘图工具－格式】选项卡【形状样式】组中的【其他】按钮▾，在弹出的下拉列表中选择【强烈效果－金色，强调颜色 4】样式，如图 8-10 所示。

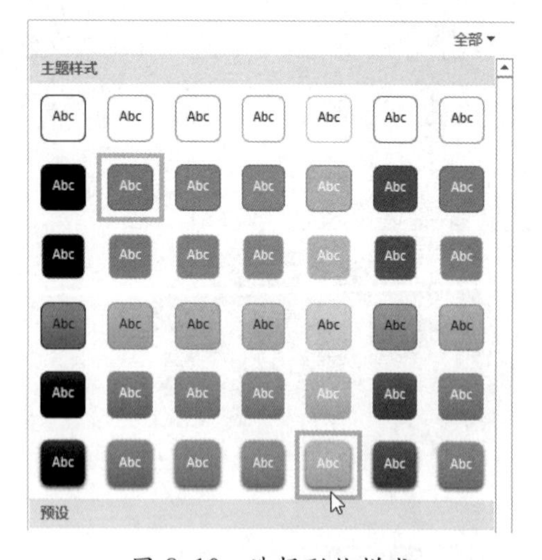

图 8-10　选择形状样式

步骤 3 单击【绘图工具－格式】选项卡【形状样式】组中的【形状轮廓】按钮形状轮廓，在弹出的下拉列表中选择【红色】轮廓，如图 8-11 所示。

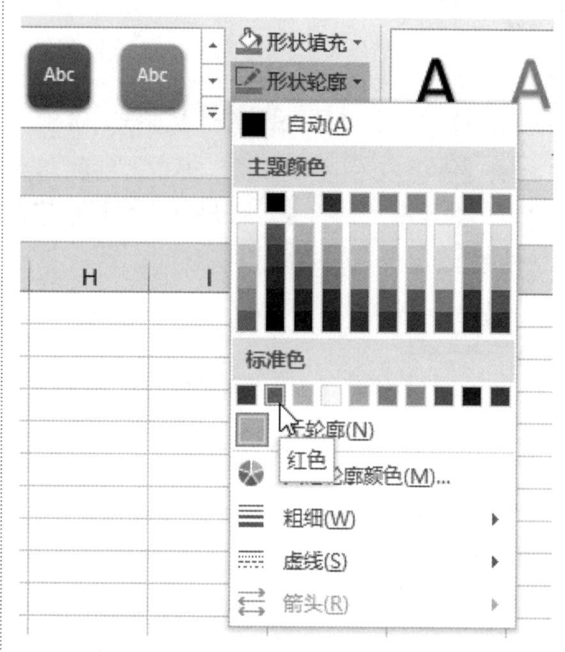

图 8-11　改变形状轮廓的颜色

步骤 4 最终效果如图 8-12 所示。

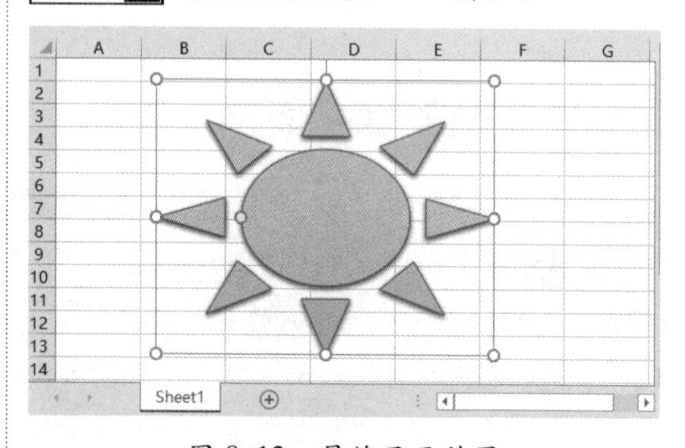

图 8-12　最终显示效果

8.1.5 添加形状效果

为形状添加形状效果，例如阴影和三维效果，可以增强形状的立体感，起到强调形状视觉效果的作用。为形状添加效果的操作步骤如下。

步骤 1 选中要添加形状效果的形状，如图 8-13 所示。

图 8-13　选中插入的形状

步骤 2 在【绘图工具 - 格式】选项卡中，单击【形状样式】组中的【形状效果】按钮 形状效果 ，弹出的下拉列表包括预设、阴影、映像、发光等效果，如图 8-14 所示。

图 8-14　【形状效果】下拉列表

步骤 3 如果想要为形状添加阴影效果，则可以选择【阴影】选项，然后在其子列表中选择需要的阴影样式，添加阴影后的形状效果如图 8-15 所示。

图 8-15　添加阴影效果

步骤 4 如果想要为形状添加预设效果，则可以选择【预设】选项，然后在其子列表中选择需要的预设样式，添加预设样式后的形状效果如图 8-16 所示。

图 8-16　预设效果

提示 使用相同的方法，还可以为形状添加发光、映像、三维旋转等效果，这里不再赘述。

8.2 使用SmartArt图形

SmartArt 图形是数据信息的艺术表示形式，在不同的布局中创建 SmartArt 图形可以快速、轻松、高效地表达信息。

8.2.1 创建 SmartArt 图形

在创建 SmartArt 图形之前，应清楚需要通过 SmartArt 图形表达什么样的信息以及是否希望信息以某种特定方式显示。创建 SmartArt 图形的具体操作步骤如下。

步骤 1 单击【插入】选项卡下【插图】组中的 SmartArt 按钮，弹出【选择 SmartArt 图形】对话框，如图 8-17 所示。

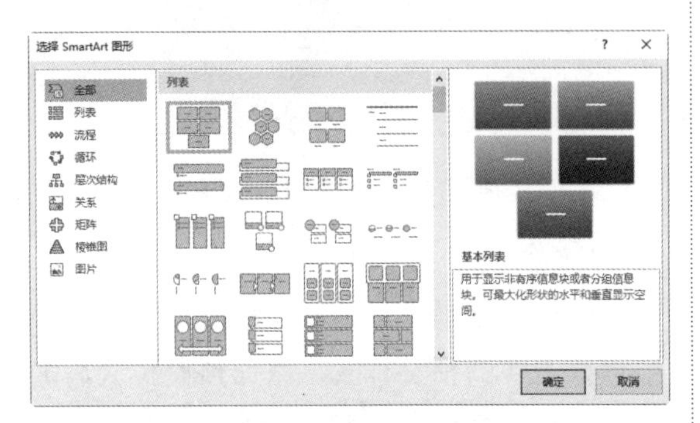

图 8-17 【选择 SmartArt 图形】对话框

步骤 2 选择左侧列表框中的【层次结构】选项，在右侧的列表框中选择【组织结构图】选项，单击【确定】按钮，如图 8-18 所示。

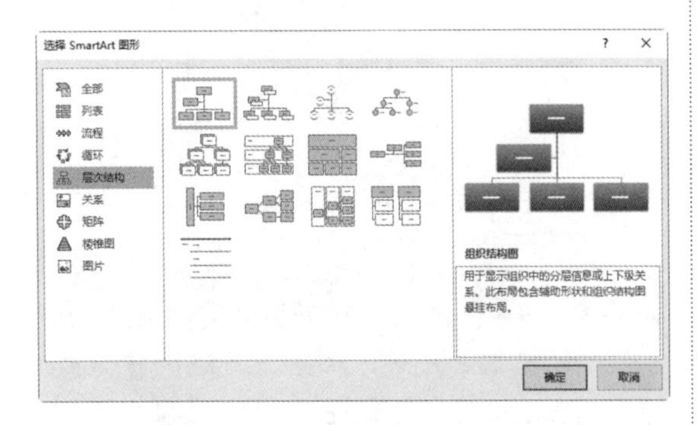

图 8-18 选择要插入的结构

步骤 3 此时已在工作表中插入了 SmartArt 图形，如图 8-19 所示。

步骤 4 在【在此处键入文字】窗格中的【文本】处输入相关内容，SmartArt 图形会自动更新显示的内容，如图 8-20 所示。

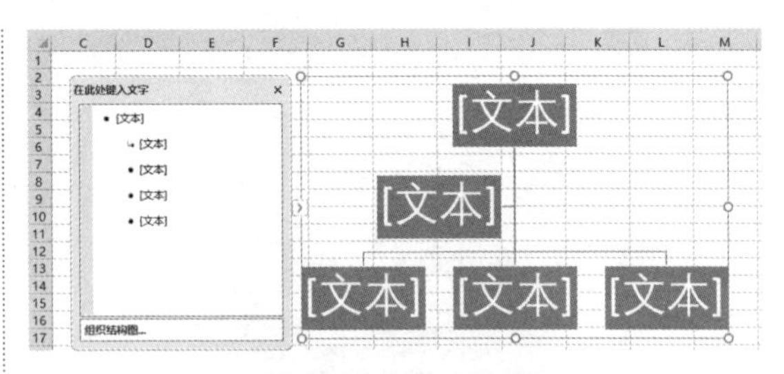

图 8-19 插入形状

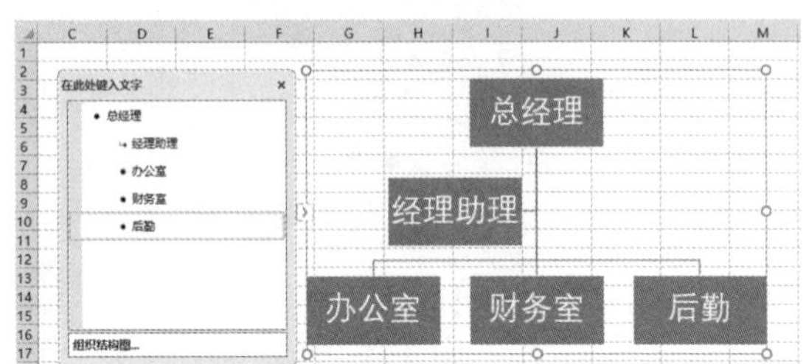

图 8-20 输入文字

8.2.2 改变 SmartArt 图形的布局

通过改变 SmartArt 图形的布局可以改变其外观，从而使图形更能体现出层次结构。

1. 改变悬挂结构

步骤 1 选择 SmartArt 图形的最上层形状，在【SmartArt 工具 - 设计】选项卡下的【创建图形】组中单击【布局】按钮，在弹出的下拉列表中选择【左悬挂】选项，如图 8-21 所示。

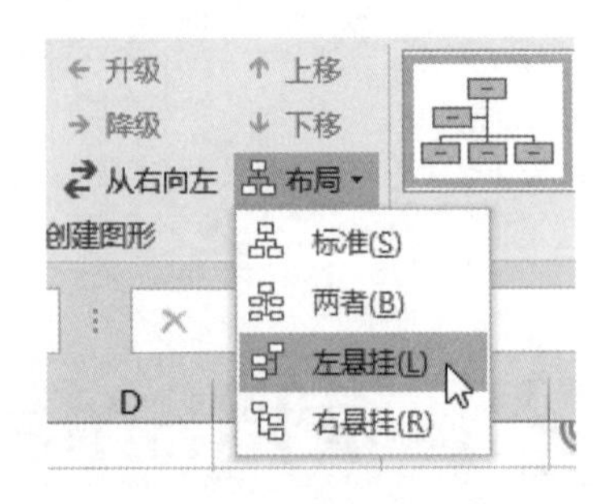

图 8-21 选择【左悬挂】选项

步骤 2 此时 SmartArt 图形的结构已改变，如图 8-22 所示。

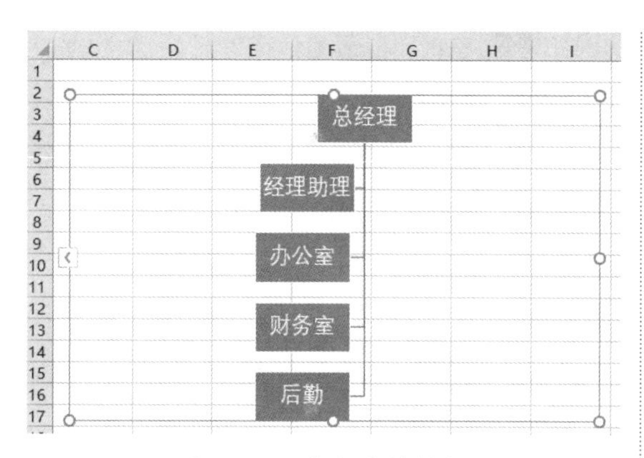

图 8-22 改变悬挂结构

2. 改变布局样式

步骤 1 单击【SmartArt 工具 - 设计】选项卡下版式组右侧的按钮，在弹出的下拉列表中选择【水平层次结构】形式，如图 8-23 所示。

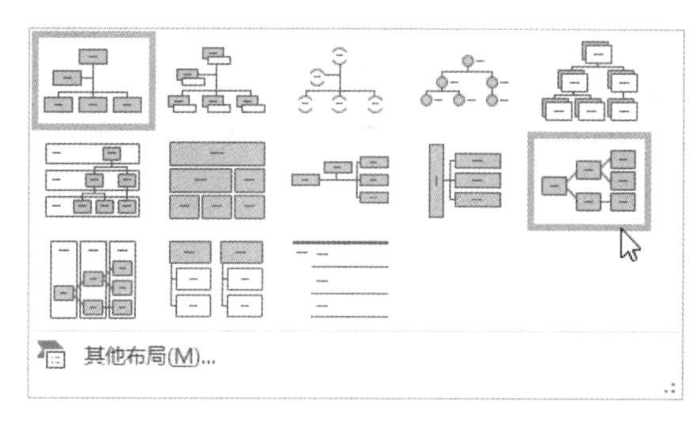

图 8-23 选择布局样式

步骤 2 此时已快速更改了 SmartArt 图形的布局，如图 8-24 所示。

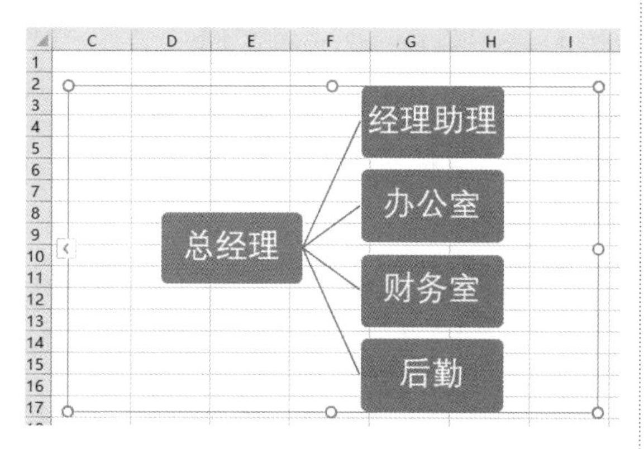

图 8-24 快速更改布局样式

> **提示** 在【布局】组中单击【其他】按钮，在弹出的下拉菜单中选择【其他布局】命令，打开【选择 SmartArt 图形】对话框，在其中也可以选择需要的布局样式，如图 8-25 所示。

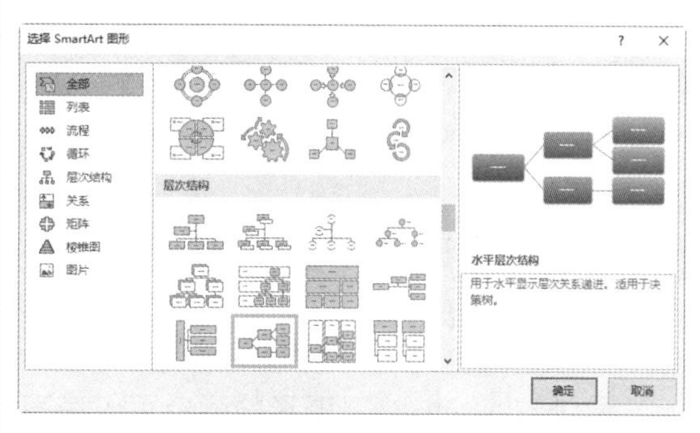

图 8-25 【选择 SmartArt 图形】对话框

8.2.3 更改 SmartArt 图形的样式

用户可以通过更改 SmartArt 图形的样式，使插入的 SmartArt 图形更加美观，具体的操作步骤如下。

步骤 1 选中 SmartArt 图形，在【SmartArt 工具 - 设计】选项卡的【SmartArt 样式】组中单击右侧的【其他】按钮，在弹出的下拉列表中选择【三维】选项区域中的【优雅】类型样式，如图 8-26 所示。

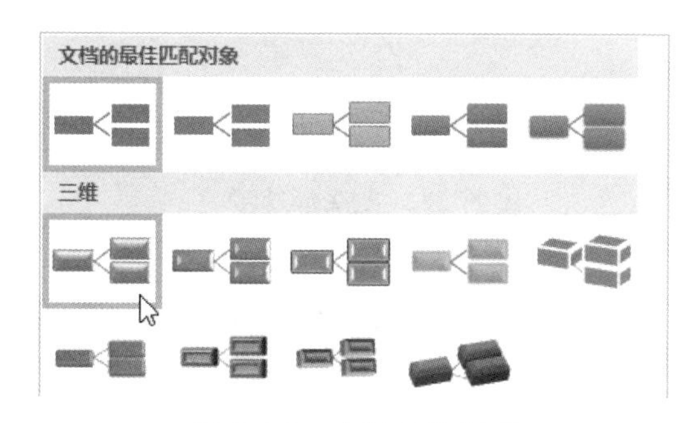

图 8-26 选择形状样式

步骤 2 此时已更改了 SmartArt 图形的样式，如图 8-27 所示。

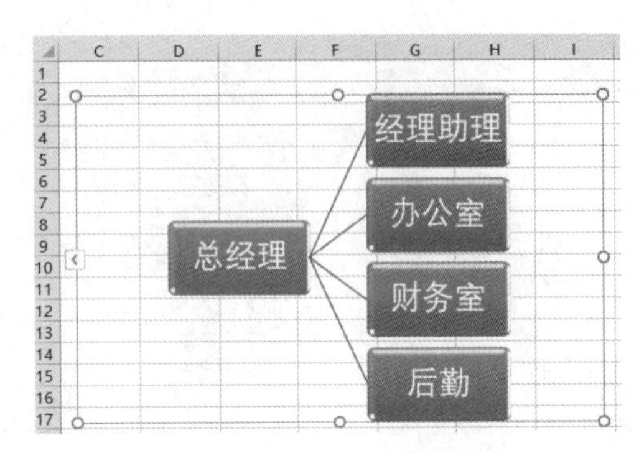

图 8-27　应用形状样式

8.2.4 更改 SmartArt 图形的颜色

通过改变 SmartArt 图形的颜色可以使图形更加绚丽多彩，具体的操作步骤如下。

步骤 1 选中需要更改颜色的 SmartArt 图形，单击【SmartArt 工具 - 设计】选项卡【SmartArt 样式】组中的【更改颜色】按钮，在弹出的下拉列表中选择【彩色】选项区域中的任意一种样式，如图 8-28 所示。

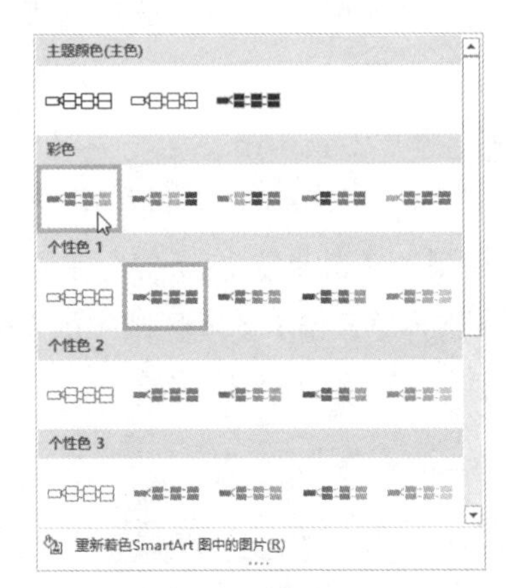

图 8-28　更改形状颜色

步骤 2 更改 SmartArt 图形颜色后的效果如图 8-29 所示。

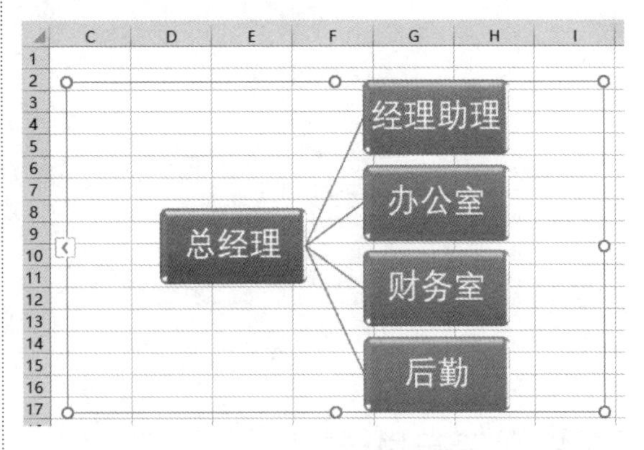

图 8-29　更改颜色后的显示效果

8.2.5 调整 SmartArt 图形的大小

SmartArt 图形作为一个对象，可以方便地调整其大小。选中 SmartArt 图形后，其周围将出现一个边框，将鼠标指针移到边框上，如果指针变为双向箭头，那么拖曳鼠标指针就可以调整其大小，如图 8-30 所示。

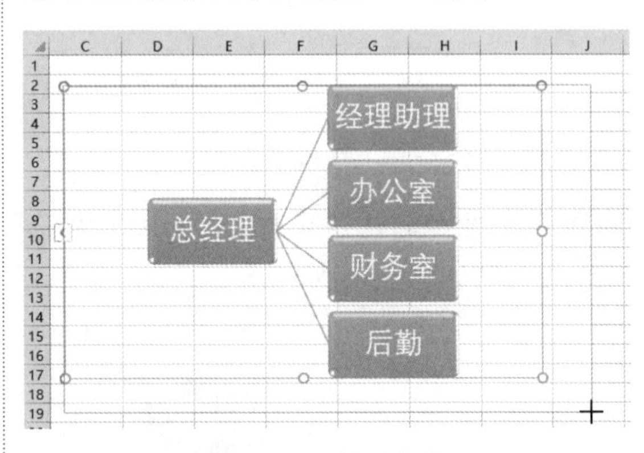

图 8-30　调整形状大小

8.3 使用文本框

文本框是一种图形对象，它作为一个存放文本或图形的独立窗口，可以放置在页面中的任意位置，用户根据需要可以随意调整文本框的大小。

8.3.1 插入文本框

文本框分为横排和竖排两类，根据需要可以插入相应的文本框，具体操作步骤如下。

步骤 1 单击工作表中的任意单元格，单击【插入】选项卡下【文本】组中的【文本框】按钮。如果要绘制横排文本框，那么在弹出的下拉列表中选择【横排文本框】选项，如图 8-31 所示。

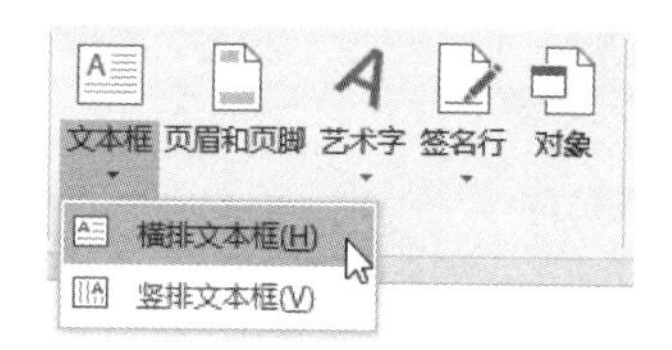

图 8-31 选择【横排文本框】选项

步骤 2 返回到工作表中，鼠标指针变为十字形状↓，然后拖动鼠标指针绘制文本框，如图 8-32 所示。

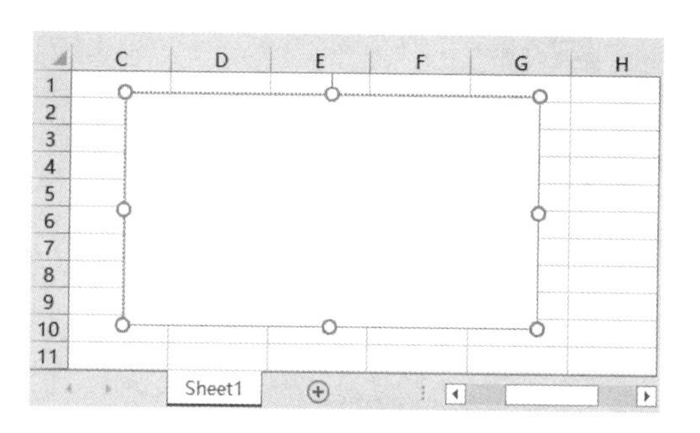

图 8-32 绘制横排文本框

步骤 3 如果要绘制竖排文本框，那么在弹出的下拉列表中选择【竖排文本框】选项，即可在工作表中绘制竖排文本框，如图 8-33 所示。

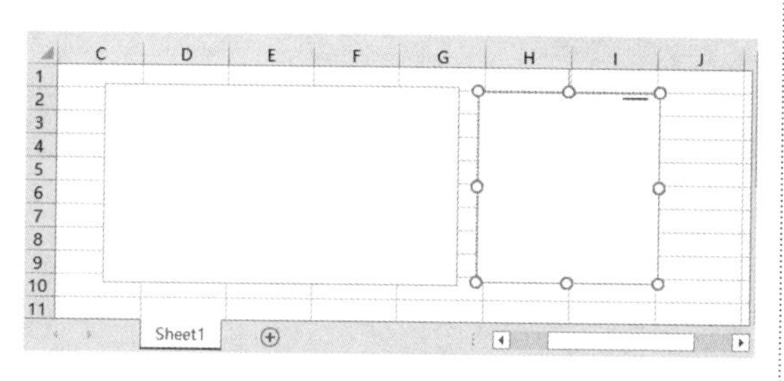

图 8-33 绘制竖排文本框

8.3.2 设置文本框格式

创建文本框后，用户可以对文本框的格式进行设置，使其更加美观。具体的操作步骤如下。

步骤 1 新建一个工作簿，创建一个横排文本框，然后在文本框中输入文本，如图 8-34 所示。

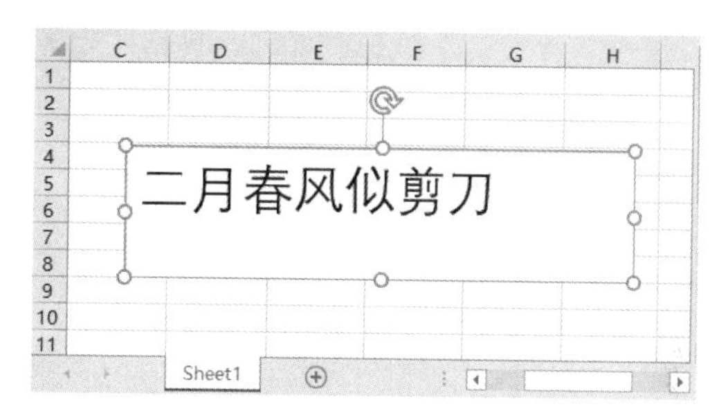

图 8-34 在文本框中输入文字

步骤 2 选中文本框，在【绘图工具－格式】选项卡的【形状样式】组中设置文本框的形状样式，如图 8-35 所示。

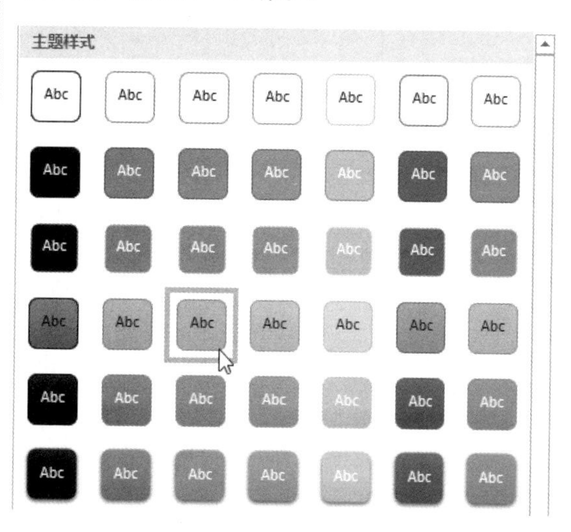

图 8-35 选择形状样式

步骤 3 返回到 Excel 工作表，可以看到添加形状样式后的文本框效果，如图 8-36 所示。

步骤 4 选中文本框中的文字内容，在【绘图工具－格式】选项卡的【艺术字样式】组中单击【快速样式】按钮，在弹出的下拉列表中快速设置文本框中文字的样式，如图 8-37 所示。

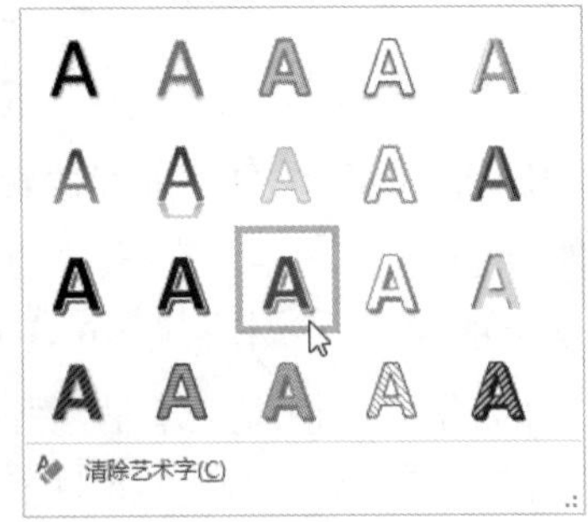

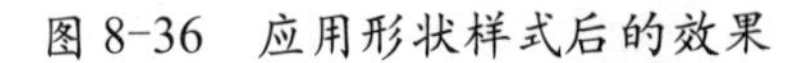
图 8-36 应用形状样式后的效果

图 8-37 选择文本快速样式

8.4 使用艺术字

在工作表中除了可以插入图形外，还可以插入艺术字、文本框和其他对象。艺术字是一个文字样式库，用户可以将艺术字添加到 Excel 文档中，制作出装饰效果。

8.4.1 添加艺术字

在工作表中添加艺术字的具体步骤如下。

步骤 1 在 Excel 工作表的【插入】选项卡中单击【文本】组中的【艺术字】按钮，弹出下拉列表，如图 8-38 所示。

步骤 2 单击需要的艺术字样式，即可在工作表中插入艺术字文本框，如图 8-39 所示。

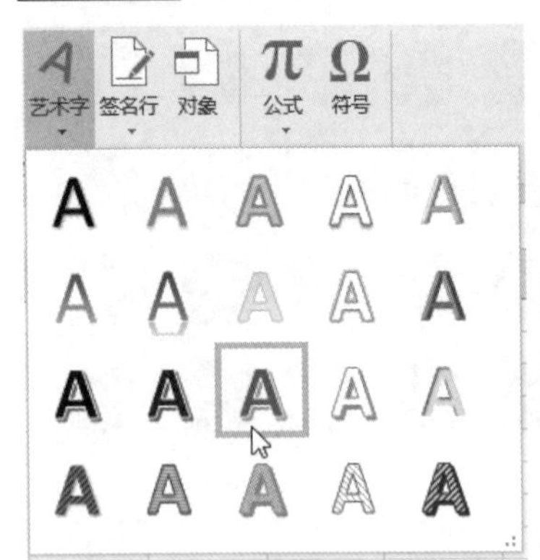

图 8-38 选择艺术字样式

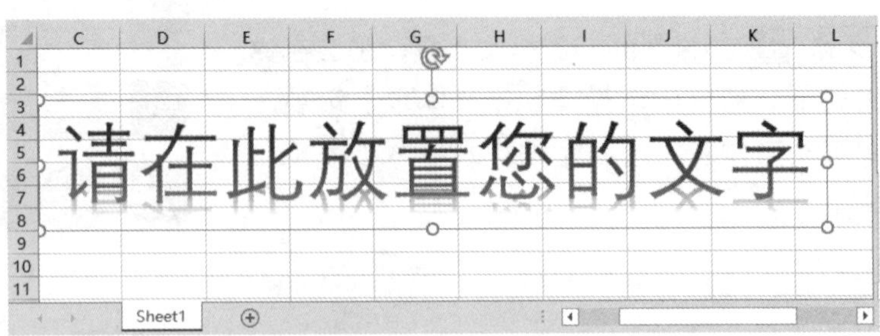

图 8-39 艺术字文本框

步骤 3 将光标定位在工作表的艺术字文本框中，删除预定的文字，输入作为艺术字的文本，如图 8-40 所示。

步骤 4 单击工作表中的任意位置，即可完成艺术字的输入，如图 8-41 所示。

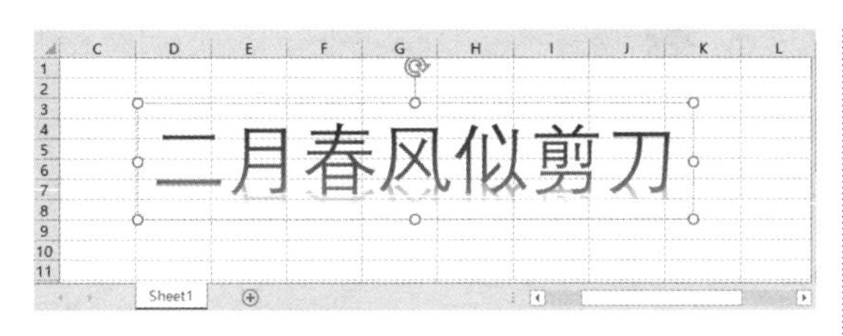

图 8-40　输入文字

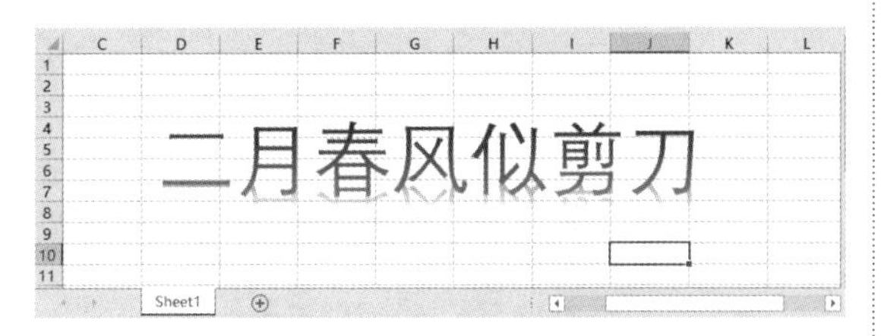

图 8-41　完成艺术字的输入

8.4.2 修改艺术字文本

如果插入的艺术字有错误，那么只要在艺术字内部单击，就可以进入字符编辑状态。按 Delete 键删除错误的字符，然后输入正确的字符即可，如图 8-42 所示。

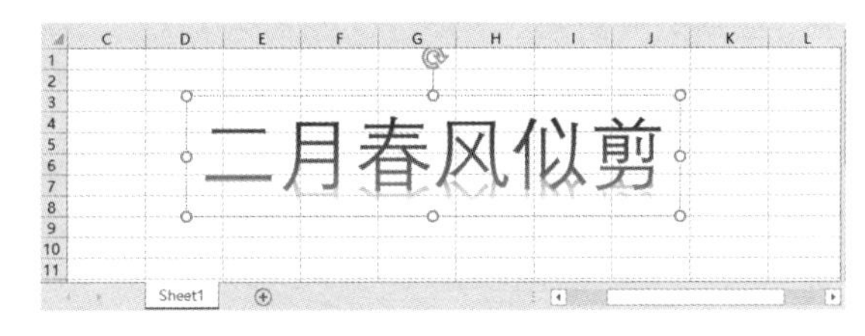

图 8-42　修改艺术字

8.4.3 设置艺术字字体与字号

设置艺术字的字体、字号和设置普通文本的字体、字号一样，具体的操作步骤如下。

步骤 1　选中需要设置字体的艺术字，在【开始】选项卡中【字体】组的【字体】下拉列表中选择一种字体即可，如图 8-43 所示。

步骤 2　在【字体】组中的【字号】下拉列表中选择一种字号，即可改变艺术字的字号，如图 8-44 所示。

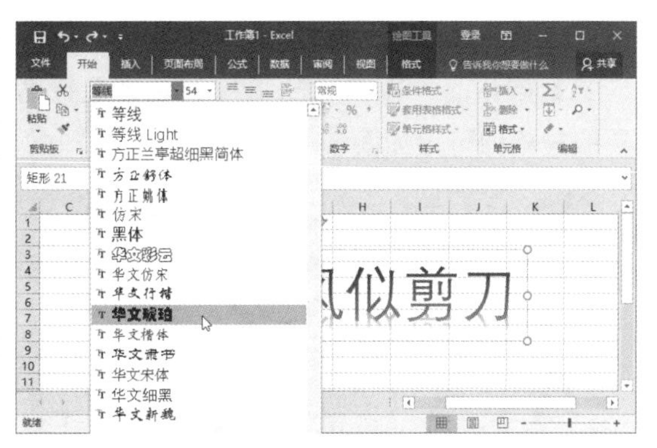

图 8-43　选择艺术字的字体样式

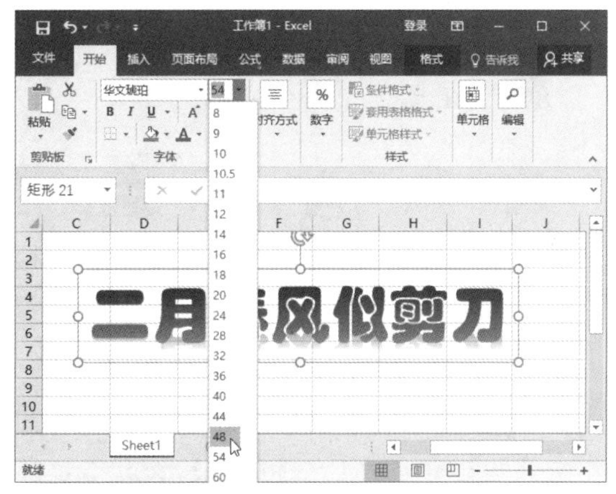

图 8-44　设置艺术字大小

步骤 3　更改艺术字样式与字号大小后的显示效果如图 8-45 所示。

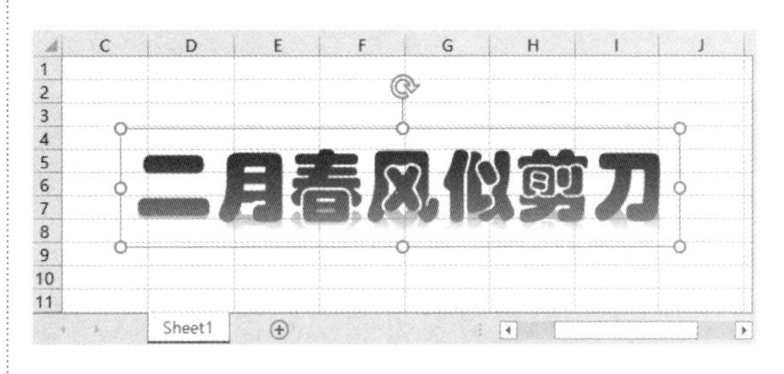

图 8-45　艺术字的显示效果

8.4.4 设置艺术字样式

在【艺术字样式】组中可以快速更改艺术字的样式以及清除艺术字样式，具体的操作步骤如下。

步骤 1　选中艺术字，在【绘图工具 - 格式】

选项卡中单击【艺术字样式】组中的【快速样式】按钮，在弹出的下拉列表中选择需要的样式即可，如图 8-46 所示。

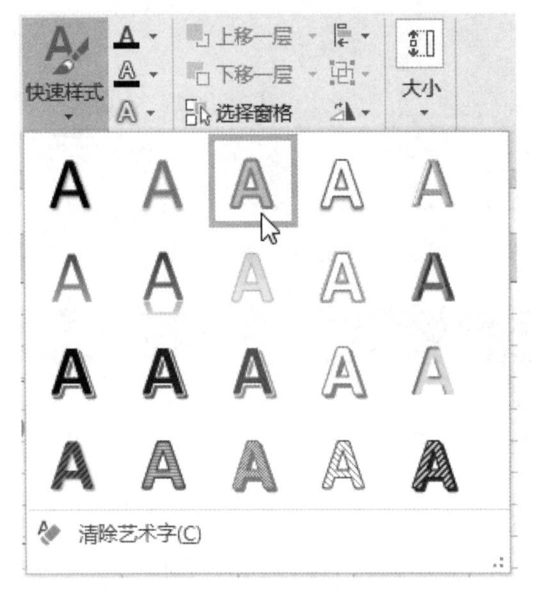

图 8-46　选择艺术字样式

步骤 2 设置颜色。选中艺术字，单击【艺术字样式】组中的【文本填充】按钮，然后自定义设置艺术字字体的填充样式与颜色，如图 8-47 所示。

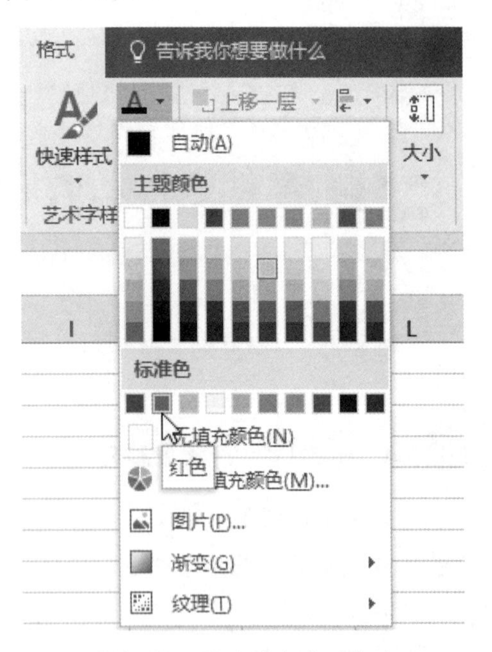

图 8-47　设置艺术字的颜色

步骤 3 填充效果。选中艺术字，单击【艺术字样式】组中的【文本轮廓】按钮，然后自定义设置艺术字字体的轮廓样式，如图 8-48 所示。

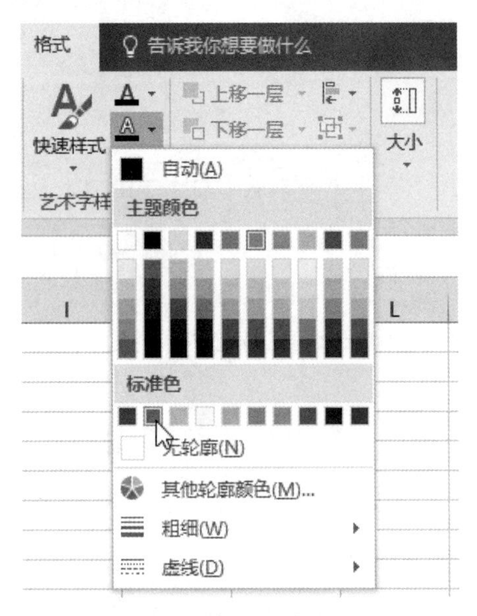

图 8-48　设置艺术字的轮廓样式

步骤 4 设置文字效果。单击【艺术字样式】组中的【文本效果】按钮，在弹出的下拉列表中可以设置艺术字的阴影、映像、发光、棱台、三维旋转以及转换等效果，如图 8-49 所示。

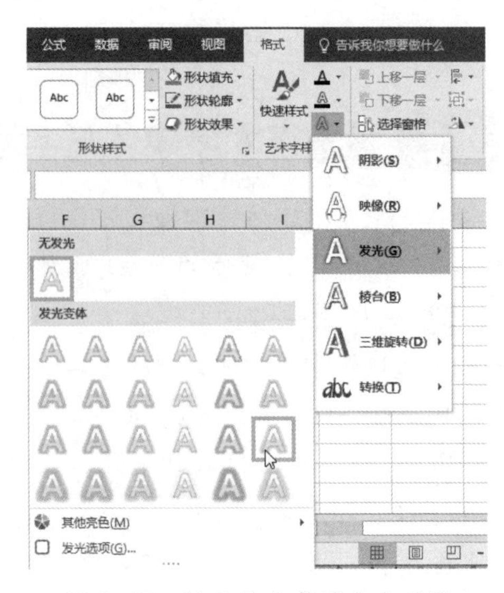

图 8-49　设置艺术字的文本效果

8.5 高效办公技能实战

8.5.1 使用 Excel 进行屏幕截图

Excel 2016 中自带有屏幕截图功能，如果需要截取当前的操作，就不必使用第三方截图工具进行截图了，具体的操作步骤如下。

步骤 1 在【插入】选项卡中单击【插图】组中的【屏幕截图】按钮，弹出的下拉列表中显示了当前打开的窗口的截图，单击其中的一种即可将其插入到工作表中，如图 8-50 所示。

步骤 2 如果要截取范围，选择下拉列表中的【屏幕剪辑】选项，即可使用十字光标在窗口中截图，同时将其插入到 Excel 工作表中，如图 8-51 所示。

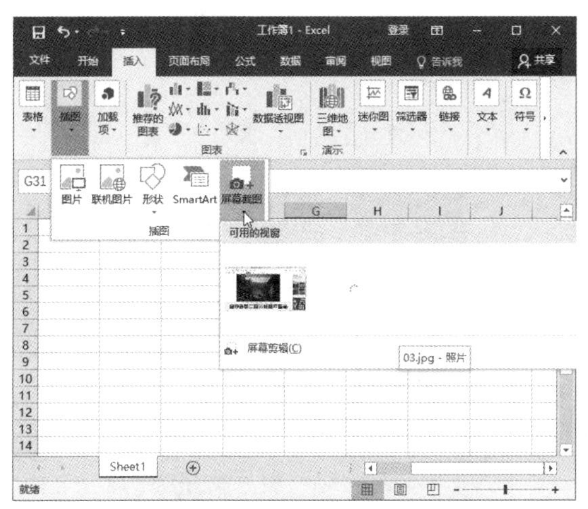

图 8-50　单击【屏幕截图】按钮

图 8-51　屏幕截图图片

8.5.2 绘制订单处理流程图

本实例介绍订单处理流程图的制作方法。通过本实例的练习，用户应掌握利用 SmartArt 图形制作流程图的方法。具体绘制步骤如下。

步骤 1 启动 Excel 2016，新建一个空白文档，将其保存为“网上零售订单处理流程图 .xlsx”，在【插入】选项卡中单击【文本】组中的【文本框】按钮，绘制一个横排文本框，如图 8-52 所示。

步骤 2 将光标定位在工作表中的文本框中，输入“网上零售订单处理流程图”，将字号设为“28”，在【绘图工具 - 格式】选项卡的【艺术字样式】组中套用“填充 - 白色，轮廓 - 着色 2，清晰阴影 - 着色 2”艺术字样式，并单击【文本效果】按钮，在弹出的下拉列表中选择【映像】选项，在子列表中，设置文本为“紧密映像，接触”效果，如图 8-53 所示。

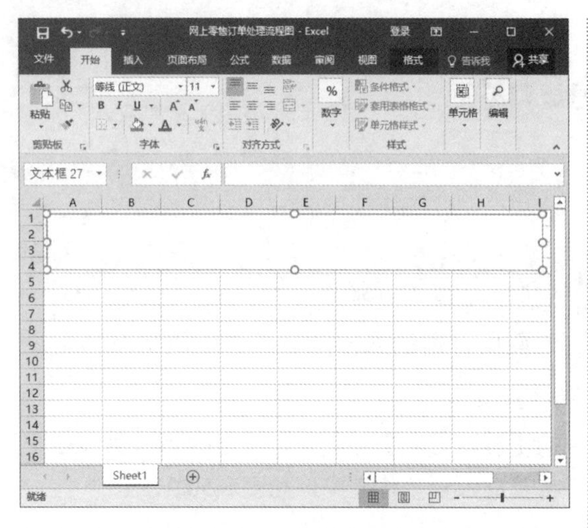

图 8-52　绘制文本框

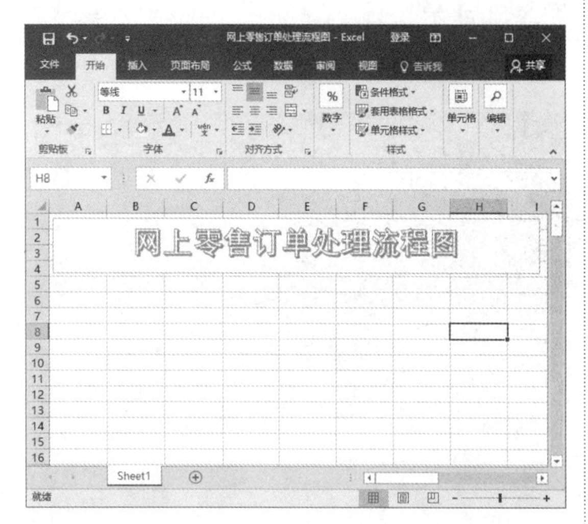

图 8-53　输入文字并设置文字样式

步骤 3 在【插入】选项卡中单击【插图】组中的 SmartArt 按钮，弹出【选择 SmartArt 图形】对话框，如图 8-54 所示。

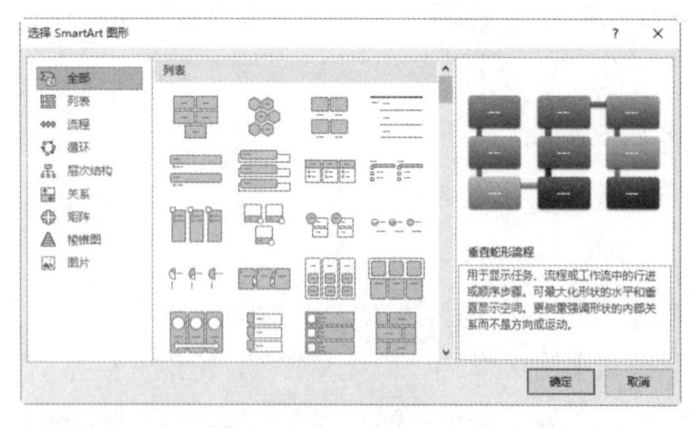

图 8-54　【选择 SmartArt 图形】对话框

步骤 4 在左侧选择【流程】选项，在右侧选择【垂直蛇形流程】样式，单击【确定】按钮，如图 8-55 所示。

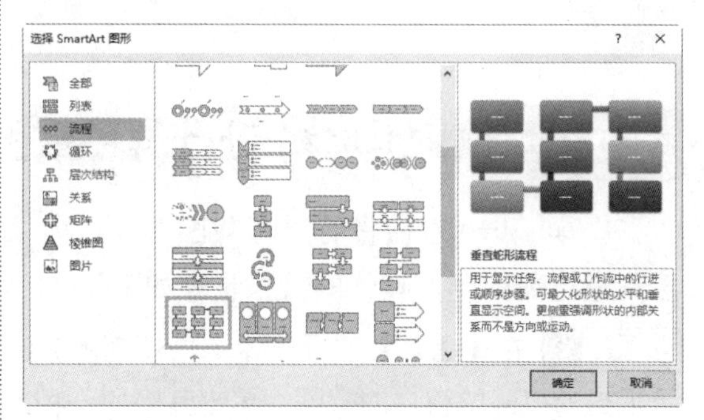

图 8-55　选择要插入的形状

步骤 5 此时已在工作表中插入了 SmartArt 图形，并在图中【文本】文本框处输入文字，如图 8-56 所示。

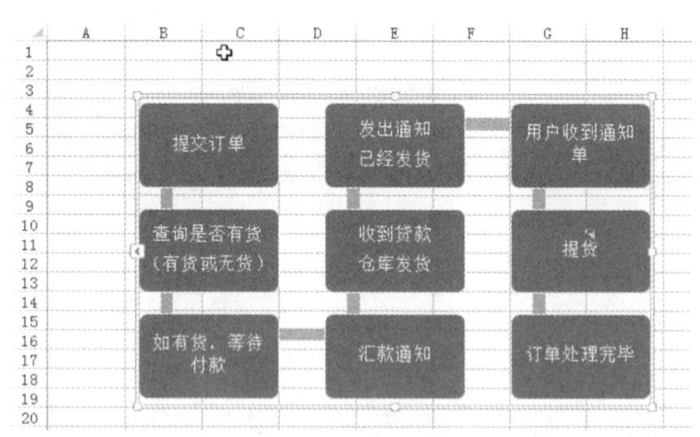

图 8-56　输入文字

步骤 6 选择“提交订单”形状并右击，在弹出的快捷菜单中选择【更改形状】命令，然后从其子菜单中选择【椭圆】形状，如图 8-57 所示。

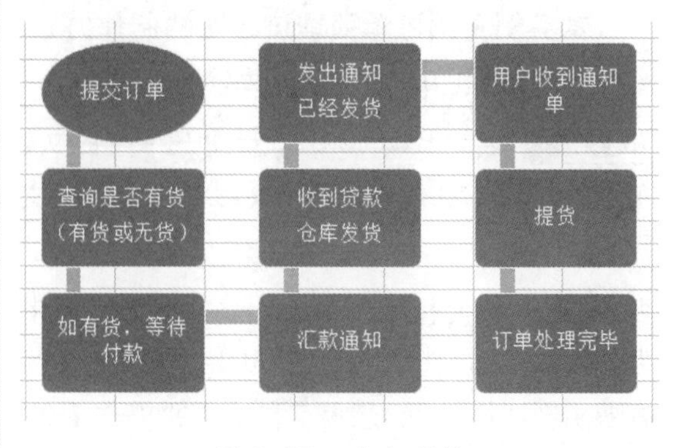

图 8-57　改变形状

步骤 7　重复步骤 6，修改“订单处理完毕”形状，如图 8-58 所示。

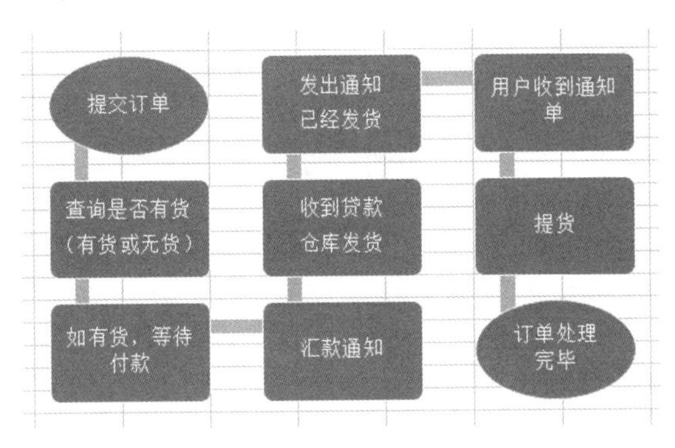

图 8-58　改变形状

步骤 8　选中 SmartArt 图形，在【SmartArt 工具 - 设计】选项卡中单击【SmartArt 样式】组中的按钮，在弹出的下拉列表中的【三维】选项区域中选择【优雅】图标，改变后的样式如图 8-59 所示。

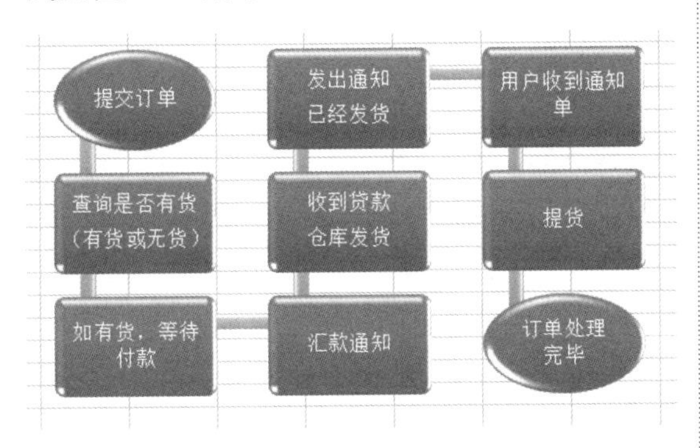

图 8-59　添加形状样式

步骤 9　选中 SmartArt 图形，在【SmartArt 工具 - 设计】选项卡中，单击【SmartArt 样式】组中的【更改颜色】按钮，在弹出的下拉列表中选择【彩色】选项区域中的任意一种样式，如图 8-60 所示。

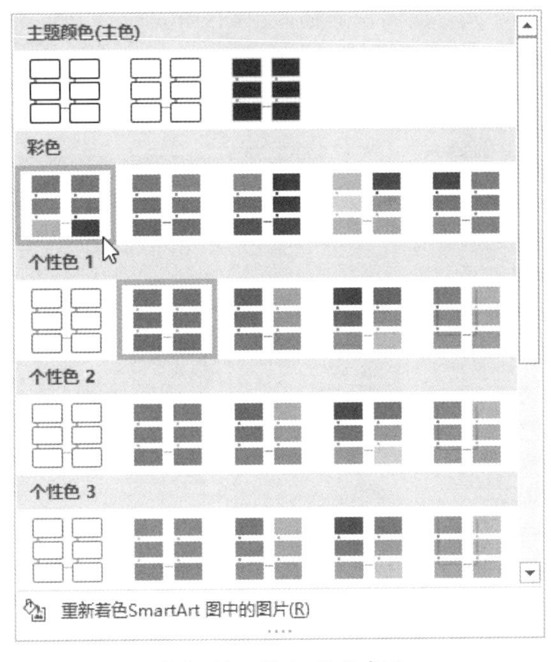

图 8-60　添加形状颜色

步骤 10　选择样式后，最终效果如图 8-61 所示。

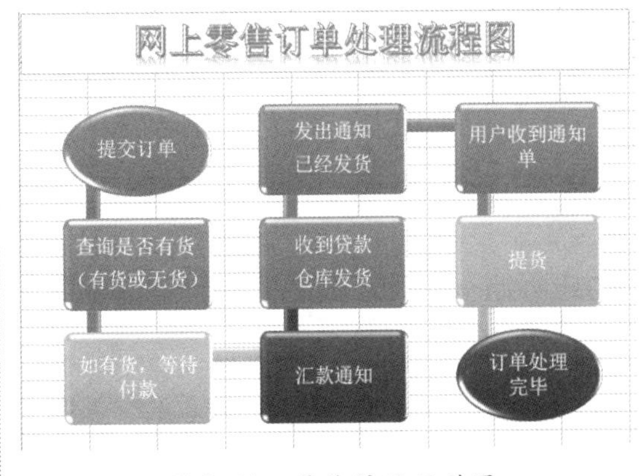

图 8-61　最终的显示效果

8.6 高手解惑

问：如何旋转艺术字？

高手：选中需要旋转的艺术字，右击艺术字边框处，从弹出的快捷菜单中选择【大小和属性】命令。打开【设置形状格式】对话框，切换到【大小】选项卡，在【旋转】微调框中设置旋转的角度。关闭【设置形状格式】对话框，返回到工作表，此时艺术字便被旋转。

问：如何快速插入组织结构图？

高手：按 Alt+N+M 组合键，打开【选择 SmartArt 图形】对话框，在其中选择要插入的图表类型，单击【确定】按钮，即可快速地在工作表中插入一个组织结构图。

使用图表分析工作表数据

- **本章导读**

图表可以直观地反映工作表中数据之间的关系，方便对比与分析数据。本章将为读者介绍使用图表分析工作表数据的方法与技巧。

- **学习目标**

◎ 了解图表的主要组成部分
◎ 了解创建图表的方法
◎ 掌握创建各类图表的方法
◎ 掌握创建迷你图的方法
◎ 掌握修改图表的方法
◎ 掌握美化图表的方法

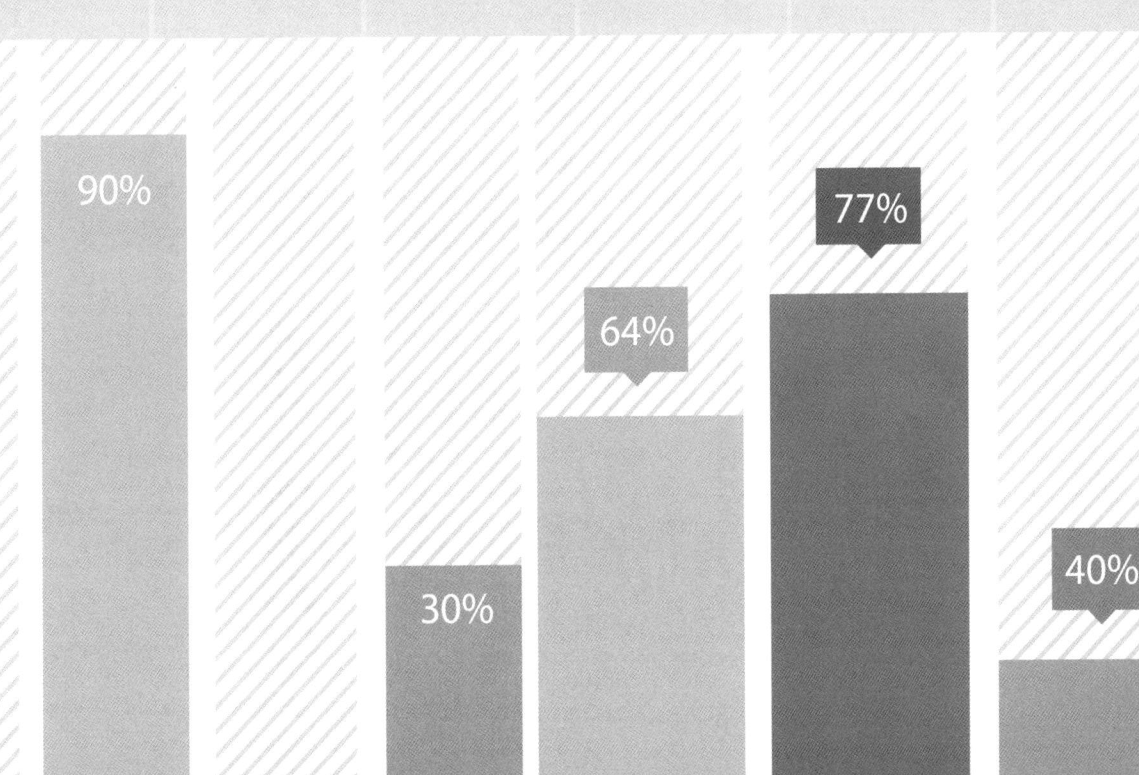

9.1 认识图表的组成

图表主要由绘图区、图表区、数据系列、标题、图例、坐标轴和模拟运算表等部分组成，其中图表区和绘图区是最基本的部分，通过单击图表区可选中整个图表。当将鼠标指针移至图表的各个不同组成部分时，系统就会自动弹出与该部分对应的名称，如图 9-1 所示。

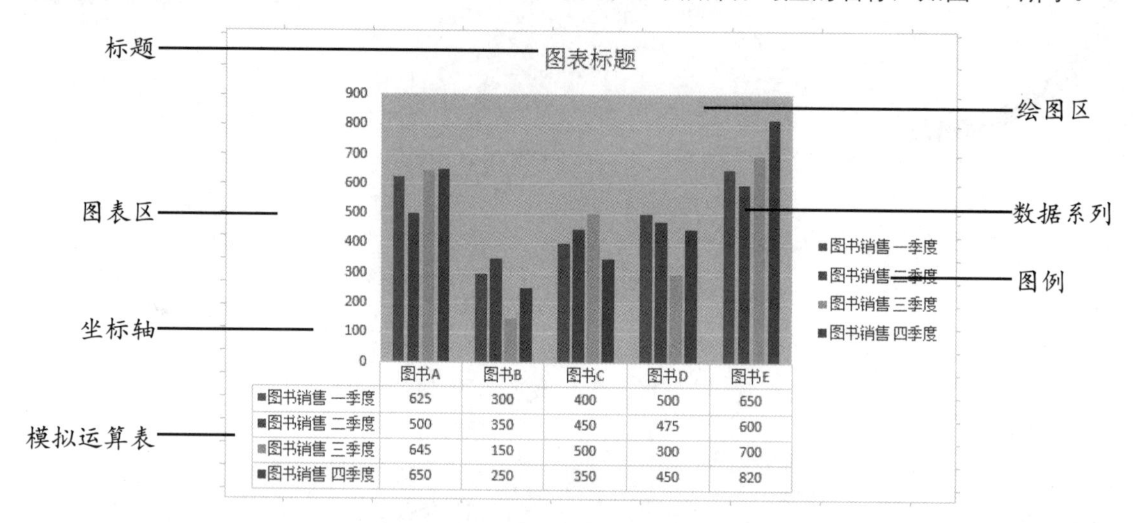

图 9-1　图表的组成

1. 图表区

整个图表以及图表中的数据称为图表区。在图表中，当鼠标指针停留在图表元素上时，Excel 会显示元素的名称，以方便用户查找图表元素，如图 9-2 所示。

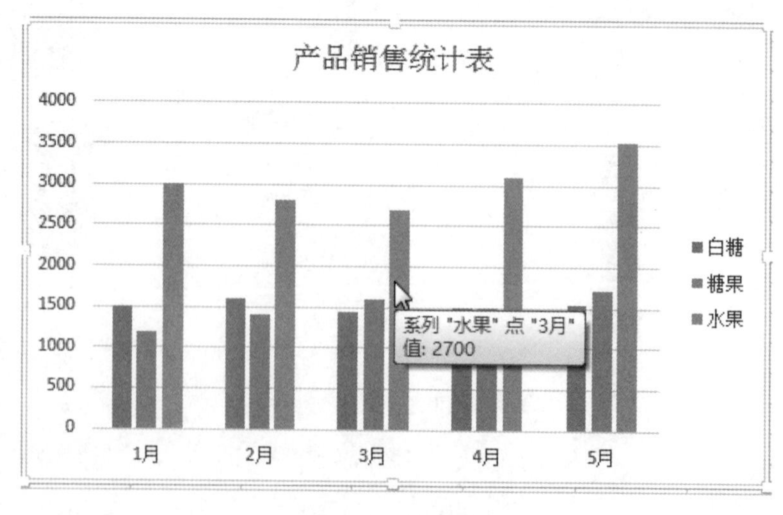

图 9-2　图表区

选中图表，Excel 2016 的功能区会显示【图表工具 - 设计】选项卡（见图 9-3）和【图表工具 - 格式】选项卡（见图 9-4）。通过它们可以对图表区进行格式以及其他相关功能的设置，如更改图表类型、添加图表元素，更改图表颜色与样式等。

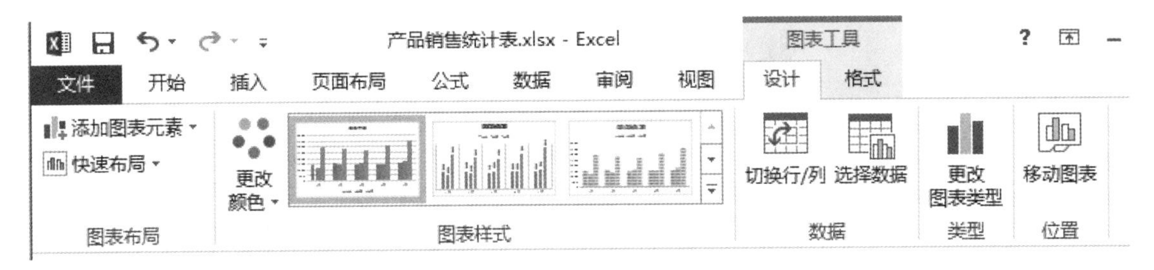

图 9-3　【图表工具 - 设计】选项卡

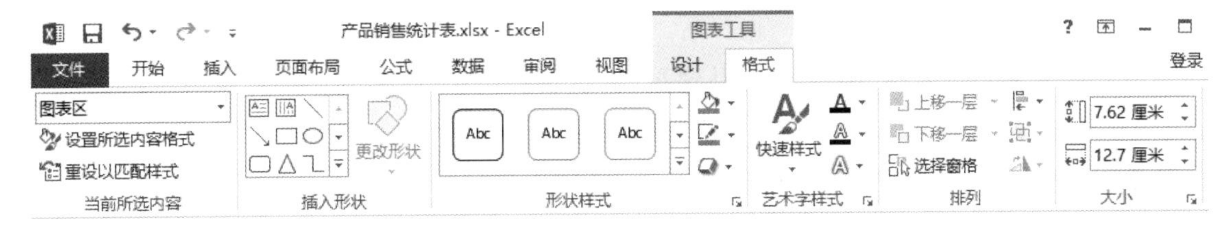

图 9-4　【图表工具 - 格式】选项卡

2. 绘图区

绘图区主要显示数据表中的数据，数据随着工作表中数据的更新而更新，如图 9-5 所示。

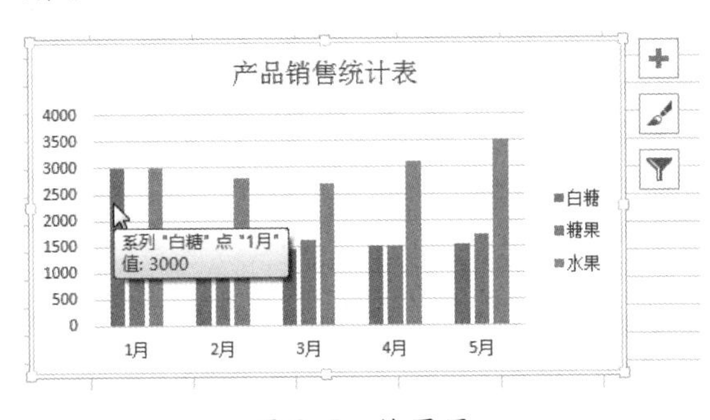

图 9-5　绘图区

3. 标题

图表标题是说明性的文本，有图表标题和坐标轴标题两种。坐标轴标题通常表示能在图表中显示的所有坐标轴。不过，有些图表类型（如雷达图）虽然有坐标轴，但不能显示坐标轴标题，如图 9-6 所示。

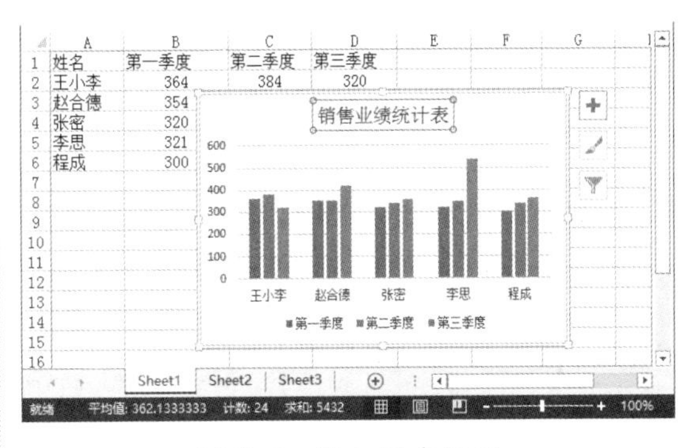

图 9-6　添加图表标题

4. 数据系列

在图表中绘制的相关数据系列来自工作表中的行和列。如果要快速标识图表中的数据，可以为图表的数据添加数据标签，在数据标签中显示系列名称、类别名称和百分比，如图 9-7 所示。

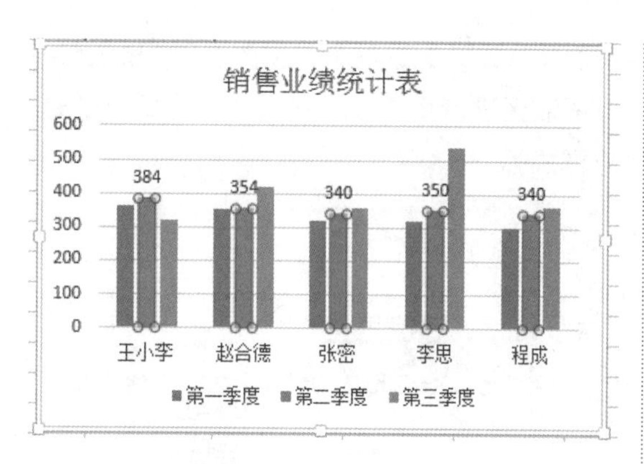

图 9-7 添加数据标签

坐标轴

坐标轴包含分类轴和数值轴。默认情况下，Excel 会自动确定图表中坐标轴的刻度值，但也可以自定义刻度，以满足使用需要，如图 9-8 所示。

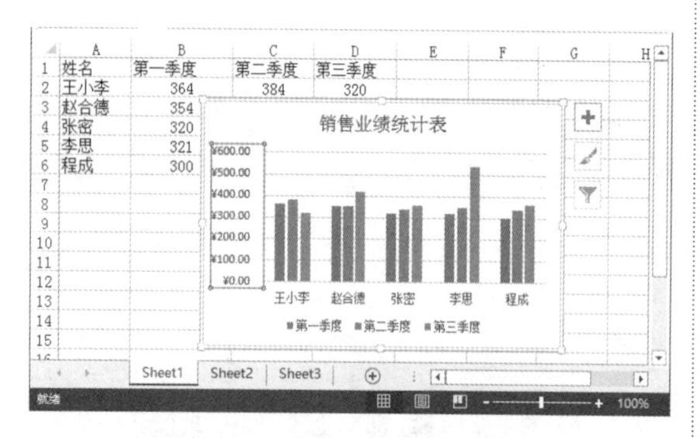

图 9-8 坐标轴以货币格式显示

图例

图例用方框表示，用于标识图表中的数据系列所指定的颜色或图案。创建图表后，图例以默认的颜色来显示图表中的数据系列，如图 9-9 所示。

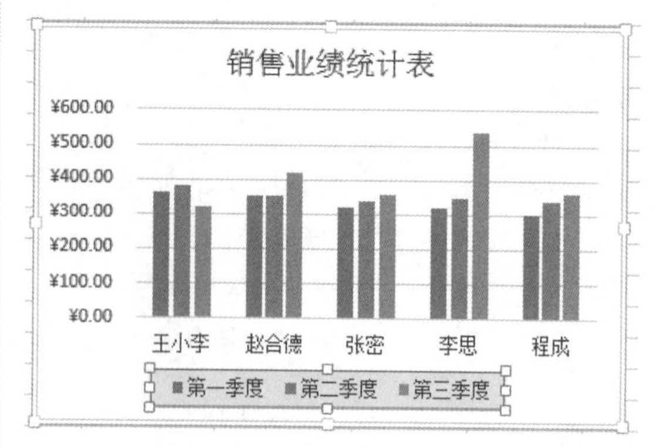

图 9-9 靠下显示图例

模拟运算表

模拟运算表是反映图表中源数据的表格，默认的图表一般都不显示数据表，要想在图表中显示数据表可为其添加模拟运算表，如图 9-10 所示。

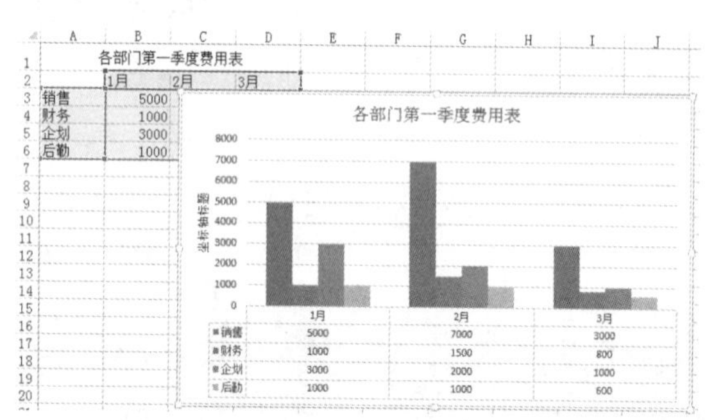

	1月	2月	3月
销售	5000	7000	3000
财务	1000	1500	800
企划	3000	2000	1000
后勤	1000	1000	600

图 9-10 添加模拟运算表

9.2 创建图表的方法

在 Excel 2016 中，用户可以使用 3 种方法创建图表，即使用快捷键创建、使用功能区创建和使用图表向导创建，下面分别进行介绍。

9.2.1 使用快捷键创建图表

通过 F11 键或 Alt+F1 组合键可以快速地创建图表。不同的是，前者创建的是工作表图表，后者创建的是嵌入式图表。其中，嵌入式图表就是与工作表数据在一起的图表，而工作表图表是特定的工作表，只包含单独的图表。

使用快捷键创建图表的具体操作步骤如下。

步骤 1 打开随书光盘中的“素材\ch09\图书销售表.xlsx”文件，选中单元格区域 A1:E7，如图 9-11 所示。

名称	一季度	二季度	三季度	四季度
图书A	625	500	645	650
图书B	300	350	150	250
图书C	400	450	500	350
图书D	500	475	300	450
图书E	650	600	700	820

图 9-11　选中单元格区域

步骤 2 按 F11 键，即可插入一个名为“Chart1”的工作表图表，并根据所选区域的数据创建该图表，如图 9-12 所示。

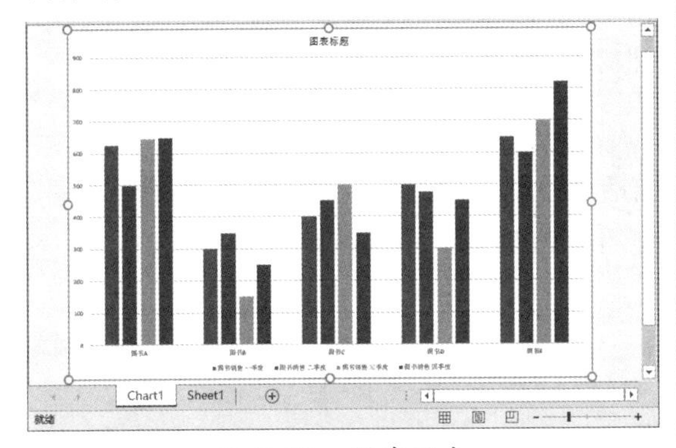

图 9-12　创建图表

步骤 3 单击 Sheet1 标签，返回到工作表中，选中同样的区域，按 Alt+F1 组合键，即可在当前工作表中创建一个嵌入式图表，如图 9-13 所示。

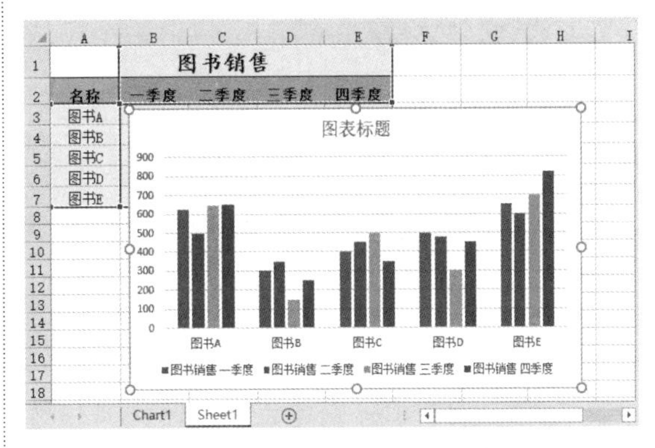

图 9-13　创建嵌入式图表

9.2.2 使用功能区创建图表

使用功能区创建图表是最常用的方法，具体的操作步骤如下。

步骤 1 打开随书光盘中的“素材\ch09\图书销售表.xlsx”文件，选中单元格区域 A1:E7，在【插入】选项卡中，单击【图表】组的【柱形图】按钮，在弹出的下拉菜单中选择【簇状柱形图】命令，如图 9-14 所示。

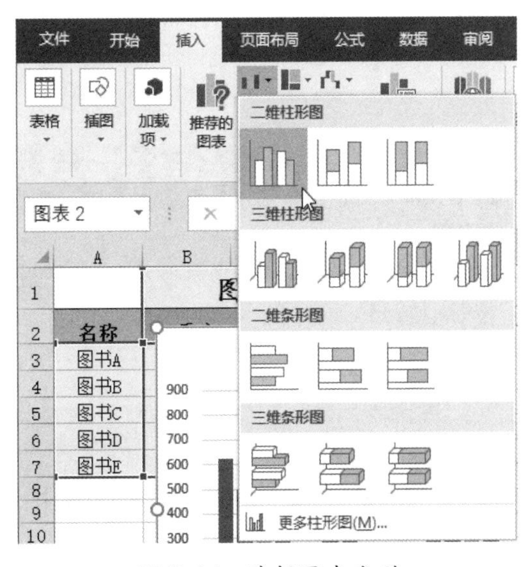

图 9-14　选择图表类型

步骤 2 此时创建了一个簇状柱形图，如图 9-15 所示。

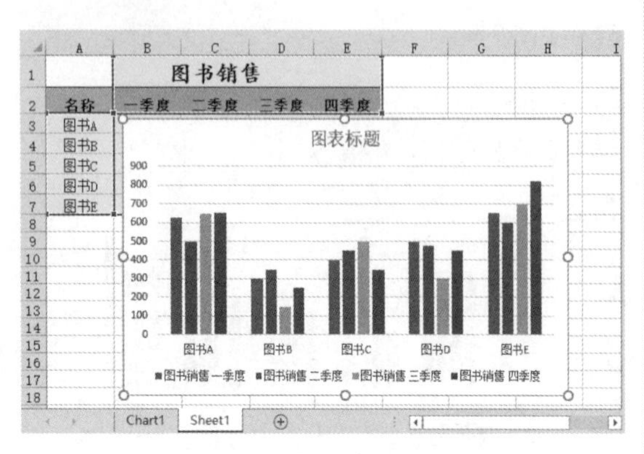

图 9-15 创建柱形图

9.2.3 使用图表向导创建图表

使用图表向导也可以创建图表，具体的操作步骤如下。

步骤 1 打开随书光盘中的“素材\ch09\图书销售表.xlsx”文件。选中单元格区域 A1:E7，在【插入】选项卡中，单击【图表】组中的按钮，弹出【插入图表】对话框，如图 9-16 所示。

步骤 2 在该对话框中选中任意一种图表类型，单击【确定】按钮，即可在当前工作表中创建一个图表，如图 9-17 所示。

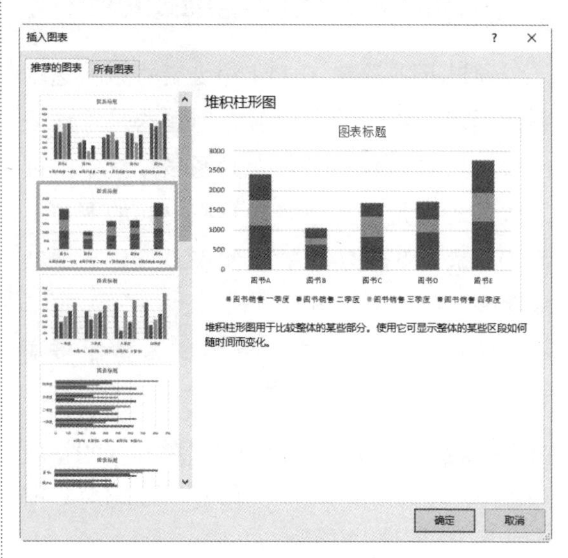

图 9-16 【插入图表】对话框

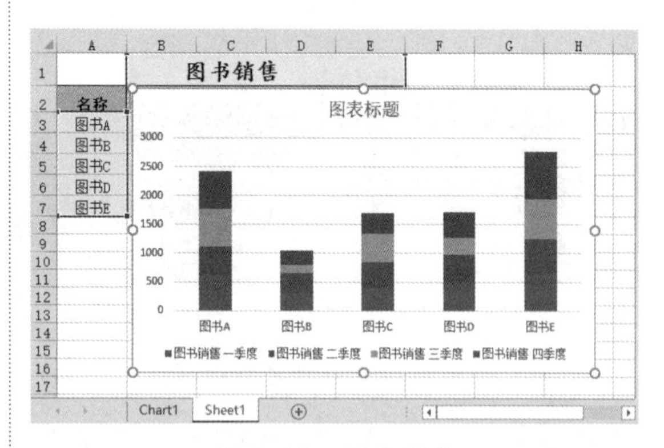

图 9-17 创建图表

9.3 创建各种类型的图表

Excel 2016 提供了多种类型的内置图表，包括柱形图、折线图、饼图、条形图、面积图、XY 散点图、股价图、曲面图、圆环图、气泡图和雷达图等，而每种类型的图表又包含多个子图表类型。

9.3.1 使用柱形图显示数据的差距

柱形图是最普通的图表类型之一。柱形图把每个数据显示为一个垂直柱体，高度与数值相对应，主要用于显示一段时间内的数据变化或比较各项之间的情况。

创建柱形图的操作步骤如下。

步骤 1 打开随书光盘中的“素材\ch09\在职人员学历统计表.xlsx”工作簿，选中 A3:E7 单元格区域，在【插入】选项卡中，单击【图表】组中的【插入柱形图或条形图】按钮，在弹出的下拉菜单中选择任意一种柱形图类型，如图 9-18 所示。

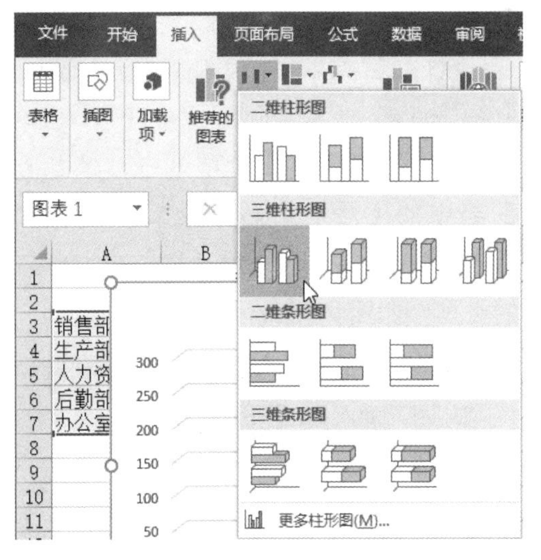

图 9-18　选择柱形图样式

步骤 2 此时已在当前工作表中创建了一个柱形图表，如图 9-19 所示。

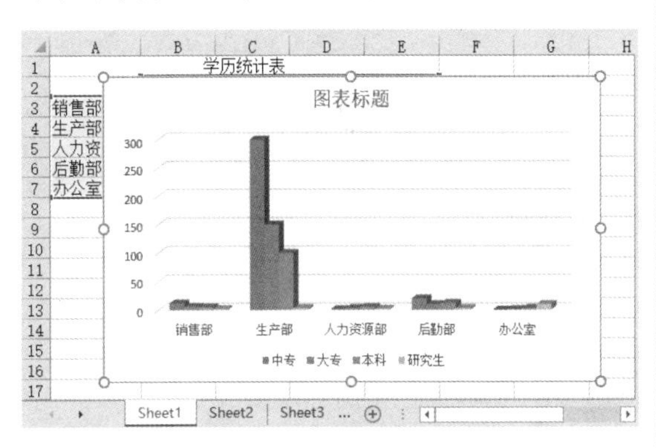

图 9-19　创建柱形图

9.3.2 使用折线图显示连续数据的变化

折线图通常用来描绘连续的数据，对于标识数据趋势很有用。在折线图中，类别数据沿水平轴均匀分布，值数据沿垂直轴均匀分布。

创建折现图的操作步骤如下。

步骤 1 打开随书光盘中的“素材\ch09\农作物产量表.xlsx”工作簿，选中 A2:D6 单元格区域，在【插入】选项卡中，单击【图表】组中的【插入折线图或面积图】按钮，在弹出的下拉菜单中选择【带标记的堆积折线图】样式，如图 9-20 所示。

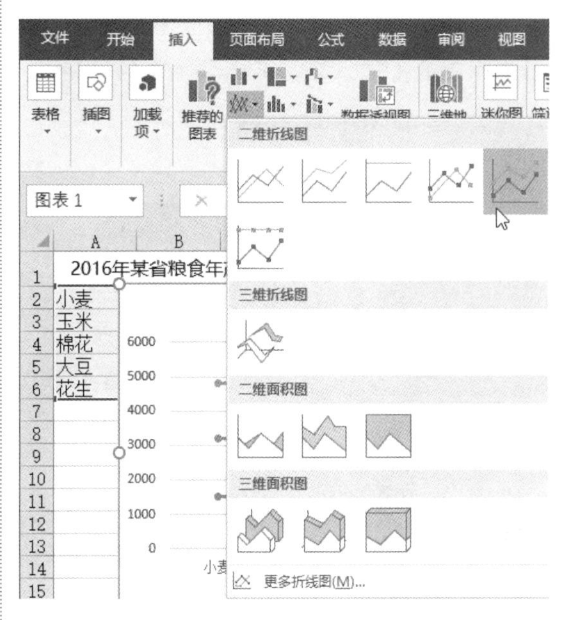

图 9-20　选择折线图样式

步骤 2 此时已在当前工作表中创建了一个折线图表，如图 9-21 所示。

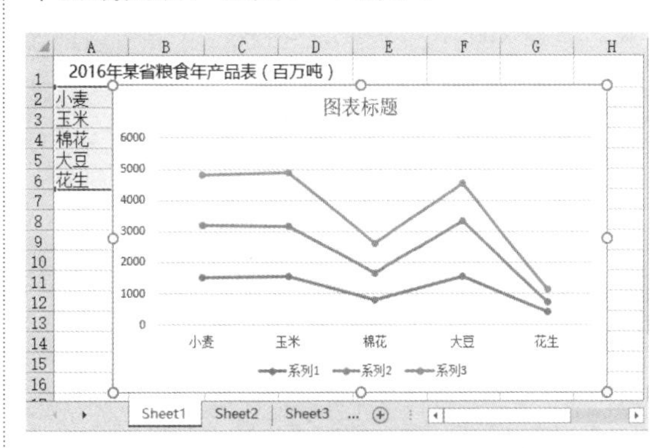

图 9-21　创建折线图

9.3.3 使用饼图显示数据比例关系

饼图用于显示一个数据系列中各项的大小与各项总和的比例。在工作中如果遇到需要计算总费用或金额的构成比例，这时可以使用饼图直观地显示。

创建饼图的操作步骤如下。

步骤 1 打开随书光盘中的“素材 \ch09\ 公司日常费用开支表 .xlsx”工作簿，选中 A2:B8 单元格区域，在【插入】选项卡中，单击【图表】组中的【插入饼图或圆环图】按钮，在弹出的下拉菜单中选择【三维饼图】样式，如图 9-22 所示。

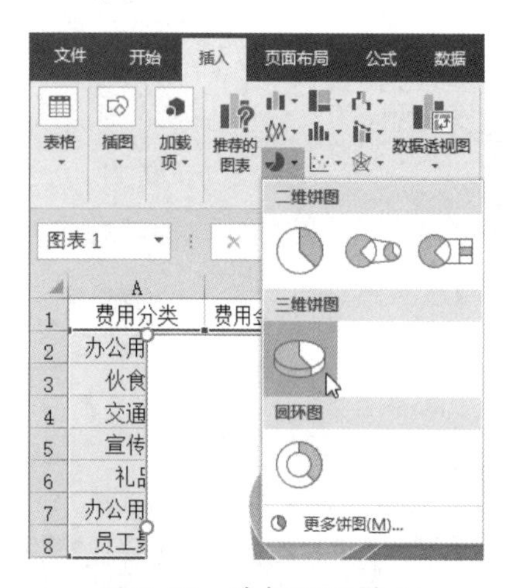

图 9-22 选择饼图样式

步骤 2 此时已在当前工作表中创建了一个三维饼图图表，如图 9-23 所示。

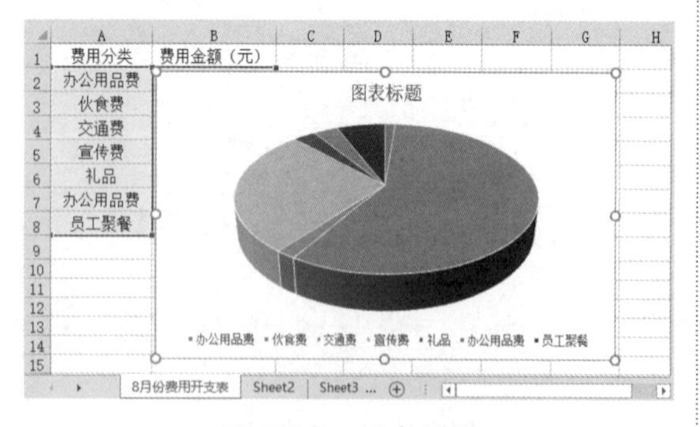

图 9-23 创建饼图

9.3.4 使用条形图显示数据的差别

条形图可以显示各个项目之间的比较情况，与柱形图相似，但是又有所不同，条形图显示为水平方向，柱形图显示为垂直方向。下面以销售业绩表为例，创建一个条形图。

步骤 1 打开随书光盘中的“素材 \ch09\ 销售业绩统计表 .xlsx”工作簿，选中 A2:D6 单元格区域，在【插入】选项卡中，单击【图表】组中的【插入柱形图或条形图】按钮，在弹出的下拉菜单中选择任意一种条形图的类型，如图 9-24 所示。

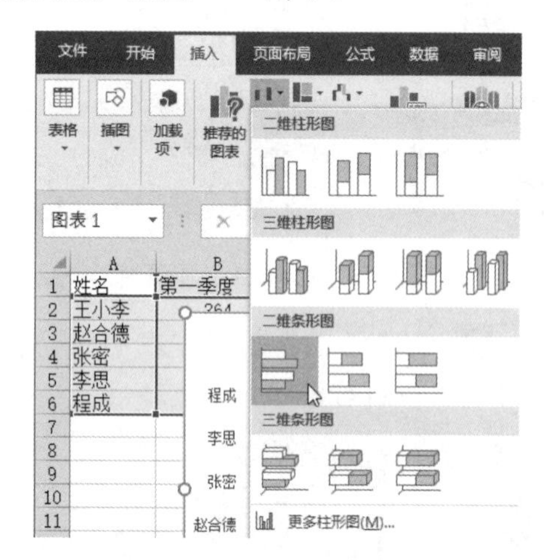

图 9-24 选择条形图样式

步骤 2 此时已在当前工作表中创建了一个条形图图表，如图 9-25 所示。

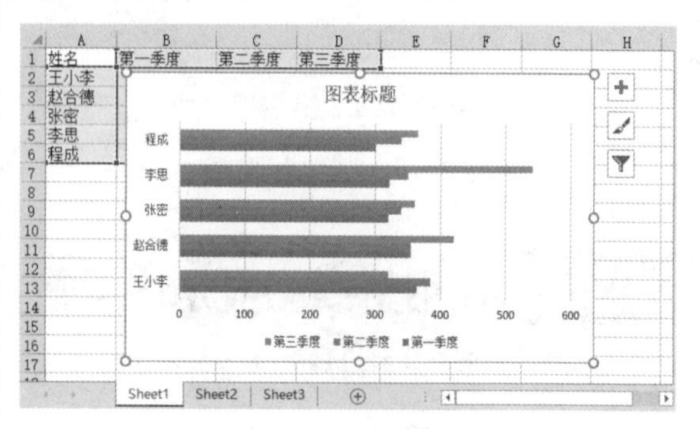

图 9-25 创建条形图

9.3.5 使用面积图显示数据部分与整体的关系

面积图是将一系列的数据用线段连接起来，每条线以下的区域用不同的颜色填充。面积图强调幅度随时间的变化，通过显示所绘数据的总和，说明部分和整体的关系。

创建面积图的操作步骤如下。

步骤 1 打开随书光盘中的“素材\ch09\销售业绩统计表.xlsx”工作簿，选中数据区域的任一单元格，在【插入】选项卡中，单击【图表】组中的【插入折线图或面积图】按钮，在弹出的下拉菜单中选择任意一种面积图的类型，如图9-26所示。

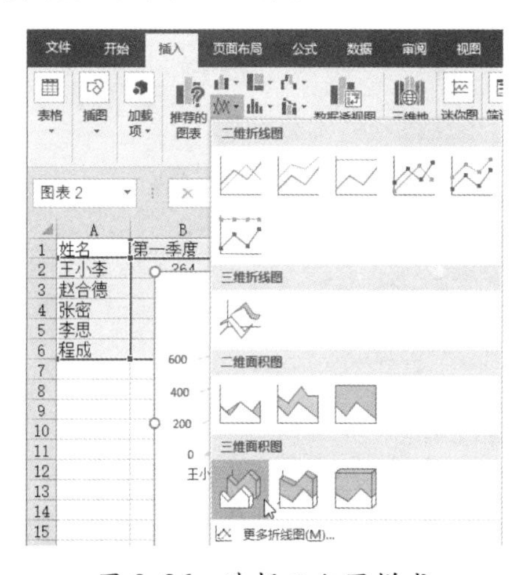

图 9-26 选择面积图样式

步骤 2 此时已在当前工作表中创建了一个面积图图表，如图9-27所示。

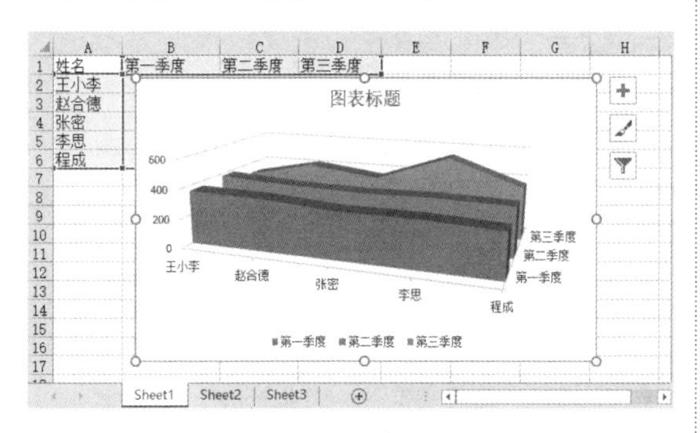

图 9-27 创建面积图

9.3.6 使用散点图显示数据的分布

XY散点图用于比较几个数据系列中的数值，或者将两组数值显示为XY坐标系中的系列。XY散点图通常用来显示两个变量之间的关系。

用散点图描绘学生成绩情况的具体步骤如下。

步骤 1 打开随书光盘中的“素材\ch09\学生成绩统计表.xlsx”工作簿，选中数据区域的任一单元格，在【插入】选项卡中，单击【图表】组中的【插入散点图（x，y）或气泡图】按钮，在弹出的下拉菜单中选择任意一种散点图类型，如图9-28所示。

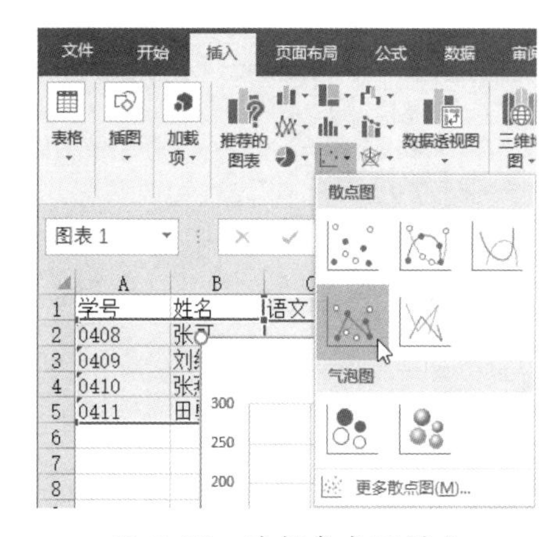

图 9-28 选择散点图样式

步骤 2 此时已在当前工作表中创建了一个散点图图表，如图9-29所示。

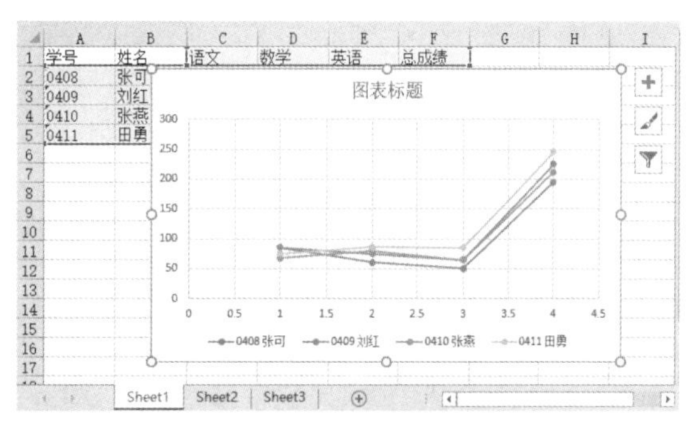

图 9-29 创建散点图

9.3.7 使用股价图显示股价涨跌

股价图用来描绘股票的价格走势，对于显示股票市场信息非常有用。此外，股价图还可用于科学数据，例如使用股价图显示每天或每年温度的变化。

使用股价图显示股价涨跌的具体步骤如下。

步骤 1 打开随书光盘中的“素材\ch09\股价表.xlsx”工作簿，选中数据区域的任一单元格，在【插入】选项卡中，单击【图表】组中的【插入瀑布图或股价图】按钮，在弹出的下拉菜单中选择【股价图】中的【开盘-盘高-盘低-收盘】类型，如图 9-30 所示。

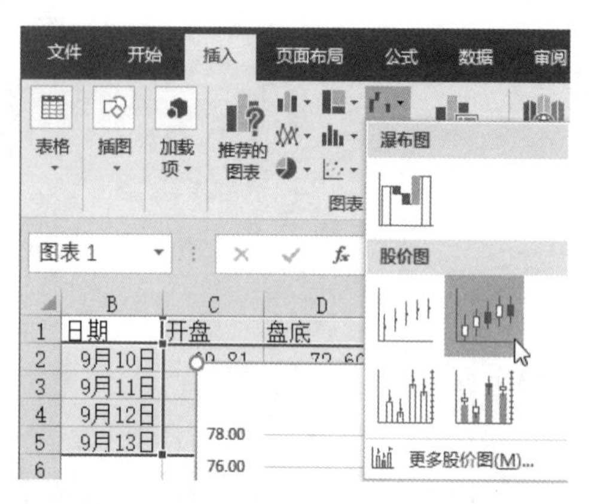

图 9-30 选择股价图样式

步骤 2 此时已在当前工作表中创建了一个股价图图表，如图 9-31 所示。

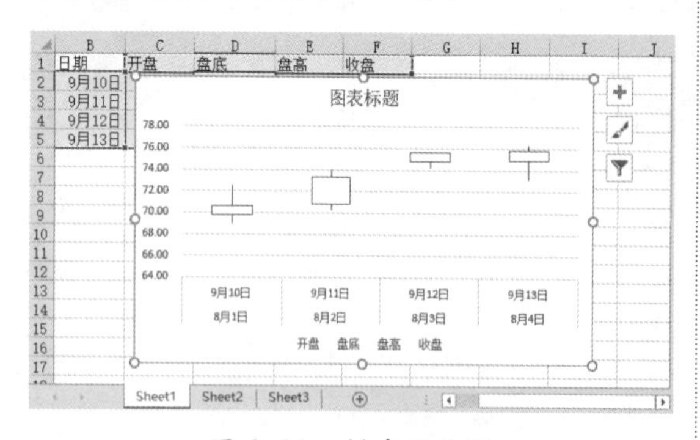

图 9-31 创建股价图

9.3.8 使用曲面图显示数据

曲面图实际上是折线图和面积图的另一种形式，它有 3 个轴，分别代表分类、系列和数值。使用曲面图，可以找到两组数据之间的最佳组合。创建一个成本分析的曲面图的具体步骤如下。

步骤 1 打开随书光盘中的“素材\ch09\收入分析表.xlsx”工作簿，选中数据区域的任一单元格，在【插入】选项卡中，单击【图表】组中的【插入曲面图或雷达图】按钮，在弹出的下拉菜单中选择【曲面图】中的任一类型，如图 9-32 所示。

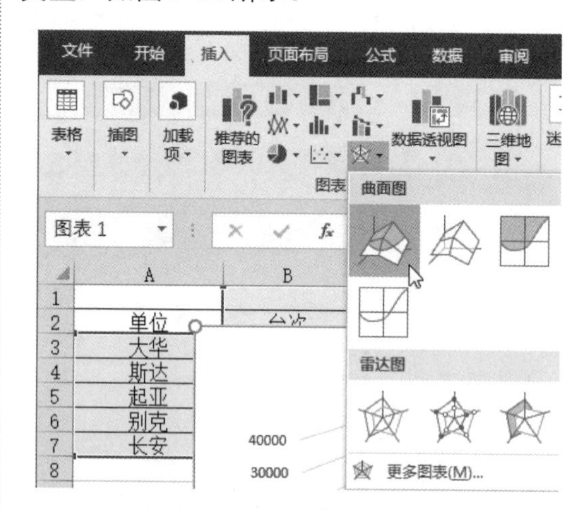

图 9-32 选择曲面图样式

步骤 2 此时已在当前工作表中创建了一个曲面图表，如图 9-33 所示。

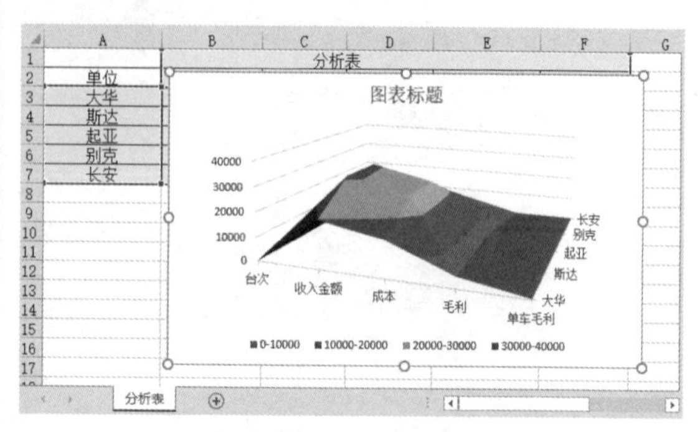

图 9-33 创建曲面图

9.3.9 使用圆环图显示数据部分与整体间关系

圆环图的作用类似于饼图，用来显示部分与整体的关系，但它可以显示多个数据系列，并且每个圆环代表一个数据系列。创建圆环图图表的具体步骤如下。

步骤 1 打开随书光盘中的“素材\ch09\学院人员统计表.xlsx”工作簿，选中 A2:C6 单元格区域，在【插入】选项卡中，单击【图表】组中的【插入饼图或圆环图】按钮，在弹出的下拉菜单中选择【圆环图】，如图 9-34 所示。

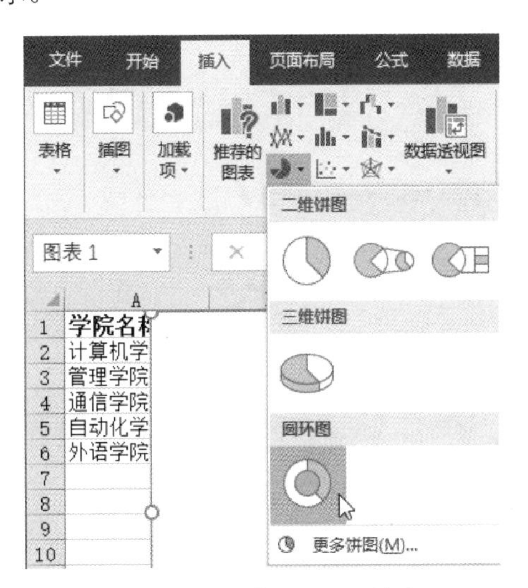

图 9-34　选择环形图样式

步骤 2 此时已在当前工作表中创建了一个圆环图图表，如图 9-35 所示。

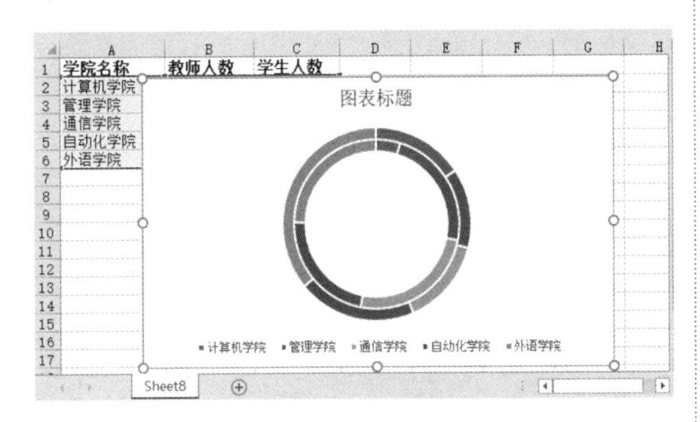

图 9-35　创建环形图

9.3.10 使用气泡图显示数据分布情况

气泡图可以被当作是显示一个额外数据系列的 XY 散点图，额外的数据系列以气泡的尺寸代表。与 XY 散点图一样，所有的轴线都是数值，没有分类轴线。创建气泡图的具体步骤如下。

步骤 1 打开随书光盘中的“素材\ch09\销售业绩统计表.xlsx”工作簿，选中数据区域中的任一单元格，在【插入】选项卡中，单击【图表】组中的【插入散点图（x，y）或气泡图】按钮，在弹出的下拉菜单中选择任意一种气泡图类型，如图 9-36 所示。

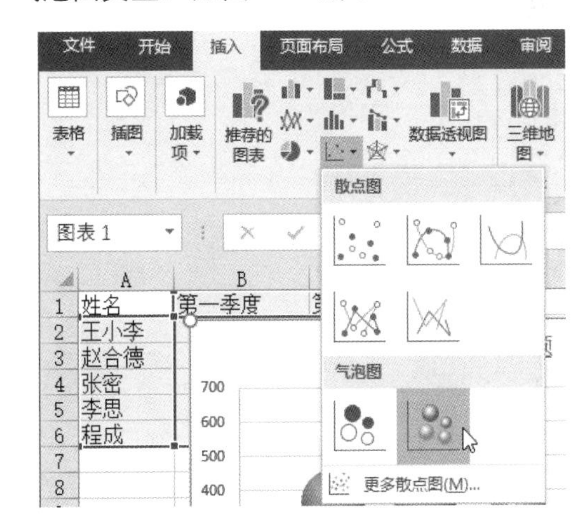

图 9-36　选择气泡图样式

步骤 2 此时已在当前工作表中创建了一个气泡图图表，如图 9-37 所示。

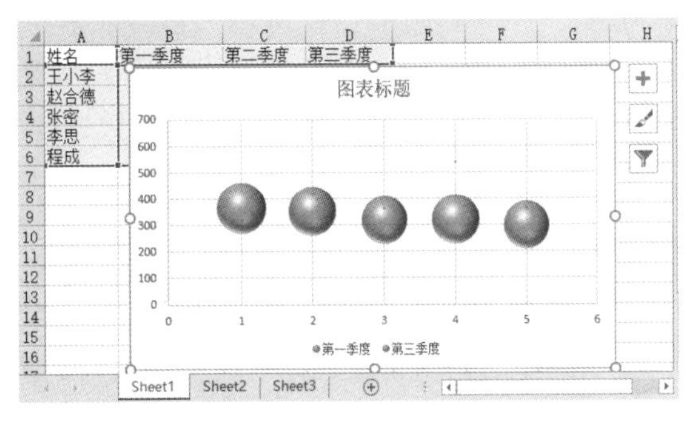

图 9-37　创建气泡图

9.3.11 使用雷达图显示数据比例

雷达图是专门用来进行多指标体系比较分析的专业图表。从雷达图中可以看出指标的实际值与参照值的偏离程度，从而为分析者提供有益的信息。创建一个产品销售情况的雷达图的具体步骤如下。

步骤 1 打开随书光盘中的“素材\ch09\产品销售统计表.xlsx”工作簿，选中单元格区域A3:D7，在【插入】选项卡中，单击【图表】组中的【查看所有图表】按钮。在弹出的【插入图表】对话框中，切换到【所有图表】选项卡，选择【雷达图】选项，在其右侧区域选择雷达图类型，例如选择【填充雷达图】类型，单击【确定】按钮，如图 9-38 所示。

步骤 2 此时已在当前工作表中创建了一个雷达图图表，如图 9-39 所示。

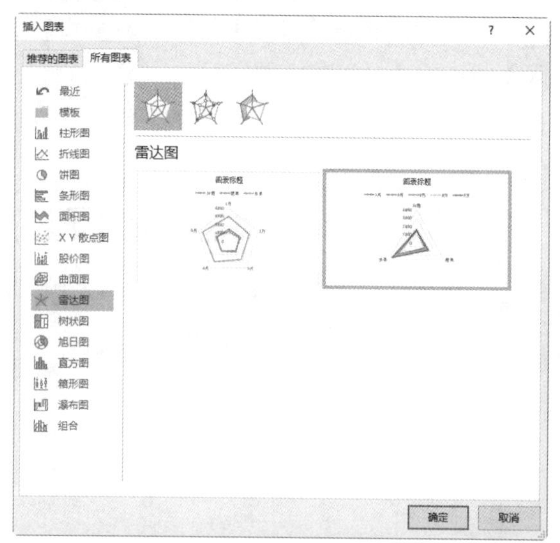

图 9-38 选择雷达图样式

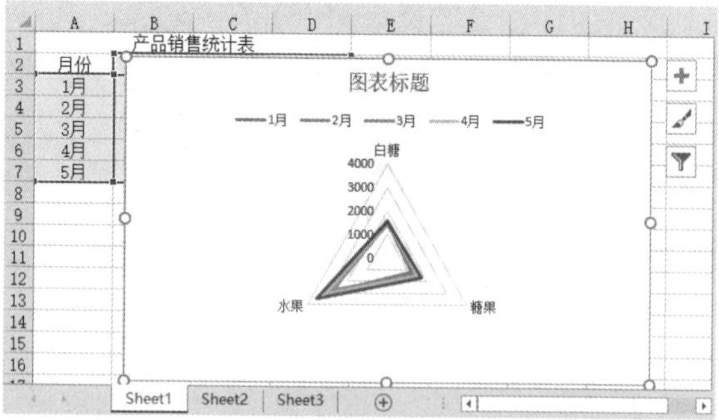

图 9-39 创建雷达图

9.4 创建迷你图表

迷你图表是一种小型图表，可放在工作表内的单元格中。使用迷你图可以显示一系列数值的趋势。在 Excel 2016 中提供了三种类型的迷你图：折线图、柱形图和盈亏图。若要创建迷你图，必须先选中要分析的数据区域，然后选中要放置迷你图的位置。

9.4.1 折线图

下面介绍如何创建迷你折线图，具体的操作步骤如下。

步骤 1 打开随书光盘中的“素材\ch09\图书销售表.xlsx”文件，在【插入】选项卡中，

单击【迷你图】组的【折线图】按钮，如图 9-40 所示。

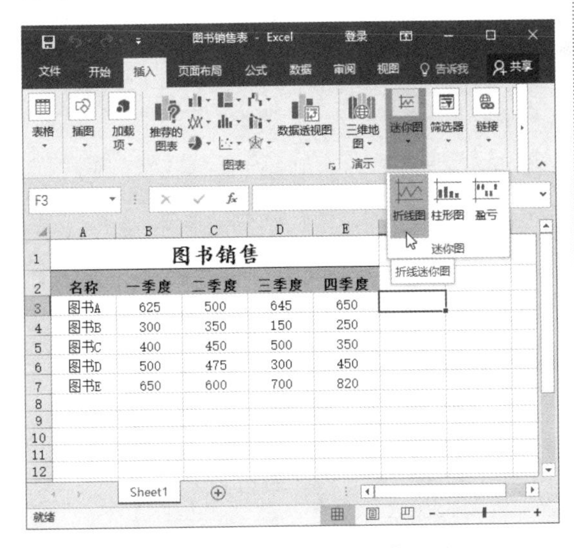

图 9-40　单击【折线图】按钮

步骤 2　弹出【创建迷你图】对话框，将光标定位在【数据范围】右侧的框中，然后在工作表中拖动鼠标选中数据区域 B3:E7。使用同样的方法，在【位置范围】框中设置放置迷你图的位置，如图 9-41 所示。

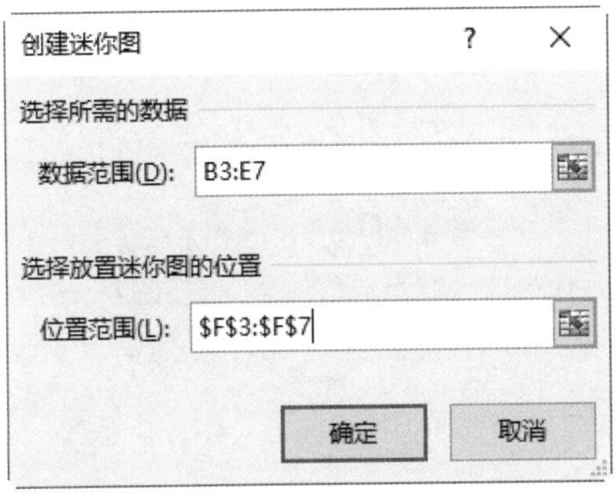

创建迷你图　?　×

选择所需的数据

数据范围(D):　B3:E7

选择放置迷你图的位置

位置范围(L):　$F$3:$F$7

确定　取消

图 9-41　【创建迷你图】对话框

步骤 3　设置完成后，单击【确定】按钮，迷你图即创建完成，如图 9-42 所示。

步骤 4　在【设计】选项卡的【显示】组中，选中【高点】和【低点】复选框，此时迷你图中将标识出数据区域的最高点和最低点，如图 9-43 所示。

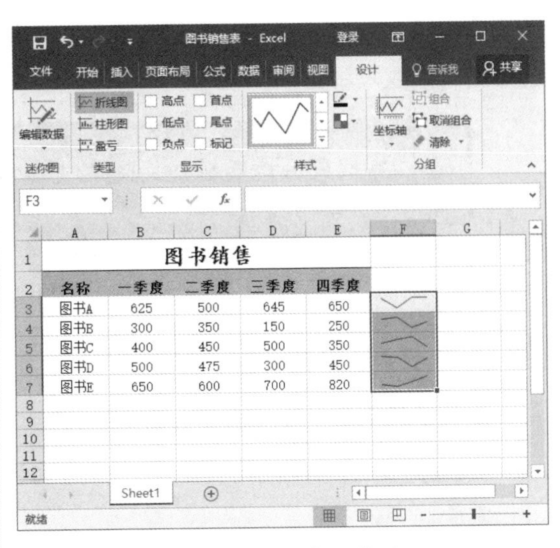

图 9-42　创建迷你图

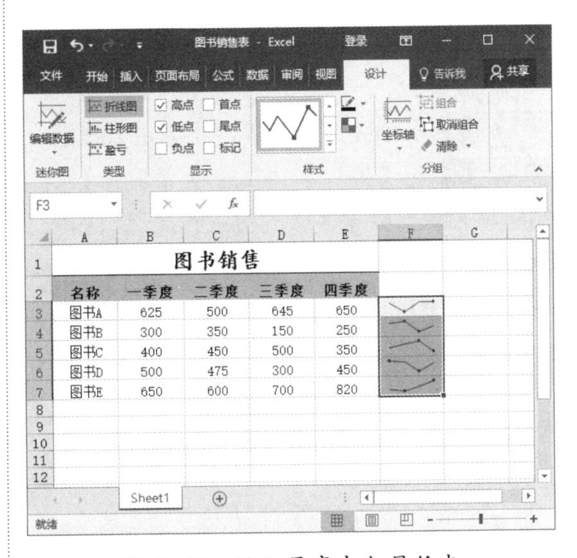

图 9-43　添加最高点与最低点

9.4.2 柱形图

创建迷你柱形图的操作步骤如下。

步骤 1　打开随书光盘中的“素材\ch09\图书销售表.xlsx”文件，在【插入】选项卡中，单击【迷你图】组的【柱形图】按钮，如图 9-44 所示。

步骤 2　弹出【创建迷你图】对话框，将光标定位在【数据范围】右侧的框中，然后在工作表中拖动鼠标选中数据区域 B3:E7。使用同样的方法，在【位置范围】框中设置放置迷你图的位置，如图 9-45 所示。

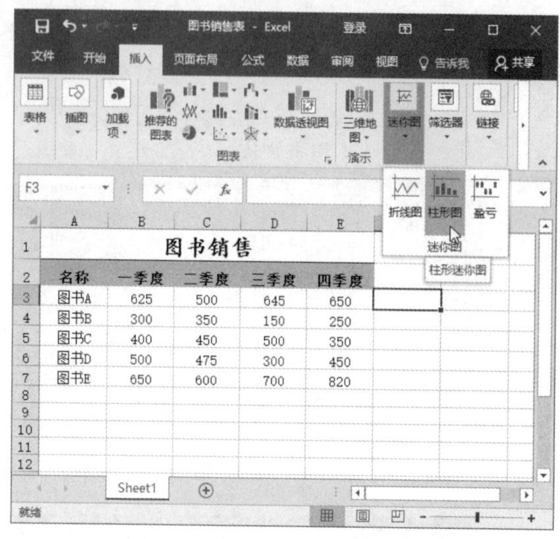

图 9-44　单击【柱形图】按钮

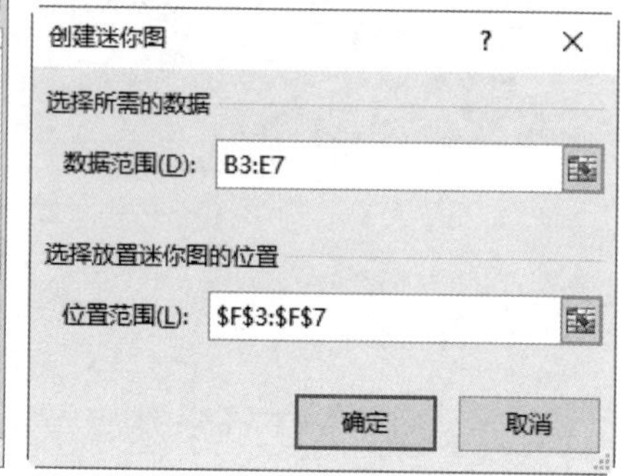

图 9-45　【创建迷你图】对话框

步骤 3 设置完成后，单击【确定】按钮，迷你图即创建完成，如图 9-46 所示。

步骤 4 在【设计】选项卡的【显示】组中，选中【首点】和【尾点】复选框，此时迷你图中将标识出数据区域的首点和尾点，如图 9-47 所示。

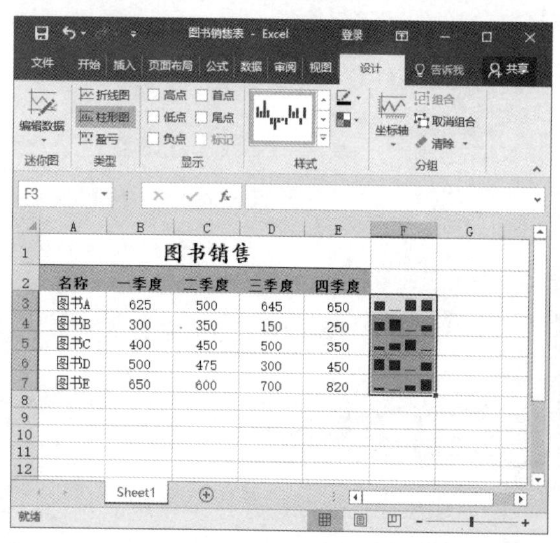

图 9-46　创建柱形迷你图

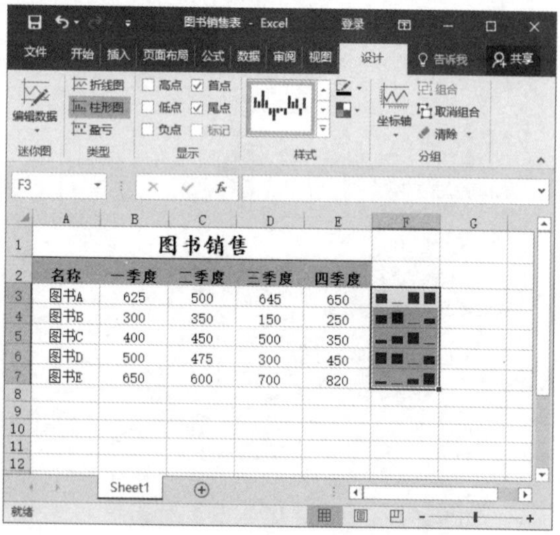

图 9-47　添加首点与尾点

9.4.3 盈亏图

创建迷你盈亏图的操作步骤如下。

步骤 1 打开随书光盘中的“素材 \ch09\ 收入分析表 .xlsx”文件，在【插入】选项卡中，

单击【迷你图】组的【盈亏】按钮，如图 9-48 所示。

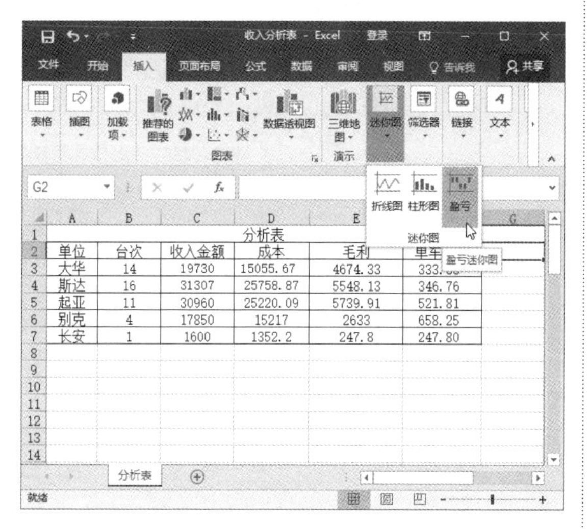

图 9-48　单击【盈亏】按钮

步骤 2 弹出【创建迷你图】对话框，将光标定位在【数据范围】右侧的框中，然后在工作表中拖动鼠标选中数据区域 B3:F7。使用同样的方法，在【位置范围】框中设置放置迷你图的位置，如图 9-49 所示。

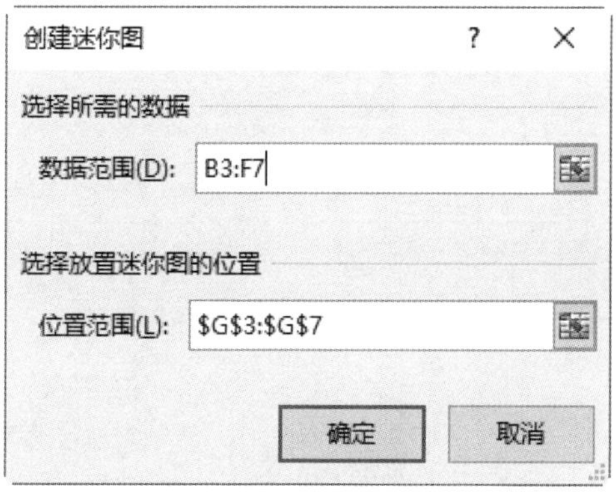

创建迷你图
选择所需的数据
数据范围(D): B3:F7
选择放置迷你图的位置
位置范围(L): $G$3:$G$7
确定　取消

图 9-49　【创建迷你图】对话框

步骤 3 设置完成后，单击【确定】按钮，迷你图即创建完成，如图 9-50 所示。

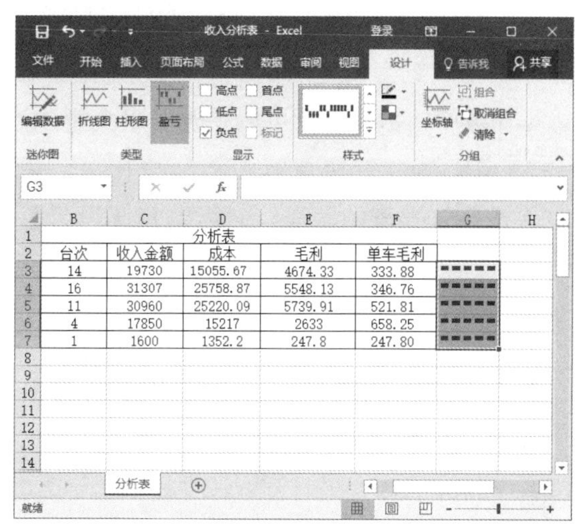

图 9-50　创建盈亏迷你图

步骤 4 在【设计】选项卡的【分组】组中，单击【取消组合】按钮，此时迷你图不再是组合状态，如图 9-51 所示。

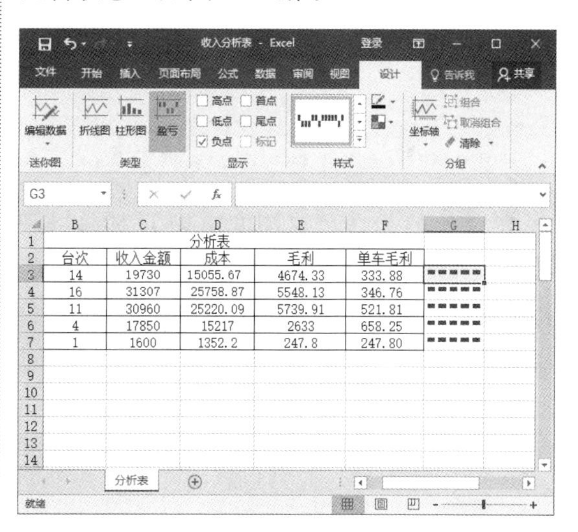

图 9-51　取消迷你图的组合状态

9.5 修改图表

如果对创建的图表不满意，在 Excel 2016 中可以对图表进行修改。本节介绍修改图表的一些方法。

9.5.1 更改图表类型

在建立工作表时已经选择了图表类型，但如果用户觉得创建后的图表不能直观地表达工作表中的数据，还可以更改图表类型。

步骤 1 打开需要更改图表的工作表，选中需要更改类型的图表，然后选择【设计】选项卡，在【类型】组中单击【更改图表类型】按钮，如图 9-52 所示。

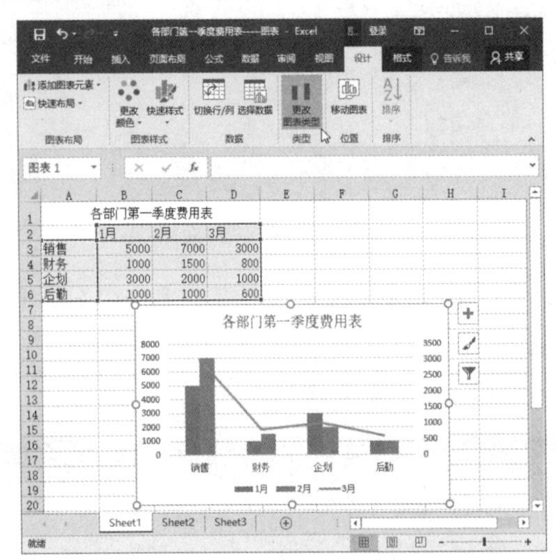

图 9-52 单击【更改图表类型】按钮

步骤 2 打开【更改图表类型】对话框，切换到【所有图表】选项卡，在列表框中选择【柱形图】选项，然后在图表类型列表框中选择【簇状柱形图】选项，如图 9-53 所示。

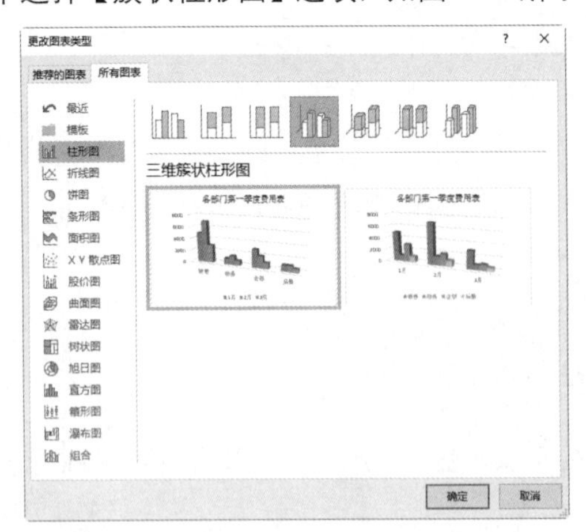

图 9-53 【更改图表类型】对话框

步骤 3 单击【确定】按钮，即可更改图表的类型，如图 9-54 所示。

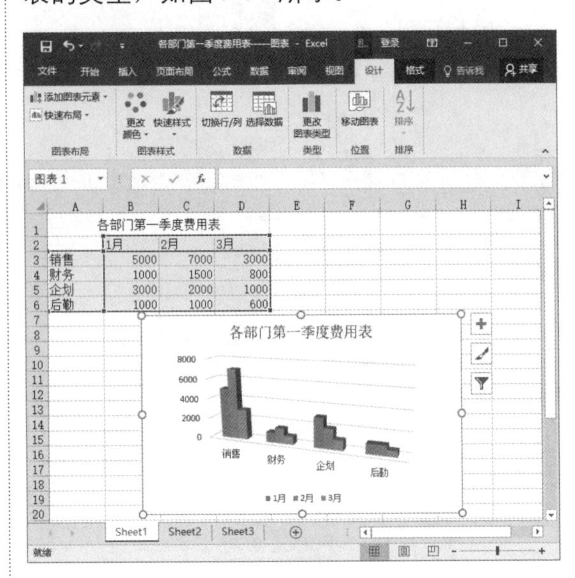

图 9-54 更改图表的类型

步骤 4 选中图标，然后将光标放到图表的边或角上，当光标变为十字时，拖曳鼠标即可改变图表大小，如图 9-55 所示。

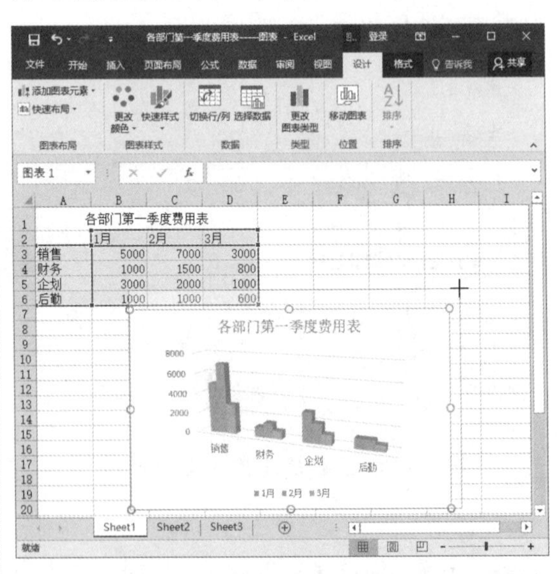

图 9-55 更改图表的大小

步骤 5 选中要移动的图表，按下鼠标左键拖曳图表至满意的位置，如图 9-56 所示。

步骤 6 然后松开鼠标，即可移动图表的位置，如图 9-57 所示。

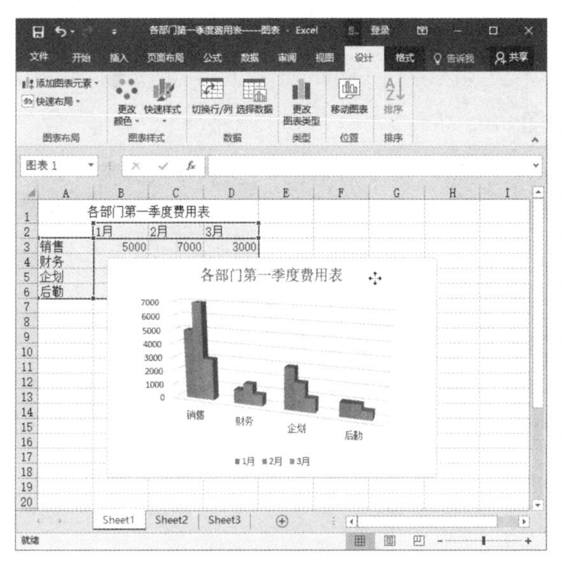

图 9-56　移动图表

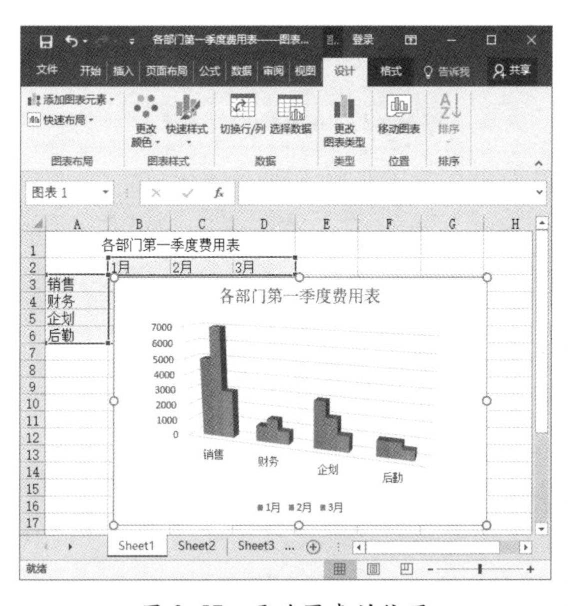

图 9-57　更改图表的位置

9.5.2 在图表中添加数据

用户已经创建了图表工作表，若要再添加一些数据，并在图表工作表中显示出来的操作如下。

步骤 1 打开需要编辑图表的文件，在工作表中添加名称为“4 月”的数据系列，如图 9-58 所示。

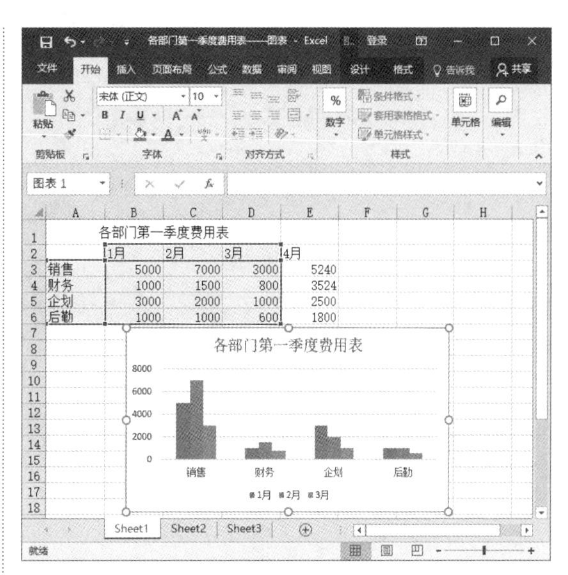

图 9-58　添加图表数据

步骤 2 选中要添加数据的图表，单击【设计】选项卡下【数据】组中的【选择数据】按钮，如图 9-59 所示。

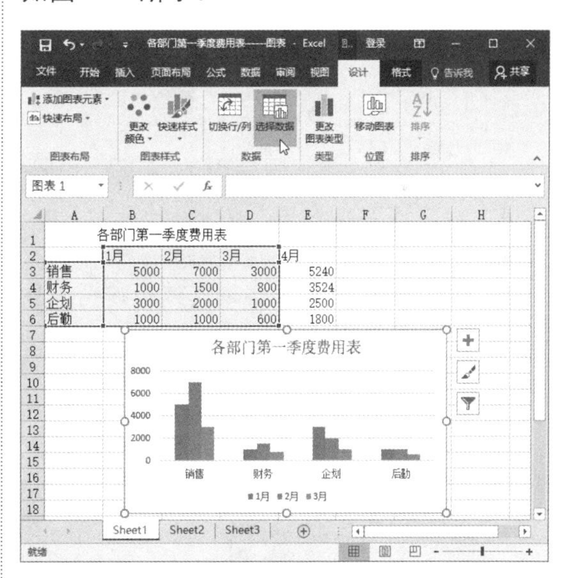

图 9-59　单击【选择数据】按钮

步骤 3 打开【选择数据源】对话框，单击【图表数据区域】右侧的按钮，如图 9-60 所示。

步骤 4 在视图中选中 A2:E6 单元格区域，如图 9-61 所示。

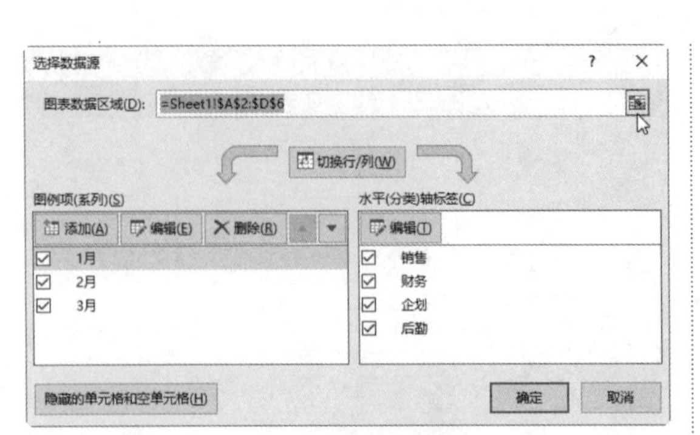

图 9-60 【选择数据源】对话框

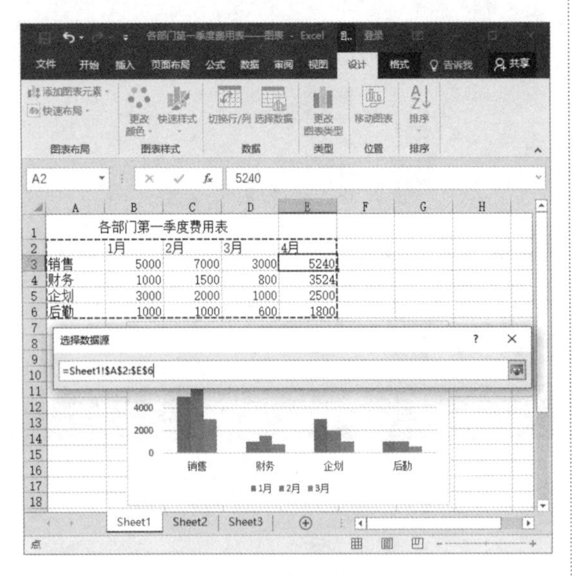

图 9-61 选择数据源

步骤 5 单击按钮，返回【选择数据源】对话框，如图 9-62 所示。

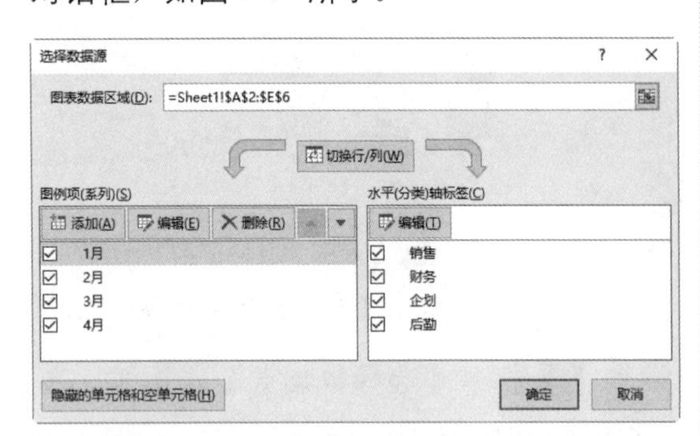

图 9-62 【选择数据源】对话框

步骤 6 单击【确定】按钮，即可将数据添加到图表中，如图 9-63 所示。

步骤 7 如果要删除图表中的数据系列，那么选中图表中要删除的数据系列，如图 9-64 所示。然后按 Delete 键，即可将其删除，如图 9-65 所示。

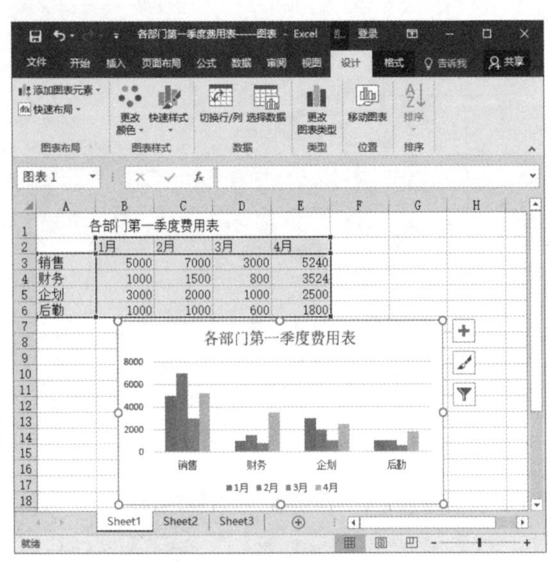

图 9-63 添加数据到图表中

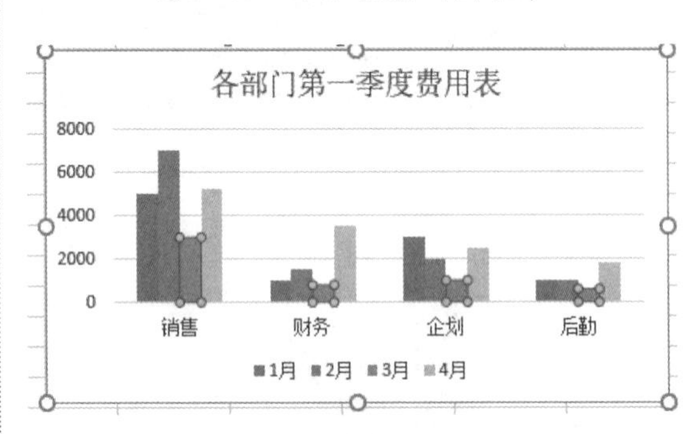

图 9-64 选中要删除的数据系列

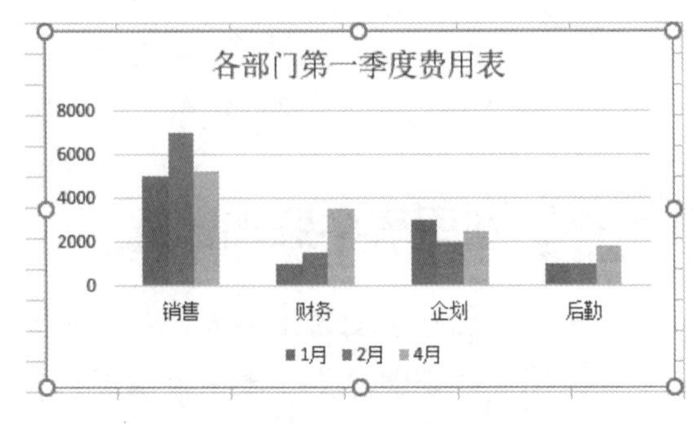

图 9-65 删除图表中的数据后的效果

步骤 8 如果希望工作表中的某个数据系列与图表中的数据系列一起删除，那么选中工作表中的数据系列所在的单元格区域，如

图 9-66 所示，然后按 Delete 键即可删除，如图 9-67 所示。

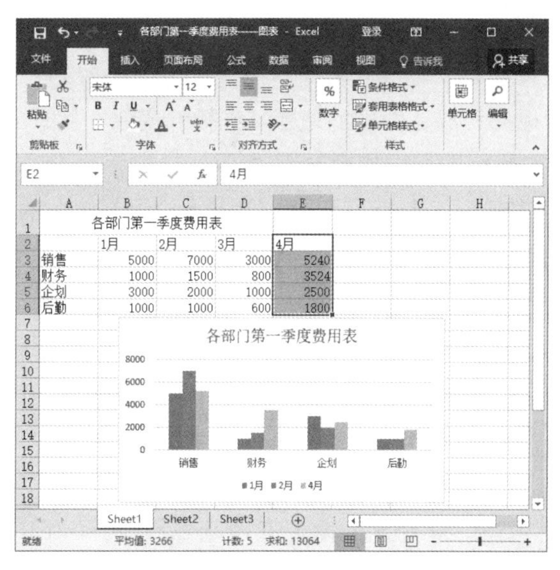

图 9-66　选中数据表中的数据

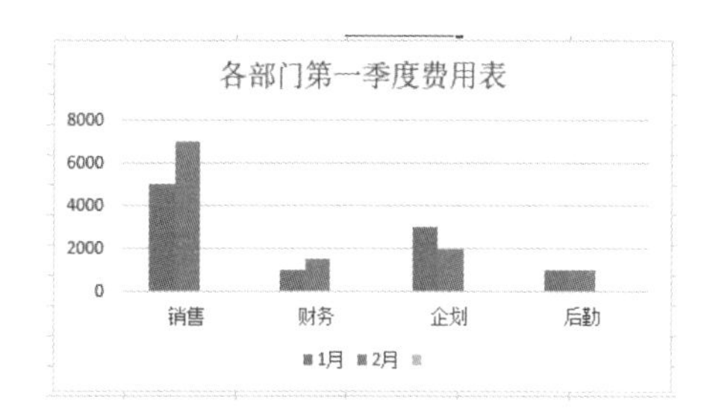

图 9-67　删除数据后显示效果

9.5.3 调整图表的大小

对已创建的图表根据不同的需求可以调整其大小，具体的操作步骤如下。

步骤 1 选中图表，图表周围会显示浅绿色边框，同时出现 8 个控制点，当鼠标指针放在其上变成↘状时单击并拖曳控制点，可以调整图表的大小，如图 9-68 所示。

步骤 2 如要精确地调整图表的大小，那么切换到【格式】选项卡中的【大小】组，然后在【高度】和【宽度】微调框中输入图表的高度和宽度值，按 Enter 键确认即可，如图 9-69 所示。

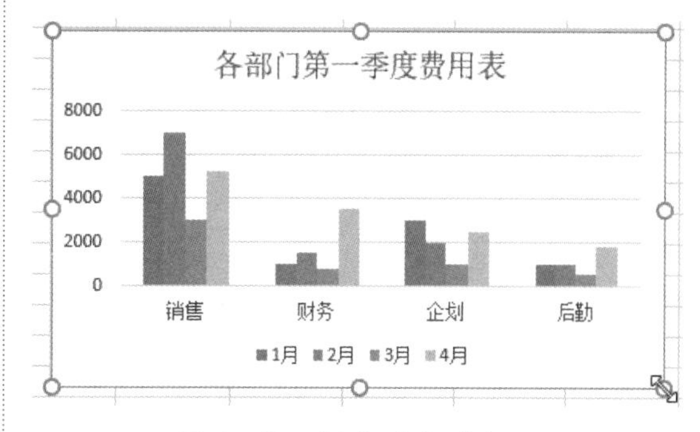

图 9-68　调整图表的大小

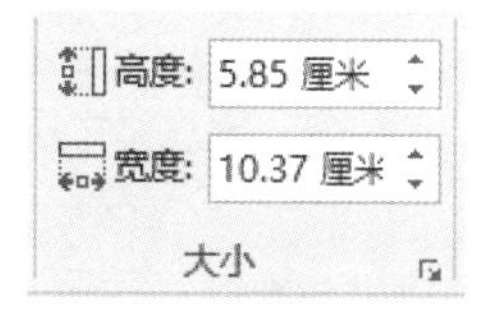

图 9-69　【大小】组

提示　单击【格式】选项卡中【大小】组右下角的 按钮，在弹出的【设置图表区格式】窗格中的【大小】选项组中，可以设置图表的大小或缩放百分比，如图 9-70 所示。

图 9-70　【设置图表区格式】窗格

9.5.4 移动与复制图表

通过移动图表，可以改变图表的位置；

通过复制图表，可以将图表添加到其他工作表或文件中。

1. 移动图表

如果创建的嵌入式图表不符合工作表的布局要求，如位置不合适，遮住了工作表的数据等，那么可以通过移动图表来解决。

（1）在同一工作表中移动。选中图表，将鼠标指针放在图表的边缘，当指针变成✥状时，按住鼠标左键将图表拖曳到合适的位置，然后释放鼠标即可，如图 9-71 所示。

（2）移动图表到其他工作表中。选中图表，在【设计】选项卡中，单击【位置】组中的【移动图表】按钮，在弹出的【移动图表】对话框中选择图表移动的位置后，单击【确定】按钮即可，如图 9-72 所示。

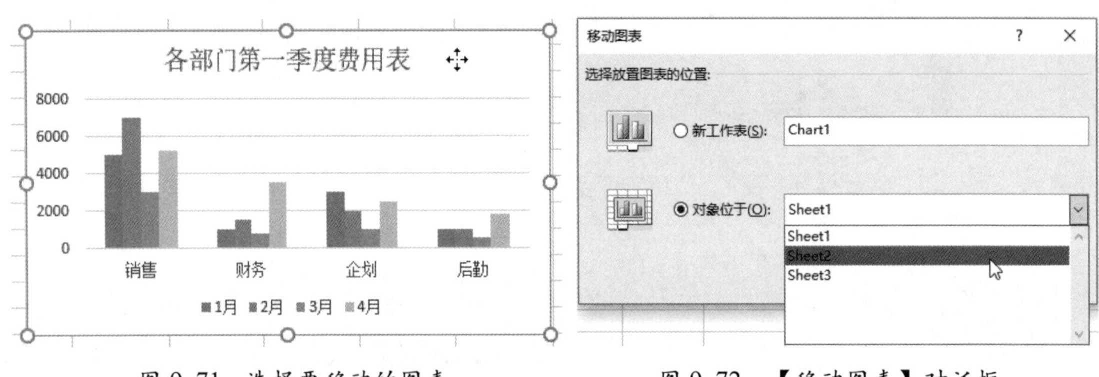

图 9-71　选择要移动的图表　　图 9-72　【移动图表】对话框

2. 复制工作表

将图表复制到其他工作表中的具体操作步骤如下。

步骤 1 在要复制的图表上右击，在弹出的快捷菜单中选择【复制】命令，如图 9-73 所示。

步骤 2 在新的工作表中右击，在弹出的快捷菜单中选择【粘贴】命令，即可将图表复制到新的工作表中，如图 9-74 所示。

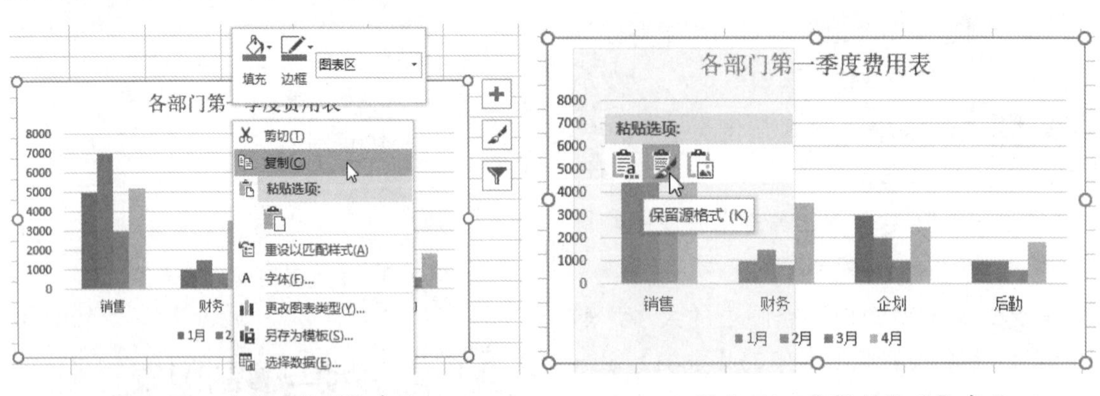

图 9-73　选择【复制】命令　　图 9-74　选择【粘贴】命令

9.6 美化图表

为了使图表美观，可以为图表设置格式。Excel 2016 提供了多种图表格式，直接套用即可。

9.6.1 使用图表样式

在 Excel 2016 中创建图表后，系统会根据创建的图表，提供多种图表样式，使用它们可以对图表起到美化作用。

步骤 1 打开需要美化的 Excel 文件，选中需要美化的图表，如图 9-75 所示。

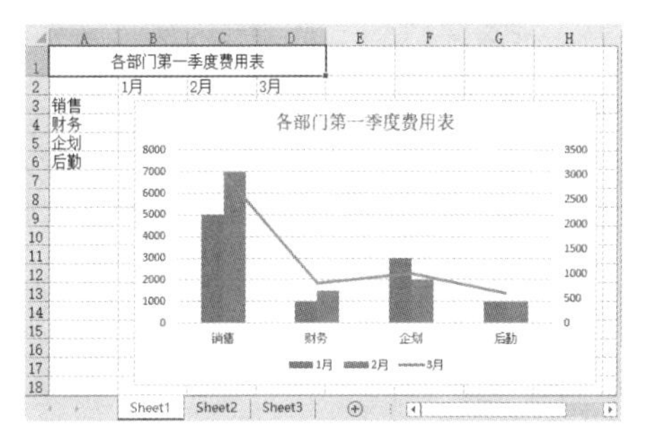

图 9-75　选中需要美化的图表

步骤 2 选择【设计】选项卡，在【图表样式】组中单击【更改颜色】按钮，在弹出的颜色下拉列表中选择需要更改的颜色块，如图 9-76 所示。

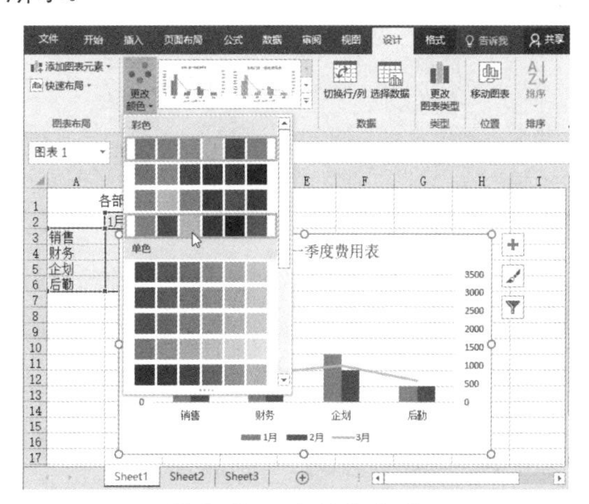

图 9-76　选择颜色块

步骤 3 返回到 Excel 工作界面中，可以看到更改颜色后的图表，效果如图 9-77 所示。

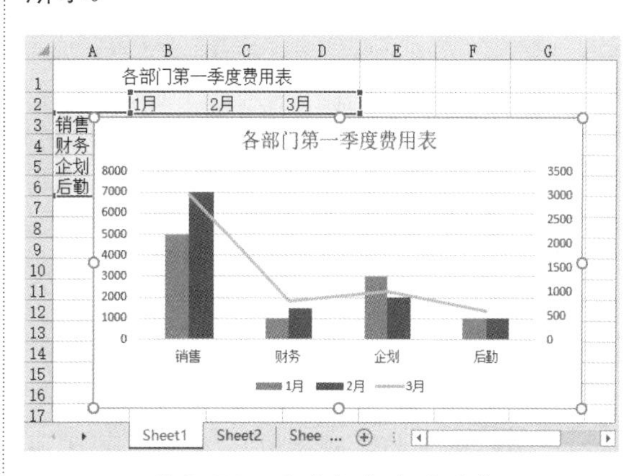

图 9-77　更改颜色后的图表

步骤 4 单击【图表样式】组中的【其他】按钮，打开【图表样式】面板，选择需要的图表样式，如图 9-78 所示。

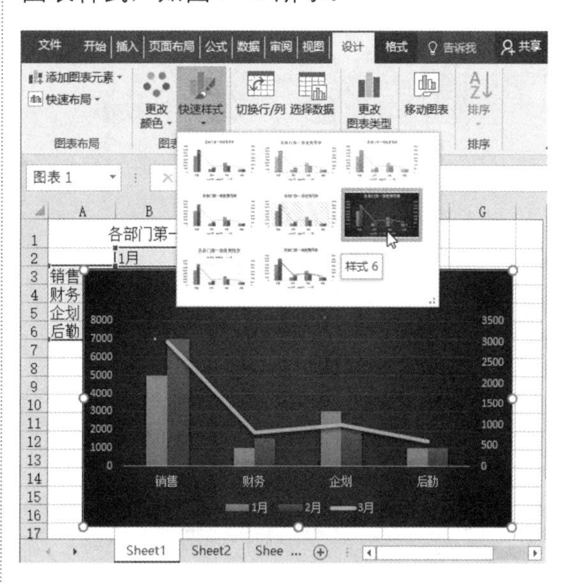

图 9-78　应用图表样式

9.6.2 设置艺术字样式

用户可以为图表中的文字添加艺术字样式，从而美化图片，具体步骤如下。

步骤 1 选中图表中的标题，单击【格式】选项卡下【艺术字样式】组中的【快速样式】按钮，在弹出的下拉列表中选择一种艺术字样式，如图 9-79 所示。

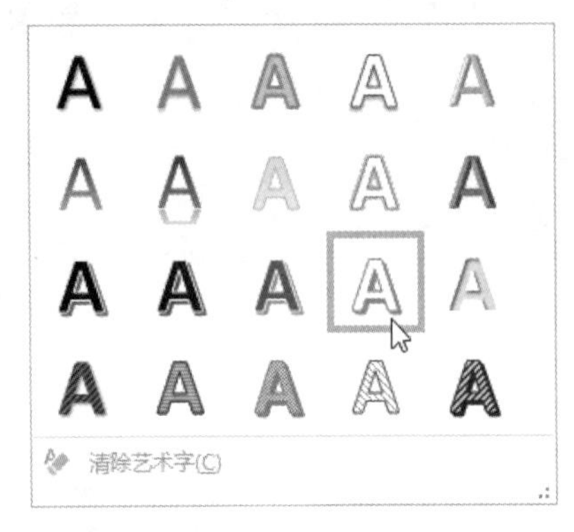

图 9-79 选择艺术字样式

步骤 2 此时图表的标题已添加了艺术字样式效果，如图 9-80 所示。

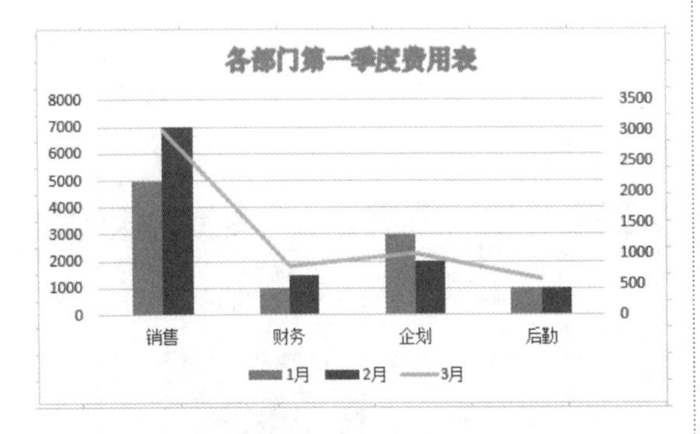

图 9-80 添加了艺术字的效果

> **提示** 当选中整个图表，设置艺术字样式时，整个图表中的文字都将应用该艺术字样式。

9.6.3 设置填充效果

在【设置图表区格式】窗格中通过设置图表区域的填充效果可以美化图表，具体步骤如下。

步骤 1 选中图表，右击，在弹出的快捷菜单中选择【设置图表区域格式】命令，如图 9-81 所示。

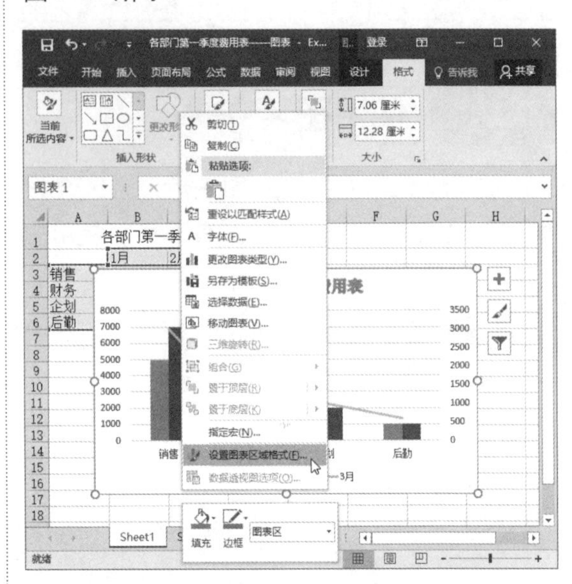

图 9-81 选择【设置图表区域格式】命令

步骤 2 弹出【设置图表区格式】窗格，在【图表选项】选项下【填充】选项组中选中【图案填充】单选按钮，在【图案】区域中选择一种图案，如图 9-82 所示。

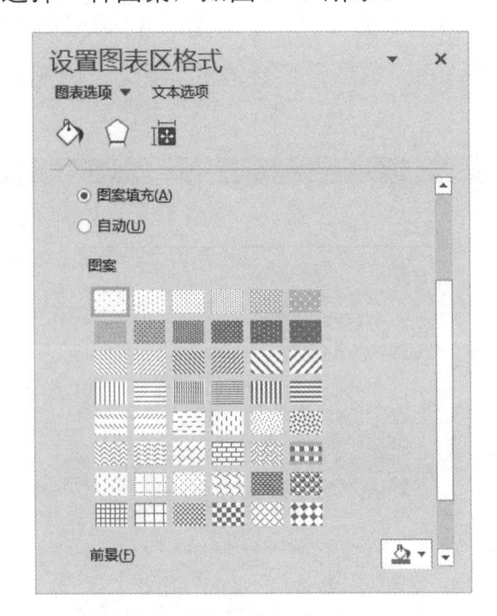

图 9-82 选择填充的图案样式

步骤 3 关闭【设置图表区格式】窗格，图表最终填充效果如图 9-83 所示。

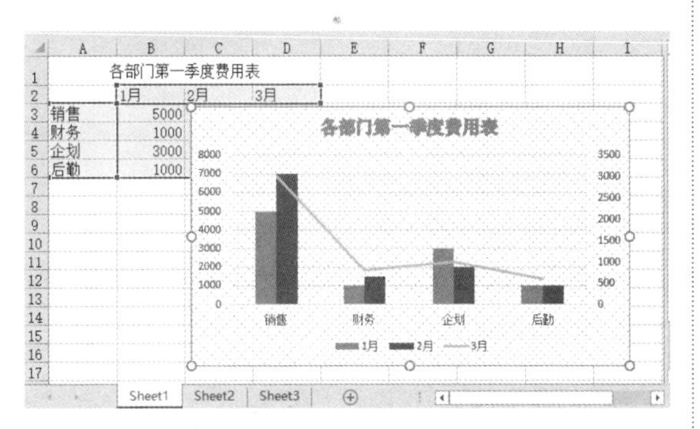

图 9-83　填充效果

9.6.4 使用图片填充图表

使用图片填充图表的具体步骤如下。

步骤 1 打开随书光盘中的“素材 \ch09\ 各部门第一季度费用表 .xlsx”工作簿，插入折线图表，右击，在弹出的快捷菜单中选择【设置图表区域格式】命令，如图 9-84 所示。

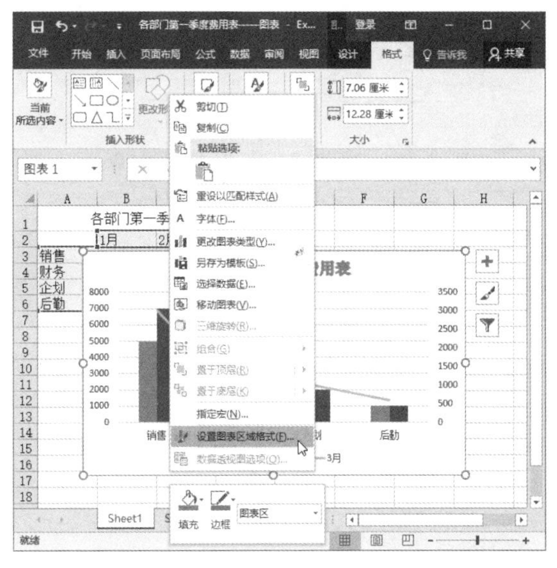

图 9-84　选择【设置图表区域格式】命令

步骤 2 弹出【设置图表区格式】窗格，在【图表选项】选项下【填充】选项组中选中【图片或纹理填充】单选按钮，单击【文件】按钮 文件(F)...，如图 9-85 所示。

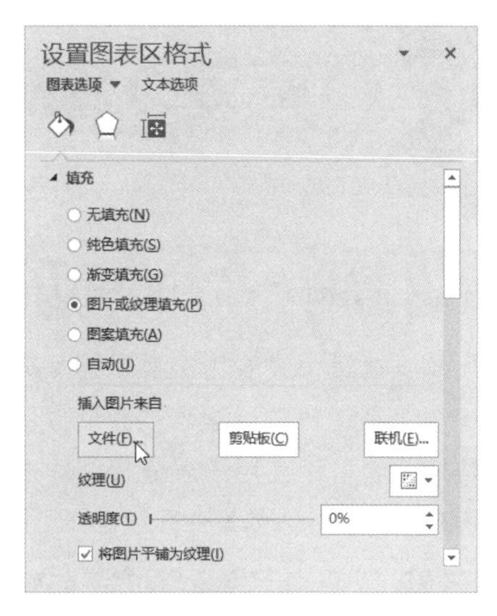

图 9-85　单击【文件】按钮

步骤 3 弹出【插入图片】对话框，在素材文件夹中选中需要的背景图片，单击【插入】按钮，如图 9-86 所示。

图 9-86　选择图片

步骤 4 关闭【设置图表区格式】窗格，最终使用图片填充效果如图 9-87 所示。

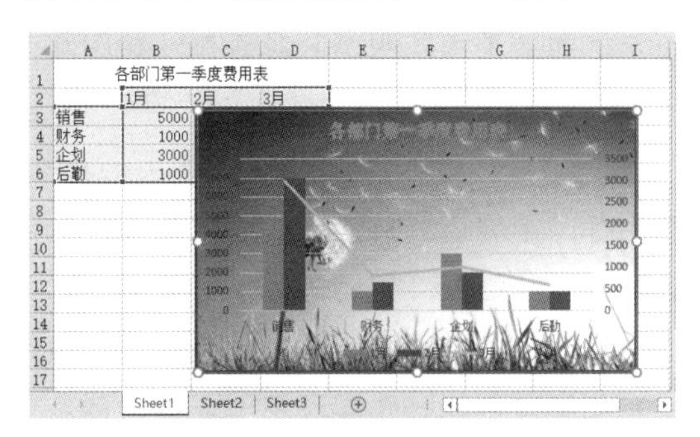

图 9-87　使用图片填充图表背景

9.7 高效办公技能实战

9.7.1 绘制产品销售统计图表

下面以冰箱销量表为例（见图 9-88），绘制一个产品销售统计图表。通过实例的学习，帮助读者巩固使用图表分析工作表数据的方法及技巧。具体的操作步骤如下。

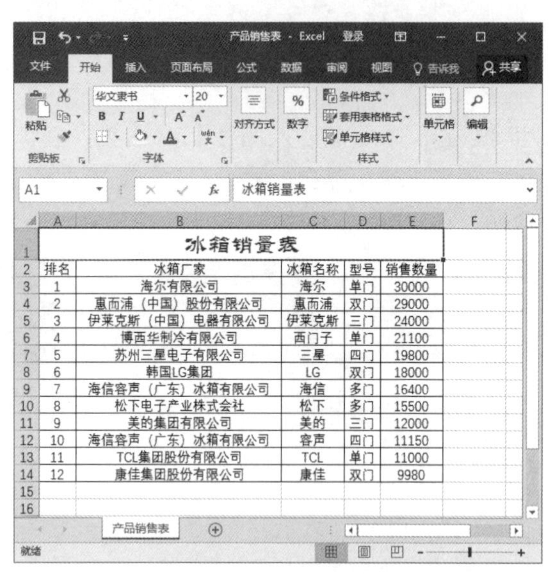

排名	冰箱厂家	冰箱名称	型号	销售数量
1	海尔有限公司	海尔	单门	30000
2	惠而浦（中国）股份有限公司	惠而浦	双门	29000
3	伊莱克斯（中国）电器有限公司	伊莱克斯	三门	24000
4	博西华制冷有限公司	西门子	单门	21100
5	苏州三星电子有限公司	三星	四门	19800
6	韩国LG集团	LG	双门	18000
7	海信容声（广东）冰箱有限公司	海信	多门	16400
8	松下电子产业株式会社	松下	多门	15500
9	美的集团有限公司	美的	三门	12000
10	海信容声（广东）冰箱有限公司	容声	四门	11150
11	TCL集团股份有限公司	TCL	单门	11000
12	康佳集团股份有限公司	康佳	双门	9980

图 9-88 冰箱销量表

步骤 1 选中 C3:C14 和 E3:E14 单元格区域，单击【插入】选项卡下【图表】组中的【插入柱形图或条形图】按钮，从弹出的下拉菜单中选择【更多柱形图】命令，如图 9-89 所示，弹出【插入图表】对话框，如图 9-90 所示。

步骤 2 从中选择需要插入的图表的类型，然后单击【确定】按钮，即可完成图表的创建操作，如图 9-91 所示。

步骤 3 至此一张嵌入式图表就创建完成。用户如果想创建一个图表工作表，只需右击创建好的图表，从弹出的快捷菜单中选择【移动图表】命令，即可打开【移动图表】对话框，如图 9-92 所示。

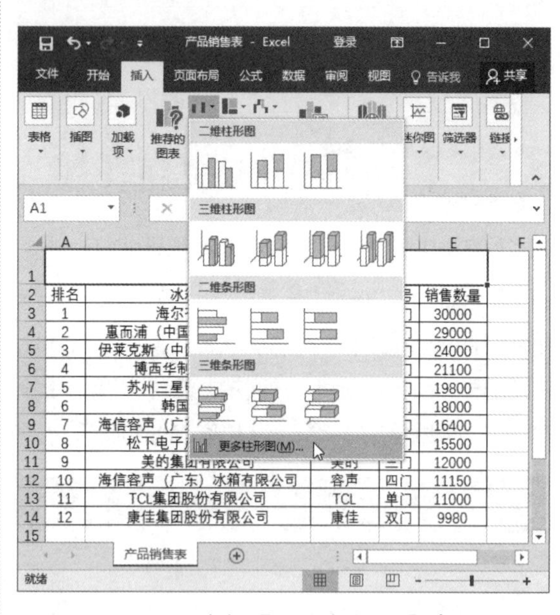

图 9-89 选择【更多柱形图】命令

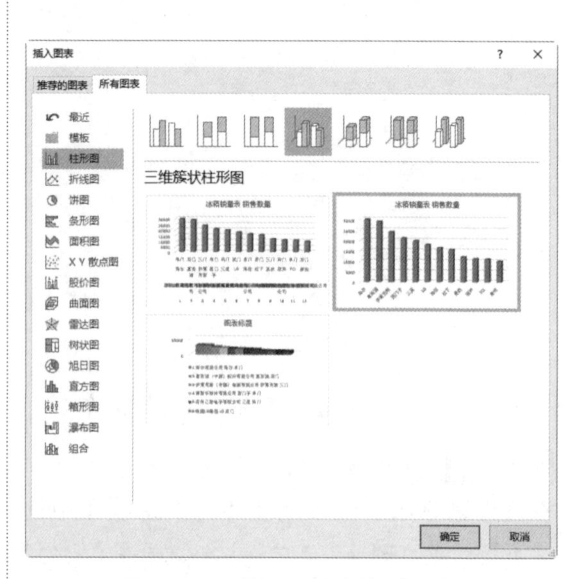

图 9-90 【插入图表】对话框

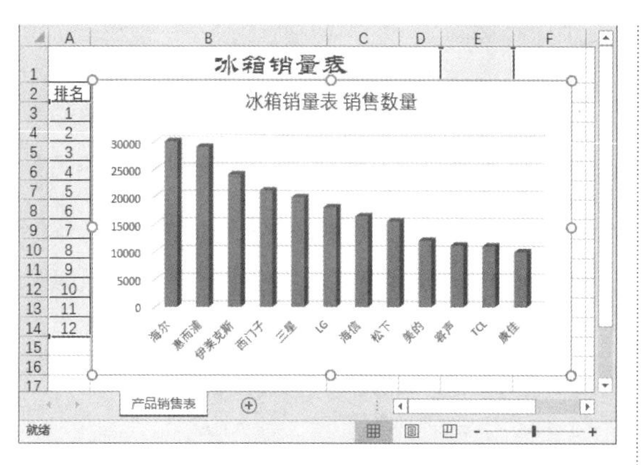

图 9-91　创建图表

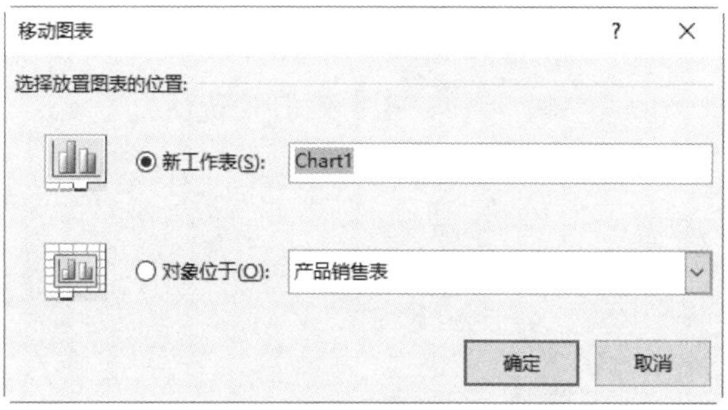

移动图表

选择放置图表的位置:

新工作表(S): Chart1

对象位于(O): 产品销售表

确定　取消

图 9-92　【移动图表】对话框

步骤 4 在该对话框中选中【新工作表】单选按钮，并在对应的文本框中输入相应的名称。单击【确定】按钮完成移动操作，实现图表工作表的创建工作，如图 9-93 所示。

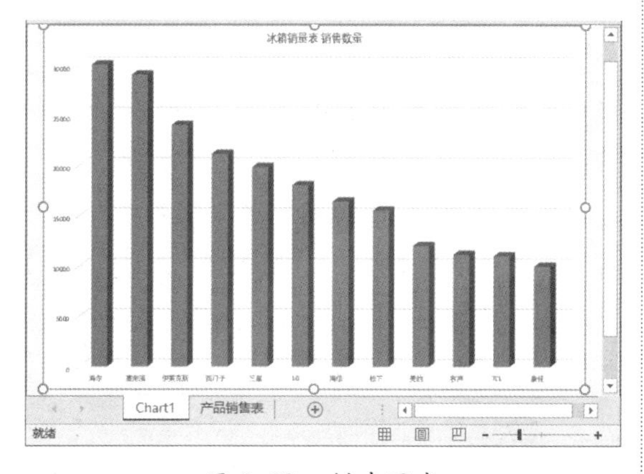

图 9-93　创建图表

步骤 5 选中图表并右击图表的图表区，弹出右键快捷菜单，如图 9-94 所示，选择【更改图表类型】命令，弹出【更改图表类型】对话框，如图 9-95 所示。

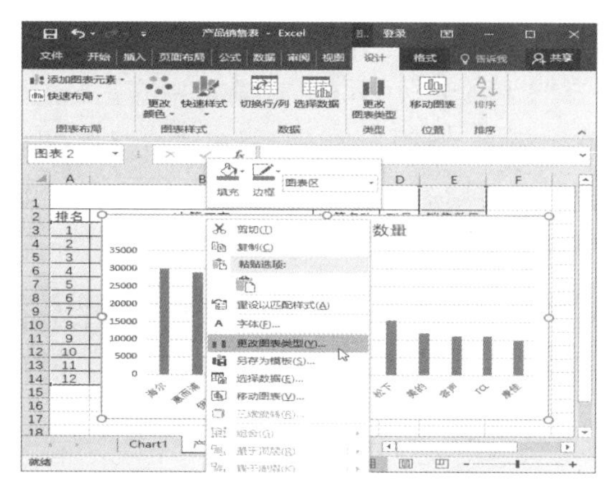

图 9-94　选择【更改图表类型】命令

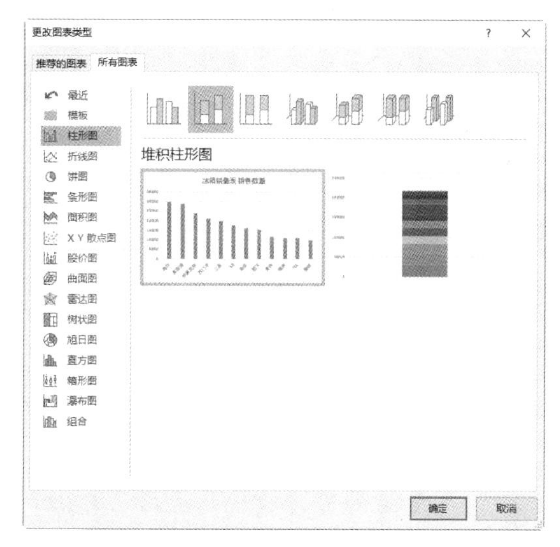

图 9-95　【更改图表类型】对话框

步骤 6 选择需要的图表类型，并在右侧选择下属类型，然后单击【确定】按钮，即可完成图表类型的更改操作，如图 9-96 所示。

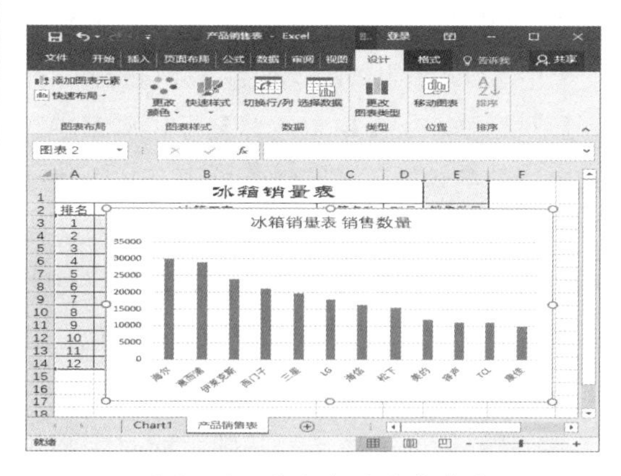

图 9-96　图表类型更改效果

步骤 7 选中创建的图表，单击【图表工具－设计】选项卡下【图表样式】组中的【更改颜色】按钮，从弹出的下拉列表中选择需要的颜色，即可完成图表颜色的设计操作，如图 9-97 所示。

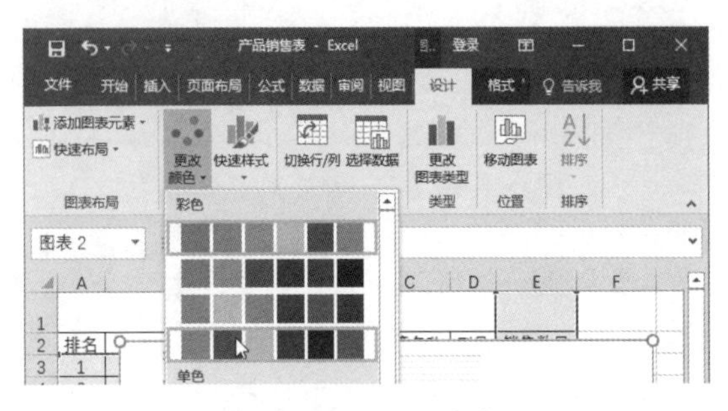

图 9-97 设计图表颜色

步骤 8 选中标题“冰箱销量表”，然后重新命名即可完成图表标题的添加，如图 9-98 所示。

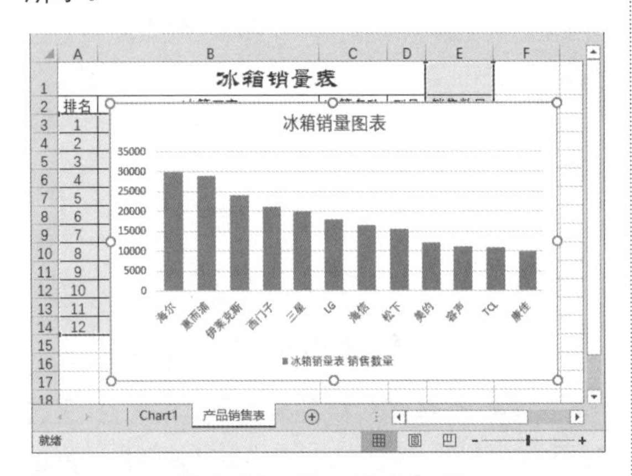

图 9-98 添加图表标题

步骤 9 选中图表标题，单击【开始】选项卡下【字体】组中的 按钮，即可打开【字体】对话框，从【中文字体】下拉列表中选择合适的字体，从【字体样式】下拉列表中选择【常规】选项，在【大小】微调框中输入字号，然后单击【字体颜色】下拉按钮，从弹出的下拉列表中选择字体的颜色，如图 9-99 所示。

步骤 10 单击【确定】按钮，即可完成图表标题字体的设置，如图 9-100 所示。

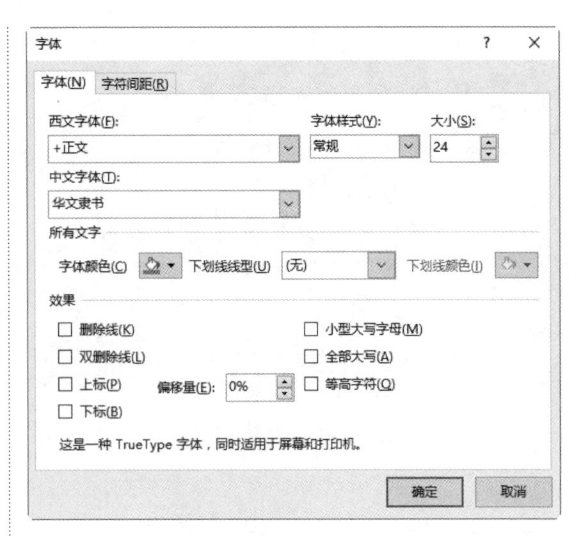

图 9-99 【字体】对话框

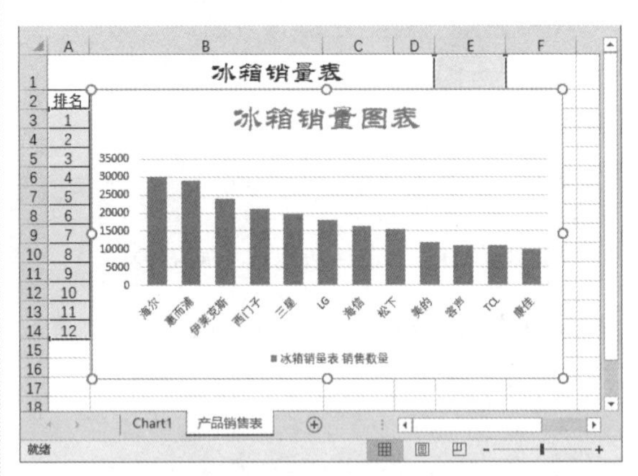

图 9-100 设置图表标题字体

步骤 11 选中标题文本框，右击，从弹出的快捷菜单中选择【设置图表标题格式】命令，弹出【设置图表标题格式】窗格。单击【填充】图标，进入到【填充】设置界面，选中【纯色填充】单选按钮，然后单击【颜色】下三角按钮，从弹出的下拉列表中选择合适的颜色，如图 9-101 所示。

步骤 12 设置完毕之后，单击【关闭】按钮，即可完成图表标题的设置操作，如图 9-102 所示。

步骤 13 选中图表区，右击，从弹出的快捷菜单中选择【设置图表区域格式】命令，如图 9-103 所示，打开【设置图表区格式】

窗格。

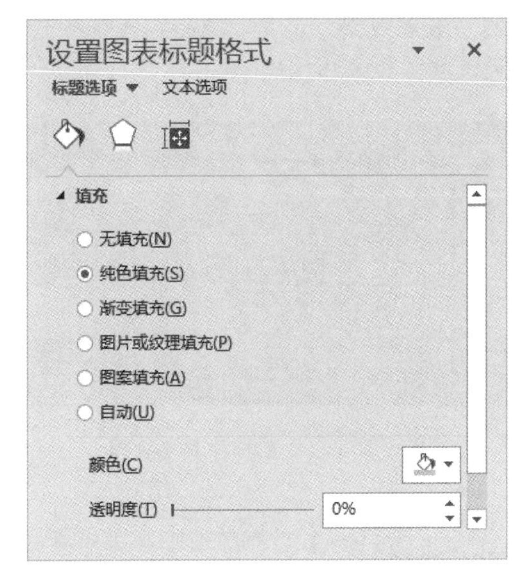

图 9-101 【设置图表标题格式】窗格

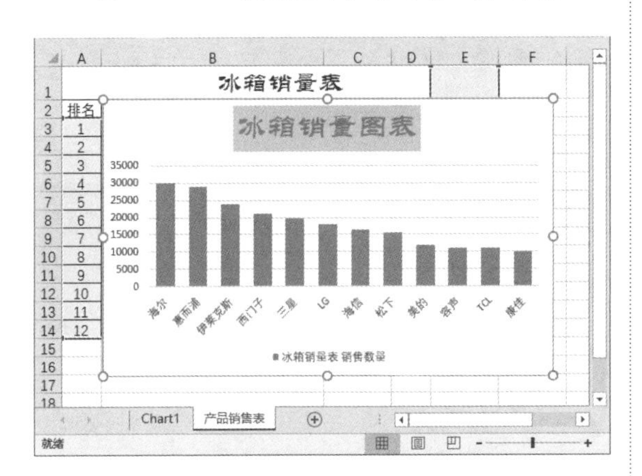

图 9-102 图表标题设置效果

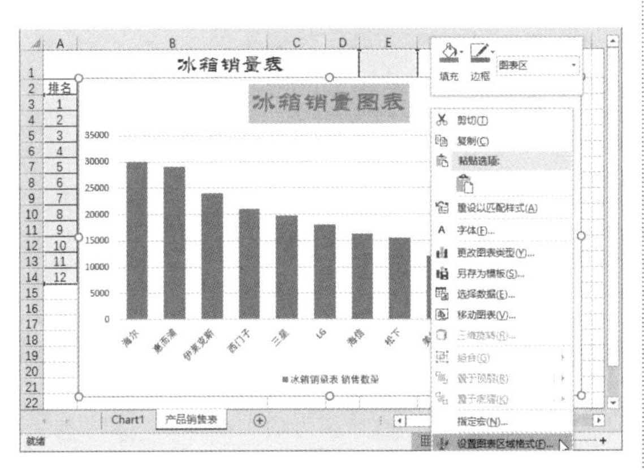

图 9-103 选择【设置图表区域格式】命令

步骤 14 单击【填充】图标，进入到【填充】设置界面，选中【图片或纹理填充】单选按钮，然后单击【文件】按钮，打开【插入图片】对话框，从中选择要插入的图片，如图 9-104 所示。

图 9-104 【插入图片】对话框

步骤 15 单击【插入】按钮，返回【设置图表区格式】窗格，完成填充设置，如图 9-105 所示。

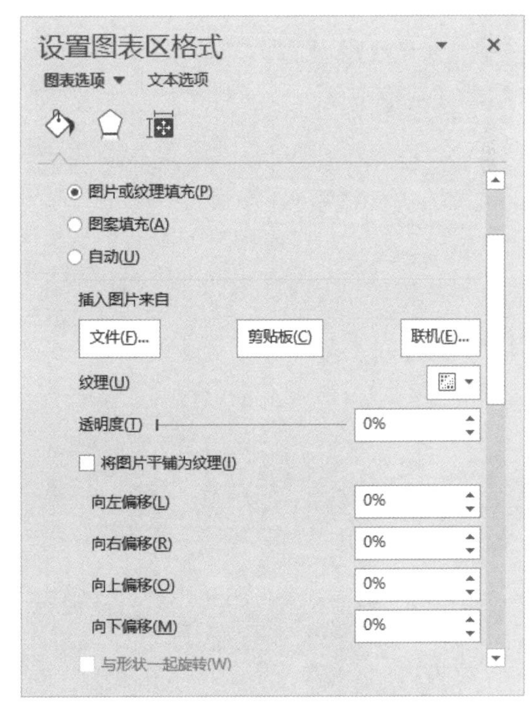

图 9-105 【设置图表区格式】窗格

步骤 16 单击【关闭】按钮，即可完成图表区的设置操作，如图 9-106 所示。

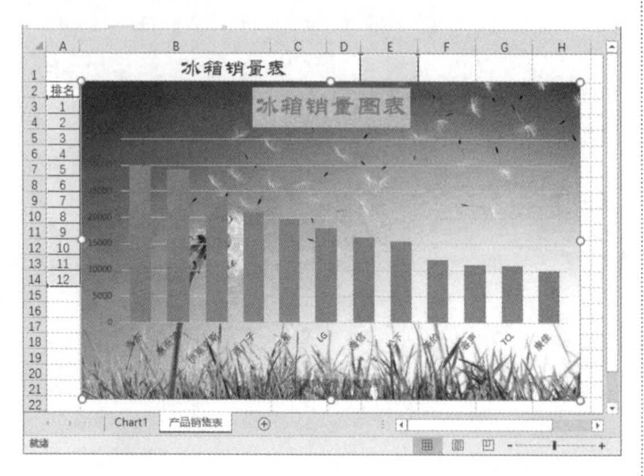

图 9-106　图表区格式设置效果

步骤 17 选中图表，单击【图表工具－格式】选项卡下【当前所选内容】组中的【设置所选内容格式】按钮，打开【设置背景墙格式】窗格，单击【填充】图标，选中【渐变填充】单选按钮，然后单击【渐变光圈】区域的【颜色】下拉按钮，从弹出的下拉列表中选择需要的颜色，如图 9-107 所示。

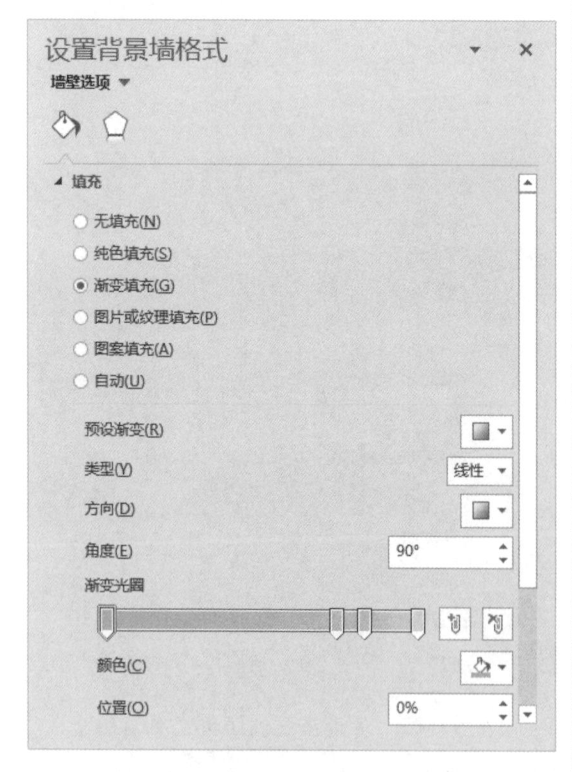

图 9-107　【设置背景墙格式】窗格

步骤 18 单击【关闭】按钮，即可显示设置的背景墙效果。至此，产品销售统计图表制作完成，如图 9-108 所示。

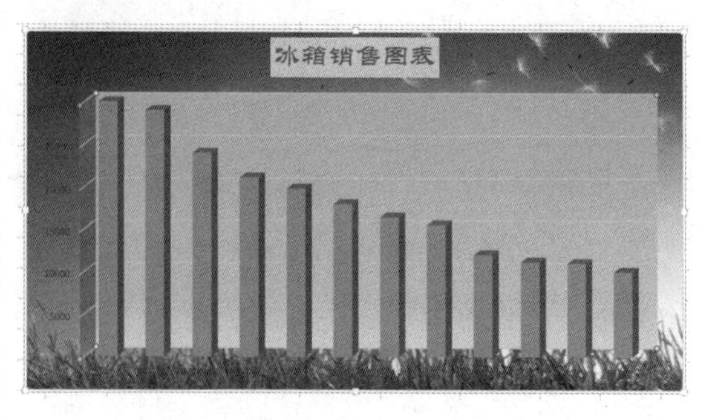

图 9-108　设置的背景墙效果

> **提示** 此外，用户还可以选中背景区域，然后右击，从弹出的快捷菜单中选择【设置背景墙格式】命令，如图 9-109 所示，也可以打开【设置背景墙格式】窗格。

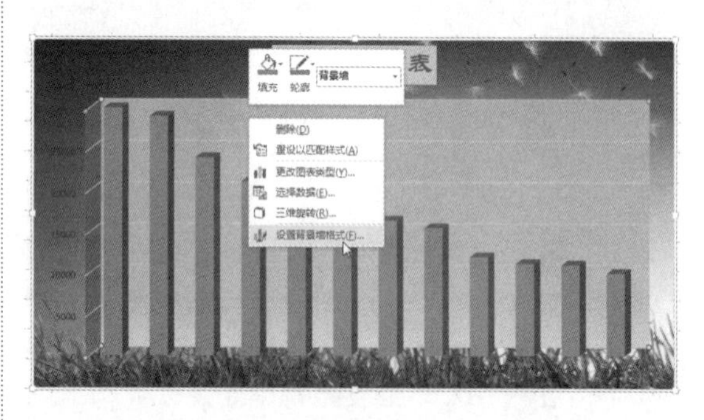

图 9-109　选择【设置背景墙格式】命令

9.7.2 输出制作好的图表

图表创建好之后，用户可以在打印预览下查看最终效果图，然后对满意的图表进行打印。

步骤 1 打开一个创建好的图表文件，然后选中需要打印的图表，如图 9-110 所示。

步骤 2 选择【文件】选项卡，在打开的界面中选择【打印】命令，即可查看打印效果。如果文件符合要求，那么单击【打印】按钮，

即可开始打印图表，如图 9-111 所示。

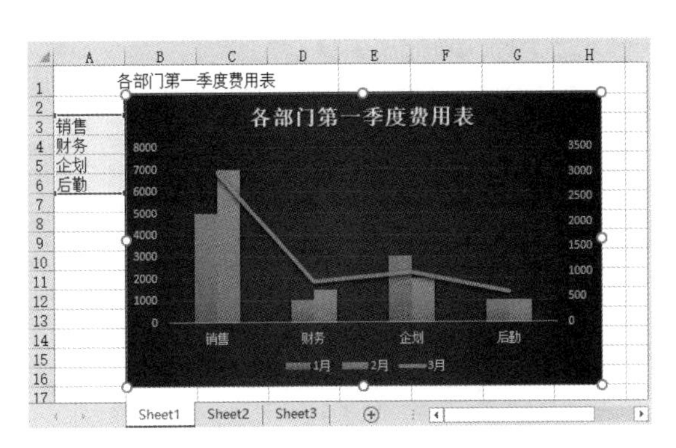

图 9-110 选中要打印的图表

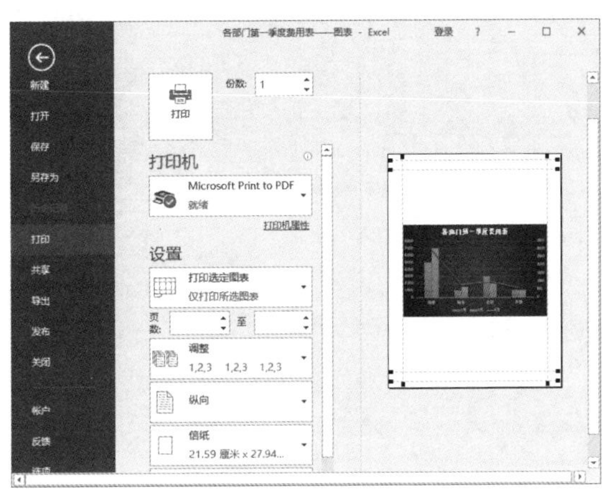

图 9-111 打印预览

9.8 高手解惑

问：在创建图表的过程中，如果需要将默认图表中的数据系列更改为其他数值，那么该如何操作？

高手：在图表创建完成后，如果想添加新的数据系列，需要在选中图表后，右击，从弹出的快捷菜单中选择【选择数据】命令，弹出【选择数据源】对话框，单击【添加】按钮即可。如果需要重新修改已有的数据系列，则单击【编辑】按钮即可。

问：在工作表中如何将多个图表连接为一个整体，使其形成一张图片呢？

高手：在工作表的操作界面中，按 Ctrl 键或 Shift 键不放，依次单击需要连为整体的图表。然后右击，在弹出的快捷菜单中选择【组合】→【组合】命令，即可将选中的多个图表连接成一张图片。并且，此时形成的图片不具备图表的特征。如果用户需要恢复，那么再次右击已形成的图片，在弹出的快捷菜单中选择【组合】→【取消组合】命令即可。

第 3 篇

公式与函数

在 Excel 2016 中，使用公式可以帮助用户分析工作表中的数据，使用函数可以实现财务运算。本篇将介绍单元格和单元格区域的引用、公式和函数的使用方法。

单元格和单元格区域的引用

- **本章导读**

在 Excel 工作表中，使用公式或者函数对数据进行运算时，对单元格的引用必不可少，公式的灵活性是通过对单元格或者单元格区域的引用来实现的。本章将为读者介绍单元格和单元格区域的引用。

- **学习目标**

◎ 了解单元格引用的作用

◎ 掌握单元格引用的方法

◎ 掌握单元格引用的使用方法

◎ 掌握命名单元格的方法

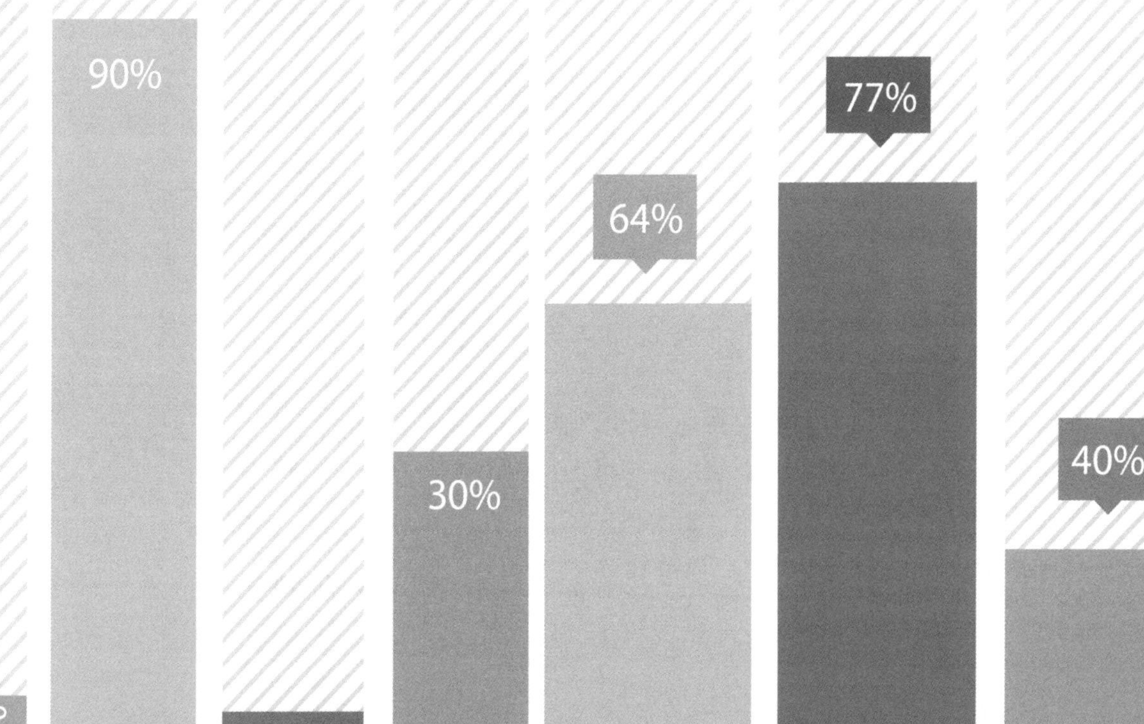

10.1 单元格的引用

单元格引用是指对单元格的地址的引用，即把单元格中的数据和公式联系起来。

10.1.1 引用样式

单元格引用有不同的表示方法，既可以直接用相应的地址表示，也可以用单元格的名字表示。用地址表示单元格引用有两种样式，一种是A1引用样式，如图10-1所示；另一种是R1C1样式，如图10-2所示。

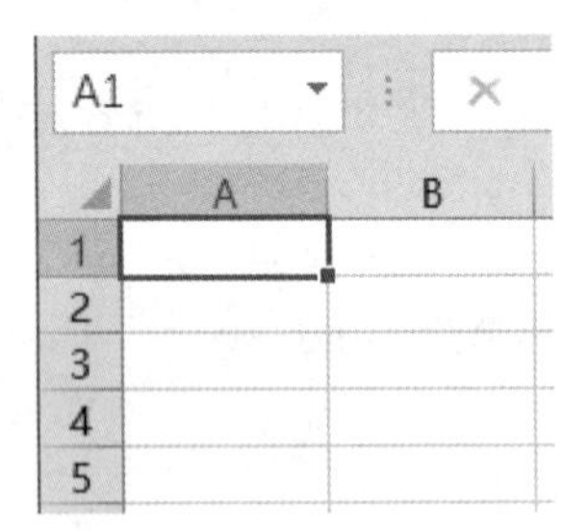

A1
A
B
1
2
3
4
5

图 10-1　A1 引用样式

R1C1
A
B
1
2
3
4
5

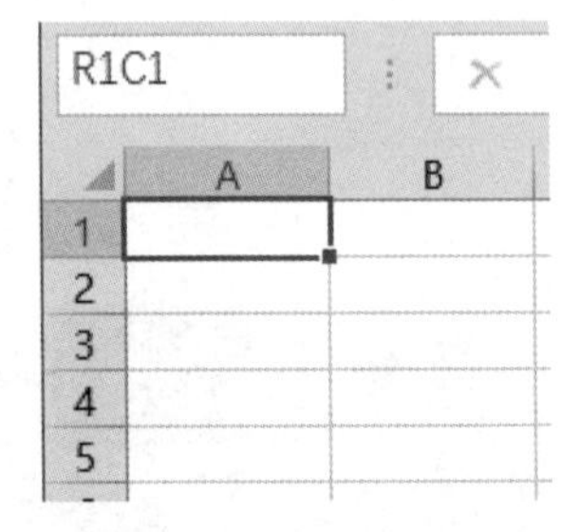

图 10-2　R1C1 引用样式

1. A1 引用样式

A1引用样式是Excel的默认引用类型。这种引用类型是用字母表示列（从A到XFD，共16384列），用数字表示行（从1到1048576）。引用的时候先写列字母，再写行数字。若要引用单元格，输入列标和行号即可。例如，C10引用了C列和10行交叉处的单元格，如图10-3所示。

C10
A
B
C
D

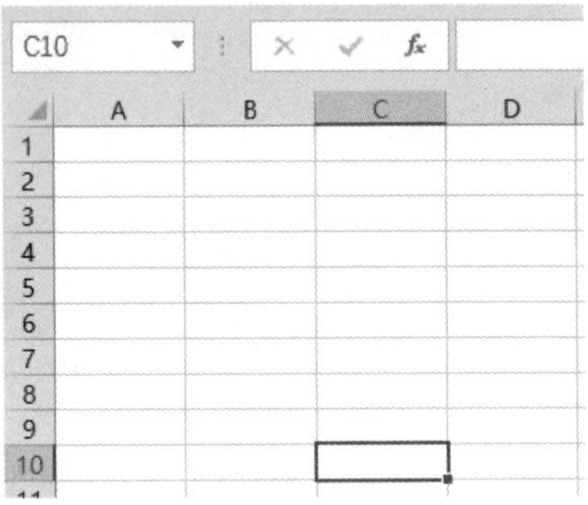

图 10-3　引用单个单元格

如果引用单元格区域，可以输入该区域左上角单元格的地址、半角冒号（:）和该区域右下角单元格的地址。例如在“素材\ch10\工资表.xlsx”工作簿中，在单元格F2公式中引用了单元格区域C2:E2，如图10-4所示。

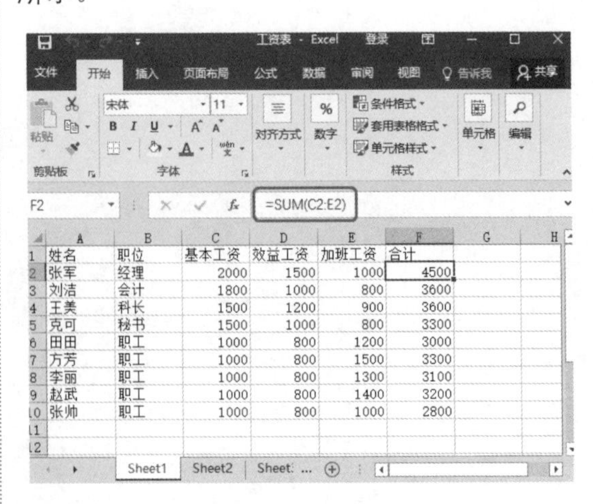

工资表 - Excel
F2
=SUM(C2:E2)
姓名 职位 基本工资 效益工资 加班工资 合计
张军 经理 2000 1500 1000 4500
刘洁 会计 1800 1000 800 3600
王美 科长 1500 1200 900 3600
克可 秘书 1500 1000 800 3300
田田 职工 1000 800 1200 3000
方芳 职工 1000 800 1500 3300
李丽 职工 1000 800 1300 3100
赵武 职工 1000 800 1400 3200
张帅 职工 1000 800 1000 2800
Sheet1
Sheet2

图 10-4　引用单元格区域

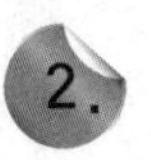

2. R1C1 引用样式

在R1C1引用样式中，用R加行数字和

C 加列数字表示单元格的位置。若表示相对引用，则行数字和列数字都用中括号“[]”括起来；如果不加中括号，则表示绝对引用。如当前单元格是 A1，则单元格引用为 R1C1；加中括号 R[1]C[1] 则表示引用下面一行和右边一列的单元格，即 B2。

提示 R 代表 Row，是行的意思；C 代表 Column，是列的意思。R1C1 引用样式与 A1 引用样式中的绝对引用等价。

启用 R1C1 引用样式的具体步骤如下。

步骤 1 打开随书光盘中的“素材 \ch10\ 工资表 .xlsx”工作簿，如图 10-5 所示。

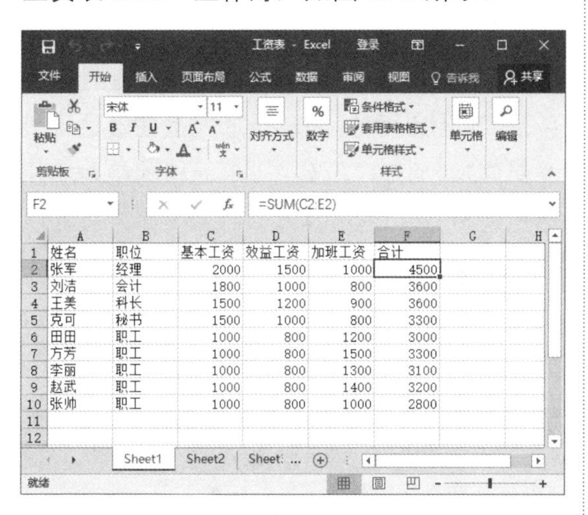

	A	B	C	D	E	F
1	姓名	职位	基本工资	效益工资	加班工资	合计
2	张军	经理	2000	1500	1000	4500
3	刘洁	会计	1800	1000	800	3600
4	王美	科长	1500	1200	900	3600
5	克可	秘书	1500	1000	800	3300
6	田田	职工	1000	800	1200	3000
7	方芳	职工	1000	800	1500	3300
8	李丽	职工	1000	800	1300	3100
9	赵武	职工	1000	800	1400	3200
10	张帅	职工	1000	800	1000	2800

图 10-5　打开素材文件

步骤 2 在 Excel 2016 中选择【文件】选项卡，在弹出的界面中选择【选项】命令，如图 10-6 所示。

步骤 3 在弹出的【Excel 选项】对话框的左侧选择【公式】选项，在右侧的【使用公式】选项组中选中【R1C1 引用样式】复选框，如图 10-7 所示。

步骤 4 单击【确定】按钮，即可启用 R1C1 引用样式。此时在“素材 \ch10\ 工资表 .xlsx”工作簿中，单元格 R2C6 公式中引用的单元格区域表示为“RC[-3]:RC[-1]”，如图 10-8 所示。

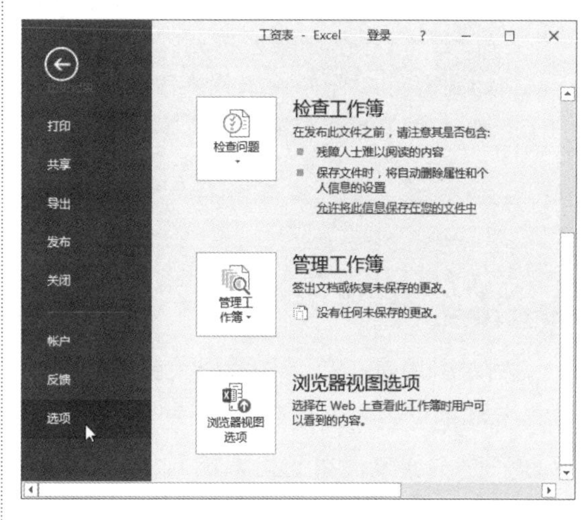

图 10-6　文件操作界面

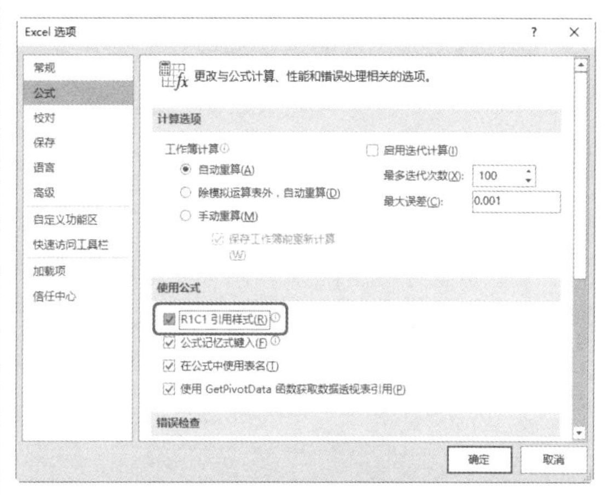

图 10-7　【Excel 选项】对话框

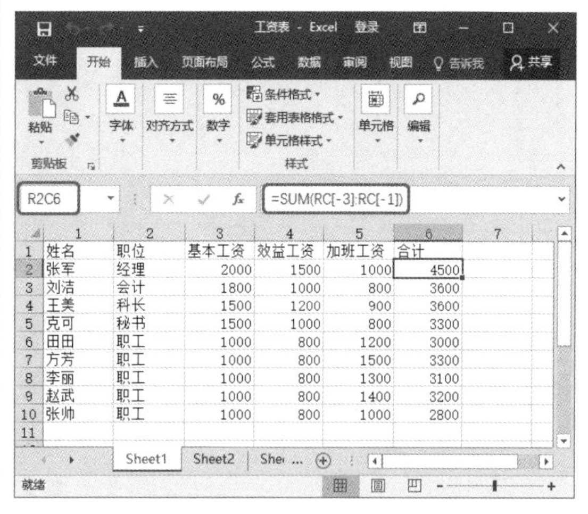

	1	2	3	4	5	6
1	姓名	职位	基本工资	效益工资	加班工资	合计
2	张军	经理	2000	1500	1000	4500
3	刘洁	会计	1800	1000	800	3600
4	王美	科长	1500	1200	900	3600
5	克可	秘书	1500	1000	800	3300
6	田田	职工	1000	800	1200	3000
7	方芳	职工	1000	800	1500	3300
8	李丽	职工	1000	800	1300	3100
9	赵武	职工	1000	800	1400	3200
10	张帅	职工	1000	800	1000	2800

图 10-8　R1C1 引用样式

提示 在Excel工作表中，如果引用的是同一个工作表中的数据，那么可以使用单元格地址引用；如果引用的是其他工作簿或工作表中的数据，那么可以使用名称来代表单元格、单元格区域、公式或值。

10.1.2 相对引用

相对引用是指单元格的引用会随公式所在单元格的位置的变更而改变。复制公式时，系统不是把原来的单元格地址原样照搬，而是根据公式原来的位置和复制的目标位置来推算出公式中单元格地址相对原来位置的变化。默认情况下，公式使用的就是相对引用。下面演示其效果，具体的操作步骤如下。

步骤 1 打开随书光盘中的“素材\ch10\工资表.xlsx”文件，选中单元格F2，在其中输入公式“=SUM(C2:E2)”，如图10-9所示。

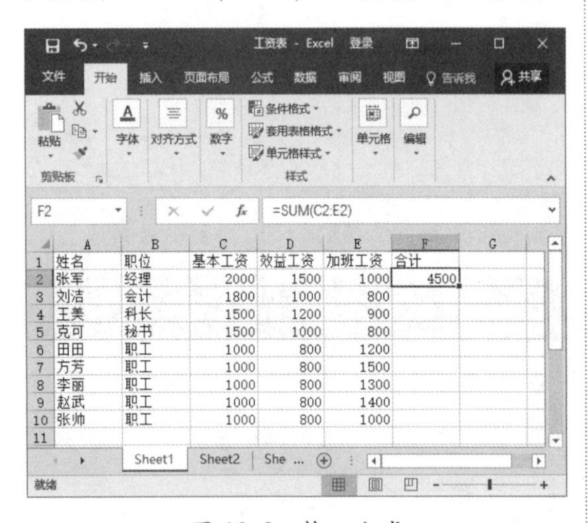

图 10-9　输入公式

步骤 2 将光标定位在单元格F2右下角的方块上，当鼠标指针变为+状时向下拖动鼠标使其指针移到单元格F3，可以看到，公式中引用的单元格地址会自动改变，变为“=SUM(C3:E3)”，如图10-10所示。

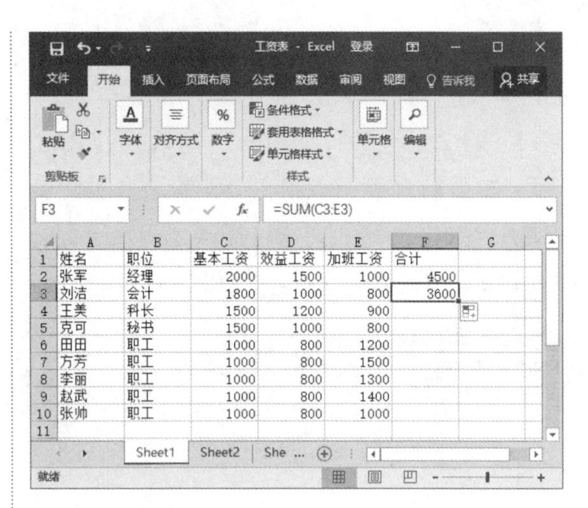

图 10-10　向下引用公式

10.1.3 绝对引用

绝对引用是指在复制公式时，无论如何改变公式的位置，其引用单元格的地址都不会改变。绝对引用的表示形式是在普通地址的前面加“$”，例如C1单元格的绝对引用形式是$C$1。下面具体介绍其操作方法。

步骤 1 打开随书光盘中的“素材\ch10\工资表.xlsx”工作簿，修改F2单元格中的公式为“=$C$2+$D$2+$E$2”，如图10-11所示。

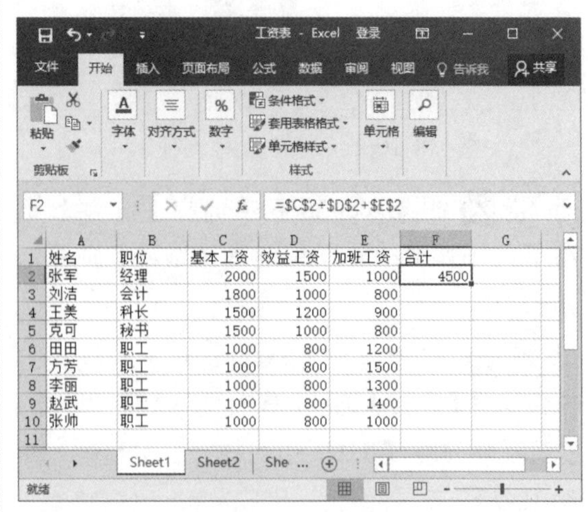

图 10-11　修改公式

步骤 2 移动鼠标指针到单元格F2的右下角，当鼠标指针变成+状时向下拖动鼠标使

其指针移至单元格 F3，则单元格 F3 公式仍然为“=$C$2+$D$2+$E$2”，即表示这种公式为绝对引用，如图 10-12 所示。

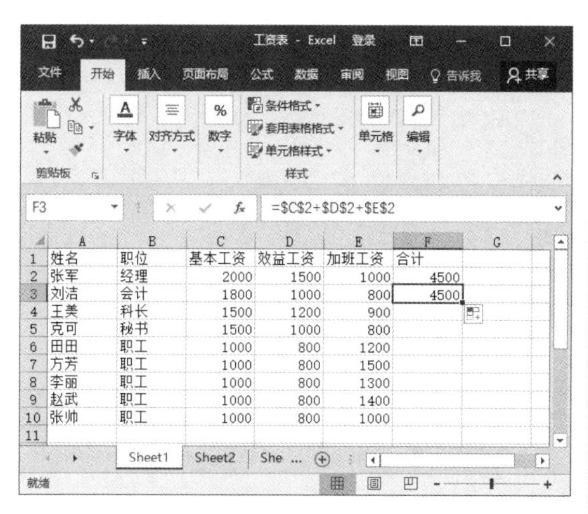

F3　=$C$2+$D$2+$E$2

	A	B	C	D	E	F	G
1	姓名	职位	基本工资	效益工资	加班工资	合计	
2	张军	经理	2000	1500	1000	4500	
3	刘洁	会计	1800	1000	800	4500	
4	王美	科长	1500	1200	900		
5	克可	秘书	1500	1000	800		
6	田田	职工	1000	800	1200		
7	方芳	职工	1000	800	1500		
8	李丽	职工	1000	800	1300		
9	赵武	职工	1000	800	1400		
10	张帅	职工	1000	800	1000		
11							

图 10-12　绝对引用公式

10.1.4　混合引用

除了相对引用和绝对引用，还有混合引用，也就是既有相对引用，又有绝对引用。当需要固定行引用而改变列引用，或者固定列引用而改变行引用时，就要用到混合引用，即相对引用部分发生改变，绝对引用部分不变。例如 $B5、B$5 都是混合引用。

步骤 1 打开随书光盘中的“素材 \ch10\ 工资表 .xlsx”工作簿，修改 F2 单元格中的公式为“=$C2+D$2+E2”，如图 10-13 所示。

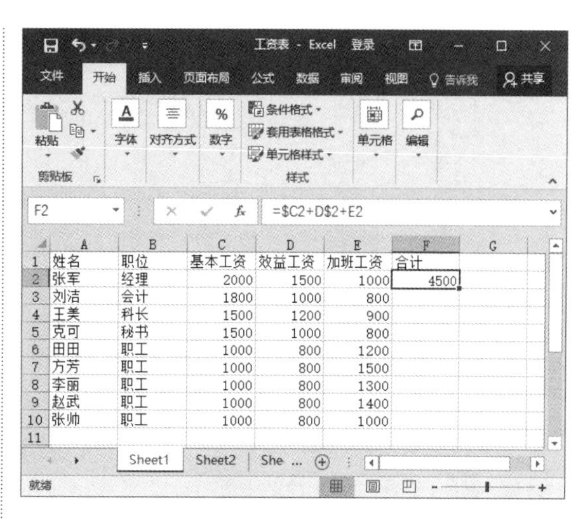

F2　=$C2+D$2+E2

	A	B	C	D	E	F	G
1	姓名	职位	基本工资	效益工资	加班工资	合计	
2	张军	经理	2000	1500	1000	4500	
3	刘洁	会计	1800	1000	800		
4	王美	科长	1500	1200	900		
5	克可	秘书	1500	1000	800		
6	田田	职工	1000	800	1200		
7	方芳	职工	1000	800	1500		
8	李丽	职工	1000	800	1300		
9	赵武	职工	1000	800	1400		
10	张帅	职工	1000	800	1000		
11							

图 10-13　修改公式

步骤 2 移动鼠标指针到单元格 F2 的右下角，当鼠标指针变成+状时向下拖动鼠标使其指针移至单元格 F3，则单元格 F3 中的公式变为“=$C3+D$2+E3”，如图 10-14 所示。

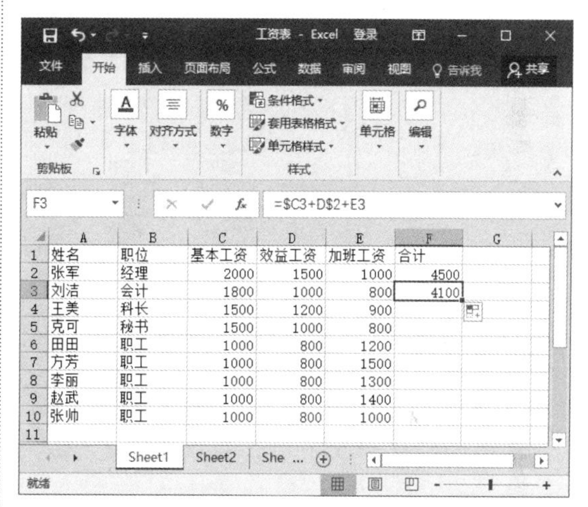

F3　=$C3+D$2+E3

	A	B	C	D	E	F	G
1	姓名	职位	基本工资	效益工资	加班工资	合计	
2	张军	经理	2000	1500	1000	4500	
3	刘洁	会计	1800	1000	800	4100	
4	王美	科长	1500	1200	900		
5	克可	秘书	1500	1000	800		
6	田田	职工	1000	800	1200		
7	方芳	职工	1000	800	1500		
8	李丽	职工	1000	800	1300		
9	赵武	职工	1000	800	1400		
10	张帅	职工	1000	800	1000		
11							

图 10-14　混合引用公式

提示　工作簿和工作表中的引用都是绝对引用，没有相对引用；在编辑栏中输入单元格地址后，按 F4 键可以在“绝对引用”“混合引用”和“相对引用”3 个状态之间切换。

10.1.5　三维引用

三维引用是对跨工作表或工作簿中的两个甚至多个工作表中的单元格及单元格区域的引用。三维引用的形式为“公司工作表名 ! 单元格地址”。三维引用的具体步骤如下。

步骤 1 打开随书光盘中的“素材 \ch10\ 工资表 .xlsx”工作簿，选择 Sheet2 工作表，将光标定位在 D2 单元格中，如图 10-15 所示。

	A	B	C	D
1	姓名	职位	房租费	实发工资
2	张军	经理	300	
3	刘洁	会计	300	
4	王美	科长	300	
5	克可	秘书	200	
6	田田	职工	200	
7	方芳	职工	200	
8	李丽	职工	200	
9	赵武	职工	200	
10	张帅	职工	200	
11				

Sheet1 Sheet2 She ...

图 10-15 定位单元格

步骤 2 在单元格 D2 中输入公式“=”，然后切换到 Sheet1 工作表中，单击 F2 单元格，如图 10-16 所示。

F2 =Sheet1!F2

	A	B	C	D	E	F
1	姓名	职位	基本工资	效益工资	加班工资	合计
2	张军	经理	2000	1500	1000	4500
3	刘洁	会计	1800	1000	800	3600
4	王美	科长	1500	1200	900	3600
5	克可	秘书	1500	1000	800	3300
6	田田	职工	1000	800	1200	3000
7	方芳	职工	1000	800	1500	3300
8	李丽	职工	1000	800	1300	3100
9	赵武	职工	1000	800	1400	3200
10	张帅	职工	1000	800	1000	2800
11						

Sheet1 Sheet2 She ...

图 10-16 选中 Sheet1 工作表中的单元格

步骤 3 将工作表切换到 Sheet2，输入“-”，单击 C2 单元格，如图 10-17 所示。

SUM =Sheet1!F2-Sheet2!C2

	A	B	C	D	E
1	姓名	职位	房租费	实发工资	
2	张军	经理	300	=Sheet1!F2-Sheet2!C2	
3	刘洁	会计	300		
4	王美	科长	300		
5	克可	秘书	200		
6	田田	职工	200		
7	方芳	职工	200		
8	李丽	职工	200		
9	赵武	职工	200		
10	张帅	职工	200		
11					

Sheet1 Sheet2 She ...

图 10-17 选中 Sheet2 工作表中的单元格

步骤 4 单击编辑栏中的✔按钮，完成函数的输入，结果如图 10-18 所示。

D2 =Sheet1!F2-Sheet2!C2

	A	B	C	D	E
1	姓名	职位	房租费	实发工资	
2	张军	经理	300	4200	
3	刘洁	会计	300		
4	王美	科长	300		
5	克可	秘书	200		
6	田田	职工	200		
7	方芳	职工	200		
8	李丽	职工	200		
9	赵武	职工	200		
10	张帅	职工	200		
11					

Sheet1 Sheet2 She ...

图 10-18 计算数据

提示 在单元格 D2 的公式中，“Sheet1!F2”和“Sheet2!C2”两个单元格地址使用了三维引用，分别引用了 Sheet1 中的 F2 单元格和 Sheet2 中的 C2 单元格。跨工作簿引用单元格或单元格区域时，引用对象的前面必须用“!”作为工作表分隔符，用中括号作为工作簿分隔符，其一般形式为“[工作簿名]工作表名！单元格地址”。

10.1.6 循环引用

当一个单元格内的公式直接或间接地引用了这个公式本身所在的单元格时，就称为循环引用。在工作簿中使用循环引用时，在状态栏中会显示“循环引用”字样，并显示循环引用的单元格地址。

注意 单元格中如果使用了循环引用，Excel 2016 将无法自动计算其结果。此时可以先定位和取消循环引用，利用“迭代”功能设置循环引用中涉及的单元格循环次数。

进行循环引用的具体步骤如下。

步骤 1 打开随书光盘中的“素材 \ch10\ 工

资表 .xlsx”工作簿，选中单元格 F4，在编辑栏中输入函数公式“=SUM(C4:F4)”，单击 ✔ 按钮，如图 10-19 所示。

SUM　=SUM(C4:F4)

	A	B	C	D	E	F
1	姓名	职位	基本工资	效益工资	加班工资	合计
2	张军	经理	2000	1500	1000	4500
3	刘洁	会计	1800	1000	800	3600
4	王美	科长	1500	1200	900	=SUM(C4:F4)
5	克可	秘书	1500	1000	800	
6	田田	职工	1000	800	1200	
7	方芳	职工	1000	800	1500	
8	李丽	职工	1000	800	1300	
9	赵武	职工	1000	800	1400	
10	张帅	职工	1000	800	1000	
11						

Sheet1　Sheet2　She ...

图 10-19　输入公式

步骤 2 此时系统会弹出提示对话框，单击【确定】按钮，如图 10-20 所示。

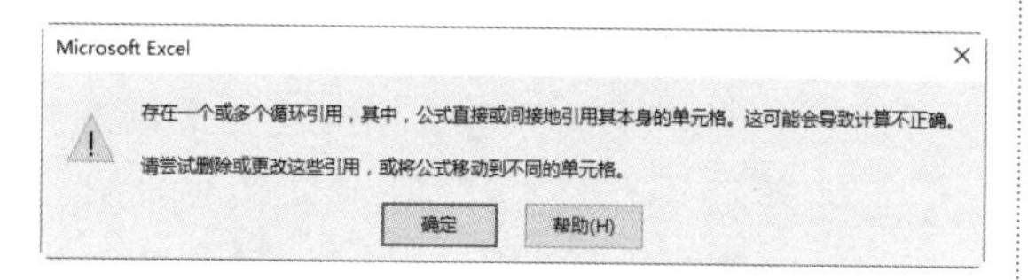

图 10-20　信息提示对话框

步骤 3 工作表中显示计算结果为 0，如图 10-21 所示。

F4　=SUM(C4:F4)

	A	B	C	D	E	F
1	姓名	职位	基本工资	效益工资	加班工资	合计
2	张军	经理	2000	1500	1000	4500
3	刘洁	会计	1800	1000	800	3600
4	王美	科长	1500	1200	900	0
5	克可	秘书	1500	1000	800	
6	田田	职工	1000	800	1200	
7	方芳	职工	1000	800	1500	
8	李丽	职工	1000	800	1300	
9	赵武	职工	1000	800	1400	
10	张帅	职工	1000	800	1000	
11						

Sheet1　Sheet2　She ...

图 10-21　显示计算结果

步骤 4 选中任意单元格，例如选中单元格 F5，在【公式】选项卡中单击【公式审核】组中的【错误检查】按钮 错误检查 右侧的下三角按钮，在弹出的下拉列表中选择【循环引用】→ $F$4 选项，如图 10-22 所示。

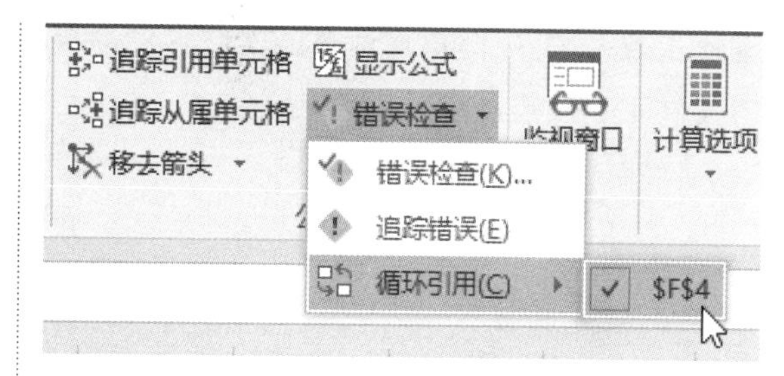

图 10-22　选择 $F$4 选项

步骤 5 此时光标已定位到单元格 F4 中，如图 10-23 所示。

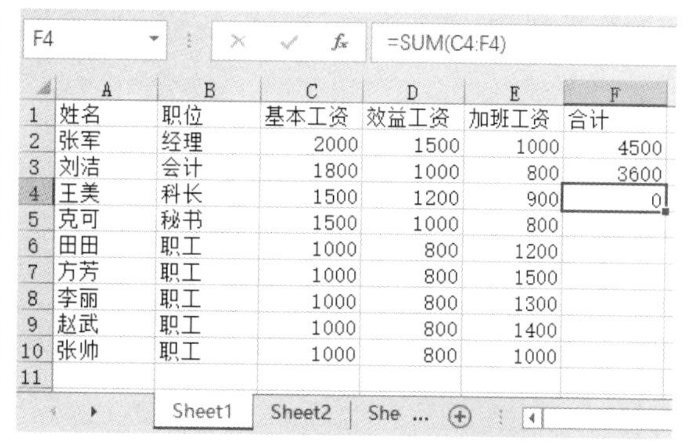

F4　=SUM(C4:F4)

	A	B	C	D	E	F
1	姓名	职位	基本工资	效益工资	加班工资	合计
2	张军	经理	2000	1500	1000	4500
3	刘洁	会计	1800	1000	800	3600
4	王美	科长	1500	1200	900	0
5	克可	秘书	1500	1000	800	
6	田田	职工	1000	800	1200	
7	方芳	职工	1000	800	1500	
8	李丽	职工	1000	800	1300	
9	赵武	职工	1000	800	1400	
10	张帅	职工	1000	800	1000	
11						

Sheet1　Sheet2　She ...

图 10-23　选中 F4 单元格

步骤 6 选择【文件】选项卡，在弹出的界面中选择【选项】命令，如图 10-24 所示。

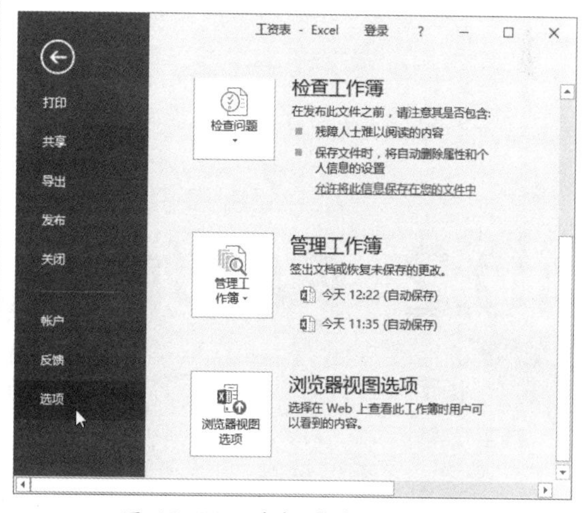

图 10-24　选择【选项】命令

步骤 7 弹出【Excel 选项】对话框，在左侧的列表框中选择【公式】选项，在右侧的【计算选项】选项组中选中【启用迭代计算】复选框，在【最多迭代次数】微调框中输入迭代次数“1”，即重复计算的次数，然后单击【确定】按钮，如图 10-25 所示。

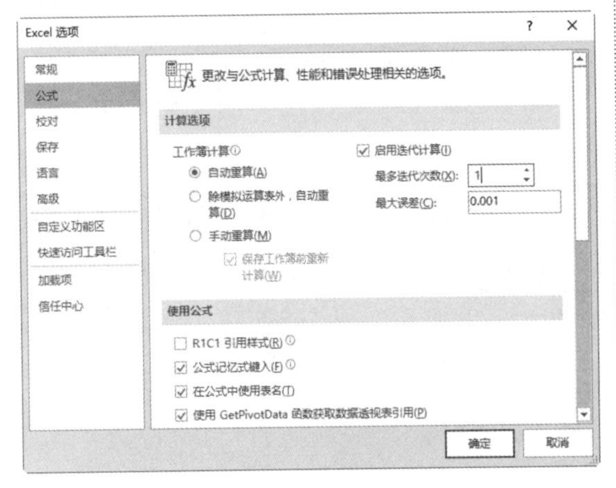

图 10-25 【Excel 选项】对话框

步骤 8 此时工作表中单元格 F4 的数据显示为“3600”，如图 10-26 所示。

F4 =SUM(C4:F4)

	A	B	C	D	E	F
1	姓名	职位	基本工资	效益工资	加班工资	合计
2	张军	经理	2000	1500	1000	4500
3	刘洁	会计	1800	1000	800	3600
4	王美	科长	1500	1200	900	3600
5	克可	秘书	1500	1000	800	
6	田田	职工	1000	800	1200	
7	方芳	职工	1000	800	1500	
8	李丽	职工	1000	800	1300	
9	赵武	职工	1000	800	1400	
10	张帅	职工	1000	800	1000	
11						

Sheet1 Sheet2 She ...

图 10-26 在单元格 F4 中显示的数据

步骤 9 在【Excel 选项】对话框中的【最多迭代次数】微调框中输入迭代次数“2”，单击【确定】按钮，工作表中单元格 F4 的数据显示为“10800”，如图 10-27 所示。

F4 =SUM(C4:F4)

	A	B	C	D	E	F
1	姓名	职位	基本工资	效益工资	加班工资	合计
2	张军	经理	2000	1500	1000	4500
3	刘洁	会计	1800	1000	800	3600
4	王美	科长	1500	1200	900	10800
5	克可	秘书	1500	1000	800	
6	田田	职工	1000	800	1200	
7	方芳	职工	1000	800	1500	
8	李丽	职工	1000	800	1300	
9	赵武	职工	1000	800	1400	
10	张帅	职工	1000	800	1000	
11						

Sheet1 Sheet2 She ...

图 10-27 迭代计算

提示 迭代次数越高，Excel 计算工作表所需的时间越长。当设置【最多迭代次数】为“1”时，公式中的计算次数是循环 1 次；当设置【最多迭代次数】为“2”时，公式中的计算次数是循环 2 次，以此类推。如果不改变默认的迭代设置，Excel 将在 100 次迭代后，或者在两次相邻迭代得到的数值的变化小于 0.001 时，停止迭代运算。

10.2 使用引用

在定义公式时，要根据需要灵活地使用单元格的引用，以便准确、快捷地利用公式计算数据。

10.2.1 输入引用地址

对于引用地址既可以直接输入，也可以用鼠标拖动提取地址，还可以利用【折叠】按钮选择单元格区域输入。

输入地址

输入公式时，可以直接输入引用地址，一般对公式进行修改时使用这种方法，如图 10-28 所示。

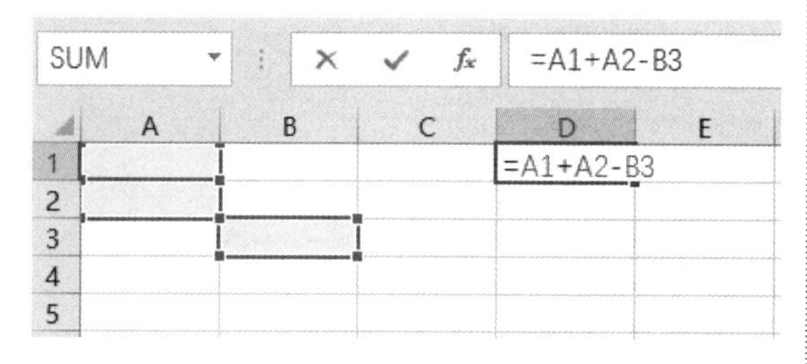

图 10-28　输入地址

提取地址

在编辑栏中需要输入单元格地址的位置单击，然后在工作区拖动鼠标选中单元格区域，编辑栏中将自动输入该单元格区域的地址，如图 10-29 所示。

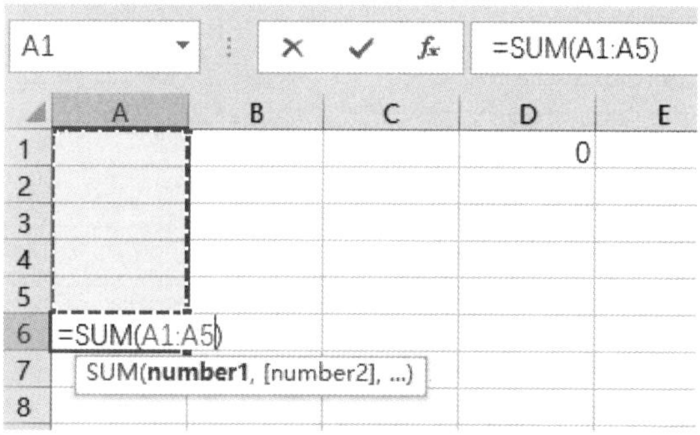

图 10-29　提取地址

用【折叠】按钮输入

步骤 1 单击编辑栏中的 *fx* 按钮，弹出【插入函数】对话框，选择 SUM 函数，如图 10-30 所示。

步骤 2 单击【确定】按钮，弹出 SUM 函数的【函数参数】对话框，如图 10-31 所示。

步骤 3 单击单元格地址引用文本框右侧的【折叠】按钮，可以将编辑框折叠起来，然后用鼠标选取单元格区域，如图 10-32 所示。

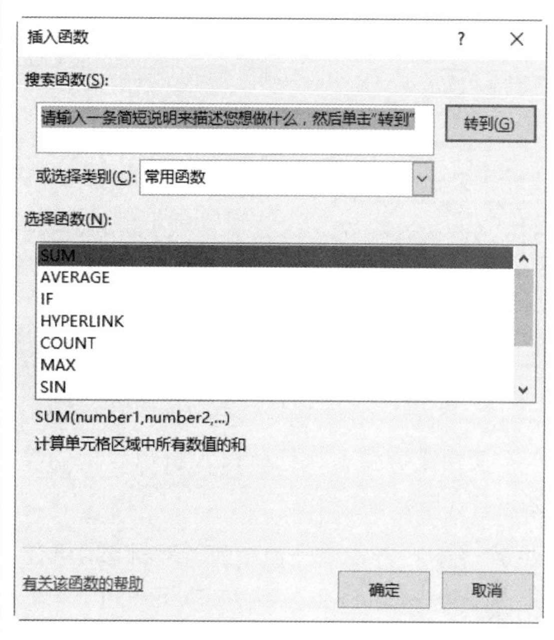

图 10-30　【插入函数】对话框

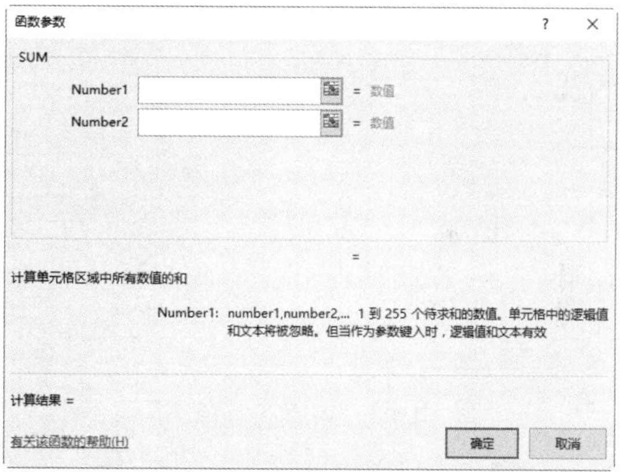

图 10-31　【函数参数】对话框

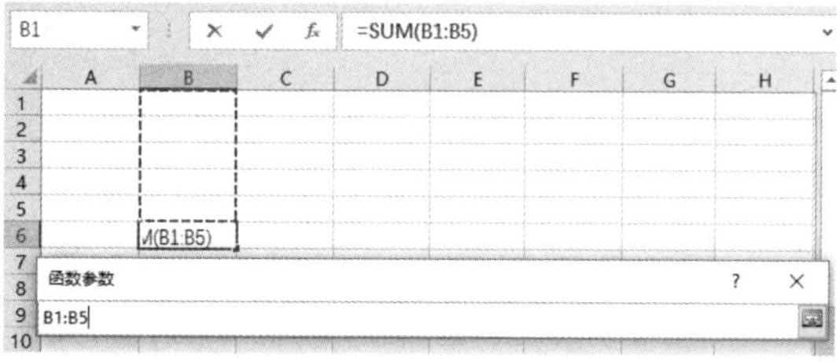

图 10-32　选取单元格区域

步骤 4 单击右侧的【展开】按钮，可以再次显示编辑框，同时提取的地址会自动填入文本框中，如图 10-33 所示。

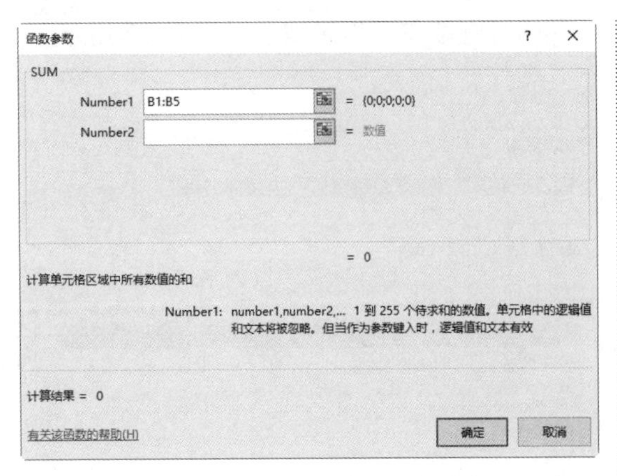

图 10-33　自动提取单元格区域

使用【折叠】按钮输入引用地址的具体步骤如下。

步骤 1 打开随书光盘中的“素材\ch10\工资表.xlsx”工作簿，选中单元格 F2，如图 10-34 所示。

	A	B	C	D	E	F	G
1	姓名	职位	基本工资	效益工资	加班工资	合计	
2	张军	经理	2000	1500	1000		
3	刘洁	会计	1800	1000	800		
4	王美	科长	1500	1200	900		
5	克可	秘书	1500	1000	800		
6	田田	职工	1000	800	1200		
7	方芳	职工	1000	800	1500		
8	李丽	职工	1000	800	1300		
9	赵武	职工	1000	800	1400		
10	张帅	职工	1000	800	1000		
11							
12							

图 10-34　选中单元格 F2

步骤 2 单击编辑栏中的【插入函数】按钮 f_x，弹出【插入函数】对话框，选择【选择函数】列表框中的 SUM（求和函数）选项，单击【确定】按钮，如图 10-35 所示。

步骤 3 在弹出的【函数参数】对话框中，单击 Number1 文本框右侧的【折叠】按钮，如图 10-36 所示。

提示

Excel 会默认选中适合在该单元格中公式所引用的单元格区域。如果不是正确引用单元格区域，可重新引用其他单元格区域。

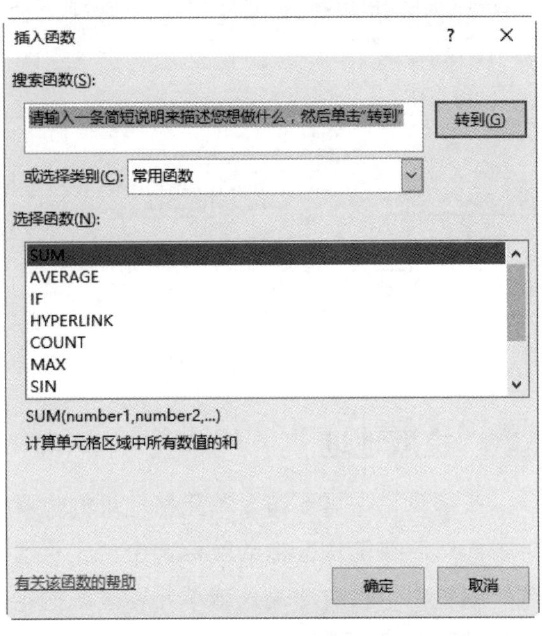

图 10-35　【插入函数】对话框

函数参数
SUM
Number1 C2:E2 = {2000,1500,1000}
Number2 = 数值
= 4500
计算单元格区域中所有数值的和
Number1: number1,number2,... 1 到 255 个待求和的数值。单元格中的逻辑值和文本将被忽略。但当作为参数键入时，逻辑值和文本有效
计算结果 = 4500
有关该函数的帮助(H)
确定　取消

图 10-36　【函数参数】对话框

步骤 4 此时【函数参数】对话框会折叠变小，在工作表中选中单元格区域 C2:E2，该区域的引用地址将自动填充到折叠编辑框的文本框中，如图 10-37 所示。

步骤 5 单击折叠编辑框右侧的【展开】按钮，返回【函数参数】对话框，所选单元格区域的引用地址会自动填入 Number1 文

本框中，如图 10-38 所示。

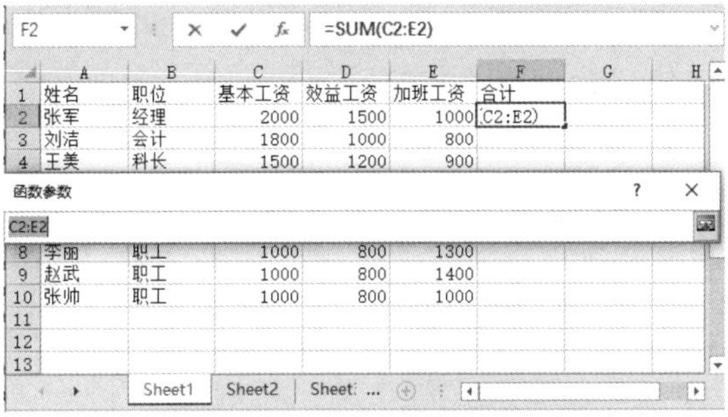

F2　=SUM(C2:E2)

	A	B	C	D	E	F
1	姓名	职位	基本工资	效益工资	加班工资	合计
2	张军	经理	2000	1500	1000	C2:E2)
3	刘洁	会计	1800	1000	800	
4	王美	科长	1500	1200	900	
8	李丽	职工	1000	800	1300	
9	赵武	职工	1000	800	1400	
10	张帅	职工	1000	800	1000	

函数参数　C2:E2

Sheet1　Sheet2

图 10-37　选中单元格区域

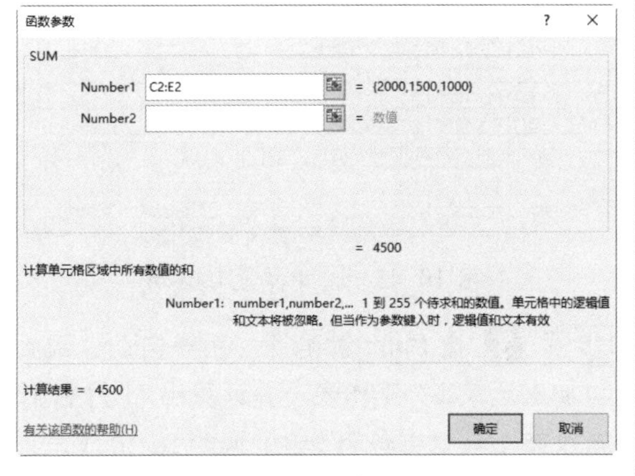

图 10-38　选取单元格区域

步骤 6 单击【确定】按钮，函数公式计算出的数据将被输入到单元格 F2 中，如图 10-39 所示。

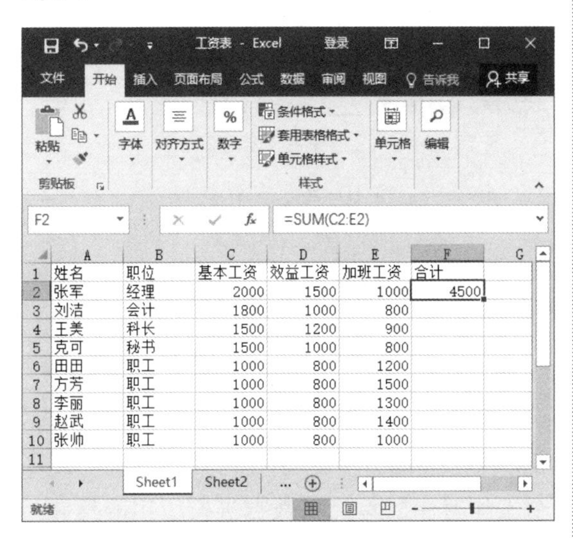

图 10-39　计算数据

10.2.2 引用当前工作表中的单元格

引用的使用分为 4 种情况，即引用当前工作表中的单元格、引用当前工作簿中其他工作表中的单元格、引用其他工作簿中的单元格和引用交叉区域。

引用当前工作表中的单元格地址的方法是在单元格中直接输入单元格的引用地址。

步骤 1 打开随书光盘中的“素材 \ch10\ 费用表 .xlsx”工作簿，选中单元格 E3，如图 10-40 所示。

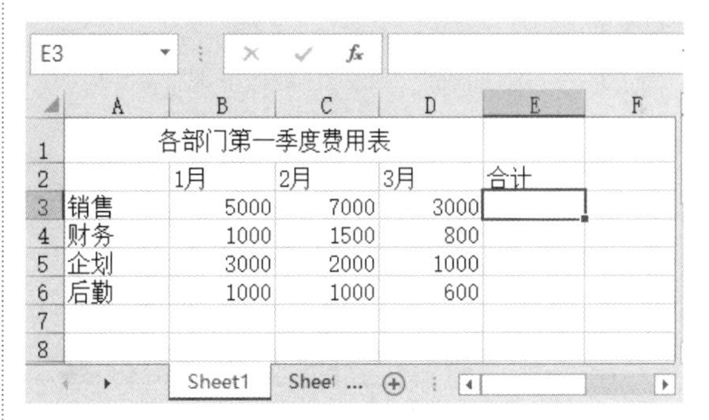

图 10-40　选中单元格 E3

步骤 2 在单元格或编辑栏中输入“=”，如图 10-41 所示。

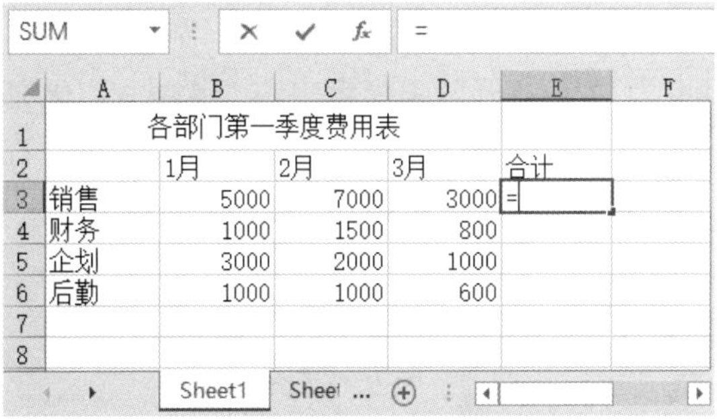

SUM　=

	A	B	C	D	E
1	各部门第一季度费用表				
2		1月	2月	3月	合计
3	销售	5000	7000	3000	=
4	财务	1000	1500	800	
5	企划	3000	2000	1000	
6	后勤	1000	1000	600	

Sheet1

图 10-41　输入“=”

步骤 3 选中单元格 B3，在编辑栏中输入“+”；再选中单元格 C3，在编辑栏中输入“+”；最后选中单元格 D3，如图 10-42 所示。

步骤 4 按 Enter 键即可计算出结果，如图 10-43 所示。

SUM | =B3+C3+D3

	A	B	C	D	E
1		各部门第一季度费用表			
2		1月	2月	3月	合计
3	销售	5000	7000	3000	=B3+C3+D3
4	财务	1000	1500	800	
5	企划	3000	2000	1000	
6	后勤	1000	1000	600	

图 10-42　输入“+”并选中单元格

E3 | =B3+C3+D3

	A	B	C	D	E
1		各部门第一季度费用表			
2		1月	2月	3月	合计
3	销售	5000	7000	3000	15000
4	财务	1000	1500	800	
5	企划	3000	2000	1000	
6	后勤	1000	1000	600	

图 10-43　计算数据

10.2.3 引用当前工作簿中其他工作表中的单元格

引用当前工作簿中其他工作表中的单元格，即进行跨工作表的单元格地址引用。具体的操作步骤如下。

步骤 1 打开随书光盘中的“素材\ch10\加班记录表.xlsx”文件，选中单元格 C10，在其中输入“=SUM(F3:F8,”，如图 10-44 所示。

SUM | =SUM(F3:F8,

	A	B	C	D	E	F
1	加班记录表					
2	姓名	员工ID	加班日期	开始时间	结束时间	加班费
3	李芳	F1042001	2016-11-21	19:01	21:20	37.5
4	李伟	F1042002	2016-11-22	19:05	21:08	37.5
5	王梅	F1042003	2016-11-23	19:13	20:34	22.5
6	李芳	F1042001	2016-11-24	19:07	19:55	15
7	李伟	F1042002	2016-11-25	8:00	12:14	90
8	王梅	F1042003	2016-11-26	8:07	18:54	220
10	加班费总计：		=SUM(F3:F8,			

图 10-44　输入公式

步骤 2 单击【加班记录 2】标签，切换到“加班记录 2”工作表，选中单元格 F3，按住鼠标左键不放拖动鼠标使其指针移到单元格 F8，释放鼠标左键，在编辑栏中可以看到，系统已自动输入引用地址为“加班记录 2!F3:F8”，如图 10-45 所示。

F3 | =SUM(F3:F8, 加班记录2!F3:F8

	A	B	C	D	E	F
1	加班记录表					
2	姓名	员工ID	加班日期	开始时间	结束时间	加班费
3	李芳	F1042001	2016-12-2	19:05	21:20	50
4	李伟	F1042002	2016-12-3	19:01	21:02	37.5
5	王梅	F1042003	2016-12-4	19:25	20:55	30
6	李芳	F1042001	2016-12-5	19:07	19:55	15
7	李伟	F1042002	2016-12-6	19:00	20:14	30
8	王梅	F1042003	2016-12-7	19:09	20:54	30

图 10-45　选中单元格区域

步骤 3 按 Enter 键确认，系统自动返回到“加班记录 1”工作表，并计算出 11 月和 12 月这两个月加班费的总和，如图 10-46 所示。

C10 | =SUM(F3:F8,加班记录2!F3:F8)

	A	B	C	D	E	F
1	加班记录表					
2	姓名	员工ID	加班日期	开始时间	结束时间	加班费
3	李芳	F1042001	2016-11-21	19:01	21:20	37.5
4	李伟	F1042002	2016-11-22	19:05	21:08	37.5
5	王梅	F1042003	2016-11-23	19:13	20:34	22.5
6	李芳	F1042001	2016-11-24	19:07	19:55	15
7	李伟	F1042002	2016-11-25	8:00	12:14	90
8	王梅	F1042003	2016-11-26	8:07	18:54	220
10	加班费总计：		615			

图 10-46　计算数据

10.2.4 引用其他工作簿中的单元格

如果要引用其他工作簿中的单元格数据，首先需要保证引用的工作簿是打开的。对多个工作簿中的单元格数据进行引用的具体步骤如下。

步骤 1 新建一个空白工作表，并打开随书光盘中“素材\ch10\费用表.xlsx”文件，在空白工作表中选中单元格 A1，在编辑栏中输入“=”，如图 10-47 所示。

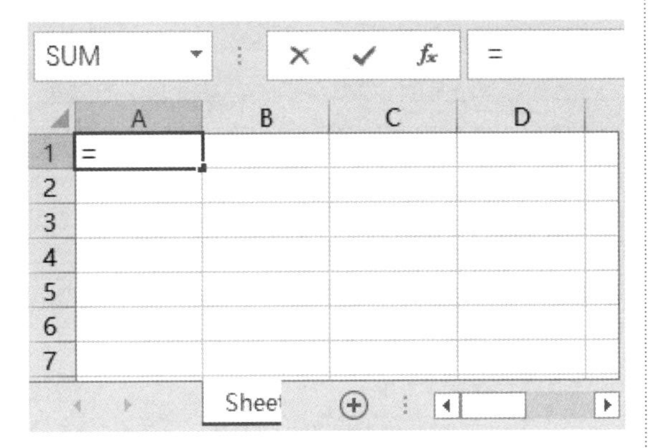

图 10-47　在单元格中输入“=”

步骤 2 切换到“工资表.xlsx”工作簿，选中单元格 B3，然后在编辑栏中输入“+”，选中单元格 C3，再次在编辑栏中输入“+”，选中单元格 D3，如图 10-48 所示。

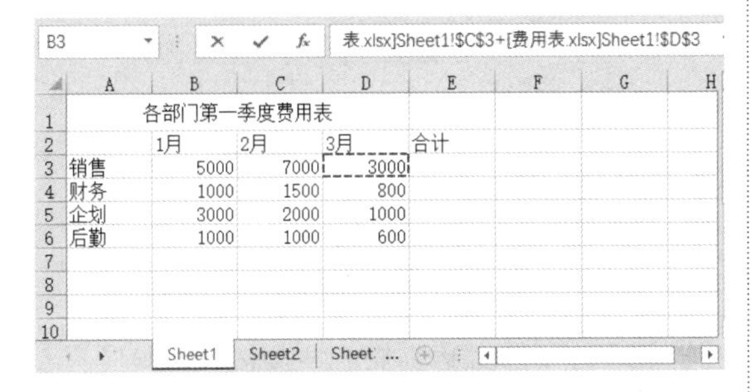

图 10-48　选中单元格区域

步骤 3 按 Enter 键，即可在空白工作表中计算出“费用表”中销售部的费用总和，如图 10-49 所示。

图 10-49　计算数据

10.2.5 引用交叉区域

在工作表中定义多个单元格区域，或者两个区域之间有交叉的范围，可以使用交叉运算符来引用单元格区域的交叉部分。例如两个单元格区域 A1:C8 和 C6:E11，它们的相交部分可以表示成“A1:C8　C6:E11”，如图 10-50 所示。

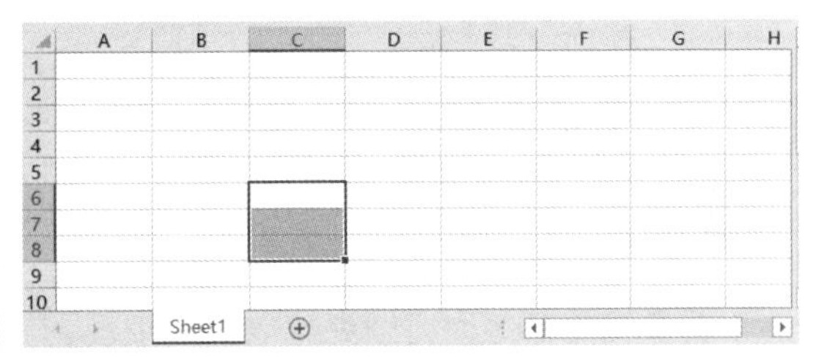

图 10-50　引用交叉区域

10.3 单元格命名

在 Excel 工作簿中，为方便在公式中引用这个单元格或单元格区域，可以为单元格或单元格区域定义一个名称，在引用时可直接使用该名称代替地址。

10.3.1 为单元格命名

在 Excel 编辑栏中的名称文本框中输入名字后按 Enter 键，即可为单元格命名。

步骤 1 打开随书光盘中“素材\ch10\销售提成表.xlsx”工作簿，选中单元格 E3，在编辑栏的名称文本框中输入“王艳”后按 Enter 键，如图 10-51 所示。

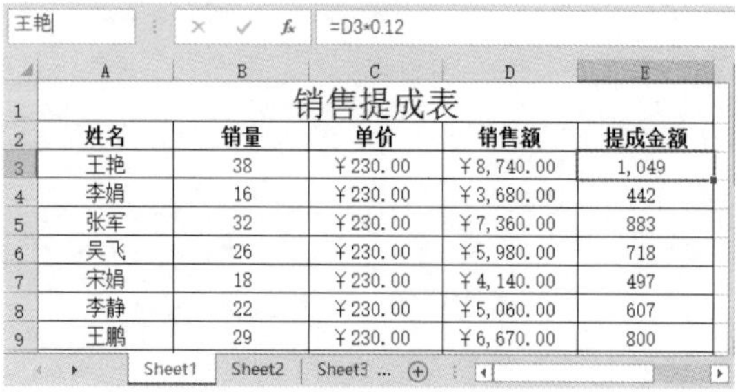

王艳
=D3*0.12
销售提成表
姓名 销量 单价 销售额 提成金额
王艳 38 ￥230.00 ￥8,740.00 1,049
李娟 16 ￥230.00 ￥3,680.00 442
张军 32 ￥230.00 ￥7,360.00 883
吴飞 26 ￥230.00 ￥5,980.00 718
宋娟 18 ￥230.00 ￥4,140.00 497
李静 22 ￥230.00 ￥5,060.00 607
王鹏 29 ￥230.00 ￥6,670.00 800
Sheet1 Sheet2 Sheet3

图 10-51 为单元格命名

步骤 2 在单元格 F3 中输入公式“=王艳”，按 Enter 确认，即可计算出名称为“王艳”的单元格中的数据，如图 10-52 所示。

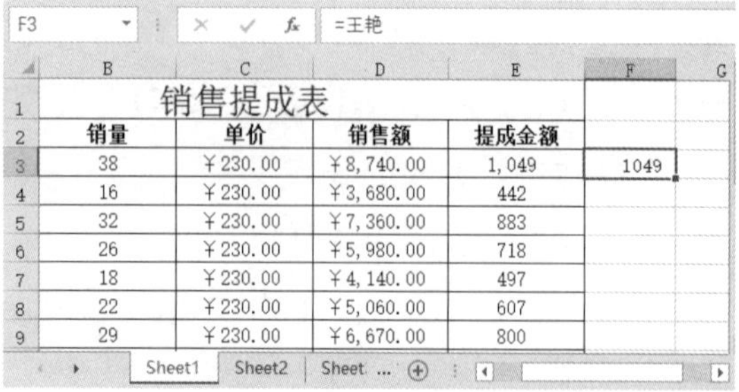

F3
=王艳
销售提成表
销量 单价 销售额 提成金额
38 ￥230.00 ￥8,740.00 1,049 1049
16 ￥230.00 ￥3,680.00 442
32 ￥230.00 ￥7,360.00 883
26 ￥230.00 ￥5,980.00 718
18 ￥230.00 ￥4,140.00 497
22 ￥230.00 ￥5,060.00 607
29 ￥230.00 ￥6,670.00 800
Sheet1 Sheet2 Sheet

图 10-52 通过单元格名计算数据

为单元格命名时必须遵守以下几点规则。

（1）名称中的第 1 个字符必须是字母、汉字、下划线或反斜杠，其余字符可以是字母、汉字、数字、点和下划线，如图 10-53 所示。

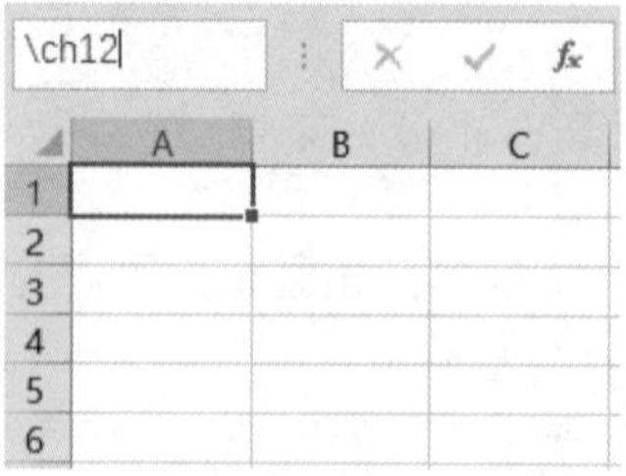

\ch12

图 10-53 为单元格命名

（2）不能将“C”和“R”的大小写字母作为定义的名称。在名称框中输入这些字母时，会将它们作为当前单元格选择行或列的表示法。例如选中单元格 A2，在名称框中输入“R”，那么按 Enter 键光标将定位到工作表的第 2 行上，如图 10-54 所示。

A2
Sheet1

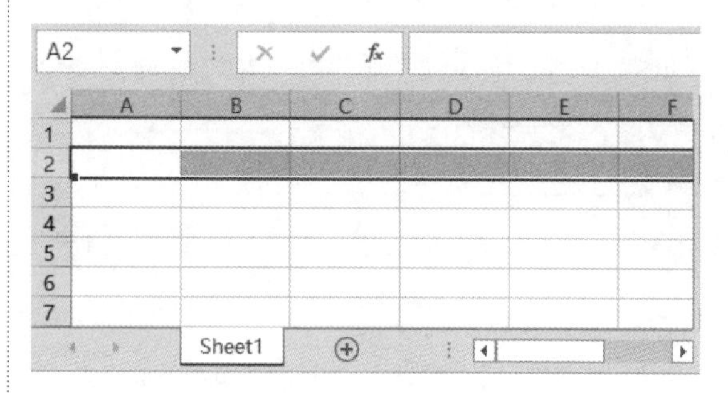

图 10-54 选定第 2 行

（3）不允许的单元格引用。名称不能与单元格引用相同（例如，不能将单元格命名为“Z100”或“R1C1”）。如果将 A2 单元格命名为“Z100”，那么按 Enter 键光标将定位到“Z100”单元格中，如图 10-55 所示。

Z100

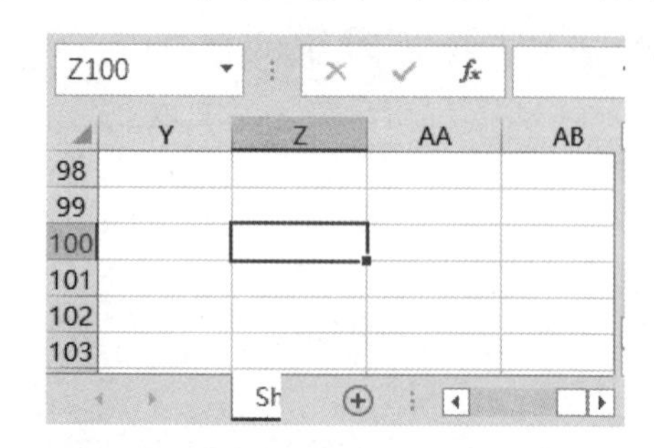

图 10-55 名称不能与单元格引用相同

（4）不允许使用空格。如果要将名称中的单词分开，可以使用下划线或句点作为分隔符。例如选择单元格 C1，在名称框中输入“scoo hool”，按 Enter 键，则会弹出错误提示对话框，如图 10-56 所示。

Microsoft Excel
请输入有效的引用位置或选定区域的一个有效名称。
确定

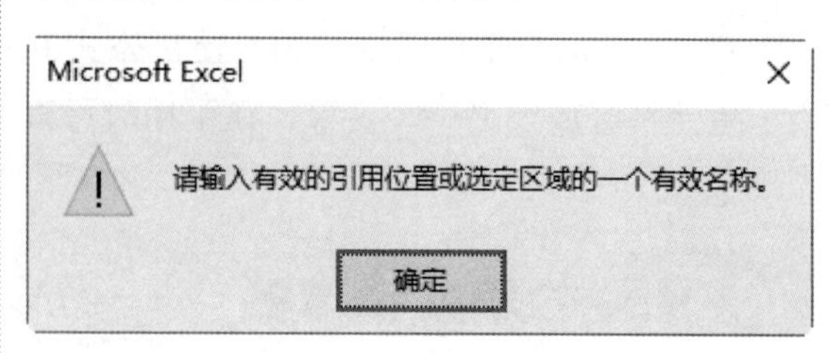

图 10-56 提示错误

（5）不允许重名。Excel 名称不区分大小写字母。例如在单元格 A1 中创建了名称 Smase，在单元格 B2 中创建名称 Smase 后，Excel 光标则会回到单元格 A1 中，而不能创建单元格 B2 的名称，如图 10-57 所示。

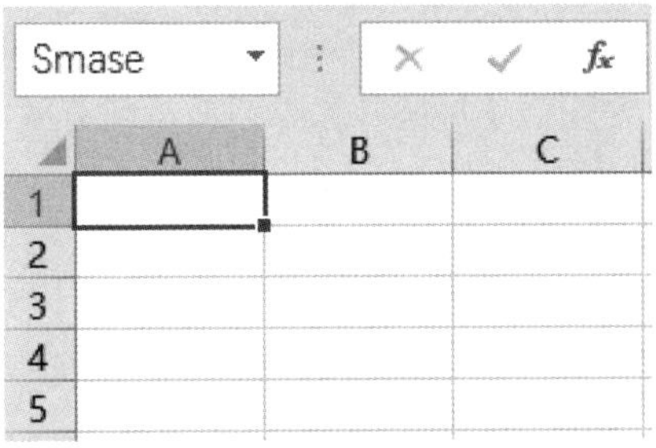

图 10-57 选中 A1 单元格

10.3.2 为单元格区域命名

在 Excel 中也可以为单元格区域命名。

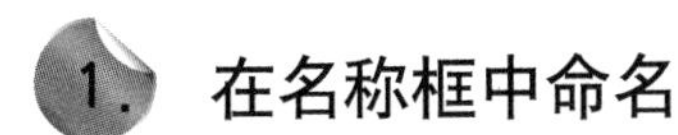

1. 在名称框中命名

利用名称框可以为当前单元格区域定义名称，具体的操作步骤如下。

步骤 1 打开随书光盘中的“素材 \ch10\ 销售提成表 .xlsx”工作簿，选中需要命名的单元格区域 E3:E10，如图 10-58 所示。

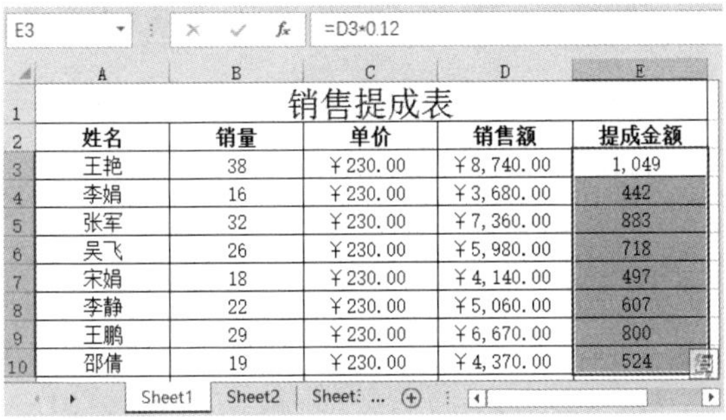

销售提成表				
姓名	销量	单价	销售额	提成金额
王艳	38	￥230.00	￥8,740.00	1,049
李娟	16	￥230.00	￥3,680.00	442
张军	32	￥230.00	￥7,360.00	883
吴飞	26	￥230.00	￥5,980.00	718
宋娟	18	￥230.00	￥4,140.00	497
李静	22	￥230.00	￥5,060.00	607
王鹏	29	￥230.00	￥6,670.00	800
邵倩	19	￥230.00	￥4,370.00	524

图 10-58 选中要命名的单元格区域

步骤 2 单击名称框，在名称框中输入“提成”，然后按 Enter 键，即可完成单元格区域名称的定义，如图 10-59 所示。

销售提成表				
姓名	销量	单价	销售额	提成金额
王艳	38	￥230.00	￥8,740.00	1,049
李娟	16	￥230.00	￥3,680.00	442
张军	32	￥230.00	￥7,360.00	883
吴飞	26	￥230.00	￥5,980.00	718
宋娟	18	￥230.00	￥4,140.00	497
李静	22	￥230.00	￥5,060.00	607
王鹏	29	￥230.00	￥6,670.00	800
邵倩	19	￥230.00	￥4,370.00	524

图 10-59 输入名称

注意 如果输入的名称已经存在，那么系统会立即选定该名称所包含的单元格或单元格区域，表明此命名是无效的，需要重新命名。通过名称框定义的名称的使用范围是本工作簿的当前工作表。如果正在修改当前单元格中的内容，则不能为单元格命名。

2. 使用【新建名称】对话框命名

步骤 1 打开随书光盘中的“素材 \ch10\ 销售提成表 .xlsx”工作簿，选中需要命名的单元格区域 E3:E10，在【公式】选项卡中，单击【定义的名称】组中的【定义名称】按钮 定义名称，在弹出的【新建名称】对话框中的【名称】文本框中输入“提成”，在【范围】下拉列表框中选择【工作簿】选项，单击【确定】按钮，如图 10-60 所示。

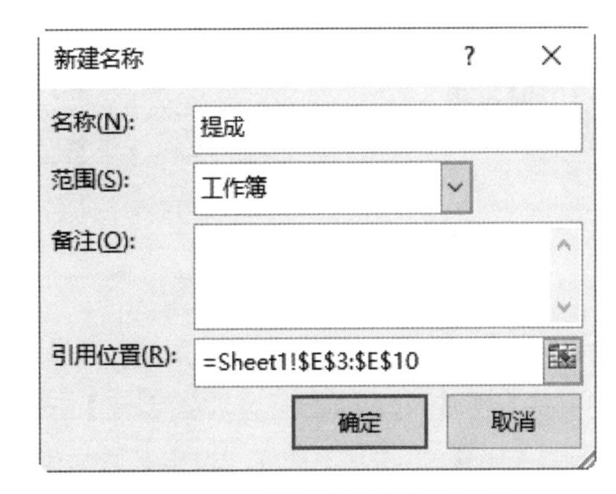

图 10-60 【新建名称】对话框

注意 在【备注】列表框中可以输入最多 255 个字符的说明性文字。

步骤 2 即可完成命名操作，并返回工作表，如图 10-61 所示。

提成 | =D3*0.12

	A	B	C	D	E
1	销售提成表				
2	姓名	销量	单价	销售额	提成金额
3	王艳	38	￥230.00	￥8,740.00	1,049
4	李娟	16	￥230.00	￥3,680.00	442
5	张军	32	￥230.00	￥7,360.00	883
6	吴飞	26	￥230.00	￥5,980.00	718
7	宋娟	18	￥230.00	￥4,140.00	497
8	李静	22	￥230.00	￥5,060.00	607
9	王鹏	29	￥230.00	￥6,670.00	800
10	邵倩	19	￥230.00	￥4,370.00	524

Sheet1 Sheet2 Sheet: ...

图 10-61 完成命名

3. 以选定区域命名

工作表（或选定区域）的首行或每行的最左列通常含有描述数据的标签。若一个表格本身没有行标题和列标题，则可将这些选定的行和列标签转换为名称。具体的操作步骤如下。

步骤 1 打开随书光盘中的“素材\ch10\销售提成表.xlsx”工作簿，选中需要命名的单元格区域 A2:E10，如图 10-62 所示。

A2 | 姓名

	A	B	C	D	E
1	销售提成表				
2	姓名	销量	单价	销售额	提成金额
3	王艳	38	￥230.00	￥8,740.00	1,049
4	李娟	16	￥230.00	￥3,680.00	442
5	张军	32	￥230.00	￥7,360.00	883
6	吴飞	26	￥230.00	￥5,980.00	718
7	宋娟	18	￥230.00	￥4,140.00	497
8	李静	22	￥230.00	￥5,060.00	607
9	王鹏	29	￥230.00	￥6,670.00	800
10	邵倩	19	￥230.00	￥4,370.00	524

Sheet1 Sheet2 Sheet: ...

图 10-62 选中单元格区域

步骤 2 在【公式】选项卡中，单击【定义的名称】组中的【根据所选内容创建】按钮 根据所选内容创建，在弹出的【以选定区域创建名称】对话框中选中【首行】和【最左列】两个复选框，单击【确定】按钮，如图 10-63 所示。

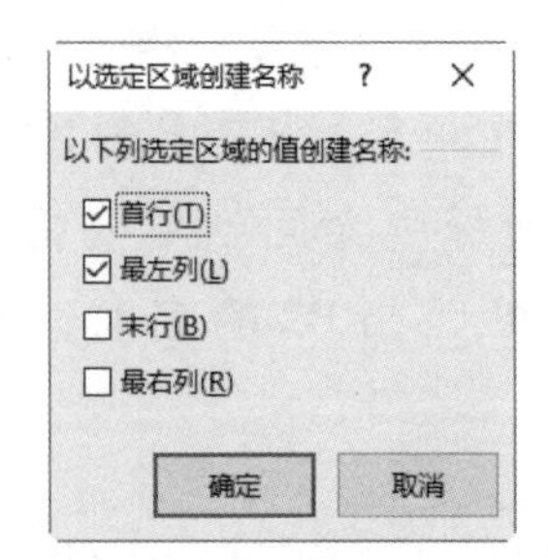

图 10-63 【以选定区域创建名称】对话框

注意 选择单元格区域时，必须选取一个矩形区域才有效。

步骤 3 完成名称的定义，单元格区域 A2:E10 被命名为左侧 A 列中的名称，如图 10-64 所示。

吴飞 | 26

	A	B	C	D	E
1	销售提成表				
2	姓名	销量	单价	销售额	提成金额
3	王艳	38	￥230.00	￥8,740.00	1,049
4	李娟	16	￥230.00	￥3,680.00	442
5	张军	32	￥230.00	￥7,360.00	883
6	吴飞	26	￥230.00	￥5,980.00	718
7	宋娟	18	￥230.00	￥4,140.00	497
8	李静	22	￥230.00	￥5,060.00	607
9	王鹏	29	￥230.00	￥6,670.00	800
10	邵倩	19	￥230.00	￥4,370.00	524

Sheet1 Sheet2 Sheet: ...

图 10-64 完成单元格区域的命名

10.3.3 单元格命名的应用

为单元格、单元格区域、常量或公式定义好名称后，就可以在工作表中使用名称了。具体的操作步骤如下。

步骤 1 打开随书光盘中的“素材\ch10\销售提成表.xlsx”工作簿，分别定义 E3、E4、E5 单元格的名称为“王艳”“李娟”“张军”。单击【定义的名称】组中的【名称管理器】按钮，在弹出的【名称管理器】对话框中可以看到 3 个定义的名称，如图 10-65 所示。

步骤 2 单击【关闭】按钮，选中要粘贴

名称的单元格 G6，如图 10-66 所示。

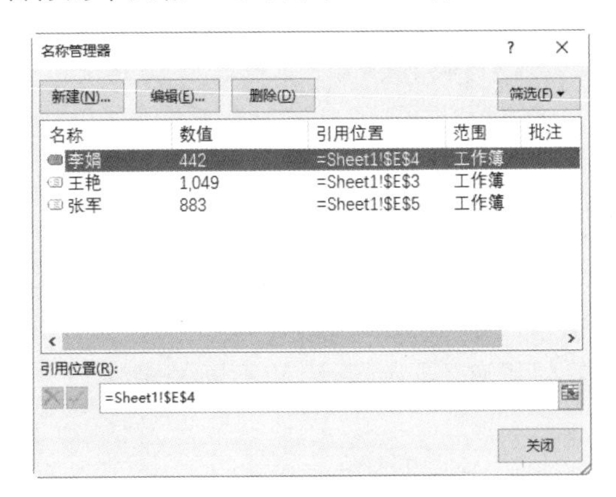

图 10-65 【名称管理器】对话框

	C	D	E	F	G	H
1	销售提成表					
2	单价	销售额	提成金额			
3	￥230.00	￥8,740.00	1,049			
4	￥230.00	￥3,680.00	442			
5	￥230.00	￥7,360.00	883			
6	￥230.00	￥5,980.00	718			
7	￥230.00	￥4,140.00	497			
8	￥230.00	￥5,060.00	607			
9	￥230.00	￥6,670.00	800			
10	￥230.00	￥4,370.00	524			

图 10-66 选中要粘贴名称的单元格

步骤 3 在【公式】选项卡中，单击【定义的名称】组中的【用于公式】按钮 用于公式，在弹出的下拉菜单中选择【粘贴名称】命令，如图 10-67 所示。

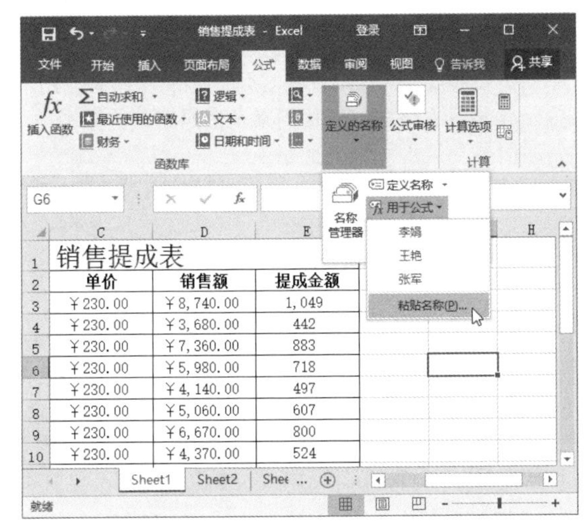

图 10-67 选择【粘贴名称】命令

步骤 4 弹出【粘贴名称】对话框，在【粘贴名称】列表框中选中要粘贴的名称“李娟”，单击【确定】按钮，如图 10-68 所示。

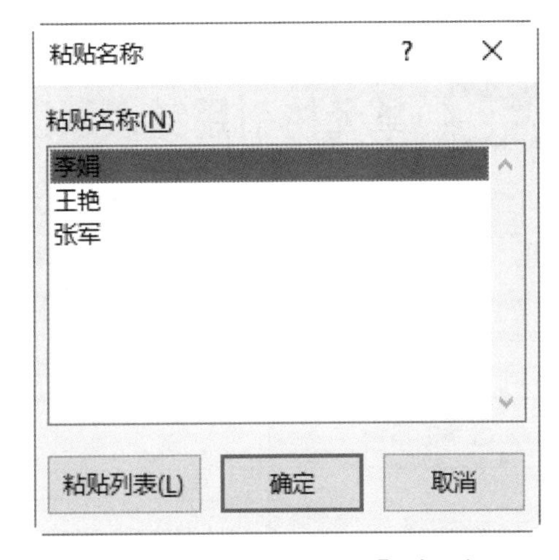

图 10-68 【粘贴名称】对话框

步骤 5 此时名称已被粘贴到单元格 G6 中，如图 10-69 所示。

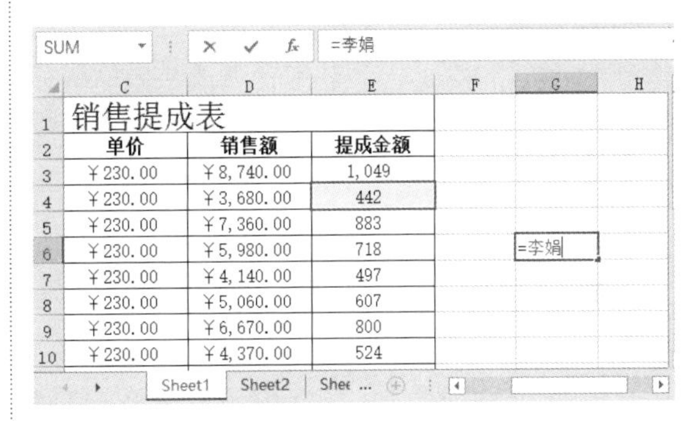

图 10-69 粘贴名称

步骤 6 按 Enter 键即可计算出名称为“李娟”的单元格中的数据，如图 10-70 所示。

	C	D	E	F	G	H
1	销售提成表					
2	单价	销售额	提成金额			
3	￥230.00	￥8,740.00	1,049			
4	￥230.00	￥3,680.00	442			
5	￥230.00	￥7,360.00	883			
6	￥230.00	￥5,980.00	718		442	
7	￥230.00	￥4,140.00	497			
8	￥230.00	￥5,060.00	607			
9	￥230.00	￥6,670.00	800			
10	￥230.00	￥4,370.00	524			

图 10-70 计算数据

10.4 高效办公技能实战

10.4.1 单元格引用错误原因分析

当引用单元格计算工作表数据时，如果单元格引用错误或使用的公式无法正确地计算结果，那么 Excel 会显示错误值，并且每种错误类型都有不同的原因和不同的解决方法。表 10-1 中详细描述了这些错误产生的原因。

表 10-1　单元格引用错误原因分析

显示的错误	原　因
##### 错误	当某列不足够宽而无法在单元格中显示所有的字符，或者单元格包含负的日期或时间值时，Excel 将显示此错误。例如，用过去的日期减去将来的日期的公式（如 =06/15/2008−07/01/2008），将得到负的日期值
#DIV/0! 错误	当一个数除以零（0）或不包含任何值的单元格时，Excel 将显示此错误
#N/A 错误	当某个值不可用于函数或公式时，Excel 将显示此错误
#NAME? 错误	当 Excel 无法识别公式中的文本时，将显示此错误。例如，区域名称或函数名称可能拼写错误
#NULL! 错误	当指定两个不相交的区域的交集时，Excel 将显示此错误。交集运算符是分隔公式中的引用的空格字符
#NUM! 错误	当公式或函数包含无效数值时，Excel 将显示此错误
#REF! 错误	当单元格引用无效时，Excel 将显示此错误。例如，用户可能删除了其他公式所引用的单元格，或者可能将已移动的单元格粘贴到其他公式所引用的单元格上
#VALUE! 错误	如果公式所包含的单元格有不同的数据类型， Excel 将显示此错误。如果启用了公式的错误检查，则屏幕提示会显示“公式中所用的某个值是错误的数据类型”。通常，通过对公式进行较少的更改即可修复此错误

10.4.2 制作销售统计报表

使用 Excel 2016 制作销售统计报表，可以帮助市场营销人员更好地分析产品销售情况，并根据销售统计报表制作完善的计划，提高公司的利润。制作产品销售统计报表的具体操作如下。

步骤 1 打开 Excel 2016 软件，单击【空白工作簿】图标，如图 10-71 所示。

步骤 2 在新建的空白工作簿的左下角 Sheet1 工作表标签处右击，从弹出的快捷菜单中选

择【重命名】命令，如图 10-72 所示。

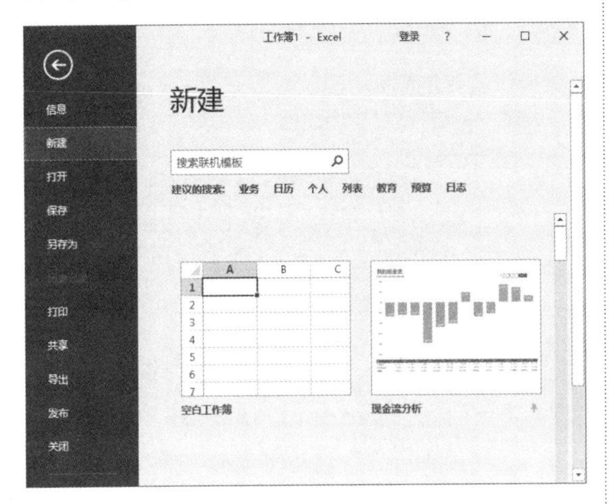

图 10-71　新建空白工作簿

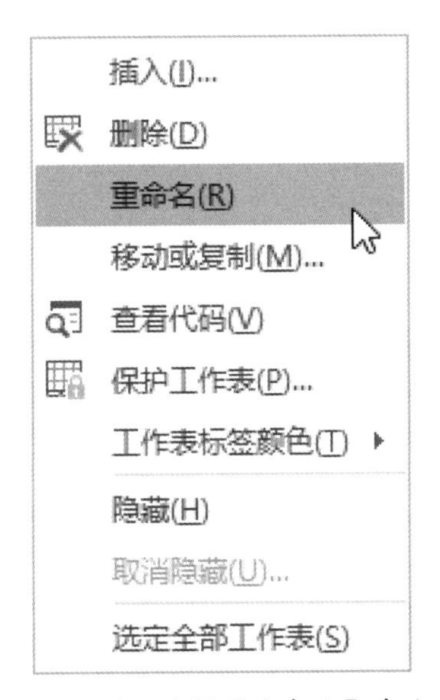

图 10-72　选择【重命名】命令

步骤 3 将 Sheet1 标签重命名为“产品销售统计报表”，如图 10-73 所示。

步骤 4 选中 A1 单元格，在该单元格内输入表名，如“产品销售统计报表”，如图 10-74 所示。然后将字体设置为“黑体”，字号为“16”。

步骤 5 将光标放在 A1 单元格内，按住鼠标左键从左至右拖动鼠标选中 A1、B1、C1 单元格，如图 10-75 所示。

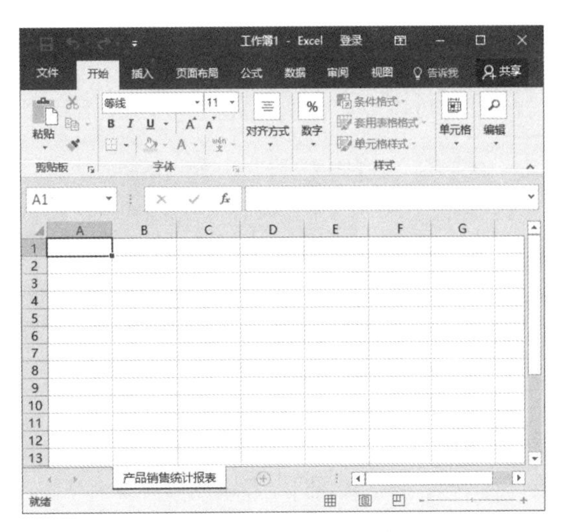

图 10-73　重命名工作表

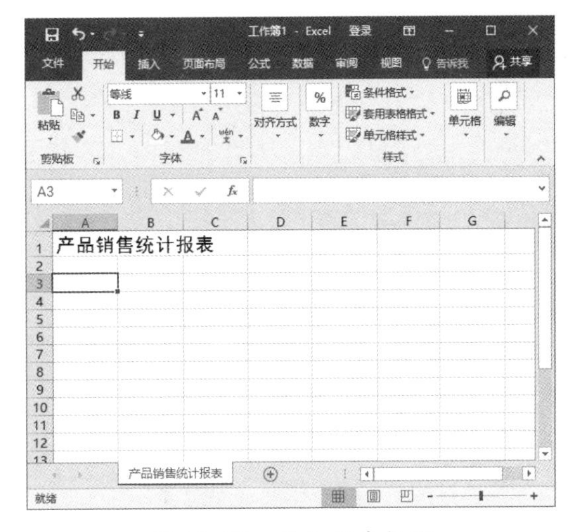

图 10-74　输入报表标题

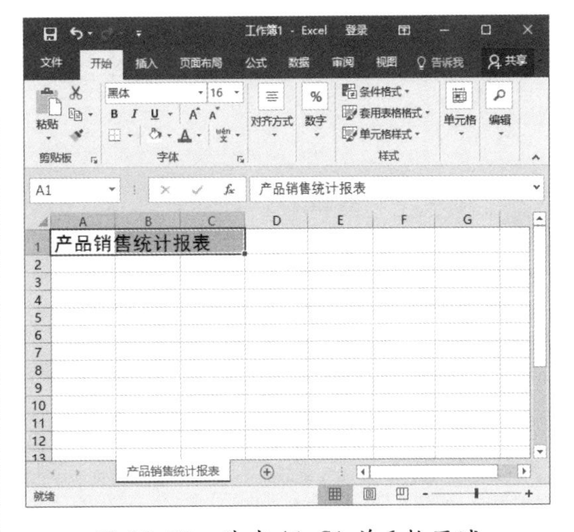

图 10-75　选中 A1:C1 单元格区域

步骤 6 单击【开始】选项卡【对齐方式】组中的【合并后居中】按钮，如图 10-76 所示。

图 10-76　单击【合并后居中】按钮

步骤 7 此时已将选中的三个单元格合并成一个单元格，如图 10-77 所示。

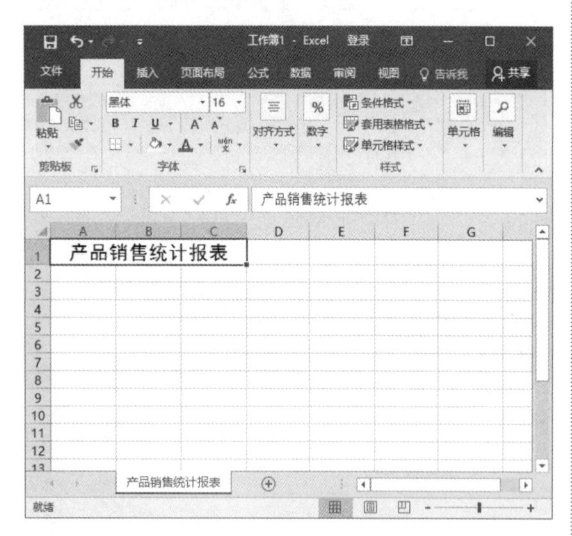

图 10-77　标题显示效果

步骤 8 利用组合键 Ctrl+A 选中所有的单元格，如图 10-78 所示，然后将鼠标指针放在数字 2 和数字 3 之间的黑色分割线上，此时鼠标指针变成双箭头状。

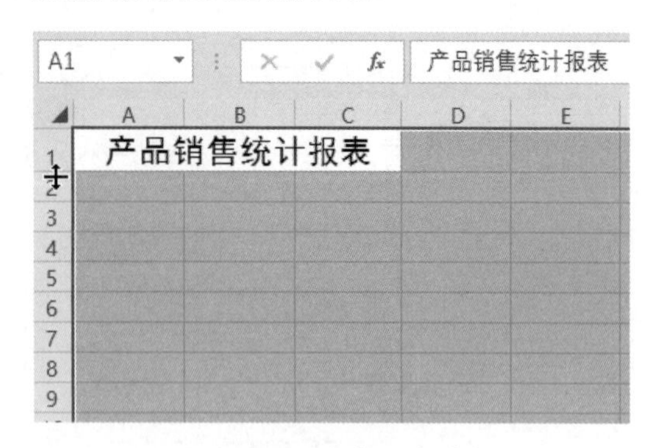

图 10-78　选中所有表格

步骤 9 按住鼠标左键向下拖动分割线来改变行高，如图 10-79 所示。

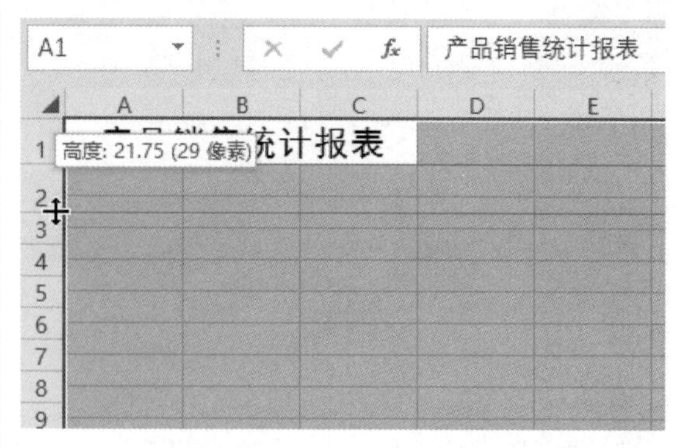

图 10-79　调整单元格行高

步骤 10 行高设置后，即可在单元格内输入表格内的各项名称，如图 10-80 所示。

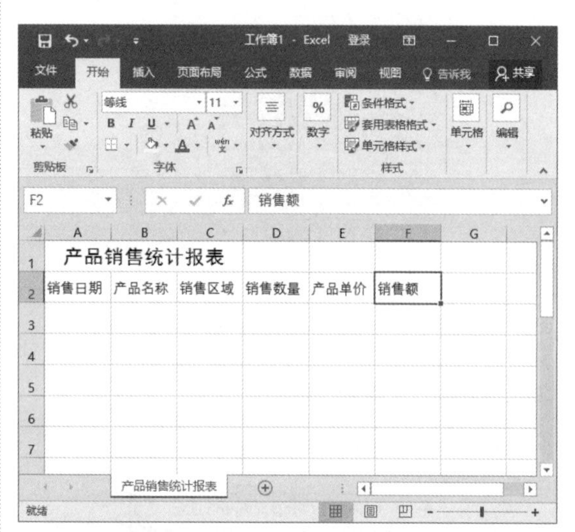

图 10-80　输入表格信息

步骤 11 在各项名称下输入相关的产品销售数据，如图 10-81 所示。

步骤 12 求销售额。选中 F3 单元格，在该单元格内输入公式“=D3*E3”，此时 D3 单元格和 E3 单元格内的数据处于选中状态，如图 10-82 所示。

步骤 13 按 Enter 键，系统自动求出销售额，如图 10-83 所示。

步骤 14 重新选中 F3 单元格，将鼠标指针放在单元格右下角处，使指针变成十字形状，

如图 10-84 所示。

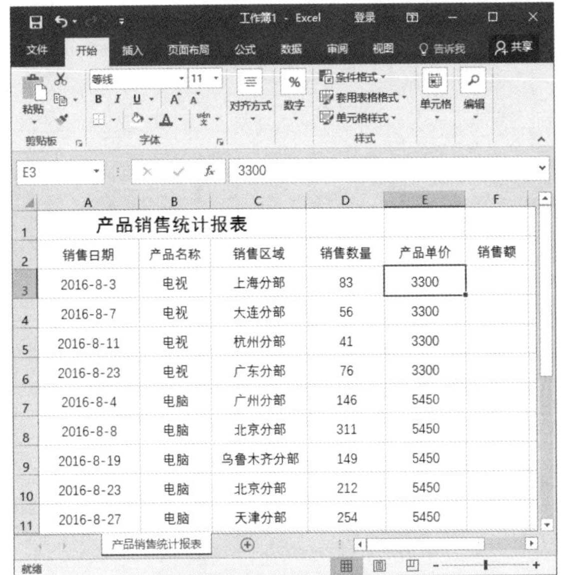

图 10-81　输入销售数据

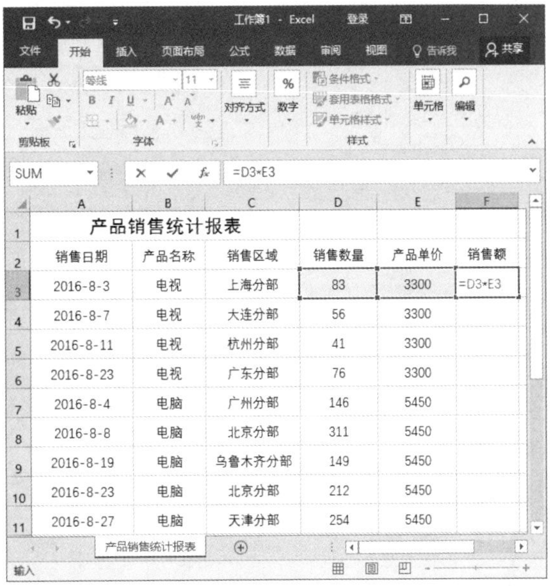

图 10-82　输入公式

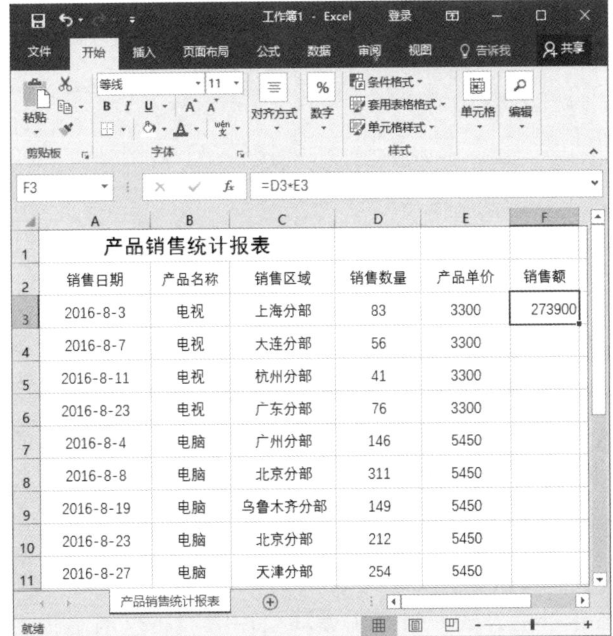

图 10-83　计算销售额

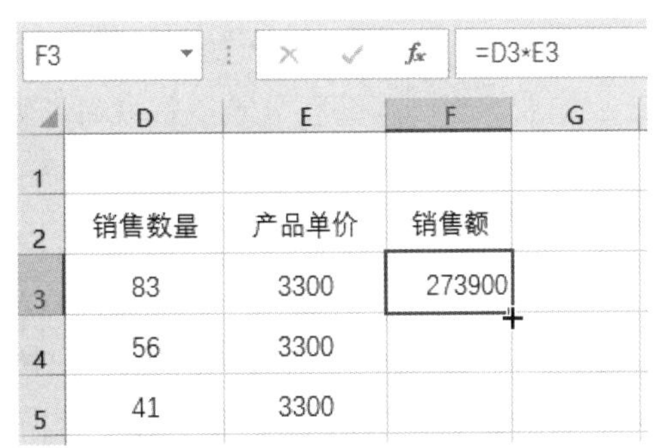

图 10-84　鼠标指针变成十字形状

步骤 15　此时按住鼠标左键向下选中销售额下的单元格，如图 10-85 所示。

步骤 16　选中之后释放鼠标左键，系统会自动求出所有销售额，如图 10-86 所示。

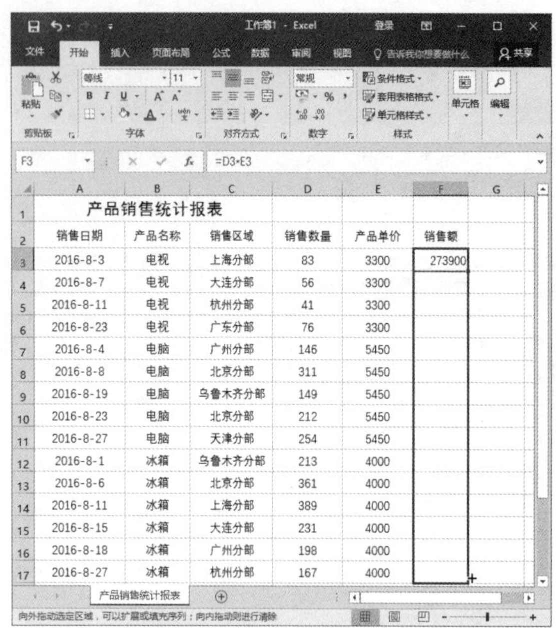

产品销售统计报表

销售日期	产品名称	销售区域	销售数量	产品单价	销售额
2016-8-3	电视	上海分部	83	3300	273900
2016-8-7	电视	大连分部	56	3300	
2016-8-11	电视	杭州分部	41	3300	
2016-8-23	电视	广东分部	76	3300	
2016-8-4	电脑	广州分部	146	5450	
2016-8-8	电脑	北京分部	311	5450	
2016-8-19	电脑	乌鲁木齐分部	149	5450	
2016-8-23	电脑	北京分部	212	5450	
2016-8-27	电脑	天津分部	254	5450	
2016-8-1	冰箱	乌鲁木齐分部	213	4000	
2016-8-6	冰箱	北京分部	361	4000	
2016-8-11	冰箱	上海分部	389	4000	
2016-8-15	冰箱	大连分部	231	4000	
2016-8-18	冰箱	广州分部	198	4000	
2016-8-27	冰箱	杭州分部	167	4000	

图 10-85　复制公式到其他单元格

产品销售统计报表

销售日期	产品名称	销售区域	销售数量	产品单价	销售额
2016-8-3	电视	上海分部	83	3300	273900
2016-8-7	电视	大连分部	56	3300	184800
2016-8-11	电视	杭州分部	41	3300	135300
2016-8-23	电视	广东分部	76	3300	250800
2016-8-4	电脑	广州分部	146	5450	795700
2016-8-8	电脑	北京分部	311	5450	1694950
2016-8-19	电脑	乌鲁木齐分部	149	5450	812050
2016-8-23	电脑	北京分部	212	5450	1155400
2016-8-27	电脑	天津分部	254	5450	1384300
2016-8-1	冰箱	乌鲁木齐分部	213	4000	852000
2016-8-6	冰箱	北京分部	361	4000	1444000
2016-8-11	冰箱	上海分部	389	4000	1556000
2016-8-15	冰箱	大连分部	231	4000	924000
2016-8-18	冰箱	广州分部	198	4000	792000
2016-8-27	冰箱	杭州分部	167	4000	668000

图 10-86　计算出所有的销售额

10.5 高手解惑

问：如何实现跨表引用公式中表格名称的输入？

高手：公式中如果有跨表引用时，在公式中只需输入工作表的名称即可，如果直接输入工作表名称，Excel 会默认为输入的是错误信息，公式将不能运行。若在输入工作表名称时单击工作表标签，那么在公式中就会自动输入工作表的名称。例如输入公式“=VLOOKUP(C2,科目代码 !$A$2:$C$25,2,0)”，只需先输入“= VLOOKUP(C2,”，单击“科目代码”工作表的标签，此时编辑栏中的公式则为“=VLOOKUP(C2, 科目代码 !”；再在编辑栏中输入公式后面的部分，即可成功实现跨表引用公式中表格名称的输入。

问：如何利用循环引用功能查找引用公式？

高手：Excel 不能通过普通计算求解循环引用公式，当产生循环引用时，将有消息警告产生了循环引用。如果有意进行循环引用，则需要切换到【公式】选项卡，在【公式审核】组中单击【错误检查】按钮，从弹出的下拉列表中选择【循环引用】选项，然后选中每个被循环引用的单元格，双击追踪箭头，可以在循环引用所涉及的单元格之间移动，以便重新编写公式或者逻辑中止循环引用。

使用公式快速计算数据

- **本章导读**

　　公式和函数是 Excel 的重要组成部分，有着强大的计算功能，为用户分析和处理工作表中的数据提供了很大的方便。本章将为读者介绍公式的输入和使用。

- **学习目标**
  - ◎ 了解公式的概念
  - ◎ 掌握快速计算数据的方法
  - ◎ 掌握输入公式的方法
  - ◎ 掌握修改与编辑公式的方法

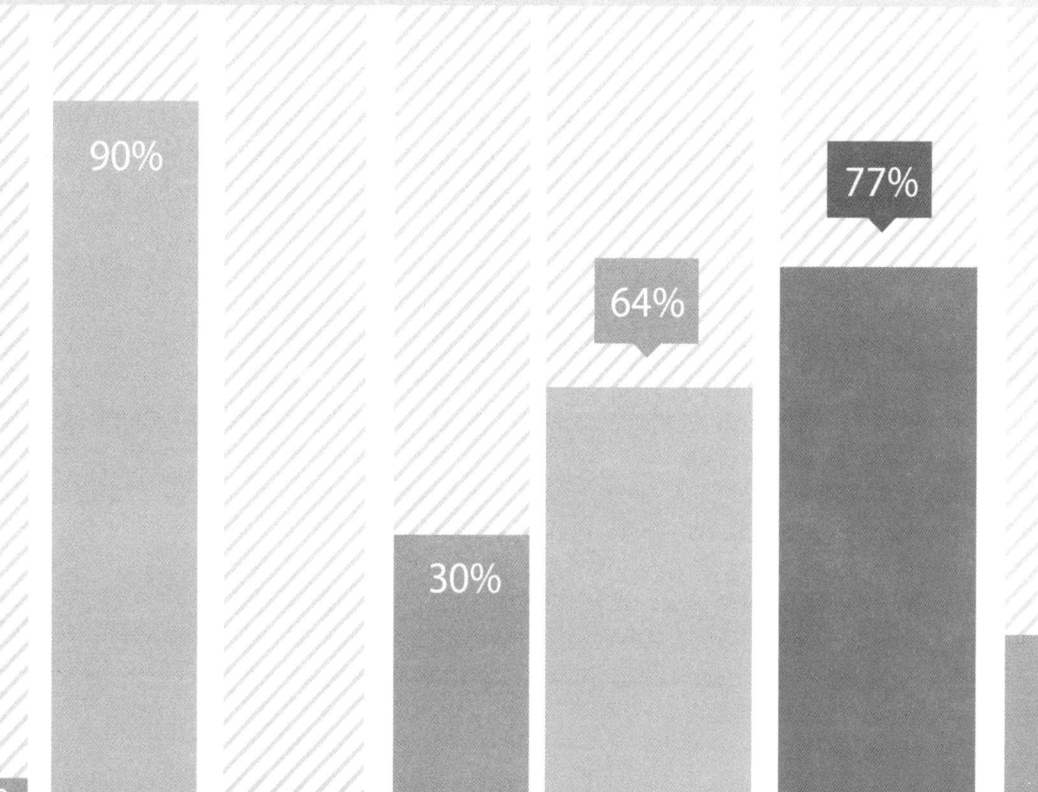

11.1 认识公式

在 Excel 2016 中，应用公式可以帮助用户分析工作表中的数据，例如对数值进行加、减、乘、除等运算。

11.1.1 基本概念

公式就是一个等式，是由一组数据和运算符组成的序列。使用公式时必须以等号“=”开头，后面紧接数据和运算符，图 11-1 为计算数据和的公式，图 11-2 为计算两个数据的积的公式。

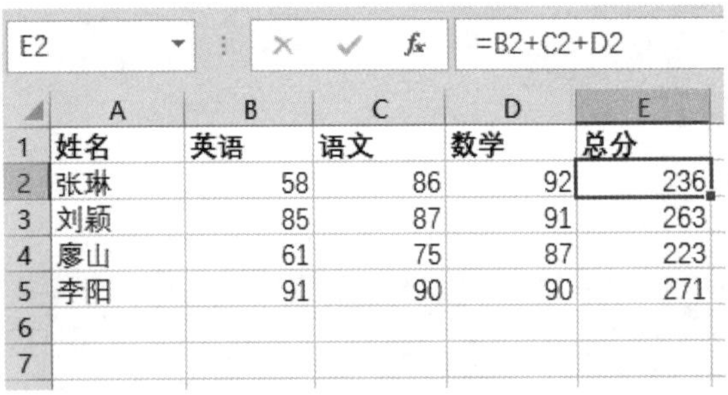

E2 =B2+C2+D2

	A	B	C	D	E
1	姓名	英语	语文	数学	总分
2	张琳	58	86	92	236
3	刘颖	85	87	91	263
4	廖山	61	75	87	223
5	李阳	91	90	90	271
6					
7					

图 11-1 计算数据之和

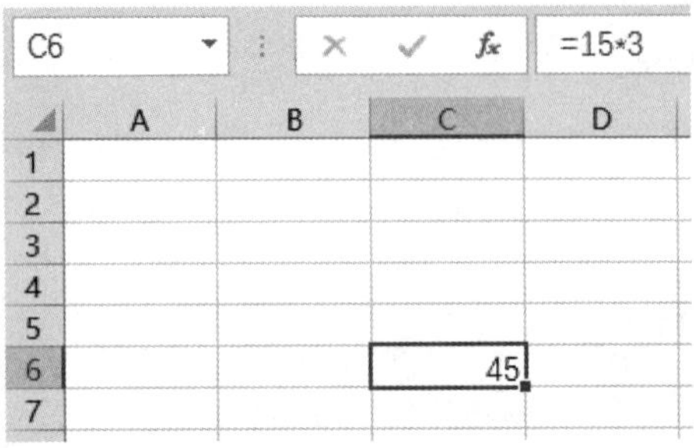

C6 =15*3

	A	B	C	D
1				
2				
3				
4				
5				
6			45	
7				

图 11-2 计算两数之积

例子中体现了 Excel 公式的语法，即公式是由等号“=”、数据和运算符组成，数据可以是常数、单元格引用、单元格名称和工作表函数等。

提示 函数是 Excel 软件内置的一段程序，完成预定的计算功能，或者说是一种内置的公式。公式是用户根据数据的统计、处理和分析的实际需要，通过运算符号将函数式、引用、常量等参数连接起来，完成用户需求的计算功能的一种表达式值。

11.1.2 运算符

在 Excel 中，运算符分为 4 种类型，分别是算术运算符、比较运算符、引用运算符和文本运算符。

1. 算术运算符

算术运算符主要用于数学计算，其组成和含义如表 11-1 所示。

表 11-1　算术运算符

算数运算符名称	含　义	示　例
+（加号）	加	6+8
-（减号）	“减”及负数	6-2 或 -5
/（斜杠）	除	8/2
*（星号）	乘	2*3
%（百分号）	百分比	45%
^（脱字符）	乘幂	2^3

比较运算符

比较运算符主要用于数值比较，其组成和含义如表 11-2 所示。

表 11-2　比较运算符

比较运算符名称	含　义	示　例
=（等号）	等于	A1=B2
>（大于号）	大于	A1>B2
<（小于号）	小于	A1<B2
>=（大于等于号）	大于等于	A1>=B2
<=（小于等于号）	小于等于	A1<=B2
<>（不等号）	不等于	A1<>B2

引用运算符

引用运算符主要用于合并单元格区域，其组成和含义如表 11-3 所示。

表 11-3　引用运算符

引用运算符名称	含　义	示　例
:（比号）	区域运算符，对两个引用之间包括这两个引用在内的所有单元格进行引用	A1:E1(引用从 A1 到 E1 的所有单元格)
,（逗号）	联合运算符，将多个引用合并为一个引用	SUM(A1:E1,B2:F2) 将 A1:E1 和 B2:F2 这两个合并为一个
（空格）	交叉运算符，产生同时属于两个引用的单元格区域的引用	SUM(A1:F1　B1:B3) 只有 B1 同时属于两个引用 A1:F1 和 B1:B3

4. 文本运算符

文本运算符只有一个文本串连字符“&”，用于将两个或多个字符串连接起来，如表 11-4 所示。

表 11-4 文本运算符

文本运算符名称	含 义	示 例
&（连字符）	将两个文本连接起来产生连续的文本	“好好”&“学习”产生“好好学习”

11.1.3 运算符优先级

如果一个公式中包含多种类型的运算符号，Excel 则按表 11-5 中的先后顺序进行运算。如果想改变公式中的运算优先级，可以使用括号“()”实现。

表 11-5 运算符的优先级

运算符（优先级从高到低）	说 明
:（比号）	域运算符
,（逗号）	联合运算符
（空格）	交叉运算符
-（负号）	例如 -10
%（百分号）	百分比
^（脱字符）	乘幂
* 和 /	乘和除
+ 和 -	加和减
&	文本运算符
=，>，<，≥，≤，<>	比较运算符

11.2 快速计算数据

在 Excel 2016 中不使用功能区中的选项也可以快速地完成单元格的计算。

11.2.1 自动显示计算结果

自动计算功能就是对选定的单元格区域查看各种汇总数值。使用自动计算功能的具体步骤如下。

步骤 1 新建一个空白工作簿，在其中输入相关数据内容，选中单元格区域 C2:C6，如图 11-3 所示。

C2　fx　225

	A	B	C	D
1	序号	花费项	金额	
2	1	餐饮	¥225.00	
3	2	交通	¥56.00	
4	3	购物	¥578.00	
5	4	娱乐	¥84.00	
6	5	居家	¥294.00	
7		合计		
8				

图 11-3　选中单元格区域

步骤 2 在状态栏上右击，在弹出的快捷菜单中选择【求和】命令，如图 11-4 所示。

	A	B	C
1	序号	花费项	金额
2	1	餐饮	¥225.0
3	2	交通	¥56.0
4	3	购物	¥578.0
5	4	娱乐	¥84.0
6	5	居家	¥294.0
7		合计	

选择模式(L)
页码(P)
平均值(A)　¥247.40
计数(C)　5
数值计数(T)
最小值(I)
最大值(X)
求和(S)　¥1,237.00
上载状态(U)
视图快捷方式(V)
缩放滑块(Z)
显示比例(Z)　100%

就绪　平均值: ¥247.40　计数: 5

图 11-4　选择【求和】命令

步骤 3 此时状态栏中即可显示汇总求和的结果，如图 11-5 所示。

C2　fx　225

	A	B	C	D	E
1	序号	花费项	金额		
2	1	餐饮	¥225.00		
3	2	交通	¥56.00		
4	3	购物	¥578.00		
5	4	娱乐	¥84.00		
6	5	居家	¥294.00		
7		合计			
8					
9					

就绪　求和: ¥1,237.00

图 11-5　汇总求和结果

11.2.2 自动计算数据总和

在日常工作中，最常用的计算是求和，具体的操作步骤如下。

步骤 1 新建一个空白工作簿，在其中输入相关数据内容，选中单元格 C7，如图 11-6 所示。

C7　fx

	A	B	C	D	E
1	序号	花费项	金额		
2	1	餐饮	¥225.00		
3	2	交通	¥56.00		
4	3	购物	¥578.00		
5	4	娱乐	¥84.00		
6	5	居家	¥294.00		
7		合计			
8					
9					

图 11-6　选中单元格

步骤 2 在【公式】选项卡中，单击【公式】组中的【自动求和】按钮Σ，在弹出的下拉菜单中选择【求和】命令，如图 11-7 所示。

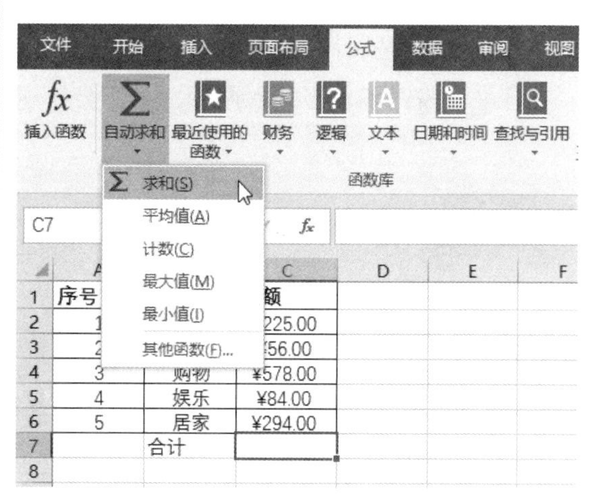

图 11-7　选择【求和】命令

步骤 3 此时求和函数 SUM() 即会出现在单元格 C7 中，并且有默认参数 C2:C6，表示求该区域的数据总和，单元格区域 C2:C6 被闪烁的虚线框包围，在此函数的下方会自动显示有关该函数的格式及参数，如图 11-8

所示。

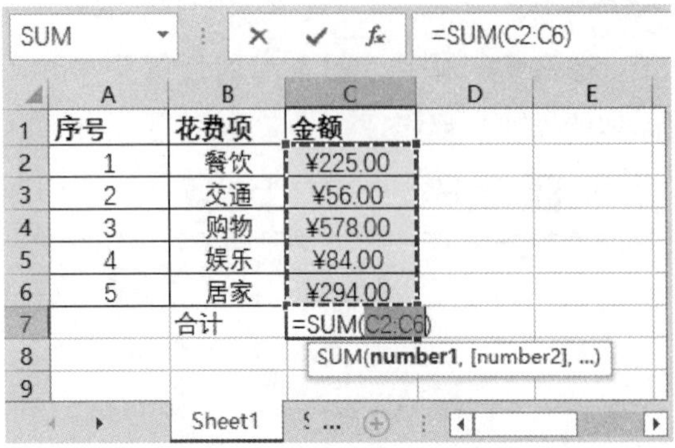

SUM | =SUM(C2:C6)

	A	B	C	D	E
1	序号	花费项	金额		
2	1	餐饮	¥225.00		
3	2	交通	¥56.00		
4	3	购物	¥578.00		
5	4	娱乐	¥84.00		
6	5	居家	¥294.00		
7		合计	=SUM(C2:C6)		
8			SUM(number1, [number2], ...)		
9					

图 11-8　使用求和函数

步骤 4 如果要使用默认的单元格区域，可以单击编辑栏中的【输入】按钮 ✔，或者按 Enter 键即可在 C7 单元格中计算出 C2:C6 单元格区域中数值的和，如图 11-9 所示。

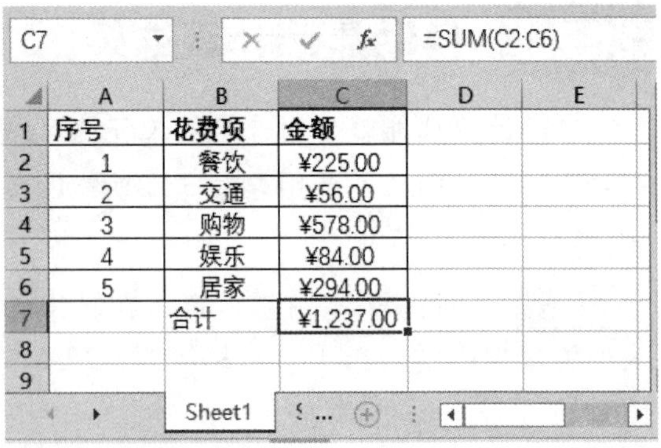

C7 | =SUM(C2:C6)

	A	B	C	D	E
1	序号	花费项	金额		
2	1	餐饮	¥225.00		
3	2	交通	¥56.00		
4	3	购物	¥578.00		
5	4	娱乐	¥84.00		
6	5	居家	¥294.00		
7		合计	¥1,237.00		
8					
9					

图 11-9　计算单元格区域中数值的和

提示　使用【自动求和】按钮 Σ，不仅可以一次求出一组数据的总和，而且可以在多组数据中自动求出每组的总和。

11.3 输入公式

使用公式计算数据的首要条件就是在 Excel 表格中输入公式，常见的输入公式的方法有手动输入和单击输入两种，下面分别进行介绍。

11.3.1 手动输入

在选定的单元格中手动输入等号“=”，在其后面输入公式。输入时，字符会同时出现在单元格和编辑栏中。当输入一个公式时，用户可以使用常用编辑键，如图 11-10 所示。

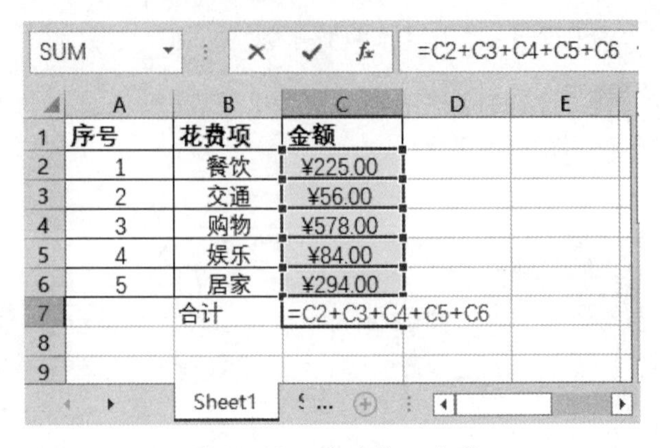

图 11-10　手动输入公式

11.3.2 单击输入

单击输入更加简单、快速，不容易出问题，可以直接单击单元格引用，而不是完全靠手动输入。例如要在单元格 A3 中输入公式“=A1+A2”，具体操作如下。

步骤 1 在 Excel 2016 中新建一个空白工作簿，在 A1 中输入“23”，在 A2 中输入“15”，选中单元格 A3，输入等号“=”，此时状态栏里会显示“输入”字样，如图 11-11 所示。

步骤 2 单击单元格 A1，此时 A1 单元格的周围会显示一个活动虚框，同时单元格引用出现在单元格 A3 和编辑栏中，如图 11-12 所示。

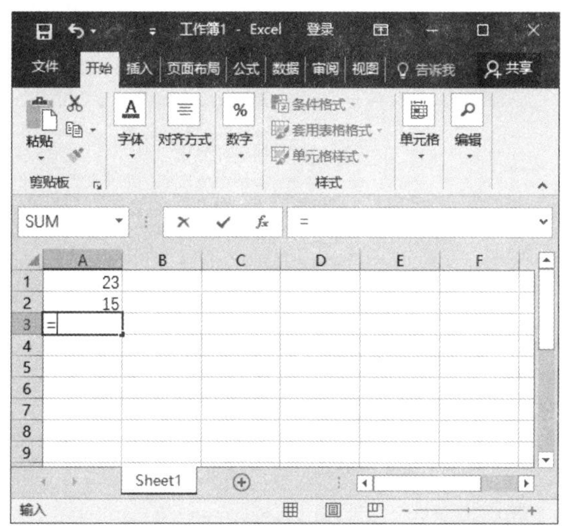

图 11-11　输入等号“=”

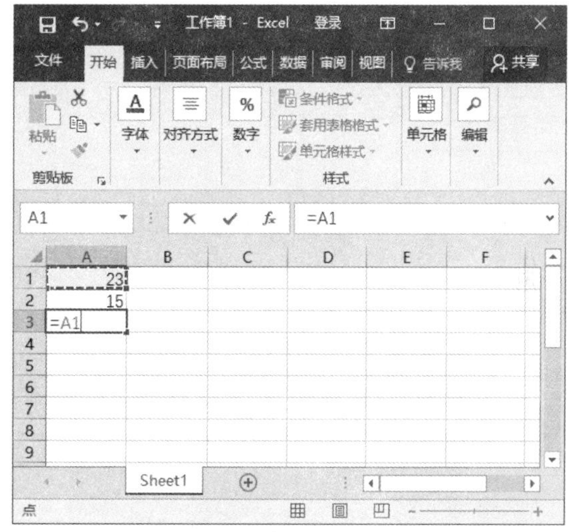

图 11-12　选中 A1 单元格

步骤 3 输入加号“+”，实线边框会代替虚线边框，如图 11-13 所示。状态栏里会再次出现“输入”字样。

步骤 4 单击单元格 A2，将单元格 A2 添加到公式中，如图 11-14 所示。

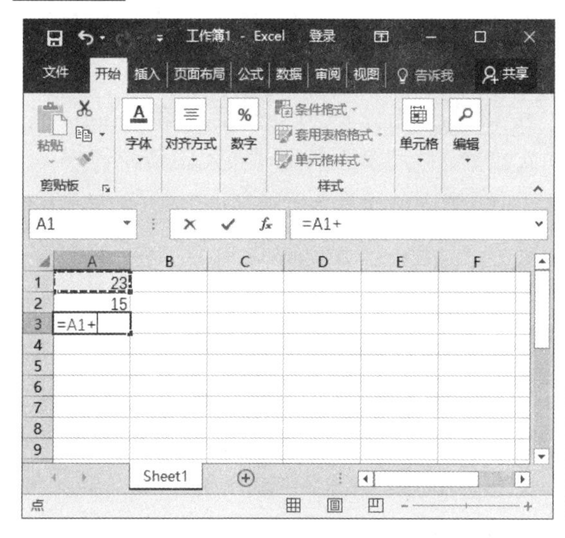

图 11-13　输入加号“+”

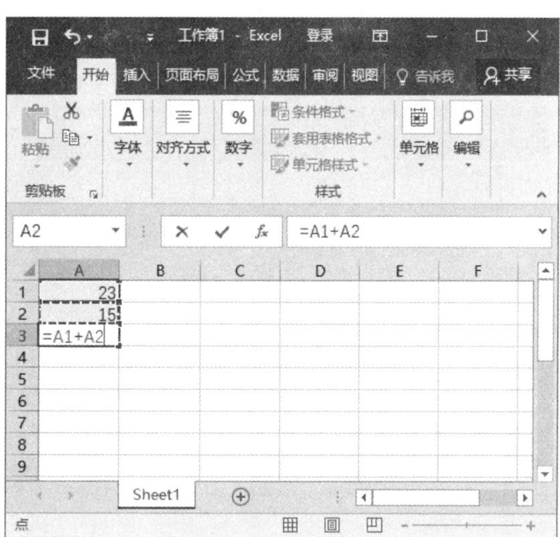

图 11-14　选中 A2 单元格

步骤 5 单击编辑栏中的✓按钮，或按 Enter 键结束公式的输入，在 A3 单元格中即可计算出 A1 和 A2 单元格中值的和，如图 11-15 所示。

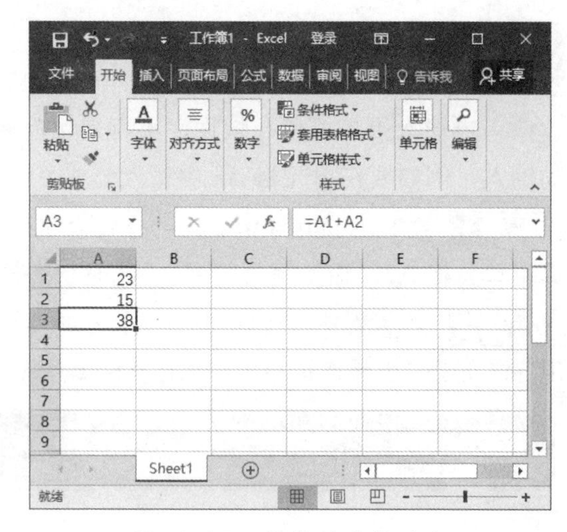

图 11-15　计算单元格的和

11.4 修改公式

在单元格中输入的公式并不是一成不变的，有时也需要修改。修改公式的方法与修改单元格的内容相似，下面介绍两种最常用的方法。

11.4.1 在单元格中修改

选中要修改公式的单元格，然后双击该单元格，进入编辑状态，此时单元格中会显示出公式，接下来就可以对公式进行修改。修改完成后按 Enter 键确认，即可快速修改公式，如图 11-16 所示。

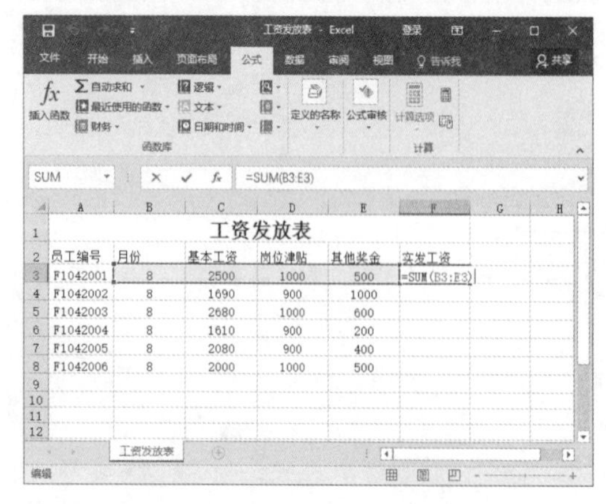

工资发放表					
员工编号	月份	基本工资	岗位津贴	其他奖金	实发工资
F1042001	8	2500	1000	500	=SUM(B3:E3)
F1042002	8	1690	900	1000	
F1042003	8	2680	1000	600	
F1042004	8	1610	900	200	
F1042005	8	2080	900	400	
F1042006	8	2000	1000	500	

图 11-16　在单元格中修改公式

11.4.2 在编辑栏中修改

选中要修改公式的单元格，在编辑栏中会显示该单元格所使用的公式，然后在编辑栏内直接对公式进行修改。修改完成后按 Enter 键确认，即可快速修改公式。具体操作如下。

步骤 1 新建一个空白工作簿，在其中输入数据，并将其保存为“员工工资统计表”，在 H3 单元格中输入“=E3+F3”，如图 11-17 所示。

步骤 2 按 Enter 键，即可计算出工资的合计值，如图 11-18 所示。

步骤 3 输入完成，发现未加上“全勤”项，此时可选中 H3 单元格，在编辑栏中对该公式进行修改，如图 11-19 所示。

步骤 4 按 Enter 键确认公式的修改，单元

格内的数值则会发生相应的变化，如图 11-20 所示。

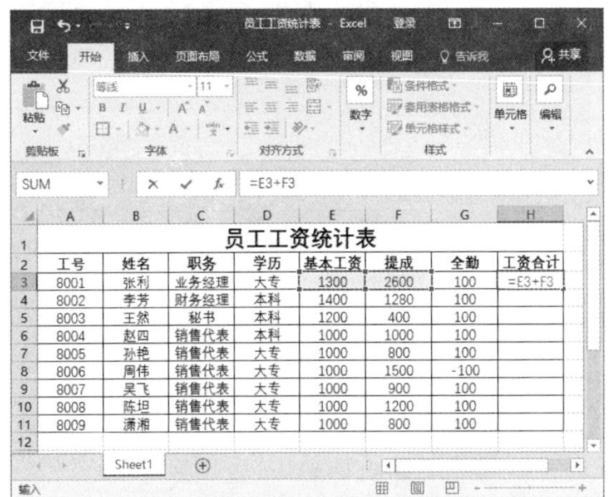

图 11-17 输入公式

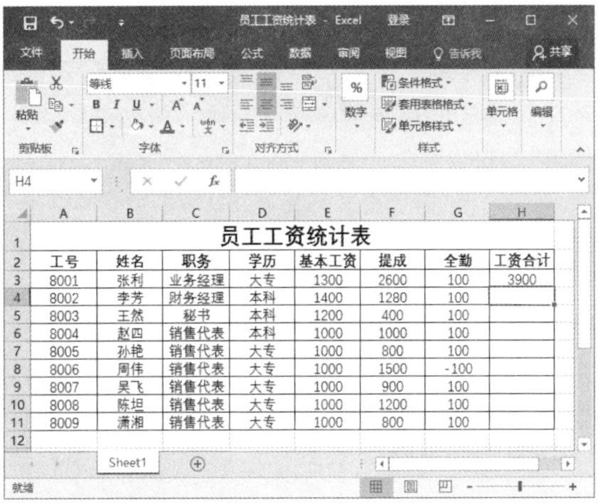

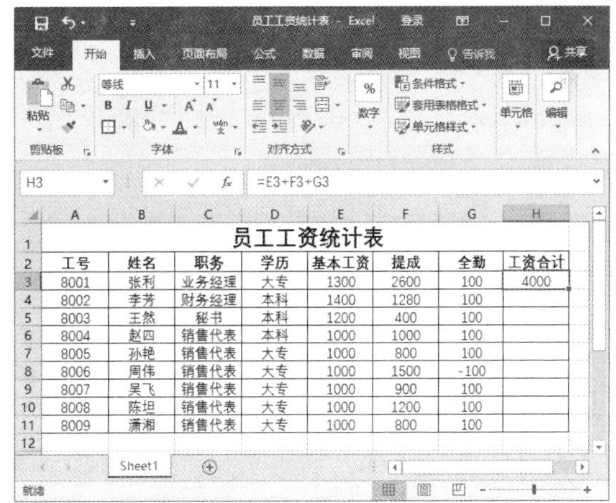

图 11-18 计算工资合计值

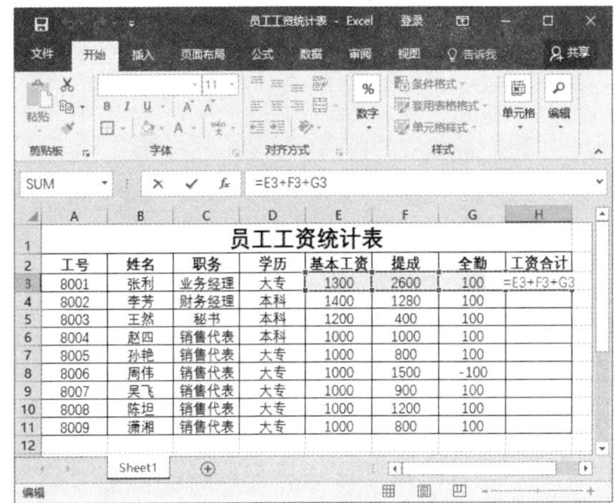

图 11-19 修改公式

图 11-20 计算出合计值

11.5 编辑公式

输入公式时，如果以等号“=”作为开头，表示 Excel 单元格中含有公式而不是文本。在公式中可以包含各种算术运算符、常量、变量、函数、单元格地址等，本节介绍如何对公式进行编辑操作。

11.5.1 移动公式

移动公式是指将创建好的公式移动到其他单元格中，具体操作如下。

步骤 1 打开“员工工资统计表”文件，如图 11-21 所示。

员工工资统计表

工号	姓名	职务	学历	基本工资	提成	全勤	工资合计
8001	张利	业务经理	大专	1300	2600	100	
8002	李芳	财务经理	本科	1400	1280	100	
8003	王然	秘书	本科	1200	400	100	
8004	赵四	销售代表	本科	1000	1000	100	
8005	孙艳	销售代表	大专	1000	800	100	
8006	周伟	销售代表	大专	1000	1500	-100	
8007	吴飞	销售代表	大专	1000	900	100	
8008	陈坦	销售代表	大专	1000	1200	100	
8009	潇湘	销售代表	大专	1000	800	100	

图 11-21　打开文件

步骤 2 在单元格 H3 中输入公式“=SUM(E3:G3）”，按 Enter 键即可求出“工资合计”，如图 11-22 所示。

H3　=SUM(E3:G3)

员工工资统计表

工号	姓名	职务	学历	基本工资	提成	全勤	工资合计
8001	张利	业务经理	大专	1300	2600	100	4000
8002	李芳	财务经理	本科	1400	1280	100	
8003	王然	秘书	本科	1200	400	100	
8004	赵四	销售代表	本科	1000	1000	100	
8005	孙艳	销售代表	大专	1000	800	100	
8006	周伟	销售代表	大专	1000	1500	-100	
8007	吴飞	销售代表	大专	1000	900	100	
8008	陈坦	销售代表	大专	1000	1200	100	
8009	潇湘	销售代表	大专	1000	800	100	

图 11-22　输入公式求和

步骤 3 选中单元格 H3，在该单元格的边框上按住鼠标左键，将其拖曳到其他单元格，如图 11-23 所示。

步骤 4 释放鼠标左键后即可移动公式，移动后，值不发生变化，仍为“4000”，如图 11-24 所示。

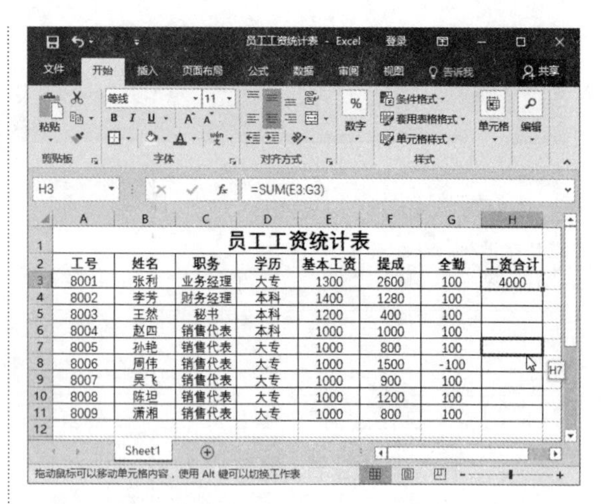
H3　=SUM(E3:G3)

员工工资统计表

工号	姓名	职务	学历	基本工资	提成	全勤	工资合计
8001	张利	业务经理	大专	1300	2600	100	4000
8002	李芳	财务经理	本科	1400	1280	100	
8003	王然	秘书	本科	1200	400	100	
8004	赵四	销售代表	本科	1000	1000	100	
8005	孙艳	销售代表	大专	1000	800	100	
8006	周伟	销售代表	大专	1000	1500	-100	
8007	吴飞	销售代表	大专	1000	900	100	
8008	陈坦	销售代表	大专	1000	1200	100	
8009	潇湘	销售代表	大专	1000	800	100	

图 11-23　移动公式

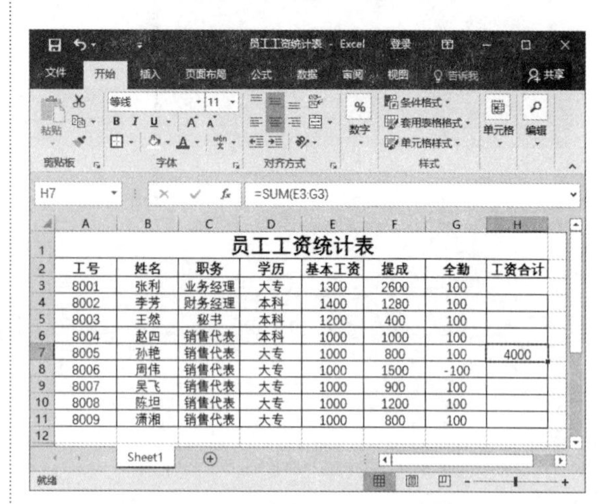
H7　=SUM(E3:G3)

员工工资统计表

工号	姓名	职务	学历	基本工资	提成	全勤	工资合计
8001	张利	业务经理	大专	1300	2600	100	
8002	李芳	财务经理	本科	1400	1280	100	
8003	王然	秘书	本科	1200	400	100	
8004	赵四	销售代表	本科	1000	1000	100	
8005	孙艳	销售代表	大专	1000	800	100	4000
8006	周伟	销售代表	大专	1000	1500	-100	
8007	吴飞	销售代表	大专	1000	900	100	
8008	陈坦	销售代表	大专	1000	1200	100	
8009	潇湘	销售代表	大专	1000	800	100	

图 11-24　移动公式后的值不变

提示 在Excel 2016中移动公式时，无论使用哪一种单元格引用，公式内的单元格引用不会更改，即还保持原始的公式内容。

11.5.2 复制公式

复制公式就是把创建好的公式复制到其他单元格中，具体操作如下。

步骤 1 打开“员工工资统计表”文件，在单元格 H3 中输入公式“=SUM(E3:G3）”，

按 Enter 键计算出“工资合计”，如图 11-25 所示。

H3　=SUM(E3:G3)

员工工资统计表

工号	姓名	职务	学历	基本工资	提成	全勤	工资合计
8001	张利	业务经理	大专	1300	2600	100	4000
8002	李芳	财务经理	本科	1400	1280	100	
8003	王然	秘书	本科	1200	400	100	
8004	赵四	销售代表	本科	1000	1000	100	
8005	孙艳	销售代表	大专	1000	800	100	
8006	周伟	销售代表	大专	1000	1500	-100	
8007	吴飞	销售代表	大专	1000	900	100	
8008	陈坦	销售代表	大专	1000	1200	100	
8009	潇湘	销售代表	大专	1000	800	100	

图 11-25　计算“工资合计”

步骤 2 选中 H3 单元格，在【开始】选项卡中，单击【剪贴板】组中的【复制】按钮，该单元格的边框显示为虚线，如图 11-26 所示。

H3　=SUM(E3:G3)

员工工资统计表

工号	姓名	职务	学历	基本工资	提成	全勤	工资合计
8001	张利	业务经理	大专	1300	2600	100	4000
8002	李芳	财务经理	本科	1400	1280	100	
8003	王然	秘书	本科	1200	400	100	
8004	赵四	销售代表	本科	1000	1000	100	
8005	孙艳	销售代表	大专	1000	800	100	
8006	周伟	销售代表	大专	1000	1500	-100	
8007	吴飞	销售代表	大专	1000	900	100	
8008	陈坦	销售代表	大专	1000	1200	100	
8009	潇湘	销售代表	大专	1000	800	100	

选定目标区域，然后按 ENTER 或选择“粘贴”

图 11-26　复制公式

步骤 3 选中单元格 H6，单击【剪贴板】组中的【粘贴】按钮，即可将公式粘贴到该单元格中。此时值发生了变化，H6 单元格中显示的公式为“=SUM(E6:G6)”，即复制公式时，公式会根据单元格的引用情况发生变化，如图 11-27 所示。

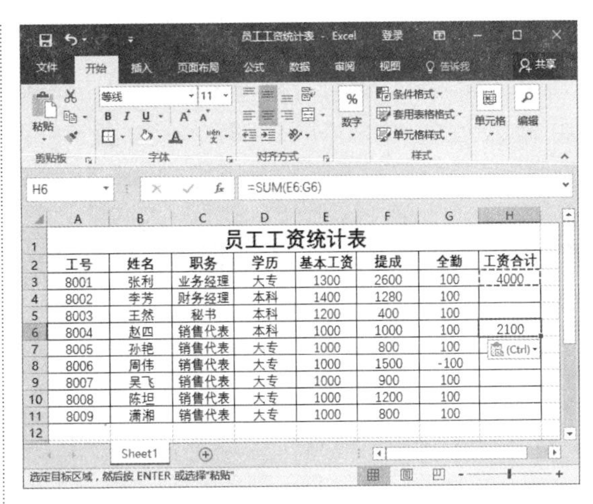

H6　=SUM(E6:G6)

员工工资统计表

工号	姓名	职务	学历	基本工资	提成	全勤	工资合计
8001	张利	业务经理	大专	1300	2600	100	4000
8002	李芳	财务经理	本科	1400	1280	100	
8003	王然	秘书	本科	1200	400	100	
8004	赵四	销售代表	本科	1000	1000	100	2100
8005	孙艳	销售代表	大专	1000	800	100	
8006	周伟	销售代表	大专	1000	1500	-100	
8007	吴飞	销售代表	大专	1000	900	100	
8008	陈坦	销售代表	大专	1000	1200	100	
8009	潇湘	销售代表	大专	1000	800	100	

选定目标区域，然后按 ENTER 或选择“粘贴”

图 11-27　粘贴公式

步骤 4 按 Ctrl 键或单击右侧的 (Ctrl) 图标，弹出格式、数值、公式、源格式、链接、图片等选项。若选择选项，则表示只粘贴数值，粘贴后 H6 单元格中的值仍为“4000”，如图 11-28 所示。

图 11-28　【粘贴】下拉列表

11.5.3 隐藏公式

在 Excel 中使用公式进行计算时，如果不小心改动了其中的某个字母，那么结果可能有天壤之别。因此，为了保护创建的公式，在创建完成后，可以将其隐藏起来。具体的操作步骤如下。

步骤 1 打开随书光盘中的“素材\ch11\工资发放表.xlsx”文件，选中单元格F3，在其中输入公式“=SUM(C3:E3)”，如图11-29所示。

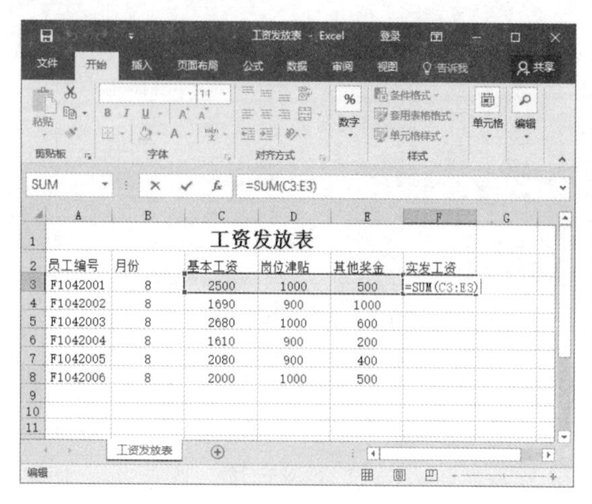

	A	B	C	D	E	F	G
1	工资发放表						
2	员工编号	月份	基本工资	岗位津贴	其他奖金	实发工资	
3	F1042001	8	2500	1000	500	=SUM(C3:E3)	
4	F1042002	8	1690	900	1000		
5	F1042003	8	2680	1000	600		
6	F1042004	8	1610	900	200		
7	F1042005	8	2080	900	400		
8	F1042006	8	2000	1000	500		

图11-29 输入公式

步骤 2 隐藏该公式。选中F3单元格，右击，在弹出的快捷菜单中选择【设置单元格格式】命令，弹出【设置单元格格式】对话框，选择【保护】选项卡，选中【隐藏】复选框，单击【确定】按钮，如图11-30所示。

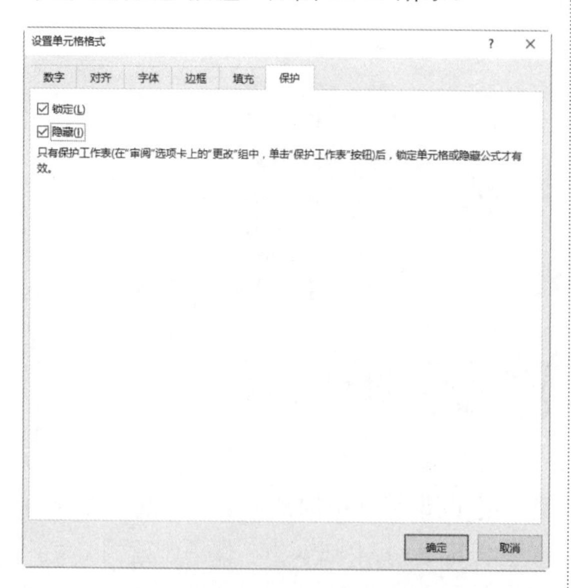

图11-30 【保护】选项卡

步骤 3 返回到工作表中，选择【审阅】选项卡，单击【更改】组的【保护工作表】按钮，如图11-31所示。

图11-31 【更改】组

步骤 4 弹出【保护工作表】对话框，单击【确定】按钮，如图11-32所示。

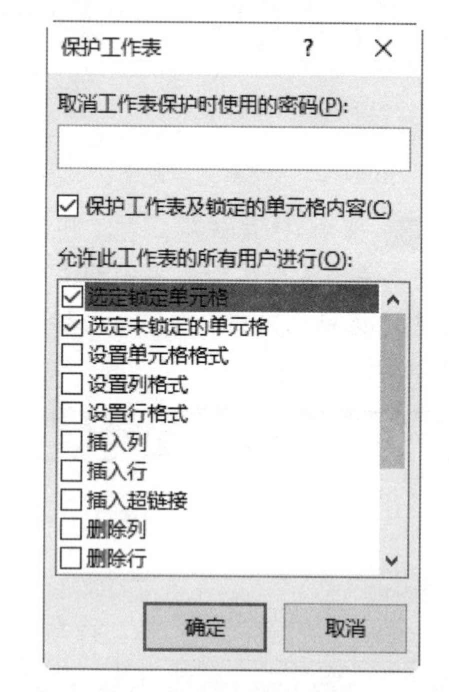

图11-32 【保护工作表】对话框

> **提示** 用户可以在【取消工作表保护时使用的密码】文本框输入密码，这样可以防止他人随意更改该项设置。在【允许此工作表的所有用户进行】列表框中还可以设置用户对处于保护状态时的工作表进行的操作。

步骤 5 选中F3单元格，可以看到，编辑栏中是空白的，已经将公式隐藏了起来，但可以查看其计算结果，如图11-33所示。

> **提示** 若要取消隐藏，选择【审阅】选项卡，单击【更改】组的【撤消工作表保护】按钮即可，如图 11-34 所示。

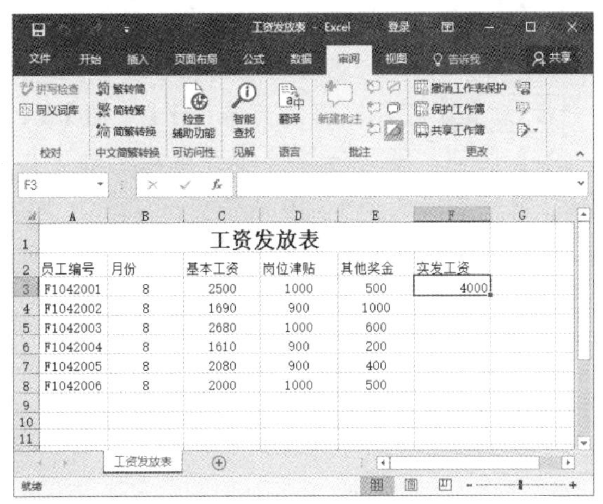

图 11-33　隐藏公式

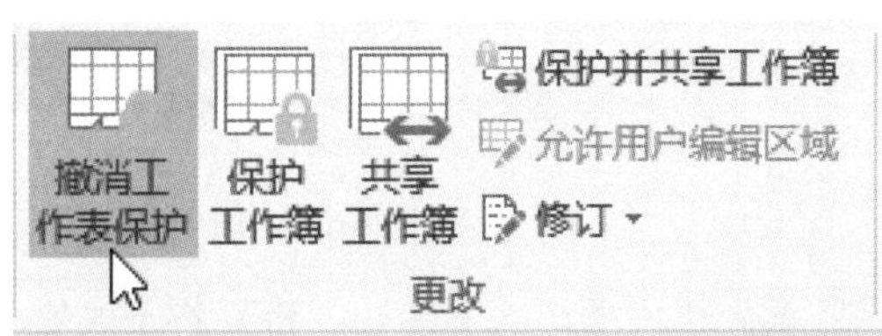

图 11-34　单击【撤消工作表保护】按钮

11.6 公式审核

公式审核可以调试复杂的公式，单独计算公式的各个部分。分步计算各个部分可以帮助用户验证计算是否正确。

11.6.1 什么情况下需要公式审核

在遇到以下情况时需要审核公式。

（1）输入的公式出现错误提示时。

（2）输入公式的计算结果与实际需求不符时。

（3）需要查看公式各部分的计算结果时。

（4）逐步查看公式计算过程时。

11.6.2 公式审核的方法

在 Excel 2016 中，可以使用【公式求值】对话框或者快捷键 F9 审核公式。

1. 使用【公式求值】对话框调试

使用【公式求值】对话框审核公式的具体操作步骤如下。

步骤 1 打开包含有公式的任意一个工作簿，选中 A4 单元格，单击【公式】选项卡下【公式审核】组中的【公式求值】按钮 公式求值，如图 11-35 所示。

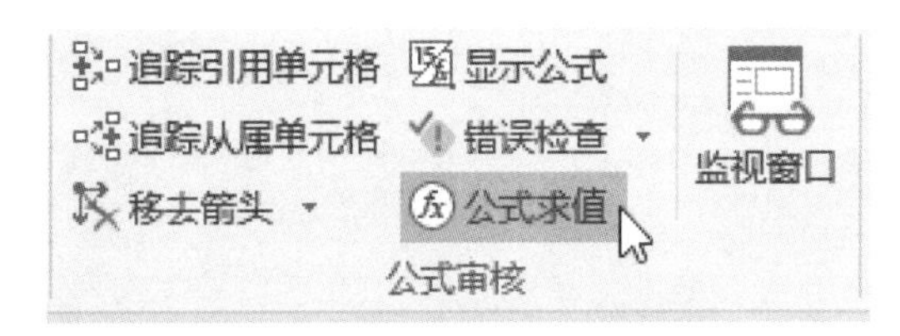

图 11-35　【公式审核】组

步骤 2 弹出【公式求值】对话框，在【引用】

下显示引用的单元格。在【求值】显示框中可以看到求值公式，并且第一个表达式“A1”下显示下划线，如图 11-36 所示。

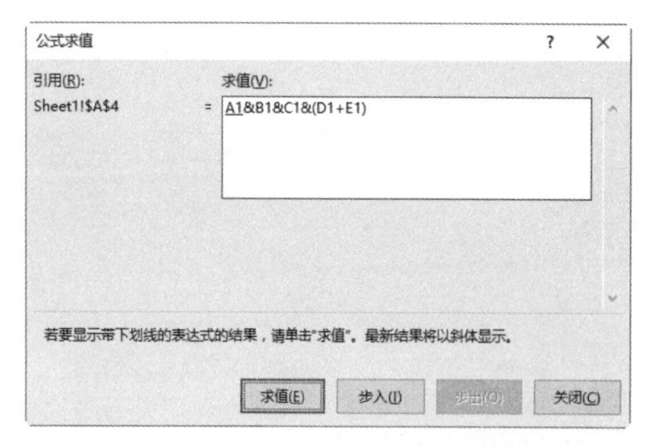

图 11-36 【公式求值】对话框

步骤 3 单击【步入】按钮，即可将【求值】显示框分为两部分，下方显示“A1”的值，如图 11-37 所示。

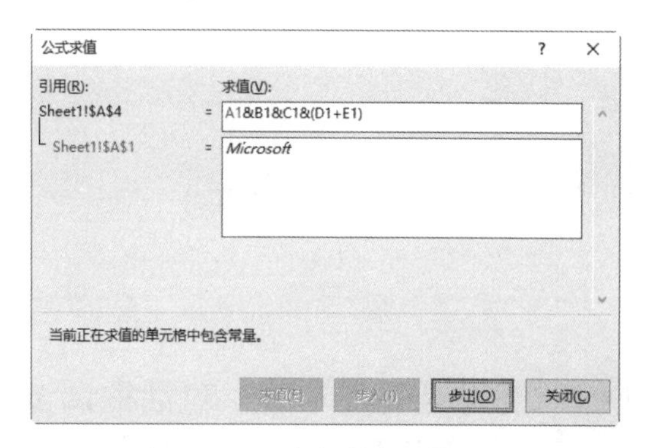

图 11-37 单击【步入】按钮

步骤 4 单击【步出】按钮，即可在【求值】显示框中计算出表达式“A1”的结果，如图 11-38 所示。

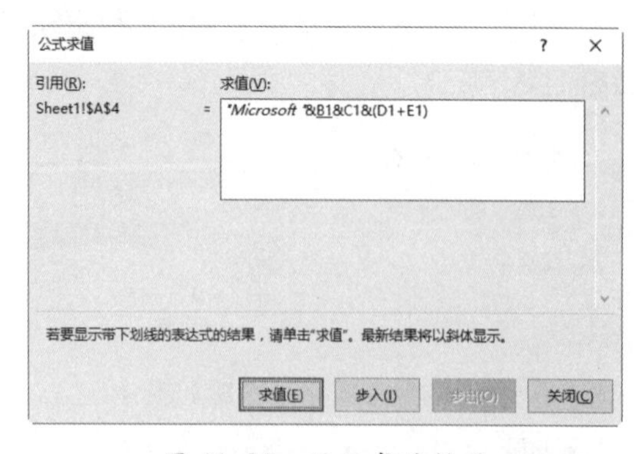

图 11-38 显示求值结果

> **提示** 单击【求值】按钮将直接计算表达式的结果，单击【步入】按钮则显示表达式数据，单击【步出】按钮计算表达式结果。

步骤 5 使用同样的方法单击【求值】或【步入】按钮，即可连续分步计算每个表达式的计算结果，如图 11-39 所示。

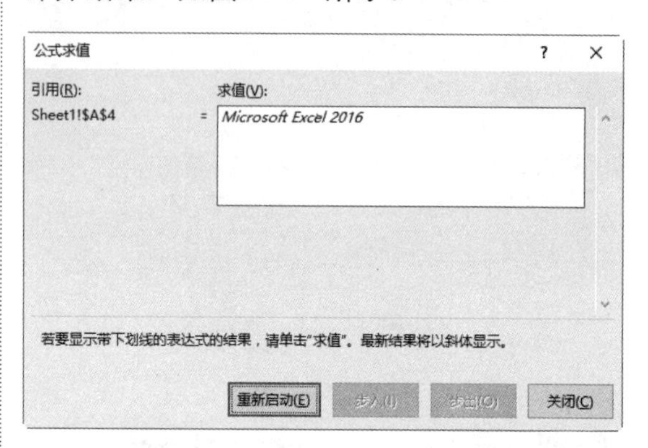

图 11-39 连续分步计算数据

2. 使用 F9 键调试

使用【公式求值】对话框可以分步计算结果，但不能计算任意部分的结果。如果要显示任意部分公式的计算结果，那么可以使用 F9 键进行审核。

步骤 1 打开包含有公式的任意一个工作簿，选中 A4 单元格，按 F2 键，即可在 A4 单元格中显示公式，如图 11-40 所示。

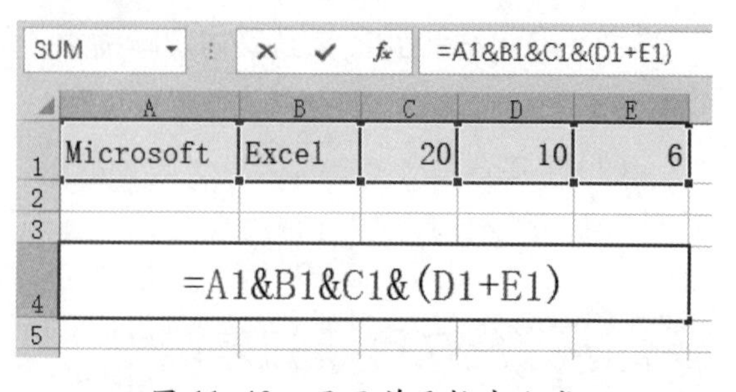

图 11-40 显示单元格中公式

步骤 2 选中公式中的“A1&B1”，如图 11-41 所示。

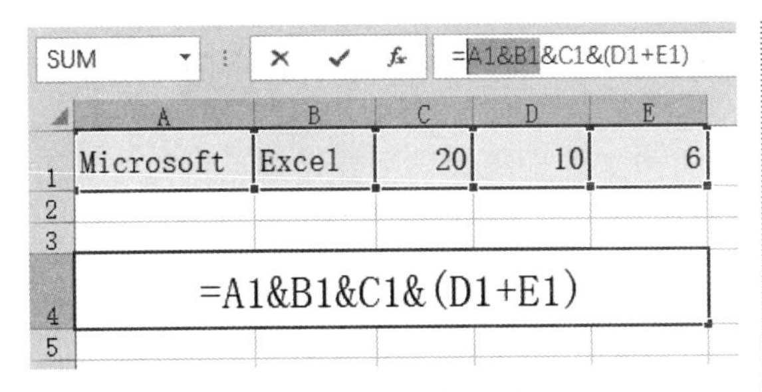

图 11-41　选中公式

步骤 3 按 F9 键，即可计算出公式中“A1&B1”的结果，如图 11-42 所示。

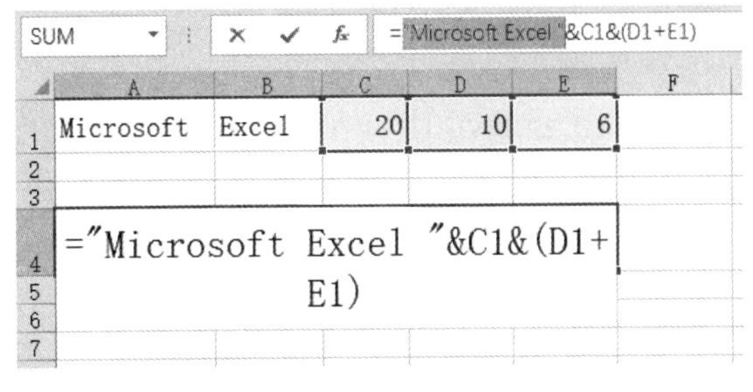

图 11-42　显示计算结果

步骤 4 使用同样的方法可以计算出公式中其他部分的结果，如图 11-43 所示。

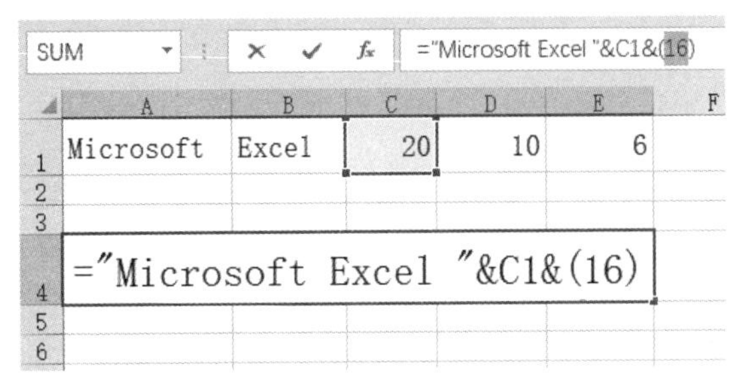

图 11-43　显示其他公式的计算结果

> **提示**
> 使用 F9 键调试公式后，单击编辑栏中的【取消】按钮✕或按 Ctrl+Z 组合键、Esc 键均可退回到公式模式。如果按 Enter 键或单击编辑栏中的【输入】按钮✓，调试部分将会以计算结果代替公式显示。

11.7 高效办公技能实战

11.7.1 将公式转化为数值

当单元格中使用了公式后，它的值会随着公式中所引用的单元格值的改变而改变。若要单元格的值不发生这种改变，一种有效的解决办法是在单元格由公式计算出值以后，将该公式转化为数值。具体的操作步骤如下。

步骤 1 打开随书光盘中的“素材 \ch11\ 工资发放表 .xlsx”文件，在 F3 单元格中输入公式，然后按 Enter 键确认公式，此时系统将自动计算出结果，如图 11-44 所示。

步骤 2 按 Ctrl+C 组合键复制该单元格，再按 Ctrl+V 组合键将复制的单元格粘贴在原位置，此时单元格右下角将出现 Ctrl 工具箱图标 (Ctrl)。单击该图标右侧的下三角按钮，在弹出的下拉列表中选择【粘贴数值】区域中的【值和源格式】选项，如图 11-45 所示。

步骤 3 选择 F3 单元格，在编辑栏中可以看到，此时单元格的内容显示为数值，如图 11-46 所示。

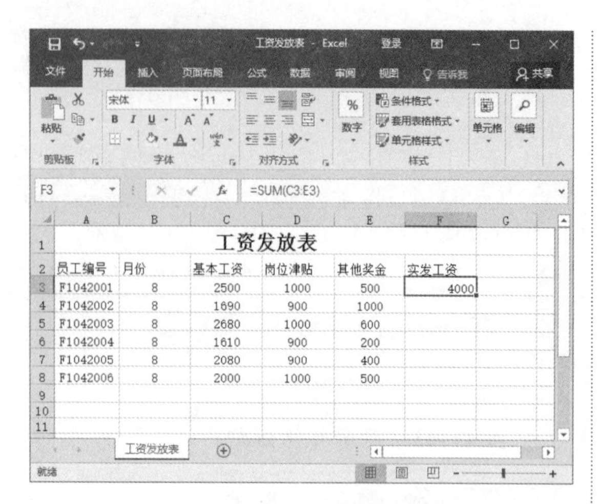

员工编号	月份	基本工资	岗位津贴	其他奖金	实发工资
F1042001	8	2500	1000	500	4000
F1042002	8	1690	900	1000	
F1042003	8	2680	1000	600	
F1042004	8	1610	900	200	
F1042005	8	2080	900	400	
F1042006	8	2000	1000	500	

图 11-44　计算数据

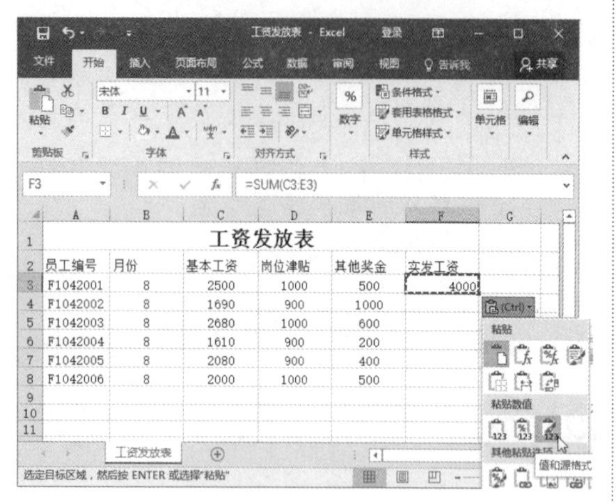

图 11-45　选择【值和源格式】选项

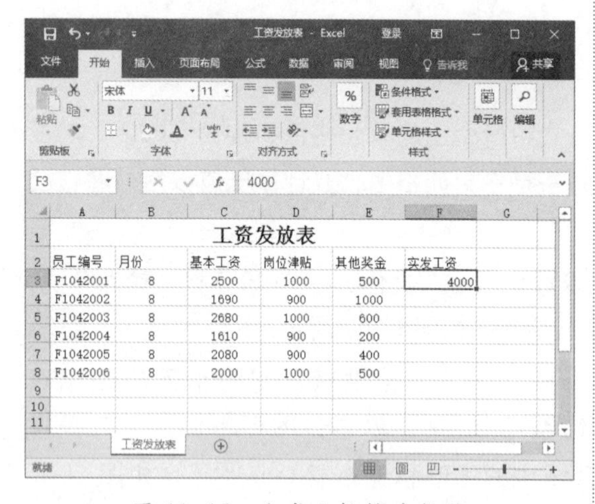

图 11-46　公式已转换为数值

11.7.2　检查员工加班统计表

员工加班统计表需要详细记录每位员工的加班日期、开始加班时间及加班结束时间，并依据加班标准计算出每位员工的加班时间及加班费。加班表必须准确、合理。因此，制作完加班表之后检查加班表就显得尤为重要。

1. 公式求值

使用公式求值可以调试公式，检查输入的公式是否正确。

步骤 1 打开随书光盘中的“素材 \ch11\ 员工加班统计表 .xlsx”工作簿，选中 J3 单元格，如图 11-47 所示。

员工姓名	所属部门	加班日期	星期	开始时间	结束时间	小时数	分钟数	加班标准	加班费总计
施琅	采购部	2016-11-11	星期五	19:00	21:15	2	15	15	37.5
施琅	采购部	2016-11-14	星期一	19:20	22:25	3	5	15	52.5
施琅	采购部	2016-11-15	星期二	08:25	17:36	9	11	15	142.5
刘英	财务部	2016-11-18	星期五	19:45	16:50	#NUM!	#NUM!	15	#NUM!
刘英	财务部	2016-11-19	星期六	19:30	22:10	2	40	20	60
刘英	财务部	2016-11-23	星期三	08:45	14:20	5	35	15	90

图 11-47　素材文件

步骤 2 单击【公式】选项卡下【公式审核】组中的【公式求值】按钮，如图 11-48 所示。

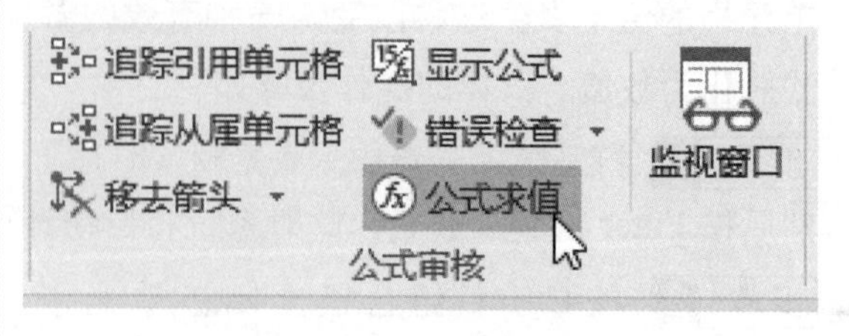

图 11-48　【公式审核】组

步骤 3 弹出【公式求值】对话框，单击【求值】按钮，查看带下划线的表达式的结果，

如图 11-49 所示。

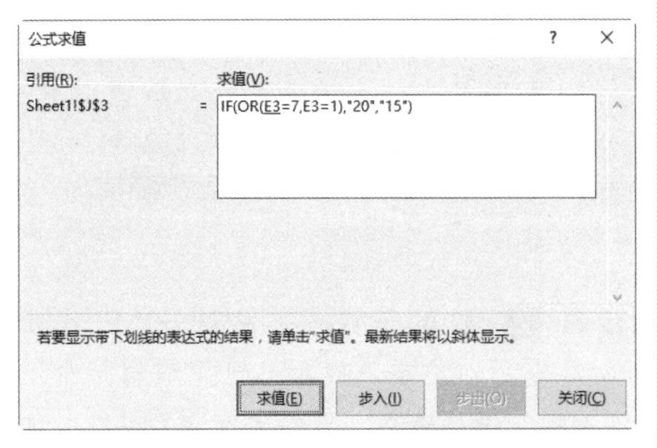

图 11-49　【公式求值】对话框

步骤 4 重复单击【求值】按钮，直至计算出最终结果。如果计算过程及结果有误，则需要修改公式，并重复调试公式；如果计算过程及结果无误，单击【关闭】按钮，如图 11-50 所示。

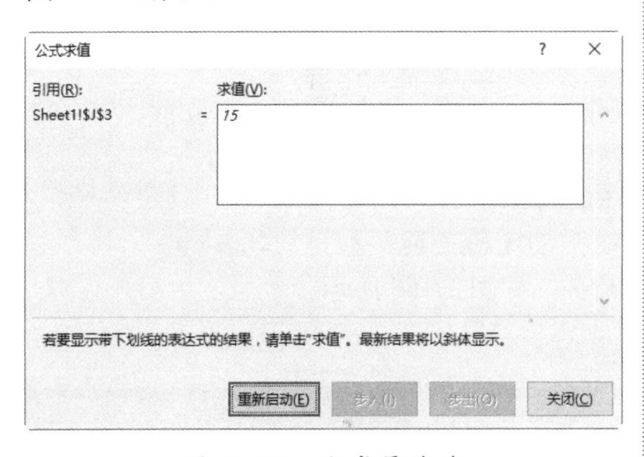

图 11-50　公式最终值

 追踪错误及错误检查

如果表中数据较多且不易观察，那么使用错误检查可直接检查出包含错误的单元格，结合错误追踪命令可以方便地修改错误。

步骤 1 单击【公式】选项卡下【公式审核】组中的【错误检查】按钮，如图 11-51 所示。

步骤 2 弹出【错误检查】对话框，选中第一个存在错误的单元格 H6 并在对话框中显示错误信息，如图 11-52 所示。

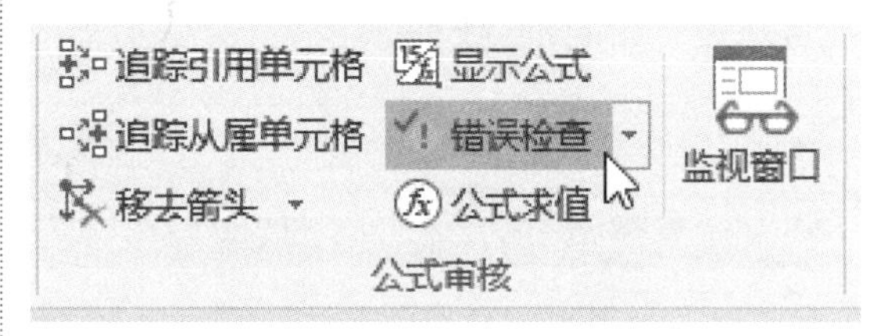

图 11-51　【公式审核】组

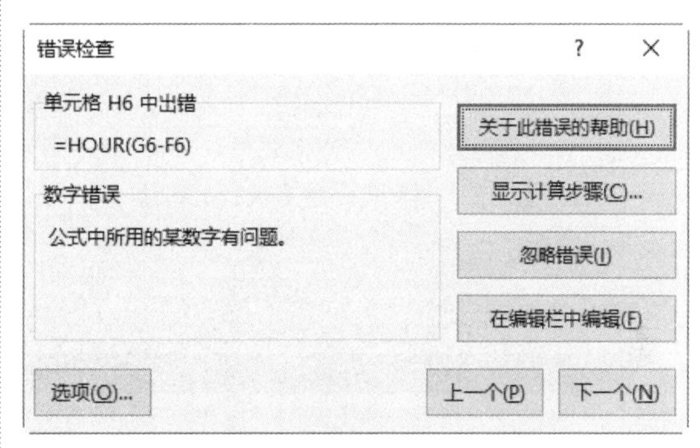

图 11-52　【错误检查】对话框

步骤 3 单击【公式】选项卡【公式审核】组中的【错误检查】按钮右侧的下三角按钮，在弹出的下拉列表中选择【追踪错误】选项，如图 11-53 所示。

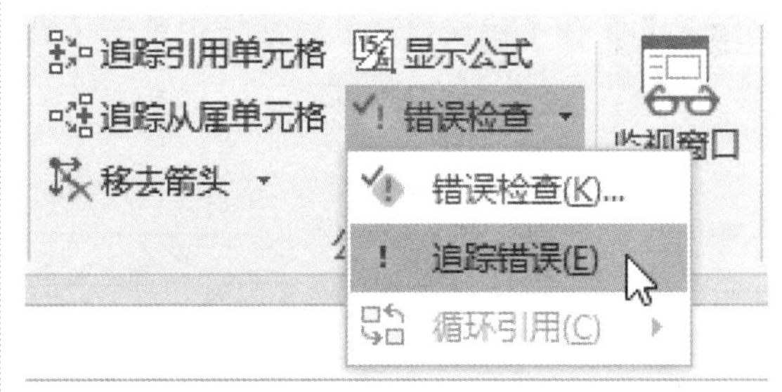

图 11-53　选择【追踪错误】选项

步骤 4 系统自动用箭头标识出影响 H6 单元格值的单元格，如图 11-54 所示。

步骤 5 结合【错误检查】对话框中的提示错误信息以及错误追踪结果，判断错误存在的原因，这里可以看到 G6 单元格中的结束时间小于 F6 单元格中的开始时间，根据实际情况进行修改。选中 G6 单元格，在编辑栏中修改时间为“22:10:00”，按 Enter 键，完成修改，如图 11-55 所示。

H6 =HOUR(G6-F6)

员工加班统计表									
员工姓名	所属部门	加班日期	星期	开始时间	结束时间	小时数	分钟数	加班标准	加班费总计
施琅	采购部	2016-11-11	星期五	19:00	21:15	2	15	15	37.5
施琅	采购部	2016-11-14	星期一	19:20	22:25	3	5	15	52.5
施琅	采购部	2016-11-15	星期二	08:25	17:36	9	11	15	142.5
刘英	财务部	2016-11-18	星期五	19:45	10:50	#NUM!	#NUM!	15	#NUM!
刘英	财务部	2016-11-19	星期六	19:30	22:10	2	40	20	60
刘英	财务部	2016-11-23	星期三	08:45	14:20	5	35	15	90

图 11-54 标识出追踪的单元格

G7 22:10:00

员工加班统计表									
员工姓名	所属部门	加班日期	星期	开始时间	结束时间	小时数	分钟数	加班标准	加班费总计
施琅	采购部	2016-11-11	星期五	19:00	21:15	2	15	15	37.5
施琅	采购部	2016-11-14	星期一	19:20	22:25	3	5	15	52.5
施琅	采购部	2016-11-15	星期二	08:25	17:36	9	11	15	142.5
刘英	财务部	2016-11-18	星期五	19:45	21:09	1	24	15	22.5
刘英	财务部	2016-11-19	星期六	19:30	22:10	2	40	20	60
刘英	财务部	2016-11-23	星期三	08:45	14:20	5	35	15	90

图 11-55 修改错误数值

步骤 6 在【错误检查】对话框中单击【继续】按钮，如图 11-56 所示。

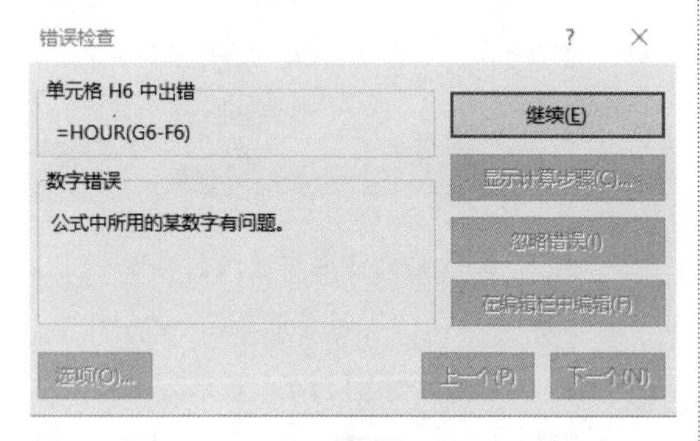

图 11-56 【错误检查】对话框

> **提示** 在执行错误检查过程中执行其他操作，【错误检查】对话框将处于不可用状态。【关于此错误的帮助】按钮将显示为【继续】按钮，单击该按钮，才可以继续执行错误检查操作。

步骤 7 如果无错误，将弹出 Microsoft Excel 提示对话框，提示“已完成对整个工作表的错误检查”，单击【确定】按钮，如图 11-57 所示。

图 11-57 信息提示对话框

步骤 8 单击【公式】选项卡下【公式审核】组中的【移去箭头】按钮 移去箭头，移去箭头，如图 11-58 所示。

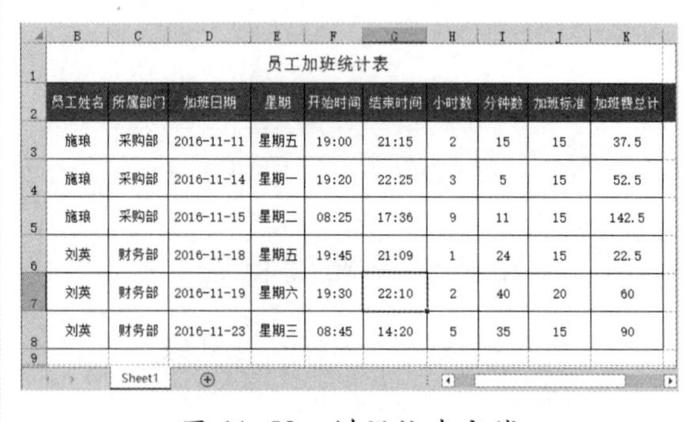

员工加班统计表									
员工姓名	所属部门	加班日期	星期	开始时间	结束时间	小时数	分钟数	加班标准	加班费总计
施琅	采购部	2016-11-11	星期五	19:00	21:15	2	15	15	37.5
施琅	采购部	2016-11-14	星期一	19:20	22:25	3	5	15	52.5
施琅	采购部	2016-11-15	星期二	08:25	17:36	9	11	15	142.5
刘英	财务部	2016-11-18	星期五	19:45	21:09	1	24	15	22.5
刘英	财务部	2016-11-19	星期六	19:30	22:10	2	40	20	60
刘英	财务部	2016-11-23	星期三	08:45	14:20	5	35	15	90

图 11-58 错误检查完毕

至此，就完成了检查员工加班统计表的操作。

11.8 高手解惑

问：为什么输入公式后，某单元格内会出现“#DIV/0！”的乱码字样？

高手：出现这种现象是由于引用的公式指标位置不正确或是公式输入有误所导致。

问：为什么在输入公式中，会出现“# NAME？”的错误信息？

高手：出现这种情况是因为在公式中使用了 Excel 所不能识别的文本。比如，使用了不存在的名称。若想解决此问题，需要切换到【公式】选项卡，然后在【定义的名称】组中单击【定义名称】下三角按钮，从弹出的下拉菜单中选择【定义名称】命令，打开【定义名称】对话框。如果所需名称在对话框中没有被列出，那么在【名称】文本框中输入相应的名称，再单击【确定】按钮即可。

使用函数快速处理数据

● **本章导读**

函数是 Excel 的预定义内置公式，熟练地掌握函数的用法，能够快速高效地处理数据和获取有用信息。本章将为读者介绍 Excel 函数的应用，通过本章内容的学习，读者能够熟练地使用函数来处理工作表中的数据。

● **学习目标**

◎ 掌握输入、复制与修改函数的方法

◎ 掌握常用函数的使用方法

◎ 掌握自定义函数的使用方法

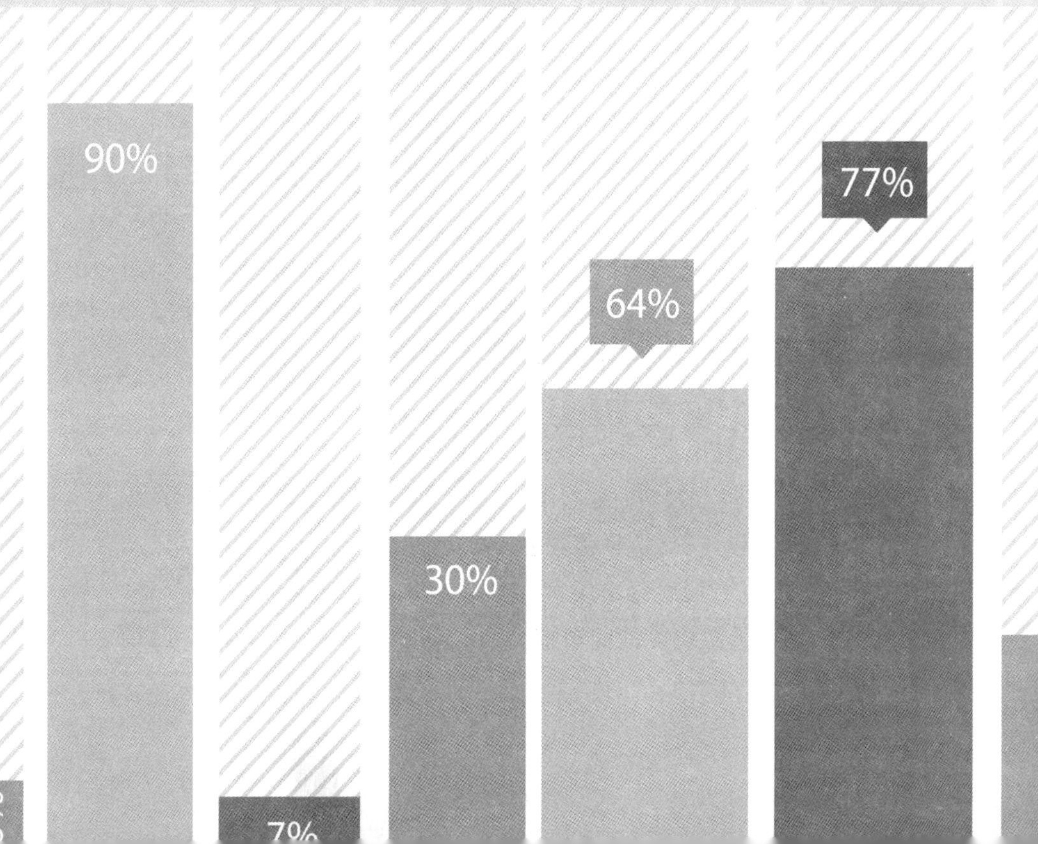

12.1 使用函数

Excel 函数是一些已经定义好的公式，通过参数接收数据并返回结果。大多数情况下函数返回的是计算结果，有时也返回文本、引用、逻辑值、数组或者工作表的信息。

12.1.1 输入函数

在 Excel 2016 中，输入函数的方法有手动输入和使用函数向导输入两种方法。其中手动输入函数和输入普通的公式一样，这里不再重述。下面介绍使用函数向导输入函数，具体操作如下。

步骤 1 启动 Excel 2016，新建一个空白文档，然后在单元格 A1 中输入“-100”，如图 12-1 所示。

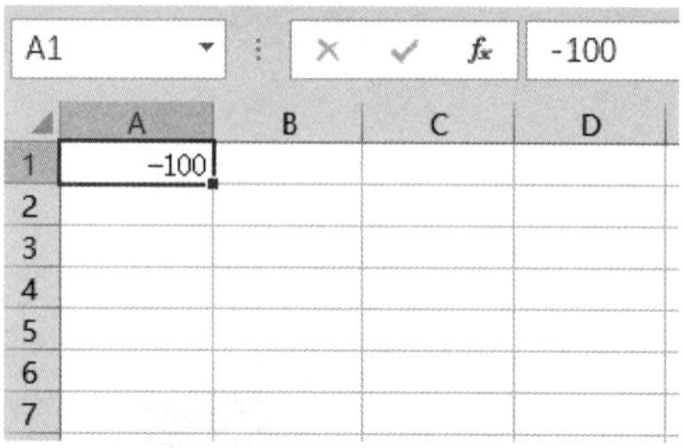

A1 | -100

	A	B	C	D
1	-100			
2				
3				
4				
5				
6				
7				

图 12-1 输入数值

步骤 2 选中 A2 单元格，在【公式】选项卡中，单击【函数库】组中的【插入函数】按钮，或者单击编辑栏中的【插入函数】按钮 *fx*，弹出【插入函数】对话框，如图 12-2 所示。

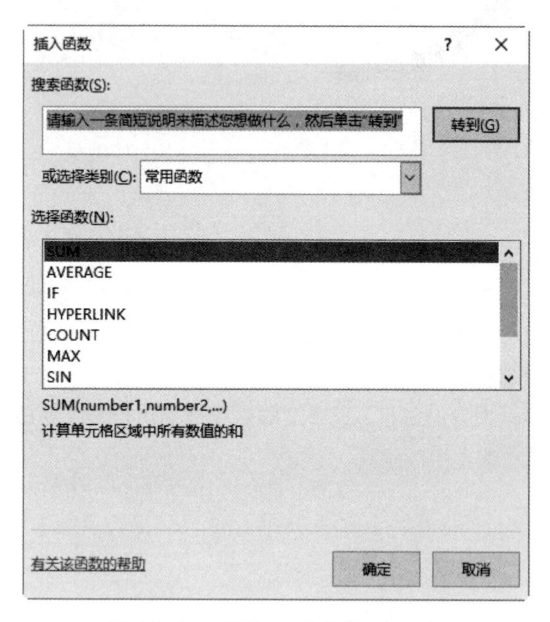

图 12-2 【插入函数】对话框

步骤 3 在【或选择类别】下拉列表框中选择【数学与三角函数】选项，在【选择函数】列表框中选择 ABS 选项（绝对值函数），列表框的下方会出现关于该函数功能的简单提示，如图 12-3 所示。

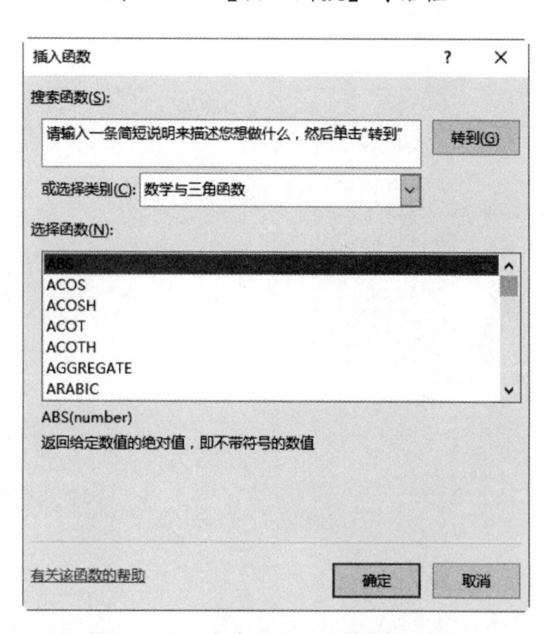

图 12-3 选中要插入的函数类型

步骤 4　单击【确定】按钮，弹出【函数参数】对话框，在 Number 文本框中输入“A1”，或先单击 Number 文本框右面的【折叠】按钮，再单击 A1 单元格，如图 12-4 所示。

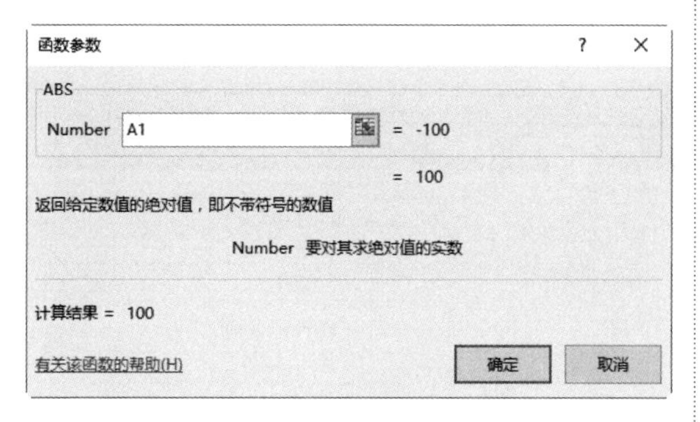

图 12-4　【函数参数】对话框

步骤 5　单击【确定】按钮，即可将单元格 A1 中数值的绝对值求出，显示在单元格 A2 中，如图 12-5 所示。

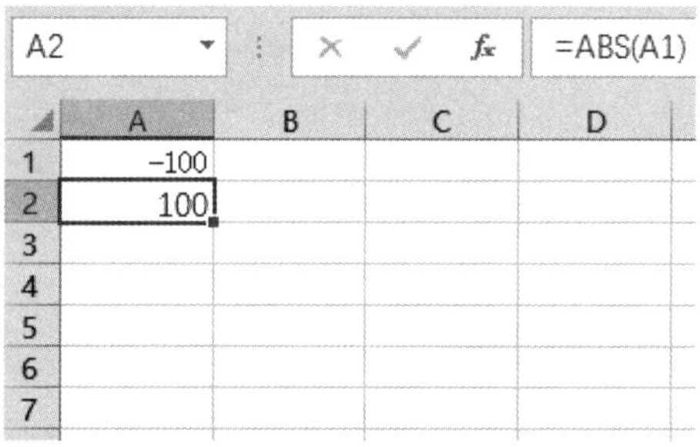

	A	B	C	D
1	-100			
2	100			
3				
4				
5				
6				
7				

图 12-5　计算出数值

提示　对于函数参数，既可以直接输入数值、单元格或单元格区域引用，也可以使用鼠标在工作表中选定单元格或单元格区域。

12.1.2 复制函数

函数的复制通常有两种情况，即相对复制和绝对复制。

1. 相对复制

所谓相对复制，就是将单元格中的函数表达式复制到一个新单元格中后，原来函数表达式中相对引用的单元格区域随新单元格的位置变化而做相应的调整。相对复制的具体操作如下。

步骤 1　新建一个空白工作簿，在其中输入数据，将其保存为“学生成绩统计表”文件，在单元格 F2 中输入“=SUM(C2:E2)”并按 Enter 键，计算“总成绩”，如图 12-6 所示。

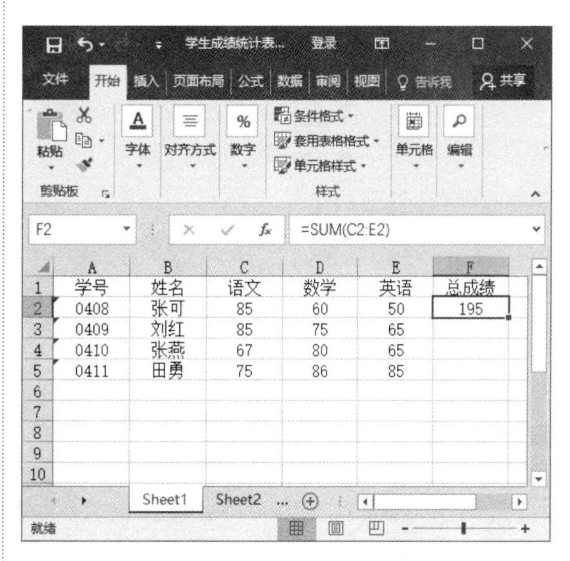

	A	B	C	D	E	F
1	学号	姓名	语文	数学	英语	总成绩
2	0408	张可	85	60	50	195
3	0409	刘红	85	75	65	
4	0410	张燕	67	80	65	
5	0411	田勇	75	86	85	

图 12-6　计算“总成绩”

步骤 2　选中 F2 单元格，然后选择【开始】选项卡，单击【剪贴板】组中的【复制】按钮，或者按 Ctrl+C 组合键，选中 F3:F5 单元格区域，然后单击【剪贴板】组中的【粘贴】按钮，或者按 Ctrl+V 组合键，即可将函数复制到目标单元格，计算出其他学生的“总成绩”，如图 12-7 所示。

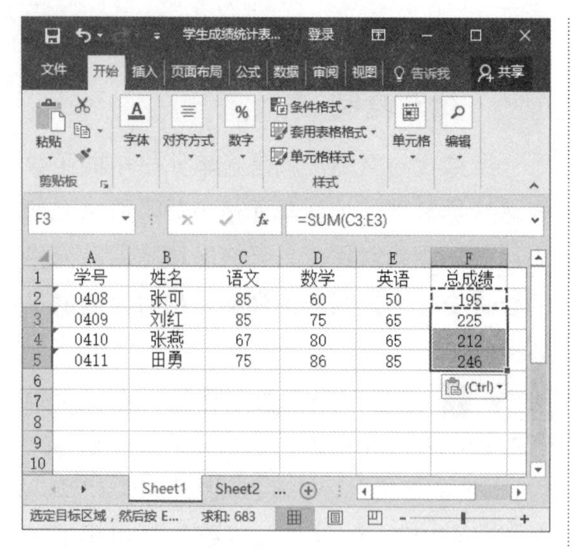

图 12-7　相对复制函数计算其他人员的"总成绩"

2. 绝对复制

所谓绝对复制是指将单元格中的函数表达式复制到一个新单元格中后，原来函数表达式中绝对引用的单元格区域不随新单元格的位置变化而做相应的调整。绝对复制的具体操作如下。

步骤 1 打开"学生成绩统计表"文件，在单元格 F2 中输入"=SUM($C$2:$E$2)"，按 Enter 键，如图 12-8 所示。

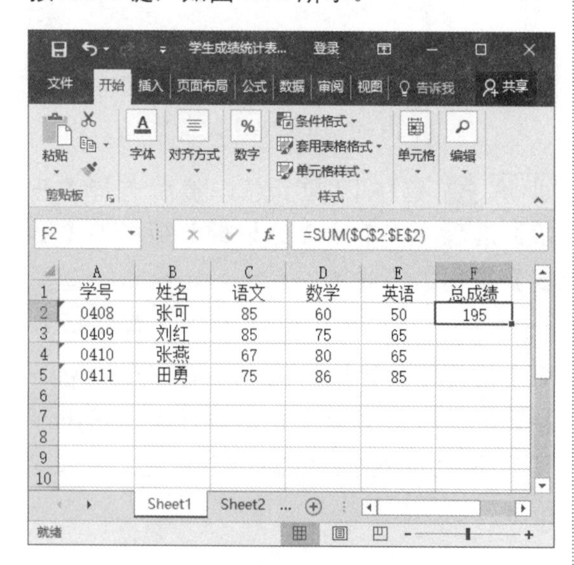

图 12-8　计算"总成绩"

步骤 2 在【开始】选项卡中，单击【剪贴板】组中的【复制】按钮，或者按 Ctrl+C 组合键，选中 F3:F5 单元格区域，然后单击【剪贴板】组中的【粘贴】按钮，或者按 Ctrl+V 组合键，可以看到函数和计算结果并没有改变，如图 12-9 所示。

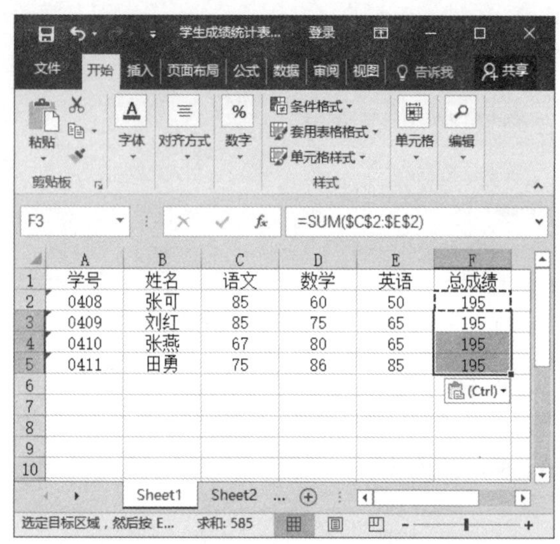

图 12-9　绝对复制函数计算其他人员的"总成绩"

12.1.3 修改函数

下面以上一小节中绝对复制的表达式中将"$E$2"误输入为"$E#2"为例，介绍修改函数的具体方法。

步骤 1 选中需要修改的单元格，将鼠标指针定位在编辑栏中的错误处，如图 12-10 所示。

步骤 2 按 Delete 键或 Backspace 键删除错误内容，如图 12-11 所示。

步骤 3 输入正确内容，如图 12-12 所示。

步骤 4 按 Enter 键，即可计算出学生的"总成绩"，如图 12-13 所示。

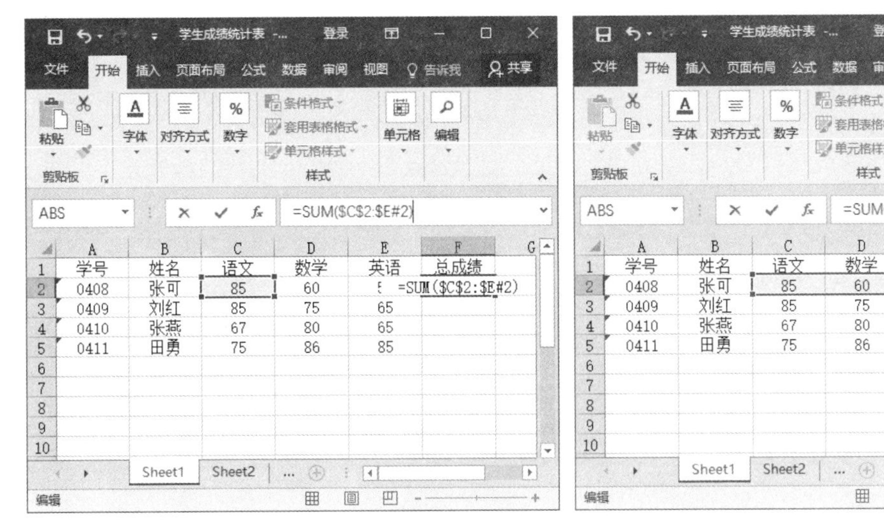

图 12-10　找到错误信息　　　　图 12-11　删除错误信息

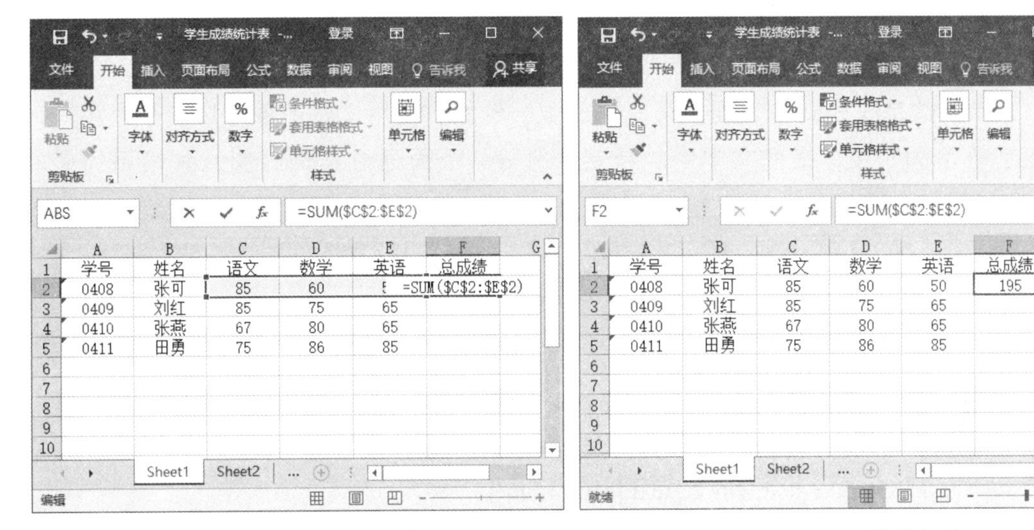

图 12-12　输入正确内容　　　　图 12-13　计算数值

如果是函数的参数输入有误，可选中函数所在的单元格，单击编辑栏中的【插入函数】按钮*fx*，再次打开【函数参数】对话框，然后重新输入正确的函数参数即可。

例如假设上一小节绝对复制中“张可”的“总成绩”参数输入错误，具体的修改步骤如下。

步骤 1 选中函数所在的单元格，单击编辑栏中的【插入函数】按钮*fx*，打开【函数参数】对话框，如图 12-14 所示。

步骤 2 单击 Number 1 文本框右边的折叠按钮，然后选择正确的参数即可，如图 12-15 所示。

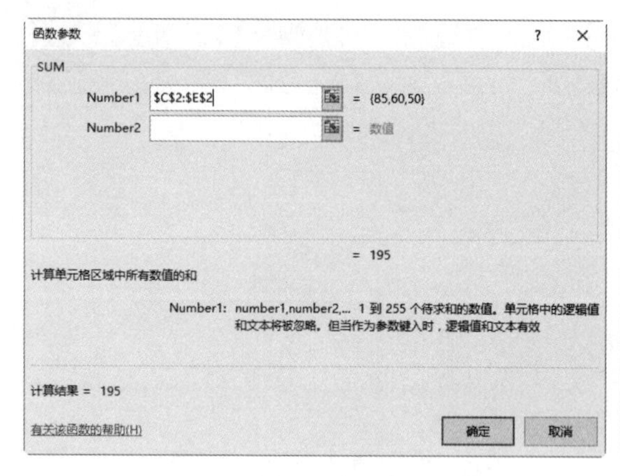

图 12-14 【函数参数】对话框

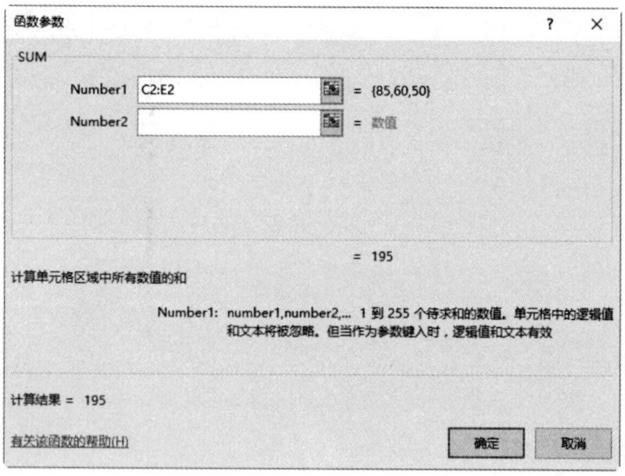

图 12-15 选择正确的参数

12.2 文本函数

文本函数是在公式中处理字符串的函数。例如，使用文本函数可以转换大小写、确定字符串的长度、提取文本中的特定字符等。下面通过实例介绍几种常用的文本函数。

12.2.1 FIND 函数

FIND 函数用于查找文本字符串。以字符为单位，查找一个文本字符串在另一个字符串中出现的起始位置编号。其语法以及参数的含义如下。

☆ 语法结构：FIND(find_text,within_text,[start_num])

☆ 参数含义：find_text 表示要查找的文本或文本所在的单元格，输入要查找的文本需要用双引号引起来。find_text 不允许包含通配符，否则返回错误值 #VALUE!。within_text 包含要查找的文本或文本所在的单元格，within_text 中没有 find_text，FIND 则返回错误值 #VALUE!。start_num 指定开始进行查找的字符。within_text 中的首字符是编号为 1 的字符。如果省略 start_num，则假定其值为 1。

例如，要统计员工的出生年代是否在 20 世纪 80 年代，则需要查找身份证号码的第 9 位是否为“8”，从而判断是否是“80 后”。具体的操作步骤如下。

步骤 1 打开随书光盘中的“素材 \ch12\ 文本函数 \Find 函数 .xlsx”文件，如图 12-16 所示。

步骤 2 选中单元格 F3，在其中输入公式“=FIND("8",E3,9)”，按 Enter 键，即可在 E3 单元格中查找出从第 9 位字符开始，出现数字“8”的起始位置编号，如图 12-17 所示。

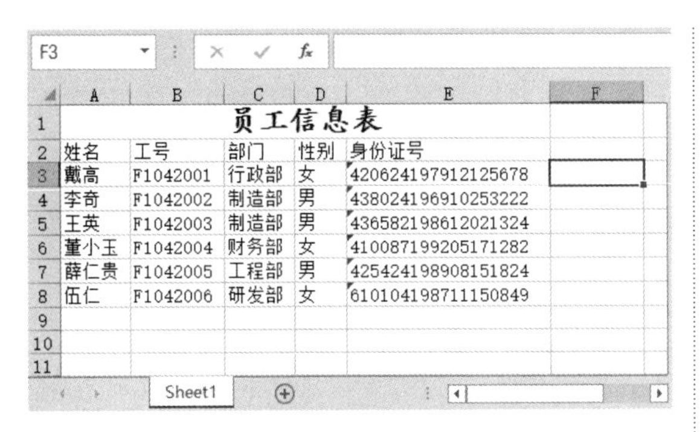
F3

	A	B	C	D	E	F
1			员工信息表			
2	姓名	工号	部门	性别	身份证号	
3	戴高	F1042001	行政部	女	420624197912125678	
4	李奇	F1042002	制造部	男	438024196910253222	
5	王英	F1042003	制造部	男	436582198612021324	
6	董小玉	F1042004	财务部	女	410087199205171282	
7	薛仁贵	F1042005	工程部	男	425424198908151824	
8	伍仁	F1042006	研发部	女	610104198711150849	

Sheet1

图 12-16　打开素材文件

F3　=FIND("8",E3,9)

	A	B	C	D	E	F
1			员工信息表			
2	姓名	工号	部门	性别	身份证号	
3	戴高	F1042001	行政部	女	420624197912125678	18
4	李奇	F1042002	制造部	男	438024196910253222	
5	王英	F1042003	制造部	男	436582198612021324	
6	董小玉	F1042004	财务部	女	410087199205171282	
7	薛仁贵	F1042005	工程部	男	425424198908151824	
8	伍仁	F1042006	研发部	女	610104198711150849	

Sheet1

图 12-17　输入公式

步骤 3 利用填充柄的快速填充功能，完成其他单元格的操作，如图 12-18 所示。

F3　=FIND("8",E3,9)

	A	B	C	D	E	F
1			员工信息表			
2	姓名	工号	部门	性别	身份证号	
3	戴高	F1042001	行政部	女	420624197912125678	18
4	李奇	F1042002	制造部	男	438024196910253222	#VALUE!
5	王英	F1042003	制造部	男	436582198612021324	9
6	董小玉	F1042004	财务部	女	410087199205171282	17
7	薛仁贵	F1042005	工程部	男	425424198908151824	9
8	伍仁	F1042006	研发部	女	610104198711150849	9

Sheet1

图 12-18　快速填充公式

步骤 4 判断是否是“80 后”。在 G3 单元格中输入“=IF(F3=9,"80 后"," 不是 80 后")”，按 Enter 键，并利用快速填充功能，完成其他单元格的操作，如图 12-19 所示。

> **提示**　通过 IF 函数判断 F3 单元格是否为“9”，若是“9”，则为 80 后。

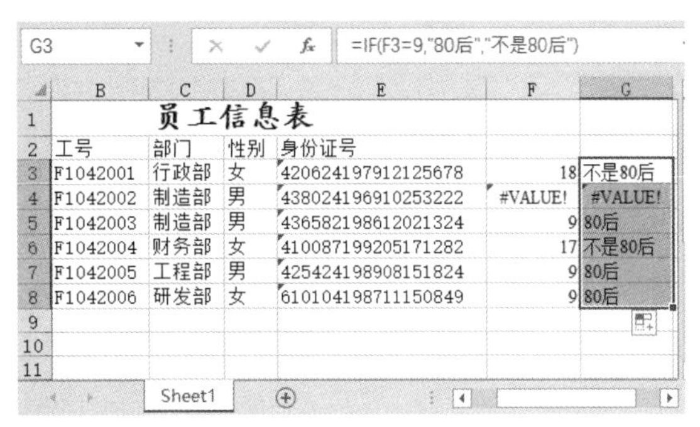
G3　=IF(F3=9,"80后","不是80后")

	B	C	D	E	F	G
1		员工信息表				
2	工号	部门	性别	身份证号		
3	F1042001	行政部	女	420624197912125678	18	不是80后
4	F1042002	制造部	男	438024196910253222	#VALUE!	#VALUE!
5	F1042003	制造部	男	436582198612021324	9	80后
6	F1042004	财务部	女	410087199205171282	17	不是80后
7	F1042005	工程部	男	425424198908151824	9	80后
8	F1042006	研发部	女	610104198711150849	9	80后

Sheet1

图 12-19　输入公式并计算结果

12.2.2 LEFT 函数

LEFT 函数用于返回文本值中最左边的字符函数。根据所指定的字符数，LEFT 返回文本字符串中第 1 个字符或前几个字符。语法结构以及参数的含义如下。

☆ 语法结构：LEFT(text，num_chars)

☆ 参数含义：text 是包含要提取的字符的文本字符串，或对包含文本的列的引用。num_chars 表示希望 LEFT 提取的字符的数目；如果省略，则为 1。

想要从单元格数据中提取指定个数的字符，使用 LEFT 函数即可实现。例如，身份证号码的前 6 位代表的是常住地区的区位代码，若知道中原市高新区的区位代码为“410105”，想要找出该区的常住居民，可以将其身份证号码的前 6 位取出与“410105”比较，结果一样则说明是该区的常住居民，否则不是。具体的操作步骤如下。

步骤 1 打开随书光盘中的“素材\ch12\文本函数\Left 函数 .xlsx”文件，选中单元格 F3，在其中输入公式“=IF(LEFT (E3,6)="410105"," 中原市高新区 ","")”，按 Enter 键，即可查到是否为该区的常住居民，如图 12-20 所示。

步骤 2 利用填充柄的快速填充功能，完成其他单元格的操作，如图 12-21 所示。

F3 　=IF(LEFT(E3,6)="410105","中原市高新区","")

	A	B	C	D	E	F	G
1	员工信息表						
2	姓名	工号	部门	性别	身份证号	地区	
3	戴高	F1042001	行政部	女	420624197912125678		
4	李奇	F1042002	制造部	男	438024196910253222		
5	王英	F1042003	制造部	男	410105198612021324		
6	董小玉	F1042004	财务部	女	410087199205171282		
7	薛仁贵	F1042005	工程部	男	425424198908151824		
8	伍仁	F1042006	研发部	女	610104198711150849		
9							

Sheet1

图 12-20　输入公式

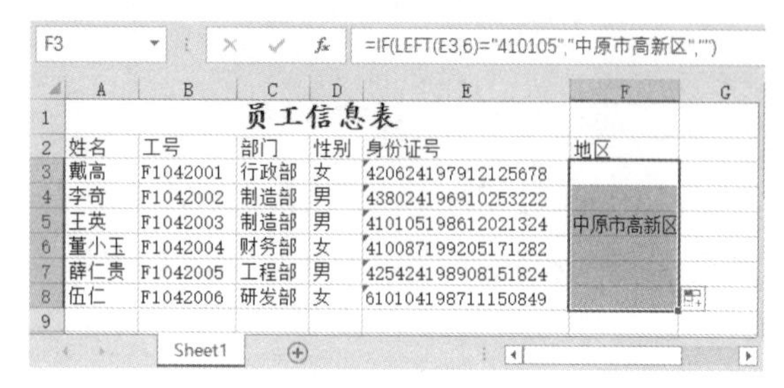

F3 　=IF(LEFT(E3,6)="410105","中原市高新区","")

	A	B	C	D	E	F	G
1	员工信息表						
2	姓名	工号	部门	性别	身份证号	地区	
3	戴高	F1042001	行政部	女	420624197912125678		
4	李奇	F1042002	制造部	男	438024196910253222		
5	王英	F1042003	制造部	男	410105198612021324	中原市高新区	
6	董小玉	F1042004	财务部	女	410087199205171282		
7	薛仁贵	F1042005	工程部	男	425424198908151824		
8	伍仁	F1042006	研发部	女	610104198711150849		
9							

Sheet1

图 12-21　快速填充数据

12.2.3 TEXT 函数

TEXT 函数将数值转换为文本，并使用特殊格式字符串指定显示格式。其语法结构以及参数的含义如下。

☆ 语法结构：TEXT(value,format_text)

☆ 参数含义：value 是必选参数，表示数值或计算结果为数值的公式，也可以是对包含数值的单元格引用；format_text 为必选参数，是用引号括起来的文本字符串的数字格式。

假设员工的总工资由基本工资和计件工资组成，每件 10 元，那么公司需要把员工每月完成的件数转换为具体的计件工资，然后和基本工资相加，即为该月的总工资。这里使用 TEXT 函数将件数由数值类型转换为文本格式，并添加货币符号。具体的操作步骤如下。

步骤 1 打开随书光盘中的“素材\ch12\文本函数\Text 函数 .xlsx”文件，选中单元格 E3，在其中输入公式“=TEXT(C3+D3*10, "￥#.00")”，按 Enter 键，即可计算“总工资”，如图 12-22 所示。

E3 　=TEXT(C3+D3*10,"￥#.00")

	A	B	C	D	E
1	工资发放表				
2	姓名	工号	基本工资	完成件数	总工资
3	戴高	F1042001	2500	100	￥3500.00
4	李奇	F1042002	1690	150	
5	王英	F1042003	2680	160	
6	董小玉	F1042004	1610	170	
7	薛仁贵	F1042005	2080	120	
8	伍仁	F1042006	2000	130	
9					

工资发放表

图 12-22　输入公式

步骤 2 利用填充柄的快速填充功能，计算其他人的总工资，如图 12-23 所示。

E3 　=TEXT(C3+D3*10,"￥#.00")

	A	B	C	D	E
1	工资发放表				
2	姓名	工号	基本工资	完成件数	总工资
3	戴高	F1042001	2500	100	￥3500.00
4	李奇	F1042002	1690	150	￥3190.00
5	王英	F1042003	2680	160	￥4280.00
6	董小玉	F1042004	1610	170	￥3310.00
7	薛仁贵	F1042005	2080	120	￥3280.00
8	伍仁	F1042006	2000	130	￥3300.00
9					

工资发放表

图 12-23　快速填充数据

12.3 日期与时间函数

在利用 Excel 处理问题时，经常会用日期和时间函数处理所有与日期和时间有关的运算。下面通过实例介绍几种常用的日期和时间函数。

12.3.1 DATE 函数

DATE 函数返回特定日期的年、月、日，给出指定数值的日期。其语法结构以及参数含义如下。

☆ 语法结构：DATE(year,month,day)

☆ 参数含义：year 是必选参数，为指定的年份数值（小于 9999）；month 是必选参数，为指定的月份数值（不大于 12）；day 是必选参数，为指定的天数。

假设某超市在 2011 年 7 月到 2011 年 11 月对各种饮料进行了促销活动，若想统计每种饮料的促销天数，这里可以使用 DATE 函数计算。具体的操作步骤如下。

步骤 1 打开随书光盘中的“素材 \ch12\ 日期和时间函数 \Date 函数 .xlsx”文件，选中单元格 H4，在其中输入公式“=DATE(E4,F4,G4)-DATE(B4,C4,D4)”，按 Enter 键，即可计算出“促销天数”，如图 12-24 所示。

步骤 2 利用填充柄的快速填充功能，计算其他饮料的促销天数，如图 12-25 所示。

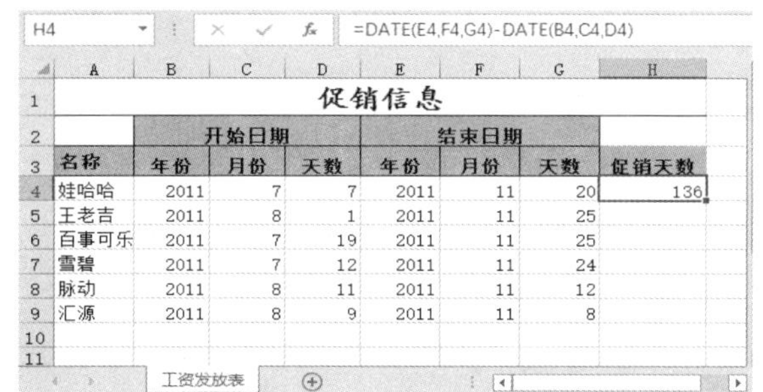

H4　=DATE(E4,F4,G4)-DATE(B4,C4,D4)

促销信息							
	开始日期			结束日期			
名称	年份	月份	天数	年份	月份	天数	促销天数
娃哈哈	2011	7	7	2011	11	20	136
王老吉	2011	8	1	2011	11	25	
百事可乐	2011	7	19	2011	11	25	
雪碧	2011	7	12	2011	11	24	
脉动	2011	8	11	2011	11	12	
汇源	2011	8	9	2011	11	8	

工资发放表

图 12-24　输入公式

H4　=DATE(E4,F4,G4)-DATE(B4,C4,D4)

促销信息							
	开始日期			结束日期			
名称	年份	月份	天数	年份	月份	天数	促销天数
娃哈哈	2011	7	7	2011	11	20	136
王老吉	2011	8	1	2011	11	25	116
百事可乐	2011	7	19	2011	11	25	129
雪碧	2011	7	12	2011	11	24	135
脉动	2011	8	11	2011	11	12	93
汇源	2011	8	9	2011	11	8	91

工资发放表

图 12-25　快速填充公式

12.3.2 YEAR 函数

YEAR 函数返回一个日期数据对应的年份，返回值的范围为 1900 ～ 9999 的整数。其语法结构以及参数含义如下。

☆ 语法结构：YEAR(serial_number)

☆ 参数含义：serial_number 是必选参数，为一个日期值或引用含有日期的单元格，其中包含需要查找年份的日期。如果该参数以非日期形式输入，则返回错误值 #VALUE ！。

公司通常每年都有新来的员工和离职的员工，利用 YEAR 函数可以统计员工在本公司的工作年限。具体的操作步骤如下。

步骤 1 打开随书光盘中的“素材 \ch12\ 日期和时间函数 \Year 函数 .xlsx”文件，如图 12-26 所示。

步骤 2 选中单元格 D3，在其中输入公式“=YEAR(TODAY())-YEAR(C3)”，按 Enter 键，此时显示的为日期，而不是年限值，接下来设置其数据类型。在【开始】选项卡中，单击【数字】组右下角的 按钮，弹出【设置单元格格式】对话框，选择【数字】选项卡，在【分类】列表框中选择【常规】选项，如图 12-27 所示。

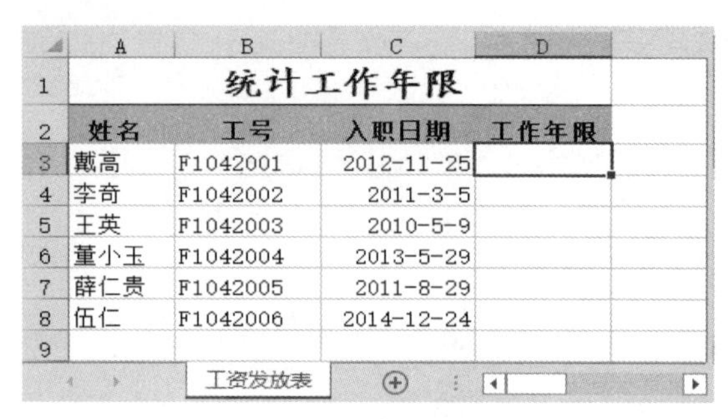

	A	B	C	D
1	统计工作年限			
2	姓名	工号	入职日期	工作年限
3	戴高	F1042001	2012-11-25	
4	李奇	F1042002	2011-3-5	
5	王英	F1042003	2010-5-9	
6	董小玉	F1042004	2013-5-29	
7	薛仁贵	F1042005	2011-8-29	
8	伍仁	F1042006	2014-12-24	
9				

图 12-26　打开素材文件

图 12-27　【设置单元格格式】对话框

步骤 3 单击【确定】按钮，即可显示出正确的“工作年限”，如图 12-28 所示。

D3　=YEAR(TODAY())-YEAR(C3)

	A	B	C	D	E
1	统计工作年限				
2	姓名	工号	入职日期	工作年限	
3	戴高	F1042001	2012-11-25	4	
4	李奇	F1042002	2011-3-5		
5	王英	F1042003	2010-5-9		
6	董小玉	F1042004	2013-5-29		
7	薛仁贵	F1042005	2011-8-29		
8	伍仁	F1042006	2014-12-24		
9					

图 12-28　输入公式计算工作年限

> **提示**　使用 TODAY 函数可获取系统当前的日期，再使用 YEAR 函数可提取系统当前的年份。

步骤 4 利用填充柄的快速填充功能，统计其他员工的工作年限，如图 12-29 所示。

D3　=YEAR(TODAY())-YEAR(C3)

	A	B	C	D	E
1	统计工作年限				
2	姓名	工号	入职日期	工作年限	
3	戴高	F1042001	2012-11-25	4	
4	李奇	F1042002	2011-3-5	5	
5	王英	F1042003	2010-5-9	6	
6	董小玉	F1042004	2013-5-29	3	
7	薛仁贵	F1042005	2011-8-29	5	
8	伍仁	F1042006	2014-12-24	2	
9					

图 12-29　快速填充数据

> **提示**　使用 MONTH 函数和 DAY 函数可以分别返回一个日期数据对应的月份和日期，它们的用法与 YEAR 函数类似。

12.3.3　WEEKDAY 函数

WEEKDAY 函数返回指定日期对应的星期数。语法结构以及参数含义如下。

☆ 语法结构：WEEKDAY (serial_number,[return_type])

☆ 参数含义：serial_number 是必选参数，代表指定的日期或引用含有日期的单元格；return_type 是可选参数，代表星期的表示方式。当 Sunday（星期日）为 1、Saturday（星期六）为 7 时，该参数为 1。当 Monday（星期一）为 1、Sunday（星期日）为 7 时，该参数为 2（这种情况符合中国人的习惯）。

要计算某个日期对应的星期数，须使用 WEEKDAY 函数。具体的操作步骤如下。

步骤 1 打开随书光盘中的“素材 \ch12\ 日期和时间函数 \Weekday 函数 .xlsx”文件，如图 12-30 所示。

步骤 2 选中单元格 B4，在其中输入公式“=WEEKDAY(DATE($B$1,$B$2,A4),2)”，

按 Enter 键，即可计算出 2016 年 11 月 1 日对应的星期数，如图 12-31 所示。

	A	B	C	D
1	年份:	2016		
2	月份:	11		
3	日期	星期	日期	星期
4	1		8	
5	2		9	
6	3		10	
7	4		11	
8	5		12	
9	6		13	
10	7		14	

图 12-30 打开素材文件

B4 =WEEKDAY(DATE($B$1,$B$2,A4),2)

	A	B	C	D	E
1	年份:	2016			
2	月份:	11			
3	日期	星期	日期	星期	
4	1	2	8		
5	2		9		
6	3		10		
7	4		11		
8	5		12		
9	6		13		
10	7		14		

图 12-31 输入公式

提示 在单元格 B4 中输入公式时，系统会自动给出 return_type 参数对应的各数字类型的含义，用户可作为参考，如图 12-32 所示。

ABS =WEEKDAY(DATE($B$1,$B$2,A4),)

	A	B	C	D	E
1	年份:	2016			
2	月份:	11			
3	日期	星期	日期	星期	
4	1	=WEEKDAY(DATE($B$1,$B$2,A4),)			
5	2	WEEKDAY(serial_number, [return_type])			
6					
7	4		11		
8	5		12		
9	6		13		
10	7		14		

WEEKDAY 返回从 1 (星期日)到 7 (星期六)的数字

1 - 从 1 (星期日)到 7 (星期六)的数字
2 - 从 1 (星期一)到 7 (星期日)的数字
3 - 从 0 (星期一)到 6 (星期日)的数字
11 - 数字 1 (星期一)至 7 (星期日)
12 - 数字 1 (星期二)至 7 (星期一)
13 - 数字 1 (星期三)至 7 (星期二)
14 - 数字 1 (星期四)至 7 (星期三)
15 - 数字 1 (星期五)至 7 (星期四)
16 - 数字 1 (星期六)至 7 (星期五)
17 - 数字 1 (星期日)至 7 (星期六)

图 12-32 查看各个参数的含义

步骤 3 利用填充柄的快速填充功能，计算出其他日期对应的星期数，如图 12-33 所示。

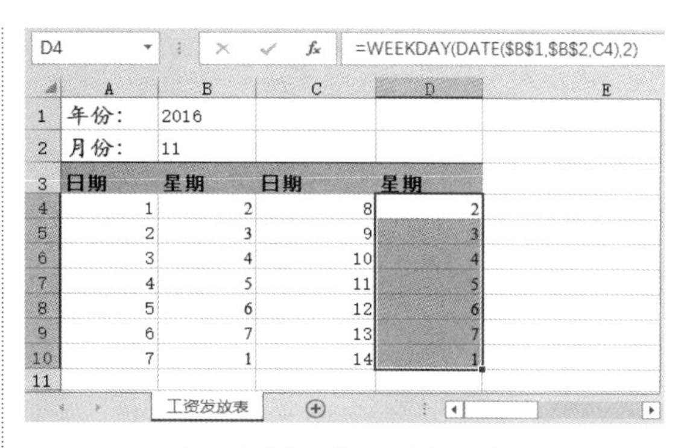
D4 =WEEKDAY(DATE($B$1,$B$2,C4),2)

	A	B	C	D	E
1	年份:	2016			
2	月份:	11			
3	日期	星期	日期	星期	
4	1	2	8	2	
5	2	3	9	3	
6	3	4	10	4	
7	4	5	11	5	
8	5	6	12	6	
9	6	7	13	7	
10	7	1	14	1	
11					

工资发放表

图 12-33 快速填充公式

提示 使用 TEXT 函数，也可以返回日期对应的星期数。例如，在单元格 B4 中输入公式“=TEXT(B4,"aaaa")”，即可返回“星期日”。

12.3.4 HOUR 函数

HOUR 函数用于计算某个时间值或代表时间的序列编号对应的小时数。其语法结构以及参数含义如下。

☆ 语法结构：HOUR(serial_number)

☆ 参数含义：serial_number 是必选参数，表示需要计算小时数的时间，该参数的数据格式是所有 Excel 可以识别的时间格式。

例如，根据停车的开始时间和结束时间计算停车的时间，不足 1 小时则舍去，下面使用 HOUR 函数进行计算。

步骤 1 打开随书光盘中的“素材\ch12\日期和时间函数\Hour 函数.xlsx”文件，选中单元格 D3，在其中输入公式“=HOUR(C3-B3)”，按 Enter 键，即可计算出停车时间的小时数，如图 12-34 所示。

步骤 2 利用填充柄的快速填充功能，计算其他车辆的停车小时数，如图 12-35 所示。

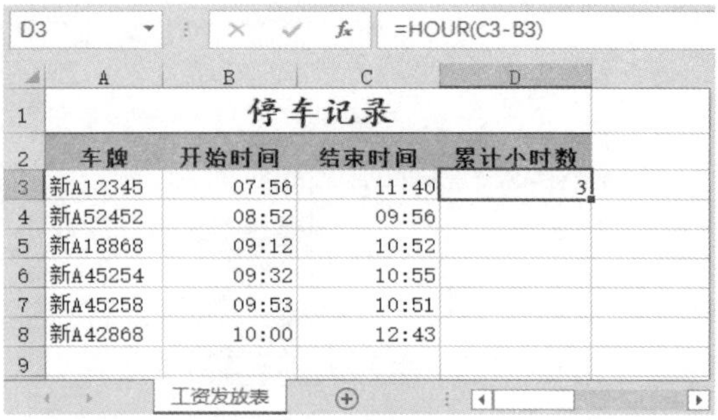

D3 =HOUR(C3-B3)

	A	B	C	D
1	停车记录			
2	车牌	开始时间	结束时间	累计小时数
3	新A12345	07:56	11:40	3
4	新A52452	08:52	09:56	
5	新A18868	09:12	10:52	
6	新A45254	09:32	10:55	
7	新A45258	09:53	10:51	
8	新A42868	10:00	12:43	
9				

图 12-34 输入公式

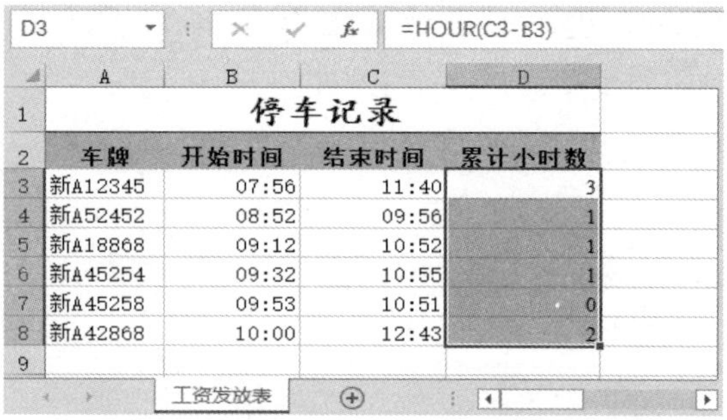

D3 =HOUR(C3-B3)

	A	B	C	D
1	停车记录			
2	车牌	开始时间	结束时间	累计小时数
3	新A12345	07:56	11:40	3
4	新A52452	08:52	09:56	1
5	新A18868	09:12	10:52	1
6	新A45254	09:32	10:55	1
7	新A45258	09:53	10:51	0
8	新A42868	10:00	12:43	2
9				

图 12-35 快速填充数据

提示 使用 MINUTE 和 SECOND 函数可以分别计算一个时间值对应的分钟数和秒数，它们的用法与 HOUR 函数类似。

12.4 统计函数

统计函数是对数据进行统计分析以及筛选的函数。它的出现方便了 Excel 用户从复杂的数据中筛选出有效的数据。下面通过实例介绍几种常用的统计函数。

12.4.1 AVERAGE 函数

AVERAGE 函数又称为求平均值函数，用于计算选中区域中所有包含数值单元格的平均值。其语法结构以及参数的含义如下。

☆ 语法结构：AVERAGE(number1,number2,…)

☆ 参数含义：number1,number2,…是需要求平均值的数值或引用单元格（单元格区域），该参数必须有 1 个，但不能超过 255 个。

要根据所有同学的成绩计算平均分，须使用 AVERAGE 函数，具体的操作步骤如下。

步骤 1 打开随书光盘中的“素材 \ch12\ 统计函数 \Average 函数 .xlsx”文件，如图 12-36 所示。

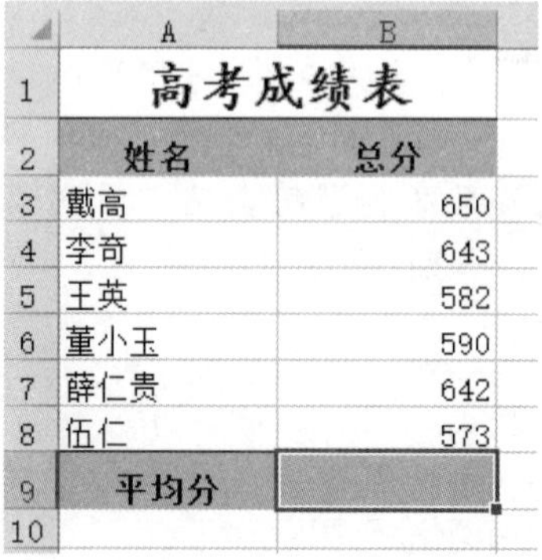

	A	B
1	高考成绩表	
2	姓名	总分
3	戴高	650
4	李奇	643
5	王英	582
6	董小玉	590
7	薛仁贵	642
8	伍仁	573
9	平均分	
10		

图 12-36 打开素材文件

步骤 2 选中单元格 B9，在其中输入公式“=AVERAGE(B3:B8)”，按 Enter 键，即可得到“平均分”，如图 12-37 所示。

步骤 3 设置数据类型。选中单元格 B9，在【开始】选项卡中，单击【数字】组右下角的 按钮，弹出【设置单元格格式】对话框，选择【数字】选项卡，在【分类】列表框中

选择【数值】选项，在右侧设置【小数位数】为“0”，如图 12-38 所示。

B9　=AVERAGE(B3:B8)

	A	B
1	高考成绩表	
2	姓名	总分
3	戴高	650
4	李奇	643
5	王英	582
6	董小玉	590
7	薛仁贵	642
8	伍仁	573
9	平均分	613.333333

图 12-37　输入公式

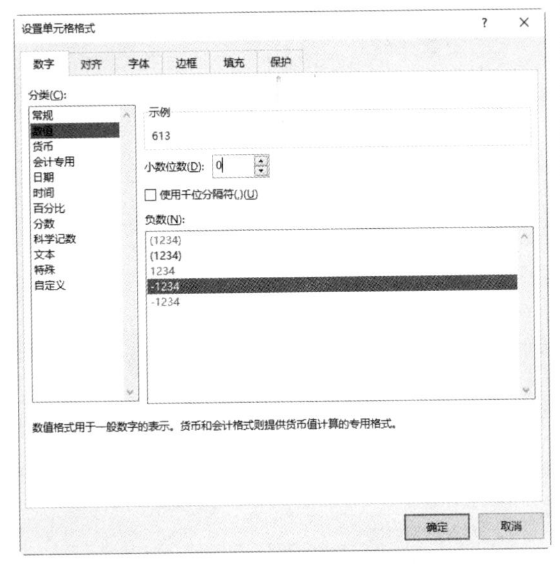

图 12-38　【设置单元格格式】对话框

步骤 4 单击【确定】按钮，设置后的结果如图 12-39 所示。

B9　=AVERAGE(B3:B8)

	A	B
1	高考成绩表	
2	姓名	总分
3	戴高	650
4	李奇	643
5	王英	582
6	董小玉	590
7	薛仁贵	642
8	伍仁	573
9	平均分	613
10		

图 12-39　显示计算结果

12.4.2 COUNT 函数

假设某公司的考勤表中记录了员工是否缺勤的记录，若要统计缺勤的总人数，须使用 COUNT 函数。有关 COUNT 函数的介绍如下。

☆ 语法结构：COUNT(value1,value2,…)

☆ 参数含义：value1,value2,…表示可以包含或引用各种类型数据的 1 到 255 个参数，但只有数值型的数据才被计算。

步骤 1 新建一个空白文档，在其中输入相关数据，如图 12-40 所示。

	A	B	C
2	姓名	工号	是否缺勤
3	戴高	F1042001	0
4	李奇	F1042002	正常
5	王英	F1042003	0
6	董小玉	F1042004	0
7	薛仁贵	F1042005	正常
8	伍仁	F1042006	正常
9	缺勤总人数		
10			

图 12-40　输入相关数据

步骤 2 在单元格 B9 中输入公式“=COUNT (C2:C8)”，按 Enter 键，即可得到“缺勤总人数”，如图 12-41 所示。

B9　=COUNT(C2:C8)

	A	B	C	D
2	姓名	工号	是否缺勤	
3	戴高	F1042001	0	
4	李奇	F1042002	正常	
5	王英	F1042003	0	
6	董小玉	F1042004	0	
7	薛仁贵	F1042005	正常	
8	伍仁	F1042006	正常	
9	缺勤总人数	3		
10				

图 12-41　输入公式计算数据

提示 表格中的“正常”表示不缺勤，“0”表示缺勤。

12.5 财务函数

财务函数作为 Excel 中最常用函数之一，为财务和会计核算（记账、算账和报账）提供了诸多便利。下面通过实例介绍几种常用的财务函数。

12.5.1 PMT 函数

假设张三 2016 年年底向银行贷了 20 万元购房款，年利率为 5.5%，要求按等额本息方式，每月月末还款，10 年内还清，若要计算张三每月的总还款额，须使用 PMT 函数。有关 PMT 函数的介绍如下。

☆ 语法结构：PMT(rate,nper,pv,[fv],[type])

☆ 参数含义：rate 是必选参数，表示期间内的贷款利率；nper 是必选参数，表示该项贷款的付款总期数；pv 也是必选参数，表示现值或一系列未来付款的当前值的累积和，也叫本金；fv 是可选参数，表示未来值，或最后一次付款后希望得到的现金余额，如果省略则默认为 0；type 是可选参数，表示付款时间的类型，如果是 0，表示各期付款时间为期末，如果是 1，表示期初。

步骤 1 打开随书光盘中的“素材 \ch12\ 财务函数 \Pmt 函数 .xlsx”文件，如图 12-42 所示。

步骤 2 选中单元格 B6，在其中输入公式“=PMT(B3/12, B4,B2, ,0)”，按 Enter 键，即可计算出每月的应还款金额，如图 12-43 所示。

	A	B
1	计算每期还款金额	
2	贷款总额：	¥200, 000. 00
3	年利率：	5. 50%
4	还款期数：	120
5	付款时间类型：	月末
6	每月应还款金额	

图 12-42 打开素材文件

B6 =PMT(B3/12, B4,B2, ,0)

	A	B
1	计算每期还款金额	
2	贷款总额：	¥200, 000. 00
3	年利率：	5. 50%
4	还款期数：	120
5	付款时间类型：	月末
6	每月应还款金额	¥-2,171
7		

图 12-43 输入公式

12.5.2 DB 函数

DB 函数的主要功能为使用固定余额递减法，计算资产在一定期间内的折旧值。有关 DB 函数的介绍如下。

☆ 语法结构：DB(cost,salvage,life,period,[month])

☆ 参数含义：cost 是必选参数，表示资产原值；salvage 是必选参数，表示资产在

折旧末尾时的价值，即残值；life 是必选参数，表示折旧期限；period 是必选参数，表示需要计算折旧的时期，period 必须使用与 life 相同的单位；month 是可选参数，表示购买固定资产后第一年的月份数，若省略则默认为 12。

假设某公司 2016 年 10 月购入一台大型机器 A，购买价格为 60 万元，折旧期限为 6 年，资产残值为 11 万元，使用 DB 函数可以计算这台机器每一年的折旧值。具体的操作步骤如下。

步骤 1 打开随书光盘中的“素材 \ch12\ 财务函数 \Db 函数 .xlsx”文件，选中单元格 B8，在其中输入公式“=DB($B$2, $B$3,$B$4,A8,$B$5)”，按 Enter 键，即可计算出该机器第一年的折旧值，如图 12-44 所示。

步骤 2 利用填充柄的快速填充功能，计算其他年限的折旧值，如图 12-45 所示。

B8 =DB($B$2, $B$3,$B$4,A8,$B$5)

	A	B	C
1	计算折旧值		
2	资产原值：	¥600, 000. 00	
3	资产残值：	¥110, 000. 00	
4	折旧年限：	6	
5	月份：	8	
6			
7	时间（第几年）	折旧值	
8	1	¥98,400.00	
9	2		
10	3		
11	4		
12	5		
13	6		

图 12-44 输入公式

B8 =DB($B$2, $B$3,$B$4,A8,$B$5)

	A	B	C	D
1	计算折旧值			
2	资产原值：	¥600, 000. 00		
3	资产残值：	¥110, 000. 00		
4	折旧年限：	6		
5	月份：	8		
6				
7	时间（第几年）	折旧值		
8	1	¥98,400.00		
9	2	¥123,393.60		
10	3	¥93,038.77		
11	4	¥70,151.24		
12	5	¥52,894.03		
13	6	¥39,882.10		

图 12-45 快速填充数据

提示 固定余额递减法，是指依据固定资产的估计使用年限，按公式计算出折旧率，每一年以固定资产的现有价值，乘以折旧率来计算其当年的折旧额。

12.6 数据库函数

数据库函数是通过对存储在数据清单或数据库中的数据进行分析，并判断其是否符合特定条件的函数。下面通过实例介绍几种常用的数据库函数。

12.6.1 DMAX 函数

DMAX 函数返回数据库中满足指定条件的记录字段中的最大数字。有关 DMAX 函数的介绍如下。

☆ 语法结构：DMAX(database,field,criteria)

☆　参数含义：database 是必选参数，表示构成列表或数据库的单元格区域；field 是必选参数，表示指定函数使用的数据列；criteria 是必选参数，表示一组包含给定条件的单元格区域。

下面使用 DMAX 函数统计成绩表中成绩最高的学生成绩。具体的操作步骤如下。

步骤 1 打开随书光盘中的“素材\ch12\数据库函数\Dmax 函数 .xlsx”文件，如图 12-46 所示。

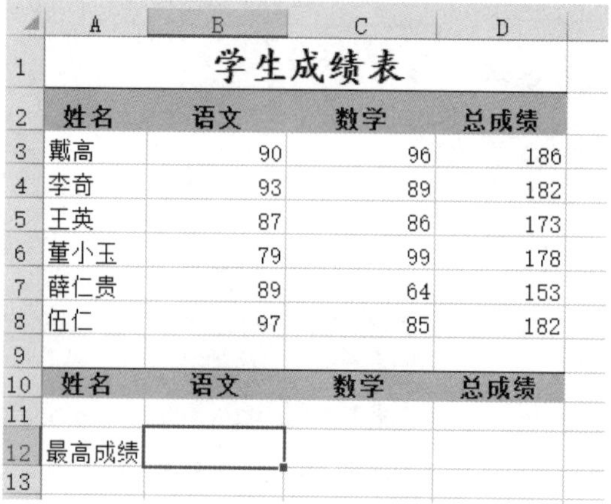

	A	B	C	D
1	学生成绩表			
2	姓名	语文	数学	总成绩
3	戴高	90	96	186
4	李奇	93	89	182
5	王英	87	86	173
6	董小玉	79	99	178
7	薛仁贵	89	64	153
8	伍仁	97	85	182
9				
10	姓名	语文	数学	总成绩
11				
12	最高成绩			
13				

图 12-46　打开素材文件

步骤 2 选中单元格 B12，在其中输入公式“=DMAX(A2:D8,4,A10:D11)”，按 Enter 键，即可计算出数据区域中最高的成绩，如图 12-47 所示。

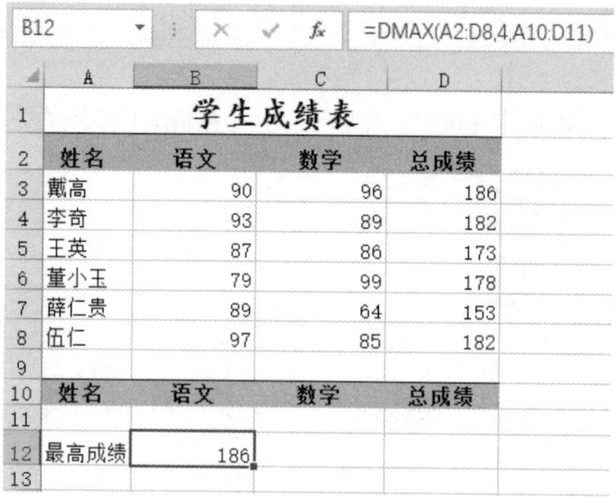

B12　=DMAX(A2:D8,4,A10:D11)

	A	B	C	D
1	学生成绩表			
2	姓名	语文	数学	总成绩
3	戴高	90	96	186
4	李奇	93	89	182
5	王英	87	86	173
6	董小玉	79	99	178
7	薛仁贵	89	64	153
8	伍仁	97	85	182
9				
10	姓名	语文	数学	总成绩
11				
12	最高成绩	186		
13				

图 12-47　输入公式

提示　与之相对应的是 DMIN 函数，它将返回数据库中满足指定条件的记录字段中的最小数字。

12.6.2 DCOUNT 函数

DCOUNT 函数返回数据库的指定字段中，满足指定条件并且包含数字的单元格个数。有关 DCOUNT 函数的介绍如下。

☆　语法结构：DCOUNT(database,field,criteria)

☆　参数含义：database 是必选参数，表示构成列表的单元格区域；field 是必选参数，表示指定函数使用的数据列；criteria 是必选参数，表示一组包含给定条件的单元格区域。

使用 DCOUNT 函数可以从员工信息表中统计男、女员工的人数，具体的操作步骤如下。

步骤 1 打开随书光盘中的“素材\ch12\数据库函数\Dcount 函数 .xlsx”文件，选中单元格 C12，在其中输入公式“=DCOUNT($A$2:$C$8,2,A10:C11)”，按 Enter 键，即可计算出公司女员工的数量，如图 12-48 所示。

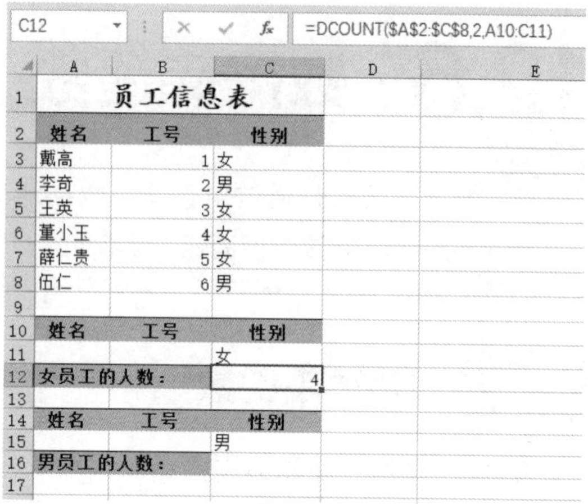

C12　=DCOUNT($A$2:$C$8,2,A10:C11)

	A	B	C	D	E
1	员工信息表				
2	姓名	工号	性别		
3	戴高	1	女		
4	李奇	2	男		
5	王英	3	女		
6	董小玉	4	女		
7	薛仁贵	5	女		
8	伍仁	6	男		
9					
10	姓名	工号	性别		
11			女		
12	女员工的人数：		4		
13					
14	姓名	工号	性别		
15			男		
16	男员工的人数：				
17					

图 12-48　输入公式

步骤 2 选中单元格 C12，按 Ctrl+C 组合键，再选中单元格 C16，按 Ctrl+V 组合键，将公式复制粘贴到单元格 C16 中，按 Enter 键，即可计算出公司男员工的数量，如图 12-49 所示。

C16 =DCOUNT($A$2:$C$8,2,A14:C15)

	A	B	C
1	员工信息表		
2	姓名	工号	性别
3	戴高	1	女
4	李奇	2	男
5	王英	3	女
6	董小玉	4	女
7	薛仁贵	5	女
8	伍仁	6	男
9			
10	姓名	工号	性别
11			女
12	女员工的人数：		4
13			
14	姓名	工号	性别
15			男
16	男员工的人数：		2
17			

图 12-49　复制公式

12.7 逻辑函数

逻辑函数是进行条件匹配、真假值判断或进行多重复合检验的函数。下面通过实例介绍几种常用的逻辑函数。

12.7.1 IF 函数

IF 函数根据逻辑判断的真假结果，返回相对应的内容。有关 IF 函数的介绍如下。

☆ 语法结构：IF(Logical,[Value_if_true],[Value_if_false])

☆ 参数含义：Logical 是必选参数，表示逻辑判断表达式；Value_if_true 是可选参数，表示当判断条件为逻辑"真（TRUE）"时的显示内容，如果忽略该参数，则返回"0"；Value_if_false 是可选参数，表示当判断条件为逻辑"假（FALSE）"时的显示内容，如果忽略该参数，若其前面有逗号","，则默认返回 0，若没有，则返回 FALSE。

假设学生的总成绩大于等于 160 分判断为合格，否则为不合格，使用 IF 函数进行判断的具体操作步骤如下。

步骤 1 打开随书光盘中的"素材\ch12\逻辑函数\If 函数.xlsx"文件，选中单元格 E3，在其中输入公式"=IF(D3>=160,"合格","不合格")"，按 Enter 键，即可判断单元格 E3 是否为合格，如图 12-50 所示。

E3 =IF(D3>=160,"合格","不合格")

	A	B	C	D	E
1	学生成绩表				
2	姓名	语文	数学	总成绩	是否合格
3	戴高	90	96	186	合格
4	李奇	67	89	156	
5	王英	87	70	157	
6	董小玉	79	86	165	
7	薛仁贵	89	65	154	
8	伍仁	97	85	182	
9					

图 12-50　输入公式

步骤 2 利用填充柄的快速填充功能，完成对其他学生成绩的判断，如图 12-51 所示。

E3 =IF(D3>=160,"合格","不合格")

学生成绩表				
姓名	语文	数学	总成绩	是否合格
戴高	90	96	186	合格
李奇	67	89	156	不合格
王英	87	70	157	不合格
董小玉	79	86	165	合格
薛仁贵	89	65	154	不合格
伍仁	97	85	182	合格

图 12-51　快速填充公式

12.7.2 AND 函数

AND 函数返回逻辑值。如果所有的参数值均为逻辑“真（TRUE）”，则返回逻辑“真（TRUE）”，反之返回逻辑“假（FALSE）”。有关 AND 函数的介绍如下。

☆ 语法结构：AND(logical1,logical2,…)

☆ 参数含义：Logical1,Logical2,… 表示待测试的条件值或表达式，最多为 255 个。

假设某公司规定，员工每季度的销售量均大于 100 为完成工作量，否则没有完成，使用 AND 函数进行判断的具体操作步骤如下。

步骤 1 打开随书光盘中的“素材 \ch12\ 逻辑函数 \And 函数 .xlsx”文件，选中单元格 F3，在其中输入公式“=AND(B3>100,C3>100,D3>100,E3>100)”，按 Enter 键，即可判断出该员工是否完成工作量，如图 12-52 所示。

F3 =AND(B3>100,C3>100,D3>100,E3>100)

销售信息表					
姓名	第1季度	第2季度	第3季度	第4季度	是否完成工作量
戴高	102	103	200	150	TRUE
李奇	92	150	128	120	
王英	61	96	140	130	
董小玉	105	125	150	95	
薛仁贵	120	120	101	158	
伍仁	180	250	140	100	

图 12-52　输入公式

步骤 2 利用填充柄的快速填充功能，判断其他员工工作量的完成情况，如图 12-53 所示。

F3 =AND(B3>100,C3>100,D3>100,E3>100)

销售信息表					
姓名	第1季度	第2季度	第3季度	第4季度	是否完成工作量
戴高	102	103	200	150	TRUE
李奇	92	150	128	120	FALSE
王英	61	96	140	130	FALSE
董小玉	105	125	150	95	FALSE
薛仁贵	120	120	101	158	TRUE
伍仁	180	250	140	100	FALSE

图 12-53　快速填充公式

提示　若显示为“TRUE”，表示该员工完成了工作量；若显示为“FALSE”，则没有完成。

12.7.3 OR 函数

OR 函数返回逻辑值。如果所有的参数值均为“假（FALSE）”，则返回逻辑“假（FALSE）”；反之，返回逻辑值“真（TRUE）”。有关 OR 函数的介绍如下。

☆ 语法结构：OR(logical1,logical2,…)

☆ 参数含义：Logical1,Logical2,… 表示待测试的条件值或表达式，最多为 255 个。

假设规定某项比赛共有 3 次机会，只要有 1 次的成绩大于 9.0 分即为优秀，可获得奖励，使用 OR 函数进行判断的具体操作步骤如下。

步骤 1 打开随书光盘中的“素材 \ch12\ 逻辑函数 \Or 函数 .xlsx”文件，选中单元格 E3，在其中输入公式“=OR(B3>9,C3>9,D3>9)”，按 Enter 键，即可完成成绩的判断，如图 12-54 所示。

步骤 2 利用填充柄的快速填充功能，判

断其他人的获奖情况，如图 12-55 所示。

E3 =OR(B3>9,C3>9,D3>9)

成绩表				
姓名	第一次	第二次	第三次	是否获奖
戴高	8.2	9.3	9.4	TRUE
李奇	6.9	8.2	8.9	
王英	7.9	8.6	9.1	
董小玉	9.1	8.9	9.8	
薛仁贵	7.9	8.8	9	
伍仁	8.2	8.6	8.9	

图 12-54 输入公式

E3 =OR(B3>9,C3>9,D3>9)

成绩表				
姓名	第一次	第二次	第三次	是否获奖
戴高	8.2	9.3	9.4	TRUE
李奇	6.9	8.2	8.9	FALSE
王英	7.9	8.6	9.1	TRUE
董小玉	9.1	8.9	9.8	TRUE
薛仁贵	7.9	8.8	9	FALSE
伍仁	8.2	8.6	8.9	FALSE

图 12-55 快速填充公式

提示 若显示为“TRUE”，表示该员工可获奖；若显示为“FALSE”，则不能获奖。

12.8 查找与引用函数

查找与引用函数的主要功能是查询各种信息，在数据量很多的工作表中，该类函数非常有用。下面通过实例介绍几种常用的查找与引用函数。

12.8.1 CHOOSE 函数

CHOOSE 函数根据给定的索引值，从参数串中选出相应的值或操作。有关 CHOOSE 函数的介绍如下。

☆ 语法结构：CHOOSE(index_num,value1,value2,…)

☆ 参数含义：index_num 是必选参数，表示指定所选参数序号的参数值；value1,value2,…中 value1 是必选参数，后续的参数是可选参数，它们可以是 1 ～ 254 个数值参数，函数 CHOOSE 将基于 index_num 参数，从中选择一个数值或一项进行操作。

假设将学生的成绩分为 4 个等级：A、B、C 和 D。等级划分条件为：>90 为 A 级，>80 且≤ 90 的成绩为 B 级，>70 且≤ 80 的成绩为 C 级，≤ 70 为 D 级。具体的操作步骤如下。

步骤 1 打开随书光盘中的“素材 \ch12\ 查找与引用函数 \Choose 函数 .xlsx”文件，选中单元格 C3，在其中输入公式“=CHOOSE (IF(B3>90,1,IF(B3>80,2, IF(B3>70,3,4))),"A","B","C","D")”，按 Enter 键，即可判断该学生的等级，如图 12-56 所示。

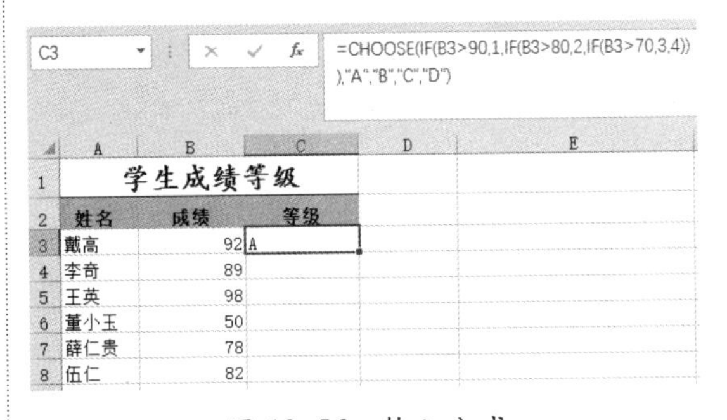
C3 =CHOOSE(IF(B3>90,1,IF(B3>80,2,IF(B3>70,3,4))),"A","B","C","D")

学生成绩等级		
姓名	成绩	等级
戴高	92	A
李奇	89	
王英	98	
董小玉	50	
薛仁贵	78	
伍仁	82	

图 12-56 输入公式

步骤 2 利用填充柄的快速填充功能，根据成绩判断其他学生的等级，如图 12-57 所示。

C3 =CHOOSE(IF(B3>90,1,IF(B3>80,2,IF(B3>70,3,4))),"A","B","C","D")

	A	B	C	D	E	F
1	学生成绩等级					
2	姓名	成绩	等级			
3	戴高	92	A			
4	李奇	89	B			
5	王英	98	A			
6	董小玉	50	D			
7	薛仁贵	78	C			
8	伍仁	82	B			
9						

图 12-57 快速填充公式

12.8.2 INDEX 函数

INDEX 函数返回指定单元格或单元格区域中的值或值的引用。有关 INDEX 函数的介绍如下。

☆ 语法结构：INDEX(array,row_num, [column_num])

☆ 参数含义：array 是必选函数，表示单元格区域或数组常量；row_num 表示指定的行序号（如果省略 row_num，则必须有 column_num）；column_num 表示指定的列序号（如果省略 column_num，则必须有 row_num）。

假设某超市在周末将推出打折商品，将其放到“特价区”，现在需要用标签标识出商品的原价、折扣和现价等，使用 INDEX 函数制作的具体操作步骤如下。

步骤 1 打开随书光盘中的“素材 \ch12\ 查找与引用函数 \Index 函数 .xlsx”文件，如图 12-58 所示。

步骤 2 选中单元格 B10，在其中输入公式“=INDEX($A$2:$D$7,MATCH(B9,A2:A7,0),B1)”，按 Enter 键，即可显示“香蕉”的“原价”，如图 12-59 所示。

	A	B	C	D
1	1	2	3	4
2	名称	原价	折扣	现价
3	苹果	¥10.0	8.0折	¥8.00
4	香蕉	¥8.0	8.5折	¥6.80
5	牛肉	¥50.0	9.4折	¥47.00
6	挂面	¥6.0	7.0折	¥4.20
7	月饼	¥5.0	8.9折	¥4.45
8				
9	名称:	香蕉		
10	原价:			
11	折扣:			
12	现价:			

图 12-58 打开素材文件

B10 =INDEX($A$2:$D$7,MATCH(B9,A2:A7,0),B1)

	A	B	C	D	E
1	1	2	3	4	
2	名称	原价	折扣	现价	
3	苹果	¥10.0	8.0折	¥8.00	
4	香蕉	¥8.0	8.5折	¥6.80	
5	牛肉	¥50.0	9.4折	¥47.00	
6	挂面	¥6.0	7.0折	¥4.20	
7	月饼	¥5.0	8.9折	¥4.45	
8					
9	名称:	香蕉			
10	原价:	8.0			
11	折扣:				
12	现价:				

图 12-59 输入公式计算原价

步骤 3 选中单元格 B11，在其中输入公式“=INDEX($A$2:$D$7,MATCH(B9,A2:A7,0),C1)”，按 Enter 键，即可显示“香蕉”的“折扣”，如图 12-60 所示。

B11　=INDEX($A$2:$D$7,MATCH(B9,A2:A7,0),C1)

	A	B	C	D	E
1	1	2	3	4	
2	名称	原价	折扣	现价	
3	苹果	¥10.0	8.0折	¥8.00	
4	香蕉	¥8.0	8.5折	¥6.80	
5	牛肉	¥50.0	9.4折	¥47.00	
6	挂面	¥6.0	7.0折	¥4.20	
7	月饼	¥5.0	8.9折	¥4.45	
8					
9	名称:	香蕉			
10	原价:	8.0			
11	折扣:	8.5			
12	现价:				
13					

图 12-60　输入公式计算折扣

步骤 4 选中单元格 B12，在其中输入公式“=INDEX($A$2:$D$7,MATCH(B9,A2:A7,0),D1)”，按 Enter 键，即可显示“香蕉”的“现价”，如图 12-61 所示。

B12　=INDEX($A$2:$D$7,MATCH(B9,A2:A7,0),D1)

	A	B	C	D	E
1	1	2	3	4	
2	名称	原价	折扣	现价	
3	苹果	¥10.0	8.0折	¥8.00	
4	香蕉	¥8.0	8.5折	¥6.80	
5	牛肉	¥50.0	9.4折	¥47.00	
6	挂面	¥6.0	7.0折	¥4.20	
7	月饼	¥5.0	8.9折	¥4.45	
8					
9	名称:	香蕉			
10	原价:	8.0			
11	折扣:	8.5			
12	现价:	6.8			
13					

图 12-61　输入公式计算现价

步骤 5 将 B10、B12 的单元格类型设置为【货币】，小数位数为“1”，然后将单元格 B11 设置为【自定义】类型，并在【类型】文本框中输入“0.0" 折 "”，单击【确定】按钮，如图 12-62 所示。

图 12-62　设置数据格式

步骤 6 制作商品的标签。打印表格后，将图中所示的范围剪切下来即可形成打折商品标签，如图 12-63 所示。

	A	B	C	D
1	1	2	3	4
2	名称	原价	折扣	现价
3	苹果	¥10.0	8.0折	¥8.00
4	香蕉	¥8.0	8.5折	¥6.80
5	牛肉	¥50.0	9.4折	¥47.00
6	挂面	¥6.0	7.0折	¥4.20
7	月饼	¥5.0	8.9折	¥4.45
8				
9	名称:	香蕉		
10	原价:	¥8.0		
11	折扣:	8.5折		
12	现价:	¥6.8		
13				

图 12-63　完成商品标签的制作

12.9 自定义函数

在 Excel 中，除了能直接使用内置的函数来统计、处理和分析工作表中的数据外，还可以利用其内置的 VBA 功能自定义函数来完成特定的功能。

12.9.1 创建自定义函数

下面利用 VBA 编辑器自定义一个函数，该函数可通过包含链接的网站名称，从中提取出链接网址。具体的操作步骤如下。

步骤 1 打开随书光盘中的“素材\ch12\自定义函数 .xlsx”文件，A 列中显示了包含链接的网站名称，需要在 B 列中提取出链接，如图 12-64 所示。

	A	B
1	网站名称	链接
2	百度	
3	360	
4	新浪	
5	天涯	
6		

图 12-64 打开素材文件

步骤 2 选择【文件】选项卡，进入文件操作界面，选择左侧的【另存为】命令，进入【另存为】界面，在右侧选择【这台电脑】选项，然后单击【浏览】按钮，如图 12-65 所示。

图 12-65 【另存为】界面

步骤 3 弹出【另存为】对话框，单击【保存类型】右侧的下拉按钮，在弹出的下拉列表中选择【Excel 启用宏的工作簿】选项，然后单击【保存】按钮，如图 12-66 所示。

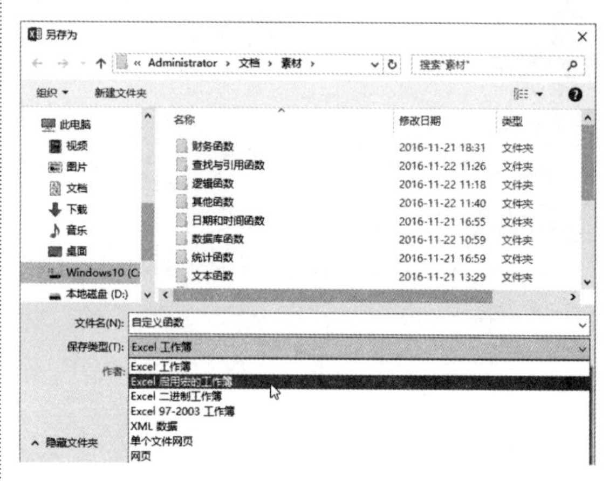

图 12-66 选择保存类型

步骤 4 返回到工作表中，选择【开发工具】选项卡，单击【代码】组的 Visual Basic 按钮，如图 12-67 所示。

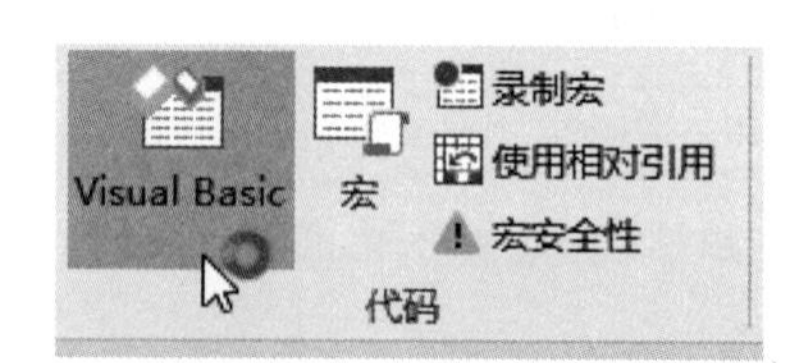

图 12-67 【代码】组

步骤 5 打开 Visual Basic 编辑器，依次选择【插入】→【模块】命令，如图 12-68 所示。

步骤 6 此时将插入一个新模块，并进入新模块的编辑窗口，在窗口中输入以下代码，如图 12-69 所示。

```
Public Function Web(x As Range)
Web = x.Hyperlinks(1).Address
End Function
```

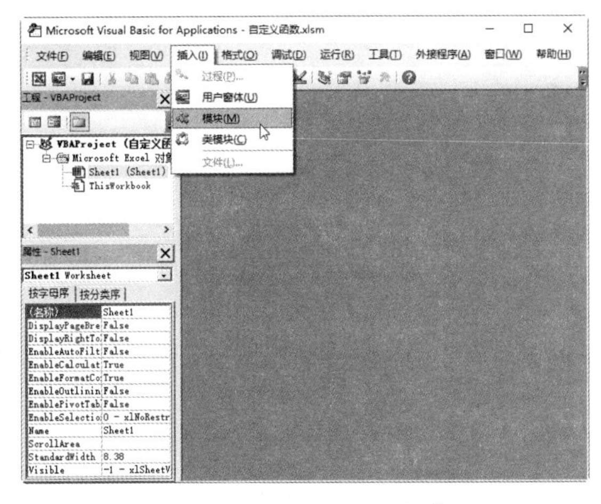

图 12-68　选择【模块】命令

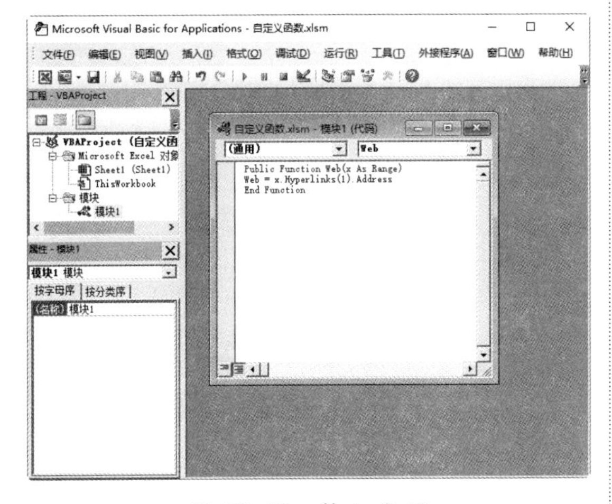

图 12-69　输入代码

步骤 7 输入完成后，单击工具栏中的【保存】按钮，弹出 Microsoft Excel 对话框，提示文档的部分内容可能包含文档检查器无法删除的个人信息，单击【确定】按钮，如图 12-70 所示。至此，自定义函数 Web() 创建完毕。

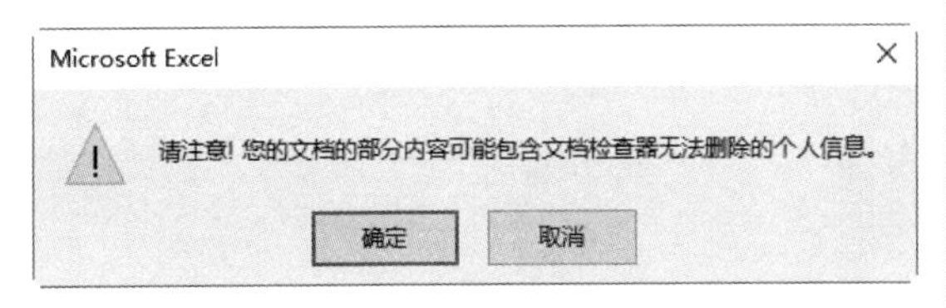

图 12-70　信息提示对话框

12.9.2 使用自定义函数

下面利用创建的自定义函数提取网址链接，具体的操作步骤如下。

步骤 1 接上面的操作步骤，返回到工作表中，选中 B2 单元格，在其中输入公式“=Web(A2)”，如图 12-71 所示。

图 12-71　输入公式

步骤 2 按 Enter 键，即可提取出单元格 A2 中包含的链接网址，如图 12-72 所示。

图 12-72　计算结果

步骤 3 利用填充柄的快速填充功能，提取其他网站的链接网址，如图 12-73 所示。

图 12-73　快速填充公式计算结果

12.10 高效办公技能实战

12.10.1 制作贷款分析表

本实例介绍贷款分析表的制作方法，具体的操作步骤如下。

步骤 1 新建一个空白工作簿，在其中输入相关数据，如图 12-74 所示。

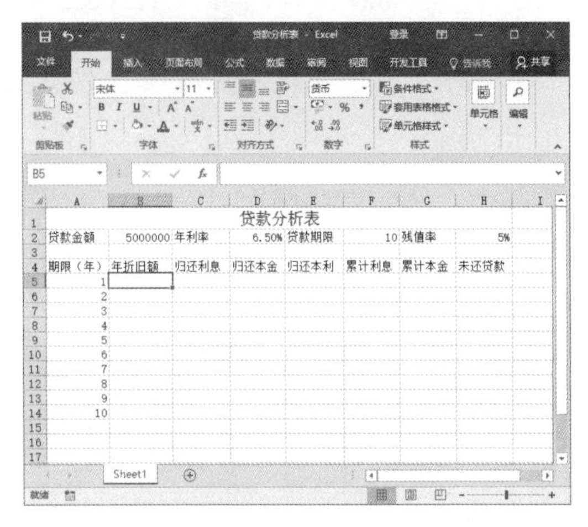

图 12-74 输入相关数据

步骤 2 在单元格 B5 中输入公式“=SYD($B$2, $B$2*$H$2,$F$2,A5)”，按 Enter 键，即可计算出该项设备第一年的折旧额，如图 12-75 所示。

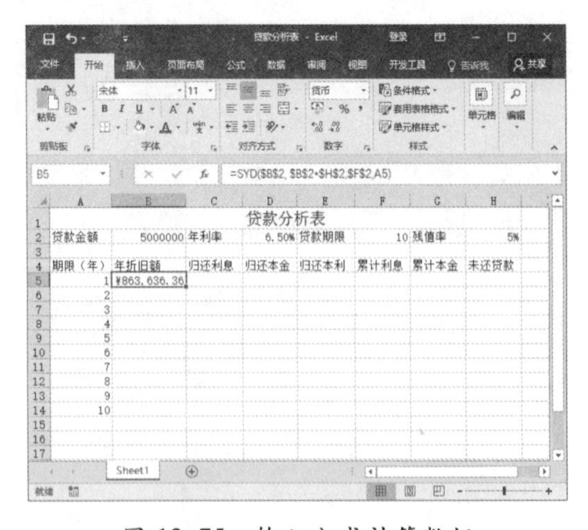

图 12-75 输入公式计算数据

步骤 3 利用快速填充功能，计算该项每年的折旧额，如图 12-76 所示。

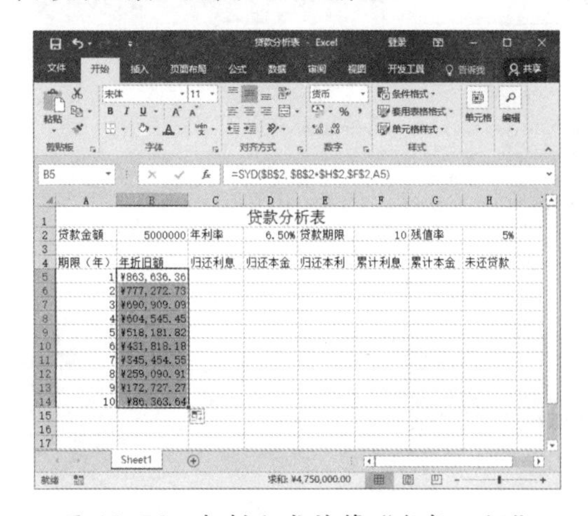

图 12-76 复制公式计算“年折旧额”

步骤 4 选中单元格 C5，输入公式“=IPMT($D$2, A5,$F$2,$B$2)”，按 Enter 键，即可计算出该项第一年的“归还利息”，然后利用快速填充功能，计算每年的“归还利息”，如图 12-77 所示。

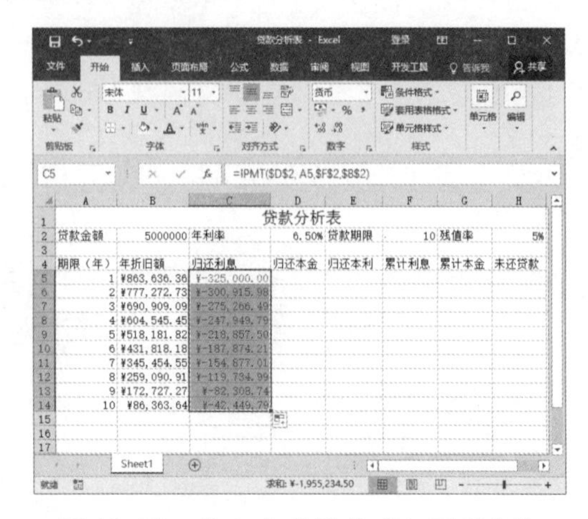

图 12-77 输入公式计算“归还利息”

步骤 5 选中单元格 D5，输入公式“=PPMT($D$2, A5,$F$2,$B$2)”，按 Enter 键，即可计算出该项第一年的“归还本金”，然后利用快速填充功能，计算每年的“归还本金”，如图 12-78 所示。

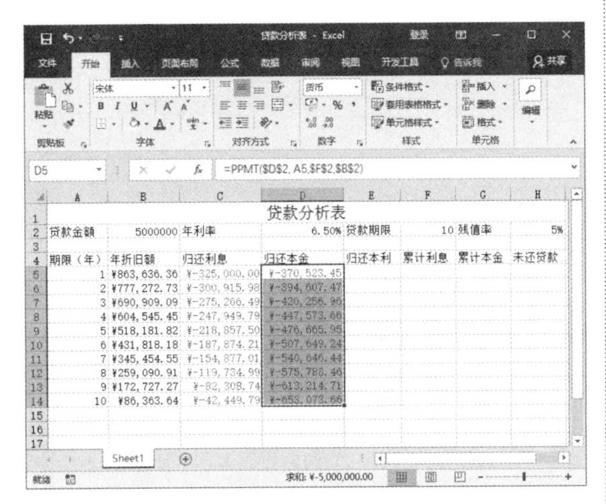

图 12-78　输入公式计算“归还本金”

步骤 6 选中单元格 E5，输入公式“=PMT($D$2, $F$2,$B$2)”，按 Enter 键，即可计算出该项第一年的“归还本利”，然后利用快速填充功能，计算每年的“归还本利”，如图 12-79 所示。

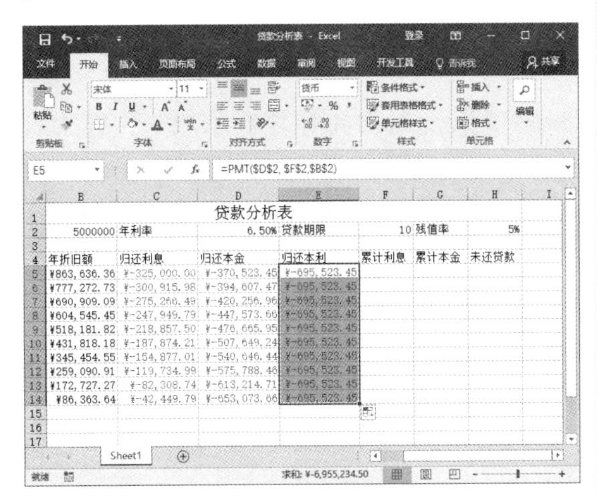

图 12-79　输入公式计算“归还本利”

步骤 7 选中单元格 F5，输入公式“=CUMIPMT($D$2,$F$2,$B$2,1,A5,0)”，按 Enter 键，即可计算出该项第一年的“累计利息”，然后利用快速填充功能，计算每年的“累计利息”，如图 12-80 所示。

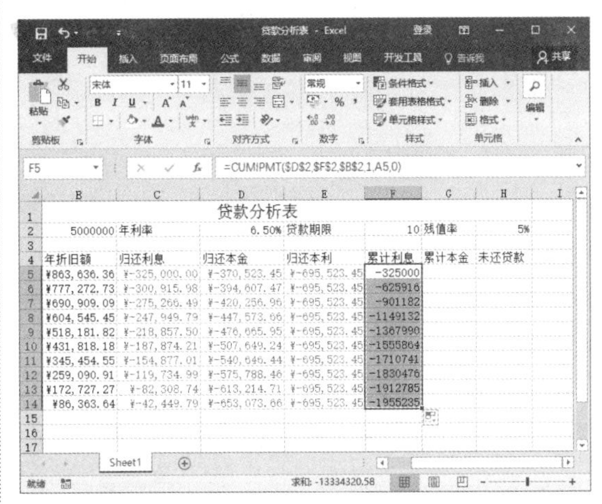

图 12-80　输入公式计算“累计利息”

步骤 8 选中单元格 G5，输入公式“=CUMPRINC($D$2,$F$2,$B$2,1,A5,0)”，按 Enter 键，即可计算出该项第一年的“累计本金”，然后利用快速填充功能，计算每年的“累计本金”，如图 12-81 所示。

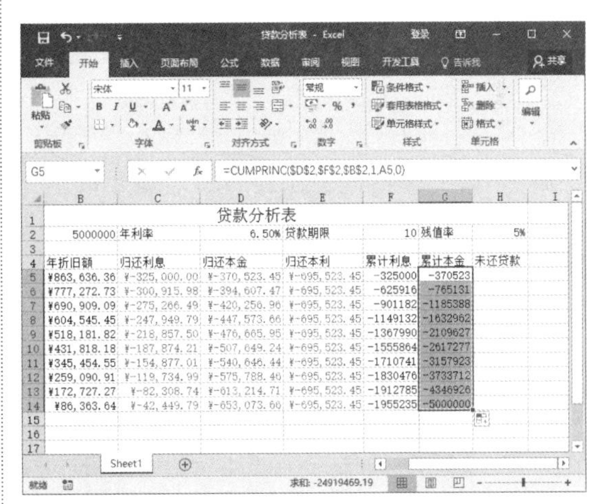

图 12-81　输入公式计算“累计本金”

步骤 9 选中单元格 H5，输入公式“=$B$2+G5”，按 Enter 键，即可计算出该项第一年的“未还贷款”，如图 12-82 所示。

步骤 10 利用快速填充功能，计算每年的

“未还贷款”，如图 12-83 所示。

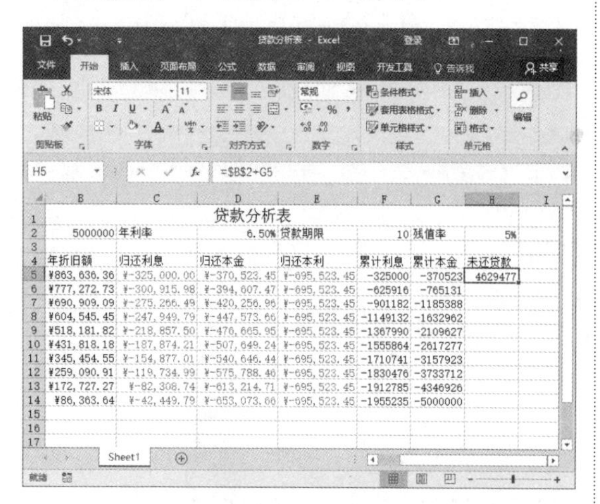

图 12-82　输入公式计算“未还贷款”

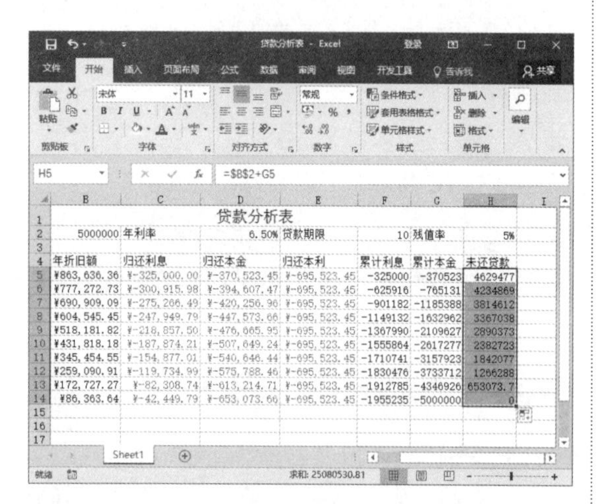

图 12-83　计算其他年份的“0 未还贷款”

12.10.2 制作员工加班统计表

员工加班统计表主要利用公式和函数进行计算。本实例加班费用的计算标准为：工作日期间 18 点以后每小时 15 元，星期六和星期日加班每小时 20 元，严格执行打卡制度。如果加班时间在 30 分钟以上计 1 小时，30 分钟以下计 0.5 小时。

步骤 1 新建一个空白文档，在其中输入相关数据信息，如图 12-84 所示。

步骤 2 单击行号 2，选中第 2 行整行，在【开始】选项卡中，单击【样式】组中的【单元格样式】按钮 单元格样式，在弹出的下拉菜单中选择一种样式，如图 12-85 所示。

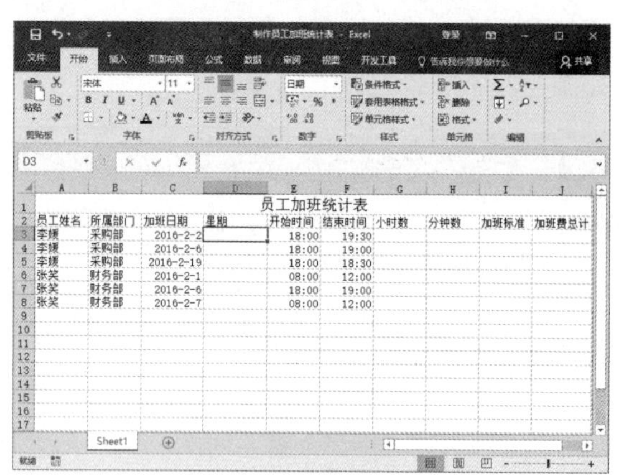

图 12-84　输入数据信息

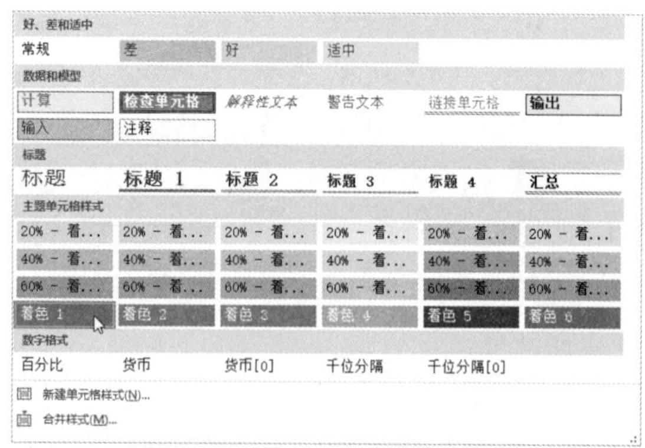

图 12-85　选择单元格样式

步骤 3 此时已为标题行添加一种样式，如图 12-86 所示。

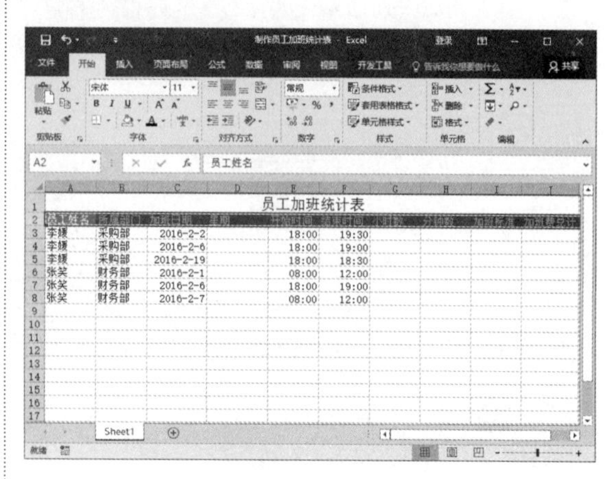

图 12-86　为标题行添加样式

步骤 4 选中单元格 D3，在编辑栏中输入公式“=WEEKDAY(C3,1)”，按 Enter 键，显示返回值为“3”，如图 12-87 所示。

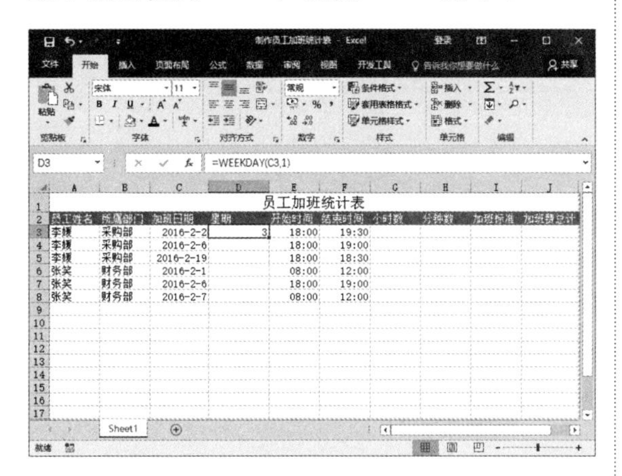

图 12-87 输入公式计算数据

步骤 5 选中 D3:D8 单元格区域并右击，在弹出的快捷菜单中选择【设置单元格格式】命令，打开【设置单元格格式】对话框，在其中选择【数字】选项卡，更改“星期”列单元格格式的【分类】为【日期】，设置【类型】为“星期三”，如图 12-88 所示。

图 12-88 【设置单元格格式】对话框

步骤 6 单击【确定】按钮，单元格 D3 即显示为“星期二”，如图 12-89 所示。

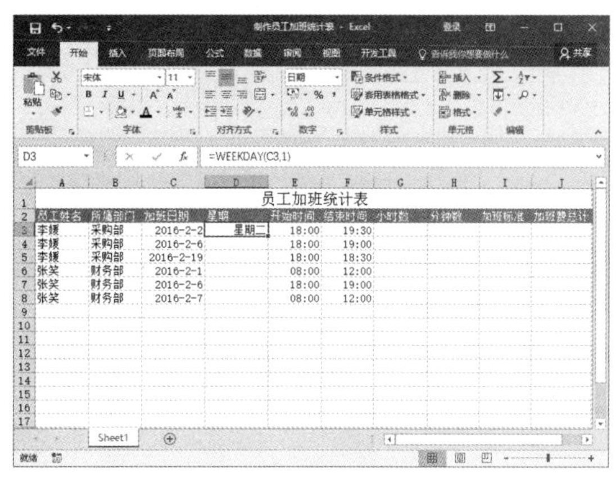

图 12-89 以星期类型显示数据

步骤 7 利用快速填充功能，复制单元格 D3 的公式到其他单元格中，计算其他时间对应的星期数，如图 12-90 所示。

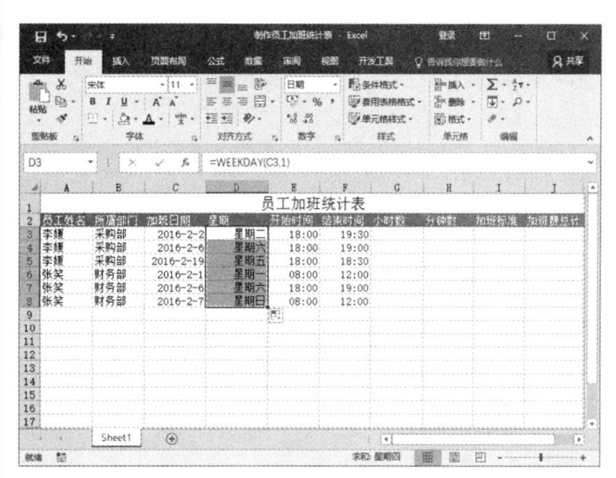

图 12-90 复制公式计算数据

步骤 8 选中单元格 G3，在其中输入公式“=HOUR(F3−E3)”，按 Enter 键，即可显示加班的“小时数”，然后利用快速填充功能，计算其他时间的“小时数”，如图 12-91 所示。

步骤 9 选中单元格 H3，在其中输入公式“=MINUTE(F3−E3)”，按 Enter 键，即可显示加班的“分钟数”，然后利用快速填充功能，计算其他时间的“分钟数”，如图 12-92 所示。

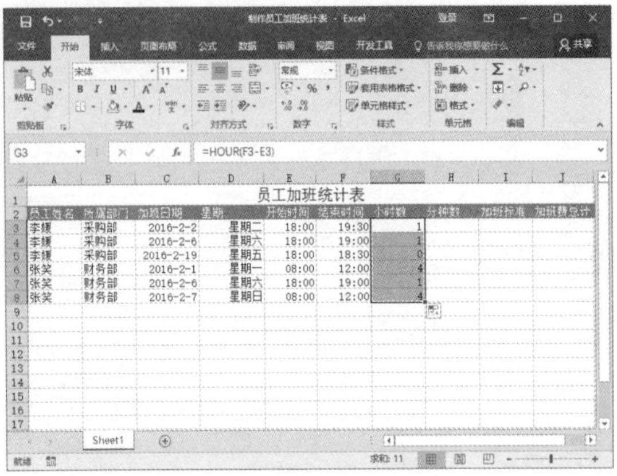

G3 =HOUR(F3-E3)

员工加班统计表									
员工姓名	所属部门	加班日期	星期	开始时间	结束时间	小时数	分钟数	加班标准	加班费总计
李媛	采购部	2016-2-2	星期二	18:00	19:30	1			
李媛	采购部	2016-2-6	星期六	18:00	19:00	1			
李媛	采购部	2016-2-19	星期五	18:00	18:30	0			
张笑	财务部	2016-2-1	星期一	08:00	12:00	4			
张笑	财务部	2016-2-6	星期六	18:00	19:00	1			
张笑	财务部	2016-2-7	星期日	08:00	12:00	4			

图 12-91　输入公式计算数据（1）

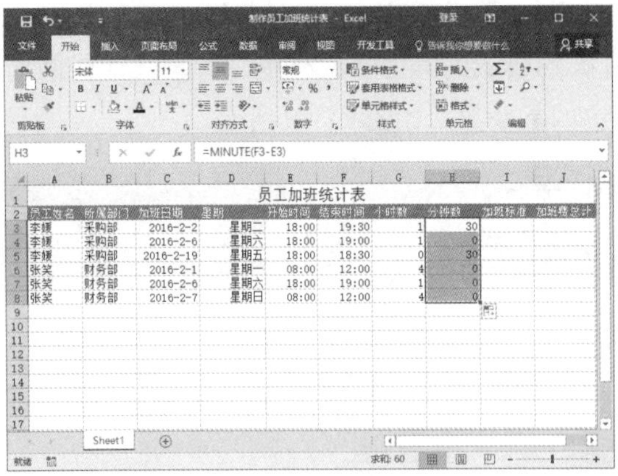

H3 =MINUTE(F3-E3)

员工加班统计表									
员工姓名	所属部门	加班日期	星期	开始时间	结束时间	小时数	分钟数	加班标准	加班费总计
李媛	采购部	2016-2-2	星期二	18:00	19:30	1	30		
李媛	采购部	2016-2-6	星期六	18:00	19:00	1	0		
李媛	采购部	2016-2-19	星期五	18:00	18:30	0	30		
张笑	财务部	2016-2-1	星期一	08:00	12:00	4	0		
张笑	财务部	2016-2-6	星期六	18:00	19:00	1	0		
张笑	财务部	2016-2-7	星期日	08:00	12:00	4	0		

图 12-92　输入公式计算数据（2）

步骤 10 选中单元格 I3，在其中输入公式“=IF(OR(D3=7,D3=1),"20","15")”，按 Enter 键，即可显示“加班标准”，利用快速填充功能，填上其他时间的“加班标准”，如图 12-93 所示。

步骤 11 加班费等于加班的总小时乘以加班标准。选中单元格 J3，在其中输入公式“=(G3+IF(H3=0,0,IF(H3>30,1,0.5)))*I3”，按 Enter 键，即可显示“加班费总计”，如图 12-94 所示。

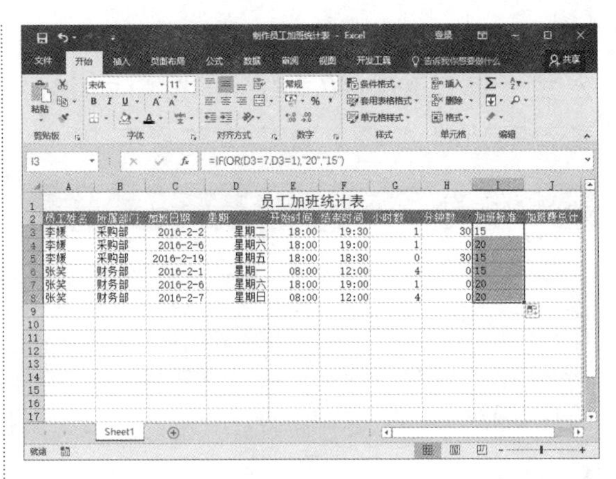

图 12-93　输入公式计算数据（3）

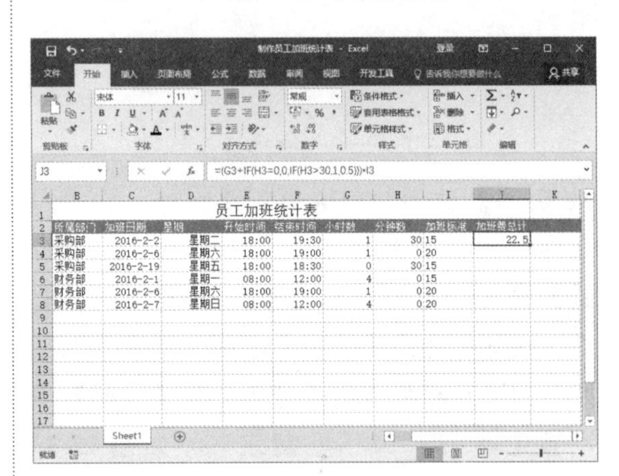

图 12-94　输入公式计算数据（4）

步骤 12 利用快速填充功能，计算其他时间的“加班费总计”，如图 12-95 所示。

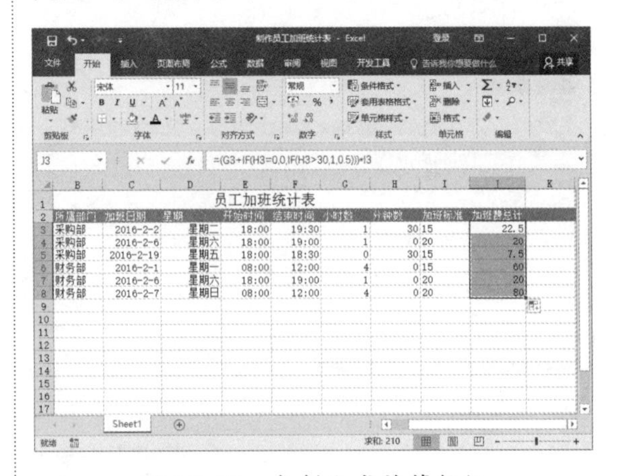

图 12-95　复制公式计算数据

12.11 高手解惑

问：在使用函数获取日期的过程中，为什么在单元格中输入公式并按 Enter 键后，其返回的数据不是正确的日期呢？

高手：在使用公式得到“开始使用日期”时，有时可能不能返回日期值，而是返回一串数字。这段数字是日期在 Excel 中对应的序号。如果要想以日期的形式显示数值，则需要重新将该单元格的格式设置为日期类别以正确显示日期。具体的操作很简单，可以先选中该单元格，并右击，从弹出的快捷菜单中选择【设置单元格格式】命令，在打开的【设置单元格格式】对话框中，将系统默认的类型【常规】重新设置为【日期】即可。

问：在使用 Excel 函数计算数据的过程中，经常会用到一些函数公式，那么如何在 Excel 工作表中将计算公式显示出来，以方便公式的核查呢？

高手：在 Excel 工作界面中首先选中需要以公式显示的单元格，然后在功能区打开【公式】选项卡，在【公式审核】组中单击【显示公式】按钮，即可将 Excel 工作界面中的单元格以公式方式显示出来。如果想要恢复单元格的显示方式，则再单击一次【显示公式】按钮即可。

第 4 篇

高效分析数据

对于工作表中的大量数据，用户需要根据实际工作的需要进行筛选、排序、分类和汇总。为提高数据分析的有效性，用户可以设置数据的有效性、用透视表做专业的数据分析等操作。

数据的筛选和排序

- **本章导读**

使用 Excel 2016 可以对表格中的数据进行简单分析；通过 Excel 的排序功能可以将数据表中的内容按照特定的规则排序；使用筛选功能可以将满足用户条件的数据单独显示。本章将为读者介绍数据筛选、排序的方法。

- **学习目标**

◎ 掌握数据筛选的方法

◎ 掌握数据排序的方法

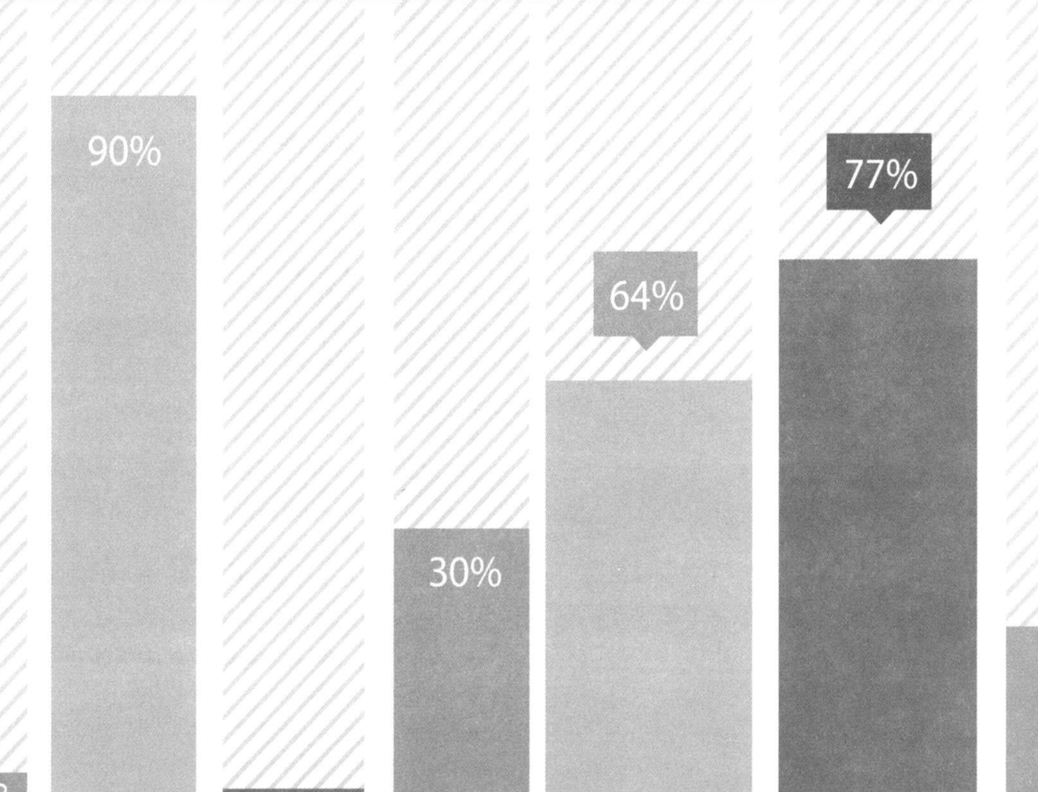

13.1 数据的筛选

Excel 2016 提供了多种筛选方法，用户根据需要既可以进行单条件筛选或多条件筛选，也可以按照行、列筛选，或自定义筛选。

13.1.1 单条件筛选

单条件筛选是将符合一项条件的数据筛选出来。例如在销售表中，要将冰箱的销售记录筛选出来。具体的操作步骤如下。

步骤 1 打开随书光盘中的“素材 \ch13\ 销售表 .xlsx”文件，将光标定位在数据区域内任意单元格，如图 13-1 所示。

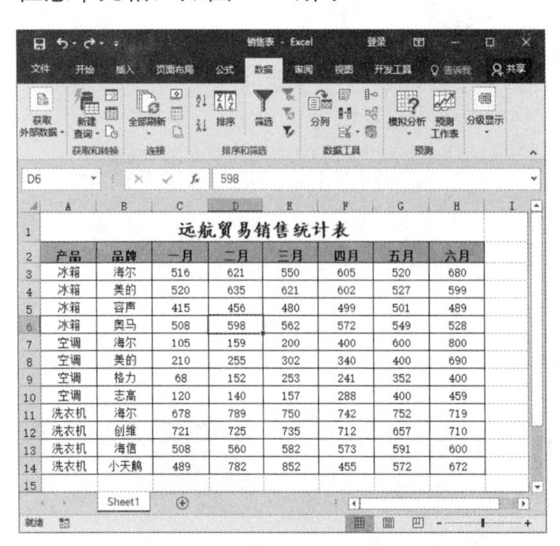

远航贸易销售统计表

产品	品牌	一月	二月	三月	四月	五月	六月
冰箱	海尔	516	621	550	605	520	680
冰箱	美的	520	635	621	602	527	599
冰箱	容声	415	456	480	499	501	489
冰箱	奥马	508	598	562	572	549	528
空调	海尔	105	159	200	400	600	800
空调	美的	210	255	302	340	400	690
空调	格力	68	152	253	241	352	400
空调	志高	120	140	157	288	400	459
洗衣机	海尔	678	789	750	742	752	719
洗衣机	创维	721	725	735	712	657	710
洗衣机	海信	508	560	582	573	591	600
洗衣机	小天鹅	489	782	852	455	572	672

图 13-1 打开素材文件

步骤 2 在【数据】选项卡中，单击【排序和筛选】组中的【筛选】按钮，进入自动筛选状态，此时在标题行每列的右侧会出现一个下三角按钮，如图 13-2 所示。

步骤 3 单击【产品】列右侧的下三角按钮，在弹出的下拉列表中取消选中【全选】复选框，选中【冰箱】复选框，然后单击【确定】按钮，如图 13-3 所示。

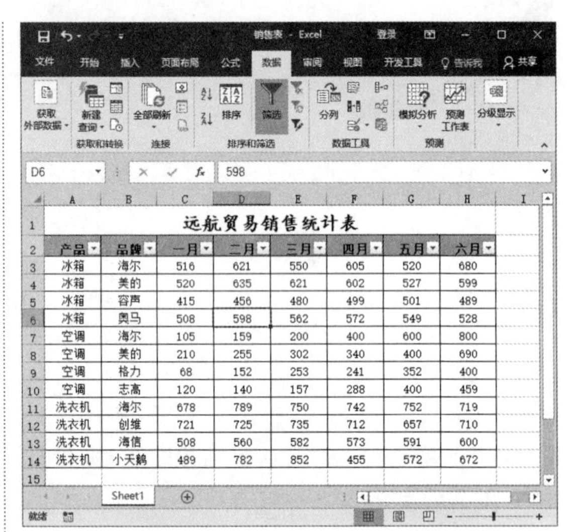

远航贸易销售统计表

产品	品牌	一月	二月	三月	四月	五月	六月
冰箱	海尔	516	621	550	605	520	680
冰箱	美的	520	635	621	602	527	599
冰箱	容声	415	456	480	499	501	489
冰箱	奥马	508	598	562	572	549	528
空调	海尔	105	159	200	400	600	800
空调	美的	210	255	302	340	400	690
空调	格力	68	152	253	241	352	400
空调	志高	120	140	157	288	400	459
洗衣机	海尔	678	789	750	742	752	719
洗衣机	创维	721	725	735	712	657	710
洗衣机	海信	508	560	582	573	591	600
洗衣机	小天鹅	489	782	852	455	572	672

图 13-2 单击【筛选】按钮

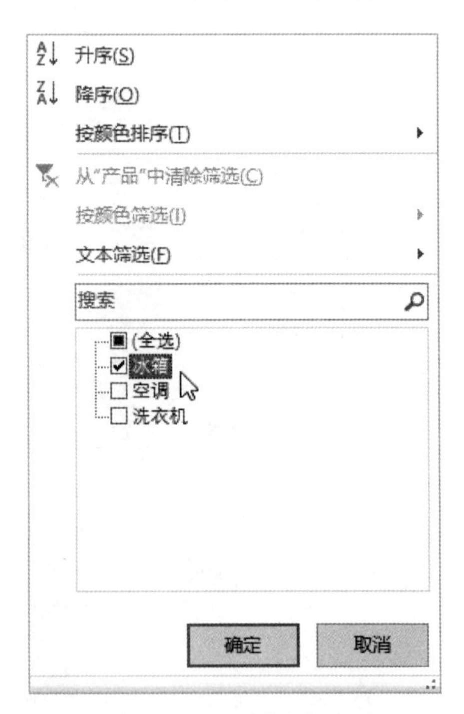

图 13-3 设置单条件筛选

步骤 4 此时系统将筛选出冰箱的销售记录，其他记录则被隐藏起来，如图 13-4 所示。

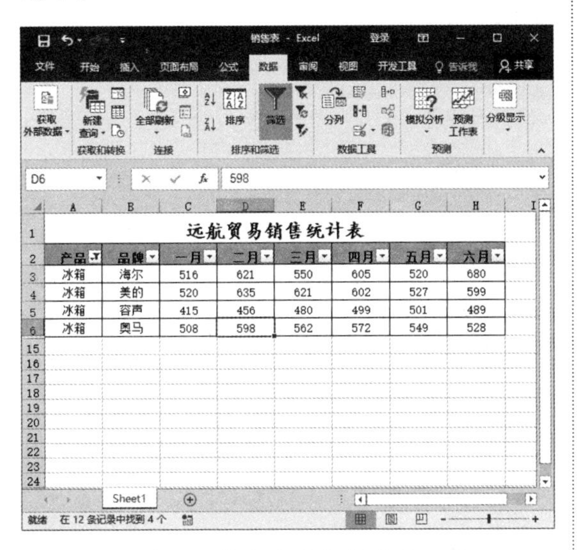

远航贸易销售统计表							
产品	品牌	一月	二月	三月	四月	五月	六月
冰箱	海尔	516	621	550	605	520	680
冰箱	美的	520	635	621	602	527	599
冰箱	容声	415	456	480	499	501	489
冰箱	奥马	508	598	562	572	549	528

图 13-4　筛选出符合条件的记录

提示 进行筛选操作后，在列标题右侧的下三角按钮上将显示“漏斗”图标，将光标定位在“漏斗”图标上，即可显示出相应的筛选条件。

13.1.2 多条件筛选

多条件筛选是将符合多个条件的数据筛选出来。例如将销售表中品牌分别为海尔和美的的销售记录筛选出来，具体的操作步骤如下。

步骤 1 重复上一节步骤 1 和步骤 2，单击【品牌】列右侧的下三角按钮，在弹出的下拉列表中取消选中【全选】复选框，选中【海尔】和【美的】复选框，然后单击【确定】按钮，如图 13-5 所示。

步骤 2 此时系统将筛选出品牌为海尔和美的的销售记录，其他记录则被隐藏起来，如图 13-6 所示。

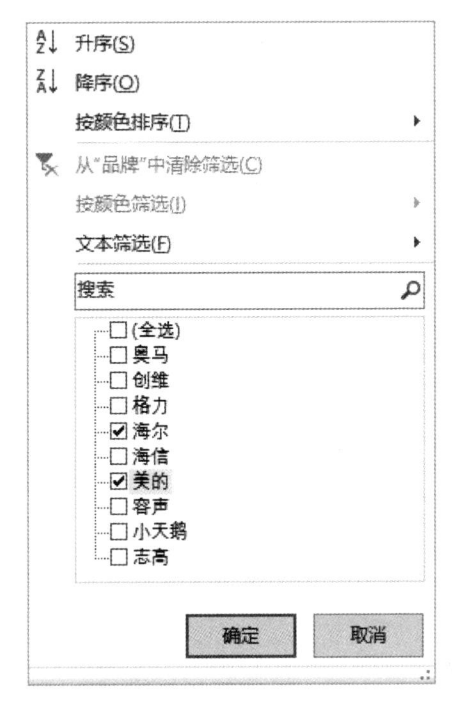

图 13-5　设置多条件筛选

远航贸易销售统计表							
产品	品牌	一月	二月	三月	四月	五月	六月
冰箱	海尔	516	621	550	605	520	680
冰箱	美的	520	635	621	602	527	599
空调	海尔	105	159	200	400	600	800
空调	美的	210	255	302	340	400	690
洗衣机	海尔	678	789	750	742	752	719

图 13-6　筛选出符合条件的记录

提示 若要清除筛选，在【数据】选项卡中，单击【排序和筛选】组的【清除】按钮 清除 即可。

13.1.3 模糊筛选

当要筛选的条件列属于文本类型的数据时，可使用模糊筛选。下面将品牌以“美”或“创”开头的销售记录筛选出来，具体的操作步骤如下。

步骤 1 打开随书光盘中的“素材\ch13\销售表 .xlsx”文件，将光标定位在数据区域内任意单元格，在【数据】选项卡中，单击【排序和筛选】组中的【筛选】按钮，进入自动筛选状态。然后单击【品牌】列右侧的下三角按钮，在弹出的下拉菜单中依次选择【文本筛选】→【开头是】命令，如图 13-7 所示。

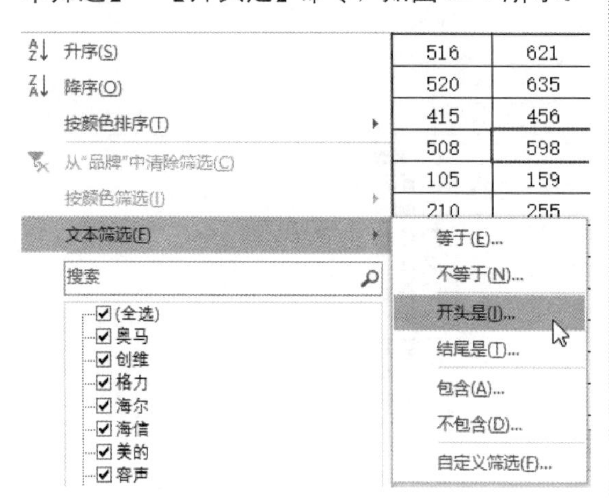

图 13-7　选择【开头是】命令

步骤 2 弹出【自定义自动筛选方式】对话框，在【品牌】区域第一栏右侧的框中输入"美"，选中【与】单选按钮，如图 13-8 所示。

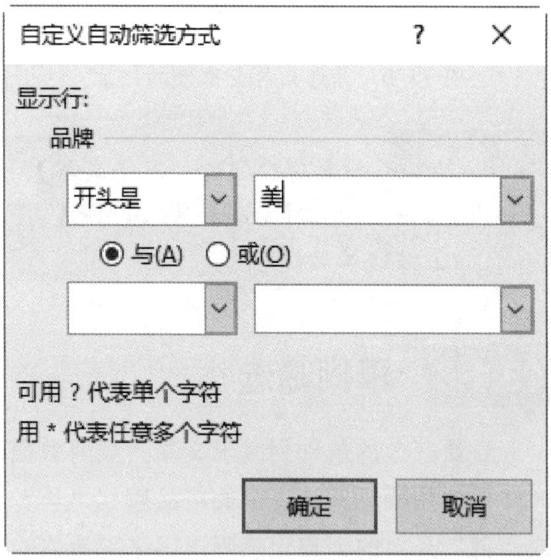

图 13-8　设置【品牌】区域中第一栏的条件

步骤 3 单击第二栏左侧的下三角按钮，在弹出的下拉列表中选择【开头是】选项，在右侧的框中输入"创"，然后单击【确定】按钮，如图 13-9 所示。

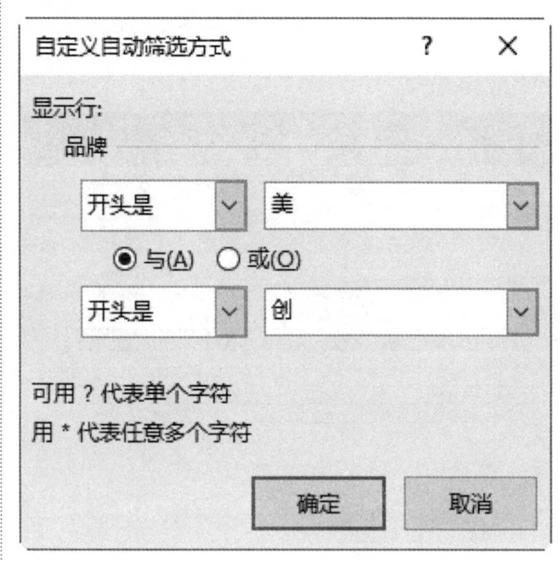

图 13-9　设置【品牌】区域中第二栏的条件

步骤 4 此时系统将筛选出品牌以"美"或"创"开头的销售记录，如图 13-10 所示。

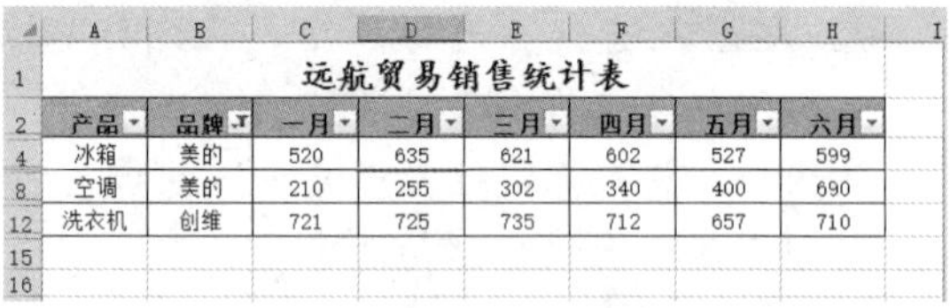

远航贸易销售统计表

产品	品牌	一月	二月	三月	四月	五月	六月
冰箱	美的	520	635	621	602	527	599
空调	美的	210	255	302	340	400	690
洗衣机	创维	721	725	735	712	657	710

图 13-10　筛选出符合条件的记录

> **提示**
> 对于文本类型的数据，可使用的自定义筛选方式有等于、不等于、开头是、结尾是、包含和不包含等。无论选择哪种方式，都将弹出【自定义自动筛选方式】对话框，在其中设置相应的筛选条件即可。

13.1.4 范围筛选

当要筛选的条件列属于数字或日期类型的数据时，可使用范围筛选。下面将二月份销售量在 400 和 600 之间的记录筛选出来，具体的操作步骤如下。

步骤 1 打开随书光盘中的“素材\ch13\销售表.xlsx”文件，将光标定位在数据区域内任意单元格，在【数据】选项卡中，单击【排序和筛选】组中的【筛选】按钮，进入自动筛选状态。然后单击【二月】列右侧的下三角按钮，在弹出的下拉菜单中依次选择【数字筛选】→【介于】命令，如图 13-11 所示。

图 13-11 选择【介于】命令

步骤 2 弹出【自定义自动筛选方式】对话框，在【二月】区域第一栏右侧的框中输入“400”，在第二栏右侧的框中输入“600”，然后单击【确定】按钮，如图 13-12 所示。

自定义自动筛选方式

显示行：

二月

大于或等于 400

◉ 与(A) ○ 或(O)

小于或等于 600

可用 ? 代表单个字符

用 * 代表任意多个字符

确定 取消

图 13-12 设置【二月】区域中的筛选条件

步骤 3 此时系统将筛选出二月份销售量介于 400 和 600 之间的销售记录，如图 13-13 所示。

远航贸易销售统计表

行	产品	品牌	一月	二月	三月	四月	五月	六月
5	冰箱	容声	415	456	480	499	501	489
6	冰箱	奥马	508	598	562	572	549	528
13	洗衣机	海信	508	560	582	573	591	600

图 13-13 筛选出符合条件的记录

13.1.5 高级筛选

如果要对多个数据列设置复杂的筛选条件，就需要使用 Excel 提供的高级筛选功能。例如将一月份和二月份销售量均大于 500 的记录筛选出来，具体的操作步骤如下。

步骤 1 打开随书光盘中的“素材\ch13\销售表.xlsx”文件，在单元格区域 J2:K3 中分别输入字段名和筛选条件，然后在【数据】选项卡中，单击【排序和筛选】组的【高级】按钮 高级，如图 13-14 所示。

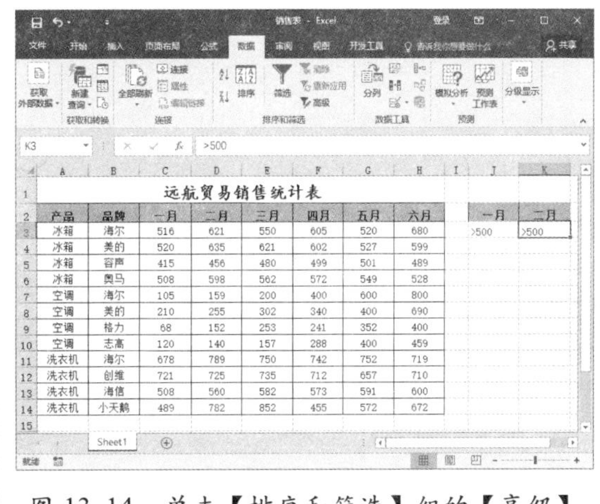

图 13-14 单击【排序和筛选】组的【高级】按钮

步骤 2 弹出【高级筛选】对话框，选中【在原有区域显示筛选结果】单选按钮，在【列表区域】中选中单元格区域 A2:H14，如

图 13-15 所示。

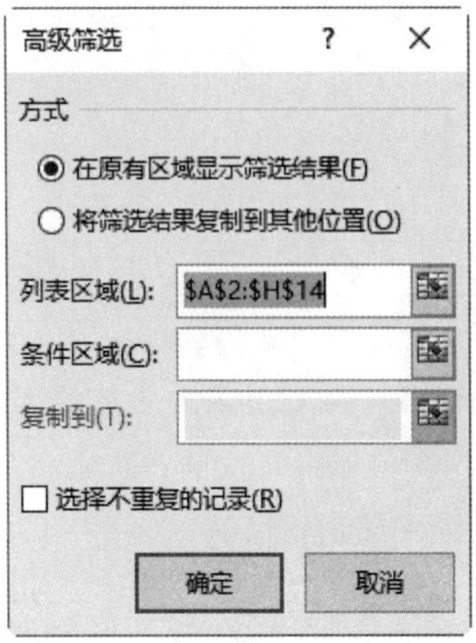

高级筛选
?
×
方式
在原有区域显示筛选结果(F)
将筛选结果复制到其他位置(O)
列表区域(L):
$A$2:$H$14
条件区域(C):
复制到(T):
选择不重复的记录(R)
确定
取消

图 13-15 【高级筛选】对话框

提示 若在【高级筛选】对话框中选中【将筛选结果复制到其他位置】单选按钮，则【复制到】输入框将呈高亮显示，在其中选择单元格区域，筛选的结果即被复制到所选的单元格区域中。

步骤 3 在【条件区域】中选中单元格区域 J2:K3，单击【确定】按钮，如图 13-16 所示。

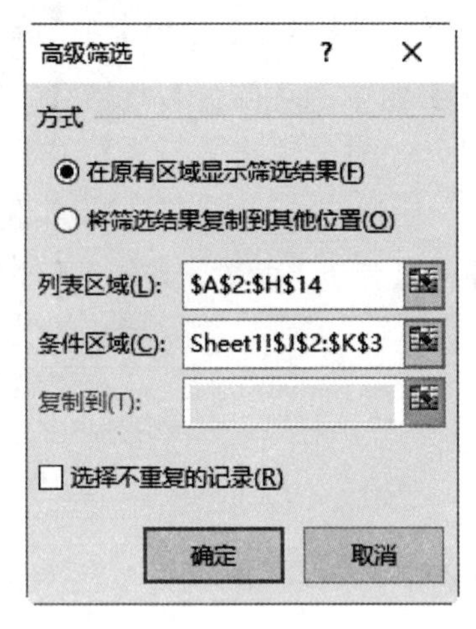

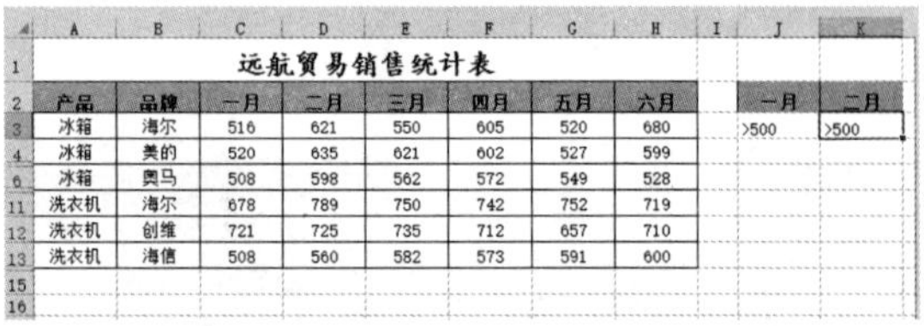

步骤 4 此时系统已在选中的列表区域中筛选出了符合条件的记录，如图 13-17 所示。

高级筛选
?
×
方式
在原有区域显示筛选结果(F)
将筛选结果复制到其他位置(O)
列表区域(L):
$A$2:$H$14
条件区域(C):
Sheet1!$J$2:$K$3
复制到(T):
选择不重复的记录(R)
确定
取消

图 13-16 设置【条件区域】

	A	B	C	D	E	F	G	H	I	J	K
1	远航贸易销售统计表										
2	产品	品牌	一月	二月	三月	四月	五月	六月		一月	二月
3	冰箱	海尔	516	621	550	605	520	680		>500	>500
4	冰箱	美的	520	635	621	602	527	599			
6	冰箱	奥马	508	598	562	572	549	528			
11	洗衣机	海尔	678	789	750	742	752	719			
12	洗衣机	创维	721	725	735	712	657	710			
13	洗衣机	海信	508	560	582	573	591	600			
15											
16											

图 13-17 筛选出符合条件的记录

由上可知，在使用高级筛选功能之前，应先建立一个条件区域，以便指定筛选的数据必须满足的条件，并且在条件区域中要包含作为筛选条件的字段名。

13.2 数据的排序

Excel 2016 提供了多种排序方法，用户根据需要既可以进行单条件排序或多条件排序，也可以按照行、列排序，还可以自定义排序。

13.2.1 单条件排序

单条件排序是依据一个条件对数据进行排序。例如对销售表中的“一月”销售量进行升序排序，具体的操作步骤如下。

步骤 1 打开随书光盘中的“素材\ch13\销售表.xlsx”文件，将光标定位在【一月】列中的任意单元格，如图 13-18 所示。

远航贸易销售统计表							
产品	品牌	一月	二月	三月	四月	五月	六月
冰箱	海尔	516	621	550	605	520	680
冰箱	美的	520	635	621	602	527	599
冰箱	容声	415	456	480	499	501	489
冰箱	奥马	508	598	562	572	549	528
空调	海尔	105	159	200	400	600	800
空调	美的	210	255	302	340	400	690
空调	格力	68	152	253	241	352	400
空调	志高	120	140	157	288	400	459
洗衣机	海尔	678	789	750	742	752	719
洗衣机	创维	721	725	735	712	657	710
洗衣机	海信	508	560	582	573	591	600
洗衣机	小天鹅	489	782	852	455	572	672

图 13-18 打开素材文件

步骤 2 在【数据】选项卡中，单击【排序和筛选】组中的【升序】按钮，即可对该列进行升序排序，如图 13-19 所示。

远航贸易销售统计表							
产品	品牌	一月	二月	三月	四月	五月	六月
空调	格力	68	152	253	241	352	400
空调	海尔	105	159	200	400	600	800
空调	志高	120	140	157	288	400	459
空调	美的	210	255	302	340	400	690
冰箱	容声	415	456	480	499	501	489
洗衣机	小天鹅	489	782	852	455	572	672
冰箱	奥马	508	598	562	572	549	528
洗衣机	海信	508	560	582	573	591	600
冰箱	海尔	516	621	550	605	520	680
冰箱	美的	520	635	621	602	527	599
洗衣机	海尔	678	789	750	742	752	719
洗衣机	创维	721	725	735	712	657	710

图 13-19 单击【升序】按钮

提示 若单击【降序】按钮，即可对该列进行降序排序。

此外，将光标定位在要排序列的任意单元格，鼠标右击，在弹出的快捷菜单中依次选择【排序】→【升序】命令或【降序】命令，也可快速排序，如图 13-20 所示。或者在【开始】选项卡的【编辑】组中，单击【排序和筛选】的下三角按钮，在弹出的下拉菜单中选择【升序】或【降序】命令，同样可以进行排序，如图 13-21 所示。

图 13-20 选择【排序】→【升序】命令

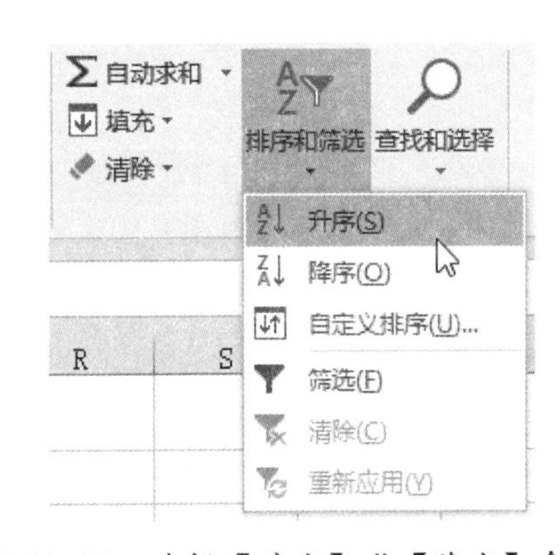

图 13-21 选择【升序】或【降序】命令

提示 由于数据表中有多列数据，如果仅对一列或几列排序，就会打乱整个数据表中数据的对应关系，因此应谨慎使用排序操作。

13.2.2 多条件排序

多条件排序是依据多个条件对数据表进行排序。例如，对销售表中的“一月”销售量进行升序排序，当“一月”销售量相等时，以此为基础对“二月”销售量进行升序排序。以此类推，对 6 个月份都进行升序排序，具体的操作步骤如下。

步骤 1 打开随书光盘中的“素材 \ch13\ 销售表 -- 多条件排序 .xlsx”文件，将光标定位在数据区域中的任意单元格，然后在【数据】选项卡中，单击【排序和筛选】组中的【排序】按钮，如图 13-22 所示。

远航贸易销售统计表							
产品	品牌	一月	二月	三月	四月	五月	六月
冰箱	海尔	516	621	550	605	520	680
冰箱	美的	520	635	621	602	527	599
冰箱	容声	520	456	302	400	501	489
冰箱	奥马	508	598	562	572	549	528
空调	海尔	105	456	200	400	600	800
空调	美的	508	255	302	288	400	690
空调	格力	105	152	200	241	352	400
空调	志高	489	598	157	288	400	459
洗衣机	海尔	678	789	750	742	752	719
洗衣机	创维	721	635	621	712	657	710
洗衣机	海信	508	560	582	602	591	600
洗衣机	小天鹅	489	456	852	455	572	672

图 13-22 单击【排序】按钮

> **提示**
> 鼠标右击，在弹出的快捷菜单中依次选择【排序】→【自定义排序】命令，也可弹出【排序】对话框。

步骤 2 弹出【排序】对话框，单击【主要关键字】右侧的下三角按钮，在弹出的下拉列表中选择【一月】选项。使用同样的方法，设置【排序依据】和【次序】分别为【数值】和【升序】，如图 13-23 所示。

步骤 3 单击【添加条件】按钮，将添加一个【次要关键字】，如图 13-24 所示。

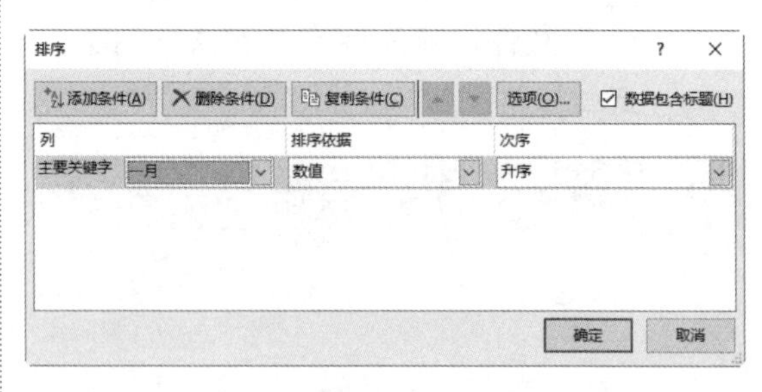

图 13-23 设置【主要关键字】的排序条件

图 13-24 单击【添加条件】按钮

步骤 4 重复步骤 2 和步骤 3，分别设置 6 个月份的排序条件，设置完成后，单击【确定】按钮，如图 13-25 所示。

图 13-25 设置其余【次要关键字】的排序条件

步骤 5 此时系统将对 6 个月份按数值进行升序排序，如图 13-26 所示。

> **提示**
> 在 Excel 2016 中，多条件排序最多可设置 64 个关键字。如果进行排序的数据没有标题行，或者让标题行也参与排序，那么在【排序】对话框中取消选中【数据包含标题】复选框即可。

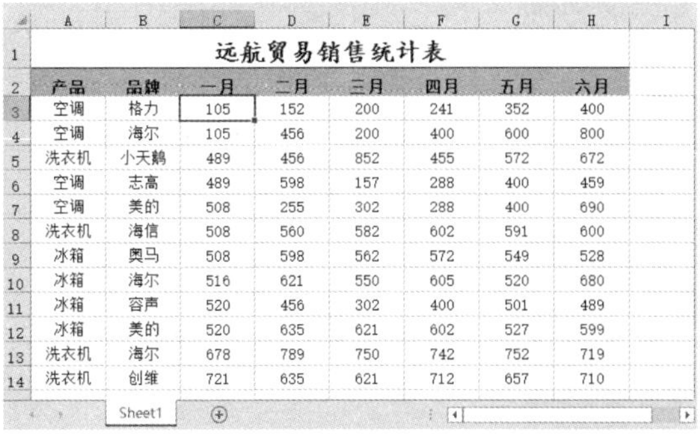

	A	B	C	D	E	F	G	H
1	远航贸易销售统计表							
2	产品	品牌	一月	二月	三月	四月	五月	六月
3	空调	格力	105	152	200	241	352	400
4	空调	海尔	105	456	200	400	600	800
5	洗衣机	小天鹅	489	456	852	455	572	672
6	空调	志高	489	598	157	288	400	459
7	空调	美的	508	255	302	288	400	690
8	洗衣机	海信	508	560	582	602	591	600
9	冰箱	奥马	508	598	562	572	549	528
10	冰箱	海尔	516	621	550	605	520	680
11	冰箱	容声	520	456	302	400	501	489
12	冰箱	美的	520	635	621	602	527	599
13	洗衣机	海尔	678	789	750	742	752	719
14	洗衣机	创维	721	635	621	712	657	710

图 13-26　完成多条件排序

13.2.3 按行排序

在 Excel 2016 中，所有的排序默认是对列进行排序。用户通过设置，可使其对行进行排序，具体的操作步骤如下。

步骤 1 打开随书光盘中的“素材 \ch13\ 销售表 .xlsx”文件，将光标定位在数据区域中的任意单元格，在【数据】选项卡中，单击【排序和筛选】组中的【排序】按钮，如图 13-27 所示。

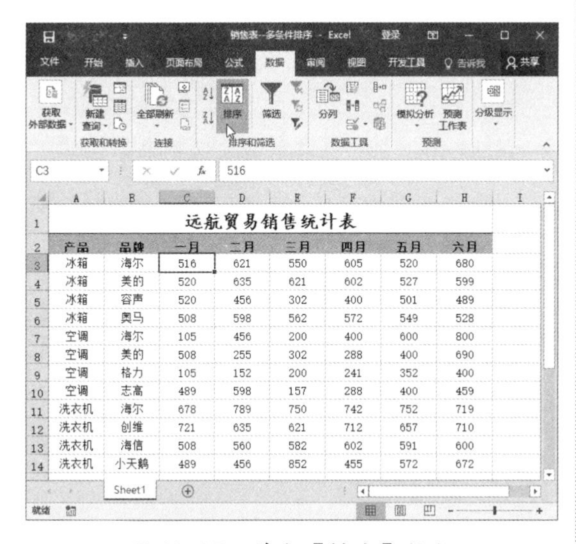

	A	B	C	D	E	F	G	H
1	远航贸易销售统计表							
2	产品	品牌	一月	二月	三月	四月	五月	六月
3	冰箱	海尔	516	621	550	605	520	680
4	冰箱	美的	520	635	621	602	527	599
5	冰箱	容声	520	456	302	400	501	489
6	冰箱	奥马	508	598	562	572	549	528
7	空调	海尔	105	456	200	400	600	800
8	空调	美的	508	255	302	288	400	690
9	空调	格力	105	152	200	241	352	400
10	空调	志高	489	598	157	288	400	459
11	洗衣机	海尔	678	789	750	742	752	719
12	洗衣机	创维	721	635	621	712	657	710
13	洗衣机	海信	508	560	582	602	591	600
14	洗衣机	小天鹅	489	456	852	455	572	672

图 13-27　单击【排序】按钮

步骤 2 弹出【排序】对话框，单击【选项】按钮，如图 13-28 所示。

步骤 3 弹出【排序选项】对话框，选中【按行排序】单选按钮，单击【确定】按钮，如图 13-29 所示。

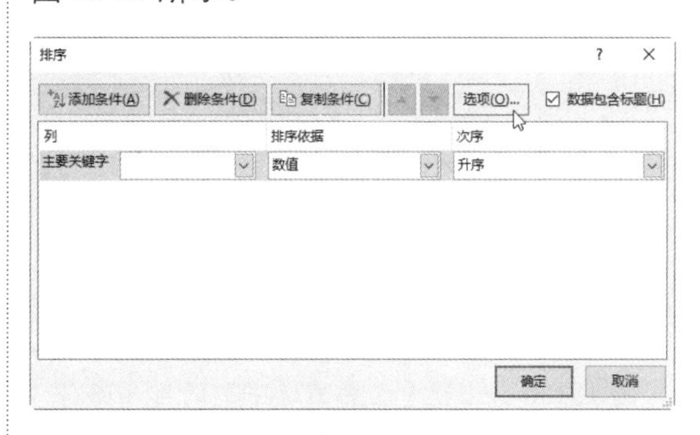

图 13-28　单击【选项】按钮

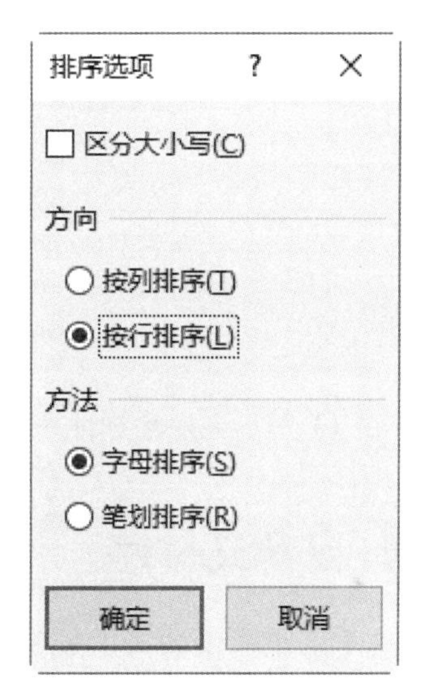

图 13-29　选择【按行排序】单选按钮

> **提示**　若选中【区分大小写】复选框，排序将区分大小写。若选中【笔划排序】单选按钮，在对汉字进行排序时，将按笔画进行排序。

步骤 4 返回到【排序】对话框，单击【主要关键字】右侧的下三角按钮，在弹出的下拉列表中可选择对第几行进行排序，例如选择【行 4】。使用同样的方法，设置右侧的【排序依据】和【次序】，如图 13-30 所示。

步骤 5 设置完成后，单击【确定】按钮。此时系统将对第 4 行按数值进行升序排序，如图 13-31 所示。

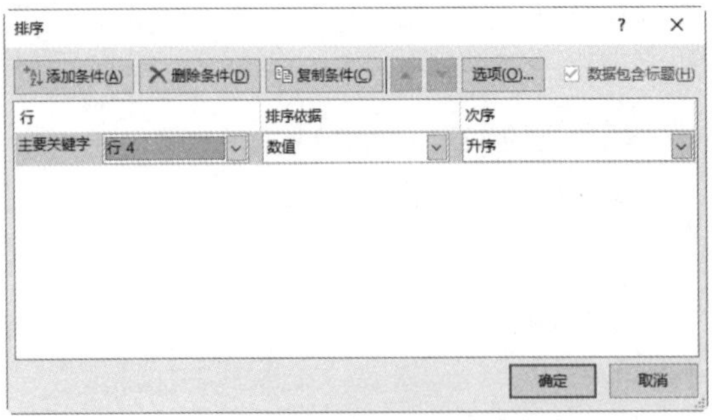

图 13-30　设置【主要关键字】的排序条件

	A	B	C	D	E	F	G	H
1	远航贸易销售统计表							
2	一月	五月	六月	四月	三月	二月	产品	品牌
3	516	520	680	605	550	621	冰箱	海尔
4	520	527	599	602	621	635	冰箱	美的
5	520	501	489	400	302	456	冰箱	容声
6	508	549	528	572	562	598	冰箱	奥马
7	105	600	800	400	200	456	空调	海尔
8	508	400	690	288	302	255	空调	美的
9	105	352	400	241	200	152	空调	格力
10	489	400	459	288	157	598	空调	志高
11	678	752	719	742	750	789	洗衣机	海尔
12	721	657	710	712	621	635	洗衣机	创维
13	508	591	600	602	582	560	洗衣机	海信
14	489	572	672	455	852	456	洗衣机	小天鹅

Sheet1

图 13-31　完成按行排序

13.2.4 自定义排序

除了按照系统提供的排序规则进行排序外，用户还可自定义排序，具体的操作步骤如下。

步骤 1 打开随书光盘中的“素材\ch13\工资表.xlsx”文件，选择【文件】选项卡，进入文件操作界面，选择【选项】命令，如图 13-32 所示。

步骤 2 弹出【Excel 选项】对话框，在左侧选择【高级】选项，然后在右侧的界面中单击【编辑自定义列表】按钮，如图 13-33 所示。

步骤 3 弹出【自定义序列】对话框，在【输入序列】文本框中输入如图 13-34 所示的序列，然后单击【添加】按钮。

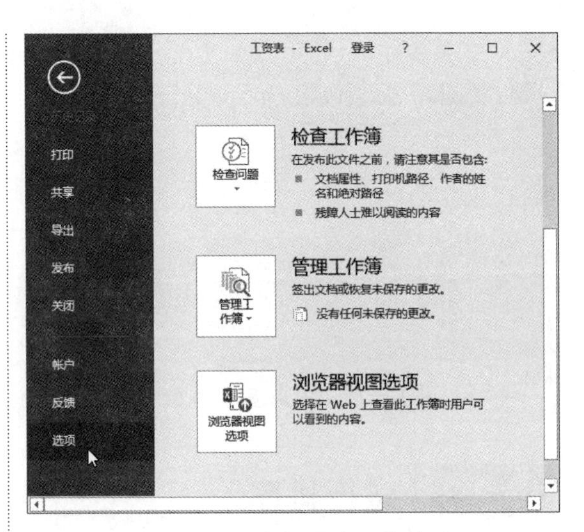

图 13-32　选择【选项】命令

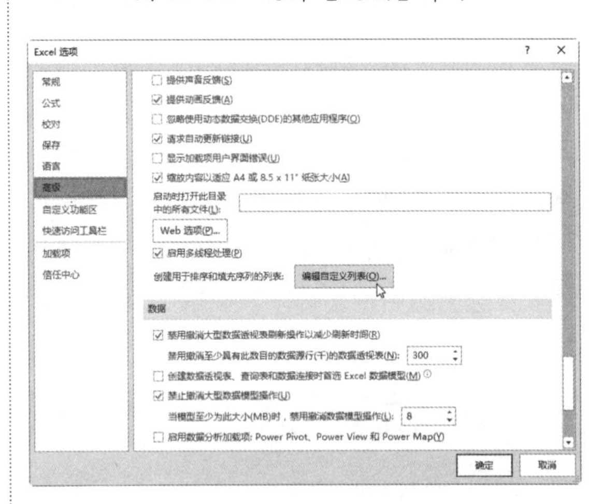

图 13-33　单击【编辑自定义列表】按钮

图 13-34　输入自定义的序列

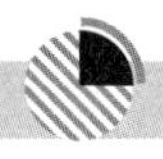

步骤 4 添加完成后，依次单击【确定】按钮，返回到工作表中，将光标定位在数据区域内的任意单元格，在【数据】选项卡中，单击【排序和筛选】组中的【排序】按钮，如图 13-35 所示。

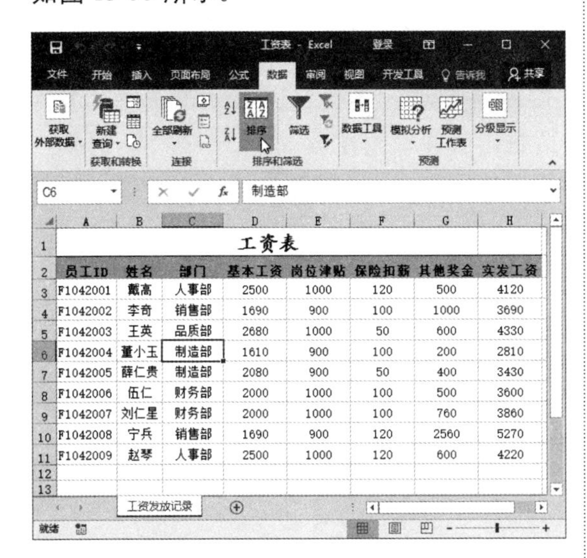

	A	B	C	D	E	F	G	H
1	工资表							
2	员工ID	姓名	部门	基本工资	岗位津贴	保险扣薪	其他奖金	实发工资
3	F1042001	戴高	人事部	2500	1000	120	500	4120
4	F1042002	李奇	销售部	1690	900	100	1000	3690
5	F1042003	王英	品质部	2680	1000	50	600	4330
6	F1042004	董小玉	制造部	1610	900	100	200	2810
7	F1042005	薛仁贵	制造部	2080	900	50	400	3430
8	F1042006	伍仁	财务部	2000	1000	100	500	3600
9	F1042007	刘仁星	财务部	2000	1000	100	760	3860
10	F1042008	宁兵	销售部	1690	900	120	2560	5270
11	F1042009	赵琴	人事部	2500	1000	120	600	4220
12								
13								

图 13-35 单击【排序】按钮

步骤 5 弹出【排序】对话框，单击【主要关键字】右侧的下拉按钮，在弹出的下拉列表中选择【部门】选项，然后在【次序】的下拉列表中选择【自定义序列】选项，如图 13-36 所示。

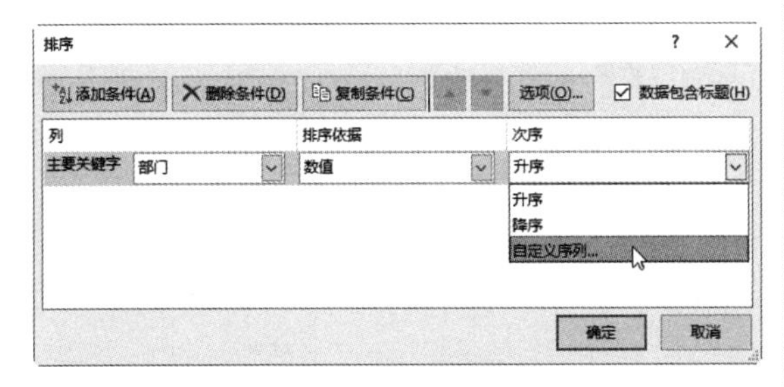

图 13-36 设置【主要关键字】的排序条件

步骤 6 弹出【自定义序列】对话框，在【自定义序列】列表框中选择相应的序列，然后单击【确定】按钮，如图 13-37 所示。

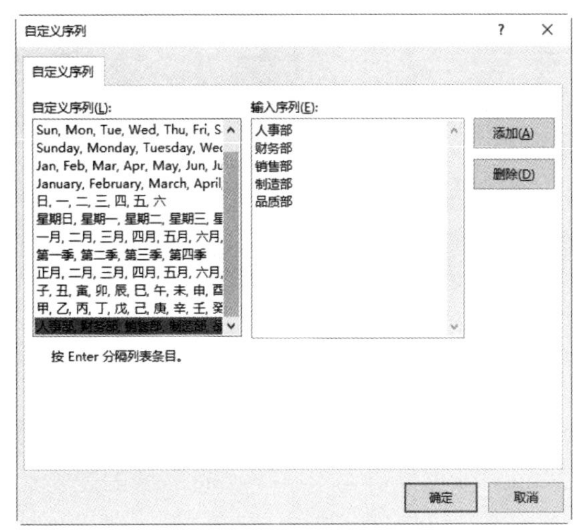

图 13-37 选择自定义序列

步骤 7 返回到【排序】对话框，可以看到【次序】的下拉列表框已经设置为自定义的序列，单击【确定】按钮，如图 13-38 所示。

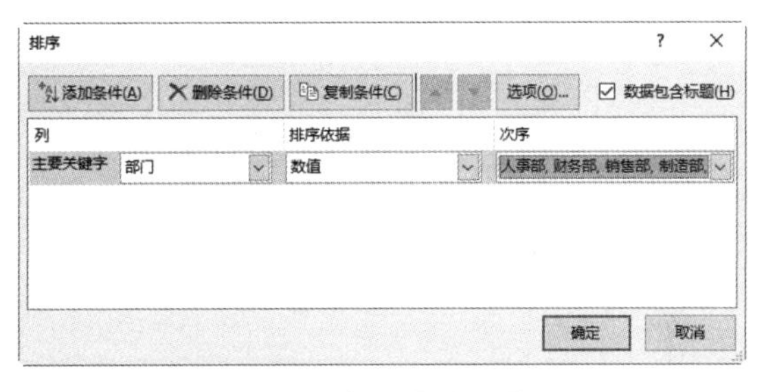

图 13-38 单击【确定】按钮

步骤 8 此时系统将按照自定义的序列对数据进行排序，如图 13-39 所示。

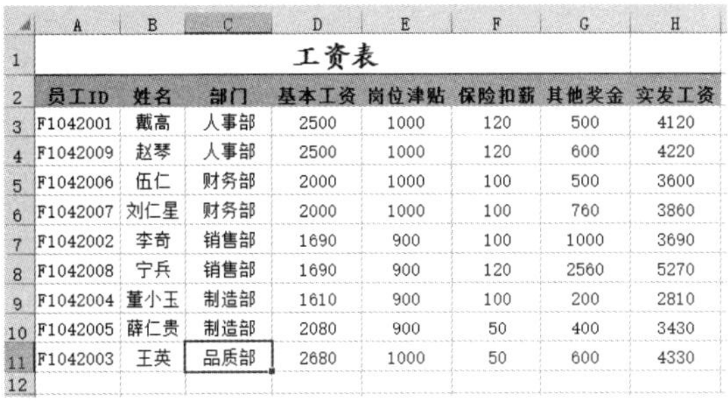

	A	B	C	D	E	F	G	H
1	工资表							
2	员工ID	姓名	部门	基本工资	岗位津贴	保险扣薪	其他奖金	实发工资
3	F1042001	戴高	人事部	2500	1000	120	500	4120
4	F1042009	赵琴	人事部	2500	1000	120	600	4220
5	F1042006	伍仁	财务部	2000	1000	100	500	3600
6	F1042007	刘仁星	财务部	2000	1000	100	760	3860
7	F1042002	李奇	销售部	1690	900	100	1000	3690
8	F1042008	宁兵	销售部	1690	900	120	2560	5270
9	F1042004	董小玉	制造部	1610	900	100	200	2810
10	F1042005	薛仁贵	制造部	2080	900	50	400	3430
11	F1042003	王英	品质部	2680	1000	50	600	4330
12								

图 13-39 完成自定义排序

13.3 高效办公技能实战

13.3.1 使用通配符筛选数据

通常情况下，通配符“?”表示任意一个字符，“*”表示任意多个字符。“?”和“*”都需要在英文输入状态下输入。使用通配符可以对数据进行筛选。下面将品牌名是两个字，且以“海”开头的销售记录筛选出来，具体的操作步骤如下。

步骤 1 打开随书光盘中的“素材\ch13\销售表.xlsx”文件，将光标定位在数据区域内任意单元格，在【数据】选项卡中，单击【排序和筛选】组中的【筛选】按钮，进入自动筛选状态。然后单击【品牌】列右侧的下三角按钮，在弹出的下拉菜单中依次选择【文本筛选】→【自定义筛选】命令，如图 13-40 所示。

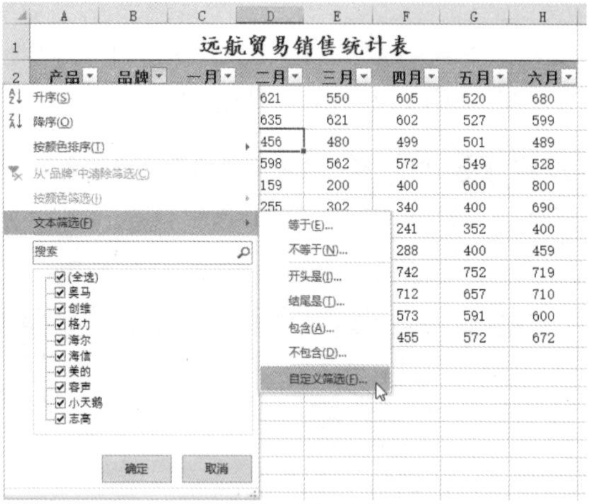

图 13-40 选择【自定义筛选】命令

步骤 2 弹出【自定义自动筛选方式】对话框，在【品牌】区域第一栏右侧的框中输入“海?”，然后单击【确定】按钮，如图 13-41 所示。

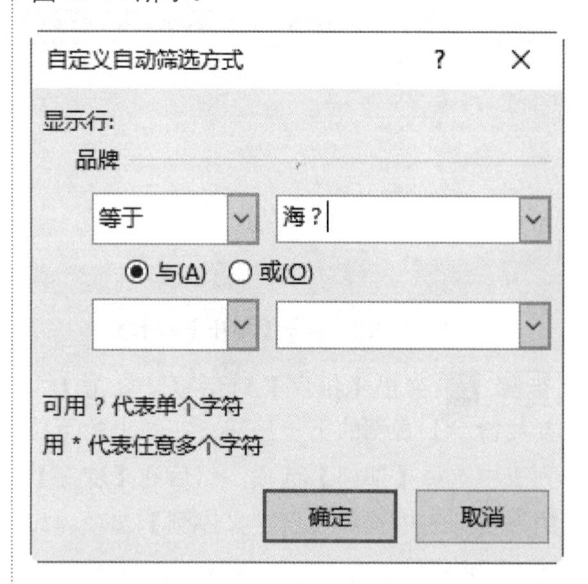

图 13-41 设置筛选条件

步骤 3 此时系统将筛选出符合条件的销售记录，如图 13-42 所示。

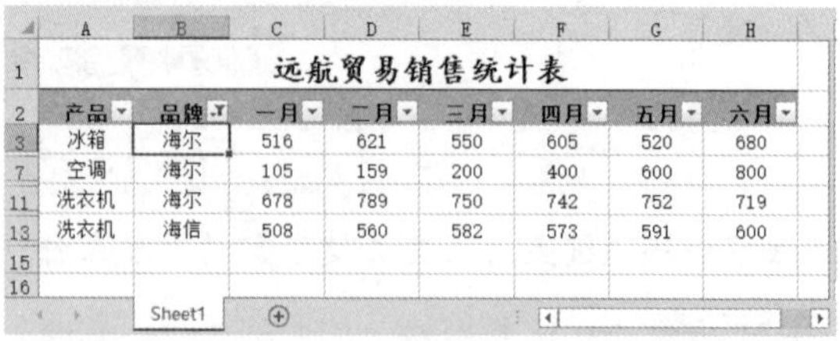

远航贸易销售统计表

产品	品牌	一月	二月	三月	四月	五月	六月
冰箱	海尔	516	621	550	605	520	680
空调	海尔	105	159	200	400	600	800
洗衣机	海尔	678	789	750	742	752	719
洗衣机	海信	508	560	582	573	591	600

图 13-42 筛选出符合条件的记录

13.3.2 让表中序号不参与排序

有些统计表中的第一列是序号，在对该表格进行数据排序时，如果不想让表格中的序号

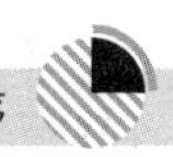

列参与排序，就可以采用以下方法。

步骤 1 打开随书光盘中的“素材\ch13\员工工资统计表.xlsx”文件，如图 13-43 所示。

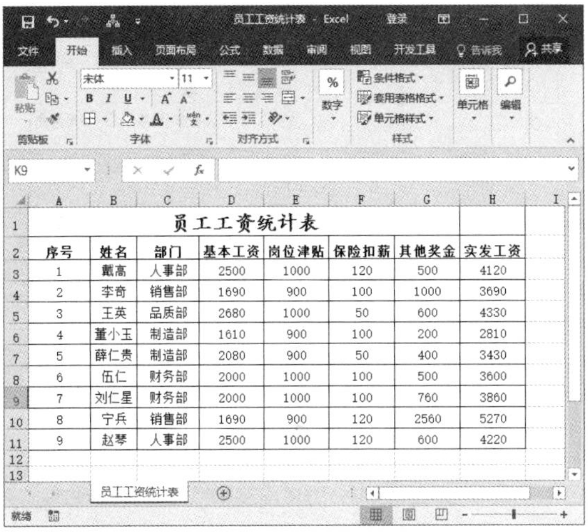

员工工资统计表
序号	姓名	部门	基本工资	岗位津贴	保险扣薪	其他奖金	实发工资
1	戴高	人事部	2500	1000	120	500	4120
2	李奇	销售部	1690	900	100	1000	3690
3	王英	品质部	2680	1000	50	600	4330
4	董小玉	制造部	1610	900	100	200	2810
5	薛仁贵	制造部	2080	900	50	400	3430
6	伍仁	财务部	2000	1000	100	500	3600
7	刘仁星	财务部	2000	1000	100	760	3860
8	宁兵	销售部	1690	900	120	2560	5270
9	赵琴	人事部	2500	1000	120	600	4220
员工工资统计表

图 13-43　打开素材文件

步骤 2 插入空白列。选中单元格 B2，右击，从弹出的快捷菜单中选择【插入】命令，打开【插入】对话框，然后在【插入】选项组内选中【整列】单选按钮，如图 13-44 所示。

插入
插入
活动单元格右移(I)
活动单元格下移(D)
整行(R)
整列(C)
确定
取消

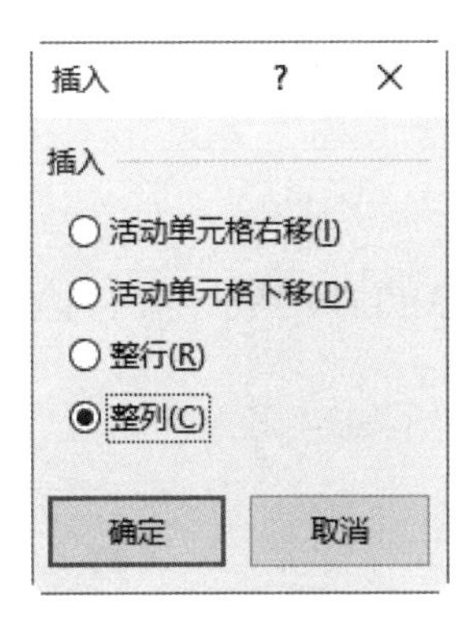

图 13-44　【插入】对话框

步骤 3 单击【确定】按钮，即可在 A 列和 B 列之间插入一列，如图 13-45 所示。

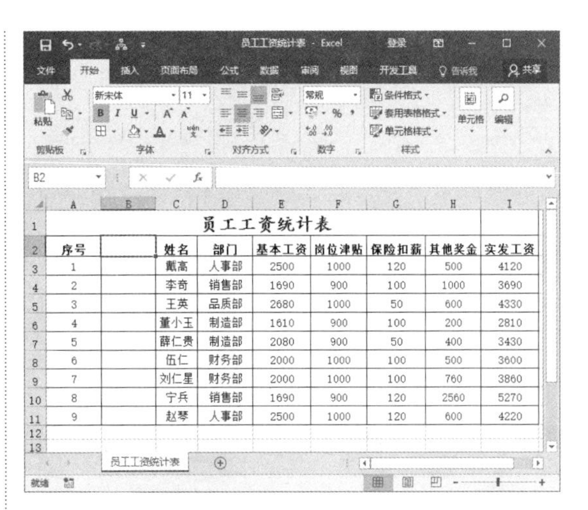

员工工资统计表
序号		姓名	部门	基本工资	岗位津贴	保险扣薪	其他奖金	实发工资
1		戴高	人事部	2500	1000	120	500	4120
2		李奇	销售部	1690	900	100	1000	3690
3		王英	品质部	2680	1000	50	600	4330
4		董小玉	制造部	1610	900	100	200	2810
5		薛仁贵	制造部	2080	900	50	400	3430
6		伍仁	财务部	2000	1000	100	500	3600
7		刘仁星	财务部	2000	1000	100	760	3860
8		宁兵	销售部	1690	900	120	2560	5270
9		赵琴	人事部	2500	1000	120	600	4220
员工工资统计表

图 13-45　插入空白列

步骤 4 选中需要排序的数据区域，例如选中 E3:E11 单元格区域，然后单击【数据】选项卡【排序和筛选】组中的【排序】按钮，弹出【排序提醒】对话框，在其中选中【以当前选定区域排序】单选按钮，如图 13-46 所示。

排序提醒
Microsoft Excel 发现在选定区域旁边还有数据。该数据未被选择，将不参加排序。
给出排序依据
扩展选定区域(E)
以当前选定区域排序(C)
排序(S)...
取消

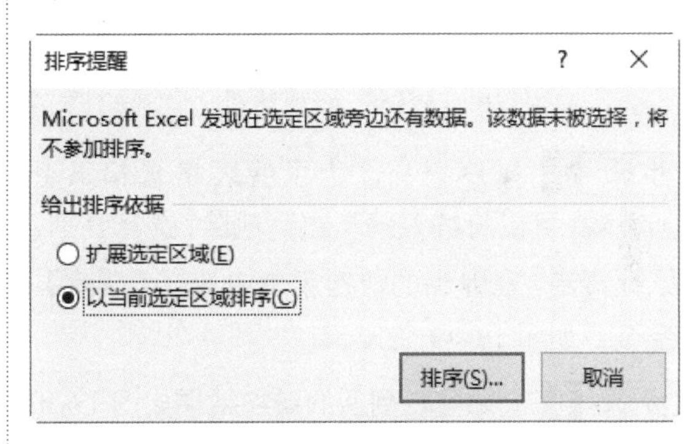

图 13-46　【排序提醒】对话框

步骤 5 单击【排序】按钮，打开【排序】对话框，设置排序的【主要关键字】为【基本工资】，【排序依据】为【数值】，【次序】为【降序】，如图 13-47 所示。

步骤 6 单击【确定】按钮，返回到工作表中，即可对表中的基本工资列数据进行从高到低的顺序排序。此时可发现“序号”一列并未参与排序，如图 13-48 所示。

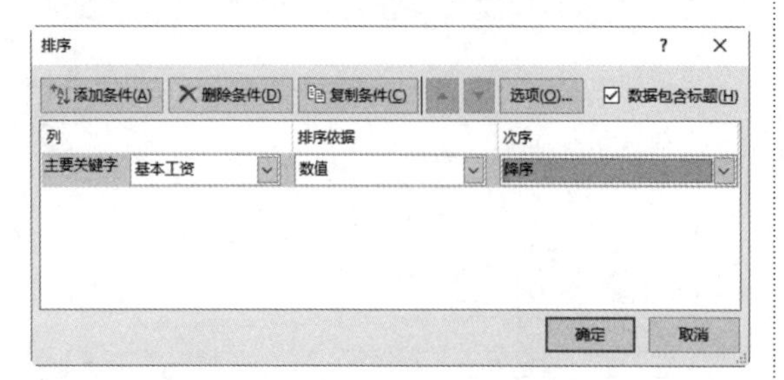

图 13-47 【排序】对话框

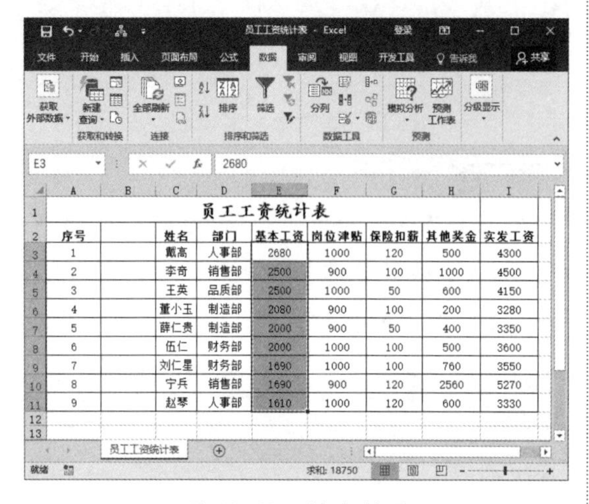

图 13-48 排序结果

步骤 7 排序之后，为了使表格看起来更加美观，可以将插入的空白列删除，选择B列，鼠标右击，在弹出的快捷菜单中选择【删除】命令，如图 13-49 所示。

步骤 8 删除空白列后的最终结果如图 13-50 所示。

图 13-49 选择【删除】命令

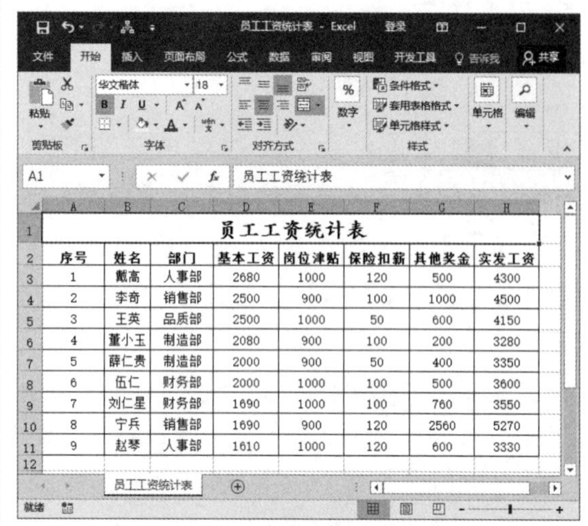

图 13-50 最终排序结果

13.4 高手解惑

问：如何将高级筛选的结果输出到其他的工作表中呢？

高手：如果要将高级筛选的结果输出到其他工作表中，首先需要切换至进行高级筛选的工作表，然后在【数据】选项卡下的【排序和筛选】组中，单击【高级】按钮，弹出【高级筛选】对话框，选中【将筛选结果复制到其他位置】单选按钮，在【列表区域】、【条件区域】以及【复

制到】区域中分别输入相应的内容后，最后单击【确定】按钮即可。

问：在数据透视图中，如何根据具体的数值实现数据的筛选呢？

高手：首先选中数据透视图，然后在【数据透视表字段列表】窗格中单击【销售量】字段右侧的下三角按钮，从弹出的下拉菜单中选择【值筛选】菜单下的【小于】命令，弹出【值筛选】对话框。在【显示符合以下条件的项目】组合框中的相应文本框中输入用于筛选的数值，最后单击【确定】按钮返回工作表中，即可看到数据的筛选结果。

条件格式与数据的有效性

- **本章导读**

在 Excel 中，使用条件格式可以方便、快捷地将符合要求的数据突出显示，从而使工作表中的数据一目了然。另外，为了避免输入错误，Excel 提供了数据有效性的功能。该功能可以提示用户如何输入、显示输错后的警告，以及以下拉列表的形式帮助用户选择数据。本章将为读者介绍如何使用条件格式与数据的有效性。

- **学习目标**

◎ 掌握条件格式的使用
◎ 掌握使用单元格效果的方法
◎ 掌握使用单元格数据条的方法
◎ 掌握设置数据有效性的方法
◎ 掌握检测数据有效性的方法

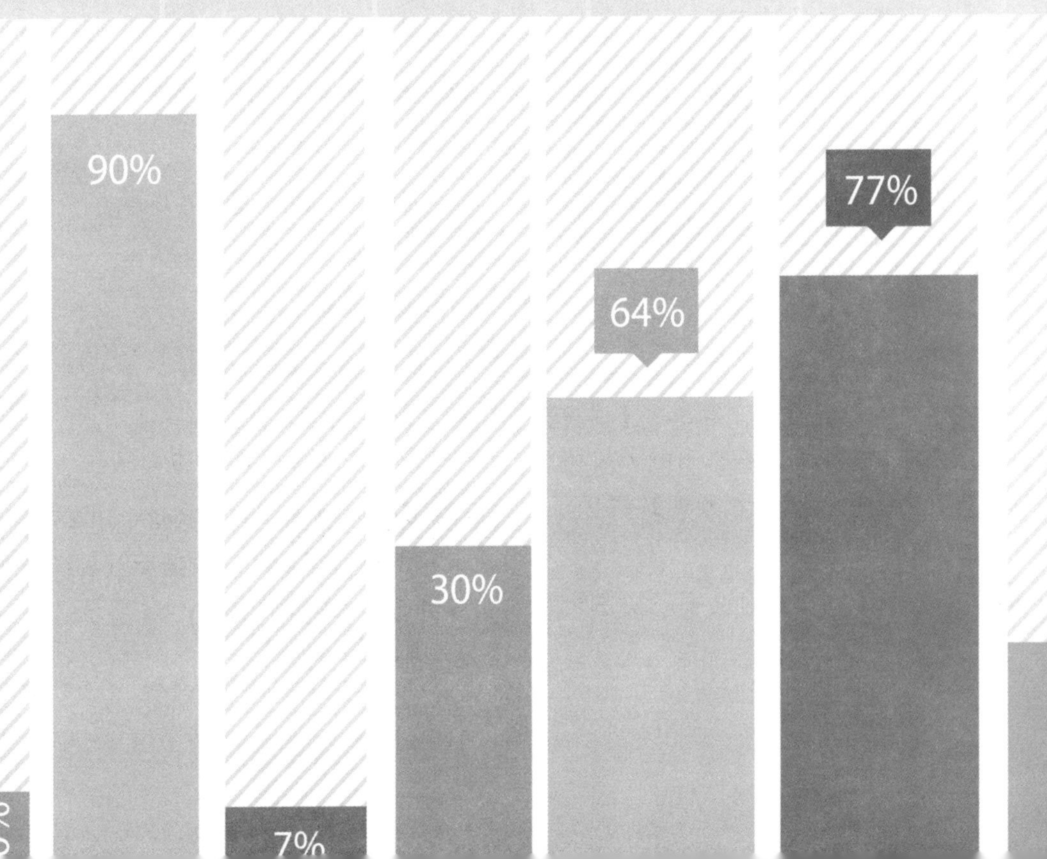

14.1 使用条件格式

在 Excel 2016 中使用条件格式可以将符合条件的数据突出显示出来。条件格式是指基于条件来更改单元格的格式，即当选中的单元格符合条件时，系统会自动应用预先设置的格式；若不符合条件，则不改变当前的格式。

14.1.1 设定条件格式

下面设置销售表的条件格式。将 6 个月份中销售量大于 500 的数据突出显示出来。具体的操作步骤如下。

步骤 1 打开随书光盘中的“素材 \ch14\ 销售表 .xlsx”文件，选中单元格区域 C3:H14，如图 14-1 所示。

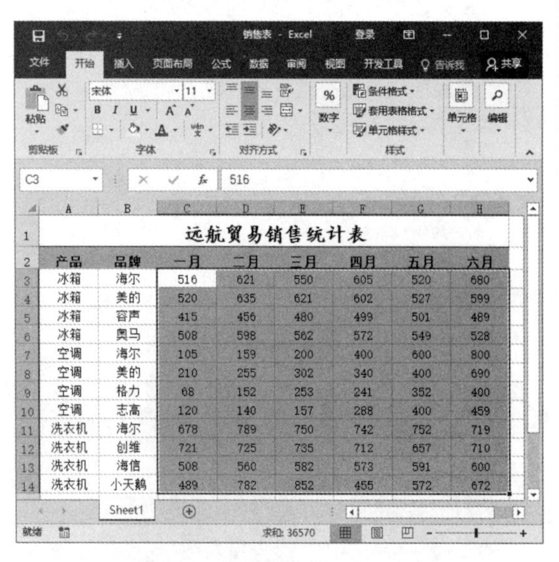

远航贸易销售统计表							
产品	品牌	一月	二月	三月	四月	五月	六月
冰箱	海尔	516	621	550	605	520	680
冰箱	美的	520	635	621	602	527	599
冰箱	容声	415	456	480	499	501	489
冰箱	奥马	508	598	562	572	549	528
空调	海尔	105	159	200	400	600	800
空调	美的	210	255	302	340	400	690
空调	格力	68	152	253	241	352	400
空调	志高	120	140	157	288	400	459
洗衣机	海尔	678	789	750	742	752	719
洗衣机	创维	721	725	735	712	657	710
洗衣机	海信	508	560	582	573	591	600
洗衣机	小天鹅	489	782	852	455	572	672

图 14-1　选中单元格区域

步骤 2 在【开始】选项卡中单击【样式】组的【条件格式】按钮，在弹出的下拉菜单中依次选择【突出显示单元格规则】→【大于】命令，如图 14-2 所示。

步骤 3 弹出【大于】对话框，在左侧的文本框内输入“500”，单击【设置为】右侧的下拉按钮，在弹出的下拉列表中选择【浅红填充色深红色文本】选项，单击【确定】按钮，如图 14-3 所示。

图 14-2　选择条件格式

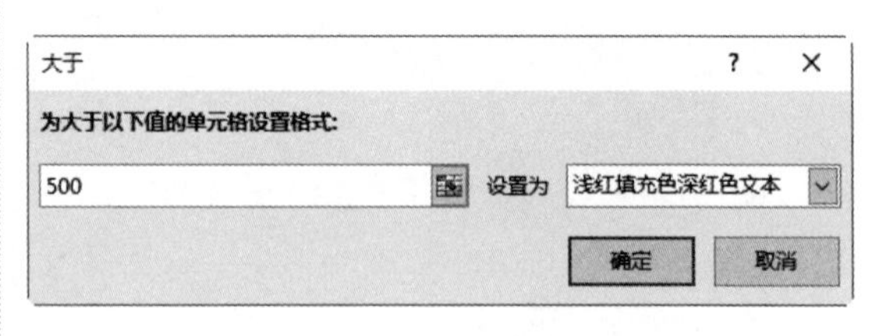

图 14-3　【大于】对话框

步骤 4 此时选中的区域将应用条件格式，单元格的值大于 500 的数据都以浅红填充并以深红色文本显示，如图 14-4 所示。

产品	品牌	一月	二月	三月	四月	五月	六月
冰箱	海尔	516	621	550	605	520	680
冰箱	美的	520	635	621	602	527	599
冰箱	容声	415	456	480	499	501	489
冰箱	奥马	508	598	562	572	549	528
空调	海尔	105	159	200	400	600	800
空调	美的	210	255	302	340	400	690
空调	格力	68	152	253	241	352	400
空调	志高	120	140	157	288	400	459
洗衣机	海尔	678	789	750	742	752	719
洗衣机	创维	721	725	735	712	657	710
洗衣机	海信	508	560	582	573	591	600
洗衣机	小天鹅	489	782	852	455	572	672

远航贸易销售统计表

图 14-4 应用条件格式

提示 以上只是条件格式中的其中一项格式规则，用户还可设置数据条、色阶或图标集等条件格式。

14.1.2 管理条件格式

选中设置条件格式的区域，在【开始】选项卡中，单击【样式】组中的【条件格式】按钮，在弹出的下拉菜单中选择【管理规则】命令，如图 14-5 所示。

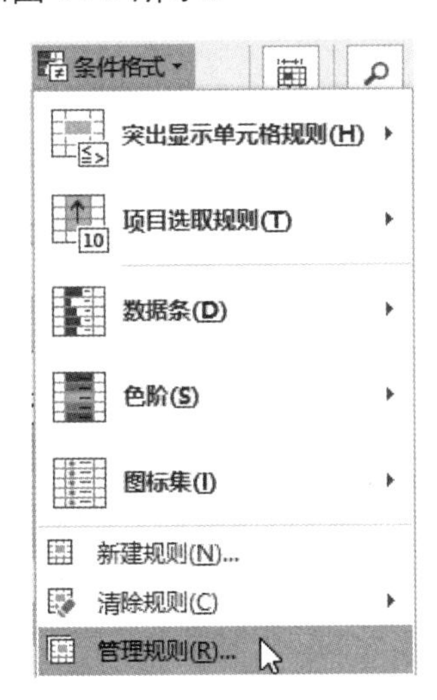

图 14-5 管理规则

弹出【条件格式规则管理器】对话框，在该对话框中列出了所选区域的条件格式，单击上面的【新建规则】、【编辑规则】和【删除规则】按钮，即可新建、编辑和删除设置的条件规则，如图 14-6 所示。

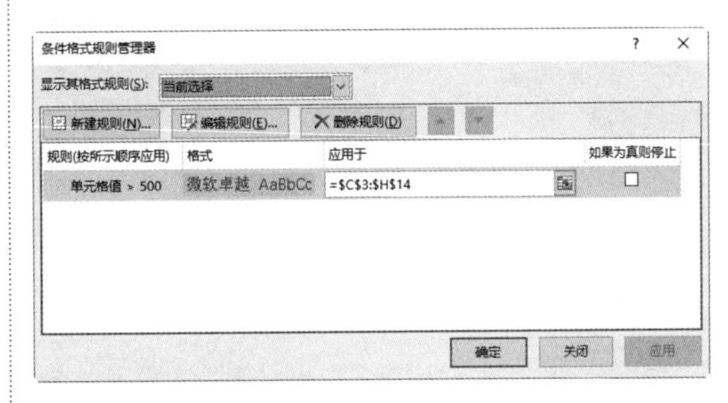

图 14-6 【条件格式规则管理器】对话框

14.1.3 清除条件格式

若要清除条件格式，在图 14-6 的对话框中选中要清除的某个条件规则，单击【删除规则】按钮，即可将其删除。此外，选择设置条件格式的区域，在【开始】选项卡中，单击【样式】组中的【条件格式】按钮，在弹出的下拉列表中选择【清除规则】选项，在其子列表中选择【清除所选单元格的规则】选项，即可清除选中区域中的条件规则；若选择【清除整个工作表的规则】选项，则可清除此工作表中设置的所有条件规则，如图 14-7 所示。

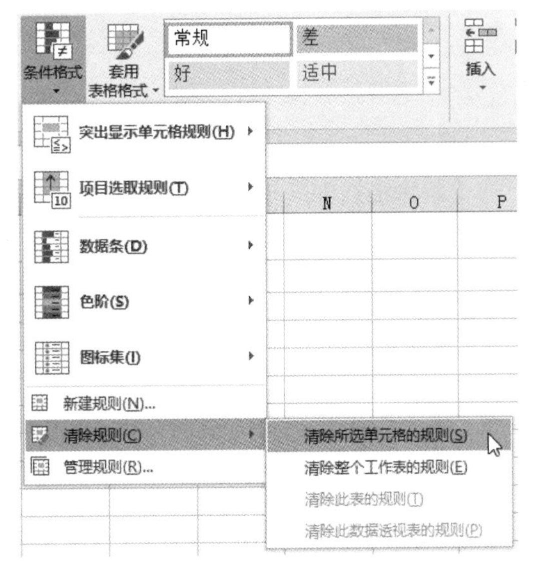

图 14-7 清除规则

14.2 突出显示单元格效果

使用 Excel 2016 的条件格式可以突出显示符合条件规则的单元格或单元格区域。例如在一个学生成绩统计表中使用条件格式可以突出显示成绩不及格的学生。

14.2.1 突出显示成绩不及格的学生

假设成绩低于 70 分是不及格，那么突出显示这些成绩不及格的学生的具体操作步骤如下。

步骤 1 打开随书光盘中的“素材\ch14\二(5)班期中成绩表.xlsx”文件，选中单元格区域 B3:D15，如图 14-8 所示。

	A	B	C	D	E	F
1	二(5)班期中成绩表					
2	姓名	语文	数学	英语	总成绩	
3	赵鹏	95	95	82	272	
4	周方	85	100	94	279	
5	李丹	92	86	89	267	
6	刘小星	68	78	85	231	
7	皮帅帅	75	69	78	222	
8	杨青	91	82	91	264	
9	周波	90	81	98	269	
10	王荷芳	89	95	79	263	
11	李依晓	76	93	85	254	
12	赵小义	86	97	92	275	
13	李粟	92	85	78	255	
14	刘佳佳	98	79	85	262	
15	李伟	99	85	95	279	
16						

Sheet1

图 14-8 选中单元格区域

步骤 2 在【开始】选项卡中，单击【样式】组的【条件格式】按钮，在弹出的下拉菜单中依次选择【突出显示单元格规则】→【小于】命令，如图 14-9 所示。

步骤 3 弹出【小于】对话框，在左侧的框内输入“70”，单击【设置为】右侧的下拉按钮，在弹出的下拉列表中选择【绿填充色深绿色文本】选项，单击【确定】按钮，如图 14-10 所示。

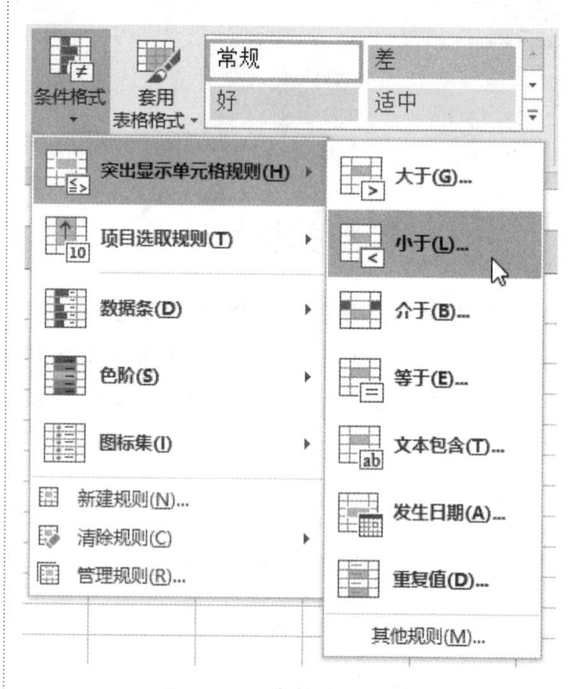

图 14-9 选择条件格式

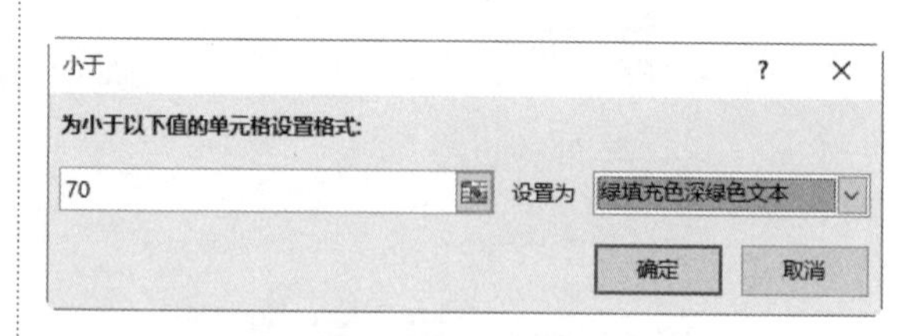

图 14-10 【小于】对话框

步骤 4 此时选中的区域已应用条件格式，突出显示了成绩不及格的学生，如图 14-11 所示。

	A	B	C	D	E	F
1	二(5)班期中成绩表					
2	姓名	语文	数学	英语	总成绩	
3	赵鹏	95	95	82	272	
4	周方	85	100	94	279	
5	李丹	92	86	89	267	
6	刘小星	68	78	85	231	
7	皮帅帅	75	69	78	222	
8	杨青	91	82	91	264	
9	周波	90	81	98	269	
10	王荷芳	89	95	79	263	
11	李依晓	76	93	85	254	
12	赵小乂	86	97	92	275	
13	李禀	92	85	78	255	
14	刘佳佳	98	79	85	262	
15	李伟	99	85	95	279	
16						

Sheet1

图 14-11　应用条件格式

14.2.2 突出显示本月的销售额

假设在销售表中存放着每个月份的销售记录，要突出显示当前月份的记录，具体的操作步骤如下。

步骤 1 打开随书光盘中的“素材\ch14\宜居连锁销售表.xlsx”文件，选中单元格区域 A3:A14，如图 14-12 所示。

	A	B	C	D	E	F	G
1	宜居连锁销售表						
2	时间	一分店	二分店	三分店	总销售额		
3	2016-1-1	516	621	550	1687		
4	2016-2-1	520	635	621	1776		
5	2016-3-1	415	456	480	1351		
6	2016-4-1	508	598	562	1668		
7	2016-5-1	105	159	200	464		
8	2016-6-1	210	255	302	767		
9	2016-7-1	68	152	253	473		
10	2016-8-1	120	140	157	417		
11	2016-9-1	678	789	750	2217		
12	2016-10-1	721	725	735	2181		
13	2016-11-1	562	524	255	1341		
14	2016-12-1	568	242	288	1098		

Sheet1

图 14-12　选中单元格区域

步骤 2 在【开始】选项卡中单击【样式】组的【条件格式】按钮，在弹出的下拉菜单中依次选择【突出显示单元格规则】→【发生日期】命令，如图 14-13 所示。

步骤 3 弹出【发生日期】对话框，单击左侧框的下拉按钮，在弹出的下拉列表中选择【本月】选项。使用同样的方法，在【设置为】的下拉列表中选择【浅红填充色深红色文本】选项，单击【确定】按钮，如图 14-14 所示。

图 14-13　选择条件格式

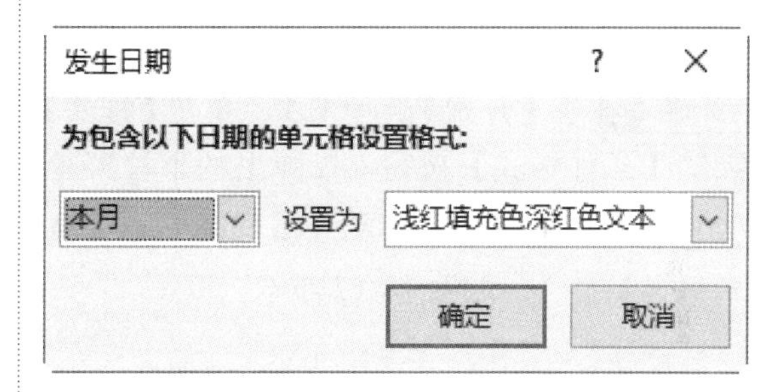

图 14-14　【发生日期】对话框

步骤 4 此时选中的区域已应用条件格式，突出显示了本月的销售记录，如图 14-15 所示。

	A	B	C	D	E	F	G
1	宜居连锁销售表						
2	时间	一分店	二分店	三分店	总销售额		
3	2016-1-1	516	621	550	1687		
4	2016-2-1	520	635	621	1776		
5	2016-3-1	415	456	480	1351		
6	2016-4-1	508	598	562	1668		
7	2016-5-1	105	159	200	464		
8	2016-6-1	210	255	302	767		
9	2016-7-1	68	152	253	473		
10	2016-8-1	120	140	157	417		
11	2016-9-1	678	789	750	2217		
12	2016-10-1	721	725	735	2181		
13	2016-11-1	562	524	255	1341		
14	2016-12-1	568	242	288	1098		

Sheet1

图 14-15　应用条件格式

14.2.3 突出显示姓名中包含“赵”的记录

下面将在成绩表中突出显示姓名中包含“赵”的记录。具体的操作步骤如下。

步骤 1 打开随书光盘中的“素材\ch14\二(5)班期中成绩表.xlsx”文件，选中单元格区域 A3:A15，如图 14-16 所示。

二(5)班期中成绩表				
姓名	语文	数学	英语	总成绩
赵鹏	95	95	82	272
周方	85	100	94	279
李丹	92	86	89	267
刘小星	68	78	85	231
皮帅帅	75	69	78	222
杨青	91	82	91	264
周波	90	81	98	269
王荷芳	89	95	79	263
李依晓	76	93	85	254
赵小义	86	97	92	275
李粟	92	85	78	255
刘佳佳	98	79	85	262
李伟	99	85	95	279

图 14-16 选中单元格区域

步骤 2 在【开始】选项卡中，单击【样式】组的【条件格式】按钮，在弹出的下拉菜单中依次选择【突出显示单元格规则】→【文本包含】命令，如图 14-17 所示。

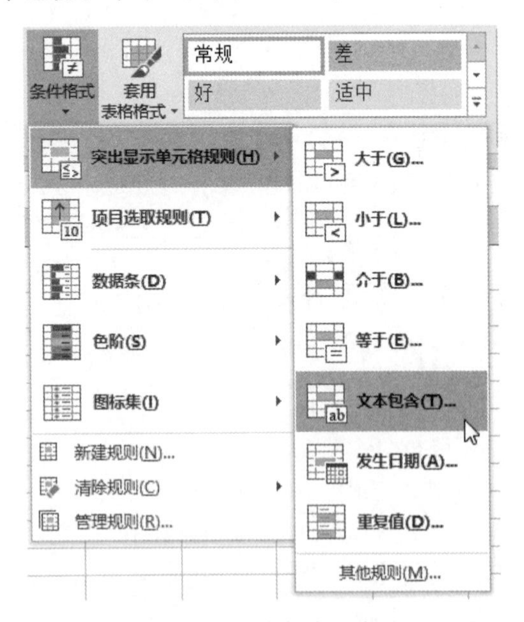

图 14-17 选择条件格式

步骤 3 弹出【文本中包含】对话框，在左侧框内输入“赵”，单击【设置为】右侧的下拉按钮，在弹出的下拉列表中选择【黄填充色深黄色文本】选项，单击【确定】按钮，如图 14-18 所示。

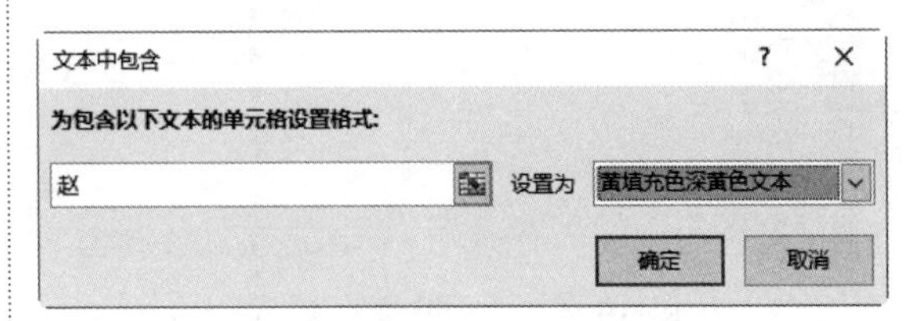

图 14-18 【文本中包含】对话框

步骤 4 此时选中的区域已应用条件格式，突出显示了姓名中包含“赵”的文本，如图 14-19 所示。

二(5)班期中成绩表				
姓名	语文	数学	英语	总成绩
赵鹏	95	95	82	272
周方	85	100	94	279
李丹	92	86	89	267
刘小星	68	78	85	231
皮帅帅	75	69	78	222
杨青	91	82	91	264
周波	90	81	98	269
王荷芳	89	95	79	263
李依晓	76	93	85	254
赵小义	86	97	92	275
李粟	92	85	78	255
刘佳佳	98	79	85	262
李伟	99	85	95	279

图 14-19 应用条件格式

14.2.4 突出显示 10 个高分的学生

下面将在成绩表中突出显示总成绩排名前 10 的学生，具体的操作步骤如下。

步骤 1 打开随书光盘中的“素材\ch14\二(5)班期中成绩表.xlsx”文件，选中单元格区域 E3:E15，如图 14-20 所示。

步骤 2 在【开始】选项卡中，单击【样式】组的【条件格式】按钮，在弹出的下拉菜单中依次选择【项目选取规则】→【前 10 项】

命令，如图 14-21 所示。

	A	B	C	D	E	F
1	二(5)班期中成绩表					
2	姓名	语文	数学	英语	总成绩	
3	赵鹏	95	95	82	272	
4	周方	85	100	94	279	
5	李丹	92	86	89	267	
6	刘小星	68	78	85	231	
7	皮帅帅	75	69	78	222	
8	杨青	91	82	91	264	
9	周波	90	81	98	269	
10	王荷芳	89	95	79	263	
11	李依晓	76	93	85	254	
12	赵小义	86	97	92	275	
13	李粟	92	85	78	255	
14	刘佳佳	98	79	85	262	
15	李伟	99	85	95	279	
16						

Sheet1

图 14-20　选中单元格区域

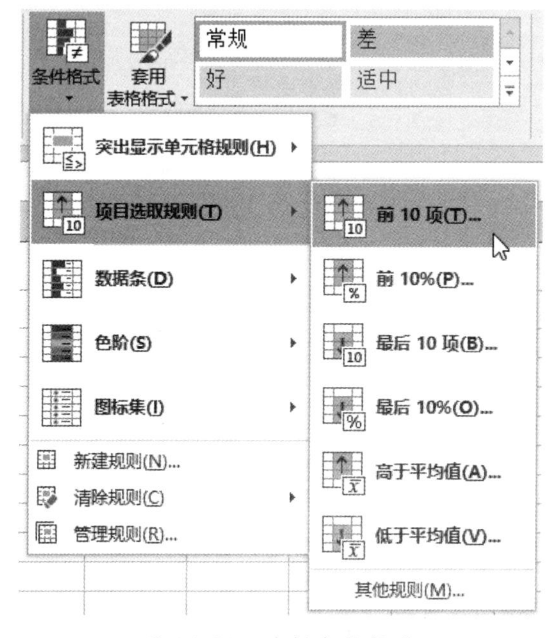

图 14-21　选择条件格式

步骤 3 弹出【前 10 项】对话框，保持默认选项不变，单击【确定】按钮，如图 14-22 所示。

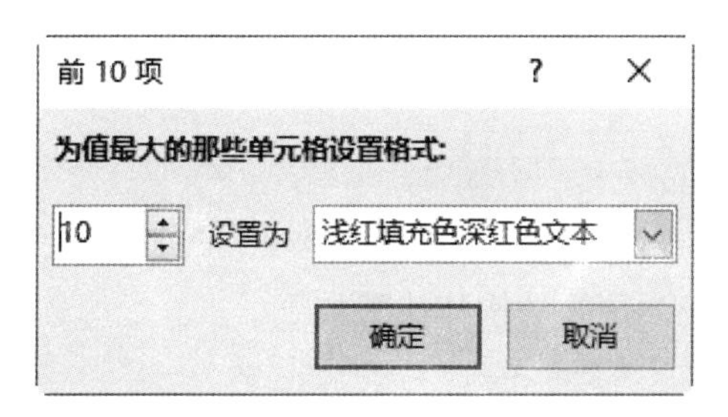

图 14-22　【前 10 项】对话框

步骤 4 此时选中的区域已应用条件格式，突出显示了总成绩排名前 10 的学生，如图 14-23 所示。

	A	B	C	D	E	F
1	二(5)班期中成绩表					
2	姓名	语文	数学	英语	总成绩	
3	赵鹏	95	95	82	272	
4	周方	85	100	94	279	
5	李丹	92	86	89	267	
6	刘小星	68	78	85	231	
7	皮帅帅	75	69	78	222	
8	杨青	91	82	91	264	
9	周波	90	81	98	269	
10	王荷芳	89	95	79	263	
11	李依晓	76	93	85	254	
12	赵小义	86	97	92	275	
13	李粟	92	85	78	255	
14	刘佳佳	98	79	85	262	
15	李伟	99	85	95	279	
16						

Sheet1

图 14-23　应用条件格式

提示

若在【前 10 项】对话框左侧的微调框内输入其他的值，例如“3”，系统将突出显示总成绩为前 3 名的学生。

14.2.5 突出显示高于平均分的学生

下面将在成绩表中突出显示总成绩高于平均分的学生。具体的操作步骤如下。

步骤 1 打开随书光盘中的“素材\ch14\二(5)班期中成绩表.xlsx”文件，选中单元格区域 E3:E15，如图 14-24 所示。

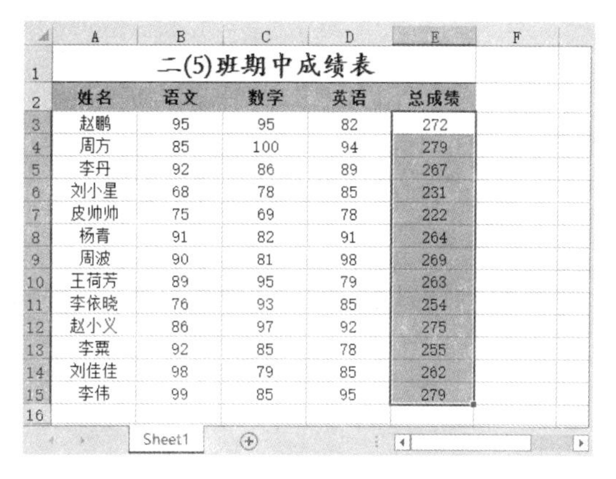

	A	B	C	D	E	F
1	二(5)班期中成绩表					
2	姓名	语文	数学	英语	总成绩	
3	赵鹏	95	95	82	272	
4	周方	85	100	94	279	
5	李丹	92	86	89	267	
6	刘小星	68	78	85	231	
7	皮帅帅	75	69	78	222	
8	杨青	91	82	91	264	
9	周波	90	81	98	269	
10	王荷芳	89	95	79	263	
11	李依晓	76	93	85	254	
12	赵小义	86	97	92	275	
13	李粟	92	85	78	255	
14	刘佳佳	98	79	85	262	
15	李伟	99	85	95	279	
16						

Sheet1

图 14-24　选中单元格区域

步骤 2 在【开始】选项卡中，单击【样式】组的【条件格式】按钮，在弹出的下拉菜单中依次选择【项目选取规则】→【高于平均值】命令，如图 14-25 所示。

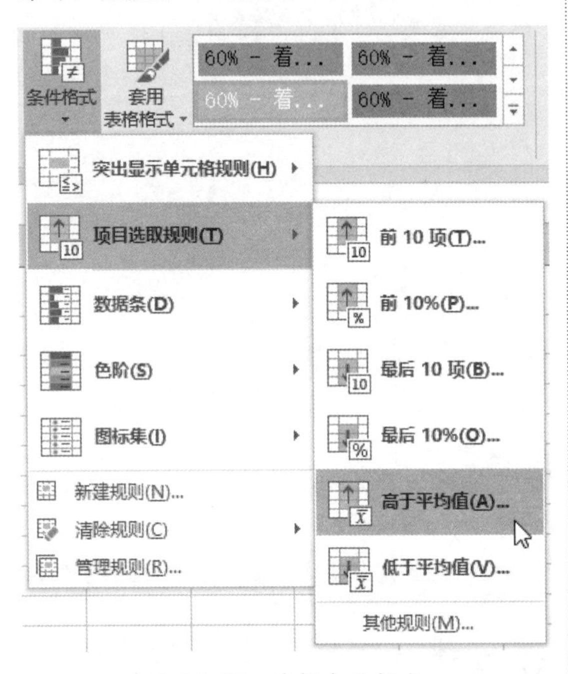

图 14-25 选择条件格式

步骤 3 弹出【高于平均值】对话框，单击【设置为】右侧的下拉按钮，在弹出的下拉列表中选择【浅红色填充】选项，单击【确定】按钮，如图 14-26 所示。

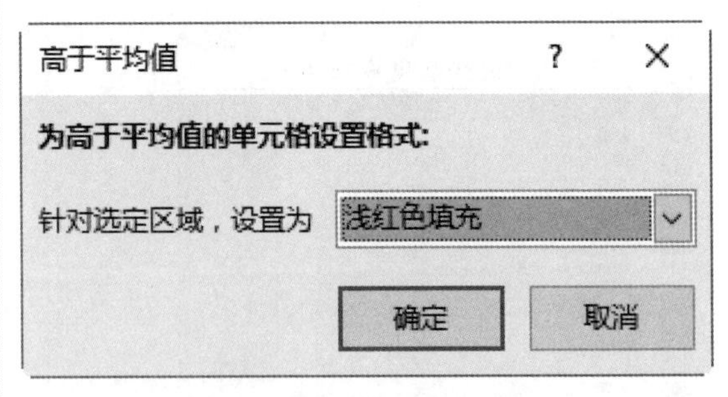

图 14-26 【高于平均值】对话框

步骤 4 此时选中的区域已应用条件格式，突出显示了总成绩高于平均分的学生，如图 14-27 所示。

二(5)班期中成绩表

姓名	语文	数学	英语	总成绩
赵鹏	95	95	82	272
周方	85	100	94	279
李丹	92	86	89	267
刘小星	68	78	85	231
皮帅帅	75	69	78	222
杨青	91	82	91	264
周波	90	81	98	269
王荷芳	89	95	79	263
李依晓	76	93	85	254
赵小义	86	97	92	275
李粟	92	85	78	255
刘佳佳	98	79	85	262
李伟	99	85	95	279

图 14-27 应用条件格式

14.3 套用单元格数据条格式

使用数据条，可以查看某个单元格相对于其他单元格的值。数据条的长度代表单元格中的值。数据条越长，表示单元格中的值越高；数据条越短，表示单元格中的值越低。在大量观察数据的较高值和较低值时，数据条尤其有用。

14.3.1 用蓝色数据条显示成绩

下面将在成绩表中用蓝色数据条突出显示总成绩，具体的操作步骤如下。

步骤 1 打开随书光盘中的“素材\ch14\二(5)班期中成绩表.xlsx”文件，选中单元格区域 E3:E15，在【开始】选项卡中，单击【样式】组的【条件格式】按钮，在弹出的下拉列表中依次选择【数据条】→【蓝色数据条】选项，如图 14-28 所示。

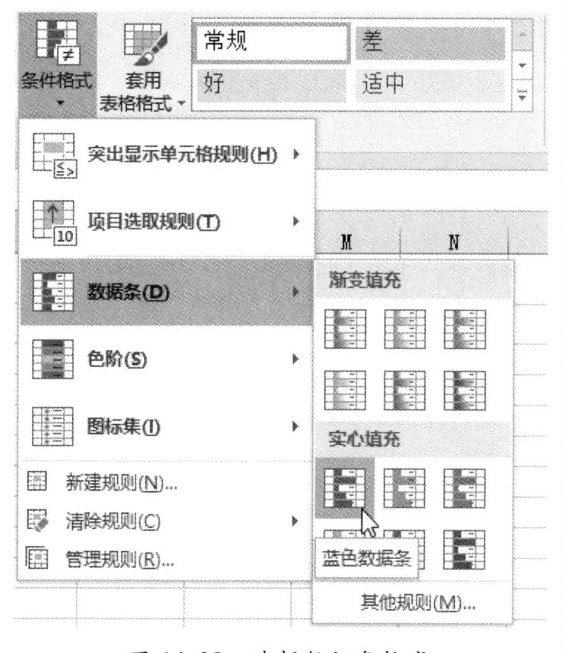

图 14-28　选择数据条格式

步骤 2 此时总成绩已以蓝色数据条显示，并且成绩越高，数据条越长，如图 14-29 所示。

	A	B	C	D	E	F
1	二(5)班期中成绩表					
2	姓名	语文	数学	英语	总成绩	
3	赵鹏	95	95	82	272	
4	周方	85	100	94	279	
5	李丹	92	86	89	267	
6	刘小星	68	78	85	231	
7	皮帅帅	75	69	78	222	
8	杨青	91	82	91	264	
9	周波	90	81	98	269	
10	王荷芳	89	95	79	263	
11	李依晓	76	93	85	254	
12	赵小乂	86	97	92	275	
13	李粟	92	85	78	255	
14	刘佳佳	98	79	85	262	
15	李伟	99	85	95	279	
16						

Sheet1

图 14-29　应用数据条格式

14.3.2 用红色数据条显示工资

下面将在工资表中用红色数据条突出显示实发工资。具体的操作步骤如下。

步骤 1 打开随书光盘中的“素材\ch14\工资表.xlsx”文件，选中单元格区域 H3:H11，在【开始】选项卡中，单击【样式】组的【条件格式】按钮，在弹出的下拉列表中依次选择【数据条】→【红色数据条】选项，如图 14-30 所示。

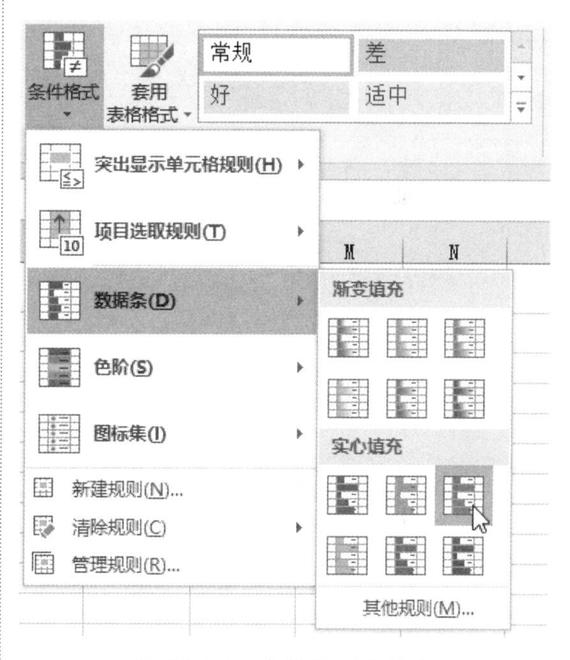

图 14-30　选择数据条格式

步骤 2 此时实发工资已以红色数据条显示，并且工资越高，数据条越长，如图 14-31 所示。

	A	B	C	D	E	F	G	H
1	工资表							
2	员工ID	姓名	部门	基本工资	岗位津贴	保险扣薪	其他奖金	实发工资
3	F1042001	戴高	人事部	2500	1000	120	500	4120
4	F1042002	李奇	销售部	1690	900	100	1000	3690
5	F1042003	王英	品质部	2680	1000	50	600	4330
6	F1042004	董小玉	制造部	1610	900	100	200	2810
7	F1042005	薛仁贵	制造部	2080	900	50	400	3430
8	F1042006	伍仁	财务部	2000	1000	100	500	3600
9	F1042007	刘仁星	财务部	2000	1000	100	760	3860
10	F1042008	宁兵	销售部	1690	900	120	2560	5270
11	F1042009	赵琴	人事部	2500	1000	120	600	4220
12								

图 14-31　应用数据条格式

14.4 套用单元格颜色格式

颜色刻度作为一种直观的指示，可以让用户了解数据的分布和变化。

14.4.1 用绿－黄－红颜色显示成绩

下面将在成绩表中用“绿－黄－红”颜色突出显示成绩。具体的操作步骤如下。

步骤 1 打开随书光盘中的“素材\ch14\二(5)班期中成绩表.xlsx”文件，选中单元格区域B3:D15，在【开始】选项卡中，单击【样式】组的【条件格式】按钮，在弹出的下拉列表中依次选择【色阶】→【绿－黄－红色阶】选项，如图14-32所示。

步骤 2 此时选定的区域已以“绿－黄－红”色阶显示，如图14-33所示。

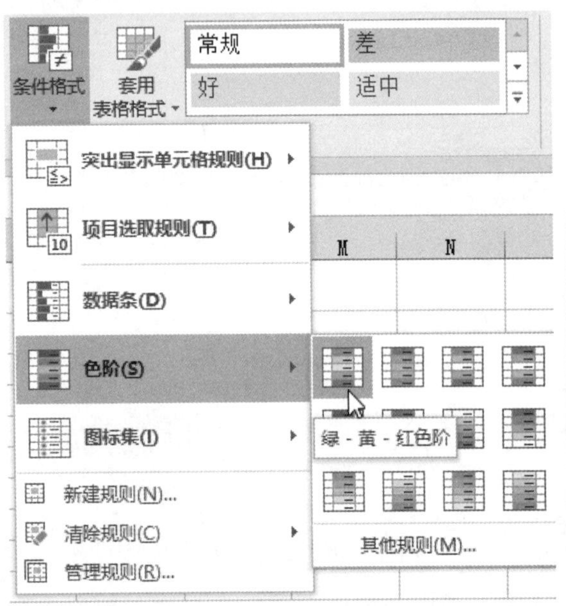

图 14-32 选择色阶样式

二(5)班期中成绩表

姓名	语文	数学	英语	总成绩
赵鹏	95	95	82	272
周方	85	100	94	279
李丹	92	86	89	267
刘小星	68	78	85	231
皮帅帅	75	69	78	222
杨青	91	82	91	264
周波	90	81	98	269
王荷芳	89	95	79	263
李依晓	76	93	85	254
赵小义	86	97	92	275
李粟	92	85	78	255
刘佳佳	98	79	85	262
李伟	99	85	95	279

图 14-33 应用色阶样式

14.4.2 用红－白－蓝颜色显示工资

下面将在工资表中用“红－白－蓝”颜色突出显示工资。具体的操作步骤如下。

步骤 1 打开随书光盘中的“素材\ch14\工资表.xlsx”文件，选中单元格区域D3:G11，在【开始】选项卡中，单击【样式】组的【条件格式】按钮，在弹出的下拉列表中依次选择【色阶】→【红－白－蓝色阶】选项，如图14-34所示。

步骤 2 此时选定的区域已以“红－白－蓝”色阶显示，如图14-35所示。

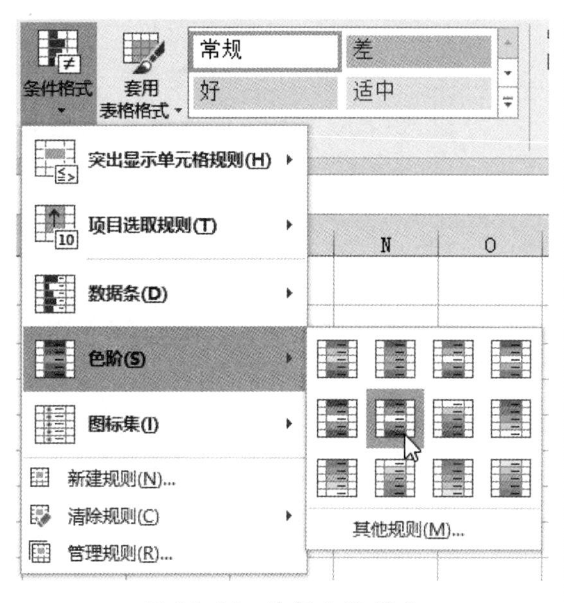

图 14-34　选择色阶样式

	A	B	C	D	E	F	G	H
1	工资表							
2	员工ID	姓名	部门	基本工资	岗位津贴	保险扣薪	其他奖金	实发工资
3	F1042001	戴高	人事部	2500	1000	120	500	4120
4	F1042002	李奇	销售部	1690	900	100	1000	3690
5	F1042003	王英	品质部	2680	1000	80	600	4330
6	F1042004	董小玉	制造部	1610	900	100	200	2810
7	F1042005	薛仁贵	制造部	2080	900	50	400	3430
8	F1042006	伍仁	财务部	2000	1000	100	500	3600
9	F1042007	刘仁星	财务部	2000	1000	100	760	3860
10	F1042008	宁兵	销售部	1690	900	120	2560	5270
11	F1042009	赵琴	人事部	2500	1000	120	600	4220
12								

图 14-35　应用色阶样式

14.4.3 用绿－黄颜色显示销售额

下面将在销售表中用“绿－黄”颜色突出显示销售额。具体的操作步骤如下。

步骤 1 打开随书光盘中的“素材\ch14\销售表.xlsx”文件，选中单元格区域 C3:H14，在【开始】选项卡中，单击【样式】组的【条件格式】按钮，在弹出的下拉列表中依次选择【色阶】→【绿－黄色阶】选项，如图 14-36 所示。

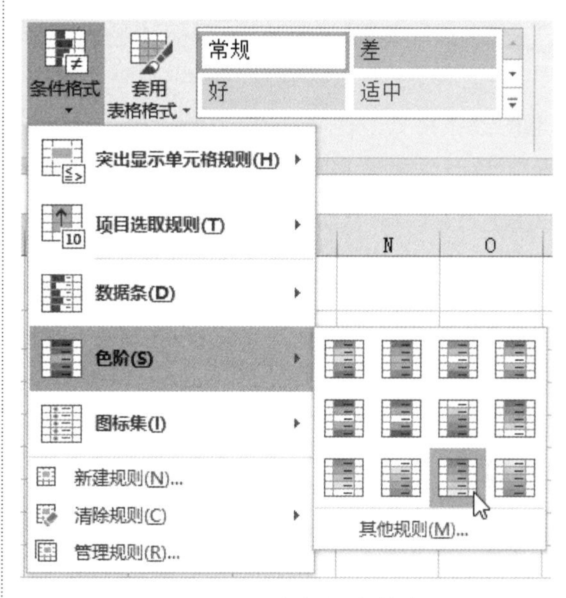

图 14-36　选择色阶样式

步骤 2 此时选定的区域已以“绿－黄”色阶显示，如图 14-37 所示。

	A	B	C	D	E	F	G	H	I
1	远航贸易销售统计表								
2	产品	品牌	一月	二月	三月	四月	五月	六月	
3	冰箱	海尔	516	621	550	605	520	680	
4	冰箱	美的	520	635	621	602	527	599	
5	冰箱	容声	415	456	480	499	501	489	
6	冰箱	奥马	508	598	562	572	549	528	
7	空调	海尔	105	159	200	400	600	800	
8	空调	美的	210	255	302	340	400	690	
9	空调	格力	68	152	253	241	352	400	
10	空调	志高	120	140	157	288	400	459	
11	洗衣机	海尔	678	789	750	742	752	719	
12	洗衣机	创维	721	725	735	712	657	710	
13	洗衣机	海信	508	560	582	573	591	600	
14	洗衣机	小天鹅	489	782	852	455	572	672	
15									

Sheet1

图 14-37　应用色阶样色

14.5 设置数据验证规则

Excel 2016 提供了数据验证功能，通过设置数据验证规则可以为单元格设置有效的数据范围，从而限制用户只能输入特定范围内的数据，极大地减小数据处理操作的复杂性，有效地预防输入错误的数据。

14.5.1 数据验证允许的数据格式类型

在【数据验证】对话框的【设置】选项卡中单击【允许】右侧的下拉按钮，在弹出的下拉列表中可以看到数据验证允许多种类型的数据格式，包括整数、小数、序列、日期等类型，如图 14-38 所示。

图 14-38 【允许】下拉列表

☆ 任何值：默认选项，对输入的数据不作任何限制，表示不使用数据验证。

☆ 整数：限定输入的数值必须是整数，还可限定整数的有效范围。例如，限制只能输入介于 1 到 100 之间的整数。

☆ 小数：限定输入的数值必须是数字或小数，还可限定数字或小数的范围。

☆ 序列：限定用户必须从指定的列表框中进行选择。

☆ 日期：限定输入的数据必须是日期，还可限定日期的有效范围。

☆ 时间：限定输入的数据必须是时间，还可限定时间的有效范围。

☆ 文本长度：限定数据的字符数（长度）。

☆ 自定义：使用自定义类型时，允许用户输入公式、表达式或引用其他单元格的计算值来限定输入数据的有效性。

14.5.2 设置员工工号的长度

假设员工工号由固定的 8 位字符与数字组成，通过设置工号的验证条件，在输入时可以限定位数，如果输入的位数不正确，系统就会给出错误的提示。具体的操作步骤如下。

步骤 1 打开随书光盘中的“素材\ch14\员工信息表.xlsx”文件，在【数据】选项卡中，单击【数据工具】组的【数据验证】按钮，如图 14-39 所示。

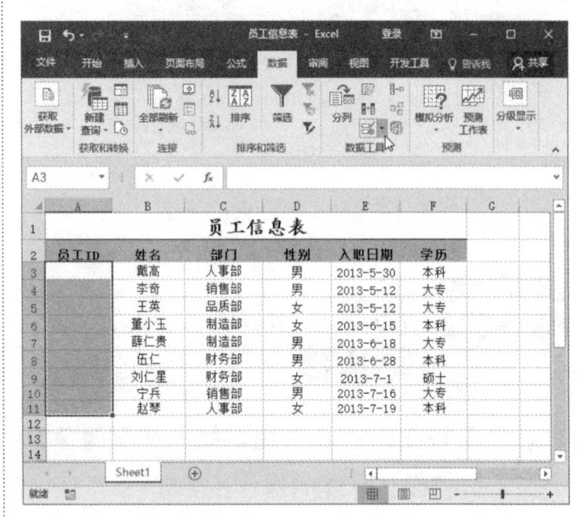

图 14-39 单击【数据验证】按钮

步骤 2 弹出【数据验证】对话框，在【验证条件】选项组中单击【允许】右侧的下拉按钮，在弹出的下拉列表中选择【文本长度】选项，如图 14-40 所示。

步骤 3 在【数据】的下拉列表中选择【等于】选项，在【长度】文本框中输入“8”，然后单击【确定】按钮，如图 14-41 所示。

图 14-40　选择【文本长度】选项

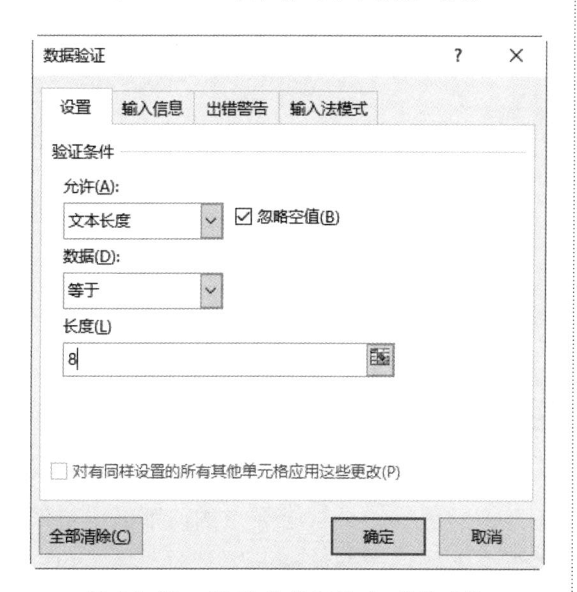

图 14-41　设置【数据】和【长度】

步骤 4 返回到工作表，假设在 A3 单元格中输入“F104001”（共 7 位），按 Enter 键，将弹出错误提示对话框，如图 14-42 所示。

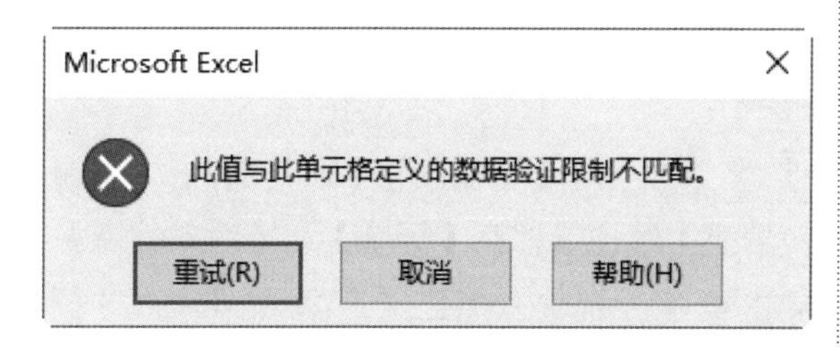

图 14-42　弹出错误提示对话框

步骤 5 在单元格区域 A3:A11 中输入 8 位的工号时，不会弹出错误提示对话框，如图 14-43 所示。

员工信息表

员工ID	姓名	部门	性别	入职日期	学历
F1042001	戴高	人事部	男	2013-5-30	本科
F1042002	李奇	销售部	男	2013-5-12	大专
F1042003	王英	品质部	女	2013-5-12	大专
F1042004	董小玉	制造部	女	2013-6-15	本科
F1042005	薛仁贵	制造部	男	2013-6-18	大专
F1042006	伍仁	财务部	男	2013-6-28	本科
F1042007	刘仁星	财务部	女	2013-7-1	硕士
F1042008	宁兵	销售部	男	2013-7-16	大专
F1042009	赵琴	人事部	女	2013-7-19	本科

图 14-43　没有弹出错误提示对话框

提示 数据验证能够进行复制操作，即复制含有数据验证的单元格后，数据验证这一特性也会被复制，粘贴后的单元格将自动套用相同的数据验证的规则。

14.5.3 设置输入错误时的警告信息

在上一小节中，当输入的文本不符合验证条件时，将弹出如图 14-44 所示的错误提示对话框。

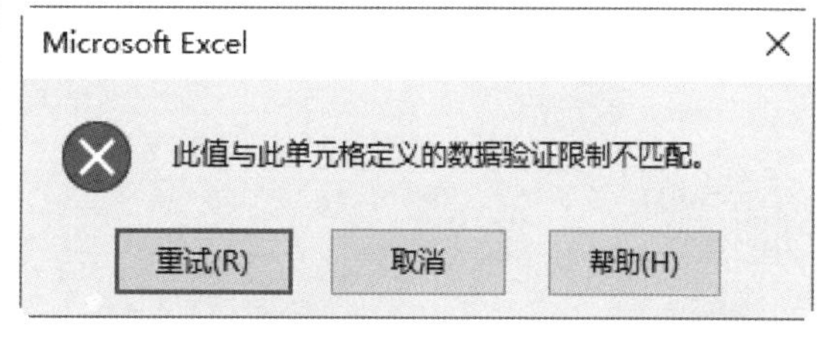

图 14-44　错误提示对话框

该提示对话框的内容是系统内置的内容，如何才能使警告或提示的内容更具体呢？通过设置出错警告即可实现，具体的操作步骤如下。

步骤 1 接上面的操作步骤，选中单元格区域 A3:A11，在【数据】选项卡中，单击【数据工具】组的【数据验证】按钮，如图 14-45 所示。

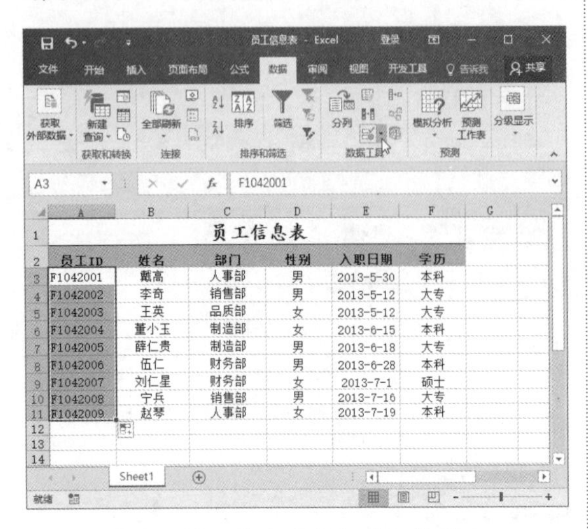

图 14-45　单击【数据验证】按钮

步骤 2 弹出【数据验证】对话框，选择【出错警告】选项卡，单击【样式】右侧的下拉按钮，在弹出的下拉列表中选择【警告】选项，如图 14-46 所示。

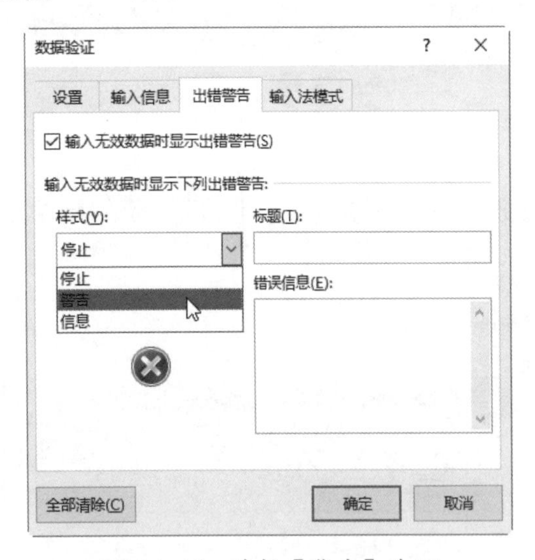

图 14-46　选择【警告】选项

步骤 3 在【标题】和【错误信息】文本框中输入如图 14-47 所示的内容，然后单击【确定】按钮。

步骤 4 返回到工作表，假设在 A3 单元格中输入“F1042”，按 Enter 键，将弹出错误提示对话框，提示框的标题、样式和错误信息都已变更为设置的模式，如图 14-48 所示。

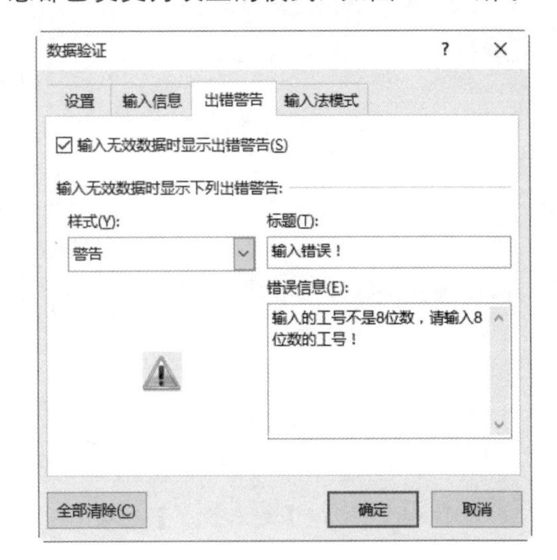

图 14-47　设置标题和错误信息

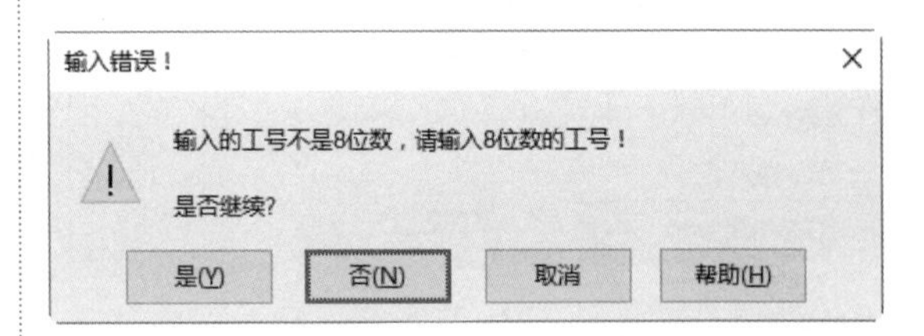

图 14-48　提示框的标题、样式及内容已改变

14.5.4 设置输入前的提示信息

在输入数据前，如果系统能够提示输入什么样的数据才是符合要求的，那么出错率将会大大降低。例如输入工号前，提示用户应输入 8 位数的工号。具体的操作步骤如下。

步骤 1 打开随书光盘中的“素材 \ch14\ 员工信息表 .xlsx”文件，选中单元格区域 A3:A11，在【数据】选项卡中，单击【数据工具】组的【数据验证】按钮，如图 14-49 所示。

步骤 2 弹出【数据验证】对话框，选择【输入信息】选项卡，在【标题】和【输入信息】文本框中分别输入“工号”和“请输入 8 位数的工号”，然后单击【确定】按钮，如

图 14-50 所示。

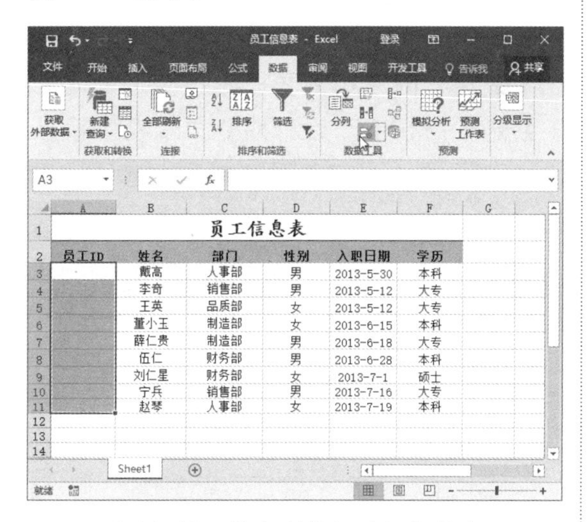

图 14-49 单击【数据验证】按钮

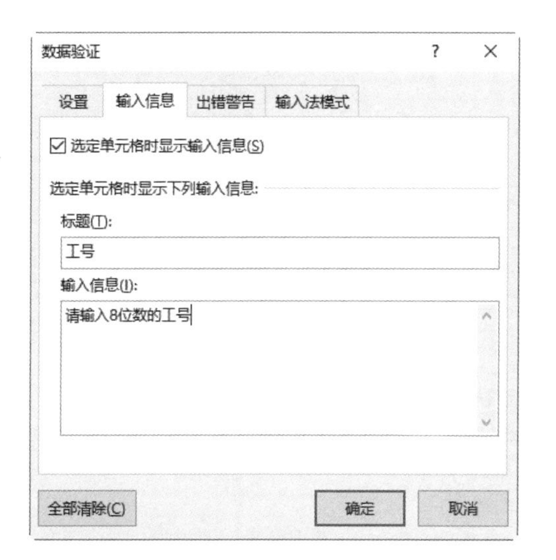

图 14-50 设置【标题】和【输入信息】

步骤 3 返回到工作表，当选中单元格 A3 时，就会出现如图 14-51 所示的提示信息。

员工ID	姓名	部门	性别	入职日期	学历
	戴高	人事部	男	2013-5-30	本科
	李奇	销售部	男	2013-5-12	大专
	王英	品质部	女	2013-5-12	大专
	董小王	制造部	女	2013-6-15	本科
	薛仁贵	制造部	男	2013-6-18	大专
	伍仁	财务部	男	2013-6-28	本科
	刘仁星	财务部	女	2013-7-1	硕士
	宁兵	销售部	男	2013-7-16	大专
	赵琴	人事部	女	2013-7-19	本科

图 14-51 选中单元格时会出现提示信息

14.5.5 添加员工性别列表

通过设置数据验证条件可以在单元格中添加下拉列表框，用户只需选择某个选项，即可完成输入。具体的操作步骤如下。

步骤 1 打开随书光盘中的“素材 \ch14\ 员工信息表 .xlsx”文件，将单元格区域 D3:D11 中原本的内容删除，然后选中该区域，在【数据】选项卡中，单击【数据工具】组的【数据验证】按钮，如图 14-52 所示。

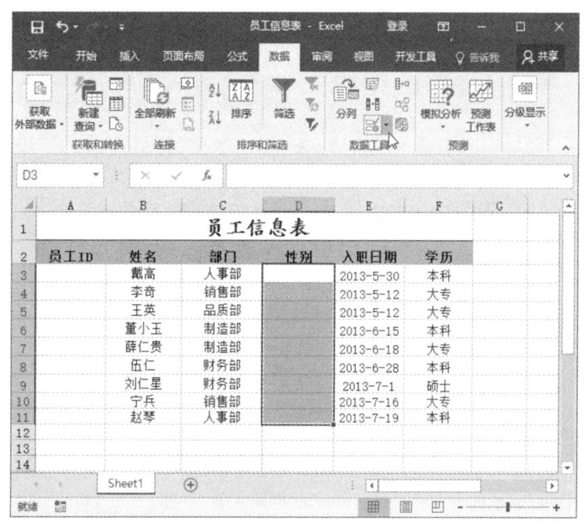

图 14-52 单击【数据验证】按钮

步骤 2 弹出【数据验证】对话框，单击【验证条件】区域中【允许】右侧的下拉按钮，在弹出的下拉列表中选择【序列】选项，在【来源】文本框中输入“男 , 女”，然后单击【确定】按钮，如图 14-53 所示。

> **提示**
> “男，女”中间的逗号必须是英文状态下的逗号。

步骤 3 返回到工作表，单击单元格 D3 时，其右侧会出现下拉按钮，单击该下拉按钮，会弹出含有“男”“女”的下拉列表框，选择其中某个选项即可完成输入，如图 14-54 所示。

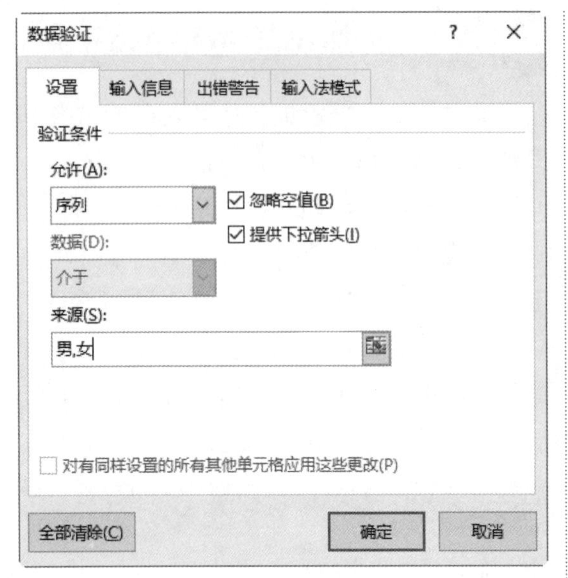

图 14-53　设置【验证条件】区域

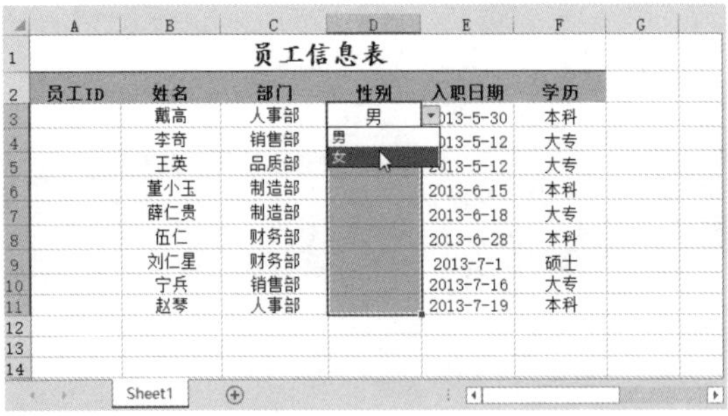

图 14-54　单元格会出现下拉列表框

14.5.6 设置入职日期范围

数据验证不但可限制单元格的内容是日期或时间，还可限制该日期或时间的范围。下面在员工信息表中限定“入职日期”列的日期必须大于或等于“2013-1-1”。具体的操作步骤如下。

步骤 1 打开随书光盘中的“素材 \ch14\ 员工信息表 .xlsx”文件，将单元格区域 E3:E11 中原本的内容删除，然后选中该区域，在【数据】选项卡中，单击【数据工具】组的【数据验证】按钮，如图 14-55 所示。

步骤 2 弹出【数据验证】对话框，单击【验证条件】区域中【允许】右侧的下拉按钮，在弹出的下拉列表中选择【日期】选项，在【数据】的下拉列表中选择【大于或等于】选项，在【开始日期】文本框中输入“2013-1-1”，然后单击【确定】按钮，如图 14-56 所示。

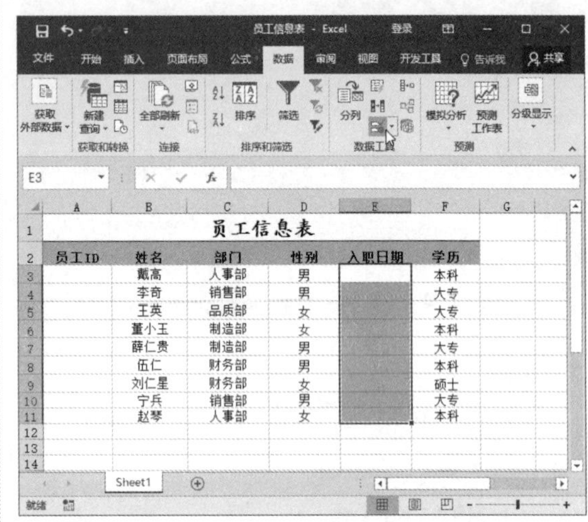

图 14-55　单击【数据验证】按钮

图 14-56　设置【验证条件】区域

步骤 3 返回到工作表，假设在单元格 E3 中输入一个超出了限定范围的日期“2012-4-5”，按 Enter 键后，将弹出错误提示对话框，如图 14-57 所示。

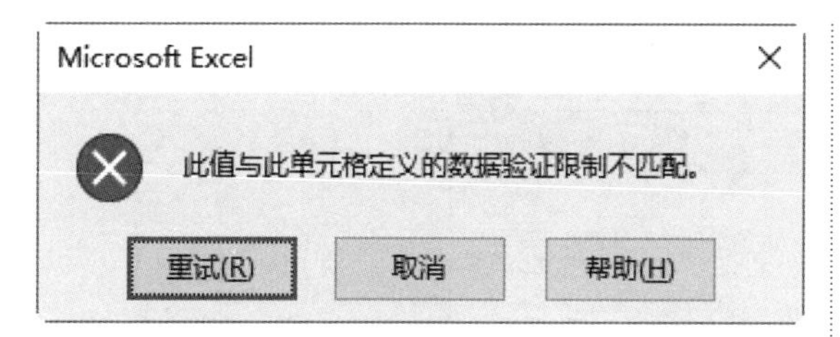

图 14-57 日期超出限定范围时弹出的提示对话框

14.5.7 自定义数据验证规则

通过自定义数据验证规则可以限定输入的身份证号的位数必须是 15 位或者 18 位，且必须确保输入数据的唯一性。具体的操作步骤如下。

步骤 1 设置数字格式。打开随书光盘中的“素材 \ch14\ 验证身份证号 .xlsx”文件，选中单元格区域 C3:C11，在【开始】选项卡的【数字】组中，单击【数字格式】右侧的下拉按钮，在弹出的下拉列表中选择【文本】选项，如图 14-58 所示。

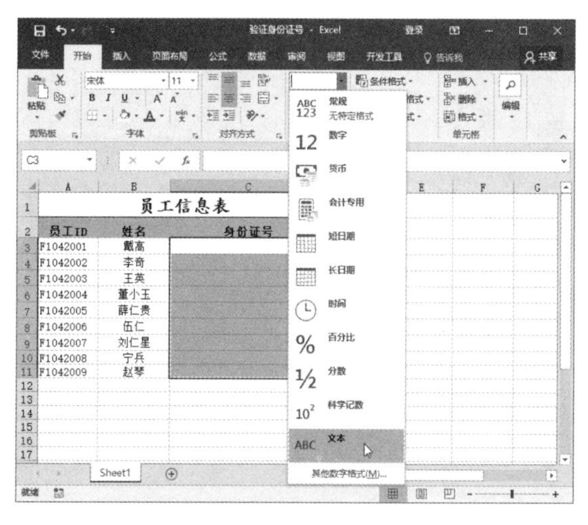

图 14-58 选择【文本】选项

步骤 2 设置数据验证规则。选中单元格 C3，在【数据】选项卡中，单击【数据工具】组的【数据验证】按钮，如图 14-59 所示。

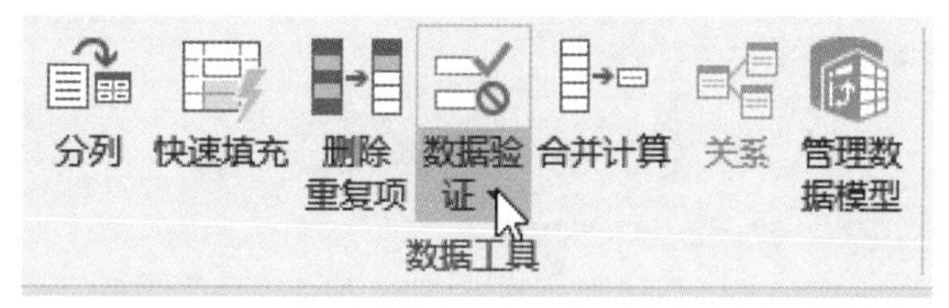

图 14-59 单击【数据验证】按钮

步骤 3 弹出【数据验证】对话框，单击【验证条件】区域中【允许】右侧的下拉按钮，在弹出的下拉列表中选择【自定义】选项，在【公式】文本框中输入公式“=AND(COUNTIF(C:C,C3)=1,OR(LEN(C3)=15,LEN(C3)=18))”，如图 14-60 所示。

图 14-60 设置【验证条件】区域

> **提示** COUNTIF 函数用于统计 C 列中与 C3 单元格内容相同的单元格个数。

步骤 4 选择【出错警告】选项卡，在【样式】的下拉列表框中选择【警告】选项，在【标题】和【错误信息】文本框中输入如图 14-61 所示的内容，然后单击【确定】按钮。

图 14-61 选择【出错警告】选项卡

步骤 5 返回到工作表，利用填充柄的填充功能，快速填充其他的单元格，如图 14-62 所示。

> 提示 快速填充时，填充后的单元格将自动套用单元格C3的数据验证规则。

步骤 6 设置完成，开始进行验证。假设在单元格 C3 中输入“420521”，不是 15 位或 18 位数的范围内，按 Enter 键后，弹出错误提示对话框，如图 14-63 所示。

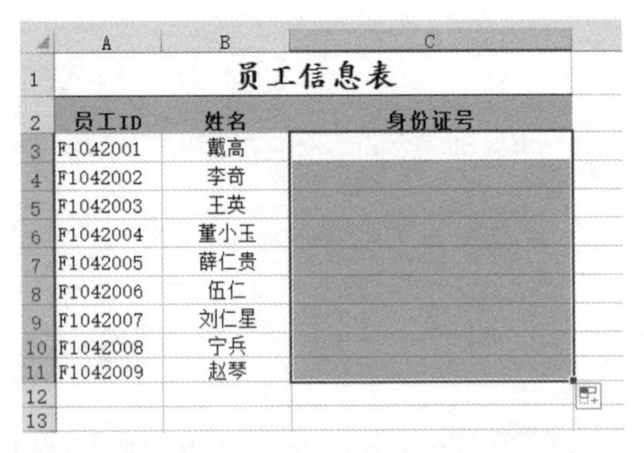

图 14-62 填充其他的单元格

图 14-63 输入错误时弹出的提示对话框

步骤 7 假设在单元格 C3 中输入一个有效的身份证号，若在单元格 C4 中输入相同的号码，同样会弹出错误提示框，如图 14-64 所示。

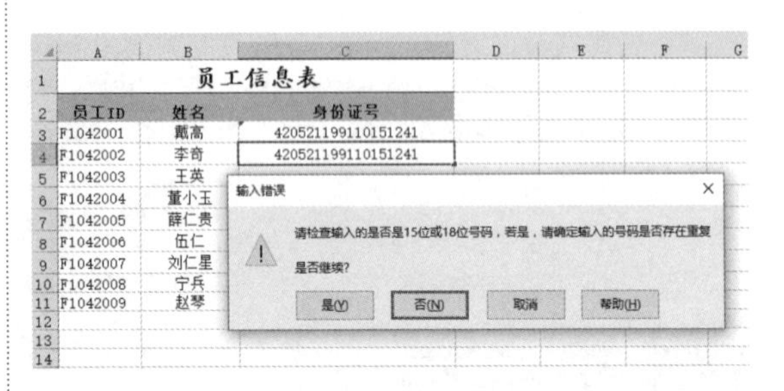

图 14-64 输入相同数据时弹出的提示对话框

14.6 检测无效的数据

如果在单元格中已经输入了数据，那么在设置了数据验证规则后，如何快速检测这些数据是否符合条件呢？ Excel 2016 提供的圈定无效数据的功能即可解决该问题。

14.6.1 圈定无效数据

设置圈定无效数据时，系统会自动地将不符合验证规则的数据用红色的椭圆标识出来，便于查找和修改。具体的操作步骤如下。

步骤 1 打开随书光盘中的“素材\ch14\员工信息表.xlsx”文件，选中单元格区域E3:E11，在【数据】选项卡中，单击【数据工具】组的【数据验证】按钮，如图 14-65 所示。

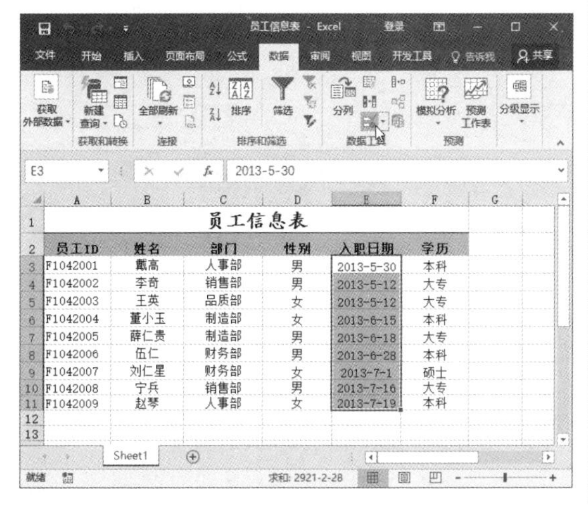

员工信息表

员工ID	姓名	部门	性别	入职日期	学历
F1042001	戴高	人事部	男	2013-5-30	本科
F1042002	李奇	销售部	男	2013-5-12	大专
F1042003	王英	品质部	女	2013-5-12	大专
F1042004	董小玉	制造部	女	2013-6-15	本科
F1042005	薛仁贵	制造部	男	2013-6-18	大专
F1042006	伍仁	财务部	男	2013-6-28	本科
F1042007	刘仁星	财务部	女	2013-7-1	硕士
F1042008	宁兵	销售部	男	2013-7-16	大专
F1042009	赵琴	人事部	女	2013-7-19	本科

图 14-65 单击【数据验证】按钮

步骤 2 弹出【数据验证】对话框，在【允许】和【数据】的下拉列表框中分别选择【日期】和【介于】选项，在【开始日期】和【结束日期】文本框中分别输入“2013-5-30”和“2013-6-30”，然后单击【确定】按钮，如图 14-66 所示。

数据验证

设置 输入信息 出错警告 输入法模式

验证条件

允许(A):

日期

☑ 忽略空值(B)

数据(D):

介于

开始日期(S):

2013-5-30

结束日期(N)

2013-6-30

☐ 对有同样设置的所有其他单元格应用这些更改(P)

全部清除(C) 确定 取消

图 14-66 设置【验证条件】区域

步骤 3 返回到工作表，现在已设置了验证条件，下面开始圈定无效数据。选中单元格区域E3:E11，在【数据】选项卡的【数据工具】组中，单击【数据验证】的下三角按钮，在弹出的下拉列表中选择【圈释无效数据】选项，如图 14-67 所示。

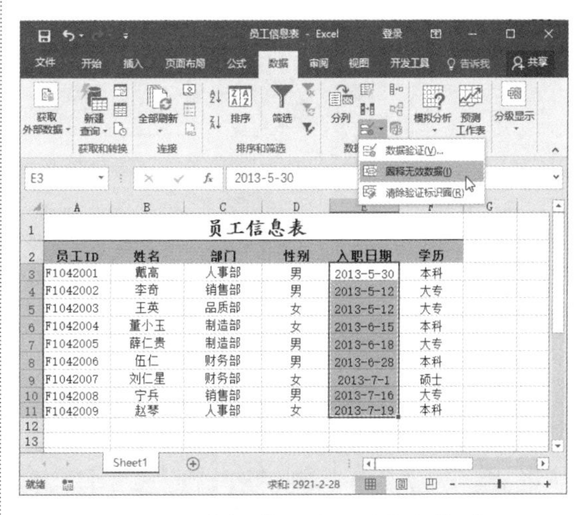

图 14-67 选择【圈释无效数据】选项

步骤 4 此时选中区域中的无效数据已用红色的椭圆标识了出来，如图 14-68 所示。

提示

因设置入职日期为介于“2013-5-30”和“2013-6-30”之间的日期，所以不在此范围内的日期被标识了出来。

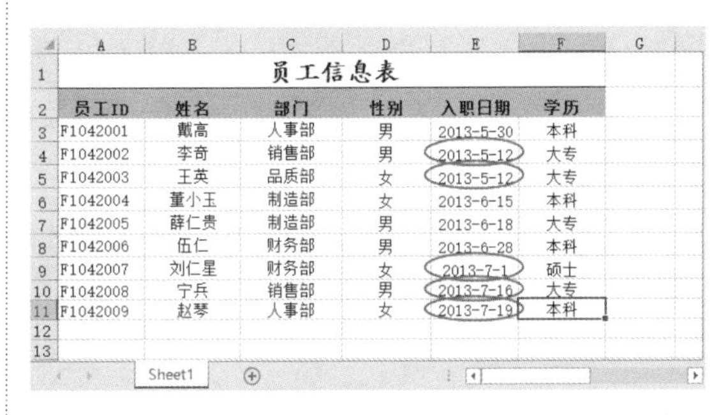

员工信息表

员工ID	姓名	部门	性别	入职日期	学历
F1042001	戴高	人事部	男	2013-5-30	本科
F1042002	李奇	销售部	男	2013-5-12	大专
F1042003	王英	品质部	女	2013-5-12	大专
F1042004	董小玉	制造部	女	2013-6-15	本科
F1042005	薛仁贵	制造部	男	2013-6-18	大专
F1042006	伍仁	财务部	男	2013-6-28	本科
F1042007	刘仁星	财务部	女	2013-7-1	硕士
F1042008	宁兵	销售部	男	2013-7-16	大专
F1042009	赵琴	人事部	女	2013-7-19	本科

图 14-68 红色椭圆标识的无效数据

14.6.2 清除圈定数据

圈定了无效数据以后，若将其修改为正确的数据，则标识圈会自动清除。此外，若要直接清除红色的椭圆标识圈，具体的操作方法为：选中单元格区域 E3:E11，在【数据】选项卡的【数据工具】组中，单击【数据验证】的下三角按钮，在弹出的下拉列表中选择【清除验证标识圈】选项，如图 14-69 所示。此时选中区域中的红色椭圆标识圈已自动消失，如图 14-70 所示。

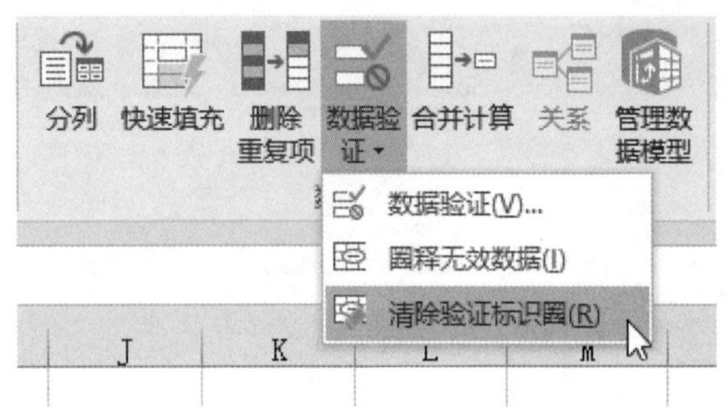

图 14-69 选择【清除验证标识圈】选项

员工信息表					
员工ID	姓名	部门	性别	入职日期	学历
F1042001	戴高	人事部	男	2013-5-30	本科
F1042002	李奇	销售部	男	2013-5-12	大专
F1042003	王英	品质部	女	2013-5-12	大专
F1042004	董小玉	制造部	女	2013-6-15	本科
F1042005	薛仁贵	制造部	男	2013-6-18	大专
F1042006	伍仁	财务部	男	2013-6-28	本科
F1042007	刘仁星	财务部	女	2013-7-1	硕士
F1042008	宁兵	销售部	男	2013-7-16	大专
F1042009	赵琴	人事部	女	2013-7-19	本科

图 14-70 椭圆标识圈消失

14.7 高效办公技能实战

14.7.1 用三色交通灯显示销售业绩

下面在销售表中用三色交通灯突出显示销售量。具体的操作步骤如下。

步骤 1 打开随书光盘中的“素材 \ch14\ 销售表 .xlsx”文件，选中单元格区域 C3:H14，在【开始】选项卡中，单击【样式】组的【条件格式】按钮，在弹出的下拉列表中依次选择【图标集】→【三色交通灯】选项，如图 14-71 所示。

步骤 2 此时选中的区域将以三色交通灯显示，如图 14-72 所示。

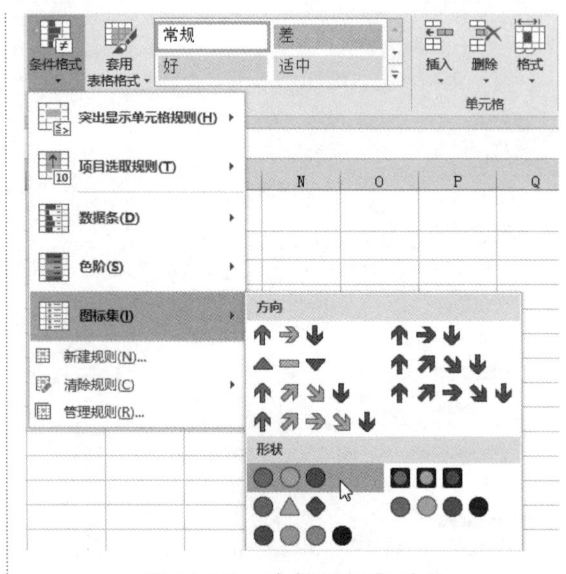

图 14-71 选择图标集样式

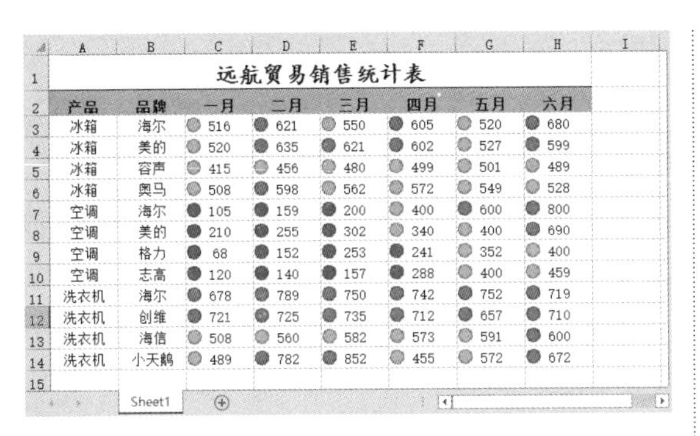

远航贸易销售统计表

产品	品牌	一月	二月	三月	四月	五月	六月
冰箱	海尔	516	621	550	605	520	680
冰箱	美的	520	635	621	602	527	599
冰箱	容声	415	456	480	499	501	489
冰箱	奥马	508	598	562	572	549	528
空调	海尔	105	159	200	400	600	800
空调	美的	210	255	302	340	400	690
空调	格力	68	152	253	241	352	400
空调	志高	120	140	157	288	400	459
洗衣机	海尔	678	789	750	742	752	719
洗衣机	创维	721	725	735	712	657	710
洗衣机	海信	508	560	582	573	591	600
洗衣机	小天鹅	489	782	852	455	572	672

图 14-72　应用图标集样式

14.7.2 清除数据验证设置

在设置了数据验证后，如果不再需要数据验证，就可以清除这些设置，具体的操作步骤如下。

步骤 1 选中要清除数据验证的单元格区域，在【数据】选项卡中，单击【数据工具】组的【数据验证】按钮，如图 14-73 所示。

步骤 2 弹出【数据验证】对话框，单击【全部清除】按钮，即可清除所选区域所有的数据验证设置，包括在【输入信息】、【出错警告】等选项卡中的设置，如图 14-74 所示。

> **提示** 如果在【允许】的下拉列表框中选择【任何值】选项，也可以清除任何现有的数据验证设置。

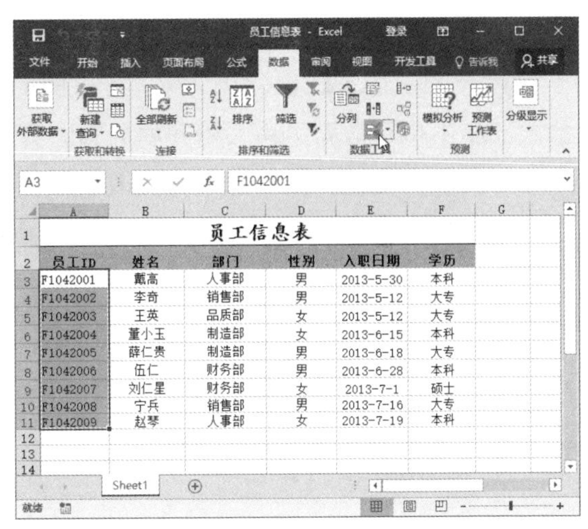

员工信息表

员工ID	姓名	部门	性别	入职日期	学历
F1042001	戴高	人事部	男	2013-5-30	本科
F1042002	李奇	销售部	男	2013-5-12	大专
F1042003	王英	品质部	女	2013-5-12	大专
F1042004	董小玉	制造部	女	2013-6-15	本科
F1042005	薛仁贵	制造部	男	2013-6-18	大专
F1042006	伍仁	财务部	男	2013-6-28	本科
F1042007	刘仁星	财务部	女	2013-7-1	硕士
F1042008	宁兵	销售部	男	2013-7-16	大专
F1042009	赵琴	人事部	女	2013-7-19	本科

图 14-73　单击【数据验证】按钮

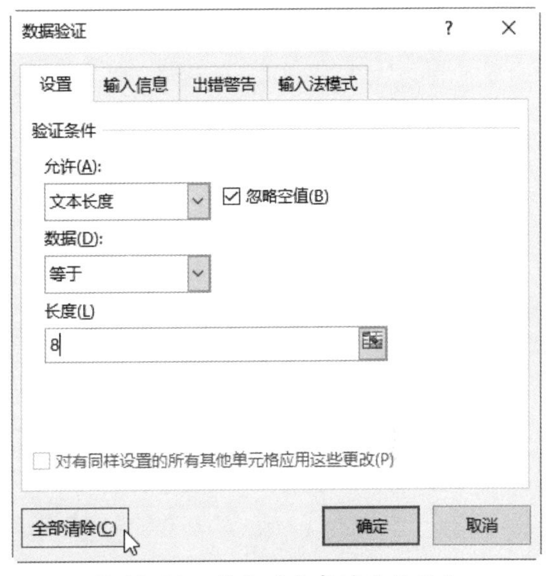

图 14-74　单击【全部清除】按钮

14.8 高手解惑

问：如何查找工作表中具有数据有效性设置的单元格？

高手：打开一个工作簿，单击【开始】选项卡下【编辑】组中的【查找和选择】按钮，在弹出的下拉列表中选择【数据验证】选项，这样工作表中具有数据有效性的单元格区域将被选中。

问：如何同时在不相邻的单元格中输入相同的内容？

高手：在 Excel 2016 中，除了可以同时在相邻的单元格中输入相同的内容，在不相邻的单元格中也可以同时输入相同的内容。具体的方法为：单击第一个要输入信息的单元格，按住 Ctrl 键，用鼠标依次选中要输入相同内容的单元格，选完后松开 Ctrl 键，输入内容，按 Ctrl+Enter 组合键，此时所有选中的单元格中都输入了相同的内容。

数据的分类汇总与合并计算

- **本章导读**

使用分类汇总功能可以将大量的数据分类后进行汇总计算并显示各级别的汇总信息。使用合并计算功能可以将多个工作表或工作簿中的数据统一到一个工作表中并合并计算相同类别的数据。

- **学习目标**

◎ 掌握数据分类汇总的方法

◎ 了解数据合并计算的方法

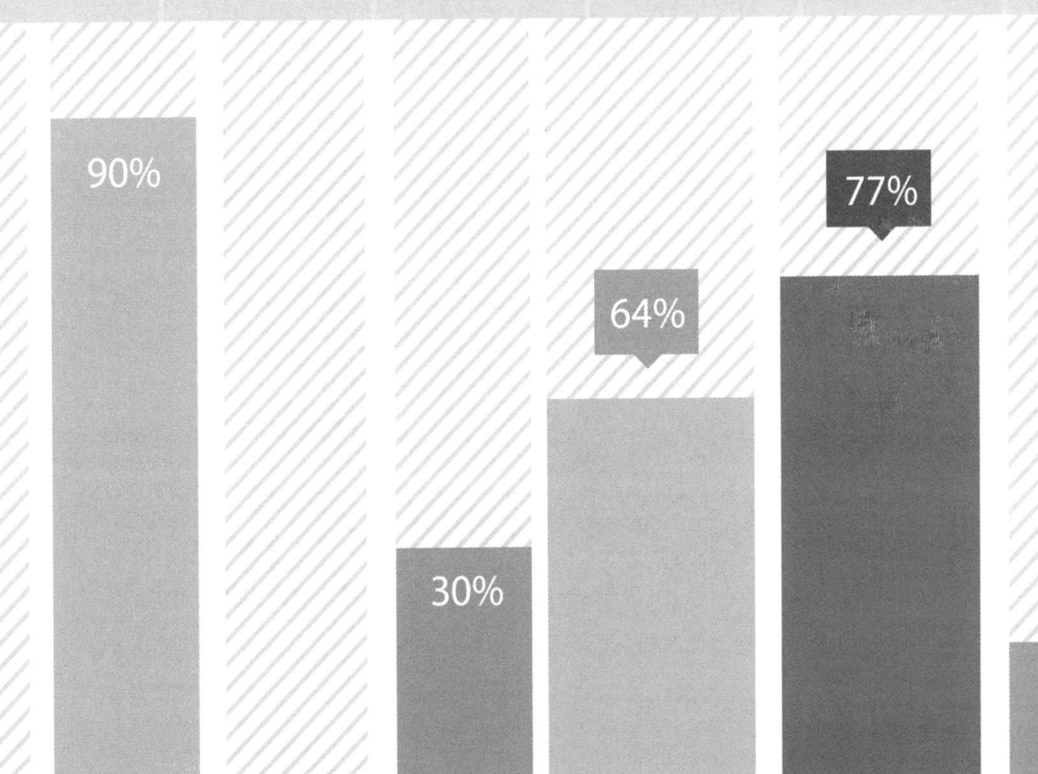

15.1 数据的分类汇总

分类汇总是对数据清单中的数据进行分类，在分类的基础上汇总数据。在进行分类汇总时，用户无须创建公式，系统会自动对数据进行求和、求平均值和计数等运算。但是，在进行分类汇总之前需要对数据进行排序，即分类汇总是在有序的数据基础上实现的。

15.1.1 简单分类汇总

下面在工资表中，依据发薪日期进行分类并且统计出每个月所有部门实发工资的总和。具体的操作步骤如下。

步骤 1 打开随书光盘中的“素材\ch15\工资表.xlsx”文件，将光标定位在D列中的任意单元格，在【数据】选项卡中，单击【排序和筛选】组的【升序】按钮，对该列进行升序排序，如图15-1所示。

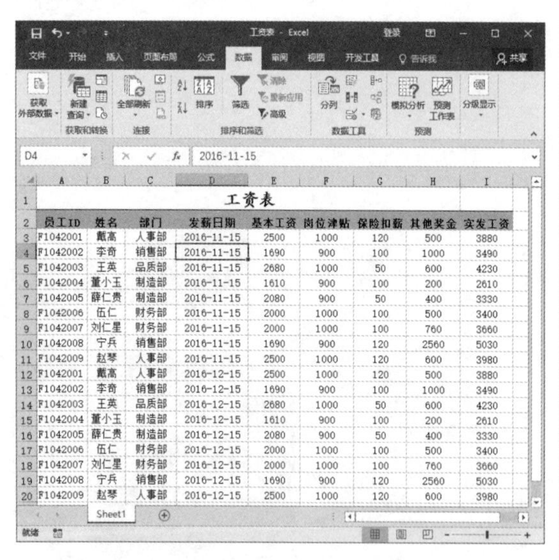

工资表

员工ID	姓名	部门	发薪日期	基本工资	岗位津贴	保险扣薪	其他奖金	实发工资
F1042001	戴高	人事部	2016-11-15	2500	1000	120	500	3880
F1042002	李奇	销售部	2016-11-15	1690	900	100	1000	3490
F1042003	王英	品质部	2016-11-15	2680	1000	50	600	4230
F1042004	董小玉	制造部	2016-11-15	1610	900	100	200	2610
F1042005	薛仁贵	制造部	2016-11-15	2080	900	50	400	3330
F1042006	伍仁	财务部	2016-11-15	2000	1000	100	500	3400
F1042007	刘仁星	财务部	2016-11-15	2000	1000	100	760	3660
F1042008	宁兵	销售部	2016-11-15	1690	900	120	2560	5030
F1042009	赵琴	人事部	2016-11-15	2500	1000	120	600	3980
F1042001	戴高	人事部	2016-12-15	2500	1000	120	500	3880
F1042002	李奇	销售部	2016-12-15	1690	900	100	1000	3490
F1042003	王英	品质部	2016-12-15	2680	1000	50	600	4230
F1042004	董小玉	制造部	2016-12-15	1610	900	100	200	2610
F1042005	薛仁贵	制造部	2016-12-15	2080	900	50	400	3330
F1042006	伍仁	财务部	2016-12-15	2000	1000	100	500	3400
F1042007	刘仁星	财务部	2016-12-15	2000	1000	100	760	3660
F1042008	宁兵	销售部	2016-12-15	1690	900	120	2560	5030
F1042009	赵琴	人事部	2016-12-15	2500	1000	120	600	3980

图 15-1 单击【升序】按钮

步骤 2 排序完成后，在【数据】选项卡中，单击【分级显示】组的【分类汇总】按钮，如图15-2所示。

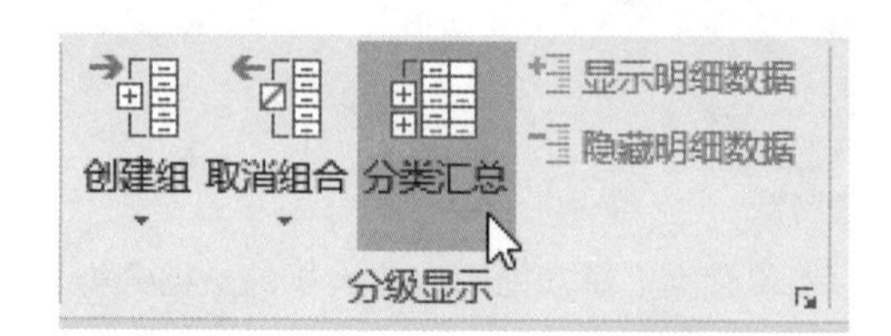

图 15-2 单击【分类汇总】按钮

步骤 3 弹出【分类汇总】对话框，单击【分类字段】右侧的下拉按钮，在弹出的下拉列表中选择【发薪日期】选项，在【汇总方式】的下拉列表中选择【求和】选项，在【选定汇总项】列表框中选中【实发工资】复选框，然后单击【确定】按钮，如图15-3所示。

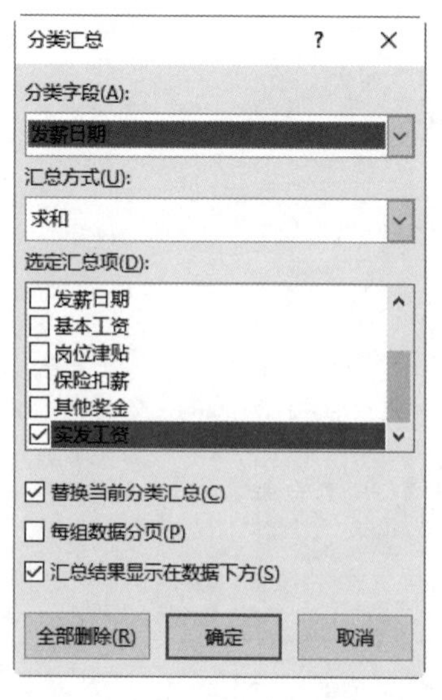

图 15-3 在【分类汇总】对话框中设置条件

步骤 4 此时工资表已依据发薪日期进行了分类汇总，并统计出了每月的实发工资总和，如图 15-4 所示。

	A	B	C	D	E	F	G	H	I
1	工资表								
2	员工ID	姓名	部门	发薪日期	基本工资	岗位津贴	保险扣薪	其他奖金	实发工资
3	F1042001	戴高	人事部	2016-11-15	2500	1000	120	500	3880
4	F1042002	李奇	销售部	2016-11-15	1690	900	100	1000	3490
5	F1042003	王英	品质部	2016-11-15	2680	1000	50	600	4230
6	F1042004	董小玉	制造部	2016-11-15	1610	900	100	200	2610
7	F1042005	薛仁贵	制造部	2016-11-15	2080	900	50	400	3330
8	F1042006	伍仁	财务部	2016-11-15	2000	1000	100	500	3400
9	F1042007	刘仁星	财务部	2016-11-15	2000	1000	100	760	3660
10	F1042008	宁兵	销售部	2016-11-15	1690	900	120	2560	5030
11	F1042009	赵琴	人事部	2016-11-15	2500	1000	120	600	3980
12				2016-11-15 汇总					33610
13	F1042001	戴高	人事部	2016-12-15	2500	1000	120	500	3880
14	F1042002	李奇	销售部	2016-12-15	1690	900	100	1000	3490
15	F1042003	王英	品质部	2016-12-15	2680	1000	50	600	4230
16	F1042004	董小玉	制造部	2016-12-15	1610	900	100	200	2610
17	F1042005	薛仁贵	制造部	2016-12-15	2080	900	50	400	3330
18	F1042006	伍仁	财务部	2016-12-15	2000	1000	100	500	3400
19	F1042007	刘仁星	财务部	2016-12-15	2000	1000	100	760	3660
20	F1042008	宁兵	销售部	2016-12-15	1690	900	120	2560	5030
21	F1042009	赵琴	人事部	2016-12-15	2500	1000	120	600	3980
22				2016-12-15 汇总					33610
23				总计					67220

图 15-4　简单分类汇总的结果

提示

汇总方式除了求和以外，还有最大值、最小值、计数、乘积、方差等，用户可根据需要选择。

15.1.2 多重分类汇总

多重分类汇总是指依据两个或更多个分类项，对工作表中的数据进行分类汇总。下面在工资表中，先依据发薪日期汇总出每月的实发工资，再依据部门汇总出每个部门的实发工资，具体的操作步骤如下。

步骤 1 打开随书光盘中的“素材 \ch15\ 工资表 .xlsx”文件，将光标定位在数据区域内的任意单元格，在【数据】选项卡中，单击【排序和筛选】组的【排序】按钮，如图 15-5 所示。

步骤 2 弹出【排序】对话框，设置【主要关键字】为【发薪日期】，【排序依据】和【次序】分别为【数值】和【升序】，然后单击【添加条件】按钮，并设置【次要关键字】为【部门】，单击【确定】按钮，如图 15-6 所示。

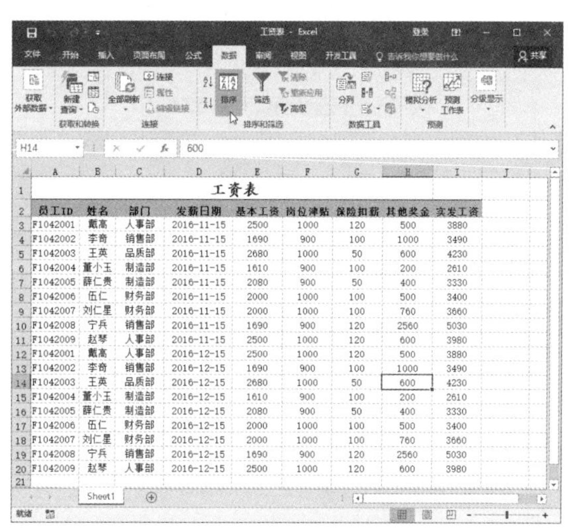

	A	B	C	D	E	F	G	H	I
1	工资表								
2	员工ID	姓名	部门	发薪日期	基本工资	岗位津贴	保险扣薪	其他奖金	实发工资
3	F1042001	戴高	人事部	2016-11-15	2500	1000	120	500	3880
4	F1042002	李奇	销售部	2016-11-15	1690	900	100	1000	3490
5	F1042003	王英	品质部	2016-11-15	2680	1000	50	600	4230
6	F1042004	董小玉	制造部	2016-11-15	1610	900	100	200	2610
7	F1042005	薛仁贵	制造部	2016-11-15	2080	900	50	400	3330
8	F1042006	伍仁	财务部	2016-11-15	2000	1000	100	500	3400
9	F1042007	刘仁星	财务部	2016-11-15	2000	1000	100	760	3660
10	F1042008	宁兵	销售部	2016-11-15	1690	900	120	2560	5030
11	F1042009	赵琴	人事部	2016-11-15	2500	1000	120	600	3980
12	F1042001	戴高	人事部	2016-12-15	2500	1000	120	500	3880
13	F1042002	李奇	销售部	2016-12-15	1690	900	100	1000	3490
14	F1042003	王英	品质部	2016-12-15	2680	1000	50	600	4230
15	F1042004	董小玉	制造部	2016-12-15	1610	900	100	200	2610
16	F1042005	薛仁贵	制造部	2016-12-15	2080	900	50	400	3330
17	F1042006	伍仁	财务部	2016-12-15	2000	1000	100	500	3400
18	F1042007	刘仁星	财务部	2016-12-15	2000	1000	100	760	3660
19	F1042008	宁兵	销售部	2016-12-15	1690	900	120	2560	5030
20	F1042009	赵琴	人事部	2016-12-15	2500	1000	120	600	3980
21									

图 15-5　单击【排序】按钮

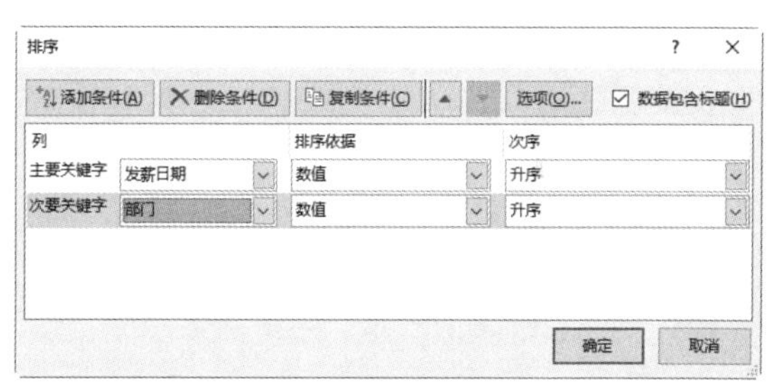

图 15-6　设置【主要关键字】和【次要关键字】

步骤 3 返回到工作表，接下来设置分类汇总。将光标定位在数据区域内的任意单元格中，在【数据】选项卡中，单击【分级显示】组的【分类汇总】按钮，如图 15-7 所示。

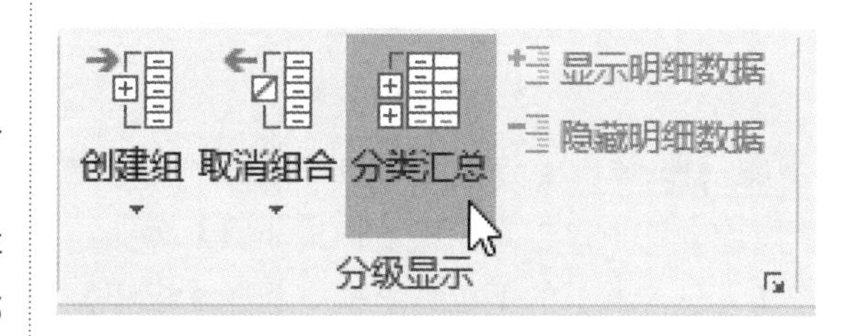

图 15-7　单击【分类汇总】按钮

步骤 4 弹出【分类汇总】对话框，在【分类字段】的下拉列表框中选择【发薪日期】选项，在【汇总方式】的下拉列表框中选择【求和】选项，在【选定汇总项】列表框中选中【实发工资】复选框，然后单击【确定】按钮，如图 15-8 所示。

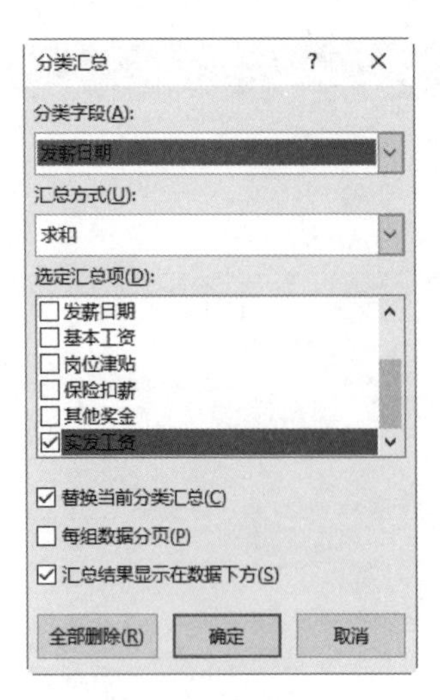

图 15-8　在【分类汇总】对话框中设置条件

步骤 5 此时已建立了简单分类汇总，单击【分级显示】组的【分类汇总】按钮，如图 15-9 所示。

	A	B	C	D	E	F	G	H	I
1	工资表								
2	员工ID	姓名	部门	发薪日期	基本工资	岗位津贴	保险扣薪	其他奖金	实发工资
3	F1042006	伍仁	财务部	2016-11-15	2000	1000	100	500	3400
4	F1042007	刘仁星	财务部	2016-11-15	2000	1000	100	760	3660
5	F1042003	王英	品质部	2016-11-15	2680	1000	50	600	4230
6	F1042001	戴高	人事部	2016-11-15	2500	1000	120	500	3880
7	F1042009	赵琴	人事部	2016-11-15	2500	1000	120	600	3980
8	F1042002	李奇	销售部	2016-11-15	1690	900	100	1000	3490
9	F1042008	宁兵	销售部	2016-11-15	1690	900	120	2560	5030
10	F1042004	董小玉	制造部	2016-11-15	1610	900	100	200	2610
11	F1042005	薛仁贵	制造部	2016-11-15	2080	900	50	400	3330
12				2016-11-15 汇总					33610
13	F1042006	伍仁	财务部	2016-12-15	2000	1000	100	500	3400
14	F1042007	刘仁星	财务部	2016-12-15	2000	1000	100	760	3660
15	F1042003	王英	品质部	2016-12-15	2680	1000	50	600	4230
16	F1042001	戴高	人事部	2016-12-15	2500	1000	120	500	3880
17	F1042009	赵琴	人事部	2016-12-15	2500	1000	120	600	3980
18	F1042002	李奇	销售部	2016-12-15	1690	900	100	1000	3490
19	F1042008	宁兵	销售部	2016-12-15	1690	900	120	2560	5030
20	F1042004	董小玉	制造部	2016-12-15	1610	900	100	200	2610
21	F1042005	薛仁贵	制造部	2016-12-15	2080	900	50	400	3330
22				2016-12-15 汇总					33610
23				总计					67220

图 15-9　分类汇总结果

步骤 6 弹出【分类汇总】对话框，在【分类字段】的下拉列表框中选择【部门】选项，在【汇总方式】的下拉列表框中选择【求和】选项，在【选定汇总项】列表框中选中【实发工资】复选框，取消选中【替换当前分类汇总】复选框，单击【确定】按钮，如图 15-10 所示。

步骤 7 此时已建立了两重分类汇总，如图 15-11 所示。

> **提示** 建立分类汇总后，如果修改明细数据，汇总数据将会自动更新。

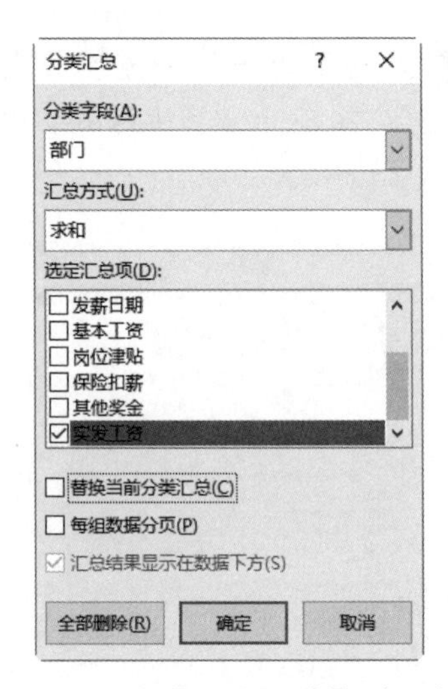

图 15-10　【分类汇总】对话框

	A	B	C	D	E	F	G	H	I
2	员工ID	姓名	部门	发薪日期	基本工资	岗位津贴	保险扣薪	其他奖金	实发工资
3	F1042006	伍仁	财务部	2016-11-15	2000	1000	100	500	3400
4	F1042007	刘仁星	财务部	2016-11-15	2000	1000	100	760	3660
5			财务部 汇总						7060
6	F1042003	王英	品质部	2016-11-15	2680	1000	50	600	4230
7			品质部 汇总						4230
8	F1042001	戴高	人事部	2016-11-15	2500	1000	120	500	3880
9	F1042009	赵琴	人事部	2016-11-15	2500	1000	120	600	3980
10			人事部 汇总						7860
11	F1042002	李奇	销售部	2016-11-15	1690	900	100	1000	3490
12	F1042008	宁兵	销售部	2016-11-15	1690	900	120	2560	5030
13			销售部 汇总						8520
14	F1042004	董小玉	制造部	2016-11-15	1610	900	100	200	2610
15	F1042005	薛仁贵	制造部	2016-11-15	2080	900	50	400	3330
16			制造部 汇总						5940
17				2016-11-15 汇总					33610
18	F1042006	伍仁	财务部	2016-12-15	2000	1000	100	500	3400
19	F1042007	刘仁星	财务部	2016-12-15	2000	1000	100	760	3660
20			财务部 汇总						7060
21	F1042003	王英	品质部	2016-12-15	2680	1000	50	600	4230
22			品质部 汇总						4230
23	F1042001	戴高	人事部	2016-12-15	2500	1000	120	500	3880
24	F1042009	赵琴	人事部	2016-12-15	2500	1000	120	600	3980
25			人事部 汇总						7860
26	F1042002	李奇	销售部	2016-12-15	1690	900	100	1000	3490
27	F1042008	宁兵	销售部	2016-12-15	1690	900	120	2560	5030
28			销售部 汇总						8520
29	F1042004	董小玉	制造部	2016-12-15	1610	900	100	200	2610
30	F1042005	薛仁贵	制造部	2016-12-15	2080	900	50	400	3330
31			制造部 汇总						5940
32				2016-12-15 汇总					33610
33				总计					67220

图 15-11　两重分类汇总的结果

15.1.3 分级显示数据

建立了分类汇总后，工作表中的数据是分级显示的，并在左侧显示级别。例如，上一小节中建立了两重分类汇总后，在工作表的左侧列表中显示了 4 级分类，如图 15-12 所示。

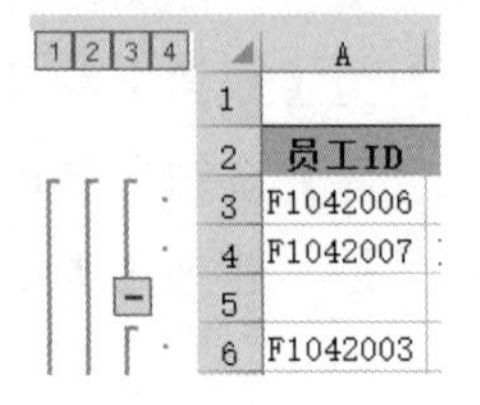

图 15-12　4 级分类

单击[1]按钮，则显示一级数据，即汇总项的总和，如图 15-13 所示。

	A	B	C	D	E	F	G	H	I
1	工资表								
2	员工ID	姓名	部门	发薪日期	基本工资	岗位津贴	保险扣薪	其他奖金	实发工资
33				总计					67220
34									

图 15-13　显示一级分类汇总

单击[2]按钮，则显示一级和二级数据，即对总计和发薪日期汇总，如图 15-14 所示。

	A	B	C	D	E	F	G	H	I
1	工资表								
2	员工ID	姓名	部门	发薪日期	基本工资	岗位津贴	保险扣薪	其他奖金	实发工资
17				2016-11-15 汇总					33610
32				2016-12-15 汇总					33610
33				总计					67220
34									

图 15-14　显示二级分类汇总

单击[3]按钮，则显示一、二、三级数据，即总计、发薪日期和部门汇总，如图 15-15 所示。

	A	B	C	D	E	F	G	H	I
1	工资表								
2	员工ID	姓名	部门	发薪日期	基本工资	岗位津贴	保险扣薪	其他奖金	实发工资
5			财务部 汇总						7060
7			品质部 汇总						4230
10			人事部 汇总						7860
13			销售部 汇总						8520
16			制造部 汇总						5940
17				2016-11-15 汇总					33610
20			财务部 汇总						7060
22			品质部 汇总						4230
25			人事部 汇总						7860
28			销售部 汇总						8520
31			制造部 汇总						5940
32				2016-12-15 汇总					33610
33				总计					67220
34									

图 15-15　显示三级分类汇总

单击[4]按钮，则显示所有汇总的详细信息，如图 15-16 所示。

	A	B	C	D	E	F	G	H	I
2	员工ID	姓名	部门	发薪日期	基本工资	岗位津贴	保险扣薪	其他奖金	实发工资
3	F1042006	伍仁	财务部	2016-11-15	2000	1000	100	500	3400
4	F1042007	刘仁星	财务部	2016-11-15	2000	1000	100	760	3660
5			财务部 汇总						7060
6	F1042003	王英	品质部	2016-11-15	2680	1000	50	600	4230
7			品质部 汇总						4230
8	F1042001	戴高	人事部	2016-11-15	2500	1000	120	500	3880
9	F1042009	赵琴	人事部	2016-11-15	2500	1000	120	600	3980
10			人事部 汇总						7860
11	F1042002	李奇	销售部	2016-11-15	1690	900	100	1000	3490
12	F1042008	宁兵	销售部	2016-11-15	1690	900	120	2560	5030
13			销售部 汇总						8520
14	F1042004	董小玉	制造部	2016-11-15	1610	900	100	200	2610
15	F1042005	薛仁贵	制造部	2016-11-15	2080	900	50	400	3330
16			制造部 汇总						5940
17				2016-11-15 汇总					33610
18	F1042006	伍仁	财务部	2016-12-15	2000	1000	100	500	3400
19	F1042007	刘仁星	财务部	2016-12-15	2000	1000	100	760	3660
20			财务部 汇总						7060
21	F1042003	王英	品质部	2016-12-15	2680	1000	50	600	4230
22			品质部 汇总						4230
23	F1042001	戴高	人事部	2016-12-15	2500	1000	120	500	3880
24	F1042009	赵琴	人事部	2016-12-15	2500	1000	120	600	3980
25			人事部 汇总						7860
26	F1042002	李奇	销售部	2016-12-15	1690	900	100	1000	3490
27	F1042008	宁兵	销售部	2016-12-15	1690	900	120	2560	5030
28			销售部 汇总						8520
29	F1042004	董小玉	制造部	2016-12-15	1610	900	100	200	2610
30	F1042005	薛仁贵	制造部	2016-12-15	2080	900	50	400	3330
31			制造部 汇总						5940
32				2016-12-15 汇总					33610
33				总计					67220

图 15-16　显示四级分类汇总

提示

单击左侧列表中的[+]按钮或[-]按钮，将显示或隐藏明细数据。或者在【数据】选项卡中，单击【分级显示】组的【显示明细数据】和【隐藏明细数据】按钮，也可以显示或隐藏明细数据，如图 15-17 所示。

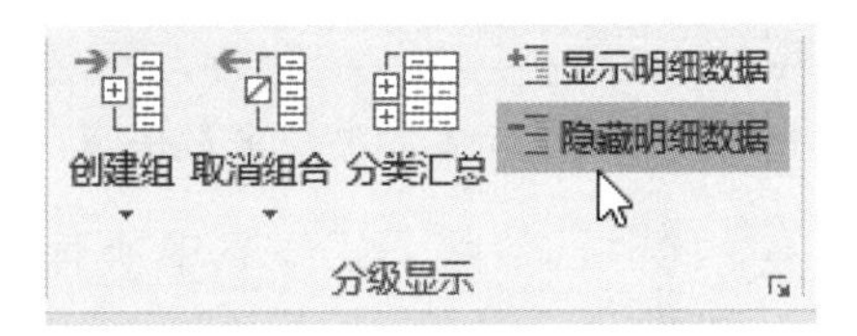

图 15-17　【分级显示】组

15.1.4 清除分类汇总

如果不再需要分类汇总，可以将其清除，具体的操作步骤如下。

步骤 1 将光标定位在数据区域内的任意单元格，在【数据】选项卡中，单击【分级显示】组的【分类汇总】按钮，如图 15-18 所示。

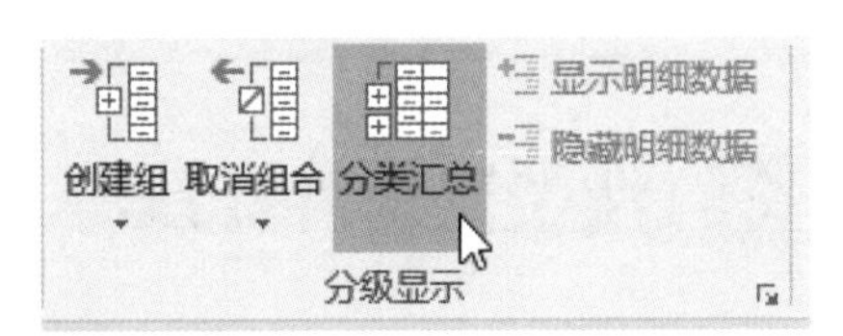

图 15-18　单击【分类汇总】按钮

步骤 2 弹出【分类汇总】对话框，单击【全部删除】按钮，然后单击【确定】按钮，如图 15-19 所示。

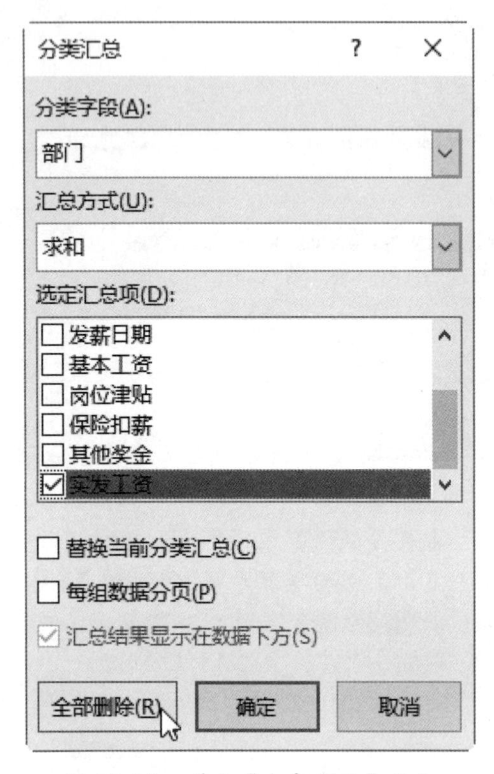

图 15-19 单击【全部删除】按钮

步骤 3 此时已清除了工作表中所有的分类汇总，如图 15-20 所示。

	A	B	C	D	E	F	G	H	I
1	工资表								
2	员工ID	姓名	部门	发薪日期	基本工资	岗位津贴	保险扣薪	其他奖金	实发工资
3	F1042006	伍仁	财务部	2016-11-15	2000	1000	100	500	3400
4	F1042007	刘仁星	财务部	2016-11-15	2000	1000	100	760	3660
5	F1042003	王英	品质部	2016-11-15	2680	1000	50	600	4230
6	F1042001	戴高	人事部	2016-11-15	2500	1000	120	500	3880
7	F1042009	赵琴	人事部	2016-11-15	2500	1000	120	600	3980
8	F1042002	李奇	销售部	2016-11-15	1690	900	100	1000	3490
9	F1042008	宁兵	销售部	2016-11-15	1690	900	120	2560	5030
10	F1042004	董小玉	制造部	2016-11-15	1610	900	100	200	2610
11	F1042005	薛仁贵	制造部	2016-11-15	2080	900	50	400	3330
12	F1042006	伍仁	财务部	2016-12-15	2000	1000	100	500	3400
13	F1042007	刘仁星	财务部	2016-12-15	2000	1000	100	760	3660
14	F1042003	王英	品质部	2016-12-15	2680	1000	50	600	4230
15	F1042001	戴高	人事部	2016-12-15	2500	1000	120	500	3880
16	F1042009	赵琴	人事部	2016-12-15	2500	1000	120	600	3980
17	F1042002	李奇	销售部	2016-12-15	1690	900	100	1000	3490
18	F1042008	宁兵	销售部	2016-12-15	1690	900	120	2560	5030
19	F1042004	董小玉	制造部	2016-12-15	1610	900	100	200	2610
20	F1042005	薛仁贵	制造部	2016-12-15	2080	900	50	400	3330

图 15-20 清除工作表中所有的分类汇总

提示

在【数据】选项卡的【分类汇总】组中，单击【取消组合】的下三角按钮，在弹出的下拉列表中选择【清除分级显示】选项，可清除左侧的分类列表，但不会删除分类汇总数据，如图 15-21 所示。

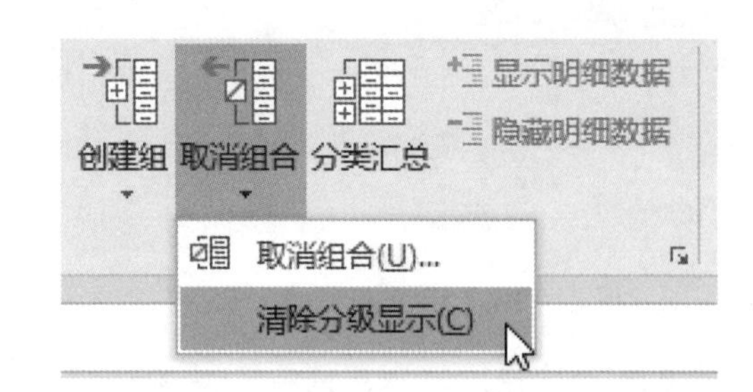

图 15-21 选择【清除分级显示】选项

15.2 数据的合并计算

在日常工作中，我们经常使用 Excel 表来统计数据，但是当工作表过多时，就需要在各工作表之间不停地切换，这样不仅烦琐，且容易出错。Excel 2016 提供的合并计算功能可完美地解决这一问题，使用该功能可以将多个格式相同的工作表合并到一个主表中，便于对数据进行更新和汇总。

15.2.1 按位置合并计算

当多个数据源区域中的数据是按照相同的顺序排列并使用相同的行和列标签时，可使用

按位置合并计算。下面将销售表中 3 个工作表合并到一个总表中，并计算出总销售数量和总销售额，具体的操作步骤如下。

步骤 1 打开随书光盘中的“素材\ch15\小米手机销售表.xlsx”文件，选中单元格区域 D3:E7，在【公式】选项卡中，单击【定义的名称】组的【定义名称】按钮，如图 15-22 所示。

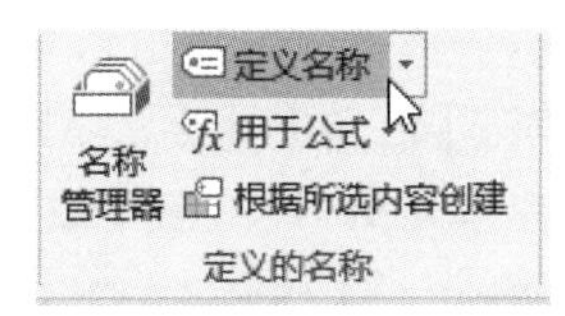

图 15-22　单击【定义名称】按钮

步骤 2 弹出【新建名称】对话框，在【名称】文本框中输入“一月”，单击【确定】按钮，如图 15-23 所示。

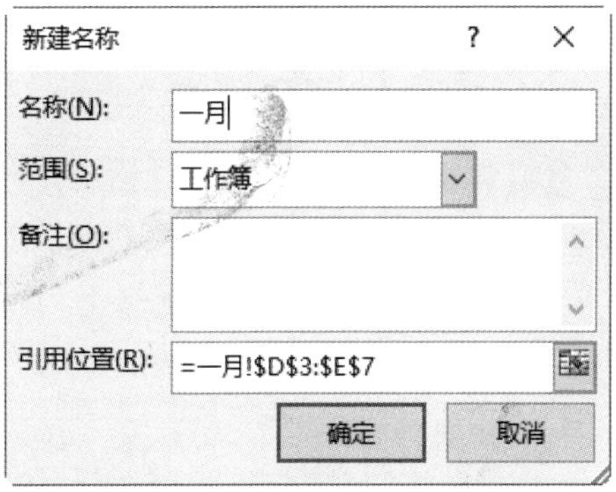

新建名称　?　×
名称(N):　一月
范围(S):　工作簿
备注(O):
引用位置(R):　=一月!$D$3:$E$7
确定　取消

图 15-23　【新建名称】对话框

步骤 3 分别切换到“二月”和“三月”工作表，重复步骤 1 和步骤 2，为这两个工作表中的相同单元格区域新建名称。然后单击“汇总”标签，切换到“汇总”工作表，选中单元格 D3，在【数据】选项卡中，单击【数据工具】组的【合并计算】按钮，如图 15-24 所示。

步骤 4 弹出【合并计算】对话框，在【引用位置】文本框中输入“一月”，单击【添加】按钮，如图 15-25 所示。

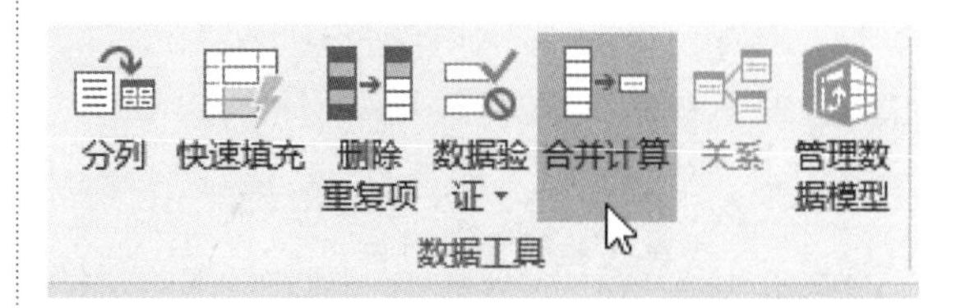

图 15-24　单击【合并计算】按钮

图 15-25　单击【添加】按钮

步骤 5 此时在【所有引用位置】列表框中显示出添加的名称。重复步骤 4，添加“二月”和“三月”，如图 15-26 所示。

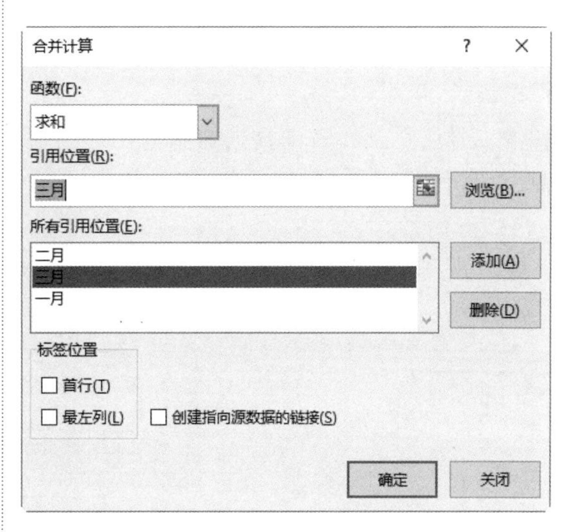

图 15-26　添加其余的名称

步骤 6 单击【确定】按钮，返回到工作表，此时“汇总”工作表中已统计出前三个月的总数量及总销售额，如图 15-27 所示。

手机卖场销售统计表				
品牌	规格/型号	单价	数量	销售额
小米	红米2	¥600	1312	¥787,200
小米	红米Note2	¥799	1176	¥939,624
小米	红米2A	¥499	1353	¥675,147
小米	小米4	¥1,299	968	¥1,257,432
小米	小米4C	¥1,499	1125	¥1,686,375

图 15-27　按位置合并计算后的结果

> **提示** 在合并前要确保每个数据区域都采用列表格式，每列都具有标签，同一列中包含相似的数据，并且在列表中没有空行或空列。

15.2.2 按分类合并计算

当数据源区域中包含相同分类的数据，但数据的排列位置却不一样时，可以按分类进行合并计算。它的方法与按位置合并计算类似，具体的操作步骤如下。

步骤 1 打开随书光盘中的“素材\ch15\手机销售表.xlsx”文件，可以看到，“一分店”和“二分店”工作表中数据的排列位置不一样，但包含相同分类的数据，如图 15-28 和图 15-29 所示。

手机店销售统计表				
日期	名称	单价	数量	销售额
2016-5-1	华为	¥1,799	25	¥44,975
2016-5-1	中兴	¥1,055	54	¥56,970
2016-5-1	三星	¥2,455	25	¥61,375
2016-5-1	酷派	¥1,088	10	¥10,880
2016-5-2	华为	¥1,799	25	¥44,975
2016-5-2	中兴	¥1,055	74	¥78,070
2016-5-2	三星	¥2,455	42	¥103,110
2016-5-2	酷派	¥1,088	17	¥18,496
2016-5-3	小米	¥1,699	42	¥71,358
2016-5-3	华为	¥1,799	24	¥43,176

图 15-28　“一分店”工作表中的数据

手机店销售统计表				
日期	名称	单价	数量	销售额
2016-5-1	小米	¥1,699	45	¥76,455
2016-5-1	华为	¥1,799	25	¥44,975
2016-5-1	三星	¥2,455	25	¥61,375
2016-5-2	中兴	¥1,055	74	¥78,070
2016-5-2	三星	¥2,455	42	¥103,110
2016-5-2	酷派	¥1,088	17	¥18,496
2016-5-3	小米	¥1,699	42	¥71,358
2016-5-3	华为	¥1,799	24	¥43,176
2016-5-3	中兴	¥1,055	15	¥15,825
2016-5-3	三星	¥2,455	15	¥36,825
2016-5-3	酷派	¥1,088	47	¥51,136

图 15-29　“二分店”工作表中的数据

步骤 2 单击【汇总】标签，切换到“汇总”工作表，选中单元格 A1，在【数据】选项卡中，单击【数据工具】组的【合并计算】按钮，如图 15-30 所示。

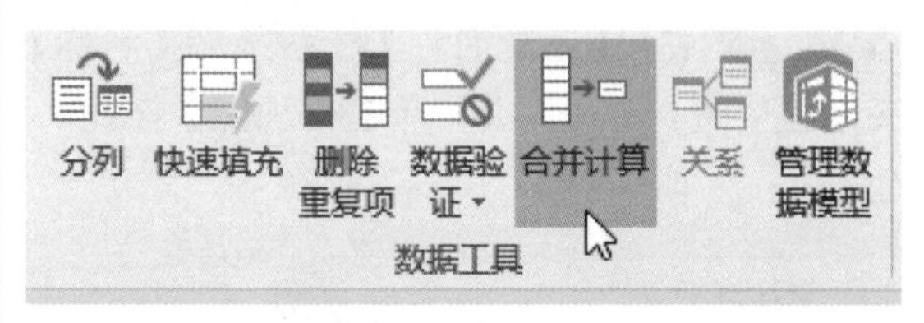

图 15-30　单击【合并计算】按钮

步骤 3 弹出【合并计算】对话框，将光标定位在【引用位置】文本框中，然后选中“一分店”工作表中的单元格区域 B2:E12，单击【添加】按钮，如图 15-31 所示。

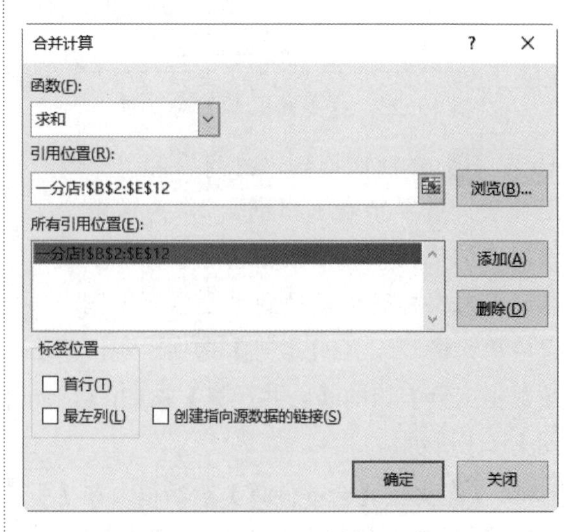

图 15-31　添加“一分店”数据

步骤 4 使用同样的方法，添加“二分店”

工作表中的单元格区域 B2:E13，然后选中【首行】和【最左列】复选框，单击【确定】按钮，如图 15-32 所示。

步骤 5 此时系统已将两个工作表快速合并到“汇总”工作表中并对各项进行了求和运算，最终效果如图 15-33 所示。

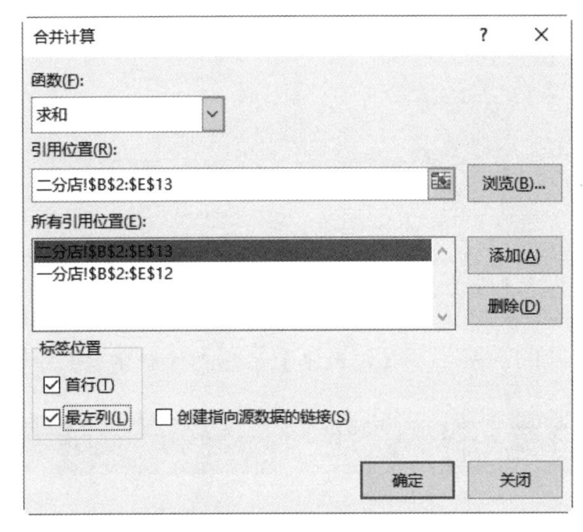

图 15-32 添加“二分店”数据

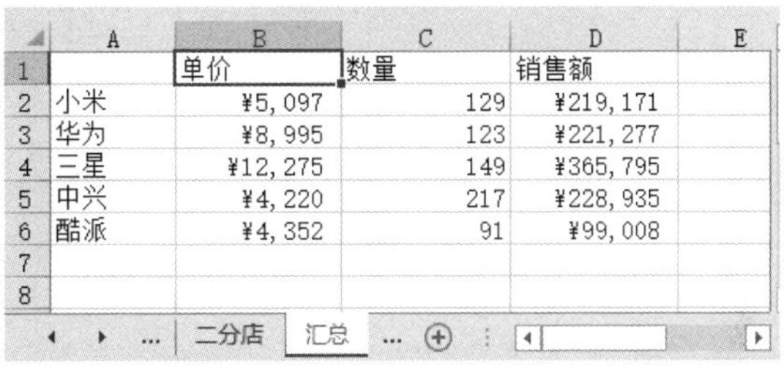

	A	B	C	D	E
1		单价	数量	销售额	
2	小米	¥5,097	129	¥219,171	
3	华为	¥8,995	123	¥221,277	
4	三星	¥12,275	149	¥365,795	
5	中兴	¥4,220	217	¥228,935	
6	酷派	¥4,352	91	¥99,008	
7					
8					

二分店 汇总

图 15-33 按分类合并计算的结果

15.3 高效办公技能实战

15.3.1 分类汇总材料采购表

下面介绍一个综合实例，创建材料采购表。通过本节的学习，读者可掌握如何利用记录单在表格中添加记录，以及对数据进行排序和分类汇总的方法。具体的操作步骤如下。

步骤 1 打开随书光盘中的“素材 \ch15\ 材料采购表 .xlsx”文件，如图 15-34 所示。

步骤 2 将光标定位在功能区中，右击，在弹出的快捷菜单中选择【自定义功能区】命令，如图 15-35 所示。

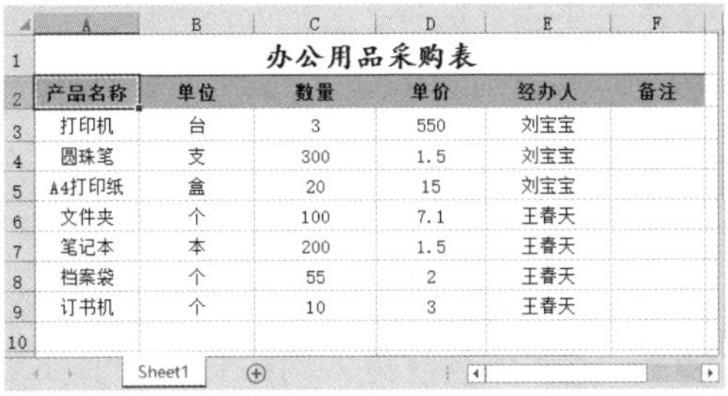

	A	B	C	D	E	F
1	办公用品采购表					
2	产品名称	单位	数量	单价	经办人	备注
3	打印机	台	3	550	刘宝宝	
4	圆珠笔	支	300	1.5	刘宝宝	
5	A4打印纸	盒	20	15	刘宝宝	
6	文件夹	个	100	7.1	王春天	
7	笔记本	本	200	1.5	王春天	
8	档案袋	个	55	2	王春天	
9	订书机	个	10	3	王春天	
10						

Sheet1

图 15-34 打开材料采购表

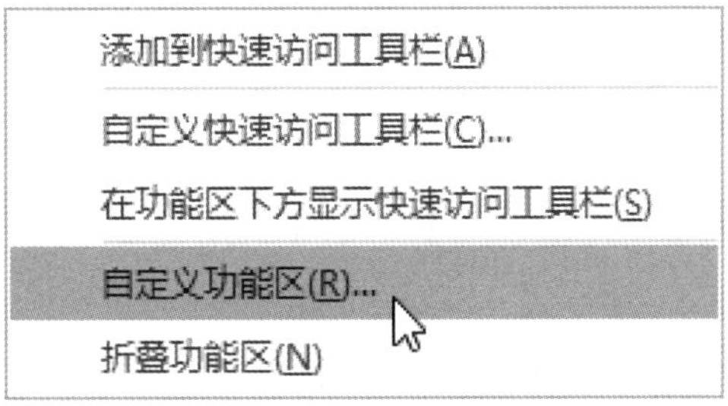

添加到快速访问工具栏(A)
自定义快速访问工具栏(C)...
在功能区下方显示快速访问工具栏(S)
自定义功能区(R)...
折叠功能区(N)

图 15-35 选择【自定义功能区】命令

步骤 3 弹出【Excel 选项】对话框，单击【新建选项卡】按钮，新建一个选项卡，同时系统将自动新建一个组，如图 15-36 所示。

图 15-36 单击【新建选项卡】按钮

步骤 4 单击【从下列位置选择命令】下三角按钮，在弹出的下拉列表中选择【不在功能区中的命令】选项，然后在下面的列表框中选择【记录单】选项，如图 15-37 所示。

图 15-37 选择【记录单】选项

步骤 5 单击【添加】按钮，将【记录单】添加到【新建选项卡】下的【新建组】中，然后单击【确定】按钮，如图 15-38 所示。

步骤 6 返回到工作表，选中单元格 A9，在【新建选项卡】选项卡中，单击【新建组】的【记录单】按钮，如图 15-39 所示。

图 15-38 将【记录单】添加到【新建组】中

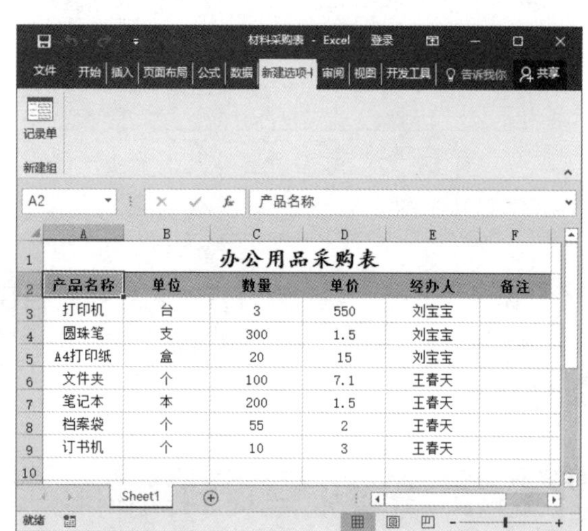

办公用品采购表					
产品名称	单位	数量	单价	经办人	备注
打印机	台	3	550	刘宝宝	
圆珠笔	支	300	1.5	刘宝宝	
A4打印纸	盒	20	15	刘宝宝	
文件夹	个	100	7.1	王春天	
笔记本	本	200	1.5	王春天	
档案袋	个	55	2	王春天	
订书机	个	10	3	王春天	

图 15-39 单击【记录单】按钮

步骤 7 弹出 Sheet1 对话框，通过该对话框，用户可添加新记录并查看已存在的记录，单击【新建】按钮，如图 15-40 所示。

步骤 8 此时将出现空白记录，在对应的文本框中输入数据，按 Enter 键或单击【新建】按钮即可添加新记录，然后单击【关闭】按钮，如图 15-41 所示。

步骤 9 此时工作表中已添加了一条新记录，如图 15-42 所示。

步骤 10 依据经办人对数据进行分类汇总。将光标定位在 E 列中任意单元格，在【数据】

选项卡中单击【排序和筛选】组的【升序】按钮，对其进行排序，如图 15-43 所示。

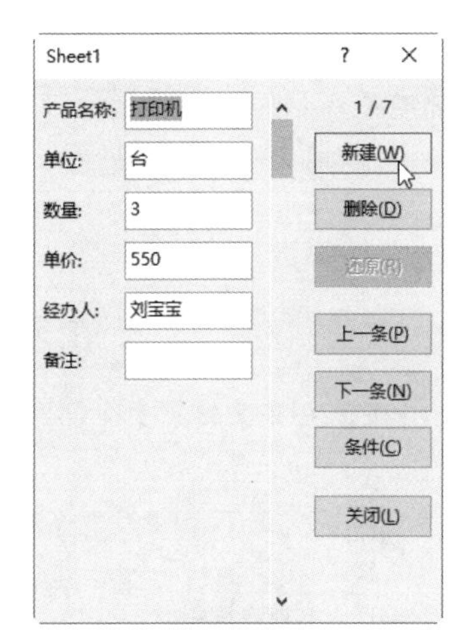

图 15-40　单击【新建】按钮

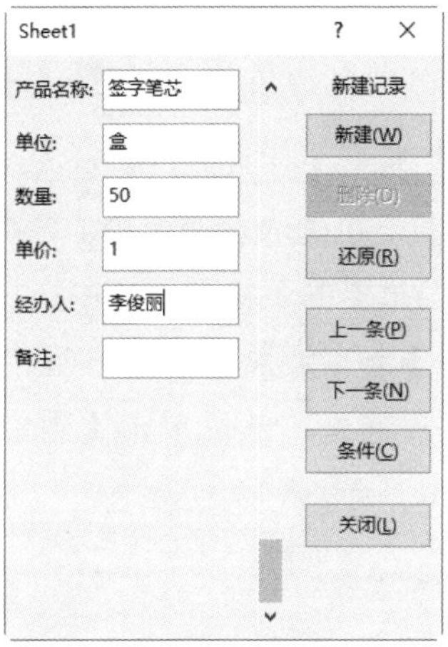

Sheet1
产品名称: 签字笔芯
单位: 盒
数量: 50
单价: 1
经办人: 李俊丽
备注:
新建记录
新建(W)
删除(D)
还原(R)
上一条(P)
下一条(N)
条件(C)
关闭(L)

图 15-41　在空白记录中输入数据

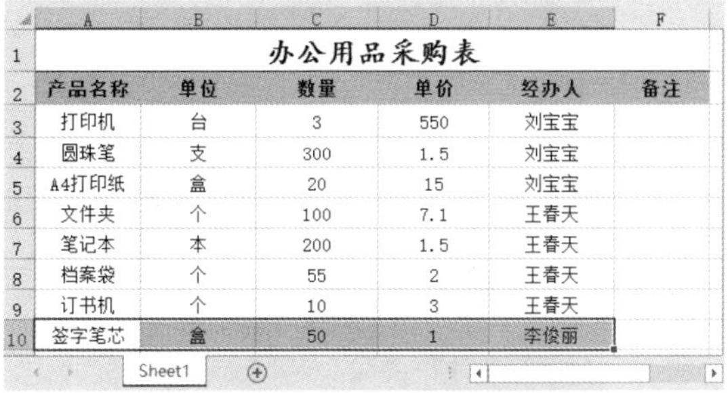

	A	B	C	D	E	F
1	办公用品采购表					
2	产品名称	单位	数量	单价	经办人	备注
3	打印机	台	3	550	刘宝宝	
4	圆珠笔	支	300	1.5	刘宝宝	
5	A4打印纸	盒	20	15	刘宝宝	
6	文件夹	个	100	7.1	王春天	
7	笔记本	本	200	1.5	王春天	
8	档案袋	个	55	2	王春天	
9	订书机	个	10	3	王春天	
10	签字笔芯	盒	50	1	李俊丽	

图 15-42　添加一条新记录

步骤 11 操作完成后，在【数据】选项卡中，单击【分级显示】组的【分类汇总】按钮，如图 15-44 所示。

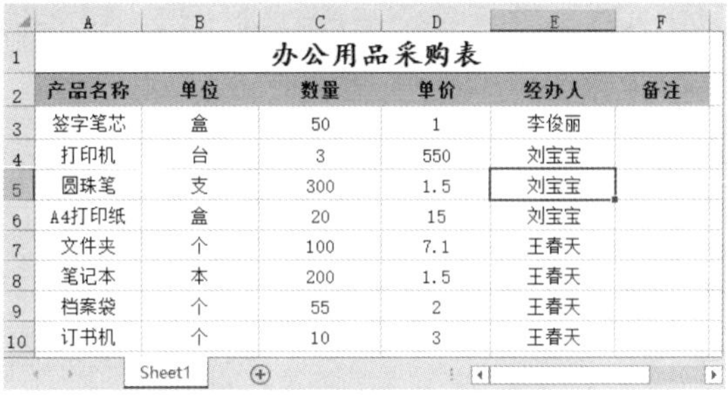

	A	B	C	D	E	F
1	办公用品采购表					
2	产品名称	单位	数量	单价	经办人	备注
3	签字笔芯	盒	50	1	李俊丽	
4	打印机	台	3	550	刘宝宝	
5	圆珠笔	支	300	1.5	刘宝宝	
6	A4打印纸	盒	20	15	刘宝宝	
7	文件夹	个	100	7.1	王春天	
8	笔记本	本	200	1.5	王春天	
9	档案袋	个	55	2	王春天	
10	订书机	个	10	3	王春天	

图 15-43　按升序排序

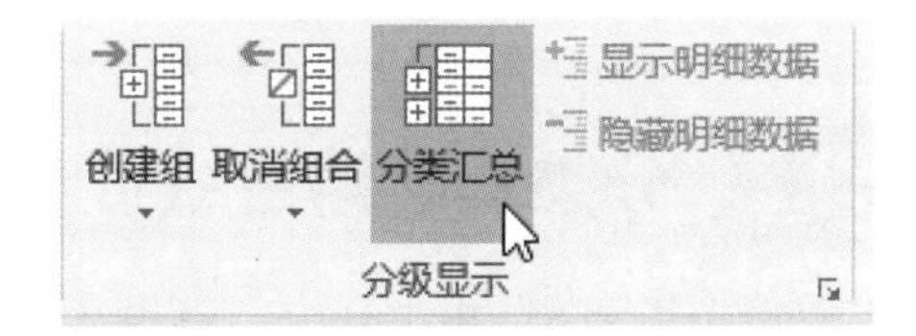

图 15-44　单击【分类汇总】按钮

步骤 12 弹出【分类汇总】对话框，在【分类字段】的下拉列表框中选择【经办人】选项，在【汇总方式】的下拉列表框中选择【计数】选项，在【选定汇总项】列表框中选中【产品名称】复选框，然后单击【确定】按钮，如图 15-45 所示。

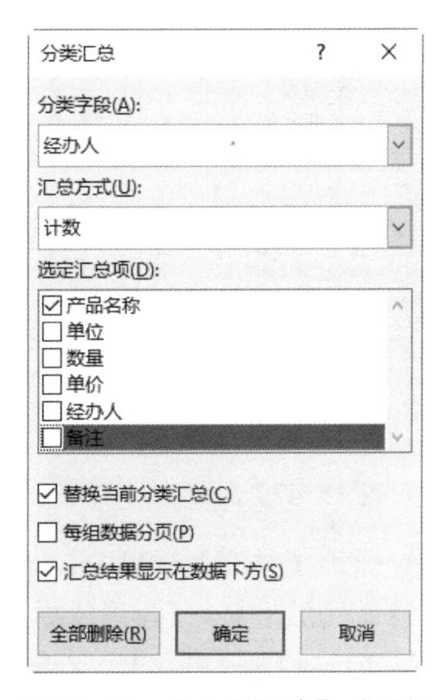

图 15-45　【分类汇总】对话框

步骤 13 此时系统将依据经办人进行分类汇总，并统计出每位经办人采购的产品种类，如图 15-46 所示。

办公用品采购表

产品名称	单位	数量	单价	经办人	备注
签字笔芯	盒	50	1	李俊丽	
1				李俊丽 计数	
打印机	台	3	550	刘宝宝	
圆珠笔	支	300	1.5	刘宝宝	
A4打印纸	盒	20	15	刘宝宝	
3				刘宝宝 计数	
文件夹	个	100	7.1	王春天	
笔记本	本	200	1.5	王春天	
档案袋	个	55	2	王春天	
订书机	个	10	3	王春天	
4				王春天 计数	
8				总计数	

图 15-46　分类汇总后的结果

15.3.2 分类汇总销售统计表

下面制作一个销售统计表，通过本节的学习，读者可掌握如何对销售统计表中的数据进行排序与分类汇总、创建分组以及分级显示分类汇总的数据等。具体的操作步骤如下。

步骤 1 打开随书光盘中的“素材\ch15\销售统计表.xlsx”文件，将光标定位在数据区域内的任意单元格，在【数据】选项卡中，单击【排序和筛选】组的【排序】按钮，如图 15-47 所示。

环球电器有限公司16年销售业绩统计表

工号	姓名	部门	城市	一季度	二季度	三季度	四季度	总销售额
F1042001	程小雷	销售1组	北京总部	2563	5562	4515	4152	16792
F1042006	张艳	销售1组	北京总部	3652	2575	5874	5884	17985
F1042007	卢红	销售1组	北京总部	4511	1254	4512	2145	12422
F1042004	张红军	销售2组	北京总部	3124	2987	2659	3542	12312
F1042005	刘丽	销售2组	北京总部	1452	1542	3254	2654	8902
F1042008	李恬	销售2组	北京总部	3244	3354	3256	3654	13508
F1042002	李成	销售3组	上海分部	5286	6511	6554	4111	22462
F1042009	肖珍	销售3组	上海分部	4352	3475	3568	2586	13981
F1042012	佟大大	销售3组	上海分部	2641	5154	5124	1542	14461
F1042003	刘艳	销售4组	上海分部	4345	4352	5326	4385	18408
F1042010	郭梭	销售4组	上海分部	4125	5421	5412	1542	16500
F1042011	彭健	销售4组	上海分部	1452	1245	1124	1245	5066

图 15-47　打开素材文件

步骤 2 弹出【排序】对话框，设置【主要关键字】为【城市】，【排序依据】和【次序】分别为【数值】和【升序】，然后单击【添加条件】按钮，并设置【次要关键字】为【部门】，单击【确定】按钮，如图 15-48 所示。

步骤 3 完成排序后，将光标定位在数据区域内的任意单元格，在【数据】选项卡中，单击【分级显示】组的【分类汇总】按钮，如图 15-49 所示。

图 15-48　设置【主要关键字】和【次要关键字】

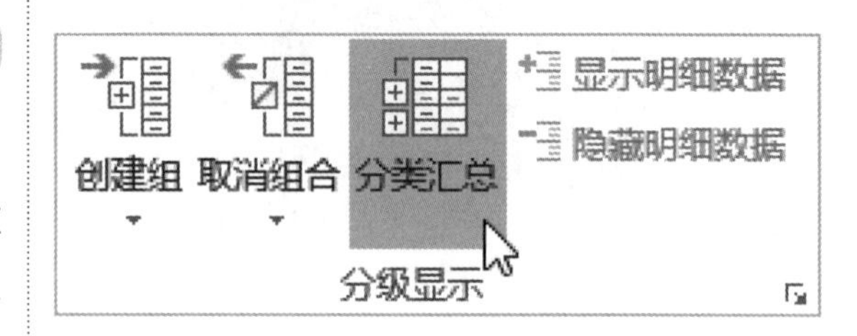

图 15-49　单击【分类汇总】按钮

步骤 4 弹出【分类汇总】对话框，在【分类字段】的下拉列表框中选择【城市】选项，在【汇总方式】的下拉列表框中选择【求和】选项，在【选定汇总项】列表框中选中【总销售额】复选框，然后单击【确定】按钮，如图 15-50 所示。

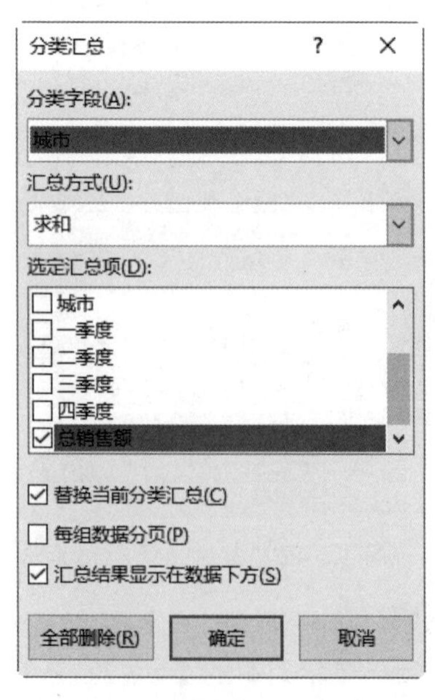

图 15-50　【分类汇总】对话框

步骤 5 此时已建立了简单分类汇总，单击【分级显示】组的【分类汇总】按钮，如图 15-51 所示。

工号	姓名	部门	城市	一季度	二季度	三季度	四季度	总销售额
环球电器有限公司16年销售业绩统计表								
F1042001	程小雷	销售1组	北京总部	2563	5562	4515	4152	16792
F1042006	张艳	销售1组	北京总部	3652	2575	5874	5884	17985
F1042007	卢红	销售1组	北京总部	4511	1254	4512	2145	12422
F1042004	张红军	销售2组	北京总部	3124	2987	2659	3542	12312
F1042005	刘丽	销售2组	北京总部	1452	1542	3254	2654	8902
F1042008	李恬	销售2组	北京总部	3244	3354	3256	3654	13508
			北京总部 汇总					81921
F1042002	李成	销售3组	上海分部	5286	6511	6554	4111	22462
F1042009	肖珍	销售3组	上海分部	4352	3475	3568	2586	13981
F1042012	佟大大	销售3组	上海分部	2641	5154	5124	1542	14461
F1042003	刘艳	销售4组	上海分部	4345	4352	5326	4385	18408
F1042010	郭梭	销售4组	上海分部	4125	5421	5412	1542	16500
F1042011	彭健	销售4组	上海分部	1452	1245	1124	1245	5066
			上海分部 汇总					90878
			总计					172799

图 15-51　汇总结果

步骤 6 弹出【分类汇总】对话框，在【分类字段】的下拉列表框中选择【部门】选项，在【汇总方式】的下拉列表框中选择【求和】选项，在【选定汇总项】列表框中选中【总销售额】复选框，取消选中【替换当前分类汇总】复选框，然后单击【确定】按钮，如图 15-52 所示。

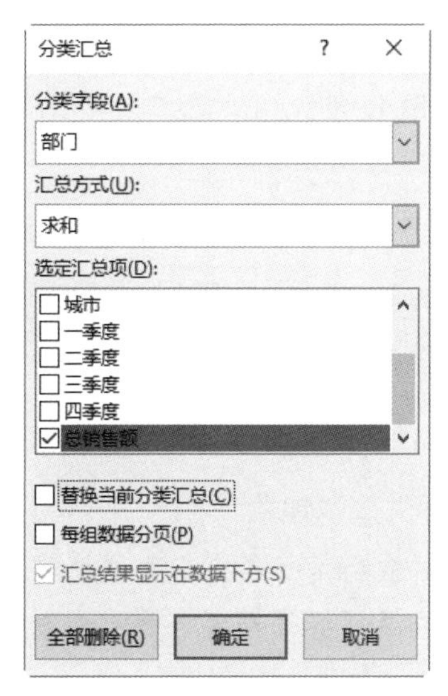

图 15-52　【分类汇总】对话框

步骤 7 此时已建立了两重分类汇总，如图 15-53 所示。

步骤 8 选中单元格区域 E2:H2，在【数据】选项卡中，单击【分级显示】组的【创建组】按钮，如图 15-54 所示。

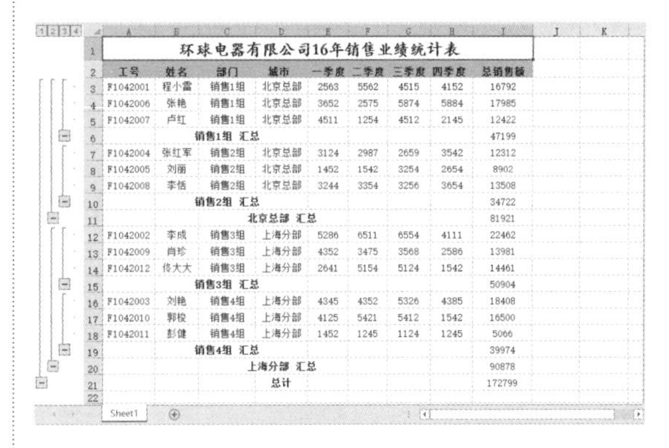

工号	姓名	部门	城市	一季度	二季度	三季度	四季度	总销售额
环球电器有限公司16年销售业绩统计表								
F1042001	程小雷	销售1组	北京总部	2563	5562	4515	4152	16792
F1042006	张艳	销售1组	北京总部	3652	2575	5874	5884	17985
F1042007	卢红	销售1组	北京总部	4511	1254	4512	2145	12422
		销售1组 汇总						47199
F1042004	张红军	销售2组	北京总部	3124	2987	2659	3542	12312
F1042005	刘丽	销售2组	北京总部	1452	1542	3254	2654	8902
F1042008	李恬	销售2组	北京总部	3244	3354	3256	3654	13508
		销售2组 汇总						34722
			北京总部 汇总					81921
F1042002	李成	销售3组	上海分部	5286	6511	6554	4111	22462
F1042009	肖珍	销售3组	上海分部	4352	3475	3568	2586	13981
F1042012	佟大大	销售3组	上海分部	2641	5154	5124	1542	14461
		销售3组 汇总						50904
F1042003	刘艳	销售4组	上海分部	4345	4352	5326	4385	18408
F1042010	郭梭	销售4组	上海分部	4125	5421	5412	1542	16500
F1042011	彭健	销售4组	上海分部	1452	1245	1124	1245	5066
		销售4组 汇总						39974
			上海分部 汇总					90878
			总计					172799

图 15-53　建立的两重分类汇总

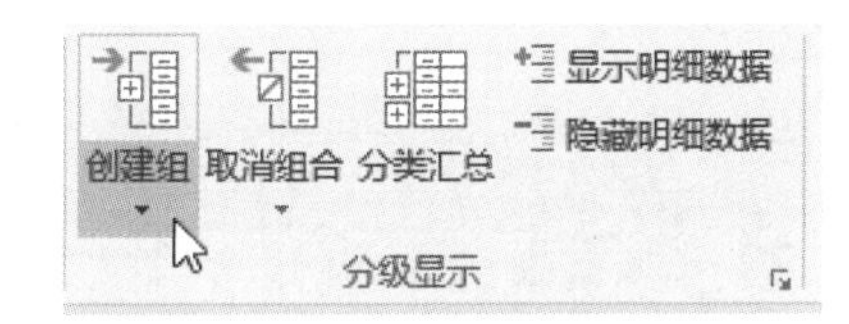

图 15-54　单击【创建组】按钮

步骤 9 弹出【创建组】对话框，选中【列】单选按钮，单击【确定】按钮，如图 15-55 所示。

图 15-55　选中【列】单选按钮

步骤 10 此时已为 E 列到 H 列创建一个分组，如图 15-56 所示。

> **提示**
> 用户可以将工作表中的数据创建成多个组进行显示，除了上面在列方向上创建分组外，还可以在行方向上创建分组。

步骤 11 在列方向上创建分组后，单击上方的⊟按钮，如图 15-57 所示。

步骤 12 此时已隐藏了组中的列，如图 15-58 所示。

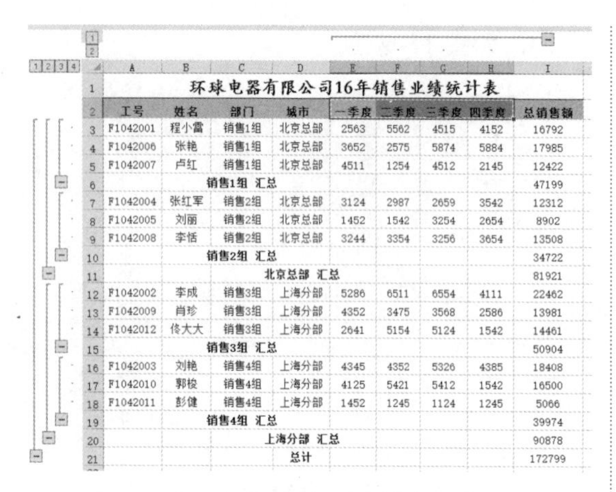

	A	B	C	D	E	F	G	H	I
1	环球电器有限公司16年销售业绩统计表								
2	工号	姓名	部门	城市	一季度	二季度	三季度	四季度	总销售额
3	F1042001	程小雷	销售1组	北京总部	2563	5562	4515	4152	16792
4	F1042006	张艳	销售1组	北京总部	3652	2575	5874	5884	17985
5	F1042007	卢红	销售1组	北京总部	4511	1254	4512	2145	12422
6			销售1组 汇总						47199
7	F1042004	张红军	销售2组	北京总部	3124	2987	2659	3542	12312
8	F1042005	刘丽	销售2组	北京总部	1452	1542	3254	2654	8902
9	F1042008	李恬	销售2组	北京总部	3244	3354	3256	3654	13508
10			销售2组 汇总						34722
11				北京总部 汇总					81921
12	F1042002	李成	销售3组	上海分部	5286	6511	6554	4111	22462
13	F1042009	肖珍	销售3组	上海分部	4352	3475	3568	2586	13981
14	F1042012	佟大大	销售3组	上海分部	2641	5154	5124	1542	14461
15			销售3组 汇总						50904
16	F1042003	刘艳	销售4组	上海分部	4345	4352	5326	4385	18408
17	F1042010	郭校	销售4组	上海分部	4125	5421	5412	1542	16500
18	F1042011	彭健	销售4组	上海分部	1452	1245	1124	1245	5066
19			销售4组 汇总						39974
20				上海分部 汇总					90878
21				总计					172799

图 15-56　为 E 列到 H 列创建一个分组

	A	B	C	D	E	F	G	H	I
1	环球电器有限公司16年销售业绩统计表								
2	工号	姓名	部门	城市	一季度	二季度	三季度	四季度	总销售额
3	F1042001	程小雷	销售1组	北京总部	2563	5562	4515	4152	16792
4	F1042006	张艳	销售1组	北京总部	3652	2575	5874	5884	17985
5	F1042007	卢红	销售1组	北京总部	4511	1254	4512	2145	12422
6			销售1组 汇总						47199
7	F1042004	张红军	销售2组	北京总部	3124	2987	2659	3542	12312
8	F1042005	刘丽	销售2组	北京总部	1452	1542	3254	2654	8902
9	F1042008	李恬	销售2组	北京总部	3244	3354	3256	3654	13508

图 15-57　单击上方的⊟按钮

步骤 13 单击工作表左侧列表中的②按钮，显示一级和二级数据，即对总计和城市进行汇总，如图 15-59 所示。

步骤 14 单击工作表左侧列表中的③按钮，则显示一、二、三级数据，即对总计、城市和部门进行汇总，如图 15-60 所示。

	A	B	C	D	I
1	环球电器有限公司16年销售业绩统计表				
2	工号	姓名	部门	城市	总销售额
3	F1042001	程小雷	销售1组	北京总部	16792
4	F1042006	张艳	销售1组	北京总部	17985
5	F1042007	卢红	销售1组	北京总部	12422
6			销售1组 汇总		47199
7	F1042004	张红军	销售2组	北京总部	12312
8	F1042005	刘丽	销售2组	北京总部	8902
9	F1042008	李恬	销售2组	北京总部	13508

图 15-58　隐藏组中的列

	A	B	C	D	I
1	环球电器有限公司16年销售业绩统计表				
2	工号	姓名	部门	城市	总销售额
11				北京总部 汇	81921
20				上海分部 汇	90878
21				总计	172799
22					

图 15-59　显示二级分类汇总

	A	B	C	D	I
1	环球电器有限公司16年销售业绩统计表				
2	工号	姓名	部门	城市	总销售额
6			销售1组 汇总		47199
10			销售2组 汇总		34722
11				北京总部 汇	81921
15			销售3组 汇总		50904
19			销售4组 汇总		39974
20				上海分部 汇	90878
21				总计	172799
22					

图 15-60　显示三级分类汇总

15.4 高手解惑

问：在进行多重分类汇总操作时，为什么会出现操作失败的现象？

高手：这是因为在【分类汇总】对话框中选中了【替换当前分类汇总】复选框，这意味着的是进行一次普通的分类汇总。所以要进行多重分类汇总，必须在【分类汇总】对话框中取消选中【替换当前分类汇总】复选框。

问：用户如何利用 Excel 2016 中提供的合并计算功能实现数据的汇总操作呢？

高手：首先打开一个工作表，切换至【数据】选项卡，在【数据工具】组中，单击【合并计算】按钮，打开【合并计算】对话框，然后在【函数】下拉列表框中选择一种合适的运算方式，再输入所有需要引用的数据源，最后单击【确定】按钮，即可完成数据的合并计算。

数据透视表与数据透视图

- **本章导读**

使用数据透视表可以汇总、分析、查询和提供需要的数据；使用数据透视图可以在数据透视表中可视化需要的数据，并且可以方便地查看模式和趋势。本章将为读者介绍如何创建数据透视表与数据透视图。

- **学习目标**

◎ 掌握创建数据透视表的方法
◎ 掌握创建数据透视图的方法
◎ 掌握编辑数据透视表的方法
◎ 掌握编辑数据透视图的方法

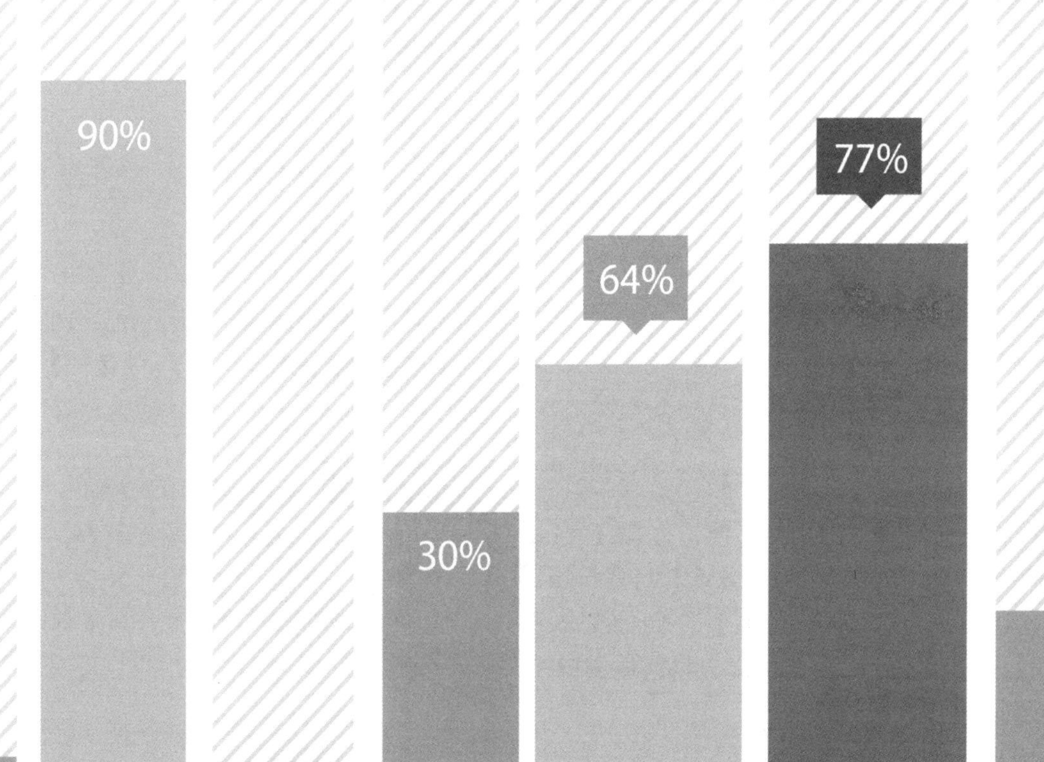

16.1 创建数据透视表

数据透视表是一种可以深入分析数值数据，从而快速汇总大量数据的交互式报表。用来创建数据透视表的数据源可以是当前工作表中的数据，也可以是外部数据。

16.1.1 手动创建数据透视表

数据透视表要求数据源的格式是矩形数据库，并且通常情况下，数据源中要包含用于描述数据的字段和要汇总的值或数据。下面利用电器销售表作为数据源生成数据透视表，显示出每种产品以及产品中包含的各品牌的年度总销售额。具体的操作步骤如下。

步骤 1 打开随书光盘中的“素材 \ch16\ 电器销售表 .xlsx”文件，在【插入】选项卡中，单击【表格】组的【数据透视表】按钮，如图 16-1 所示。

销售统计表

	品牌	一季度	二季度	三季度	四季度	总销售额
冰箱	海尔	516	621	550	605	2292
冰箱	美的	520	635	621	602	2378
冰箱	容声	415	456	480	499	1850
空调	海尔	105	159	200	400	864
空调	美的	210	255	302	340	1107
空调	格力	68	152	253	241	714
洗衣机	海尔	678	789	750	742	2959
洗衣机	创维	721	725	735	712	2893
洗衣机	小天鹅	489	782	852	455	2578

图 16-1　单击【数据透视表】按钮

步骤 2 弹出【创建数据透视表】对话框，选中【选择一个表或区域】单选按钮，将光标定位在【表 / 区域】右侧的文本框中，然后在工作表中选中单元格区域 A2:G11 作为数据源，在下方选中【新工作表】单选按钮，单击【确定】按钮，如图 16-2 所示。

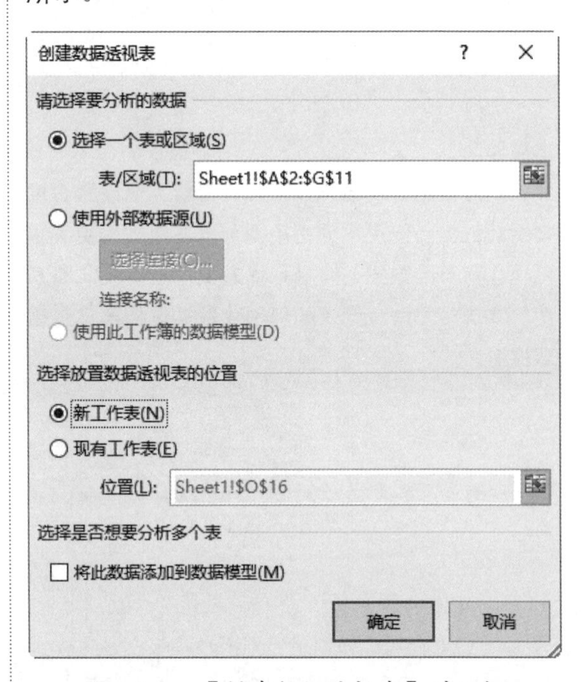

图 16-2　【创建数据透视表】对话框

步骤 3 此时已创建了一个新工作表，工作表中包含一个空白的数据透视表，在右侧将出现【数据透视表字段】导航窗格，并且在功能区中会出现【分析】和【设计】选项卡，如图 16-3 所示。

> **提示**　在【创建数据透视表】对话框中，用户还可选择外部数据作为数据源。此外，既可以将数据透视表放置在新工作表中，也可放置在当前工作表中。

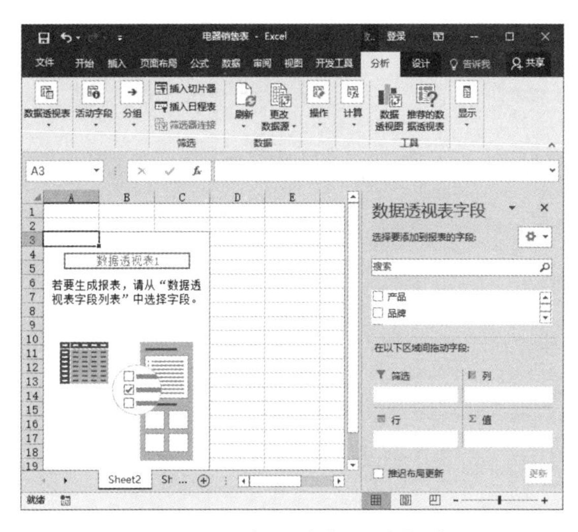

图 16-3　空白的数据透视表

步骤 4 在【数据透视表字段】导航窗格中，从【选择要添加到报表的字段】区域中选择“产品”字段，按住鼠标左键不放，将该字段拖动到下方的【行】列表框中，将“品牌”字段也拖动到【行】列表框中，然后将“总销售额”字段拖动到【∑值】列表框中，在左侧可以看到添加字段后的数据透视表，如图 16-4 所示。

图 16-4　手动创建的数据透视表

16.1.2 自动创建数据透视表

Excel 2016 新引入了“推荐的数据透视表”功能，通过该功能，系统将快速扫描数据，并列出可供选择的数据透视表，用户只需选择其中的一种即可自动创建数据透视表。

具体的操作步骤如下。

步骤 1 打开随书光盘中的“素材\ch16\电器销售表.xlsx”文件，将光标定位在数据区域内的任意单元格，在【插入】选项卡中，单击【表格】组中的【推荐的数据透视表】按钮，如图 16-5 所示。

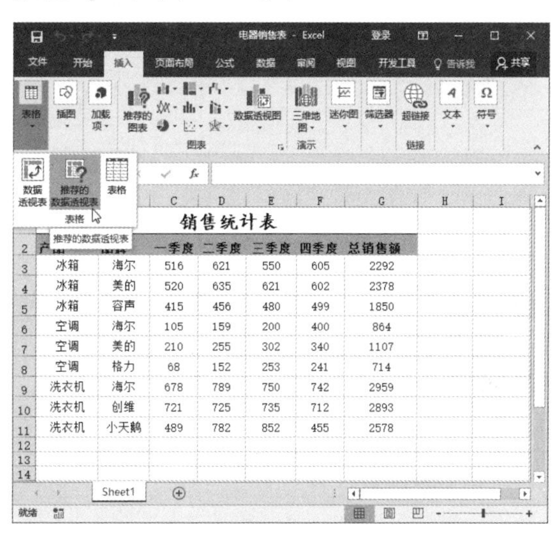

图 16-5　单击【推荐的数据透视表】按钮

步骤 2 弹出【推荐的数据透视表】对话框，在左侧列表框中选择需要的类型，在右侧可预览效果，然后单击【确定】按钮，如图 16-6 所示。

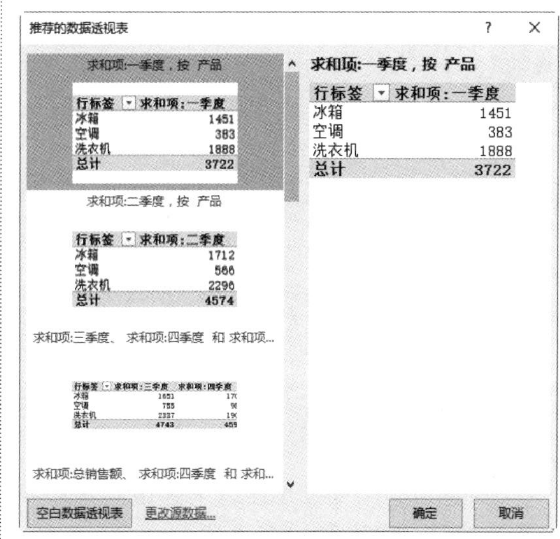

图 16-6　在左侧列表框中选择需要的类型

步骤 3 此时系统已自动创建了所选的数据透视表，如图 16-7 所示。

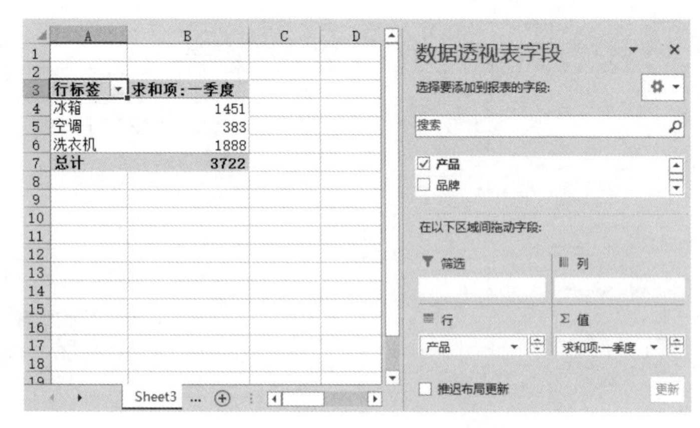

图 16-7　自动创建的数据透视表

16.2 编辑数据透视表

创建数据透视表以后就可以对它进行编辑了。对数据透视表的编辑包括修改其布局、添加或删除字段、格式化表中的数据，以及复制和删除透视表等。

16.2.1 设置数据透视表字段

设置数据透视表字段包括添加字段、移动字段、删除字段、设置字段等，下面分别介绍。

1. 添加字段

通常情况下，主要有以下 3 种方法添加字段。

☆ 拖动字段。用户可直接将【选择要添加到报表的字段】区域中的字段拖动到下方的【在以下区域间拖动字段】区域中。

☆ 选中字段前面的复选框。在【选择要添加到报表的字段】区域中选中字段前面的复选框，数据透视表会根据该字段的特点自动添加到【在以下区域间拖动字段】区域中。

☆ 通过右键快捷菜单添加。选中要添加的字段并右击，在弹出的快捷菜单中选择要添加到的区域，即可添加该字段，如图 16-8 所示。

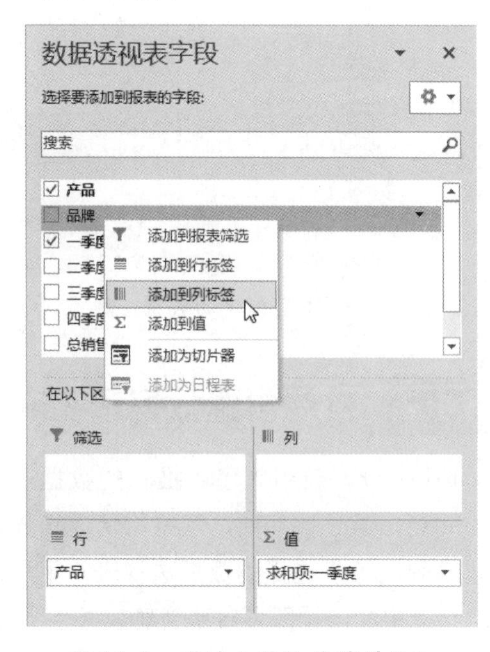

图 16-8　通过右键快捷菜单添加

2. 移动字段

用户不仅可以在数据透视表的区域间移动字段，还可在同一区域中移动字段，具体的操作步骤如下。

步骤 1 打开随书光盘中的“素材\ch16\电器销售表--数据透视表.xlsx”文件，如图 16-9 所示。

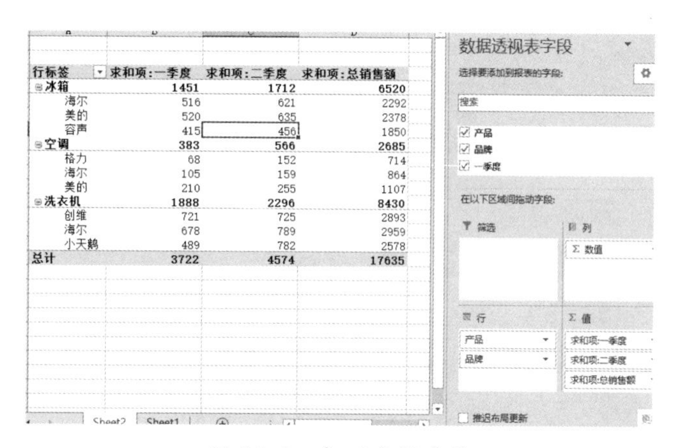

图 16-9 打开素材文件

步骤 2 在【数据透视表字段】导航窗格中，选择【行】列表框中的“产品”字段，将其拖动到“品牌”字段的下方，此时数据透视表的布局已自动发生改变，如图 16-10 所示。

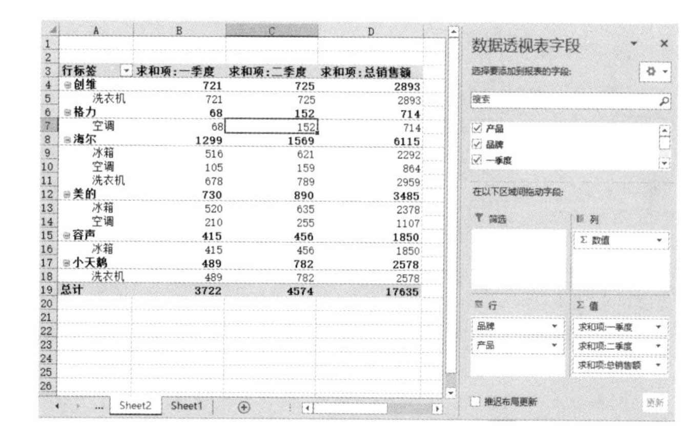

图 16-10 将“产品”字段拖动到“品牌”字段的下方

步骤 3 在【∑值】列表框中单击“总销售额”字段的下三角按钮，在弹出的下拉菜单中选择【移至开头】命令，如图 16-11 所示。

步骤 4 “总销售额”字段移动到【∑值】列表框的开头，此时数据透视表的布局已自动发生改变，如图 16-12 所示。

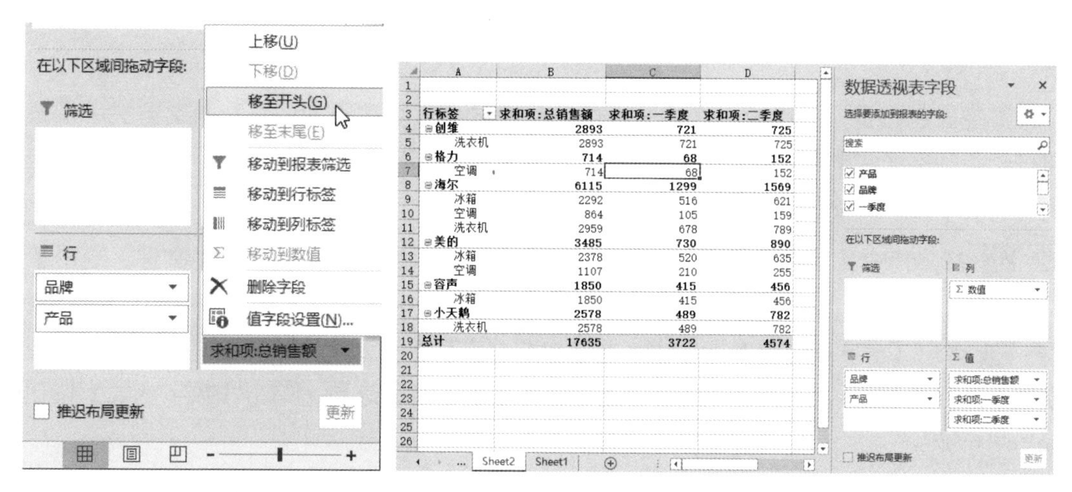

图 16-11 选择【移至开头】命令　　图 16-12 数据透视表的布局发生改变

以上介绍了在同一区域中移动字段的两种方法，若要在区域间移动字段，将字段直接拖动到其他的区域中，或者单击字段右侧的下三角按钮，在弹出的下拉菜单中选择【移动到行标签】、【移动到列标签】等命令都可在区域间移动字段，方法与上述类似，这里不再赘述。

3. 删除字段

通常情况下，有两种方法删除字段。

☆ 在窗格中选中要删除的字段，直接将其拖动到区域外可删除该字段，如图 16-13 所示。

☆ 在【在以下区域间拖动字段】区域中单击要删除的字段，在弹出的菜单中选择【删除字段】命令，即可删除该字段，如图 16-14 所示。

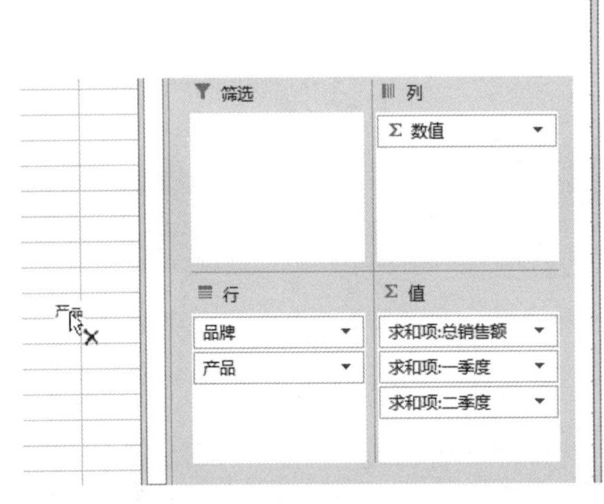

图 16-13　拖动删除字段

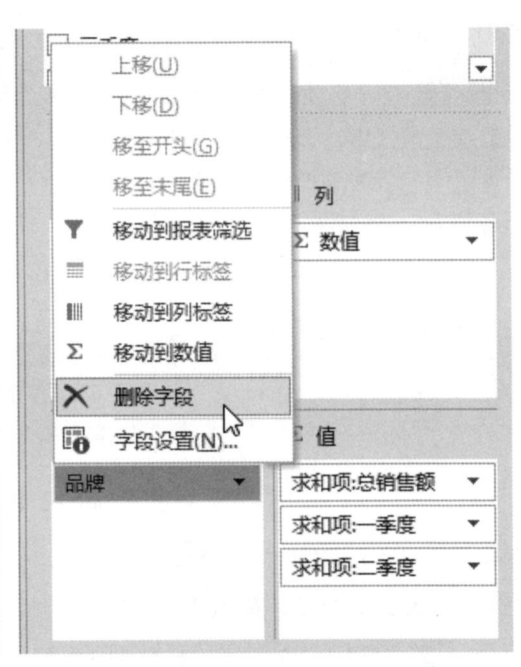

图 16-14　选择【删除字段】命令

4. 设置字段

设置字段包括重命名字段、设置字段的数字格式、设置字段的汇总和筛选方式、设置布局和打印等。例如在电器销售表中，若需要数据透视表显示每季度的销售平均值，而非总和，就需要设置字段，具体的操作步骤如下。

步骤 1 打开随书光盘中的“素材 \ch16\ 电器销售表 -- 数据透视表 .xlsx”文件，选中单元格 B3，在【分析】选项卡中，单击【活动字段】组的【字段设置】按钮，如图 16-15 所示。

步骤 2 弹出【值字段设置】对话框，在【自定义名称】文本框中输入新名称“平均值项:一季度”，在【值字段汇总方式】列表框中选择【平均值】选项，单击【数字格式】按钮，如图 16-16 所示。

步骤 3 弹出【设置单元格格式】对话框，选择【分类】列表框中的【数值】选项，在右侧将【小

数位数】设置为“0”，如图 16-17 所示。

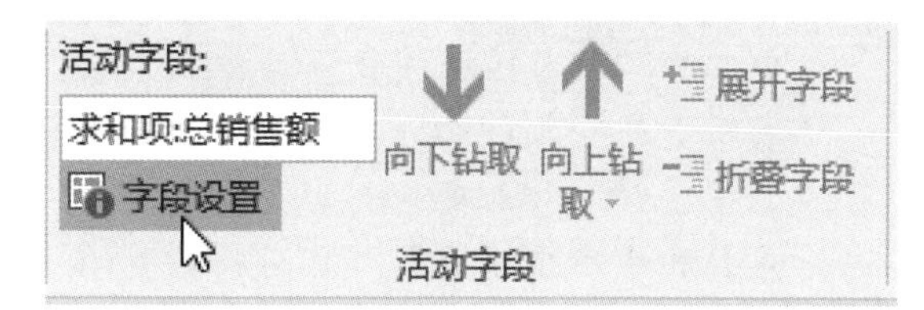

图 16-15　单击【字段设置】按钮

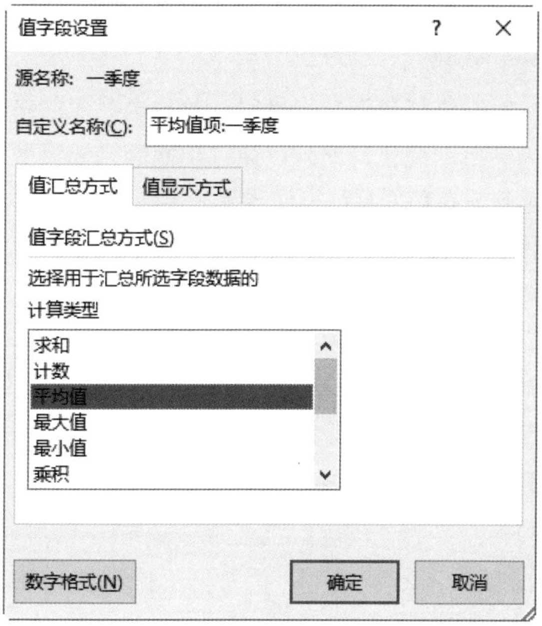

值字段设置
源名称：一季度
自定义名称(C)：平均值项:一季度
值汇总方式　值显示方式
值字段汇总方式(S)
选择用于汇总所选字段数据的
计算类型
求和
计数
平均值
最大值
最小值
乘积
数字格式(N)　确定　取消

图 16-16　【值字段设置】对话框

图 16-17　【设置单元格格式】对话框

步骤 4 依次单击【确定】按钮，返回到工作表，此时数据透视表将显示一季度的销售平均值，如图 16-18 所示。

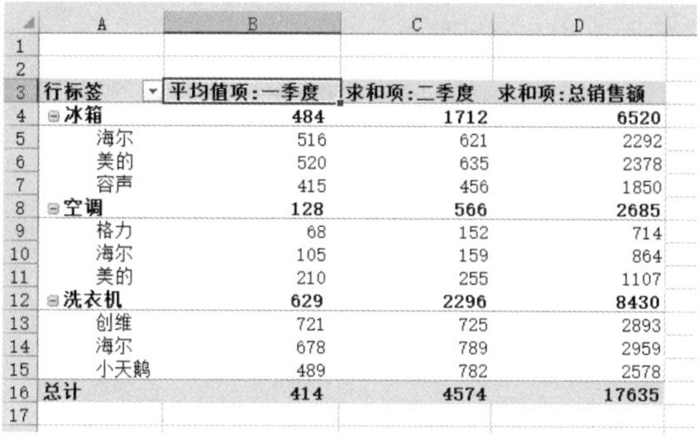

	A	B	C	D
1				
2				
3	行标签	平均值项:一季度	求和项:二季度	求和项:总销售额
4	⊟冰箱	484	1712	6520
5	海尔	516	621	2292
6	美的	520	635	2378
7	容声	415	456	1850
8	⊟空调	128	566	2685
9	格力	68	152	714
10	海尔	105	159	864
11	美的	210	255	1107
12	⊟洗衣机	629	2296	8430
13	创维	721	725	2893
14	海尔	678	789	2959
15	小天鹅	489	782	2578
16	总计	414	4574	17635
17				

图 16-18　显示销售平均值

步骤 5 使用同样的方法，设置“二季度”和“总销售额”字段，将它们的汇总方式设置为“平均值”，并设置数字格式，如图 16-19 所示。

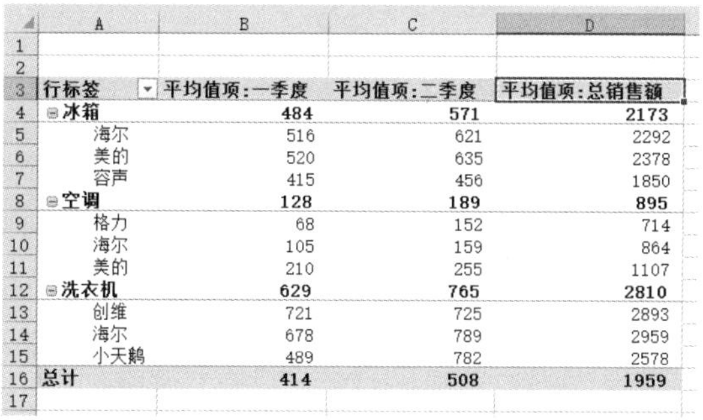

	A	B	C	D
1				
2				
3	行标签	平均值项:一季度	平均值项:二季度	平均值项:总销售额
4	⊟冰箱	484	571	2173
5	海尔	516	621	2292
6	美的	520	635	2378
7	容声	415	456	1850
8	⊟空调	128	189	895
9	格力	68	152	714
10	海尔	105	159	864
11	美的	210	255	1107
12	⊟洗衣机	629	765	2810
13	创维	721	725	2893
14	海尔	678	789	2959
15	小天鹅	489	782	2578
16	总计	414	508	1959
17				

图 16-19　添加其他季度的平均值

步骤 6 在【数据透视表字段】导航窗格中，单击【行】列表框中的“产品”字段的下三角按钮，在弹出的菜单中选择【字段设置】命令，如图 16-20 所示。

步骤 7 弹出【字段设置】对话框，选择【布局和打印】选项卡，在【布局】区域中选中【以表格形式显示项目标签】单选按钮，单击【确定】按钮，如图 16-21 所示。

步骤 8 返回到工作表中，此时数据透视表已发生改变，如图 16-22 所示。

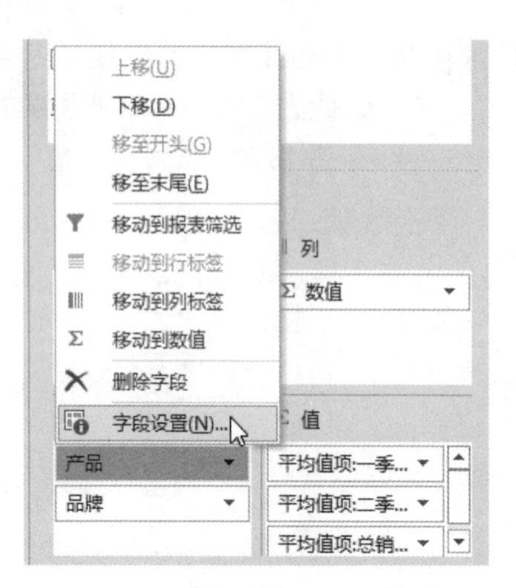

图 16-20　选择【字段设置】命令

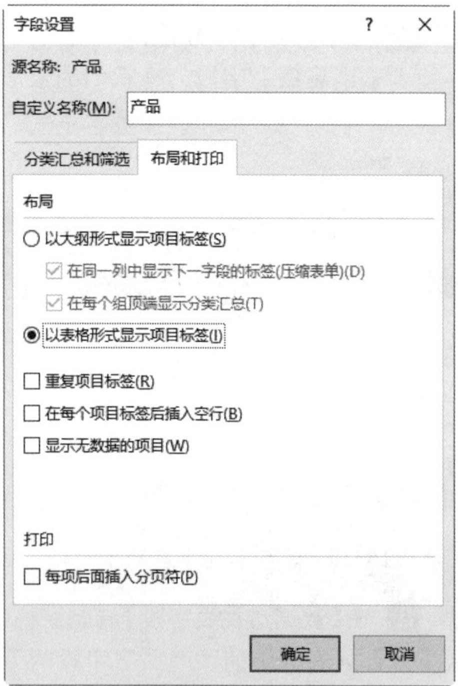

字段设置　?　×

源名称：产品

自定义名称(M)：产品

分类汇总和筛选　布局和打印

布局

○ 以大纲形式显示项目标签(S)

☑ 在同一列中显示下一字段的标签(压缩表单)(D)

☑ 在每个组顶端显示分类汇总(T)

◉ 以表格形式显示项目标签(I)

☐ 重复项目标签(R)

☐ 在每个项目标签后插入空行(B)

☐ 显示无数据的项目(W)

打印

☐ 每项后面插入分页符(P)

确定　取消

图 16-21　【字段设置】对话框

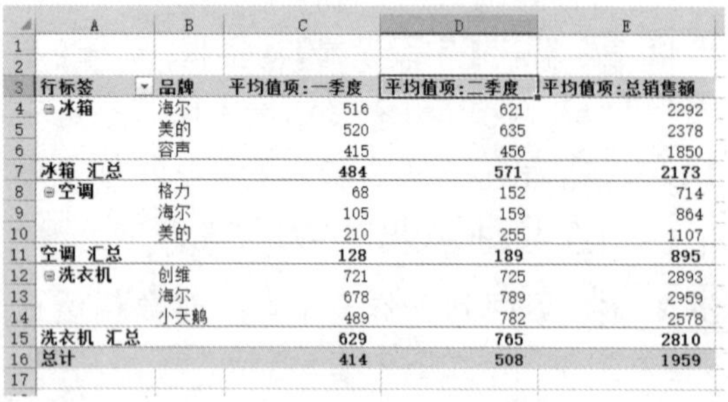

	A	B	C	D	E
1					
2					
3	行标签	品牌	平均值项:一季度	平均值项:二季度	平均值项:总销售额
4	⊟冰箱	海尔	516	621	2292
5		美的	520	635	2378
6		容声	415	456	1850
7	冰箱 汇总		484	571	2173
8	⊟空调	格力	68	152	714
9		海尔	105	159	864
10		美的	210	255	1107
11	空调 汇总		128	189	895
12	⊟洗衣机	创维	721	725	2893
13		海尔	678	789	2959
14		小天鹅	489	782	2578
15	洗衣机 汇总		629	765	2810
16	总计		414	508	1959
17					

图 16-22　数据透视表发生变化

> **提示** 在报表中，【Σ值】列表框中的字段被称为值字段，其他 3 个列表框中的字段被称为字段，因此当设置字段时，对话框分别为【值字段设置】和【字段设置】，且两种类型的字段可设置的选项也不同。

16.2.2 设置数据透视表布局

在添加或设置字段时，数据透视表的布局会自动变化。此外，通过功能区来设置数据视表布局的具体操作步骤如下。

步骤 1 打开随书光盘中的“素材 \ch16\ 电器销售表 -- 数据透视表 .xlsx”文件，将光标定位在数据透视表中，在【设计】选项卡中，单击【布局】组【分类汇总】的下三角按钮，在弹出的下拉列表中选择【在组的底部显示所有分类汇总】选项，如图 16-23 所示。

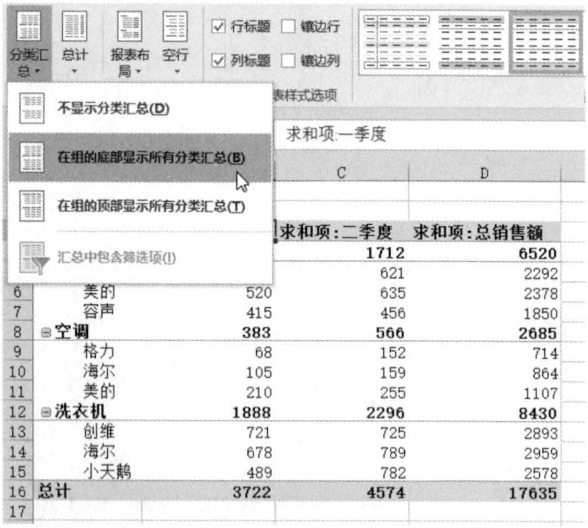

分类汇总　总计　报表布局　空行　☑ 行标题　☐ 镶边行　☑ 列标题　☐ 镶边列　表样式选项

不显示分类汇总(D)

在组的底部显示所有分类汇总(B)

在组的顶部显示所有分类汇总(T)

汇总中包含筛选项(I)

求和项:一季度

		C	D
		求和项:二季度	求和项:总销售额
		1712	6520
		621	2292
6	美的　520	635	2378
7	容声　415	456	1850
8	⊟空调　383	566	2685
9	格力　68	152	714
10	海尔　105	159	864
11	美的　210	255	1107
12	⊟洗衣机　1888	2296	8430
13	创维　721	725	2893
14	海尔　678	789	2959
15	小天鹅　489	782	2578
16	总计　3722	4574	17635
17			

图 16-23　【分类汇总】下拉列表

步骤 2 此时数据透视表的布局已发生了改变，如图 16-24 所示。

步骤 3 在【设计】选卡中，单击【布局】组【报表布局】的下三角按钮，在弹出的下拉列表中选择【以压缩形式显示】选项，如图 16-25 所示。

	A	B	C	D
1				
2				
3	行标签	求和项:一季度	求和项:二季度	求和项:总销售额
4	⊟冰箱			
5	海尔	516	621	2292
6	美的	520	635	2378
7	容声	415	456	1850
8	冰箱 汇总	1451	1712	6520
9	⊟空调			
10	格力	68	152	714
11	海尔	105	159	864
12	美的	210	255	1107
13	空调 汇总	383	566	2685
14	⊟洗衣机			
15	创维	721	725	2893
16	海尔	678	789	2959
17	小天鹅	489	782	2578
18	洗衣机 汇总	1888	2296	8430
19	总计	3722	4574	17635
20				

图 16-24　数据透视表发生变化

分类汇总　总计　报表布局　空行　行标题　镶边行　列标题　镶边列　数据透视表样式

以压缩形式显示(C)
以大纲形式显示(O)
以表格形式显示(T)
重复所有项目标签(R)
不重复项目标签(N)

	A	B	C	D
1				
2				
3	行标签		求和项:二季度	求和项:总销售额
4	⊟冰箱			
5	海尔		621	2292
6	美的		635	2378
7	容声		456	1850
8	冰箱 汇总		1712	6520
9	⊟空调			
10	格力	68	152	714
11	海尔	105	159	864
12	美的	210	255	1107
13	空调 汇总	383	566	2685
14	⊟洗衣机			
15	创维	721	725	2893
16	海尔	678	789	2959
17	小天鹅	489	782	2578
18	洗衣机 汇总	1888	2296	8430
19	总计	3722	4574	17635
20				

图 16-25　选择【以压缩形式显示】选项

步骤 4 此时数据透视表的布局再次发生改变，如图 16-26 所示。

	A	B	C	D
1				
2				
3	行标签	求和项:一季度	求和项:二季度	求和项:总销售额
4	⊟冰箱	1451	1712	6520
5	海尔	516	621	2292
6	美的	520	635	2378
7	容声	415	456	1850
8	⊟空调	383	566	2685
9	格力	68	152	714
10	海尔	105	159	864
11	美的	210	255	1107
12	⊟洗衣机	1888	2296	8430
13	创维	721	725	2893
14	海尔	678	789	2959
15	小天鹅	489	782	2578
16	总计	3722	4574	17635
17				

图 16-26　数据透视表布局发生变化

16.2.3 设置数据透视表样式

在 Excel 2016 中，系统提供了多种预定义的数据透视表样式，用户只需选择其中一种，即可快速应用该样式，从而使数据透视表更加美观。具体的操作步骤如下。

步骤 1 打开随书光盘中的“素材\ch16\电器销售表 -- 数据透视表.xlsx”文件，将光标定位在数据透视表中，在【设计】选项卡中，单击【数据透视表样式】组中的【其他】下三角按钮，在弹出的下拉列表中选择【中等深浅】区域中的【数据透视表样式中等深浅 13】选项，如图 16-27 所示。

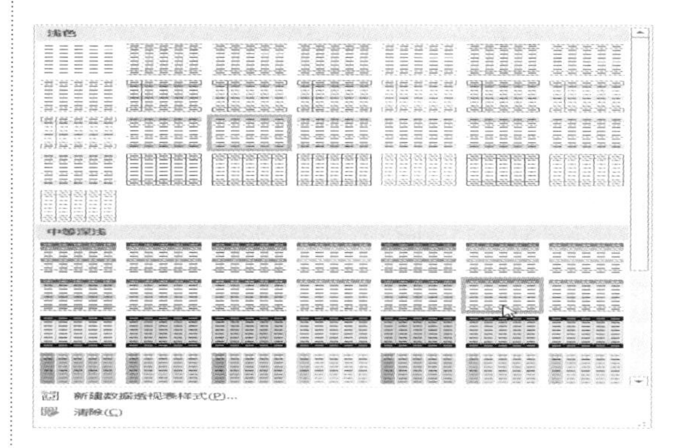

图 16-27　选择数据透视表的样式

步骤 2 此时数据透视表的样式已发生改变，如图 16-28 所示。

	A	B	C	D
1				
2				
3	行标签	求和项:一季度	求和项:二季度	求和项:总销售额
4	⊟冰箱	1451	1712	6520
5	海尔	516	621	2292
6	美的	520	635	2378
7	容声	415	456	1850
8	⊟空调	383	566	2685
9	格力	68	152	714
10	海尔	105	159	864
11	美的	210	255	1107
12	⊟洗衣机	1888	2296	8430
13	创维	721	725	2893
14	海尔	678	789	2959
15	小天鹅	489	782	2578
16	总计	3722	4574	17635
17				

图 16-28　应用数据透视表的样式

提示　用户在【浅色】或【深色】区域中还可以选择需要的样式。

16.2.4 刷新数据透视表数据

当修改数据源中的数据时，数据透视表不会自动更新，用户必须进行更新操作才能刷新数据透视表。通常情况下，主要有以下两种方法可刷新数据透视表。

☆ 通过功能区。将光标定位在数据透视表中，在【分析】选项卡中，单击【数据】组中的【刷新】按钮，或单击【刷新】的下三角按钮，在弹出的下拉列表中选择【刷新】或【全部刷新】选项，即可刷新数据透视表，如图 16-29 所示。

☆ 通过右键快捷菜单。将光标定位在数据透视表中的任意单元格并右击，在弹出的快捷菜单中选择【刷新】命令，即可刷新数据透视表，如图 16-30 所示。

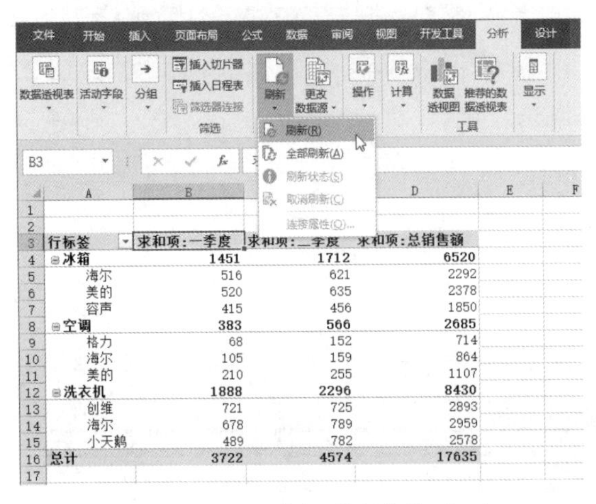

图 16-29 选择【刷新】选项

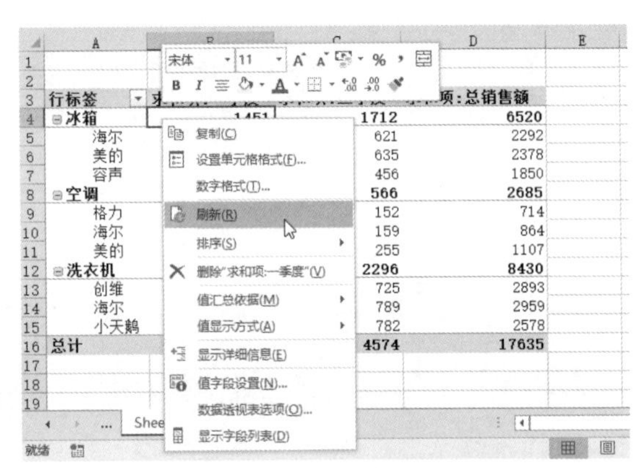

图 16-30 选择【刷新】命令

16.3 创建数据透视图

与数据透视表一样，数据透视图也是交互式的。它是另一种数据表现形式，主要使用图表来描述数据的特性。如果用户熟悉在 Excel 中创建图表的方法，那么创建数据透视图将不会有任何困难。下面介绍两种创建数据透视图的方法。

16.3.1 利用源数据创建

下面以电器销售表中的数据作为源数据创建数据透视图，具体的操作步骤如下。

步骤 1 打开随书光盘中的“素材 \ch16\ 电器销售表 .xlsx”文件，将光标定位在数据区域中的任意单元格，在【插入】选项卡中，单击【图表】组的【数据透视图】按钮，如图 16-31 所示。

步骤 2 弹出【创建数据透视表】对话框，选中【选择一个表或区域】单选按钮，将光标定位在【表 / 区域】右侧的文本框中，然后在工作表中选中单元格区域 A2:G11 作为数据源，

在下方选中【新工作表】单选按钮，单击【确定】按钮，如图 16-32 所示。

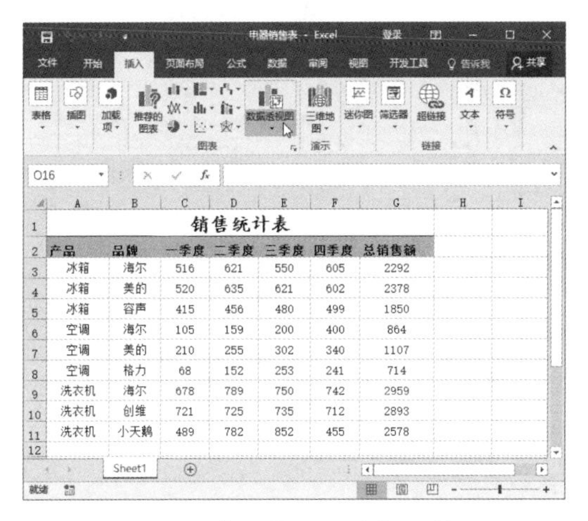

销售统计表						
产品	品牌	一季度	二季度	三季度	四季度	总销售额
冰箱	海尔	516	621	550	605	2292
冰箱	美的	520	635	621	602	2378
冰箱	容声	415	456	480	499	1850
空调	海尔	105	159	200	400	864
空调	美的	210	255	302	340	1107
空调	格力	68	152	253	241	714
洗衣机	海尔	678	789	750	742	2959
洗衣机	创维	721	725	735	712	2893
洗衣机	小天鹅	489	782	852	455	2578

图 16-31　单击【数据透视图】按钮

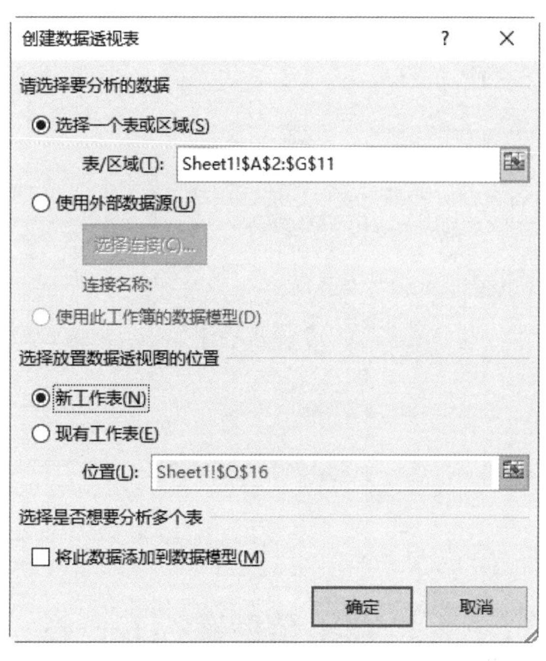

图 16-32　【创建数据透视表】对话框

步骤 3 此时已创建了一个新工作表，工作表中包含一个空白的数据透视图，在右侧将出现【数据透视图字段】导航窗格，并且在功能区中会出现【分析】、【设计】和【格式】选项卡，如图 16-33 所示。

> **提示** 创建数据透视图时会默认创建数据透视表，如果将数据透视表删除，透视图也随之转化为普通图表。

步骤 4 添加字段。在【数据透视图字段】导航窗格中，从【选择要添加到报表的字段】区域中选中【产品】、【品牌】和【总销售额】3 个复选框，系统将根据该字段的特点自动添加到下方的【在以下区域间拖动字段】区域中，如图 16-34 所示。

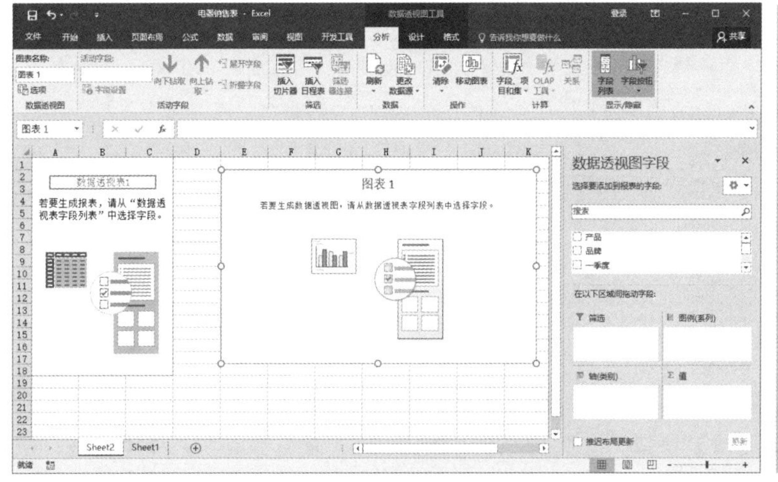

图 16-33　空白的数据透视图

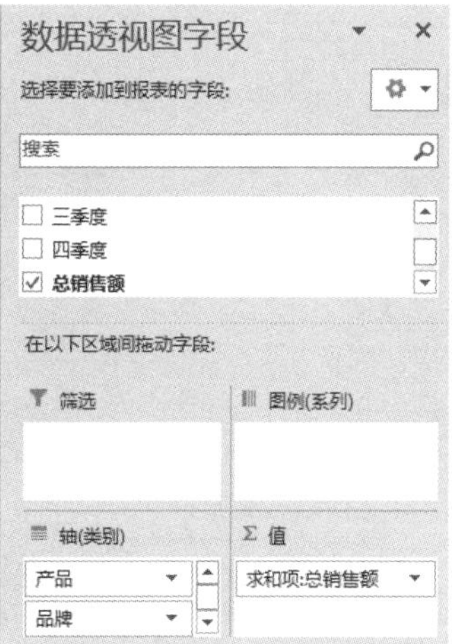

图 16-34　添加字段

步骤 5 此时已根据添加的字段创建了相应的数据透视图，如图 16-35 所示。

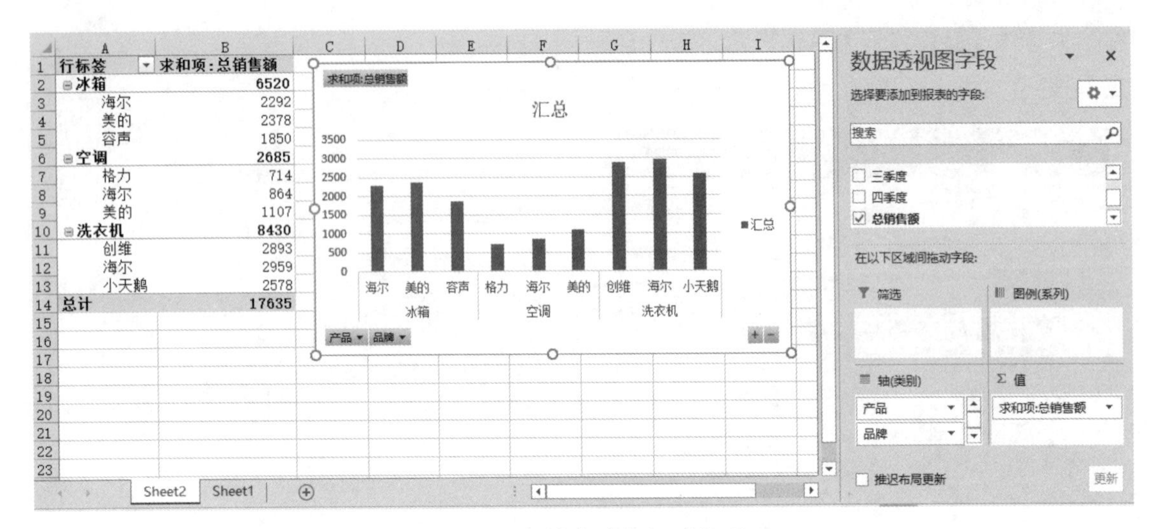

图 16-35　创建的数据透视图

16.3.2 利用数据透视表创建

下面利用数据透视表创建数据透视图，具体的操作步骤如下。

步骤 1 打开随书光盘中的“素材 \ch16\ 电器销售表 -- 数据透视表 .xlsx”文件，将光标定位在数据透视表中，在【分析】选项卡中，单击【工具】组的【数据透视图】按钮，如图 16-36 所示。

步骤 2 弹出【插入图表】对话框，选择需要的图表类型，单击【确定】按钮，如图 16-37 所示。

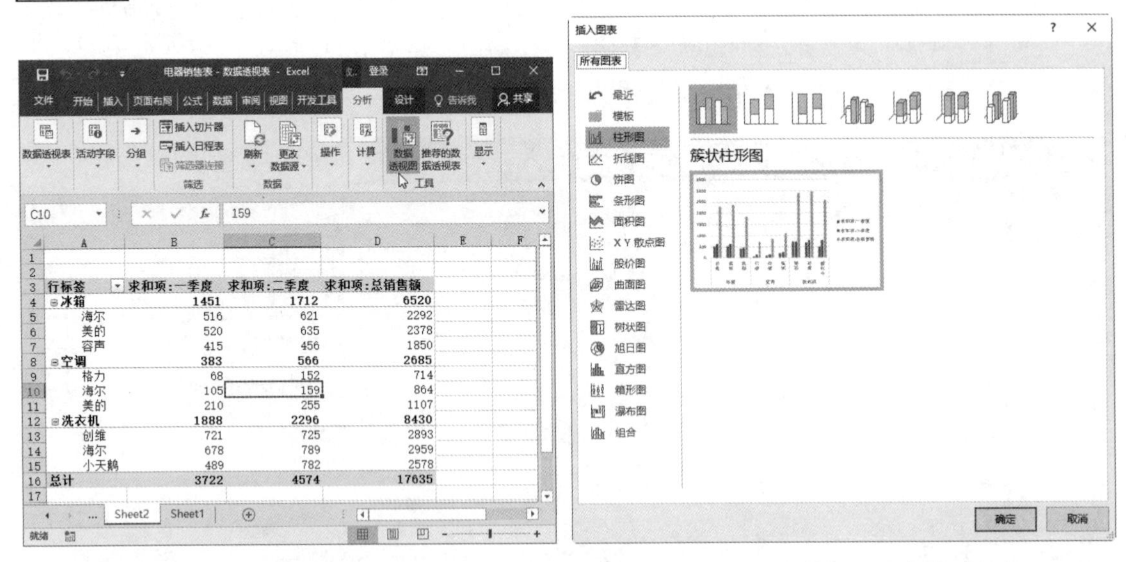

图 16-36　单击【数据透视图】按钮

图 16-37　【插入图表】对话框

步骤 3 此时已利用数据透视表创建了一个数据透视图，如图 16-38 所示。

提示

用户不能创建 XY 散点图、气泡图和股价图等类型的数据透视图。

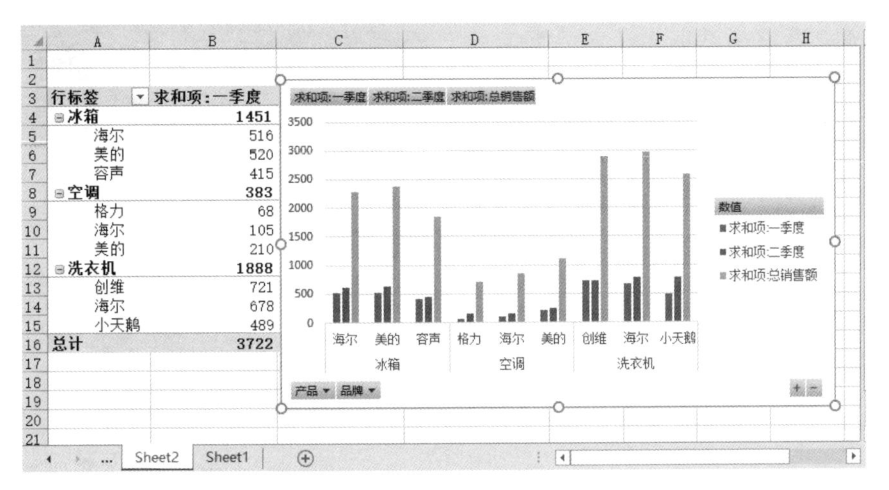

图 16-38　已创建的数据透视图

16.4 编辑数据透视图

除了少数部分以外，在 Excel 中创建的数据透视图与普通图表基本类似，都具有图形的基本元素，因此它们的格式设置方法也是类似的，包括更改图表的类型、添加图表元素、切换行 / 列、应用图表样式等。

16.4.1 使用字段按钮

与普通图表不同的是，数据透视图中包含一些字段按钮，通过这些按钮可筛选图表中的数据，具体的操作步骤如下。

步骤 1 打开随书光盘中的“素材 \ch16\ 电器销售表 -- 数据透视图 .xlsx”文件，默认情况下，数据透视图中会显示字段按钮，如图 16-39 所示。

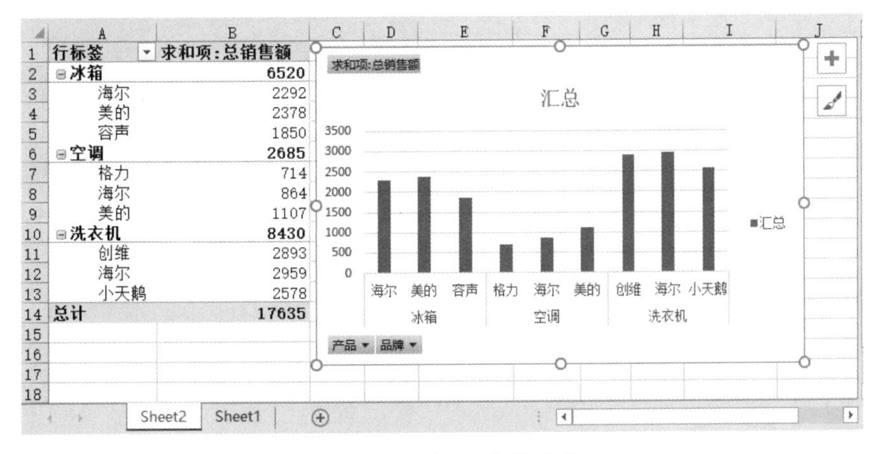

图 16-39　打开素材文件

步骤 2 单击数据透视图中【产品】字段右侧的下三角按钮，在弹出的下拉列表中取消选中【全选】复选框，选中【冰箱】复选框，然后单击【确定】按钮，如图 16-40 所示。

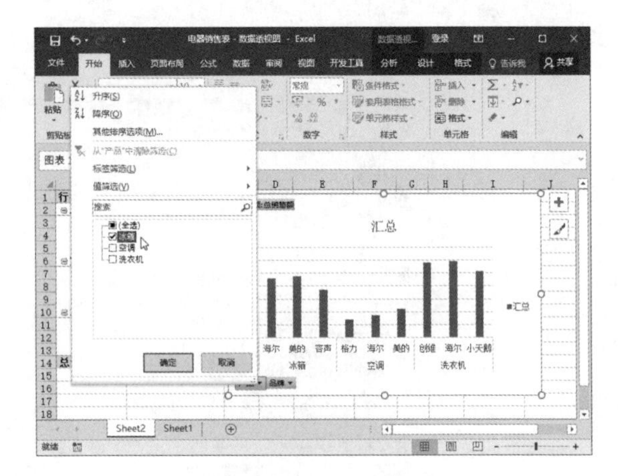

图 16-40 设置字段

步骤 3 此时数据透视图中只显示出冰箱的销售情况，如图 16-41 所示。

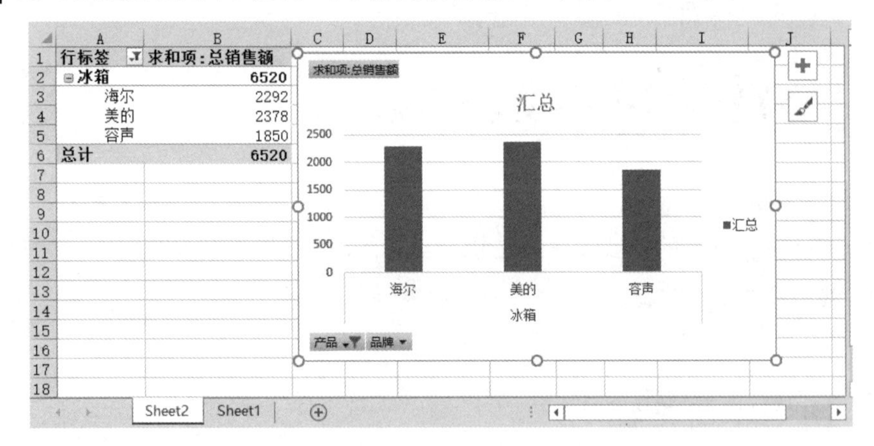

图 16-41 数据透视图

步骤 4 若要隐藏字段按钮，选中数据透视图，在【分析】选项卡的【显示 / 隐藏】组中，单击【字段按钮】的下三角按钮，在弹出的下拉列表中选择【全部隐藏】选项，如图 16-42 所示。

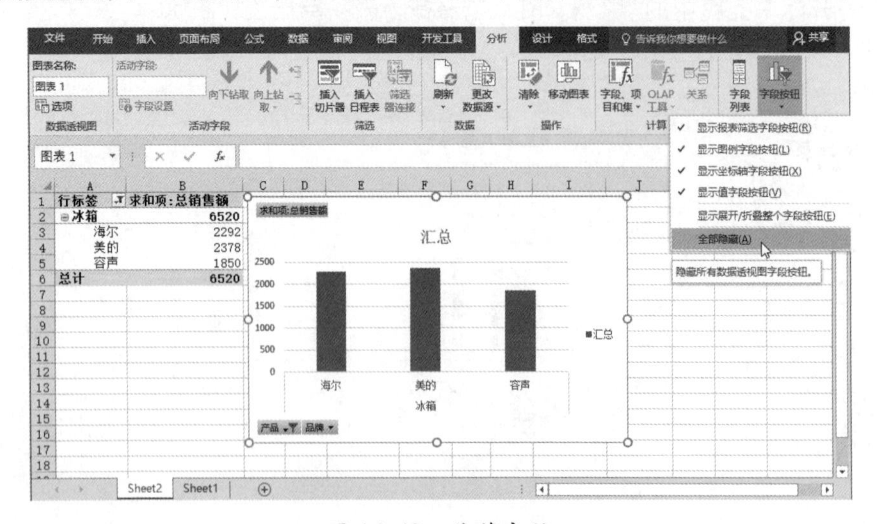

图 16-42 隐藏字段

步骤 5 此时已隐藏了全部的字段按钮，如图 16-43 所示。

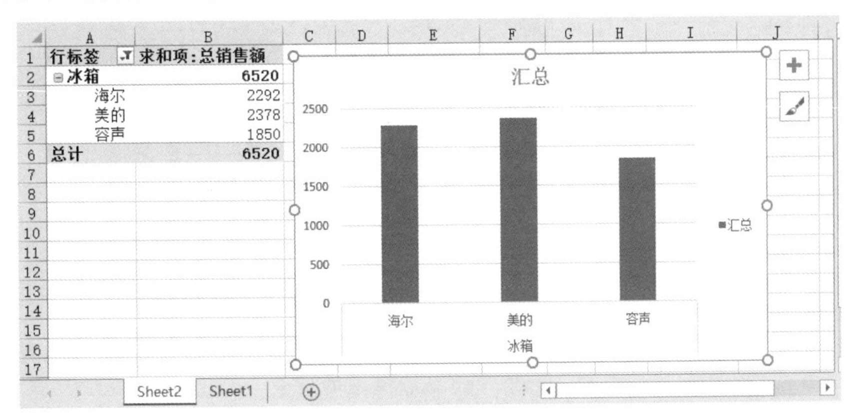

图 16-43　隐藏字段按钮

提示 数据透视表和数据透视图是双向连接起来的，当一个发生结构或数据变化时，另一个也会发生同样的变化。

16.4.2 设置数据透视图格式

数据透视图的格式设置方法与普通图表的方法几乎相同，下面以设置背景色为例简单介绍其设置方法。

步骤 1 打开随书光盘中的“素材\ch16\电器销售表 -- 数据透视图 .xlsx”文件，选中数据透视图并右击，在弹出的快捷菜单中选择【设置图表区域格式】命令，如图 16-44 所示。

步骤 2 在界面右侧弹出【设置图表区格式】导航窗格，单击【填充】图标，展开【填充】选项，在下方选中【图片或纹理填充】单选按钮，然后单击【纹理】右侧的下三角按钮，在弹出的下拉列表中选择需要的纹理类型，如图 16-45 所示。

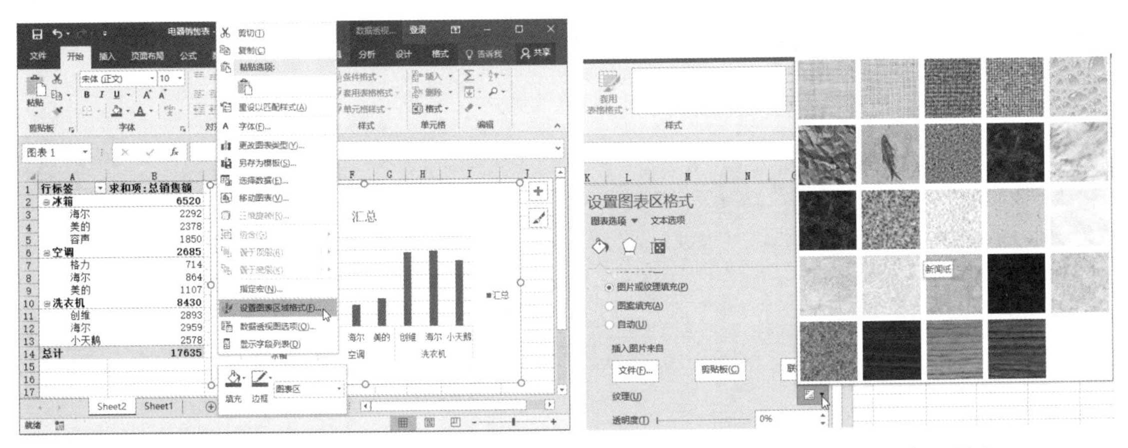

图 16-44　设置图表区域格式

图 16-45　设置填充样式

步骤 3 此时数据透视图的背景色已发生了变化，如图 16-46 所示。

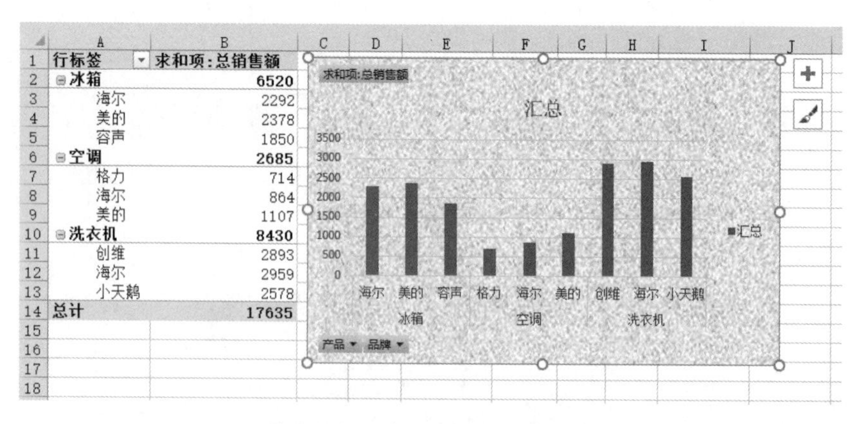

图 16-46　数据透视图的背景

16.5 高效办公技能实战

16.5.1 移动与清除数据透视表

创建数据透视表后，用户可将其移动到当前工作表的其他位置或者新工作表中，若不再需要该表，还可进行清除操作。具体的操作步骤如下。

步骤 1 打开随书光盘中的“素材 \ch16\ 电器销售表——数据透视表 .xlsx”文件，将光标定位在数据透视表中。在【分析】选项卡中，单击【操作】组中的【移动数据透视表】按钮，如图 16-47 所示。

步骤 2 弹出【移动数据透视表】对话框，选中【新工作表】单选按钮，单击【确定】按钮，如图 16-48 所示。

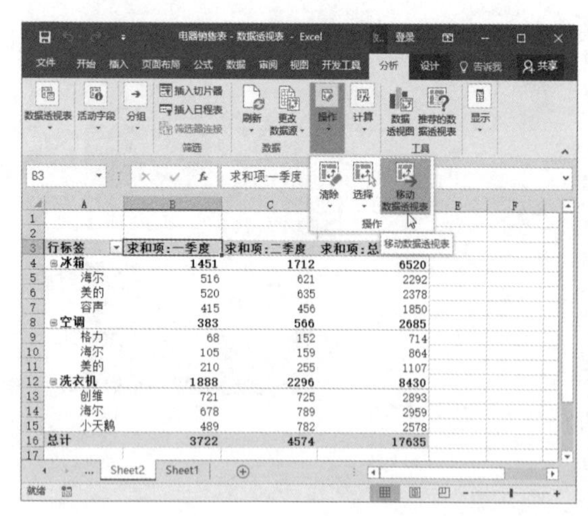

图 16-47　单击【移动数据透视表】按钮

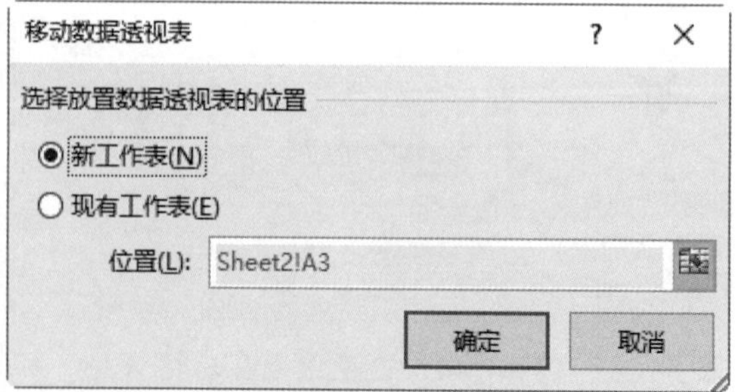

图 16-48　【移动数据透视表】对话框

提示　若选中【现有工作表】单选按钮，然后在【位置】文本框中选择放置的位置，即可将数据透视表移动到当前工作表的其他位置。

步骤 3　此时数据透视表已被移到一个新的工作表中，如图 16-49 所示。

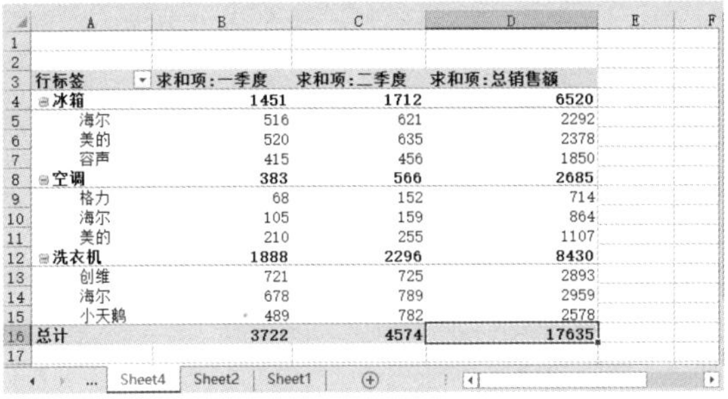

行标签	求和项：一季度	求和项：二季度	求和项：总销售额
⊟冰箱	1451	1712	6520
海尔	516	621	2292
美的	520	635	2378
容声	415	456	1850
⊟空调	383	566	2685
格力	68	152	714
海尔	105	159	864
美的	210	255	1107
⊟洗衣机	1888	2296	8430
创维	721	725	2893
海尔	678	789	2959
小天鹅	489	782	2578
总计	3722	4574	17635

图 16-49　移动数据透视表

步骤 4　清除数据透视表。将光标定位在数据透视表中，在【分析】选项卡中，单击【操作】组的【清除】按钮，在弹出的下拉列表中选择【全部清除】选项，如图 16-50 所示。

步骤 5　此时已清除了数据透视表，如图 16-51 所示。

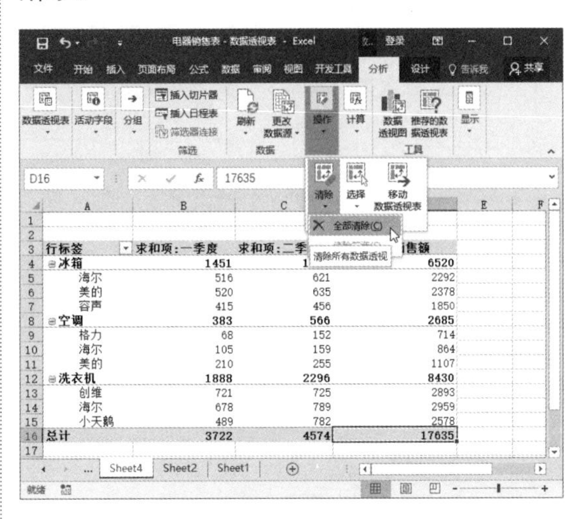

图 16-50　选择【全部清除】选项

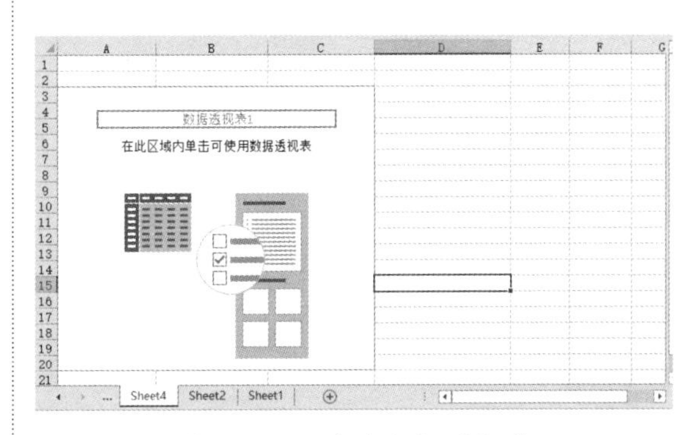

图 16-51　清除数据透视表

16.5.2 数据透视表字段名无效

在 Excel 中创建数据透视表时，经常会出现如图 16-52 所示的对话框，提示数据透视表字段名无效。

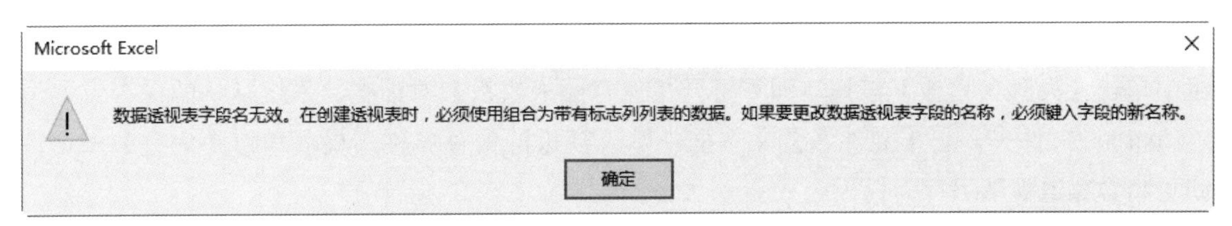

图 16-52　信息提示对话框

主要原因：当用于创建数据透视表的单元格区域的首行没有标题、有空单元格或者有合并了的单元格时，通常会出现数据透视表字段名无效的错误提示。例如图 16-53 中，单元格区域中的 G2 为空单元格，因此会出现错误。

要想解决这个问题，用户只需给标题行中没有标题或为空的单元格添加标题，或者将合并的单元格拆分成单个的单元格，并为每个单元格添加标题即可解决该问题。

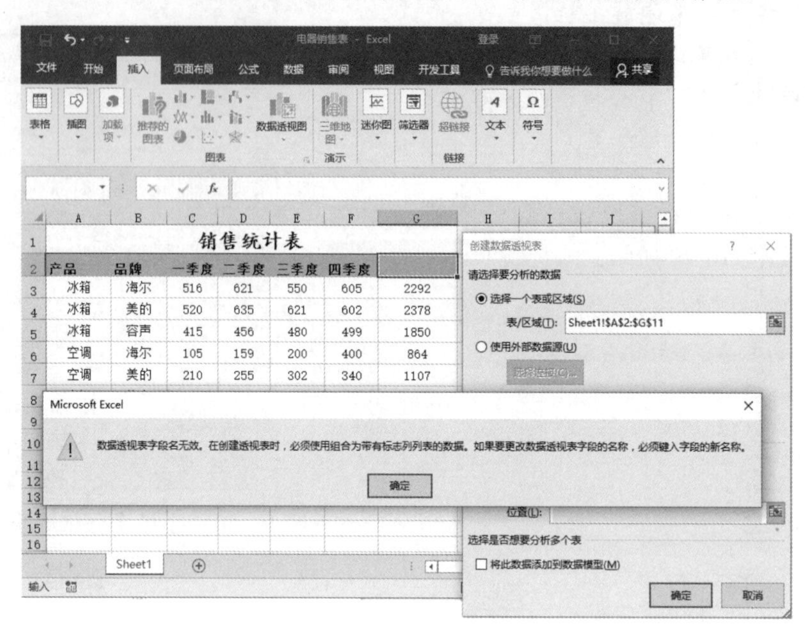

图 16-53　更改数据格式

16.6 高手解惑

问：在数据透视表的最后会自动地显示出总计，如何根据实际需要启动总计呢？

高手：首先打开相应的数据透视表，选中数据区域中的任意一个单元格，然后切换到【设计】选项卡，最后在【布局】组中单击【总计】按钮，从弹出的下拉列表中选择【对行和列启用】选项，即可看到“总计”功能已经被启用了。

问：如何将设置好的工资提成透视图另存为模板呢？

高手：首先选中要保存为模板的数据透视图，然后切换到【设计】选项卡，在【类型】组中单击【另存为模板】按钮，即可打开【保存图表模板】对话框，系统默认的保存位置为“Charts”文件夹，在【文件名】文本框中输入模板的保存名称，最后单击【保存】按钮，即可将数据透视图另存为模板。

第 5 篇

行业应用案例

Excel 2016 具有的强大办公处理功能在各行各业都有广泛的应用，包括会计工作、人力资源管理、行政管理和工资管理等行业，本篇将通过职业案例进一步学习 Excel 2016 的强大功能。

Excel 在会计报表中的应用

● **本章导读**

会计报表主要包括资产负债表、利润表和现金流量表三大报表。其中，资产负债表主要用来呈现企业在运营期间某一个期间内的财务状况；利润表用来反映企业在一定的会计期间的经营成果；现金流量表则是用来反映企业一定时间内经营活动、投资活动和筹资活动产生的现金流量的动态情况。使用 Excel 可以编制这三大会计报表。

● **学习目标**

◎ 掌握编制资产负债表的方法

◎ 掌握编制现金流量表的方法

◎ 掌握编制利润表的方法

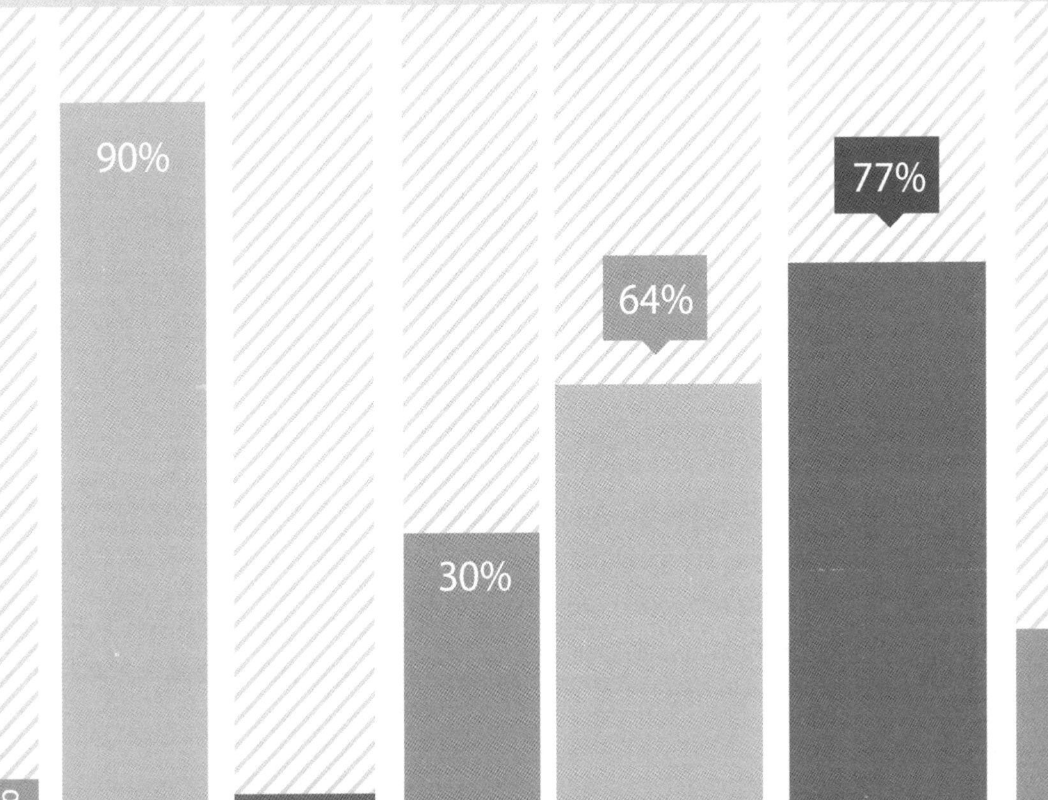

17.1 制作资产负债表

资产负债表又称财务状况表，它是由资产、负债和所有者权益之间的相互关系，按照一定的分类标准和一定的顺序，把一定时期内的资产、负债和所有者权益等各项目进行整理和计算后而形成的表格。

17.1.1 创建资产负债表

资产负债表的编制应按照国家制定的会计制度进行设计，其基本项目可以分为流动资产、固定资产、流动负债和所有者权益等。编制资产负债表必须遵循“资产 = 负债 + 所有者权益”这一基本的会计恒等式。

下面介绍基于“记账凭证汇总表”及“财务总账表”两个工作表编制资产负债表的方法。具体的操作步骤如下。

步骤 1 新建一个空白工作簿，将其保存为“企业会计报表”，重命名 Sheet1 工作表为“资产负债表”，如图 17-1 所示。

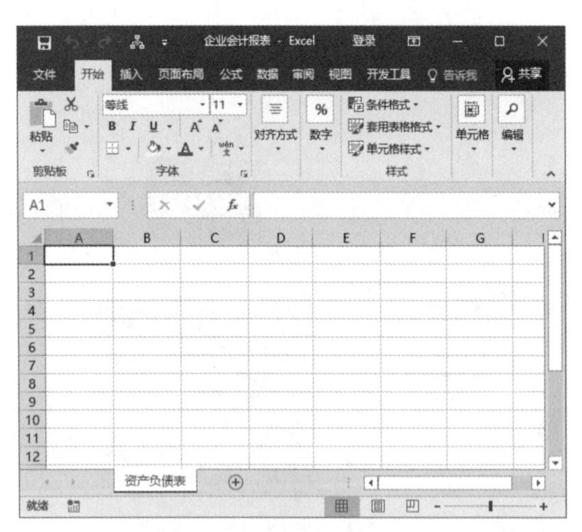

图 17-1　新建空白工作表

步骤 2 在 A1、A2、D2 和 H2 等单元格中分别输入“资产负债表”“编制单位：”“2016 年 3 月”和“单位：元”等信息，如图 17-2 所示。

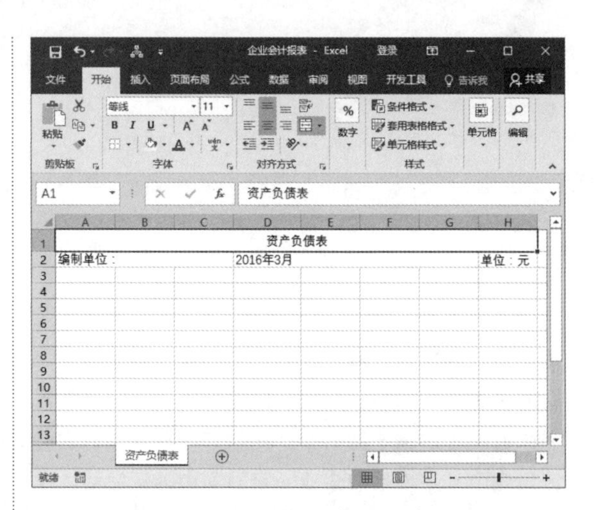

图 17-2　输入表格信息

步骤 3 在 A3:H3 单元格区域的各个单元格中分别输入表格的标题，同时在相应的单元格中分别输入“资产”“负债和所有者权益”和“行次”的内容，如图 17-3 所示。

资产负债表

编制单位:　　2016年 3 月　　单位: 元

资产	行次	期末余额	期初余额	负债和所有者权益	行次	期末余额	期初余额
流动资产				流动负债:			
货币资金	1			短期借款	31		
短期投资	2			应付票据	32		
应收票据	3			应付账款	33		
应收账款	4			预收账款	34		
预付账款	5			应付职工薪酬	35		
应收股利	6			应交税费	36		
应收利息	7			应付利息	37		
其他应收款	8			应付利润	38		
存货	9			其他应付款	39		
其中：原材料	10			其他流动负债	40		
在产品	11			流动负债合计	41		

图 17-3　输入内容

步骤 4 选中 C5:D36、G5:H36 单元格区域，然后右击，从弹出的快捷菜单中选择【设置

单元格格式】命令，打开【设置单元格格式】对话框，选择【数字】选项卡，依次设置【分类】为【货币】，【小数位数】为“2”，【货币符号（国家 / 地区）】为【¥】，【负数】为“¥-1,234.10”，最后单击【确定】按钮，即可成功设置单元格格式，如图 17-4 所示。

图 17-4　设置单元格格式

步骤 5 打开“月末账务”工作簿，选中“记账凭证汇总表”和“财务总账表”两个工作表，然后在工作表标签上右击，在弹出的快捷菜单中选择【移动或复制】命令，如图 17-5 所示。

	B	C	D	E	F	G	H
1	记账凭证汇总表						
2	凭证号	摘要	科目代码	科目名称	总账代码	总账科目	借方金额
3	0001	提起备用金	1001	库存现金	1001	库存现金	¥ 2,000.00
4	0001	提起备用金	1002	银行存款	1002	银行存款	
5	0002	提取现金	1001	库存现金	1001	库存现金	¥ 2,000.00
6	0002	提取现金	1002	银行存款	1002	银行存款	
7	0003	采购原材料	1403	原材料	1403	原材料	¥ 8,000.00
8	0003	采购原材料			2202	应付账款	
9	0004	销售产品			1002	银行存款	¥ 6,000.00
10	0004	销售产品			6001	主营业务收入	
11	0005	结转成本			6401	主营业务成本	¥ 5,000.00
12	0005	结转成本			1403	原材料	
13	0006	销售产品			1122	应收账款	¥ 10,000.00
14	0006	销售产品			1403	原材料	
15	0007	购买设备			1601	固定资产	¥ 2,000.00
16	0007	购买设备			1002	银行存款	
17	0008	购买打印纸			6402	其他业务支出	¥ 200.00
18	0008	购买打印纸			1001	库存现金	
19	0009	办公用品			6602	管理费用	¥ 500.00
20	0009	办公用品			1001	库存现金	
21	0010	运输费			6601	销售费用	¥ 20.00
22	0010	运输费			1001	库存现金	

插入(I)...
删除(D)
重命名(R)
移动或复制(M)...
查看代码(V)
保护工作表(P)...
工作表标签颜色(T)
隐藏(H)
取消隐藏(U)...
选定全部工作表(S)
取消组合工作表(N)

记账凭证汇总表

图 17-5　选择【移动或复制】命令

步骤 6 打开【移动或复制工作表】对话框，在【工作簿】下拉列表框中选择“企业会计报表”工作表，选中【建立副本】复选框，如图 17-6 所示。

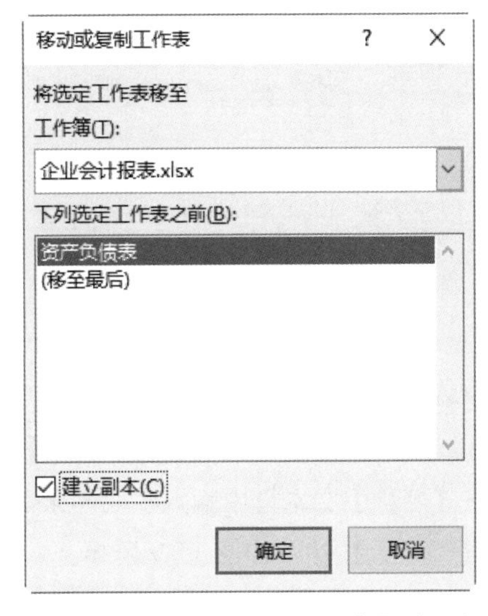

图 17-6　【移动或复制工作】对话框

步骤 7 单击【确定】按钮，返回到“企业会计报表”工作簿中，可以看到复制过来的“记账凭证汇总表”和“财务总账表”，如图 17-7 所示。

	B	C	D	E	F	G	H
1	记账凭证汇总表						
2	凭证号	摘要	科目代码	科目名称	总账代码	总账科目	借方金额
3	0001	提起备用金	1001	库存现金	1001	库存现金	¥ 2,000.00
4	0001	提起备用金	1002	银行存款	1002	银行存款	
5	0002	提取现金	1001	库存现金	1001	库存现金	¥ 2,000.00
6	0002	提取现金	1002	银行存款	1002	银行存款	
7	0003	采购原材料	1403	原材料	1403	原材料	¥ 8,000.00
8	0003	采购原材料	2202	应付账款	2202	应付账款	
9	0004	销售产品	1002	银行存款	1002	银行存款	¥ 6,000.00
10	0004	销售产品	6001	主营业务收入	6001	主营业务收入	
11	0005	结转成本	6401	主营业务成本	6401	主营业务成本	¥ 5,000.00
12	0005	结转成本	1403	原材料	1403	原材料	
13	0006	销售产品	1122	应收账款	1122	应收账款	¥ 10,000.00
14	0006	销售产品	1403	原材料	1403	原材料	
15	0007	购买设备	1601	固定资产	1601	固定资产	¥ 2,000.00
16	0007	购买设备	1002	银行存款	1002	银行存款	
17	0008	购买打印纸	6402	其他业务支出	6402	其他业务支出	¥ 200.00
18	0008	购买打印纸	1001	库存现金	1001	库存现金	
19	0009	办公用品	6602	管理费用	6602	管理费用	¥ 500.00
20	0009	办公用品	1001	库存现金	1001	库存现金	
21	0010	运输费	6601	销售费用	6601	销售费用	¥ 20.00
22	0010	运输费	1001	库存现金	1001	库存现金	
23	0011	手续费	6603	财务费用	6603	财务费用	¥ 5,000.00

记账凭证汇总表　财务总账表　资产负 ...

图 17-7　复制工作表

步骤 8 切换到“财务总账表”工作表中，选中工作表中的 A4:A40 单元格区域，然后单击【公式】选项卡下【定义的名称】组中的【定义名称】按钮，打开【新建名称】对话框，在【名称】文本框中输入“总账代码”，最后单击【确定】按钮，即可定义单元格区域的名称，如图 17-8 所示。

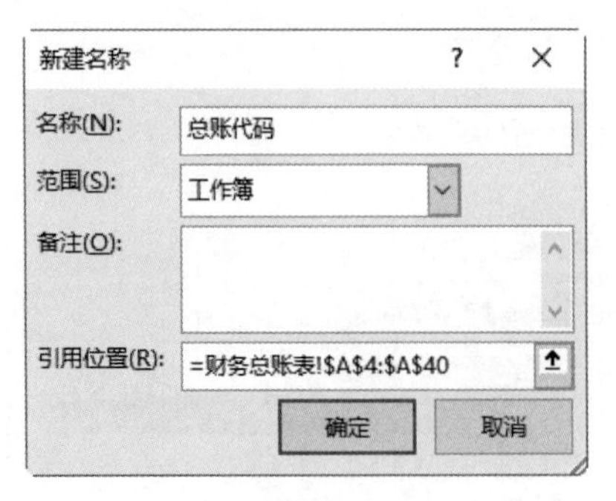

图 17-8　【新建名称】对话框

步骤 9 选中“财务总账表”工作表中的 C4:C40 单元格区域，打开【新建名称】对话框，在【名称】文本框中输入“期初余额”，单击【确定】按钮，如图 17-9 所示。

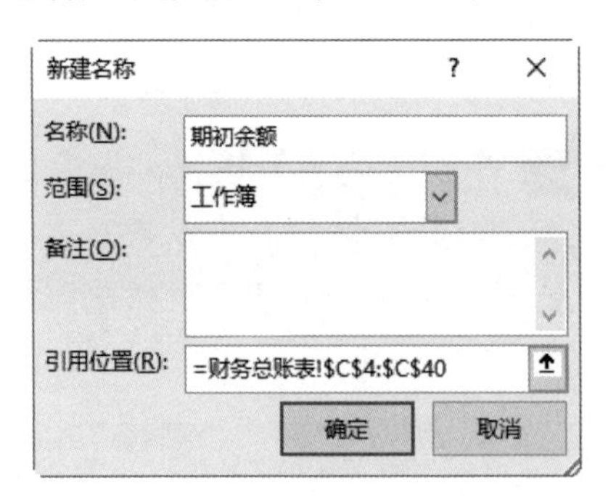

图 17-9　定义 C4:C40 单元格区域名称

步骤 10 选中“财务总账表”工作表中的 F4:F40 单元格区域，打开【新建名称】对话框，在【名称】文本框中输入“期末余额”，单击【确定】按钮，如图 17-10 所示。

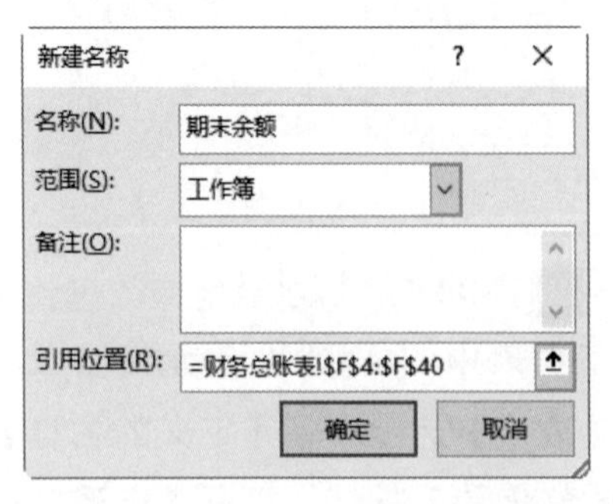

图 17-10　定义 F4:F40 单元格区域名称

步骤 11 定义完单元格的名称后，选择【公式】选项卡，单击【定义的名称】组中的【名称管理器】按钮，打开【名称管理器】对话框，在其中可以看到定义的名称信息，如图 17-11 所示。

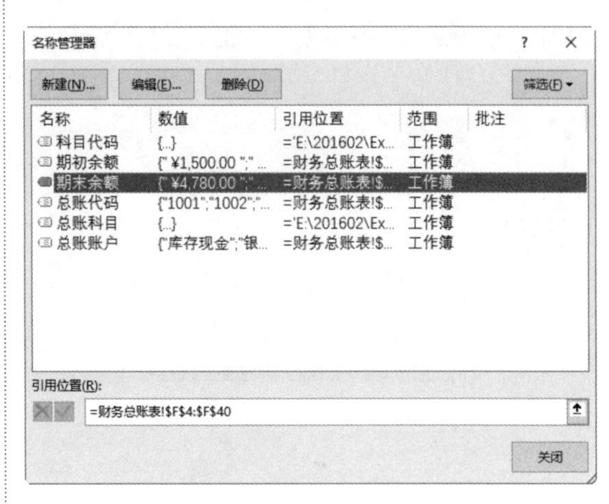

图 17-11　【名称管理器】对话框

步骤 12 根据会计制度，计算货币资金的公式为“货币资金 = 库存现金 + 银行存款 + 其他货币基金”。切换到“资产负债表”工作表中，选中 C6 单元格，在其中输入公式“=SUMIF(总账代码 ,"1001", 期初余额)+SUMIF(总账代码 ,"1002", 期初余额)+SUMIF(总账代码 ,"1015", 期初余额)”，按 Enter 键，即可计算出货币资金的期初余额，如图 17-12 所示。

资产负债表

编制单位:				2016年 3 月			单位：元
资产	行次	期末余额	期初余额	负债和所有者权益	行次	期末余额	期初余额
流动资产				流动负债:			
货币资金	1	¥13,500.00		短期借款	31		
短期投资	2			应付票据	32		
应收票据	3			应付账款	33		
应收账款	4			预收账款	34		
预付账款	5			应付职工薪酬	35		
应收股利	6			应交税费	36		
应收利息	7			应付利息	37		
其他应收款	8			应付利润	38		
存货	9			其他应付款	39		
其中：原材料	10			其他流动负债	40		

财务总账表　资产负债表

图 17-12　计算货币资金的期初余额

步骤 13 选中 D6 单元格，在编辑栏中输入公式“=SUMIF(总账代码 ,"1001", 期末余额)+SUMIF(总账代码 ,"1002", 期末余额)+SUMIF(总账代码 ,"1015", 期末余额)”，按 Enter 键，即可计算出货币资金的期末余额数，如图 17-13 所示。

资产负债表

编制单位:　　2016年 3 月　　单位：元

资产	行次	期末余额	期初余额	负债和所有者权益	行次	期末余额	期初余额
流动资产				流动负债：			
货币资金	1	¥13,500.00	¥22,980.00	短期借款	31		
短期投资	2			应付票据	32		
应收票据	3			应付账款	33		
应收账款	4			预收账款	34		
预付账款	5			应付职工薪酬	35		
应收股利	6			应交税费	36		
应收利息	7			应付利息	37		
其他应收款	8			应付利润	38		
存货	9			其他应付款	39		
其中：原材料	10			其他流动负债	40		

财务总账表　资产负债表

图 17-13　计算货币资金的期末余额数

步骤 14 根据实际情况，如果企业没有短期投资和应收票据的话，可以在对应的期末余额和期初余额单元格中输入“0”，如图 17-14 所示。

资产负债表

编制单位:　　2016年 3 月　　单位：元

资产	行次	期末余额	期初余额	负债和所有者权益	行次	期末余额	期初余额
流动资产				流动负债：			
货币资金	1	¥13,500.00	¥22,980.00	短期借款	31		
短期投资	2	¥0.00	¥0.00	应付票据	32		
应收票据	3	¥0.00	¥0.00	应付账款	33		
应收账款	4			预收账款	34		
预付账款	5			应付职工薪酬	35		
应收股利	6			应交税费	36		
应收利息	7			应付利息	37		
其他应收款	8			应付利润	38		
存货	9			其他应付款	39		
其中：原材料	10			其他流动负债	40		

财务总账表　资产负债表

图 17-14　输入“0”

步骤 15 计算应收账款数。选中 D9 单元格，在其中输入公式“=SUMIF(总账代码 ,"1122", 期初余额)”，按 Enter 键，即可计算出应收账款的期初余额。选中 C9 单元格，在其中输入公式“=SUMIF(总账代码 ,"1122", 期末余额)”，按 Enter 键，即可计算出应收账款的期末余额，如图 17-15 所示。

资产负债表

编制单位:　　2016年 3 月　　单位：元

资产	行次	期末余额	期初余额	负债和所有者权益	行次	期末余额	期初余额
流动资产				流动负债：			
货币资金	1	¥13,500.00	¥22,980.00	短期借款	31		
短期投资	2	¥0.00	¥0.00	应付票据	32		
应收票据	3	¥0.00	¥0.00	应付账款	33		
应收账款	4	¥5,400.00	¥9,200.00	预收账款	34		
预付账款	5			应付职工薪酬	35		
应收股利	6			应交税费	36		
应收利息	7			应付利息	37		
其他应收款	8			应付利润	38		
存货	9			其他应付款	39		
其中：原材料	10			其他流动负债	40		

财务总账表　资产负债表

图 17-15　计算应收账款的期末余额

步骤 16 参照计算应收账款的公式，计算流动资产类其他项目的期初余额和期末余额，最终的显示效果如图 17-16 所示。

资产	行次	期末余额	期初余额	负债和所有者权益	行次	期末余额	期初余额
流动资产				流动负债：			
货币资金	1	¥13,500.00	¥22,980.00	短期借款	31		
短期投资	2	¥0.00	¥0.00	应付票据	32		
应收票据	3	¥0.00	¥0.00	应付账款	33		
应收账款	4	¥5,400.00	¥9,200.00	预收账款	34		
预付账款	5	¥6,320.00	¥6,320.00	应付职工薪酬	35		
应收股利	6	¥0.00	¥0.00	应交税费	36		
应收利息	7	¥0.00	¥0.00	应付利息	37		
其他应收款	8	¥500.00	¥500.00	应付利润	38		
存货	9	¥0.00	¥0.00	其他应付款	39		
其中：原材料	10	¥15,000.00	¥6,800.00	其他流动负债	40		
在产品	11	¥0.00	¥0.00	流动负债合计	41		
库存商品	12	¥6,500.00	¥6,500.00	非流动负债：			
周转材料	13	¥0.00	¥0.00	长期借款	42		

财务总账表　资产负债表

图 17-16　计算流动资产类项目的期初余额和期末余额

步骤 17 计算流动资产合计。根据公式“流动资产合计 = 货币资金 + 应收账款 + 存货”计算流动资产合计。选中 C20 单元格，在其中输入公式“=SUM(C6:C15)+C19”，按 Enter 键，即可计算出流动资产的期末余额合计值，如图 17-17 所示。

步骤 18 复制公式至 D20 单元格中，即可计算出流动资产的期初余额合计值，如图 17-18 所示。

步骤 19 计算固定资产原价。选中 C24 单元格，在其中输入公式“=SUMIF(总账代码,"1601",期末余额)”。选中D24单元格，在其中输入公式“=SUMIF(总账代码,"1601",期初余额)”，按Enter键，即可计算出固定资产原价的期末余额与期初余额，如图17-19所示。

	A	B	C	D	E	F	G	H
8	应收票据	3	¥0.00	¥0.00	应付账款	33		
9	应收账款	4	¥5,400.00	¥9,200.00	预收账款	34		
10	预付账款	5	¥6,320.00	¥6,320.00	应付职工薪酬	35		
11	应收股利	6	¥0.00	¥0.00	应交税费	36		
12	应收利息	7	¥0.00	¥0.00	应付利息	37		
13	其他应收款	8	¥500.00	¥500.00	应付利润	38		
14	存货	9	¥0.00	¥0.00	其他应付款	39		
15	其中：原材料	10	¥15,000.00	¥6,800.00	其他流动负债	40		
16	在产品	11	¥0.00	¥0.00	流动负债合计	41		
17	库存商品	12	¥6,500.00	¥6,500.00	**非流动负债：**			
18	周转材料	13	¥0.00	¥0.00	长期借款	42		
19	其他流动资产	14	¥0.00	¥0.00	长期应付款	43		
20	流动资产合计	15	¥40,720.00		递延收益	44		
21	**非流动资产**				其他非流动负债	45		

图17-17　计算流动资产的期末余额合计值

	A	B	C	D	E	F	G	H
8	应收票据	3	¥0.00	¥0.00	应付账款	33		
9	应收账款	4	¥5,400.00	¥9,200.00	预收账款	34		
10	预付账款	5	¥6,320.00	¥6,320.00	应付职工薪酬	35		
11	应收股利	6	¥0.00	¥0.00	应交税费	36		
12	应收利息	7	¥0.00	¥0.00	应付利息	37		
13	其他应收款	8	¥500.00	¥500.00	应付利润	38		
14	存货	9	¥0.00	¥0.00	其他应付款	39		
15	其中：原材料	10	¥15,000.00	¥6,800.00	其他流动负债	40		
16	在产品	11	¥0.00	¥0.00	流动负债合计	41		
17	库存商品	12	¥6,500.00	¥6,500.00	**非流动负债：**			
18	周转材料	13	¥0.00	¥0.00	长期借款	42		
19	其他流动资产	14	¥0.00	¥0.00	长期应付款	43		
20	流动资产合计	15	¥40,720.00	¥45,800.00	递延收益	44		
21	**非流动资产**				其他非流动负债	45		

图17-18　计算其他流动资产的期初余额合计值

	A	B	C	D	E	F	G	H
16	在产品	11	¥0.00	¥0.00	流动负债合计	41		
17	库存商品	12	¥6,500.00	¥6,500.00	**非流动负债：**			
18	周转材料	13	¥0.00	¥0.00	长期借款	42		
19	其他流动资产	14	¥0.00	¥0.00	长期应付款	43		
20	流动资产合计	15	¥40,720.00	¥45,800.00	递延收益	44		
21	**非流动资产**				其他非流动负债	45		
22	长期债券投资	16	¥0.00	¥0.00	非流动负债合计	46		
23	长期股权投资	17	¥0.00	¥0.00	负债合计	47		
24	固定资产原价	18	¥8,000.00	¥10,000.00				
25	减：累计折旧	19						
26	固定资产账面价值	20						
27	在建工程	21						
28	工程物资	22						
29	固定资产清理	23						

图17-19　计算固定资产原价的期初余额与期末余额

步骤 20 计算固定资产的累计折旧值。选中C25单元格，在其中输入公式“=SUMIF(总账代码,"1602",期末余额)”。选中D25单元格，在其中输入公式“=SUMIF(总账代码,"1602",期初余额)”，按Enter键，即可计算出固定资产累计折旧的期末余额与期初余额，如图17-20所示。

	A	B	C	D	E	F	G	H
16	在产品	11	¥0.00	¥0.00	流动负债合计	41		
17	库存商品	12	¥6,500.00	¥6,500.00	**非流动负债：**			
18	周转材料	13	¥0.00	¥0.00	长期借款	42		
19	其他流动资产	14	¥0.00	¥0.00	长期应付款	43		
20	流动资产合计	15	¥40,720.00	¥45,800.00	递延收益	44		
21	**非流动资产**				其他非流动负债	45		
22	长期债券投资	16	¥0.00	¥0.00	非流动负债合计	46		
23	长期股权投资	17	¥0.00	¥0.00	负债合计	47		
24	固定资产原价	18	¥8,000.00	¥10,000.00				
25	减：累计折旧	19	¥1,500.00	¥1,500.00				
26	固定资产账面价值	20						
27	在建工程	21						
28	工程物资	22						
29	固定资产清理	23						

图17-20　计算出固定资产累计折旧的期初余额与期末余额

步骤 21 根据公式“固定资产账面价值=固定资产原价-累计折旧”计算固定资产账面价值。选中C26单元格，在其中输入公式“=C24-C25”，按Enter键，即可计算出固定资产账面价值的期末余额，如图17-21所示。

	A	B	C	D	E	F	G	H
16	在产品	11	¥0.00	¥0.00	流动负债合计	41		
17	库存商品	12	¥6,500.00	¥6,500.00	**非流动负债：**			
18	周转材料	13	¥0.00	¥0.00	长期借款	42		
19	其他流动资产	14	¥0.00	¥0.00	长期应付款	43		
20	流动资产合计	15	¥40,720.00	¥45,800.00	递延收益	44		
21	**非流动资产**				其他非流动负债	45		
22	长期债券投资	16	¥0.00	¥0.00	非流动负债合计	46		
23	长期股权投资	17	¥0.00	¥0.00	负债合计	47		
24	固定资产原价	18	¥8,000.00	¥10,000.00				
25	减：累计折旧	19	¥1,500.00	¥1,500.00				
26	固定资产账面价值	20	¥6,500.00					
27	在建工程	21						
28	工程物资	22						
29	固定资产清理	23						

图17-21　计算固定资产账面价值的期末余额

步骤 22 复制C26单元格中的公式至D26单元格，计算出固定资产账面价值的期初余

额，如图 17-22 所示。

	A	B	C	D	E	F	G	H
16	在产品	11	¥0.00	¥0.00	流动负债合计	41		
17	库存商品	12	¥6,500.00	¥6,500.00	**非流动负债：**			
18	周转材料	13	¥0.00	¥0.00	长期借款	42		
19	其他流动资产	14	¥0.00	¥0.00	长期应付款	43		
20	流动资产合计	15	¥40,720.00	¥45,800.00	递延收益	44		
21	**非流动资产**				其他非流动负债	45		
22	长期债券投资	16	¥0.00	¥0.00	非流动负债合计	46		
23	长期股权投资	17	¥0.00	¥0.00	负债合计	47		
24	固定资产原价	18	¥8,000.00	¥10,000.00				
25	减：累计折旧	19	¥1,500.00	¥1,500.00				
26	固定资产账面价值	20	¥6,500.00	¥8,500.00				
27	在建工程	21						
28	工程物资	22						
29	固定资产清理	23						

财务总账表　资产负债表

图 17-22　计算固定资产账面价值的期初余额

步骤 23 采用计算固定资产原价的方法，计算出非流动资产的其他科目期初余额与期末余额，企业当中不存在的非流动资产项可以在其对应的期初余额与期末余额单元格中输入“0”，如图 17-23 所示。

	A	B	C	D	E	F	G	H
23	长期股权投资	17	¥0.00	¥0.00	负债合计	47		
24	固定资产原价	18	¥8,000.00	¥10,000.00				
25	减：累计折旧	19	¥1,500.00	¥1,500.00				
26	固定资产账面价值	20	¥6,500.00	¥8,500.00				
27	在建工程	21	¥5,620.00	¥5,620.00				
28	工程物资	22	¥0.00	¥0.00				
29	固定资产清理	23	¥1,200.00	¥1,200.00				
30	生产性生物资产	24	¥0.00	¥0.00	**所有者权益（或股东权益）：**			
31	无形资产	25	¥4,500.00	¥4,500.00	实收资本（或股本）	48		
32	开发支出	26	¥0.00	¥0.00	资本公积	49		
33	长期待摊费用	27	¥0.00	¥0.00	盈余公积	50		
34	其他非流动资产	28	¥0.00	¥0.00	未分配利润	51		
35	非流动资产合计	29			所有者权益（或股东权益）合计	52		

财务总账表　资产负债表

图 17-23　输入“0”

步骤 24 根据公式“非流动资产合计 = 所有非流动资产合计 - 累计折旧”计算非流动资产合计。选中 C35 单元格，在其中输入公式“=SUM(C22:C34)-C217-C25”，按 Enter 键，即可计算出非流动资产的期末余额合计值，如图 17-24 所示。

步骤 25 复制 C35 单元格中的公式至 D35 单元格中，即可计算出非流动资产的期初余额合计值，如图 17-25 所示。

	A	B	C	D	E	F	G	H
23	长期股权投资	17	¥0.00	¥0.00	负债合计	47		
24	固定资产原价	18	¥8,000.00	¥10,000.00				
25	减：累计折旧	19	¥1,500.00	¥1,500.00				
26	固定资产账面价值	20	¥6,500.00	¥8,500.00				
27	在建工程	21	¥5,620.00	¥5,620.00				
28	工程物资	22	¥0.00	¥0.00				
29	固定资产清理	23	¥1,200.00	¥1,200.00				
30	生产性生物资产	24	¥0.00	¥0.00	**所有者权益（或股东权益）：**			
31	无形资产	25	¥4,500.00	¥4,500.00	实收资本（或股本）	48		
32	开发支出	26	¥0.00	¥0.00	资本公积	49		
33	长期待摊费用	27	¥0.00	¥0.00	盈余公积	50		
34	其他非流动资产	28	¥0.00	¥0.00	未分配利润	51		
35	非流动资产合计	29	¥25,820.00		所有者权益（或股东权益）合计	52		

财务总账表　资产负债表

图 17-24　计算出非流动资产的期末余额合计值

	A	B	C	D	E	F	G	H
23	长期股权投资	17	¥0.00	¥0.00	负债合计	47		
24	固定资产原价	18	¥8,000.00	¥10,000.00				
25	减：累计折旧	19	¥1,500.00	¥1,500.00				
26	固定资产账面价值	20	¥6,500.00	¥8,500.00				
27	在建工程	21	¥5,620.00	¥5,620.00				
28	工程物资	22	¥0.00	¥0.00				
29	固定资产清理	23	¥1,200.00	¥1,200.00				
30	生产性生物资产	24	¥0.00	¥0.00	**所有者权益（或股东权益）：**			
31	无形资产	25	¥4,500.00	¥4,500.00	实收资本（或股本）	48		
32	开发支出	26	¥0.00	¥0.00	资本公积	49		
33	长期待摊费用	27	¥0.00	¥0.00	盈余公积	50		
34	其他非流动资产	28	¥0.00	¥0.00	未分配利润	51		
35	非流动资产合计	29	¥25,820.00	¥29,820.00	所有者权益（或股东权益）合计	52		

财务总账表　资产负债表

图 17-25　复制 C35 单元格公式至 D35

步骤 26 根据公式“资产总计 = 流动资产合计 + 非流动资产合计”计算资产总计值。选中 C36 单元格，在其中输入公式“=C35+C20”，按 Enter 键，然后复制 C36 单元格中的公式至 D36 单元格中，即可计算出资产合计的期末余额和期初余额，如图 17-26 所示。

	A	B	C	D	E	F	G	H
25	减：累计折旧	19	¥1,500.00	¥1,500.00				
26	固定资产账面价值	20	¥6,500.00	¥8,500.00				
27	在建工程	21	¥5,620.00	¥5,620.00				
28	工程物资	22	¥0.00	¥0.00				
29	固定资产清理	23	¥1,200.00	¥1,200.00				
30	生产性生物资产	24	¥0.00	¥0.00	**所有者权益（或股东权益）：**			
31	无形资产	25	¥4,500.00	¥4,500.00	实收资本（或股本）	48		
32	开发支出	26	¥0.00	¥0.00	资本公积	49		
33	长期待摊费用	27	¥0.00	¥0.00	盈余公积	50		
34	其他非流动资产	28	¥0.00	¥0.00	未分配利润	51		
35	非流动资产合计	29	¥25,820.00	¥29,820.00	所有者权益（或股东权益）合计	52		
36	资产总计	30	¥66,540.00	¥75,620.00	债和所有者权益（或股东权益）总计	53		
37								

财务总账表　资产负债表

图 17-26　计算资产合计的期初余额和期末余额

步骤 27 参照计算流动资产各个项目期初

余额与期末余额的方法，计算出流动负债下各个项目的期初余额与期末余额，如图 17-27 所示。

资产负债表

编制单位: 2016年 3 月 单位: 元

资产	行次	期末余额	期初余额	负债和所有者权益	行次	期末余额	期初余额
流动资产				**流动负债:**			
货币资金	1	¥13,500.00	¥22,980.00	短期借款	31	¥10,000.00	¥10,000.00
短期投资	2	¥0.00	¥0.00	应付票据	32	¥0.00	¥0.00
应收票据	3	¥0.00	¥0.00	应付账款	33	¥3,600.00	¥-4,400.00
应收账款	4	¥5,400.00	¥9,200.00	预收账款	34	¥5,600.00	¥5,600.00
预付账款	5	¥6,320.00	¥6,320.00	应付职工薪酬	35	¥15,000.00	¥15,000.00
应收股利	6	¥0.00	¥0.00	应交税费	36	¥5,000.00	¥5,000.00
应收利息	7	¥0.00	¥0.00	应付利息	37	¥0.00	¥0.00
其他应收款	8	¥500.00	¥500.00	应付利润	38	¥0.00	¥0.00
存货	9	¥0.00	¥0.00	其他应付款	39	¥0.00	¥0.00
其中：原材料	10	¥15,000.00	¥6,800.00	其他流动负债	40	¥1,170.00	¥33,170.00
在产品	11	¥0.00	¥0.00	流动负债合计	41		

财务总账表 资产负债表

图 17-27 计算流动负债下各个项目的期初余额与期末余额

步骤 28 计算流动负债的合计值。选中 G16 单元格，在其中输入公式“=SUM(G6:G15)”，按 Enter 键，然后复制 G16 单元格中的公式至 H16 单元格，即可计算出流动负债的期末余额合计值和期初余额合计值，如图 17-28 所示。

编制单位: 2016年 3 月 单位: 元

资产	行次	期末余额	期初余额	负债和所有者权益	行次	期末余额	期初余额
流动资产				**流动负债:**			
货币资金	1	¥13,500.00	¥22,980.00	短期借款	31	¥10,000.00	¥10,000.00
短期投资	2	¥0.00	¥0.00	应付票据	32	¥0.00	¥0.00
应收票据	3	¥0.00	¥0.00	应付账款	33	¥3,600.00	¥-4,400.00
应收账款	4	¥5,400.00	¥9,200.00	预收账款	34	¥5,600.00	¥5,600.00
预付账款	5	¥6,320.00	¥6,320.00	应付职工薪酬	35	¥15,000.00	¥15,000.00
应收股利	6	¥0.00	¥0.00	应交税费	36	¥5,000.00	¥5,000.00
应收利息	7	¥0.00	¥0.00	应付利息	37	¥0.00	¥0.00
其他应收款	8	¥500.00	¥500.00	应付利润	38	¥0.00	¥0.00
存货	9	¥0.00	¥0.00	其他应付款	39	¥0.00	¥0.00
其中：原材料	10	¥15,000.00	¥6,800.00	其他流动负债	40	¥1,170.00	¥33,170.00
在产品	11	¥0.00	¥0.00	流动负债合计	41	¥40,370.00	¥64,370.00
库存商品	12	¥6,500.00	¥6,500.00	**非流动负债:**			

财务总账表 资产负债表

图 17-28 计算流动负债的期初余额合计值和期末余额合计值

步骤 29 参照计算流动资产各个项目期初余额与期末余额的方法，计算出非流动负债下各个项目的期初余额与期末余额，如图 17-29 所示。

预付账款	5	¥6,320.00	¥6,320.00	应付职工薪酬	35	¥15,000.00	¥15,000.00
应收股利	6	¥0.00	¥0.00	应交税费	36	¥5,000.00	¥5,000.00
应收利息	7	¥0.00	¥0.00	应付利息	37	¥0.00	¥0.00
其他应收款	8	¥500.00	¥500.00	应付利润	38	¥0.00	¥0.00
存货	9	¥0.00	¥0.00	其他应付款	39	¥0.00	¥0.00
其中：原材料	10	¥15,000.00	¥6,800.00	其他流动负债	40	¥1,170.00	¥33,170.00
在产品	11	¥0.00	¥0.00	流动负债合计	41	¥40,370.00	¥64,370.00
库存商品	12	¥6,500.00	¥6,500.00	**非流动负债:**			
周转材料	13	¥0.00	¥0.00	长期借款	42	¥0.00	¥0.00
其他流动资产	14	¥0.00	¥0.00	长期应付款	43	¥0.00	¥0.00
流动资产合计	15	¥40,720.00	¥45,800.00	递延收益	44	¥0.00	¥0.00
非流动资产				其他非流动负债	45	¥0.00	¥0.00
长期债券投资	16	¥0.00	¥0.00	非流动负债合计	46		
长期股权投资	17	¥0.00	¥0.00	负债合计	47		
固定资产原价	18	¥8,000.00	¥10,000.00				

财务总账表 资产负债表

图 17-29 计算出非流动负债下各个项目的期初余额与期末余额

步骤 30 计算非流动负债的合计值。选中 G22 单元格，在其中输入公式“=SUM(G18:G21)”，按 Enter 键，然后复制 G22 单元格中的公式至 H22 单元格，即可计算出非流动负债的期末余额合计值和期初余额合计值，如图 17-30 所示。

预付账款	5	¥6,320.00	¥6,320.00	应付职工薪酬	35	¥15,000.00	¥15,000.00
应收股利	6	¥0.00	¥0.00	应交税费	36	¥5,000.00	¥5,000.00
应收利息	7	¥0.00	¥0.00	应付利息	37	¥0.00	¥0.00
其他应收款	8	¥500.00	¥500.00	应付利润	38	¥0.00	¥0.00
存货	9	¥0.00	¥0.00	其他应付款	39	¥0.00	¥0.00
其中：原材料	10	¥15,000.00	¥6,800.00	其他流动负债	40	¥1,170.00	¥33,170.00
在产品	11	¥0.00	¥0.00	流动负债合计	41	¥40,370.00	¥64,370.00
库存商品	12	¥6,500.00	¥6,500.00	**非流动负债:**			
周转材料	13	¥0.00	¥0.00	长期借款	42	¥0.00	¥0.00
其他流动资产	14	¥0.00	¥0.00	长期应付款	43	¥0.00	¥0.00
流动资产合计	15	¥40,720.00	¥45,800.00	递延收益	44	¥0.00	¥0.00
非流动资产				其他非流动负债	45	¥0.00	¥0.00
长期债券投资	16	¥0.00	¥0.00	非流动负债合计	46	¥0.00	¥0.00
长期股权投资	17	¥0.00	¥0.00	负债合计	47		
固定资产原价	18	¥8,000.00	¥10,000.00				

财务总账表 资产负债表

图 17-30 计算非流动负债的期初余额和期末余额合计值

步骤 31 根据公式“负债合计 = 流动负债合计 + 非流动负债合计”计算负债合计。选中 G23 单元格，在其中输入公式“=G16+G22”，按 Enter 键，即可计算出负债合计的期末余额，然后复制 G23 单元格中公式至 H23 单元格中，即可计算出负债合计的期初余额，如图 17-31 所示。

步骤 32 参照计算流动资产各个项目期初

余额与期末余额的方法，计算出所有者权益下各个项目的期初余额与期末余额，如图 17-32 所示。

	A	B	C	D	E	F	G	H
10	预付账款	5	¥6,320.00	¥6,320.00	应付职工薪酬	35	¥15,000.00	¥15,000.00
11	应收股利	6	¥0.00	¥0.00	应交税费	36	¥5,000.00	¥5,000.00
12	应收利息	7	¥0.00	¥0.00	应付利息	37	¥0.00	¥0.00
13	其他应收款	8	¥500.00	¥500.00	应付利润	38	¥0.00	¥0.00
14	存货	9	¥0.00	¥0.00	其他应付款	39	¥0.00	¥0.00
15	其中：原材料	10	¥15,000.00	¥6,800.00	其他流动负债	40	¥1,170.00	¥33,170.00
16	在产品	11	¥0.00	¥0.00	流动负债合计	41	¥40,370.00	¥64,370.00
17	库存商品	12	¥6,500.00	¥6,500.00	**非流动负债：**			
18	周转材料	13	¥0.00	¥0.00	长期借款	42	¥0.00	¥0.00
19	其他流动资产	14	¥0.00	¥0.00	长期应付款	43	¥0.00	¥0.00
20	流动资产合计	15	¥40,720.00	¥45,800.00	递延收益	44	¥0.00	¥0.00
21	**非流动资产**				其他非流动负债	45	¥0.00	¥0.00
22	长期债券投资	16	¥0.00	¥0.00	非流动负债合计	46	¥0.00	¥0.00
23	长期股权投资	17	¥0.00	¥0.00	负债合计	47	¥40,370.00	¥64,370.00
24	固定资产原价	18	¥8,000.00	¥10,000.00				

财务总账表 资产负债表

图 17-31 计算出负债合计的期初余额

	A	B	C	D	E	F	G	H
22	长期债券投资	16	¥0.00	¥0.00	非流动负债合计	46	¥0.00	¥0.00
23	长期股权投资	17	¥0.00	¥0.00	负债合计	47	¥40,370.00	¥64,370.00
24	固定资产原价	18	¥8,000.00	¥10,000.00				
25	减：累计折旧	19	¥1,500.00	¥1,500.00				
26	固定资产账面价值	20	¥6,500.00	¥8,500.00				
27	在建工程	21	¥5,620.00	¥5,620.00				
28	工程物资	22	¥0.00	¥0.00				
29	固定资产清理	23	¥1,200.00	¥1,200.00				
30	生产性生物资产	24	¥0.00	¥0.00	**所有者权益（或股东权益）：**			
31	无形资产	25	¥4,500.00	¥4,500.00	实收资本（或股本）	48	¥5,800.00	¥5,800.00
32	开发支出	26	¥0.00	¥0.00	资本公积	49	¥6,500.00	¥6,500.00
33	长期待摊费用	27	¥0.00	¥0.00	盈余公积	50	¥0.00	¥0.00
34	其他非流动资产	28	¥0.00	¥0.00	未分配利润	51	¥5,870.00	¥5,870.00
35	非流动资产合计	29	¥17,820.00	¥19,820.00	所有者权益（或股东权益）合计	52		
36	资产总计	30	¥58,540.00	¥65,620.00	负债和所有者权益（或股东权益）总计	53		

财务总账表 资产负债表

图 17-32 计算所有者权益下各个项目的期初余额与期末余额

步骤 33 选中 G35 单元格，在其中输入公式"=SUM(G31:G34)"，按 Enter 键，即可计算出所有者权益的期末余额合计值，然后复制 G35 单元格中公式至 H35 单元格之中，即可计算出所有者权益的期初余额合计值，如图 17-33 所示。

步骤 34 根据公式"负债和所有者权益总计 = 负债合计 + 所有者权益合计"计算负债和所有者权益总计值。选中 G36 单元格，在其中输入公式"=G35+G23"，按 Enter 键，即可计算出负债和所有者权益的期末余额总计值，如图 17-34 所示。

	A	B	C	D	E	F	G	H
22	长期债券投资	16	¥0.00	¥0.00	非流动负债合计	46	¥0.00	¥0.00
23	长期股权投资	17	¥0.00	¥0.00	负债合计	47	¥40,370.00	¥64,370.00
24	固定资产原价	18	¥8,000.00	¥10,000.00				
25	减：累计折旧	19	¥1,500.00	¥1,500.00				
26	固定资产账面价值	20	¥6,500.00	¥8,500.00				
27	在建工程	21	¥5,620.00	¥5,620.00				
28	工程物资	22	¥0.00	¥0.00				
29	固定资产清理	23	¥1,200.00	¥1,200.00				
30	生产性生物资产	24	¥0.00	¥0.00	**所有者权益（或股东权益）：**			
31	无形资产	25	¥4,500.00	¥4,500.00	实收资本（或股本）	48	¥5,800.00	¥5,800.00
32	开发支出	26	¥0.00	¥0.00	资本公积	49	¥6,500.00	¥6,500.00
33	长期待摊费用	27	¥0.00	¥0.00	盈余公积	50	¥0.00	¥0.00
34	其他非流动资产	28	¥0.00	¥0.00	未分配利润	51	¥5,870.00	¥5,870.00
35	非流动资产合计	29	¥17,820.00	¥19,820.00	所有者权益（或股东权益）合计	52	¥18,170.00	¥18,170.00
36	资产总计	30	¥58,540.00	¥65,620.00	负债和所有者权益（或股东权益）总计	53		

财务总账表 资产负债表

图 17-33 计算所有者权益的期初余额合计值

	A	B	C	D	E	F	G	H
22	长期债券投资	16	¥0.00	¥0.00	非流动负债合计	46	¥0.00	¥0.00
23	长期股权投资	17	¥0.00	¥0.00	负债合计	47	¥40,370.00	¥64,370.00
24	固定资产原价	18	¥8,000.00	¥10,000.00				
25	减：累计折旧	19	¥1,500.00	¥1,500.00				
26	固定资产账面价值	20	¥6,500.00	¥8,500.00				
27	在建工程	21	¥5,620.00	¥5,620.00				
28	工程物资	22	¥0.00	¥0.00				
29	固定资产清理	23	¥1,200.00	¥1,200.00				
30	生产性生物资产	24	¥0.00	¥0.00	**所有者权益（或股东权益）：**			
31	无形资产	25	¥4,500.00	¥4,500.00	实收资本（或股本）	48	¥5,800.00	¥5,800.00
32	开发支出	26	¥0.00	¥0.00	资本公积	49	¥6,500.00	¥6,500.00
33	长期待摊费用	27	¥0.00	¥0.00	盈余公积	50	¥0.00	¥0.00
34	其他非流动资产	28	¥0.00	¥0.00	未分配利润	51	¥5,870.00	¥5,870.00
35	非流动资产合计	29	¥17,820.00	¥19,820.00	所有者权益（或股东权益）合计	52	¥18,170.00	¥18,170.00
36	资产总计	30	¥58,540.00	¥65,620.00	负债和所有者权益（或股东权益）总计	53	¥58,540.00	

财务总账表 资产负债表

图 17-34 计算负债和所有者权益的期末余额总计值

步骤 35 复制 G36 单元格中的公式至 H36 单元格中，即可计算出负债和所有者权益合计的期初余额总计值，如图 17-35 所示。

	A	B	C	D	E	F	G	H
22	长期债券投资	16	¥0.00	¥0.00	非流动负债合计	46	¥0.00	¥0.00
23	长期股权投资	17	¥0.00	¥0.00	负债合计	47	¥40,370.00	¥64,370.00
24	固定资产原价	18	¥8,000.00	¥10,000.00				
25	减：累计折旧	19	¥1,500.00	¥1,500.00				
26	固定资产账面价值	20	¥6,500.00	¥8,500.00				
27	在建工程	21	¥5,620.00	¥5,620.00				
28	工程物资	22	¥0.00	¥0.00				
29	固定资产清理	23	¥1,200.00	¥1,200.00				
30	生产性生物资产	24	¥0.00	¥0.00	**所有者权益（或股东权益）：**			
31	无形资产	25	¥4,500.00	¥4,500.00	实收资本（或股本）	48	¥5,800.00	¥5,800.00
32	开发支出	26	¥0.00	¥0.00	资本公积	49	¥6,500.00	¥6,500.00
33	长期待摊费用	27	¥0.00	¥0.00	盈余公积	50	¥0.00	¥0.00
34	其他非流动资产	28	¥0.00	¥0.00	未分配利润	51	¥5,870.00	¥5,870.00
35	非流动资产合计	29	¥17,820.00	¥19,820.00	所有者权益（或股东权益）合计	52	¥18,170.00	¥18,170.00
36	资产总计	30	¥58,540.00	¥65,620.00	负债和所有者权益（或股东权益）总计	53	¥58,540.00	¥82,540.00

财务总账表 资产负债表

图 17-35 计算负债和所有者权益合计的期初余额总计值

步骤 36 选中 C38 单元格，在其中输入公式“=IF(C36=G36,"期初数平衡","期初数不平衡")&"　　"&IF(D36=H36,"期末数平衡","期末数不平衡")”，按 Enter 键，即可判断出资产负债表是否平衡，如图 17-36 所示。

	A	B	C	D	E	F	G	H
25	减：累计折旧	19	¥1,500.00	¥1,500.00				
26	固定资产账面价值	20	¥6,500.00	¥8,500.00				
27	在建工程	21	¥5,620.00	¥5,620.00				
28	工程物资	22	¥0.00	¥0.00				
29	固定资产清理	23	¥1,200.00	¥1,200.00				
30	生产性生物资产	24	¥0.00	¥0.00	所有者权益（或股东权益）：			
31	无形资产	25	¥4,500.00	¥4,500.00	实收资本（或股本）	48	¥5,800.00	¥5,800.00
32	开发支出	26	¥0.00	¥0.00	资本公积	49	¥6,500.00	¥6,500.00
33	长期待摊费用	27	¥0.00	¥0.00	盈余公积	50	¥0.00	¥0.00
34	其他非流动资产	28	¥0.00	¥0.00	未分配利润	51	¥5,870.00	¥5,870.00
35	非流动资产合计	29	¥17,820.00	¥19,820.00	所有者权益（或股东权益）合计	52	¥18,170.00	¥18,170.00
36	资产总计	30	¥58,540.00	¥65,620.00	负债和所有者权益（或股东权益）总计	53	¥58,540.00	¥82,540.00
37								
38		期初数平衡		期末数不平衡				
39								

财务总账表　资产负债表

图 17-36　判断资产负债表是否平衡

提示

如果判断出的结果是平衡，则该资产负债表正确；如果判断出的结果是不平衡，则资产负债表错误，需要查找出错误并给予改正。

17.1.2 美化资产负债表

有时为了使表格中的数值看起来一目了然，通常需要美化资产负债表。具体的操作步骤如下。

步骤 1 在“资产负债表”工作表中选中 A3:H4 单元格区域，单击【开始】选项卡下的【填充颜色】按钮，在弹出的下拉列表中选择一种颜色，如图 17-37 所示。

步骤 2 选择填充颜色完毕后，返回到工作表中，可以看到选中单元格区域填充颜色后的显示效果，如图 17-38 所示。

步骤 3 选中 A1 单元格，右击，在弹出的快捷菜单中选择【设置单元格格式】命令，打开【设置单元格格式】对话框，选择【字体】选项卡，在其中设置文字的字体、字形和字号等文字信息，如图 17-39 所示。

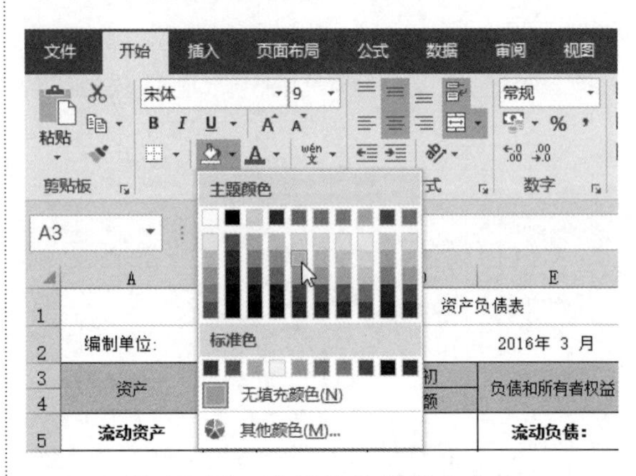

图 17-37　选择需要的颜色色块

	A	B	C	D	E	F	G	H
1	资产负债表							
2	编制单位:			2016年 3 月				单位：元
3	资产	行次	期末	期初	负债和所有者权益	行次	期末	期初
4			余额	余额			余额	余额
5	流动资产				流动负债：			
6	货币资金	1	¥13,500.00	¥22,980.00	短期借款	31	¥10,000.00	¥10,000.00
7	短期投资	2	¥0.00	¥0.00	应付票据	32	¥0.00	¥0.00
8	应收票据	3	¥0.00	¥0.00	应付账款	33	¥3,600.00	¥-4,400.00
9	应收账款	4	¥5,400.00	¥9,200.00	预收账款	34	¥5,600.00	¥5,600.00
10	预付账款	5	¥6,320.00	¥6,320.00	应付职工薪酬	35	¥15,000.00	¥15,000.00
11	应收股利	6	¥0.00	¥0.00	应交税费	36	¥5,000.00	¥5,000.00
12	应收利息	7	¥0.00	¥0.00	应付利息	37	¥0.00	¥0.00
13	其他应收款	8	¥500.00	¥500.00	应付利润	38	¥0.00	¥0.00
14	存货	9	¥0.00	¥0.00	其他应付款	39	¥0.00	¥0.00
15	其中：原材料	10	¥15,000.00	¥6,800.00	其他流动负债	40	¥1,170.00	¥33,170.00
16	在产品	11	¥0.00	¥0.00	流动负债合计	41	¥40,370.00	¥64,370.00

财务总账表　资产负债表

图 17-38　填充单元格区域

图 17-39　【字体】选项卡

步骤 4 单击【确定】按钮，返回到工作表中，可以看到设置字体样式后的显示效果，如图 17-40 所示。

资产负债表							
编制单位:				2016年 3 月			单位: 元
资产	行次	期末余额	期初余额	负债和所有者权益	行次	期末余额	期初余额
流动资产				**流动负债：**			
货币资金	1	¥13,500.00	¥22,980.00	短期借款	31	¥10,000.00	¥10,000.00
短期投资	2	¥0.00	¥0.00	应付票据	32	¥0.00	¥0.00
应收票据	3	¥0.00	¥0.00	应付账款	33	¥3,600.00	¥-4,400.00
应收账款	4	¥5,400.00	¥9,200.00	预收账款	34	¥5,600.00	¥5,600.00
预付账款	5	¥6,320.00	¥6,320.00	应付职工薪酬	35	¥15,000.00	¥15,000.00
应收股利	6	¥0.00	¥0.00	应交税费	36	¥5,000.00	¥5,000.00
应收利息	7	¥0.00	¥0.00	应付利息	37	¥0.00	¥0.00
其他应收款	8	¥500.00	¥500.00	应付利润	38	¥0.00	¥0.00
存货	9	¥0.00	¥0.00	其他应付款	39	¥0.00	¥0.00
其中：原材料	10	¥15,000.00	¥6,800.00	其他流动负债	40	¥1,170.00	¥33,170.00

财务总账表　资产负债表

图 17-40　设置字体样式后的显示效果

步骤 5 选择【文件】选项卡，在打开的界面中选择【选项】命令，打开【Excel 选项】对话框，选择【高级】选项，取消【在具有零值的单元格中显示零】和【显示网格线】两个复选框的选中状态，如图 17-41 所示。

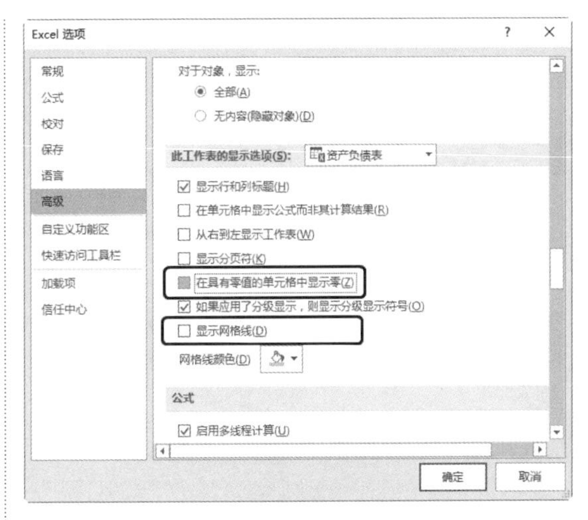

图 17-41　【Excel 选项】对话框

步骤 6 单击【确定】按钮，返回到工作表中，可以看到工作表中的网格线取消显示以及工作表中的零值也不再显示，如图 17-42 所示。

资产负债表							
编制单位:				2016年 3 月			单位: 元
资产	行次	期末余额	期初余额	负债和所有者权益	行次	期末余额	期初余额
流动资产				**流动负债：**			
货币资金	1	¥13,500.00	¥22,980.00	短期借款	31	¥10,000.00	¥10,000.00
短期投资	2			应付票据	32		
应收票据	3			应付账款	33	¥3,600.00	¥-4,400.00
应收账款	4	¥5,400.00	¥9,200.00	预收账款	34	¥5,600.00	¥5,600.00
预付账款	5	¥6,320.00	¥6,320.00	应付职工薪酬	35	¥15,000.00	¥15,000.00
应收股利	6			应交税费	36	¥5,000.00	¥5,000.00
应收利息	7			应付利息	37		
其他应收款	8	¥500.00	¥500.00	应付利润	38		
存货	9			其他应付款	39		
其中：原材料	10	¥15,000.00	¥6,800.00	其他流动负债	40	¥1,170.00	¥33,170.00

财务总账表　资产负债表

图 17-42　取消网格线与 0 值的显示

17.2 制作现金流量表

现金流量表是用来反映企业在会计期间内经营、投资和筹资活动中现金流入和流出的动态情况的会计报表。现金流量表的主要作用是反映企业现金流入和流出的原因；反映企业偿债能力；反映企业未来获利能力，即企业支付股息的能力；在一定程度上提高会计信息的可比性。

17.2.1 创建现金流量表

现金收入与支出称为现金流入与现金流出。现金流入与现金流出的差额称为现金净流量。企业的现金收支可分为三大类，即经营活动产生的现金流量、投资活动产生的现金流量、筹资活动产生的现金流量。

在初步了解了现金流量表的内容和结构后，接下来就可以创建现金流量表格式了，其具体的操作步骤如下。

步骤 1 打开创建的“企业会计报表”工作簿，新建一个工作表，重命名该工作表为“现金流量表”，如图 17-43 所示。

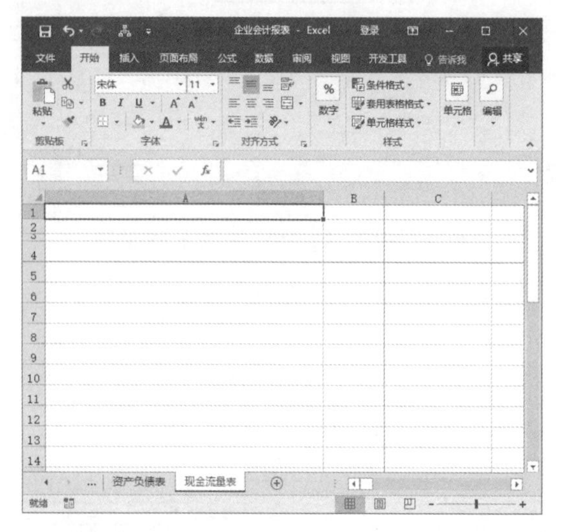

图 17-43　新建“现金流量表”工作表

步骤 2 在“现金流量表”工作表中输入内容，A 列为现金流量表的各个项目，B 列为现金流量表的行次，C 列和 D 列分别为现金流量表的本年累计金额与本月金额，如图 17-44 所示。

现金流量表

编制单位：	年　月		单位：元
项　目	行次	本年累计金额	本月金额
一、经营活动产生的现金流量：	1		
销售产成品、商品、提供劳务收到的现金	2		
收到其他与经营活动有关的现金	3		
购买原材料、商品、接受劳务支付的现金	4		
支付的职工薪酬	5		
支付的税费	6		
支付其他与经营活动有关的现金	7		
经营活动产生的现金流量净额	8		
二、投资活动产生的现金流量：	9		
收回短期投资、长期债券投资和长期股权投资收到的现金	10		
取得投资收益收到的现金	11		
处置固定资产、无形资产和其他非流动资产收回的现金净额	12		
短期投资、长期债券投资和长期股权投资支付的现金	13		

图 17-44　输入内容

步骤 3 选中 C5:D29 单元格区域，然后右击，从弹出的快捷菜单中选择【设置单元格格式】命令，打开【设置单元格格式】对话框。选择【数字】选项卡，在【分类】列表框中选择【会计专用】选项；在【小数位数】微调框中输入“2”；在【货币符号（国家 / 地区）】下拉列表框中选择【¥】，单击【确定】按钮，即可完成单元格的设置，如图 17-45 所示。

图 17-45　【设置单元格格式】对话框

步骤 4 由于表格中的项目较多，需要滚动窗口查看或编辑时，标题行或标题列会被隐藏，这非常不利于数据的查看，所以对于大型的表格来说，通过冻结窗格的方法就可以使标题行或列始终显示在屏幕上。例如，选中 C5 单元格，然后在【视图】选项卡下的【窗口】组中，单击【冻结窗格】右边的下三角按钮，从弹出的下拉菜单中选择【冻结拆分窗格】命令，如图 17-46 所示。

> **提示**　当选中某个单元格执行【冻结窗格】命令时，该单元格左侧和上方的所有单元格都将被冻结，而并不是只冻结选中的单元格。

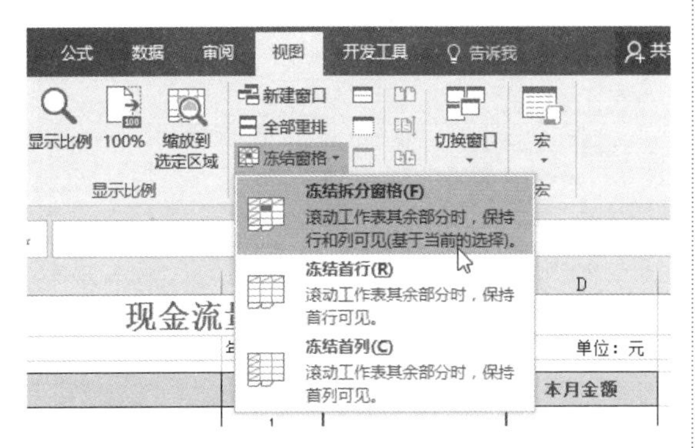

图 17-46　选择【冻结拆分窗格】命令

步骤 5 窗格冻结后，无论向右还是向下滚动窗口，被冻结的行和列始终显示在屏幕上，同时工作表中还将显示水平和垂直冻结线，如图 17-47 所示。

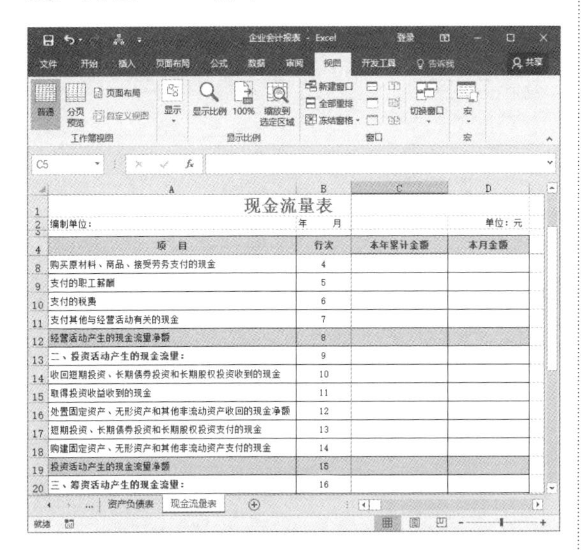

图 17-47　冻结标题行和标题列

步骤 6 如果想要取消行与列的冻结，则选中C5单元格，然后单击【视图】选项卡下【窗口】组中【冻结窗格】的下三角按钮，在弹出的下拉菜单中选择【取消冻结窗格】命令，如图 17-48 所示。

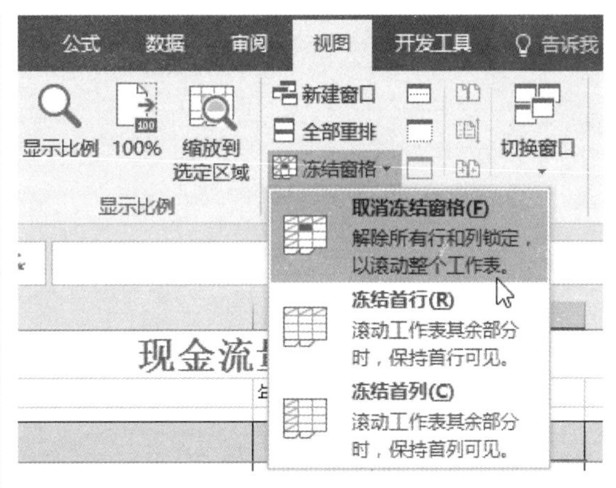

图 17-48　取消冻结窗格

17.2.2　现金流量区域内的数值计算

在实际工作中，当设置好现金流量表的格式后，通过总账筛选或汇总相关数据可以填制现金流量表，在 Excel 中通过函数可以实现。现金流量表中的公式如下。

☆ 现金流入 − 现金流出 = 现金净流量

☆ 经营活动产生的现金流量净额 + 投资产生的现金流量净额 + 筹资活动产生的现金流量净额 = 现金及现金等价物增加净额

☆ 期末现金合计 − 期初现金合计 = 现金净流量

具体的操作步骤如下。

步骤 1 在“现金流量表”工作表的 C6: C11 单元格区域中，输入表格内容，如图 17-49 所示。

步骤 2 根据现金流量表中的公式计算经营活动产生的现金流量净额。选中 C12 单元格，在其中输入公式“=C6+C7−C8−C9−C10−C11”，按 Enter 键，即可计算出经营活动产生的现金流量净额的本年累计金额，如图 17-50 所示。

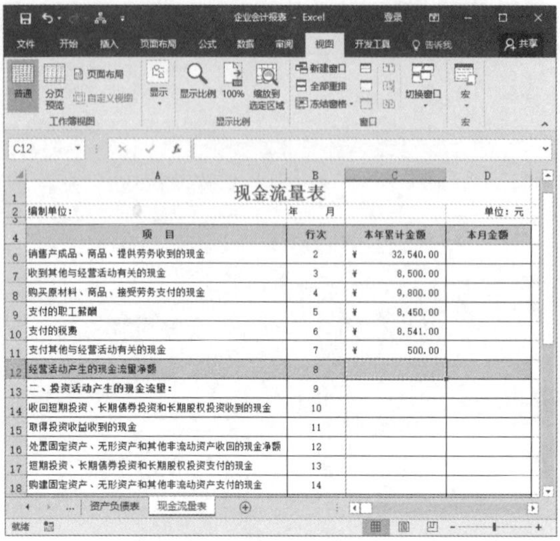

图 17-49　输入内容

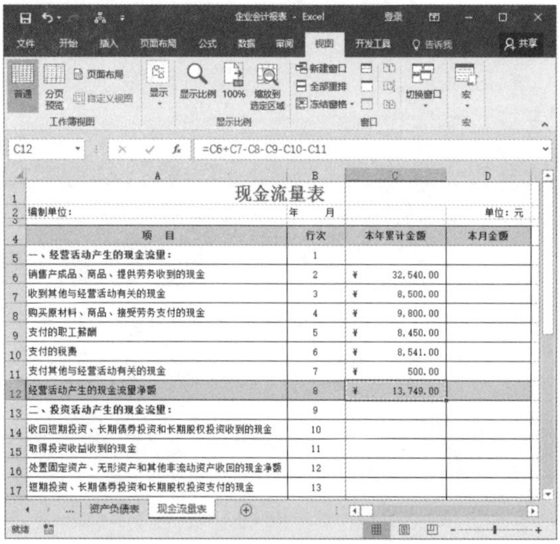

图 17-50　计算经营活动产生的现金流量净额的本年累计金额

步骤 3 根据实际情况，在 D6:D11 单元格区域中输入经营活动产生的现金流量中的本月金额数值，如图 17-51 所示。

步骤 4 复制 C12 单元格中的公式到 D12 单元格中，即可计算出经营活动产生的现金流量净额的本月金额，如图 17-52 所示。

步骤 5 根据实际情况，在 C14:D18 单元格区域中输入投资活动产生的现金流量数据，如图 17-53 所示。

图 17-51　输入金额

图 17-52　计算经营活动产生的现金流量净额的本月金额

步骤 6 根据现金流量表中的公式计算投资活动产生的现金流量净额。选中 C19 单元格，在其中输入公式“=C14+C15+C16−C17−C18”，按 Enter 键，即可计算出投资活动产生的现金流量净额的本年累计金额。复制 C19 单元格中的公式到 D19 单元格中，计算投资活动产生的现金流量净额的本月金额，如图 17-54 所示。

步骤 7 根据实际情况，在 C21:D25 单元

格区域中输入筹资活动产生的现金流量数据，如图 17-55 所示。

图 17-53 投资活动产生的现金流量数据

图 17-54 计算投资活动产生的现金流量净额

步骤 8 根据现金流量表中的公式计算筹资活动产生的现金流量净额。选中 C26 单元格，在其中输入公式“=C21+C22-C23-C217-C25”，按 Enter 键，即可计算出筹资活动产生的现金流量净额的本年累计金额。复制 C26 单元格中的公式到 D26 单元格中，计算筹资活动产生的现金流量净额的本月金额，如图 17-56 所示。

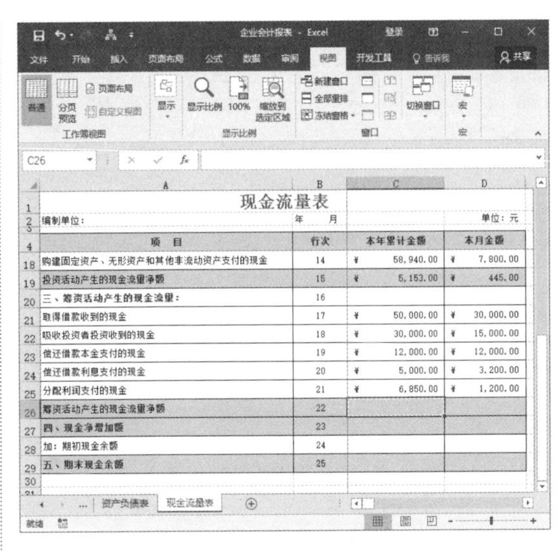

现金流量表

编制单位： 年 月 单位：元

项 目	行次	本年累计金额	本月金额
购建固定资产、无形资产和其他非流动资产支付的现金	14	¥ 58,940.00	¥ 7,800.00
投资活动产生的现金流量净额	15	¥ 5,153.00	¥ 445.00
三、筹资活动产生的现金流量：	16		
取得借款收到的现金	17	¥ 50,000.00	¥ 30,000.00
吸收投资者投资收到的现金	18	¥ 30,000.00	¥ 15,000.00
偿还借款本金支付的现金	19	¥ 12,000.00	¥ 12,000.00
偿还借款利息支付的现金	20	¥ 5,000.00	¥ 3,200.00
分配利润支付的现金	21	¥ 6,850.00	¥ 1,200.00
筹资活动产生的现金流量净额	22		
四、现金净增加额	23		
加：期初现金余额	24		
五、期末现金余额	25		

图 17-55 输入筹资活动产生的现金流量数据

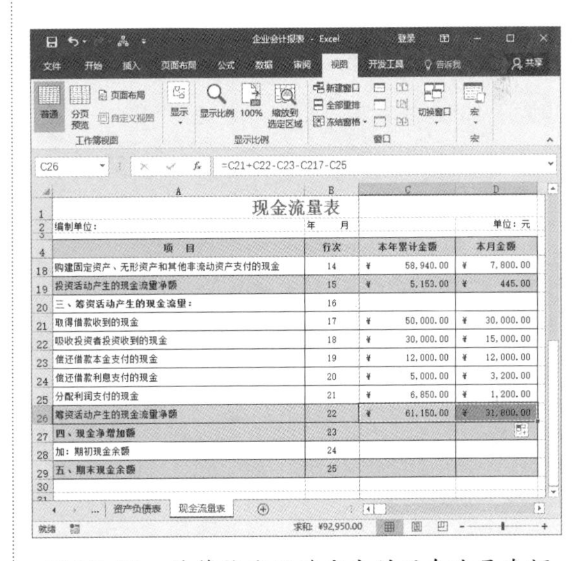

C26 =C21+C22-C23-C217-C25

现金流量表

编制单位： 年 月 单位：元

项 目	行次	本年累计金额	本月金额
购建固定资产、无形资产和其他非流动资产支付的现金	14	¥ 58,940.00	¥ 7,800.00
投资活动产生的现金流量净额	15	¥ 5,153.00	¥ 445.00
三、筹资活动产生的现金流量：	16		
取得借款收到的现金	17	¥ 50,000.00	¥ 30,000.00
吸收投资者投资收到的现金	18	¥ 30,000.00	¥ 15,000.00
偿还借款本金支付的现金	19	¥ 12,000.00	¥ 12,000.00
偿还借款利息支付的现金	20	¥ 5,000.00	¥ 3,200.00
分配利润支付的现金	21	¥ 6,850.00	¥ 1,200.00
筹资活动产生的现金流量净额	22	¥ 61,150.00	¥ 31,800.00
四、现金净增加额	23		
加：期初现金余额	24		
五、期末现金余额	25		

图 17-56 计算筹资活动产生的现金流量净额

步骤 9 计算现金净增加额。根据公式“现金及现金等价物增加净额 = 经营活动产生的现金流量净额 + 投资产生的现金流量净额 + 筹资活动产生的现金流量净额”计算现金净增加额。选中 C27 单元格，在其中输入公式“=C12+C19+C26”，按 Enter 键，即可计算出本年累计的现金净增加额，如图 17-57 所示。

步骤 10 复制 C27 单元格中的公式到 D27 单元格中，计算本月现金净增加额，如图 17-58 所示。

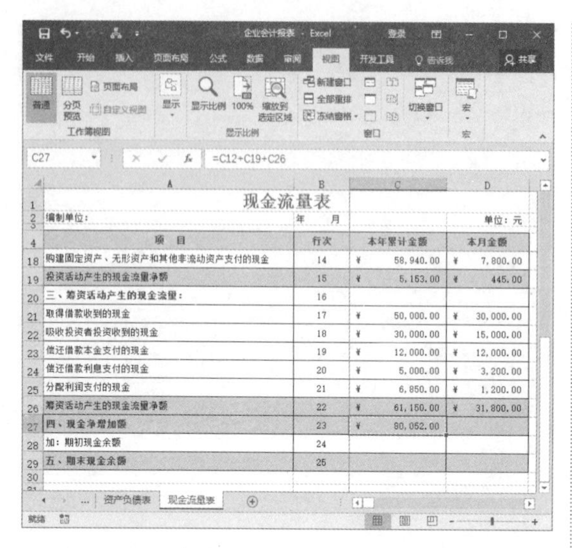

图 17-57　计算出本年累计的现金净增加额

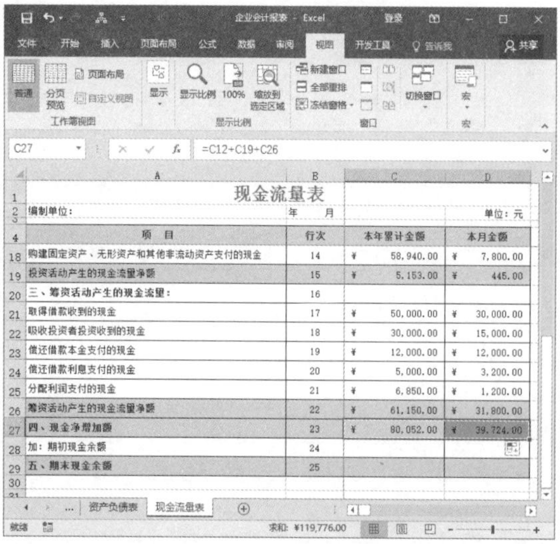

图 17-58　计算本月现金净增加额

步骤 11 根据实际情况，在 C28 和 D28 单元格中输入本年累计金额的期初现金余额与本月的期初现金余额，如图 17-59 所示。

步骤 12 根据公式“期末现金余额 = 现金净增加额 + 期初现金余额”计算期末现金余额。选中 C29 单元格，在其中输入公式“=C27+C28”，按 Enter 键，即可计算出本年累计的期末现金余额。然后复制 C29 单元格中的公式至 D29 单元格中，即可计算出本月的期末现金余额，如图 17-60 所示。

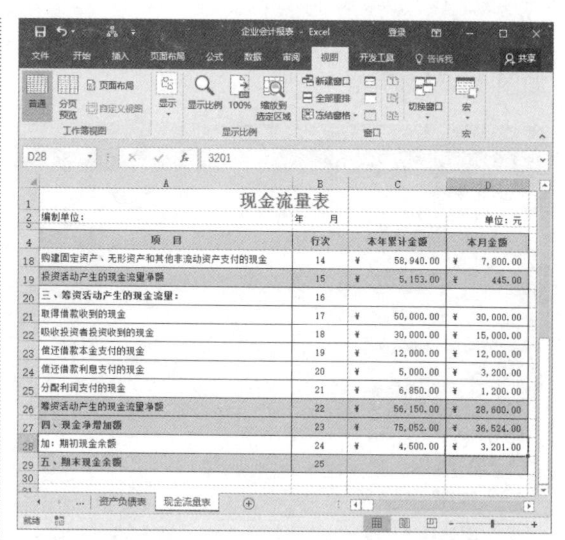

图 17-59　在 C28 与 D28 单元格中输入数值

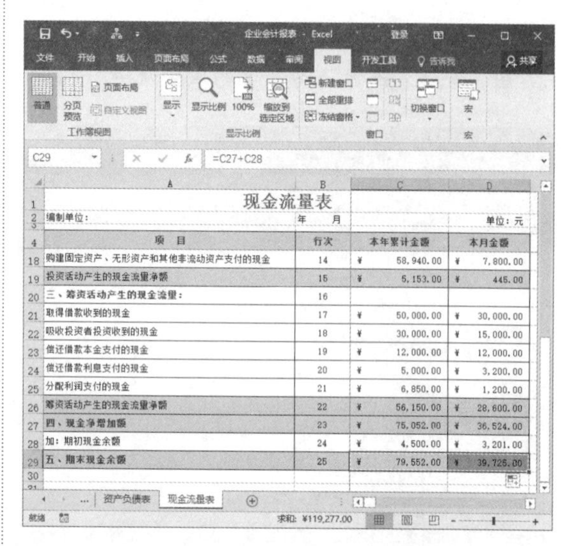

图 17-60　计算期末现金余额

17.2.3 制作现金流量汇总表

在制作现金流量定比表之前，需要先建立现金流量汇总表，即将现金收入和现金支出分列出来进行汇总，具体的操作步骤如下。

步骤 1 打开“企业会计报表 .xlsx”工作簿，然后插入一个新的工作表，将其命名为“现金流量汇总表”工作表，如图 17-61 所示。

步骤 2 在该工作表中输入相应的表格标

题和项目信息，然后设置单元格格式，如图 17-62 所示。

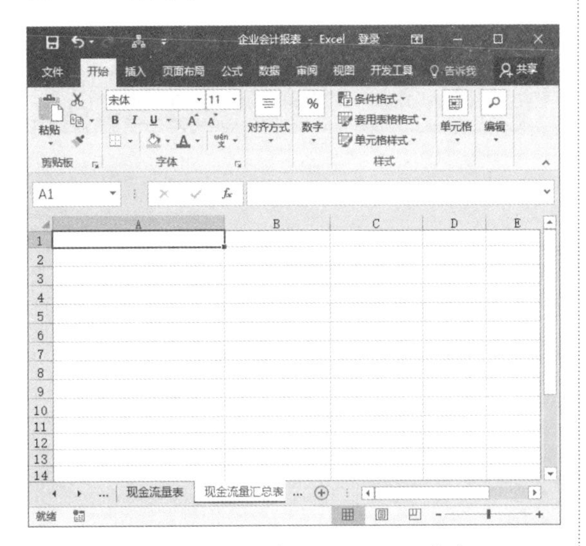

图 17-61　新建一个空白工作表

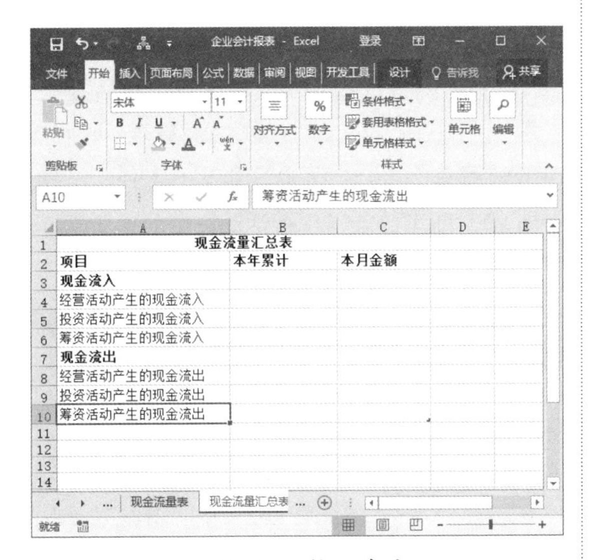

图 17-62　输入内容

步骤 3 选中 A2:C10 单元格区域，然后在【开始】选项卡下的【样式】组中，单击【套用表格格式】按钮，从弹出的下拉列表中选择需要应用样式中的格式，如图 17-63 所示。

步骤 4 用户根据需要单击任意一种表格的应用样式后，将会弹出【套用表格式】对话框，选择表数据的来源，并选中【表包含标题】复选框，如图 17-64 所示。

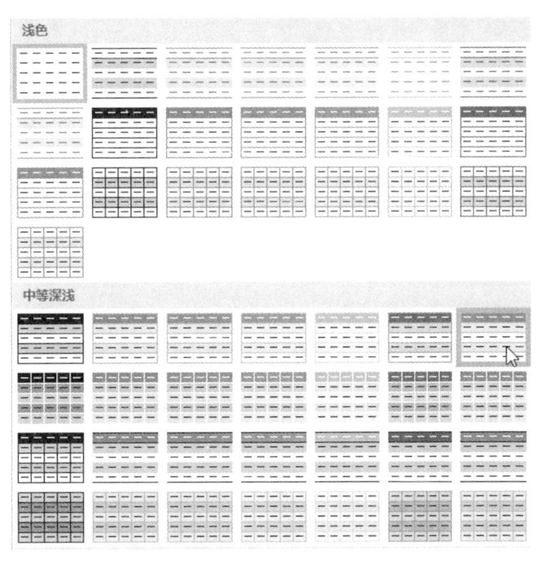

图 17-63　选择套用表格的格式

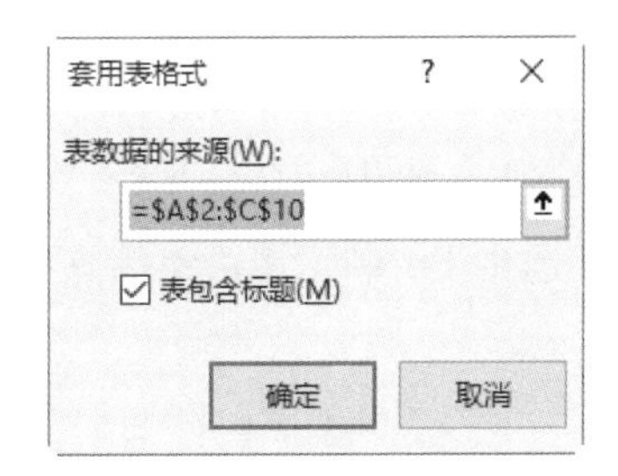

图 17-64　【套用表格式】对话框

步骤 5 单击【确定】按钮，将自动套用格式“表样式浅色 21”，应用该样式后的表格效果如图 17-65 所示。

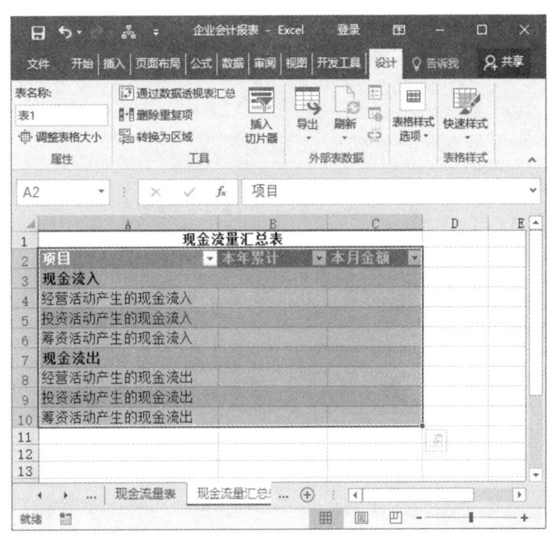

图 17-65　应用自动套用格式后的效果

步骤 6 选择【数据】选项卡，单击【排序和筛选】组中的【筛选】按钮，即可取消工作表的筛选功能，如图 17-66 所示。

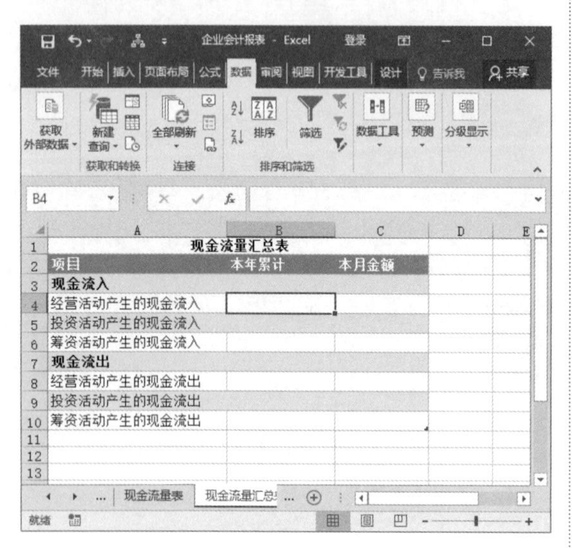

图 17-66 取消工作表的筛选功能

步骤 7 选中 B4 单元格，然后在公式编辑栏中输入公式“= 现金流量表！ C6+ 现金流量表！ C7”，按 Enter 键，即可计算出经营活动产生的本年累计现金流入量，如图 17-67 所示。

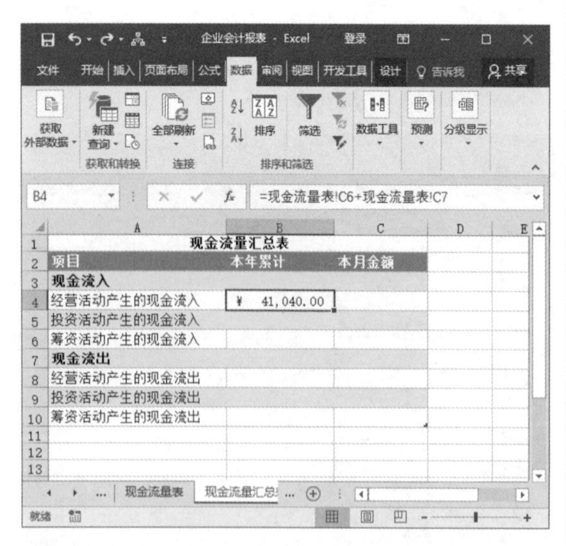

图 17-67 计算经营活动产生的现金流入量

步骤 8 选中 B4 单元格，将光标移到单元格的右下角，当光标变为“+”状时，按住左键不放向右拖曳，到达相应的 C4 单元格位置后松开鼠标，即可计算出经营活动产生的本月现金流入量，如图 17-68 所示。

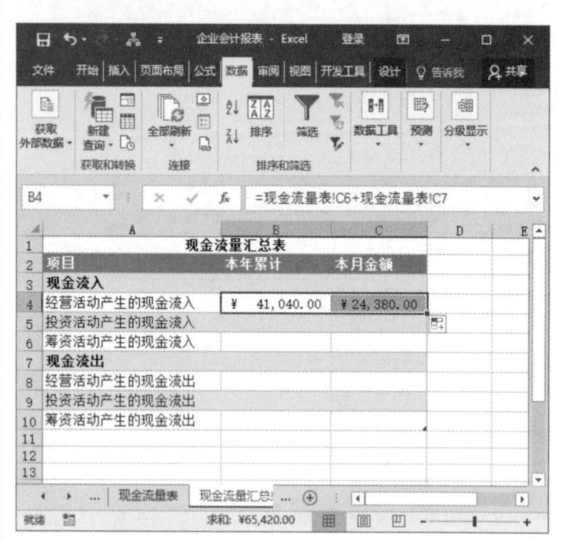

图 17-68 复制 B4 单元格公式

步骤 9 同理，选中 B5 单元格，然后在公式编辑栏中输入公式“= 现金流量表！ C14+ 现金流量表！ C15+ 现金流量表！ C16”，按 Enter 键，即可计算出投资活动产生的本年累计现金流入量，如图 17-69 所示。

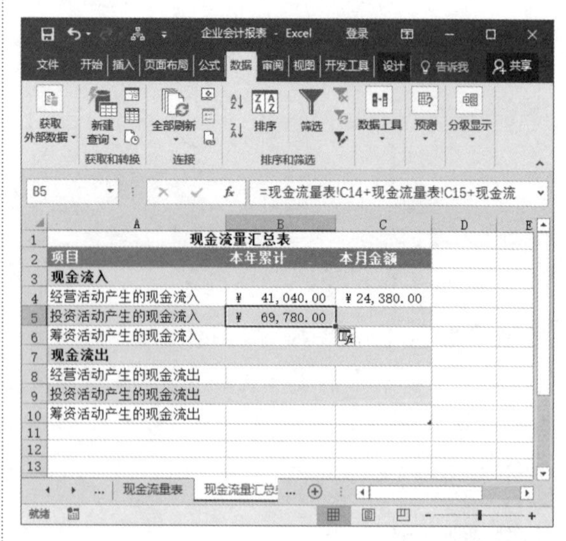

图 17-69 计算投资活动产生的本年累计现金流入量

步骤 10 选中 B5 单元格，将光标移到单元

格的右下角，当光标变为“+”状时，按住左键不放向右拖曳，到达相应的 C5 单元格位置后松开鼠标，即可计算出投资活动产生的本月现金流入量，如图 17-70 所示。

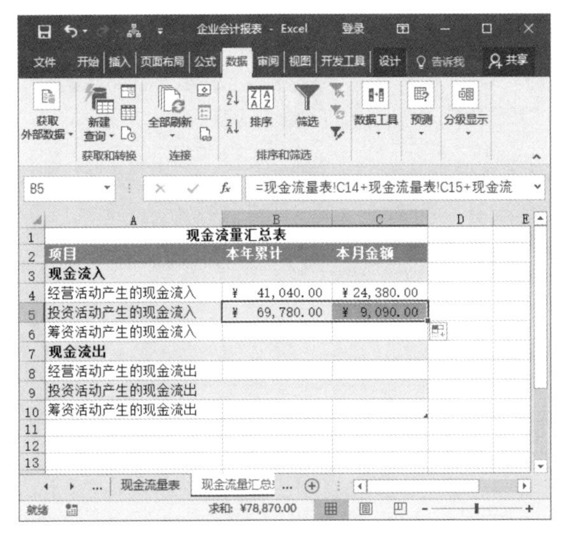

图 17-70 计算投资活动产生的本月现金流入量

步骤 11 选中 B6 单元格，然后在公式编辑栏中输入公式“= 现金流量表！ C21+ 现金流量表！ C22”，按 Enter 键，即可计算出筹资活动产生的本年累计现金流入量，如图 17-71 所示。

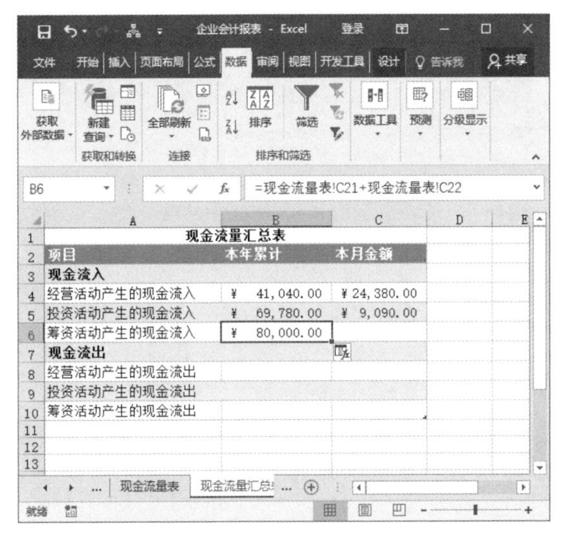

图 17-71 计算筹资活动产生的本年累计现金流入量

步骤 12 选中 B6 单元格，将光标移到单元格的右下角，当光标变为“+”状时，按住左键不放向右拖曳，到达相应的 C6 单元格位置后松开鼠标，即可计算出筹资活动产生的本月现金流入量，如图 17-72 所示。

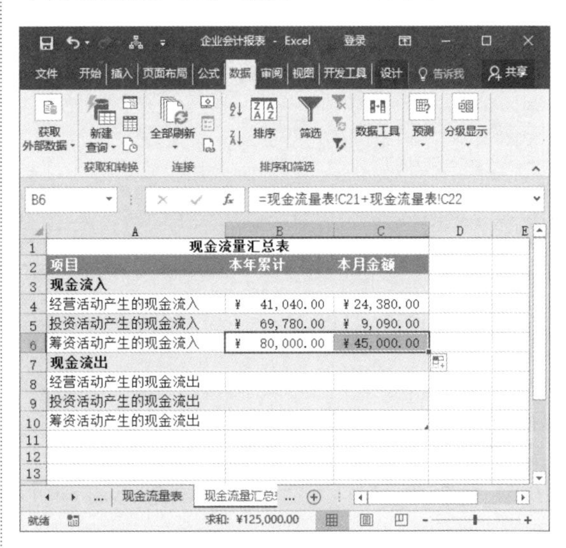

图 17-72 计算筹资活动产生的本月现金流入量

步骤 13 用同样的方法，分别选中 B8、B9、B10 单元格，然后分别在 B8、B9、B10 单元格中输入“=SUM（现金流量表！ C8:C11）”“=SUM（现金流量表！ C17:C18）”“=SUM（现金流量表！ C23:C25）”等公式，按 Enter 键，即可计算出从现金流量表中取出各个活动产生的本年累计现金流出量，如图 17-73 所示。

步骤 14 分别选中 B8、B9、B10 单元格，将光标分别移到各单元格的右下角，当光标变为“+”状时，按住左键不放向右拖曳，到达相应的 C8、C9、C10 单元格位置后松开鼠标，即可实现 C8、C9、C10 单元格的公式输入，并计算出结果，如图 17-74 所示。

步骤 15 选中 B3 单元格，然后在编辑栏中输入公式“=B4+B5+B6”，按 Enter 键，即可计算出本年累计的现金流入总量，如

图 17-75 所示。

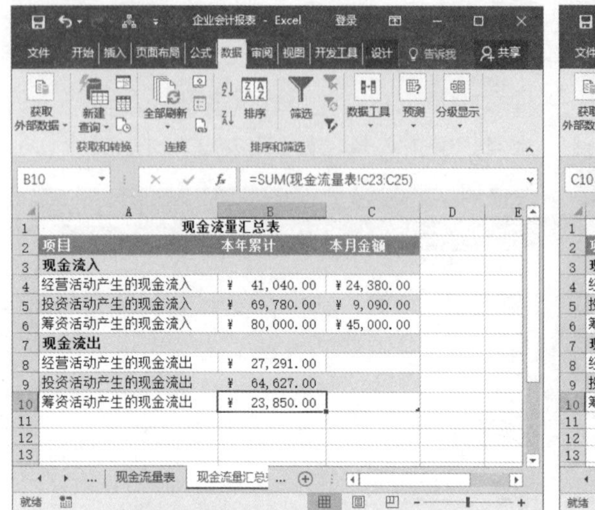

图 17-73 计算从现金流量表中取出各个活动产生的现金流出量

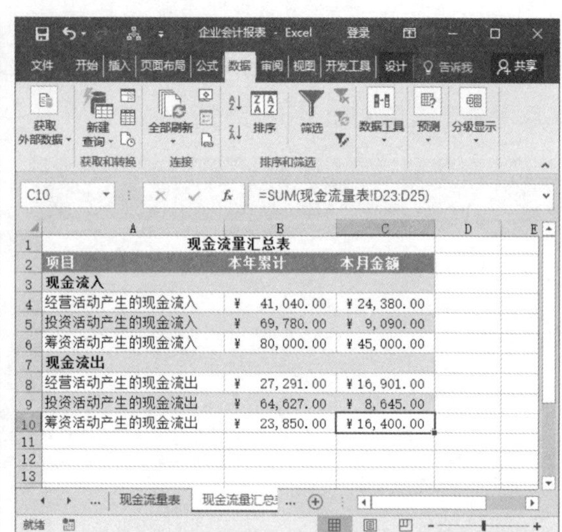

图 17-74 实现 C8、C9、C10 单元格的公式输入

步骤 16 选中 B3 单元格，将光标移到单元格的右下角，当光标变为“+”状时，按住左键不放向右拖曳，到达相应的 C3 单元格位置后松开鼠标，即可实现 C3 单元格的公式输入，如图 17-76 所示。

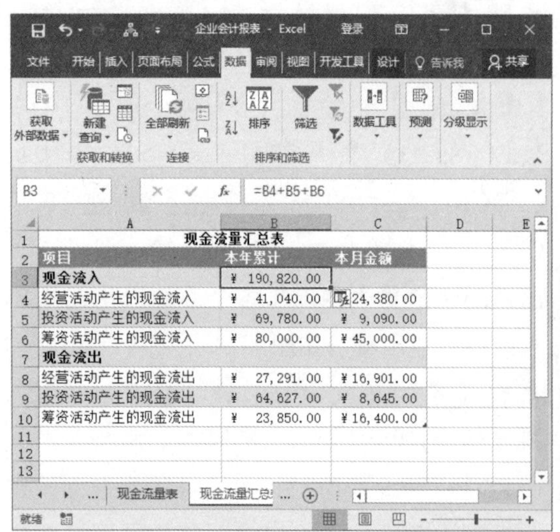

图 17-75 计算本年累计的现金流入总量

图 17-76 复制 B3 单元格公式

步骤 17 选中 B7 单元格，然后在编辑栏中输入公式“=B8+B9+B10”，按 Enter 键，即可计算现金流出总量，如图 17-77 所示。至此整个现金流量汇总表就制作完成了。

步骤 18 选中 B7 单元格，将光标移到单元格的右下角，当光标变为“+”状时，按住左键不放向右拖曳，到达相应的 C7 单元格位置后松开鼠标，即可实现 C7 单元格的公式输入，如图 17-78 所示。

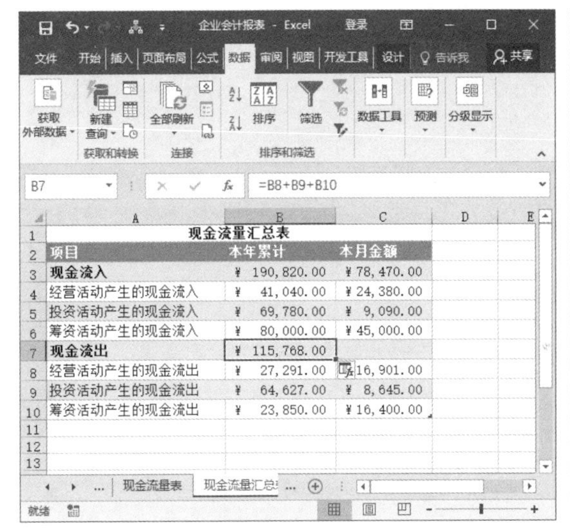

图 17-77 计算本年累计的现金流出总量

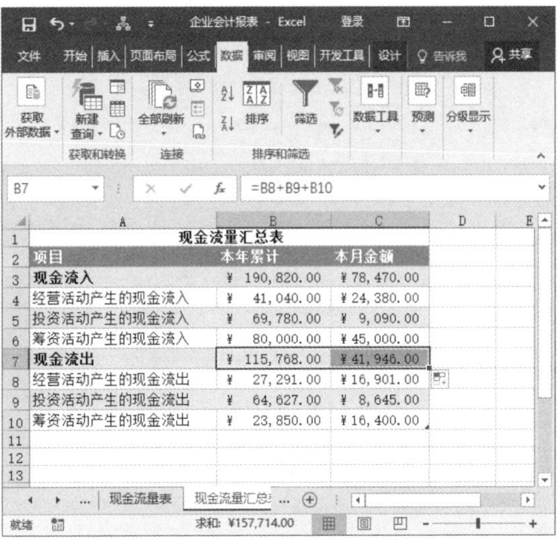

图 17-78 复制 B7 单元格公式

17.3 制作利润表

利润表是用来反映企业在一定的会计期间的经营成果的会计报表。利润表的每一项基本都是由会计账簿提供的，但是与编制资产负债表相比，制作利润表要简单一些。

17.3.1 编制利润表

利润表主要包括主营业务收入、主营业务利润、营业利润、利润总额和净利润 5 个基本项目。编制利润表的依据是“利润 = 收入 - 费用”这一会计恒等式，按照一定的步骤计算出构成利润总额的各项要素编制而成的。

编制利润表的具体步骤如下。

步骤 1 打开“企业会计报表”工作簿，新建一个空白工作表，重命名工作表为“利润表”，如图 17-79 所示。

步骤 2 在“利润表”工作表中输入表格标题与项目信息，并设置单元格格式，最终的显示效果如图 17-80 所示。

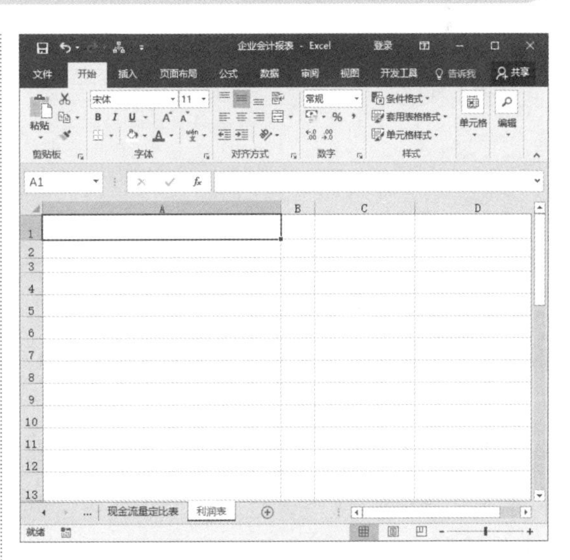

图 17-79 新建空白工作表

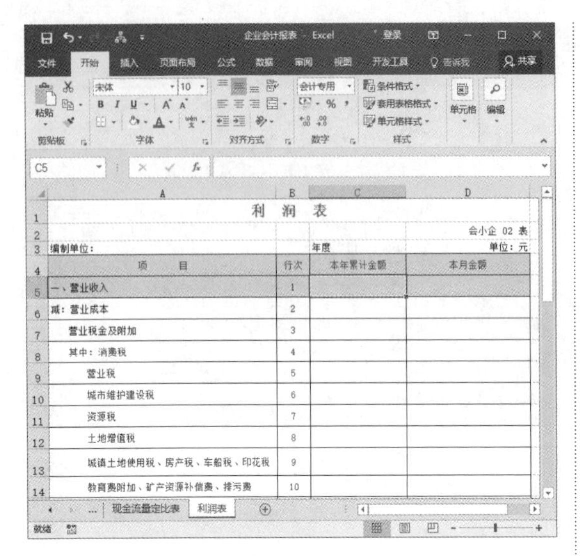

图 17-80　输入内容

步骤 3 选中 D5 单元格，在编辑栏中输入公式“=SUMIF(财务总账表 !$A$4:$A$40, "6001", 财务总账表 !$E$4:$E$40)”，按 Enter 键，即可计算出利润表中的本月营业收入金额，如图 17-81 所示。

图 17-81　计算本月营业收入金额

步骤 4 选中 D6 单元格，在编辑栏中输入公式“=SUMIF(财务总账表 !$A$4:$A$40, "6401", 财务总账表 !$D$4:$D$40)”，按 Enter 键，即可计算出利润表中的本月营业成本金额，如图 17-82 所示。

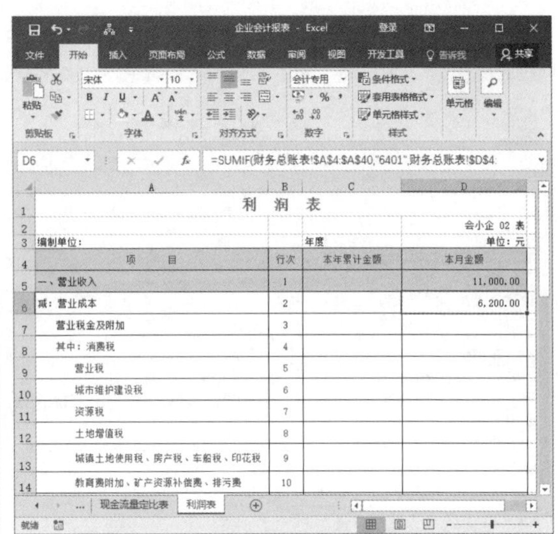

图 17-82　计算本月营业成本金额

步骤 5 选中 D7 单元格，在编辑栏中输入公式“=SUMIF(财务总账表 !$A$4:$A$40,"6403", 财务总账表 !$D$4:$D$40)”，按 Enter 键，即可计算出利润表中的本月营业税金及附加金额，如图 17-83 所示。

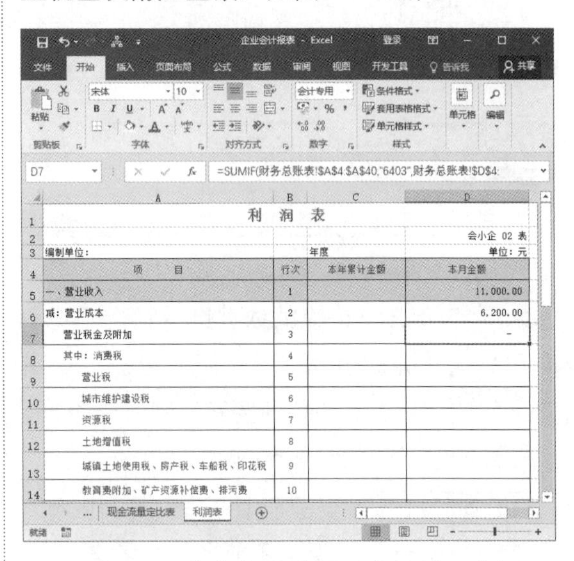

图 17-83　计算本月营业税金及附加金额

步骤 6 根据实际情况，在 D 列中输入有关营业税金及附加的详细项目金额，如果存在这些项目的话，直接在对应的单元格中输入“0”，如图 17-84 所示。

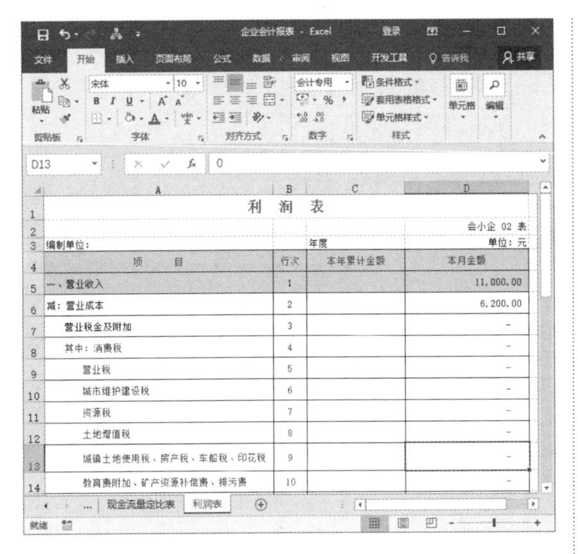

图 17-84　输入“0”

步骤 7 选中 D15 单元格，在编辑栏中输入公式“=SUMIF(财务总账表 !$A$4:$A$40, "6601", 财务总账表 !$D$4:$D$40)”，按 Enter 键，即可计算出利润表中的本月销售费用金额，然后根据实际情况输入销售费用的明细项目金额，如图 17-85 所示。

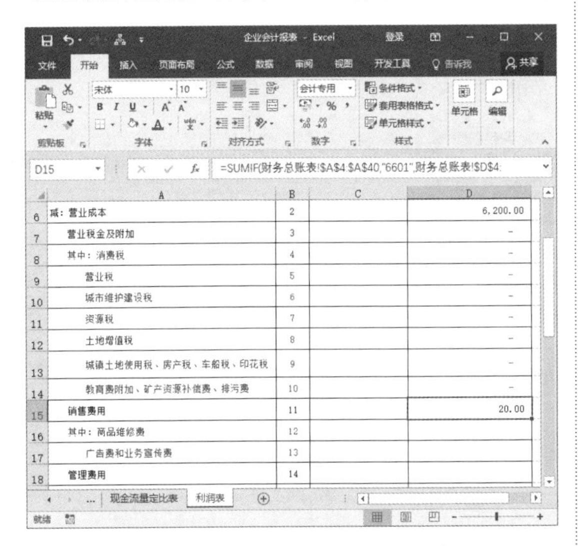

图 17-85　计算本月销售费用金额

步骤 8 选中 D18 单元格，在编辑栏中输入公式“=SUMIF(财务总账表 !$A$4:$A$40, "6602", 财务总账表 !$D$4:$D$40)”，按 Enter 键，即可计算出利润表中的本月管理费用金额，然后根据实际情况输入管理费用的明细项目金额，如图 17-86 所示。

图 17-86　计算本月管理费用金额

步骤 9 选中 D22 单元格，在编辑栏中输入公式“=SUMIF(财务总账表 !$A$4:$A$40,"6603", 财务总账表 !$D$4:$D$40)”，按 Enter 键，即可计算出利润表中的本月财务费用金额，然后根据实际情况输入财务费用的明细项目金额，如图 17-87 所示。

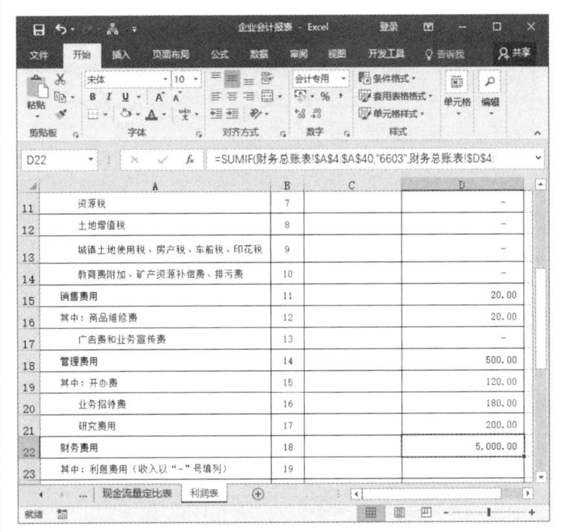

图 17-87　计算本月财务费用金额

步骤 10 根据实际情况，在 D24 单元格中输入“投资收益”相对应的金额数，如图 17-88 所示。如果损失，那么在数字前面加“-”号；如果企业没有投资收益，那么输入“0”。

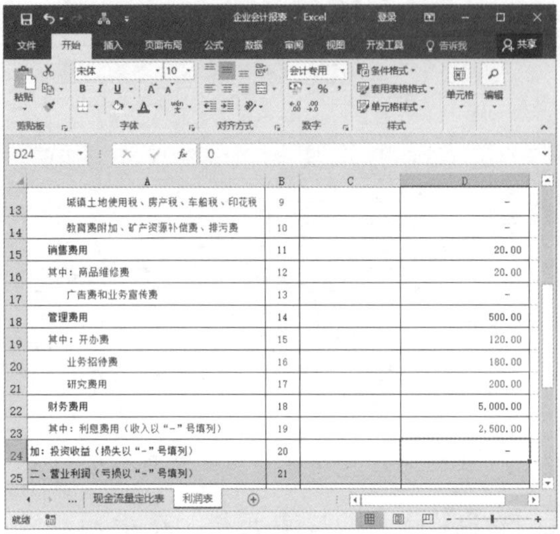

图 17-88 输入“0”

步骤 11 选中 D25 单元格，在编辑栏中输入公式“=D5-D6-D11-D15-D18-D22+D24”，然后按 Enter 键，即可计算出本月营业利润。如果得出的是负值，那么说明本月亏损，如图 17-89 所示。

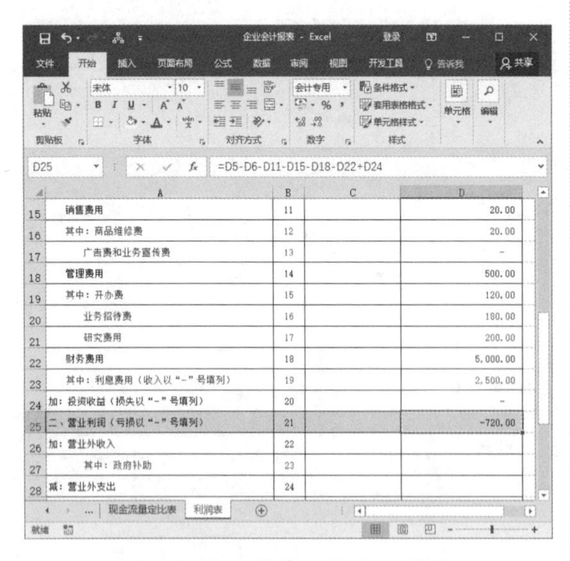

图 17-89 计算本月营业利润

步骤 12 根据企业的实际情况，在 D26:D33 单元格区域输入相对应的本月金额，如图 17-90 所示。如果企业没有这些项目，那么在对应的单元格中输入“0”。

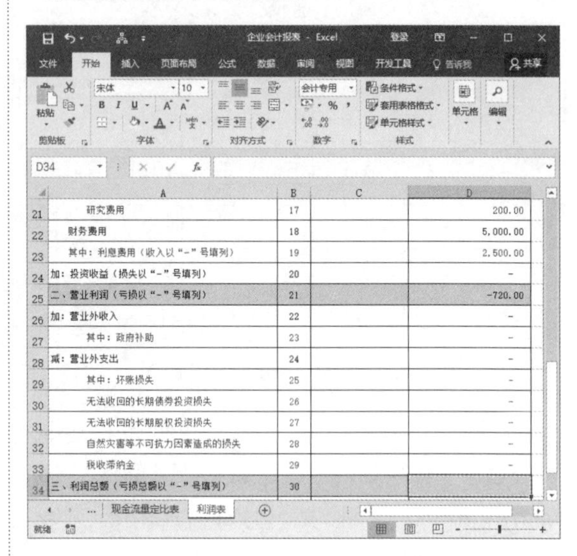

图 17-90 输入“0”

步骤 13 选中 D34 单元格，在编辑栏中输入公式“=D25+D26-D28”，按 Enter 键，即可计算出本月利润总额，如图 17-91 所示。

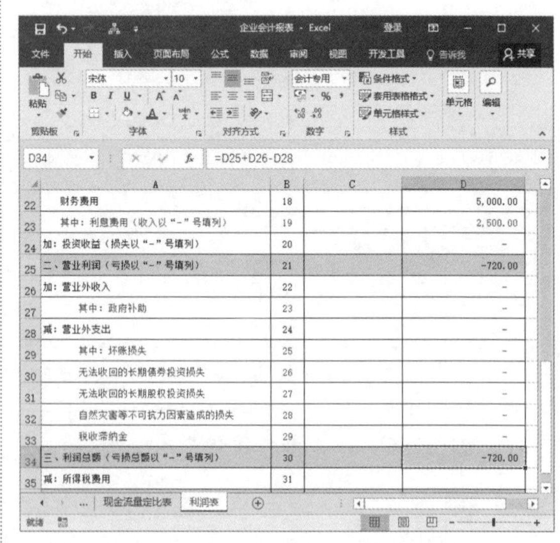

图 17-91 计算本月利润总额

步骤 14 选中 D35 单元格，在其中输入公式“=SUMIF(财务总账表!$A$4:$A$40,"6801",财务总账表!$D$4:$D$40)”，按 Enter 键，即可计算出本月的所得税费用，如图 17-92 所示。

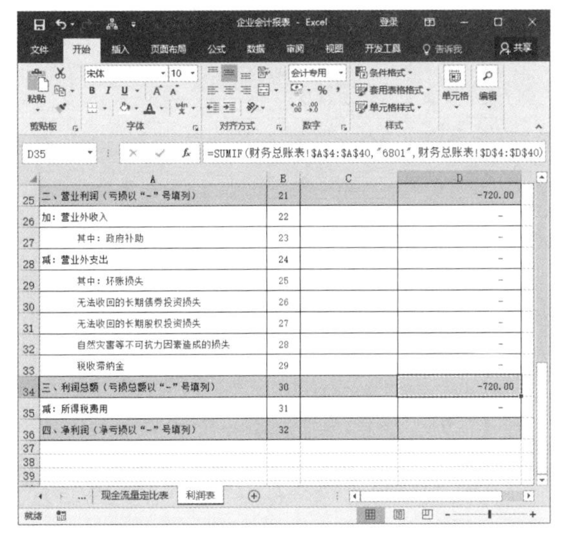

图 17-92 计算本月所得税费用

步骤 15 选中 D36 单元格，在编辑栏中输入公式“=D34-D35”，按 Enter 键，即可计算出本月的净利润，如图 17-93 所示。

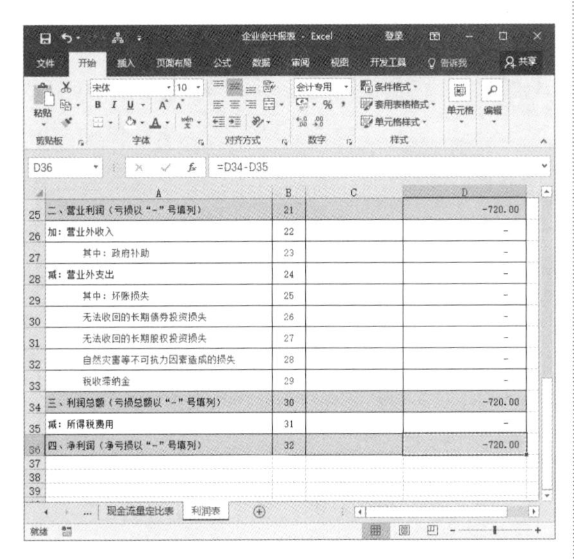

图 17-93 计算本月净利润

步骤 16 根据公式“本年累计数 = 上一期本年累计数 + 本月金额”计算“本年累计数”。这里由于未涉及上一期的“本年累计数”，因此这里的“本年累计数 = 本月金额”。选中 C5 单元格，在编辑栏中输入公式“=D5”，按 Enter，即可得出营业收入的本年累计数。然后复制 C5 单元格中的公式至 C 列的其他单元格中，即可计算出利润表中其他项目的本年累计金额数，如图 17-94 所示。至此，就完成了利润表的编制。

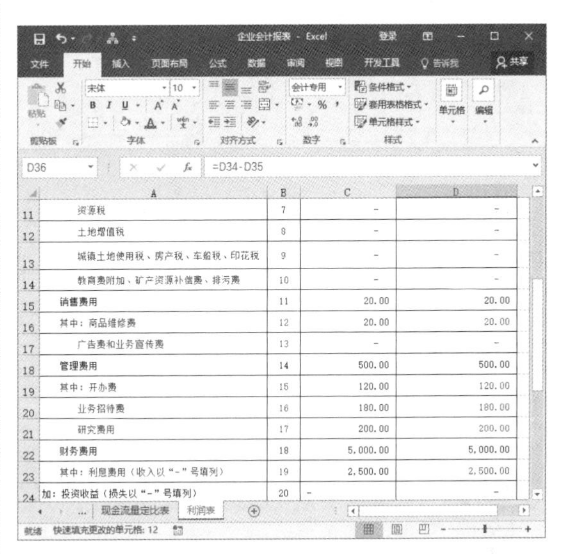

图 17-94 计算本年累计金额

17.3.2 创建费用统计图表

为了使利润表中的收入和费用数据更加直观，更加清晰地反映各个数据之间的关系，通过创建收入与费用统计图可以分析利润表。

具体的操作步骤如下。

步骤 1 打开“企业会计报表”工作簿，新建一个空白工作表，重命名该工作表为“收入与费用分析表”，如图 17-95 所示。

步骤 2 将“利润表”工作表中的收入与费用相关的项目复制到“收入与费用分析表”工作表中，然后设置单元格格式，最终的显示效果如图 17-96 所示。

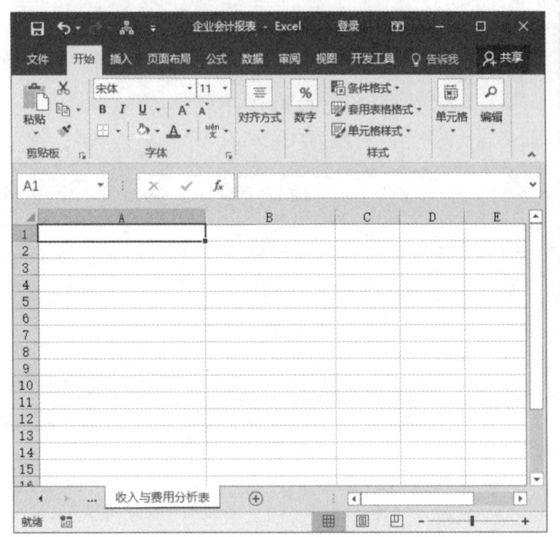

图 17-95　新建空白工作表

图 17-96　输入表格内容并设置单元格格式

步骤 3 选中 A2:B7 单元格区域，然后单击【插入】选项卡下【图表】组中的【饼图】按钮，在弹出的下拉列表中选择【三维饼图】选项，如图 17-97 所示。

步骤 4 返回到工作表中，即可在工作表中插入收入与费用分析图图表，如图 17-98 所示。

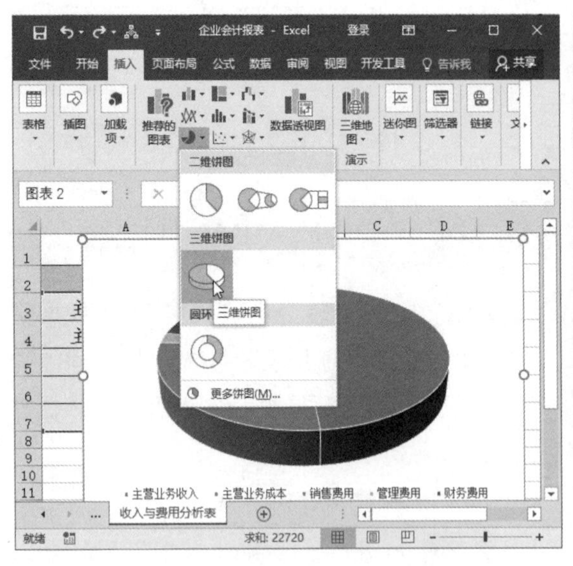

图 17-97　选择【三维饼图】选项

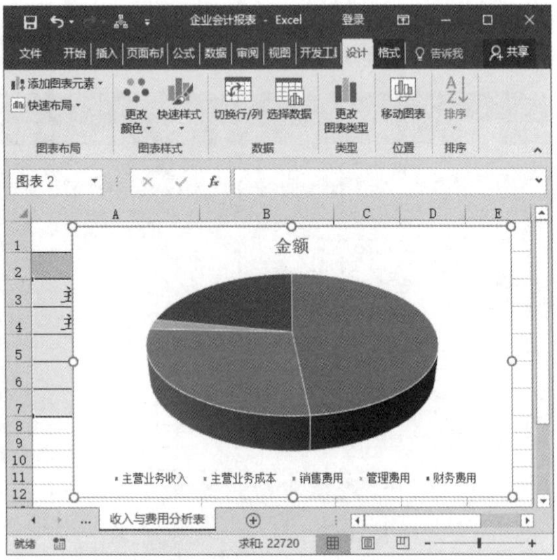

图 17-98　插入饼图

步骤 5 选中插入的图表，单击【图表工具 - 设计】选项卡下【图表样式】组中的【图表样式】按钮，在弹出的下拉列表中选择一个图表样式，如图 17-99 所示。

步骤 6 选择完毕后，返回到工作表中，此时图表的应用样式为饼图，效果如图 17-100 所示。

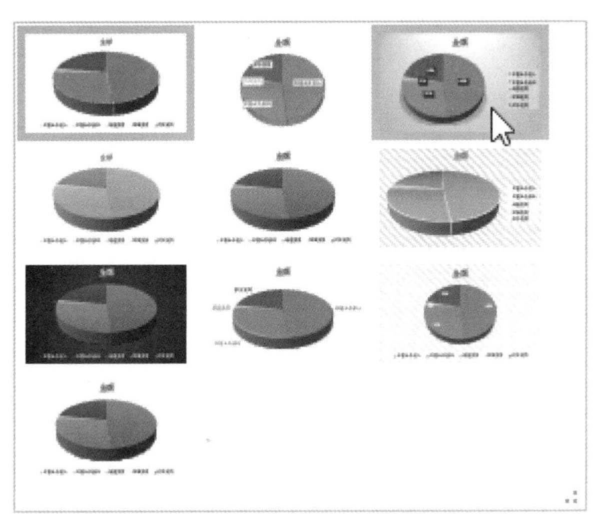

图 17-99　选择图表样式

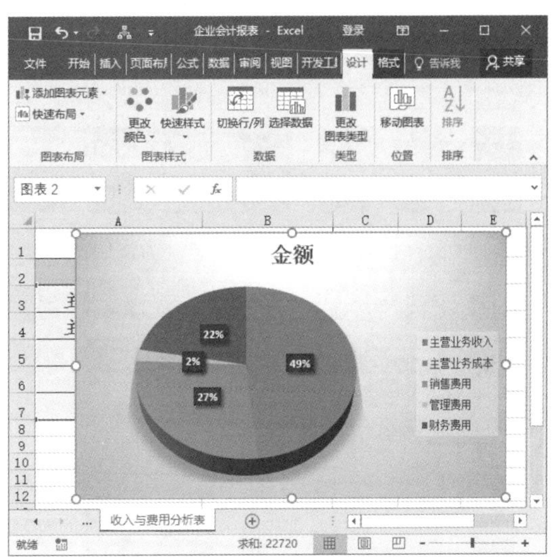

图 17-100　应用图表样式

步骤 7 单击【图表样式】组中的【更改颜色】按钮，在弹出的颜色色块中设置图表的颜色，如图 17-101 所示。

步骤 8 返回到工作表中，此时图表的颜色已更改，显示效果如图 17-102 所示。

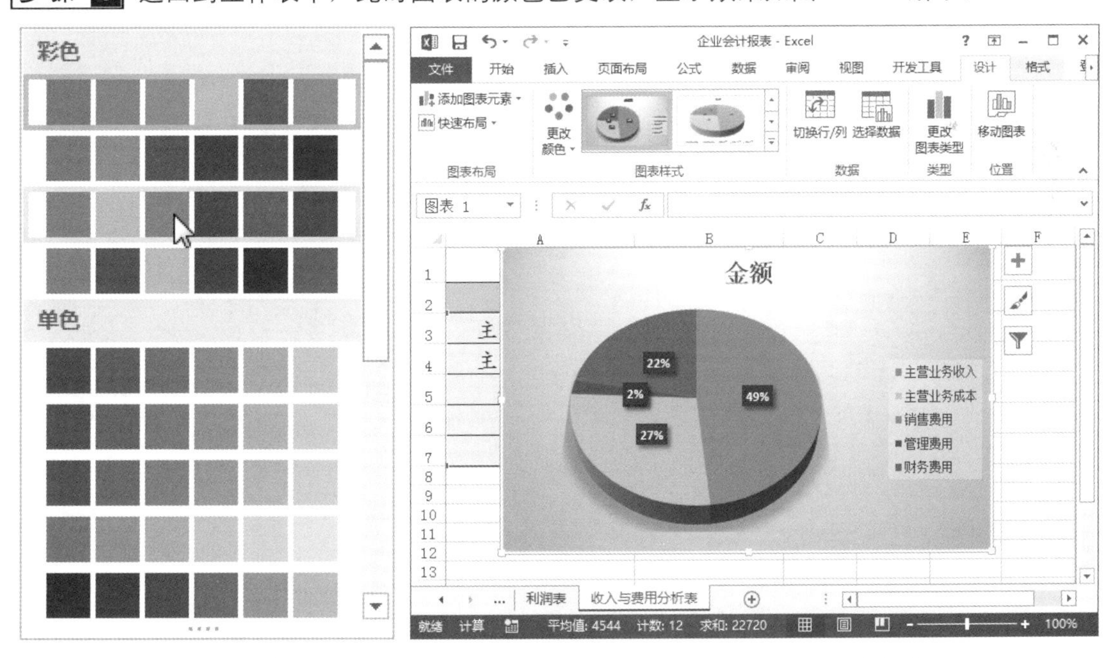

图 17-101　更改图表颜色　　　　图 17-102　应用图表颜色

步骤 9 选择【图表工具 - 格式】选项卡，单击【形状样式】组中的【其他】按钮，在弹出的下拉列表中选择需要的形状样式，如图 17-103 所示。

步骤 10 选择完毕后，返回到工作表中，此时应用形状样式后的显示效果，如图 17-104 所示。

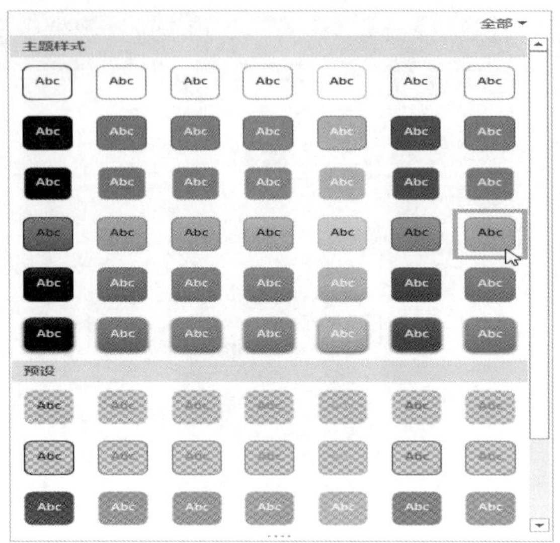

图 17-103 选择形状样式

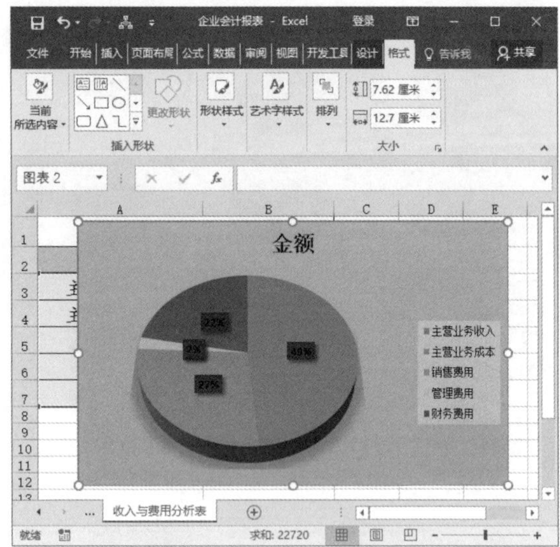

图 17-104 应用形状样式

Excel 在人力资源管理中的应用

● **本章导读**

人才是企业最重要的资源，只有重视人才的培养、管理，才能使企业有长远、持续的发展，由此出现了人力资源管理部门。人力资源管理部门在公司正常运作中起着至关重要的作用，在人力资源管理中，经常需要设计各种表格以实现信息的管理、统计、筛选等。本章将为读者介绍有关人力资源方面的表格的制作。

● **学习目标**

◎ 熟悉人力资源招聘流程表的设计方法

◎ 熟悉员工基本资料登记表的设计方法

◎ 熟悉员工年假表的设计方法

◎ 熟悉出勤管理表的设计方法

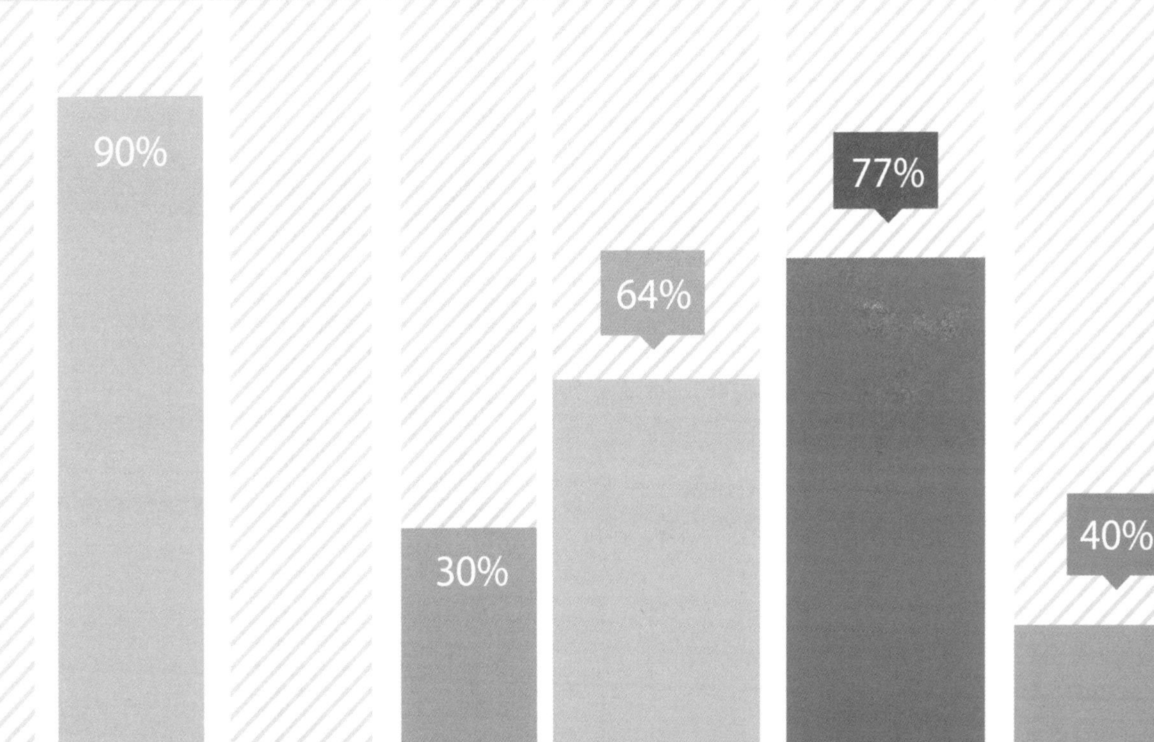

18.1 设计人力资源招聘流程表

招聘工作流程一般由公司的人力资源部制定，主要目的是为了规范公司的人员招聘行为，保障公司及招聘人员的权益。通常情况下，人力资源招聘流程一般包括制订招聘计划、招聘、应聘、面试、录用等几个方面。

18.1.1 插入艺术字

艺术字是一种预定义的使文字突出显示的快捷方法，通过使用艺术字，可增强表格的视觉效果，使其更具吸引力。下面介绍插入艺术字作为表格标题的具体操作步骤。

步骤 1 启动 Excel 2016，新建一个空白工作簿，如图 18-1 所示。

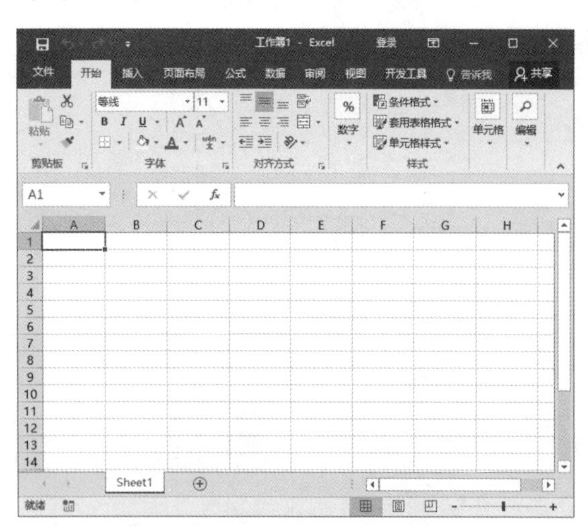

图 18-1 新建空白工作簿

步骤 2 在【插入】选项卡中，单击【文本】组的【艺术字】按钮，在弹出的下拉列表中选择需要的样式，如图 18-2 所示。

步骤 3 此时在工作表中出现应用艺术字体的“请在此放置您的文字”输入框，如图 18-3 所示。

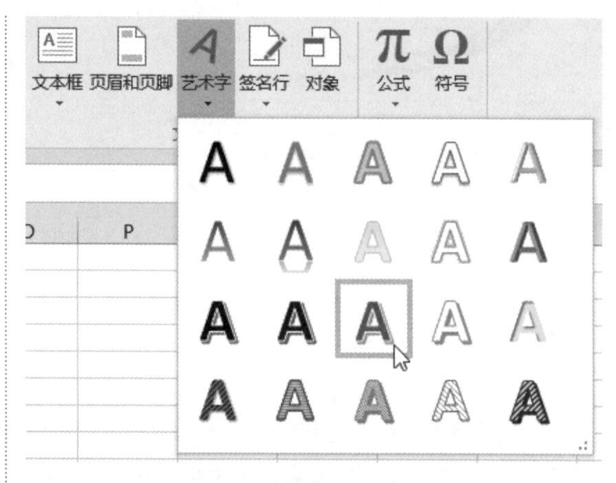

图 18-2 选择需要的样式

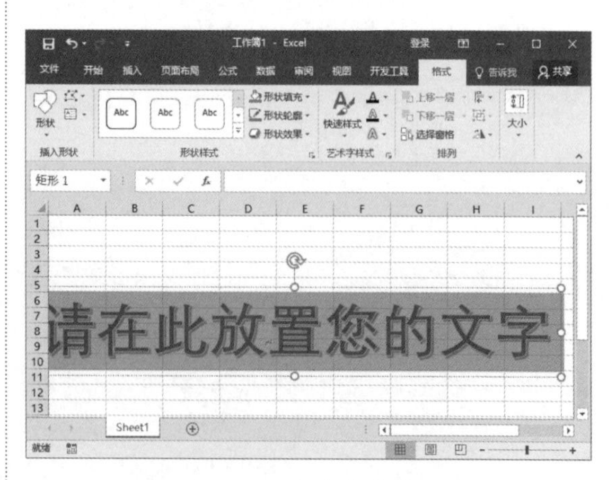

图 18-3 出现艺术字输入框

步骤 4 将光标定位在艺术字输入框中，输入“人力资源招聘流程图”作为标题，然后在【开始】选项卡的【字体】组中，设置字号大小为“32”，如图 18-4 所示。

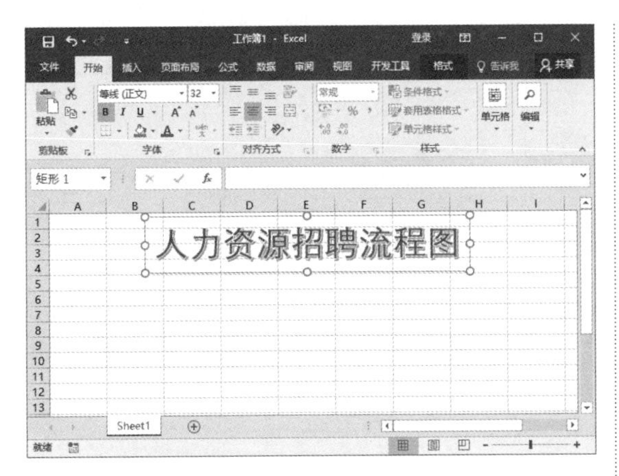

图 18-4　输入艺术字并设置字号大小

18.1.2 制作流程图

制作好标题后，接下来需要将招聘流程制作成流程图，具体的操作步骤如下。

步骤 1 在【插入】选项卡中，单击【插图】组中的【形状】按钮，在弹出的下拉列表中选择【流程图】区域中的【过程】选项，如图 18-5 所示。

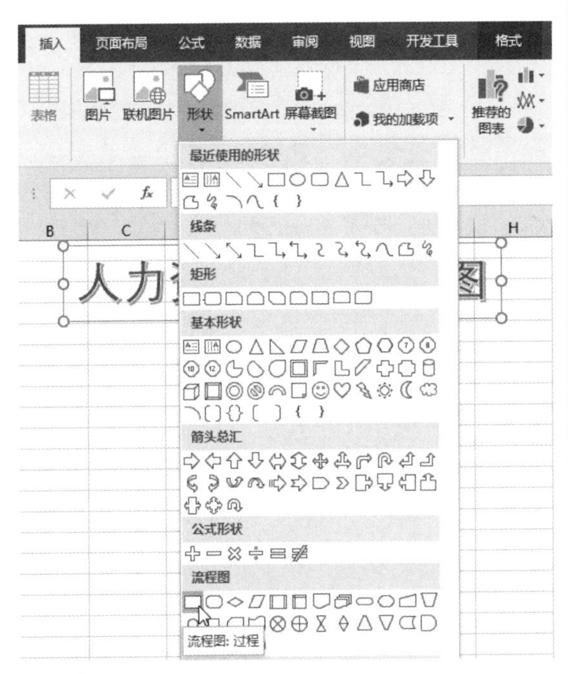

图 18-5　选择【流程图】区域中的【过程】选项

步骤 2 此时光标变为“十”状，在适当的位置单击，拖动鼠标，即可插入一个过程图，如图 18-6 所示。

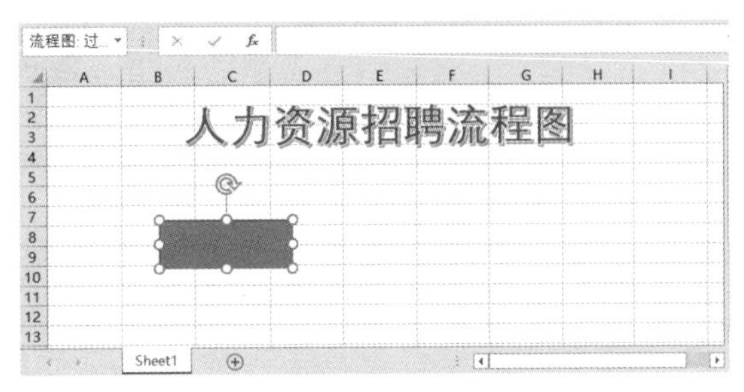

图 18-6　插入过程图

步骤 3 设置过程图的样式。选中过程图，在【格式】选项卡的【形状样式】组中单击【其他】按钮，在弹出的下拉列表中选择需要的样式，如图 18-7 所示。

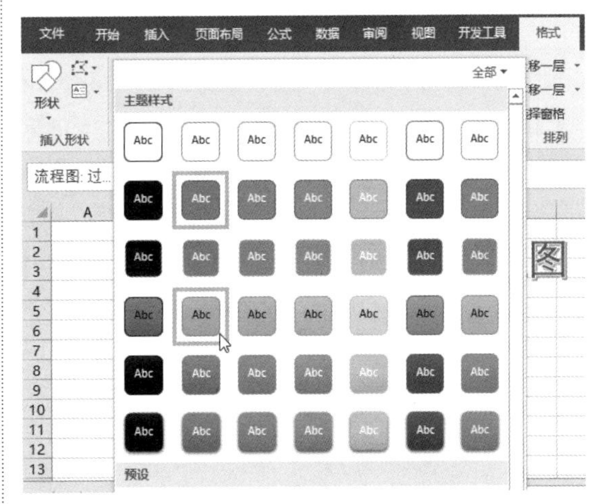

图 18-7　设置过程图的样式

步骤 4 此时过程图的样式已发生改变，选中过程图，输入“用人部门提出申请”，如图 18-8 所示。

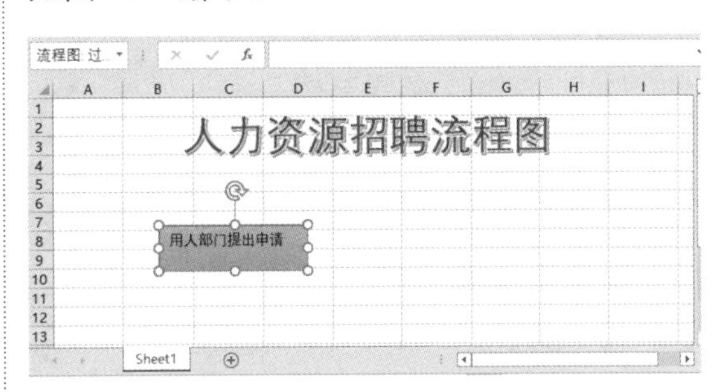

图 18-8　在过程图中输入文本

步骤 5 设置输入文本的格式。选中过程图，在【开始】选项卡的【字体】组中，设置文本的字体为“微软雅黑”、字号为“12”，在【对齐方式】组中设置对齐方式为“垂直居中”和“居中”，如图 18-9 所示。

图 18-9 设置输入文本的格式

步骤 6 插入箭头连接符。在【插入】选项卡中单击【插图】组中的【形状】按钮，在弹出的下拉列表中选择【线条】区域中的【箭头】选项↘，然后将光标定位在过程图右侧，单击拖动鼠标，即可插入一个箭头连接符，如图 18-10 所示。

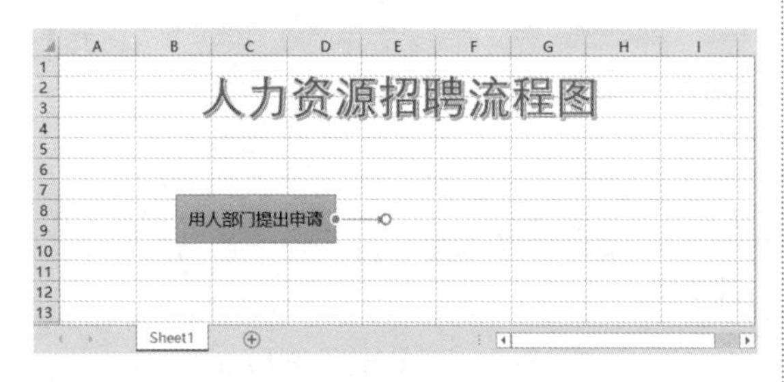

图 18-10 插入箭头连接符

步骤 7 设置箭头连接符的样式。选中箭头连接符，在【格式】选项卡的【形状样式】组中，单击【其他】按钮，在弹出的下拉列表中选择需要的样式，如图 18-11 所示。

步骤 8 此时一个完整的过程图及箭头连接符创建完成。使用同样的方法，添加其他的过程图和连接符，如图 18-12 所示。

提示 按住 Ctrl 键不放，分别选中过程图和箭头连接符，然后将其复制粘贴到同一个工作表中，更改过程图中的文字，即可快速创建过程图和连接符。注意箭头连接符两端分别需要与过程图两侧连接。

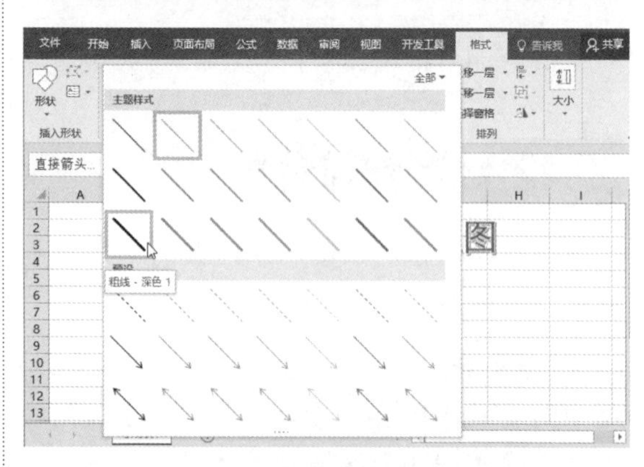

图 18-11 设置箭头连接符的样式

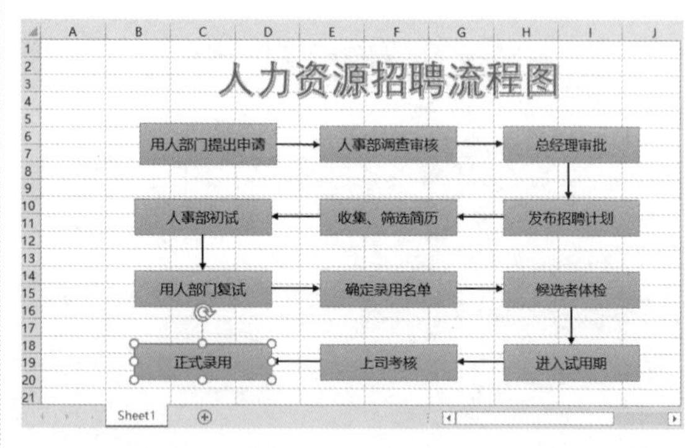

图 18-12 添加其他的过程图和连接符

步骤 9 选中【正式录用】过程图，在【格式】选项卡中，单击【插入形状】组中的【编辑形状】按钮，在弹出的下拉列表中依次选择【更改形状】→【流程图】区域→【终止】选项，如图 18-13 所示。

步骤 10 此时【正式录用】流程图已改变形状，如图 18-14 所示。

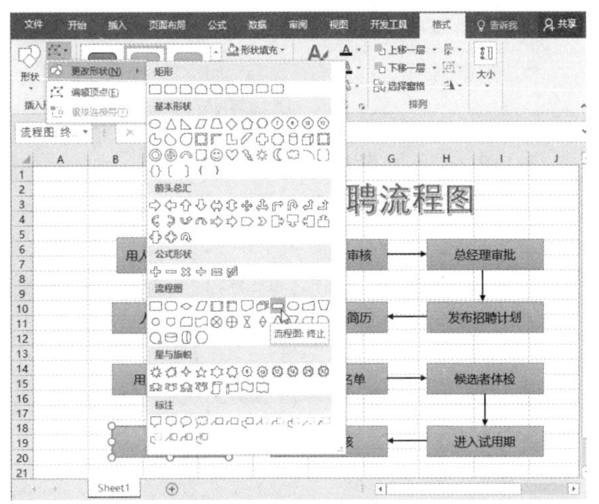

图 18-13　选择【流程图】区域中的【终止】选项

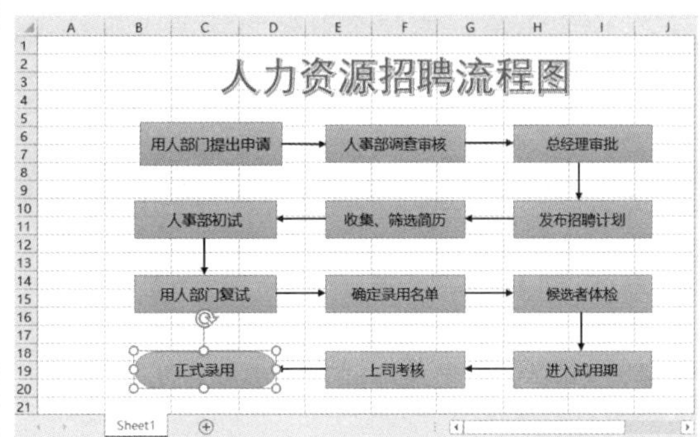

图 18-14　更改形状的流程图

18.1.3 保存流程表

流程图制作完成后，接下来需要保存工作表，具体的操作步骤如下。

步骤 1 选择【文件】选项卡，进入文件操作界面，选择左侧列表中的【另存为】命令，然后再单击【浏览】按钮，如图 18-15 所示。

步骤 2 弹出【另存为】对话框，选择工作表在计算机中的保存位置，然后在【文件名】下拉列表框中输入名称“人力资源招聘流程表.xlsx”，单击【保存】按钮，如图 18-16 所示。

图 18-15　单击【浏览】按钮

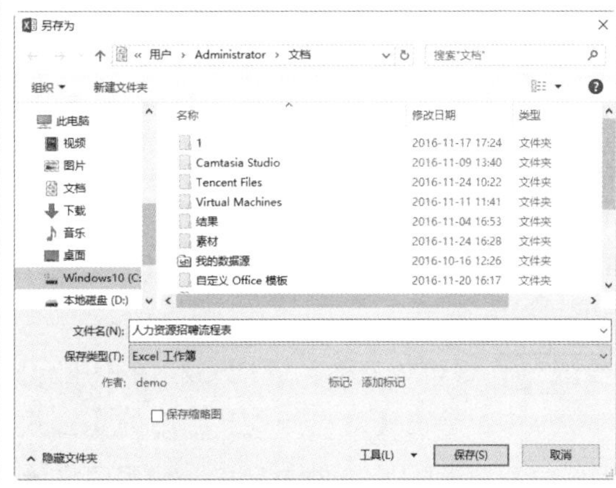

图 18-16　保存工作表

至此，人力资源招聘流程表全部制作完成。

18.2 设计员工基本资料登记表

员工基本资料登记表主要用于登记员工个人信息，包括姓名、出生日期、教育经历、工作经历等，方便企业建立相关人事档案，提高人事管理的质量和效率。

18.2.1 建立员工基本资料登记表

下面将建立员工基本资料登记表的初版，具体的操作步骤如下。

步骤 1 启动 Excel 2016，新建一个空白工作簿，在表格中输入相应的内容，如图 18-17 所示。

图 18-17 新建空白工作簿并输入内容

步骤 2 选中单元格区域 A1:I1，在【开始】选项卡的【字体】组中，设置字体为“楷体”、字号为“20”，并加粗。在【对齐方式】组中设置对齐方式为“垂直居中”和“居中”，单击【合并后居中】按钮，合并单元格区域，如图 18-18 所示。

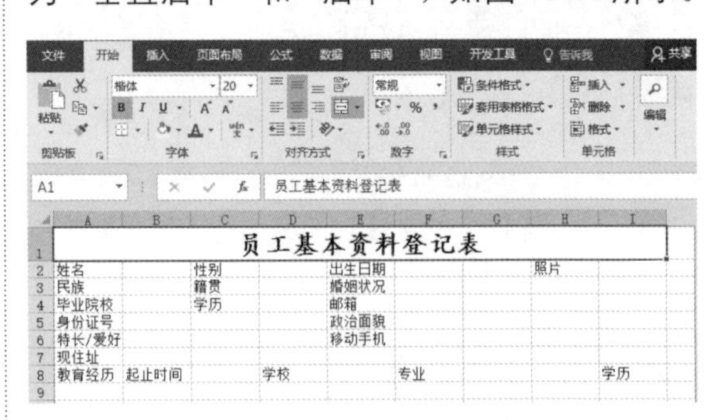

图 18-18 设置标题的格式

步骤 3 选中单元格区域 F2:G2，在【开始】选项卡中，单击【对齐方式】组中的【合并后居中】按钮，合并单元格。使用同样的方法，将表格中需要合并的单元格进行合并，如图 18-19 所示。

图 18-19 将表格中需要合并的单元格合并

步骤 4 选中单元格区域 A2:I22，在【开始】选项卡的【对齐方式】组中，设置对齐方式为“垂直居中”和“居中”，如图 18-20 所示。

图 18-20 设置对齐方式为“垂直居中”和“居中”

步骤 5 将光标定位在第 2 行的行首，向下拖动鼠标，选中第 2 行至第 22 行，然后将光标定位在第 2 行与第 3 行的中间线处，此时光标变为✢状，单击即可查看当前的行高为“13.5”，如图 18-21 所示。

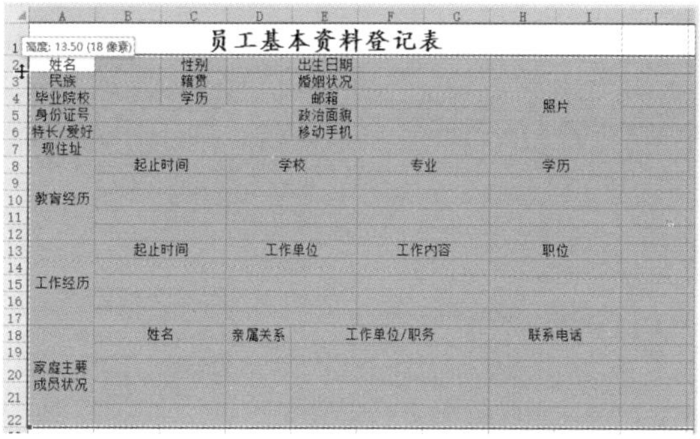

图 18-21 选中第 2 行至第 22 行

步骤 6 按住左键不放向下拖动鼠标，当行高变为“18”时释放鼠标，此时所有选定行的高度都变为“18”，如图 18-22 所示。

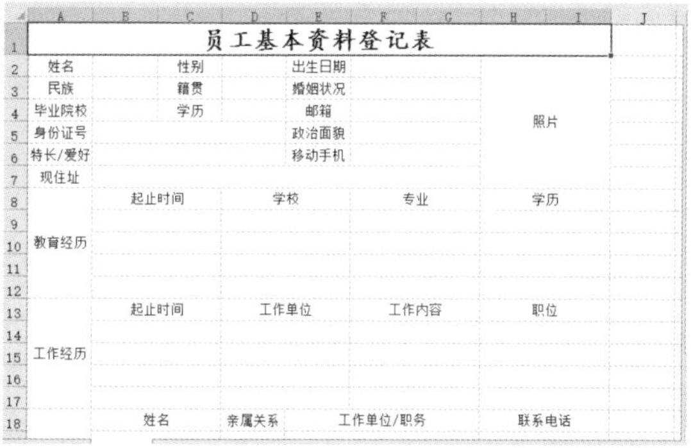

图 18-22 将选定行的高度设为“18”

18.2.2 设置边框与填充

当表格内容较多时，可以为表格添加边框和填充效果，使内容能够突出显示，具体的操作步骤如下。

步骤 1 接上一节的操作步骤，选中单元格区域 A1:I22，在【开始】选项卡中，单击【字体】组右下角的 ⧉ 按钮，如图 18-23 所示。

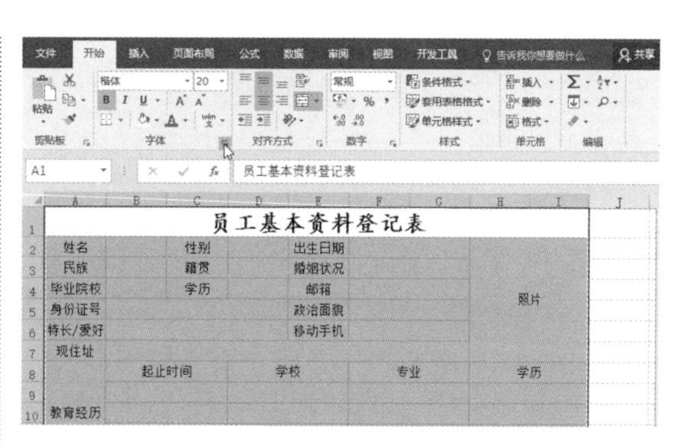

图 18-23 单击 ⧉ 按钮

步骤 2 弹出【设置单元格格式】对话框，选择【边框】选项卡，在【线条】区域的【样式】列表框中选择粗直线，单击【预置】区域的【外边框】图标，如图 18-24 所示。

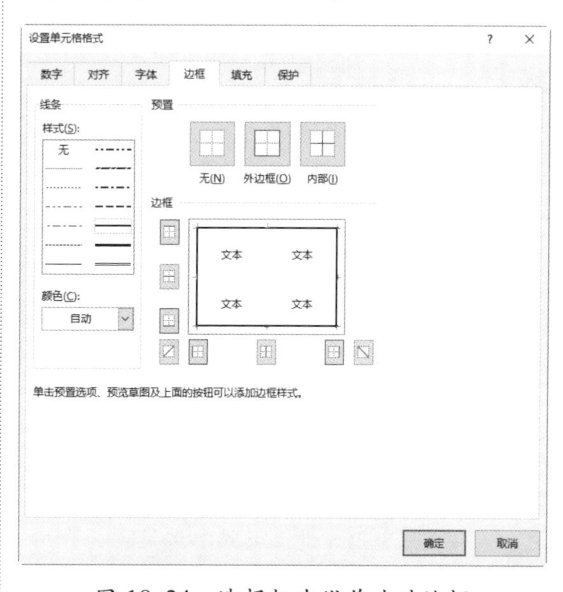

图 18-24 选择粗直线作为外边框

步骤 3 在【线条】区域的【样式】列表框中选择细直线，单击【预置】区域的【内部】图标，如图 18-25 所示。

步骤 4 单击【确定】按钮，此时已为表格添加了边框，如图 18-26 所示。

步骤 5 选中单元格区域 B9:I12，在【开始】选项卡的【字体】组中，单击【填充颜色】 右侧的下三角按钮，在弹出的下拉菜单中选择需要的颜色作为背景色，如图 18-27 所示。

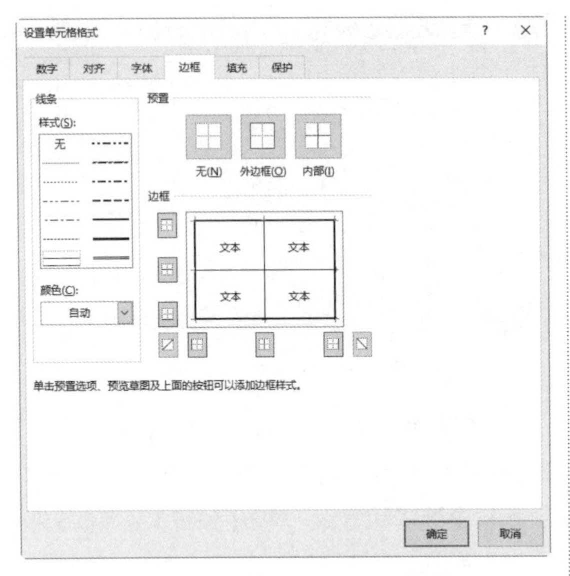

图 18-25　选择细直线作为内部框线

员工基本资料登记表						
姓名		性别		出生日期		照片
民族		籍贯		婚姻状况		
毕业院校		学历		邮箱		
身份证号				政治面貌		
特长/爱好				移动手机		
现住址						
教育经历	起止时间		学校	专业		学历
工作经历	起止时间		工作单位	工作内容		职位
家庭主要成员状况	姓名		亲属关系	工作单位/职务		联系电话

图 18-26　为表格添加边框

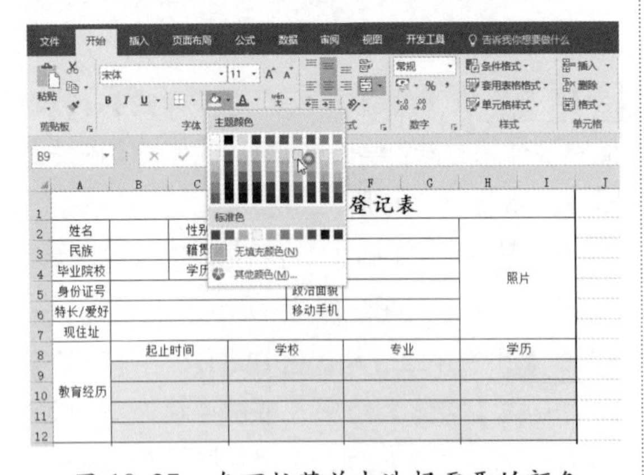

图 18-27　在下拉菜单中选择需要的颜色

步骤 6 使用同样的方法，为其他单元格区域添加填充色，如图 18-28 所示。

员工基本资料登记表						
姓名		性别		出生日期		照片
民族		籍贯		婚姻状况		
毕业院校		学历		邮箱		
身份证号				政治面貌		
特长/爱好				移动手机		
现住址						
教育经历	起止时间		学校	专业		学历
工作经历	起止时间		工作单位	工作内容		职位
家庭主要成员状况	姓名		亲属关系	工作单位/职务		联系电话

图 18-28　为其他单元格区域添加填充色

18.2.3 添加批注

当有些员工使用电子档登记资料时，可能不确定内容的填写规范，此时可以添加批注作为提示，具体操作步骤如下。

步骤 1 选中单元格 F5，右击，在弹出的快捷菜单中选择【插入批注】命令，如图 18-29 所示。

图 18-29　选择【插入批注】命令

步骤 2 此时单元格 F5 右上角出现红色三角符号，并弹出批注提示框，在框内输入批

注内容“党员、团员或群众”，如图 18-30 所示。

	A	B	C	D	E	F	G	H	I
1	员工基本资料登记表								
2	姓名		性别		出生日期				
3	民族		籍贯		婚姻状况				
4	毕业院校		学历		邮箱				
5	身份证号				政治面貌			demo: 党员、团员或群众	
6	特长/爱好				移动手机				
7	现住址								
8	教育经历	起止时间		学校		专业		学历	
9									
10									
11									
12									

图 18-30　输入批注内容

步骤 3 使用同样的方法，为单元格 B8 添加批注，如图 18-31 所示。

> **提示** 批注添加完成后，将光标定位在添加了批注的单元格上，系统会自动弹出批注信息，默认情况下，批注提示框是隐藏的。

	A	B	C	D	E	F	G	H	I
1	员工基本资料登记表								
2	姓名		性别		出生日期			照片	
3	民族		籍贯		婚姻状况				
4	毕业院校		学历		邮箱				
5	身份证号				政治面貌				
6	特长/爱好				移动手机				
7	现住址								
8	教育经历	起止时间		demo: 2016.09-2017.07		专业		学历	
9									
10									
11									
12									

图 18-31　为单元格 B8 添加批注

操作完成后，保存工作表并将其命名为“员工基本资料登记表”。至此，员工基本资料登记表全部制作完成。

18.3 设计员工年假表

按照国家相关法律法规，工作达到一定年限的员工可以享受相应天数的年假。对于员工而言，拥有年假制度更能提高工作积极性，为企业创造更大的价值。假设某公司制定的年假规则如图 18-32 所示。注意，工龄 10 年以上的员工，年假均为 12 天。下面以此为标准设计员工年假表。

年假规则	
工龄	年假（天）
0	0
1	5
2	6
3	7
4	9
5	10
6	10
7	11
8	11
9	12
10	12

图 18-32　年假规则

18.3.1 建立表格

下面建立表格，输入基础数据，并设置格式，具体的操作步骤如下。

步骤 1 启动 Excel 2016，新建一个空白工作簿，在表格中输入相应的内容，如图 18-33 所示。

	A	B	C	D	E	F	G
1	员工年假表						
2	员工ID	姓名	部门	级别	入职日期	工龄	年假（天）

图 18-33 新建空白工作簿并输入内容

步骤 2 选中单元格区域 A1:G1，在【开始】选项卡的【字体】组中，设置字体为"楷体"、字号为"20"，并加粗，在【对齐方式】组中设置对齐方式为"垂直居中"和"居中"，单击【合并后居中】按钮，合并单元格区域，如图 18-34 所示。

	A	B	C	D	E	F	G
1	员工年假表						
2	员工ID	姓名	部门	级别	入职日期	工龄	年假（天）

图 18-34 设置标题的格式

步骤 3 选中单元格区域 A2:G2，在【开始】选项卡的【字体】组中，设置字号为"12"，填充颜色为"橄榄色"，在【对齐方式】组中设置对齐方式为"垂直居中"和"居中"，如图 18-35 所示。

步骤 4 选中单元格区域 A3:G12，在【开始】选项卡的【对齐方式】组中，设置对齐方式为"垂直居中"和"居中"，然后在 A 列到 E 列中输入基础数据，如图 18-36 所示。

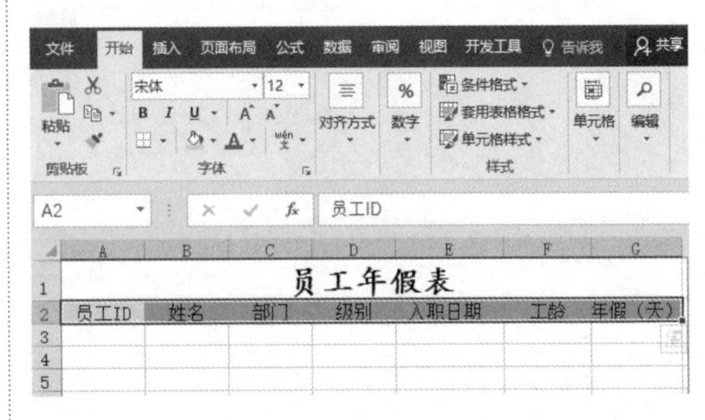

图 18-35 设置单元格区域 A2:G2 的格式

员工ID	姓名	部门	级别	入职日期	工龄	年假（天）
F1042001	薛仁贵	经理室	经理	2012-3-5		
F1042002	李奇	人事部	主管	2008-1-2		
F1042003	王英	人事部	职员	2015-4-5		
F1042004	戴高	财务部	主管	2010-7-18		
F1042005	赵晓琴	财务部	职员	2014-5-9		
F1042006	周冲	财务部	职员	2011-12-29		
F1042007	蔡洋	销售部	主管	2012-10-14		
F1042008	王波	销售部	职员	2014-7-8		
F1042009	刘森林	销售部	职员	2013-6-29		
F1042010	钱进	研发部	主管	2013-11-17		

图 18-36 设置单元格区域 A3:G12 的格式

步骤 5 单击下方的⊕按钮，添加一个新工作表，将光标定位在新工作表的标签上，右击，在弹出的快捷菜单中选择【重命名】命令，如图 18-37 所示。

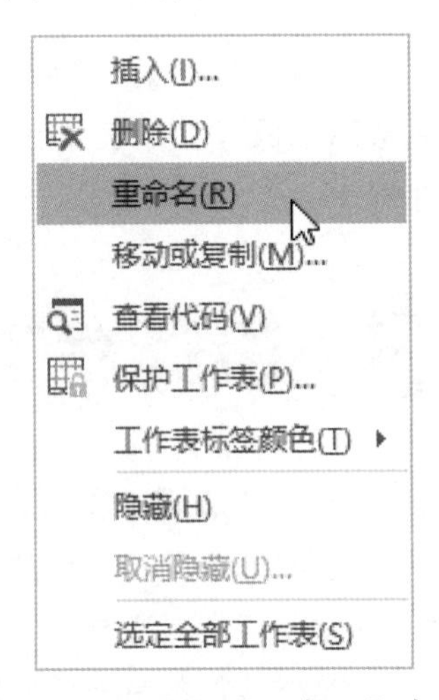

图 18-37 选择【重命名】命令

步骤 6 输入新名称"年假规则"，然后输入具体的内容，并使用步骤 2～步骤 4 的方法设置格式，如图 18-38 所示。

	A	B	C
1	年假规则		
2	工龄	年假（天）	
3	0	0	
4	1	5	
5	2	6	
6	3	7	
7	4	9	
8	5	10	
9	6	10	
10	7	11	
11	8	11	
12	9	12	
13	10	12	
14			

Sheet1　年假规则

图 18-38　为新工作表重命名并输入内容

18.3.2 计算工龄

工作表建立完成后，接下来计算员工工龄，具体的操作步骤如下。

步骤 1 单击 Sheet1 标签，切换到 Sheet1 工作表，选中单元格 F3，在其中直接输入公式“=YEAR(NOW())-YEAR (E3)-IF(DATE (YEAR(E3), MONTH(NOW()),DAY(NOW()))<=E3,1,0)”，如图 18-39 所示。

步骤 2 按 Enter 键，此时计算结果默认以日期格式显示，如图 18-40 所示。

提示 在公式中，使用 NOW 函数获取系统当前的日期时间，使用 YEAR 函数获取日期中的年份，通过当前的年份减去员工入职年份，即可得到工龄。但是并没有考虑到工龄未满 1 年的情况，因此后面接着使用 DATE 函数获取日期，该日期由入职年份以及当前的月份和日期组成，然后使用 IF 函数判断获取的日期是否小于或等于入职日期，若小于或等于，则工龄须减去 1 年。

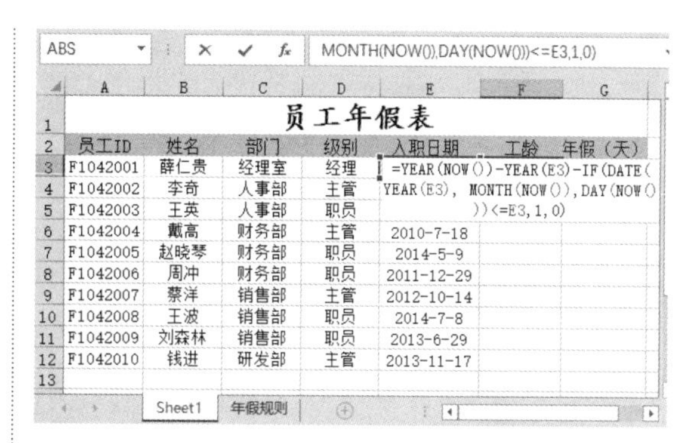

ABS　MONTH(NOW()),DAY(NOW()))<=E3,1,0)

	A	B	C	D	E	F	G
1	员工年假表						
2	员工ID	姓名	部门	级别	入职日期	工龄	年假（天）
3	F1042001	薛仁贵	经理室	经理	=YEAR(NOW())-YEAR(E3)-IF(DATE(		
4	F1042002	李奇	人事部	主管	YEAR(E3), MONTH(NOW()),DAY(NOW()		
5	F1042003	王英	人事部	职员	))<=E3,1,0)		
6	F1042004	戴高	财务部	主管	2010-7-18		
7	F1042005	赵晓琴	财务部	职员	2014-5-9		
8	F1042006	周冲	财务部	职员	2011-12-29		
9	F1042007	蔡洋	销售部	主管	2012-10-14		
10	F1042008	王波	销售部	职员	2014-7-8		
11	F1042009	刘森林	销售部	职员	2013-6-29		
12	F1042010	钱进	研发部	主管	2013-11-17		
13							

Sheet1　年假规则

图 18-39　在单元格 F3 中输入公式

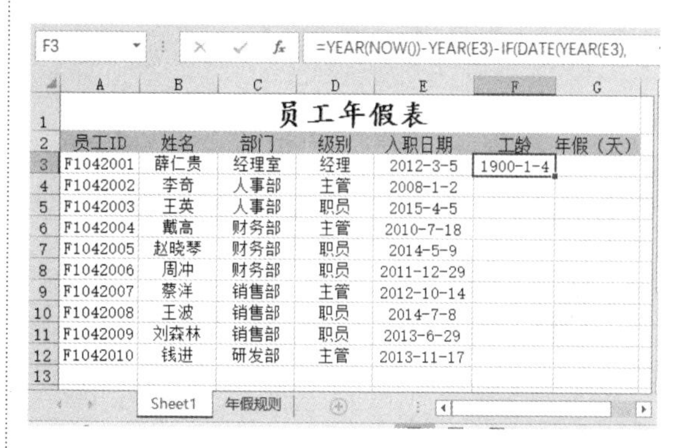

F3　=YEAR(NOW())-YEAR(E3)-IF(DATE(YEAR(E3),

	A	B	C	D	E	F	G
1	员工年假表						
2	员工ID	姓名	部门	级别	入职日期	工龄	年假（天）
3	F1042001	薛仁贵	经理室	经理	2012-3-5	1900-1-4	
4	F1042002	李奇	人事部	主管	2008-1-2		
5	F1042003	王英	人事部	职员	2015-4-5		
6	F1042004	戴高	财务部	主管	2010-7-18		
7	F1042005	赵晓琴	财务部	职员	2014-5-9		
8	F1042006	周冲	财务部	职员	2011-12-29		
9	F1042007	蔡洋	销售部	主管	2012-10-14		
10	F1042008	王波	销售部	职员	2014-7-8		
11	F1042009	刘森林	销售部	职员	2013-6-29		
12	F1042010	钱进	研发部	主管	2013-11-17		
13							

Sheet1　年假规则

图 18-40　计算结果以日期格式显示

步骤 3 设置单元格的格式。选择单元格 F3，右击，在弹出的快捷菜单中选择【设置单元格格式】命令，如图 18-41 所示。

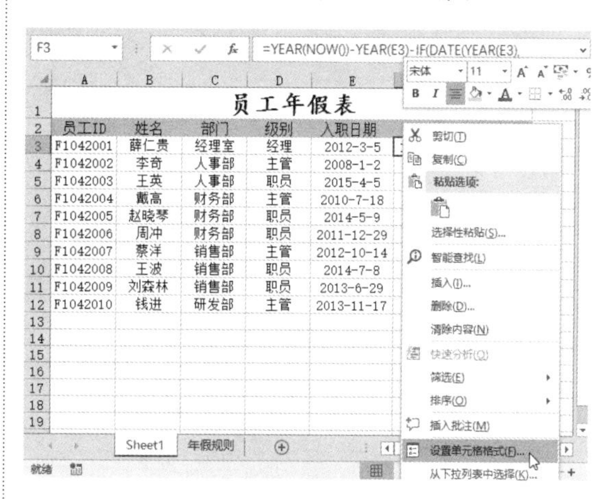

F3　=YEAR(NOW())-YEAR(E3)-IF(DATE(YEAR(E3),

	A	B	C	D	E
1	员工年假表				
2	员工ID	姓名	部门	级别	入职日期
3	F1042001	薛仁贵	经理室	经理	2012-3-5
4	F1042002	李奇	人事部	主管	2008-1-2
5	F1042003	王英	人事部	职员	2015-4-5
6	F1042004	戴高	财务部	主管	2010-7-18
7	F1042005	赵晓琴	财务部	职员	2014-5-9
8	F1042006	周冲	财务部	职员	2011-12-29
9	F1042007	蔡洋	销售部	主管	2012-10-14
10	F1042008	王波	销售部	职员	2014-7-8
11	F1042009	刘森林	销售部	职员	2013-6-29
12	F1042010	钱进	研发部	主管	2013-11-17

图 18-41　选择【设置单元格格式】命令

步骤 4 弹出【设置单元格格式】对话框，选择【数字】选项卡，在【分类】列表框中选择【数值】选项，在右侧设置【小数位数】为“0”，如图 18-42 所示。

图 18-42 选择【数值】选项并设置【小数位数】为“0”

步骤 5 单击【确定】按钮，即可计算出正确的工龄，单元格 F3 中显示的计算结果为“4”，如图 18-43 所示。

F3 =YEAR(NOW())-YEAR(E3)-IF(DATE(YEAR(E3),

员工ID	姓名	部门	级别	入职日期	工龄	年假（天）
F1042001	薛仁贵	经理室	经理	2012-3-5	4	
F1042002	李奇	人事部	主管	2008-1-2		
F1042003	王英	人事部	职员	2015-4-5		
F1042004	戴高	财务部	主管	2010-7-18		
F1042005	赵晓琴	财务部	职员	2014-5-9		
F1042006	周冲	财务部	职员	2011-12-29		
F1042007	蔡洋	销售部	主管	2012-10-14		
F1042008	王波	销售部	职员	2014-7-8		
F1042009	刘森林	销售部	职员	2013-6-29		
F1042010	钱进	研发部	主管	2013-11-17		

图 18-43 计算出正确的工龄

步骤 6 利用填充柄的快速填充功能，将 F3 单元格中的公式应用到其他单元格中，计算每位员工的工龄，如图 18-44 所示。

F3 =YEAR(NOW())-YEAR(E3)-IF(DATE(YEAR(E3),

员工ID	姓名	部门	级别	入职日期	工龄	年假（天）
F1042001	薛仁贵	经理室	经理	2012-3-5	4	
F1042002	李奇	人事部	主管	2008-1-2	8	
F1042003	王英	人事部	职员	2015-4-5	1	
F1042004	戴高	财务部	主管	2010-7-18	6	
F1042005	赵晓琴	财务部	职员	2014-5-9	2	
F1042006	周冲	财务部	职员	2011-12-29	4	
F1042007	蔡洋	销售部	主管	2012-10-14	4	
F1042008	王波	销售部	职员	2014-7-8	2	
F1042009	刘森林	销售部	职员	2013-6-29	3	
F1042010	钱进	研发部	主管	2013-11-17	3	

图 18-44 快速填充其他单元格

18.3.3 计算年假天数

工龄计算完成后，接下来根据年假规则，计算年假天数，具体的操作步骤如下。

步骤 1 选中单元格 G3，在其中输入公式“=VLOOKUP(F3, 年假规则 !A$3:B$13,2)”，如图 18-45 所示。

ABS =VLOOKUP(F3,年假规则!A$3:B$13,2)

员工ID	姓名	部门	级别	入职日期	工龄	年假（天）
F1042001	薛仁贵	经理室	经理	2012-3-5	4	=VLOOKUP(F3,年假规则!A$3:B$13,2)
F1042002	李奇	人事部	主管	2008-1-2	8	
F1042003	王英	人事部	职员	2015-4-5	1	
F1042004	戴高	财务部	主管	2010-7-18	6	
F1042005	赵晓琴	财务部	职员	2014-5-9	2	
F1042006	周冲	财务部	职员	2011-12-29	4	
F1042007	蔡洋	销售部	主管	2012-10-14	4	
F1042008	王波	销售部	职员	2014-7-8	2	
F1042009	刘森林	销售部	职员	2013-6-29	3	
F1042010	钱进	研发部	主管	2013-11-17	3	

图 18-45 在单元格 G3 中输入公式

步骤 2 按 Enter 键，即可计算出该员工的年假天数为 9 天，如图 18-46 所示。

G3 =VLOOKUP(F3,年假规则!A$3:B$13,2)

员工ID	姓名	部门	级别	入职日期	工龄	年假（天）
F1042001	薛仁贵	经理室	经理	2012-3-5	4	9
F1042002	李奇	人事部	主管	2008-1-2	8	
F1042003	王英	人事部	职员	2015-4-5	1	
F1042004	戴高	财务部	主管	2010-7-18	6	
F1042005	赵晓琴	财务部	职员	2014-5-9	2	
F1042006	周冲	财务部	职员	2011-12-29	4	
F1042007	蔡洋	销售部	主管	2012-10-14	4	
F1042008	王波	销售部	职员	2014-7-8	2	
F1042009	刘森林	销售部	职员	2013-6-29	3	
F1042010	钱进	研发部	主管	2013-11-17	3	

图 18-46 计算出年假天数

步骤 3 利用填充柄的快速填充功能，将 G3 单元格中的公式应用到其他单元格中，计算每位员工的年假天数，如图 18-47 所示。

员工ID	姓名	部门	级别	入职日期	工龄	年假（天）
F1042001	薛仁贵	经理室	经理	2012-3-5	4	9
F1042002	李奇	人事部	主管	2008-1-2	8	11
F1042003	王英	人事部	职员	2015-4-5	1	5
F1042004	戴高	财务部	主管	2010-7-18	6	10
F1042005	赵晓琴	财务部	职员	2014-5-9	2	6
F1042006	周冲	财务部	职员	2011-12-29	4	9
F1042007	蔡洋	销售部	主管	2012-10-14	4	9
F1042008	王波	销售部	职员	2014-7-8	2	6
F1042009	刘森林	销售部	职员	2013-6-29	3	7
F1042010	钱进	研发部	主管	2013-11-17	3	7

图 18-47 快速填充其他单元格

操作完成后，保存工作表并将其命名为“员工年假表”。至此，员工年假表全部制作完成。

18.4 设计出勤管理表

出勤管理表用于管理公司员工每天上班的出勤状态，包括出勤、事假、病假、旷工等情况。它是员工领取工资的凭证，因此出勤管理表在人力资源管理中占有重要的地位。

18.4.1 创建出勤管理表

下面建立表格，输入基础数据，并设置格式，具体的操作步骤如下。

步骤 1 启动 Excel 2016，新建一个空白工作簿，在表格中输入相应的内容，并调整列宽，如图 18-48 所示。

图 18-48 新建空白工作簿并输入内容

提示 在单元格区域 AJ3:AN3 输入内容时，按 Alt+Enter 组合键，可实现自动换行。

步骤 2 选中单元格区域 A1:AN1，在【开始】选项卡的【字体】组中，设置字体为“楷体”、字号为“20”，并加粗，在【对齐方式】组中设置对齐方式为“垂直居中”和“居中”，单击【合并后居中】按钮，合并单元格区域，如图 18-49 所示。

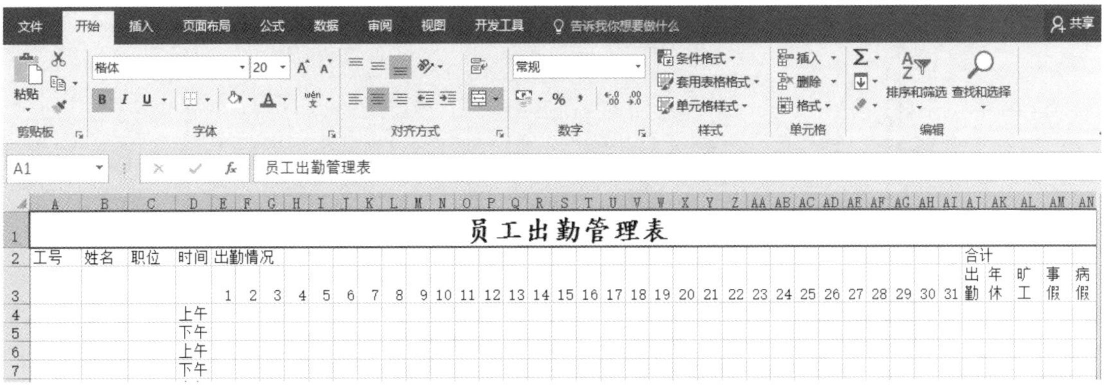

图 18-49 设置表格的标题格式

步骤 3 选中单元格区域 A2:A3，在【开始】选项卡中，单击【对齐方式】组中的【合并后居中】按钮，合并单元格区域。使用同样的方法，分别合并单元格区域 B2:B3、C2:C3、D2:D3、E2:AI2 和 AJ2:AN2，如图 18-50 所示。

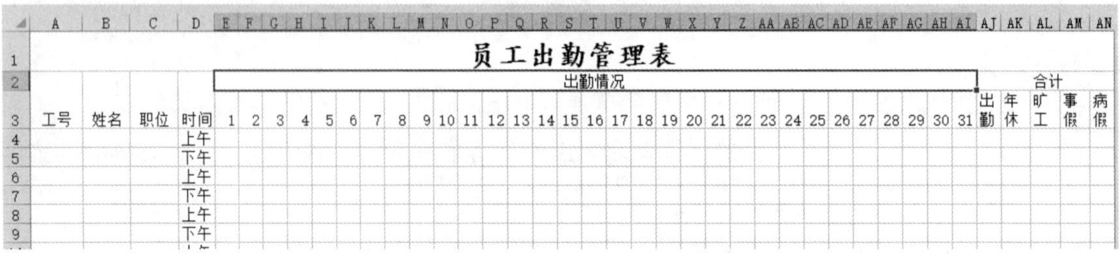

图 18-50　合并单元格区域

步骤 4 选中单元格区域 A4:A5，在【开始】选项卡中，单击【对齐方式】组中的【合并后居中】按钮，合并单元格区域，然后双击【剪贴板】组中的【格式刷】按钮，此时光标变为刷子状，如图 18-51 所示。

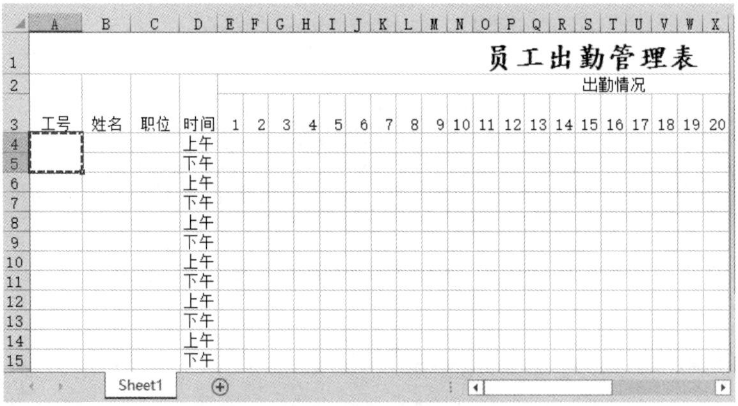

图 18-51　合并单元格区域

步骤 5 单击单元格 B4，此时系统已应用格式，自动合并单元格区域 B4:B5。使用同样的方法，合并其他需要合并的单元格区域，然后按 Esc 键退出格式刷状态，如图 18-52 所示。

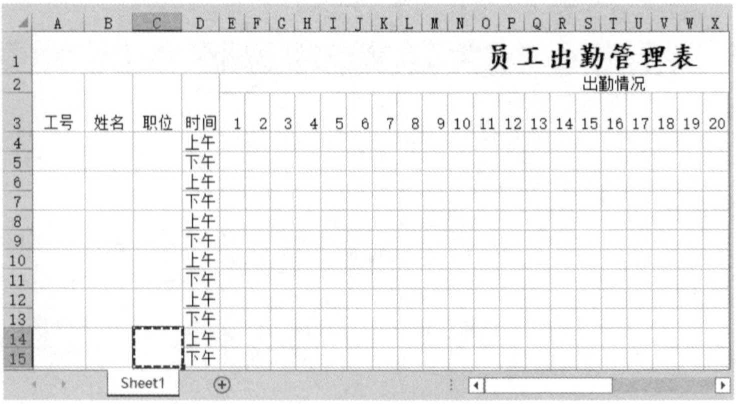

图 18-52　使用格式刷合并单元格区域

提示 当格式一致时，可先设置一个单元格的格式，然后利用格式刷将格式快速应用到其他单元格中，该方法非常快捷方便。

步骤 6 选中单元格区域 AJ3:AN3，在【开始】选项卡的【字体】组中，设置字号为“9”，如图 18-53 所示。

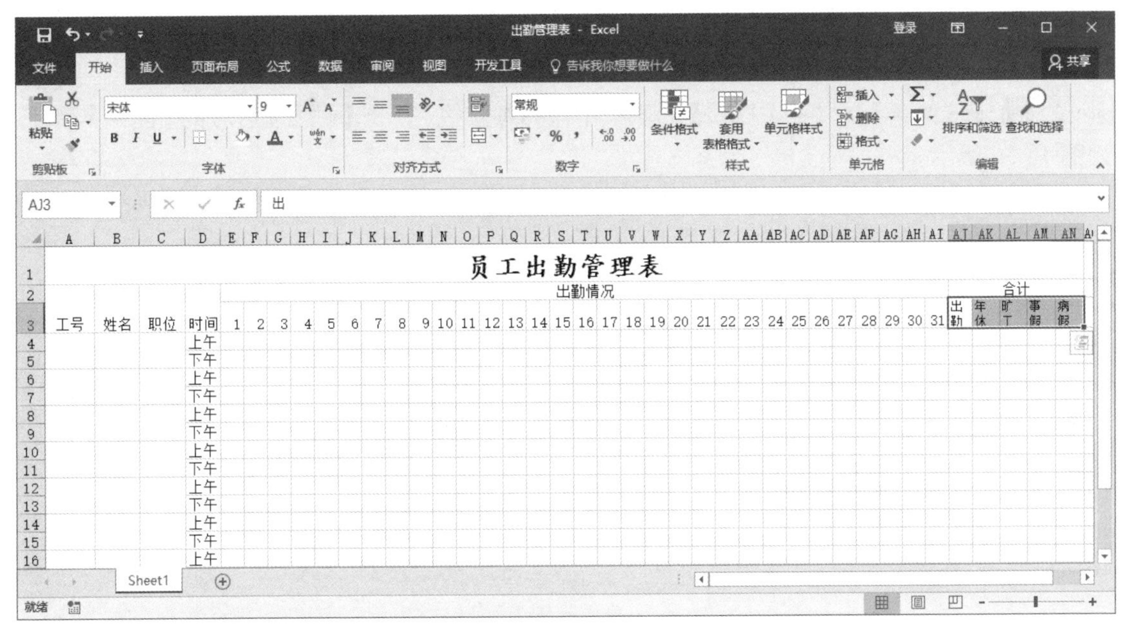

图 18-53　设置单元格区域 AJ3:AN3 的字号大小

步骤 7 选中单元格区域 A2:AN3，在【开始】选项卡的【对齐方式】组中，设置对齐方式为“垂直居中”和“居中”，如图 18-54 所示。

图 18-54　设置单元格区域 A2:AN3 的对齐方式

18.4.2 添加表格边框及补充信息

在上一节已设计好了出勤管理表，下面为其添加一些边框以及信息，具体的操作步骤如下。

步骤 1 选中单元格区域 A1:AN19，在【开始】选项卡中，单击【字体】组右下角的 ↘ 按钮。弹出【设置单元格格式】对话框，选择【边框】选项卡，在【线条】区域的【样式】列表框中选择粗直线，单击【预置】区域的【外边框】图标，如图 18-55 所示。

步骤 2 在【线条】区域的【样式】列表框中选择细直线，单击【预置】区域的【内部】图标，如图 18-56 所示。

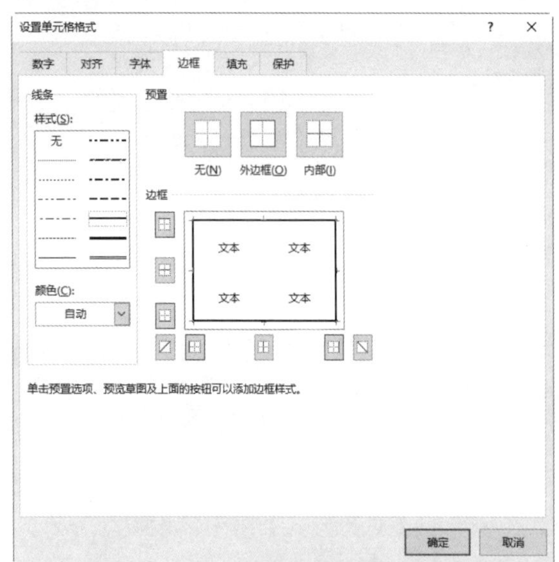

图 18-55 选择粗直线作为外边框

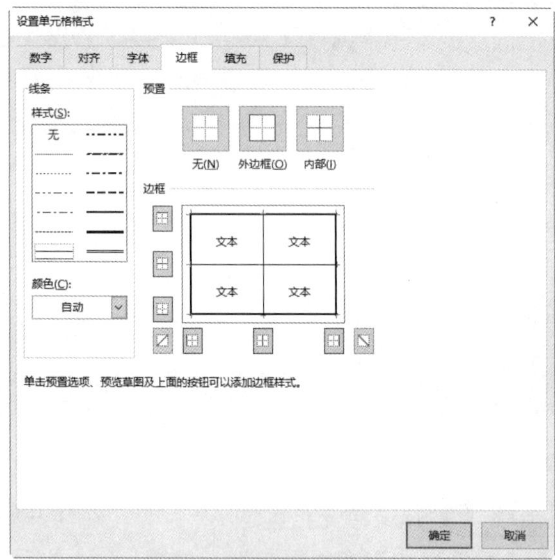

图 18-56 选择细直线作为内部框线

步骤 3 单击【确定】按钮，即为表格添加了边框，如图 18-57 所示。

员工出勤管理表

工号	姓名	职位	时间	出勤情况																															合计				
				1	2	3	4	5	6	7	8	9	10	11	12	13	14	15	16	17	18	19	20	21	22	23	24	25	26	27	28	29	30	31	出勤	年休	旷工	事假	病假
			上午																																				
			下午																																				
			上午																																				
			下午																																				
			上午																																				
			下午																																				
			上午																																				
			下午																																				
			上午																																				
			下午																																				
			上午																																				
			下午																																				
			上午																																				
			下午																																				
			上午																																				
			下午																																				

图 18-57 添加了边框的表格

步骤 4 接下来添加一些补充信息，使表格更加完整。在表格下方输入以下内容，如图 18-58 所示。

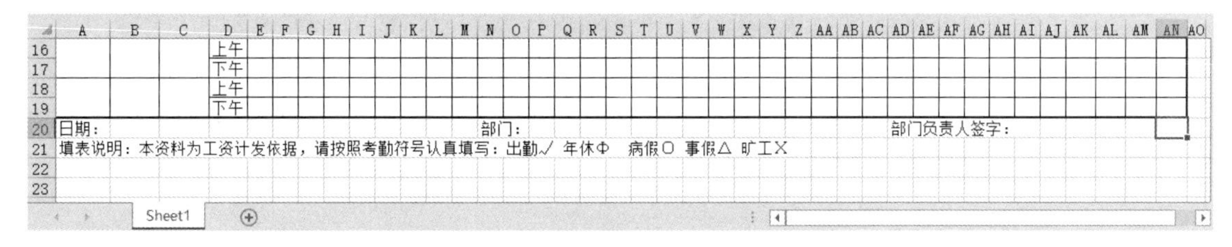

图 18-58 在表格下方添加一些补充信息

提示 当输入考勤符号时，在【插入】选项卡中，单击【符号】组中的【符号】按钮Ω，弹出【符号】对话框，在列表框中选中需要的符号，单击【插入】按钮即可，如图 18-59 所示。注意，各考勤符号可由用户自行定义。

图 18-59 【符号】对话框

步骤 5 选中单元格区域 A20:M20，在【开始】选项卡中，单击【对齐方式】组中的【合并后居中】按钮，合并单元格区域，然后单击【对齐方式】组中的【左对齐】按钮，使其靠左对齐。使用同样的方法，分别设置单元格区域 N20:AC20 和 AD20:AN20，如图 18-60 所示。

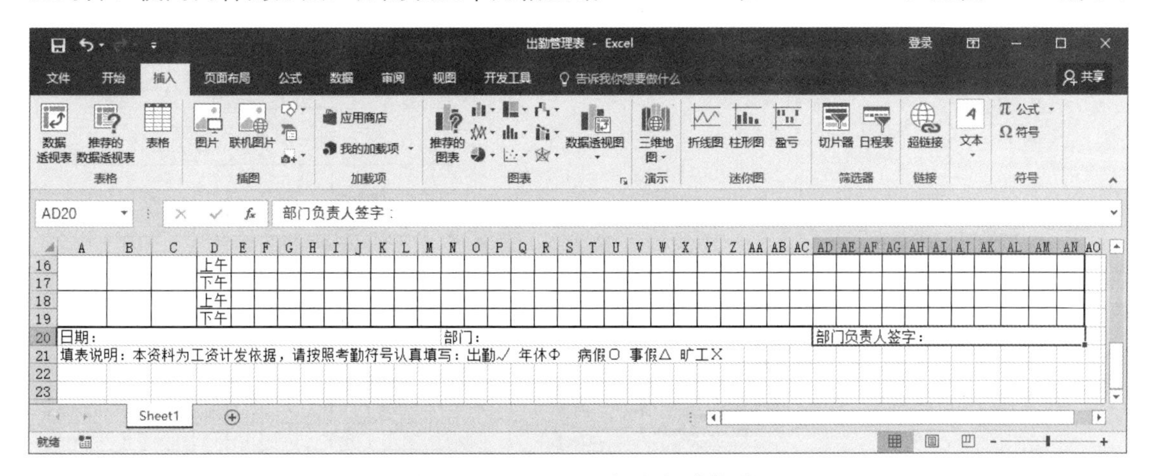

图 18-60 设置补充信息的格式

18.4.3 设置数据验证

为了便于在电子表格中录入出勤信息，可以为表格添加数据验证，具体的操作步骤如下。

步骤 1 在单元格区域 AP3:AQ8 中输入出勤状态及对应符号，并设置格式，如图 18-61 所示。

步骤 2 选中单元格区域 E4:AI19，在【数据】选项卡中，单击【数据工具】组中的【数据验证】按钮，如图 18-62 所示。

状态	符号
出勤	√
年休	Φ
病假	O
事假	△
旷工	X

图 18-61 在单元格区域 AP3:AQ8 中输入出勤状态及对应符号

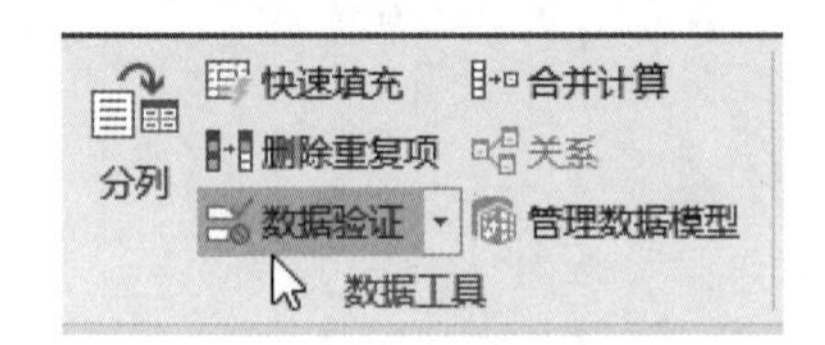

图 18-62 单击【数据验证】按钮

步骤 3 弹出【数据验证】对话框，在【允许】下拉列表框中选择【序列】选项，将光标定位在【来源】文本框中，选中单元格区域 AQ4:AQ8，此时系统将自动使用绝对引用，设置完成后，单击【确定】按钮，如图 18-63 所示。

步骤 4 返回到工作表，单击选中区域中的任意单元格，其右侧会出现下三角按钮，单击该下三角按钮，在弹出的下拉列表中选择相应的符号，即可完成输入，如图 18-64 所示。

图 18-63 设置验证条件

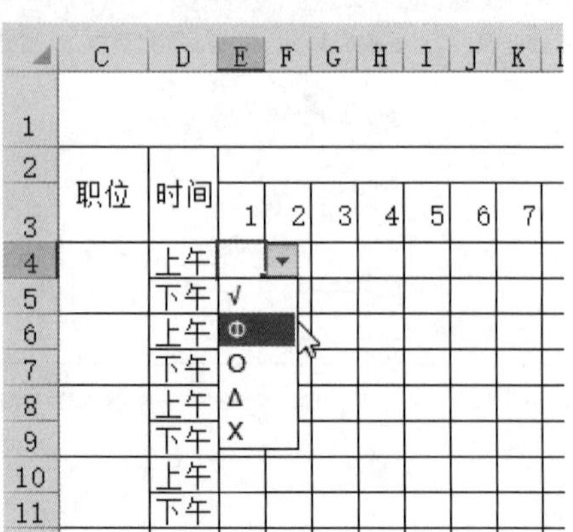

图 18-64 在单元格右侧会出现下三角按钮

步骤 5 操作完成后，保存工作表并将其命名为“出勤管理表”。至此，出勤管理表全部制作完成，如图 18-65 所示。

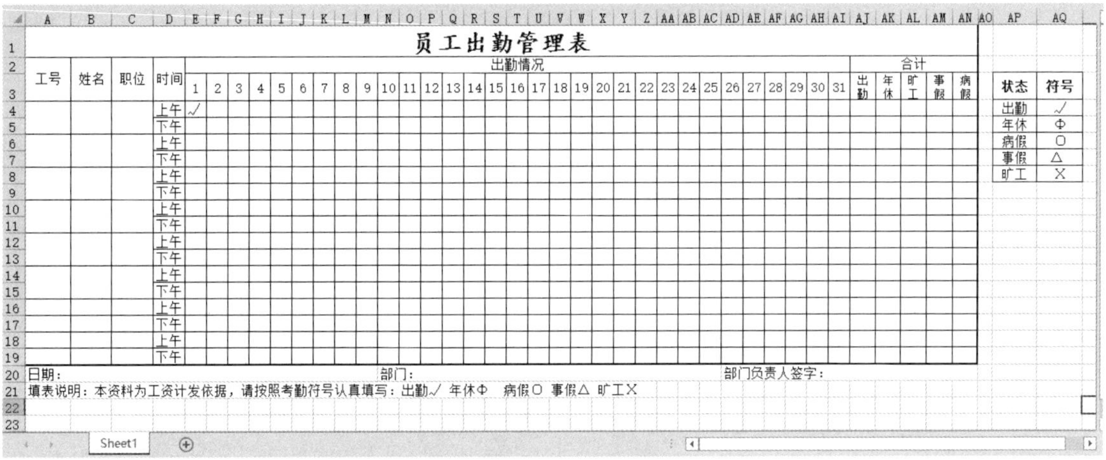

员工出勤管理表

工号	姓名	职位	时间	出勤情况																															合计							
				1	2	3	4	5	6	7	8	9	10	11	12	13	14	15	16	17	18	19	20	21	22	23	24	25	26	27	28	29	30	31	出勤	年休	旷工	事假	病假		状态	符号
			上午	√																																					出勤	√
			下午																																						年休	Φ
			上午																																						病假	O
			下午																																						事假	△
			上午																																						旷工	×
			下午																																							
			上午																																							
			下午																																							
			上午																																							
			下午																																							
			上午																																							
			下午																																							
			上午																																							
			下午																																							
			上午																																							
			下午																																							

日期：　　　　部门：　　　　部门负责人签字：

填表说明：本资料为工资计发依据，请按照考勤符号认真填写：出勤√ 年休Φ 病假O 事假△ 旷工×

Sheet1

图 18-65　出勤管理表

Excel 在行政管理中的应用

- **本章导读**

Excel 在行政管理行业中的应用非常广泛，特别是表格样式的设计和数据的筛选等工作。本章将为读者介绍如何设计会议记录表、员工通讯录和来客登记表等。通过本章的学习，读者可以轻松地完成行政管理中的常见工作表。

- **学习目标**

◎ 掌握会议记录表的设计方法
◎ 掌握员工通讯录的设计方法
◎ 掌握来客登记表的设计方法
◎ 掌握办公用品领用登记表的设计方法

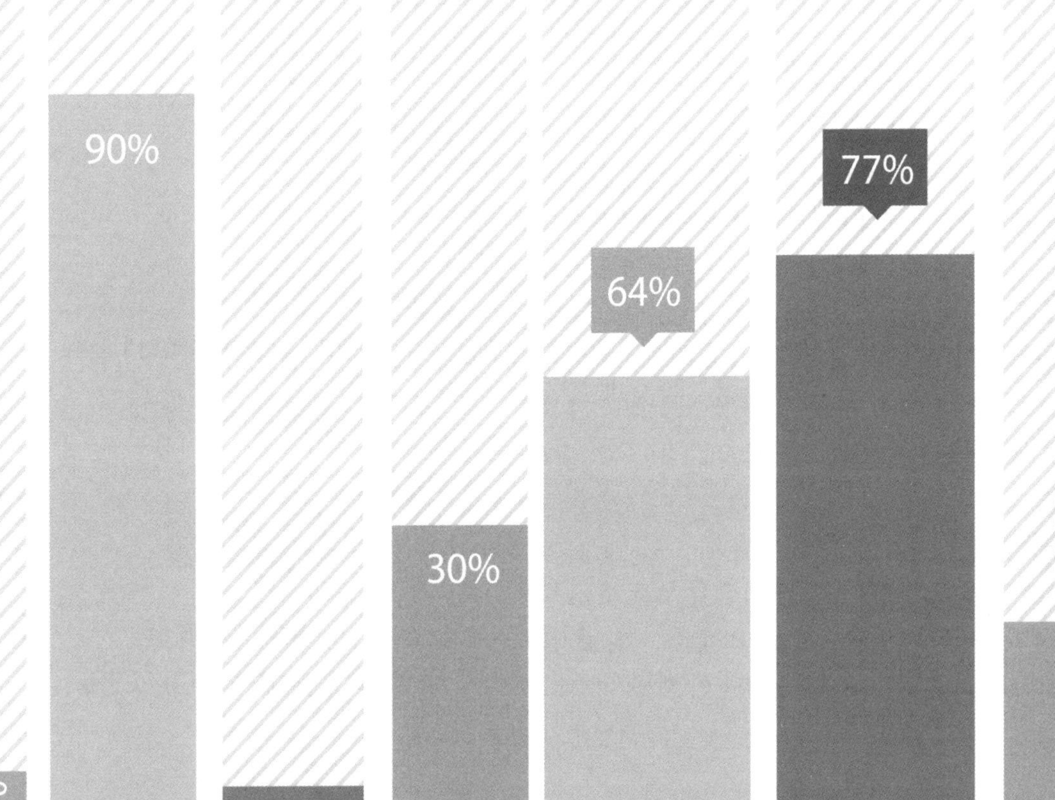

19.1 设计会议记录表

在日常工作中难免会遇到一些大大小小的会议，以及由此而产生的会议记录表，例如通过会议来进行某个工作的分配、某个文件精神的传达或某个议题的讨论等，这时候就需要用到会议记录表，这些表将真实地记录会议的概况，包括会议主题、时间、地点、出席人员、会议内容等。

19.1.1 新建会议记录表

下面将建立表格，输入基础数据，合并单元格，并调整行高和列宽，具体的操作步骤如下。

步骤 1 启动 Excel 2016，新建一个空白工作簿，在表格中输入相应的内容，如图 19-1 所示。

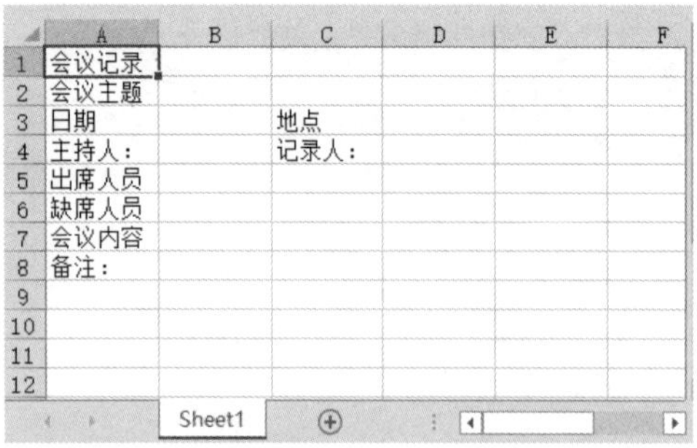

	A	B	C	D	E	F
1	会议记录					
2	会议主题					
3	日期		地点			
4	主持人：		记录人：			
5	出席人员					
6	缺席人员					
7	会议内容					
8	备注：					
9						
10						
11						
12						

Sheet1

图 19-1　新建空白工作簿并输入内容

步骤 2 选中单元格区域 A1:D1，在【开始】选项卡中，单击【对齐方式】组中的【合并后居中】按钮，合并单元格区域。使用同样的方法，合并单元格区域 B2:D2，如图 19-2 所示。

步骤 3 选中合并后的单元格区域 B2:D2，在【开始】选项卡中，双击【剪贴板】组中的【格式刷】按钮，此时光标变为刷子状，如图 19-3 所示。

步骤 4 选中单元格区域 B5:D8，此时系统将自动套用格式，分别合并单元格区域 B5:D5、B6:D6、B7:D7 和 B8:D8，然后按 Esc 键，即可退出格式刷状态，如图 19-4 所示。

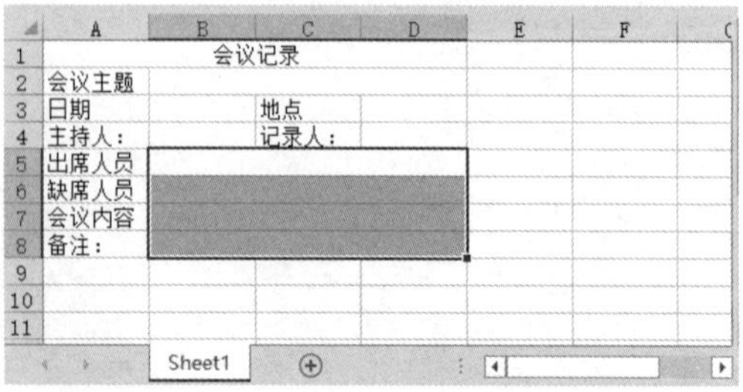

图 19-2　合并单元格区域 A1:D1 和 B2:D2

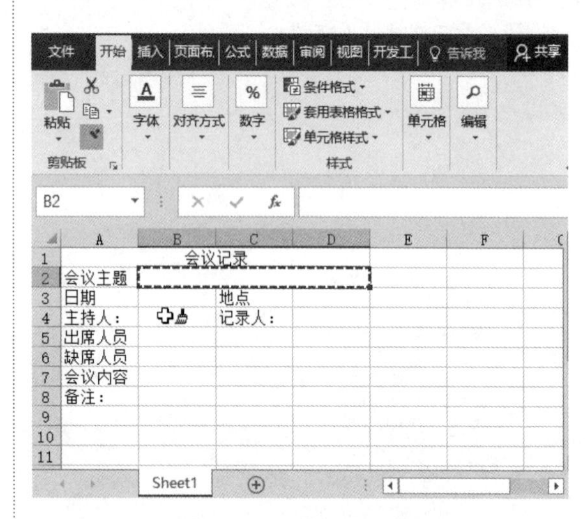

图 19-3　双击【格式刷】按钮

	A	B	C	D	E	F
1		会议记录				
2	会议主题					
3	日期		地点			
4	主持人：		记录人：			
5	出席人员					
6	缺席人员					
7	会议内容					
8	备注：					
9						
10						
11						

Sheet1

图 19-4　使用格式刷合并单元格区域

步骤 5　将光标定位在第 1 行与第 2 行的中间线处，此时光标变为✛状，按住左键不放向下拖动鼠标，当行高变为“30”时释放鼠标，如图 19-5 所示。

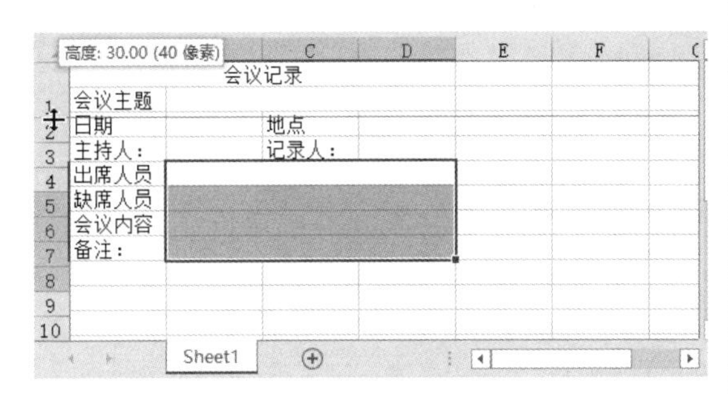

图 19-5　调整第 1 行的行高

步骤 6　按住 Ctrl 键不放，依次单击第 2、3、4、6 和 8 行的行首，选中这 5 行，在行首处右击，在弹出的快捷菜单中选择【行高】命令，如图 19-6 所示。

图 19-6　选择【行高】命令

步骤 7　弹出【行高】对话框，在【行高】文本框中输入“24”，单击【确定】按钮，如图 19-7 所示。

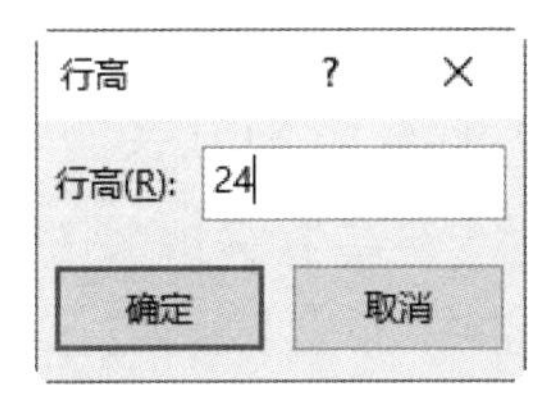

图 19-7　在【行高】文本框中设置行高

步骤 8　使用上述方法，将第 5 行的行高设置为“50”，第 7 行的行高设置为“200”，如图 19-8 所示。

图 19-8　设置第 5 行和第 7 行的行高

步骤 9　按住 Ctrl 键不放，依次单击 B 列和 D 列的列首，选中这两列，将光标定位在 B 列与 C 列的中间线处，此时光标变为✛状，按住左键不放向右拖动鼠标，当列宽变为“25”时释放鼠标，如图 19-9 所示。

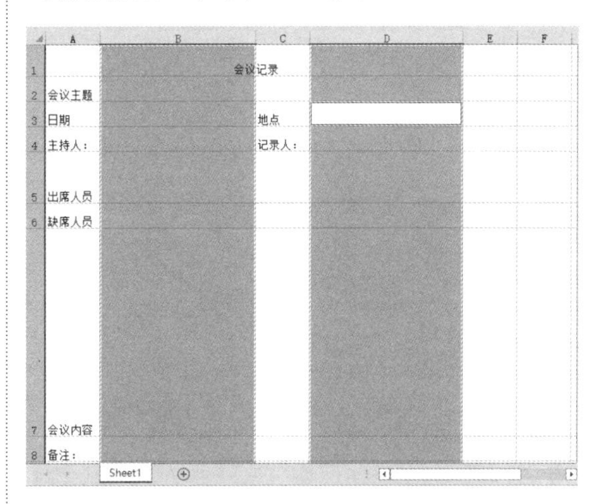

图 19-9　设置 B 列和 D 列的列宽

19.1.2 设置文字格式

下面设置文字格式，使表格更加美观，具体的操作步骤如下。

步骤 1 选中单元格 A1，在【开始】选项卡的【字体】组中，设置字体为“楷体”、字号为“22”，并单击【加粗】按钮 **B**，在【对齐方式】组中设置对齐方式为“垂直居中”，如图 19-10 所示。

图 19-10　设置表格标题的格式

步骤 2 选中单元格区域 A2:D8，在【开始】选项卡的【字体】组中，设置字号为“12”，在【对齐方式】组中设置对齐方式为“垂直居中”，如图 19-11 所示。

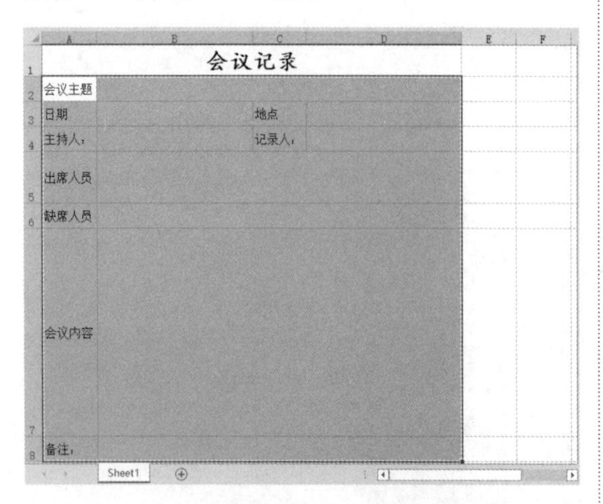

图 19-11　设置单元格区域 A2:D8 的格式

步骤 3 双击单元格 A7，进入可编辑状态，将光标定位在“会”和“议”之间，按 Alt+Enter 组合键，将其自动换行。使用同样的方法，将其他字也设置为自动换行。然后在【开始】选项卡中，单击【对齐方式】组中的【居中】按钮 ≡，使其水平居中，如图 19-12 所示。

图 19-12　使单元格 A7 的内容自动换行并设置水平居中

19.1.3 设置表格边框

下面为表格添加边框，具体的操作步骤如下。

步骤 1 选中单元格区域 A2:D8，右击，在弹出的快捷菜单中选择【设置单元格格式】命令，如图 19-13 所示。

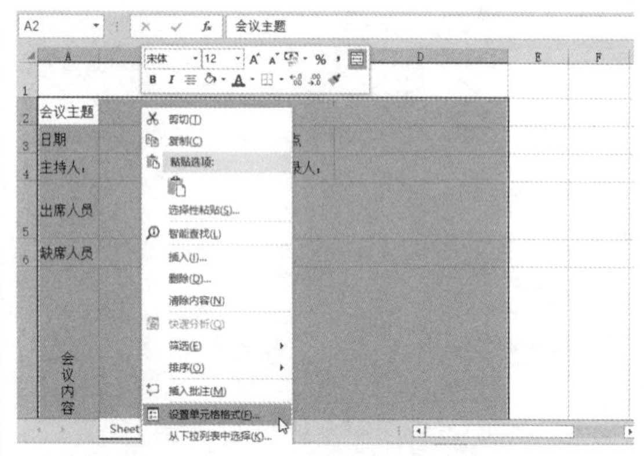

图 19-13　选择【设置单元格格式】命令

步骤 2 弹出【设置单元格格式】对话框，选择【边框】选项卡，在【线条】区域的【样式】列表框中选择双直线，单击【预置】区域的【外边框】图标，如图 19-14 所示。

步骤 3 在【线条】区域的【样式】列表框中选择细直线，单击【预置】区域的【内部】图标，然后在【边框】中预览设置的边框样式，如图 19-15 所示。

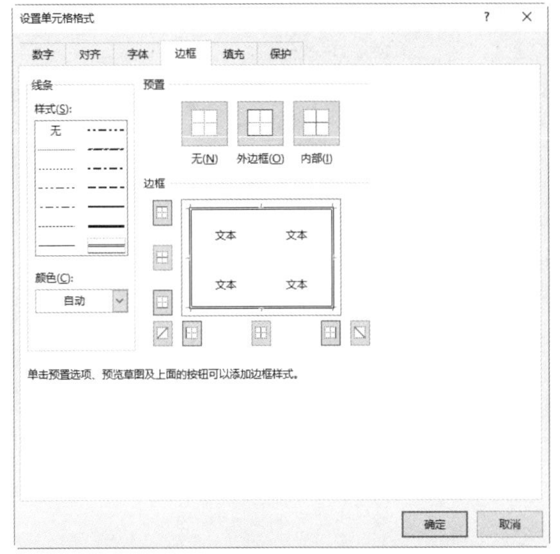

图 19-14 选择双直线作为外边框

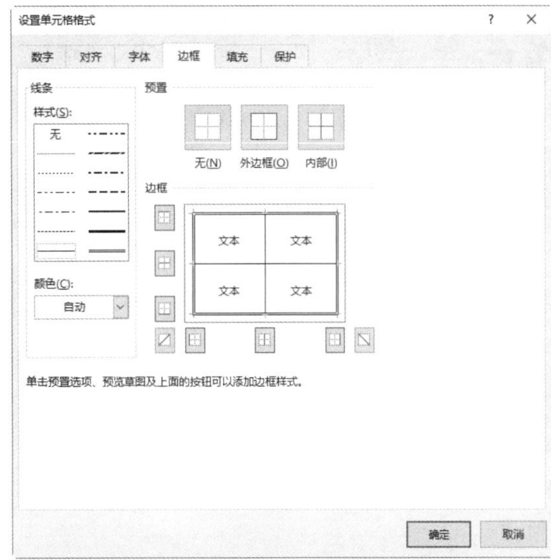

图 19-15 选择细直线作为内边框

步骤 4 单击【确定】按钮，此时已为表格添加了相应的边框，如图 19-16 所示。

操作完成后，保存工作表并将其命名为“会议记录表”。至此，会议记录表全部制作完成。

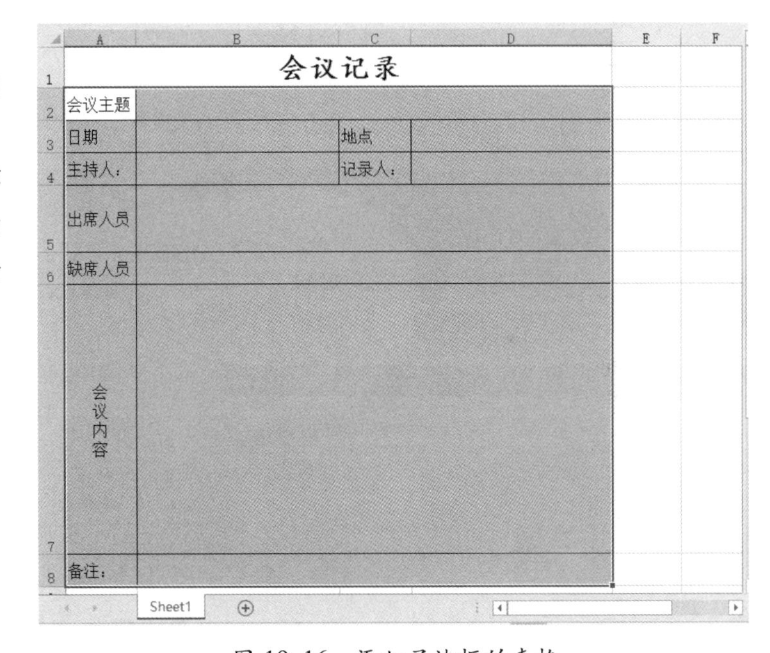

图 19-16 添加了边框的表格

19.2 设计员工通讯录

为了便于员工在工作中及时联系和沟通，一般每个公司甚至每个部门都有自己的员工通讯录，因此制作一个简洁实用的通讯录成了行政部门常见的工作任务。通常情况下，通讯录包括员工的部门、姓名、手机、分机号、邮箱等信息。

19.2.1 新建员工通讯录

下面将建立表格，输入基础数据，合并单元格，并调整行高，具体的操作步骤如下。

步骤 1 启动 Excel 2016，新建一个空白工作簿，在表格中输入相应的内容，如图 19-17 所示。

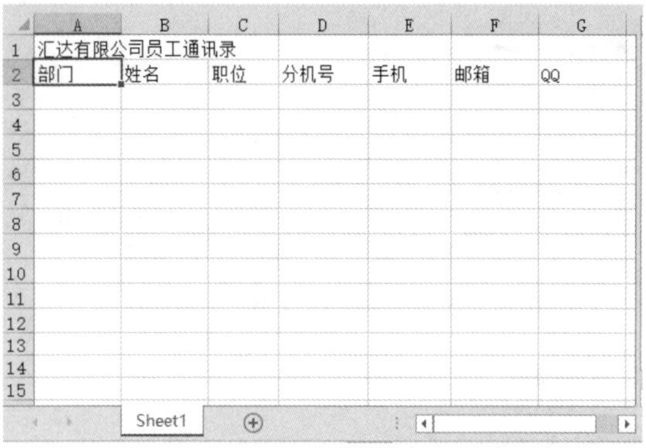

图 19-17 新建空白工作簿并输入内容

步骤 2 选中单元格区域 A1:G1，在【开始】选项卡中，单击【对齐方式】组中的【合并后居中】按钮，合并单元格区域，如图 19-18 所示。

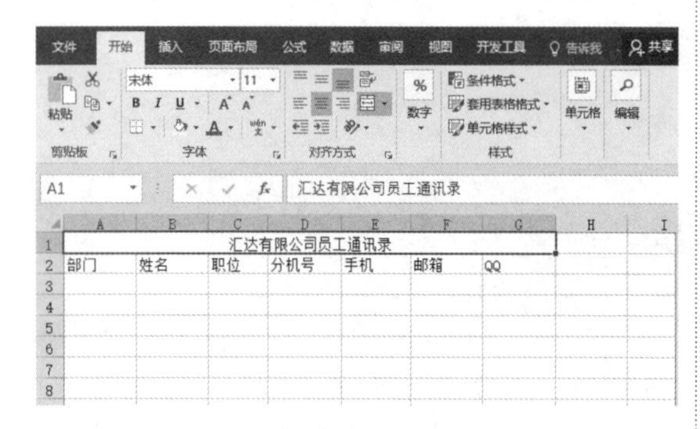

图 19-18 合并单元格区域 A1：G1

步骤 3 将光标定位在第 1 行与第 2 行的中间线处，此时光标变为╋状，按住左键不放向下拖动鼠标，当行高变为“30”时释放鼠标，如图 19-19 所示。

步骤 4 输入通讯录具体信息，注意将同部门、同分机号的员工排在一起，如图 19-20 所示。

图 19-19 调整第 1 行的行高

图 19-20 输入通讯录具体信息

> **提示** 在输入手机号时，若系统以科学记数形式显示，是因为列宽不够，要想显示全部的手机号码，调整该列的宽度即可。

步骤 5 将光标定位在第 2 行的行首，按住左键不放向下拖动鼠标直到第 12 行，即可选中这些行。在行首处右击，在弹出的快捷菜单中选择【行高】命令，如图 19-21 所示。

图 19-21 选择【行高】命令

步骤 6 弹出【行高】对话框，在【行高】文本框中输入“22”，单击【确定】按钮，如图 19-22 所示。

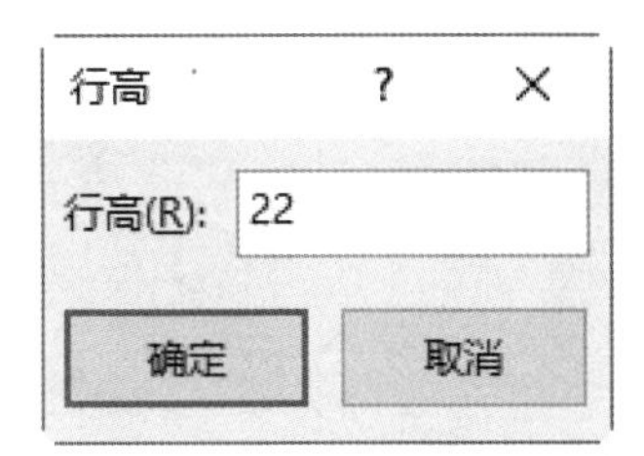

图 19-22 在【行高】文本框中设置行高

步骤 7 此时第 2 行至第 12 行的行高已发生改变，如图 19-23 所示。

	A	B	C	D	E	F	G
1			汇达有限公司员工通讯录				
2	部门	姓名	职位	分机号	手机	邮箱	QQ
3	经理室	薛仁	总经理	76542655			
4	人事部	李奇	人事经理	76542678			
5		王英	人事专员	76542645			
6	财务部	戴高	财务经理	76542649			
7		赵晓	会计	76542668			
8		周冲	出纳				
9	销售部	蔡洋	销售经理	76542672			
10		王波	销售员	76542689			
11		刘森	销售员				
12	研发部	钱进	工程师	76542646			
13							

Sheet1

图 19-23 调整第 2 行至第 12 行的行高

通讯录的内容基本填充完成，各行政部门可以结合自身情况调整表格。

19.2.2 设置文字格式

下面设置文字格式，使表格更加美观，具体的操作步骤如下。

步骤 1 选中单元格区域 A1:G1，在【开始】选项卡的【字体】组中，设置字体为“楷体”、字号为“20”，并单击【加粗】按钮 **B**，在【对齐方式】组中设置对齐方式为“垂直居中”，如图 19-24 所示。

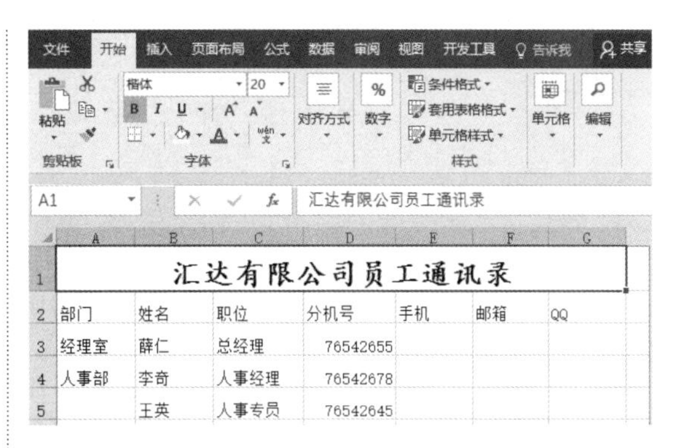

图 19-24 设置表格标题的格式

步骤 2 选中单元格区域 A4:A5，在【开始】选项卡中，单击【对齐方式】组中的【合并后居中】按钮，合并单元格区域。使用同样的方法，合并单元格区域 A6:A8、A9:A11、D7:D8 和 D10:D11，如图 19-25 所示。

	A	B	C	D	E	F	G
1	汇达有限公司员工通讯录						
2	部门	姓名	职位	分机号	手机	邮箱	QQ
3	经理室	薛仁	总经理	76542655			
4		李奇	人事经理	76542678			
5	人事部	王英	人事专员	76542645			
6		戴高	财务经理	76542649			
7		赵晓	会计				
8	财务部	周冲	出纳	76542668			
9		蔡洋	销售经理	76542672			
10		王波	销售员				
11	销售部	刘森	销售员	76542689			
12	研发部	钱进	工程师	76542646			
13							

Sheet1

图 19-25 合并需要合并的单元格区域

步骤 3 选中单元格区域 A2:G2，在【开始】选项卡的【字体】组中，设置字体为“微软雅黑”、字号为“11”、填充颜色为“红色”，并单击【加粗】按钮 **B**，在【对齐方式】组中设置对齐方式为“垂直居中”和“居中”，如图 19-26 所示。

步骤 4 选中单元格区域 A3:G12，使用步骤 3 的方法设置字体为“微软雅黑”、字号为“11”，对齐方式为“垂直居中”和“居中”，如图 19-27 所示。

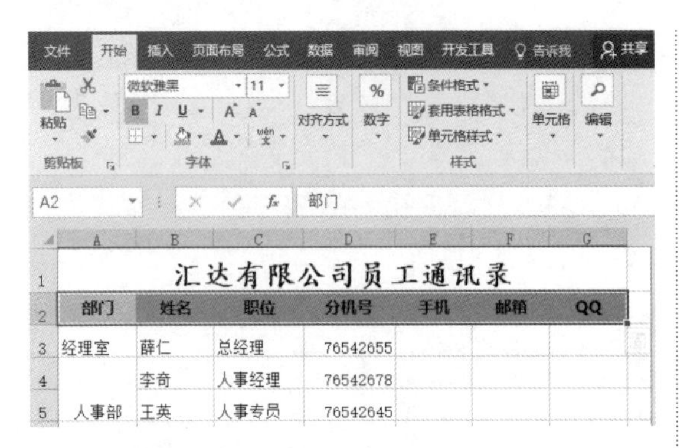

图 19-26 设置单元格区域 A2:G2 的格式

汇达有限公司员工通讯录

部门	姓名	职位	分机号	手机	邮箱	QQ
经理室	薛仁	总经理	76542655			
人事部	李奇	人事经理	76542678			
	王英	人事专员	76542645			
财务部	戴高	财务经理	76542649			
	赵晓	会计	76542668			
	周冲	出纳				
销售部	蔡洋	销售经理	76542672			
	王波	销售员	76542689			
	刘森	销售员				
研发部	钱进	工程师	76542646			

图 19-27 设置单元格区域 A3:G12 的格式

19.2.3 设置表格边框与底纹

下面为表格添加边框和底纹，具体的操作步骤如下。

步骤 1 选中单元格区域 A2:G12，右击，在弹出的快捷菜单中选择【设置单元格格式】命令，如图 19-28 所示。

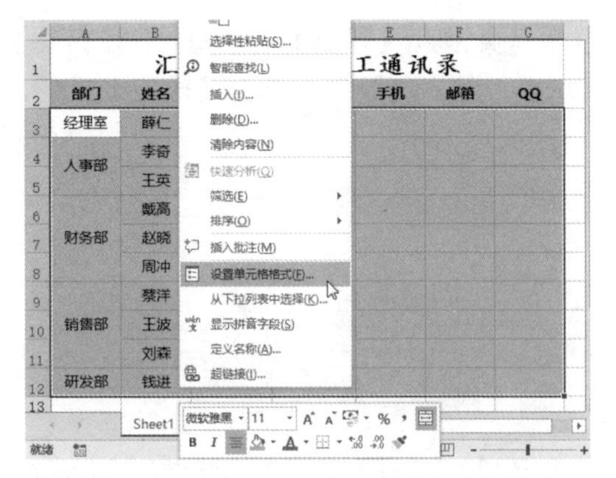

图 19-28 选择【设置单元格格式】命令

步骤 2 弹出【设置单元格格式】对话框，选择【边框】选项卡，在【线条】区域的【样式】列表框中选择粗直线，单击【预置】区域的【外边框】图标，如图 19-29 所示。

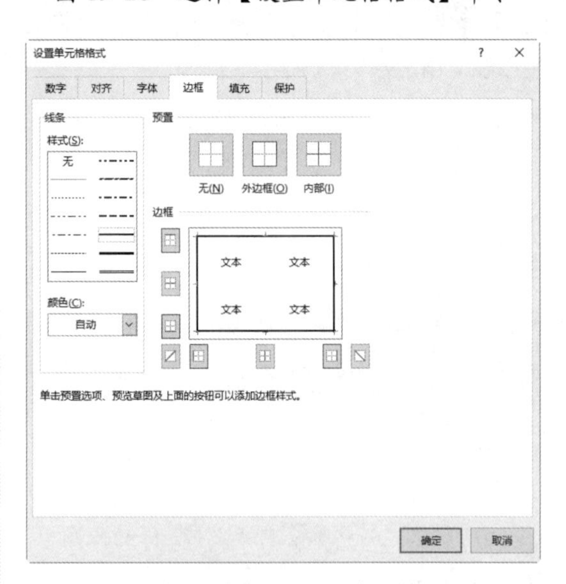

图 19-29 选择粗直线作为外边框

步骤 3 在【线条】区域的【样式】列表框中选择细直线，单击【预置】区域的【内部】图标，然后在【边框】中预览设置的边框样式，如图 19-30 所示。

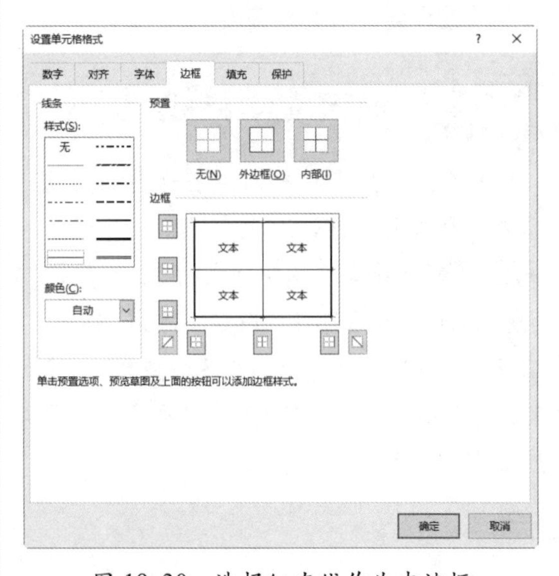

图 19-30 选择细直线作为内边框

步骤 4 单击【确定】按钮，选中单元格区域 A3:G12，重复步骤 1，在弹出的【设置单元格格式】对话框中选择【填充】选项卡，单击【图案颜色】右侧的下拉按钮，在弹出的下拉菜单中选择需要的颜色，然后在【图案样式】下拉样式框中选择需要的样式，如图 19-31 所示。

步骤 5 单击【确定】按钮，此时已为选中区域添加了底纹，如图 19-32 所示。

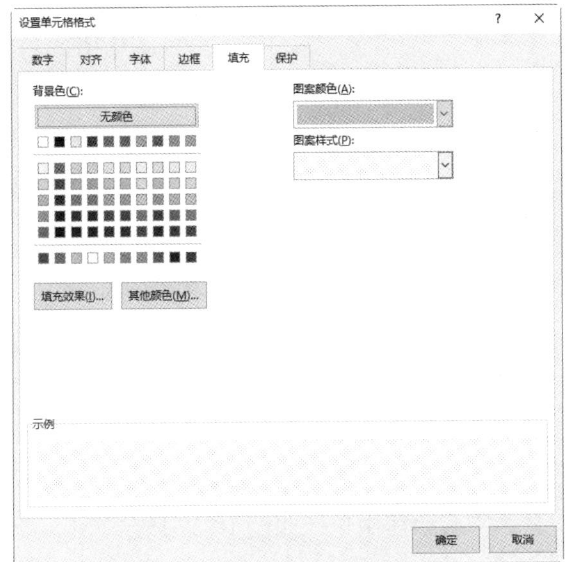

图 19-31　设置填充颜色和样式

汇达有限公司员工通讯录						
部门	姓名	职位	分机号	手机	邮箱	QQ
经理室	薛仁	总经理	76542655			
人事部	李奇	人事经理	76542678			
	王英	人事专员	76542645			
财务部	戴高	财务经理	76542649			
	赵晓	会计	76542668			
	周冲	出纳				
销售部	蔡洋	销售经理	76542672			
	王波	销售员	76542689			
	刘森	销售员				
研发部	钱进	工程师	76542646			

图 19-32　添加了底纹的选定区域

操作完成后，保存工作表并将其命名为“员工通讯录”。至此，员工通讯录全部制作完成。

19.3 设计来客登记表

为了规范公司的管理，当外部机构或人员来访公司时，通常需要在门卫处登记，主要登记到访时间、姓名、拜访何人、来访事由等信息，所以行政管理部门要设计出相应的访客登记表。

19.3.1 新建访客登记表

下面将建立表格，输入基础数据，合并单元格，并调整行高，具体的操作步骤如下。

步骤 1 启动 Excel 2016，新建一个空白工作簿，在表格中输入相应的内容，如图 19-33 所示。

步骤 2 选中单元格区域 A1:H1，在【开始】选项卡中，单击【对齐方式】组中的【合并后居中】按钮⊟，合并单元格区域，如图 19-34 所示。

图 19-33 新建空白工作簿并输入内容

图 19-34 合并单元格区域 A1:H1

步骤 3 将光标定位在第 1 行与第 2 行的中间线处，此时光标变为✣状，按住左键不放向下拖动鼠标，当行高变为“30”时释放鼠标。使用同样的方法，调整第 2 行的行高为“18”，如图 19-35 所示。

图 19-35 调整第 1 行和第 2 行的行高

19.3.2 设置单元格格式

下面设置文字格式，使表格更加美观，具体的操作步骤如下。

步骤 1 选中单元格 A1，在【开始】选项卡的【字体】组中，设置字体为“华文行楷”、字号为“22”，在【对齐方式】组中设置对齐方式为“垂直居中”，如图 19-36 所示。

图 19-36 设置表格标题的格式

步骤 2 选中单元格区域 A2:H2，在【开始】选项卡的【字体】组中，设置字体为“微软雅黑”、字号为“11”、填充颜色为“紫色”，在【对齐方式】组中设置对齐方式为“垂直居中”和“居中”，如图 19-37 所示。

图 19-37 设置单元格区域 A2:H2 的格式

19.3.3 添加边框

下面为表格添加边框，具体的操作步骤如下。

步骤 1 选中单元格区域 A2:H15，在【开始】选项卡的【字体】组中，单击【边框】右侧的下三角按钮，在弹出的下拉列表中选择【边框】区域中的【所有框线】选项，如图 19-38 所示。

步骤 2 此时已为选中的区域添加了边框，如图 19-39 所示。

图 19-38　选择【所有框线】选项

图 19-39　添加了边框的选定区域

提示　当需要选择范围较大的单元格区域时，使用 Shift 键可以快速选择。例如选中单元格区域 A2:H15，先选中起始单元格 A2，然后按住 Shift 键不放，单击最后一个单元格 H15，即可快速选择单元格区域 A2:H15。

操作完成后，保存工作表并将其命名为“来客登记表”。至此，来客登记表全部制作完成。

19.4　设计办公用品领用登记表

制作办公用品使用情况统计表有利于管理办公用品，做到事半功倍。

19.4.1　新建表格

下面将建立表格并设置相应的格式，具体的操作步骤如下。

步骤 1　启动 Excel 2016，新建一个空白工作簿，在表格中输入相应的内容，如图 19-40 所示。

步骤 2　选中单元格区域 A1:G1，在【开始】选项卡的【字体】组中，设置字体为“华文楷体”、字号为“20”，在【对齐方式】组中设置对齐方式为“垂直居中”和“居中”，单击【合并后居中】按钮，合并单元格区域，如图 19-41 所示。

图 19-40　新建空白工作簿并输入内容

步骤 3　选中单元格区域 A2:G2，使用步骤 2 的方法，设置字体为“华文中宋”、字号为“12”，对齐方式为“垂直居中”和“居中”，如图 19-42 所示。

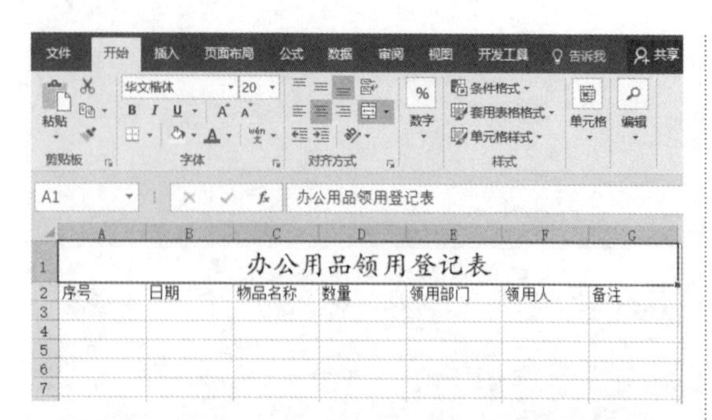

图 19-41 设置单元格区域 A1:G1 的格式

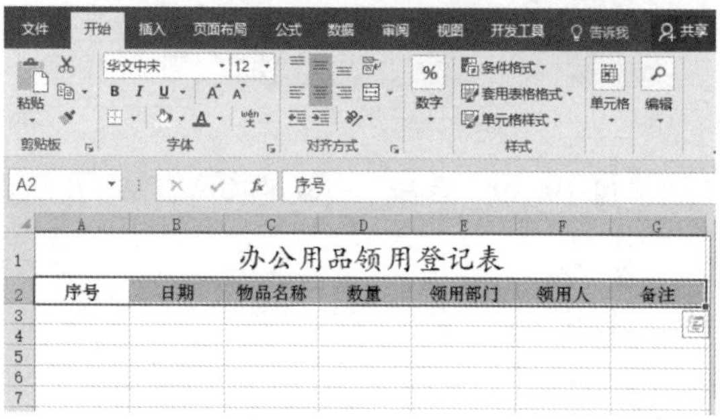

图 19-42 设置单元格区域 A2:G2 的格式

步骤 4 将光标定位在第 2 行的行首，向下拖动鼠标，选中第 2 行至第 15 行，然后将光标定位在第 2 行与第 3 行的中间线处，此时光标变为+状，按住左键不放向下拖动鼠标，当行高变为“18”时释放鼠标，此时所有选定行的高度都变为“18”，如图 19-43 所示。

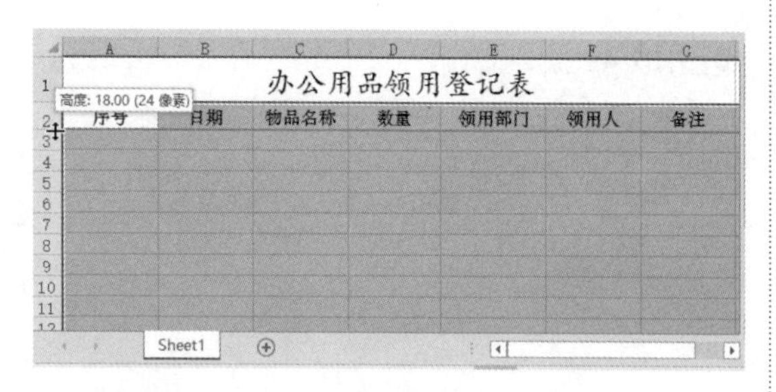

图 19-43 调整第 2 行至第 15 行的行高

步骤 5 将光标定位在 A 列的列首，向右拖动鼠标，选中 A 列至 G 列，然后将光标定位在 A 列与 B 列的中间线处，此时光标变为+状，按住左键不放向右拖动鼠标，当列宽变为“10”时释放鼠标，此时所有选定列的宽度都变为“10”，如图 19-44 所示。

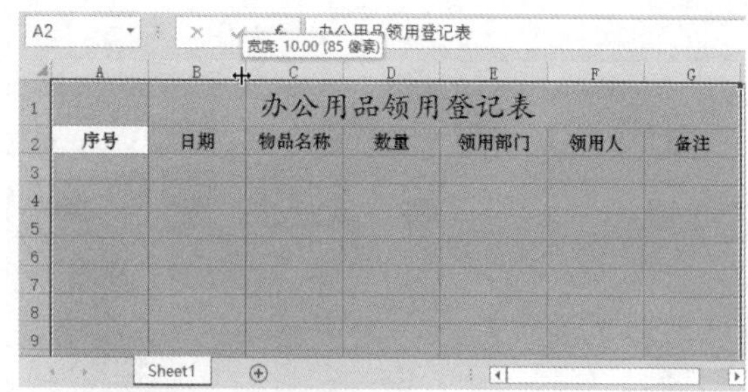

图 19-44 调整 A 列至 G 列的列宽

步骤 6 选中单元格区域 A3: A15，使用步骤 2 的方法，设置对齐方式为“垂直居中”和“居中”。然后在单元格 A3 中输入序号“1”，利用填充柄的填充功能，快速填充至单元格 A15，其右侧会出现【自动填充选项】按钮。单击该按钮，在弹出的下拉列表中选择【填充序列】选项，如图 19-45 所示。

图 19-45 在单元格区域 A3: A15 输入序号并设置格式

步骤 7 选中单元格区域 A2:G15，在【开始】选项卡的【字体】组中，单击【边框】右侧的下三角按钮，在弹出的下拉列表中选择【边框】区域中的【所有框线】选项，如图 19-46 所示。

步骤 8 此时已为选定区域添加了边框，如图 19-47 所示。

图 19-46　选择【所有框线】选项

	A	B	C	D	E	F	G
1	办公用品领用登记表						
2	序号	日期	物品名称	数量	领用部门	领用人	备注
3	1						
4	2						
5	3						
6	4						
7	5						
8	6						
9	7						
10	8						
11	9						
12	10						
13	11						
14	12						
15	13						

Sheet1

图 19-47　添加了边框的选定区域

19.4.2 设置数据验证

假设公司规定领用物品的数量每次不能超过 20 个，所以需要设置数据验证，具体的操作步骤如下。

步骤 1 选中单元格区域 D3:D15，在【数据】选项卡中，单击【数据工具】组的【数据验证】按钮，如图 19-48 所示。

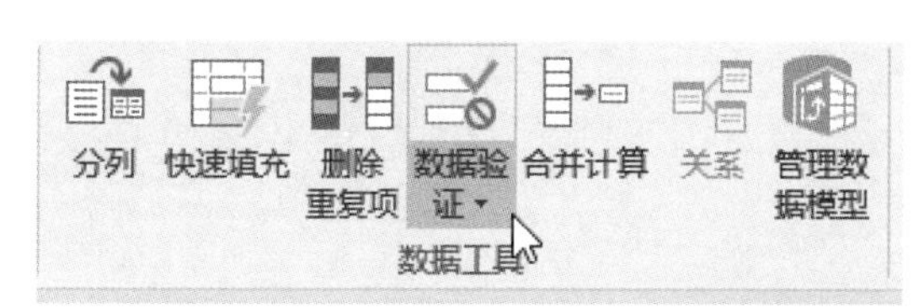

图 19-48　单击【数据验证】按钮

步骤 2 弹出【数据验证】对话框，选择【设置】选项卡，在【允许】的下拉列表框中选择【整数】选项，在【数据】的下拉列表框中选择【小于或等于】选项，在【最大值】文本框中输入“20”，如图 19-49 所示。

图 19-49　设置验证条件

步骤 3 选择【输入信息】选项卡，选中【选定单元格时显示输入信息】复选框，在【标题】和【输入信息】框中输入提示信息，如图 19-50 所示。

数据验证
设置　输入信息　出错警告　输入法模式
☑ 选定单元格时显示输入信息(S)
选定单元格时显示下列输入信息:
标题(T):
请节约办公用品
输入信息(I):
最多领取数量为20！
全部清除(C)　确定　取消

图 19-50　设置提示信息

步骤 4 选择【出错警告】选项卡，选中【输入无效数据时显示出错警告】复选框，在【样式】下拉列表框中选择【警告】选项，在【标题】和【错误信息】框中输入警告信息，如图 19-51 所示。

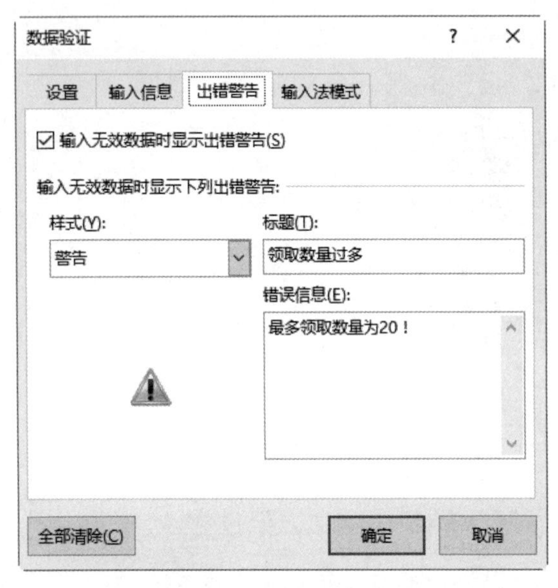

图 19-51 设置警告信息

步骤 5 单击【确定】按钮，数据验证设置完成。单击单元格 D3，下方会出现一个信息提示框，如图 19-52 所示。

步骤 6 假设在单元格 D3 中输入“23”，按 Enter 键，会弹出警告对话框，单击【否】按钮，可以重新输入数据，如图 19-53 所示。

办公用品领用登记表

序号	日期	物品名称	数量	领用部门	领用人	备注
1						
2						
3						
4						
5						
6						
7						
8						
9						
10						
11						
12						
13						

请节约办公用品
最多领取数量为20！

图 19-52 单击单元格时会出现一个信息提示框

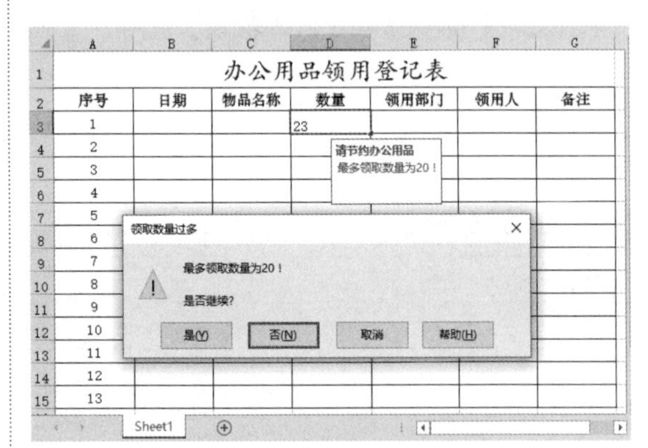

图 19-53 输入错误数据会弹出警告对话框

至此，就完成了办公用品领用登记表的制作。

Excel 在工资管理中的应用

- **本章导读**

企业每个月都要统计员工的工资，如果统计方法不当，会浪费很多时间。使用 Excel 函数对工资进行管理，可以提高工作效率，节约财力和人力。本章将为读者介绍 Excel 在工资管理中的应用。

- **学习目标**

◎ 企业员工销售业绩奖金管理
◎ 企业员工福利待遇管理
◎ 企业员工考勤管理
◎ 统计员工当月实发工资

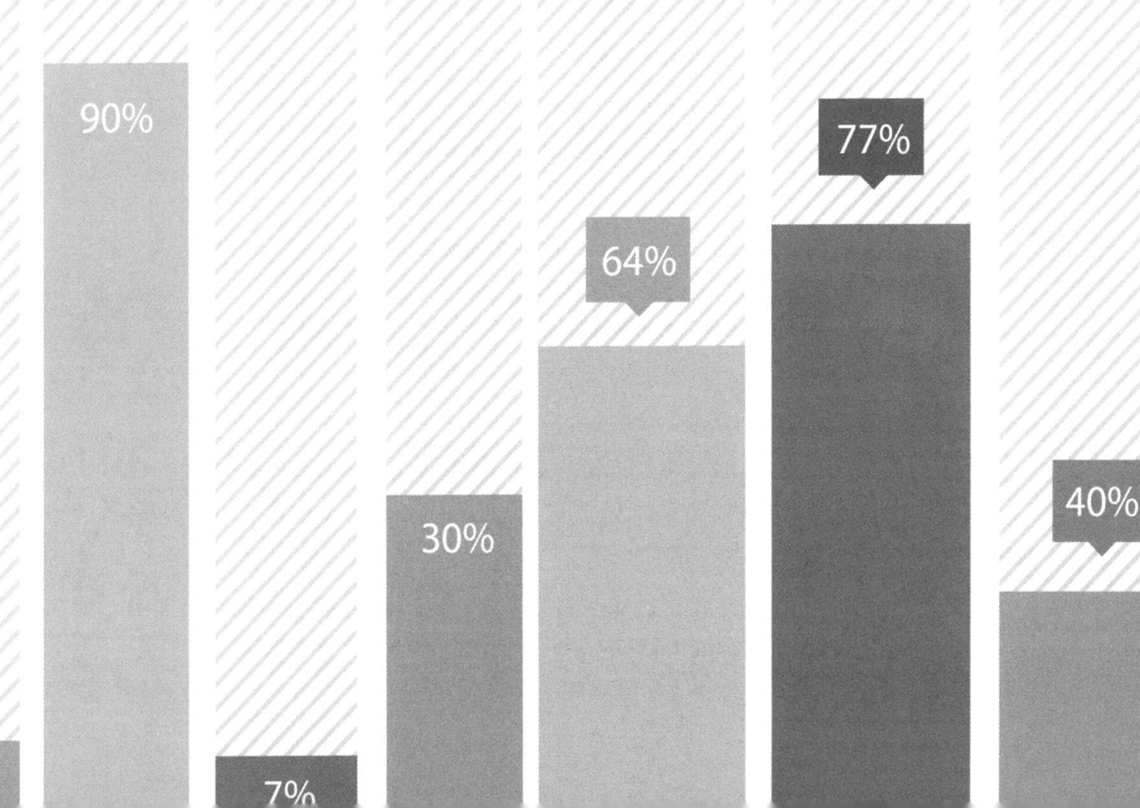

20.1 企业员工销售业绩奖金管理

为了高效准确地统计出销售人员的销售业绩，使用 Excel 强大的函数可以对员工的销售信息进行统计、分析，进而管理好销售人员业绩奖金的发放。在统计之前，需要先建立相应的员工销售业绩表，该表包含两个工作表：销售统计（见图 20-1）和销售总额及奖金（见图 20-2）。

员工销售业绩表

员工ID	姓名	部门	产品型号	数量	单价	销售金额	日期
F1042004	戴高	销售1组	SaipanA	100	¥120		2016-3-1
F1042002	李奇	销售1组	SaipanA	120	¥120		2016-3-1
F1042003	王英	销售2组	TequilaA	120	¥130		2016-3-3
F1042007	董小玉	销售3组	TequilaB	110	¥180		2016-3-4
F1042001	薛仁贵	销售1组	SaipanC	80	¥220		2016-3-5
F1042006	伍仁	销售2组	TequilaC	140	¥240		2016-3-6
F1042009	刘仁星	销售3组	SaipanA	150	¥120		2016-3-6
F1042008	宁兵	销售2组	TequilaB	160	¥180		2016-3-6
F1042005	赵琴	销售3组	SaipanB	200	¥170		2016-3-6
F1042003	王英	销售2组	SaipanA	50	¥120		2016-3-7
F1042001	薛仁贵	销售1组	SaipanB	145	¥170		2016-3-10
F1042004	戴高	销售1组	TequilaB	85	¥180		2016-3-10
F1042006	伍仁	销售2组	SaipanA	99	¥120		2016-3-13

图 20-1 “销售统计”工作表

姓名	总销售额	提成率	业绩奖金	本月最佳销售奖
戴高				
李奇				
王英				
董小玉				
薛仁贵				
伍仁				
刘仁星				
宁兵				
赵琴				

销售提成标准

销售额	0	30001	60001	90001
	30000	60000	90000	
提成率	8%	10%	12%	13%

图 20-2 “销售总额及奖金”工作表

20.1.1 统计销售员当月的总销售额

在统计每位销售员当月的总销售额时，需要用到 SUMIF 函数，有关该函数的介绍如下。

☆ 语法结构：SUMIF(Range,Criteria,[Sum_Range])

☆ 功能介绍：计算符合指定条件的单元格区域内的数值和。

☆ 参数含义：

◆ Range 是必选参数，表示用于条件判断的单元格区域；

◆ Criteria 是必选参数，用于确定对哪些单元格求和的条件；

◆ Sum_Range 是可选参数，表示需要求和的单元格区域，若省略，则对 Range 参数中指定的单元格求和。

具体的操作步骤如下。

步骤 1 打开随书光盘中的“素材 \ch20\ 员工销售业绩表 .xlsx”文件，在“销售统计”工作表中选中单元格 G3，在其中输入公式“=E3*F3”，按 Enter 键，即可计算出销售人员在 2016-3-1 日的销售金额，如图 20-3 所示。

步骤 2 利用填充柄的快速填充功能，将 G3 单元格中的公式应用到其他单元格中，计算各销售员每天的销售金额，如图 20-4 所示。

图 20-3　输入公式计算销售金额　　　　图 20-4　快速复制公式填充数据

步骤 3 下面使用 SUMIF 函数统计各销售员当月的总销售额。在“销售总额及奖金”工作表中选中单元格 B2，在其中输入公式“=SUMIF(销售统计 !B$3:B$30,A2, 销售统计 !G$3:G$30)”，按 Enter 键，即可计算出销售人员戴高在 3 月份的总销售额，如图 20-5 所示。

步骤 4 利用填充柄的快速填充功能，计算各销售员在 3 月份的总销售额，如图 20-6 所示。

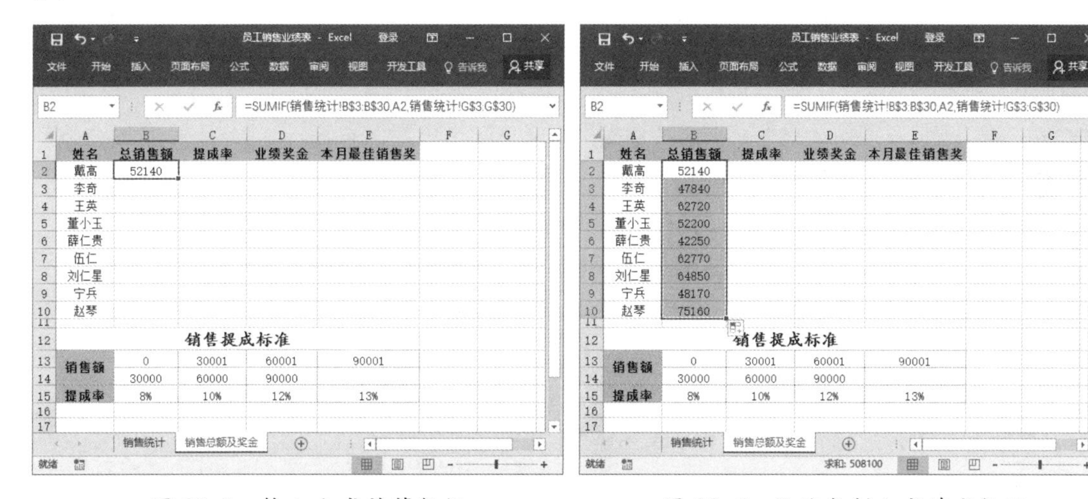

图 20-5　输入公式计算数据　　　　图 20-6　快速复制公式填充数据

20.1.2 计算每位销售员的业绩奖金提成率

通常情况下，销售人员的业绩奖金按照不同的提成比率计算，而提成比率将随着销售额的提高而提高。为了计算销售人员的业绩奖金，每个公司都应该有一个销售提成标准。假设某公司制定的销售提成标准如图 20-7 所示。

销售提成标准				
销售额	0	30001	60001	90001
	30000	60000	90000	
提成率	8%	10%	12%	13%

图 20-7　销售提成标准

在制定好销售提成标准后，就可以利用 HLOOKUP 函数根据销售员的总销售额查找到对应的提成率了。有关 HLOOKUP 函数的介绍如下。

☆ 语法结构：HLOOKUP(lookup_value,table_array,row_index_num,[range_lookup])

☆ 功能介绍：在表格的首行或数值数组中查找指定的数值，然后返回表格和数组中指定行所在列中的值。

☆ 参数含义：

- lookup_value 是必选参数，表示要在表格的第一行中查找的数值，它可以是数值、引用或文本字符串；
- table_array 是必选参数，表示需要在其中查找数据的数据表，它可以是区域或区域名称的引用；
- row_index_num 是必选参数，表示 table_array 中待返回的匹配值的行号；
- range_lookup 是可选参数，为一个逻辑值，指定希望 HLOOKUP 函数查找精确匹配值还是近似匹配值，若省略，则返回近似匹配值。

具体的操作步骤如下。

步骤 1 在“销售总额及奖金”工作表中选中单元格 C2，在其中输入公式“=HLOOKUP(B2,B$13:E$15,3)”，按 Enter 键，即可计算出销售人员戴高 3 月份的提成率，如图 20-8 所示。

步骤 2 利用填充柄的快速填充功能，计算各销售员 3 月份的提成率，如图 20-9 所示。

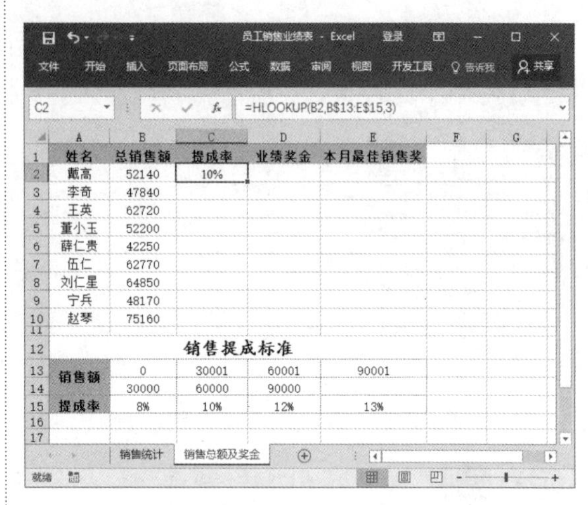

图 20-8　输入公式计算提成率

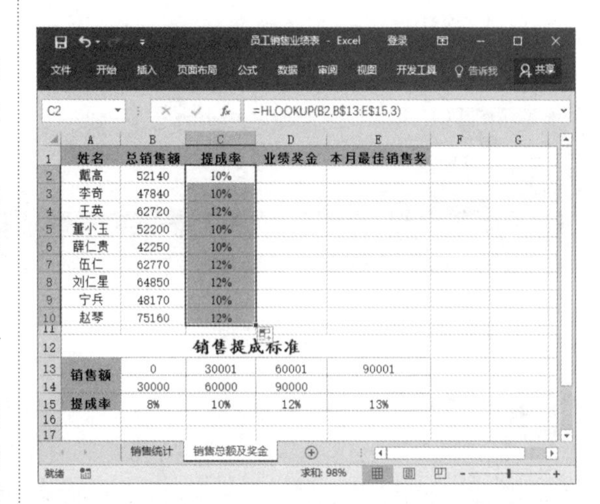

图 20-9　提成率计算结果显示

提示　当比较值位于数据表格的首行时，如果要向下查看指定的行数，则使用 HLOOKUP 函数。当比较值位于数据表格的左边一列时，则使用 VLOOKUP 函数。其中，HLOOKUP 中的 H 代表“行”，即 HLOOKUP 表示按行查找，而 VLOOKUP 表示按列查找。

20.1.3 计算每位销售员当月的业绩奖金额

在确定了各销售员的提成率之后，就能很方便地计算出各销售员当月的业绩奖金了。其计算公式为：业绩奖金 = 本月总销售 × 奖金提成率。

具体的操作步骤如下。

步骤 1 在“销售总额及奖金”工作表中选中单元格 D2，在其中输入公式“=B2*C2”，按 Enter 键，即可计算出销售人员戴高 3 月份的业绩奖金，如图 20-10 所示。

步骤 2 利用填充柄的快速填充功能，计算各销售员 3 月份的业绩奖金，如图 20-11 所示。

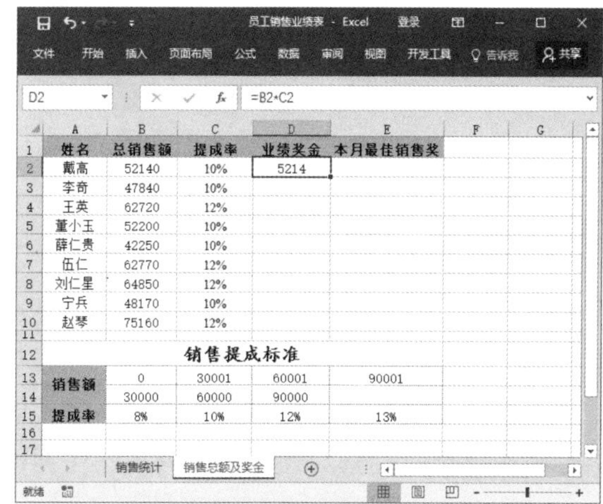

姓名	总销售额	提成率	业绩奖金	本月最佳销售奖
戴高	52140	10%	5214	
李奇	47840	10%		
王英	62720	12%		
董小玉	52200	10%		
薛仁贵	42250	10%		
伍仁	62770	12%		
刘仁星	64850	12%		
宁兵	48170	10%		
赵琴	75160	12%		

销售提成标准

销售额	0	30001	60001	90001
	30000	60000	90000	
提成率	8%	10%	12%	13%

图 20-10 计算销售员的业绩奖金额

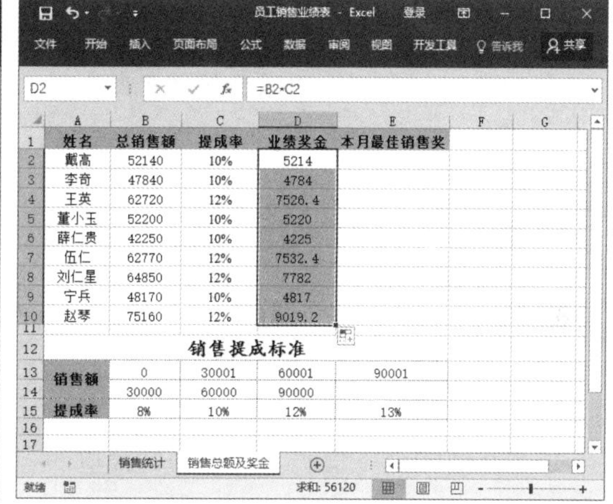

姓名	总销售额	提成率	业绩奖金	本月最佳销售奖
戴高	52140	10%	5214	
李奇	47840	10%	4784	
王英	62720	12%	7526.4	
董小玉	52200	10%	5220	
薛仁贵	42250	10%	4225	
伍仁	62770	12%	7532.4	
刘仁星	64850	12%	7782	
宁兵	48170	10%	4817	
赵琴	75160	12%	9019.2	

销售提成标准

销售额	0	30001	60001	90001
	30000	60000	90000	
提成率	8%	10%	12%	13%

图 20-11 每位销售员的业绩奖金额

20.1.4 评选本月最佳销售奖的归属者

某些企业为了鼓励销售人员的工作积极性，每个月会根据总销售额评选出当月的最佳销售奖，并给予一定的经济奖励。假设奖励 300 元，此时需要使用 MAX 函数进行判断，有关 MAX 函数的介绍如下。

☆ 语法结构：MAX(number1,number2,…)

☆ 功能介绍：返回一组值中的最大值。

☆ 参数含义：

- ◆ number1,number2,…中，number1 是必选参数，其余是可选参数，表示要从中查找出最大值的 1 到 255 个数字。

具体的操作步骤如下。

步骤 1 在“销售总额及奖金”工作表中选中单元格 E2，在其中输入公式“=IF(MAX(B$2:B$10)=B2,300,"")”，按 Enter 键，若单元格中没有返回任何信息，则说明该销售人员不符合奖励的条件，如图 20-12 所示。

步骤 2 利用填充柄的快速填充功能，将 E2 单元格的公式应用到其他单元格中，计算出本月最佳销售奖的获得者，并显示出具体的奖金信息，如图 20-13 所示。

	姓名	总销售额	提成率	业绩奖金	本月最佳销售奖
2	戴高	52140	10%	5214	
3	李奇	47840	10%	4784	
4	王英	62720	12%	7526.4	
5	董小王	52200	10%	5220	
6	薛仁贵	42250	10%	4225	
7	伍仁	62770	12%	7532.4	
8	刘仁星	64850	12%	7782	
9	宁兵	48170	10%	4817	
10	赵琴	75160	12%	9019.2	

图 20-12　评选本月最佳销售奖金归属

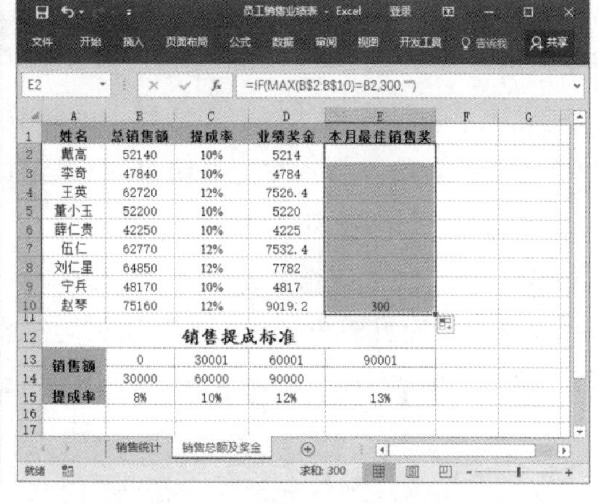

图 20-13　最佳销售奖的归属者

20.2 企业员工福利待遇管理

员工福利待遇的好坏是凝聚企业员工最有效的方法之一，员工福利主要包括住房补贴、伙食补贴、交通补贴、医疗补贴等。当然，根据公司的规模和制度的不同，员工的福利管理也不尽相同，假设某公司以职位级别来衡量员工的福利待遇，其制定的福利待遇标准如表 20-1 所示。

表 20-1　福利待遇标准

职位级别	住房补贴	伙食补贴	交通补贴	医疗补贴
经理	700	400	400	600
主管	600	300	300	500
职员	500	200	200	400

制定了相关的福利待遇标准后，还需建立相应的员工福利待遇管理表，如图 20-14 所示。

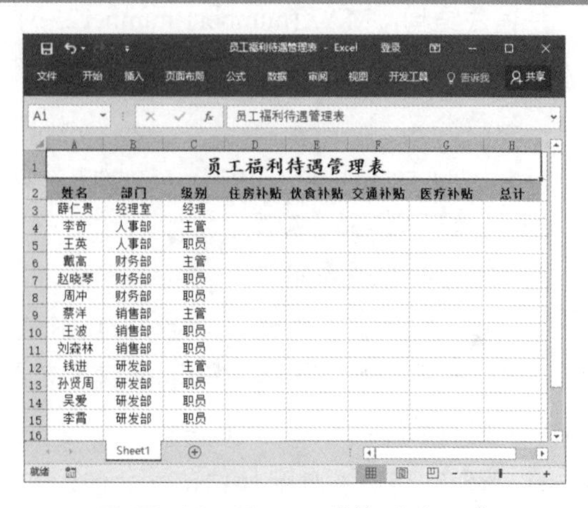

图 20-14　员工福利待遇管理表

20.2.1 计算员工的住房补贴金额

根据福利待遇标准，职位级别为经理的住房补贴是 700 元，级别为主管的住房补贴为 600 元，级别为职员的住房补贴为 500 元。下面使用 IF 函数判断员工相应的住房补贴金额，具体的操作步骤如下。

步骤 1 打开随书光盘中的“素材 \ch20\ 员工福利待遇管理表 .xlsx”文件，选中单元格 D3，在其中输入公式“=IF(C3=" 经理 ",700,IF(C3=" 主管 ",600,500))”，按 Enter 键，即可计算该员工的住房补贴金额，如图 20-15 所示。

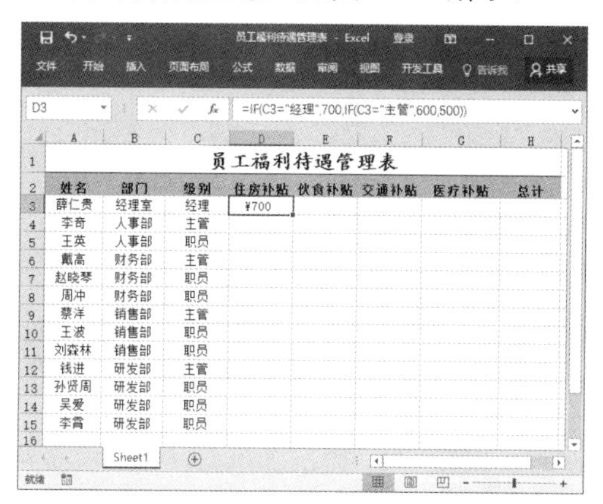

D3　=IF(C3="经理",700,IF(C3="主管",600,500))

员工福利待遇管理表

姓名	部门	级别	住房补贴	伙食补贴	交通补贴	医疗补贴	总计
薛仁贵	经理室	经理	¥700				
李奇	人事部	主管					
王英	人事部	职员					
戴高	财务部	主管					
赵晓琴	财务部	职员					
周冲	财务部	职员					
蔡洋	销售部	主管					
王波	销售部	职员					
刘森林	销售部	职员					
钱进	研发部	主管					
孙贤周	研发部	职员					
吴爱	研发部	职员					
李霄	研发部	职员					

图 20-15　计算经理的住房补贴金额

步骤 2 利用填充柄的快速填充功能，将 D3 单元格中的公式应用到其他单元格中，计算所有员工的住房补贴金额，如图 20-16 所示。

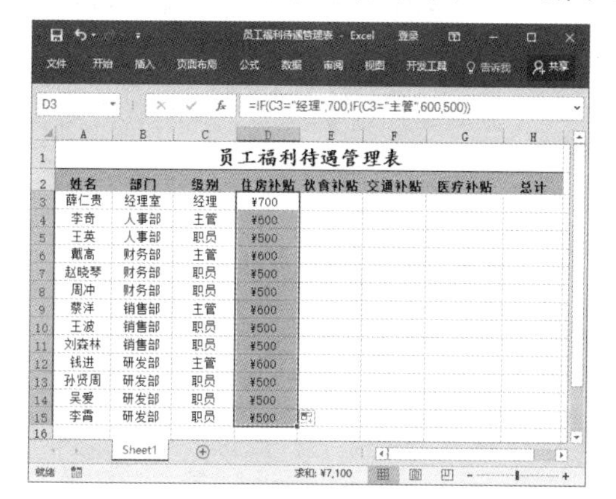

D3　=IF(C3="经理",700,IF(C3="主管",600,500))

员工福利待遇管理表

姓名	部门	级别	住房补贴	伙食补贴	交通补贴	医疗补贴	总计
薛仁贵	经理室	经理	¥700				
李奇	人事部	主管	¥600				
王英	人事部	职员	¥500				
戴高	财务部	主管	¥600				
赵晓琴	财务部	职员	¥500				
周冲	财务部	职员	¥500				
蔡洋	销售部	主管	¥600				
王波	销售部	职员	¥500				
刘森林	销售部	职员	¥500				
钱进	研发部	主管	¥600				
孙贤周	研发部	职员	¥500				
吴爱	研发部	职员	¥500				
李霄	研发部	职员	¥500				

求和: ¥7,100

图 20-16　所有员工的住房补贴金额

20.2.2 计算员工的伙食补贴金额

员工的伙食补贴是企业员工福利待遇管理的主要组成部分，计算伙食补贴金额和计算住房补贴的原理是一样的，也需要用到 IF 函数。具体的操作步骤如下。

步骤 1 选择单元格 E3，在其中输入公式“=IF(C3=" 经 理 ",400,IF(C3=" 主 管 ",300,200))”，按 Enter 键，即可计算该员工的伙食补贴金额，如图 20-17 所示。

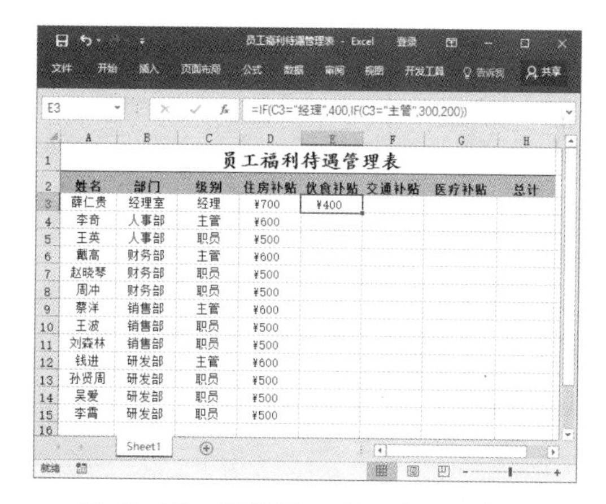

E3　=IF(C3="经理",400,IF(C3="主管",300,200))

员工福利待遇管理表

姓名	部门	级别	住房补贴	伙食补贴	交通补贴	医疗补贴	总计
薛仁贵	经理室	经理	¥700	¥400			
李奇	人事部	主管	¥600				
王英	人事部	职员	¥500				
戴高	财务部	主管	¥600				
赵晓琴	财务部	职员	¥500				
周冲	财务部	职员	¥500				
蔡洋	销售部	主管	¥600				
王波	销售部	职员	¥500				
刘森林	销售部	职员	¥500				
钱进	研发部	主管	¥600				
孙贤周	研发部	职员	¥500				
吴爱	研发部	职员	¥500				
李霄	研发部	职员	¥500				

图 20-17　计算经理的伙食补贴金额

步骤 2 利用填充柄的快速填充功能，将 E3 单元格中的公式应用到其他单元格中，计算所有员工的伙食补贴金额，如图 20-18 所示。

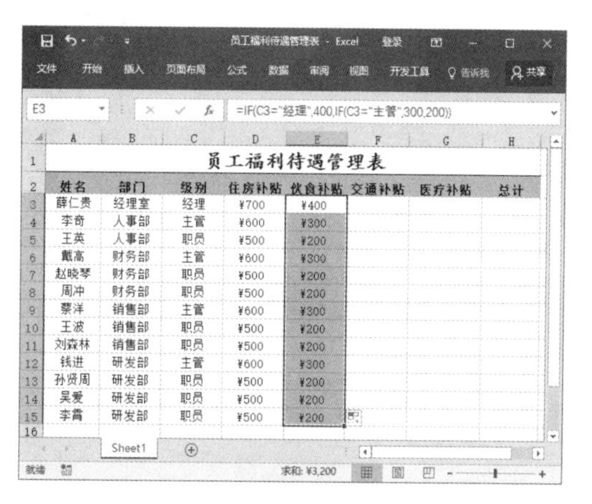

E3　=IF(C3="经理",400,IF(C3="主管",300,200))

员工福利待遇管理表

姓名	部门	级别	住房补贴	伙食补贴	交通补贴	医疗补贴	总计
薛仁贵	经理室	经理	¥700	¥400			
李奇	人事部	主管	¥600	¥300			
王英	人事部	职员	¥500	¥200			
戴高	财务部	主管	¥600	¥300			
赵晓琴	财务部	职员	¥500	¥200			
周冲	财务部	职员	¥500	¥200			
蔡洋	销售部	主管	¥600	¥300			
王波	销售部	职员	¥500	¥200			
刘森林	销售部	职员	¥500	¥200			
钱进	研发部	主管	¥600	¥300			
孙贤周	研发部	职员	¥500	¥200			
吴爱	研发部	职员	¥500	¥200			
李霄	研发部	职员	¥500	¥200			

求和: ¥3,200

图 20-18　所有员工的伙食补贴金额

20.2.3 计算员工的交通补贴金额

员工的交通补贴是企业为了补偿员工尤其是销售人员在与客户接触的过程中所用到的交通费用。具体的操作步骤如下。

步骤 1 选中单元格 F3，在其中输入公式“=IF(C3="经理",400,IF(C3="主管",300,200))”，按 Enter 键，即可计算该员工的交通补贴金额，如图 20-19 所示。

F3 =IF(C3="经理",400,IF(C3="主管",300,200))

员工福利待遇管理表							
姓名	部门	级别	住房补贴	伙食补贴	交通补贴	医疗补贴	总计
薛仁贵	经理室	经理	¥700	¥400	¥400		
李奇	人事部	主管	¥600	¥300			
王英	人事部	职员	¥500	¥200			
戴高	财务部	主管	¥600	¥300			
赵晓琴	财务部	职员	¥500	¥200			
周冲	财务部	职员	¥500	¥200			
蔡洋	销售部	主管	¥600	¥300			
王波	销售部	职员	¥500	¥200			
刘森林	销售部	职员	¥500	¥200			
钱进	研发部	主管	¥600	¥300			
孙贤周	研发部	职员	¥500	¥200			
吴爱	研发部	职员	¥500	¥200			
李霄	研发部	职员	¥500	¥200			

图 20-19　计算经理的交通补贴金额

步骤 2 利用填充柄的快速填充功能，将 F3 单元格中的公式应用到其他单元格中，计算所有员工的交通补贴金额，如图 20-20 所示。

F3 =IF(C3="经理",400,IF(C3="主管",300,200))

员工福利待遇管理表							
姓名	部门	级别	住房补贴	伙食补贴	交通补贴	医疗补贴	总计
薛仁贵	经理室	经理	¥700	¥400	¥400		
李奇	人事部	主管	¥600	¥300	¥300		
王英	人事部	职员	¥500	¥200	¥200		
戴高	财务部	主管	¥600	¥300	¥300		
赵晓琴	财务部	职员	¥500	¥200	¥200		
周冲	财务部	职员	¥500	¥200	¥200		
蔡洋	销售部	主管	¥600	¥300	¥300		
王波	销售部	职员	¥500	¥200	¥200		
刘森林	销售部	职员	¥500	¥200	¥200		
钱进	研发部	主管	¥600	¥300	¥300		
孙贤周	研发部	职员	¥500	¥200	¥200		
吴爱	研发部	职员	¥500	¥200	¥200		
李霄	研发部	职员	¥500	¥200	¥200		

求和: ¥3,200

图 20-20　所有员工的交通补贴金额

20.2.4 计算员工的医疗补贴金额

员工的医疗补贴是企业在自己的员工有疾病时，适当地为员工拿出的一部分医疗费用。具体的操作步骤如下。

步骤 1 选中单元格 G3，在其中输入公式“=IF(C3="经理",600,IF(C3="主管",500,400))”，按 Enter 键，即可计算该员工的医疗补贴金额，如图 20-21 所示。

G3 =IF(C3="经理",600,IF(C3="主管",500,400))

员工福利待遇管理表							
姓名	部门	级别	住房补贴	伙食补贴	交通补贴	医疗补贴	总计
薛仁贵	经理室	经理	¥700	¥400	¥400	¥600	
李奇	人事部	主管	¥600	¥300	¥300		
王英	人事部	职员	¥500	¥200	¥200		
戴高	财务部	主管	¥600	¥300	¥300		
赵晓琴	财务部	职员	¥500	¥200	¥200		
周冲	财务部	职员	¥500	¥200	¥200		
蔡洋	销售部	主管	¥600	¥300	¥300		
王波	销售部	职员	¥500	¥200	¥200		
刘森林	销售部	职员	¥500	¥200	¥200		
钱进	研发部	主管	¥600	¥300	¥300		
孙贤周	研发部	职员	¥500	¥200	¥200		
吴爱	研发部	职员	¥500	¥200	¥200		
李霄	研发部	职员	¥500	¥200	¥200		

图 20-21　计算经理的医疗补贴金额

步骤 2 利用填充柄的快速填充功能，将 G3 单元格中的公式应用到其他单元格中，计算所有员工的医疗补贴金额，如图 20-22 所示。

G3 =IF(C3="经理",600,IF(C3="主管",500,400))

员工福利待遇管理表							
姓名	部门	级别	住房补贴	伙食补贴	交通补贴	医疗补贴	总计
薛仁贵	经理室	经理	¥700	¥400	¥400	¥600	
李奇	人事部	主管	¥600	¥300	¥300	¥500	
王英	人事部	职员	¥500	¥200	¥200	¥400	
戴高	财务部	主管	¥600	¥300	¥300	¥500	
赵晓琴	财务部	职员	¥500	¥200	¥200	¥400	
周冲	财务部	职员	¥500	¥200	¥200	¥400	
蔡洋	销售部	主管	¥600	¥300	¥300	¥500	
王波	销售部	职员	¥500	¥200	¥200	¥400	
刘森林	销售部	职员	¥500	¥200	¥200	¥400	
钱进	研发部	主管	¥600	¥300	¥300	¥500	
孙贤周	研发部	职员	¥500	¥200	¥200	¥400	
吴爱	研发部	职员	¥500	¥200	¥200	¥400	
李霄	研发部	职员	¥500	¥200	¥200	¥400	

求和: ¥5,800

图 20-22　所有员工的医疗补贴金额

20.2.5 合计员工的总福利金额

在计算出每位员工的住房补贴、伙食补贴、交通补贴和医疗补贴金额后，使用 SUM 函数就可以计算出每位员工的总福利金额。具体的操作步骤如下。

步骤 1 选中单元格 H3，在其中输入公式“=SUM(D3:G3)”，按 Enter 键，即可计算该员工的总福利补贴金额，如图 20-23 所示。

步骤 2 利用填充柄的快速填充功能，将 H3 单元格中的公式应用到其他单元格中，计算所有员工的总福利补贴金额，如图 20-24 所示。

员工福利待遇管理表 - Excel
H3
=SUM(D3:G3)
员工福利待遇管理表
姓名 部门 级别 住房补贴 伙食补贴 交通补贴 医疗补贴 总计
薛仁贵 经理室 经理 ¥700 ¥400 ¥400 ¥600 ¥2,100
李奇 人事部 主管 ¥600 ¥300 ¥300 ¥500
王英 人事部 职员 ¥500 ¥200 ¥200 ¥400
戴高 财务部 主管 ¥600 ¥300 ¥300 ¥500
赵晓琴 财务部 职员 ¥500 ¥200 ¥200 ¥400
周冲 财务部 职员 ¥500 ¥200 ¥200 ¥400
蔡洋 销售部 主管 ¥600 ¥300 ¥300 ¥500
王波 销售部 职员 ¥500 ¥200 ¥200 ¥400
刘森林 销售部 职员 ¥500 ¥200 ¥200 ¥400
钱进 研发部 主管 ¥600 ¥300 ¥300 ¥500
孙贤周 研发部 职员 ¥500 ¥200 ¥200 ¥400
吴爱 研发部 职员 ¥500 ¥200 ¥200 ¥400
李霄 研发部 职员 ¥500 ¥200 ¥200 ¥400
Sheet1

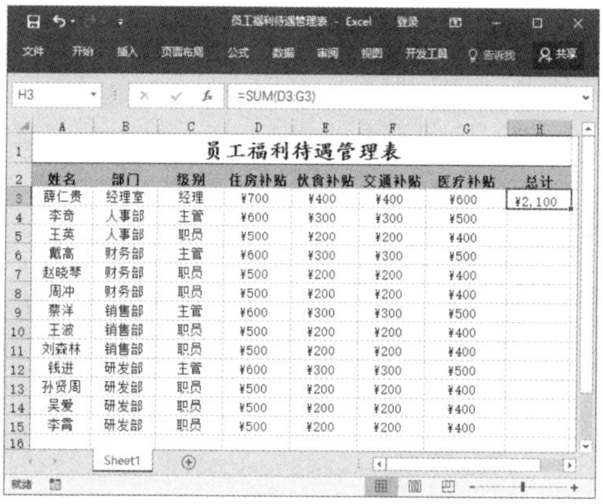

图 20-23　计算经理的总福利补贴金额

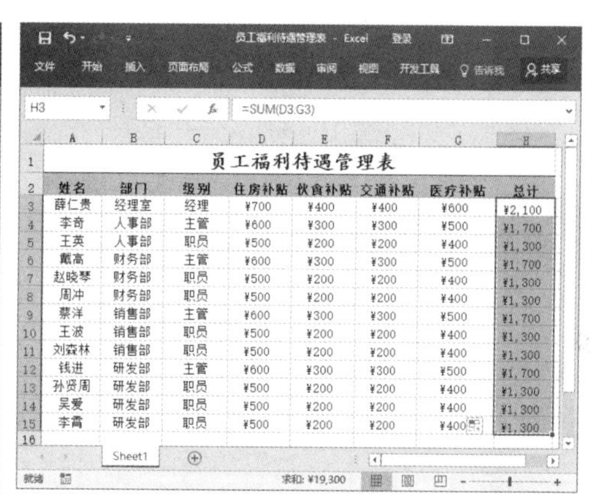

员工福利待遇管理表 - Excel
H3
=SUM(D3:G3)
员工福利待遇管理表
姓名 部门 级别 住房补贴 伙食补贴 交通补贴 医疗补贴 总计
薛仁贵 经理室 经理 ¥700 ¥400 ¥400 ¥600 ¥2,100
李奇 人事部 主管 ¥600 ¥300 ¥300 ¥500 ¥1,700
王英 人事部 职员 ¥500 ¥200 ¥200 ¥400 ¥1,300
戴高 财务部 主管 ¥600 ¥300 ¥300 ¥500 ¥1,700
赵晓琴 财务部 职员 ¥500 ¥200 ¥200 ¥400 ¥1,300
周冲 财务部 职员 ¥500 ¥200 ¥200 ¥400 ¥1,300
蔡洋 销售部 主管 ¥600 ¥300 ¥300 ¥500 ¥1,700
王波 销售部 职员 ¥500 ¥200 ¥200 ¥400 ¥1,300
刘森林 销售部 职员 ¥500 ¥200 ¥200 ¥400 ¥1,300
钱进 研发部 主管 ¥600 ¥300 ¥300 ¥500 ¥1,700
孙贤周 研发部 职员 ¥500 ¥200 ¥200 ¥400 ¥1,300
吴爱 研发部 职员 ¥500 ¥200 ¥200 ¥400 ¥1,300
李霄 研发部 职员 ¥500 ¥200 ¥200 ¥400 ¥1,300
Sheet1
求和: ¥19,300

图 20-24　所有员工的总福利补贴金额

20.3 企业员工考勤扣款与全勤奖管理

企业员工考勤扣款与全勤奖管理是工资管理的重要组成部分，它反映了员工当月的请假、旷工等情况，并以此为根据，按照公司管理条例给予适当的奖励或处罚。假设某公司制定的考勤扣款计算标准如图 20-25 所示。

考勤扣款计算标准	
出勤情况	扣款（元/天）
全勤	0
病假	15
事假	30
旷工	60

图 20-25　考勤扣款计算标准

制定了相关的考勤扣款计算标准后，还需建立相应的员工考勤管理表，如图 20-26 所示。该表有助于企业财务部门在统计实发工资时，方便统计和提取考勤方面扣除和奖励的金额。

员工考勤管理表 - Excel
A1
员工考勤管理表
员工考勤管理表
姓名 部门 请假天数 请假种类 考勤扣款 全勤奖
薛仁贵 经理室 ¥0 ¥100
李奇 人事部 1 病假 ¥15
王英 人事部 ¥0 ¥100
戴高 财务部 2 事假 ¥60
赵晓琴 财务部 1.5 病假 ¥23
周冲 财务部 1 旷工 ¥60
蔡洋 销售部 ¥0 ¥100
王波 销售部 ¥0 ¥100
刘森林 销售部 ¥0 ¥100
钱进 研发部 3 事假 ¥90
孙贤周 研发部 ¥0 ¥100
吴爱 研发部 2.5 事假 ¥75
李霄 研发部 ¥0 ¥100
考勤扣款计算标准
出勤情况 每天扣款（元）
全勤 0
病假 15
事假 30
旷工 60
Sheet1

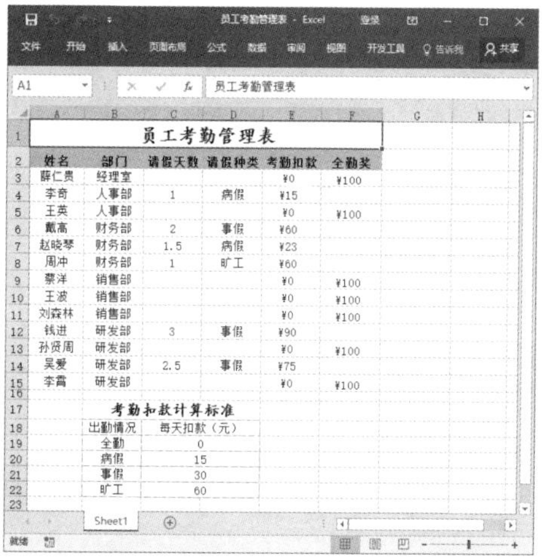

图 20-26　员工考勤管理表

20.3.1 计算员工考勤扣款金额

员工的考勤管理主要包括事假、病假、矿工等情况。根据考勤扣款计算标准，下面使用 IF 函数计算员工相应的考勤扣款金额，具体的操作步骤如下。

步骤 1 打开随书光盘中的“素材\ch20\员工考勤管理表.xlsx”文件，选中单元格 E3，在其中输入公式“=IF(D3=B$20,C3*C$20,IF(D3=B$21,C3*C$21,C3*C$22))”，按 Enter 键，即可计算该员工的考勤扣款金额，如图 20-27 所示。

员工考勤管理表

姓名	部门	请假天数	请假种类	考勤扣款	全勤奖
薛仁贵	经理室			¥0	
李奇	人事部	1	病假		
王英	人事部				
戴高	财务部	2	事假		
赵晓琴	财务部	1.5	病假		
周冲	财务部	1	旷工		
蔡洋	销售部				
王波	销售部				
刘森林	销售部				
钱进	研发部	3	事假		
孙贤周	研发部				
吴爱	研发部	2.5	事假		
李霄	研发部				

图 20-27 计算员工“薛仁贵”的考勤金额

步骤 2 利用填充柄的快速填充功能，将 E3 单元格中的公式应用到其他单元格中，计算每位员工应扣的考勤扣款金额，如图 20-28 所示。

员工考勤管理表

姓名	部门	请假天数	请假种类	考勤扣款	全勤奖
薛仁贵	经理室			¥0	
李奇	人事部	1	病假	¥15	
王英	人事部			¥0	
戴高	财务部	2	事假	¥60	
赵晓琴	财务部	1.5	病假	¥23	
周冲	财务部	1	旷工	¥60	
蔡洋	销售部			¥0	
王波	销售部			¥0	
刘森林	销售部			¥0	
钱进	研发部	3	事假	¥90	
孙贤周	研发部			¥0	
吴爱	研发部	2.5	事假	¥75	
李霄	研发部			¥0	

图 20-28 其他员工应扣的考勤金额

20.3.2 评选哪些员工获得本月的全勤奖

某些企业为了鼓励员工更好地为公司服务，专门设立了全勤奖，当员工本月无任何请假、旷工等情况时就可以获得该奖。假设全勤奖的奖金为 100 元，下面使用 IF 函数判断员工的考勤扣款是否为 0。若为 0，则说明该员工可获得全勤奖。具体的操作步骤如下。

步骤 1 选中单元格 F3，在其中输入公式“=IF(E3=0,100,"")”，按 Enter 键，即可计算该员工是否可获取全勤奖，并显示出具体的奖励金额，如图 20-29 所示。

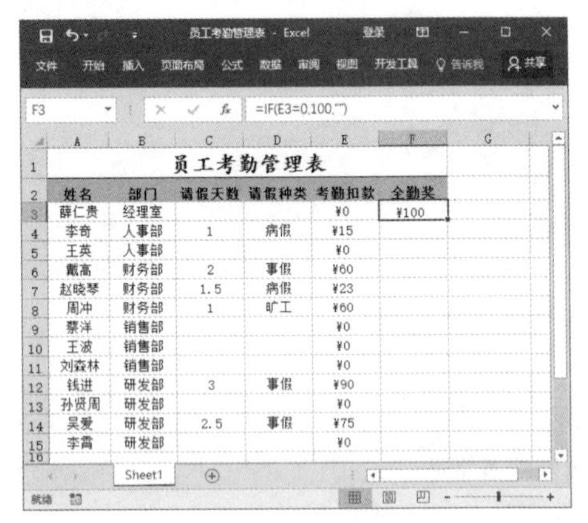

员工考勤管理表

姓名	部门	请假天数	请假种类	考勤扣款	全勤奖
薛仁贵	经理室			¥0	¥100
李奇	人事部	1	病假	¥15	
王英	人事部			¥0	
戴高	财务部	2	事假	¥60	
赵晓琴	财务部	1.5	病假	¥23	
周冲	财务部	1	旷工	¥60	
蔡洋	销售部			¥0	
王波	销售部			¥0	
刘森林	销售部			¥0	
钱进	研发部	3	事假	¥90	
孙贤周	研发部			¥0	
吴爱	研发部	2.5	事假	¥75	
李霄	研发部			¥0	

图 20-29 评选员工“薛仁贵”全勤奖

步骤 2 利用填充柄的快速填充功能，将 F3 单元格中的公式应用到其他单元格中，计算其他员工是否可获得全勤奖，如图 20-30 所示。

员工考勤管理表

姓名	部门	请假天数	请假种类	考勤扣款	全勤奖
薛仁贵	经理室			¥0	¥100
李奇	人事部	1	病假	¥15	
王英	人事部			¥0	¥100
戴高	财务部	2	事假	¥60	
赵晓琴	财务部	1.5	病假	¥23	
周冲	财务部	1	旷工	¥60	
蔡洋	销售部			¥0	¥100
王波	销售部			¥0	¥100
刘森林	销售部			¥0	¥100
钱进	研发部	3	事假	¥90	
孙贤周	研发部			¥0	¥100
吴爱	研发部	2.5	事假	¥75	
李霄	研发部			¥0	¥100

图 20-30 评选其他员工的全勤奖

20.4 统计员工当月实发工资

员工的实发工资就是实际发到员工手中的金额。通常情况下，实发工资是应发工资减去应扣工资后的金额。应发工资主要包括基本工资、加班费、全勤奖、技术津贴、行政奖励、职务津贴、工龄奖金、绩效奖、其他补助等。应扣工资主要包括社会保险、考勤扣款、行政处罚、代缴税款等。

因此，若要计算实发工资，需要先建立员工工资表，该表应包含基本工资、职位津贴与业绩奖金、福利、考勤等基本信息。通过这些包含着基础数据的工作表，才能统计出实发工资，如图 20-31 所示。

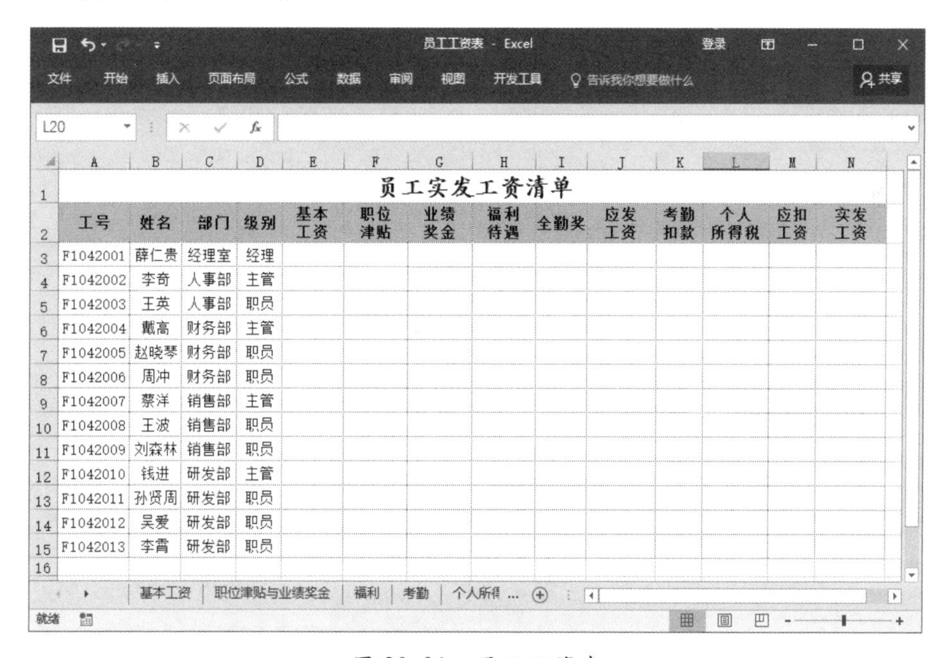

员工实发工资清单

工号	姓名	部门	级别	基本工资	职位津贴	业绩奖金	福利待遇	全勤奖	应发工资	考勤扣款	个人所得税	应扣工资	实发工资
F1042001	薛仁贵	经理室	经理										
F1042002	李奇	人事部	主管										
F1042003	王英	人事部	职员										
F1042004	戴高	财务部	主管										
F1042005	赵晓琴	财务部	职员										
F1042006	周冲	财务部	职员										
F1042007	蔡洋	销售部	主管										
F1042008	王波	销售部	职员										
F1042009	刘森林	销售部	职员										
F1042010	钱进	研发部	主管										
F1042011	孙贤周	研发部	职员										
F1042012	吴爱	研发部	职员										
F1042013	李霄	研发部	职员										

图 20-31 员工工资表

20.4.1 获取员工相关的应发金额

下面使用 VLOOKUP 函数计算员工的应发工资，有关 VLOOKUP 函数的介绍如下。

☆ 语法结构：VLOOKUP(lookup_value,table_array,col_index_num,[range_lookup])

☆ 功能介绍：按行查找，返回表格中指定列所在行的值。

☆ 参数含义：

- lookup_value 是必选参数，表示要在表格的第一列中查找的数值，可以是数值、引用或文本字符串；
- table_array 是必选参数，表示需要在其中查找数据的数据表；
- col_index_num 是必选参数，表示 table_array 中待返回的匹配值的列号；

- range_lookup 是可选参数，为一个逻辑值，指定希望 VLOOKUP 函数查找精确匹配值还是近似匹配值，若省略，则返回近似匹配值。

具体的操作步骤如下。

步骤 1 打开随书光盘中的“素材\ch20\员工工资表.xlsx”文件，它包括“基本工资”工作表（见图 20-32）、“职位津贴与业绩奖金”工作表（见图 20-33）、“福利”工作表（见图 20-34）、“考勤”工作表（见图 20-35）以及“实发工资”工作表等。

员工基本工资表

工号	姓名	部门	级别	基本工资
F1042001	薛仁贵	经理室	经理	4500
F1042002	李奇	人事部	主管	3500
F1042003	王英	人事部	职员	3000
F1042004	戴高	财务部	主管	3500
F1042005	赵晓琴	财务部	职员	3000
F1042006	周冲	财务部	职员	3000
F1042007	蔡洋	销售部	主管	3500
F1042008	王波	销售部	职员	3000
F1042009	刘森林	销售部	职员	3000
F1042010	钱进	研发部	主管	3500
F1042011	孙贤周	研发部	职员	3000
F1042012	吴爱	研发部	职员	3000
F1042013	李霄	研发部	职员	3000

图 20-32　基本工资表

E9　=IF(D9="经理",2500,IF(D9="主管",1800,1000))

员工职位津贴与业绩奖金表

工号	姓名	部门	级别	职位津贴	业绩奖金	总计
F1042001	薛仁贵	经理室	经理	2500	2000	4500
F1042002	李奇	人事部	主管	1800	1500	3300
F1042003	王英	人事部	职员	1000	1000	2000
F1042004	戴高	财务部	主管	1800	1500	3300
F1042005	赵晓琴	财务部	职员	1000	1000	2000
F1042006	周冲	财务部	职员	1000	1000	2000
F1042007	蔡洋	销售部	主管	1800	1500	3300
F1042008	王波	销售部	职员	1000	1000	2000
F1042009	刘森林	销售部	职员	1000	1000	2000
F1042010	钱进	研发部	主管	1800	1500	3300
F1042011	孙贤周	研发部	职员	1000	1000	2000
F1042012	吴爱	研发部	职员	1000	1000	2000
F1042013	李霄	研发部	职员	1000	1000	2000

图 20-33　职位津贴与业绩奖金表

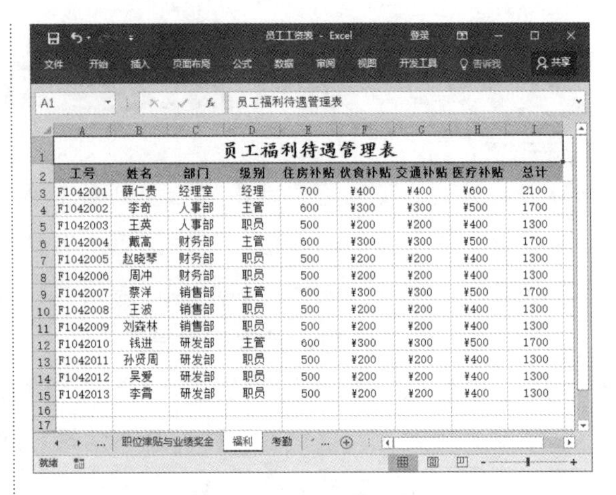

员工福利待遇管理表

工号	姓名	部门	级别	住房补贴	伙食补贴	交通补贴	医疗补贴	总计
F1042001	薛仁贵	经理室	经理	700	¥400	¥400	¥600	2100
F1042002	李奇	人事部	主管	600	¥300	¥300	¥500	1700
F1042003	王英	人事部	职员	500	¥200	¥200	¥400	1300
F1042004	戴高	财务部	主管	600	¥300	¥300	¥500	1700
F1042005	赵晓琴	财务部	职员	500	¥200	¥200	¥400	1300
F1042006	周冲	财务部	职员	500	¥200	¥200	¥400	1300
F1042007	蔡洋	销售部	主管	600	¥300	¥300	¥500	1700
F1042008	王波	销售部	职员	500	¥200	¥200	¥400	1300
F1042009	刘森林	销售部	职员	500	¥200	¥200	¥400	1300
F1042010	钱进	研发部	主管	600	¥300	¥300	¥500	1700
F1042011	孙贤周	研发部	职员	500	¥200	¥200	¥400	1300
F1042012	吴爱	研发部	职员	500	¥200	¥200	¥400	1300
F1042013	李霄	研发部	职员	500	¥200	¥200	¥400	1300

图 20-34　福利表

员工考勤管理表

姓名	部门	请假天数	请假种类	考勤扣款	全勤奖
薛仁贵	经理室			¥0	¥100
李奇	人事部	1	病假	¥15	¥0
王英	人事部			¥0	¥100
戴高	财务部	2	事假	¥60	¥0
赵晓琴	财务部	1.5	病假	¥23	¥0
周冲	财务部	1	旷工	¥60	¥0
蔡洋	销售部			¥0	¥100
王波	销售部			¥0	¥100
刘森林	销售部			¥0	¥100
钱进	研发部	3	事假	¥90	¥0
孙贤周	研发部			¥0	¥100
吴爱	研发部	2.5	事假	¥75	¥0
李霄	研发部			¥0	¥100

考勤扣款计算标准

出勤情况	每天扣款（元）
全勤	0
病假	15
事假	30
旷工	60

图 20-35　考勤表

步骤 2 获取基本工资金额。在“实发工资”工作表中选中单元格 E3，在其中输入公式“=VLOOKUP(A3,基本工资!$A$3:$E$15,5)”，按 Enter 键，即可从“基本工资”工作表中查找并获取员工“薛仁贵”的基本工资金额，如图 20-36 所示。

步骤 3 利用填充柄的快速填充功能，将 E3 单元格中的公式应用到其他单元格中，获取其他员工的基本工资金额，如图 20-37 所示。

步骤 4 获取职位津贴金额。在“实发工资”工作表中选中单元格 F3，在其中输入

公式“=VLOOKUP(A3, 职位津贴与业绩奖金 !$A$3:$G$15,5)”，按 Enter 键，即可从“职位津贴与业绩奖金”工作表中查找并获取员工“薛仁贵”的职位津贴金额，如图 20-38 所示。

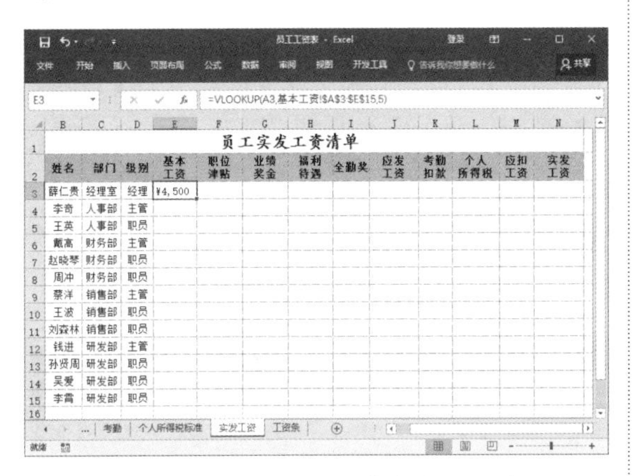

E3 =VLOOKUP(A3,基本工资!$A$3:$E$15,5)

员工实发工资清单

姓名	部门	级别	基本工资	职位津贴	业绩奖金	福利待遇	全勤奖	应发工资	考勤扣款	个人所得税	应扣工资	实发工资
薛仁贵	经理室	经理	¥4,500									
李奇	人事部	主管										
王英	人事部	职员										
戴高	财务部	主管										
赵晓琴	财务部	职员										
周冲	财务部	职员										
蔡洋	销售部	主管										
王波	销售部	职员										
刘森林	销售部	职员										
钱进	研发部	主管										
孙贤周	研发部	职员										
吴爱	研发部	职员										
李霄	研发部	职员										

图 20-36　输入公式计算基本工资金额

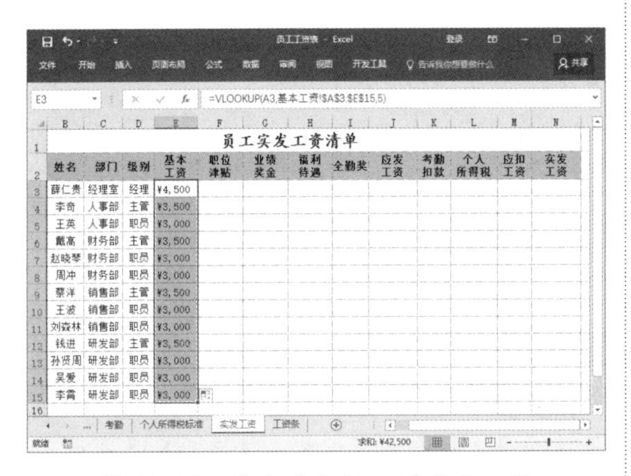

E3 =VLOOKUP(A3,基本工资!$A$3:$E$15,5)

员工实发工资清单

姓名	部门	级别	基本工资	职位津贴	业绩奖金	福利待遇	全勤奖	应发工资	考勤扣款	个人所得税	应扣工资	实发工资
薛仁贵	经理室	经理	¥4,500									
李奇	人事部	主管	¥3,500									
王英	人事部	职员	¥3,000									
戴高	财务部	主管	¥3,500									
赵晓琴	财务部	职员	¥3,000									
周冲	财务部	职员	¥3,000									
蔡洋	销售部	主管	¥3,500									
王波	销售部	职员	¥3,000									
刘森林	销售部	职员	¥3,000									
钱进	研发部	主管	¥3,500									
孙贤周	研发部	职员	¥3,000									
吴爱	研发部	职员	¥3,000									
李霄	研发部	职员	¥3,000									

求和: ¥42,500

图 20-37　获取其他员工的基本工资

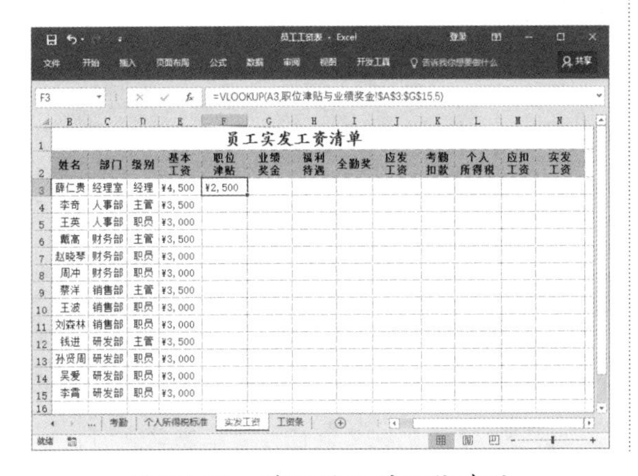

F3 =VLOOKUP(A3,职位津贴与业绩奖金!$A$3:$G$15,5)

员工实发工资清单

姓名	部门	级别	基本工资	职位津贴	业绩奖金	福利待遇	全勤奖	应发工资	考勤扣款	个人所得税	应扣工资	实发工资
薛仁贵	经理室	经理	¥4,500	¥2,500								
李奇	人事部	主管	¥3,500									
王英	人事部	职员	¥3,000									
戴高	财务部	主管	¥3,500									
赵晓琴	财务部	职员	¥3,000									
周冲	财务部	职员	¥3,000									
蔡洋	销售部	主管	¥3,500									
王波	销售部	职员	¥3,000									
刘森林	销售部	职员	¥3,000									
钱进	研发部	主管	¥3,500									
孙贤周	研发部	职员	¥3,000									
吴爱	研发部	职员	¥3,000									
李霄	研发部	职员	¥3,000									

图 20-38　获取员工的职位津贴

步骤 5 利用填充柄的快速填充功能，将 F3 单元格中的公式应用到其他单元格中，获取其他员工的职位津贴金额，如图 20-39 所示。

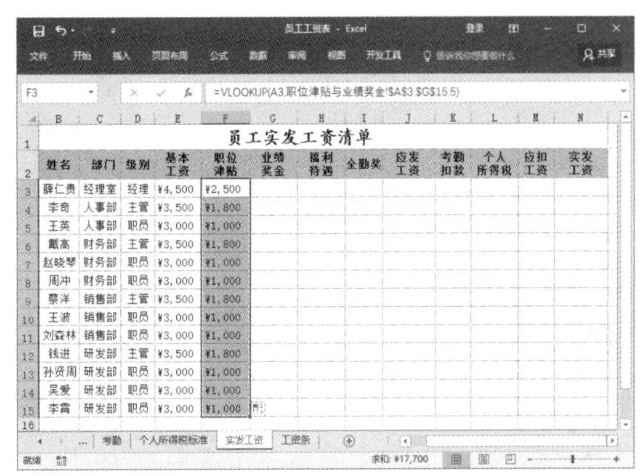

F3 =VLOOKUP(A3,职位津贴与业绩奖金!$A$3:$G$15,5)

员工实发工资清单

姓名	部门	级别	基本工资	职位津贴	业绩奖金	福利待遇	全勤奖	应发工资	考勤扣款	个人所得税	应扣工资	实发工资
薛仁贵	经理室	经理	¥4,500	¥2,500								
李奇	人事部	主管	¥3,500	¥1,800								
王英	人事部	职员	¥3,000	¥1,000								
戴高	财务部	主管	¥3,500	¥1,800								
赵晓琴	财务部	职员	¥3,000	¥1,000								
周冲	财务部	职员	¥3,000	¥1,000								
蔡洋	销售部	主管	¥3,500	¥1,800								
王波	销售部	职员	¥3,000	¥1,000								
刘森林	销售部	职员	¥3,000	¥1,000								
钱进	研发部	主管	¥3,500	¥1,800								
孙贤周	研发部	职员	¥3,000	¥1,000								
吴爱	研发部	职员	¥3,000	¥1,000								
李霄	研发部	职员	¥3,000	¥1,000								

求和: ¥17,700

图 20-39　获取其他员工的职位津贴

步骤 6 获取业绩奖金金额。在“实发工资”工作表中选中单元格 G3，在其中输入公式“=VLOOKUP(A3, 职位津贴与业绩奖金 !$A$3:$G$15,6)”，按 Enter 键，即可从“职位津贴与业绩奖金”工作表中查找并获取员工“薛仁贵”的业绩奖金金额，如图 20-40 所示。

G3 =VLOOKUP(A3,职位津贴与业绩奖金!$A$3:$G$15,6)

员工实发工资清单

姓名	部门	级别	基本工资	职位津贴	业绩奖金	福利待遇	全勤奖	应发工资	考勤扣款	个人所得税	应扣工资	实发工资
薛仁贵	经理室	经理	¥4,500	¥2,500	¥2,000							
李奇	人事部	主管	¥3,500	¥1,800								
王英	人事部	职员	¥3,000	¥1,000								
戴高	财务部	主管	¥3,500	¥1,800								
赵晓琴	财务部	职员	¥3,000	¥1,000								
周冲	财务部	职员	¥3,000	¥1,000								
蔡洋	销售部	主管	¥3,500	¥1,800								
王波	销售部	职员	¥3,000	¥1,000								
刘森林	销售部	职员	¥3,000	¥1,000								
钱进	研发部	主管	¥3,500	¥1,800								
孙贤周	研发部	职员	¥3,000	¥1,000								
吴爱	研发部	职员	¥3,000	¥1,000								
李霄	研发部	职员	¥3,000	¥1,000								

图 20-40　获取员工业绩奖金

步骤 7 利用填充柄的快速填充功能，将 G3 单元格中的公式应用到其他单元格中，获取其他员工的业绩奖金金额，如图 20-41 所示。

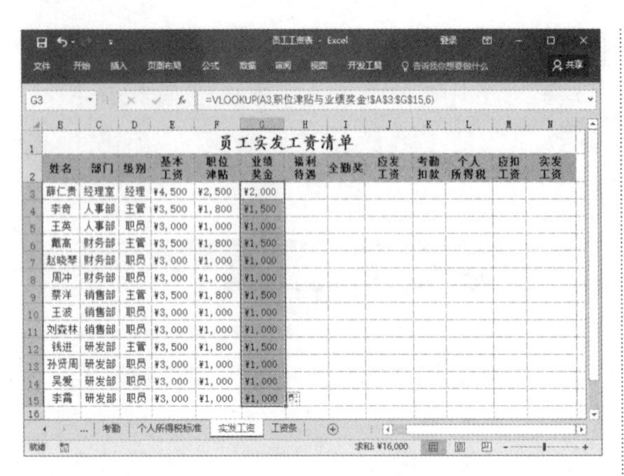

图 20-41　获取其他员工的业绩奖金

步骤 8 获取福利待遇金额。在“实发工资”工作表中选中单元格 H3，在其中输入公式“=VLOOKUP(A3, 福利 !$A$3:$I$15,9)”，按 Enter 键，即可从“福利”工作表中查找并获取员工“薛仁贵”的福利待遇金额，如图 20-42 所示。

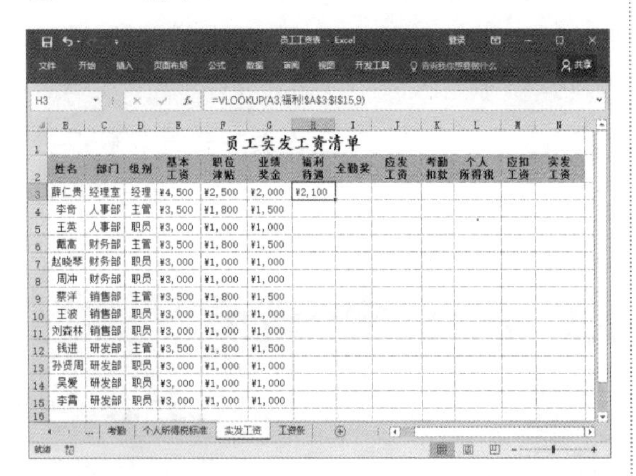

图 20-42　获取员工福利待遇

步骤 9 利用填充柄的快速填充功能，将 H3 单元格中的公式应用到其他单元格中，获取其他员工的福利待遇金额，如图 20-43 所示。

步骤 10 获取全勤奖金额。在“实发工资”工作表中选中单元格 I3，在其中输入公式“=VLOOKUP(B3, 考 勤 !A$3:F$15, 6, FALSE)”，按 Enter 键，即可从“考勤”工作表中查找并获取员工“薛仁贵”的全勤奖金额，如图 20-44 所示。

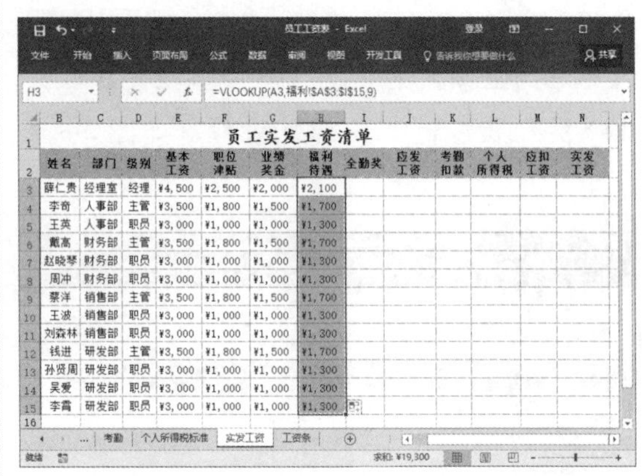

图 20-43　获取其他员工的福利待遇

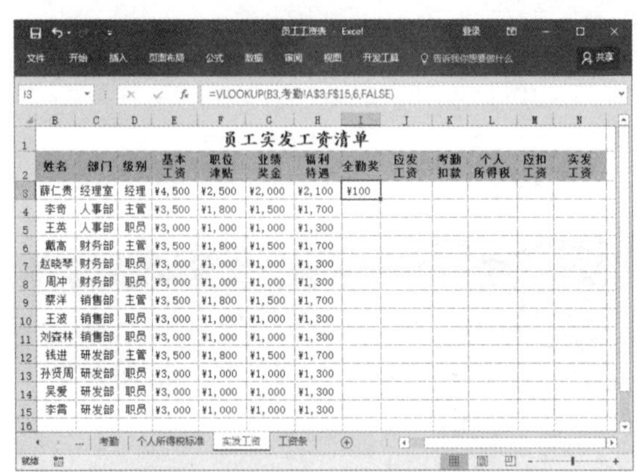

图 20-44　获取员工全勤奖金额

步骤 11 利用填充柄的快速填充功能，将 I3 单元格中的公式应用到其他单元格中，获取其他员工的全勤奖金额，如图 20-45 所示。

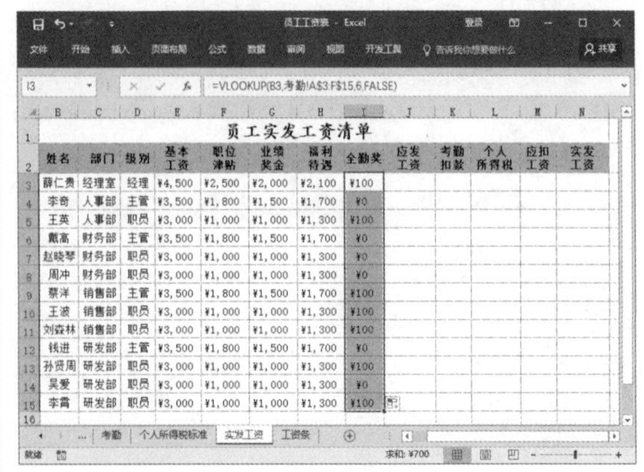

图 20-45　获取其他员工的全勤奖金额

步骤 12 计算应发工资金额。在“实发工资”

工作表中选中单元格 J3，在其中输入公式“=SUM(E3:I3)”，按 Enter 键，即可计算出员工“薛仁贵”的应发工资金额，如图 20-46 所示。

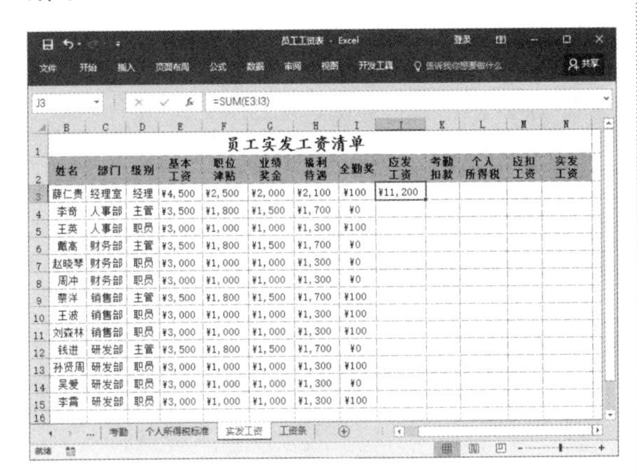

图 20-46　获取“薛仁贵”的应发工资金额

步骤 13 利用填充柄的快速填充功能，将 J3 单元格中的公式应用到其他单元格中，计算其他员工的应发工资金额，如图 20-47 所示。

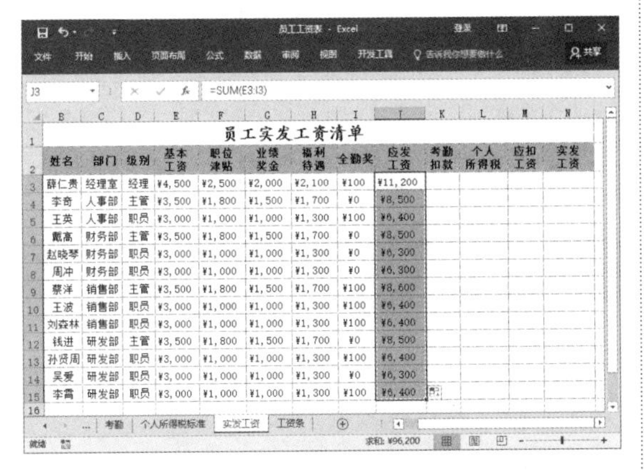

图 20-47　获取其他员工的应发工资金额

20.4.2 计算应扣个人所得税金额

个人所得税是国家法律规定的，在月收入达到一定金额后需要向国家税务部门缴纳一部分税款。其计算公式为：应缴个人所得税 =（月应税收入 -3500）× 税率 - 速算扣除数。具体的应缴个人所得税标准如图 20-48 所示。

应缴个人所得税标准			
起征点	3500		
应纳税所得额	月应税收入－起征点		
级数	含税级距	税率	速算扣除数
1	不超过1500元	0.03	0
2	超过1500元～4500元的部分	0.1	105
3	超过4500元～9000元的部分	0.2	555
4	超过9000元～35000元的部分	0.25	1005
5	超过35000元～55000元的部分	0.3	2755
6	超过55000元～80000元的部分	0.35	5505
7	超过80000元的部分	0.45	13505

图 20-48　个人所得税应缴标准

提示 月应税收入是指在工资应得基础上，减去按标准扣除的养老保险、医疗保险和住房公积金等免税项目后的金额。本例中没有包含养老保险等，因此这里月应税收入等于应发工资减去考勤扣款后的金额。注意，这里规定考勤扣款为税前扣除，该项可由公司自行决定是税前扣除还是税后扣除。

若要计算应扣个人所得税，首先应获取考勤扣款，从而计算出月应税收入，然后依据上述公式计算个人所得税。具体的操作步骤如下。

步骤 1 获取考勤扣款。在“实发工资”工作表中选中单元格 K3，在其中输入公式“=VLOOKUP(B3,考勤!A$3:F$15,5,FALSE)”，按 Enter 键，即可从“考勤”工作表中查找并获取员工“薛仁贵”的考勤扣款金额，如图 20-49 所示。

步骤 2 利用填充柄的快速填充功能，将 K3 单元格中的公式应用到其他单元格中，获取其他员工的考勤扣款金额，如图 20-50 所示。

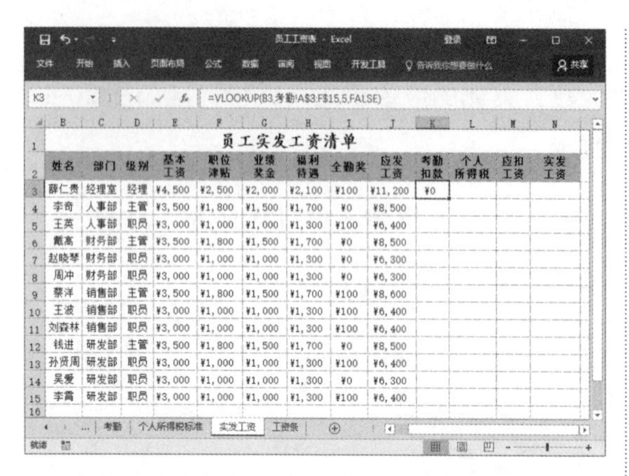

图 20-49　计算“薛仁贵”的考勤扣款金额

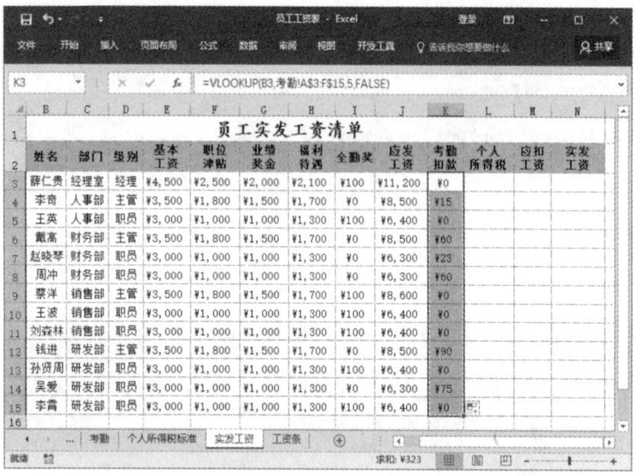

图 20-50　计算其他员工的考勤扣款金额

步骤 3 计算个人所得税。在“实发工资”工作表中选中单元格 L3，在其中输入公式“=ROUND(MAX((J3-K3-3500)*{0.03, 0.1, 0.2,0.25,0.3,0.35,0.45}-{0,105,555,1005, 2755,5505,13505},0),2)”，按 Enter 键，即可计算员工“薛仁贵”应缴的个人所得税，如图 20-51 所示。

> **提示**
>
> ROUND 函数可将数值四舍五入，后面的“2”表示四舍五入后要保留两位小数。

步骤 4 利用填充柄的快速填充功能，将 L3 单元格中的公式应用到其他单元格中，计算其他员工应缴的个人所得税，如图 20-52 所示。

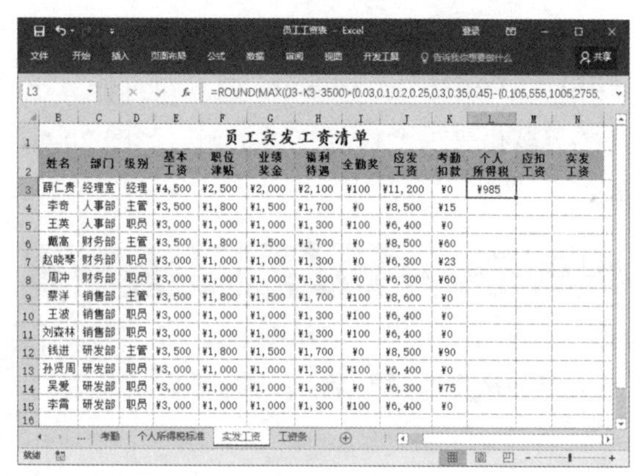

图 20-51　计算“薛仁贵”当月应扣的个人所得税

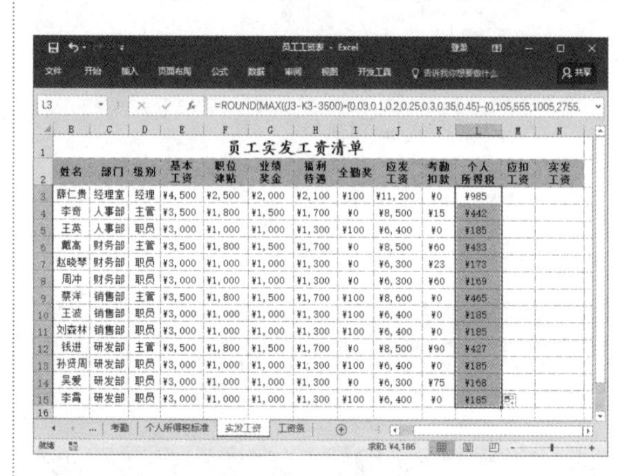

图 20-52　计算其他员工当月应扣的个人所得税

20.4.3 计算每位员工当月实发工资金额

在统计出影响员工当月实发工资的相关因素金额后，就能很容易地统计出员工当月实发工资，具体的操作步骤如下。

步骤 1 计算员工的应扣工资。在“实发工资”工作表中选中单元格 M3，在其中输入公式“=SUM(K3:L3)”，按 Enter 键，即可计算出员工“薛仁贵”当月的应扣工资，如图 20-53 所示。

步骤 2 利用填充柄的快速填充功能，将 M3 单元格中的公式应用到其他单元格中，计算其他员工当月的应扣工资，如图 20-54

所示。

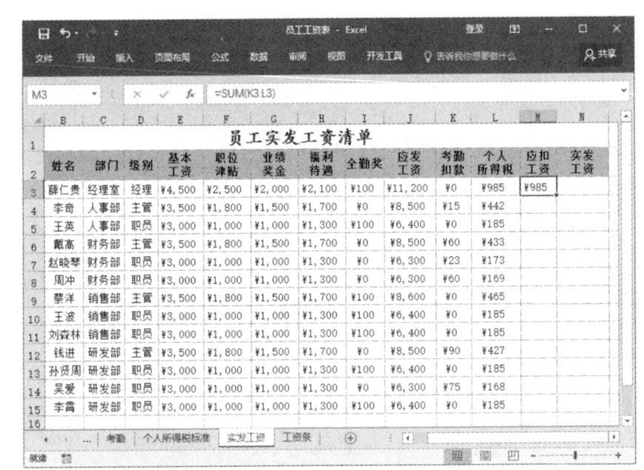

图 20-53 计算“薛仁贵”的应扣工资

图 20-54 计算其他员工的应扣工资

步骤 3 计算员工的实发工资。在“实发工资”工作表中选中单元格 N3，在其中输入公式“=J3-M3”，按 Enter 键，即可计算出员工“薛仁贵”当月的实发工资，如图 20-55 所示。

步骤 4 利用填充柄的快速填充功能，将 N3 单元格中的公式应用到其他单元格中，计算其他员工当月的实发工资，如图 20-56 所示。

图 20-55 计算“薛仁贵”当月的实发工资

图 20-56 计算其他员工的当月实发工资

20.4.4 创建每位员工的工资条

大多数公司在发工资时，会给员工发工资条，这样员工可以一目了然地知道自己当月的工资明细。在创建工资条前，须在员工工资表中建立“工资条”工作表，如图 20-57 所示。

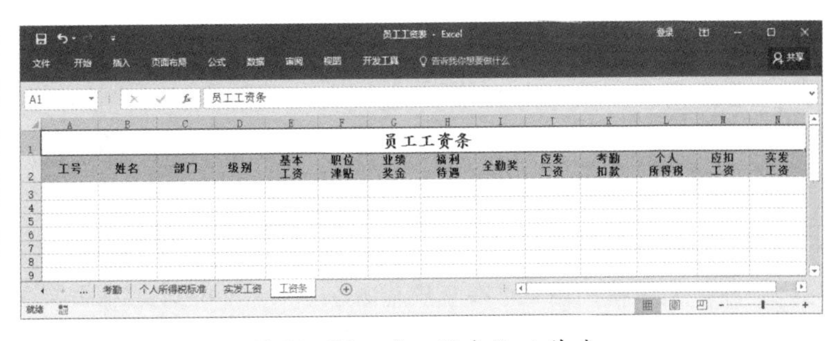

图 20-57 “工资条”工作表

下面使用 VLOOKUP 函数获取每位员工相对应的工资信息。具体的操作步骤如下。

步骤 1 获取工号为“F1042001”的员工工资条信息。在工作表的 A3 单元格中输入工号“F1042001”，如图 20-58 所示。

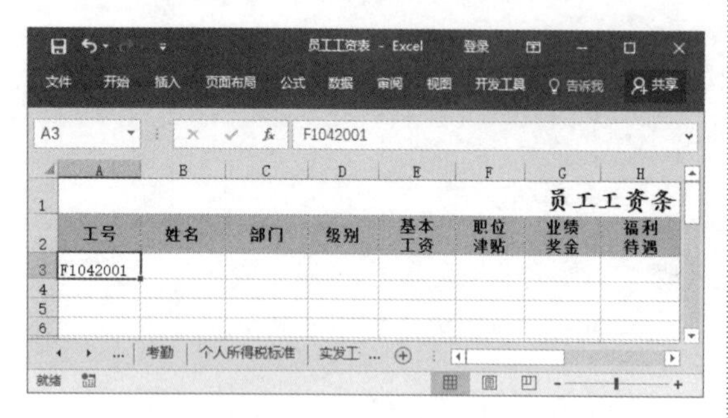

图 20-58 输入工号

步骤 2 选中单元格B3，在其中输入公式“=VLOOKUP(A3, 实发工资！$A$3: $N$15,2)”，按 Enter 键，即可获取工号为“F1042001”的员工姓名，如图 20-59 所示。

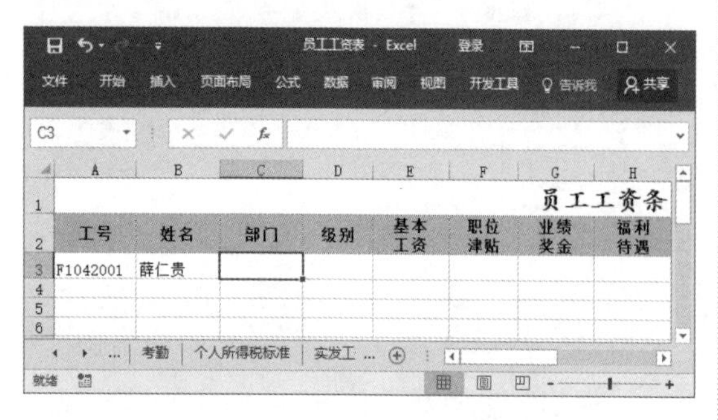

图 20-59 获取员工的姓名

步骤 3 选中单元格 C3，在其中输入公式“=VLOOKUP(A3, 实发工资！$A$3: $N$15,3)”，按 Enter 键，即可获取工号为“F1042001”的员工部门，如图 20-60 所示。

步骤 4 选中单元格 D3，在其中输入公式“=VLOOKUP(A3, 实发工资！$A$3: $N$15,4)”，按 Enter 键，即可获取工号为“F1042001”的员工级别，如图 20-61 所示。

步骤 5 选中单元格 E3，在其中输入公式“=VLOOKUP(A3, 实发工资！$A$3: $N$15,5)”，按 Enter 键，即可获取工号为“F1042001”的员工基本工资，如图 20-62 所示。

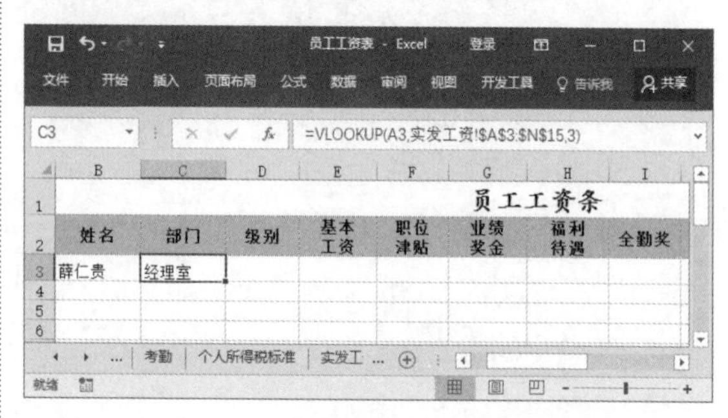

图 20-60 获取员工所属部门

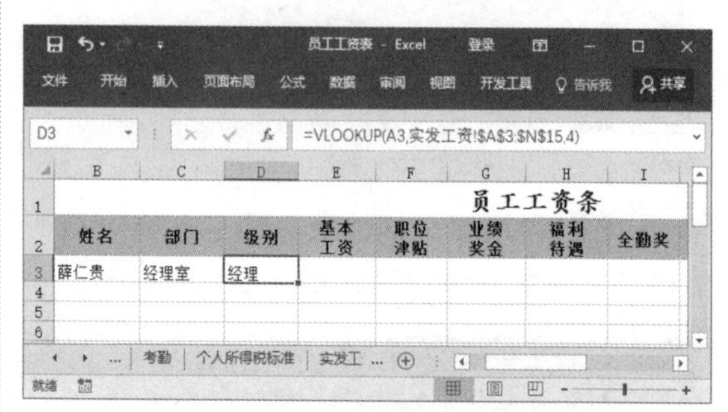

图 20-61 获取员工的级别

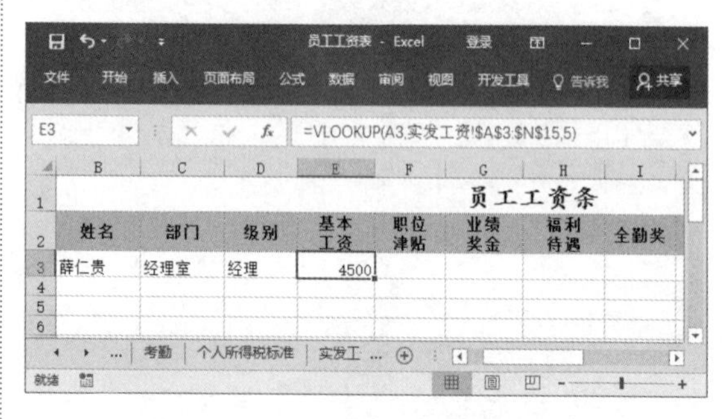

图 20-62 获取员工的基本工资

步骤 6 选中单元格F3，在其中输入公式“=VLOOKUP(A3, 实发工资！$A$3: $N$15,6)”，按 Enter 键，即可获取工号为“F1042001”的员工职位津贴，如图 20-63 所示。

步骤 7 选中单元格G3，在其中输入公式“=VLOOKUP(A3, 实发工资！$A$3: $N$15,7)”，按 Enter 键，即可获取工号为“F1042001”的员工业绩奖金，如图 20-64 所示。

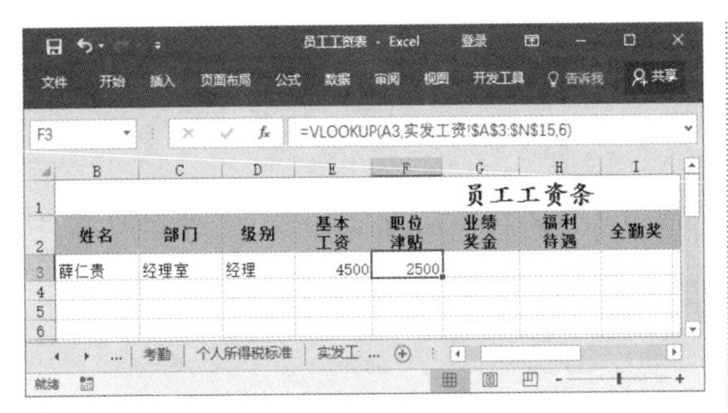

图 20-63 获取员工的职位津贴

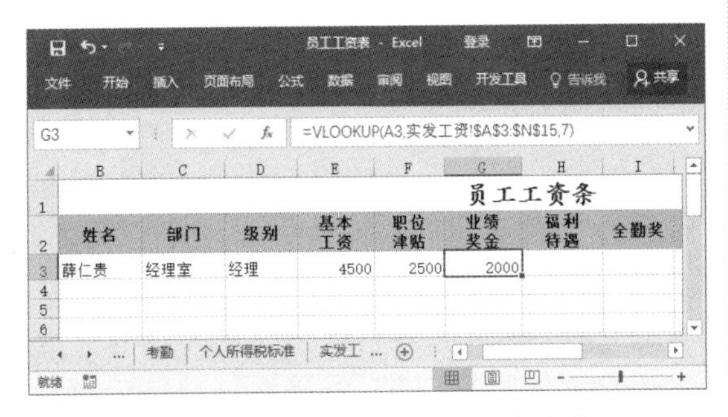

图 20-64 获取员工的业绩奖金

步骤 8 选中单元格H3，在其中输入公式"=VLOOKUP(A3,实发工资！$A$3: $N$15,8)"，按 Enter 键，即可获取工号为"F1042001"的员工福利待遇，如图 20-65 所示。

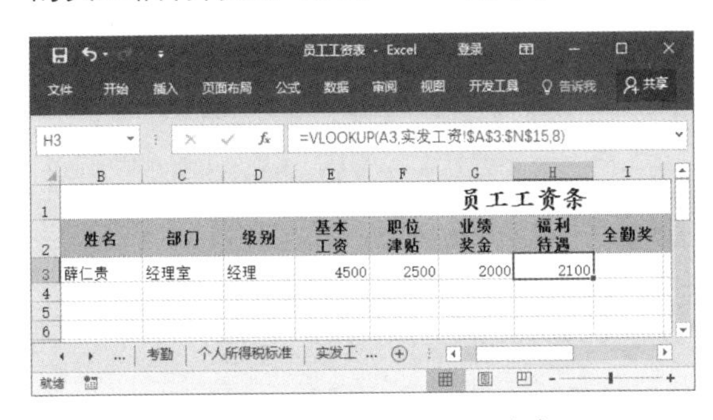

图 20-65 获取员工的福利待遇

步骤 9 选中单元格 I3，在其中输入公式"=VLOOKUP(A3,实发工资！$A$3: $N$15,9)"，按 Enter 键，即可获取工号为"F1042001"的员工全勤奖，如图 20-66 所示。

步骤 10 选中单元格 J3，在其中输入公式"=VLOOKUP(A3,实发工资！$A$3: $N$15,10)"，按 Enter 键，即可获取工号为"F1042001"的员工应发工资，如图 20-67 所示。

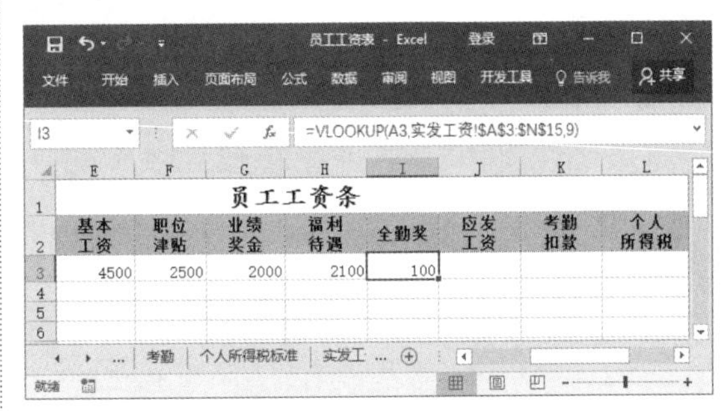

图 20-66 获取员工的全勤奖

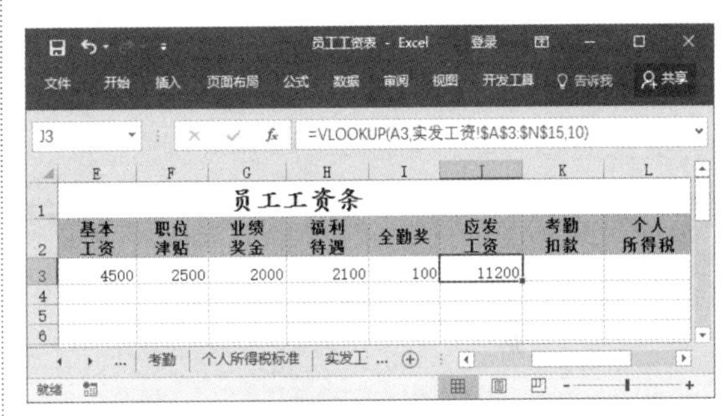

图 20-67 获取员工的应发工资

步骤 11 选中单元格K3，在其中输入公式"=VLOOKUP(A3,实发工资！$A$3: $N$15,11)"，按 Enter 键，即可获取工号为"F1042001"的员工考勤扣款，如图 20-68 所示。

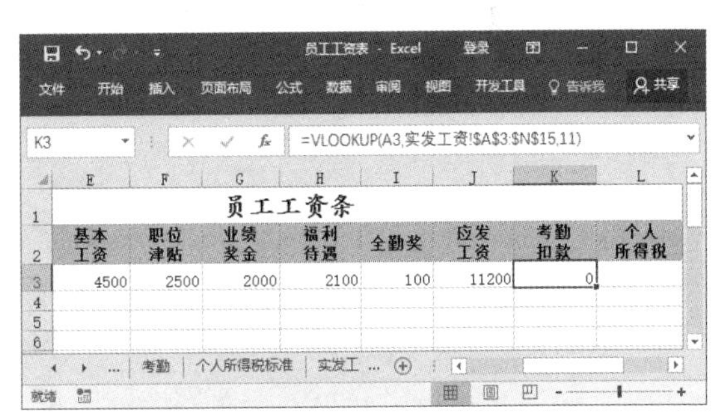

图 20-68 获取员工的考勤扣款

步骤 12 选中单元格 L3，在其中输入公式"=VLOOKUP(A3,实发工资！$A$3: $N$15,12)"，按 Enter 键，即可获取工号为"F1042001"的员工个人所得税，如图 20-69 所示。

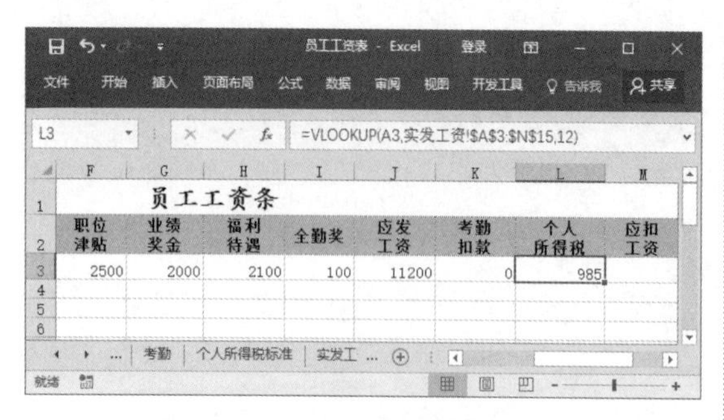

图 20-69　获取员工个人所得税

步骤 13 选中单元格 M3，在其中输入公式“=VLOOKUP(A3, 实发工资！$A$3: $N$15, 13)”，按 Enter 键，即可获取工号为“F1042001”的员工应扣工资，如图 20-70 所示。

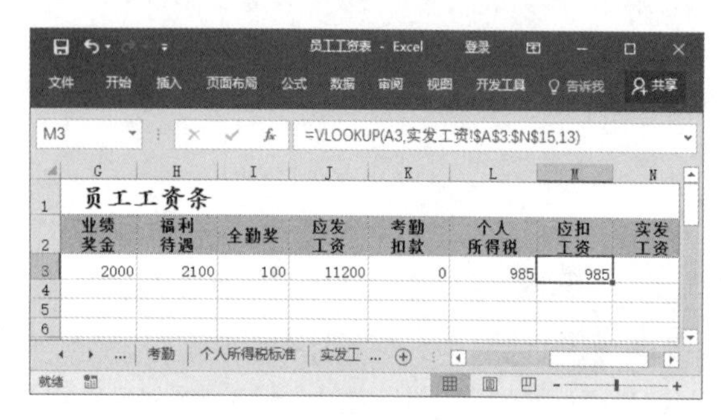

图 20-70　获取员工的应扣工资

步骤 14 选中单元格 N3，在其中输入公式“=VLOOKUP(A3, 实发工资！$A$3: $N$15,14)”，按 Enter 键，即可获取工号为“F1042001”的员工实发工资，如图 20-71 所示。

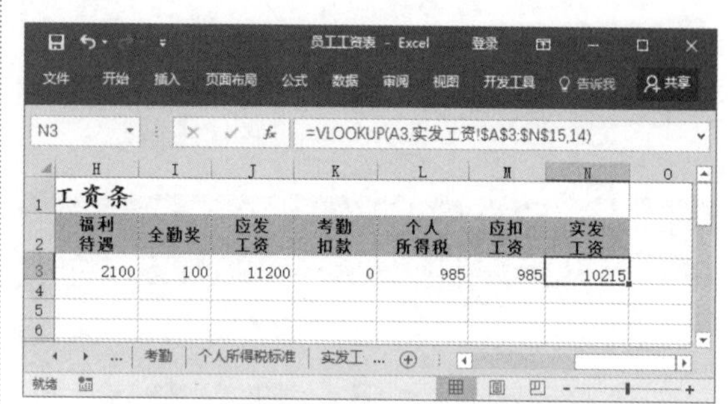

图 20-71　获取员工的实发工资

步骤 15 快速创建其他员工的工资条。选中单元格区域 A2:N3，将光标定位在区域右下角的方块上，当鼠标指针变成+状时，向下拖动鼠标，即可得到其他员工的工资条，如图 20-72 所示。

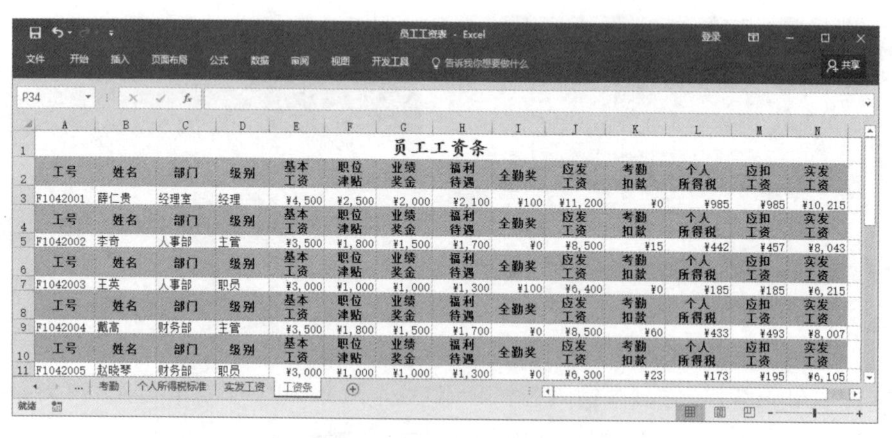

图 20-72　获取所有员工的工资条

注意，须将单元格区域 E3:N3 的格式设置为货币格式。

工资条创建完成后，需要设置打印纸张、页边距、打印方向等。设置完成后，将工资条打印出来，并裁剪成一张张的小纸条，即可得到每位员工的工资条。

第 6 篇

高手办公秘籍

高效办公是各个公司所追逐的目标和要求，也是对办公人员使用电脑最基本的技能要求。本篇将学习和探讨使用 Excel 2016 提高工作效率的方法、Excel 2016 与其他组件的协同办公、Excel 2016 数据的共享与安全。

使用宏的自动化功能提升工作效率

- **本章导读**

宏可以执行任意次数的一个操作或一组操作。宏的最大优点：如果在 Excel 中需要重复执行多个任务，就可以录制一个宏来自动执行。本章将为读者介绍使用宏自动化功能处理数据的方法。

- **学习目标**

◎ 了解宏的基本概念

◎ 掌握宏的基本操作

◎ 掌握管理宏的方法

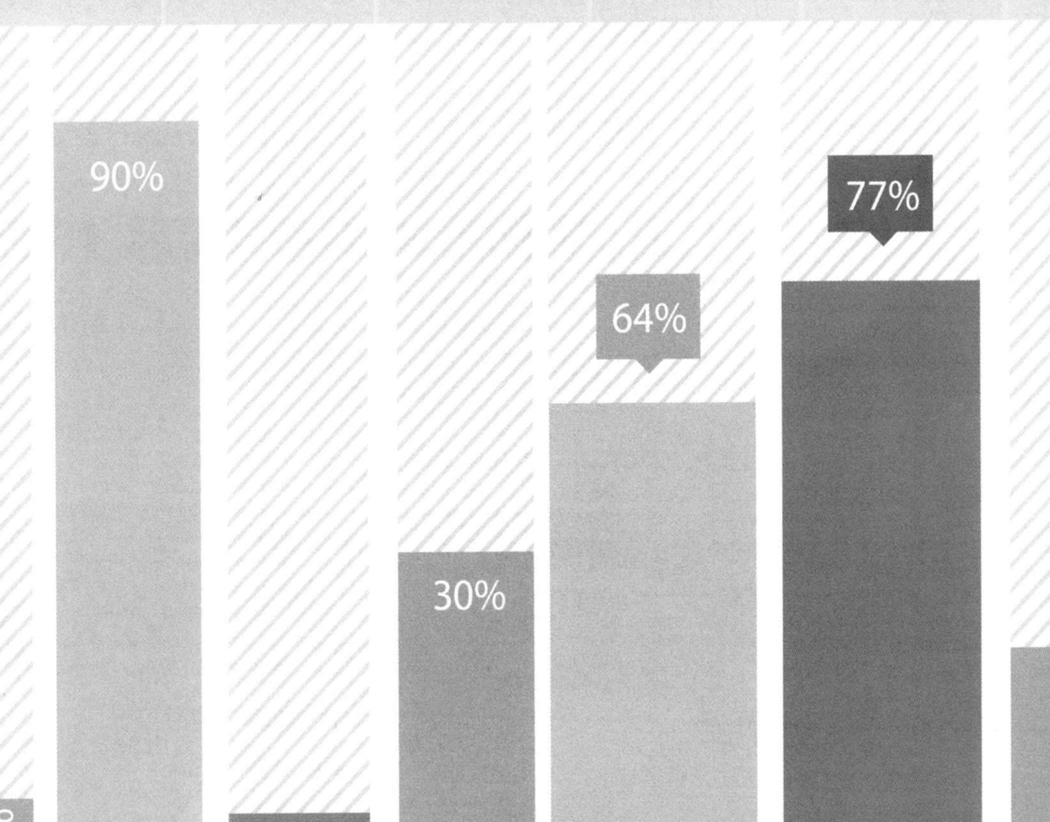

21.1 宏的基本概念

宏是通过一次单击就可以应用的命令集，它几乎可以自动完成用户在程序中执行的任何操作，甚至还可以执行用户认为不可能的任务。

21.1.1 什么是宏

在 Excel 的【视图】选项卡中单击【宏】按钮，在弹出的下拉菜单中包含了常见的宏操作，如图 21-1 所示。

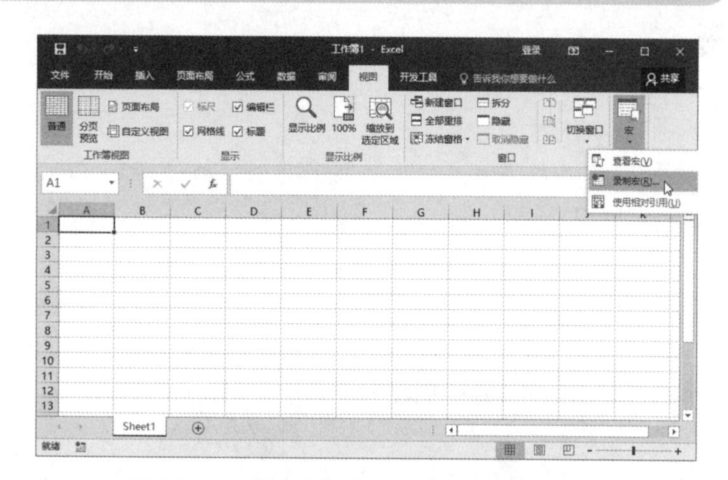

图 21-1　【视图】选项卡中的【宏】按钮

由于工作需要，每天都在使用 Excel 进行表格的编制、数据的统计等，每一种操作都可称为一个过程。在这个过程中，经常需要进行很多重复性的操作，如何让这些操作自动重复执行呢？ Excel 中的宏恰好能解决这类问题。

宏不仅可以节省时间，还可以扩展日常使用的程序。使用宏既可以自动执行重复的文档制作任务，简化烦冗的操作，还可以创建解决方案。VBA 高手们可以使用宏创建包括模板、对话框在内的自定义外接程序，甚至可以存储信息以便重复使用。

从更专业的角度来说，宏是保存在“Visual Basic”模块中的一组代码，正是这些代码驱动着操作的自动执行。当单击按钮时，这些代码组成的宏就会执行代码记录的操作，如图 21-2 所示。

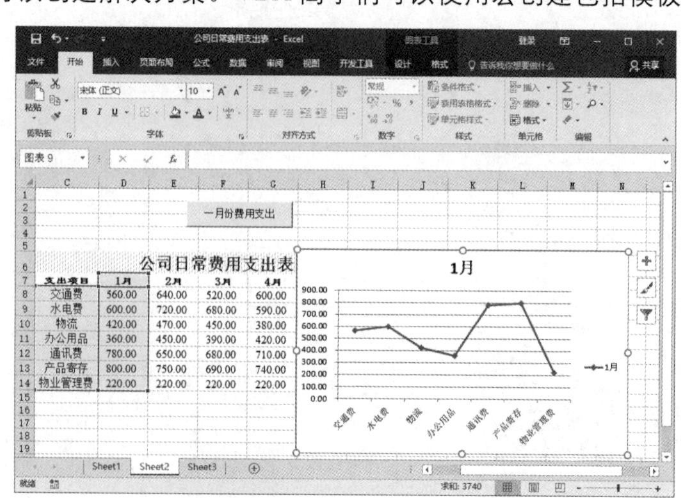

图 21-2　单击按钮执行宏操作

单击【开发工具】选项卡中【代码】组中的 Visual Basic 按钮，即可打开 VBA 的代码窗口，用户可以看到宏的具体代码，如图 21-3 所示。

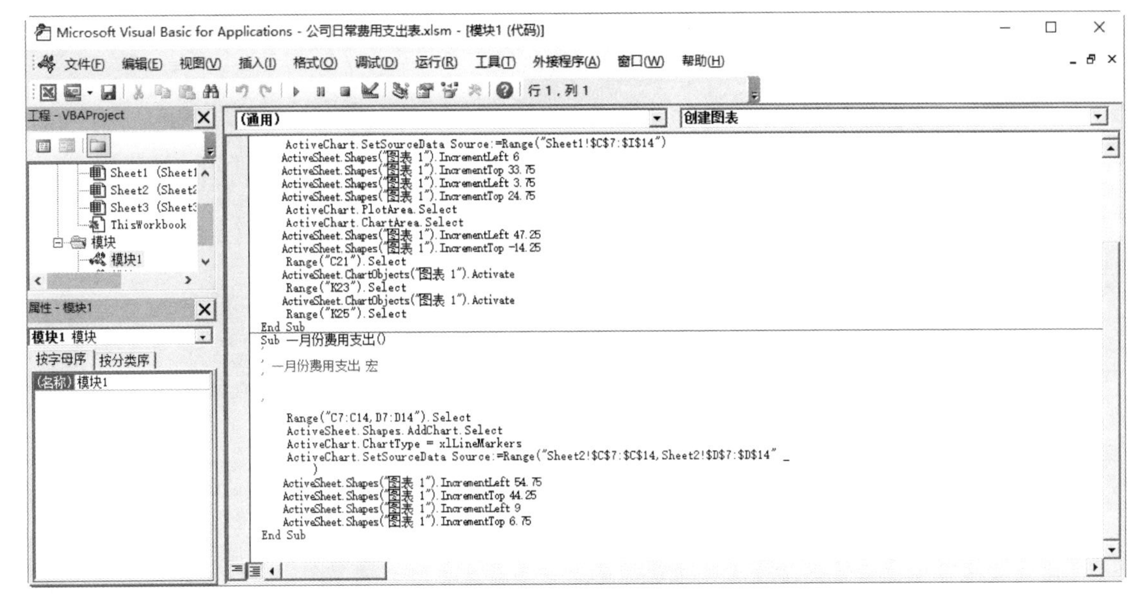

图 21-3　宏的代码

21.1.2 宏的开发工具

创建宏的过程中，需要用到 Excel 2016 的【开发工具】选项卡。默认情况下，【开发工具】选项卡并不显示。下面讲述如何添加【开发工具】选项卡。

步骤 1 启动 Excel 2016，选择【文件】选项卡即可打开如图 21-4 所示的界面。

步骤 2 选择【选项】命令，弹出【Excel 选项】对话框，在左侧选择【自定义功能区】选项，在右侧的【自定义功能区】中选中【开发工具】复选框，单击【确定】按钮，如图 21-5 所示。

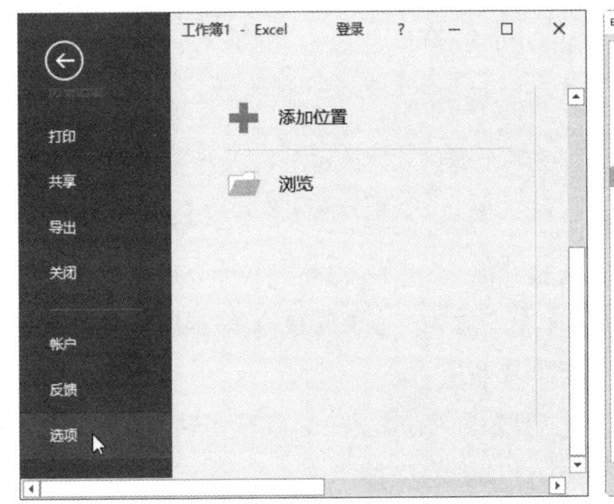

图 21-4　【文件】界面

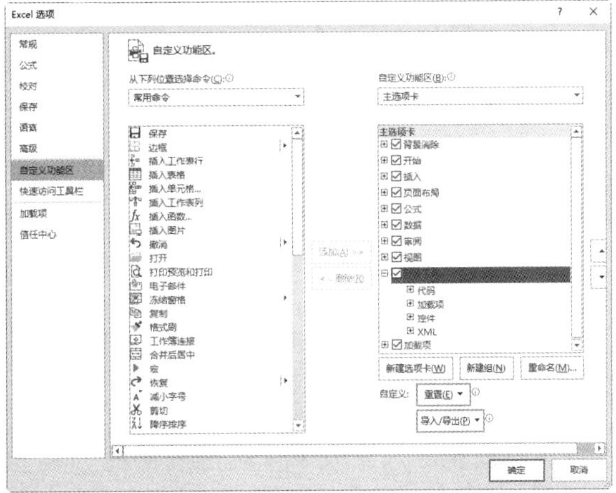

图 21-5　【Excel 选项】对话框

步骤 3 此时已在 Excel 工作界面中成功添加了【开发工具】选项卡，如图 21-6 所示。

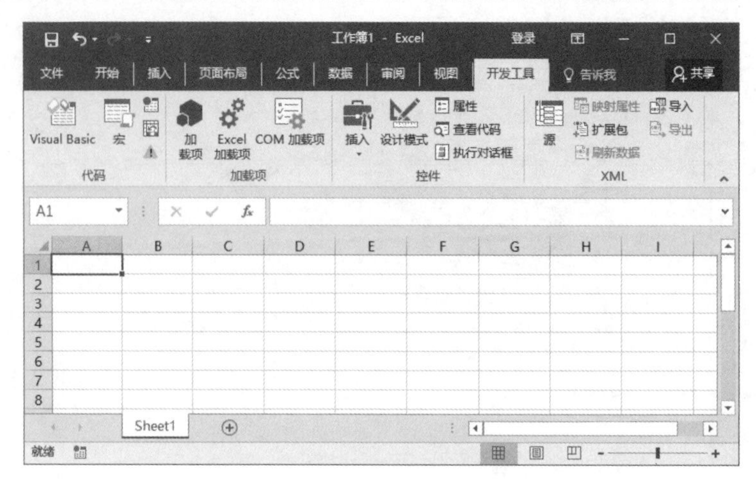

图 21-6 【开发工具】选项卡

21.2 宏的基本操作

对于宏的基本操作主要包括录制宏、编辑宏和运行宏等，本节介绍宏的基本操作。

21.2.1 录制宏

在 Excel 中制作宏的方法有两种，一种是利用宏录入器录制宏，一种是在 VBA 程序编辑窗口中直接手动输入代码编写宏。录制宏和编写宏有以下两点区别。

（1）录制宏是用录制的方法形成自动执行的宏；编写的宏是在 VBA 编辑器中通过手工输入 VBA 代码。

（2）录制宏只能执行和原来完全相同的操作；编写的宏可以识别不同的情况以执行不同的操作。编写的宏要比录制的宏在处理复杂操作时更灵活。

1. 利用宏录入器录制宏

下面录制一个修改单元格底纹的宏，具体操作步骤如下。

步骤 1 新建空白工作簿，选中 A1 单元格，选择【开发工具】选项卡，在【代码】组中单击【录制宏】按钮，如图 21-7 所示。

图 21-7 单击【录制宏】按钮

步骤 2 弹出【录制宏】对话框，在【宏名】文本框中输入“修改底纹”，单击【确定】按钮，如图 21-8 所示。

在【保存在】下拉列表框中共有 3 个选项，各个选项的含义如下。

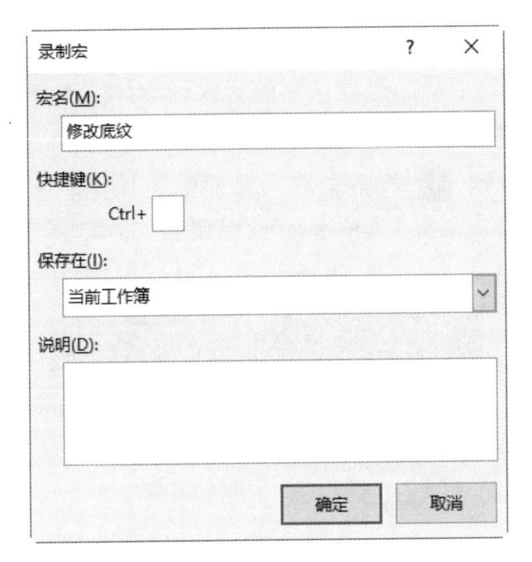

图 21-8　【录制宏】对话框

☆　【当前工作簿】选项：表示只有当该工作簿打开时，录制的宏才可以使用。

☆　【新工作簿】选项：表示录制的宏只能在新工作簿中使用。

☆　【个人宏工作簿】选项：表示录制的宏可以在多个工作簿中使用。

步骤 3 右击 A1 单元格，在弹出的快捷菜单中选择【设置单元格格式】命令，如图 21-9 所示。

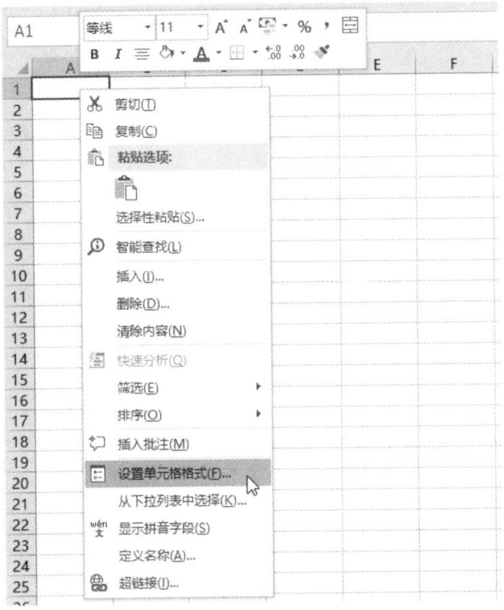

图 21-9　选择【设置单元格格式】命令

步骤 4 弹出【设置单元格格式】对话框。选择【填充】选项卡，然后设置背景颜色为红色、图案颜色为绿色，单击【确定】按钮，如图 21-10 所示。

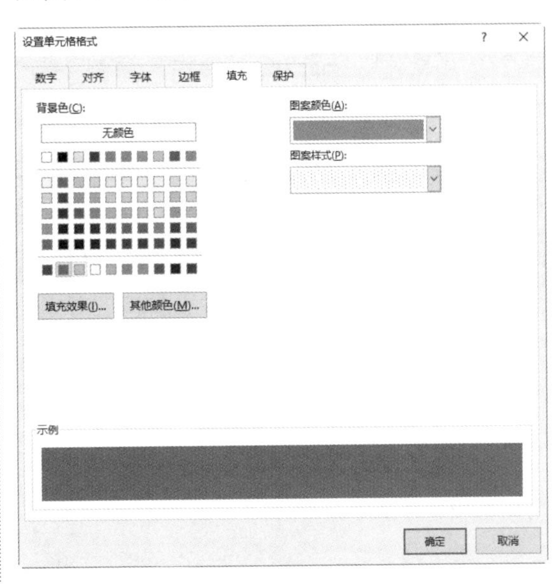

图 21-10　【设置单元格格式】对话框

步骤 5 此时 A1 单元格的底纹颜色已发生了变化。单击【代码】组中【停止录制】按钮，即可完成宏的录制，如图 21-11 所示。

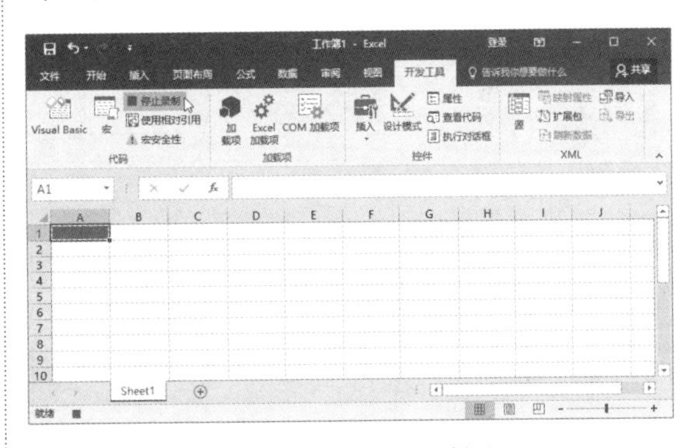

图 21-11　停止录制宏

注意　如果用户忘记停止宏的录制，系统将会继续录制用户接下来的所有操作，直到关闭工作簿或退出 Excel 应用程序为止。

2. 直接在 VBE 环境中输入代码

用户直接在 VBE 环境中输入宏代码的具体操作步骤如下。

步骤 1 选择【开发工具】选项卡，在【代码】组中单击 Visual Basic 按钮，如图 21-12 所示。

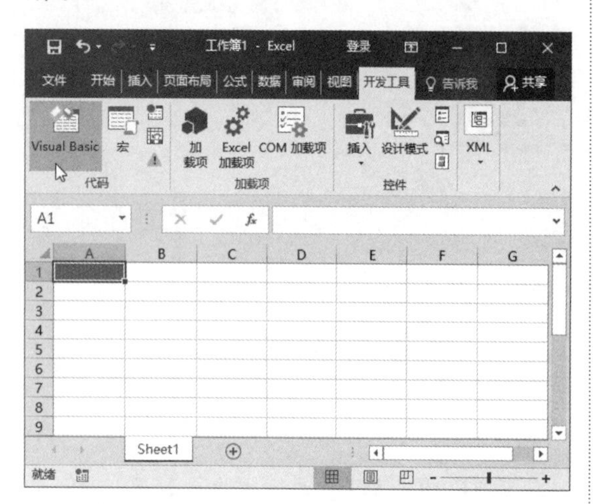

图 21-12 单击 Visual Basic 按钮

步骤 2 此时已进入 VBE 环境，用户可快速输入相关宏代码，如图 21-13 所示。

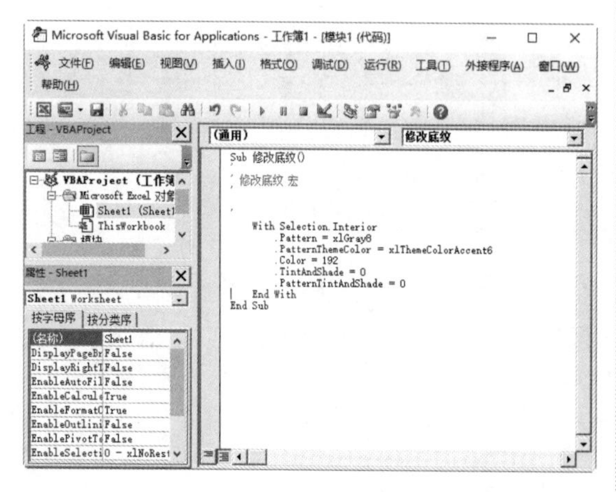

图 21-13 VBE 环境界面

21.2.2 编辑宏

在创建好一个宏之后，要想对其进行修改，可以进入 VBE 编辑窗口中查看其相应的代码信息。查看录制的宏代码的具体操作步骤如下。

步骤 1 打开含有录制宏的工作簿，选择【开发工具】选项卡，在【代码】组中单击【宏】按钮，如图 21-14 所示。

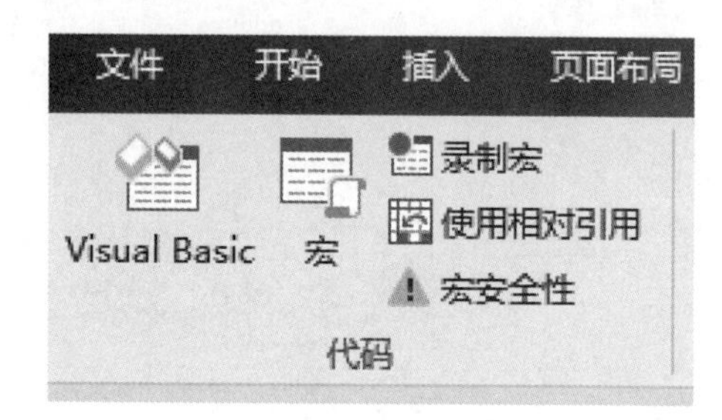

图 21-14 单击【宏】按钮

步骤 2 弹出【宏】对话框，选择需要查看代码的宏，单击【编辑】按钮，如图 21-15 所示。

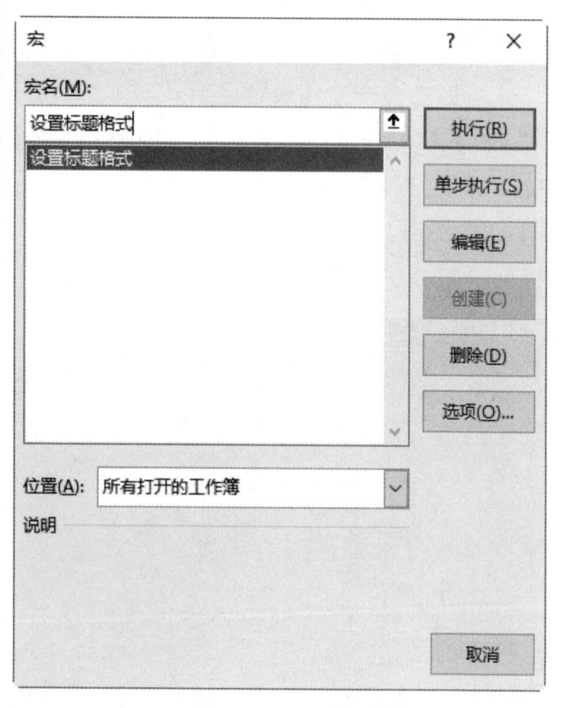

图 21-15 【宏】对话框

步骤 3 进入 VBE 编辑环境，即可查看宏的相关代码，如图 21-16 所示。

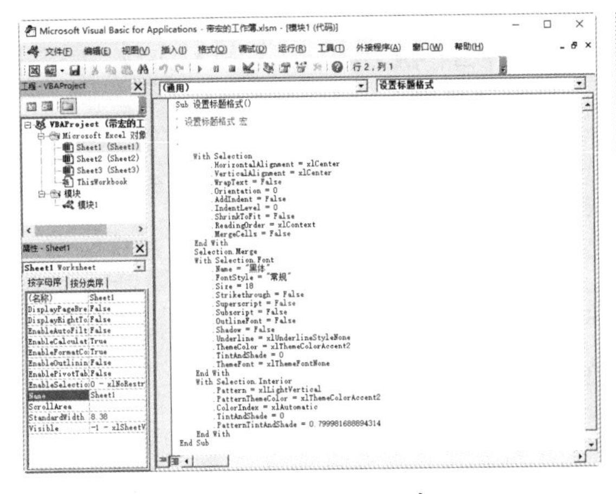

图 21-16 VBE 环境

步骤 4 如果想删除宏，用户可以在进行步骤 2 时单击【删除】按钮，弹出警告对话框，单击【是】按钮，即可删除不需要的宏，如图 21-17 所示。

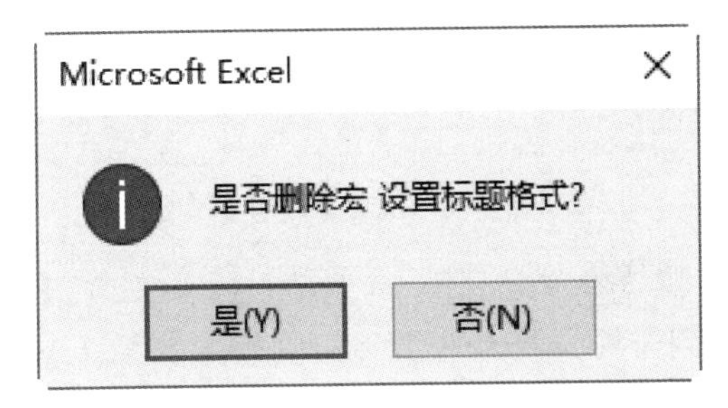

图 21-17 警告对话框

21.2.3 运行宏

宏录制成功后，就需要验证宏的正确性。验证宏的过程，也即运行宏的过程。在 Excel 2016 中，用户可以采用多种方法快捷运行宏。

1. 使用【宏】对话框运行宏

通过【宏】对话框执行宏的具体操作步骤如下。

步骤 1 在【开发工具】选项卡的【代码】组中单击【宏】按钮，即可打开【宏】对话框，选择需要运行的宏，单击【执行】按钮，如图 21-18 所示。

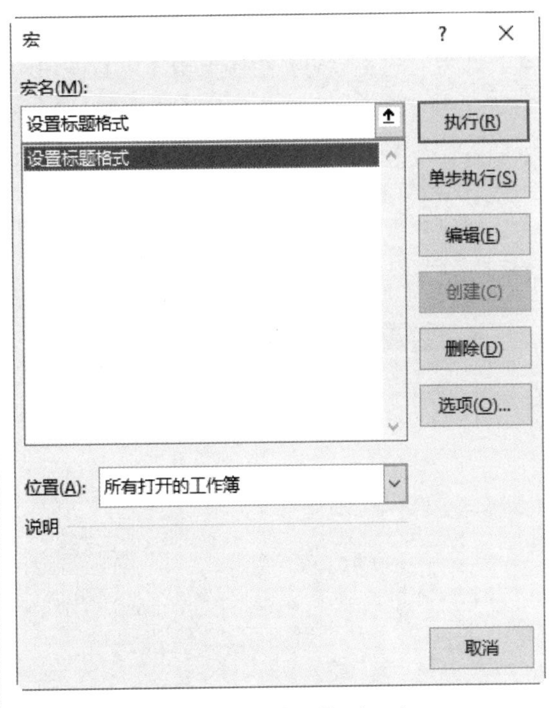

图 21-18 【宏】对话框

步骤 2 此时可看到执行宏后的效果，此宏的目的是设置表格的标题格式，如图 21-19 所示。

图 21-19 插入剪贴画效果

2. 使用快捷键运行宏

在 Excel 2016 中，用户可以为每一个宏指定一个快捷键，从而提高执行宏的效率，具体操作步骤如下。

步骤 1 打开包含宏的工作簿，在【开发工具】选项卡的【代码】组中单击【宏】按钮，即可打开【宏】对话框，选择需要添加快捷键的宏，单击【选项】按钮，如图 21-20 所示。

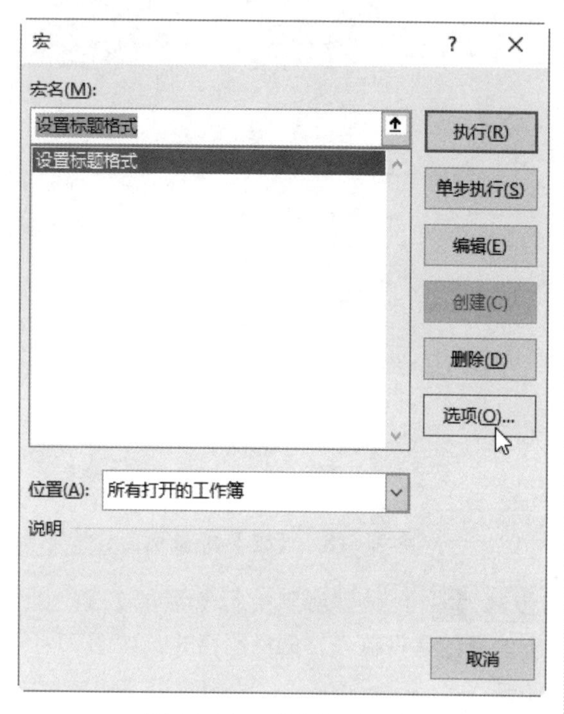

图 21-20 【宏】对话框

步骤 2 弹出【宏选项】对话框，在【快捷键】文本框中输入设置快捷键的字母，单击【确定】按钮，如图 21-21 所示。

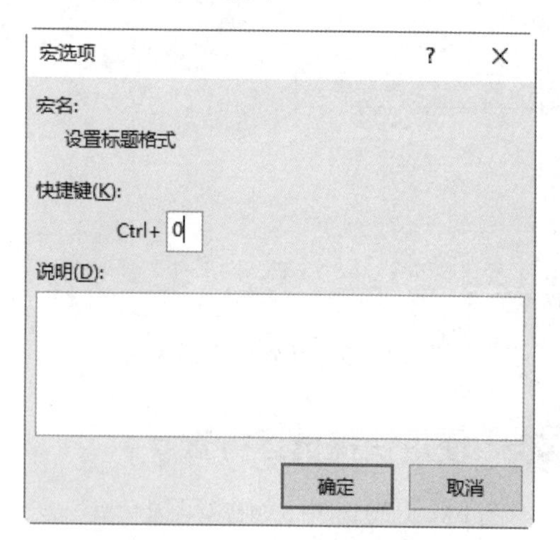

图 21-21 【宏选项】对话框

 3. 使用快速访问工具栏运行宏

对于经常使用的宏，用户可以将其放在快速访问工具栏中，这样可以提高工作效率。具体操作步骤如下。

步骤 1 打开包含宏的工作簿，选择【文件】→【选项】命令，如图 21-22 所示。

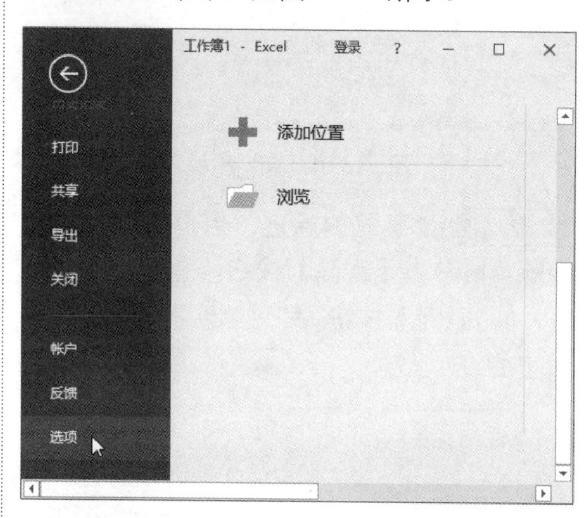

图 21-22 选择【选项】命令

步骤 2 弹出【Excel 选项】对话框，在【从下列位置选择命令】下拉列表中选择【宏】选项，如图 21-23 所示。

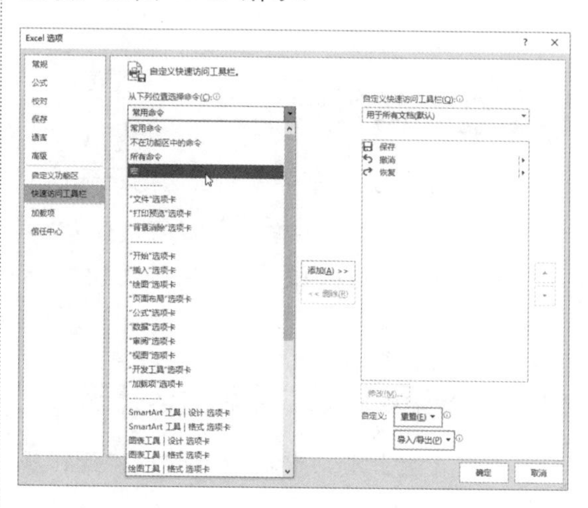

图 21-23 选择【宏】选项

步骤 3 选择需要添加的宏名称，例如选择【设置标题格式】，单击【添加】按钮，然后单击【确定】按钮，如图 21-24 所示。

步骤 4 此时在快速访问工具栏即可看到新添加的【设置标题格式】按钮，单击此按钮即可运行宏，如图 21-25 所示。

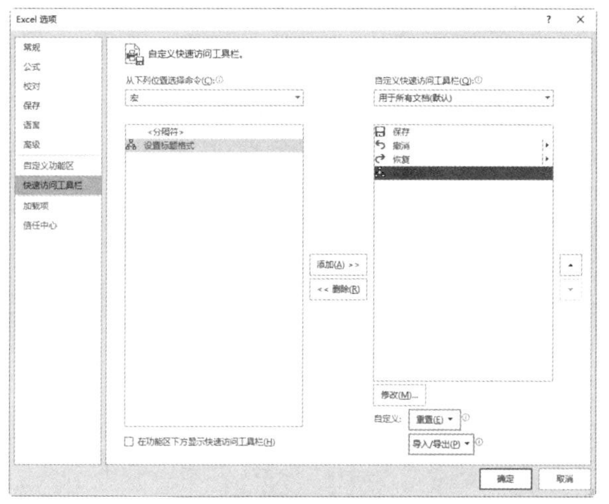

图 21-24　添加宏

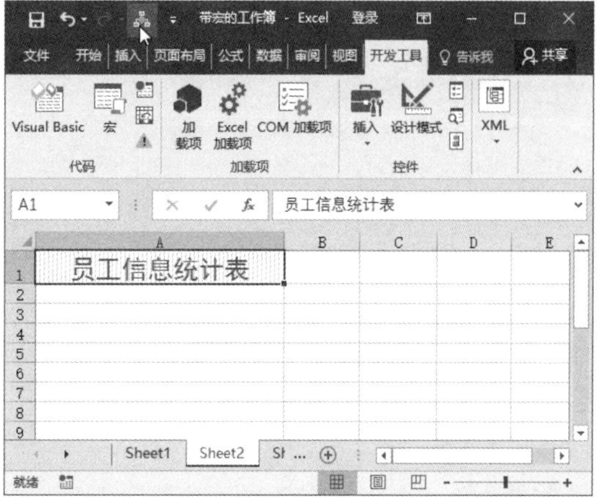

图 21-25　将宏添加到快速访问工具栏

21.3 管理宏

在宏创建完毕后，还需要对宏进行相关管理操作，例如提高宏的安全性、自动启动宏和宏出现错误时的处理方法等。

21.3.1 提高宏的安全性

包含宏的工作簿更容易感染病毒，所以用户需要提高宏的安全性。具体操作步骤如下。

步骤 1 打开包含宏的工作簿，选择【文件】→【选项】命令，打开【Excel 选项】对话框，选择【信任中心】选项，然后单击【信任中心设置】按钮，如图 21-26 所示。

步骤 2 弹出【信任中心】对话框，在左侧列表框中选择【宏设置】选项，然后在【宏设置】选项区域中选中【禁用无数字签署的所有宏】单选按钮，单击【确定】按钮，如图 21-27 所示。

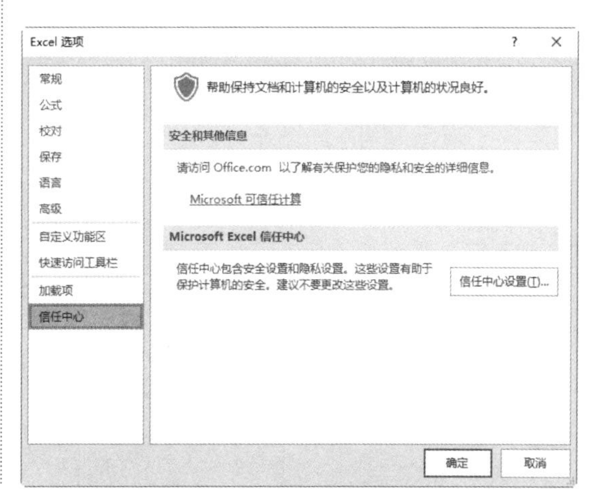

图 21-26　【Excel 选项】对话框

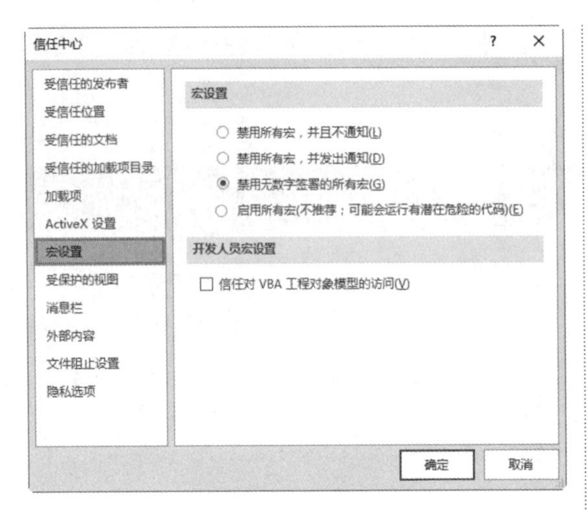

图 21-27 设置宏

21.3.2 自动启动宏

默认情况下，宏需要用户手动启动。在录制宏时，如果将【录制宏】对话框中的宏名称命名为“Auto_Open”，那么在运行工作簿时就能自动启动宏，如图 21-28 所示。另外，对于创建好的宏，可以直接在 VBE 环境中将宏名称修改为“Auto_Open”，如图 21-29 所示。

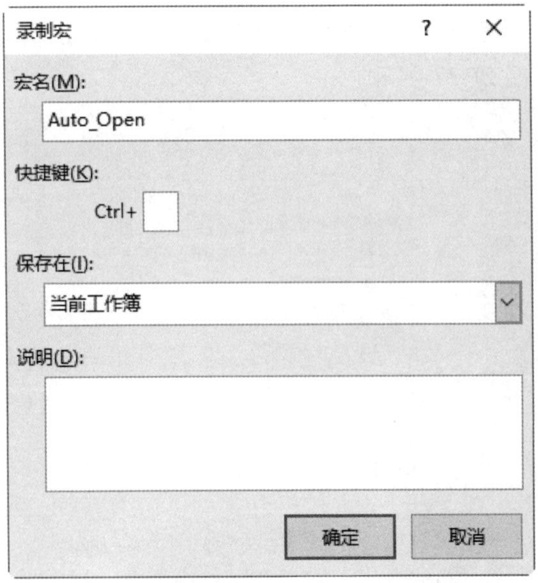

录制宏

宏名(M):

Auto_Open

快捷键(K):

Ctrl+

保存在(I):

当前工作簿

说明(D):

确定 取消

图 21-28 【录制宏】对话框

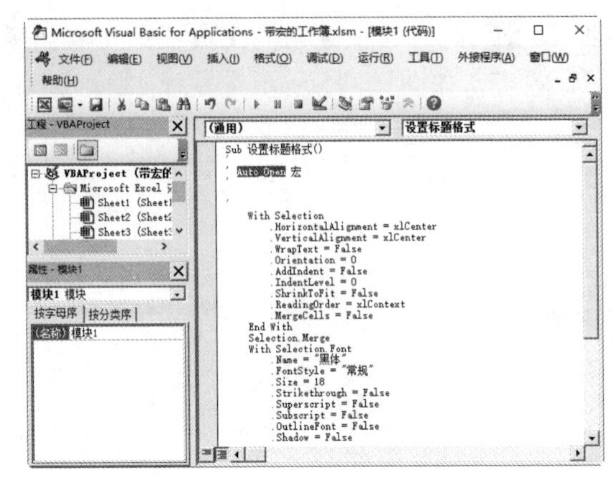

图 21-29 修改宏名称

21.3.3 宏出现错误时的处理方法

正在运行的宏出现错误，其原因有很多，包括参数包含无效值、方法不能在实际环境中应用、外部链接文件发生错误和安全设置等。

其中前三种原因，用户根据提示可以检查代码和文件；对于安全设置问题比较常见，用户单击【开发工具】选项卡【宏】组中的【宏安全性】按钮，在弹出的【信任中心】对话框中选中【信任对 VBA 工程对象模型的访问（V）】复选框，然后单击【确定】按钮就可以解决，如图 21-30 所示。

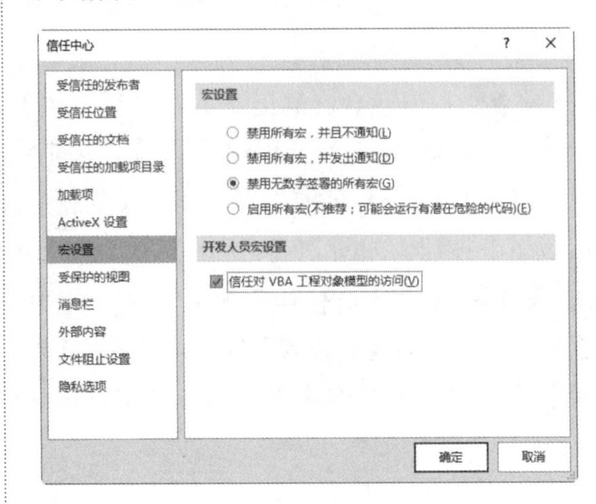

图 21-30 【信任中心】对话框

21.4 高效办公技能实战

21.4.1 录制自动排序的宏

在实际工作中，只需把在 Excel 工作表内的操作过程录制下来便可以解决一些重复性的工作，大大提高工作效率。下面介绍如何录制自动排序的宏，具体的操作步骤如下。

步骤 1 新建一个空白表格，在其中输入相关数据，如图 21-31 所示。

图 21-31　输入数据

步骤 2 选择【开发工具】选项卡，在【代码】组中单击【录制宏】按钮，弹出【录制宏】对话框，在【宏名】文本框中输入“数据排列”，单击【确定】按钮，如图 21-32 所示。

步骤 3 选中 A2:H9 单元格区域，然后选择【数据】选项卡，在【排序和筛选】组中单击【排序】按钮，如图 21-33 所示。

步骤 4 弹出【排序】对话框，选择【主要关键字】为【总计】选项，然后单击【添加条件】按钮，设置【次要关键字】为【1 月】，单击【确定】按钮，如图 21-34 所示。

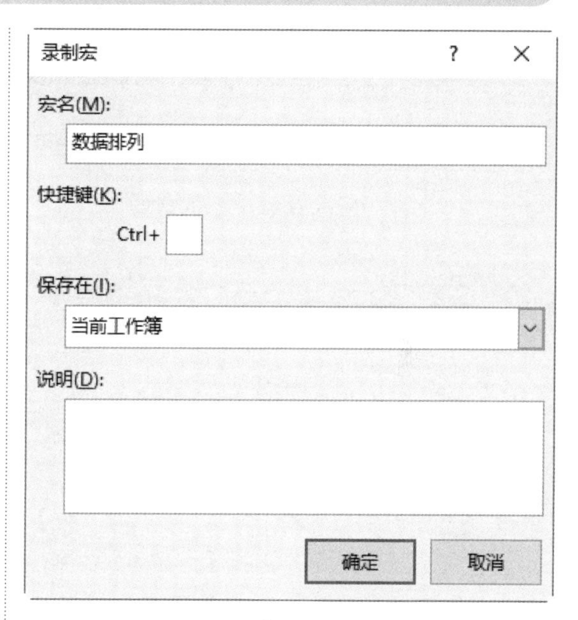

图 21-32　【录制宏】对话框

图 21-33　单击【排序】按钮

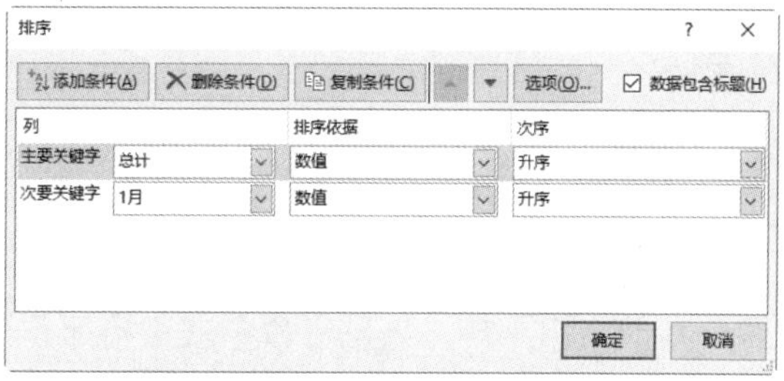

图 21-34　【排序】对话框

步骤 5 单击【代码】组中的【停止录制】按钮，即可完成数据排序宏的录制，如图 21-35 所示。

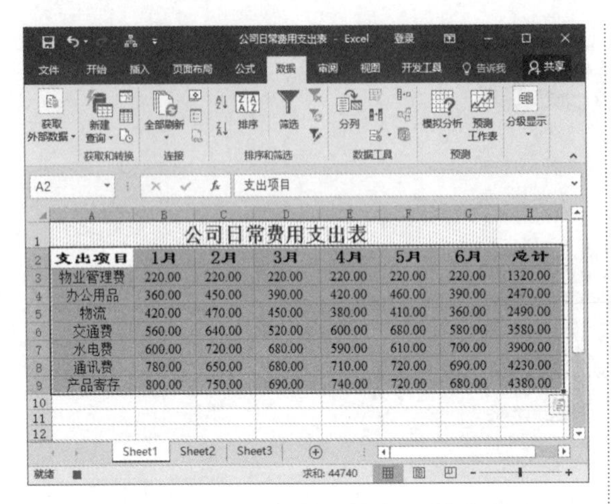

公司日常费用支出表							
支出项目	1月	2月	3月	4月	5月	6月	总计
物业管理费	220.00	220.00	220.00	220.00	220.00	220.00	1320.00
办公用品	360.00	450.00	390.00	420.00	460.00	390.00	2470.00
物流	420.00	470.00	450.00	380.00	410.00	360.00	2490.00
交通费	560.00	640.00	520.00	600.00	680.00	580.00	3580.00
水电费	600.00	720.00	680.00	590.00	610.00	700.00	3900.00
通讯费	780.00	650.00	680.00	710.00	720.00	690.00	4230.00
产品寄存	800.00	750.00	690.00	740.00	720.00	680.00	4380.00

图 21-35　完成数据排序录制的宏

21.4.2 保存带宏的工作簿

默认情况下，带有宏的工作簿不能保存，此时需要用户通过自定义加载宏的方法来解决。具体的操作步骤如下。

步骤 1 打开含有宏的工作簿，选择【文件】选项卡，在打开的界面中选择【另存为】命令，然后选择右侧的【这台电脑】选项，并单击【浏览】按钮，如图 21-36 所示。

步骤 2 打开【另存为】对话框，从中选择保存路径后，在【保存类型】下拉列表框中选择【Excel 启用宏的工作簿】选项，单击【保存】按钮即可，如图 21-37 所示。

图 21-36　【另存为】界面

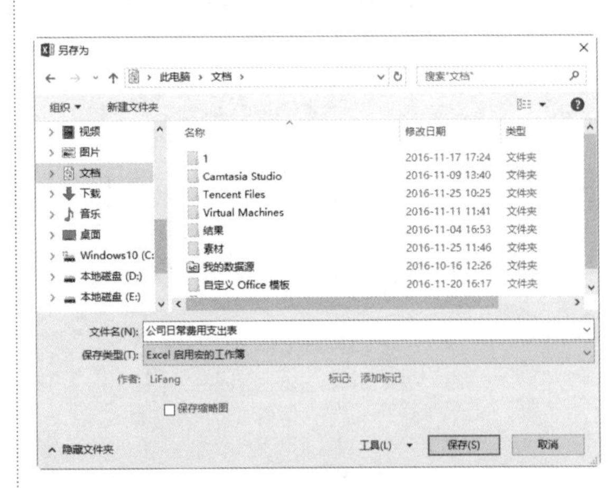

图 21-37　【另存为】对话框

21.5 高手解惑

问：为什么在受保护的工作表中无法使用宏？

高手：出现这种情况的原因在于，宏命令在工作表保护前是可以使用的，但是选择保护后，其他一切正常，只是宏命令就不再起作用。在这种情况下，如果想使用宏命令，就需要解除对工作表的保护。

问：打开重装系统前的 Excel 文件时会提示丢失 VBA 和 ActiveX 控件，这是为什么？

高手：出现此种情况就不能对该文件进行编程了。例如宏，原来已经有宏的文件就不能继续使用了，相当于已经屏蔽了宏的功能，此时需要重新插入 VBA 和 ActiveX 控件。

Excel 2016 与其他组件的协同办公

- **本章导读**

Excel 2016 是 Office 办公组件中的一个，Excel 2016 与其他组件的协同办公主要包括 Excel 与 Word、PowerPoint 之间的协作。本章将为读者介绍 Excel 2016 与这些组件之间的协同办公技能。

- **学习目标**

◎ 掌握 Excel 与 Word 之间的协作技巧及方法

◎ 掌握 Excel 与 PowerPoint 之间的协作技巧及方法

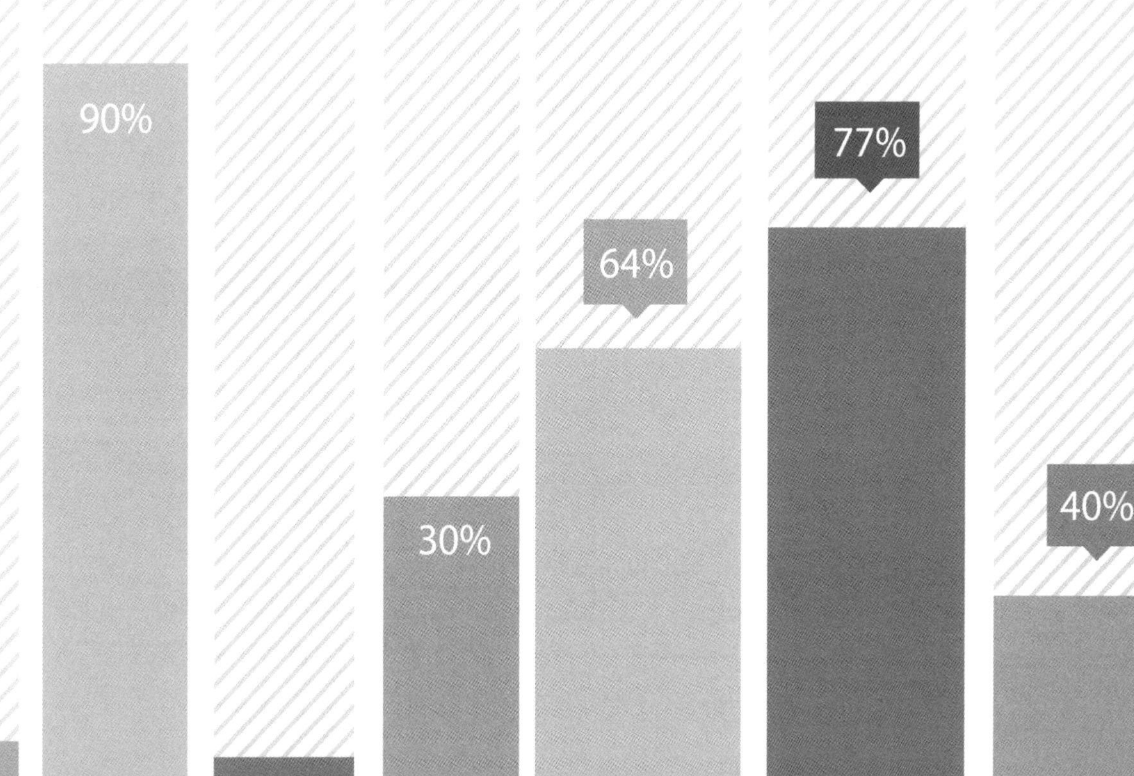

22.1 Excel 与 Word 之间的协作

Excel 与 Word 都是现代化办公必不可少的工具，熟练掌握 Excel 与 Word 的协同办公技能是每个办公人员必须具备的。

22.1.1 在 Word 文档中创建 Excel 工作表

在 Office 2016 的 Word 组件中提供了创建 Excel 工作表的功能，这意味着用户可以直接在 Word 中创建 Excel 工作表，避免了在两个软件之间来回切换。

在 Word 文档中创建 Excel 工作表的具体操作步骤如下。

步骤 1 在 Word 2016 的工作界面中选择【插入】选项卡，在打开的功能界面中单击【文本】组中【对象】右侧的下三角按钮 对象 ，在弹出的下拉菜单中选择【对象】命令，如图 22-1 所示。

步骤 2 弹出【对象】对话框，在【对象类型】列表框中选择 Microsoft Excel Worksheet 选项，如图 22-2 所示。

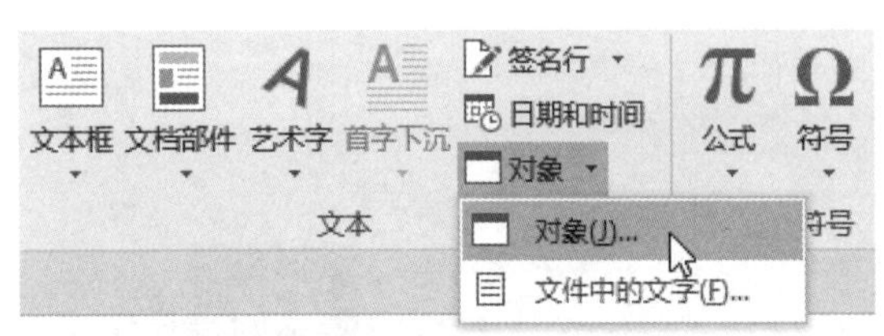

图 22-1 选择【对象】命令

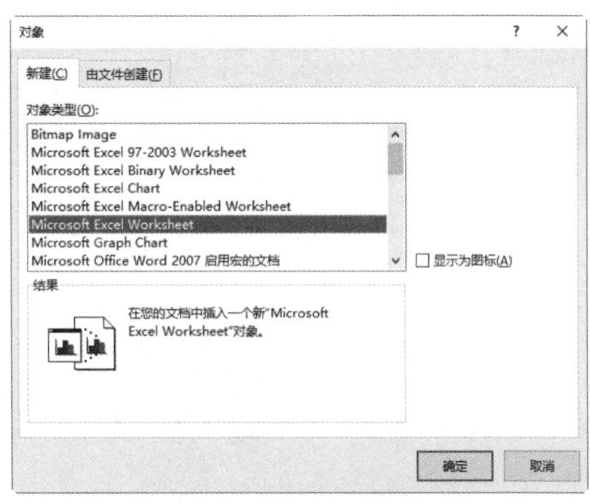

图 22-2 【对象】对话框

步骤 3 单击【确定】按钮，文档中就会出现 Excel 工作表的状态，同时当前窗口最上方的功能区显示的是 Excel 软件的功能区，然后直接在工作表中输入需要的数据即可，如图 22-3 所示。

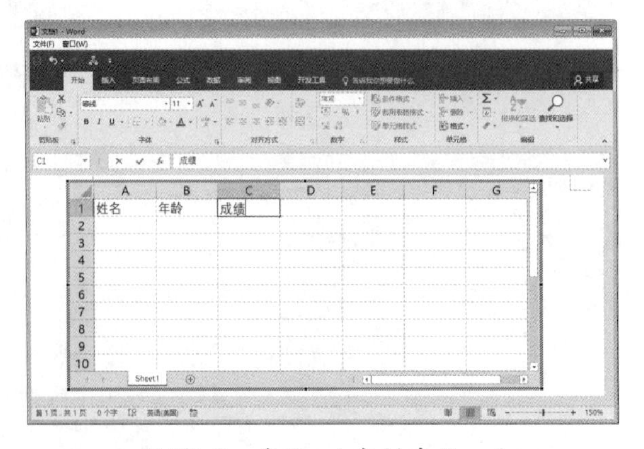

图 22-3 在 Word 中创建 Excel

22.1.2 在 Word 中调用 Excel 工作表

除了可以在 Word 中创建 Excel 工作表之外，还可以在 Word 中调用已经创建好的工作表，具体的操作步骤如下。

步骤 1 打开 Word 软件，在其工作界面中选择【插入】选项卡，在打开的功能界面中单击【文本】组中【对象】右侧的下三角按钮 对象 ，在弹出的下拉菜单中选择【对象】命令，弹出【对象】对话框，在其中选择【由文件创建】选项卡，如图 22-4 所示。

步骤 2 单击【浏览】按钮，在弹出的【浏览】对话框中选中需要插入的 Excel 文件，单击【插入】按钮，如图 22-5 所示。

图 22-4　【由文件创建】选项卡

图 22-5　【浏览】对话框

步骤 3 返回【对象】对话框，单击【确定】按钮，即可将 Excel 工作表插入 Word 文档中，如图 22-6 所示。

步骤 4 插入 Excel 工作表以后，通过工作表四周的控制点可以调整工作表的位置及大小，如图 22-7 所示。

图 22-6　【对象】对话框

姓名	销量	单价	销售额	提成
王艳	38	￥230.00	￥8,740.00	1,049
李娟	16	￥230.00	￥3,680.00	442
张军	32	￥230.00	￥7,360.00	883
吴飞	26	￥230.00	￥5,980.00	718
宋娟	18	￥230.00	￥4,140.00	497
李静	22	￥230.00	￥5,060.00	607
王鹏	29	￥230.00	￥6,670.00	800
邵倩	19	￥230.00	￥4,370.00	524
周天	30	￥230.00	￥6,900.00	828
郝燕	21	￥230.00	￥4,830.00	580
郑光	21	￥230.00	￥4,830.00	580
彭军帅	26	￥230.00	￥5,980.00	718

图 22-7　在 Word 中调用 Excel 工作表

22.1.3 在 Word 文档中编辑 Excel 工作表

在 Word 中除了可以创建和调用 Excel 工作表之外，还可以对创建或调用的 Excel 工作表进行编辑。

具体的操作步骤如下。

步骤 1 参照调用 Excel 工作表的方法在 Word 中插入一个工作表，如图 22-8 所示。

步骤 2 双击插入的工作表，进入工作表编辑状态。例如将王艳的销量修改为“42”，只需选择“38”所在的单元格并选中文字，在其中直接输入“42”即可，如图 22-9 所示。

姓名	销量	单价	销售额	提成
王艳	38	￥230.00	￥8,740.00	1,049
李娟	16	￥230.00	￥3,680.00	442
张军	32	￥230.00	￥7,360.00	883
吴飞	26	￥230.00	￥5,980.00	718
宋娟	18	￥230.00	￥4,140.00	497
李静	22	￥230.00	￥5,060.00	607
王鹏	29	￥230.00	￥6,670.00	800
邵倩	19	￥230.00	￥4,370.00	524
周天	30	￥230.00	￥6,900.00	828
郝燕	21	￥230.00	￥4,830.00	580
郑光	21	￥230.00	￥4,830.00	580
彭军帅	26	￥230.00	￥5,980.00	718

图 22-8 打开要编辑的 Excel 工作表

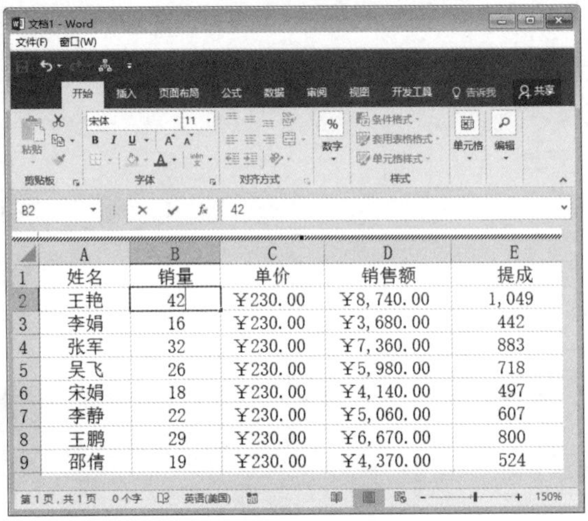

	A	B	C	D	E
1	姓名	销量	单价	销售额	提成
2	王艳	42	￥230.00	￥8,740.00	1,049
3	李娟	16	￥230.00	￥3,680.00	442
4	张军	32	￥230.00	￥7,360.00	883
5	吴飞	26	￥230.00	￥5,980.00	718
6	宋娟	18	￥230.00	￥4,140.00	497
7	李静	22	￥230.00	￥5,060.00	607
8	王鹏	29	￥230.00	￥6,670.00	800
9	邵倩	19	￥230.00	￥4,370.00	524

图 22-9 修改表格中的数据

22.2 Excel 和 PowerPoint 之间的协作

除了 Word 和 Excel 之间存在着相互的协同办公关系外，Excel 与 PowerPoint 之间也存在着信息的相互共享与调用关系。

22.2.1 在 PowerPoint 中调用 Excel 工作表

在使用 PowerPoint 时，用户可以直接将制作好的 Excel 工作表调用到 PowerPoint 软件，具体操作步骤如下。

步骤 1 打开随书光盘中的“素材 \ch22\ 学院人员统计表 .xlsx”文件，如图 22-10 所示。

步骤 2 将需要复制的数据区域选中，然后右击，在弹出的快捷菜单中选择【复制】命令，如图 22-11 所示。

步骤 3 切换到 PowerPoint 界面，单击【开始】选项卡【剪贴板】组中的【粘贴】按钮，

如图 22-12 所示。

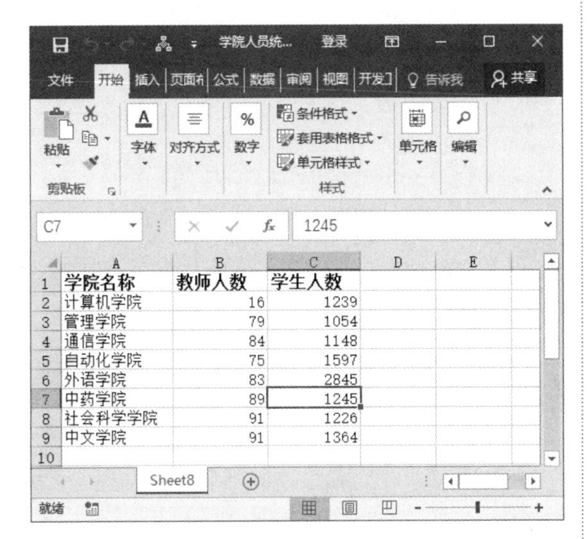

图 22-10　打开素材文件

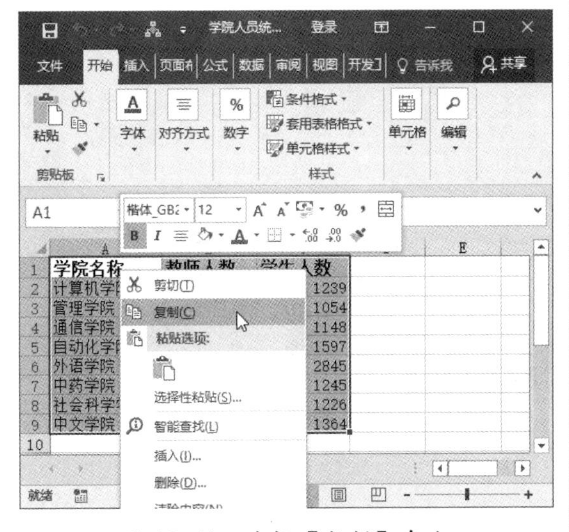

图 22-11　选择【复制】命令

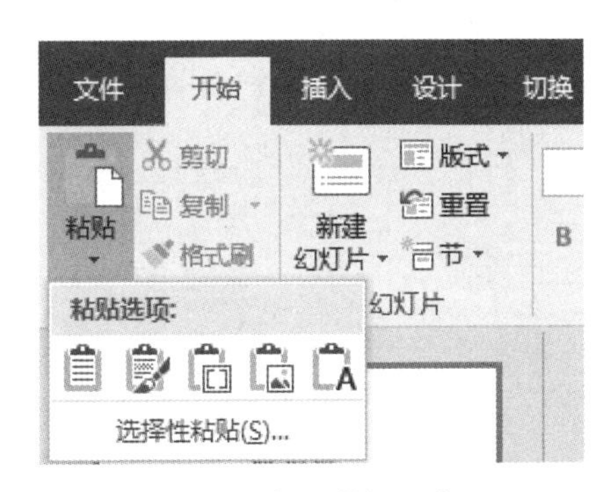

图 22-12　单击【粘贴】按钮

步骤 4 最终效果如图 22-13 所示。

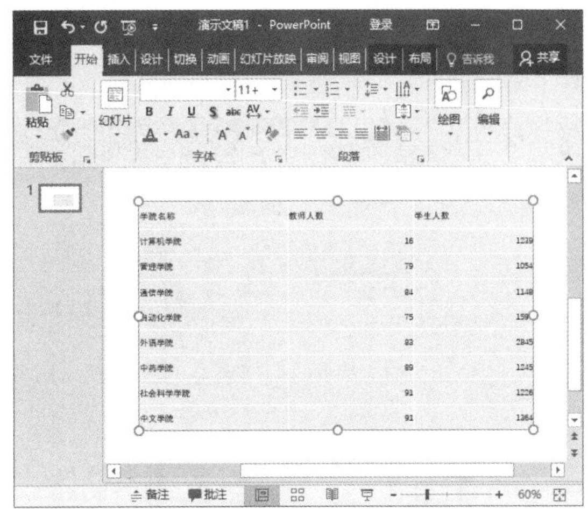

图 22-13　粘贴的工作表

22.2.2 在 PowerPoint 中调用 Excel 图表

用户在 PowerPoint 中也可以调用 Excel 图表，具体的操作步骤如下。

步骤 1 打开随书光盘中的“素材\ch22\图表.xlsx”文件，如图 22-14 所示。

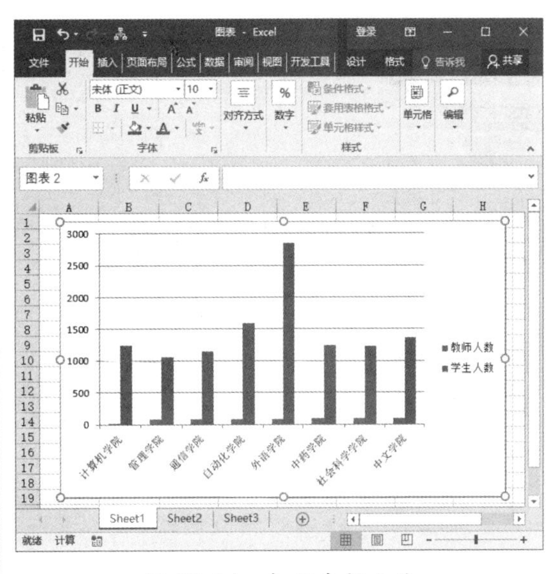

图 22-14　打开素材文件

步骤 2 选中需要复制的图表，然后右击，在弹出的快捷菜单中选择【复制】命令，如图 22-15 所示。

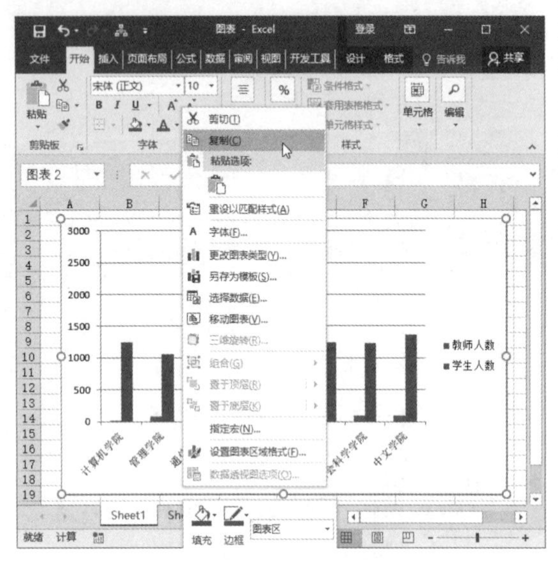

图 22-15 复制图表

步骤 3 切换到 PowerPoint 界面，单击【开始】选项卡【剪贴板】组中的【粘贴】按钮，如图 22-16 所示。

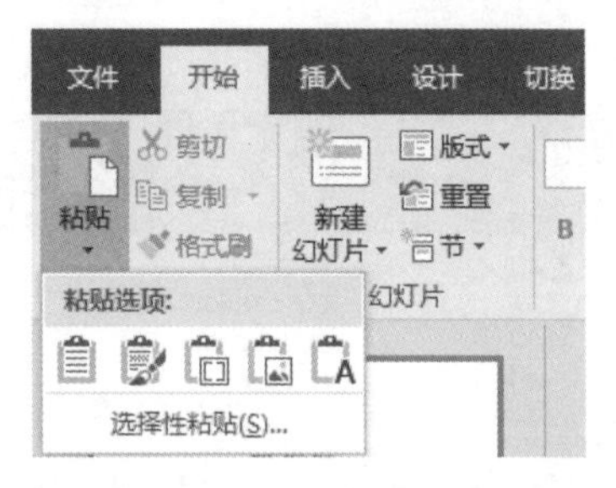

图 22-16 单击【粘贴】按钮

步骤 4 最终效果如图 22-17 所示。

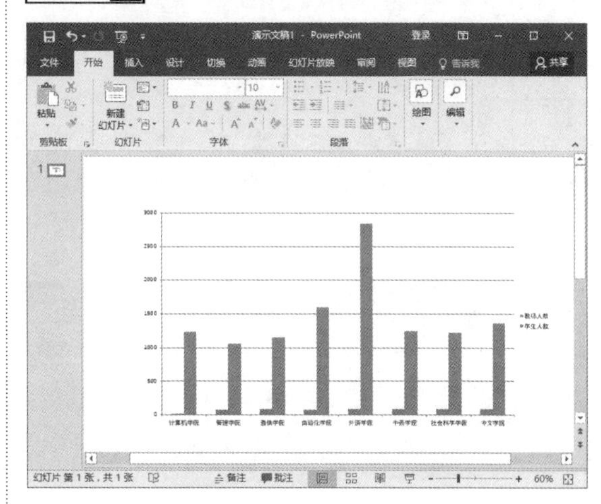

图 22-17 粘贴的图表

22.3 高效办公技能实战

22.3.1 逐个打印工资条

本实例介绍如何使用 Word 和 Excel 组合逐个打印工资条。具体的操作步骤如下。

步骤 1 打开随书光盘中的“素材\ch22\工资表.xlsx”文件，如图 22-18 所示。

姓名	职位	基本工资	效益工资	加班工资	合计
张军	经理	2000	1500	1000	4500
刘洁	会计	1800	1000	800	3600
王美	科长	1500	1200	900	3600
克可	秘书	1500	1000	800	3300
田田	职工	1000	800	1200	3000
方芳	职工	1000	800	1500	3300
李丽	职工	1000	800	1300	3100
赵武	职工	1000	800	1400	3200
张帅	职工	1000	800	1000	2800

图 22-18 打开素材文件

步骤 2 新建一个 Word 文档，并按“工资表.xlsx”文件格式创建表格，如图 22-19 所示。

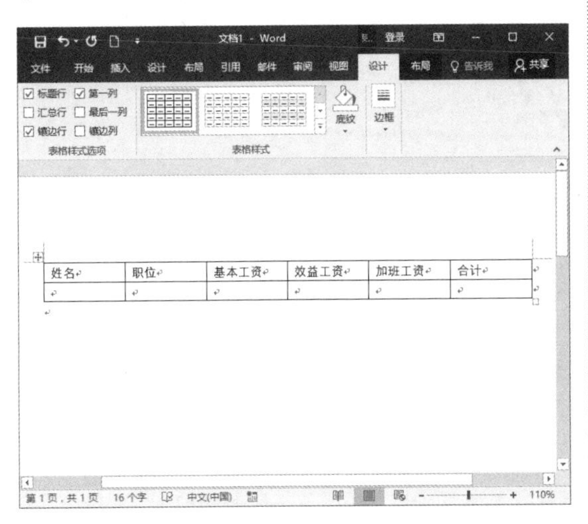

图 22-19　创建表格

步骤 3 单击 Word 文档中【邮件】选项卡下【开始邮件合并】组中的【开始邮件合并】按钮，在弹出的下拉列表中选择【邮件合并分步向导】选项，如图 22-20 所示。

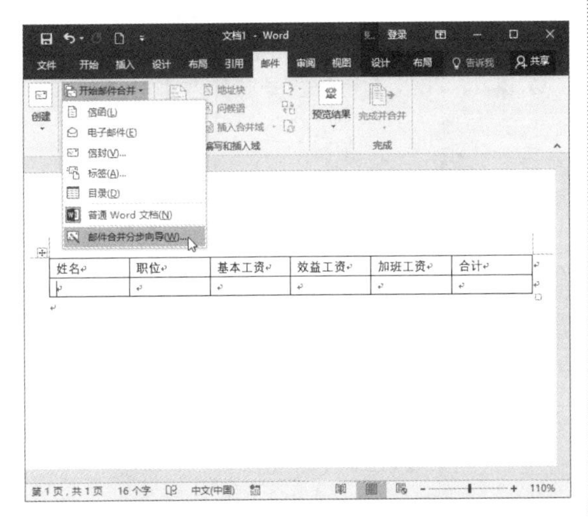

图 22-20　选择【邮件合并分步向导】选项

步骤 4 在窗口的右侧弹出【邮件合并】导航窗格，选择文档类型为【信函】，如图 22-21 所示。

步骤 5 单击【下一步：开始文档】按钮，进入邮件合并第 2 步，保持默认选项，如图 22-22 所示。

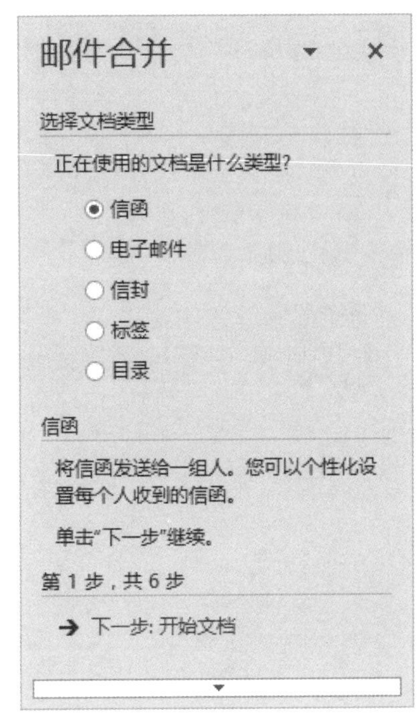

图 22-21　【邮件合并】导航窗格

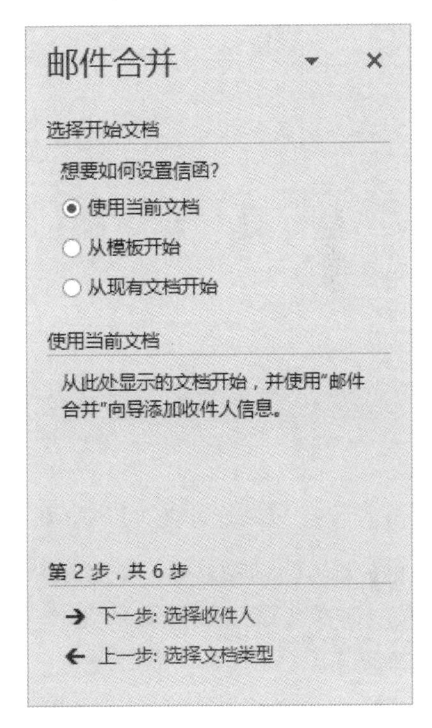

图 22-22　邮件合并第 2 步

步骤 6 单击【下一步：选择收件人】按钮，进入邮件合并第 3 步，单击【浏览】超链接，如图 22-23 所示。

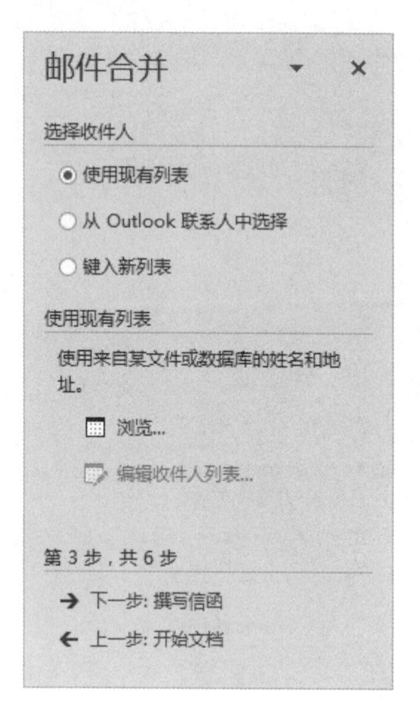

图 22-23　邮件合并第 3 步

步骤 7 打开【选取数据源】对话框，选择“工资表 .xlsx”文件，如图 22-24 所示。

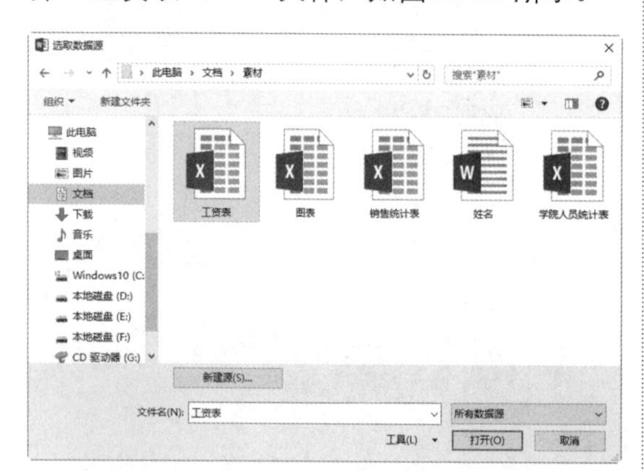

图 22-24　【选取数据源】对话框

步骤 8 单击【打开】按钮，弹出【选择表格】对话框，选择步骤 1 所打开的工作表，如图 22-25 所示。

步骤 9 单击【确定】按钮，弹出【邮件合并收件人】对话框，保持默认设置，单击【确定】按钮，如图 22-26 所示。

步骤 10 返回【邮件合并】导航窗格，连续单击【下一步】链接直至最后一步，如图 22-27 所示。

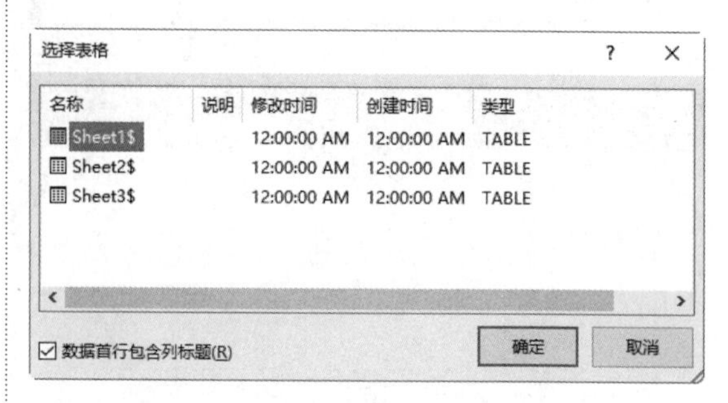

图 22-25　【选择表格】对话框

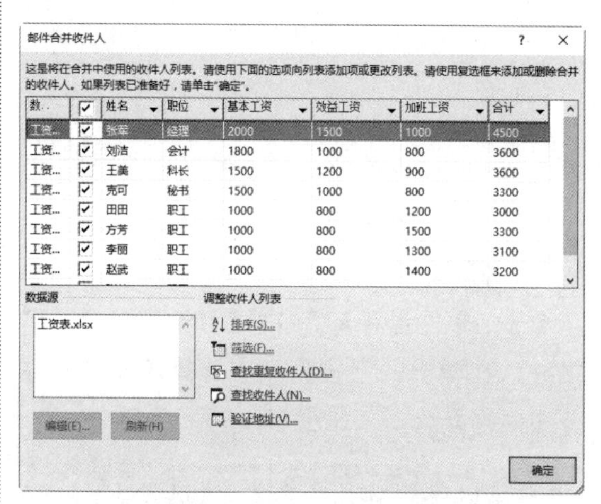

图 22-26　【邮件合并收件人】对话框

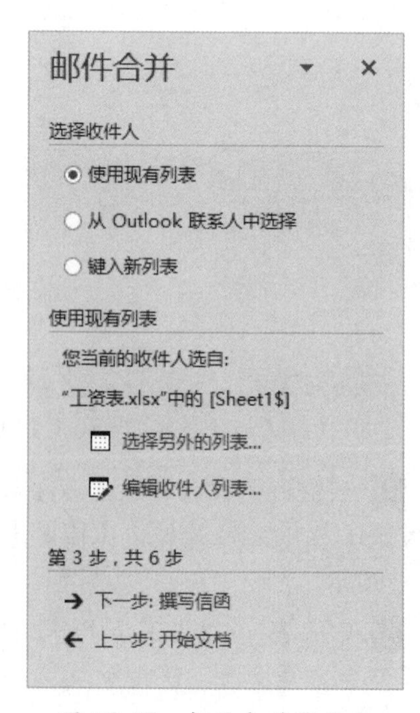

图 22-27　邮件合并第 3 步

步骤 11 单击【邮件】选项卡下【编写和插入域】组中【插入合并域】右侧的下三角按钮，在弹出的下拉列表中选择【姓名】选项，如图 22-28 所示。

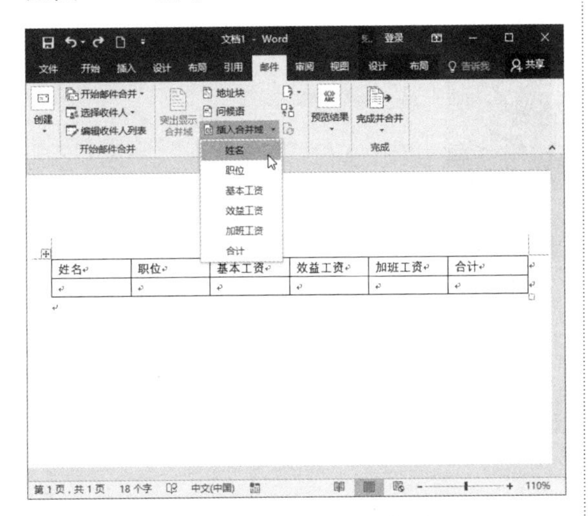

图 22-28　选择【姓名】选项

步骤 12 根据表格标题设计，依次将第一条“工资表.xlsx”文件中的数据填充至表格中，如图 22-29 所示。

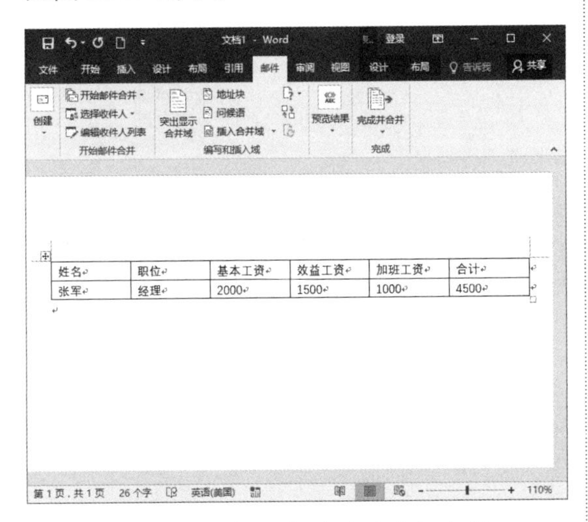

图 22-29　插入合并域的其他内容

步骤 13 单击【邮件合并】导航窗格中的【编辑单个信函】超链接，如图 22-30 所示。

步骤 14 打开【合并到新文档】对话框，选中【全部】单选按钮，如图 22-31 所示。

步骤 15 单击【确定】按钮，将新生成一个信函文档。该文档中对每一位员工的工资分页显示，如图 22-32 所示。

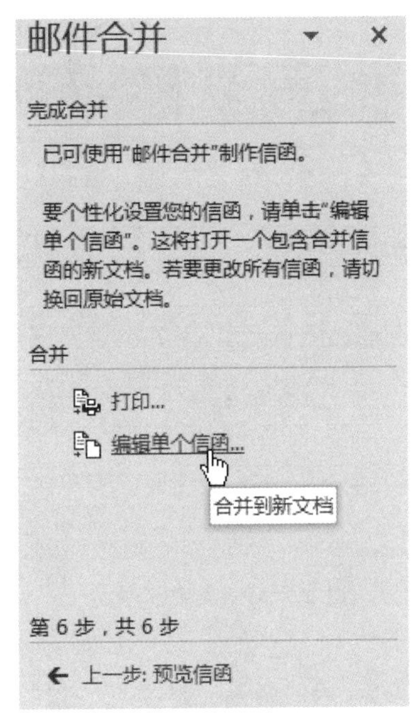

图 22-30　邮件合并第 6 步

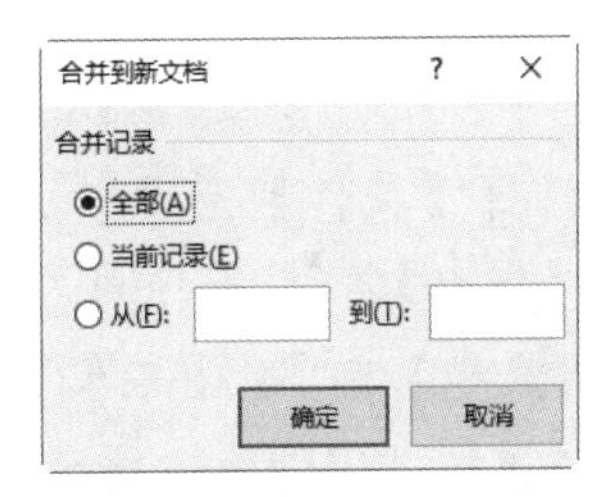

图 22-31　【合并到新文档】对话框

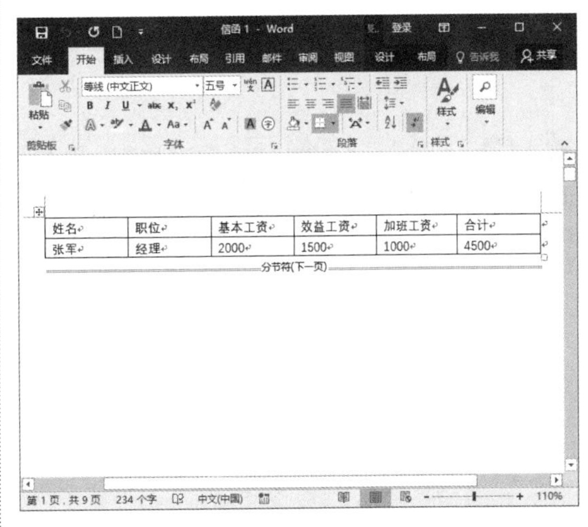

图 22-32　生成的信函文件

步骤 16 删除文档中的分页符号，将员工工资条放置在一页当中，然后就可以保存并打印工资条了，如图 22-33 所示。

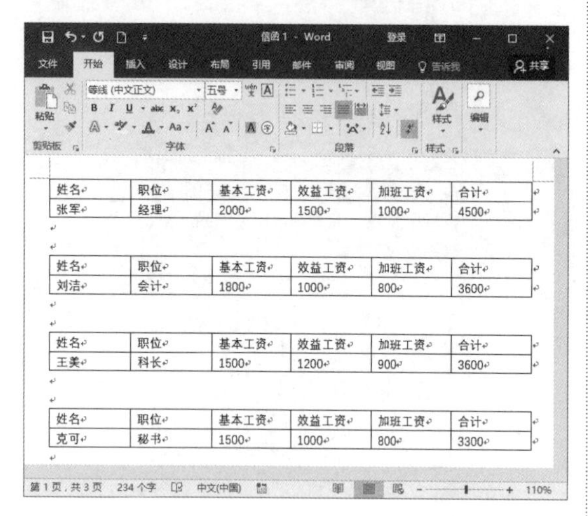

图 22-33 保存工资条

22.3.2 创建为演示文稿

通过 Excel 2016，可以很方便地将工作簿创建为 PDF 文件，操作步骤如下。

步骤 1 选择【文件】选项卡，在打开的界面中选择【导出】命令，在中间区域选择【创建 PDF/XPS 文档】选项，在右侧单击【创建 PDF/XPS】按钮，如图 22-34 所示。

步骤 2 弹出【发布为 PDF 或 XPS】对话框，从中选择保存的路径和文件名，然后单击【发布】按钮即可，如图 22-35 所示。

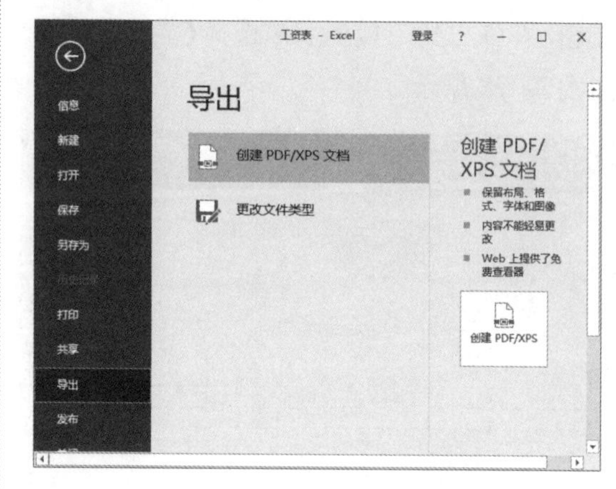

图 22-34 【导出】工作界面

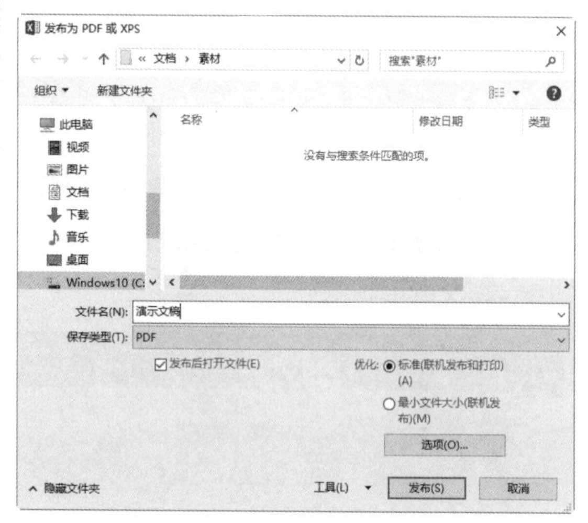

图 22-35 【发布为 PDF 或 XPS】对话框

22.4 高手解惑

问：如何才能使表格的外观具有相同的风格？

高手：右击需要设置外观的单元格，在弹出的快捷菜单中选择【选择性粘贴】命令，打开【选择性粘贴】对话框，选中【格式】单选按钮，单击【确定】按钮即可。另外，还可以使用格式刷使表格的外观风格统一。

问：如何在低版本的 Excel 中打开 Excel 2016 文件？

高手：Excel 2016 的文件后缀名为 .xlsx，而以前版本的 Excel 文件后缀名为 .xls，用 Excel 2016 制作的文件在以前版本的 Excel 中是打不开的。那么怎样才能将其打开呢？具体的操作方法是：在 Excel 2016 中，选择【文件】选项卡，从打开的界面中选择【选项】命令，打开【Excel 选项】对话框，在左侧列表框中选择【保存】选项。切换到【保存】界面，在【保存工作簿】选项组中单击【将文件保存为此格式】右边的下三角按钮，从其下拉列表中选择【Excel 97-2003 工作簿（*.xls）】选项，单击【确定】按钮，这样以后用 Excel 2016 做的文件就能在低版本的 Excel 中打开了。

Excel 2016 数据的共享与安全

● **本章导读**

保护工作表是为了防止工作表中的数据被他人更改。对于使用 Excel 来办公的人员来说，保护数据是一项很重要的工作，在实际工作中，应该养成对重要数据进行保护的好习惯，以免带来不必要的损失。本章将为读者介绍 Excel 2016 数据的共享与安全。

● **学习目标**

◎ 掌握 Excel 2016 共享的方法

◎ 掌握保护 Excel 工作簿的方法

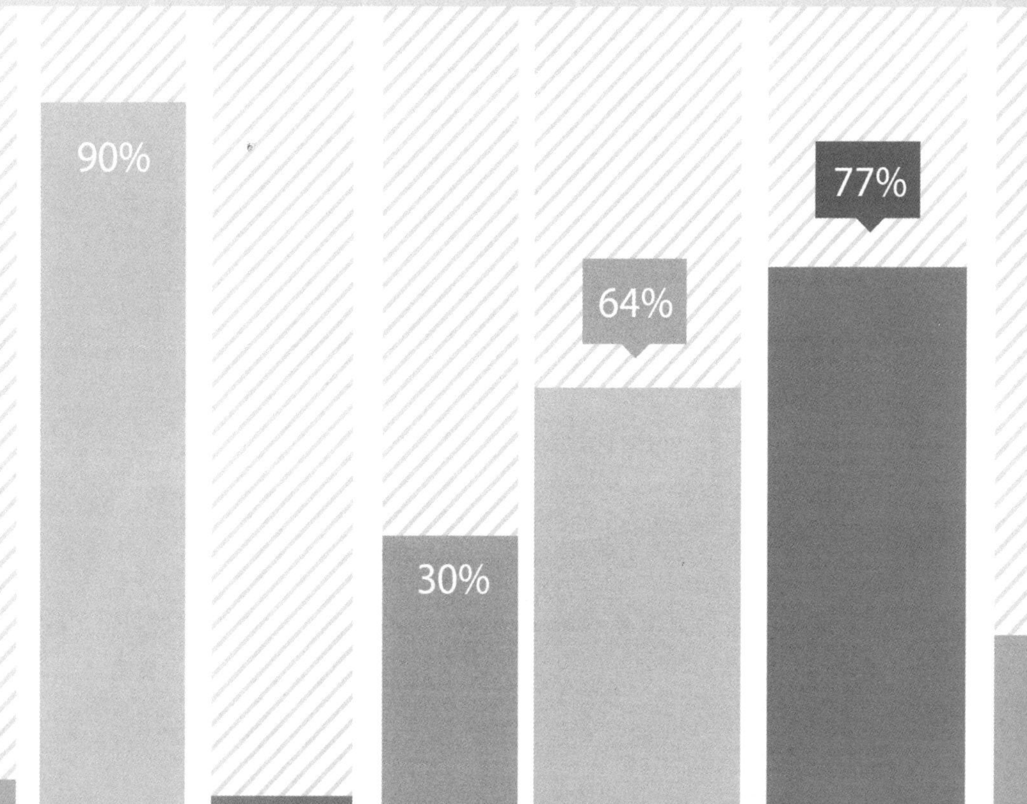

23.1 Excel 工作簿的共享

Excel 2016 为用户提供了多种共享数据的方法，使用这些方法，用户可以将 Excel 数据保存、共享。

23.1.1 将工作簿保存到云端 OneDrive

云端 OneDrive 是由微软公司推出的一项云存储服务，用户可以用自己的 Microsoft 账户登录，上传图片、文档等。

将文档保存到云端 OneDrive 的具体操作步骤如下。

步骤 1 打开需要保存到云端 OneDrive 的工作簿。单击【文件】选项卡，在打开的界面中选择【另存为】命令，在【另存为】界面选择 OneDrive 选项，如图 23-1 所示。

图 23-1 【另存为】工作界面

步骤 2 单击【登录】按钮，弹出【登录】对话框，输入与 Excel 一起使用的账户的电子邮箱地址，单击【下一步】按钮，如图 23-2 所示。

步骤 3 在弹出的【登录】对话框中输入电子邮箱地址的密码，如图 23-3 所示。

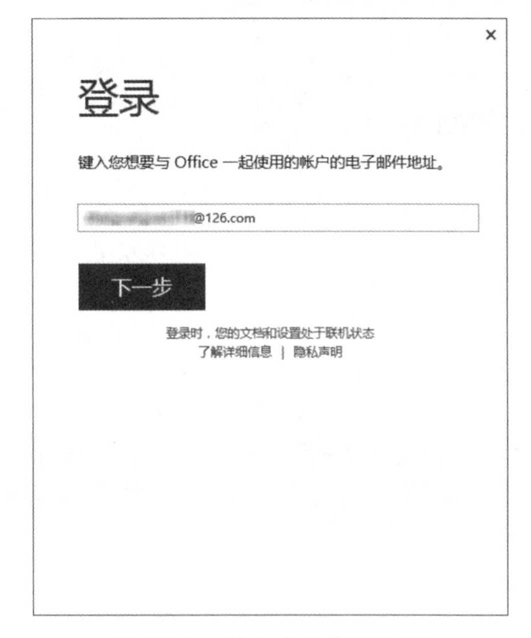

图 23-2 输入电子邮件地址

图 23-3 输入密码

步骤 4 单击【登录】按钮，即可登录账号。在 Excel 的右上角显示登录的账号名，在【另存为】界面选择【OneDrive- 个人】选项，如图 23-4 所示。

图 23-4 选择【OneDrive- 个人】选项

步骤 5 单击【浏览】按钮，弹出【另存为】对话框，在对话框中选择文件要保存的位置。例如选择并打开【文档】文件夹，如图 23-5 所示。

图 23-5 【另存为】对话框

步骤 6 单击【保存】按钮，在其他电脑中打开 Excel 2016，依次选择【文件】→【打开】→【OneDrive- 个人】→【浏览】选项，如图 23-6 所示。

步骤 7 等软件从系统获取信息后，弹出【打开】对话框，即可选择存在 OneDrive 端的工作簿，如图 23-7 所示。

图 23-6 单击【浏览】按钮

图 23-7 【打开】对话框

23.1.2 通过电子邮件共享

Excel 2016 还可以通过发送电子邮件的方式进行共享。发送到电子邮件主要有作为附件发送、发送链接、以 PDF 形式发送、以 XPS 形式发送和以 Internet 传真形式发送 5 种形式。下面介绍以附件形式进行邮件发送的方法。

步骤 1 打开需要通过电子邮件共享的工作簿。单击【文件】选项卡，在打开的界面中选择【共享】命令，在【共享】界面选择【电子邮件】选项，然后单击【作为附件发送】按钮，如图 23-8 所示。

步骤 2 系统将自动打开电脑中的邮件客户端，弹出【员工基本资料表 .xlsx- 写邮件】窗口，在窗口中可以看到添加的附件，在【收件人】

文本框中输入收件人的邮箱，单击【发送】按钮即可将文档作为附件发送，如图 23-9 所示。

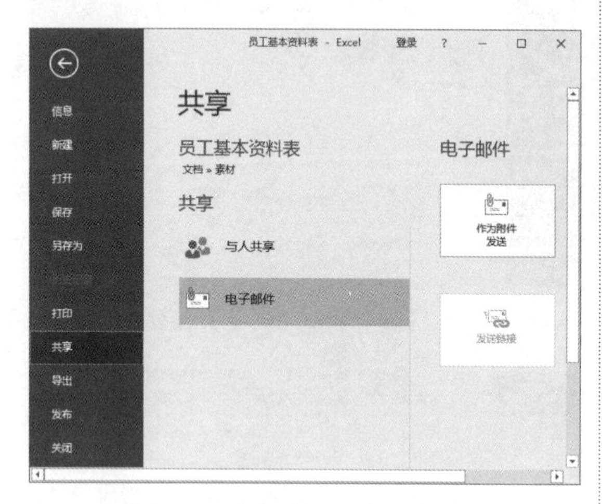

图 23-8　选择【电子邮件】选项

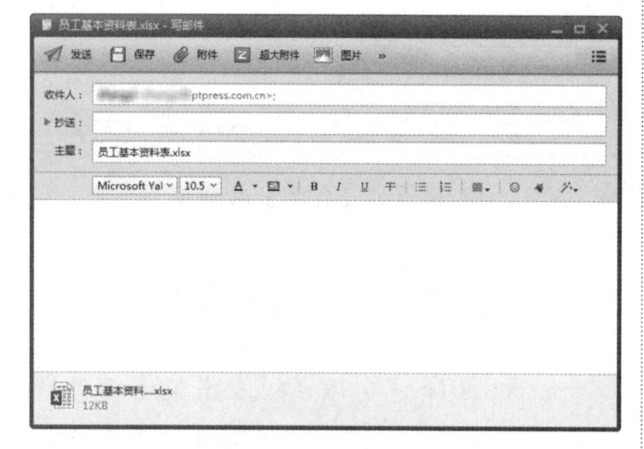

图 23-9　【员工基本资料表.xlsx- 写邮件】窗口

23.1.3 向存储设备中传输

用户还可以将 Office 2016 文档传输到存储设备中，具体的操作步骤如下。

步骤 1 将存储设备 U 盘插入电脑的 USB 接口中，打开需要向存储设备中传输的工作簿。单击【文件】选项卡，在打开的界面中选择【另存为】命令。在【另存为】界面选择【这台电脑】选项，然后单击【浏览】按钮，如图 23-10 所示。

图 23-10　选择【这台电脑】选项

步骤 2 弹出【另存为】对话框，选择文档的存储位置为存储设备。例如选择【U 启动 U 盘（H:）】选项，单击【保存】按钮，如图 23-11 所示。

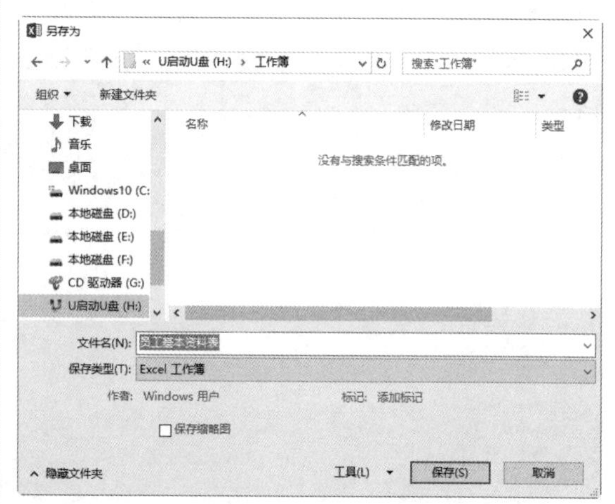

图 23-11　选择 U 盘

> **提示**　将存储设备插入电脑的 USB 接口后，单击桌面上的【此电脑】图标，在弹出的【此电脑】窗口中可以看到插入的存储设备。本例的存储设备名称为【U 启动 U 盘（H:）】，如图 23-12 所示。

步骤 3 打开存储设备，即可看到保存的文档，如图 23-13 所示。

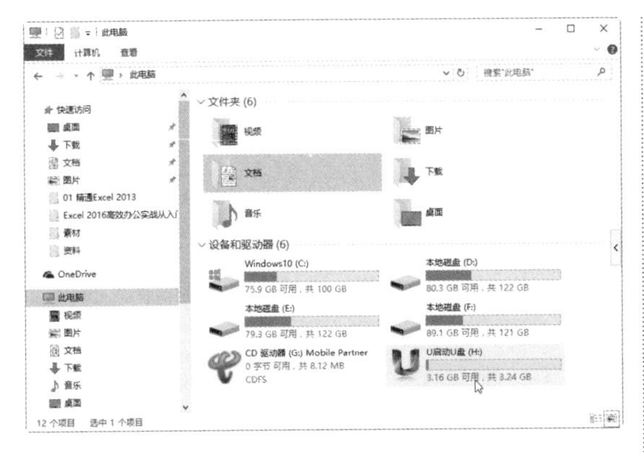

图 23-12　【此电脑】窗口

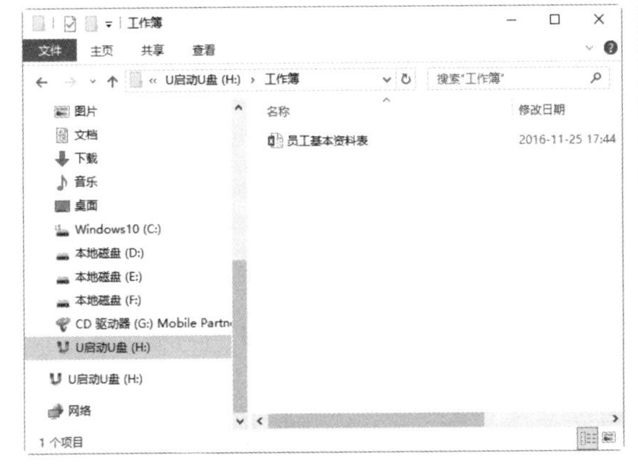

图 23-13　打开 U 盘

23.1.4 在局域网中共享工作簿

局域网是在一个局部的范围（如一个学校、公司和机关）内将各种计算机、外部设备和数据库等互相连接起来组成的计算机通信网。局域网可以实现文件管理、应用软件共享、打印机共享、扫描仪共享、工作组内的日程安排、电子邮件和传真通信服务等功能。

步骤 1 打开需要在局域网中共享的工作簿，单击【审阅】选项卡下【更改】组中的【共享工作簿】按钮，如图 23-14 所示。

步骤 2 弹出【共享工作簿】对话框，在对话框中选中【允许多用户同时编辑，同时允许工作簿合并】复选框，单击【确定】按钮，如图 23-15 所示。

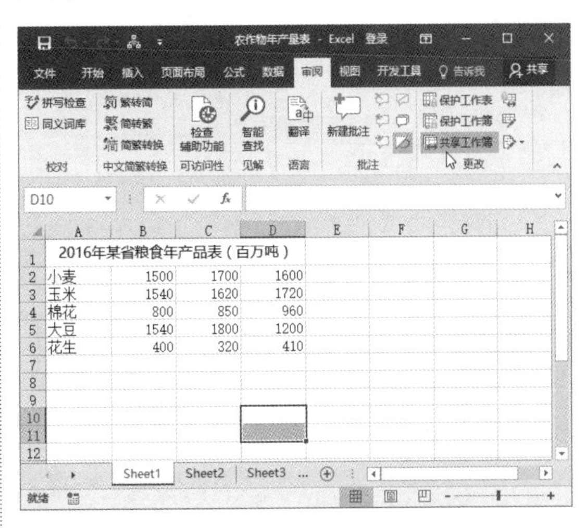

图 23-14　单击【共享工作簿】按钮

图 23-15　【共享工作簿】对话框

步骤 3 弹出提示对话框，单击【确定】按钮，如图 23-16 所示。

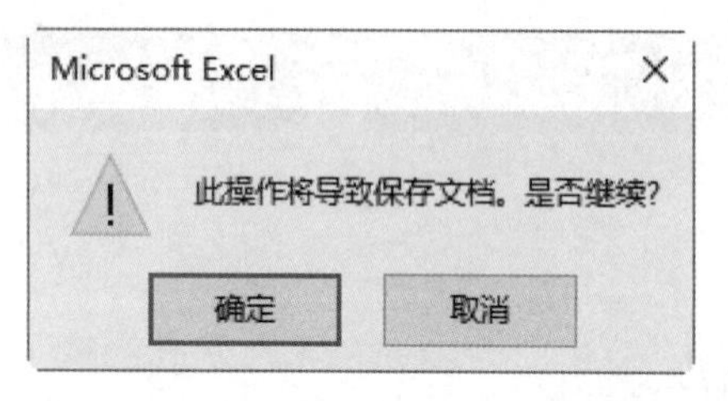

图 23-16　信息提示对话框

步骤 4 此时工作簿即处于在局域网中共享的状态，在工作簿上方显示有“共享”字样，如图 23-17 所示。

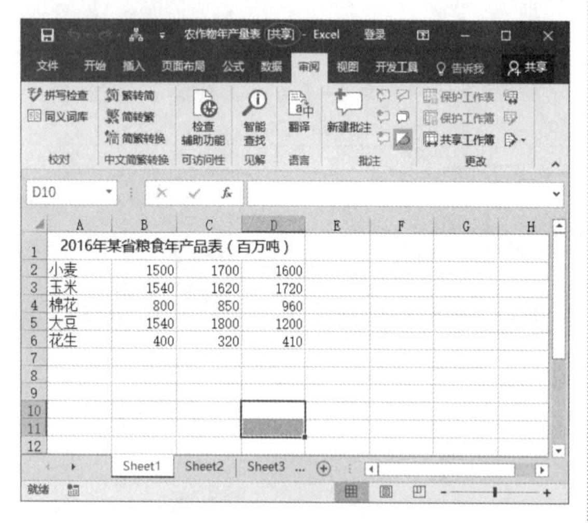

图 23-17　“共享”提示信息

步骤 5 选择【文件】选项卡，在弹出的界面中选择【另存为】命令，单击【浏览】按钮，弹出【另存为】对话框，在对话框的地址栏中输入该文件在局域网中的位置，如图 23-18 所示。单击【保存】按钮，即可将该工作簿共享给网络中的其他用户。

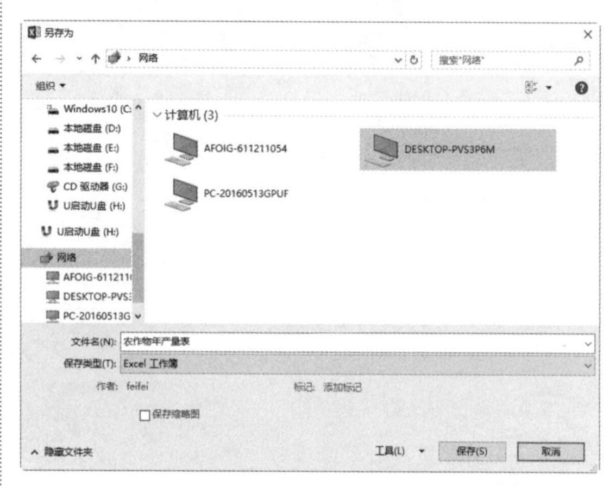

图 23-18　【另存为】对话框

> **提示**　将文件的所在位置通过电子邮件发送给共享该工作簿的用户，用户通过该文件在局域网中的位置也可以找到该文件。在共享文件时，局域网必须处于可共享状态。

23.2 保护 Excel 工作簿

数据的安全始终是大家关心的问题，而设置工作表的保护能有效地防范工作表的数据丢失。

23.2.1 标记为最终状态

“标记为最终状态”命令可将文档设置为只读。在将文档标记为最终状态后，键入、编辑命令以及校对标记都会禁用或关闭，文档的“状态”属性会设置为“最终”。具体的操作步骤如下。

步骤 1 打开需要标记为最终状态的工作簿。单击【文件】选项卡，在打开的界面中选择【信息】命令，在【信息】界面单击【保护工作簿】按钮，在弹出的下拉菜单中选择【标记为最终状态】命令，如图 23-19 所示。

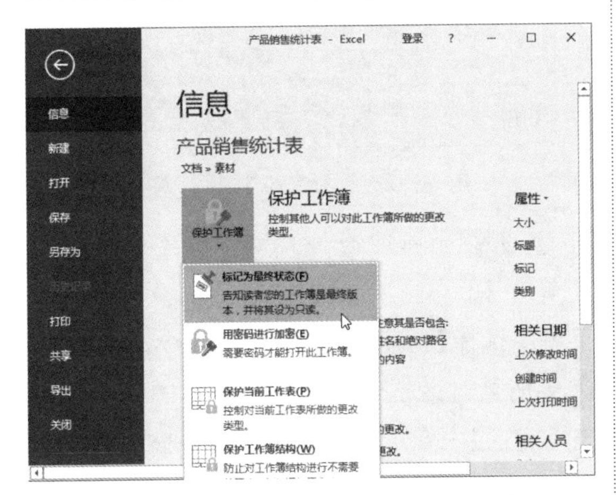

图 23-19　选择【标记为最终状态】命令

步骤 2 弹出 Microsoft Excel 对话框，单击【确定】按钮，如图 23-20 所示。

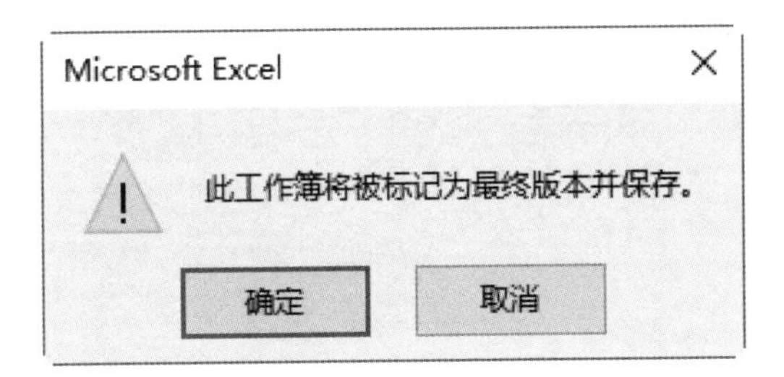

图 23-20　Microsoft Excel 对话框

步骤 3 弹出 Microsoft Excel 提示框，单击【确定】按钮，如图 23-21 所示。

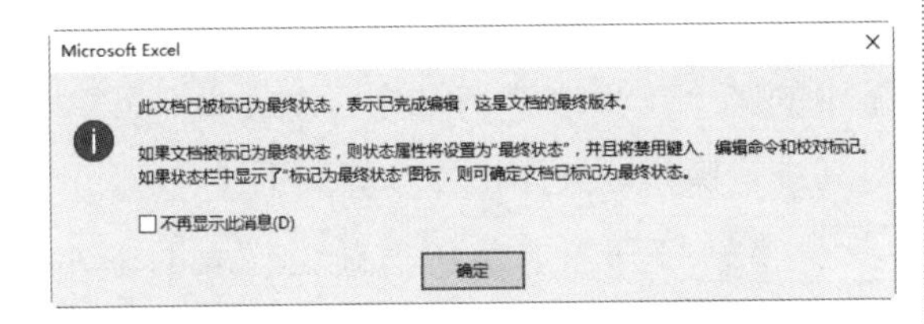

图 23-21　Microsoft Excel 提示框

步骤 4 返回 Excel 页面，该文档已被标记为最终状态，以只读形式显示，如图 23-22 所示。

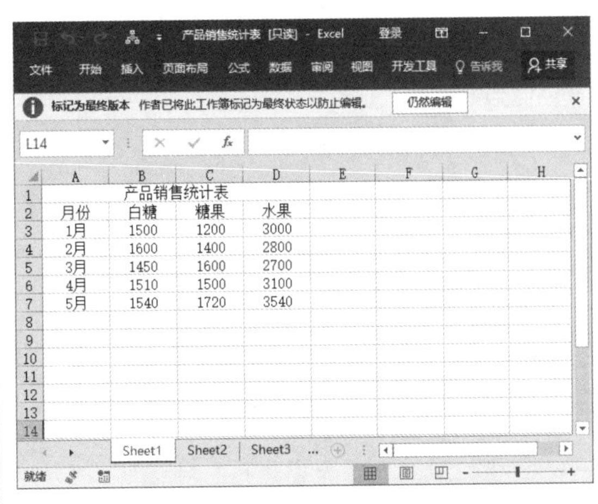

图 23-22　以只读形式显示

> **提示** 单击页面上方的【仍然编辑】按钮，可以对文档进行编辑。

23.2.2 用密码进行加密

用密码加密工作簿的具体步骤如下。

步骤 1 打开需要用密码进行加密的工作簿。单击【文件】选项卡，在打开的界面中选择【信息】命令，在【信息】界面单击【保护工作簿】按钮，在弹出的下拉菜单中选择【用密码进行加密】命令，如图 23-23 所示。

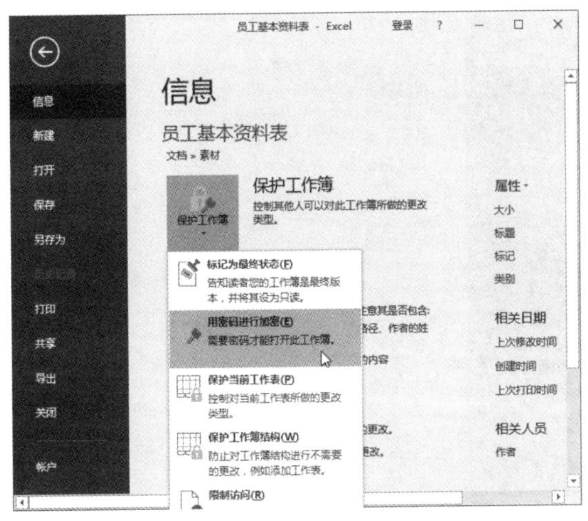

图 23-23　选择【用密码进行加密】命令

步骤 2 弹出【加密文档】对话框，输入密码，单击【确定】按钮，如图 23-24 所示。

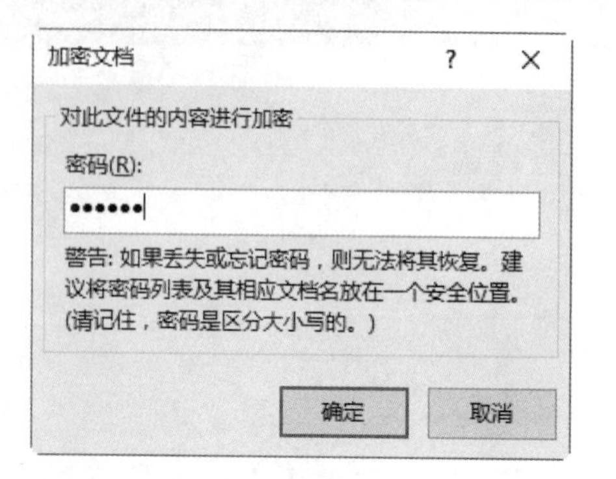

图 23-24 【加密文档】对话框

步骤 3 弹出【确认密码】对话框，输入密码，单击【确定】按钮，如图 23-25 所示。

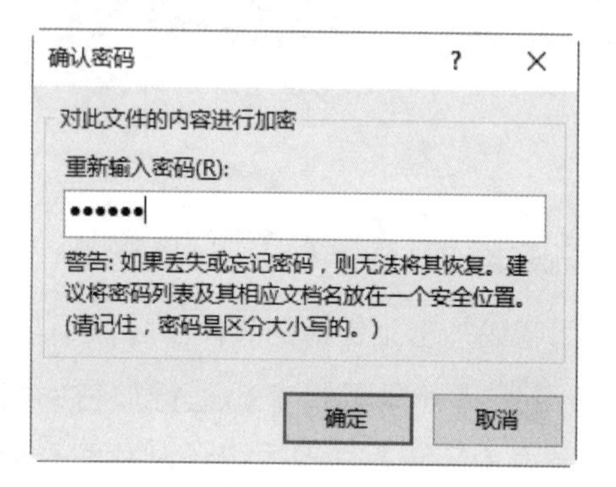

图 23-25 输入密码

步骤 4 此时在【信息】界面内显示文档已加密，如图 23-26 所示。

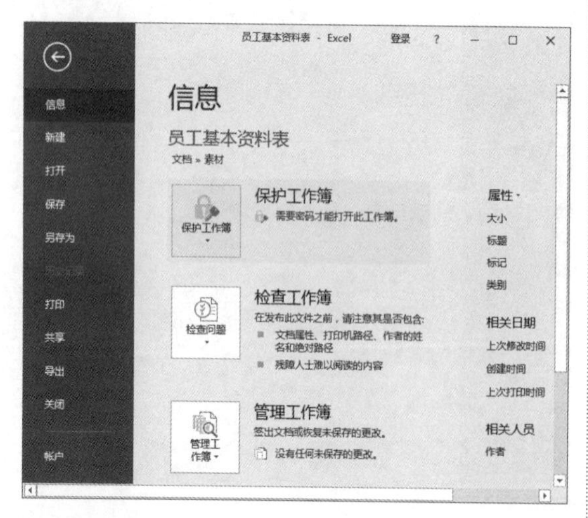

图 23-26 加密完成

步骤 5 当打开文档时，将弹出【密码】对话框，输入密码后单击【确定】按钮，即可打开工作簿，如图 23-27 所示。

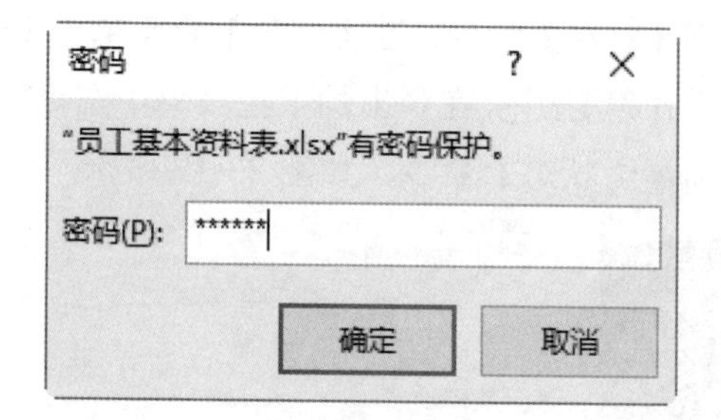

图 23-27 【密码】对话框

步骤 6 如果要取消加密，在【信息】界面单击【保护工作簿】按钮，在弹出的下拉菜单中选择【用密码进行加密】命令，弹出【加密文档】对话框，清除文本框中的密码，单击【确定】按钮，即可取消对工作簿的加密，如图 23-28 所示。

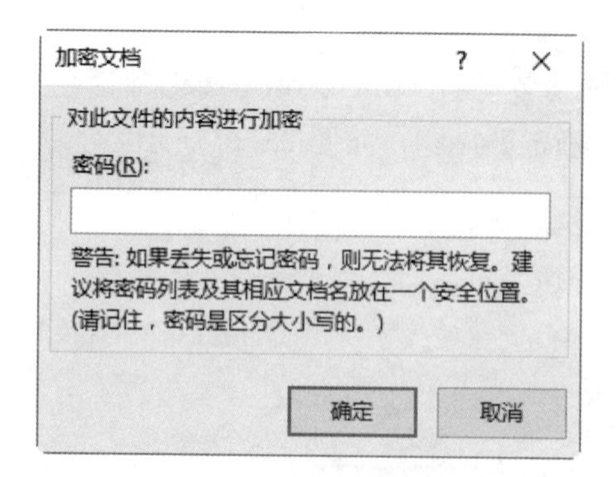

图 23-28 取消密码

23.2.3 保护当前工作表

除了对工作簿加密，用户还可以对工作簿中的某个工作表进行加密，防止其他用户对其进行操作。具体操作步骤如下。

步骤 1 打开需要保护当前工作表的工作簿，单击【文件】选项卡，在打开的界面中选择【信息】命令，在【信息】界面单击【保护工作簿】按钮，在弹出的下拉菜单中选择【保护当前工作表】命令，如图 23-29 所示。

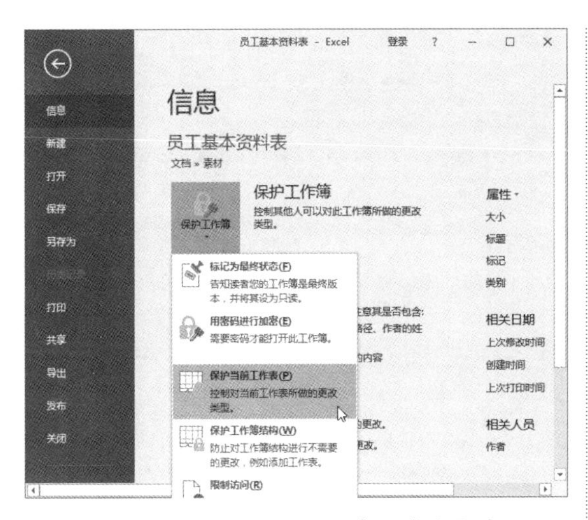

图 23-29　选择【保护当前工作表】命令

步骤 2 弹出【保护工作表】对话框，系统默认选中【保护工作表及锁定的单元格内容】复选框，或在【允许此工作表的所有用户进行】列表框中选择允许修改的选项，如图 23-30 所示。

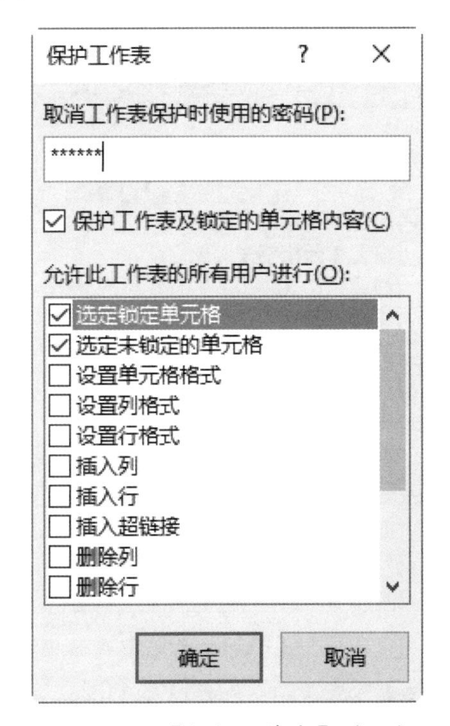

图 23-30　【保护工作表】对话框

步骤 3 弹出【确认密码】对话框，输入密码，单击【确定】按钮，如图 23-31 所示。

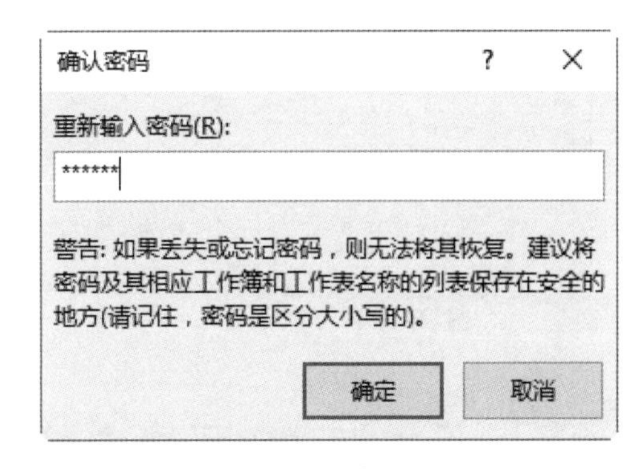

图 23-31　确认密码

步骤 4 返回 Excel 工作表中，双击任一单元格进行数据修改，将弹出如图 23-32 所示的信息提示对话框。

图 23-32　信息提示对话框

步骤 5 如果要取消对工作表的保护，可选择【文件】选项卡，在打开的界面中选择【信息】命令，然后在【保护工作簿】选项中，单击【取消保护】超链接，如图 23-33 所示。

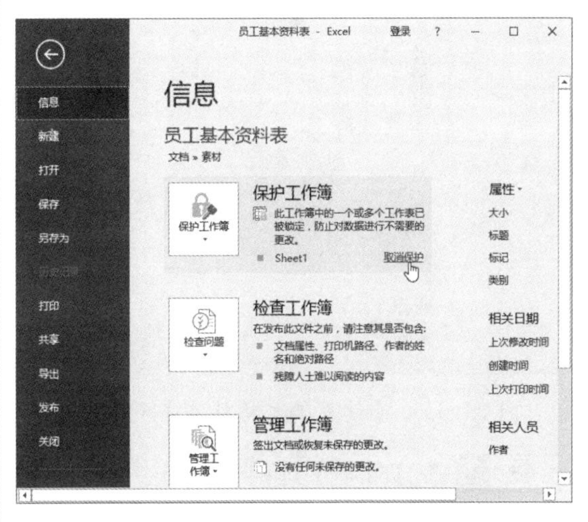

图 23-33　单击【取消保护】超链接

步骤 6 在弹出的【撤消工作表保护】对话框中输入设置的密码，单击【确定】按钮即可取消保护，如图 23-34 所示。

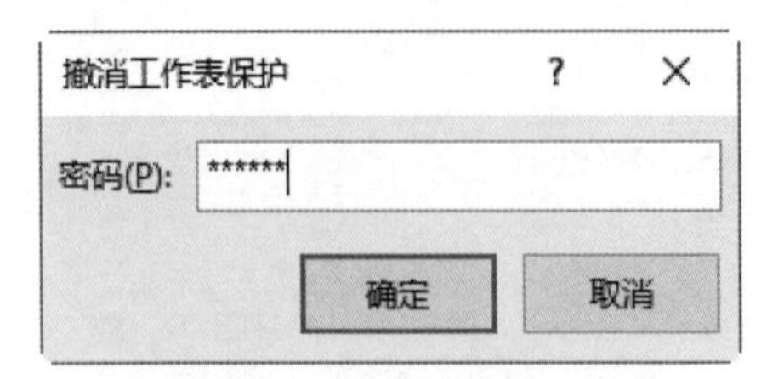

图 23-34　输入密码

23.2.4 不允许在单元格中输入内容

保护单元格的实质就是不允许在保护的单元格中输入数据，具体的操作步骤如下。

步骤 1 选中要保护的单元格，右击，在弹出的快捷菜单中选择【设置单元格格式】命令，弹出【设置单元格格式】对话框，如图 23-35 所示。

图 23-35　【设置单元格格式】对话框

步骤 2 在【保护】选项卡中选中【锁定】复选框，单击【确定】按钮，如图 23-36 所示。

步骤 3 单击【审阅】选项卡【更改】组中的【保护工作表】按钮，弹出【保护工作表】对话框，在其中进行相关参数的设置，如图 23-37 所示。

图 23-36　【保护】选项卡

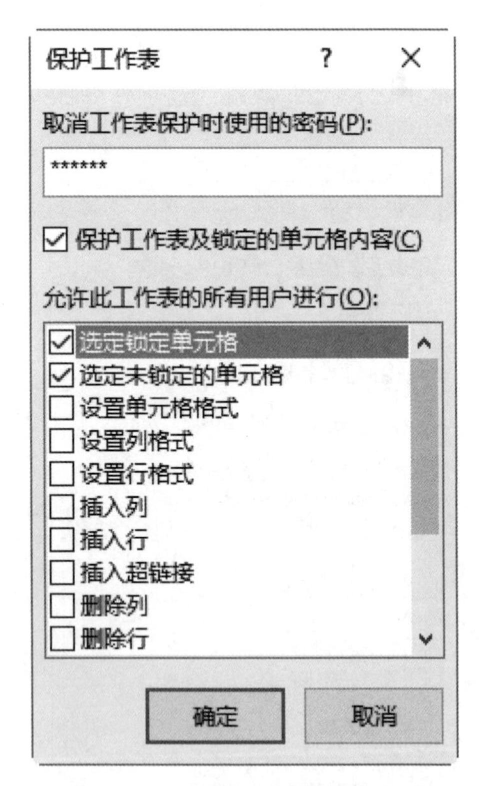

图 23-37　【保护工作表】对话框

步骤 4 单击【确定】按钮，这样在受保护的单元格区域中输入数据时，就会弹出如图 23-38 所示的提示对话框。

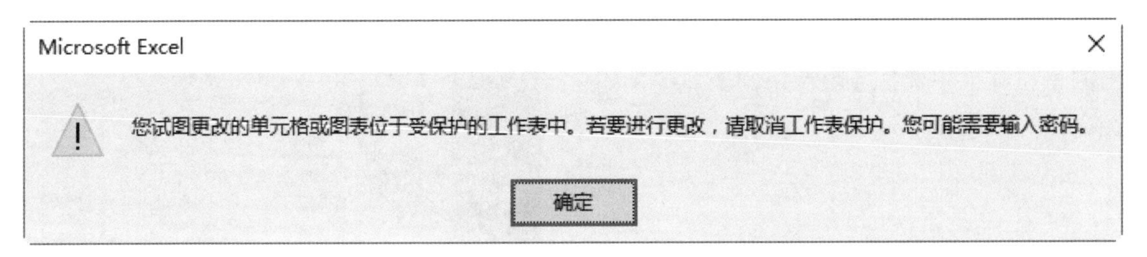

图 23-38　信息提示对话框

步骤 5　单击【审阅】选项卡【更改】组中的【撤消工作表保护】按钮，即可撤销保护，然后就又可以在这些单元格中输入数据了。

23.2.5 不允许插入或删除工作表

通过保护工作簿的方式不允许其他人插入或删除工作表的具体操作步骤如下。

步骤 1　单击【审阅】选项卡【更改】组中的【保护工作簿】按钮，弹出【保护结构和窗口】对话框，选中【结构】复选框，如图 23-39 所示。

步骤 2　单击【确定】按钮，保护结构。在工作表标签上右击，此时弹出的快捷菜单中大部分命令是灰色的，即不能对工作表进行操作，如图 23-40 所示。

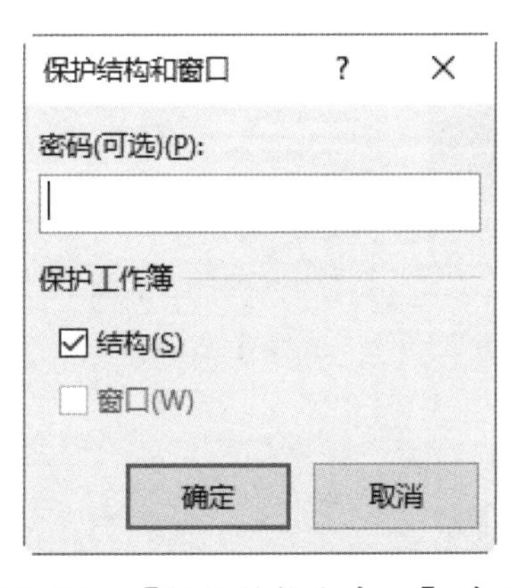

图 23-39　【保护结构和窗口】对话框

图 23-40　右键快捷菜单

23.2.6 限制访问工作簿

限制访问指通过使用 Microsoft Excel 2016 中提供的信息权限管理（IRM）来限制对文档、工作簿和演示文稿中内容的访问权限，同时限制其编辑、复制和打印能力。

设置限制访问的方法是：单击【文件】选项卡，在打开的界面中选择【信息】命令，在【信息】界面中单击【保护工作簿】按钮，在弹出的下拉菜单中选择【限制访问】命令，如图 23-41 所示。

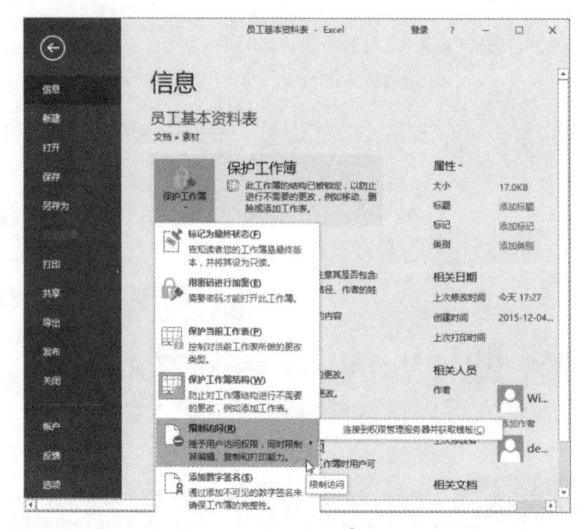

图 23-41　选择【限制访问】命令

23.2.7 添加数字签名

数字签名是电子邮件、宏或电子文档等数字信息上的一种经过加密的电子身份验证戳。用于确认宏或文档来自数字签名本人且未经更改。添加数字签名可以确保文档的完整性，从而进一步保证文档的安全。

添加数字签名的方法是：单击【文件】选项卡，在打开的界面中选择【信息】命令，在【信息】界面单击【保护工作簿】按钮，在弹出的下拉菜单中选择【添加数字签名】命令，如图 23-42 所示。

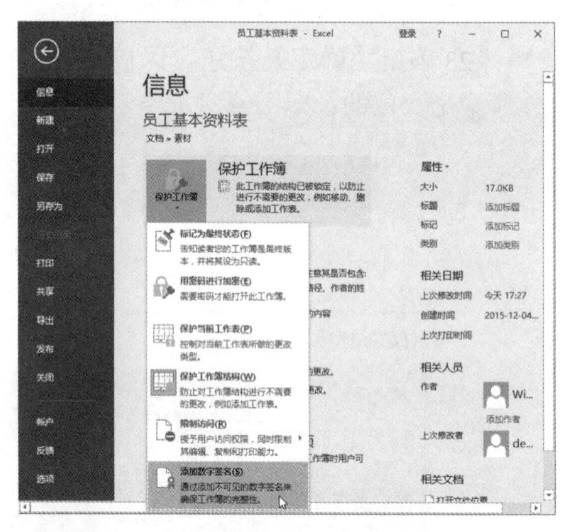

图 23-42　选择【添加数字签名】命令

23.3 高效办公技能实战

23.3.1 检查文档的兼容性

Excel 2016 中的部分元素在早期的版本中是不兼容的，比如新的图表样式等。在保存工作簿时，可以先检查文档的兼容性。如果文档不兼容，可将其更改为兼容文档。具体的操作步骤如下。

步骤 1 选择【文件】选项卡，在打开的界面中选择【信息】命令，在中间区域单击【检查问题】按钮，在弹出的下拉菜单中选择【检查兼容性】命令，如图 23-43 所示。

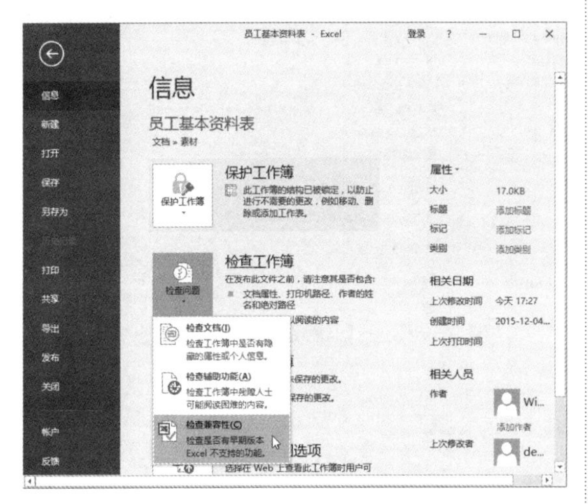

图 23-43　选择【检查兼容性】命令

步骤 2 在打开的兼容性检查器对话框中显示了兼容性检查的结果，如图 23-44 所示。

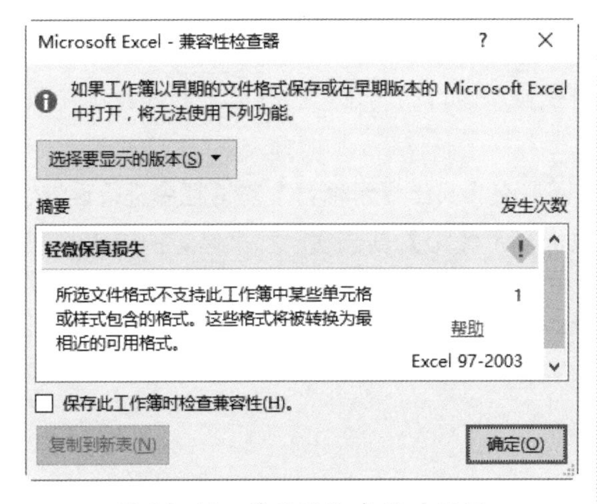

图 23-44　兼容性检查器对话框

23.3.2 恢复未保存的工作簿

Excel 提供了自动保存的功能，每隔一段时间会自动保存文档，因此用户可以通过自动保存的文件恢复工作簿。具体的操作步骤如下。

步骤 1 选择【文件】选项卡，在打开的界面中选择【信息】命令，在中间区域单击【管理工作簿】按钮，在弹出的下拉菜单中选择【恢复未保存的工作簿】命令，如图 23-45 所示。

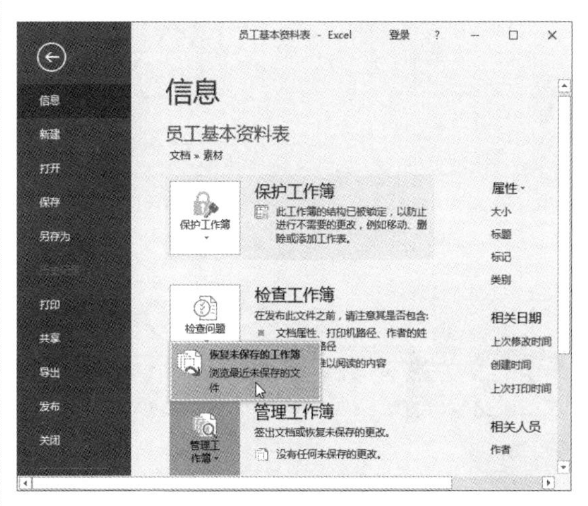

图 23-45　选择【恢复未保存的工作簿】命令

步骤 2 在弹出的【打开】对话框中选择自动保存的文件，如图 23-46 所示。

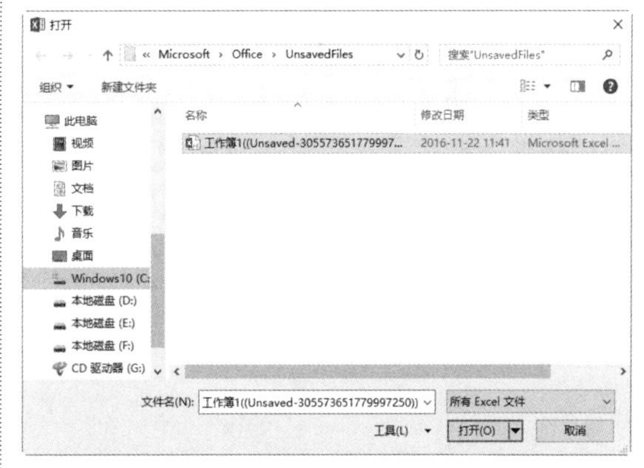

图 23-46　【打开】对话框

步骤 3 单击【打开】按钮，即可恢复未保存的文件，然后单击【另存为】按钮，可将恢复的文件保存起来，如图 23-47 所示。

步骤 4 对自动保存时间间隔，可以在【Excel 选项】对话框中的【保存】选项中设置，如图 23-48 所示。

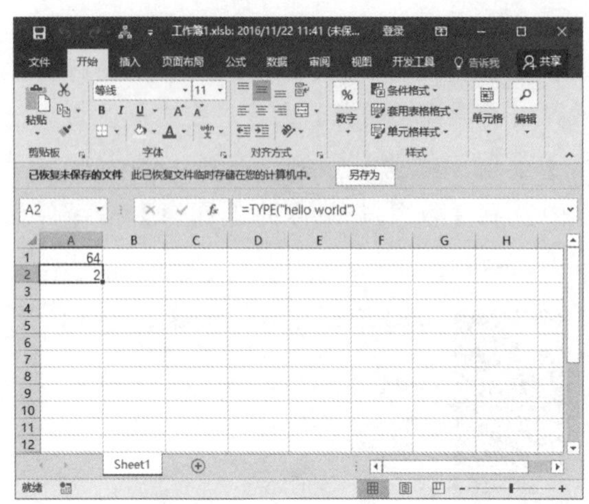

图 23-47 恢复未保存的文件

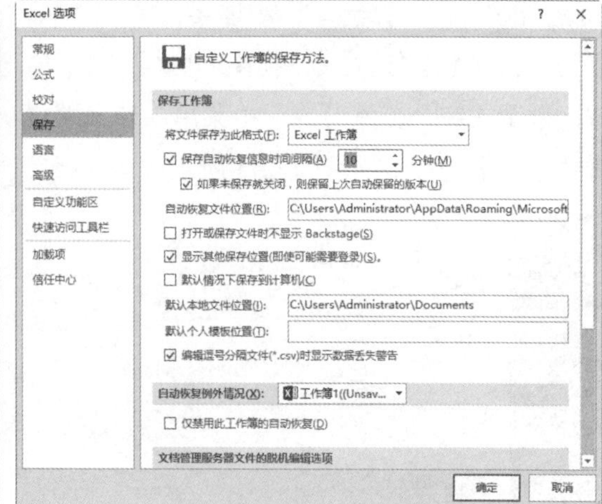

图 23-48 【Excel 选项】对话框

23.4 高手解惑

问：为什么有时打开局域网共享文件夹中的工作簿后，却不能改写里面的相应数据呢？

高手：局域网中的共享文件夹，应当设置为其他用户也能更改模式，否则其中的工作簿将只能是只读形式，用户只能读取不能对其进行改写。

问：当多人对共享工作簿进行了编辑时，需要显示修订的信息，为什么只能在原工作表中显示，却不能在“历史记录”工作表中显示呢？

高手：解决这个问题的方法其实很简单，只需要在【突出显示修订】对话框中进行设置，选中【在屏幕上突出显示修订】和【在新工作表上显示修订】复选框，那么修订的信息将在原工作表中突出显示，同时也会出现在“历史记录”工作表中。

附录

王牌资源

实用、专业，这就是王牌。压箱底王牌倾情放送。

△ 王牌 1　本书实例完整素材和结果文件（光盘中）

△ 王牌 2　教学幻灯片（光盘中）

△ 王牌 3　本书精品教学视频（光盘中）

△ 王牌 4　600 套涵盖各个办公领域的实用模板（光盘中）

△ 王牌 5　Office 2016 快捷键速查手册（光盘中）

△ 王牌 6　Office 2016 常见问题解答 400 例（光盘中）

△ 王牌 7　Excel 公式与函数速查手册（光盘中）

△ 王牌 8　常用的办公辅助软件使用技巧（光盘中）

△ 王牌 9　办公好助手——英语课堂（光盘中）

△ 王牌 10　做个办公室的文字达人（光盘中）

△ 王牌 11　打印机／扫描仪等常用办公设备使用与维护（光盘中）

△ 王牌 12　快速掌握必需的办公礼仪（光盘中）